FUNDAMENTOS DA ENGENHARIA DE EDIFICAÇÕES

Tradutores:

Alexandre Ferreira da Silva Salvaterra

Amanda Elisa Barros Gehrke

Ana Luisa Jeanty de Seixas

André Cavedon Ripoll

Jonas Arend Henriqson

José Alberto Azambuja

Luana Kath Sattler de Almeida

Miguel Aloysio Sattler

Ruy Alberto Cremonini

A425f   Allen, Edward.
           Fundamentos da engenharia de edificações : materiais e métodos / Edward Allen, Joseph Iano ; revisão técnica: José Alberto Azambuja, Miguel Aloysio Sattler, Ruy Alberto Cremonini ; [tradução: Alexandre Ferreira da Silva Salvaterra ... et al.] – 5. ed. – Porto Alegre : Bookman, 2013.
           xii, 996 p. ; il. ; 28 cm.

           ISBN 978-85-8260-077-1

           1. Engenharia civil. 2. Engenharia de edificações – Materiais e métodos. I. Iano, Joseph. II. Título.

                                                          CDU 624.01

Catalogação na publicação: Ana Paula M. Magnus – CRB 10/2052

Edward Allen · Joseph Iano

FUNDAMENTOS DA ENGENHARIA DE EDIFICAÇÕES
MATERIAIS E MÉTODOS

5ª EDIÇÃO

Revisão técnica:

José Alberto Azambuja
Engenheiro Civil pela Universidade Federal do Rio Grande do Sul
Mestre em Engenharia pela Concordia University

Miguel Aloysio Sattler
Engenheiro Civil e Agrônomo pela Universidade Federal do Rio Grande do Sul
Doutor em Ciências Ambientais Ligadas à Edificação pela University of Sheffield
Pós-Doutor em Ciências Ambientais Ligadas à Edificação pela University of Liverpool

Ruy Alberto Cremonini
Engenheiro Civil pela Universidade do Estado do Rio de Janeiro
Mestre em Engenharia Civil pela Universidade Federal do Rio Grande do Sul
Doutor em Engenharia Civil pela Universidade de São Paulo

bookman

2013

Obra originalmente publicada sob o título
Fundamentals of Building Construction: Materials and Methods, 5th Edition.
ISBN 978-0-470-07468-8

Copyright © 2009 by John Wiley & Sons. All Rights Reserved. This translation published under license.

Gerente editorial: *Arysinha Jacques Affonso*

Colaboraram nesta edição:

Coordenadora editorial: *Denise Weber Nowaczyk*

Capa: *Márcio Monticelli*

Imagem da capa: ©*shutterstock.com / Vladitto, Dwelling place of glassy black business building*

Leitura final: *Renata Ramisch* e *Patrícia Costa Coelho de Souza*

Editoração: *Techbooks*

Reservados todos os direitos de publicação, em língua portuguesa, à
BOOKMAN EDITORA LTDA., uma empresa do GRUPO A EDUCAÇÃO S.A.
Av. Jerônimo de Ornelas, 670 – Santana
90040-340 – Porto Alegre – RS
Fone: (51) 3027-7000   Fax: (51) 3027-7070

É proibida a duplicação ou reprodução deste volume, no todo ou em parte, sob quaisquer
formas ou por quaisquer meios (eletrônico, mecânico, gravação, fotocópia, distribuição na Web
e outros), sem permissão expressa da Editora.

Unidade São Paulo
Av. Embaixador Macedo Soares, 10.735 – Pavilhão 5 – Cond. Espace Center
Vila Anastácio – 05095-035 – São Paulo – SP
Fone: (11) 3665-1100   Fax: (11) 3667-1333

SAC 0800 703-3444 – www.grupoa.com.br

IMPRESSO NO BRASIL
PRINTED IN BRAZIL

Prefácio
À Quinta Edição

Publicado pela primeira vez há quase um quarto de século, *Fundamentos de Engenharia de Edificações: Materiais e Métodos*, agora em sua quinta edição, revolucionou a àrea dedicada ao ensino da construção. Ele tem colaborado em tornar uma área de estudos anteriormente impopular em uma área, não somente palatável, mas vibrante e bem quista. Ele incluiu em um conjunto de conhecimentos já caracterizados como antitético a excelência do projeto e o tornou amplamente reconhecido como de relevância central a um bom projeto de edificações. Esta obra substituiu livros áridos, nada atraentes, por um bem concebido, legível, que os estudantes valorizam e o veem como uma referência. Ele foi o primeiro livro da área a ser imparcial e a ser profusa e efetivamente ilustrado. Foi o primeiro a aliviar o professor da responsabilidade de explicar tudo sobre o tema, liberando tempo na aula para discussões, estudos de caso, viagens de campo e outros enriquecimentos.

O conhecimento sobre os materiais e métodos de construção de edificações é crucial e necessária para o estudante de arquitetura, engenharia e construção, mas isso pode ser uma tarefa intimidadora. A área é imensa, diversa e complexa, e ela varia a uma velocidade tal que nos parece impossível que venhamos a dominá-la. Este livro adquiriu o seu status proeminente de livro-texto acadêmico nesta área como resultado de sua organização lógica, ilustrações incomuns, redação clara, projeto gráfico agradável e filosofia distinta:

Ele é **integrativo**, apresentando uma narrativa única, que interliga questões relativas a ciência das edificações, ciência dos materiais, limitações legais e práticas construtivas, de modo tal que o leitor não necessita ir a diferentes partes do livro para fazer conexões entre essas questões. As técnicas de edificação são apresentadas como sistemas integrados, ao invés de partes individualizadas.

Ele é **seletivo** ao invés de ser abrangente. Isto faz com que seja fácil e agradável para o leitor adquirir um conhecimento básico aplicável, que mais tarde poderá ser expandido, sem empilhar tantos fatos e figuras que o confundam ou que o amedrontem.

Ele é **capacitador**, pois é estruturado em torno do processo de projetar e construir edificações. O estudante de arquitetura descobrirá que ele trata das possibilidades de projeto para os diferentes materiais e sistemas. Os estudantes interessados em construir ou gerenciar o processo construtivo irão verificar que a sua organização em torno de sequências construtivas é de alto valor.

O livro é **complexo** o necessário, sem ser complicado. Ele evita o dilema de ter que expandir *ad infinitum* o tempo a ele dedicado, apresentando os sistemas construtivos básicos, cada um em detalhe suficiente para que o estudante seja conduzido a um nível operacional de conhecimento. Ele trata, como o seu título indica, de fundamentos.

Nós fizemos muitas mudanças no livro, entre a quarta e a quinta edição. O capítulo 1 inclui uma nova abordagem sobre o papel do empreiteiro da obra, no processo de fazer edificações. Há uma discussão sobre os diferentes modelos e arranjos contratuais para a prestação de serviços de construção, programação e gerenciamento da construção, e tendências em evolução a respeito da prestação de serviços de projeto e construção.

Uma nova série de títulos, *Informações Essenciais sobre o Envelope da Edificação*, é apresentada. Elas tratam de tópicos que são fundamentais para o desempenho do envelope da edificação, tais quais: o fluxo de calor, ar e umidade através das paredes externas e telhado.

A cobertura de construções sustentáveis e de sistemas de avaliação de edifícios verdes foi atualizada e expandida, ambas dentro do corpo do texto e dentro dos títulos dedicadas a sustentabilidade, para diferentes materiais, que são apresentados em quase cada capítulo.

O livro rastreia várias tendências que são discerníveis na indústria da construção: projetos sustentáveis estão se tornando crescendo em sofisticação. Novas formas de relacionamentos contratuais entre o proprietário, o arquiteto e o construtor encorajam projetos e processos construtivos enxutos e cooperativos. Os materiais de construção continuam a evoluir, com o aço de alta resistência e concreto, envidraçamentos de alta performance, redução de resíduos e reciclagem de materiais.

Nós continuamos usando imagens no livro. Estas figuras desempenham um importante papel no objetivo dos autores, em fazer com que detalhes construtivos complexos sejam facilmente entendíveis e agradáveis de olhar.

Continuamos a aproveitar o ambiente virtual, em contínua expansão. Apresentações em PowerPoint, questões de revisão, Manual do Instrutor, entre outros, (todos em inglês) podem ser encontrados no site www.grupoa.com.br. Os professores já cadastrados devem buscar a página deste livro para ter acesso aos recursos para apoio ao trabalho em sala de aula. Os professores que ainda não efetuaram seu cadastro podem fazê-lo nesse mesmo momento. O site pessoal do coautor Joseph Iano (www.ianosbackfill.com) é outra fonte para conteúdos adicionais e para a cobertura atualizada de novos desenvolvimentos na área. A lista selecionada de endereços de sites, incluída na seção de referências, ao final de cada capítulo, apresenta links para os outros recursos mais relevantes disponíveis na Internet, oferecendo pontos de partida para explorações adicionais pelo estudante.

Atualizamos, de forma ampla, as referências a normas, códigos e práticas contemporâneas relacionadas a edificações, para assegurar que o texto permaneça sendo a fonte de informação disponível mais atualizada e acurada sobre os fundamentos de construção. Cada capítulo foi revisado para refletir as versões mais recentes das normas MasterFormat, do International Building Code, LEED, ANSI e ASTM. As normas específicas à indústria, tais quais as do American Concrete Institute (ACI), American Institute of Steel Construction (AISC) e American Architectural Manufacturers Association (AAMA), apenas para citar alguns, foram também amplamente atualizadas, nas seções apropriadas do texto.

Os Exercícios, atualizados e ampliados, continuam a proporcionar uma ferramenta única e inestimável para auxiliar estudantes a entender as aplicações de conhecimentos sobre construções de edificações na vida real, no projeto e na construção de edificações.

Apesar do escopo amplo desta revisão mais recente, cada alteração foi cuidadosamente revisada pelos autores e por um painel independente, para assegurar que o texto permaneça atualizado, acurado e consistente com seus princípios originais. Desta maneira, as qualidades essenciais, que fazem com que este livro seja um sucesso educacional, são preservadas e reforçadas.

Os agradecimentos especiais dos autores são direcionados ao talentoso Lon R. Grohs, produtor das impressionantes ilustrações fotorrealísticas do texto. Também somos gratos aos muitos fotógrafos e organizações que forneceram novas informações e ilustrações.

O pessoal da John Wiley & Sons, Inc. continua, como sempre, a demonstrar grande profissionalismo. Amanda L. Miller, vice-presidente e publisher, por muitos anos tem sido uma fonte de discernimento e apoio. Paul Drougas, Editor, tem sido inestimável em seu conhecimento industrial, paciência e senso de humor. Ele é um verdadeiro amigo. Lauren Olesky, Editora Assistente de Desenvolvimento, foi confiável e de ajuda, através de todos os estágios de sua revisão. Donna Conte, editora sênior de produção, continua a supervisionar a tarefa mais difícil, de gerenciar a produção e cronogramas com graça e perseverança.

Nós agradecemos especialmente aos muitos professores, estudantes e profissionais que tem comprado e utilizado este trabalho. A sua satisfação é a nossa maior gratificação, a sua lealdade é altamente apreciada e os seus comentários são sempre bem-vindos!

Joseph Iano dedica esta edição a Lesley, Allen, Paul e Ethan.

E.A., South Natick, Massachusetts
J.I., Seattle, Washington

Os Autores

EDWARD ALLEN, FAIA, leciona, há mais de trinta e cinco anos, como membro acadêmico da Yale University e do Massachusetts Institute of Technology, e como convidado em instituições nos Estados Unidos, na América do Sul, Europa e Ásia. Projetou mais de cinquenta edificações construídas e é coautor dos livros *The Architect's Studio Companion, Architectural Detailing, Form and Forces* e *Fundamentals of Residential Construction*.

JOSEPH IANO é autor, ilustrador e arquiteto. Leciona projeto e tecnologia em escolas de arquitetura nos Estados Unidos e trabalha no ramo da construção. Ele colaborou com Edward Allen em várias publicações, ao longo de mais de trinta e cinco anos. Atualmente, ele dirige uma empresa em Seattle de consultoria nas áreas técnicas e de gestão da qualidade a arquitetos e a outros profissionais nas áreas de projeto e na indústria da construção.

SUMÁRIO

1 Construindo Edifícios 3

Aprendendo a construir 4

Sustentabilidade 4

O trabalho do projetista: a escolha de sistemas construtivos 8

Normas para construção e fontes de informação 15

O trabalho do profissional da construção: construindo edifícios 16

Tendências na entrega de design e de serviços de construção 22

Preocupações recorrentes 23

2 Fundações 29

Requisitos das fundações 30

Recalque das fundações 30

Materiais do terreno 31

Escavação 38

- **Considerações sobre sustentabilidade na preparação do local, escavação e fundações 38**

Fundações 52

Reforço de fundação 66

Muros de contenção 68

- **Geotêxteis 71**

Impermeabilização e drenagem 72

Isolamento do subsolo 77

Fundações rasas protegidas contra o congelamento 77

Reaterro 77

Construção de cima para baixo 78

Projetando fundações 79

Projeto de fundação e os códigos de edificação 80

3 Madeira 85

Árvores 86

- **Considerações sobre sustentabilidade na construção em madeira 90**

Madeira serrada 92

Produtos de madeira 101

Madeira plástica 106

- **Um material de construção que cresce naturalmente 106**

Painéis de madeira 107

Tratamentos químicos para madeira 115

Conectores para madeira 117

Componentes manufaturados de madeira 124

Tipos de construção em madeira 127

DO CONCEITO À REALIDADE 131
Projeto: Uma estrutura de fechamento para uma piscina residencial

4 Construção com Moldura Estrutural de Madeira Pesada 135

Construções de madeira pesada resistentes ao fogo 140

- **Considerações sobre sustentabilidade em construções de madeira pesada 141**

Edifícios combustíveis com moldura estrutural em madeira pesada 149

Amarração lateral de edifícios de madeira pesada 149

Instalações em edifícios de madeira pesada 149

Vãos maiores em madeira pesada 150

Madeira pesada e códigos de edificações 156

Singularidades de molduras estruturais em madeira pesada 156

- **Para o projeto preliminar de uma estrutura de madeira pesada 156**

5 Construções em Estrutura Leve de Madeira 161

Histórico 163

Estrutura-plataforma 164

- **Considerações sobre sustentabilidade em construções em estruturas leves de madeira 166**

Fundações para estruturas leves 166

Construção da estrutura 175

Variações na construção de estruturas leves de madeira 209

- **Anteprojeto de uma estrutura leve de madeira 212**

Estrutura leve em madeira e os códigos de edificações 212

A singularidade da estrutura leve de madeira 214

6 Acabamentos Externos para Construções com Moldura Estrutural Leve em Madeira 221

Proteção diante das variáveis climáticas 222

Colocação de telhados 222

Janelas e portas 230

- **Pinturas e revestimentos 234**

Revestimentos externos 238

Tábuas de cantos e acabamentos externos 248

- **Considerações sobre sustentabilidade em pinturas e outros revestimentos arquitetônicos 250**

Construções externas 251

Vedando juntas externas 251

Pinturas externas, nivelamento de acabamento e paisagismo 252

7 Acabamentos Internos para Construções com Moldura Estrutural Leve em Madeira 255

Completando a envoltória da edificação 263

Acabamentos para paredes e forros 273

Usinagem e carpintaria de acabamento 273

- **Dimensionando lareiras 274**
- **Dimensionando escadas 288**

Execução de pisos e revestimentos cerâmicos 290

Toques finais 292

8 Alvenaria de Tijolos 297

História 298

Argamassa 301

Alvenaria de tijolos 304

- **Considerações sobre sustentabilidade em alvenaria de tijolos 304**

Construção de paredes em alvenaria 326

9 Alvenarias em Pedra e em Concreto 337

Alvenaria em pedra 338

- **Considerações sobre sustentabilidade em alvenarias em pedra e em concreto 350**

Alvenaria em concreto 351

Outros tipos de unidades de alvenaria 368

Construção de paredes em alvenaria 368

10 Construção de Paredes em Alvenaria 377

Tipos de paredes em alvenaria 378

- **Considerações para o projeto preliminar de uma estrutura em alvenaria portante 386**

Sistemas de piso e cobertura para a construção de paredes em alvenaria portante 386

Detalhando paredes em alvenaria 390

Alguns problemas especiais das construções em alvenaria 395

- **Juntas de movimentação em edificações 396**

A alvenaria e os códigos de edificação 404

A singularidade da alvenaria 405

11 Construções com Moldura Estrutural em Aço 411

História 412

O material aço 414

- **Para um projeto preliminar de uma estrutura em aço 417**

Detalhes da emolduração estrutural em aço 431

O processo de construção 441

Provendo resistência ao fogo às molduras em aço 459

Vãos maiores em aço 464

- **Estruturas em tecido 472**

Colunas compostas 476

Sistemas industrializados em aço 476

- **Considerações sobre sustentabilidade em construções com moldura estrutural em aço 477**

O aço e os códigos de edificações 478

A singularidade do aço 478

12 Construções com Moldura Estrutural Leve em Aço 489

O conceito de construções leves em aço 490

- **Considerações sobre sustentabilidade em molduras estruturais leves em aço 491**

Procedimentos em molduras estruturais 492

Outros usos comuns de molduras estruturais leves em aço 499

- **Para um projeto preliminar de uma moldura estrutural leve em aço 502**

Vantagens e desvantagens de uma moldura estrutural leve em aço   502

Molduras estruturais leves em aço e os códigos de edificações   503

Acabamentos para molduras estruturais leves em aço   503

- **Metais na arquitetura**   505

DO CONCEITO À REALIDADE   510
Projeto: Câmera obscura, no Mitchell Park, Greenport, Nova York

13 Construções em Concreto   515

História   516

Cimento e concreto   516

- **Considerações sobre sustentabilidade em construções de concreto**   520

Produção e lançamento do concreto   524

Formas   528

Armaduras   529

Fluência do concreto   544

Protensão   544

Inovações nas construções em concreto   548

ACI 301   550

14 Sistemas Estruturais com Concreto Moldado no Local   553

Produção de pisos de concreto   555

Produção de paredes de concreto   560

Produção de pilares de concreto   565

Sistemas estruturais armados em uma direção para lajes de pavimentos e tetos   567

Sistemas estruturais armados em duas direções para lajes de pavimentos e tetos   575

Escadas de concreto   581

Sistemas estruturais pós-tracionados moldados no local   581

Seleção de um sistema estrutural de concreto moldado no local   581

Inovações em construção com concreto moldado no local   583

- **Para um projeto preliminar de uma estrutura de concreto moldado no local**   586

Concreto arquitetônico   589

- **Corte de concreto, pedra e alvenaria**   593

Grandes vãos em concreto moldado no local   598

Projetos econômicos de edifícios de concreto moldado no local   601

Concreto moldado no local e os códigos de edificações   601

A singularidade do concreto moldado no local   602

15 Sistemas Estruturais de Concreto Pré-Moldado   611

Elementos estruturais de concreto pré-moldado e protendido   614

- **Anteprojeto de uma estrutura de concreto pré-moldado**   615

Conceitos de montagem de edifícios em concreto pré-moldado   616

Produção de elementos estruturais de concreto pré-moldado   617

Ligações entre elementos de concreto pré-moldado   623

- **Fixação em concreto**   624

O processo construtivo   637

Concreto pré-moldado e os códigos de edificações   638

- **Considerações sobre sustentabilidade em construções em concreto pré-moldado**   639

A singularidade do concreto pré-moldado   643

Sumário **xi**

16 Telhados 651

Telhados de pequena declividade 653

- **Informações essenciais sobre o envelope da edificação: isolamento térmico e retardador de vapor 658**

Telhados inclinados 678

- **Considerações sobre sustentabilidade em telhados 692**

Telhados sustentáveis 693

Telhados e os códigos de edificações 697

- **Informações essenciais sobre o envelope da edificação: metais diferentes e a série galvânica 698**

17 Vidros e Envidraçamentos 707

História 708

O material vidro 710

- **Considerações sobre sustentabilidade relacionadas ao vidro 712**

Envidraçamentos 724

Vidro e energia 736

O vidro e os códigos de edificações 738

DO CONCEITO À REALIDADE 742
PROJETO: Skating Rink em Yerba Buena Gardens, San Francisco

18 Janelas e Portas 747

Janelas 748

- **Plásticos na construção de edifícios 758**

Portas 769

- **Considerações sobre sustentabilidade relacionadas a janelas e portas 769**

Considerações sobre segurança em janelas e portas 775

Testes e padrões de aberturas 775

19 Projetando Sistemas de Paredes Externas 783

Requisitos de projeto para paredes externas 784

- **Considerações sobre sustentabilidade em sistemas de paredes externas 789**

Abordagens conceituais à impermeabilidade à água na parede externa 790

Juntas de vedação na parede externa 795

Conceitos básicos sobre sistemas de paredes externas 799

- **Informações essenciais sobre o envelope da edificação: barreira ao ar 800**

Ensaios e normas de paredes cortina 802

A parede externa e os códigos de edificação 804

20 Revestindo com Alvenaria e Concreto 809

Paredes cortina com camada de revestimento em alvenaria 810

Paredes cortina em pedra 817

Paredes cortina em concreto pré-moldado 822

Sistema de isolamento térmico externo e acabamento 828

Direções futuras em revestimentos em alvenaria e pedra 832

DO CONCEITO À REALIDADE 834
PROJETO: Seattle University School of Law, Seattle, Washington

21 Revestindo com Metal e Vidro 839

Perfis de alumínio 840

- **Considerações sobre sustentabilidade em revestimentos de alumínio 845**

Alumínio e sistemas estruturais para alumínio e vidro 846

Modos de montagem 848

O princípio de proteção contra chuva em revestimentos de metal e vidro 856

Juntas de dilatação em paredes de metal e vidro 862

Envidraçamento inclinado 863

Revestimento de vidro duplo 864

Projeto e construção de paredes cortina: o processo 866

22 Selecionando Acabamentos Internos 869

Instalação de serviços mecânicos e elétricos 870

A sequência das operações de acabamentos internos 872

- **Considerações de sustentabilidade na seleção de acabamentos internos 874**

Selecionando sistemas de acabamentos internos 874

Tendências em sistemas de acabamentos internos 879

23 Paredes Internas e Divisórias 883

Tipos de paredes interiores 884

Sistemas de divisórias estruturadas 885

- **Considerações sobre sustentabilidade em produtos de gesso 890**
- **Ornamentos de estuque 902**

Sistemas de divisórias de alvenaria 915

Revestimentos de paredes e divisórias 916

24 Forros e Revestimentos de Pisos 923

Forros 924

Tipos de forros 924

- **Considerações sobre sustentabilidade em forros e revestimentos de pisos 934**

Acabamento de pisos 934

Tipos de materiais de acabamento de pisos 940

Espessura do piso 953

Apêndice 957

Glossário 959

Índice 989

FUNDAMENTOS DA ENGENHARIA DE EDIFICAÇÕES
MATERIAIS E MÉTODOS

1

Construindo Edifícios

Aprendendo a construir

Sustentabilidade

O trabalho do projetista: a escolha de sistemas construtivos

Normas para construção e fontes de informação

O trabalho do profissional da construção: construindo edifícios

Tendências na entrega de design e de serviços de construção

Preocupações recorrentes

O operário faz a conexão de uma viga de aço a uma coluna.
(*Cortesia de Bethlelem Steel Company*)

Nós construímos porque a maioria das atividades humanas não pode ser desenvolvida em áreas abertas. Necessitamos de abrigo contra o sol, o vento, a chuva e a neve. Precisamos de plataformas secas e niveladas para nossas atividades. Com frequência, precisamos empilhar tais plataformas de maneira a multiplicar o espaço disponível. Nessas plataformas, e dentro de nossos abrigos, precisamos de ar, por vezes mais quente ou mais frio, mais ou menos úmido que o do ambiente externo. Menos luz é necessária durante o dia, e mais durante a noite, em relação a que nos é oferecida pelo ambiente natural. Precisamos de serviços que forneçam energia, comunicações, água e deposição de resíduos. Portanto, reunimos materiais e os associamos de maneira a formar construções às quais chamamos edifícios, em uma tentativa de satisfazer tais necessidades.

APRENDENDO A CONSTRUIR

Ao longo deste livro, são descritas muitas alternativas de construção: diferentes sistemas estruturais, diferentes sistemas de vedação e diferentes sistemas de acabamento interno. Cada sistema possui características que o distingue dos demais. Por vezes, um sistema se distingue, principalmente, por suas qualidades visuais, como na escolha de um tipo de granito em relação a outro, de uma cor de tinta em relação a outra, ou de uma estampa de azulejo em relação a outra. Entretanto, distinções visuais podem se estender além das características da superfície; um projetista pode preferir a aparência maciça de uma parede portante de alvenaria ao visual esbelto de uma estrutura metálica aparente, ainda que escolhesse o aço para outro edifício com situação distinta. Novamente, um sistema poderia ser escolhido por razões puramente funcionais, como na seleção de um piso de material altamente durável e resistente, para a cozinha de um restaurante, em vez de revestimentos mais vulneráveis, como carpete ou madeira. A escolha poderia se basear exclusivamente em aspectos técnicos, como, por exemplo, na decisão de pós-tensionar uma longa viga de concreto armado, para uma maior rigidez, ao invés de contar com o reforço convencional de sua armadura de aço. Um projetista, muitas vezes, é forçado a certas escolhas por conta de restrições legais, identificadas no final deste capítulo. Comumente, decisões são tomadas por influência de considerações sobre sustentabilidade ambiental. E, frequentemente, escolhas são feitas com base em critérios exclusivamente econômicos. O critério econômico pode ter um significado, dentre muitos: algumas vezes, um sistema é escolhido por seu custo inicial mais baixo. Outras vezes, o custo total do ciclo de vida é comparado entre sistemas concorrentes, por meio de fórmulas que incluem custo inicial, custo de manutenção e de consumo de energia, a vida útil, o custo de reposição do sistema e as taxas de rentabilidade sobre o capital investido. Por fim, um sistema pode ser escolhido devido à forte concorrência entre fornecedores ou empresas de instalação locais, o que mantém o custo desse sistema no nível mais baixo possível. Normalmente, esta é a razão de especificar um tipo convencional de material de cobertura, por exemplo, que pode ser fornecido e instalado por qualquer companhia, em vez de um sistema mais novo, teoricamente, melhor do ponto de vista funcional, mas que apenas uma empresa possua os equipamentos especiais e a qualificação necessária à sua instalação.

O conhecimento necessário para a tomada de tais decisões não pode ser adquirido exclusivamente em um livro didático. Compete ao leitor ir além do que pode ser apresentado aqui – a outros livros, catálogos, publicações comerciais, periódicos profissionais, e, especialmente, ao escritório de projeto, à oficina e ao canteiro de obras. Não há outra maneira de se adquirir muito da informação e experiência necessárias, a não ser se envolvendo no negócio e na arte da construção. É preciso sentir nas próprias mãos a textura dos materiais; saber como eles ficam visualmente na edificação; como eles são manufaturados, trabalhados e assentados; como é o seu desempenho em serviço; como eles se deterioram ao longo do tempo. É preciso se familiarizar com as pessoas e as organizações que produzem as edificações – arquitetos, engenheiros, fornecedores, empreiteiros, subempreiteiros, operários, fiscais, administradores e proprietários – e aprender a entender os seus respectivos métodos, problemas e pontos de vista. Enquanto isso, este longo e, esperamos, prazeroso processo de educação em materiais e métodos construtivos pode ter início com as informações apresentadas neste livro.

Vá para o canteiro, onde você possa ver as máquinas e os métodos colocados em prática na construção de edifícios modernos, ou fique na construção, direta e simplesmente, até que você possa trabalhar naturalmente no projeto de edifícios, a partir da natureza das construções.

Frank Lloyd Wright, *To the Young Man in Architecture*, 1931

SUSTENTABILIDADE

Na construção e ocupação de edifícios são gastas enormes quantidades de recursos terrestres e é gerada uma porção considerável da poluição ambiental do planeta. O U.S. Green Building Council relatou, em 2008, que as edificações são responsáveis pelo consumo de 30 a 40% da energia utilizada no mundo e pelas emissões de gases de efeito estufa a ela associadas. A construção e a operação de edificações nos Estados Unidos correspondem a mais de um terço de toda energia consumida no país e a mais de dois terços de sua eletricidade, 30% de seus materiais brutos, um quarto de sua madeira extraída e 12% de sua água doce. A construção e a operação de edificações são responsáveis por aproximadamente metade das emissões de gases de efeito estufa e perto de um terço dos resíduos sólidos dos Estados Unidos. Edifícios também são emissores significativos de materiais particulados e de outros poluentes aéreos. Em resumo, a construção e a operação de edificações causam muitas formas de degradação ambiental que, crescentemente, vêm esgotando os recursos da terra e comprometem tanto o futuro da indústria da construção civil quanto a saúde e o bem-estar da sociedade.

Sustentabilidade pode ser definida como **suprir as necessidades da presente geração sem comprometer a habilidade das futuras gerações em suprir as suas**. Ao consumirmos combustíveis fósseis insubstituíveis e outros recursos não renováveis; ao construirmos dentro de um padrão de espraiamento urbano, que ocupa extensivas áreas de qualidade para uso agrícola; ao usarmos práticas florestais destrutivas, que degradam ecossistemas naturais; ao permitirmos que a camada superficial do solo seja erodida pelo vento e pela água; e ao gerarmos substâncias que poluem a água, o solo e o ar, estaremos construindo de uma maneira que tornará cada vez mais difícil para nossos filhos e netos suprirem suas necessidades em termos de comunidades, construções e vidas saudáveis.

Por outro lado, se reduzirmos o consumo de energia nas construções e utilizarmos a luz solar e o vento, como fontes energéticas para nossas edificações, reduziremos o esgotamento de combustíveis fósseis. Se reutilizarmos de forma criativa prédios já existentes e arranjarmos novos edifícios dentro de padrões compactos, em terras de menor valor, minimizaremos o desperdício de terras valiosas, produtivas. Se colhermos madeira de florestas manejadas, de modo que elas possam suprir madeira em um nível sustentável até um futuro descortinável, manteremos construções em madeira como uma opção viável pelos próximos séculos e protegeremos os ecossistemas a que tais florestas dão suporte. Se protegermos o solo e a água por meio de práticas adequadas de projeto e construção, conservaremos tais recursos para nossos descendentes. Se reduzirmos, sistematicamente, as várias formas de poluição emitidas nos processos de construção e operação de edificações, deixaremos o ambiente futuro mais limpo. E, à medida que a indústria se tornar mais experiente e comprometida em projetar e construir de forma sustentável, tornar-se-á cada vez mais fácil fazê-lo com pouco ou nenhum custo adicional de construção e, ao mesmo tempo, criaremos, nas próximas décadas, edifícios mais baratos de operar e mais saudáveis para seus ocupantes.

A realização desses objetivos depende de nossa consciência a respeito dos problemas ambientais criados pelas atividades de construção, do conhecimento sobre como superar tais problemas, e da habilidade em projetar e construir edificações que empreguem esse conhecimento. Enquanto a prática de projeto e a construção sustentável, também chamada de *construção verde*, continua como um desenvolvimento relativamente recente em projetos e na indústria da construção, sua aceitação e seu apoio seguem aumentando entre o poder público, iniciativa privada, operadores e usuários, escritórios de arquitetura e firmas de engenharia, construtoras e produtores de materiais. A cada ano que passa, técnicas de construção verde se tornam menos uma especialidade de projeto e, mais, parte de uma prática amplamente utilizada.

O ciclo de vida da edificação

A sustentabilidade de uma edificação deve ser referida com base em seu ciclo de vida: a partir da origem de seus materiais, passando pela manufatura e instalação desses materiais e sua vida útil na edificação, até sua eventual disposição final, quando a vida da edificação chega ao seu fim. Cada etapa desse ciclo, conhecido como do *berço ao túmulo*, levanta questões de sustentabilidade.

Origem e manufatura dos materiais para uma edificação

A matéria-prima para a construção é abundante ou rara? É renovável ou não renovável? Quanto do conteúdo de um material é reciclado de outros usos? Quanta *energia incorporada* e quanta água são gastas para a extração e manufatura de um material? Quantos poluentes são lançados no ar, na água e no solo como resultado desses atos? Quais resíduos são criados? Tais resíduos podem ser convertidos em produtos úteis?

Construção da edificação

Quanta energia é gasta no transporte de um material, desde sua origem até o canteiro de obras e quais poluentes são gerados? Quanta energia e água são consumidas no canteiro de obras, para a colocação desse material na edificação? Quais poluentes estão associados a essa colocação? Que resíduos são gerados e que quantidade poderá ser reciclada?

Uso e manutenção da edificação

Quanta energia e água a edificação utiliza ao longo de sua vida, como consequência dos materiais utilizados na sua construção e em seus acabamentos? Que problemas de qualidade do ar interno são causados por esses materiais? Quanta manutenção esses materiais requerem e quanto tempo eles durarão? Eles podem ser reciclados? Quanto tempo e energia são consumidos na manutenção desses materiais? Essa manutenção envolve o uso de produtos químicos tóxicos?

Demolição da edificação

Que planejamento e quais estratégias de projeto podem ser utilizados para ampliar a vida útil das edificações, assim evitando o uso intensivo de recursos nos processos de demolição e construção de novas edificações? Quando a demolição é inevitável, como o edifício será demolido e que destinação será dada ao material resultante? Alguma parte deste processo causará poluição do ar, da água ou do solo? Os materiais de demolição podem ser reciclados em novas construções ou ser direcionados a outros usos, em vez de serem descartados como resíduos?

Um modelo para o projeto sustentável é a própria natureza. Ela trabalha em processos cíclicos, que são autossustentáveis e nada desperdiçam. Cada vez mais, profissionais da construção estão aprendendo a criar edifícios que funcionem de maneira mais semelhante à natureza, ajudando a deixar aos nossos descendentes um estoque de edifícios saudáveis, um suprimento sustentável de recursos naturais e um ambiente limpo, que lhes possibilitará viver de maneira confortável e responsável, podendo passar tais riquezas para seus descendentes em uma sucessão sem fim.

Avaliação de edificações verdes

Nos Estados Unidos, o método mais amplamente utilizado para a avaliação de sustentabilidade ambiental de um projeto e construção de uma edifica-

Figura 1.1
Carta de Pontuação de Projetos LEED-NC 2009. O documento aqui mostrado estava em fase preliminar quando desta publicação. Consulte o site do U.S. Green Building Council para a versão mais atualizada do documento. (*Cortesia do U.S. Green Building Council*)

ção é o sistema de pontuação LEED™ (Leadership in Energy and Environmental Design), do U.S. Green Building Council. O LEED para projetos de Novas Construções e Grandes Reformas (New Construction and Major Renovation), denominado LEED-NC, agrupa os objetivos de sustentabilidade em categorias, que incluem a escolha do local e empreendimento, eficiência no uso da água, redução no consumo de energia e na produção de gases depletores da camada de ozônio da atmosfera, minimização de resíduos da construção e depleção de recursos não renováveis, melhoria na qualidade dos ambientes internos, e estímulo à inovação em projeto e práticas sustentáveis (Figura 1.1). Dentro de cada categoria existem *créditos*, que contribuem na soma de pontos para a avaliação geral de sustentabilidade da edificação. De acordo com o total de pontos acumulados, quatro níveis de sustentabilidade são reconhecidos, em ordem crescente de desempenho: Certificado, Prata, Ouro e Platina.

O processo para obter a certificação LEED para uma nova edificação começa nos estágios mais iniciais de concepção do projeto, continua no design e construção do projeto e envolve a combinação de esforços por parte do proprietário, do projetista e do construtor. Durante esse processo, o sucesso na obtenção dos créditos individuais é documentado e enviado ao Green Building Council, que, então, realiza a certificação final do projeto, de acordo com o cumprimento dos critérios do LEED.

O U.S. Green Building Council continua a refinar e a aperfeiçoar a certificação LEED-NC e está ampliando a família de sistemas de certificação, de modo a incluir edificações existentes (LEED-EB), interiores comerciais (LEED-CI), construção de núcleo e envoltória (LEED-CS), casas (LEED-H) e outras categorias de construção e empreendimentos. Por meio de organizações parceiras, o LEED está sendo implantado no Canadá e em outros países. Outros programas de edifícios verdes, como o Green Globes, do Green Building Iniciative; o Green Home Building Guidelines, da National Association of Home Builders; e também o National Green Building Standard, desenvolvido em conjunto pela National Association

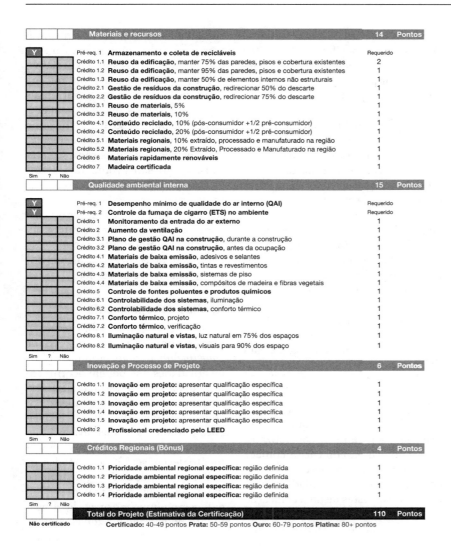

of Home Builders e pelo International Code Council, oferecem esquemas alternativos de avaliação.*

Alguns esforços na busca de edificações verdes estão mais estritamente focados na redução do consumo de energia, uma medida de desempenho das edificações que frequentemente está correlacionada com a geração de gases causadores do efeito estufa e o aquecimento global. Tanto as orientações constantes na Advanced Energy Design Guidelines, da American Society of Heating, Refrigerating and Air-Conditioning Engineers, quanto o programa Energy Star, da U.S. Environmental Protection Agency (EPA), estabelecem metas de redução de consumo de energia para as novas edificações, que excedem às normas norte-americanas vigentes. Tais normas podem ser utilizadas como programas isolados, ou como parte de um esforço mais abrangente, para atingir uma certificação como o LEED ou outro programa de avaliação de edificações verdes.

As edificações podem, ainda, ser projetadas visando ao consumo zero de energia ou à neutralidade em carbono. Uma edificação com *energia zero líquida* é aquela que não consome mais energia do que produz, usualmente quando a medição é realizada em base anual, para que sejam contabilizadas as diferenças sazonais de consumo e produção local de energia. A energia zero líquida, em termos de consumo, pode ser alcançada com a utilização de tecnologia atual, combinada com geração local de energia renovável (como eólica ou solar), estratégias passivas de aquecimento e refrigeração, uma envoltória termicamente eficiente para a edificação e sistemas mecânicos, além de aparelhagem de alta eficiência.

Um edifício *neutro em carbono* é aquele que não causa acréscimo líquido em sua emissão de dióxido de carbono, o gás predominante em termos de efeito estufa atmosférico. Se apenas as emissões referentes à operação da edificação forem consideradas, o cálculo é similar ao feito para determinação de uma edificação com energia zero. Se, entretanto, o carbono incorporado no ciclo de vida completo da edificação – desde a extração de materiais e manufatura, passando pela construção e uso da edificação, até a demolição, deposição final e reciclagem – for considerado, o cálculo se torna mais complexo. Cálculos de neutralidade em carbono também podem considerar o local de implantação do edifício. Por exemplo, qual é a pegada de carbono de um empreendimento que tenha sido totalmente construído, incluindo tanto suas áreas construídas, como as não construídas, em comparação à edificação que ocupava o terreno anteriormente, ou ainda, em comparação àquela correspondente ao estado natural do terreno, anterior a qualquer empreendimento humano? Outra consideração possível é: qual o papel, se houver algum, que as práticas de *compensação de carbono* (financiamento de atividades longe do terreno, que compensem as emissões globais de carbono, como a plantação de árvores) têm nesse cálculo? Questões como estas e os conceitos de sustentabilidade, e como eles estão relacionados com a construção de edificações, continuarão a evoluir no futuro.

Considerações sobre sustentabilidade são incluídas ao longo deste

---

* N. de R.T.: Em 2008, foi lançado no Brasil o AQUA, que constitui a primeira alternativa para certificação de empreendimentos sustentáveis adaptada às condições brasileiras. O AQUA tem por objetivo desenvolver práticas de construção sustentável e o uso de materiais que gerem menor impacto ambiental, tendo sido elaborado pela Fundação Carlos Alberto Vanzolini, em parceria om a Escola Politécnica da USP. O referencial técnico de certificação AQUA (Alta Qualidade Ambiental) para edifícios do setor de serviços é uma adaptação do sistema de certificação francês HQE (*Haute Qualité Environnementale*), passando a se constituir, juntamente com o sistema LEED, nos dois sistemas de certificação mais conhecidos no Brasil.

livro. Além disso, informações adicionais, em quase todos os capítulos, descrevem as maiores questões relativas à sustentabilidade relacionadas aos materiais e métodos discutidos nesses capítulos. Isso ajudará na ponderação dos custos ambientais de um material em relação a outro, e no entendimento de como construir de forma a preservar para as gerações futuras a possibilidade de atender às suas necessidades de construção, de maneira racional e econômica. Para mais informações sobre organizações cuja missão é aumentar a nossa conscientização e prover o conhecimento que necessitamos para construir mais sustentavelmente, veja as referências listadas no final deste capítulo.

O TRABALHO DO PROJETISTA: A ESCOLHA DE SISTEMAS CONSTRUTIVOS

Uma edificação tem início a partir de uma ideia na mente de alguém, um desejo de novas e amplas acomodações para uma família, ou muitas famílias, uma organização ou uma empresa. Para qualquer edificação, exceto as menores, o próximo passo para o dono do futuro edifício é contratar, ele próprio ou por meio do gerente contratado para uma construção, os serviços de profissionais da área de projeto. Um arquiteto ajuda a organizar as ideias do proprietário sobre a nova edificação, desenvolve a forma da edificação e reúne um grupo de especialistas em engenharia para ajudá-lo a desenvolver conceitos e detalhes de fundações, estrutura e serviços mecânicos, elétricos e de comunicações.

> ...o arquiteto deve, no mínimo, ter a construção na ponta de seus dedos, assim como um pensador tem a sua gramática.
>
> Le Corbusier, *Towards a New Architecture*, 1927.

Essa equipe de projetistas, trabalhando com o cliente, desenvolve o esquema para a edificação, em graus cada vez maiores de detalhamento. Desenhos e especificações escritas são produzidos pela equipe de engenheiros e arquitetos para documentar como, e com que material, será feito o edifício. Os desenhos e as especificações são submetidos às autoridades governamentais locais de construção, etapa na qual será verificada a conformidade com as normas de zoneamento e códigos de edificações, antes da concessão de permissão para construir. Um empreiteiro geral é selecionado, seja por meio de negociação ou licitação, o qual procede à contratação de subempreiteiros para conduzir muitas partes especializadas do trabalho. Uma vez iniciada a construção, o empreiteiro geral supervisiona a obra, enquanto o fiscal e os arquitetos e consultores em engenharia observam periodicamente o trabalho, para terem certeza de que tudo seja executado de acordo com o planejado. Finalmente, a construção é concluída, a edificação fica pronta para ocupação, e aquela ideia original, frequentemente iniciada anos antes, é concretizada.

Embora uma edificação comece como uma abstração, ela é construída em um mundo de realidades materiais. Os projetistas de uma edificação – arquitetos e engenheiros – trabalham constantemente a partir de um conhecimento sobre o que é possível e o que não é. Eles são capazes, por um lado, de empregar uma gama aparentemente ilimitada de materiais de construção e de qualquer um de muitos tipos de sistemas estruturais, para produzir uma edificação de, praticamente, qualquer forma ou textura desejadas. Por outro lado, eles estão presos a certas limitações físicas: quanta área de terreno existe com a qual trabalhar; que peso edificado o solo pode suportar; que vão estrutural é possível; que tipos de materiais terão um bom desempenho no ambiente em questão. Eles ainda são limitados por orçamentos e uma complexa rede de restrições legais.

Aqueles que trabalham nas profissões ligadas à construção necessitam amplo entendimento sobre muitas coisas, incluindo povos e culturas; o meio ambiente; os princípios físicos com os quais as edificações trabalham; as tecnologias disponíveis para utilização em edificações, as restrições legais sobre o projeto e uso de edificações; a economia na construção e os arranjos contratuais e práticos sob os quais os edifícios são construídos. Este livro tem como preocupação primária as tecnologias de construção – quais são os materiais, como são produzidos, quais as suas propriedades e como eles se transformam em edifícios. Entretanto, tais elementos devem ser estudados tendo como referência muitos outros fatores importantes no processo de projeto de edificações, alguns dos quais requerem explicação.

Normas de zoneamento

As restrições legais sobre as edificações começam pelas *normas de zoneamento*, que governam os tipos de atividades que podem ocorrer em uma dada área de terra, em que extensão o terreno pode ser coberto por edificações, quão distantes as edificações deverão estar das divisas adjacentes, quantas vagas de estacionamento devem ser proporcionadas, os índices máximos de área construída e quão alta a edificação poderá ser. Em cidades maiores, normas de zoneamento podem incluir zonas com requisitos especiais de proteção contra incêndio, distritos empresariais de vizinhança com incentivos econômicos para novas construções ou para revitalização de edificações existentes, ou outras condições especiais.

Códigos de edificações

Além de suas normas de zoneamento, os governos locais regulam a atividade de construção por meio de *códigos de edificações*. Eles protegem a saúde e a segurança pública, pelo estabelecimento de padrões mínimos para a qualidade da construção, integridade estrutural, durabilidade, habitabilidade, acessibilidade e, especialmente, segurança contra incêndio.

A maioria dos códigos de edificações na América do Norte é baseada em um de vários *códigos modelos de edificação*, códigos padronizados que jurisdições locais podem adotar para seu próprio uso, como uma alternativa à elaboração de código próprio. No Canadá, o National Building Code of Canada é publicado pela Canadian Commission on Building and Fire Codes. Ele é a base para a maioria dos códigos de edificações das províncias e municípios daquele país. Nos Estados Unidos, o International Building Code® é o código modelo predominante. Este código é publicado pelo International Code Council, uma organização privada, sem fins lucrativos, cujos membros são oficiais de códigos locais de todo o país. Ele é a base para a maioria dos códigos de edificações nos Estados Unidos, em âmbito de estado, condado e município norte-americanos. O International Building Code (IBC) é o primeiro *código modelo de edificação* unificado na história dos Estados Unidos. Publicado pela primeira vez em março de 2000, ele foi uma bem vinda consolidação de uma série de prévios códigos-modelo regionais, que competiam entre si.

As informações relacionadas a códigos de edificações presentes neste livro estão baseadas no IBC. O IBC começa definindo *grupos de ocupação* para edificações, conforme segue:

- Os grupos A-1 até A-5 são locais de ocupação pública para **Reuniões**: teatros, auditórios, salas de conferências, casas noturnas, restaurantes, templos religiosos, bibliotecas, museus, estádios e ginásios de esporte, etc.
- O grupo B caracteriza ocupação de **Negócios**: bancos, escritórios administrativos, instalações de ensino superior, agências de correios, escritórios profissionais, etc.
- O grupo E caracteriza ocupação por **Instituições de Ensino**: escolas de ensino fundamental e ensino médio e instituições de atendimento diurno integral.
- Os grupos F-1 e F-2 abrigam processos industriais que utilizam materiais de baixa flamabilidade ou materiais incombustíveis, respectivamente.
- Os grupos H-1 até H-5 incluem vários tipos de ocupação de **Alto Risco**, nos quais materiais tóxicos, corrosivos, altamente combustíveis ou explosivos estão presentes.
- Os grupos I-1 até I-4 incluem ocupação **Institucional**, em que os ocupantes, sob os cuidados de terceiros, podem não ter condições de salvarem a si próprios durante um incêndio ou outra emergência na edificação, tais como instituições da área de saúde, orfanatos e prisões.
- O grupo M para ocupação **Mercantil**: lojas, mercados, postos de serviços e vendas.
- Os grupos R-1 até R-4, para locais com ocupação **Residencial**, incluindo edifícios de apartamentos, dormitórios, repúblicas e pensionatos, hotéis, casas de cuidado, moradias com uma ou duas famílias.
- Os grupos S-1 e S-2 incluem edificações usadas para **Depósito** de materiais, de moderado e baixo risco, respectivamente.
- O grupo U para edificações de **Apoio**. Ele compreende construções rurais, abrigos de carros, galpões, estábulos, estufas e outros edifícios agrícolas, cercas, tanques, torres e outros edifícios secundários.

O objetivo do IBC, ao estabelecer grupos de ocupação, é distinguir os vários graus de segurança necessários em edificações. Um hospital, onde muitos pacientes estão acamados e não podem escapar de uma situação de incêndio sem a ajuda de outras pessoas, precisa ser construído dentro de um padrão de segurança maior do que um hotel ou pousada. Uma edificação armazenando materiais incombustíveis para alvenarias, que seja passível de ocupação por um reduzido número de pessoas, todos fisicamente capazes, pode ser construído dentro de um padrão mais baixo de segurança do que um edifício de lojas, tipo *shopping center*, que abrigue uma grande quantidade de materiais combustíveis e seja ocupado por muitos usuários, de diversas idades e capacidades físicas. Uma escola de ensino fundamental requer mais proteção para seus usuários do que um edifício universitário. Um teatro necessita saídas especiais para a fuga rápida dos cidadãos, sem qualquer tipo de tumulto, em uma emergência.

Essas definições de grupos de ocupação são seguidas por um conjunto de definições de *tipos construtivos*. No topo desta lista estão as construções de Tipo I, feitas com materiais altamente resistentes ao fogo, não combustíveis. No final da lista estão as edificações de Tipo V, construídas com estruturas de madeira combustível – o material de construção com menor resistência ao fogo, dentre todos os tipos construtivos. Entre eles estão os Tipos II, III e IV, com níveis de resistência ao fogo intermediários entre os dois extremos.

Uma vez definidos os grupos de ocupação e os tipos construtivos, o IBC procede à combinação dos dois, determinando quais grupos de ocupação possam ser abrigados em quais tipos construtivos e sob quais limitações de altura e área da edificação. A Figura 1.2 foi retirada do IBC. A tabela exibe valores de alturas máximas permitidas, expressos tanto na medida *pés*, quanto em número de pavimentos acima do nível do solo, e a área máxima permitida, por pavimento, para cada combinação possível entre o grupo de ocupação e o tipo construtivo. Uma vez ajustados esses valores, de acordo com as demais disposições do código, o tamanho máximo permitido para uma edificação, de qualquer tipo particular de uso e tipo construtivo, poderá ser determinado.

Essa tabela concentra uma grande quantidade de informações em um espaço muito reduzido. Um projetista pode se referir a ela com um tipo particular de edificação em mente e descobrir quais tipos construtivos serão permitidos e qual a forma que ela poderá tomar. Considere, por exemplo, um edifício de escritórios. De acordo com o IBC, um edifício desse tipo pertence ao Grupo de Ocupação B, Negócios. Ao lermos a tabela, da esquerda para a direita, descobrimos imediatamente que esse edifício pode ser construído com qualquer tamanho desejado, sem limitações, se utilizarmos o Tipo Construtivo I-A.

O Tipo construtivo I-A é definido, no IBC, como constituído apenas por materiais incombustíveis – alvenaria, concreto ou aço, por exemplo – e cumprindo as exigências mínimas de resistência ao calor de incêndios. Observando a Tabela 601 da Figura 1.3,

TABELA 503
ÁREAS E ALTURAS DE CONSTRUÇÃO PERMITIDAS[a]
Limitações em altura, mostradas em pavimentos e pés, acima do nível do solo.
Limitações em área como determinado pela definição de "Área de construção", por pavimento.

GRUPOS	HGT(feet) / HGT(S)	TIPO I A	TIPO I B	TIPO II A	TIPO II B	TIPO III A	TIPO III B	TIPO IV HT	TIPO V A	TIPO V B
		ILIM.	160	65	55	65	55	65	50	40
A-1	ALT (pav.)	ILIM.	5	3	2	3	2	3	2	1
	ÁREA	ILIM.	ILIM.	15.500	8.500	14.000	8.500	15.000	11.500	5.500
A-2	ALT (pav.)	ILIM.	11	3	2	3	2	3	2	1
	ÁREA	ILIM.	ILIM.	15.500	9.500	14.000	9.500	15.000	11.500	6.000
A-3	ALT (pav.)	ILIM.	11	3	2	3	2	3	2	1
	ÁREA	ILIM.	ILIM.	15.500	9.500	14.000	9.500	15.000	11.500	6.000
A-4	ALT (pav.)	ILIM.	11	3	2	3	2	3	2	1
	ÁREA	ILIM.	ILIM.	15.500	9.500	14.000	9.500	15.000	11.500	6.000
A-5	ALT (pav.)	ILIM.	ILIM.	ILIM.	ILIM.	ILIM.	ILIM.	ILIM.	ILIM.	ILIM.
	ÁREA	ILIM.	ILIM.	ILIM.	ILIM.	ILIM.	ILIM.	ILIM.	ILIM.	ILIM.
B	ALT (pav.)	ILIM.	11	5	4	5	4	5	3	2
	ÁREA	ILIM.	ILIM.	37.500	23.000	28.500	19.000	36.000	18.000	9.000
E	ALT (pav.)	ILIM.	5	3	2	3	2	3	1	1
	ÁREA	ILIM.	ILIM.	26.500	14.500	23.500	14.500	25.500	18.500	9.500
F-1	ALT (pav.)	ILIM.	11	4	2	3	2	4	2	1
	ÁREA	ILIM.	ILIM.	25.000	15.500	19.000	12.000	33.500	14.000	8.500
F-2	ALT (pav.)	ILIM.	11	5	3	4	3	5	3	2
	ÁREA	ILIM.	ILIM.	37.500	23.000	28.500	18.000	50.500	21.000	13.000
H-1	ALT (pav.)	1	1	1	1	1	1	1	1	NP
	ÁREA	21.000	16.500	11.000	7.000	9.500	7.000	10.500	7.500	NP
H-2[d]	ALT (pav.)	ILIM.	3	2	1	2	1	2	1	1
	ÁREA	21.000	16.500	11.000	7.000	9.500	7.000	10.500	7.500	3.000
H-3[d]	ALT (pav.)	ILIM.	6	4	2	4	2	4	2	1
	ÁREA	ILIM.	60.000	26.500	14.000	17.500	13.000	25.500	10.000	5.000
H-4	ALT (pav.)	ILIM.	7	5	3	5	3	5	3	2
	ÁREA	ILIM.	ILIM.	37.500	17.500	28.500	17.500	36.000	18.000	6.500
H-5	ALT (pav.)	4	4	3	3	3	3	3	3	2
	ÁREA	ILIM.	ILIM.	37.500	23.000	28.500	19.000	36.000	18.000	9.000
I-1	ALT (pav.)	ILIM.	9	4	3	4	3	4	3	2
	ÁREA	ILIM.	55.000	19.000	10.000	16.500	10.000	18.000	10.500	4.500
I-2	ALT (pav.)	ILIM.	4	2	1	1	NP	1	1	NP
	ÁREA	ILIM.	ILIM.	15.000	11.000	12.000	NP	12.000	9.500	NP
I-3	ALT (pav.)	ILIM.	4	2	1	2	1	2	2	1
	ÁREA	ILIM.	ILIM.	15.000	10.000	10.500	7.500	12.000	7.500	5.000
I-4	ALT (pav.)	ILIM.	5	3	2	3	2	3	1	1
	ÁREA	ILIM.	60.500	26.500	13.000	23.500	13.000	25.500	18.500	9.000
M	ALT (pav.)	ILIM.	11	4	4	4	4	4	3	1
	ÁREA	ILIM.	ILIM.	21.500	12.500	18.500	12.500	20.500	14.000	9.000
R-1	ALT (pav.)	ILIM.	11	4	4	4	4	4	3	2
	ÁREA	ILIM.	ILIM.	24.000	16.000	24.000	16.000	20.500	12.000	7.000
R-2	ALT (pav.)	ILIM.	11	4	4	4	4	4	3	2
	ÁREA	ILIM.	ILIM.	24.000	16.000	24.000	16.000	20.500	12.000	7.000
R-3	ALT (pav.)	ILIM.	11	4	4	4	4	4	3	3
	ÁREA	ILIM.	ILIM.	ILIM.	ILIM.	ILIM.	ILIM.	ILIM.	ILIM.	ILIM.
R-4	ALT (pav.)	ILIM.	11	4	4	4	4	4	3	2
	ÁREA	ILIM.	ILIM.	24.000	16.000	24.000	16.000	20.500	12.000	7.000
S-1	ALT (pav.)	ILIM.	11	4	3	3	3	4	3	1
	ÁREA	ILIM.	48.000	26.000	17.500	26.000	17.500	25.500	14.000	9.000
S-2[b,c]	ALT (pav.)	ILIM.	11	5	4	4	4	5	4	2
	ÁREA	ILIM.	79.000	39.000	26.000	39.000	26.000	38.500	21.000	13.500
U[c]	ALT (pav.)	ILIM.	5	4	2	4	2	4	2	1
	ÁREA	ILIM.	35.500	19.000	8.500	14.000	8.500	18.000	9.000	5.500

Para unidades do Sistema Internacional: 1 pé = 304.8mm, 1 pé quadrado = 0.0929m²
ILIM. = Ilimitado, NP = Não permitido.
a. Consultar as seguintes seções para exceções gerais à Tabela 503:
   1. Seção 504.2, Altura permitida aumenta com a instalação de sistemas de sprinkler.
   2. Seção 506.2, Área permitida aumenta devido à testada do lote.
   3. Seção 506.3, Área permitida aumenta com a instalação de sistemas de sprinkler.
   4. Seção 507, Áreas de construção ilimitadas.
b. Para estruturas de estacionamento aberto, ver Seção 406.3
c. Para garagens privadas, ver Seção 406.1
d. Ver Seção 415.5 para limitações.

Figura 1.2
Limitações de altura e área para edificações de diversos tipos construtivos, conforme definição no 2006 IBC. *(Partes desta publicação reproduzem tabelas do 2006 International Building Code, International Code Council, Inc., Washington, D.C. Reproduzidas com Permissão. Todos os direitos reservados.)*

também reproduzida do IBC, encontramos, abaixo do Tipo Construtivo I-A, uma lista dos *graus de resistência ao fogo* requeridos, medidos em horas, para as diversas partes do edifício de escritórios proposto. Por exemplo, a primeira linha informa que a estrutura, incluindo elementos como colunas, vigas e tesouras, deve ser classificada na faixa de três horas. A segunda linha também exige três horas de resistência para *paredes portantes*, as quais suportam cargas de pisos ou coberturas sobre elas. *Paredes não portantes ou divisórias*, que não têm de suportar cargas sobre elas, estão listadas na terceira linha e fazem referência à Tabela 602, que traz as exigências em termos

TABELA 601
CLASSIFICAÇÃO DE RESISTÊNCIA AO FOGO EXIGIDA POR ELEMENTOS CONSTRUTIVOS (horas)

ELEMENTO CONSTRUTIVO	TIPO I A	TIPO I B	TIPO II A[e]	TIPO II B	TIPO III A[e]	TIPO III B	TIPO IV HT	TIPO V A[e]	TIPO V B
Estrutura[a]	3[b]	2[b]	1	0	1	0	HT	1	0
Paredes portantes Exterior[g]	3	2	1	0	2	2	2	1	0
Interior	3[b]	2[b]	1	0	1	0	1/HT	1	0
Paredes não portantes e divisórias Exterior	Ver Tabela 602								
Paredes não portantes e divisórias Interior[f]	0	0	0	0	0	0	Ver Seção 602.4.6	0	0
Pisos Incluindo vigas e conexões	2	2	1	0	1	0	HT	1	0
Coberturas Incluindo vigas e conexões	1½[c]	1[c,d]	1[c,d]	0[d]	1[d]	0[d]	HT	1[c,d]	0

Para unidades do Sistema Internacional: 1pé = 304.8mm.
a. São considerados elementos estruturais as vigas, colunas, pilares e treliças conectados diretamente a colunas e elementos de conexão projetados para suportar as cargas da edificação. Elementos das lajes e coberturas que não estão conectados a colunas devem ser considerados elementos secundários e não uma parte da estrutura.
b. Apoios de cobertura: pode-se reduzir em 1 hora as classificações de resistência ao fogo de elementos estruturais que estejam suportando exclusivamente cargas da cobertura.
c. Exceto nos grupos de atividades F-1, H, M, e S-1, não será requerida proteção contra fogo de elementos estruturais, incluindo a proteção de estruturas de telhados e deques, onde cada componente do telhado esteja 20 pés, ou mais, acima de qualquer piso imediatamente abaixo. Componentes de madeira tratados com retardadores de chama podem ter sua utilização permitida na construção desses componentes não tratados.
d. Para todos os tipos de edilícios, será permitido o uso de madeiras pesadas, em que a exigência de resistência ao fogo de 1 hora ou menos seja requerida.
e. Um sistema aprovado de *sprinklers* automáticos, em conformidade com a Seção 903.3.1.1, pode ser autorizado a ser substituído por uma construção classificada como oferecendo uma resistência ao fogo de 1 hora, desde que tal sistema não seja já exigido por outras provisões do código ou utilizado em áreas permitidas de serem acrescidas conforme Seção 506.3 ou por um acréscimo em altura, conforme Seção 504.2. A substituição para classificação de resistência ao fogo de 1 hora não será permitida para paredes externas.
f. Não menos do que a classificação de resistência ao fogo exigida por outras Seções deste código.
g. Não menos do que a classificação de resistência ao fogo baseada na distância de separação do fogo (ver Tabela 602).

TABELA 602
EXIGÊNCIAS DE RESISTÊNCIA AO FOGO PARA PAREDES EXTERNAS, BASEADAS NA DISTÂNCIA DE SEPARAÇÃO AO FOGO[a,e]

DISTÂNCIA DE SEPARAÇÃO = X (pés)	TIPO CONSTRUTIVO	GRUPO DE OCUPAÇÃO H	GRUPO DE OCUPAÇÃO F-1, M, S-1	GRUPO DE OCUPAÇÃO A, B, E, F-2, I, R, S-2,U[b]
X < 5[c]	Todos	3	2	1
5 < ou = X < 10	IA	3	2	1
	Outros	2	1	1
10 < ou = X < 30	IA,IB	2	1	1[d]
	IIB,VB	1	0	0
	Outros	1	1	1[d]
X > ou = 30	Todos	0	0	0

Para unidades do Sistema Internacional: 1pé = 304.8mm.
a. Paredes portantes externas devem satisfazer, também, as exigências de resistência ao fogo descritas na Tabela 601.
b. Para exigências especiais do Grupo de Ocupação U, ver Seção 406.1.2.
c. Para paredes divisórias, ver Seção 705.1.1.
d. Estacionamentos abertos que satisfaçam os requisitos da Seção 406 não necessitam classificação de resistência ao fogo.
e. A classificação de resistência ao fogo para paredes externas é determinada com base na distância de separação do fogo da parede externa e andar em que a parede está localizada.

Figura 1.3
Resistência ao fogo de elementos de uma edificação, conforme requerido pelo 2006 IBC. (*Partes desta publicação reproduzem tabelas do 2006 International Building Code, International Code Council, Inc., Washington, D.C. Reproduzidas com Permissão. Todos os direitos reservados.*)

de resistência ao fogo para paredes externas de uma edificação, com base em sua proximidade a edificações adjacentes (a Tabela 602 está incluída na parte inferior da Figura 1.3). Exigências para a construção de pisos e coberturas são definidas nas duas últimas linhas da Tabela 601.

Ao analisarmos a Tabela 601, na Figura 1.3, vemos que as exigências de resistência ao fogo são maiores para o Tipo I-A de construção, decrescem para uma hora em diversos tipos intermediários e caem até zero para o Tipo V-B de construção. Geralmente, quanto mais baixo o numeral que designa o tipo de construção, maior a sua resistência ao fogo (o Tipo IV é algo como uma anomalia, visto que se refere a construções em *Madeira Maciça*, consistindo de peças grandes de madeira, relativamente lentas para pegar fogo e queimar).

Uma vez determinadas as exigências de resistência ao fogo para as partes maiores da edificação, o projeto dessas partes pode prosseguir, usando os componentes da edificação que atendam a tais requisitos. Tabulações de resistência, para materiais e componentes usuais, podem vir de fontes variadas, incluindo o próprio IBC, assim como de catálogos e manuais editados por produtores de materiais de construção, *associações comerciais* da área de construção e por organizações preocupadas com a proteção ao fogo de edificações. Em cada caso, as classificações são derivadas de testes laboratoriais, com componentes da edificação em escala real, realizados de acordo com protocolos aceitos de testes de segurança ao fogo normalizados, para assegurar a uniformidade dos resultados (este teste, ASTM E119, é descrito com mais detalhes no Capítulo 22 deste livro). As Figuras 1.4 a 1.6 mostram seções de tabelas de catálogos e manuais para ilustrar como são normalmente apresentadas as classificações de resistência ao fogo.

Geralmente, ao determinar o nível de resistência ao fogo requerido para uma edificação, quanto maior o grau de resistência ao fogo, maior também será o custo. Frequentemente, portanto, edifícios são projetados com os menores níveis de resistência ao fogo

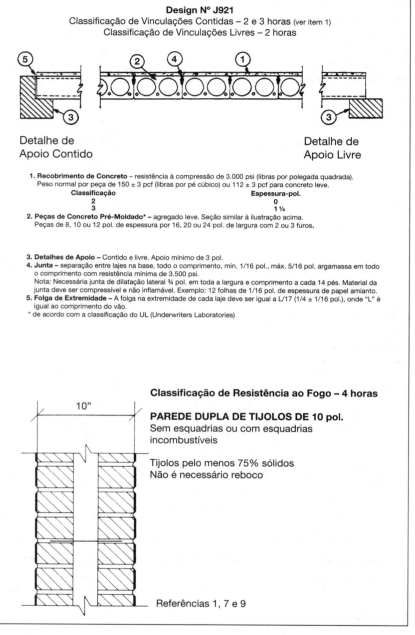

Figura 1.4
Exemplos de classificação quanto à resistência ao fogo para elementos estruturais de concreto e alvenaria. O detalhe superior – retirado do *Fire Resistance Directory*, do *Underwriters Laboratories* – é para um piso em placas de concreto pré-moldado, de seção vazada, com um recobrimento em concreto. *Contida* e *livre* são termos que definem se a laje é impedida ou não de se expandir longitudinalmente, quando submetida ao calor de um incêndio. O detalhe inferior é de literatura publicada pelo *Brick Institute of America*. (Reproduzido com permissão do Underwriters Laboratories Inc. e do Brick Institute of America, respectivamente.)

Design Nº A814
Classificação de Vinculações Contidas – 3 horas
Classificação de Vinculações Livres – 3 horas
Classificação de Vigas Livre – 3 horas

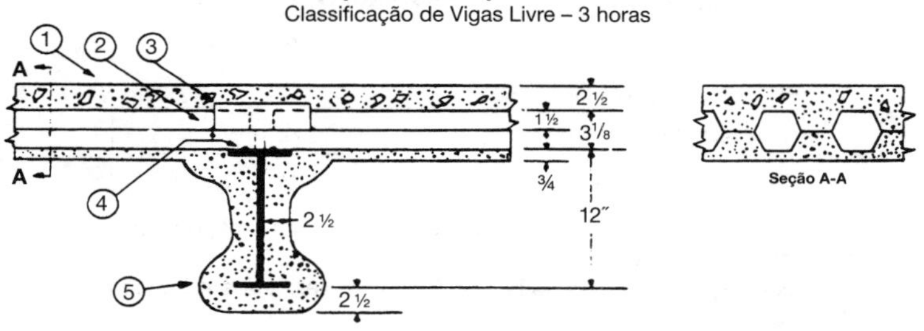

Figura 1.5
Classificação de resistência ao fogo para estruturas de piso e colunas em aço, respectivamente, retirado do *Fire Resistance Directory* do *Underwriters Laboratories*. (Reproduzido com permissão do Underwriters Laboratories Inc.)

Viga – W12x27, tam. mín.
1. **Concreto** – 150 pcf de peso por peça e resistência à compressão de 4.000 pcf.
2. **Painel-Forma de Piso*** – peças em aço galvanizado. Todas 24 pol. de largura, 18/18 MSG. Soldadas a suportes, a cada 12 pol. Peças adjacentes indentadas ou soldadas nas juntas, a cada 36 pol.
3. **Chapa de Revestimento** – aço galvanizado Nº 16 MSG
4. **Soldas** – a cada 12 pol.
5. **Recobrimento de Fibra*** – Aplicado sobre superfícies de aço umedecidas e livres de sujeira, através de aspersão com água, até a espessura final indicada acima. O uso de adesivos e selantes são opcionais. A densidade mínima do recobrimento finalizado deve ser de 11 pcf e a requerida espessura de fibra deve possuir densidade de 11 pcf. Para pontos onde a densidade da fibra fica entre 8 e 11 pcf, a espessura da camada de fibra deve ser aumentada, de acordo com a seguinte fórmula:

$$\text{Espessura, pol.} = \frac{(11)(\text{Espessura Projetada, pol.})}{\text{Densidade Efetiva, pol.}}$$

A densidade da fibra não poderá ser menor do que 8 pcf. Para o método de determinação de densidades, ver Seção de Informações Gerais

* de acordo com a classificação do UL (Underwriters Laboratories)

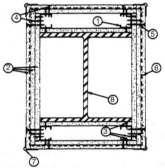

Design Nº X511
Classificação – 3 horas

1. **Montantes de Aço** – 15/8 pol. de largura com laterais de 15/16 e 17/16, com bordas de ¼ pol., dobradas nas laterais. Fabricado em aço galvanizado 25 MSG. Recortes retangulares de ¾ por 1¾ pol., perfurados a 8 e 16 pol. das extremidades. Montantes cortados com ½ pol. a menos, no comprimento em relação à coluna.
2. **Painel de Parede em Gesso*** – ½ pol. de espessura, três camadas.
3. **Parafusos** – 1 pol. de comprimento, autoperfurantes, espaçamento vertical de 24 pol.
4. **Parafusos** – 15/8 pol. de comprimento, autoperfurantes, espaçamento vertical de 24 pol., exceto na borda da camada mais externa da parede, onde o espaçamento é de 12 pol.
5. **Parafusos** – 2¼ pol. de comprimento, autoperfurantes, espaçamento vertical de 12 pol.
6. **Fio de Amarração** – arame simples em aço leve 18 SWG, colocado no ponto do terço superior, utilizado apenas para firmar a segunda camada do painel de parede.
7. **Cantoneiras** – em aço galvanizado Nº 28 MSG, laterais com 11/4 pol. ou aço não revestido 27 MSG, com laterais de 13/8 pol.

Resistência ao fogo	Resistência acústica STC	Arquivo GA Nº	Descrição detalhada	Dados de desenho - Fogo	Dados de desenho - Som
1 hora	30 a 34	WP 3620	**Tipo de Construção: acabamento em gesso, acabamento em reboco, montantes de madeira.** Camada de ½" de gesso tipo X, aplicada com ângulos retos em cada lado dos montantes de madeira 2x4, espaçados a cada 16". Camada mínima de reboco em gesso de 1/16", sobre cada face. Distribuir juntas verticais a cada 16" e juntas horizontais a 12" em cada lado. Teste de som sem o reboco de acabamento. (LB)	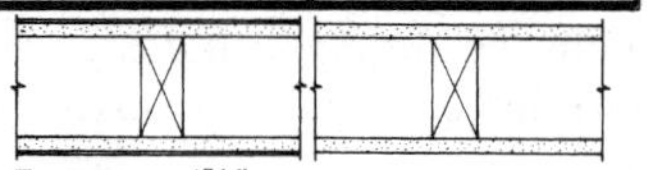 Espessura: 4⁷/₈" Peso aprox.: 7 psf Teste ao fogo: UC, 1-12-66	Teste ao som: G & H IBI-35FT. 5-26-64

Figura 1.6
Uma amostra de classificações de resistência ao fogo publicado pela Gypsum Association, neste caso para uma divisória interna. *(Cortesia de Gypsum Association)*

permitidos pelo código de edificações. Nosso hipotético edifício de escritórios poderia ser construído utilizando-se uma construção do Tipo I-A, mas será realmente necessário que ele seja construído com um padrão tão alto de construção?

Suponhamos que o proprietário deseja um edifício de cinco pavimentos, com 30.000 pés quadrados por andar. Na tabela da Figura 1.2, podemos ver que, em adição à construção do Tipo I-A, a edificação pode ser do Tipo I-B, que permite um edifício de onze pavimentos e área ilimitada por andar, ou do Tipo II-A, que permite um edifício de cinco pavimentos, com 37.500 pés quadrados por andar. Entretanto, ele não poderia ser do Tipo II-B, que permite um edifício de apenas quatro pavimentos e 23.000 pés quadrados por andar. Ele poderia, ainda, ser do Tipo IV de construção, mas não do Tipo III, nem do Tipo V.

Outros fatores também são importantes para essas determinações. Se uma edificação é totalmente protegida por um sistema aprovado, totalmente automático, de *sprinklers* para a supressão de um incêndio, o IBC determina que a área tabulada, por pavimento, possa ser quadruplicada, em edificações térreas, ou triplicada, em construções de vários andares (dependendo de algumas considerações adicionais, aqui omitidas para simplificar). O acréscimo de um andar, na altura permitida, também é garantido na maioria das circunstâncias, se o sistema de *sprinklers* for instalado. Se o edifício de escritórios com cinco pavimentos, de 30.000 pés quadrados, que estamos considerando, for provido com tal sistema de *sprinklers*, um pouco de aritmética nos mostrará que ele pode ser construído utilizando-se qualquer tipo construtivo apresentado na Figura 1.2, com exceção do Tipo V.

Se mais de um quarto das paredes do perímetro do edifício estiverem voltadas para vias públicas ou para espaços abertos, que garantam o acesso de equipamentos de combate ao incêndio, um aumento adicional de até 75% da área construída é permitido, de acordo com outra fórmula. Além disso, se a edificação for dividida por

TABELA 705.4
RESISTÊNCIA AO FOGO EXIGIDA PARA PAREDES CORTA FOGO

GRUPO	RESISTÊNCIA AO FOGO (HORAS)
A, B, E, H-4, I, R-1, R-2, U	3[a]
F-1, H-3,[b] H-5, M, S-1	3
H-1, H-2	4[b]
F-2, S-2, R-3, R-4	2

a. Paredes não podem ter resistência menor do que 2 horas, quando separam edificações do Tipo II ou V.
b. Para edificações dos Grupos H-1, H-2 ou H-3, ver também Seções 415.4 e 415.5

Figura 1.7
Classificação de resistência ao fogo para paredes corta-fogo, conforme exigência do IBC em 2006. *(Partes dessa publicação traz tabelas retiradas do IBC 2006, International Code Council, Inc., Washington, D.C. Todos os direitos reservados.)*

paredes corta fogo, com resistências especificadas em outra tabela (Figura 1.7), cada porção dividida pode ser considerada como um edifício em separado, para calcular a área permitida, o que, efetivamente, permite a criação de uma edificação muitas vezes maior do que a Figura 1.2 poderia, em primeira instância, indicar.

O IBC também estabelece padrões para iluminação natural, ventilação, saídas de emergência, projeto estrutural, construção de pisos, paredes, forros e chaminés, sistemas de proteção ao fogo, acessibilidade para portadores de necessidades especiais, e muitos outros fatores importantes. O International Code Council também publica o International Residential Code (IRC), um código modelo simplificado, informando sobre construções residenciais uni e bifamiliares e outras edificações de porte reduzido. Em qualquer órgão de planejamento norte-americano, edificações desse tipo, provavelmente, vão estar submetidas a exigências, tanto do IBC, quanto do IRC, dependendo das diretrizes para adoção de códigos da jurisdição.

O código de edificações não é o único código a que uma nova edificação deve obedecer. Códigos associados à saúde regulam aspectos de projeto e operação, relacionados a condições sanitárias em equipamentos públicos, como piscinas, serviços de alimentação, escolas ou serviços de tratamento de saúde. Códigos de energia estabelecem padrões de eficiência energética para edificações, afetando as escolhas do projetista concernentes a janelas, sistemas de calefação e refrigeração e muitos aspectos relativos à construção de paredes e coberturas da envoltória da edificação. Códigos de incêndio regulam a operação e a manutenção de edificações, com o objetivo de garantir que rotas de saída, sistemas de proteção ao fogo, geradores de emergência e outros sistemas de segurança sejam adequadamente mantidos. Códigos elétricos e mecânicos regulam o projeto e a instalação de sistemas elétricos, hidráulicos, de calefação e de refrigeração. Alguns desses códigos podem ser elaborados localmente. Mas, assim como os códigos de edificação discutidos acima, a maioria é baseada nos modelos norte-americanas. Na verdade, uma importante tarefa, no estágio inicial de projeto de uma edificação de maior porte, é determinar qual órgão tem jurisdição sobre o projeto e quais códigos e normas são aplicáveis.

Outras restrições

Outros tipos de restrições legais também devem ser observados no projeto e construção de edificações. O Americans with Disabilities Act (ADA) faz com que a acessibilidade a edifícios públicos seja um direito civil de todos os cidadãos norte-americanos, e o Fair Housing Act faz o mesmo para muitos edifícios residenciais multifamiliares. Tais *normas de acessibilidade* normatizam o projeto de entradas, escadas, portas, elevadores, equipamentos sanitários, áreas públicas, espaços habitados e outras partes de edifícios, de maneira a garantir que eles sejam acessíveis e utilizáveis pelos portadores de deficiência física.

A U.S. Occupational Safety and Health Administration (OSHA) controla os projetos para locais de trabalho, com o objetivo de minimizar riscos à saúde e à segurança dos trabalhadores. A OSHA estabelece normas de segurança, segundo as quais as construções devem ser construídas, e, também, tem um importante efeito sobre o projeto de edificações industriais e comerciais.

Um crescente número de estados norte-americanos impõem limites à quantidade de *compostos orgânicos voláteis* (VOCs) que os componentes de uma edificação podem liberar para a atmosfera. VOCs são compostos químicos orgânicos que evaporam rapidamente. Eles podem causar irritações aos ocupantes de uma edificação e contribuir para a poluição do ar. Alguns podem ser gases de efeito estufa. Fontes típicas de VOCs são tintas, corantes, adesivos e aglutinantes utilizados na fabricação de painéis de madeira.

Estados e localidades possuem leis de conservação que protegem banhados e outras áreas ambientalmente sensíveis contra a invasão de construções. Companhias de seguro contra incêndio exercem grande influência nas normas de construção, por meio de suas organizações de testes e certificações (Underwriters Laboratories e o Factory Mutual, por exemplo) e pelos seus sistemas de classificação para a cobertura de seguros de imóveis, que oferecem grandes incentivos financeiros aos proprietários de edifícios com maior nível de proteção contra acidentes. Empresas construtoras e sindicatos de trabalhadores da construção possuem normas, tanto formais, quanto informais, que afetam as formas com que as edificações são construídas. Os sindicatos têm regras de trabalho e segurança que devem ser observadas; as construtoras possuem equipamentos específicos, habilidades específicas e formas costumeiras de fazer as coisas. Todos esses aspectos variam significativamente de um lugar para outro.

NORMAS PARA CONSTRUÇÃO E FONTES DE INFORMAÇÃO

As tarefas do arquiteto e do engenheiro seriam impossíveis de serem realizadas sem o suporte de dezenas de agências reguladoras, associações comerciais, organizações profissionais e outros grupos que produzem e disseminam informações sobre materiais e métodos de construção. Alguns dos mais importantes serão discutidos nas seções a seguir.

Agências normatizadoras

A ASTM Internacional (anteriormente American Society for Testing and Materials) é uma organização privada, que estabelece especificações para materiais e métodos de construção, aceitas como normas nos Estados Unidos. Referências numéricas às normas da ASTM – como, por exemplo, ASTM C150, para cimento Portland, usado para a fabricação de concreto – são encontradas nos códigos de edificações e nas especificações construtivas, nas quais elas são utilizadas como um atalho preciso, para descrever a qualidade dos materiais ou as exigências para a sua instalação. Ao longo deste livro, são fornecidas referências às normas da ASTM para os principais materiais de construção apresentados. Caso você queira examinar o conteúdo dessas normas, elas podem ser encontradas nas referências à ASTM, listadas no final deste capítulo. No Canadá, normas correspondentes são definidas pela Canadian Standards Association – CSA.

O American National Standards Institute (ANSI) é outra organização privada que desenvolve e certifica normas norte-americanas para uma ampla gama de produtos, como janelas, componentes mecânicos de edificações, e, até mesmo, requisitos de acessibilidade, referenciados pelo próprio IBC (ICC/ANSI A117.1). Agências governamentais, em especial o U.S. National Institute of Science and Technology (NIST), do U.S. Department of Commerce, e o Institute for Research in Construction (NRC-IRC), do National Research Council do Canadá, também patrocinam pesquisas e estabelecem normas para produtos e sistemas de construção.

Associações comerciais e de profissionais ligados à construção

Projetistas, produtores de materiais de construção e grupos comerciais da construção têm constituído um grande número de organizações, que trabalham no desenvolvimento de normas técnicas e na disseminação de informações relacionadas às suas respectivas áreas de interesse. O Construction Specifications Institute, cuja norma *MasterFormat*™ é descrita na próxima seção, constitui um exemplo. Essa organização é composta tanto por profissionais da construção independentes, como engenheiros e arquitetos, quanto por membros da indústria. A Western Wood Products Association, citando um exemplo entre centenas de *associações de comerciantes*, é formada por produtores de madeira serrada e de produtos de madeira. Ela conduz programas de pesquisa sobre produtos de madeira, estabelece normas padronizadas de qualidade do produto, certifica serrarias e produtos que se enquadram em suas normas e publica literatura técnica de referência, no que diz respeito ao uso da madeira serrada e produtos relacionados. Associações com uma gama de atividades similares existem para praticamente cada material e produto empregado na edificação. Todas publicam dados técnicos relacionados a seus campos de interesse, muitas das quais referências indispensáveis para o arquiteto ou engenheiro.

Um número considerável das normas publicadas por essas organizações são incorporadas como referências nos códigos de edificações. Publicações selecionadas de associações de comércio e de profissionais são identificadas nas referências listadas ao final de cada capítulo deste livro. O leitor é encorajado a obter e explorar essas e outras publicações disponibilizadas por tais organizações.

MasterFormat

O Construction Specification Institute (CSI), dos Estados Unidos, e seu correspondente canadense, o Construction Specifications Canada (CSC), desenvolveram, ao longo de um período de muitos anos, um abrangente resumo chamado *MasterFormat*, para a organização da informação sobre sistemas e materiais de construção. O MasterFormat é utilizado como o guia básico para as especificações construtivas da maior parte dos grandes projetos de construção nesses dois países. Ele é, frequentemente, empregado para organizar os dados de custo da construção e compõe a base sobre a qual é catalogada grande parte da literatura técnica das associações de fabricantes e comerciantes. Em alguns casos, o MasterFormat é também usado para cruzar informações sobre materiais em desenhos relativos a construções.

O MasterFormat é organizado em 50 *divisões* primárias, que buscam cobrir a mais ampla gama possível de materiais construtivos e sistemas de edificações. As partes do MasterFormat relevantes aos tipos de construções discutidas neste livro são as seguintes:

Aquisição e Contratação
Grupo de Requisitos
   Divisão 00 – Requisitos para Aquisição e Contratação
Grupo de Especificações
Subgrupo de Requisitos Gerais
   Divisão 01 – Requisitos Gerais
Subgrupo de Construção
   Divisão 02 – Condições existentes
   Divisão 03 – Concreto
   Divisão 04 – Alvenaria
   Divisão 05 – Metais
   Divisão 06 – Madeira, Plásticos e Compósitos
   Divisão 07 – Proteção Térmica e contra Umidade
   Divisão 08 – Aberturas
   Divisão 09 – Acabamentos
   Divisão 10 – Especialidades
   Divisão 11 – Equipamentos
   Divisão 12 – Mobiliário
   Divisão 13 – Construções Especiais
   Divisão 14 – Equipamento de Transporte
Subgrupo de Serviços
   Divisão 21 – Combate a Incêndio
   Divisão 22 – Canalizações
   Divisão 23 – Aquecimento, Ventilação e Ar Condicionado
   Divisão 25 – Automação Integrada
   Divisão 26 – Elétrica
   Divisão 27 – Comunicações
   Divisão 28 – Proteção Eletrônica e Segurança
Subgrupo de Canteiro de Obras e Infraestrutura
   Divisão 31 – Terraplenagem
   Divisão 32 – Melhorias Externas
   Divisão 33 – Utilitários

Essas divisões definidas de forma mais ampla são, posteriormente, subdivididas em *seções*, cada uma descrevendo um escopo discreto de serviços, usualmente prestados por uma única empresa de construção ou por um empreiteiro. Seções individuais são identificadas por códigos de seis dígitos, nos quais os dois primeiros correspondem aos números de divisão acima apresentados e os quatro dígitos restantes identificam subcategorias e unidades individuais dentro da divisão. Dentro da Divisão 05 – Metais, por exemplo, algumas seções normalmente referenciadas são:

Seção 05 10 00 – Esqueleto Estrutural em Aço
Seção 05 21 00 – Estrutura em Vigotas de Aço
Seção 05 31 00 – Painéis em Aço
Seção 05 40 00 – Estrutura de Metal Laminado a Frio
Seção 05 50 00 – Fabricações de Metal

Praticamente todos os capítulos deste livro dão uma indicação MasterFormat para a informação que ele apresenta, para ajudar o leitor a saber onde procurar, nas especificações construtivas e em outros recursos técnicos, informações adicionais. O sistema MasterFormat completo está contido no volume referenciado ao final deste capítulo.

O MasterFormat organiza informações sobre os sistemas construtivos, primeiramente, de acordo com os produtos empregados nos trabalhos, isto é, os trabalhos de sistemas discretizados, tornando-o especialmente adequado para utilização durante a fase de construção da edificação. Outros sistemas organizacionais, como o *Uniformat*™ e o *OmmiClass*™, oferecem uma gama de esquemas de organização alternativos, adequados a outras fases do ciclo de vida da edificação ou a outros aspectos da funcionalidade do edifício. Veja as referências ao final deste capítulo para mais informações sobre esses sistemas.

O TRABALHO DO PROFISSIONAL DA CONSTRUÇÃO: CONSTRUINDO EDIFÍCIOS

Prestando serviços de construção

O proprietário que deseja construir uma edificação espera ter um projeto concluído que atenda seus requerimentos funcionais e suas expectativas em relação a design e qualidade, ao menor custo possível, com um cronograma previsível. Um empreiteiro oferecendo seus serviços de construção espera produzir um trabalho de qualidade, obter lucro e completar a obra no prazo combinado. No entanto, o processo de construção, em si, é repleto de incertezas: ele está sujeito aos caprichos do mercado de mão de obra, aos preços das mercadorias e às condições climáticas; independentemente dos maiores esforços no planejamento, surgem condições não previstas, atrasos ocorrem e erros são cometidos; e as pressões de cronograma e custo, inevitavelmente, minimizam a margem para cálculos mal feitos. Nesse ambiente em que muitos aspectos valiosos estão envolvidos, a relação entre o proprietário e o construtor deve ser estruturada no sentido de compartilhar as potenciais recompensas e riscos.

Entrega de projetos construídos

Na entrega de projetos *design-concorrência-construção* (Figura 1.8), o proprietário, primeiro, contrata uma equipe de arquitetos e engenheiros para a execução dos serviços de projeto, o

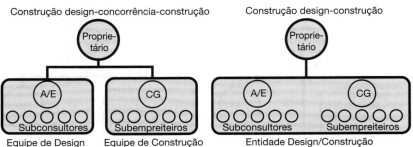

Figura 1.8
Na entrega de projeto design-concorrência-construção, o proprietário contrata, separadamente, a equipe de projeto (arquiteto/engenheiro, A/E) e o empreiteiro geral da construção (CG). Em um projeto design-construção, o proprietário contrata uma organização única, que fornece ambos os serviços de design e construção.

que conduz à criação dos desenhos e as especificações técnicas, referidos coletivamente como os *documentos construtivos*, os quais descrevem, de forma abrangente, o objeto a ser construído. Depois, empresas de construção são convidadas a encaminhar uma proposta para executar a construção. Cada empresa proponente revisa os documentos construtivos e propõe um custo para construir a obra. O proprietário avalia as propostas apresentadas e outorga o contrato de construção ao proponente considerado mais adequado. Essa seleção pode estar baseada somente no preço proposto, ou outros fatores, relacionados às qualificações da empresa proponente, podem ser também considerados. Os documentos construtivos se tornam, então, parte do contrato de construção, e a empresa selecionada prossegue com o trabalho. Em todos, exceto os pequenos projetos, essa empresa atua como o *empreiteiro geral*, coordenando e supervisionando todo o processo de construção. Com frequência poderá recorrer a *subempreiteiros* mais especializados, para execução de porções significativas ou, até mesmo, de todos os trabalhos de construção. Durante a construção, a equipe de projetistas continua a prestar serviços ao proprietário, auxiliando para assegurar que a obra seja construída de acordo com o requerido nos documentos, assim como respondendo a questões relacionadas ao projeto, mudanças no trabalho, pagamentos ao empreiteiro e assuntos similares. Entre as vantagens da entrega do projeto *design-concorrência-construção*, está sua estrutura organizacional de fácil compreensão, seus precedentes legais bem estabelecidos e a facilidade de gerenciamento. O relacionamento direto entre o proprietário e a equipe de projeto garante que o proprietário retenha controle sobre o design e proporcione um considerável conjunto de verificações e ponderações durante o processo de construção. Além disso, com o trabalho de design completado antes de o projeto ser encaminhado para o processo de concorrência, o proprietário inicia a construção com um custo fixo e com um alto grau de confiança em relação ao custo final do empreendimento.

Na entrega do projeto *design-concorrência-construção*, o proprietário contrata duas entidades, e as responsabilidades sobre projeto e construção permanecem divididas entre essas duas, durante sua execução. Na entrega de projeto *design-construção*, uma entidade, em última análise, assume a responsabilidade por ambos, design e construção (Figura 1.8). Um projeto design/construção, se inicia com o proprietário desenvolvendo um projeto conceitual ou um programa de necessidades, que descreve os requerimentos funcionais e de desempenho da obra proposta, mas não detalha a sua forma ou como ela será construída. Em seguida, utilizando essa informação conceitual, uma organização design/construção é selecionada para a complementação de todos os aspectos referentes ao projeto. A escolha do designer/construtor pode ser baseada em um processo de concorrência similar ao descrito anteriormente, para projetos *design-concorrência-construção*, em uma negociação e avaliação das qualificações da organização para o trabalho proposto, ou em alguma combinação entre ambos. Empresas do tipo design/construção podem, elas próprias, ter configurações variadas: uma empresa única, que engloba as funções de especialistas em design e construção; uma empresa de gerenciamento da construção, que subcontrata uma outra empresa de design para a prestação desses serviços, ou, então, uma *joint venture* entre duas empresas, uma, especializada em construção e outra, em design. Independentemente da estrutura interna da organização design/construção, o proprietário contrata uma entidade única, a qual assume responsabilidade por todos os serviços restantes de design e construção. A entrega de projetos design-construção confere ao proprietário uma única fonte de prestação de contas, para todos os aspectos do projeto. Ela também coloca designers e construtores em um relacionamento colaborativo, introduzindo a especialização em construção nas fases de design de um projeto e permitindo a antecipação das considerações relacionadas à construtibilidade, controle de custos, cronograma da construção e temas similares. Esse método de entrega também acomoda prontamente a *fast track construction* (construção acelerada), uma técnica de programação de obras para a redução do tempo de construção, que é descrito a seguir.

Outros métodos de entrega são possíveis: um proprietário pode contratar, separadamente, uma equipe de design e um *gerente de construção*. Como em um processo design-construção, o gerente de construção participa do projeto desde antes do início da construção, contribuindo com seu conhecimento específico de construção, durante a fase de design. A entrega de projetos do tipo gestão da construção pode tomar uma variedade de formas e é, frequentemente, associado a projetos especialmente grandes ou complexos. (Figura 1.9). Em construções *turnkey* ("chave-na-mão"), um proprietário contrata uma única

Figura 1.9
Em seu papel tradicional, um Gerente de Construção (CM) contratado presta serviços de gerenciamento do projeto ao proprietário e o assessora na contratação direta de uma ou mais entidades de construção para os serviços de construção. Um CM a preço fixo não é diretamente responsável pelo trabalho de construção em si. Um CM em contrato de risco atua mais como um empreiteiro geral e toma para si uma maior responsabilidade sobre a qualidade da construção, cronograma e custos. Em qualquer caso, a equipe de design A/E também estabelece um contrato em separado com o proprietário.

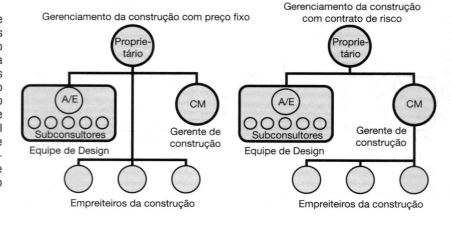

entidade, que provê, não só os serviços de design e construção, mas também o financiamento do projeto. Ou, então, design e construção podem ser levadas a cabo por uma *entidade com propósito único*, da qual proprietário, arquiteto e empreiteiro são todos membros associados. Aspectos deste e de outros métodos de entrega de projeto também podem ser combinados, permitindo muitos esquemas organizacionais para a entrega de serviços de design e construção, que sejam adequados a uma variedade de demandas de proprietários e de circunstâncias de projeto.

Pagando por serviços de construção

Pela remuneração a *preço fixo ou soma global*, ao empreiteiro ou outra entidade de construção, é paga uma quantia fixa para a construção completa de um projeto, independentemente dos custos reais da entidade. Com esse método de remuneração, o proprietário inicia a construção com um custo conhecido e fixo de construção, assumindo mínimo risco em relação a acréscimos não previstos nos custos. Por outro lado, o empreiteiro assume a maior parte do risco em relação a custos não previstos, mas também pode ter um ganho com economias potenciais. A remuneração a preço fixo é mais adequada para projetos nos quais o escopo do trabalho de construção é bem definido, no momento em que o custo da obra é estabelecido, como é o caso, por exemplo, da construção convencional do tipo design-contratação-construção.

Como uma alternativa, a remuneração pode ser estabelecida sob uma base de *preço de custo mais uma taxa*, na qual o proprietário concorda em pagar à entidade de construção pelos custos reais de construção – independentemente de que custos venham a ser – mais uma taxa adicional. Nesse caso, o empreiteiro é protegido da maior parte da incerteza de custos, e é, então, o proprietário quem assume a maior parte do risco por custos adicionados e quem se candidata a ganhar a maior parte das economias potenciais. *Preço de custo mais uma taxa* é mais frequentemente usada em projetos nos quais o escopo do trabalho de construção não seja totalmente conhecido no instante em que esta remuneração seja estabelecida, uma circunstância mais frequentemente associada com o gerenciamento da construção ou contratos design-construção.

Com a remuneração a preço fixo, o construtor assume grande parte do risco relacionado aos custos não previstos da construção; com a remuneração por preço de custo, mais taxa, o proprietário assume a maior parte desse risco. Entre estes dois extremos, muitos outros arranjos de estruturação de remuneração podem ser utilizados, de forma a alocar variados graus de risco entre as duas partes.

Construção sequencial (sequential) versus construção acelerada (fast track)

Na *construção sequencial* (Figura 1.10), cada grande etapa do design ou da construção da edificação é completada antes que a fase seguinte se inicie. A construção sequencial pode ocorrer em qualquer método de entrega de projeto descrito anteriormente. Ela é frequentemente associada com a construção design-concorrência-construção, na qual a separação entre as fases de design e construção se enquadra naturalmente com a separação contratual entre prestadores de serviços de design e construção.

A construção em fases (*phased construction*), também chamada de construção acelerada (*fast track*), procura reduzir o tempo necessário para completar um projeto, por meio da sobreposição do design e construção de várias partes do projeto (Figura 1.10). Ao permitir que a construção comece antes, e pela sobreposição dos trabalhos de design e construção, a construção em fases pode reduzir o tempo requerido para completar um projeto. Entretanto, ela introduz seus próprios riscos. Como a construção de algumas partes do projeto é iniciada antes de todo o projeto estar concluído, o custo global do projeto não pode ser estabelecido até que uma significativa porção da construção esteja em desenvolvimento. A construção em fases também introduz uma maior complexidade ao processo de design e aumenta o potencial de erros de elevado custo de design (por exemplo, se o design de fundações não antecipa adequadamente os requerimentos da parte acima dela, ainda não totalmente concebida). A construção em fases pode ser aplicada a qualquer dos métodos de entrega de construção discutidos anteriormente. Ela é, frequentemente, associada aos métodos de entrega de projeto de gerenciamento de obra ou de design-construção, em que a participação da empresa de construção, nas fases iniciais, provê recursos úteis para a gestão da complexa coordenação entre a sobreposição de atividades de design e de construção.

Programação da construção

Construir um edifício, de qualquer dimensão significativa, é um empreendimento complexo e dispendioso, requerendo os esforços combinados de incontáveis participantes e a coordenação de uma miríade de tarefas. A gestão desse processo requer um profundo entendimento do trabalho requerido, das formas com que os diferentes aspectos do trabalho dependem uns dos outros, e das restrições sobre a sequência em que o trabalho deve ser realizado.

A Figura 1.11 captura um momento na construção de um edifício alto. O processo é precedido pela construção da parte central do edifício e de núcleos estruturais de estabilização (na foto, o par de estruturas de concreto, como torres, que se estendem acima dos níveis mais elevados de piso). Esse trabalho é seguido pela construção dos pisos circundantes, os quais se apoiam, em parte, nas estruturas centrais de suporte previamente executadas. O acréscimo da pele externa pode ser feito somente depois que os pisos estejam finalizados e estruturalmente seguros. E, à medida que a pele do edifício é instalada e as áreas de piso envolvidas e protegidas do tempo, outras operações, como instalações mecânicas e de sistemas elétricos a execução de acabamentos e outros elementos, podem, então, ser realizadas. Esse simples exemplo ilustra considerações que podem ser aplicadas a praticamente cada aspecto da construção do edifício e a cada escala, desde os mais amplos sistemas da edificação, até seus menores detalhes: uma construção bem-sucedida requer um entendimento detalhado das tarefas requeridas e de suas interdependências.

A programação do projeto de construção é utilizada para analisar e representar as tarefas de construção, suas relações e a sequência em que elas necessitam ser executadas. O de-

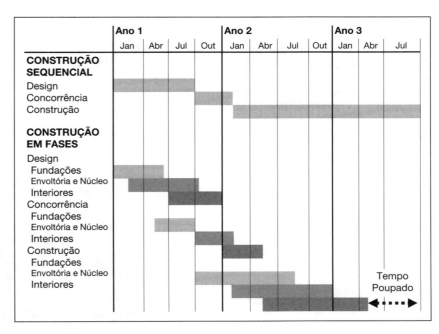

Figura 1.10
Na construção sequencial, a construção não tem início até que o design esteja completo. Na construção em fases, atividades de design e construção se sobrepõem, com o objetivo de reduzir o tempo total requerido para completar um projeto.

senvolvimento de uma programação é parte fundamental do planejamento do projeto da construção e a regular atualização do planejamento, ao longo da vida do projeto, é essencial para o seu gerenciamento bem-sucedido. Em uma *planilha Gantt*, uma série de barras horizontais representa a duração das várias tarefas ou grupo de tarefas que compõem o projeto. As planilhas Gantt fornecem uma representação compreensível das tarefas da construção e de suas relações no tempo. Essas planilhas podem ser usadas para fornecer uma visualização geral da programação de um projeto, contendo apenas as etapas principais do projeto nelas representadas (Figura 1.10), ou elas podem ser expandidas, para representar um número maior de tarefas mais estreitamente definidas, em níveis maiores de detalhamento de projeto (Figura 1.12).

O *caminho crítico* de um projeto é a sequência de tarefas que determina o menor tempo em que ele pode ser completado. Por exemplo, a construção do sistema estrutural primário de uma edificação está comumente no caminho crítico de uma programação de um projeto. Se qualquer das tarefas das quais depende a conclusão desse sistema – como o design, produção de desenhos e revisão, fabricação de componentes, entrega de materiais ou montagem no local – atrasar, a data final de conclusão do projeto será estendida. Por outro lado, outros sistemas que estão fora do caminho crítico têm maior flexibilidade em sua programação e atrasos (dentro de limites) na sua execução não serão necessariamente impactantes na programação geral do projeto.

O *método do caminho crítico* é uma técnica para analisar conjuntos de tarefas e otimizar a programação do projeto, para minimizar sua duração e custo. Isso requer uma detalhada divisão do trabalho envolvido em um projeto e a identificação das dependências entre as partes (Figura 1.13). Essa informação é combinada com considerações sobre custos e recursos disponíveis para a realização do trabalho e, então, analisada, geralmente com o auxílio de um software computacional, para a identificação de cenários otimizados de planejamento. Uma vez que o caminho crítico de um projeto tenha sido estabelecido, elementos seus estarão sujeitos a exames minuciosos durante a vida do

Figura 1.11
Nesta foto, a sequência de construção de um edifício alto é prontamente aparente: um par de núcleos estruturais em concreto lidera a construção, seguido pelas colunas de concreto e as lajes dos pavimentos e, finalmente, pelas paredes da cortina envoltória.

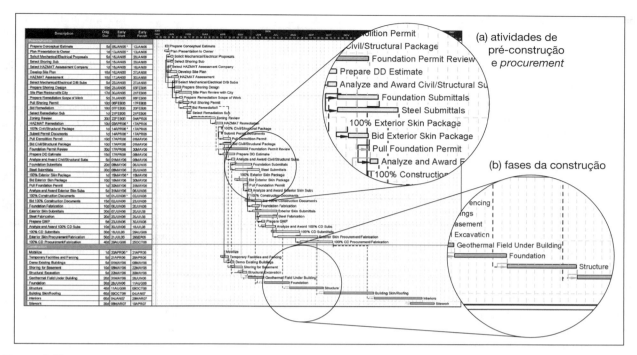

Figura 1.12
Em uma planilha Gantt, pode ser representada uma variedade de níveis de detalhamento. Neste exemplo, aproximadamente os primeiros três quartos do topo da planilha são dedicados a atividades de pré-construção e *procurement*, como contratação de partes do trabalho com subempreiteiros, preparação de estimativas de custo e encaminhamento de demandas ao arquiteto (a) Atividades de construção, representadas de maneira mais ampla, aparecem na parte inferior (b).

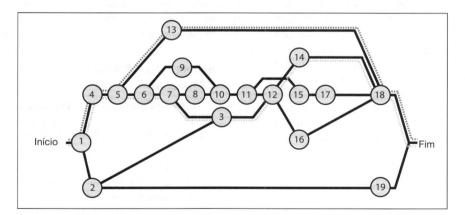

Figura 1.13
O método do caminho crítico depende de uma análise detalhada das tarefas e de suas interrelações, para gerar uma programação otimizada de construção. É mostrado aqui um diagrama esquemático em rede, representando as dependências entre as tarefas. Por exemplo, a tarefa 6 não pode iniciar até que as tarefas 1, 4 e 5 sejam completadas, e as tarefas 7 e 9 não podem ter início até que a tarefa 6 seja terminada. As linhas pontilhadas no diagrama indicam dois de muitos caminhos possíveis, do começo ao fim do diagrama. Para determinar o caminho crítico para esse conjunto de tarefas, todos estes caminhos devem ser identificados, e o tempo requerido para completar cada um, calculado. O caminho que requer o maior tempo para ser completado é o caminho crítico, isto é, a sequência de atividades que determina o menor tempo, no qual o conjunto de tarefas, como um todo, pode ser concluído.

projeto, uma vez que atrasos em qualquer etapa impactarão diretamente no planejamento geral do projeto.

Gerenciando a construção

Uma vez que o projeto da construção esteja encaminhado, o empreiteiro geral ou gerente da construção assume a responsabilidade sobre a supervisão diária do local da obra, a administração dos negócios e fornecedores e a comunicação entre a equipe de construção e outros participantes mais importantes, como o proprietário e o designer. Em projetos de qualquer tamanho significativo, isso pode incluir a responsabilidade sobre o encaminhamento da documentação para as licenças de construção; segurança do local da obra; suprimento temporário de água e energia; criação de escritórios temporários e outras instalações de apoio; provisão de seguro para o trabalho em curso; gerenciamento do pessoal na obra; manutenção de um ambiente de trabalho seguro; estoque de materiais; realização de testes e controle de qualidade; provisão de levantamentos do terreno, grua e outros maquinários de construção; provisão de estruturas temporárias e proteção às intempéries; disposição ou reciclagem dos resíduos de construção; licitação dos serviços de subempreiteiros e coordenação de seus esforços; submissão de amostras e de informações técnicas à equipe de design para revisão; manutenção de um registro preciso da construção ao longo de sua evolução; monitoramento de custos e da programação; gestão de mudanças no trabalho; proteção dos trabalhos concluídos e outros.

TENDÊNCIAS NA ENTREGA DE DESIGN E DE SERVIÇOS DE CONSTRUÇÃO

Melhorando a colaboração entre membros da equipe

- O design e a indústria de construção continuam a evoluir, testando estruturas organizacionais inovativas e métodos de entrega de projetos nos quais designers, construtores e proprietários assumem papéis menos contraditórios e menos compartimentados. Tais abordagens compartilham características como: relações contratuais e combinações de trabalho que promovam a colaboração entre os membros da equipe de projeto.
- Participação do construtor nas fases de design de um projeto.
- Sobreposição das atividades de design e construção, para reduzir o "tempo para o mercado".
- A expansão das definições dos serviços de projeto, para englobar o seu ciclo de vida completo – desde a concepção original, passando pelo planejamento, design e construção, até a fase de ocupação pós-construção – para melhor atender às necessidades do proprietário da edificação.

O crescimento do sistema contratual design-construção no mercado de construção é um exemplo dessa tendência: entre 1980 e 2005, a participação do trabalho de construções privadas, não residenciais, realizadas pelo sistema design-construção, cresceu de, aproximadamente, 5% de todo o mercado para algo estimado entre 30 a 40%. Alternativas ao tradicional método de entrega de projetos design-concorrência-construção conquistaram uma aceitação crescente também no setor de construção pública. Outros novos modelos de práticas, como *teaming*, *concurrent design*, *integrated practice*, ou *alliancing*, combinam métodos eficientes de entrega de projeto com inovações no relacionamento entre membros da equipe, em uma variedade de formas, com o objetivo de convergência dos esforços de todas as partes para a meta comum de obter um produto acabado da mais alta qualidade e valor para o proprietário.

Melhorando a eficiência na produção

Outros esforços da indústria da construção visam ao melhoramento e à eficiência dos próprios métodos de construção. Diferentemente da produção em fábricas, muito da construção de edificações ocorre ao ar livre, em áreas de trabalho limitadas e, em geral, fisicamente desafiadoras, por uma força de trabalho altamente fragmentada. Apesar das diferenças entre esses ambientes de produção, a indústria da construção procura por lições aprendidas em fábricas, contendo abordagens que melhorem a qualidade e a eficiência de seus próprios processos de produção. Os métodos da assim chamada **construção enxuta** (*lean construction*) buscam:

- Eliminar atividades que gerem perdas.
- Estruturar os métodos de produção e as cadeias de suprimento de materiais e produtos para que atinjam o mais rápido e mais confiável fluxo de trabalho.
- Descentralizar a informação e a tomada de decisão, de modo a colocar o controle dos processos de construção nas mãos daqueles mais familiarizados com o trabalho e mais capazes de melhorá-lo.

Estimativas correntes sobre a ineficiência da mão de obra na construção de edificações chegam a níveis tão elevados quanto 35 a 40%, e as estimativas quanto ao desperdício de materiais atingem 20% ou mais. O desafio da construção enxuta é reestruturar o modo como os materiais de construção e os componentes de edificação são manufaturados, entregues e montados, de modo a reduzir ineficiências e melhorar a qualidade do produto entregue.

Melhorando a gestão da informação

O desenvolvimento na tecnologia da informação também influencia a maneira como os edifícios são projetados e construídos. É digno de nota o *building information modeling* (*BIM*), modelagem computadorizada, em três dimensões, de sistemas construtivos. Diferentemente da representação em duas dimensões, característica do convencional desenho assistido por computador (*computer-aided design* – CAD), o BIM envolve um modelo inteligente. Os componentes não são apenas representados geometricamente, mas são também ligados a dados que descrevem suas propriedades intrínsecas e sua relação com outros componentes. Originalmente desenvolvido para ser usado em indústrias de alto investimento de capital, como a aeroespacial e a automobilística, essa tecnologia de modelagem está encontrando crescente aplicação no design e na construção de edificações.

O BIM tem o potencial para impactar muitos aspectos do ciclo de vida da edificação. Ele pode auxiliar a equipe de design na visualização e concepção de geometrias complexas. Pode, também, melhorar a coordenação entre as disciplinas de design – por exemplo, procurando por "colisões" entre o sistema mecânico de canalizações e elementos estruturais ou qualquer outra interferência física do gênero entre sistemas – e facilitar a modelagem do uso de energia em edificações e o desempenho de outros sistemas construtivos. Para o construtor, o BIM pode ser empregado para melhorar a coordenação de trocas, direcionar a fabricação automatizada ou a pré-montagem de componentes da edificação e integrar dados de custo e de planejamento, de forma mais próxima ao design da edificação. Para o proprietário da edificação, a informação acumulada no modelo durante o design e a construção pode ser transferida para uso nas operações de pós-construção do edifício e para o planejamento de instalações.

Na medida em que a implementação do BIM amadurece, espera-se que ele exerça um profundo impacto como ferramenta de comunicação, usada para melhorar a coordenação e o compartilhamento de informação entre todas as partes do projeto. Como o modelo integrado da edificação é compartilhado através das fronteiras tradicionais das disciplinas e das fases de projeto, as fronteiras de responsabilidade entre designers, construtores e proprietários também irão se confundir e relacionamentos mais integrados entre essas partes provavelmente serão requeridos para que seja alcançado completamente o potencial desta tecnologia.

PREOCUPAÇÕES RECORRENTES

Certos temas são abordados ao longo deste livro e vêm à tona de forma recorrente, em contextos amplamente variáveis, os quais representam um conjunto de preocupações que caem em duas amplas categorias: desempenho da edificação e construção da edificação.

As preocupações em relação ao desempenho estão relacionadas aos inescapáveis problemas que necessitam ser confrontados em cada edificação: fogo; qualquer tipo de movimentação do edifício, incluindo assentamento de fundações, deflexões estruturais e expansões e contrações, causadas por mudanças em temperatura e umidade; fluxos de calor e de ar através das montagens da edificação; migração de vapor d´água e condensação; vazamento de água; desempenho acústico; envelhecimento e deterioração dos materiais; limpeza; manutenção da edificação; e outros.

As preocupações com a construção estão associadas a problemas práticos sobre como construir um edifício de forma segura, em tempo, dentro do orçamento e dentro dos níveis de qualidade requeridos; divisão do trabalho entre oficina e canteiro de obra; uso otimizado da cadeia produtiva da construção; sequenciamento das operações de construção para maximizar a produtividade; acesso conveniente e seguro do trabalhador às operações da construção; enfrentamento de clima rigoroso; ajuste adequado dos componentes da edificação; e garantia da qualidade dos materiais de construção e componentes, por meio de classificação, testes e inspeções.

Para um neófito, esses assuntos podem parecer de menores consequências quando comparados aos temas maiores, e frequentemente mais interessantes, da forma e da função do edifício. Para o profissional experiente, que já testemunhou edificações falharem, tanto estética, quanto fisicamente, pela necessidade de atenção a uma ou mais dessas preocupações, elas são questões que necessitam ser, de fato, resolvidas antes que o projeto da edificação seja levado adiante.

CSI/CSC	
Seção do MasterFormat para licitação da construção e requerimentos gerais de projeto	
00 10 00	**SOLICITAÇÃO**
00 11 00	Anúncios e Convites
00 30 00	**INFORMAÇÃO DISPONÍVEL**
00 40 00	**FORMAS DE LICITAÇÃO E SUPLEMENTOS**
00 41 00	Formas de Concorrência
00 50 00	**FORMAS DE CONTRATAÇÃO E SUPLEMENTOS**
00 52 00	Formas de Acordos
00 70 00	**CONDIÇÕES DO CONTRATO**
01 10 00	**SUMÁRIO**
01 11 00	Sumário do Trabalho
01 30 00	**REQUERIMENTOS ADMINISTRATIVOS**
01 31 00	Gerenciamento do Projeto e Coordenação
01 32 00	Documentação do Andamento da Construção
	Programação do Andamento da Construção
01 40 00	**REQUERIMENTOS DE QUALIDADE**
01 41 00	Requerimentos Regulamentadores
01 50 00	**INSTALAÇÕES TEMPORÁRIAS E CONTROLES**
01 70 00	**EXECUÇÃO E REQUERIMENTOS DE ENCERRAMENTO**
01 80 00	**REQUERIMENTOS DE DESEMPENHO**
01 81 00	Requerimentos de Desempenho de Instalações
	Requerimentos de Design Sustentável

REFERÊNCIAS SELECIONADAS

1. Allen, Edward. *How Buildings Work* (3rd ed.) Nova York, Oxford University Press, 2005.

   O que os edifícios fazem, e como eles fazem isso? Este livro demonstra, em termos facilmente compreensíveis, os princípios físicos pelos quais os edifícios se sustentam, encerram uma parcela do mundo e o modificam para o uso humano.

2. U.S. Green Building Council. New Construction and Major Renovation, Version 2.2, Reference Guide. Washington, DC, 2006.

   Este guia é uma referência essencial para designers de edificações que desejam atender aos requisitos do sistema de classificação do LEED for New Construction do Green Building Council. Como o padrão referencial continua sendo revisado, procure pelas versões atualizadas.

3. Williams, Daniel E. *Sustainable Design: Ecology, architecture, and Planning.* Hoboken, NJ, John Wiley & Sons, Inc., 2007.

   Este livro provê um tratamento amplo das bases ecológica, social e econômica para o design sustentável em arquitetura.

4. ASTM International. *ASTM Standards in Building Codes.* Philadelphia, atualizado regularmente.

   Este volume contém a maioria das normas ASTM referenciadas na prática construtiva padrão.

5. The Construction Specifications Institute and Construction Specifications Canada. *MasterFormat™ 2004 Edition.* Alexandria, VA, and Toronto, 2004.

   Este manual lista o conjunto completo de números e títulos do *MasterFormat* sob os quais a informação sobre construção é mais usualmente organizada.

6. International Code Council, Inc. *International Building Code®.* Falls Church, VA, atualizado regularmente.

   Este é o modelo de código de edificações predominante nos Estados Unidos, utilizado como base pela maioria dos códigos de edificações estaduais, distritais e municipais americanos.

7. Canadian Comission on Building Fire Codes. *National Building Code of Canada.* Ottawa, National Research Council of Canada, atualizado regularmente.

   Este é o modelo de código de edificações utilizado como base para a maioria dos códigos provinciais e municipais do Canadá.

8. Allen, Edward, and Joseph Iano. *The Architect's Studio Companion* (4th ed.). Hoboken, NJ, John Wiley & Sons, Inc., 2007.

   Esta obra referencial para o designer tabula o que é requerido pelos códigos de edificações, simplificando as determinações sobre alturas permissíveis e áreas máximas para qualquer edificação sob o IBC ou o Canadian Building Code. Ela explica claramente o que cada tipo de construção significa, relacionando-o com materiais de construção e sistemas estruturais existentes, apresentando inúmeras soluções empíricas para sistemas estruturais, sistemas mecânicos e planejamento para saídas de emergência.

9. Halpin, Daniel W. *Construction Management* (3rd ed.). Hoboken, NJ, John Wiley & Sons, Inc., 2005.

   Este livro cobre uma ampla gama de tópicos contemporâneos sobre gerenciamento da construção.

10. Elvin, George. *Integrated Practice in Architecture.* Hoboken, NJ, John Wiley & Sons, Inc., 2007.

    Como a indústria do design está respondendo à evolução dos modelos da prática do design e dos métodos de entrega de edificações? Este livro provê estudos de caso e *insights* sobre essas tendências recentes.

11. Allen, Edward and Patrick Rand. *Architectural Detailing* (2nd ed.). Hoboken, NJ, John Wiley & Sons, Inc., 2007.

    Como são resolvidos os vários requerimentos funcionais, construtivos e estéticos das edificações no detalhamento de seus sistemas? Este livro apresenta um tratamento sistemático dos princípios e práticas do design e detalhamento construtivo.

SITES

Fazendo edifícios

Site complementar do autor: **www.ianosbackfill.com/01_making_buildings**
Guia Completo de Design de Edificações: **www.wbdg.org**

Sustentabilidade

AIA Sustainability Resource Center: **http://www.aia.org/susn_rc_default**
American Society of Heating, Refrigerating and Air-Conditioning Engineers for Sustainability: **www.engineeringforsustainability.org**

Architects/Designers/Planners for Social Responsibility: **www.adpsr.org**
Canada Green building Council: **www.cagbc.org**
Climate Change, Global Warming, and the Built Environment – Architecture 2030: **www.architecture2030.org**
Green Building Initiative (GBI): **www.thegbi.com**
Green Globes: **www.greenglobes.com**
NAHB, Green Home building Guidelines: **www.nahb.org/greenguidelines**
NAHB research Center, National green Building Standard: **www.nahbgreen.org**
National renewable energy Laboratory (NREL), Building Research: **www.nrel.gov/buildings**
Sustainable Buildings Industry Council (SBIC): **www.sbicouncil.org**
U.S. Environmental Protection Agency Energy Star Program: **www.energystar.org**
U.S. Green Building Council (USBGC): **www.usgbc.org**

O trabalho do projetista: escolha de sistemas construtivos

American Institute of Architects (AIA): **www.aia.org**
American Planning Association (APA): **www.planning.org**
Canadian Codes Centre: **irc.nrc-cnrc.gc.ca/codes**
International Code Council (ICC): **www.iccsafe.org**
U.S. Department of Justice, Americans with Disabilities Act (ADA): **www.ada.gov**

Normas para construção e fontes de informação

American National Standards Institute (ANSI): **www.ansi.org**
ASTM Internacional: **www.astm.org**
Canadian Standards Association (CSA): **www.csa.ca**
Construction Specifications Canada (CSC): **www.csi-dcc.ca**
Construction Specifications Institute (CSI): **www.csinet.ca**
National Institute of building Sciences (NIBS): **www.nibs.org**
National Research Council Canada, Institute for Research in Construction (NRC-IRC): **irc.nrc-cnrc.gc.ca**
Underwriters Laboratories, Inc. (UL): **www.ul.com**
U.S. Department Of Commerce, National Institute of Standards and Technology (NIST): **www.nist.gov**
U.S. Department of Energy, Building Energy Codes: **www.energycodes.gov**

O trabalho do profissional da construção: construindo edifícios

Associated General Contractors of America (AGC): **www.agc.org**
Building Owners and Managers Association (BOMA): **www.boma.org**
Construction Management Association of America (CMAA): **cmaanet.org**
The Construction Users Roundtable (CURT): **www.curt.org**
Design-Build Institute of America (DBIA): **www.dbia.org**

Palavras-chave

Sustentabilidade
Construção verde
Do berço ao túmulo
Energia incorporada
LEED
Crédito LEED
Green Globes
Green Home Building Guidelines
National Green Building Standard
Advanced Energy Design Guidelines
Programa *Energy Star*
Energia zero líquida
Neutro em carbono
Compensação de carbono
Normas de zoneamento
Código de edificações
Código modelo de edificações
National Building Code of Canada
International Building Code (IBC)
Grupos de ocupação
Tipos construtivos
Graus de resistência ao fogo
Parede portante
Paredes não portantes ou divisórias
Construção em madeira maciça
Associações comerciais
International Residential Code (IRC)
Americans with Disabilities Act (ADA)
Fair Housing Act
Normas de acessibilidade
Occupational Health and Safety Administration (OSHA)
Compostos Orgânicos Voláteis (VOCs)
ASTM International
American National Standards Institute (ANSI)
National Institute of Science and Technology (NIST)
Institute for Research in Construction (NRC-IRC)
Construction Specifications Institute (CSI)
Construction Specifications Canada (CSC)
MasterFormat
Divisão de especificação
Seção de especificação
Uniformat
OmmiClass
Design-concorrência-construção
Documentos construtivos
Empreiteiro geral
Subempreiteiro
Design-construção
Gestor da construção
Turnkey ("chave-na-mão")
Entidade com propósito único
Remuneração a preço fixo ou soma global
Remuneração com base no custo, mais uma taxa
Construção sequencial
Construção em fases, construção acelerada (*fast track*)
Planilha Gantt
Caminho crítico
Método do caminho crítico
Teaming
Concurrent design
Integrated practice
Alliancing
Lean construction ("construção enxuta")
Building information modeling (BIM)
computer-aided design (CAD) ("desenho assistido por computador")

QUESTÕES PARA REVISÃO

1. Quem são os membros de uma equipe padrão que executa o *design* para uma edificação de grande porte? Quais são os seus respectivos papéis?
2. Quais são os principais condicionantes sob os quais os designers de uma edificação precisam trabalhar?
3. Que tipos de temas são abordados pelas normas de zoneamento? E pelos códigos de edificações?
4. Em quais unidades é medida a resistência ao fogo? Como a resistência ao fogo de uma edificação é determinada?
5. Compare e diferencie *design-concorrência-construção* e *design-construção*. Qual é a diferença entre um gerente de construção e um empreiteiro geral? Qual é a diferença entre remuneração por preço global e remuneração com base no custo, mais uma taxa? O que é construção acelerada (*fast track*) e quais são os tipos de contrato e as formas de remuneração normalmente associados a ela?
6. Se você estiver projetando um edifício comercial de cinco pavimentos (Grupo de atividades B) com 35.000 pés quadrados por piso, que tipos de construção você poderá empregar, de acordo com o IBC, se você não instalar *sprinklers*? Para cada caso, qual nível de proteção ao fogo é requerido para a estrutura da edificação?

EXERCÍCIOS

1. No início do semestre, peça para que cada aluno da turma escreva para duas ou três associações da cadeia produtiva, solicitando suas listas de publicações, e peça a cada aluno que solicite o envio de algumas de suas publicações. Exponha as publicações e discuta-as em aula.
2. Repita o mesmo exercício para os catálogos de fabricantes de materiais de construção e componentes.
3. Consiga cópias das normas de zoneamento e do código de edificações de sua cidade (eles podem estar em sua biblioteca). Procure pelas disposições aplicáveis a determinado lugar e edificação. Quais os recuos obrigatórios? Qual o tamanho permitido para a edificação? Que tipo de materiais de cobertura são permitidos? Quais são as restrições em relação aos materiais de acabamento interno? Descreva em detalhes o que é requerido para as saídas de emergência da edificação.
4. Providencie uma permissão para que você possa acompanhar um arquiteto ou um gerente de construção durante visitas a uma obra ou durante reuniões de uma equipe de projeto relacionadas a um projeto de construção. Tome notas. Entreviste o arquiteto ou o gerente de construção e pergunte sobre o seu papel e sobre os desafios que ele encontrou. Relate para a classe o que você aprendeu.

2

FUNDAÇÕES

Requisitos das fundações

Recalque das fundações

Materiais do terreno

Escavação

Fundações

Reforço de fundação

Muros de contenção

Impermeabilização e drenagem

Isolamento do subsolo

Fundações rasas protegidas contra o congelamento

Reaterro

Construção de cima para baixo

Projetando fundações

Projeto de fundação e os códigos de edificação

Trabalho de fundação para um edifício com hotel e apartamentos, de altura média, em Boston. A terra em volta da escavação é contida com chapas metálicas apoiadas por colunas de aço e tirantes. O equipamento entra e sai do local por uma rampa na parte inferior da figura. Embora uma grande escavadeira à direita continue a escavar em volta das antigas estacas de um edifício que havia anteriormente no local, a instalação de sapatas de fundação de concreto injetado sob pressão já está bastante adiantada, com dois bate-estacas trabalhando nos cantos próximo e afastado, e conjuntos de estacas completadas são visíveis no centro da figura. Capas de estacas de concreto e reforço de colunas estão sendo construídos no centro da escavação. (*Cortesia da Franki Foundation Company*)

A função de uma fundação é transferir as cargas estruturais de um edifício para o solo de forma confiável. Todo edifício precisa de uma fundação de algum tipo: um pequeno depósito de ferramentas no quintal não será danificado por pequenos movimentos de suas fundações e pode necessitar somente de pranchões de madeira para distribuir sua carga em uma área do terreno suficiente para suportar seu peso. Uma casa com estrutura de madeira necessita de maior estabilidade que um galpão de ferramentas. Então, sua fundação passa através da superfície instável até o solo subjacente, que é livre de matéria orgânica e inacessível ao congelamento do inverno. Um edifício maior, de alvenaria, aço ou concreto pesa muitas vezes mais que uma casa, e suas fundações perfuram a terra até atingir solo ou rocha competentes para carregar suas massivas cargas; em alguns lugares, isso significa ir a 30 metros ou mais sob a superfície. Devido à variedade de condições de solo, rocha e água sob a superfície do solo e da demanda específica que os edifícios fazem sobre suas fundações, o projeto de fundações é um campo altamente especializado, combinando aspectos de engenharia geotécnica e civil, que podem ser delineados aqui apenas em linhas gerais.

REQUISITOS DAS FUNDAÇÕES

A fundação de um edifício precisa suportar diferentes tipos de cargas:

- *Cargas permanentes*, o peso combinado de todos os componentes permanentes do edifício, incluindo sua própria estrutura, pisos, telhados e paredes, principais equipamentos elétricos e mecânicos permanentes e a própria fundação.
- *Cargas vivas*, cargas não permanentes causadas pelos pesos dos ocupantes do edifício, mobiliário e equipamento móvel.
- *Cargas de chuva e neve*, que podem atuar lateralmente (nos lados), para baixo ou para cima em um edifício.
- *Cargas sísmicas*, forças horizontais e verticais causadas pelo movimento do solo relativo ao edifício durante um terremoto.
- Cargas causadas pelo solo e pressão hidrostática, incluindo *cargas laterais de pressão* do solo, pressões horizontais de terra e lençol freático contra as paredes do subsolo; em algumas instâncias, a *força de empuxo da água*, idêntica à força que causa a flutuação de um bote; e, em outras, *força lateral de inundação*, que pode ocorrer em áreas propensas a inundações.
- Em alguns edifícios, *esforços horizontais* de sistemas estruturais de grande envergadura, como arcos, estruturas rígidas, domos, arcadas, ou estruturas tensionadas.

Uma fundação satisfatória para um edifício necessita atender a três requisitos gerais:

1. A fundação, incluindo o solo e a rocha abaixo, necessita ser segura contra uma falha estrutural que poderia resultar em colapso. Por exemplo, a fundação para um arranha-céu precisa suportar o grande peso do edifício em uma base relativamente estreita, sem o risco de tombamento.
2. Durante a vida do edifício, a fundação necessita ser assentada de tal maneira a não danificar a estrutura ou impedir sua função (O assentamento da fundação é discutido detalhadamente na próxima seção.)
3. A fundação precisa ser exequível, tanto técnica quanto economicamente, e ser prática de construir sem causar efeitos adversos nas propriedades vizinhas. Por exemplo, os maiores edifícios de Nova York tendem a se concentrar nas porções central e sul da Ilha de Manhattan, onde o leito de rocha abaixo é mais próximo à superfície e as fundações são as mais fáceis e menos dispendiosas de construir.

RECALQUE DAS FUNDAÇÕES

Todas as fundações sofrem recalque em alguma medida, já que os materiais do solo no entorno e abaixo delas ajustam-se às cargas do edifício. Fundações em leito rochoso recalcam-se de forma negligenciável. Fundações em outros tipos de solos podem recalcar-se muito mais. Como um exemplo extremo, o Palácio de Belas Artes da Cidade do México recalcou-se mais de 4,5 metros no solo argiloso no qual foi fundado, desde que foi construído nos primeiros anos da década de 1930. Entretanto, o recalque nas fundações de edifícios normalmente é limitado a quantidades medidas em milímetros.

Nunca devemos confiar de modo apressado em qualquer solo.... Eu vi uma torre em Mestre, um local pertencente aos Venezianos, a qual, em alguns anos depois de construída, penetrou no solo sobre o qual estava apoiada... e enterrou-se na terra até seus merlões.*

Leon Battista Alberti, *Ten Books on Architecture*, 1452.

Nos casos em que o *recalque das fundações* ocorre essencialmente na mesma taxa em todas as partes de um edifício, ele é denominado *recalque uniforme*. Recalque que ocorre a taxas diferentes entre diferentes partes de um edifício é chamado de *recalque diferencial*. Quando todas as partes de um edifício repousam sobre o mesmo tipo de solo e as cargas no edifício e o projeto de seu sistema estrutural são uniformes por todo o edifício, o recalque diferencial, normalmente, não é uma preocupação. Entretanto, quando solos, cargas ou sistemas estruturais diferem entre partes de um edifício, diferentes partes da estrutura do edifício podem recalcar em quantidades substancialmente diferentes, a estrutura do edifício pode ficar distorcida, pisos podem apresentar inclinação, paredes e vidros podem apresentar fissuras, e portas e janelas podem não trabalhar adequadamente (Figura 2.1). A maioria das falhas nas

---

* N. de T.: Merlões são as partes salientes no topo de uma torre ou muralha. O espaço entre dois merlões chama-se ameia.

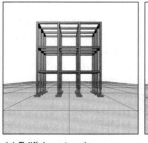

(a) Edifício antes da ocorrência de recalque   (b) Recalque uniforme   (c) Recalque diferencial

Figura 2.1
Recalque uniforme (b) comumente é de pouca consequência em um edifício, mas o recalque diferencial (c) pode causar severo dano estrutural.

fundações é atribuída ao excessivo recalque diferencial. O colapso de uma fundação, no qual o solo falha completamente em suportar o edifício, é extremamente raro.

MATERIAIS DO TERRENO
Classificando os materiais do terreno

Para a finalidade de projetos de fundações, os *materiais do terreno* são classificados de acordo com o tamanho da partícula, a presença de conteúdo orgânico e, no caso de grãos mais finos, com a sensibilidade ao conteúdo de umidade:

- A *rocha* é uma massa contínua de material mineral sólido, tal como o granito ou o calcáreo, o qual pode ser removido somente por perfuração ou detonação. A rocha nunca é completamente monolítica, mas é atravessada por um sistema de juntas (fendas) que varia em quantidade e extensão e que divide a pedra em blocos irregulares. Apesar dessas juntas, a rocha é geralmente o material mais forte e mais estável no qual um edifício pode ser fundado.
- *Solo* é um termo geral que se refere a qualquer material terreno particulado.
- Se uma partícula individual de solo é muito grande para ser levantada com a mão ou requer as duas mãos para ser levantada, ela é um *matacão*.
- Se é necessária a mão inteira para levantar uma partícula, ela é chamada um *bloco*.

- Se uma partícula pode ser facilmente levantada entre os dedos polegar e indicador, o solo é um *pedregulho*, composto por seixos. No Sistema Unificado de Classificação de Solos (Figura 2.2), pedregulhos são classificados como tendo mais de metade de suas partículas maiores do que 4,75 mm de diâmetro, mas nenhuma maior do que 76 mm.
- Se as partículas individuais de solo podem ser vistas mas são muito pequenas para serem apanhadas individualmente, o solo é *areia*. As partículas de areia variam em tamanho de aproximadamente 0,075 mm até 4,75 mm*. Tanto a areia quanto o pedregulho são chamados de *solos granulares*.
- Partículas individuais de *silte* são muito pequenas para serem vistas a olho nu: seu tamanho varia de 0,075 mm a 0,005 mm). Assim como as partículas dos solos granulares, as partículas de silte são basicamente esféricas, ou equidimensionais, em forma.
- Partículas de *argila* são lamelares em vez de esféricas (Figura 2.3) e menores que as partículas de silte, abaixo de 0,005 mm de tamanho. Ambos, argila e silte, são chamados de *solos finos*.
- Turfa, a camada superior de solo, e outros *solos orgânicos* não são adequados para o suporte de fundações de edifícios. Por causa do seu alto teor de matéria orgânica, eles são esponjosos, facilmente comprimidos e suas propriedades podem variar com o tempo em função da variação da quantidade de água ou atividade biológica no solo.

Propriedades dos solos

A habilidade de um solo granular (pedregulho ou areia) de suportar o peso de um edifício depende, primeiro, da resistência das partículas individuais do solo e da fricção entre elas. Imagine segurar uma mão cheia de pequenas esferas de aço polidas. Se você aperta as esferas, elas deslizam facilmente umas nas outras em sua mão. Existe pouca fricção entre elas. Entretanto, se você apertar uma mão cheia de brita (pedra moída), cujas partículas têm cantos vivos e superfície rugosa, as forças de fricção entre as partículas são grandes e haverá pouco movimento entre elas. Essa resistência ao deslizamento, ou *resistência ao cisalhamento*, da brita também é diretamente proporcional à força de confinamento que mantém as partículas juntas. Então, areia confinada pelo solo em sua volta dentro da terra pode suportar um edifício pesado, enquanto uma pilha cônica de areia depositada de forma solta na superfície do solo pode suportar muito pouco, porque existe muito pouca ou nenhuma resistência ao cisalhamento entre as partículas não confinadas. Solos que se comportam dessa maneira são chamados de *friccionais* ou *sem coesão*.

Em solos finos, as partículas são menores, a área superficial é maior em relação ao tamanho e peso, e o espaço entre as partículas, ou os *poros*

---

* N. de T.: No Brasil, segundo a norma NBR 6502/95 da ABNT, os grãos de areia têm entre 0,06 mm e 2,00 mm de diâmetro. Partículas maiores do que 2,00 mm são classificadas como seixos.

		Grupo de símbolos	Nomes Descritivos de Solos do Grupo de Símbolos dentro deste grupo
Solos granulares	Pedregulhos / Pedregulhos limpos	GW	Pedregulho de boa granulometria ou pedregulho de boa granulometria com areia, com pouco ou sem finos
		GP	Pedregulho de granulometria ruim ou pedregulho com granulometria ruim com areia, com pouco ou sem finos
	Pedregulhos com finos	GM	Pedregulho siltoso, pedregulho siltoso com areia
		GC	Pedregulho argiloso, pedregulho argiloso com areia
	Areias / Areias limpas	SW	Areia de boa granulometria ou areia de boa granulometria com pedregulho, com pouco ou sem finos
		SP	Areia de granulometria ruim ou areia de granulometria ruim com pedregulho, com pouco ou sem finos
	Areia com finos	SM	Areia siltosa, areia siltosa com pedregulho
		SC	Areia argilosa, areia argilosa com pedregulho
Solos finos	Siltes e argilas / Limite líquido < 50	ML	Silte ou misturas de silte, areia e pedregulho, baixa plasticidade
		CL	Argila magra ou misturas de argila, areia e pedregulho, baixa plasticidade
		OL	Argila ou silte orgânico (argila ou silte com conteúdo orgânico significativo), ou misturas de argila ou silte, argila e pedregulho, baixa plasticidade
	Limite líquido ≥ 50	MH	Silte elástico, misturas de silte, areia e pedregulho
		CH	Argila gorda ou misturas de argila, areia e pedregulho, alta plasticidade
		OH	Argila ou silte orgânico (argila ou silte com conteúdo orgânico significativo), ou misturas de argila ou silte orgânico, areia e pedregulho, alta plasticidade
Solos altamente orgânicos		PT	Turfa, esterco e outros solos altamente orgânicos

Figura 2.2
O Sistema Unificado de Classificação de Solos, da norma ASTM 2487. Os símbolos de grupo são uma série de abreviações universais de tipos de solo, como visto na Figura 2.8.

do solo, são menores. Como consequência, as forças superficiais também afetam mais as propriedades desses solos. Devido à quantidade de água no solo, as propriedades dos siltes são mais sensíveis que aquelas dos solos granulares. Com uma quantidade suficiente de umidade, as forças capilares podem reduzir a fricção entre as partículas e mudar o estado do silte de sólido para líquido.

Partículas de argila, sendo extremamente pequenas e achatadas na forma, tem relações de área para volume centenas ou milhares de vezes maiores até mesmo daquelas do silte. Forças eletrostáticas repulsivas e atrativas têm um importante papel nas propriedades dos solos de argila, assim como as variações no arranjo, ou *organização lamelar*, das partículas em folhas ou outras estruturas que são mais complexas que o simples empacotamento típico de partículas esféricas em solos granulares ou silte. Como resultado, argilas são geralmente *coesivas*; isto é, mesmo na ausência de forças de confinamento, elas retém uma mensurável resistência ao cisalhamento. Colocado de maneira

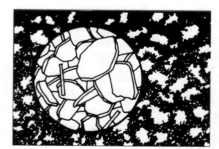

Figura 2.3
Partículas de silte (topo) são grãos aproximadamente equidimensionais, partículas de argila (base) são lamelares e muito menores que o silte. (Uma área circular de partículas de argila foi magnificada para tornar mais fácil a visualização da estrutura.)

simples, solos coesivos tendem a aglutinar-se. Frequentemente é possível fazer escavações com paredes verticais em solo argiloso (Figura 2.4). Existe suficiente resistência ao cisalhamento no solo não confinado para prevenir que a parede de solo desmorone para dentro da escavação. Em contraste, um solo sem coesão, tal como a areia, necessita ser escavado em um ângulo muito mais raso para evitar o colapso da parede da escavação. Solos coesivos também tendem a ser duros quando secos e moldáveis, ou *plásticos* quando úmidos. Alguns siltes também exibem propriedades coesivas, embora geralmente em uma medida menor que as argilas.

Solos para fundações de edifícios

Geralmente, grupos de solos listados perto do topo da Figura 2.2 são mais desejáveis para suportar fundações de edifícios que aqueles listados mais abaixo. Os solos no topo da lista tendem a ter melhores *propriedades de solos para engenharia*, isto é, eles tendem a ter maior capacidade de carga, ser mais estáveis e a reagir menos a mudanças na quantidade de umidade. A rocha geralmente é o melhor material no qual pode-se fundar um edifício. Quando a rocha é muito profunda para ser alcançada de forma econômica, o projetista precisa escolher entre os estratos de diferentes solos que estão mais perto da superfície e projetar uma fundação que desempenhe satisfatoriamente no solo selecionado.

A Figura 2.5 apresenta alguns valores conservadores da *capacidade de carga* para vários tipos de solos. Esses valores dão uma ideia aproximada das resistências relativas de diferentes solos; a resistência de qualquer solo em particular também depende de fatores como a presença ou ausência de água, a profundidade na qual o solo está sob a superfície e, até certo ponto, a maneira na qual a fundação age sobre ele. Na prática, o projetista também pode escolher reduzir a pressão das fundações sobre o solo para bem abaixo desses valores, de modo a reduzir o potencial para o recalque do edifício.

A *estabilidade* de um solo é sua habilidade de reter suas propriedades estruturais sob as variadas condições que possam ocorrer durante a vida útil do edifício. Em geral, rocha, pedregulhos e areias tendem a ser os solos mais estáveis, argilas, os menos estáveis; o silte situa-se em uma posição intermediária.

Muitas argilas mudam de tamanho sob condições variáveis de umidade no subsolo, expandindo-se consideravelmente à medida que absorvem água e contraindo-se à medi-

Escavação em solo com fricção

Escavação em solo altamente coesivo

Figura 2.4
Escavações em solos com fricção e altamente coesivos.

Tabela 1804.2
PRESSÃO ADMISSÍVEL NA FUNDAÇÃO E NA LATERAL DO EDIFÍCIO

CLASSE DE MATERIAIS	PRESSÃO ADMISSÍVEL NA FUNDAÇÃO PRESSÃO (psf)[d]	CARREGAMENTO LATERAL (psf/f abaixo do nível natural)[d]	DESLIZAMENTO LATERAL Coeficiente de fricção[a]	DESLIZAMENTO LATERAL Resistência (psf)[b]
1. Rocha mãe* cristalina	12.000	1.200	0,70	—
2. Rocha sedimentar e foliada	4.000	400	0,35	—
3. Pedregulho arenoso e/ou pedregulho (GW e GP)	3.000	200	0,35	—
4. Areia, areia siltosa, areia argilosa, pedregulho siltoso e pedregulho argiloso (SW, SP, SM, SC, GM e GC)	2.000	150	0,25	—
5. Argila, argila arenosa, argila siltosa, silte argiloso, silte e silte arenoso (CL, ML, MH e CH)	1.500[c]	100	—	130

Para o SI: 1 libra por pé quadrado = 0,049 kPa, 1 libra por pé quadrado por pé = 0,157 kPa/m.
a. Coeficiente a ser multiplicado pela carga permanente.
b. Valor de resistência ao deslizamento lateral a ser multiplicado pela área de contato, como limitado pela Seção 1904.3.
c. Onde o fiscal municipal determina que os solos locais com uma capacidade de carga permitida de menos de 70 kPa podem estar presentes, a capacidade de carga permitida deverá ser determinada por uma investigação do solo**.
d. O aumento de um terço é permitido quando são utilizadas as combinações alternadas de carga da Seção 1605.3.2 que incluem cargas de vento e terremotos.

Figura 2.5
Valores de capacidade de carga presumíveis de vários tipos de solos, a partir do IBC 2006. Classes 3, 4 e 5 se referem aos símbolos de grupos de solos na Figura 2.2. (*Partes desta publicação reproduzem tabelas do Código Internacional de Edificações,* International Code Council, Inc., *Washington, D. C. Reproduzido com Permissão. Todos os direitos reservados.*)

---

* N. de T.: São sinônimos: rocha viva, rocha fresca, rocha sã.
** N. de T.: Este procedimento é prática corrente nos Estados Unidos.

da que secam. Na presença de solos de argilas altamente expansivas, uma fundação pode precisar ser projetada com espaços vazios subjacentes, nos quais a argila pode expandir-se, para prevenir dano estrutural à própria fundação. Quando argila molhada é colocada sob pressão, a água pode ser lentamente expelida da mesma, com a correspondente redução gradual de volume. Nessa circunstância, o recalque de longo prazo de uma fundação apoiada em tal solo é um risco que precisa ser considerado. Tomadas juntas, essas propriedades tornam muitas argilas os solos menos previsíveis para suportar edifícios. (Na Figura 2.2, os grupos de solo fino que contêm um limite líquido maior que 50 são geralmente aqueles mais afetados pelo seu conteúdo de água, exibindo plasticidade mais elevada (moldabilidade), maior expansão quando úmidos e menor resistência quando secos.)

Em regiões com risco significativo de terremotos, a estabilidade dos solos durante eventos sísmicos também é uma preocupação. Areias e siltes com alto conteúdo de água são particularmente suscetíveis à *liquefação*, que é uma mudança temporária do estado sólido para o líquido durante tremores cíclicos. A liquefação do solo pode levar à perda de sustentação para a fundação de um edifício ou à excessiva pressão às paredes da fundação.

As características de drenagem de um solo são importantes para prever como a água irá fluir sobre e sob os terrenos dos edifícios e em volta de suas subestruturas. Um solo granular composto por partículas majoritariamente do mesmo tamanho, tem o maior volume possível de espaço vazio entre as partículas, e a água passará através dele mais rapidamente. Quando solos granulares são compostos de partículas com diversidade de tamanhos, o volume do espaço vazio entre as partículas é reduzido e esses solos drenam a água com mais eficiência. Solos granulares consistindo de partículas de todos os tamanhos são ditos *bem graduados* ou *pobremente segregados*; aqueles com uma menor variação de tamanhos de partículas são chamados de *mal graduados* ou *bem segregados*; e aqueles com partículas majoritariamente de um tamanho são chamados de *uniformemente graduados* (Figura 2.6).

Por causa do tamanho menor de suas partículas, os solos finos também tendem a drenar água com menor eficiência: a água passa lentamente através de areias muito finas e siltes e quase nada através de muitas argilas. Um terreno com solos argilosos ou siltosos próximos da superfície drena de forma deficiente e tende a ficar enlameado e coberto com poças durante os períodos de chuva, enquanto um terreno pedregoso tende a permanecer seco. No subterrâneo, a água passa rapidamente através dos estratos de pedregulho e areia, mas tende a acumular-se acima das camadas de argila e silte fino. Um excelente modo de manter o subsolo de um edifício seco é envolve-lo com uma camada de pedregulho uniformemente graduado ou brita. A água, passando através do solo em direção ao edifício, não consegue alcançar o subsolo sem primeiro ir até o fundo desta camada porosa, de onde ela pode ser drenada por canos perfurados antes de se acumular (Figuras 2.60-2.62). Não há vantagem em se colocar canos perfurados de drenagem diretamente na argila ou no silte, porque a água não consegue fluir através do solo impermeável até os canos.

Raramente o terreno sob um edifício é composto de um único tipo de solo. Sob a maioria dos edifícios, solos de vários tipos são arranjados em camadas sobrepostas (*estratos*), formadas por vários processos geológicos. Frequentemente, solos em qualquer camada são, também eles mesmos, misturas de diferentes grupos de solos, ganhando descrições como pedregulho bem graduado com argila siltosa e areia, areia mal graduada com argila, argila magra com pedregulho, e assim por diante. Desse modo, determinar a adequação de cada solo

Figura 2.6
Duas amostras de pedregulho, ilustrando diferenças no tamanho das partículas ou na *granulometria*. A amostra à esquerda, com uma variação de tamanhos de partículas, vem de um pedregulho arenoso com boa granulometria. À direita está uma amostra de um pedregulho com uma graduação uniforme, no qual existe pouca variação de tamanho entre as partículas. *(Fotos por Joseph Iano)*

para suportar a fundação de um edifício depende do comportamento dos diversos tipos de solos e de como eles interagem entre si e com a fundação do edifício.

Exploração subterrânea e testes dos solos

Antes de projetar uma fundação para qualquer edifício maior que uma residência unifamiliar (e mesmo para algumas residências unifamiliares), é necessário determinar o solo e as condições de água sob o terreno. Isso pode ser feito escavando *buracos de teste* ou fazendo *sondagens a percussão*. Buracos de teste são úteis quando não é esperado que a fundação se estenda mais fundo que aproximadamente três metros, o máximo alcance prático de pequenas máquinas de escavação. Os estratos do solo podem ser observados no buraco e amostras do solo ser coletadas para testes de laboratório.

O nível do *lençol freático* (a altura na qual o solo está saturado e a pressão da água subterrânea é atmosférica) será imediatamente aparente em solos de pedregulho se eles estiverem dentro da profundidade do buraco, porque a água irá infiltrar-se através das paredes do buraco até o nível do lençol freático. Por outro lado, se um buraco de teste é escavado abaixo do lençol freático na argila, a água livre não irá percolar até o buraco porque a argila é relativamente impermeável. Nesse caso, o nível do lençol freático precisa ser determinado por meio de um poço de observação ou de instrumentos especiais que são instalados para medir a pressão da água. Se desejado, um *teste de carga* pode ser executado no solo no fundo de um buraco de teste para determinar a tensão que o solo pode suportar com segurança e a quantidade de recalque que deveria ser antecipada sob carga.

Se um buraco não é escavado, sondagens com testes de penetração padrão podem dar uma indicação da capacidade de carga do solo pelo número de percussões de um martelo de cravação padrão, necessárias para a penetração de um tubo de amostragem no solo em uma extensão prefixada. Amostras de solo com qualidade de laboratório podem também ser obtidas das sondagens. Sondagens a percussão (Figura 2.7) estendem o limite de exploração possível para uma profundidade muito maior que os testes com buracos e dão informações sobre a espessura e localização dos estratos de solo e da profundidade do lençol freático. Comumente, diversos furos são executados no terreno; a informação obtida dos furos é agrupada e interpolada na preparação de dese-

Figura 2.7
Um equipamento de sondagem, montado em um caminhão, capaz de perfurar até 450 metros de profundidade. *(Cortesia de Acker Drilling Company, Inc.)*

nhos que documentam as condições do subsolo para serem utilizadas pelo engenheiro que irá projetar a fundação (Figura 2.8).

Testes de amostras de solo feitos em laboratório são importantes para o projeto de fundação. A distribuição dos tamanhos de partículas no solo pode ser determinada passando uma amostra seca de solo granular através de um jogo de peneiras com tamanhos de malha graduados. Testes adicionais com os solos finos ajudam em sua identificação e oferecem informação nas suas propriedades de engenharia. Entre esses, são importantes os testes que estabelecem o *limite líquido* – o conteúdo de água no qual o solo passa de um estado plástico para um estado líquido – e o *limite plástico* – o conteúdo de água no qual o solo perde sua plasticidade e começa a se comportar como um sólido. Testes adicionais podem determinar o conteúdo de água do solo, sua permeabilidade à água, sua retração quando seco, suas resistências ao cisalhamento e à compressão, a medida de compactação do solo sob a carga e a taxa na qual a compactação ocorrerá (Figura 2.9). As últimas duas qualidades auxiliam no prognóstico da velocidade e da magnitude do recalque da fundação em um edifício.

Figura 2.8
Um tarugo típico de uma sondagem de percussão, indicando o tipo de solo em cada estrato e a profundidade em metros e centímetros no qual ele foi encontrado. As abreviações em parênteses referem-se ao Sistema Unificado de Classificação de Solos e são explicadas na Figura 2.2.

DESCRIÇÃO DO SOLO	Profundidade
Camada superficial	0,5'
Silte solto, alguma areia fina e argila (ML)	6,5'
Areia de fina para grossa e de solta para medianamente compacta, algum silte, traços de pedregulho fino (SM)	20,5'
Areia de fina para grossa, medianamente compacta, algum silte (SM)	30,5' / 34,5'
Silte medianamente compacto, alguma areia fina (ML)	40' / 43'
Areia de fina para grossa e medianamente compacta, algum silte, traços de pedregulho fino (SP-ML)	52,5'
Silte medianamente compacto, alguma areia fina (ML)	
Argila de firme para rígida, algum silte (CL)	
Areia de fina para grossa muito compacta, algum silte, traços de pedregulho de fino para grosso (SP-SM)	84'

(a)

(b)

Figura 2.9
Alguns procedimentos de testes de laboratórios para solos, (a) À direita, a dureza de amostras coletadas é verificada com um penetrômetro para certificar-se de que elas vêm do mesmo estrato do solo. À esquerda, uma amostra de solo de um tubo de amostragem *Shelby* é cortada em seções para testes. (b) Uma seção de solo não perturbada de um tubo *Shelby* é escareada para examinar a estratificação das camadas de silte e de areia. (c) Uma amostra cilíndrica de solo é preparada para um teste de carga triaxial, o principal método para determinar a resistência ao cisalhamento do solo. A amostra será carregada axialmente pelo pistão no topo do aparato e, também, circunferencialmente por pressão de água no cilindro transparente. (d) Um teste direto de cisalhamento, usado para medir a resistência ao cisalhamento de solos não coesivos. Um prisma retangular de solo é colocado em uma caixa dividida e cisalhado, aplicando pressão em direções opostas nos dois lados da caixa. (e) Teste unidimensional de compactação em progresso, em solos finos, para determinar sua compressibilidade e velocidade de recalque. Cada amostra é comprimida por um longo período de tempo para permitir que a água flua para fora da amostra. (f) Um painel para executar simultaneamente 30 testes de permeabilidade à pressão constante, para determinar a velocidade na qual um fluido, usualmente água, move-se através do solo. (g) Um teste *Proctor* de compactação, no qual sucessivas camadas de solo são compactadas com uma força de apiloamento especificada. O teste é repetido para o mesmo solo com conteúdos de umidade variáveis e é plotada uma curva de densidade atingida *versus* o conteúdo de umidade do solo, para identificar o conteúdo ótimo de umidade para a compactação do solo no campo. Nao são mostrados aqui alguns procedimentos de testes para a análise do tamanho de partículas, limite líquido, limite plástico, peso específico e compressão não confinada. *(Cortesia de Ardaman and Associates, Inc., Orlando, Florida)*

Capítulo 2 Fundações 37

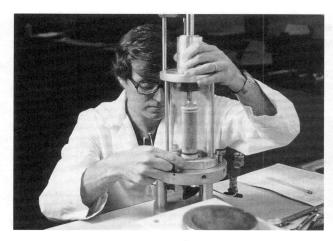
(c)

(d)

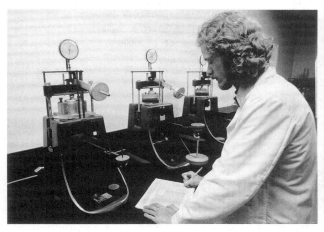
(e)

(f)

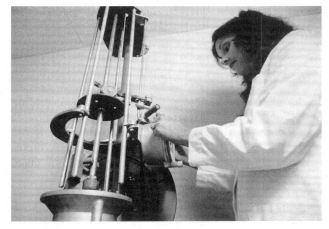
(g)

> ### Considerações sobre sustentabilidade na preparação do local, escavação e fundações
>
> Os locais para edificações deveriam ser selecionados e utilizados de forma a proteger e conservar os habitats e os recursos naturais, promover a biodiversidade, preservar a qualidade dos espaços abertos e minimizar a poluição e o consumo desnecessário de energia.
>
> **Seleção do local**
>
> Comprar e renovar um edifício existente, em vez de construir um novo, economiza uma grande quantidade de material de construção e energia. Se o edifício existente foi programado para ser demolido, sua renovação também evita a deposição de uma enorme quantidade de material em um aterro.
>
> Construir em uma área urbana com a infraestrutura existente, em vez de fazê-lo em um local não urbanizado e desconectado dos outros recursos da comunidade, protege os espaços abertos, os habitats naturais e os recursos naturais.
>
> Construir em um local degradado ou poluído e projetar o edifício, de tal maneira que ele ajude a restaurar o local, beneficia o meio ambiente ao invés de degradá-lo.
>
> Evitar construções em terra essencialmente agrícola previne a perda permanente do uso produtivo da terra. Evitar a construção em terra não urbanizada, que é ambientalmente sensível, protege a vida selvagem e os habitats naturais que ela suporta. Isso inclui várzeas, terra que provê habitat para espécies em risco de extinção ou ameaçadas, charcos, terras de florestas maduras e pradarias e terras adjacentes a corpos naturais de água.
>
> Evitar construir em parques públicos ou em terrenos adjacentes a mananciais de água, que permitem uso recreacional, previne a perda permanente de recursos públicos.
>
> Selecionar um edifício que é bem conectado a redes de transporte público existente e a vias de pedestres e ciclovias paga dividendos ambientais todos os dias da vida do edifício, por economizar combustível, reduzir a poluição ambiental de automóveis e minimizar o tempo de traslado.
>
> **Projeto paisagístico**
>
> Minimizar a pegada ambiental do edifício e proteger e melhorar partes do terreno com vegetação natural protege o habitat e ajuda a manter a biodiversidade.
>
> Um projeto paisagístico adequado e o uso de água da chuva coletada, água servida reciclada, ou outra fonte de água não potável para irrigação, minimizam o desperdício de consumo de água.
>
> Minimizar a superfície de terreno impermeável (como nos estacionamentos de veículos) e prover um serviço de drenagem de superfície, que conduz a água para áreas do terreno onde ela possa ser absorvida pelo solo, funciona para reabastecer os aquíferos naturais, evitar a sobrecarga do sistema de esgotos pluviais e reduzir a poluição da água.
>
> Definir inclinações adequadas no terreno e plantar vegetação que retém o solo no lugar previne erosão.
>
> Grandes árvores existentes no local não podem ser substituídas, exceto fazendo novas crescerem em um período de muitas décadas. Plantar novas árvores é bom, mas a preservação das existentes é ainda melhor.

A informação obtida a partir da exploração do subsolo e de testes do solo é resumida em um *laudo geotécnico*, que inclui os resultados dos testes de campo e testes de laboratório, tipos de fundação recomendados para o terreno, profundidades recomendadas, tensões de carga para as fundações e uma estimativa da velocidade de recalque da fundação. Essas informações podem ser utilizadas diretamente pelos engenheiros de fundações e estrutural no projeto das escavações, drenagem e sistemas de estabilização de taludes, fundações e subestrutura. Também são usadas por construtores no planejamento e execução do trabalho no terreno.

ESCAVAÇÃO

Ao menos algum tipo de *escavação* é necessário para cada edifício. A camada orgânica superior do solo está sujeita à decomposição e à retração e inchamento com a variação na quantidade de umidade. Ela é excelente para fazer crescer gramados e plantas de ajardinamento, mas inadequada para suportar edifícios. Frequentemente, ela é removida da área do edifício e acumulada em algum ponto para ser novamente espalhada sobre o terreno depois que a construção estiver completa. Depois que a camada orgânica superior tiver sido removida, uma nova escavação é necessária para colocar as fundações fora do alcance da erosão causada por água e vento. Em climas frios, as fundações necessitam ser colocadas abaixo do nível no qual o terreno congela no inverno, a *linha de congelamento*, ou elas precisam ser isoladas de tal maneira que o solo abaixo delas não congele. De outro modo, uma fundação pode ser erguida e danificada por um solo que expande levemente enquanto congela. Ou, sob certas condições de solo e temperatura, a migração ascendente de vapor de água através dos poros do solo pode resultar na formação de *lentes de gelo*, grossas camadas de cristais de água congelada que podem levantar as fundações ainda mais. Escavações são necessárias em muitos locais para assentar as fundações em uma profundidade onde o solo com capacidade de suporte adequada esteja disponível. Escavações são executadas com frequência para que o espaço de um ou mais níveis de subsolo seja adicionado a um edifício, para fins de habitação ou estacionamento ou, ainda, para equipamento mecânico ou depósitos. Quando as fundações necessitam ser assentadas em solo profundo para ficarem abaixo da linha de congelamento ou para chegar a um solo adequado, um subsolo é, muitas vezes, um espaço obtido a um custo muito baixo, adicionando pouco ao custo total da edificação.

Em solos particulados, uma variedade de máquinas para escavação pode ser utilizada para soltar e retirar o solo do terreno: buldôzers, pás carregadeiras, retroescavadeiras, pás niveladoras, raspadores e dragas de todo tipo. Se o solo precisa ser movido

Características distintivas do local, tais como formações rochosas, florestas, gramados, cursos d'água, brejos e trilhas e pontos recreativos, se destruídas devido à nova construção, jamais poderão ser repostas.

Prover sombra, superfícies de telhado com vegetação ou reflexivas, material de pavimentação reflexivo e sistemas de pavimentos com juntas abertas reduz os efeitos de ilha de calor e cria um microclima melhorado, tanto para humanos como para a vida selvagem.

Minimizar a poluição noturna por iluminação é um benefício para humanos e para a vida selvagem noturna.

Evitar o bloqueio desnecessário da luz solar aos edifícios vizinhos protege as fontes de luz natural e aquecimento solar úteis a esses edifícios, minimizando seu consumo desnecessário de eletricidade e combustível de aquecimento.

Situar um edifício para a melhor exposição ao sol e aos ventos maximiza o ganho com calor solar no inverno e minimiza-o no verão para economizar energia para o aquecimento e para o ar condicionado. Isso também permite a utilização da luz do dia para substituir a iluminação elétrica.

Em geral, um edifício deveria ser projetado de tal maneira que o local faça o trabalho mais pesado de modificação ambiental por meio de boa orientação em relação ao sol e ao vento, árvores que são colocadas de tal forma que proveem sombra e uma barreira ao vento, e o uso das partes subterrâneas do edifício para inércia térmica. O envoltório passivo do edifício pode fazer a maior parte do trabalho restante, por meio da orientação das janelas com respeito à luz solar, bom isolamento térmico e estanqueidade ao ar e utilização de inércia térmica e janelas com boa eficiência energética.

Os equipamentos de aquecimento, resfriamento e iluminação ativos deveriam servir apenas para fazer o ajuste fino no interior do edifício, usando o mínimo possível de combustível fóssil e eletricidade.

Processo construtivo

É essencial proteger de danos as árvores e áreas sensíveis do local durante a construção.

Um edifício deveria atender a todas as leis locais de conservação relativas ao solo, aos brejos e às águas da chuva.

A camada superior do solo deveria ser acumulada cuidadosamente durante a construção e reutilizada no local.

É importante tomar precauções contra a erosão do solo pela água e pelo vento durante a construção, bem como contra o assoreamento de cursos d'água e de esgotos, ou contra a poluição do ar causada pela poeira e partículas que podem ser geradas.

Os pneus dos veículos compactam o solo de forma que ele não pode absorver a água ou sustentar a vegetação. Então, é importante estabelecer rotas de acesso a caminhões e equipamentos de construção que sejam bem demarcadas e as menores possíveis, para minimizar a compactação do solo, bem como minimizar o ruído, a poeira, a poluição do ar e as inconveniências aos edifícios e locais vizinhos.

O equipamento de construção deveria ser selecionado e mantido de tal forma que ele polua o ar o mínimo possível.

Solo escavado sem recolocação deveria ser reaproveitado no próprio local ou em outro local próximo.

As sobras da construção deveriam ser recicladas tanto quanto possível.

---

além de uma pequena distância, caminhões caçamba são utilizados.

Nas rochas, a escavação é mais lenta e muitas vezes mais cara. Rocha fraca ou altamente fraturada pode, algumas vezes, ser quebrada com pás carregadeiras, rompedores montados em tratores ou rompedores pneumáticos, ou com bolas de demolição, como as utilizadas na demolição de edifícios. Explosões, nas quais os explosivos são colocados e detonados em linhas com furos próximos entre si e perfurados fundo na rocha, são frequentemente necessárias. Em áreas urbanas, onde a detonação é impraticável, a rocha pode ser quebrada com rompedores hidráulicos.

Contenção do solo em escavações

Se o local for suficientemente maior que a área a ser ocupada pelo edifício, as bordas da escavação podem ser inclinadas ou *escalonadas* em patamares em um ângulo tal que o solo não deslizará de volta ao buraco. Esse ângulo, chamado de *ângulo de estabilização do talude*, pode ser quase vertical para solos coesivos, como as argilas mais rígidas, mas ele precisa ser raso (próximo da horizontal) para solos friccionais, como areia e pedregulho. Em lugares restritos, o solo em volta de uma escavação necessita ser retido por algum tipo de *apoio ao talude* ou *apoio à parede da escavação*, capaz de resistir às pressões da terra e da água do solo (Figura 2.10). Tal construção pode tomar muitas formas, dependendo das qualidades do solo, profundidade da escavação, equipamento e preferências do construtor, proximidade de edifícios vizinhos e nível do lençol freático.

Estrutura de contenção

As formas mais comuns de apoio de taludes ou *estrutura de contenção* são pilares de apoio com vedação e cortinas de contenção. Com pilares de apoio e vedação, colunas de aço chamadas de *pilares em H* ou *pilares de apoio* são cravadas verticalmente na terra a pequenos intervalos em volta

SEÇÃO DE ESCAVAÇÃO ESCALONADA

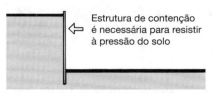

Estrutura de contenção é necessária para resistir à pressão do solo

SEÇÃO DE ESCAVAÇÃO COM PAREDE DE CONTENÇÃO

Figura 2.10
Em um local espaçoso, uma escavação pode ser escalonada em patamares. Quando escavando junto às linhas de divisa ou a edifícios próximos, alguma forma de apoio ao talude, tal como cortinas de contenção, é utilizada para reter o solo em volta da escavação.

de um local de escavação, antes do início da remoção do solo. À medida que o solo é removido, a *vedação*, normalmente consistindo de pesadas pranchas de madeira, é colocada contra os flanges das colunas para reter o solo fora da escavação (Figuras 2.11 e 2.12). *Cortinas de contenção* consistem de pranchas verticais de madeira, aço ou concreto pré-fabricado, que são colocadas justas umas contra as outras e cravadas na terra para formar uma parede sólida antes do início da escavação (Figuras 2.13 e 2.14). Na maioria das vezes, esta contenção é temporária, sendo removida à medida que o solo é recolocado na escavação. Entretanto, ela também pode ser deixada no lugar, para tornar-se uma parte permanente da subestrutura do edifício. Isto pode ser necessário, por exemplo, onde a contenção está localizada extremamente próxima à divisa da propriedade e não exista maneira prática de removê-la depois de concluída a construção, sem perturbar as propriedades ou estruturas adjacentes.

A contenção de taludes também pode tomar a forma de *concreto projetado*, também chamado de *gunite*, no qual a escavação ocorre antes e, então, os taludes são reforçados com uma mistura relativamente rígida de concreto projetado diretamente de uma mangueira sobre o solo. Esse método funciona bem quando o solo é suficientemente coesivo para reter um talude bastante inclinado, ao menos temporariamente.

O concreto endurecido reforça o talude e protege contra a erosão do solo (Figura 2.15).

Paredes de lama

Uma *parede de lama* é uma forma mais complicada e cara de apoio à escavação, que normalmente é econômica somente se ela torna-se parte do edifício. Os primeiros passos para criar uma parede de lama são demarcar a localização da parede na superfície do terreno com instrumentos de topografia e definir a localização e espessura da parede com *paredes-guia* rasas de concreto moldado no local (Figuras 2.16 e 2.17). Quando a forma é removida das paredes-guia, uma *concha de mandíbulas* estreitas especial, montada em uma escavadeira, é utilizada para escavar o solo entre as paredes-guia. À medida que a estreita vala é aprofundada, a tendência de suas paredes de terra desmoronarem é contrabalançada pelo preenchimento da vala com uma mistura viscosa de água e argila bentonita, chamada de *lama bentonítica*, a qual exerce uma pressão contra as paredes de terra, mantendo-as no lugar. A concha de mandíbulas é baixada e erguida através da lama para continuar a escavar o solo a partir do fundo da vala até que a profundidade desejada tenha sido atingida, normalmente alguns andares abaixo do nível do solo. A lama é adicionada, conforme a necessidade, para manter a vala cheia o tempo todo.

Enquanto isto, trabalhadores soldam gaiolas de barras de aço projetadas para reforçar a parede de concreto que irá substituir a lama na vala. Tubos de aço com diâmetro correspondente à largura da vala são cravados verticalmente na vala a intervalos pré-determinados, para dividi-la em seções de um tamanho que possa ser reforçado e concretado convenientemente. A concretagem de cada seção começa com a colocação de uma gaiola de barras de aço dentro da lama. Então o concreto é colocado dentro da vala a partir do fundo, usando um arranjo de funil-e-tubo chamado de *tromba com funil*. À medida que o concreto sobe na vala, ele desloca a lama, a qual é bombeada para fora e vai para tanques de armazenamento, nos quais é guardada para ser reutilizada. Depois que o concreto atingiu o topo da vala e endureceu suficientemente, os tubos verticais são retirados da vala e as seções adjacentes são concretadas. Esse processo é repetido para cada seção da parede. Quando o concreto em todas as valas estiver curado até a resistência pretendida, a remoção da terra é iniciada pelo lado interno da parede, que serve como uma membrana para a escavação.

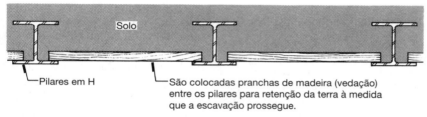

Figura 2.11
Pilar de apoio e vedação, vistos em uma seção horizontal.

Figura 2.12
Pilar de apoio e vedação. As pranchas de vedação são adicionadas no fundo, à medida que a escavação prossegue. A broca está cavando um furo para que um tirante prenda um pilar de apoio. *(Cortesia da Franki Foundation Company)*

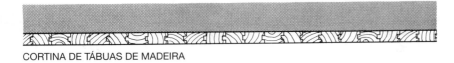
CORTINA DE TÁBUAS DE MADEIRA

CORTINA DE PERFIS DE AÇO

CORTINA DE CONCRETO PRÉ-FABRICADO Junta grauteada

Figura 2.13
Seções horizontais de três tipos de lâminas cravadas. A área cinza representa a terra retida.

Figura 2.14
Fazendo furos de tirantes para uma parede de lâminas metálicas cravadas. Note as conexões de tirantes já concluídas no *waler* horizontal na parte mais próxima. O furo no topo de cada peça de lâmina cravada permite que ela seja içada por uma grua. *(Cortesia da Franki Foundation Company)*

Figura 2.15
Onde o apoio do talude vira a esquina nesta escavação e o solo pode ser inclinado em um ângulo menor, o concreto projetado mais barato assume o lugar de pilares de apoio e vedação. *(Foto por Joseph Iano)*

Figura 2.16
Passos para a construção de uma parede de lama bentonítica.
(a) As paredes-guia de concreto foram instaladas e a concha de mandíbulas começa a escavar a vala através de uma lama de argila bentonítica. (b) A vala é escavada até a profundidade desejada, com a lama servindo para prevenir o desmoronamento das paredes da vala. (c) Uma gaiola – armadura – de barras de aço soldado é mergulhada na lama. (d) A vala é concretada a partir do fundo com a ajuda de uma tromba com funil. A lama deslocada é bombeada para fora da vala, filtrada e armazenada para ser reutilizada. (e) A parede de concreto armado é atirantada à medida que a escavação avança.

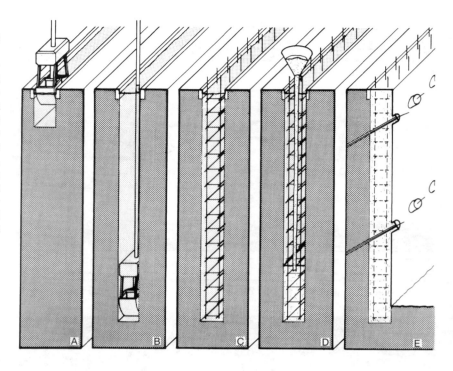

(a) (b)

Figura 2.17
Construindo uma parede de lama bentonítica. (a) As paredes-guia são criadas e concretadas em uma vala rasa. (b) A concha de mandíbulas estreitas descarrega uma carga de solo em um caminhão de aterro que está aguardando. A maioria da vala está coberta com escoras de madeira por segurança.

(continua)

(c)

(d)

(e)

Figura 2.17 (continuação)
(c) Um detalhe da concha de mandíbulas estreitas utilizada para a escavação da parede de lama bentonítica. (d) Erguendo uma armadura tipo gaiola da área onde ela foi montada, e preparando para colocá-la na vala. A profundidade da vala e a altura da parede de lama bentonítica são iguais à altura da gaiola, a qual é aproximadamente de quatro andares para este projeto. (e) Concretando uma parede de lama bentonítica com uma tromba com funil. A bomba à esquerda da tromba remove a lama da vala à medida que o concreto é adicionado. *(Fotos b, c, d são cortesia da Franki Foundation Company. Fotos a, e são cortesia de Soletanche)*

Em adição à parede de lama com concreto moldado no local, descrita nos parágrafos anteriores, *paredes de lama com concreto pré-moldado* são construídas. A parede é protendida e produzida em seções em uma planta de pré-moldados (veja Capítulo 15) e, então, transportada em caminhões até o local da construção. A lama para as paredes de concreto pré-moldado é uma mistura de água, argila bentonita e cimento Portland. Antes de uma seção ser baixada por uma grua dentro da lama, sua face é pintada com um revestimento que previne a lama de argila-cimento de aderir a ela (Figura 2.18). As seções são instaladas lado a lado na vala, unidas por uma junta macho-e-fêmea ou por perfis de borracha sintética. Depois que o cimento Portland provocou o endurecimento da lama para uma consistência similar a de um solo, a escavação pode ser iniciada, com a lama endurecida na parte interna da parede descolando e caindo da parede pintada à medida que o solo é removido.

As principais vantagens de um concreto pré-moldado em uma parede de lama sobre um moldado no local são: melhor qualidade da superfície, alinhamento mais preciso da parede, uma parede mais delgada (devido à eficiência estrutural da protensão) e melhor estanqueidade à água da parede, por causa da camada contínua de lama solidificada pelo lado externo.

Solo misturado

O *solo misturado* é uma técnica de adicionar uma substância modificadora ao solo e misturá-la no local por meio de pás ou pés, girando na ponta de uma tubulação vertical (Figura 2.19). Esta técnica tem diversas aplicações, uma das quais é remediar o solo contaminado com uma substância química ou biológica ao misturá-lo com uma substância química que o torna inofensivo. Outra é misturar cimento Portland e água com um solo para criar um cilindro de concreto de baixa

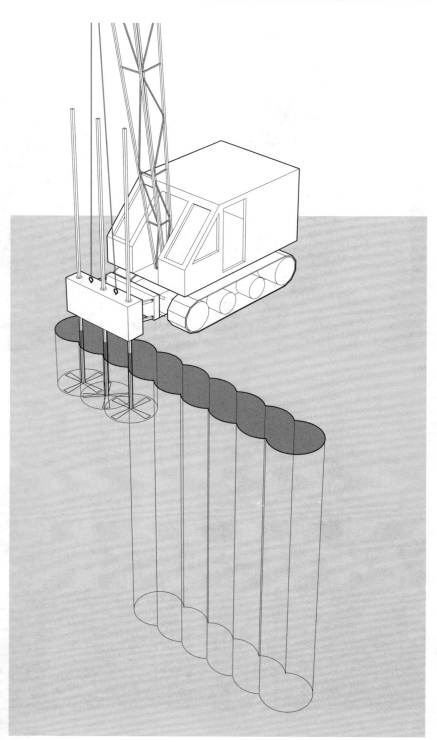

Figura 2.19
Solo misturado.

Figura 2.18
Trabalhadores aplicam um revestimento antiaderente a uma seção de concreto pré-moldado para parede de lama à medida que ela é baixada na vala.

resistência no solo. Uma série desses cilindros em linha pode servir como uma parede que bloqueia contra a infiltração de água ou como um apoio à escavação (Figura 2.20). O solo misturado também pode servir para estabilizar e aumentar a resistência de áreas de solo fraco.

Estroncas

Todas as formas de sustentação de taludes e escavações precisam ser apoiadas contra as pressões do solo e da água à medida que a escavação se aprofunda (Figura 2.21). As estroncas utilizam colunas temporárias de aço com bordas largas, que são cravadas na terra por um apiloador em pontos onde a estronca vai cruzar. À medida que a terra é escavada em volta das lâminas metálicas e das colunas, ligações de elementos de apoio horizontais, normalmente de aço, são adicionados para suportar as vedações, que são vigas que se estendem por toda a extensão das lâminas de aço. Nos pontos em que a escavação é muito larga para as *estroncas*, elas são substituídas por *escoras* inclinadas, apoiadas contra *blocos de apoio* ou outra sapata temporária.

As escoras e as estroncas, especialmente as últimas, são um estorvo para o processo de escavação. Uma concha de mandíbulas em uma grua precisa ser utilizada para remover a terra entre as estroncas, o que é muito menos eficiente e mais dispendioso do que remover o solo com uma pá

(a)

(b)

Figura 2.20
Apoio da escavação de solo misturado.
(a) A escavação prossegue depois da completa mistura do solo. A amarração consiste de pilares de apoio, vedações e tirantes. Os pilares de apoio são inseridos durante a mistura de solos, antes que a mistura de solo/cimento endureça. As vedações e tirantes são instalados depois, à medida que a escavação prossegue. (b) Revestimento de um solo misturado já completamente escavado. Este sistema de suporte da escavação deve ser forte o suficiente para resistir às pressões do solo causadas pelos edifícios adjacentes. *(Fotografias são cortesia da Schnable Foundation Company)*

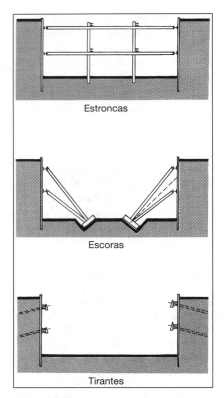

Figura 2.21
Três métodos de apoio desenhados em seção transversal. A conexão entre a vedação e a estronca, escora, ou tirante necessita de cuidadoso projeto estrutural. A linha tracejada entre as escoras indica o modo de escavação: o centro do furo é escavado primeiro com lados inclinados, como indicado pela linha tracejada. Os blocos de apoio e a linha superior das escoras são instalados. À medida que os lados inclinados são escavados em maior profundidade, mais linhas de escoras são instaladas. Observe como os tirantes deixam a escavação totalmente livre de obstruções.

escavadeira ou uma retroescavadeira em uma escavação aberta.

Onde as condições do subsolo permitem, podem ser usados *tirantes*, em vez de estroncas, para apoiar as lâminas metálicas enquanto é mantida a escavação aberta. A cada nível de vedações, furos são feitos a certos intervalos por toda a extensão das lâminas metálicas, através do solo, dentro da rocha ou até um estrato de solo estável. Os cabos de aço ou cordoalhas são inseridos nos furos, grauteados para serem ancorados na rocha ou no solo e fortemente tracionados com macacos hidráulicos (pós-tensionados) antes de serem presos às lâminas (Figuras 2.22 – 2.24).

A escavação em rocha fraturada pode, frequentemente, eliminar as lâminas metálicas completamente, por meio da injeção de groute nas juntas da rocha, para estabilizá-la, ou pela perfuração da rocha e inserção de *ancoragens na rocha* que amarram os blocos, unindo-os (Figura 2.25).

Em alguns casos, paredes verticais de solos particulados podem ser estabilizadas por meio da *ancoragem de solo*. Uma ancoragem de solo é semelhante a uma ancoragem de rocha. É uma barra de aço de reforço, de determinado comprimento, que é inserida em um furo quase horizontal, perfurado profundamente o solo. O groute é injetado no furo para unir a ancoragem de solo ao solo em volta. Várias barras próximas umas das outras são utilizadas para tecer um grande bloco de solo unido, de maneira que ele se comporte mais como uma rocha fraca do que como solo particulado.

Estroncas e tirantes em escavações normalmente são temporários. Sua função é absorvida de forma permanente pela estrutura do subsolo do edifício, a qual é projetada especificamente para resistir a cargas laterais da terra em volta, bem como das cargas comuns daquele andar.

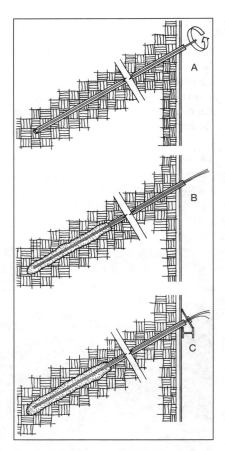

Figura 2.22
Três passos na instalação de um tirante ancorado no solo. (a) Uma perfuratriz rotatória faz um furo através das lâminas metálicas e do solo estável ou da rocha. Uma bainha – tubo de aço – impede que o furo desmorone onde ele passa por solos não coesivos. (b) Cordoalhas de protensão de aço são inseridas no furo e grauteadas sob pressão para ancorá-las no solo. (c) Depois que o groute endureceu, as cordoalhas são tensionadas com um macaco hidráulico e ancoradas em uma chapa de vedação.

(a)

Figura 2.23
Instalando os tirantes. (a) Furando através de uma parede de lama para um tirante. Os finais de centenas de tirantes destacam-se da parede.
(continua)

Figura 2.23 (continuação)
(b) Inserindo as cordoalhas na bainha de aço para um tirante. O aparato no centro da figura serve para injetar, sob pressão, o groute em volta das cordoalhas.

Figura 2.23 (continuação)
(c) Depois que as cordoalhas foram tensionadas, elas são ancoradas a uma castanha de aço que as mantêm sob tensão, e o macaco hidráulico cilíndrico é movido para o próximo tirante. *(Fotos cortesia da Franki Foundation Company)*

Figura 2.24
Parede de lama e construção com tirantes utilizada para suportar edifícios históricos em volta de uma escavação profunda para uma estação do metrô de Paris. *(Foto cortesia de Soltanche)*

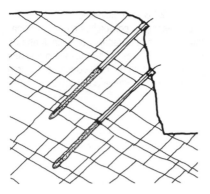

Figura 2.25
Âncoras de rochas são semelhantes a tirantes, mas são utilizadas para manter unidas, no lugar, as formações rochosas em volta de uma escavação.

Drenagem

Durante a construção, as escavações devem ser mantidas livres de água empoçada. Essa água pode vir de precipitações, ou de infiltrações de água subterrânea originadas de diversas fontes, como água superficial percolando através do solo, cursos d'água subterrâneos, água aprisionada movendo-se sobre um estrato de solo impermeável, ou áreas de solo permanentemente saturado, onde a escavação se estende abaixo do nível do lençol freático. Algumas escavações rasas, em condições de solo relativamente seco, podem permanecer livres de água empoçada sem qualquer intervenção, mas a maioria das escavações requer alguma forma de *drenagem* ou remoção de água da escavação ou do solo em volta. O método mais comum de drenagem é remover a água bombeando-a à medida que ela se acumula em poços, chamados de *poços de bombeamento*, criados em pontos mais baixos na escavação. Em locais onde o volume de água subterrânea fluindo para dentro da escavação é grande, ou com alguns tipos de solos, particularmente areias e siltes, que podem ser amolecidos por constante percolação, pode ser necessário impedir a água subterrânea de entrar na escavação. Isso pode ser feito ou bombeando a água do solo em volta para deprimir o lençol freático abaixo do nível do fundo da escavação, ou erguendo uma barreira impermeável, tal como uma parede de lama bentonítica, em volta da escavação (Figura 2.26).

Ponteiras filtrantes (também chamadas de well points) são comumente usadas para deprimir o lençol freático. Elas são seções verticais de tubo com aberturas teladas no fundo que impedem a entrada de partículas de solo, ao mesmo tempo em que permitem a entrada da água. Ponteiras filtrantes próximas umas das outras são cravadas no solo em volta de todo o perímetro da escavação. Elas são conectadas a coletores horizontais que levam a bombas que retiram continuamente a água do sistema e a enviam para fora do local do edifício. Uma vez que o bombeamento tenha rebaixado o lençol freático na área de escavação, o trabalho pode continuar "no seco" (Figuras 2.27 e 2.28). Para escavações mais profundas do que 6 metros ou que não podem ser drenadas por uma bomba de sucção estacionada no nível do solo, dois anéis de ponteiras filtrantes podem ser necessários, o anel interno sendo cravado a um nível mais profundo que o anel externo, ou um único anel de ponteiras profundas com bombas submersíveis pode ter de ser instalado.

Em alguns casos, ponteiras filtrantes podem não ser práticas, pois sua capacidade pode ser insuficiente para assegurar que uma escavação permaneça seca; restrições na eliminação da água subterrânea podem limitar seu uso; questões de confiabilidade devidas a quedas de energia elétrica podem ser uma preocupação; ou o rebaixamento do lençol freático pode causar sérios efeitos adversos nos edifícios vizinhos por causar consolidação e assentamento do solo sob suas fundações ou por expor à degradação estacas de fundação de madeira não tratada, previamente protegidas por submersão total em água. Nesses casos, uma *parede impermeável servindo de barreira* pode ser usada como alternativa (Figura 2.26). Paredes de lama bentonítica e paredes de solo misturado (páginas 40-45) podem constituir excelentes paredes impermeáveis. A cravação de lâminas de aço também pode funcionar, mas elas tendem a vazar nas juntas. O *congelamento do solo* também é possível. Nesse método, uma série de tubos verticais, similares a ponteiras filtrantes, é utilizada para circular continuamente um refrigerante a temperaturas baixas o suficiente para congelar o solo em volta da área da escavação, resultando em uma temporária, mas confiável, barreira à água subterrânea. Barreiras impermeáveis necessitam resistir à pressão hidrostática da água em volta, a qual aumenta com a profundidade, de modo que, para escavações mais profundas, um sistema de estroncas ou de tirantes é necessário. Uma barreira impermeável à água também só funciona se ela atinge um estrato de solo impermeável como a argila. De outra forma, a água pode fluir por baixo da barreira e subir novamente para dentro da escavação.

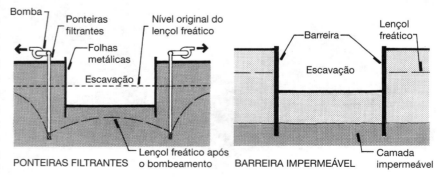

Figura 2.26
Dois métodos de manter a escavação seca, vistas em corte. A água succionada das ponteiras filtrantes deprime o lençol freático nas imediações a um nível abaixo do fundo da escavação. Uma barreira impermeável trabalha somente se suas bordas no fundo estão inseridas em um estrato impermeável que previne a água de encontrar seu caminho sob as paredes.

Figura 2.27
Drenagem por ponteira filtrante. Ponteiras filtrantes verticais bem próximas umas das outras conectam-se ao tubo coletor de maior diâmetro. *(Cortesia da Griffin Dewatering Corporation)*

Figura 2.28
Uma escavação é mantida seca, apesar da proximidade de um grande manancial de água. Duas bombas de drenagem são visíveis à frente. Um par de tubos coletores e numerosas ponteiras filtrantes podem ser vistas circundando a escavação. *(Cortesia da Griffin Dewatering Corporation)*

FUNDAÇÕES

É conveniente pensar em um edifício como consistindo de três partes principais: a *superestrutura*, que é a porção que está acima do solo; a *subestrutura*, que é a parte habitável abaixo do nível do solo; e as fundações, que são os componentes do edifício que transferem as suas cargas para o solo (Figura 2.29).

Existem dois tipos básicos de fundações: rasas e profundas. *Fundações rasas* são aquelas que transferem a carga para a terra na base da coluna ou da parede da subestrutura. *Fundações profundas*, quer sejam estacas ou caixões, penetram através das camadas superiores de solo incompetente de modo a transferir a carga para solo competente para suportar cargas ou para rocha mais profunda. *Fundações rasas* são geralmente mais baratas que fundações profundas e podem ser utilizadas onde solo adequado é encontrado ao nível do fundo da subestrutura, seja alguns metros ou alguns andares abaixo do nível do terreno.

Os principais fatores que afetam a escolha de um tipo de fundação para um edifício são:

- O solo abaixo da superfície e as condições de água subterrânea
- Requerimentos estruturais, incluindo cargas de fundação, configurações do edifício e profundidade

Fatores secundários que podem ser importantes incluem:

- Métodos construtivos, incluindo acesso e espaço de trabalho
- Fatores ambientais, incluindo barulho, tráfego e destinação de terra e água
- Códigos e normas de edificação
- Proximidade de propriedade adjacente e impactos potenciais naquela propriedade
- Tempo disponível para a construção
- Riscos da construção

O engenheiro de fundações é responsável por acessar esses fatores e trabalhar em conjunto com outros membros da equipe de projeto e construção, selecionando o sistema mais conveniente.

Fundações rasas

A maioria das fundações rasas são simples *sapatas* de concreto. Uma *sapata de pilar* é um bloco quadrado de concreto, com ou sem uma armadura de aço, que aceita a carga concentrada colocada sobre ele a partir de um pilar do edifício e distribui essa carga através de uma área de solo grande o suficiente para que a tensão admissível de carga do solo não seja excedida. Uma *sapata de parede* ou *sapata corrida* é uma faixa contínua de concreto que desempenha a mesma função para uma parede que transfere carga (Figuras 2.30 e 2.31).

Para minimizar o recalque das fundações, as sapatas são normalmente assentadas em solo não revolvido. Sob certas circunstâncias, as fundações podem ser construídas sobre *aterro de engenharia*, que é uma terra que foi depositada sob a supervisão de um engenheiro de solos. O engenheiro, trabalhando com os resultados do laboratório de testes de compactação em amostras retiradas do solo utilizado para o aterro, assegura-se de que o solo é depositado em camadas finas com um conteúdo de umidade controlado, de acordo com procedimentos detalhados que garantam uma capacidade de carga conhecida e uma estabilidade de longo prazo.

Sapatas aparecem de muitas formas, em diferentes sistemas de fundação. Em climas com pouco ou nenhum congelamento, um *radier* com bordas de maior espessura é a fundação e o sistema de piso mais baratos que se pode utilizar, sendo aplicável em edifícios de um e de dois andares de qualquer tipo de construção (veja Capítulo 14 para mais informações sobre radiers). Ou, em regiões mais frias, as bordas de um radier podem ser apoiadas com sapatas corridas mais profundas, que se apoiam em solo abaixo da linha de congelamento. Para lajes suspensas acima do solo, quer seja sobre um *espaço livre* ou sobre um *porão,* o apoio é fornecido por uma parede contínua de concreto ou de alvenaria sobre uma sapata corrida de concreto (Figura 2.32). Quando construindo em encostas, com frequência é necessário fazer a fundação em degraus, para manter a profundidade requerida da sapata em todos os pontos em volta do edifício (Figura 2.33). Se as condições do solo ou precauções contra terremotos requererem, sapatas de pilares em encostas acentuadas podem ser ligadas entre si com *vigas de amarração* de

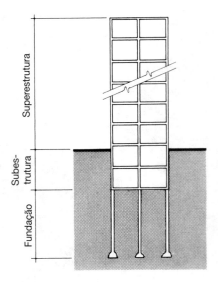

Figura 2.29
Superestrutura, subestrutura e fundação. A subestrutura, neste exemplo, contém dois níveis de subsolo e a fundação consiste de tubulões em forma de sino. *(Em alguns edifícios a subestrutura e a fundação podem ser a mesma coisa, parcial ou completamente.)*

Capítulo 2 Fundações 53

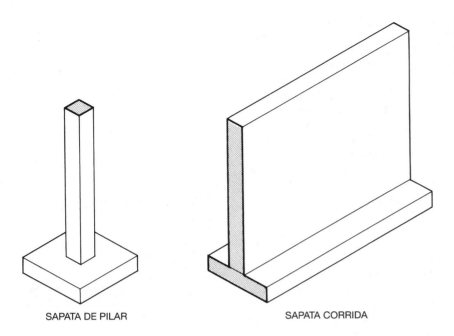

Figura 2.30
Uma sapata de pilar e uma sapata corrida de concreto. As barras da armadura foram omitidas desta ilustração para maior clareza. A função da armadura de aço na performance estrutural de elementos de concreto é explicada no Capítulo 13.

Figura 2.31
Sapatas corridas de concreto para um edifício de apartamentos, com suas formas metálicas ainda não removidas. Para ilustrações mais completas de sapatas de pilar e sapatas corridas, veja Figuras 14.5, 14.7, 14.11 e 14.13. *(Reimpressas com a permissão da Portland Cement Association de Design and Control of Concrete Mixtures; Fotos: Portland Cement Association, Skokie, IL)*

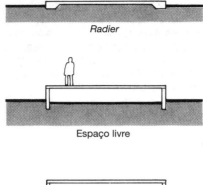
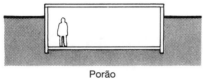

Figura 2.32
Três tipos de subestruturas com fundações rasas. O *radier* é a mais econômica sob muitas circunstâncias, especialmente onde o lençol freático está perto da superfície do terreno. Um espaço livre é normalmente utilizado sob uma estrutura de piso de madeira ou aço, e fornece um acesso muito melhor às instalações hidro-sanitárias e elétricas que um *radier*. Porões fornecem um espaço útil para os ocupantes do edifício.

concreto armado, para evitar um possível deslizamento diferencial entre as sapatas.

Legalmente, sapatas não podem se estender para além dos limites da propriedade, mesmo para um edifício construído na divisa. Se o pé externo da sapata fosse simplesmente cortado fora na divisa, a sapata não seria simetricamente carregada pela coluna ou parede e tenderia a girar e cair. *Sapatas combinadas* e *sapatas em balanço* resolvem esse problema, amarrando as sapatas da fileira mais externa de colunas àquelas da próxima fileira, de tal maneira que qualquer tendência rotacional é neutralizada (Figura 2.34).

Em situações em que a capacidade de carga admissível do solo é baixa em relação ao peso do edifício, sapatas de pilares podem tornar-se tão grandes que é mais econômico incorporá-las em uma *fundação tipo radier*, que suporta todo o edifício. *Radiers* para edifícios muito altos podem ter 1,80 m ou mais de espessura e são pesadamente armados (Figura 2.35).

Onde a capacidade de carga do solo é baixa e o recalque do solo precisa ser cuidadosamente controlado, uma *fundação flutuante* pode ser utilizada. Uma fundação flutuante é similar a uma fundação *radier* mas é colocada sob um edifício a uma profundidade tal que o peso do solo removido da escavação é igual ao peso do edifício acima dela. Um andar de solo escavado pesa aproximadamente o mesmo que cinco a oito andares de superestrutura, dependendo da densidade do solo e da construção do edifício (Figura 2.36).

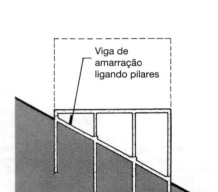
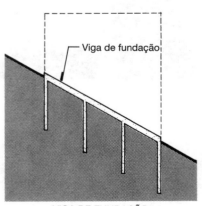

Figura 2.33
Fundações em encostas acentuadas, vistas em uma seção transversal. A linha tracejada indica os contornos da superestrutura. As sapatas corridas são em forma de degraus para manter a necessária distância entre o fundo da sapata e a superfície do terreno. Fundações de elementos separados, quer sejam tubulões, como mostrado aqui, ou sapatas de pilares, são frequentemente conectadas com vigas de amarração de concreto armado para reduzir o movimento diferencial entre as colunas. A viga de fundação difere de uma viga de amarração por ser armado para distribuir a carga contínua de uma parede portante para fundações separadas.

Capítulo 2   Fundações   **55**

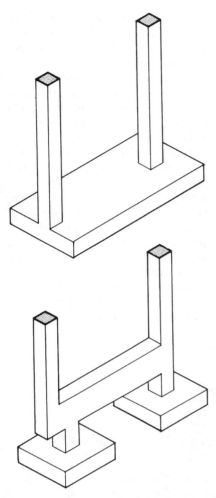

Figura 2.34
Uma sapata combinada (acima) ou uma sapata em balanço (abaixo) é utilizada quando pilares precisam se localizar sobre a divisa da propriedade. Combinando a fundação para o pilar sobre a divisa da propriedade à esquerda, com a fundação interna para o próximo pilar à direita, em uma única unidade estrutural, uma sapata equilibrada pode ser obtida. A armadura de aço do concreto foi omitida desses desenhos para maior clareza.

Figura 2.35
Concretando um grande *radier* de fundação. Seis bombas montadas sobre caminhões recebem concreto em um fluxo contínuo de caminhões misturadores de concreto e despejam este concreto no *radier* pesadamente armado. A colocação do concreto continua ininterruptamente dia e noite, até que o *radier* seja finalizado, para evitar "juntas frias", planos enfraquecidos entre o concreto endurecido e o concreto fresco. O solo em volta desta escavação é apoiado por concreto de parede de lama moldado no local. A maior parte da parede de lama é atirantada, mas um conjunto de *rakers* é visível à direita, embaixo.   *(Cortesia da Schwing America, Inc.)*

Figura 2.36
Uma seção transversal de um edifício com uma fundação flutuante. O edifício pesa aproximadamente o mesmo que o solo escavado para a subestrutura, de forma que a tensão no solo abaixo do edifício depois da construção é a mesma que era antes.

Fundações profundas

Tubulões

Um tubulão (Figura 2.37) é similar a uma sapata de coluna porque ela espalha a carga de uma coluna sobre uma área de solo grande o suficiente para que a tensão admissível no solo não seja excedida. Ele difere de uma sapata de coluna por estender-se através de camadas de solo de baixa resistência abaixo da subestrutura de um edifício até que atinja uma camada mais adequada. Um tubulão é construído por perfuração mecânica ou escavação manual de um buraco, alargando-o em forma de sino na base o suficiente para obter a área de suporte necessária e preenchendo o buraco com concreto.

Grandes trados (Figuras 2.38 e 2.39) são utilizados para perfurar tubulões; a escavação manual é utilizada somente se o solo contém muitos matacões para a perfuração. Uma camisa cilíndrica temporária de aço é comumente baixada em volta do trado à medida que ele progride, para apoiar o solo em volta do buraco. Quando um estrato firme e com capacidade de carga é atingido, o sino, se necessário, é criado no fundo da escavação por uso de escavação manual, ou de uma *pá para sino* especial, que substitui o trado (Figura 2.40). A face de suporte do solo no fundo do buraco é, então, inspecionada para que seja assegurado que ela é da qualidade prevista, e o buraco é preenchido com concreto, retirando a camisa à medida que o concreto sobe.

Uma armadura é raramente utilizada no concreto, exceto próxima ao topo do tubulão, onde ele se liga às colunas da superestrutura.

Tubulões são grandes componentes de fundação com grande capacidade de carga. O diâmetro de sua coluna varia de 46 cm até 240 cm ou mais. *Tubulões com base em forma de sino* são práticos onde o sino pode ser escavado em um solo coesivo (tal como a argila), que pode reter sua forma até que o concreto seja lançado. Quando água subterrânea está presente, a camisa temporária de aço pode prevenir inundação do buraco do tubulão durante sua construção. Mas quando o estrato de suporte é permeável, a água pode infiltrar o buraco desde o fundo e a construção do tubulão pode não ser prática.

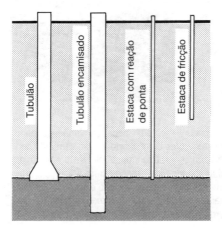

Figura 2.37
Fundações profundas. Tubulões são cilindros de concreto lançado em buracos previamente abertos. Eles atravessam solo mais fraco (sombra clara) para apoiar-se em solo competente abaixo. A ponta de apoio do tubulão à esquerda apresenta a forma de sino, nos casos em que capacidade adicional de carga é requerida. O tubulão encamisado é escavado em um duro estrato e transfere sua carga primariamente por fricção entre o solo ou rocha e os lados do tubulão. Estacas são cravadas na terra. Estacas com carga de ponta (reação de ponta) agem do mesmo modo que tubulões. A estaca de fricção deriva sua capacidade de carga da fricção entre o solo e os lados da estaca.

Figura 2.38
Um trado com 183 cm de diâmetro em uma guia de 21 metros traz uma carga de solo de um buraco de tubulão. O trado será girado rapidamente para expulsar o solo antes de ser reinserido no buraco. *(Cortesia da Calweld Inc.)*

Figura 2.39
Para cortar através de material duro, o trado do tubulão é equipado com uma pá central com dentes de carbeto. *(Cortesia de Calweld Inc.)*

Um *tubulão encamisado* (Figura 2.37) é perfurado na rocha na base em vez de ter o formato de sino. Sua capacidade de carga vem não somente de sua ponta de carga, mas também das forças de fricção entre os lados do tubulão e a rocha. A Figura 2.41 mostra a instalação de um tubulão na rocha ou tubulão perfurado, um tipo especial de tubulão encamisado com um núcleo de aço com seção H.

Estacas

Uma *estaca* (Figura 2.37) é distinta de um tubulão por ser cravada com energia na terra, em vez de ser escavada e ter o concreto lançado. Ela pode ser utilizada onde solos não coesivos, condições de água subterrânea ou profundidade excessiva do estrato com capacidade de suporte tornam o tubulão impraticável. O tipo mais simples de estaca é a *estaca de madeira*, um tron-

Figura 2.40
O sino é formado na base da coluna do tubulão por uma pá para sino com cortadores retráteis. O exemplo mostrado aqui é para uma coluna de 2,44 metros de diâmetro e faz um sino de 6,40 metros de diâmetro. *(Cortesia de Calweld Inc.)*

(a)   (b)

Figura 2.41
Instalando uma tubulação de rocha. (a) O poço do tubulão foi escavado através de solo mais macio até a rocha abaixo e foi encamisado com um tubo de concreto. Uma broca *churn* foi baixada dentro da camisa para iniciar a perfuração da rocha. (b) Quando o furo penetrou a distância requerida dentro da camada rochosa, uma pesada viga I de aço é baixada dentro do furo e suspensa em um suporte de aço na boca da camisa. O espaço entre a camisa e a seção H é então preenchido com concreto, produzindo um tubulão com uma capacidade de carga muito alta devido à ação estrutural combinada do aço e do concreto. *(Cortesia da Franki Foundation Company)*

co de árvore com os seus galhos e casca removidos; ela é virada com a ponta mais fina para baixo em um *bate-estaca* e apiloada na terra com golpes repetidos de um martelo mecânico. Se uma estaca é cravada até que sua ponta encontra uma resistência firme a partir de um estrato com capacidade de carga adequada, tal como rocha, areias densas, ou cascalhos, ela é uma *estaca com reação de ponta*. Se ela é cravada somente em material macio, sem encontrar uma camada com boa capacidade de carga, ela pode ainda desenvolver uma considerável capacidade de carga por meio de resistência friccional entre os lados da estaca e o solo através do qual ela foi cravada; neste caso, ela é conhecida como uma *estaca de reação lateral*. (Algumas estacas contam com uma combinação de reação de ponta e fricção para a sua força.) Estacas são comumente cravadas próximas umas das outras em grupos que contêm de 2 a 25 estacas cada. As estacas em cada grupo são posteriormente ligadas no topo por um *bloco de fundação* de concreto armado, o qual distribui a carga da coluna ou parede acima entre as estacas (Figuras 2.42 e 2.43).

> Se... terreno sólido não pode ser encontrado, mas o lugar prova ser nada mais que um monte de terra solta até o fundo, ou um banhado, então ele precisa ser escavado e limpo e fixado com estacas feitas de madeira de oliva ou carvalho, e estas precisam ser cravadas com máquinas, muito próximas umas das outras...
>
> Marcus Vitruvius Pollio, Arquiteto Romano, *The Ten Books on Architecture*, século I A.C.

Estacas de reação de ponta trabalham essencialmente do mesmo modo que tubulões e são utilizadas em locais onde um estrato firme com capacidade de carga pode ser atingido pelas estacas, algumas vezes a profundidades de 45 metros ou mais. Cada estaca é cravada "até a nega", o ponto no qual pouca penetração adicional é feita com golpes continuados do martelo, indicando que a estaca é firmemente embebida na camada de carga. Estacas de fricção trabalham melhor em solos siltosos, argilosos e arenosos. Elas são cravadas ou a uma profundidade pré-determinada, ou até que um determinado nível de resistência às batidas do martelo seja encontrado, ao invés de "nega", como nas estacas de reação de ponta. Grupos de estacas de fricção têm o efeito de distribuir uma carga concentrada da estrutura acima em um grande volume de solo abaixo do grupo, com tensões que ficam dentro da capacidade do solo com segurança (Figura 2.44).

As capacidades de carga de estacas são calculadas antecipadamente, baseadas nos resultados de testes com o solo e nas propriedades das estacas e do bate-estacas. Para verificar a correção do cálculo, estacas de teste são frequentemente cravadas e carregadas no local do edifício antes do trabalho de fundação iniciar.

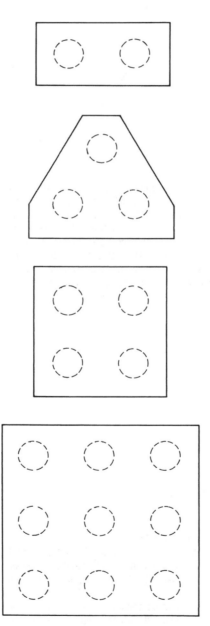

Figura 2.42
Grupos de duas, três, quatro e nove estacas com seus blocos de fundação, vistos de cima. Os blocos são armados para transmitir as cargas dos pilares igualmente em todas as estacas do grupo. A armadura de aço foi omitida aqui para maior clareza.

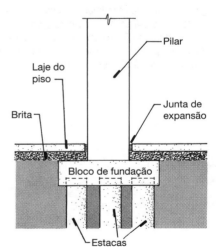

Figura 2.43
Uma vista em elevação de um bloco de fundação, coluna e laje do piso.

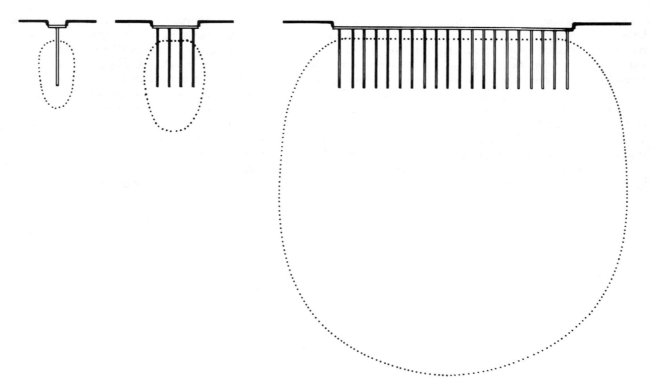

Figura 2.44
Uma única estaca de fricção (à esquerda) transmite sua carga na terra como uma pressão de cisalhamento igual ao longo de todo o perfil do bulbo indicado pela linha tracejada. À medida que o tamanho do grupo de estacas aumenta, as estacas trabalham juntas para criar um único bulbo maior de pressão mais alta, que atinge mais fundo no terreno. Um edifício com muitos grupos de estacas próximos uns dos outros (à direita) cria um bulbo profundo e muito grande. Cuidado precisa ser tomado para garantir que bulbos de grande pressão não tensionem o solo acima da sua capacidade ou causem excessivo recalque da fundação. O recalque de um grande grupo de estacas de fricção na argila, por exemplo, será consideravelmente maior que aquele de uma única estaca isolada.

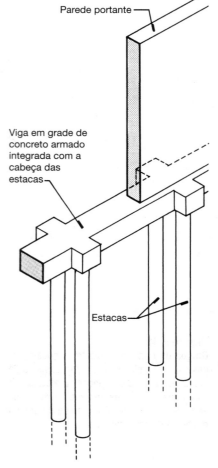

Figura 2.45
Para suportar a carga de uma parede portante, blocos de fundação são ligados por uma viga de amarração. A armadura em uma viga de amarração é similar àquela de qualquer viga contínua de concreto comum, e foi omitida para maior clareza. Em alguns casos, uma parede portante pode ser armada para se comportar como sua própria viga de amarração.

Nos locais onde estacas são utilizadas para suportar paredes portantes, *vigas de amarração* de concreto armado são construídas entre os blocos de fundação para transmitir as cargas da parede para as estacas (Figura 2.45). Vigas de amarração também são utilizadas com fundações de tubulões para o mesmo propósito.

Cravação de estacas

Martelos de estacas são pesos maciços erguidos pela energia do vapor, ar comprimido, fluido hidráulico comprimido ou explosões de diesel, depois são deixados cair contra um bloco que está em firme contato com o topo da estaca. Martelos de ação simples caem apenas por gravidade, enquanto martelos de ação dupla são forçados para baixo pela ação reversa da fonte de energia que levanta o martelo. O martelo move-se em altos trilhos verticais chamados *guias*, localizadas na frente do bate-estacas (Figura 2.46). Ele é erguido nas guias até o topo de cada estaca, quando a cravação se inicia, e, então, segue a estaca que desce enquanto penetra na terra. O mecanismo do bate-estacas inclui o maquinário de erguimento para levantar cada estaca em sua posição correta antes da cravação.

Em alguns tipos de solos, as estacas podem ser cravadas de forma mais eficiente sendo vibradas do que batidas de martelo, usando um mecanismo de martelo vibrador.

Figura 2.46
Um bate-estacas martela uma estaca pré-fabricada de concreto no solo. A estaca é apoiada pela estrutura vertical (guias) do bate-estacas e cravada por um pesado mecanismo de pistão que a segue pelas guias enquanto ela penetra cada vez mais fundo no solo. (© *David van Mill, Holanda*)

Em locais onde as vibrações no solo causadas pelas batidas podem ser um risco para as estruturas vizinhas existentes, algum sistema de estacas leves também pode ser instalado por furação rotativa ou por pressão hidráulica.

Materiais de estacas

Estacas podem ser feitas de madeira, aço, concreto e de várias combinações desses materiais (Figura 2.47). Estacas de madeira já eram usadas pelos romanos, que as cravavam com grandes martelos mecânicos erguidos por força muscular. Sua maior vantagem é que elas são econômicas para fundações com pequenas cargas. Pelo lado negativo, não podem ser unidas durante a cravação e são, portanto, limitadas ao comprimento de troncos de árvore disponíveis, de aproximadamente 20 metros. A não ser que tratadas com um conservante de madeira em autoclave (sob pressão) ou completamente submergidas abaixo do lençol freático, elas irão se decompor (a falta de oxigênio livre na água impede o crescimento de micro-organismos). Martelos relativamente pequenos precisam ser utilizados na cravação de estacas de madeira para evitar rachaduras. Capacidades de estacas de madeira individuais situam-se na faixa de 9.000 a 50.000 Kg.

Duas formas de estacas de aço são utilizadas, estacas H e estacas tubulares. *Estacas H* são seções especiais de mesas largas laminadas a quente, com altura de 200 a 355 mm, as quais têm seção com geometria aproximadamente quadrada. Elas são utilizadas principalmente em aplicações com efeito ponta e deslocam relativamente pouco solo durante a cravação. Isso minimiza o deslocamento para cima do solo adjacente, chamado de heaving, que algumas vezes ocorre quando muitas estacas são cravadas próximas umas das outras. Heaving pode ser um problema importante em locais urbanos, onde ele pode erguer edifícios adjacentes.

Estacas H podem ser trazidas ao local em qualquer comprimento conveniente e são soldadas umas às outras à medida que a cravação prossegue, para formar uma estaca de qualquer tamanho necessário, sendo cortadas com uma tocha de oxi-acetileno quando a profundidade requerida é atingida. A ponta cortada pode então ser soldada em outras estacas para evitar desperdício. Entretanto, a corrosão pode ser um problema em alguns solos, e, diferentemente, de estacas tubulares fechadas e estacas de concreto prefabricado ocas, estacas H não podem ser inspecionadas depois da cravação, para assegurar-se que elas estão retas e sem danos. Cargas admissíveis em estacas H vão de 27.000 a 204.000 Kg.

Estacas tubulares de aço têm diâmetros que vão de 200 a 400 milímetros. Elas podem ser cravadas com a ponta inferior aberta ou fechada com uma grossa chapa de aço. Uma estaca aberta é mais fácil de ser cravada que uma fechada, mas seu interior precisa ser limpo do solo e inspecionado antes de ser preenchido com concreto, enquanto uma estaca fechada pode ser inspecionada e concretada imediatamente depois da cravação. Estacas tubulares são rígidas e podem suportar cargas de 36.000 a 270.000 kg. Elas deslocam relativamente grandes quantidades de solo durante a cravação, o que pode levar a heaving ascendente do solo e de edifícios próximos. Os maiores tamanhos de estacas tubulares requerem um martelo muito pesado para a cravação.

Miniestacas, também chamadas de estacas-pino ou microestacas, são uma forma leve de estacas de aço feitas de barras de aço ou tubos de 50 a 300 mm de diâmetro. Microestacas são inseridas nos furos feitos no solo

Figura 2.47
Seção transversal de tipos comuns de estacas. Estacas pré-fabricadas de concreto podem ser quadradas ou redondas em vez da seção octogonal mostrada aqui e podem ser ocas nos tamanhos maiores.

 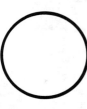 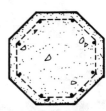 

ESTACA DE AÇO EM PERFIL H   ESTACA TUBULAR DE AÇO   ESTACA DE CONCRETO PRÉ-MOLDADO   ESTACA DE MADEIRA

e grauteadas no local. Quando instaladas em edifícios existentes, podem ser forçadas no solo por macacos hidráulicos empurrando para baixo a estaca e, para cima, a estrutura do edifício. Desde que nenhum martelamento seja requerido, elas são uma boa opção para reparar ou melhorar as fundações existentes, quando vibrações das cravações de estacas convencionais poderiam danificar a estrutura existente ou perturbar atividades desenvolvidas dentro do edifício (Figura 2.54). Quando o espaço vertical é limitado, como o trabalho no subsolo de um edifício existente, microestacas podem ser instaladas em seções individuais tão curtas quanto um metro, que são ligadas pelas pontas à medida que a cravação prossegue. Microestacas podem atingir profundidades de até 20 metros e têm uma capacidade de carga que varia entre 180.000 a 270.000 kg.

Estacas pré-moldadas de concreto têm seção quadrada, octogonal ou circular e, em grandes tamanhos, frequentemente possuem o núcleo oco para permitir inspeção (Figuras 2.47-2.49). A maioria delas é protendida, mas algumas, para edifícios menores, são simplesmente armadas (para uma explicação de protensão, veja páginas 544-548). Dimensões típicas da seção transversal variam de 250 a 400 milímetros e as capacidades de carga, de 40.000 a 450.000 kg. Vantagens de estacas pré-moldadas incluem alta capacidade de carga, ausência de problemas de corrosão ou de decomposição e, na maioria das situações, uma relativa economia de custo. Estacas pré-moldadas devem ser manipuladas com cuidado para evitar envergamento e fissuramento antes da instalação. Uniões entre segmentos de estacas pré-moldadas podem ser feitas com eficácia com componen-

Figura 2.48
Estacas de concreto pré-moldadas e protendidas. Olhais são inseridos nos lados das estacas para servir como elementos para erguê-las na posição vertical. *(Cortesia da Lone Star/San-Vel Concrete)*

Figura 2.49
Um grupo de seis estacas pré-moldadas de concreto, prontas para serem cortadas e solidarizadas com um bloco de fundação. *(Foto por Alvin Ericson)*

tes de ligação mecânica fixados nas pontas dos segmentos.

Uma *estaca de concreto moldada no local* é feita cravando uma camisa de concreto no solo e preenchendo-a com concreto. Algumas vezes a camisa é corrugada para aumentar sua rigidez; se a corrugação é circundante, um pesado *mandril* de aço (um rígido e justo liner) é inserido na camisa durante a cravação para protegê-la de entrar em colapso, e é retirado antes da concretagem. Algumas camisas com corrugações longitudinais são rígidas o suficiente e não necessitam de mandril. Alguns tipos de estacas que utilizam mandril têm um comprimento limitado e os maiores diâmetros de estacas concretadas no local (até 400 milímetros) pode causar heaving do solo. As capacidades de carga variam de 40.000 a 136.000 kg. A razão principal para utilizar concreto moldado no local é sua economia.

Existe uma variedade de sistemas de estacas de concreto moldadas no local com tecnologias proprietárias, cada um com várias vantagens e desvantagens (Figura 2.50). *Sapatas de concreto injetado sob pressão* (Figura 2.51) compartilham características das estacas e sapatas. Elas são altamente resistentes a forças de arrancamento, uma propriedade útil para edifícios altos e esguios, nos quais há um potencial para tombamento do edifício, e para âncoras tracionadas para tendas e estruturas pneumáticas. *Estacas agregadas apiloadas* e *colunas de pedra* são similares a sapatas injetadas por pressão, mas são construídas de rocha britada densamente compactada em buracos criados por perfuração ou pela ação de bulbos de vibração desenvolvidos com tecnologia proprietária.

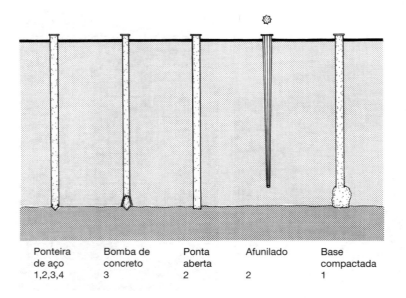 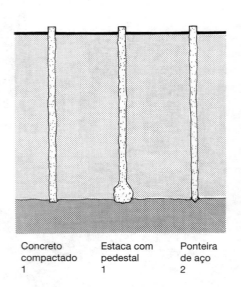

Figura 2.50
Alguns tipos de estacas de concreto moldadas no local têm tecnologia proprietária. Todas são moldadas em camisas de aço que foram cravadas no solo. As estacas sem camisa são feitas retirando a camisa à medida que o concreto é lançado e salvando-a para usos subsequentes. Os números referem-se aos métodos de cravação que podem ser utilizados com cada uma: 1. Com mandril. 2. Cravadas a partir do topo da camisa. 3. Cravadas a partir do fundo da camisa, para evitar dobramento da parede. 4. Jateadas. O jateamento é feito colocando um bico de água de alta pressão antes da estaca para lavar o solo e levá-lo até a superfície. O jateamento tem uma tendência de destruir o solo em volta da estaca, de modo que não é um método utlizado para cravação na maioria das circunstâncias.

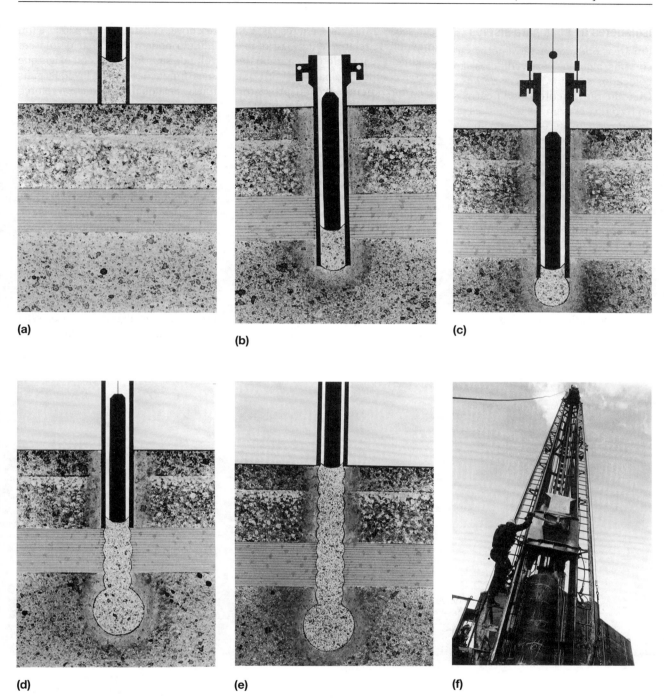

Figura 2.51
Passos na construção de uma fundação por estacas cravadas a partir do fundo injetadas por pressão utilizando uma tecnologia proprietária. (a) Uma carga de concreto com uma umidade muito baixa é inserida no fundo da camisa de concreto, que está na superfície do solo, e que é compactada com um martelo de queda livre, formando uma bucha de vedação. (b) À medida que o martelo de queda livre crava a bucha no solo, a camisa é puxada para baixo, devido à fricção entre a bucha e a camisa. (c) Quando a profundidade desejada é atingida, a camisa é segura e um bulbo de concreto é formado pela adição de pequenas cargas de concreto e colocando o concreto no solo com o auxilio do martelo de queda livre. O bulbo fornece uma maior área de suporte para a estaca e aumenta a capacidade de suporte do estrato de sustentação por meio da compactação do mesmo. (d, e) A coluna é formada com concreto adicional, compactado à medida que a camisa vai sendo retirada. (f) Cargas de concreto são lançadas na camisa a partir de uma caçamba especial sustentada nas guias do bate-estacas. *(Cortesia da Franki Foundation Company)*

Isoladores de base para sismos

Em áreas onde fortes terremotos são comuns, algumas vezes edifícios são colocados sobre *isoladores de base*. Quando movimentos significativos do terreno ocorrem, os isoladores de base flexionam ou cedem, para absorver uma parte substancial deste movimento; como resultado, o edifício e sua subestrutura movem-se significativamente menos do que ocorreria de outra forma, reduzindo a atuação de forças na estrutura e minimizando o potencial para danos. Um tipo de isolador de base frequentemente utilizado é um sanduíche multicamadas feito com placas de borracha e aço (Figura 2.52). As camadas de borracha deformam em cisalhamento para permitir que o isolador retangular torne-se um paralelogramo em sua seção transversal, em resposta ao movimento relativo entre o terreno e o edifício. Um núcleo de chumbo deforma o suficiente para permitir que esse movimento ocorra, provê um efeito de amortecimento e mantém as camadas do sanduíche alinhadas.

REFORÇO DE FUNDAÇÃO

Reforço de fundação é o processo de aumentar a resistência e estabilizar as fundações de um edifício existente. Ele pode ser necessário por múltiplas razões: as fundações existentes podem nunca ter sido adequadas para suportar suas cargas, ocasionando excessivo recalque do edifício ao longo do tempo; uma mudança no uso do edifício ou adições ao edifício podem sobrecarregar as fundações existentes; novas construções próximas a um edifício podem perturbar o solo em volta de suas fundações ou exigir que suas fundações sejam levadas mais fundo. Seja qual for a causa, o reforço de fundação é uma tarefa altamente especializada, raramente a mesma para dois edifícios. Três diferentes alternativas estão disponíveis quando a capacidade de carga da fundação necessita ser aumentada: a fundação pode ser aumentada; novas fundações profundas podem ser construídas sob as fundações rasas para levar a carga para um estrato do solo mais fundo e com maior capacidade de suporte; ou o próprio solo pode ser reforçado por grauteamento ou por tratamento químico. As Figuras 2.53 e 2.54 ilustram em diagramas alguns conceitos selecionados de reforço de fundação.

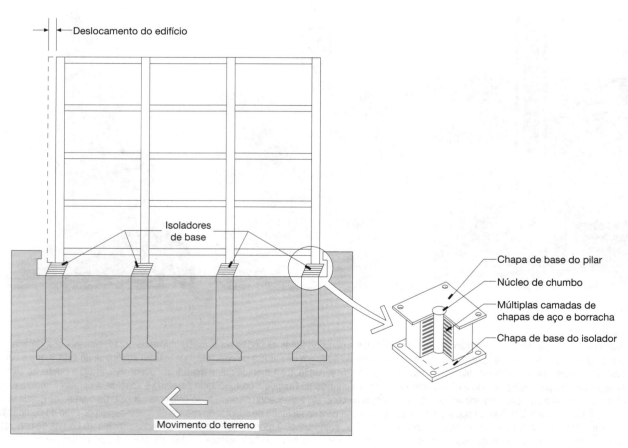

Figura 2.52
Isolador de base.

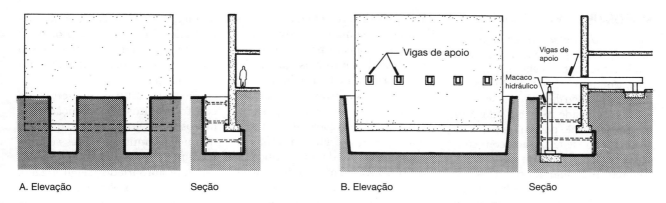

A. Elevação   Seção   B. Elevação   Seção

Figura 2.53
Dois métodos de suporte às cargas de um edifício durante o trabalho de reforço da fundação existente, cada um deles mostrado em uma vista e em corte. (a) Valas são escavadas sob a fundação existente em intervalos regulares, deixando a maioria da fundação apoiada no solo. Quando porções da nova fundação forem completadas nas valas, usando um dos tipos de reforço de fundação mostrados na Figura 2.54, outro grupo de valas é escavado entre elas e o restante da fundação é concluído. (b) A fundação de uma parede inteira pode ser exposta de uma só vez por *needling*, no qual a parede é suportada temporariamente por vigas de apoio (agulhas) que atravessam furos feitos na parede. Depois que o reforço da fundação for concluído, os macacos e as agulhas são removidos e a vala é reaterrada.

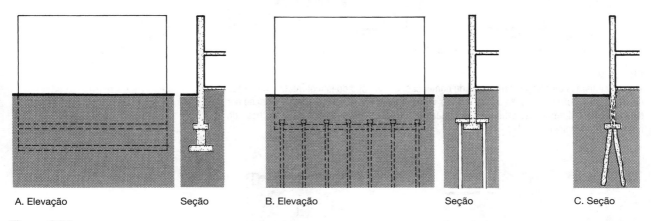

A. Elevação   Seção   B. Elevação   Seção   C. Seção

Figura 2.54
Três tipos de reforço de fundação. (a) Uma nova parede de fundação e a fundação propriamente dita são construídas sob a fundação existente. (b) Novas estacas ou tubulões são construídos em um dos lados da fundação existente. (c) Microestacas são inseridas através da fundação existente. Microestacas geralmente não requerem escavação ou apoio temporário do edifício.

MUROS DE CONTENÇÃO

Um *muro de contenção* segura o solo na sua posição para poder criar uma mudança abrupta na elevação do terreno. Um muro de contenção precisa resistir à pressão da terra que se apoia sobre ele no lado mais elevado. Muros de contenção podem ser feitos de alvenaria, madeira tratada com conservante, aço pintado ou galvanizado, concreto pré-moldado ou, mais comumente, concreto moldado no local.

O projeto estrutural de um muro de contenção precisa levar em consideração fatores como a altura do muro, as características do solo atrás do muro, qualquer estrutura cujas fundações aplicam pressão sobre o solo atrás do muro e as características do solo sob a base do muro, o qual precisa suportar as fundações que mantêm o muro na sua posição. A taxa de colapso estrutural em muros de contenção é alta relativamente à taxa de colapso de outros tipos de estruturas. O colapso pode ocorrer por de uma fissura no muro, tombamento do muro devido ao colapso do solo, escorregamento lateral do muro, ou solapamento da base do muro por inundação de água subterrânea (Figura 2.55). Um cuidadoso projeto de engenharia e supervisão no local são cruciais para o sucesso de um muro de contenção.

Existem muitas maneiras de construir muros de contenção. Para muros com altura menor que 900 milímetros, muros simples sem armadura de vários tipos são frequentemente apropriados (Figura 2.56). Para muros mais altos e aqueles sujeitos a cargas não usuais ou águas subterrâneas, o tipo mais frequentemente utilizado hoje é o muro de

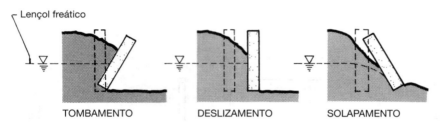

Figura 2.55
Três mecanismos de colapso em muros de contenção. O nível alto do lençol freático mostrado nessas ilustrações cria pressão contra o muro, o que contribui para seu colapso. O colapso por solapamento é diretamente atribuível às águas subterrâneas correndo por baixo da base do muro, carreando solo com elas.

Figura 2.56
Três tipos de muros de contenção simples, normalmente utilizados para alturas que não excedam 900 milímetros. Os troncos perdidos no muro horizontal de madeira são madeiras inseridas no solo atrás do muro e conectadas a ele com madeiras encaixadas no muro em ângulos retos. As madeiras, que deveriam ser tratadas com conservantes aplicados sob pressão, são mantidas juntas com cavilhas muito grandes ou com barras de reforço de aço cravadas em furos feitos no muro. A vala com o dreno de brita atrás de cada muro é importante como um meio de aliviar a pressão contra o muro, para prevenir seu colapso. Com o projeto de engenharia adequado, qualquer desses tipos de construção pode ser utilizado para muros de contenção mais altos.

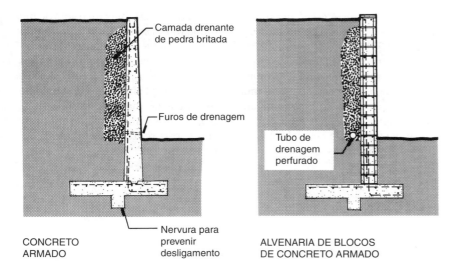

Figura 2.57
Muro de contenção com sapata engastada feito de concreto e de alvenaria estrutural. A fundação é projetada para resistir a deslizamento e tombamento, e a drenagem atrás do muro reduz a probabilidade de solapamento. O padrão da armadura de aço (linhas tracejadas) é projetado para resistir às forças de tração no muro.

Figura 2.58
Um muro de contenção feito de segmentos de blocos de concreto especialmente projetados para serem intertravados e prevenir o deslizamento. O muro inclina-se contra o solo que ele retém; isso reduz a quantidade de solo que o muro deve reter e o torna mais estável contra o empuxo lateral do solo. *(Cortesia da VERSA-LOK Retaining Wall Systems)*

concreto com sapata engastada, chamado de T invertido ou cantilever, exemplos que são mostrados na Figura 2.57. A forma e a armadura de um muro tipo cantilever podem ser customizadas para atender praticamente a todas as situações. Sistemas proprietários de blocos de concreto intertravados também são utilizados para construir *muros de contenção segmentados e escalonados* que não necessitam de armadura de aço (Figura 2.58).

Terra armada (Figura 2.59) é uma alternativa econômica para os muros de contenção convencionais em muitas situações. O solo é compactado em camadas finas, cada uma contendo tiras ou telas de aço galvanizado, fibras de polímeros, ou fibras de vidro, as quais estabilizam o solo de um modo muito semelhante às raízes das plantas. Gabiões-caixa são outra forma de retenção do solo na qual caixas de arames resistentes à corrosão são preenchidas com pedras do tamanho de blocos ou matacões e são, então, empilhados para formar o muro de contenção, proteção de taludes e outras estruturas.

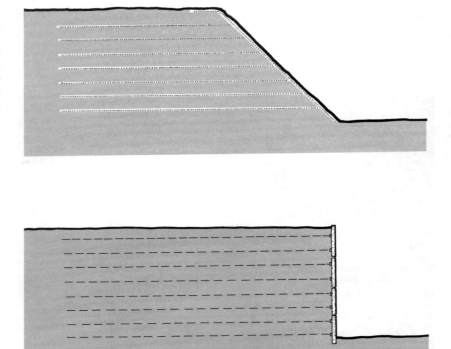

Figura 2.59
Dois exemplos de terra armada. O talude, na parte superior do desenho, foi construído alternando-se finas camadas de terra com camadas de um tecido sintético chamado geotêxtil. O muro de contenção, na parte inferior do desenho é feito de painéis pré-moldados de concreto presos a longas tiras de aço galvanizado que entram profundamente no solo.

GEOTÊXTEIS

Geotêxteis são tecidos feitos de plásticos quimicamente inertes e altamente resistentes à deterioração no solo. Eles são utilizados para uma variedade de propósitos relacionados com a urbanização de lotes e fundações de edifícios. Como descrito no texto que acompanha, na *terra armada* ou *solo armado*, um não tecido ou tecido de plástico é utilizado para dar suporte ao solo do talude ou ao muro de contenção. O mesmo tipo de não tecido pode ser utilizado em camadas para estabilizar um enchimento colocado sob uma fundação rasa (Figura A), ou para estabilizar solos marginais sob acessos, rodovias e pistas de aeroportos, atuando de modo muito semelhante às raízes das plantas na prevenção do movimento de partículas do solo.

Outro geotêxtil que será apresentado adiante neste capítulo é a manta de drenagem, uma matriz aberta de filamentos de plástico com um filtro semelhante ao feltro, produzido com material laminado em um lado para evitar que as partículas do solo entrem na matriz. Além de prover uma drenagem livre em volta das paredes da fundação, a manta de drenagem é com frequência utilizada, sob o solo, no fundo das caixas de plantas e sob pesadas placas de pavimento nos terraços, mantendo passagem livre para a drenagem da água sobre uma membrana impermeável.

Tecidos de filtros sintéticos são enrolados sobre e em volta de camadas de drenagem subterrânea feitas de pedras britadas, como as comumente utilizadas em volta de um dreno de fundação. Nesta posição, eles evitam que as pedras e os tubos gradualmente fiquem entupidos com partículas finas de solo carreadas pelas águas subterrâneas. Tecidos similares são utilizados no nível do terreno durante a construção, atuando como barreiras temporárias para filtrar o solo da água que corre para fora de um local de construção, prevenindo desta forma a contaminação de lagos, cursos d'água ou sistemas de coleta de água da chuva.

Geotêxteis especiais são manufaturados para serem inseridos em taludes recém-construídos para prevenir a erosão do solo e para ancorar a vegetação do replantio; alguns deles são projetados para decomporem-se e desaparecerem no solo à medida que as plantas assumam a função de estabilização dos taludes. Outro tipo de geotêxtil é utilizado para o controle de ervas daninhas em terrenos trabalhados, permitindo que a água da chuva penetre o solo, mas bloqueando a luz do sol, e, com isso, prevenindo as ervas daninhas de germinarem.

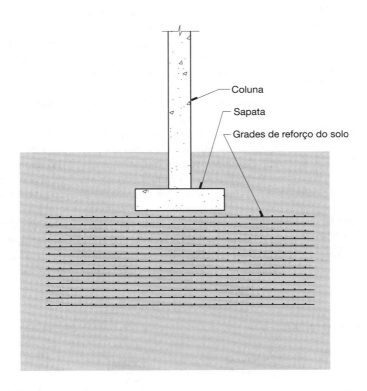

IMPERMEABILIZAÇÃO E DRENAGEM

Quando as subestruturas dos edifícios incluem níveis de subsolos, garagens, ou outro espaço utilizável, a infiltração das águas subterrâneas precisa ser impedida. O concreto, sozinho, raramente é adequado para esse propósito. A umidade pode migrar através de seus poros microscópicos, ou de outros caminhos criados pelas fissuras de retração, pelos furos de amarras das formas (furos de amarras, usadas em construções de concreto moldado no local, são explicados no Capítulo 14), passagem de tubulações e juntas entre concretagens. Para assegurar uma subestrutura resistente à entrada da água, duas abordagens são utilizadas: drenagem e impermeabilização. A *drenagem* retira água subterrânea das proximidades da fundação, reduzindo o volume e a pressão de água atuando sobre as paredes e lajes da fundação.

A impermeabilização* age como uma barreira, impedindo que a água que atinge a fundação passe para o interior do edifício. A drenagem, consistindo de uma combinação de um *leito de drenagem* (uma brita ou cascalho de boa granulometria), uma manta de drenagem e uma tubulação perfurada como dreno, é utilizada com praticamente todas as subestruturas dos edifícios (Figura 2.60). A *manta de drenagem* ou geotextil é um componente

---
* N. de T.: O texto original em inglês faz distinção entre *waterproofing* e *dampproofing*. No Brasil, não existe tal distinção, por isto *waterproofing* foi traduzida como impermeabilização e *dampproofing* como hidrofugante.

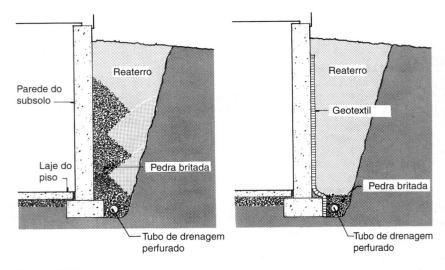

Figura 2.60
Dois métodos de aliviar a pressão da água em volta da subestrutura de um edifício através de drenagem. O dreno de brita (à esquerda) é difícil de ser bem executado devido à dificuldade em depositar a pedra britada e o solo do reaterro em camadas alternadas claramente separadas. A manta de drenagem (à direita) é mais fácil e frequentemente mais econômica de ser instalada.

manufaturado que pode ser feito como uma manta bem solta de fibras duras e inertes, de uma estrutura plástica, ou de algum outro material bastante aberto e poroso. Ela é recoberta pela face externa com um filtro de tecido que previne as partículas finas do solo de entrar e entupir as passagem de drenagem na manta. Qualquer água subterrânea que se aproxima da parede desce através do material poroso da manta para o tubo de dreno na base. *Tubulação de dreno perfurada* é colocada com frequência em volta do perímetro externo de uma fundação de edifício. Os tubos são de 100 mm ou 150 mm de diâmetro e por meio um canal livre no leito de brita por meio do qual a água pode fluir, por gravidade, até a superfície em uma cota mais baixa em um terreno inclinado, até a tubulação pública de esgoto pluvial, ou até um poço de bomba, que pode ser esvaziado por bombeamento de forma automática sempre que estiver cheio. Os tubos são lançados pelo menos 150 mm abaixo da face superior da laje do piso do subsolo, para manter o nível das águas subterrâneas com segurança abaixo daquela laje. As perfurações do tubo ficam voltadas para baixo para que a água seja drenada do mais baixo nível possível. Em condições de águas subterrâneas severas, linhas de tubos perfurados também podem ser instaladas sob a laje (Figura 2.61).

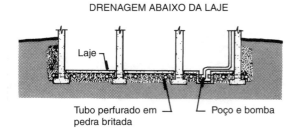

Figura 2.61
Para um alto grau de segurança contra a inundação da subestrutura, a drenagem – tanto em volta quanto sob o subsolo do edifício – é requerida, como visto aqui em corte. A drenagem acima da laje é utilizada em edifícios com *radier*.

Na maioria das fundações, alguma forma de barreira repelente à água também é utilizada para proteger contra a passagem de água subterrânea. *Hidrofugante com base cimentícia* é uma argamassa de cimento resistente à água ou um composto asfáltico normalmente aplicado nas paredes dos subsolos residenciais e em outras subestruturas nas quais as condições das águas subterrâneas não são severas ou os requisitos de impermeabilidade não são críticos. O hidrofugante com base cimentícia tem uma cor cinza clara e é aplicado com uma espátula ou desempenadeira. O *hidrofugante com base asfáltica* é escuro e é aplicado na forma líquida por borrifamento, com rolo ou espátula. Esses hidrofugantes são mais baratos e menos resistentes à passagem da água que o verdadeiro sistema de impermeabilização.

A *impermeabilização*, ao contrário dos hidrofugantes, pode prevenir a passagem da água mesmo sob condições de pressão hidrostática. Ela é utilizada onde as condições das águas subterrâneas são severas ou quando é crítica a necessidade de proteger da umidade os espaços abaixo do nível do solo. Membranas de impermeabilização são mais comumente produzidas a partir de plásticos, compostos asfálticos ou borrachas sintéticas e vêm em uma grande variedade de formas.

O *sistema líquido de impermeabilização* é aplicado por uma pistola de borrifamento, rolo ou espátula e é então deixado para curar no local. É fácil de aplicar e de se conformar em volta de formas complexas. Quando completamente curado, a membrana final não tem emendas e está totalmente aderida ao substrato abaixo. Entretanto, como as membranas líquidas são formadas no campo, elas estão sujeitas a uma aplicação irregular; a superfície sobre a qual elas são aplicadas deve estar limpa, lisa e seca, para garantir uma adesão confiável da membrana.

Folhas de membrana impermeabilizante pré-formadas podem ser coladas ou fixadas mecanicamente às paredes da subestrutura, ou colocadas soltas sobre superfícies horizontais (Figura 2.62). Fabricadas sob condições controladas na fábrica, as folhas de membranas são confiavelmente

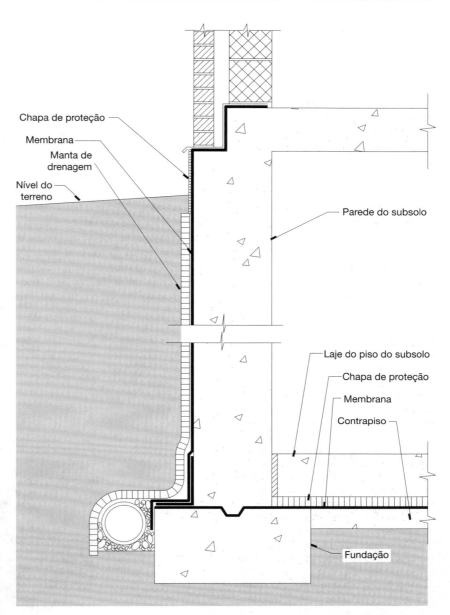

Figura 2.62
Uma representação diagramática do posicionamento das folhas de membrana impermeabilizante ao redor do subsolo de um edifício. Um contrapiso de concreto de baixa resistência foi construído para servir como uma base para o posicionamento da membrana horizontal. Note que as membranas vertical e horizontal juntam-se para envolver completamente o subsolo em um envoltório impermeável.

uniformes na qualidade do material e na espessura. Entretanto, elas podem apresentar maior dificuldade de envolver formas complexas, e as soldas entre as folhas, que são feitas no campo, podem estar sujeitas a falhas na qualidade. Folhas de membranas que são colocadas soltas ou mecanicamente fixadas podem ser utilizadas sobre substratos que não vão aderir a membranas líquidas aplicadas ou membranas coladas. Elas também são uma boa escolha onde fissuras ou movimento do substrato podem ocorrer, porque tais movimentos têm menor chance de danificar ou de gerar tensões nessas membranas. Uma vantagem de membranas coladas (líquidas ou em folhas) é que, no caso de um defeito, a água não pode viajar muito sob a membrana, limitando a extensão do dano causado pela água que pode ocorrer e simplificando a busca dos vazamentos.

A *impermeabilização bentonítica* é feita a partir de bentonita sódica, uma argila natural altamente expansiva. Ela é mais frequentemente aplicada como folhas pré-formadas consistindo de argila seca em um sanduíche de papelão corrugado, geotêxtil ou folhas plásticas (Figura 2.63). Quando a bentonita entra em contato com a umidade, ela expande várias vezes o seu volume seco e forma uma barreira impermeável para a continuação da passagem da água. Folhas de bentonita podem ser colocadas diretamente no solo sob uma laje de concreto no nível do terreno ou presas mecanicamente às paredes úmidas não curadas do concreto. Na forma de lama, a bentonita pode ser borrifada mesmo sobre paredes de pedra bruta altamente irregulares. O comportamento expansivo da argila bentonítica também permite que ela se ajuste a fissuras e movimentos do substrato.

A *impermeabilização integral* inclui uma argamassa cimentícia ou misturas cristalinas para concreto ou argamassa que reagem quimicamente para tamponar os poros desses materiais e torná-los estanques. Ela pode ser aplicada à superfície do concreto ou alvenaria existente ou pode ser usada como uma mistura no concreto

Figura 2.63
Impermeabilização em progresso em uma fundação de concreto. Bem à esquerda, as paredes nuas da fundação permanecem expostas. No meio; painéis impermeabilizantes de bentonita são fixados no lugar. Esses painéis são recobertos na face externa com um plástico preto de alta densidade que aumenta as qualidades de impermeabilização do painel. À direita, uma manta de drenagem foi instalada sobre a impermeabilização. A face externa da manta feita de tecido filtrante é levemente marcada, revelando as ondulações na estrutura do painel plástico moldado que está subjacente. A borda superior da manta é mantida no lugar com uma *barra de terminação* de alumínio que segura o painel no lugar e evita que sujeira e resíduos caiam atrás do painel. À direita, embaixo: tubulação de drenagem branca perfurada pode ser vista, temporariamente apoiada sobre tacos de madeira e correndo ao longo da fundação. *(Foto por Joseph Iano)*

novo. Diferentemente da maioria dos outros materiais impermeabilizantes, muitos materiais de impermeabilização integral podem ser aplicados como *impermeabilizantes do lado negativo*, isto é, aplicados do lado interno de uma parede de concreto, agindo para resistir à passagem da água que vem do lado oposto.

Impermabilização de lado cego é instalada antes da moldagem das paredes de concreto. Isso ocorre com mais frequência quando uma parede de subestrutura é construída perto da divisa de uma propriedade e a escavação não pode ser alargada além da linha da propriedade para permitir o acesso dos trabalhadores à face externa da parede após a sua construção. Mantas de drenagem são aplicadas, primeiro, diretamente sobre a vedação da estrutura de contenção das escavações e então um tipo, dentre várias possíveis mantas de impermeabilização, é aplicado sobre a manta de drenagem. Depois, a parede de concreto é moldada contra a membrana. A vedação da escavação permanece definitivamente no lugar (Figura 2.64).

Juntas na construção exigem atenção especial para garantir estanqueidade. *Retentores de água* pré-formados e feitos de plástico, borracha sintética ou metal podem ser colocados nas bordas adjacentes de concreto, tanto das juntas móveis quanto nas imóveis, para bloquear a passagem da água (Figuras 2.65 e 2.66). Retentores de água para juntas imóveis, como entre duas concretagens de uma parede ou laje, também podem ser feitos de tiras de bentonita ou mastique, que são temporariamente colados à borda de uma das partes concretadas. Depois que a concretagem seguinte é completada, esses retentores permanecem inseridos na junta, onde formam uma barreira estanque (Figura 2.67).

A maioria dos sistemas de impermeabilização é inacessível, uma vez que a construção do edifício está completa; a expectativa é de que eles

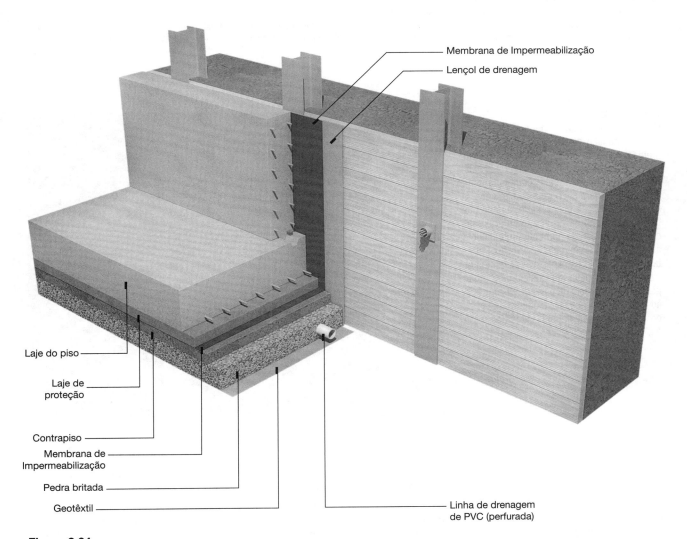

Figura 2.64
Impermeabilização de lado cego é usada quando não existe espaço de trabalho entre uma escavação com uma estrutura de vedação e o lado externo da parede de fundação. A manta de drenagem e a membrana de impermeabilização são aplicadas à vedação; então a parede do subsolo é concretada contra elas.

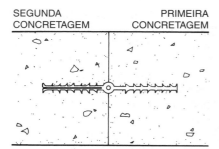

Figura 2.65
Um retentor de borracha sintética é utilizado para vedar contra a penetração de água nas juntas de dilatação e nas juntas de construção entre duas partes de concreto em uma fundação. O tipo mostrado aqui é dividido em um dos lados, de tal modo que suas metades podem ser colocadas de plano contra a forma, onde outra parede irá formar uma junta com a que está sendo concretada. Após o concreto ter sido lançado e curado e a forma ter sido removida da primeira parede, as metades divididas são dobradas novamente antes da próxima parede ser concretada.

Figura 2.66
Um retentor de água de borracha pronto para a próxima concretagem de uma parede, como desenhado na Figura 2.65. *(Cortesia de Vulcan Metal Products, Inc., Birmingham, Alabama)*

Figura 2.67
Um retentor de água de bentonita é colado a uma fundação de concreto antes da concretagem de uma parede acima dela. Mais tarde, se a infiltração de água ocorrer, a bentonita irá inchar para selar completamente a junta entre as duas partes concretadas. O retentor de água é posicionado ao lado das barras da armadura de aço mais próximas do exterior da parede, também protegendo a armadura contra umidade e corrosão. Entretanto, devido à força expansiva da bentonita, o retentor não deve ser posicionado muito próximo à superfície da parede. Do contrário, ao inchar poderia causar a quebra de partes do concreto, e consequente queda da parede. *(Foto por Joseph Iano)*

desempenhem sua função durante a vida do edifício e, mesmo pequenos defeitos na sua instalação, podem permitir a passagem de grandes volumes de água. Por essas razões, membranas de impermeabilização são inspecionadas cuidadosamente durante a construção e membranas horizontais são frequentemente *testadas contra enchentes* (submergidas por um longo período de tempo enquanto a verificação de vazamentos é conduzida) para detectar a presença de defeitos enquanto reparos podem ser feitos facilmente. Uma vez que a inspeção e os testes estão completos, as membranas são cobertas com uma *chapa de proteção*, uma chapa de isolamento ou uma manta de drenagem para isolar a membrana de uma exposição prolongada à luz solar e para prevenir dano físico durante o reaterro do solo ou operações subsequentes de construção.

ISOLAMENTO DO SUBSOLO

Requisitos de conforto, eficiência no combustível de aquecimento e códigos de obras* frequentemente exigem que paredes do subsolo sejam isoladas termicamente para limitar a perda de calor do subsolo para o solo em volta. Isolamento térmico pode ser aplicado pelo lado interno ou externo da parede do subsolo. Pelo lado interno, isolamento com lã mineral ou espuma plástica pode ser instalado entre tábuas de madeira ou tiras metálicas, como mostrado na Figura 23.4. Alternativamente, espuma de poliestireno ou chapas de isolamento de fibra de vidro, tipicamente de 50mm a 100 mm de espessura, podem ser colocadas no lado externo da parede, presos com adesivo, fixadores ou pela pressão do solo. Produtos proprietários estão disponíveis e combinam chapas de isolamento e uma manta de drenagem em um único conjunto.

FUNDAÇÕES RASAS PROTEGIDAS CONTRA O CONGELAMENTO

Em *fundações rasas protegidas contra o congelamento*, chapas de isolamento

---
* N. de T.: Os códigos de obra brasileiros não fazem este tipo de exigência.

---

de espuma de poliestireno extrudado podem ser usadas em climas frios para construir fundações que se assentam acima do nível normal de congelamento do solo, resultando em menores custos de escavação. Camadas contínuas de chapas de isolamento são colocadas em volta do perímetro do edifício de tal modo que o calor fluindo para o solo, no inverno, a partir do interior do edifício, mantém o solo sob a fundação a uma temperatura acima do congelamento (Figura 2.68). Mesmo abaixo de edifícios não aquecidos, um isolamento térmico adequadamente instalado pode reter suficiente calor geotérmico em volta de fundações rasas para prevenir o congelamento.

REATERRO

Após as paredes do subsolo terem sido impermeabilizadas ou hidrofugadas, chapas de isolamento ou chapas de proteção foram colocadas, a drenagem foi instalada e as construções internas que apoiam as paredes do subsolo, como paredes internas e pisos, foram completados, a área em volta de uma subestrutura é *reaterrada* para restabelecer o nível do terreno. (Uma subestrutura construída junto ao muro de contenção de uma escavação necessita de pouco ou nenhum reaterro.) A operação de reaterro envolve colocar de volta o solo contra o exterior das paredes do subsolo e compactá-lo ali em camadas, tomando cuidado para não danificar os componentes da drenagem ou da impermeabilização, ou de exercer excessiva pressão contra as paredes. Um solo aberto com drenagem rápida, tal como a brita ou areia é preferido para o reaterro, porque ele permite que o sistema de drenagem perimetral em volta do subsolo faça seu trabalho. A compactação precisa ser suficiente para minimizar a acomodação subsequente da área reaterrada.

Em algumas situações, especialmente quando reaterrando valas feitas para colocação de instalações sob passeios e lajes de pisos, a acomodação pode ser praticamente eliminada por reaterro com *material de baixa resistência controlada* (MBRC), o qual é feito a partir de cimento Portland e/ou cinza volante (um subproduto de queima de carvão em termoelétricas), areia e água. MBRC, algumas vezes chamado de "enchimento líquido", é trazido em caminhões-betoneira e colocado na escavação, onde ele se autocompacta e autonivela e, então, endurece em um material semelhante ao solo. A resistência do MBRC é adequada à situação: para uma vala de instalações, o MBRC é formulado de tal modo que

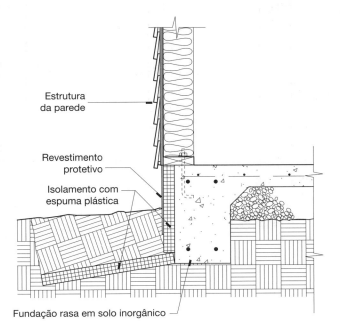

Figura 2.68
Um detalhe típico para uma fundação rasa protegida contra o congelamento.

ele é fraco o suficiente para ser escavado facilmente por equipamento comum de escavação quando a tubulação necessita de reparos, mas é tão resistente quanto um reaterro compactado de boa qualidade. O MBRC tem muitos outros usos nas fundações e no seu entorno. Ele é utilizado com frequência para *contrapisos*, que são lajes de concreto magro usadas para criar uma base nivelada e seca em uma escavação irregular e normalmente úmida. O contrapiso serve como uma superfície de trabalho para a armadura e a concretagem de um *radier* ou uma laje de piso de um subsolo, sendo frequentemente a superfície na qual a membrana de impermeabilização é aplicada. O MBRC também é utilizado para substituir bolsões de solo instável que podem ser encontrados sob a subestrutura ou para criar um volume estável de reaterro em volta de uma parede de subsolo.

CONSTRUÇÃO DE CIMA PARA BAIXO

Normalmente, a subestrutura de um edifício é completada antes do trabalho começar em sua superestrutura. Entretanto, se o edifício tiver vários níveis de subsolo, o trabalho na subestrutura pode levar muitos meses e até anos. Nesses casos, a *construção de cima para baixo* pode ser uma opção econômica, mesmo que o seu custo inicial seja um pouco maior que aquele de um procedimento normal, porque ele pode economizar um tempo de construção considerável.

Como desenhado na Figura 2.69, a construção de cima para baixo começa com a instalação de uma parede de lama bentonítica no perímetro. Colu-

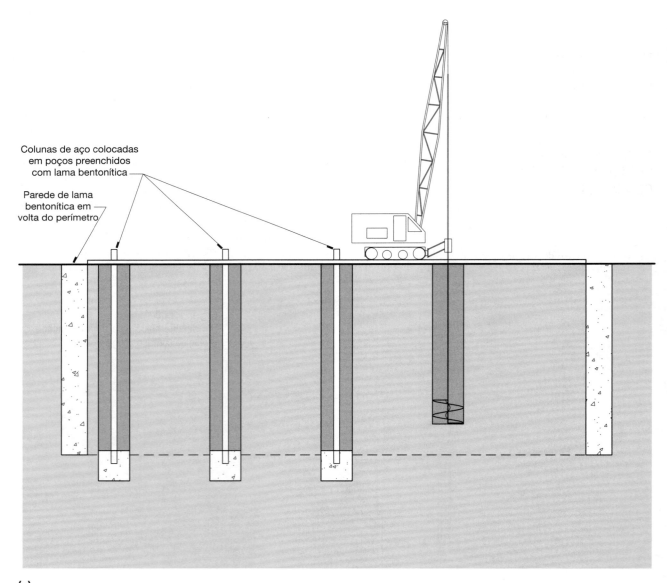

(a)

Figura 2.69
Construção de cima para baixo.

nas internas de aço para a subestrutura são baixadas em buracos feitos e perfurados e preenchidos com lama bentonítica, e sapatas de concreto são concretadas no fundo com o auxílio de um funil com tromba. Depois que a laje do térreo está no lugar e conectada aos pilares da subestrutura, a construção da superestrutura pode começar. A construção continua simultaneamente na subestrutura, em grande parte pelo uso de equipamentos de mineração: um andar de solo é escavado debaixo da laje do piso do térreo e uma laje nivelada de BMRC é concretada. Trabalhando sobre o contrapiso, trabalhadores colocam a armadura e concretam uma laje estrutural para o piso do subsolo mais alto e conectam esse piso aos pilares. Quando a laje é suficientemente resistente, outro andar de solo é removido abaixo dela, com o contrapiso. O processo é repetido até que a subestrutura esteja completa, tempo em que terão sido erguidos muitos andares da superestrutura.

PROJETANDO FUNDAÇÕES

É uma boa ideia começar o projeto das fundações de um edifício ao mesmo tempo que o projeto arquitetônico começa. As condições abaixo da superfície do terreno podem influenciar fortemente decisões fundamentais sobre um edifício – sua localização no terreno, seu tamanho e forma, seu peso e o grau de flexibilidade necessária de sua construção. Em um projeto de um grande edifício, ao menos três projetistas estão envolvidos nessas decisões: o arquiteto, que tem a responsabilidade primordial pela localização e forma do edifício; o engenheiro estrutural, que tem a responsabilidade por sua integridade física; e o engenheiro de fundações, que precisa decidir, com base na exploração do local e nos relatórios de laboratório, como melhor suportá-lo no terreno. Frequentemente, é possível para o engenheiro de fundação projetar fundações para um projeto de edifício definido inteiramente pelo arquiteto. Em alguns casos, entretanto, o custo das fundações pode consumir uma parcela muito maior do orçamento da construção que o arquiteto havia antecipado, a não ser que certos acordos possam ser alcançados na forma e localização do edifício. É mais seguro e mais produtivo para o arquiteto trabalhar com o engenheiro de fundação desde o início, buscando diferentes locações no ter-

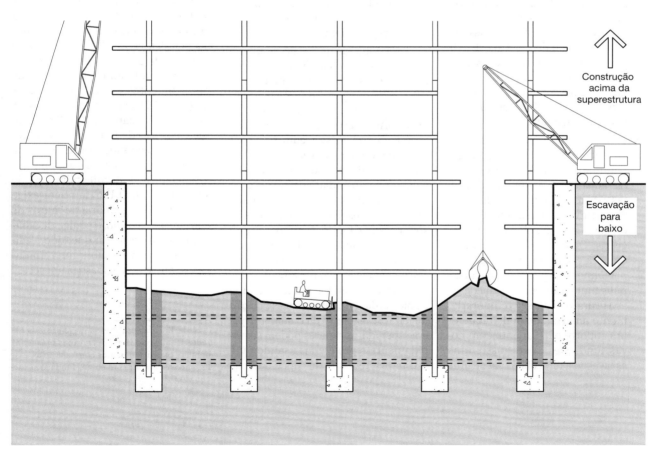

(b)

reno e configurações do edifício que resultarão na quantidade mínima de problemas com fundações e o menor custo de fundação.

Ao projetar uma fundação, diferentes limites de projeto precisam ser lembrados. Se o projetista cruza qualquer um destes limites, o custo de fundação dá um salto súbito. Alguns desses limites são:

- *Construir abaixo do nível do lençol freático.* Se a subestrutura e as fundações de um edifício estão acima do lençol freático, um mínimo de esforço será necessário para manter a escavação seca durante a construção. Se o lençol freático for penetrado, mesmo por alguns centímetros, medidas muito caras deverão ser tomadas para drenar o local, reforçar o sistema de sustentação de taludes, impermeabilizar as fundações e, ou reforçar a laje de piso do subsolo contra pressão de empuxo hidrostático, ou prover uma drenagem adequada para aliviar essa pressão. Para apenas um centímetro ou decímetro extra de profundidade, as despesas provavelmente não se justificariam; para um ou dois pisos a mais de espaço útil de edificação, elas poderiam se justificar.

- *Construir junto a uma estrutura existente.* Se a escavação pode ser mantida bem afastada de estruturas adjacentes, as fundações destas estruturas podem permanecer imperturbadas e nenhum esforço ou gasto são exigidos para protegê-las. Quando escavando perto de uma estrutura existente e, especialmente, quando escavando mais fundo que suas fundações, a estrutura deverá ser temporariamente amarrada e pode requerer um suporte permanente com novas fundações. Além disso, uma escavação a uma distância de uma estrutura existente pode não requerer a estabilização do talude de terra, enquanto que uma imediatamente adjacente quase certamente exigirá.

- *Aumentar a carga de uma coluna ou parede de um edifício além do que pode ser suportado por uma fundação rasa.* Fundações rasas são muito mais baratas que estacas ou tubulões sob a maioria das condições. Se um edifício fica muito alto, entretanto, uma fundação rasa pode não ser mais capaz de suportar a carga, e um limite precisa ser cruzado para o campo das fundações profundas. Se isso aconteceu devido ao aumento de um ou dois andares, o projetista deveria considerar reduzir a altura alargando o edifício. Se as cargas de colunas individuais são muito altas para fundações rasas, talvez elas possam ser reduzidas aumentando o número de colunas no edifício e reduzindo seu espaçamento.

Para edifícios na escala de uma e duas unidades unifamiliares, o projeto de fundação é usualmente muito mais simples do que para edifícios maiores, porque as cargas nas fundações são baixas. As incertezas em projetos de fundação podem ser reduzidas com uma economia razoável se for adotado um grande fator de segurança ao calcular a capacidade de suporte do solo. A não ser que o projetista tenha razões para suspeitar de condições de solo ruins, as fundações são normalmente projetadas usando regras práticas sobre as tensões admissíveis no solo e dimensões padronizadas das sapatas. O projetista, então, examina o solo verdadeiro quando a escavação foi feita. Se ela não é da qualidade que era esperada, as sapatas podem ser rapidamente reprojetadas usando uma estimativa revisada da capacidade de suporte do solo antes da continuação da construção. Se águas subterrâneas inesperadas são encontradas, uma melhor drenagem pode ter de ser providenciada em volta da fundação, ou a profundidade do piso de subsolo deve ser reduzida.

PROJETO DE FUNDAÇÃO E OS CÓDIGOS DE EDIFICAÇÃO

Em função das considerações de segurança pública que estão envolvidas, os códigos de edificação contêm inúmeras provisões relacionadas ao projeto e construção de escavações e fundações. O IBC define quais os tipos de solos são considerados satisfatórios para suportar o peso de edifícios e estabelece um conjunto de requerimentos para a exploração do solo sob a superfície, testes de solos e submissão dos relatórios de solos ao inspetor de edificações local[*]. O código prossegue especificando os métodos de projeto de engenharia que podem ser utilizados para as fundações; define os valores máximos de capacidade de carga para solos, que podem ser adotados na ausência de procedimentos de teste detalhados (Figura 2.5); estabelece as dimensões mínimas para sapatas, tubulões, estacas e paredes de fundação; e contém extensas discussões relacionadas à execução de estacas e tubulões e a drenagem e impermeabilização de subestruturas. O IBC também exige o projeto de engenharia de muros de contenção. No todo, o código de edificação tenta assegurar que todo o edifício se assentará sobre uma fundação segura e uma subestrutura seca.

---

[*] N. de T.: Essas práticas são vigentes nos Estados Unidos. No Brasil, as normas brasileiras definem os procedimentos com relação às análises do solo e como projetar as fundações.

CSI/CSC	
\multicolumn{2}{l	}{Seções do MasterFormat para trabalhos com terra, fundações e impermeabilização abaixo do nível do solo}
07 10 00	**HIDROFUGAÇÃO E IMPERMEABILIZAÇÃO**
07 11 00	Hidrofugação
07 14 00	Impermeabilização com folhas
07 14 00	Impermeabilização com aplicação de fluido
07 16 00	Impermeabilização Cimentícia e Reativa
07 17 00	Impermeabilização Bentonítica
31 10 00	**LIMPEZA DO LOCAL**
31 20 00	**MOVIMENTAÇÃO DE TERRA**
31 22 00	Granulometria
31 23 00	Escavação e Aterro
	Remoção de água
31 30 00	**MÉTODOS DE TRABALHOS COM TERRA**
31 32 00	Estabilização de Solo
31 34 00	Solo Armado
31 40 00	**REFORÇO DE FUNDAÇÃO**
31 50 00	**APOIO E PROTEÇÃO DE ESCAVAÇÃO**
31 60 00	**ELEMENTOS ESPECIAIS DE FUNDAÇÃO E DE CARGA**
31 62 00	Estacas cravadas
31 63 00	Estacas apiloadas
	Pilares de Concreto em Solo Perfurado
	Microestacas em Solo Perfurado
32 32 00	**MUROS DE CONTENÇÃO**

REFERÊNCIAS SELECIONADAS

1. Ambrose, James E. Simplified *Design of Building Foundations* (2nd ed.). Hoboken, NJ, John Wiley & Sons, Inc., 1998.

   Após um sumário inicial sobre as propriedades dos solos, o livro cobre os procedimentos computacionais simplificados para fundações rasas e profundas.

2. Liu Cheng and Jack Evett. *Soils and Foundations* (7th ed.). Upper Saddle River, NJ, Prentice Hall, Inc., 2008.

   Este livro-texto oferece uma discussão detalhada das propriedades de engenharia dos solos, técnicas de exploração do subsolo, mecânica dos solos e fundações rasas e profundas. Bastante adequado ao iniciante.

3. Schroeder, W. L., et al. *Soils in Construction* (5th ed.). Upper Saddle River, NJ, Prentice Hall, Inc., 2003.

   Um bem ilustrado, claramente escrito e moderadamente detalhado levantamento sobre solos, testes de solos, construções abaixo do nível do solo e fundações.

4. Henshell, Justin, and C. W. Griffin. *Manual of Below-Grade Waterproofing Systems*. Hoboken, NJ, John Wiley & Sons, Inc., 1999.

   Uma apresentação abrangente de meios para manter a água fora das subestruturas dos edifícios.

5. National Roofing Contractors Association. *The NRCA Waterproofing Manual*. Rosemont, IL, updated regularly.

   Este manual fornece orientações detalhadas para a aplicação de impermeabilização e hidrofugação às subestruturas dos edifícios.

Sites

Fundações
Local suplementar do autor na internet: **www.ianosbackfi ll.com/02_foundations/**
Guia de Projeto do Edifício Inteiro, Paredes de Fundação: **www.wbdg.org/design/env_bg_wall.php**

Exploração do subsolo e testes de solos
Ardaman & Associates (Consultores geotécnicos): **www.ardaman.com**

Remoção de água
Griffin Dewatering: **www.griffindewatering.com**

Fundações profundas
Case Foundation Company: **www.casefoundation.com**
Geopier Foundation: **www.geopier.com**
Layne Christensen Company: **www.laynegeo.com**
Nicholson Construction Company: **www.nicholsonconstruction.com**
Schnabel Foundation Company: **www.schnabel.com**

Impermeabilização
CETCO Building Materials Group: **www.cetco.com/BMG**
Grace Construction Products: **www.na.graceconstruction.com**

Palavras-chave

Fundação
Carga permanente
Carga viva
Carga de chuva
Carga de neve
Carga de vento
Carga sísmica
Carga lateral de pressão do solo
Empuxo para cima
Carga de inundação
Esforço horizontal
Recalque da fundação
Recalque uniforme
Recalque diferencial
Material do terreno
Rocha
Solo
Matacão
Bloco
Pedregulho
Areia
Solo granular
Silte
Argila
Solo fino
Solo orgânico
Resistência ao cisalhamento
Solo friccional, sem coesão
Solo
Poro do solo
Constituição da partícula do solo
Solo coesivo
Plástico
Propriedades do solo para engenharia

Capacidade de carga do solo
Estabilidade
Liquefação
Solo com boa granulometria, pobremente segregado
Solo com granulometria ruim, bem segregado
Solo com granulometria uniforme
Granulometria do solo
Camadas (estratos) de solo
Buraco de teste
Sondagem a percussão
Lençol freático
Teste de carga
Limite líquido
Limite plástico
Laudo geotécnico
Escavação
Linha de congelamento
Lentes de gelo
Escavação escalonada
Ângulo de estabilização
Apoio ao talude
Apoio de escavação
Estrutura de contenção
Pilar em H
Viga de amarração
Vedação (madeiramento)
Escoramento com chapas
Fechamento com chapas
Concreto projetado, jatocreto
Parede de lama bentonítica
Parede-guia
Concha de mandíbulas
Lama bentonítica
Tremonha (tromba com funil)

Parede de lama com concreto pré-moldado
Solo misturado com estabilizante
Estroncas
Escoras (rakers)
Blocos de apoio
Tirante
Ancoragem na rocha
Ancoragem de solo
Drenagem
Poço de bombeamento
Ponteira filtrante
Parede com barreira de estanqueidade à água
Congelamento do solo
Superestrutura
Subestrutura
Fundação rasa (ou superficial)
Fundação profunda
Sapata
Sapata de pilar
Sapata corrida ou de parede
Aterro técnico (ou supervisionado)
Radier
Porão
Subsolo
Vigas de amanação
Sapatas combinadas
Sapatas em balanço
Fundação de base
Fundação
Fundação flutuante
Caixão, tubulão escavado
Trado
Pá alargadora de base
Tubulão com base

Tubulão encamisado
Estaca
Estaca de madeira
Bate-estacas
Estaca com reação de ponta
Estaca com reação lateral
Bloco de fundação
Viga de amarração
Martelos de estaca
Guia do bate-estacas
Estacas H
Heaving (deslocamento do solo)
Estaca tubular
Miniestaca
Estaca pré-moldada de concreto
Estaca de concreto moldada no local
Mandril
Fundação injetada por pressão
Estaca agregada apiloada
Colunas de pedra
Isolador de base
Reforço de fundação
Muro de contenção
Terra armada ou solo armado
Gabiões
Geotêxtil
Terra armada
Armadura
Drenagem
Leito de drenagem
Manta de drenagem
Tubulação perfurada para drenagem
Hidrofugação
Hidrofugação com base cimentícia
Cimento queimado
Hidrofugação com base asfáltica
Impermeabilização
Impermeabilização líquida
Impermeabilização com folhas de membrana
Impermeabilização com bentonita
Impermeabilização integral
Impermeabilização pelo lado negativo
Impermeabilização de lado cego
Juntas pré-moldadas
Teste contra enchentes
Prancha ou chapa de proteção
Protegida contra o congelamento superficial
Reaterro de fundações
Material de baixa resistência controlada (MBRC)
Contrapiso
Construção de cima para baixo

Questões para revisão

1. Qual é a natureza do tipo mais comum de falha de fundação? Quais medidas podem ser tomadas para prevenir sua ocorrência?
2. Explique em detalhes a diferença entre areia, silte e argila, especialmente a maneira como eles se relacionam com as fundações dos edifícios.
3. Liste três diferentes maneiras de escorar uma escavação. Sob quais circunstâncias o escoramento não seria necessário?
4. Sob quais condições você usaria uma barreira de impermeabilização em vez de *well points*, quando escavando abaixo do lençol freático?
5. Se as fundações rasas são substancialmente mais baratas que as fundações profundas, por que utilizamos fundações profundas?
6. Que condições do solo favorecem o uso de caixões com base alargada? Que condições de solo favorecem estacas sobre caixões? Que tipos de estacas são especialmente adequadas para reparo ou melhoramento de fundações existentes e por que?
7. Liste e explique alguns limites de custo frequentemente encontrados no projeto de fundações.
8. Para cada uma das seguintes situações, sugira um tipo de impermeabilização: (a) uma fundação com muitas formas complexas, (b) uma fundação sujeita a movimentos significativos ou fissuras após a aplicação da impermeabilização, (c) uma parede de fundação existente que pode ser acessada e impermeabilizada somente pelo lado de dentro.
9. Explique a diferença entre impermeabilização e hidrofugação. Quando cada uma é uma escolha apropriada para proteger uma fundação da umidade?
10. Liste os componentes de um típico sistema de drenagem de fundação e suas funções.

Exercícios

1. Obtenha os desenhos de fundação e os relatórios de solo para um edifício próximo. Olhe primeiro os registros do teste de impactos. Que tipos de solos são encontrados abaixo da superfície? Quão profundo é o lençol freático? Que tipo de fundação você acredita que deveria ser usado nesta situação (tendo em mente o peso relativo do edifício)? Agora veja os desenhos de fundação. Que tipo foi realmente utilizado? Por quê?
2. Que tipo de fundação e subestrutura é normalmente utilizado para casas em sua área? Por quê?
3. Olhe para diversas escavações de grandes edifícios sob construção. Observe cuidadosamente os arranjos feitos para a contenção de taludes e esgotamento de água. Como o solo está sendo revolvido e carregado para fora? O que está sendo feito com o solo escavado? Que tipo de fundação está sendo executado? Que cuidados estão sendo tomados para manter a subestrutura permanentemente seca?

3 MADEIRA

Árvores

Madeira serrada

Produtos de madeira

Madeira plástica

Painéis de madeira

Tratamentos químicos para madeira

Conectores para madeira

Componentes manufaturados de madeira

Tipos de construção em madeira

Um madeireiro derruba uma grande conífera. *(Weyerhauser Company Photo)*

A madeira talvez seja o mais amado de todos os materiais que utilizamos para edificar. Ela alegra os olhos com suas interminavelmente variadas cores e padrões de fibras. Ela convida as mãos a sentirem seu suave calor e suas variadas texturas. Quando ainda fresca da serra, sua fragrância encanta. Nós valorizamos suas qualidades naturais e orgânicas e nos deleitamos com sua genuinidade. Mesmo envelhecida, desbotada pelo sol, erodida pela chuva, gasta pela passagem dos pés e pelo esfregar das mãos, encontramos beleza em suas transformações de cor e textura.

A madeira ganha nosso respeito assim como nosso amor. Ela é forte e rígida, embora de longe o menos denso dos materiais utilizados para as vigas e colunas de edificações. Também é trabalhada e fixada facilmente com ferramentas pequenas, simples e relativamente baratas, e facilmente reciclada de edificações demolidas para uso em novas, e, quando finalmente descartada, biodegrada-se rapidamente para se tornar solo natural. A madeira é nosso único material de construção renovável, que estará disponível para nós por tanto tempo quanto manejarmos nossas florestas, com um olho na perpétua produção de madeira.

Mas a madeira, assim como um valioso amigo, tem suas idiossincrasias. Uma tábua nunca é perfeitamente reta ou precisa, e seu tamanho e forma podem mudar significativamente com as variações do tempo. A madeira é repleta de defeitos, que são os vestígios do seu crescimento e processamento. A madeira pode rachar, deformar e ter farpas. Se entrar em contato com o fogo, queima. Se for deixada em um local úmido, apodrece e abriga insetos destrutivos. O designer habilidoso e o carpinteiro experiente, entretanto, têm conhecimento de todas essas coisas e entendem como construir com madeira para trazer à tona suas melhores qualidades, neutralizando ou minimizando seus problemas.

ÁRVORES

A madeira vem das árvores e é produzida a partir de processos naturais de crescimento. Entender a fisiologia da árvore é essencial para saber como construir com madeira.

O crescimento da árvore

O tronco de uma árvore é coberto com uma camada protetora de *casca* morta (Figura 3.1). Na parte interna da casca morta há uma camada viva, composta por células longitudinais ocas, que conduzem nutrientes das folhas até as raízes e outras partes vivas da árvore. Dentro dessa camada de casca viva há uma camada muito fina, o *câmbio*, que cria novas células de casca, em direção ao exterior do tronco, e de novas células de madeira, em direção ao interior. A espessa camada de células vivas de madeira, no interior do câmbio, é o *alburno*. Nesta zona da árvore, os nutrientes são armazenados e a seiva é bombeada para cima, desde as raízes até as folhas, e distribuída lateralmente no tronco. Na parte mais interna dessa zona, o alburno morre progressivamente e se torna *cerne*. Em muitas espécies de árvores, o cerne é facilmente distinguível do alburno por sua coloração mais escura. O cerne não mais participa nos processos de vida da árvore, mas continua a contribuir para a sua resistência estrutural. Na porção mais central do tronco, envolvido pelo cerne, está a *medula* da árvore, uma pequena zona de células frágeis de madeira, resultantes do primeiro ano de crescimento.

Um exame de uma pequena seção de madeira, sob um microscópio de pequena potência, mostra que ela consiste, primariamente, de células tubulares, cujos longos eixos são paralelos ao eixo longitudinal do tronco. As células são estruturadas a partir de *celulose* rígida e são unidas por uma suave substância cimentante chamada *lignina*. A direção dos eixos longos das células é identificada como a *grã* da madeira. A direção da grã é importante para o designer de edificações em madeira, porque a aparência e as propriedades físicas da madeira, paralelas à grã e perpendiculares à grã, são muito diferentes.

Em climas temperados, o câmbio começa a produzir novas células do alburno na primavera, quando o ar é fresco e as águas subterrâneas são abundantes, condições que favorecem rápido crescimento. O crescimento é mais lento durante o calor do verão, quando a água é escassa. As células da *madeira de primavera* são, portanto, maiores e menos densas em substância do que as células da *madeira de verão* ou *madeira tardia*. Faixas concêntricas da madeira de primavera e da madeira de verão compõem os anéis de crescimento anual em um tronco, que podem ser contados para determinar a idade da árvore. As proporções relativas entre a madeira de primavera e a madeira de verão também têm uma influência direta nas propriedades estruturais da madeira produzida por determinada árvore, pois a madeira de verão é mais forte e dura do que a de primavera. O crescimento de uma árvore, sob condições de contínua umidade e de baixa temperatura, acontece de forma mais rápida do que o de outra árvore, da mesma espécie, sob condições mais secas e de maior calor; no entanto, a madeira produzida não será tão densa e tão forte.

Madeiras macias e duras

Madeiras macias são provenientes de coníferas, e *madeiras duras*, de árvores com folhas grandes. Os nomes podem induzir ao erro, uma vez que a madeira de algumas árvores coníferas pode ser mais dura do que a de algumas árvores de folhas grandes. No entanto, a distinção entre esses dois tipos de madeira é de utilidade. Árvores de madeira macia têm uma microestrutura relativamente simples, consistindo, principalmente, de grandes células longitudinais (*traqueídeos*), em conjunto com uma pequena porcentagem de células radiais (*raios*), cujas funções são o armazenamento e a transferência radial de nutrientes (Figura 3.2). Árvores de madeira dura possuem uma estrutura mais complexa, com uma

Capítulo 3 Madeira 87

Figura 3.1
Anéis de crescimento de madeira de verão são notáveis e alguns poucos raios são fracamente visíveis nessa seção de uma árvore perene. No entanto, o câmbio, que se encontra logo abaixo da espessa camada de casca, é muito fino para ser visto, e o cerne não é visualmente distinguível do alburno nesta espécie. *(Cortesia do Forest Products Laboratory, Forest Service, USDA)*

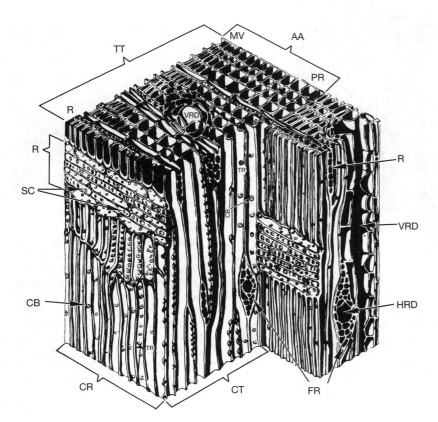

Estrutura celular da madeira macia

Figura 3.2
Células verticais (traqueídeos, rotuladas como TR) dominam a estrutura de uma madeira macia, vista aqui grandemente ampliada. Contudo, raios (R), que são células que correm radialmente desde o centro da árvore para o exterior, estão claramente em evidência. Um anel anual (AA) consiste em uma camada de células menores, de madeira de verão (MV), e em uma camada de células maiores, de madeira de primavera (PR). Simples cavidades (SC) permitem que a seiva passe das células radiais para as células longitudinais e vice e versa. A resina é armazenada em dutos verticais e horizontais (VRD e HRD), com os dutos horizontais centrados em raios fusiformes de madeira (FR). Cavidades de borda (CB) possibilitam a transferência de seiva entre as células longitudinais. A face da amostra rotulada como CR representa um corte radial através da árvore, e CT representa um corte tangencial. *(Cortesia do Forest Products Laboratory, Forest Service, USDA)*

porcentagem muito maior de raios e dois tipos diferentes de células longitudinais: *fibras* de pequeno diâmetro e *vasos ou poros* de grande diâmetro, os quais transportam a seiva da árvore (Figura 3.3).

Quando serradas, madeiras macias geralmente apresentam uma estrutura de fibra grosseira e desinteressante, enquanto muitas madeiras duras possuem um belo padrão de raios e vasos (Figura 3.4). Grande parte da madeira serrada, hoje empregada na estrutura de edificações, provém de madeiras macias, que são comparativamente abundantes e baratas. Para móveis de alta qualidade e acabamentos internos são, frequentemente, utilizadas as madeiras duras. Algumas espécies de madeira macia e de madeira dura amplamente utilizadas na América do Norte e os principais usos de cada uma são listadis na Figura 3.5. Entretanto, é preciso ter em mente que literalmente milhares de espécies de madeira são utilizadas para a construção ao redor do mundo e que a disponibilidade das espécies varia consideravelmente, de acordo com a localização geográfica. Na América do Norte, a maior parte das florestas produtoras de madeira

(a)

(b)

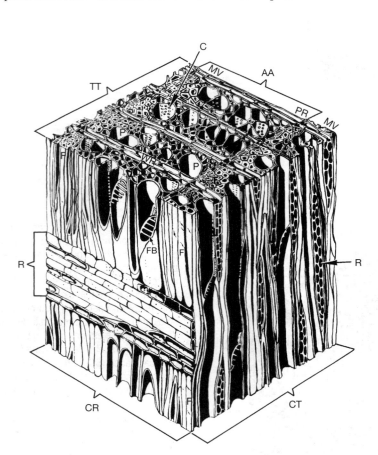

Estrutura celular de uma madeira dura

Figura 3.3
Raios (R) constituem grande parte da massa da madeira dura, como visualizado nessa amostra, sendo predominantemente responsáveis pelo belo aspecto da composição das fibras associado a muitas espécies. A estrutura vertical das células é mais complexa do que aquela da madeira macia, com grandes poros (P), para o transporte de seiva, e fibras menores (F), para conferir resistência estrutural à árvore. Células de poros, em algumas espécies de madeira dura, têm uma finalização em barras (FB), enquanto outras, de outras espécies, são inteiramente abertas. Cavidades (C) transportam seiva de uma cavidade à outra. *(Cortesia do Forest Products Laboratory, Forest Service, USDA)*

Figura 3.4
O aspecto das fibras de duas espécies de madeiras macias (nesta página) e de duas madeiras duras (na próxima página) demonstra a diferença da estrutura celular entre as classes de madeiras: (a) As células da Pinus lambertiana (espécie de pinheiro) são tão uniformes que a estrutura das suas fibras é quase invisível, exceto por alguns dutos dispersos de resina. (b) As fibras verticais da pseudotsuga (árvore conífera) apresentam faixas escuras, muito pronunciadas, de madeira de verão.

(continua)

serrada se localiza nas montanhas ocidentais e orientais, tanto dos Estados Unidos como do Canadá. Outras regiões, sobretudo no sudeste dos Estados Unidos, também produzem quantidades significativas.

Madeira certificada

A *madeira certificada* é proveniente de florestas manejadas, para a sua sustentabilidade ecológica de longo prazo e viabilidade econômica. O organismo de certificação mais amplamente reconhecido é o Forest Stewardship Council (FSC). A certificação

(c)

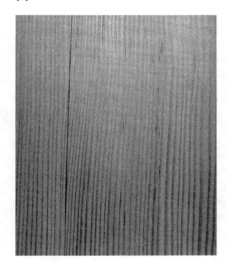

(d)

Figura 3.4 *(continuação)*
(c) O carvalho vermelho apresenta grandes poros abertos entre suas fibras. (d) Esta lâmina de mogno cortada em quartos tem uma faixa pronunciada causada pelas variações na reflexão da luz por suas fibras. *(Fotos de Edward Allen)*

MADEIRAS MACIAS	MADEIRAS DURAS
Usadas para estrutura, recobrimentos e painéis	**Usadas para cordões, painéis e mobiliário**
Alpine fir	freixo (*Fraxinus excelsior*)
Abies Balsamea	faia (*Fagus*)
Pseudotsuga	Bétula (*Betula*)
Tsuga canadensis	nogueira-negra (*Juglans nigra* L.)
Eastern spruce	Juglans cinerea
Pinus strobus	cerejeira
Picea engelmannii	Lauan (vendida como mogno)
Pinus monticola	mogno
Larix	nogueira-pecã (*Carya illinoensis K.*)
Pinus taeda	carvalho vermelho
Pinus contorta	jacarandá
Pinus palustris	teca
Tsuga mertensiana	nyssa uniflora
Pinus ponderosa	carvalho branco
Picea rubens	tulipeiro (*Liriodendrosa tulipifer*)
Pinus echinata	
Picea sitchensis	
Pinus palustris	
Tsuga heterophylla	
Picea glauca	
Usadas para cordões, janelas e batentes de portas	**Usadas para revestimento de piso**
Pinus ponderosa	nogueira-pecã (*Carya illinoensis K.*)
Pinus lambertiana	carvalho vermelho
White pine	Acer saccharum
Usadas para revestimento de piso	nogueira-pecã (*Carya illinoensis K.*)
Pseudotsuga	carvalho branco
Pinus palustris	
Madeiras resistentes à decomposição, usadas para shingles, revestimentos e estruturas externas	
sequóia (*Sequoia sempervirem*)	
cipreste-calvo (*Taxodium distichum*)	
cedro vermelho (*Thuja plicata*)	
cedro branco *(Thuja occidentalis)*	

Figura 3.5
Algumas espécies de madeira comumente empregadas na construção, na América do Norte, listadas em ordem alfabética, em grupos, de acordo com o seu uso. Todas são espécies nativas norte-americanas, exceto o Lauan (vendido como mogno), da Ásia, o mogno (América Central), o jacarandá (América do Sul e África) e a teca (Ásia).

do FSC abrange uma ampla gama de princípios sociais, econômicos e ecológicos. Seus critérios incorporam o respeito por leis e tratados internacionais, títulos de posse de longo prazo e direitos e responsabilidades pela propriedade da terra, direitos dos povos indígenas, relações com a comunidade e direito dos trabalhadores. Eles encorajam o uso eficiente dos produtos da floresta e serviços para que sejam garantidos a viabilidade econômica e os benefícios sociais das operações florestais. Eles asseguram as práticas de manejo florestal que impedem uma colheita excessiva, conservando a diversidade biológica e os recursos naturais e protegem o meio ambiente.

CONSIDERAÇÕES SOBRE SUSTENTABILIDADE NA CONSTRUÇÃO EM MADEIRA

Madeira: um recurso renovável

- A madeira é o único dentre os materiais estruturais mais intensamente utilizados que é renovável.
- Nos Estados Unidos e no Canadá, o crescimento das árvores, a cada ano, excede largamente o volume de árvores derrubadas, embora muitas áreas de cultivo de madeira não sejam manejadas de forma sustentável.
- Em outros continentes, muitos países, há bastante tempo, derrubaram o que restava de suas florestas, e muitas florestas, em outros países, estão sendo esgotadas, decorrente das más práticas de manejo e de agricultura, de derrubada e queimada. Particularmente no caso das madeiras tropicais duras, é importante investigar as fontes e assegurar que as árvores foram cultivadas de uma maneira sustentável.
- Alguns painéis podem ser manufaturados a partir de fibras vegetais rapidamente renováveis, fibras de madeira reconstituídas e recicladas ou fibras recicladas de celulose.
- O bambu, uma gramínea rapidamente renovável, pode substituir a madeira na manufatura de pisos, painéis para interiores e outras aplicações para acabamentos em carpintaria. Em outras partes do mundo, o bambu é utilizado na construção de andaimes, formas de concreto e até mesmo como fonte de materiais fibrosos, para painéis estruturais análogos aos de chapas de tiras orientadas (Oriented strand board – OSB), chapas aglomeradas e chapas de fibras.

Práticas florestais

- Duas formas básicas de manejo florestal são praticadas na América do Norte: silvicultura sustentável e colheita e replantio. O administrador da colheita florestal obtém uma produção sustentável por meio do corte de todas as árvores de uma área, deixando os pedaços de troncos, copas e galhos se decompor e se transformar em composto, plantando novas árvores e cuidando delas até que estejam prontas para a colheita. Na silvicultura sustentável, as árvores são colhidas mais seletivamente da floresta, de forma a minimizar os danos ao ambiente florestal e a manter a biodiversidade de seu ecossistema natural.
- Problemas ambientais, frequentemente associados com a derrubada de árvores de florestas, incluem a perda do habitat da vida selvagem, a erosão do solo a poluição dos cursos d'água e do ar pelas emissões de maquinários e da queima de restos de árvores. Uma floresta recentemente devastada é um chocante e feio emaranhado de troncos, galhos, copas e toras imperfeitas, deixadas para se decomporem. Esse cenário é cruzado por sulcos profundos, que configuram lamacentas estradas para transporte. Dentro de poucos anos, a decomposição da madeira residual e o crescimento de novas árvores, curam de forma ampla as cicatrizes. A perda de áreas de florestas pode elevar os níveis de dióxido de carbono na atmosfera, um gás de efeito estufa. Mas as árvores absorvem o dióxido de carbono do ar, utilizando-o para seu crescimento, e devolvem oxigênio puro para a atmosfera.
- O comprador de produtos de madeira pode apoiar práticas florestais sustentáveis, por meio da especificação de produtos certificados que têm como origem florestas sustentáveis, aquelas que são manejadas de uma forma socialmente responsável e ambientalmente saudável. Produtos de madeira certificados pelo FSC, por exemplo, satisfazem os requisitos do LEED e todos os outros sistemas mais reconhecidos de avaliação de edifícios verdes.

Práticas de serrarias

- Profissionais habilidosos, que trabalham com sistemas computadorizados modernos, podem converter uma alta porcentagem de cada tora em produtos de madeira comercializáveis. Uma medida de desempenho de serrarias é o fator de recuperação de madeira serrada (lumber recovery factor – LRF), que é o volume líquido de produtos de madeira produzidos a partir de um metro cúbico de tora.
- Produtos manufaturados de madeira, como o OSB, painéis de madeira aglomerada, vigas I e peças de tiras laminadas de madeira serrada utilizam, de maneira eficiente, a maior parte da fibra da madeira de uma árvore e podem ser produzidos a partir de materiais reciclados ou jovens, rapidamente renováveis; as madeiras com junta dentada são feitas com a colagem, ponta a ponta, dos pequenos pedaços que poderiam ser tratados como resíduo. O produtor de peças grandes, maciças, de madeira, gera mais desperdício e rende menos produtos por tora.
- A secagem em estufas utiliza grandes quantidades de combustível, mas produz madeiras mais estáveis e uniformes do que a secagem ao ar livre, a qual não emprega nenhum combustível, a não ser a luz do sol e o vento.
- Os resíduos de serraria são volumosos: as cascas podem ser trituradas e vendidas como *mulch* para trabalhos paisagísticos, compostadas, queimadas ou enterradas em um aterro. O pó resultante da serragem, cavacos e restos de madeira podem ser queimados para gerar vapor para a serraria, usados como cama para animais estabulados, compostados, queimados ou enterrados em um aterro.
- Muitos produtos de madeira podem ser manufaturados a partir de porcentagens significativas de madeira recuperada ou reciclada, fibras de plantas, ou materiais de papel.

Transporte

- Como as maiores florestas comerciais estão localizadas em regiões concentradas nos Estados Unidos e no Canadá, a maior parte da

O FSC homologa organismos de certificação ao redor do globo.

Uma segunda organização para certificação de madeiras é a Sustainable Forestry Iniciative (SFI). Originalmente formada sob os auspícios da American Forest & Paper Association, a SFI é agora um organismo totalmente independente, que certifica práticas florestais nos Estados Unidos e no Canadá.

O reconhecimento de organizações de certificação em madeira e de requisitos específicos de pontuação varia entre os principais programas de avaliação de edifícios verdes. Ao escolher madeira certificada para um projeto específico, aquele que especifica deve verificar os requisitos particulares do programa de certificação verde selecionado para tal projeto.

---

madeira serrada tem de percorrer consideráveis distâncias. O consumo de combustível é minimizado pelo aplainamento e secagem da madeira antes que ela seja embarcada, fazendo com que tanto o volume como o peso sejam reduzidos.

- Alguns produtos de madeira podem ser colhidos ou manufaturados localmente ou regionalmente.

Conteúdo energético

- A madeira sólida serrada tem uma energia incorporada de aproximadamente 2,3 a 7,0 MJ/kg. Uma peça típica de 2,4 m de comprimento, com seção de 38 × 89 mm, possui uma energia incorporada de cerca de 40MJ. Isso inclui a energia gasta para derrubar a árvore, transportar a tora, serrar e endireitar a tábua, secá-la em uma estufa e transportá-la até o canteiro de obras.

- Produtos manufaturados de madeira têm uma energia incorporada maior do que a da madeira maciça serrada, por causa dos ingredientes de cola e resina e da energia adicional requerida para a sua manufatura. A energia incorporada em tais produtos varia de 7.0 a 17 MJ/kg.

- A construção em madeira envolve um grande número de fixadores e conectores metálicos, de diversos tipos. Uma vez que o aço é produzido por processos com relativamente alto consumo de energia, esses elementos acrescentam consideravelmente o total de energia incorporada em uma edificação com estrutura de madeira.

- A madeira não tem a menor energia incorporada dentre os principais materiais estruturais de construção, quando medida em uma base quilo-a-quilo. Entretanto, quando edificações de tamanhos comparáveis, mas estruturadas ou em madeira, ou em montantes leves de aço ou em concreto, são comparadas, a maioria dos estudos indica que aquelas em madeira tem a menor energia incorporada total, dentre os três sistemas. Isso se deve ao menor peso da madeira (ou, mais precisamente, sua menor densidade) em comparação aos outros materiais, assim como à relativa eficiência do sistema de construção com estrutura leve em madeira.

Processo de construção

- Uma fração significativa da madeira serrada entregue no canteiro de obras é desperdiçada: cada pedaço de madeira é serrado para ajustá-lo, em tamanho e formato, e acaba em uma pilha de sobras, usualmente queimada ou levada para um aterro. O corte da madeira na obra também gera quantidades consideráveis de serragem. O desperdício no canteiro de obras pode ser reduzido com projetos de edificações que utilizem o tamanho padronizado para as peças e painéis de madeira.

- A construção em madeira permite vários tipos de pré-fabricação, que podem reduzir o desperdício e aumentar a eficiência do uso do material, em comparação com os métodos de construção no canteiro de obras.

Qualidade do ar interno

- A madeira raramente causa problemas de qualidade do ar interno. Muito poucas pessoas são sensíveis ao odor da madeira.

- Algumas colas e adesivos utilizados em madeira laminada-colada, madeira estrutural à base de compósitos e painéis de madeira podem causar sérios problemas de qualidade do ar interno, pela emissão de compostos orgânicos voláteis, como o formaldeído. Produtos alternativos, com colas e adesivos de baixa emissividade, também são disponíveis.

- Algumas tintas, vernizes, corantes e lacas para madeira também emitem vapores, que são desagradáveis e/ou não saudáveis,

- Em locais úmidos, mofos e fungos podem crescer em peças de madeira, gerando odores desagradáveis e liberando esporos, aos quais muitas pessoas são alérgicas.

Ciclo de vida da edificação

- Se a estrutura de madeira de uma edificação for mantida seca e distante do fogo, ela irá durar indefinidamente. Entretanto, se a edificação tiver uma manutenção precária e os elementos de madeira estiverem frequentemente úmidos, os componentes em madeira poderão se degradar e requerer substituição.

- A madeira é inflamável e libera gases tóxicos quando queima. É importante manter fontes de combustão distantes da madeira e providenciar alarmes detectores de fumaça e fáceis rotas de escape para auxiliar ocupantes da edificação em caso de incêndio. Quando justificados pelo porte da edificação ou pelo tipo de ocupação, os códigos de edificações exigem sistemas de sprinkler, para a proteção contra o rápido alastramento do fogo.

- Quando uma edificação é demolida, os elementos da estrutura de madeira podem ser reciclados e empregados em uma nova estrutura, serrados em novos painéis ou vigas, ou triturados e usados como matéria-prima para chapas de OSB. Existe uma indústria crescente, cujo negócio é a compra e a demolição de antigos celeiros, moinhos e fábricas e a venda de suas peças como *madeira de demolição*.

Um estudo encomendado pelo Canadian Wood Council compara o ciclo de vida completo de três edifícios de escritórios semelhantes, com estruturas em madeira, aço e concreto e todos operando no típico clima canadense. Neste estudo, a energia total incorporada no edifício em madeira é cerca de metade daquela no edifício em aço e dois terços daquela do edifício em concreto. O edifício em madeira também supera os outros nas medições de emissões de gases de efeito estufa, poluição do ar, geração de resíduos sólidos e impacto ecológico.

MADEIRA SERRADA

Serrando

A produção da *madeira serrada*, comprimentos de seção retangular, ou quadrada de madeira, empregados na construção, tem início com a derrubada das árvores e o transporte das toras até a serraria (Figura 3.6). As serrarias variam em tamanho, desde pequenas operações familiares até gigantescas fábricas semiautomatizadas, mas o processo de produção de madeira serrada é basicamente o mesmo, independentemente da escala. Cada tora tem sua casca retirada, e então passa, repetidamente, por uma grande serra, circular ou fita, para reduzir o tronco a placas não aparadas de madeira (Figura 3.7). O *serrador* avalia (com o auxílio de um computador, em serrarias maiores) como obter o máximo de madeira comercializável de cada tora e utiliza maquinaria hidráulica para girá-la e deslocá-la, obtendo a sucessão de cortes necessários. Conforme as placas caem da

Figura 3.6
Carregamento de toras em um caminhão para a sua viagem até a serraria. *(Foto de Donald K. O'Brien)*

Figura 3.7
Em uma grande serraria mecanizada, o operador controla a serra fita de alta velocidade, a partir de uma cabine superior. *(Cortesia da Western Wood Products Association)*

Figura 3.8
A madeira serrada é distribuída em pilhas, de acordo com as dimensões de sua seção e de seu comprimento. *(Cortesia da Western Wood Products Association)*

tora, a cada corte, uma correia transportadora as conduz até serras menores, as quais as reduzem a peças de seção quadrangular, da largura desejada (Figura 3.8). As peças serradas, neste estágio de produção, têm uma superfície com textura áspera e podem variar ligeiramente em dimensões, de uma extremidade à outra.

A sequência e o padrão em que uma tora é serrada afetam a orientação das fibras das peças finalizadas. A madeira serrada para usos estruturais tem, geralmente, um *corte normal*, um método de dividir a tora que garante a máxima produção de peças utilizáveis, que resulta, portanto, na máxima economia (Figura 3.9). Em uma tábua de corte normal, a orientação dos anéis de crescimento no interior da placa varia ao longo de sua largura, com grandes porções da maior face da placa dominada por um padrão de fibras no qual os anéis de crescimento são orientados quase paralelamente à face. Essa tábua de *fibras paralelas* é caracterizada por ter uma tendência a empenar ou distorcer durante a secagem, a variar a aparência de sua superfície e a se desgastar de forma relativamente rápida e irregular, quando usada em aplicações como pisos e revestimentos externos. Se tais características forem indesejáveis, a madeira pode ser *serrada em quartos, serrada em ângulo* ou serrada na margem. Esses métodos de corte produzem tábuas com *fibras verticais* ou *fibras marginais*, nas quais os anéis anuais de crescimento correm de forma consistentemente perpendicular às faces maiores das peças. Chapas com fibras verticais tendem a se manter planas. Apesar das mudanças no conteúdo de umidade, suas faces têm desenhos de fibras mais compactos e agradáveis, e suas qualidades de desgaste são melhoradas, pois não existem amplas áreas de madeira macia de primavera expostas na face, como nas tábuas de fibras paralelas. Em algumas espécies de madeira, as tábuas de fibras verticais também retêm melhor a pintura do que as de fibras paralelas. Uma vez que os métodos de corte em fibras verticais produzem placas menores e maior desperdício do que o corte normal, eles elevam o custo final da madeira serrada e são tipicamente reservados para madeiras duras e usados para acabamentos de pisos, arremates internos e mobiliário, nos quais o acréscimo no custo é justificado.

Figura 3.9
O corte normal produz tábuas com um desenho de fibras amplo, como observado na vista superior e na vista de topo, abaixo da tora de corte normal. O corte em quartos produz uma estrutura com fibras verticais, a qual é observada na face da tábua como linhas de madeira de verão paralelas e próximas umas às outras. Uma grande tora de madeira macia é, geralmente, serrada para produzir algumas peças grandes, algumas peças de corte normal, e, na linha horizontal de pequenos pedaços, vistos logo abaixo dos componentes mais pesados, algumas peças com fibras verticais para assoalhos.

Secando

A madeira em crescimento contém uma quantidade de água que pode variar de 30 a 300% do peso da madeira seca em estufa. Depois que uma árvore é cortada, esta água começa a evaporar. A primeira a deixar a madeira é a *água livre*, que está contida nas cavidades das células. Quando a água livre se for, a madeira contém de 26 a 32% de umidade, sob a forma de *água de impregnação*, contida no interior da celulose das paredes das células. Na medida em que a água de impregnação começa a evaporar, a madeira começa a se retrair, e a resistência e rigidez da madeira começam a aumentar. A retração, a rigidez e a resistência aumentam gradualmente, na medida em que o teor de umidade decresce. A madeira pode ser seca até qualquer conteúdo de umidade desejado, porém a madeira serrada para estruturas é considerada seca quando o seu teor de umidade for de 19% ou menos. Para aplicações estruturais, que requerem um controle mais preciso da retração, é produzida uma madeira serrada seca com um teor de umidade de 15%, denominada "MC 15". É de pouca utilidade a secagem de madeira serrada comum para estruturas até um teor de umidade abaixo de 13%, porque a madeira é higroscópica e irá absorver ou liberar umidade, dilatando-se ou se contraindo à medida que isto acontece, de modo a permanecer em equilíbrio com a umidade do ar circundante. As madeiras para acabamentos internos de carpintaria e para elementos arquitetônicos são, normalmente, secas até um conteúdo de umidade na faixa de 5 até 11%, trazendo-a tão próximo quanto possível ao seu *teor de umidade de equilíbrio* (*EMC*) final, ou seja, o conteúdo de umidade que se espera seja alcançado no edifício completo e climatizado.

A maior parte da madeira serrada é seca na serraria, seja ao ar, em pilhas espaçadas, por um período de meses, ou, mais comumente, seja pela secagem no interior de uma estufa, sob condições cuidadosamente controladas de temperatura e umidade, por um período de dias (Figuras 3.10 e 3.11). A madeira seca é mais forte e rígida do que a madeira não seca (*verde*) e mais estável, em termos dimensionais. Ela também é mais leve, o que a torna mais econômica para transportar. A *secagem em estufa* é, geralmente, preferida à *secagem ao ar*, pois pode ser feita de maneira mais rápida e produz uma madeira com menores distorções e com qualidade mais uniforme.

A madeira não se retrai e dilata uniformemente com mudanças no conteúdo de umidade.

> Nem jamais venha eu a uma serraria, com seu aspecto citadino, de massas graduadas de shingles, tábuas e vigas frescas, sem uma profunda aspiração de sua fragrância, vendo nela a floresta tornada baixa, através de processos que a cortam e moldam na escala do arquiteto, de pés e polegadas....
>
> Frank Lloyd Wright, *Architecture Record*, Dezembro, 1928

A retração decorrente da variação do teor de umidade, ao longo do comprimento da tora (*retração longitudinal*), é desprezível para efeitos práticos. A retração na direção axial

Figura 3.10
Para uma apropriada secagem ao ar, a madeira serrada é mantida bem afastada do solo. Os tabiques que mantêm as placas separadas para ventilação são cuidadosamente posicionados, um acima do outro, para evitar a curvatura da madeira, e o telhado impermeável protege cada pilha da chuva e da neve. *(Cortesia do Forest Products Laboratory, Forest Service, USDA)*

Figura 3.11
Medição do teor de umidade em tábuas, em uma estufa de secagem. *(Cortesia da Western Wood Products Association)*

(*retração radial*) é, comparativamente, muito grande, e a retração em torno da circunferência da tora (*retração tangencial*) é cerca de meia vez maior do que a retração radial (Figura 3.12). Se uma tora inteira for seca antes do corte, ela irá se retrair muito pouco ao longo de seu comprimento, porém irá se tornar notavelmente menor em diâmetro, e a diferença entre a retração tangencial e a radial causará fissuras, ou seja, rachará ao longo de todo o seu comprimento (Figura 3.13).

Essas diferenças nas taxas de retração são tão grandes que não podem ser ignoradas no projeto de uma edificação. Ao construir estruturas de edifícios com madeira de corte normal, uma simples distinção é feita entre a retração paralela à fibra, a qual é desprezível, e a retração perpendicular à fibra, que é considerável. A diferença entre a retração tangencial e a radial não é considerada, pois a orientação dos anéis anuais na madeira de corte normal é aleatório e imprevisível. Como veremos no Capítulo 5, edificações com estrutura em madeira são cuidadosamente projetadas para uniformizar a quantidade de madeira com carregamento perpendicular às fibras, de um lado da estrutura até o outro, a fim de evitar perceptíveis inclinações do piso e fissuras dos materiais de acabamento das paredes, que de outro modo poderiam ocorrer. A posição, em um tronco, da qual uma peça de madeira é serrada determina, de modo significativo, a forma como ela irá se deformar, durante o seu processo de secagem. A Figura 3.14 ilustra o modo como as diferenças entre as retrações tangencial e radial fazem isto acontecer. Esses defeitos são pronunciados

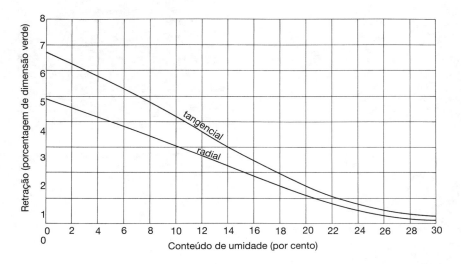

Figura 3.12
Retração de uma típica madeira macia com o decréscimo no conteúdo de umidade. A retração longitudinal, não mostrada neste gráfico, é tão pequena, em comparação com as retrações tangencial e radial, que não tem nenhuma consequência prática para as edificações em madeira. *(Cortesia do Forest Products Laboratory, Forest Service, USDA)*

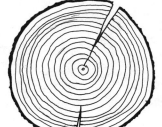

Figura 3.13
Sendo a retração tangencial muito maior do que a retração radial, altas tensões internas são criadas em uma tora, na medida em que ela seca, resultando, inevitavelmente, na formação de fendas radiais, chamadas *rachaduras*.

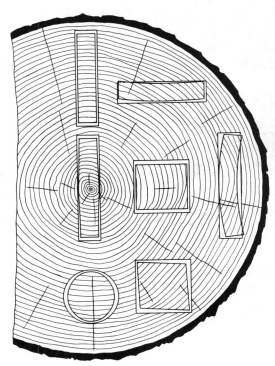

Figura 3.14
A diferença entre a retração radial e a tangencial também produz distorções resultantes da secagem da madeira. A natureza das distorções depende da posição que a peça de madeira ocupava na árvore. As deformações são mais pronunciadas na madeira de corte normal (direita superior, extrema direita, direita inferior). *(Cortesia do Forest Products Laboratory, Forest Service, USDA)*

e são prontamente previstos e observados na prática diária.

Beneficiando

A madeira serrada é beneficiada, para que fique mais lisa e tenha dimensões mais precisas. A madeira serrada bruta (*não beneficiada*) é, frequentemente, comercializada e utilizada para muitos propósitos. No entanto, a madeira beneficiada é mais fácil de ser trabalhada, uma vez que é mais reta e uniforme em suas dimensões e menos nociva às mãos dos carpinteiros. O beneficiamento é feito por máquinas automáticas de alta velocidade ou plainas, cujas lâminas rotatórias alisam as superfícies da peça e arredondam levemente seus cantos. A maior parte da madeira serrada é aparelhada em todos os quatro lados, aplainada nos quatro lados (*surfaced four sides* – S4S); no entanto, madeiras duras são geralmente aplainadas em dois lados (*surfaced two sides* – S2S), deixando

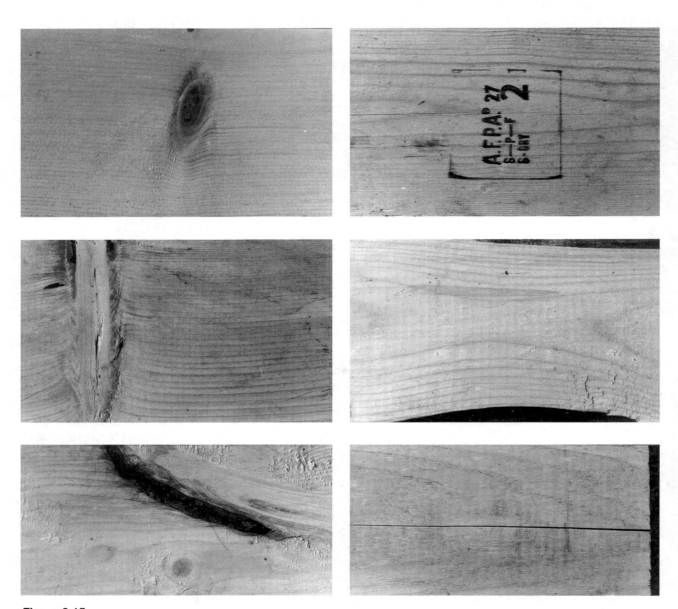

Figura 3.15
As características da superfície frequentemente observadas em uma madeira incluem, à esquerda, de cima para baixo, um nó cortado atravessado, um nó cortado longitudinalmente e um bolsão de casca (*bark pocket*). À direita, o selo de classificação, o esmoado nas duas bordas da mesma peça e uma pequena rachadura. O selo de classificação indica que a peça foi classificada de acordo com as regras do American Forest Products Association, que é #2 grade Spruce-Pine-Fir e que foi beneficiada após a secagem. O número 27 é um código para a serraria que produziu a madeira serrada. *(Fotos de Edward Allen)*

as duas bordas para serem finalizadas pelo artesão.

A madeira serrada é, usualmente, seca antes de ser beneficiada, o que permite que o processo de aplainamento remova algumas das distorções que ocorrem durante a etapa de secagem. Porém, para algumas peças estruturais, o processo é o inverso. A denominação *S-DRY*, no selo de classificação de uma madeira serrada, indica que a peça foi beneficiada (aplainada), em uma condição seca, e a denominação *S-GRN*, que foi aplainada ainda verde.

Defeitos da madeira serrada

Quase todas as peças de madeira serrada contêm uma ou mais descontinuidades na sua estrutura, causadas pelas *características de crescimento* da árvore de origem ou pelas *características de manufatura*, criadas na serraria (Figuras 3.15 e 3.16). Entre as características mais comuns de crescimento estão os *nós*, locais onde os galhos estavam conectados ao tronco da árvore; os *nós ocos*, cavidades deixadas por nós soltos que se desprenderam da madeira; o *apodrecimento*; e os *danos por insetos*. Nós e nós ocos reduzem a resistência de uma peça de madeira serrada, tornam mais difíceis o corte e o beneficiamento e são, geralmente, considerados prejudiciais para a sua aparência. O apodrecimento e os danos por insetos, que ocorreram durante a vida de uma árvore, podem, ou não, afetar as propriedades úteis de uma peça de madeira, o que depende da existência de organismos ainda vivos na madeira e da extensão do dano.

As características de manufatura surgem, predominantemente, a partir de mudanças que ocorrem durante o processo de secagem, devido às diferenças nas taxas de retração, relacionadas com a variação da orientação das fibras. *Fendas* e *rachaduras* são comumente causadas pelas tensões de retração. *Arqueamento*, *encurvamento*, *empenamento torcido* ou *torcimento* e *encanoamento* decorrem da retração não uniforme. *Esmoado* é o arredondamento irregular das bordas ou faces, causado pelo corte das peças muito próximo ao perímetro da tora. Carpinteiros experientes julgam a extensão desses defeitos e distorções em cada peça de madeira serrada e decidem, com base nisso, onde e como usar a peça na edificação. As rachaduras causam menores consequências para madeiras estruturais, mas um barrote ou um caibro arqueado é, geralmente, colocado com a borda convexa (a "coroa") voltada para cima, para permitir que as cargas do piso ou do telhado endireitem a peça. Montantes de paredes, barrotes de piso ou caibros de cobertura severamente encurvados podem ser endireitados, cortando ou aplainando a coroa, antes de serem recobertos pela chapa de parede, subpiso ou recobrimento. Peças severamente torcidas são separadas, para serem cortadas e usadas como peças enrijecedoras. Os efeitos de encanoamento no piso e nos rodapés e arremates internos são usualmente minimizados pelo uso de estoques bem secos e serrados em quartos, e também por meio do beneficiamento das peças, de modo a reduzir a probabilidade de distorções (Figura 3.17).

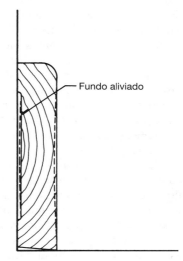

Figura 3.17
Os efeitos das deformações de secagem podem ser, frequentemente, minimizados por meio práticas de detalhamento conhecidas. Como um exemplo, esse rodapé em madeira, visto em corte transversal, foi fabricado com um fundo aliviado, um amplo e raso entalhe, que permite que a peça tenha um ajuste plano junto à parede, mesmo se ela sofrer um encanoamento (linhas pontilhadas). A parte inferior inclinada do rodapé assegura que ela possa ser instalada firmemente contra o piso, apesar do encanoamento. A orientação das fibras nesta peça é a pior possível, no que diz respeito ao encanoamento. Se uma madeira serrada em quartos não estivesse disponível, a próxima melhor alternativa seria produzir o rodapé com o centro da árvore direcionado para o ambiente, em vez de direcioná-lo para a parede.

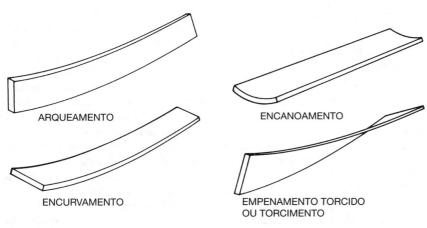

Figura 3.16
Quatro tipos de deformações de secagem em peças espessas.

Classificando a madeira serrada

Cada peça de madeira serrada é classificada ou por sua aparência ou por sua resistência estrutural e rigidez, dependendo do uso pretendido, antes de deixar a serraria. A madeira serrada é vendida conforme sua espécie e classificação: quanto mais alta a classificação, mais alto o preço. A classificação oferece ao arquiteto e ao engenheiro a oportunidade de construir tão economicamente quanto possível, pela utilização de uma classe superior, somente se isto for requerido para um uso particular. Em uma edificação específica, as vigas ou colunas principais podem requerer uma classificação estrutural superior de madeira, enquanto que os membros restantes da estrutura podem ter um desempenho adequado em uma classificação intermediária, mais barata. Para elementos enrijecedores, a classificação mais baixa é perfeitamente adequada. Para recortes de acabamento, que receberão uma cobertura clara, uma classificação alta para a aparência é desejável; para arremates pintados, uma classificação inferior bastará.

A *classificação estrutural* da madeira serrada pode ser realizada visualmente ou por máquina. Em uma *classificação visual*, fiscais treinados examinam cada peça, verificam a densidade de anéis e as características de crescimento e manufatura, e então a avaliam e lhe atribuem um selo, com uma classificação em concordância com as regras de classificação da indústria (Figura 3.18). Em uma *classificação por máquina*, um dispositivo automático avalia as propriedades estruturais da madeira e grava um selo automaticamente sobre a peça. Esta avaliação é feita seja flexionando cada peça entre cilindros e medindo a sua resistência à flexão (*máquina de avaliação de tensão*), seja escaneando eletronicamente a madeira, para determinar sua densidade. A *classificação por aparência*, naturalmente, é feita de forma visual. A Figura 3.19 mostra um típico esquema de classificação norte-americano para madeira para estruturas, e a Figura 3.20, a classi-

Figura 3.18
Um classificador marca a classificação em peça, com um lápis para madeira, como uma preparação para a aplicação de um selo de classificação. *(Cortesia do Western Wood Products Association)*

ficação por aparência para madeira serrada não estrutural. Madeiras para estruturas leves de casas e de outras edificações pequenas são, usualmente, ordenadas como "#2 e superior" (uma mistura das classificações #1 e #2), para barrotes de pisos e caibros de cobertura, e com a classificação "Montante", para estruturas de paredes. A classificação "Econômica", não apresentada na tabela, é reservada para a madeira sem finalidade estrutural.

Propriedades estruturais da madeira

A resistência de uma peça de madeira depende, principalmente, de sua espécie, classificação e direção em que a carga atua relativamente às fibras. Por exemplo, tanto na tração como na compressão a madeira é, tipicamente, várias vezes mais resistente no sentido paralelo do que no perpendicular às fibras. Com a sua usual variedade de defeitos, ela é mais resistente na compressão do que na tração. Resistências admissíveis (tensões estruturais que incluem fatores de segurança) variam tremendamente, de acordo com a espécie e a classificação. Por exemplo, a resistência admissível de compressão paralela às fibras, para classificações disponíveis comercialmente e espécies de madeira para estruturas, variam de 2.24 até 11,71 MPa, uma diferença de mais de cinco vezes. A Figura 3.21 compara as propriedades estruturais médias da madeira para estruturas, com aquelas de alguns outros materiais estruturais comuns – alvenaria de tijolos, aço e concreto. Dos quatro materiais, somente a madeira e o aço possuem uma resistência útil à tração. A madeira livre de defeitos é comparável ao aço, no que diz respeito a uma resistência tendo por base a unidade de peso; porém, com a ocorrência ordinária de defeitos, uma peça média de madeira serrada é algo inferior ao aço, com base nesse parâmetro.

Ao projetar uma estrutura de madeira, o arquiteto ou engenheiro determinam as máximas tensões prováveis de ocorrer em cada um dos componentes estruturais e selecionam uma espécie e uma classificação apropriadas para cada um. Em um determinado local, um número limitado de espécies e classificações estão usualmente disponíveis no varejo, em pátios de serrarias, e é destas que é feita a seleção. É prática comum usar uma espécie mais forte, porém mais cara (Douglas fir ou Southern pine, por exemplo), para componentes principais altamente tensionados, e usar uma espécie mais fraca e mais barata (como Eastern hemlock*)* ou grupos de espécies (Hemlock fir, Spruce Pine Fir) para o restante da estrutura. Dentro de cada espécie, o projetista seleciona classificações baseadas em tabelas existentes de tensões admissíveis. Quanto mais alta a classificação estrutural, maior será a tensão admissível. Porém, quanto mais baixa a classificação estrutural, menor o custo da madeira.

Existem muito fatores, além das espécies e da classificação, que exercem influência sobre a resistência útil da madeira. Entre eles o período de tempo em que a madeira estará sujeita ao seu carregamento máximo, as condições de temperatura e umidade às quais ela estará submetida e

DIMENSION LUMBER GRADES

Table **2.1**

Product	Grades	WWPA Western Lumber Grading Rules Section Reference	Uses
Structural Light Framing (SLF) 2″ to 4″ thick 2″ to 4″ wide	SELECT STRUCTURAL NO.1 NO.2 NO.3	(42.10) (42.11) (42.12) (42.13)	Structural applications where highest design values are needed in light framing sizes.
Light Framing (LF) 2″ to 4″ thick 2″ to 4″ wide	CONSTRUCTION STANDARD UTILITY	(40.11) (40.12) (40.13)	Where high-strength values are not required, such as wall framing, plates, sills, cripples, blocking, etc.
Stud 2″ to 4″ thick 2″ and wider	STUD	(41.13)	An optional all-purpose grade designed primarily for stud uses, including bearing walls.
Structural Joists and Planks (SJ&P)	SELECT STRUCTURAL NO.1 NO.2 NO.3	(62.10) (62.11) (62.12) (62.13)	Intended to fit engineering applications for lumber 5″ and wider, such as joists, rafters, headers, beams, trusses, and general framing.

STRUCTURAL DECKING GRADES

Table **2.2**

Product	Grades	WWPA Western Lumber Grading Rules Section Reference	Uses
Structural Decking 2″ to 4″ thick 4″ to 12″ wide	SELECTED DECKING	(55.11)	Used where the appearance of the best face is of primary importance.
	COMMERCIAL DECKING	(55.12)	Customarily used when appearance is not of primary importance.

TIMBER GRADES

Table **2.3**

Product	Grades	WWPA Western Lumber Grading Rules Section Reference	End Uses
Beams and Stringers 5″ and thicker, width more than 2″ greater than thickness	DENSE SELECT STRUCTURAL* DENSE NO. 1* DENSE NO. 2* SELECT STRUCTURAL NO.1 NO.2	(53.00 & 170.00) (53.00 & 170.00) (53.00 & 170.00) (70.10) (70.11) (70.12)	Grades are designed for beam and stringer type uses when sizes larger than 4″ nominal thickness are required.
Post and Timbers 5″ × 5″ and larger, width not more than 2″ greater than thickness	DENSE SELECT STRUCTURAL* DENSE NO. 1* DENSE NO. 2* SELECT STRUCTURAL NO.1 NO.2	(53.00 & 170.00) (53.00 & 170.00) (53.00 & 170.00) (80.10) (80.11) (80.12)	Grades are designed for vertically loaded applications where sizes larger than 4″ nominal thickness are required.

*Douglas Fir or Douglas Fir-Larch only.

Figura 3.19
Classificações estruturais padrão para madeira serrada macia ocidental. Para cada espécie de madeira, as tensões estruturais admissíveis, para cada uma dessas classificações, são tabuladas na literatura de engenharia estrutural. *(Cortesia do Western Wood Products Association)*

APPEARANCE LUMBER GRADES				Table **2.5**
	Product	Grades[1]	Equivalent Grades in Idaho White Pine	WWPA Grading Rules Section Number
Highest Quality Appearance Grades	Selects *(all species)*	B & BTR SELECT C SELECT D SELECT	SUPREME CHOICE QUALITY	10.11 10.12 10.13
	Finish *(usually available only in Doug Fir and Hem-Fir)*	SUPERIOR PRIME E		10.51 10.52 10.53
	Special Western Red Cedar Pattern Grades	CLEAR HEART A GRADE B GRADE		20.11 20.12 20.13
General Purpose Grades	Common Boards (WWPA Rules) *(primarily in pines, spruces, and cedars)*	1 COMMON 2 COMMON 3 COMMON 4 COMMON 5 COMMON	COLONIAL STERLING STANDARD UTILITY INDUSTRIAL	30.11 30.12 30.13 30.14 30.15
	Alternate Boards (WCLIB Rules) *(primarily in Doug Fir and Hem-Fir)*	SELECT MERCHANTABLE CONSTRUCTION STANDARD UTILITY ECONOMY		WCLIB[3] 118-a 118-b 118-c 118-d 118-e
	Special Western Red Cedar Pattern[2] Grades	SELECT KNOTTY QUALITY KNOTTY		WCLIB[3] 111-e 111-f

[1] Refer to WWPA's *Vol. 2, Western Wood Species* book for full-color photography and to WWPA's *Natural Wood Siding* for complete information on siding grades, specification, and installation.

Figura 3.20
Chapas não estruturais são classificadas de acordo com a aparência. *(Cortesia do Western Wood Products Association)*

Material	Resistência de trabalho em tração[1]	Resistência de trabalho em compressão[1]	Densidade	Módulo de elasticidade
Madeira (madeira para estrutura)	300-1.000 psi 2,1 – 6,9 MPa	600-1.700 psi 4,1 – 12 MPa	30 pcf 480 kg/m³	1.000.000 – 1.900.000 psi 6.900 – 13.000 MPa
Alvenaria de tijolos (incluindo argamassa, não armada)	0	250-1.300 psi 1,7-9,0 MPa	120 pcf 1.900 kg/m³	700.000 – 3.700.000 psi 4.800 – 25.000 MPa
Aço estrutural	24.000-43.000 psi 170 – 300 MPa	2.400-43.000 psi 170 – 300 MPa	490 pcf 7.800 kg/m³	29.000.000 psi 200.000 MPa
Concreto (não armado)	0	1.000-4.000 psi 6,9-28 MPa	145 pcf 2.300 kg/m³	3.000.000 – 4.500.000 psi 21.000 – 31.000 MPa

[1] Tensão admissível ou tensão máxima aproximada, sob condições normais de carga.

Figura 3.21
Propriedades físicas comparativas de quatro materiais estruturais comuns: madeira (linha sombreada), alvenaria de tijolos, aço e concreto. A madeira tem uma resistência significativa, tanto para tração como para compressão. A amplitude de valores de resistência e rigidez da madeira reflete diferenças entre espécies e classificações da madeira serrada.

a dimensão e a forma da peça. Certos tratamentos com retardadores de chama também reduzem levemente a resistência da madeira. Todos esses fatores são levados em consideração ao projetar a estrutura de madeira de uma edificação.

Dimensões da madeira serrada

As dimensões de madeira serrada, nos Estados Unidos, são dadas em *dimensões nominais,* em polegadas, como, por exemplo, 1 × 2 ("um por dois"), 2 × 10 e assim por diante. Em algum momento, a madeira serrada pode ter se aproximado dessas reais dimensões. Hoje, no entanto, após o corte, a secagem e o beneficiamento, os tamanhos reais são menores. No momento em que uma peça de 2 × 10 seca em estufa, chega ao depósito da serraria, suas *dimensões reais* estão próximas a 1 ½ por 9 ¼ polegadas (38 por 235mm). A relação entre as dimensões nominais da madeira (que são sempre escritas sem as indicações de polegadas) e as dimensões reais (que são sempre escritas com a indicação de polegadas) é dada, de forma simplificada, na Figura 3.22 e, de forma mais completa, na Figura 3.23. Qualquer um que projeta ou constrói edifícios em madeira, logo passa a guardar na memória a mais simples dessas relações. Pelas variações no conteúdo de umidade e tolerâncias de manufatura, entretanto, nunca é recomendável admitir que uma peça de madeira obedecerá precisamente às dimensões esperadas. As peças de madeira variam em tamanho, sazonalmente, com variações de umidade e de temperatura. Em locais quentes e secos, como sótãos, as estruturas de madeira podem sofrer retrações até valores substancialmente inferiores a suas medidas originais. Componentes em edificações antigas podem ter sido manufaturados de acordo com dimensões nominais plenas ou atendendo a padrões dimensionais anteriores, como 1 ⅝ polegadas ou 1 ¾ polegadas (41 ou 44 mm), para uma peça de 2 polegadas nominais.

Peças de madeira com menos de 2 polegadas de espessura nominal (espessura real de 38 mm) são chamadas de *tábuas* (*boards*). Peças variando de 2 a 4 polegadas de espessura nominal (espessura real de 38 a 89 mm) são referidas como *peças espessas* (*dimension lumber*). Peças com 5 polegadas nominais (dimensão real de 114 mm) ou mais de espessura são denominadas *caibros* (*timbers*).

A *dimension lumber* é geralmente fornecidas em múltiplos de 2-pés (610 mm) de comprimento. As dimensões mais comumente utilizadas são 8, 10, 12, 14 e 16 pés (2,44; 3,05; 3,66; 4,27 e 4,88 m), porém os varejistas frequentemente estocam peças com comprimento de até 24 pés (7,32 m). Os comprimentos reais são, usualmente, uma fração de polegada mais longos do que os comprimentos nominais.

A madeira serrada nos Estados Unidos tem seu preço determinado pelo *board foot*. A medida do *board foot* é baseada em dimensões nominais, e não em dimensões reais. Um *board foot* de madeira é definido como um volume sólido de 12 polegadas quadradas nominais de área de seção transversal, com 1 pé de comprimento. Uma peça de 1 × 12 ou 2 × 6, com comprimento de 10 pés, corresponde a 10 *board feet*. Uma peça de 2 × 4, com 10 pés de comprimento corresponde a [(2 × 4) / 12] × 10 = 6,67 *board feet*, e assim por diante. Os valores de *dimension lumber* e *timbers*, nos Estados Unidos, são, usualmente, expressos em dólares por mil *board feet*. Em outros lugares do mundo, a madeira serrada é vendida por metro cúbico. Uma vez que o *board foot* é baseado em dimensões nominais e as medidas métricas usam as dimensões reais, não existe uma conversão direta entre *board feet* e metros cúbicos.

O arquiteto e o engenheiro especificam a madeira serrada para uso em uma construção particular designando a sua espécie, classificação, secagem, beneficiamento, dimensões nominais e tratamento químico, se houver algum. Ao fazer o pedido de madeira, o empreiteiro deve, adicionalmente, fornecer os comprimentos requeridos para as peças e o número requerido de peças de cada comprimento.

Dimensão nominal	Dimensão real
1"	¾" (19mm)
5/4"	1" (25mm)
2"	1 ½" (38mm)
3"	2 ½" (64mm)
4"	3 ½" (89mm)
5"	4 ½" (114mm)
6"	5 ½" (140mm)
8"	7 ½" (184mm)
10"	9 ½" (235mm)
12"	11 ½" (286mm)
Acima de 12"	¾" (19mm) menos

Figura 3.22
A relação entre as dimensões nominais e reais, para os tamanhos mais comuns de madeira serrada seca em estufa, é dada nesta tabela simplificada, extraída da tabela completa da Figura 3.23.

PRODUTOS DE MADEIRA

Muita madeira utilizada na construção é processada em produtos manufaturados, como madeira laminada, painéis de madeira e compósitos de diversos tipos. Esses produtos foram originalmente projetados para fazer frente a várias carências de componentes estruturais de madeira maciça. Com a qualidade das florestas diminuindo e com a nova consciência de sustentabilidade, esses produtos ganharam uma nova importância. A ênfase na indústria de produtos florestais vem, paulatinamente, abandonando as peças espessas de madeira e focando na máxima utilização das fibras de madeira de cada árvore. Ano após ano, uma crescente porcentagem das fibras de madeira utilizadas em edificações está sob a forma de produtos manufaturados de madeira.

Madeira laminada-colada

Grandes componentes estruturais são, frequentemente, produzidos pela união de muitas tiras de madeira com cola, para formar a *madeira laminada-colada* (que possui uma denominação abreviada de *glulam*). Existem três razões principais para realizar a laminação: tamanho, forma e qualidade. Qualquer tamanho desejado de componente estrutural pode ser laminado, até o máximo da capacidade de içamento e do maquinário de transporte necessário para realizar a entrega e erguer a peça, sem que se precise procurar por uma árvore com circunferência e altura suficientes. A madeira pode ser laminada em formas não encontradas na natureza: curvas, ângulos e uma variedade de seções transversais (Figura 3.24). A qualidade pode ser especificada e controlada de perto em componentes laminados, pois os defeitos da madeira podem ser cortados fora da madeira, antes da laminação. A secagem é realizada antes que a madeira seja laminada (suprimindo, em grande parte, as rachaduras e as distorções que caracterizam as madeiras maciças), e as madeiras mais fortes e de maior qualidade podem ser posicionadas nos locais em que o componente estará submetido às maiores tensões estruturais. A fabricação de componentes laminados aumenta o custo por *board foot*, mas provê componentes estruturais que são menores em tamanho do que peças maciças com a mesma capacidade de carga. Em muitos casos, peças maciças simplesmente não estão disponíveis, no tamanho, no formato ou na qualidade requeridos.

Laminações individuais ocorrem, mais comumente, nas espessuras de 1 ½ polegada (38 mm), exceto em componentes curvos, com pequenos raios de deflexão, nos quais peças de ¾ polegada (19 mm) são utilizadas. Juntas de extremidade, entre peças individuais, são feitas ou com encaixe serrilhado ou chanfrado. Tais tipos de juntas permitem que a cola transmita as forças de tração e compressão longitudinalmente, de uma peça à outra, no interior de uma laminação (Figura 3.25). Os adesivos são escolhidos de acordo com as condições de umidade a que o componente estará submetido. Um componente pode ser lamina-

Dimensões Padrão – Madeira para estruturas Tabela **2.4**
Nominal & Aparelhada (Baseada na *Western Lumber Grading Rules*)

Produto	Descrição	Dimensão Nominal		Dimensões Aparelhadas – Espessuras & Larguras (polegadas)		Comprimento (pés)
		Espessura (polegadas)	Largura (polegadas)	Aplainado seco	Aplainado não seco	
DIMENSÃO	S4S	2	2	1½	1 9/16	6' e maiores, geralmente despachadas em múltiplos de 2'
		3	3	2½	2 9/16	
		4	4	3½	3 9/16	
			5	4½	4 5/8	
			6	5½	5 5/8	
			8	7¼	7½	
			10	9¼	9½	
			12	11¼	11½	
			acima de 12	off ¾	off ½	
				Espessura (não – seca)	Largura (não – seca)	
TIMBERS	Madeira Bruta ou S4S (despachada não seca)	5 e maiores		1/2 off nominal (S4S). Veja o item 3.20, das Regras de classificação para madeira bruta da WWPA		6' e maiores, geralmente despachadas em múltiplos de 2'
		Espessura	Largura	Espessura (seca)	Largura (seca)	
DECKING	2" (M&F simples)	2	5	1½	4	6' e maiores, geralmente despachadas em múltiplos de 2'
			6		5	
			8		6 ¾	
			10		8 ¾	
			12		10 ¾	
	3" e 4" (M&F duplo)	3	6	2½	5 ¼	
		4		3½		

Abreviações: FOHC – Free of Heart Center M&F – Macho & Fêmea Madeira bruta totalmente serrada – Madeira não aplainada cortada no tamanho especificado, aplainada nos quatro lados (surfaced four sides – S4S)

Figura 3.23
Uma tabela completa de dimensões nominais e reais, tanto para madeira para estruturas, como para madeira de acabamento. *(Cortesia do Western Wood Products Association)*

"O seu tabuleiro, senhor, é formado com duas madeiras: ébano e bordo. O quadrado sobre a qual o seu olhar iluminado se fixou foi cortado de um anel de um tronco que cresceu em um ano de estiagem: vês como as suas fibras estão arranjadas? Aqui se percebe um nó apenas esboçado: um broto tentou despontar em um dia de primavera precoce, mas a geada noturna obrigou-o a desistir.

...Aqui está um poro mais largo: talvez tenha sido o ninho de uma larva...." A quantidade de coisas que se podia ler de uma pequena peça de madeira lisa e vazia abismava Kublai; Polo estava já falando de bosques de ébano, de balsas carregadas com troncos que desciam os rios, das docas, das mulheres nas janelas...

Ítalo Calvino *Invisible Cities*, 1978.

Figura 3.24
Laminação com cola de uma viga em U para um navio. Diversas peças menores também foram coladas e fixadas e estão secando ao lado da viga maior. *(Cortesia do Forest Products Laboratory, Forest Service, USDA)*

do em qualquer tamanho. Para uso em construções residenciais, as dimensões padronizadas variam de 3 ⅛ até 6 ¾ polegadas (79 até 171 mm) de largura e de 9 até 36 polegadas (229 até 914 mm) de profundidade. Para edificações maiores, tamanhos padronizados de até 14 ¼ polegadas (362 mm) de largura e 75 polegadas (1905 mm) de profundidade não são incomuns. Nas construções que vigas laminadas-coladas estarão expostas às condições climáticas ou a altos níveis de umidade, as laminações podem ser tratadas com substâncias preservativas para protegê-las contra a degradação.

Vigas laminadas-coladas híbridas substituem peças de madeira laminada com compósitos (ver a próxima seção) pelas usuais laminações de topo e base de madeira maciça na viga. Uma vez que as maiores tensões nas vigas ocorrem em suas bordas superiores e inferiores, a colocação de um material mais forte, apenas nesses pontos, resulta em uma viga 20% mais forte e 15% mais rígida, em seu todo. Em *vigas laminadas-coladas armadas com plástico armado com fibras (FRP)*, a capacidade estrutural é aumentada atra-

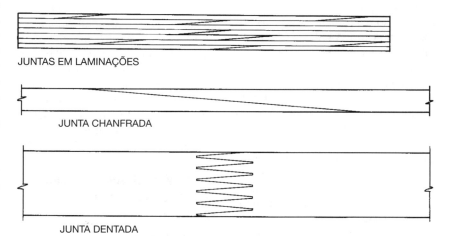

Figura 3.25
As juntas no interior de uma laminação de uma viga laminada-colada, vista no desenho superior em uma elevação de pequena escala, devem ser chanfradas ou dentadas para transmitir as forças de tração e compressão de um pedaço da madeira para o outro. As peças individuais de madeira são preparadas para serem juntadas em máquinas de alta velocidade, que serram o chanfro ou o serrilhado em lâminas giratórias de formato apropriado.

vés da colagem de uma fina camada de alta resistência com um FRP entre a primeira e a segunda laminações, posicionadas mais próximas da borda da viga (geralmente a mais inferior) que atuam tracionadas. As fibras utilizadas – aramida, vidro, carbono ou polietileno de alto desempenho – são muito mais rígidas e fortes do que a madeira e são orientadas longitudinalmente e embutidas em uma matriz plástica, antes de serem inseridas, de forma pré-fabricada, na viga. O resultado é uma economia de 25 a 40% no volume de madeira, em comparação com um laminado-colado convencional.

Compósitos estruturais em madeira

As madeiras estruturais de compósitos, também chamadas de *engineered lumber* em países de língua inglesa, são substitutas para a madeira maciça, e feitas com lâminas de madeira ou faixas de fibras de madeira e cola. Peças de fitas laminadas (*Laminated Strand Lumber – LSL*) e peças de tiras orientadas (*Oriented Strand Lumber – OSL*) são fabricadas a partir de lascas de madeira, recobertas com cola, comprimidas para adquirir uma seção transversal de formato retangular e curadas sob pressão e calor (as tiras de madeira utilizadas na manufatura do LSL são mais longas do que as utilizadas no OSL). A LSL e a OSL estão entre os menos resistentes e mais baratos produtos feitos com compósitos de madeira. Elas são utilizadas, principalmente, como chapas de borda e travessas para pequenos vãos. As peças de madeira denominadas LVL (*Laminated Veneer Lumber*) são produzidas a partir de finas lâminas de madeira, tão largas quanto a profundidade da peça, as quais são coladas e laminadas, configurando componentes mais espessos. A LVL tem aspecto semelhante à madeira compensada, com exceção das faixas transversais (Figura 3.26). As peças de PSL (*Parallel Strand Lumber*) são feitas com longas e finas tiras de lâminas de madeira coladas e comprimidas em um processo de fabricação similar ao da LVL e da OSL, porém com as lâminas em tiras dispostas mais uniformemente paralelas do que aquelas dos outros tipos de peças. A PSL é o mais pesado, o mais resistente e o mais caro dos produtos de compósitos de madeira (Figura 3.27). A LVL e a PSL são mais comumente usadas para travessas e vigas de piso para maiores vãos.

Montantes e pilares também podem ser feitos com qualquer um dos tipos de compósitos de madeira descritos no parágrafo anterior, bem como a partir de *madeiras estruturais com juntas dentadas*, nas quais pedaços de restos de madeira maciça, com pequenos comprimentos, têm suas extremidades unidas por junta dentada, configurando, dessa forma, comprimentos maiores. Montantes e pilares de compósitos de madeira são bem adequados para o uso em estruturas de parede que sejam especialmente altas ou possuam aberturas muito grandes, ou onde quer que um componente longo, reto e, principalmente, forte e rígido seja necessário.

Produtos estruturais de compósitos de madeira fazem um uso produtivo dos materiais de madeira que são rapidamente renováveis ou que poderiam, de outra forma, ser tratados como resíduos. Além disso, eles oferecem muitos dos benefícios da madeira laminada-colada: estabilidade dimensional, resistência estrutural até três vezes maior do que o material maciço convencional, disponibilidade em grandes dimensões e comprimentos e qualidade consistente. Particularmente, nos locais onde esses produtos são expostos em aplicações internas, deve-se prestar atenção aos tipos de adesivos e aglutinantes que eles utilizam e seu potencial de liberação de compostos orgânicos voláteis ou formaldeído.

Compósitos plástico-madeira para pisos e madeira não estrutural

Produtos de compósitos plástico-madeira (*wood-plastic composite – WPCs*) são fabricados a partir de fibras de madeira e plásticos de vários tipos, misturados com outros ingredientes, como estabilizantes de ultravioleta, pigmentos, lubrificantes e biocidas, os quais são aquecidos e comprimidos, extrudados ou moldados por injeção, em sua forma final. Em comparação com seus homólogos em madeira maciça, os materiais de WPC oferecem qualidade mais consistente, não apresentam defeitos ou distorções e, dependendo de sua formulação, têm maior resistência à umidade. Eles são mais utilizados em elementos de pisos externos, assim como em cercas e corrimãos externos e arremates internos e externos. Como os compósitos estruturais, os produtos de WPC fazem um uso produtivo de materiais rapidamente renováveis ou de resíduos. Alguns WPCs também possuem alto conteúdo de material reciclado.

Pisos de WPC, geralmente feitos a partir de misturas de polietileno ou polipropileno e fibras de madeira, são disponibilizados em tamanhos compatíveis com os elementos convencionais de piso em madeira maciça, em comprimentos de até 20 pés (6,1 m). Eles podem ser fixados com pregos ou parafusos resistentes à corrosão ou com ferragens ocultas, que conectam as bordas das placas. Uma variedade de cores que dispensam manutenção e texturas de acabamento é disponível, algumas com aparência bastante similar a das genuínas madeiras duras.

Os ingredientes e os processos de manufatura empregados na fabricação de *arremates de madeira composta* apresentam grande variação, assim como a trabalhabilidade, as qualidades da superfície e a durabilidade dos produtos acabados. Combinações de plástico e de madeira similares às usadas para a manufatura de compósitos de piso, podem ser utilizadas. Alternativamente, formulações com uma grande proporção de fibra de madeira – composição mais similar aos tradicionais produtos de painéis de madeira, como o compensado, o OSB e a chapa de fibra de madeira, discutidas posteriormente neste capítulo – podem ser usadas. Os produtos podem ser pré-acabados, preparados em fábrica para o uso, encapsulados dentro de uma proteção externa de plástico denso ou cobertos por um papel impregnado de resina, que melhora a qualidade dos acabamentos aplicados a campo.

Em comparação com a madeira maciça, compósitos não estruturais

Capítulo 3 Madeira **105**

Figura 3.26
Uma viga LVL – feita de lâminas similares às utilizadas na manufatura de madeira compensada – apoiada em sua borda, sendo preparada para instalação em uma parede de fundação em concreto. Quando colocada em sua posição final, a viga será girada para que as laminações fiquem orientadas verticalmente na viga. Também visíveis na fotografia estão um peitoril de madeira tratada com agente preservante (esquerda) e uma chapa de borda de LSL (direita), ambas discutidas mais adiante neste capítulo. *(Foto de Joseph Iano)*

Figura 3.27
Vista de uma estrutura de canto para uma garagem residencial. A viga inferior é uma PSL. Uma peça de alta resistência como essa é necessária para vencer o vão de aproximadamente 9 pés (2,7 m) da abertura da garagem, para suportar a carga do piso acima. Há duas tábuas maciças de topo acima da viga PSL. Acima das tábuas de topo, vê-se uma chapa de borda de LSL, que envolve e proporciona estabilidade à estrutura de piso atrás dela. Este componente de baixa resistência é adequado para esta função não estrutural. Diversos produtos manufaturados de madeira, discutidos mais adiante neste capítulo, também estão à vista: acima da chapa de borda, a face lateral laminada de uma chapa de compensado do subpiso pode ser vista, e, à esquerda da chapa, uma Viga-I é exposta no ponto em que a estrutura do piso se projeta para além do plano da parede abaixo dela. *(Foto de Joseph Iano)*

Um material de construção que cresce naturalmente

Um dos mais utilizados materiais de construção, a madeira é a única de origem orgânica. Isso explica muito de sua singularidade, como um material de construção. Árvores crescem naturalmente na floresta, e a maior parte do trabalho de "fabricação" da madeira é feito para nós pelos processos de crescimento, que se desenvolvem dentro da própria árvore, tendo por origem a energia solar. Isso faz da madeira um recurso renovável e sem custo de produção: árvores precisam apenas ser cortadas em um tamanho apropriado e secas, antes de estarem prontas para uso em construção. Por outro lado, temos apenas um controle limitado sobre a qualidade e as propriedades da madeira. Diferentemente do aço, do concreto ou da alvenaria, pouco podemos fazer para refinar a madeira maciça, no sentido de atender nossas necessidades. Em vez disso, precisamos aceitar seus potenciais e limitações naturais.

A madeira é um material bem adequado às nossas estruturas de construção. A árvore, ela própria, é uma estrutura em madeira, uma torre, erigida para o propósito de expor folhas para o sol*. As árvores estão submetidas às mesmas forças que as edificações que nós erigimos. Elas se sustentam contra a força da gravidade, suportam as pressões dos ventos, os acúmulos de neve e gelo sobre seus galhos e resistem às tensões naturais do ambiente, tal como mudanças de temperatura e umidade e ataque por outros organismos. A madeira evoluiu para desempenhar bem tais tarefas na árvore. Não é surpreendente que ela também assim o faça em nossas edificações.

Na natureza, as maiores forças atuantes sobre uma árvore, tal como a pressão do vento, tendem a agir em impulsos de duração relativamente curta. Em resposta a isso, a madeira evoluiu para resistir mais a forças que atuam de maneira breve, em vez de àquelas que agem por períodos mais longos de tempo. Ao construir com madeira, reconhecemos esta propriedade única. No projeto de uma estrutura em madeira, os carregamentos máximos que a estrutura pode comportar aumentam à medida que o tempo de ação esperado para tais carregamentos diminui. Esse aumento, chamado de *fator de duração de carga*, vai de 15 a 100% acima da resistência básica de projeto do material e é aplicado a estruturas de madeira, quando considerados os efeitos de vento, neve, terremotos e impacto – os mesmos tipos de cargas para as quais as árvores se desenvolveram para suportar mais efetivamente.

A forma estrutural das árvores também é bem ajustada ao seu ambiente. Os ramos das árvores são suportados em apenas uma das extremidades – um arranjo denominado de *em balanço*. A conexão que suporta um ramo em balanço precisa ser forte e rígida, utilizando-se, de maneira eficiente, da máxima capacidade estrutural do material. Ainda assim, apesar da rigidez da conexão, o ramo que ela suporta pode apresentar deflexões relativamente grandes, uma vez que ele está preso em apenas uma das extremidades. Sob cargas pesadas, tais como a da neve úmida, o ramo pode inclinar e distribuir esta carga. Da mesma forma, sob fortes ventos, a árvore e seus ramos podem oscilar e distribuir uma grande parte da força atuante sobre eles. A capacidade da árvore de se dobrar e de balançar a ajuda a sobreviver a forças que, de outra forma, poderiam quebrá-la.

Quando construímos com madeira, não podemos explorar diretamente a eficiente forma estrutural da árvore. A característica de grandes deflexões, desta forma, é inadequada para edificações. Elas causariam desconforto aos ocupantes do edifício e transfeririam tensões indevidas

---

* Brayton F. Wilson e Robert R. Archer, "Tree Design: Some Biological Solutions to Mechanical Problems", *BioScience*, Vol. 29, Nº 5, p. 293, 1979.

---

de madeira se expandem e se contraem mais com as variações de temperatura; assim, devem ser permitidos movimentos de origem térmica durante a instalação. E, no caso de peças que vencem vãos, como as de piso, a menor rigidez dos compósitos requer menor espaçamento entre os apoios ou entre outras peças sobre as quais elas estejam apoiadas.

Arremates em madeira feitos a partir de peças de menor comprimento, com juntas dentadas e madeira maciça colada, também são disponíveis como alternativas para a madeira convencional de acabamento. Em comparação com peças maciças, componentes com junta dentada são mais estáveis e mais consistentemente livres de defeitos. Eles também utilizam lascas com menores comprimentos que, de outra forma, poderiam ser tratadas como resíduo.

MADEIRA PLÁSTICA

Produtos com aparência de madeira, contendo 50% ou mais de plástico, são referidos como *madeira plástica*. O termo madeira plástica reciclada (*recycled plastic lumber – RPL*) também pode ser aplicado a essa categoria de produto, uma vez que o material mais comum utilizado na manufatura de madeira plástica – polietileno de alta densidade (PEAD) – é obtido da reciclagem de resíduos de consumo, como embalagens de leite e frascos de detergente. O uso de madeira plástica reduz a demanda por madeira plantada e, quando ingredientes reciclados são utilizados, impede-se que resíduos sólidos sejam levados a aterros. Entretanto, nem toda madeira plástica tem origem em materiais reciclados, e a denominação RPL, tão somente, não deveria ser entendida como tal, onde a presença de conteúdo reciclado seja um importante critério na seleção de um produto.

Na produção de madeira plástica, uma ou mais resinas plásticas podem ser utilizadas sozinhas, ou podem ser misturadas com borracha, restos de madeira, fibra de vidro ou outros materiais, e então moldadas ou extrudadas em peças maciças ou ocas, mimetizando peças de madeira maciça. Em seu estado final, a madeira plástica é resistente ao sol, à água e a insetos, não necessita acabamento de proteção, não é tóxica, é durável e não exige manutenção. Isso faz desse material uma alternativa especialmente atrativa em relação à madeira convencional tratada com substâncias de preservação, para aplicação externa. No entanto, assim como WPCs, a madeira plástica é mais flexível do que a madeira maciça e necessita de suporte a intervalos mais próximos. Além

a outros componentes da edificação. Também não podemos explorar as conexões naturalmente fortes que unem os membros de uma árvore, apesar de seus benefícios em rigidez e economia de material. Ao preparar a madeira para nossos usos, nós cortamos a árvore em peças de tamanho e forma convenientes, destruindo a continuidade entre suas partes. Ao montar essas peças novamente, é preciso conceber novas formas de conectá-las. Apesar dos diversos métodos desenvolvidos na fabricação de conectores de madeira, juntas com rigidez e resistência comparáveis às da própria árvore são raramente alcançáveis. Em vez disso, nós dependemos de conexões muito mais simples, as quais são suficientes quando uma viga é apoiada em ambas as extremidades.

A madeira em uma árvore realiza muitas funções que ela não desempenha quando em uma edificação, uma vez que ela está envolvida em todos os aspectos dos processos de vida e crescimento de uma árvore. Para conseguir desempenhar numerosas e especializadas tarefas, a madeira desenvolveu uma estrutura interna complexa, que é altamente direcional. O fato de a madeira ser anisotrópica, ou seja, de ela ter diferentes propriedades em diferentes direções, afeta virtualmente todas as suas propriedades. A direção das fibras em uma peça de madeira influi na sua produção, formato, fixação, resistência, durabilidade, envelhecimento e beleza. Nenhum outro importante material de construção, talvez com a exceção de alguns sistemas especializados de concreto armado, apresenta tais características direcionais.

Consideremos dois sistemas construtivos em madeira: a cabana de toras e a estrutura em madeira maciça. A construção com toras é apropriada para a tecnologia construtiva mais primitiva. Toras encontradas no local ou próximas ao local de construção são preparadas para o uso com mínimo trabalho e ferramentas simples. Uma vez encaixadas, elas oferecem apoio estrutural e funcionam como acabamento interno, revestimento externo e isolante. Apesar de ser uma prática solução para fornecer abrigo, uma cabana de toras utiliza a madeira de forma ineficiente e resulta em uma estrutura dimensionalmente instável por causa das grandes pilhas de madeira, com fibras no sentido cruzado. Havendo disponibilidade de ferramentas e métodos mais sofisticados, peças de madeira maciça assumem o lugar das cabanas de toras. Nesse sistema, os componentes de madeira são montados de um modo que mais se aproxima à forma das árvores. A estrutura resultante é mais forte, requer menos material e é mais estável. Uma simples mudança na orientação dos componentes em madeira produz um sistema construtivo completamente diferente, mais eficiente, durável e confortável.

Os modernos avanços na indústria de materiais de construção em madeira refletem esforços para superar as limitações da madeira em seu estado natural e fazer o mais eficiente uso do material. Painéis de madeira feitos de compensado são maiores e mais estáveis do que os produzidos por chapas maciças, enquanto minimizando os efeitos adversos do sentido das fibras na madeira e de suas imperfeições naturais. Painéis como OSB e de chapa maciça fazem uso dos resíduos de madeira que seriam descartados. Vigas laminadas-coladas e compostas podem ser produzidas em tamanhos e com uma qualidade superior aos disponíveis em madeira maciça. Tratamentos químicos podem proteger a madeira contra o fogo e o apodrecimento. Assim, a tendência é para usar menos a madeira em seu estado natural e mais como uma matéria-prima, em sofisticados processos de manufatura, para produzir componentes construtivos mais refinados e de maior qualidade. No entanto, apesar desses avanços, a árvore continua a ser uma inspiração em sua graça e força, assim como em lições que oferece para nosso entendimento a respeito de materiais e de métodos construtivos.

---

disso, a madeira plástica apresenta maior expansão e retração com as mudanças de temperatura e, por isso, deve ser instalada com maiores folgas para movimentos térmicos. Pisos externos, feitos com PEAD, poliestireno, ou cloreto de polivinila (PVC), e peças de arremate constituem a maior fatia do mercado de madeira plástica na construção.

A *madeira plástica estrutural* (*Structural-grade plastic lumber – SGPL*), comumente feita de PEAD reforçado com fibras de vidro, pode ser formulada para ser, pelo menos, tão resistente quanto a madeira maciça convencional, ainda que menos rígida e mais suscetível à deformação a longo prazo, quando submetida a cargas permanentes. Placas, tábuas, barrotes, vigas, pilares, estacas e outros elementos manufaturados com madeira plástica estrutural são utilizados na construção de deques, estaleiros, trapiches e outros tipos de estruturas marítimas e externas, até mesmo pontes dimensionadas para o trânsito de veículos.

PAINÉIS DE MADEIRA

A madeira sob a forma de painel pode ser vantajosa para muitas aplicações na construção (Figura 3.28). As dimensões de um painel são, normalmente, 4 × 8 pés (1.220 × 2.440 mm). Painéis exigem menos trabalho na instalação do que tábuas individuais, pois menos peças precisam ser manuseadas. Painéis de madeira são fabricados de forma a minimizar muitas das limitações de tábuas e peças espessas: possuem resistência quase igual a da madeira maciça, em suas duas direções principais; retração, dilatação, fissuração e rachaduras são consideravelmente reduzidas. Além disso, painéis de madeira fazem uso mais eficiente dos recursos florestais, por meio de procedimentos mais racionais de transformação de toras em produtos para a edificação e pela utilização, em alguns tipos de painéis, de material que seria, de outra forma, descartado – galhos, árvores de pequeno porte e resíduos de serraria. Muitos produtos em painéis de madeira são feitos de resíduos de madeira recuperados ou reciclados e existem, também, painéis produzidos a partir de fibras vegetais rapidamente renováveis.

Tipos de painéis estruturais de madeira

Painéis estruturais de madeira são divididos em três categorias gerais (Figura 3.29): painéis de *madeira compensada* são feitos de finas lâminas de madeira coladas. O sentido das fibras das duas camadas mais externas corre na maior direção da folha (longitudinal), en-

Figura 3.28
A madeira compensada é feita de lâminas finas selecionadas de madeira, para conferir a combinação ótima entre economia e desempenho para cada aplicação. Este painel de cobertura possui um tipo D de lâmina, na face de baixo, e um tipo de lâmina C, na face de cima. Essas lâminas, apesar de pouco atraentes, desempenham bom papel estrutural e têm preço muito mais baixo do que as de classificação superior, incorporadas aos compensados produzidos para usos em que a aparência seja importante. *(Cortesia de APA – The Engineered Wood Association)*

Figura 3.29
Cinco tipos diferentes de painéis de madeira, de cima para baixo: compensado, compósito, "waferboard", OSB e aglomerado. *(Cortesia de APA – The Engineered Wood Association)*

quanto as fibras em uma ou mais das camadas interiores correm perpendicularmente, na menor direção. Há sempre um número ímpar de camadas no painel de madeira compensada, o que equaliza os efeitos de movimento de umidade, porém uma camada interna deve ser composta por uma única lâmina ou por duas lâminas, com suas fibras correndo na mesma direção. *Painéis de compósitos* possuem duas camadas externas de lâminas de madeira, coladas a um núcleo de fibras reconstituídas. Os *painéis não laminados* são de diversos tipos:

- O *painel OSB* é composto por longas lascas ou tiras de madeira comprimidas e coladas em três, quatro ou cinco camadas. As tiras são orientadas, em cada camada, da mesma forma que as fibras dos laminados do compensado. Por causa do comprimento e da orientação controlada das tiras, o OSB é, geralmente, mais resistente e mais rígido do que outros tipos de painéis não laminados. Por poder ser produzido a partir de pequenas árvores e até mesmo de galhos, o OSB é normalmente mais econômico do que o compensado. Ele é o material mais comumente utilizado para recobrimento e base de pisos nas edificações com estrutura leve em madeira. O painel OSB, algumas vezes, é também chamado de *waferboard*, um nome que se aplica mais precisamente a um tipo similar de painel, composto por grandes flocos de madeira, que vem sendo amplamente substituído pelo OSB.

- O *painel de madeira aglomerada* é fabricado em diferentes faixas de densidade e é composto por partículas de madeira menores do que as usadas no OSB ou waferboard, que são comprimidas e coladas sob a forma de chapas. É utilizado em edificações, principalmente como material de base para lâminas de madeira e laminado plástico. Ele é, também, comumente utilizado como um painel de base, para aplicação de pisos resilientes.

- O *painel de fibras de madeira* é uma chapa de granulometria bastante fina, composta por fibras de madeira e aglutinantes de resina sintética, para uso apenas em interiores. O processamento da matéria-prima de madeira utilizada na fabricação dessas chapas é mais intenso do que o feito na fabricação do aglomerado, resultando em um painel dimensionalmente mais estável, mais rígido, com maior capacidade de reter pregos e parafusos e de qualidade superior, em suas características de trabalhabilidade e acabamento. O painel mais comumente utilizado é o *painel de fibras de média densidade* (MDF). Ele é utilizado na confecção de trabalhos de marcenaria, mobiliário, moldes, painéis e outros produtos manufaturados. Apesar de os nomes serem similares, deve-se ter cuidado para não confundir MDF com MDO (*medium density overlay*), um tipo de madeira compensada, apresentada a seguir.

Produção de madeira compensada

As lâminas de madeira utilizadas em painéis de compósitos e compensados são *fatiadas de forma rotatória*: as toras são encharcadas em água quente para amolecer a madeira. Então, cada tora é rotacionada em um grande torno, contra uma lâmina estacionária que descama uma tira contínua de madeira, assim como um papel é desenrolado de um rolo (Figuras 3.30 e 3.31). A tira de madeira é cortada em folhas, que passam por uma estufa, onde, em poucos minutos, seu teor de umidade é reduzido a cerca de 5%. As folhas são, então, montadas em folhas maiores, reparadas, se necessário, com emplastros colados às folhas, para preencher defeitos, e classificadas e ordenadas de acordo com sua qualidade (Figura 3.32). Uma máquina espalha cola nas folhas, enquanto elas são dispostas uma sobre a outra, de acordo com a sequência requerida e a orientação das fibras. As lâminas coladas são transformadas em compensado, por meio de prensas, que aplicam elevadas temperaturas e pressões para gerar painéis densos e planos. Os painéis são cortados no tamanho correto, lixados conforme necessidade, classificados e marcados antes de serem carregados para transporte. Chapas de Classe B e superiores são sempre lixadas, porém painéis para recobrimento não são lixados, porque o lixamento reduz ligeiramente sua espessura, o que diminui a resistência estrutural do painel. Painéis destinados a subpisos e camadas de suporte para pisos são levemente lixados, para produzir uma superfície mais plana e suave, sem reduzir significativamente seu desempenho estrutural.

Painéis padrão de madeira compensada possuem 4 × 8 pés (1.220 × 2.440 mm), em termos de área superficial, e variam em espessura de ¼ a 1⅛ polegada (6,4 a 28,4 mm). Painéis maiores são produzidos para revestimentos e usos industriais. As dimensões reais de superfície dos painéis de madeira compensada para fins estruturais possuem, aproximadamente, ⅛ de polegada (3 mm) a menos do que as dimensões nominais, possibilitando aos painéis serem instalados com folgas entre eles, para permitir expansão por umidade.

(a)

(b)

(c)

(d)

Figura 3.30
Fabricação de madeira compensada. (a, b) Um torno de 250 cv de potência gira uma tora de madeira macia, enquanto uma lâmina descama uma tira contínua de lâmina de madeira, para fabricação de madeira compensada. (c) Um cortador automático remove áreas inutilizáveis de lâmina e corta o restante em folhas de tamanho adequado para os painéis de madeira compensada. (d) As folhas cortadas alimentam um secador contínuo pressurizado, em cujo longo caminho de 150 pés (45 m) elas perderão cerca de metade de seu peso em umidade. (e) Ao deixar o secador, as folhas possuem um teor de umidade de aproximadamente 5 por cento. Elas são classificadas e ordenadas neste ponto do processo. (f) As folhas de melhor classificação são reparadas nessa máquina, que retira defeitos e os substitui com tampões de madeira firmemente ajustados. (g) Na linha de empilhamento, o maquinário automatizado aplica cola em um lado de cada folha da lâmina e alterna a direção das fibras das folhas, para produzir painéis soltos de compensado. (h) Depois de empilhados, os painéis, soltos, são pré-prensados com uma força de 300 toneladas por painel, a fim de firmá-los, para facilitar o manuseio. (i) Após a pré-prensagem, os painéis são comprimidos individualmente entre placas aquecidas a 300 graus Fahrenheit (150ºC) para secar a cola. (j) Depois de cortados, lixados e entalhados (para encaixe), conforme especificado para cada lote, os painéis terminados de madeira compensada são separados em compartimentos, de acordo com sua classificação, prontos para expedição. *(Fotos b e i cortesia de Georgia-Pacific; demais fotos cortesia de APA – The Engineered Wood Association)*

Capítulo 3 Madeira 111

(e)

(f)

(g)

(h)

(i)

(j)

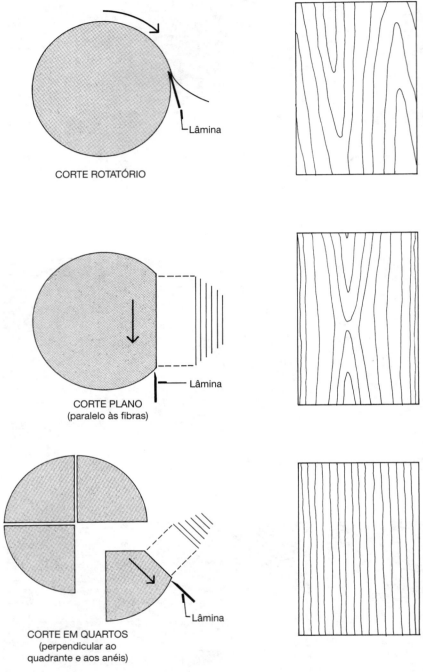

Figura 3.31
Lâminas de madeira para compensado estrutural são obtidas a partir de corte rotatório, que é o método mais econômico. Para um melhor controle do desenho do sentido das fibras nos laminados externos de chapas duras de compensado, tábuas são cortadas com corte plano ou em quartos. O desenho do sentido das fibras produzido no corte rotatório, como pode ser visto à direita no detalhe, é extremamente espaçado e desigual. Os melhores desenhos são produzidos no corte em quartos, o qual resulta em um padrão com espaçamento bastante próximo, com linhas proeminentes.

Painéis de madeira compensada, destinados à utilização em subpisos, podem ser produzidos com encaixe macho e fêmea, o que elimina desnivelamentos no subpiso, que poderiam ser transmitidos ao revestimento de piso.

Nos casos em que uma superfície especialmente lisa e durável é requerida, a madeira compensada pode receber revestimento tratado com resina, em um ou ambos os lados, gerando a madeira compensada MDO (*medium-density overlay*) ou HDO (*high-density overlay*). Painéis de revestimento são utilizados na construção de formas para concreto, marcenaria, mobiliário, revestimentos externos, placas de sinalização e outras aplicações, nas quais são requeridas a máxima durabilidade e uma melhor qualidade de acabamento.

Diferentemente dos laminados para painéis estruturais, os laminados a compensado de chapa maciça, destinados para painéis internos e marcenaria, são usualmente cortados a partir de blocos quadrangulares de madeira, chamados de *flitches*, em uma máquina que movimenta o bloco verticalmente, contra uma lâmina estacionária (Figura 3.31). *Lâminas cortadas em flitches* são análogas à madeira serrada em quartos: elas exibem um desenho de fibras muito mais comprimido e mais interessante do que os laminados de corte rotatório. Elas também podem ser arranjadas na superfície do compensado, de tal modo a produzir padrões simétricos de desenho das fibras.

Painéis de compósitos e painéis não laminados são produzidos por processos análogos, no mesmo conjunto de tamanhos padronizados dos painéis de madeira compensada e em tamanhos maiores, também. Painéis de todos os tipos, utilizados para recobrimento e subpisos, também podem ser produzidos com capas impermeabilizantes e seladores de bordas e, no caso do OSB, com resinas especiais, para fornecer melhor resistência a períodos maiores de umidade durante a construção.

Especificando painéis estruturais de madeira

Para usos estruturais, como subpiso e recobrimento, os painéis de madei-

TABELA 1

CLASSIFICAÇÃO DAS LÂMINAS

 A Lisa, pode ser pintada. Não mais do que 18 reparos, dos tipos boat, sled, ou router, e paralelos à grã, são permitidos. Reparos em madeira ou sintéticos são permitidos. Pode ser usado para acabamento natural, em aplicações de menor exigência.

 B Superfície sólida. Permitidos reparos shims, sled ou router e pequenos nós de até 1 polegada através da grã. Reparos em madeira ou sintéticos são permitidos. Algumas pequenas fendas permitidas.

 C Reparado Laminado C aperfeiçoado, com fendas limitadas a 1/8 polegada de largura e nós, ou outros defeitos, limitados a ¼ x ½ polegada. Reparos em madeira ou sintéticos são permitidos. Admite alguma quebra nas fibras.

C Pequenos nós de até 1-1/2 polegada. Buracos de nós de até 1polegada, através da grã, e alguns de até 1-1/2 polegada, caso a largura total dos nós e buracos de nós estejam dentro dos limites especificados. Reparos em madeira ou sintéticos são permitidos. Permitidos descoloração e defeitos de lixamento, que não prejudiquem a resistência. Fendas limitadas permitidas. Consertos colados permitidos

 D Nós e buracos de nós de até 2-1/2 polegadas de largura através da grã e 1/2 polegada maior dentro dos limites especificados. Fendas limitadas permitidas. Limitado à exposição 1 ou painéis interiores.

Figura 3.32
Classificações de lâminas para compensados de madeira macia. O compensado com lâminas de revestimento de classe A é mais caro e tem disponibilidade limitada. É utilizado apenas em aplicações que demandam aparência da mais alta qualidade. O compensado com lâminas B em sua superfície é utilizado para formas de construção em concreto e aplicações com menor exigência de aparência. O compensado revestido com lâmina tipo C-reparado é utilizado para camadas de suporte e combinações subpiso/camada de suporte, na qual um substrato especialmente liso é requerido para evitar que irregularidades sejam transmitidas ao material de revestimento de piso. O compensado para recobrimento e subpiso é mais comumente especificado como "CDX", consistindo de uma face de lâmina classe C, uma face de lâmina classe D e construído com cola exterior (o painel é instalado com a face C orientada em direção às intempéries). A lâmina classe C é também a menor classificação permitida para painéis exteriores, ou seja, um painel que está exposto permanentemente às intempéries. *(Cortesia de APA – The Engineered Wood Association)*

ra podem ser especificados tanto por sua espessura quanto pela sua *classificação quanto ao vão admissível*. A classificação quanto ao vão admissível é determinada por testes de resistência em laboratório e é dada no selo gravado na parte de trás do painel, conforme mostrado nas Figuras 3.3 e 3.4. O propósito do sistema de classificação quanto ao vão admissível é permitir o uso de diversas espécies de madeira e diferentes tipos de painéis, possibilitando que os mesmos objetivos estruturais sejam atingidos. Sob condições normais de carregamento, qualquer painel com classificação quanto ao vão admissível de 32/16 pode ser utilizado como recobrimento de telhado, sobre caibros espaçados a cada 32 polegadas (813 mm) ou como subpiso sobre barrotes, espaçados a cada 16 polegadas (406 mm). A maior dimensão da chapa deve ser colocada perpendicular ao comprimento das peças de suporte. Um painel de 32/16, que pode ser de madeira compensada, compósito ou OSB, pode ser de qualquer espécie aceita de madeira, e pode ser de uma dentre várias espessuras, desde que passe nos testes estruturais para uma classificação 32/16.

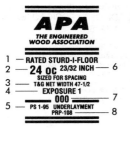

Figura 3.33
Selos de classificação típicos para painéis estruturais em madeira. Os selos são encontrados na face posterior de cada painel. *(Cortesia de APA – The Engineered Wood Association)*

1 Panel grade
2 Span Rating
3 Tongue-and-groove
4 Exposure durability classification
5 Product Standard
6 Thickness
7 Mill number
8 APA's Performance Rated Panel Standard
9 Siding face grade
10 Species group number
11 HUD/FHA recognition
12 Panel grade, Canadian standard
13 Panel mark – Rating and end-use designation, Canadian standard.
14 Canadian performance-rated panel standard
15 Panel face orientation indicator

TABELA 2
**GUIA PARA PAINÉIS COM CLASSIFICAÇÃO APA DE DESEMPENHO
PARA RECOMENDAÇÕES DE APLICAÇÕES, VER PÁGINAS SEGUINTES.**

CLASSIFICAÇÃO APA PARA RECOBRIMENTO Marca Registrada Típica		Especialmente projetado para subpiso e recobrimento em paredes e coberturas. Bom também para uma grande gama de aplicações na construção e na indústria. Pode ser fabricado como compensado, compósito ou OSB. CLASSIFICAÇÃO QUANTO À DURABILIDADE DE EXPOSIÇÃO: Exterior, Exposição 1, Exposição 2. ESPESSURA COMUM: 5/16, 3/8, 7/16, 15/32, 1/2, 19/32, 5/8, 23/32, 3/4.
CLASSIFICAÇÃO APA PARA RECOBRIMENTO ESTRUTURAL I (c) Marca Registrada Típica		Série não lixada, para uso em que as propriedades de resistência cruzada e ao cisalhamento são de máxima importância, como em coberturas com painéis e diafragmas. Pode ser fabricado como compensado, compósito ou OSB. CLASSIFICAÇÃO QUANTO À DURABILIDADE DE EXPOSIÇÃO: Exterior, Exposição 1. ESPESSURA COMUM: 5/16, 3/8, 7/16, 15/32, 1/2, 19/32, 5/8, 23/32, 3/4.
CLASSIFICAÇÃO APA PARA PAINEL ESTRUTURAL DE PISO (STURD-I-FLOOR) Marca Registrada Típica		Especialmente projetado como combinação de suporte para piso-subpiso. Proporciona superfície lisa para aplicação de carpete e piso amortecido e possui alta resistência concentrada e de impacto. Pode ser fabricado como compensado, compósito ou OSB. Disponível com borda quadrada ou encaixe macho e fêmea. CLASSIFICAÇÃO QUANTO À DURABILIDADE DE EXPOSIÇÃO: Exterior, Exposição 1, Exposição 2. ESPESSURA COMUM: 19/32, 5/8, 23/32, 3/4, 1, 1-1/8.
CLASSIFICAÇÃO APA PARA REVESTIMENTO Marca Registrada Típica		Para revestimento externo, tapumes, etc. Pode ser fabricado como compensado, compósito ou OSB recoberto (overlayd). Disponível tanto em painéis quanto em tábuas. Tratamento superficial especial, como encaixe em V, encaixe em canal, encaixe profundo (como a Textura 1-11 da APA), escovado, grosseiramente serrado, levemente lixado, e recoberto (MDO) com face lisa ou em textura gravada em relevo. Classificação quanto ao vão (espaçamento entre barrotes em revestimentos classificados para aplicações APA Sturd-I-Wall) e classificação do tipo de superfície (para revestimento com superfície laminada) indicada na marca registrada. CLASSIFICAÇÃO QUANTO À DURABILIDADE DE EXPOSIÇÃO: Exterior. ESPESSURA COMUM: 11/32, 3/8, 7/16, 15/32, 1/2, 19/32, 5/8.

(a) Séries específicas, espessuras e classificações quanto à durabilidade de exposição podem estar com fornecimento limitado em algumas regiões. Verifique com seu fornecedor antes da especificação.
(b) Especificar painéis classificados quanto ao desempenho por sua espessura e classificação quanto ao vão máximo Permitido. A classificação quanto ao vão é baseada na resistência e rigidez do painel. Uma vez que tais propriedades são uma função da configuração e composição do painel e também sua espessura, a mesma classificação quanto ao vão pode aparecer em painéis de diferentes espessuras. Inversamente, painéis de mesma espessura podem ser marcados com diferentes classificações quanto ao vão.

(c) Todas as camadas nos painéis compensados estruturais I são séries especialmente reforçadas e painéis marcados PS 1 estão limitados às espécies do Grupo 1. Outros painéis marcados como Estrutural I se qualificam por meio de testes especiais de desempenho. Painéis de madeira compensada Estrutural II também estão disponíveis, mas raramente são produzidos. Recomendações de aplicação para compensado Estrutural II são idênticas às feitas para compensado de RECOBRIMENTO CLASSIFICADO PELA APA.

Figura 3.34
Um guia de especificação de painéis estruturais. Painéis compensados, para uso em paredes, móveis e outras aplicações em que a aparência é importante são classificados pelas qualidades visuais de suas lâminas externas, em vez de suas propriedades estruturais. *(Cortesia de APA – The Engineered Wood Association)*

O projetista deve também selecionar dentre três *classificações quanto à durabilidade de exposição* para painéis estruturais de madeira: Exterior, Exposição 1 e Exposição 2. Painéis marcados como "Exterior" são apropriados para uso como revestimento ou outras aplicações, permanentemente expostas ao clima. Painéis "Exposição 1" possuem cola totalmente à prova d'água, mas não possuem lâminas de tão alta qualidade quanto as utilizadas no painel "Exterior"; eles são apropriados para recobrimento estrutural e subpiso, que estarão protegidos das intempéries, uma vez terminada a construção, mas que precisam, frequentemente, suportar longos períodos de chuva durante a construção. "Exposição 2" é apropriado para painéis que serão completamente protegidos das intempéries e estarão sujeitos somente a um mínimo de umidade durante a construção. Cerca de 95% dos painéis estruturais são classificados como Exposição 1.

Para painéis de madeira compensada destinados a superfícies de acabamento, a qualidade das lâminas que revestem a chapa é de óbvio interesse e deve ser especificada pelo projetista (ver Figura 3.32). Por exemplo, um compensado A-B (com um laminado classe A, em uma face, e um laminado classe B, na outra) pode ser especificado para marcenaria, enquanto um compensado C-D, menos caro, é adequado para recobrimento externo, o qual ficará oculto na construção acabada. Para um trabalho arquitetônico em madeira de melhor qualidade, podem ser selecionadas lâminas de superfícies cortadas em *flitches* e de madeira dura, em vez das lâminas de madeira macia de corte rotatório, e o padrão de combinação dos laminados deve ser especificado.

Outros produtos em painéis

A *chapa de fibra de alta densidade* (hardboard) é um painel esbelto e denso, composto por fibras de madeira altamente comprimidas. É disponibilizado em diversas espessuras e acabamentos e, em algumas formulações, é durável quando exposto ao intemperismo. A hardboard é produzida em configurações para revestimentos e coberturas residenciais, assim como para fins gerais e painéis perfurados de dimensão padrão.

A *chapa de fibra isolante de recobrimento* é um painel de baixa densidade, usualmente com ½ ou ¾ de polegada (13 ou 19 mm) de espessura, composto por fibras de madeira ou vegetais e aglutinantes, e revestido com asfalto para resistência à água. Possui certo valor como isolante térmico e é utilizado na construção em madeira, principalmente, como recobrimento não estrutural de paredes, embora alguns painéis desse tipo sejam resistentes o suficiente para também conferir resistência lateral à estrutura da edificação. Outros *painéis de fibra de celulose* são feitos a partir de resíduos de papel reciclado finamente processados e são utilizados para recobrimento de paredes, isolantes acústicos, camada de suporte para carpete e até para suporte estrutural em pisos de coberturas. Painéis desses tipos são de custo baixo, fazem uso produtivo de resíduos ou materiais reciclados e ajudam na conservação de recursos florestais.

Painéis *compensados de madeira dura*, feitos com laminados de bétula, nogueira, tulipeiro ou carvalho, são conhecidos pelo uso em marcenaria e outros acabamentos internos de carpintaria.

Eu sempre vou lembrar-me de como brinquei, quando criança, sobre o piso de madeira. As largas tábuas eram calorosas e amigáveis e em sua textura descobri um rico e encantador mundo de veios e nós. Também lembro o conforto e a segurança experimentados quando caía no sono junto às arredondadas toras de uma velha parede de madeira; uma parede que não era apenas uma superfície lisa, mas tinha uma presença plástica, assim como tudo que possui vida. Desta maneira, visão, tato e até olfato foram satisfeitos, que é como deveria ser quando uma criança se encontra com o mundo.

Christian Norberg-Schulz,
Wooden Houses, 1979.

TRATAMENTOS QUÍMICOS PARA MADEIRA

Tratamentos químicos são utilizados para neutralizar duas das maiores fraquezas da madeira: sua combustibilidade e sua suscetibilidade ao ataque por insetos e apodrecimento. O *tratamento de retardamento do fogo* é realizado ao se colocar a madeira em um reservatório, impregnando-a, sob pressão, com certos sais químicos, que reduzem significativamente sua combustibilidade. A madeira tratada com retardantes de fogo é cara e por isso pouco usada na construção de residências unifamiliares. Suas maiores utilizações são em recobrimento de coberturas, para casas geminadas e em esqueleto de divisórias não estruturais e outros componentes internos, na construção de edifícios resistentes ao fogo. A *madeira tratada com agentes preservantes* é utilizada quando a resistência ao apodrecimento ou a insetos é necessária, como a madeira que é usada em contato com o solo ou próxima dele, que fica exposta à umidade em estruturas externas, como docas marinhas, cercas e deques, ou que seja utilizada em áreas de alto risco de cupins. O *creosoto* é um derivado oleoso do carvão, o qual é amplamente utilizado para tratar madeira para estruturas de engenharia. Entretanto, o odor, a toxicidade e a impossibilidade de pintura da madeira tratada com creosoto a torna inadequada para a maioria dos usos na construção. O *pentaclorofenol* também é impregnado como uma solução oleosa e, assim como ocorre com outros preservativos oleosos, a madeira tratada com ele não pode ser pintada. A madeira tratada com preservativos é frequentemente referida como *madeira autoclavada*, embora, mais precisamente, esse último termo se refira a tratamentos preservativos e de retardamento do fogo, uma vez que ambos são tipicamente aplicados, utilizando-se processos de impregnação sob pressão.

O tratamento preservativo da madeira mais amplamente utilizado na construção é o tratamento com sais hidrossolúveis, que permite subsequente pintura ou tingimento. Por muitas décadas, o mais comum desse tipo de tratamento foi o CCA (arseniato de cobre cromatado), o qual confere uma coloração esverdeada à madeira. Porém, por causa de preocupações sobre sua toxicidade, especialmente para crianças, a madeira tratada com CCA tem sido gradualmente eliminada da maioria das construções de edificações residenciais e comerciais, em favor da madeira tratada com sais que não contenham arsênico. O *cobre alcalino quaternário* (ACQ) e o *azol de cobre e boro* (CBA e CA) são compostos que dependem, principalmente, de altas concentrações de cobre para suas propriedades preservativas. Entretanto, preservativos livres de arsênico, à base de cobre, também são considerados potencialmente perigosos e devem ser manipulados com as precauções apropriadas. Compostos de boro, como o *borato de sódio* (SBX), são os menos tóxicos aos humanos. Todavia, a madeira tratada com borato pode apenas ser utilizada acima do solo e em aplicações protegidas das intempéries.

Os preservativos podem ser aplicados com pincel ou por meio de spray na madeira, mas a proteção de longa duração (30 anos ou mais) só pode ser realizada por *impregnação sob pressão*, a qual leva os químicos preservativos profundamente à fibras da madeira. Para melhorar a absorção, algumas espécies de madeira são perfuradas com um arranjo de pequenos cortes na sua superfície, chamados de *incisões*, antes do tratamento preservativo. As incisões melhoram a retenção dos preservativos químicos, mas também, de alguma forma, diminuem a capacidade estrutural da peça de madeira (Figura 3.35). A madeira tratada com sais hidrossolúveis pode ser vendida sem estar seca, o que é apropriado para o uso em contato com o solo ou para estruturas brutas. Contudo, a madeira *seca em estufa após tratamento* é mais leve, mais estável e uma melhor opção para trabalhos de acabamento, cuja aparência é importante.

A concentração de preservativos necessária para proteger um dado produto de madeira varia, de acordo com o produto químico específico de tratamento, a espécie da madeira e o rigor do ambiente no qual o produto será usado. Para simplificar a especificação e a seleção da madeira tratada, é utilizado o *Sistema de Categoria de Uso* (*Use Category System*), da American Wood Preservers Association (AWPA), no qual os números mais altos da Categoria de Uso correspondem aos tratamentos mais intensos e mais apropriados para exposições mais severas (Figura 3.36). Por exemplo, pilares de um deque de madeira, com as bases em contato direto com a terra, deveriam ser tratados com uma Categoria de Uso (UC4A) mais alta do que um deque cujo uso pretendido é elevado do chão (UC3B).

O cerne de algumas espécies de madeiras é naturalmente resistente ao apodrecimento e aos insetos e pode ser utilizado no lugar de madeira tratada com agentes preservantes. O IBC reconhece a sequoia, o cedro, a acácia e a nogueira-negra como espécies resistentes ao apodrecimento, e a sequoia e o cedro vermelho, como resistentes a cupins. Pelo fato do alburno dessas espécies não ser mais resistente a ataques do que a madeira de qualquer outra árvore, a classificação "Totalmente Cerne" (*all heart*) deve ser especificada. Uma lista mais abrangente de espécies e suas resistências ao apodrecimento pode ser encontrada no *Wood Handbook,* do USDA Forest Products Laboratory, listado nas referências, ao final deste capítulo. WPCs e madeira plástica, os quais são imunes ao apodrecimento ou ao ataque de insetos, também estão se tornando alternativas cada vez mais populares à madeira tratada.

A maioria dos organismos que atacam a madeira precisa de ar e umidade para sobreviver. Consequentemente, a entrada da maioria deles na madeira pode ser impedida ao se construir e fazer a manutenção da edificação, de modo que seus componentes de madeira sejam mantidos secos. Isso inclui: manter a madeira sem tocar o solo, ventilar sótãos e porões para remover umidade, utilizar bons detalhes de construção para escorrer a água e mantê-la longe das conexões do edifício, utilizar ar e retardadores de vapor de maneira correta, em conjunto com o isolamento, para prevenir a acumulação de condensação no interior de paredes externas

Figura 3.35
Madeira tratada sob pressão. Marcas das incisões podem ser vistas nas superfícies das tábuas. Cada peça possui uma etiqueta grampeada em uma das extremidades, indicando o grau de tratamento conservante, nesse caso, suficiente para uso acima do solo. Isso significa que as tábuas são apropriadas, por exemplo, para deques e corrimãos externos, ou para uso como vigas de sustentação. No entanto, elas não são apropriadas para uso em contato direto com o solo. Como parte do processo de tratamento, essa madeira foi também tingida com uma coloração de marrom claro para conferir uma aparência mais atrativa de acabamento. *(Foto de Joseph Iano)*

Categoria de uso	Condições de serviço	Usos típicos
UC1	Construção interior, acima do solo, seco	Estrutura de interiores, carpintaria e mobiliário; apenas para resistência ao ataque de insetos
UC2	Construção interior, acima do solo, úmido	Construção interior; para resistência ao ataque de insetos e/ou umidade
UC3	Construção exterior, acima do solo	
UC3A	Não exposto a condições de umidade prolongadas, acabamento de revestimento, rápida drenagem da água	Revestimentos, cordões e arremates externos pintados ou tingidos
UC3B	Exposto a condições de umidade prolongadas, sem revestimento ou precariamente drenadas	Pisos externos, estruturas de piso, corrimãos e cordões não revestidos
UC4	Contato com o solo ou água doce	
UC4A	Condições normais de exposição; componentes não críticos, substituíveis	Postes e pilares para cercas e estruturas de deques
UC4B	Alto potencial de decomposição; componentes críticos ou de difícil reposição	Fundações permanentes em madeira
UC4C	Extremo potencial de decomposição; componentes críticos	Estacas e postes de serviços em ambientes com sério risco de decomposição

Figura 3.36
Parte do Sistema de Categoria de Uso da AWPA, listando as categorias mais comumente especificadas para madeira tratada sob pressão utilizada na construção. A madeira da Figura 3.35, indicada para o uso acima do solo, foi tratada de acordo com os requisitos da Categoria de Uso UC3B. *(Material reproduzido com a permissão da American Wood Preservers Association, www.awpa.com)*

e coberturas e consertar vazamentos no telhado e nos encanamentos tão logo eles ocorram. De forma contrária à expectativa lógica, a madeira que é total e continuamente submersa em água está imune ao apodrecimento, porque a água não fornece oxigênio suficiente para a sobrevivência de organismos causadores da decomposição. Por outro lado, onde a madeira é apenas parcial ou periodicamente submersa a umidade ou/e o oxigênio são abundantes, ela é altamente vulnerável ao apodrecimento. A submersão em água salgada não previne a deterioração, pois os organismos marinhos conseguem atacar a madeira sob tais condições.

As altas concentrações de cobre, utilizadas nos preservativos mais comuns, tornam a madeira tratada com esses químicos corrosiva a muitos metais. Conectores (ver abaixo) e outros equipamentos de aço comum ou alumínio não devem ser utilizados em contato com tais madeiras. De preferência, pregos, parafusos, apoios de vigotas, hold-downs, bases de pilares e outros componentes similares devem ser feitos de metais resistentes à corrosão, como aço inoxidável ou aço galvanizado, ou de algum outro metal que não seja afetado pelo cobre contido nesses químicos. Os tratamentos químicos preservativos continuam a evoluir. Novas e aperfeiçoadas formulações de cobre, tratamentos alternativos não metálicos e processos de tratamento com calor estão surgindo no mercado. Tais alternativas podem se equiparar em níveis de proteção aos produtos atualmente estabelecidos, e são menos perigosas ao ambiente, utilizam menos energia na sua produção e são menos corrosivas aos conectores e equipamentos metálicos.

CONECTORES PARA MADEIRA

Os conectores sempre foram o elo fraco da construção em madeira. As conexões de interligação da madeira, usadas para fins de construção no passado, laboriosamente entalhadas e cavilhadas, eram fracas porque muito da madeira em uma junta precisava ser removido para fazer a conexão. Nas conexões para madeira de hoje, as quais são geralmente baseadas em dispositivos metálicos, é normalmente impossível inserir pregos ou parafusos suficientes em uma conexão para desenvolver a plena resistência dos membros sendo unidos. Adesivos e chapa dentadas são normalmente capazes de atingir tal resistência, mas são bastante limitados à instalação pela fábrica. Felizmente, a maioria das conexões em estruturas de madeira depende, primariamente, para a sua resistência do apoio direto de um membro sobre outro, e uma variedade de conectores simples é adequada para a maioria dos fins.

Pregos

Pregos são pinos metálicos de ponta afiada, que são cravados na madeira por meio de um martelo ou de uma pistola de pregos mecânica. *Pregos comuns* e os levemente mais delgados, *pregos de caixa*, possuem cabeças planas e são utilizados para a maioria das conexões em estruturas construtivas leves. *Pregos para acabamento* são ainda menores em diâmetro e são utilizados para o acabamento de trabalhos em madeira, sendo mais singelos que os pregos comuns (Figura 3.37).

Nos Estados Unidos, o tamanho de um prego é medido em *pennies*, abreviado "d". Uma explicação para essa estranha unidade é a de que ela se originou, há muito tempo, como o preço de

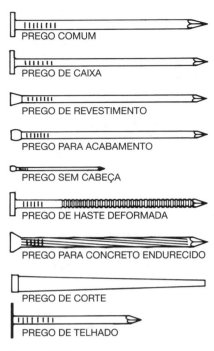

Figura 3.37
A maioria das conexões por pregos é feita com pregos comuns, pregos de caixa ou seus equivalentes de pistola. Pregos de caixa também são utilizados para prender taubilhas (*shingles* de madeira) e outros tipos de revestimento. Pregos de revestimento, pregos para acabamento e pregos sem cabeça são utilizados para componentes de acabamento; suas cabeças são posicionadas abaixo da superfície da madeira, com uma ferramenta de punção em aço, e os orifícios são preenchidos antes da pintura. Pregos de haste deformada, os quais são mais resistentes à retirada do que os pregos de haste lisa, são utilizados para prender paredes de gesso, recobrimento, subpiso, camadas de suporte para piso, materiais que não podem trabalhar com folgas durante o uso. O padrão de deformação mais comum é o de haste anelada mostrado aqui. Pregos para concreto podem ser pregados com curtas penetrações no concreto ou na alvenaria, para prender espaçadores e travessas. Pregos de corte, uma vez utilizados para conexões de estruturas, agora servem principalmente para prender revestimento de piso, porque suas pontas quadradas puncionam a madeira ao invés de rompê-la, minimizando as rachaduras em madeiras quebradiças. Pregos de telhado têm cabeças maiores, para prevenir rasgos nas telhas asfálticas (*shingles*) macias.

100 pregos de um dado tamanho. Ela persiste até hoje, apesar da perda de seu significado original. A Figura 3.38 mostra as dimensões dos variados tamanhos de pregos comuns. Pregos de caixa e pregos para acabamento são mais delgados em diâmetro, porém possuem o mesmo comprimento dos pregos comuns de igual "d".

Os pregos são normalmente fornecidos na opção *brilhantes*, o que significa que eles são feitos de aço simples, não recoberto. Os pregos que serão expostos ao tempo devem ser de um tipo anticorrosivo, como *galvanizado em imersão quente*, alumínio ou aço inoxidável. (O recobrimento mais fino de zinco, em pregos eletrogalvanizados, não é adequado para exposição em exteriores.) A resistência à corrosão é particularmente importante para pregos em revestimentos, arremates e deques externos, os quais seriam manchados pela ferrugem lixiviada de pregos brilhantes. Para mais informações sobre resistência à corrosão dos metais, ver páginas 505-508.

Os três métodos de conexão por pregos, *prego de face*, *prego de topo* e *pregos de calcanhar*, são mostrados na Figura 3.39. Cada um desses métodos tem o seu uso na construção de edificações, conforme explicado nos Capítulos 5 e 6. Os pregos são os meios favoritos de conexão para madeira, pois são baratos, não exigem pré-perfuração na maioria das condições e podem ser instalados de maneira extremamente rápida.

Pregos especiais

Em um esforço para tornar mais fácil ao carpinteiro o trabalho de pregar, foram desenvolvidos pregos feitos de arame, mais esbeltos, como os *sinkers* e os *coolers*. Um prego *sinker*, de 10d, é um pouco mais curto do que um prego comum de 10d, possui um diâmetro menor e é recoberto com uma resina que age como um lubrificante no momento em que o prego é cravado – essas diferenças têm a intenção de reduzir o esforço de pregar. *Sinkers* e *coolers* podem ser utilizados para fixar chapas de paredes ou painéis não estruturais, ou em conexões estruturais, cuja função do prego seja apenas de prender membros em alinhamento, enquanto as cargas são transferidas de um membro a outro por carregamento direto de madeira sobre madeira. No entanto, se as forças precisam ser transmitidas pelos próprios pregos, a resistência da conexão depende tanto do comprimento quanto do diâmetro do prego. *Sinkers* e *coolers* não devem substituir pregos comuns, exceto se os resultados de cálculos estruturais ou testes de fabricantes tenham demonstrado a adequação desses tipos de pregos.

Pregos de suportes para barrotes possuem o mesmo diâmetro do seu equivalente comum, porém são mais curtos. Por exemplo, um prego com o mesmo diâmetro de um prego comum de 10d, mas com apenas 1½ polegada (38mm) de comprimento (às vezes referido como prego "N10"), pode ser utilizado ao pregar um suporte para barrote, diretamente, em um único membro de tamanho nominal de 2 polegadas (tamanho real de 38 mm), onde um prego mais longo iria se projetar, do lado oposto, para fora da peça de madeira. Outros pregos especiais podem ter cabeças com tamanhos aumentados, fustes deformados, que conferem maior resistência ao cisalhamento e ao arranque, se comparados com pregos convencionais, ou outros recursos especiais. Tais pregos deveriam ser utilizados apenas em locais permitidos pelo código de edificações ou conforme recomendação de seu fabricante.

Pregos de pistola

Apesar de ser fácil e rápido pregar a mão, inserir diversos pregos por minuto, durante um dia inteiro de trabalho, é fatigante. A maioria dos carpinteiros agora crava a maior parte dos pregos, tanto em estruturas quanto em acabamentos, com *pistolas de pregos*. Elas utilizam *pregos agrupados*, os quais são juntados linearmente para rápido carregamento no pente da pistola. As pistolas podem ser pneumáticas (com ar transmitido à pistola por meio de uma mangueira conectada a um compressor de ar) ou de combustão interna (com um gás inflamável armazenado em um cartucho interno na pistola). Quando a ponta de uma pistola é pressionada contra uma superfície sólida e o gatilho é puxado, um pistão crava

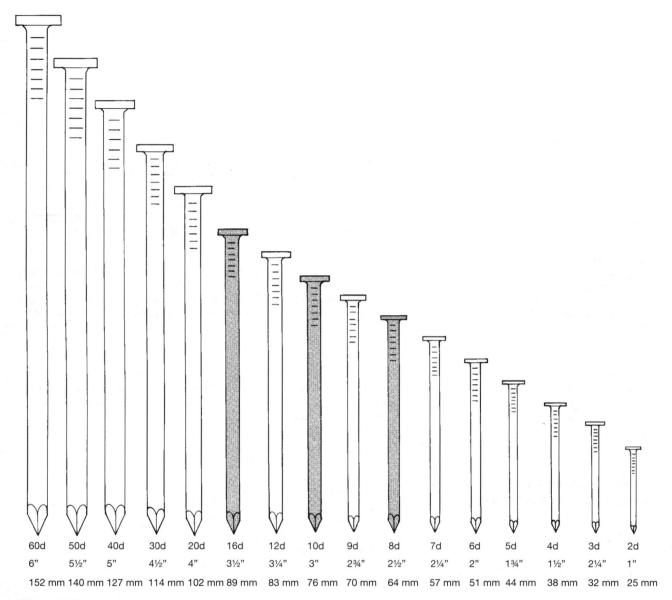

Figura 3.38
Tamanhos padrões para pregos comuns, reproduzidos em escala real. A abreviação "d" é de *penny*. O comprimento de cada prego é dado abaixo da sua designação de tamanho. Os três tamanhos de prego mais utilizados na construção de estruturas leves: 16d, 10d e 8d, estão com destaque sombreado.

o prego com um único e instantâneo golpe. Diversos tamanhos de pistolas cravam qualquer prego, desde 16d até os de acabamento de 1 polegada de comprimento, com ganhos significativos de produtividade sobre a cravação manual. Por exemplo, um recobrimento de piso pode ser fixado a um ritmo de um ou mais pregos por segundo, por carpinteiro utilizando pistolas de pregos. A instalação de componentes de acabamento, como guarnições de janela e rodapés, é muito acelerada porque a pistola de pregos crava cada um dos pregos abaixo da superfície da madeira pronta para emassar e pintar. Além disso, pregos entortados – um problema constante com pregos de acabamento de diâmetros menores pregados à mão – são raros. Cada vez mais, pregos comuns e de acabamento, que não são agrupados, são comercializados principalmente para proprietários de residências, pois os construtores profissionais apenas utilizam esse tipo de prego em situações nas quais uma pistola mais robusta não consiga alcançar um local de mais difícil acesso.

Variados tipos de *grampos* com formato U, cravados por pistola, encontram empregos na construção. Os grampos menores são utilizados para fixar papel de recobrimento e isolamento térmico. Grampos de uso pesado servem como conectores para componentes de marcenaria, pisos de madeira, *shingles*, recobrimento e painéis de suporte. Grampos não são sempre um substituto equivalente

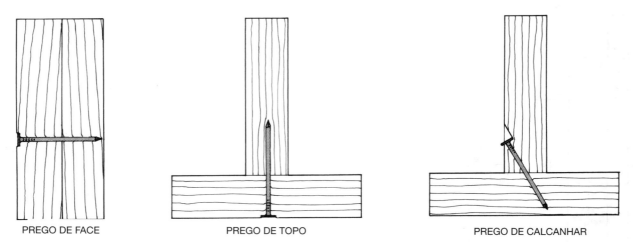

PREGO DE FACE PREGO DE TOPO PREGO DE CALCANHAR

Figura 3.39
A pregação de face é o mais resistente dos três métodos de conexão por pregos. A pregação de topo é relativamente fraca e é útil, primariamente, para manter alinhados os membros de uma estrutura, até que as forças de gravidade e as chapas de recobrimento tornem a conexão mais resistente. A pregação de calcanhar é utilizada em situações em que não há possibilidade de acesso para a cravação de um prego de topo. Pregos de calcanhar são surpreendentemente fortes; testes de carregamento mostram que eles suportam cerca de cinco sextos da carga suportada por pregos de face, com o mesmo tamanho.

para pregos. Cuidado deve ser tomado para garantir que um grampo cumpra com os requisitos do código de edificações e com as recomendações do fabricante do material que está sendo conectado.

Parafusos comuns para madeira e parafusos sextavados

Parafusos são conectores com ranhuras espiraladas, instalados com movimento de torção, por meio do qual as ranhuras fazem o parafuso penetrar firmemente para dentro do material que está sendo conectado (Figura 3.40). Em comparação com os pregos, parafusos são mais caros e levam mais tempo para ser instalados. Entretanto, parafusos podem ser inseridos com maior precisão, podem exercer maior força de travamento entre peças conectadas e possuem maior poder de fixação, além de poderem ser retirados e reinseridos, no caso de um componente necessitar ajuste ou remontagem. *Parafusos para madeira* tradicionais exigem um *orifício piloto*, perfurado previamente, no qual o parafuso é inserido e aparafusado com uma chave de fenda. Os usos mais comuns incluem junção de elementos de marcenaria, instalação de grandes pranchas de piso, montagem de equipamentos, como dobradiças e outras aplicações em marcenaria de acabamento.

Parafusos autoatarraxantes para madeira não necessitam orifícios piloto e podem ser instalados mais rapidamente com máquina aparafusadora. Eles são utilizados para prender o subpiso à estrutura de piso (para redução de rangido no piso), para prender placas de gesso junto a montantes de parede (para evitar o desprendimento de pregos), para prender deques externos à sua estrutura (para resistir ao desprendimento das tábuas de piso, causado por expansão e contração relacionadas à umidade) e onde quer que a maior precisão e o poder de retenção dos parafusos sejam benéficos. Assim como os pregos, parafusos autoatarraxantes também estão disponí-

Figura 3.40
Alguns tipos comuns de parafusos. Parafusos de cabeça plana são utilizados sem arruelas e são inseridos rentes à superfície da madeira. Parafusos de cabeça redonda são utilizados com arruelas lisas e parafusos de cabeça oval, com arruelas chanfradas. O parafuso de *drywall* não utiliza arruela e é o único parafuso aqui mostrado que não requer perfuração prévia. Cabeças de fenda e Phillips são as mais comuns. Cabeças com reentrâncias quadrangulares e em forma de estrela, que encaixam em brocas especiais de mesmo formato, estão se tornando mais populares, pelo firme engate criado entre a broca e o parafuso.

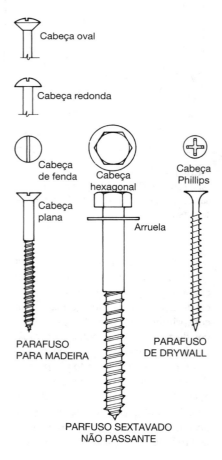

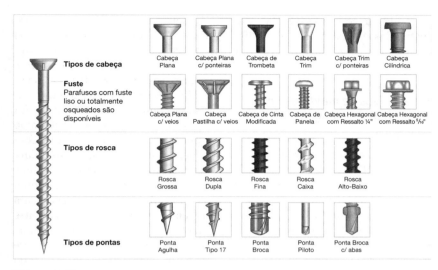

Figura 3.41
Um folheto de fabricante, ilustrando as variações em estilos de cabeças, fustes, roscas e pontas de parafusos. *(Cortesia de Simpson Strong-Tie Company, Inc.)*

veis agrupados em tiras, para uso em pistolas autoalimentadas.

Parafusos grandes, utilizados em conexões de estruturas de grande porte, são chamados *parafusos sextavados*. Eles possuem cabeças quadradas ou hexagonais e são atarraxados com uma chave inglesa, em vez de chave de fenda. Em todos os casos, os tipos de parafusos devem corresponder ao tipo de fixação. Por exemplo, *parafusos de parede drywall*, relativamente mais esbeltos e frágeis, não são adequados para aplicações estruturais.

Parafusos especiais

Os parafusos parecem vir em uma variedade interminável de estilos (Figura 3.41). Formatos alternativos de fendas, como quadrada ou em forma de estrela, encaixam e seguram o parafuso com maior segurança e podem transmitir maior torque do que a fenda tradicional ou Phillips. Padrões de rosca mais afiadas e amplas melhoram a força de retenção do parafuso e permitem atarraxá-los mais rapidamente. Cabeças de perfil especial permitem um alojamento rente à superfície da madeira (ou mais fundo). Padrões de ranhuras com diferentes profundidades melhoram a capacidade do parafuso em segurar firmemente peças presas juntas. Parafusos com recobrimentos orgânicos podem combinar com a cor final do material fixado e proporcionar resistência à corrosão, por preços menores do que os parafusos galvanizados ou de aço inoxidável. Parafusos mais delgados, com cabeças menores, podem ser instalados quase tão discretamente quanto pregos para acabamento. Em aplicações estruturais, parafusos auto-atarraxantes, mais compridos e de diâmetros maiores, podem ser instalados de maneira mais rápida e facilmente do que parafusos sextavados ou passantes.

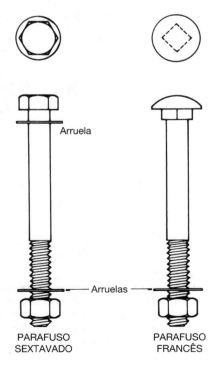

Parafusos passantes

Parafusos passantes são, principalmente, empregados em conexões estruturais de madeira de grande porte e, menos frequentemente, em estruturas leves de madeira, para fixar apoios, vigas ou outras aplicações mais pesadas. Os parafusos passantes mais comumente utilizados variam, em diâmetro, de ⅜ a 1 polegada (10 a 25 mm), em praticamente qualquer comprimento desejado. Discos achatados de aço, chamados *arruelas*, são inseridos abaixo das cabeças e das porcas dos parafusos para distribuir a força compressiva dos parafusos por uma área maior de madeira (Figura 3.42).

Conectores para madeira

Vários tipos de conectores especializados para madeira conferem maior capacidade de carga aos parafusos. O *conector de anel fendido* (*split-ring connector*) (Figura 3.43) é utilizado em conjunto com um parafuso passante, sendo inserido em encaixes circulares, entalhados nas peças de madeira a serem conectadas. Ele confere uma maior resistência à conexão, ao distribuir as forças sobre uma área bem maior de madeira, o que não pode ser feito com apenas um parafuso. A fenda permite que o anel se ajuste à retração da madeira. Anéis fendidos são úteis, principalmente, em construções que utilizam peças pesadas de madeira.

Chapas dentadas

As *chapas dentadas* (Figura 3.44) são utilizadas em estruturas pré-fabricadas leves, em madeira, de piso e de tesouras de cobertura (Figura 3.47). Elas são inseridas na madeira por meio de prensas hidráulicas, prensas pneumáticas ou rolos mecânicos e atuam

Figura 3.42
Ambos os parafusos passantes, tanto o sextavado, quanto o francês, são utilizados na construção em madeira. Os parafusos franceses possuem uma cabeça larga, em forma de botão, que dispensa o uso de arruela e, abaixo dela, uma porção quadrada a qual é forçada para dentro do orifício perfurado na madeira, para evitar que o parafuso gire, enquanto a porca é apertada na extremidade oposta.

como placas metálicas de encaixe ou emenda, cada uma com um grande número de pregos embutidos. Elas são conectores extremamente eficazes, porque não necessitam perfurações ou cola, podem ser rapidamente instaladas e seus múltiplos pontos proximamente espaçados engatam firmemente nas fibras da madeira.

Dispositivos de molduras em folhas e placas metálicas

Dezenas de engenhosos dispositivos de folhas e placas metálicas são produzidos para aumentar a resistência de conexões comuns em estruturas de madeira. O mais comumente utilizado é o *suporte para barrotes* (*joist hanger*), porém, os dispositivos apresentados nas Figuras 3.45 e 3.46 encontram vasta aplicação. Há duas séries paralelas desse tipo de dispositivo, uma feita com folhas de metal, para uso em estruturas leves, e uma feita com placas mais espessas de metal, para estruturas de madeira pesada e laminada. Os dispositivos para estruturas leves são fixados com pregos e os dispositivos mais pesados com parafusos. Nos casos em que tais dispositivos estarão expostos ao clima ou em contato com madeira tratada com produtos químicos corrosivos, eles devem ser feitos de metal resistente à corrosão, como aço galvanizado ou inoxidável. Para prevenir a corrosão galvânica entre diferentes metais, os conectores de estruturas metálicas devem sempre ser feitos com o mesmo material da estrutura: elementos estruturais gal-

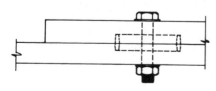

Figura 3.43
Anéis fendidos são conectores de alta capacidade, utilizados em juntas com grandes carregamentos em tesouras e estruturas de madeira. Após o orifício central ser perfurado através das duas peças, elas são separadas e os entalhes de encaixe são cortados com um cortador rotatório especial, impulsionado por uma furadeira de elevada potência. A articulação é então remontada com o anel no lugar.

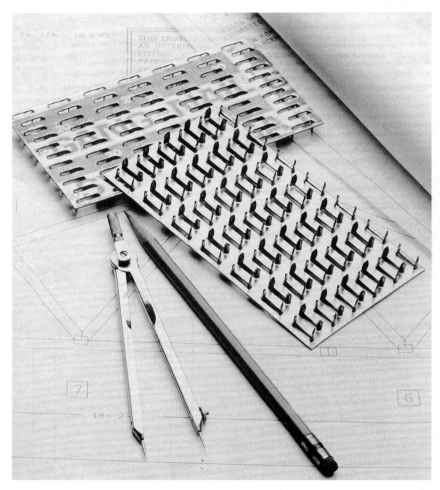

Figura 3.44
Os fabricantes de conectores de placas dentadas também produzem as máquinas para instalação das mesmas e fornecem programas de computador para auxiliar os fabricantes de tesouras no projeto e detalhamento das mesmas para edificações específicas. O desenho da tesoura nesta fotografia foi gerado por esse tipo de programa. Os pequenos retângulos no desenho indicam as posições dos conectores de placas dentadas, nas uniões da tesoura. *(Cortesia de Gang-Nail Systems, Inc.)*

vanizados devem ser conectados com conectores galvanizados e elementos estruturais de aço inoxidável, com conectores de aço inoxidável.

Adesivos

Os *adesivos* são largamente utilizados na fabricação de madeira compensada e produtos de painéis, madeira laminada, componentes estruturais de madeira e marcenaria. Alguns desses adesivos, mais notavelmente ureia-formaldeído, podem liberar formaldeído ou outros gases prejudiciais à saúde, por um longo período após a conclusão do processo de manufatura e após a colocação dos produtos em serviço nas edificações. Quando utilizados em carpintaria de interiores, tais produtos podem ser a fonte dos problemas de qualidade do ar interno. Quando produtos fabricados com adesivos ou colas forem utilizados em interiores, aqueles feitos com adesivos externos, quimicamente mais es-

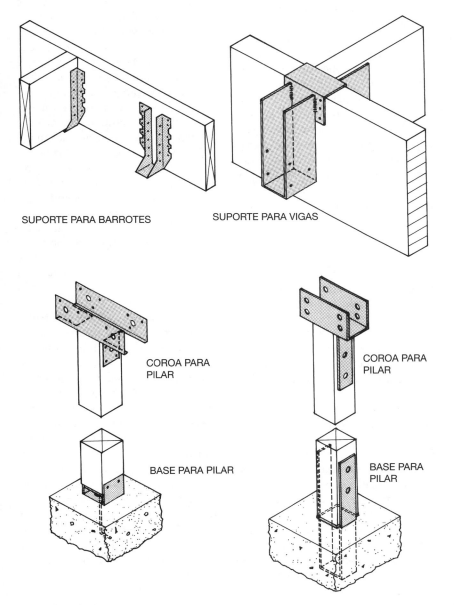

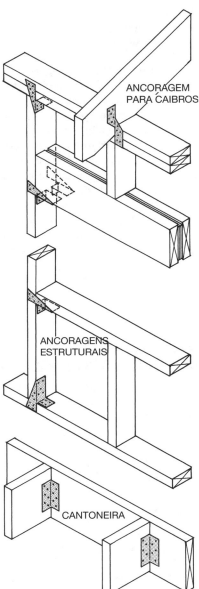

Figura 3.45
Os suportes para barrotes são utilizados para proporcionar firmes conexões em estruturas de piso, onde quer que os barrotes de madeira se apoiem um no outro em ângulos retos. Eles são conectados com pequenos pregos especiais, introduzidos através dos orifícios dos suportes. Os suportes para vigas mais pesadas em aço são utilizados, principalmente, em construção com madeira laminada. As bases para pilares desempenham a dupla função de prevenir a entrada de água na extremidade do pilar e ancorar o pilar na fundação. Os parafusos utilizados para unir os membros de madeira aos conectores foram omitidos neste desenho.

Figura 3.46
Os conectores de folhas metálicas mostrados neste diagrama são menos comumente utilizados do que os da Figura 3.45, mas são de grande valor na resolução de problemas estruturais especiais, reforçando as estruturas para evitar a sucção pelo vento e os efeitos de terremotos.

táveis, chamados fenol-formaldeídos ou adesivos alternativos livres de formaldeído, devem ser considerados. Acabamentos ou lâminas que encapsulam compostos também reduzem as emissões de colas e ligas utilizadas na sua manufatura. Os adesivos são menos utilizados no canteiro de obras, onde é mais difícil engatar e segurar ligações coladas e manter as condições ambientais sob controle, até que o adesivo seque. Nos trabalhos de carpintaria bruta, adesivos são mais utilizados para firmar painéis de subpiso na estrutura de madeira (Figura 5.27). Nesta aplicação, selante betuminoso é aplicado por meio de uma pistola seladora. A junta entre o painel de subpiso e a estrutura de caibros é então presa por pregos ou parafusos, os conectores servindo como conexão estrutural primária e o adesivo atuando principalmente para reduzir os rangidos no piso. Adesivos de variados tipos são também utilizados em carpintaria de acabamento, normalmente combinados com pregos e parafusos, para melhorar a resistência e estabilidade das conexões nos arremates, armários sob medida e outros trabalhos de arquitetura em madeira.

COMPONENTES MANUFATURADOS DE MADEIRA

Peças espessas, painéis estruturais, fixadores mecânicos e adesivos podem ser usados em combinação para a manufatura de um número de componentes estruturais altamente eficientes, que oferecem vantagens ao projetista de edificações em madeira.

Tesouras

As *tesouras* para a construção, tanto de estruturas de pisos como de coberturas, são manufaturadas em pequenas fábricas altamente eficientes em cada parte da América do Norte. A maioria tem como base peças de 2 × 4 e 2 × 6, unidas por conectores de chapa dentada. O projetista ou o construtor precisam somente especificar o vão, a inclinação do telhado e o detalhe desejado do beiral. O fabricante de tesouras utiliza, então, um projeto pré-estabelecido para a tesoura específica ou cria um projeto para a mesma e desenvolve os padrões de corte necessários para as suas partes constituintes. A manufatura e o transporte das tesouras são mostrados na Figura 3.47, e diversas aplicações de tesouras são descritas no Capítulo 5.

As tesouras de cobertura utilizam menos madeira do que uma estrutura comparável de caibros e travessas de forro convencional. Assim como as tesouras de piso, elas vencem o vão da largura total do edifício, na maioria das aplicações, conferindo ao projetista uma ampla liberdade para o posicionamento das divisões internas, onde quer que sejam necessárias. As principais desvantagens das tesouras de cobertura, considerando o uso geral, são a inutilização do espaço do sótão e, a comum restrição do projetista à monotonia espacial de um teto plano em toda a edificação. Entretanto, podem ser desenvolvidas e manufaturadas formas de tesouras que superam essas limitações (Figura 3.47c).

Vigas-I em madeira

Componentes manufaturados de madeira com formato I, chamados *vigas-I*, são empregados para estruturar coberturas e pisos (Figura 3.48). As mesas dos componentes podem ser feitas de madeira maciça, de madeira micro laminada ou de peças de fitas laminadas. As almas podem ser de madeira compensada ou de OSB; no entanto, nesta particular aplicação, a maior resistência ao cisalhamento do OSB o torna uma escolha superior em relação ao compensado. Assim como as tesouras, esses componentes utilizam a madeira de maneira mais eficiente do que caibros e barrotes maciços convencionais, além de vencerem vãos maiores entre apoios. Eles também são mais leves do que os componentes maciços correspondentes, não apresentam arqueamentos ou curvamentos, são dimensionalmente mais estáveis e disponibilizados em comprimentos de até 40 pés (12,2 m). Uma vez que vigas-I vencem maiores vãos do que a estrutura convencional de madeira, pisos estruturados com esses componentes são, algumas vezes, mais propensos a vibrações desconfortáveis, quando submetidos às cargas normais dos ocupantes. Elementos extra enrijecedores ou vigas superdimensionadas podem ser utilizados para contrabalançar essa tendência. O Capítulo 5 mostra o uso das vigas-I em estruturas de madeira.

Painéis

Peças espessas e painéis estruturais de madeira são adequados para muitas formas de *pré-fabricação*. Em comparação com os métodos de construção in loco, a pré-fabricação em fábrica permite equipes menores em obra, uma construção mais rápida, com qualidade mais consistente, menor probabilidade de atrasos em função de intempéries, e uso eficiente dos materiais, além de desperdício reduzido.

De forma simplificada, a pré-fabricação pode consistir em *painéis estruturados* montados em fábrica, geralmente, com seções de 4 pés (1,220 mm) de largura, recobertos com folhas de compensado ou OSB, transportados até o canteiro de obras e rapidamente pregados uns aos outros, gerando uma estrutura completa, revestida e pronta para receber os acabamentos.

Para uma maior eficiência estrutural, painéis de parede portante, pisos e coberturas podem ser pré-fabricados, utilizando folhas superiores e inferiores de compensado ou OSB, como membros primários para absorção de cargas. Essas folhas são unidas firmemente, ou por um núcleo de espuma plástica rígida, gerando um painel estrutural isolante (*structural insulated panel* – SIP), ou por um esqueleto estrutural de peças espessas, conformando um painel com revestimento tensionado (*stressed-skin panel* – SSP). SIPs, são, especificamente, uma escolha popular para a construção de casas e pequenos edifícios de alta eficiência energética (Figura 3.49).

Em *construções com painéis*, seções inteiras de paredes ou pisos são estruturadas e recobertas em fábrica, e então transportadas até o local da construção e rapidamente instaladas em série. Apesar da pré-fabricação de elementos mais complexos – incluindo isolamento, instalação elétrica, janelas, portas e acabamentos internos

(a)

(b)

(c)

Figura 3.47
Manufatura e transporte de tesouras em madeira. (a) Trabalhadores alinham os componentes de madeira de uma tesoura de cobertura e posicionam os conectores de chapa dentada nos pontos de união, pregando-os com um martelo para encaixá-los levemente e mantê-los no lugar. O cilindro "Gantry", então, passa rapidamente sobre a mesa de montagem e pressiona firmemente as chapas na madeira. (b) As tesouras são transportadas até o local da obra, em um reboque especial. (c) As tesouras podem ser concebidas e produzidas em praticamente qualquer configuração. *(Fotos cortesia do Wood Truss Council of America)*

Figura 3.48
Conjunto de vigas-I entregues no canteiro de obras. As almas são em OSB e as mesas em madeira maciça. *(Foto de Joseph Iano)*

e externos – ser tecnicamente viável, ela utilizada com menos frequência pelas dificuldades adicionais de se juntar todos esses tipos de sistemas no canteiro e de obtenção das inspeções exigidas pelo código de edificações, em um ambiente de fábrica.

Habitação pré-fabricada

Casas completas podem ser construídas em uma fábrica, algumas vezes até mesmo com mobiliário, para serem transportadas até fundações prontas, onde são posicionadas e preparadas para a ocupação em uma questão de horas ou dias. Uma *casa manufaturada* (chamada de casa móvel no passado) é construída no

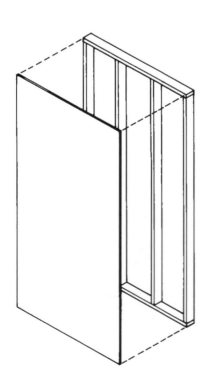
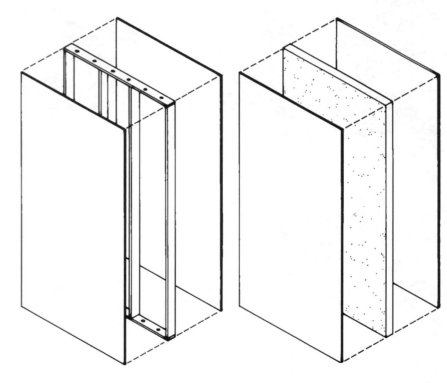

PAINEL ESTRUTURAL   PAINEL ESTRUTURAL ISOLANTE   PAINEL COM REVESTIMENTO TENSIONADO

Figura 3.49
Três tipos de painéis pré-fabricados em madeira. O painel estrutural é idêntico a um segmento de estrutura convencional de parede, piso ou cobertura. As faces do painel com revestimento tensionado (*SSP*) são unidas por adesivo a finos espaçadores de madeira, configurando uma unidade estrutural, na qual as faces absorvem as maiores tensões. Um SIP, algumas vezes também chamado de *painel sanduíche*, funciona estruturalmente da mesma forma que um SSP; no entanto, suas faces são coladas a um núcleo de espuma isolante, em vez de aos espaçadores de madeira.

seu próprio chassi rebocável permanente e é projetada para atender aos códigos de edificações federais administrados pelo U. S. Department of Housing and Urban Development. Uma *casa modulada* pré-fabricada é projetada respeitando o código de construção em vigor no local onde será construída e é transportada em um trator de reboque com base plana. Casas pré-fabricadas e modulares são construídas em unidades, com larguras de 14 a 16 pés (4,27 a 4,88 m), que permitem, dessa forma, o transporte em vias públicas. Múltiplas unidades podem ser combinadas, lado a lado, ou mesmo empilhadas verticalmente para compor a casa completa.

As casas pré-fabricadas mais baratas são vendidas por um valor equivalente a uma fração das casas, de mesma área, construídas da forma convencional. Isso acontece, em parte, devido à economia da produção em fábrica e da comercialização em massa e, em parte, em função do uso de componentes mais leves e mais baratos, e assim, de menor vida útil. Por outro lado, tanto as casas pré-fabricadas como as casas modulares também podem ser construídas com níveis de qualidade e custo iguais aos daquelas de construção convencional, mas com potencial de reduzir significativamente o tempo de construção no canteiro de obras.

Embora mais frequentemente associadas à construção residencial, as técnicas modulares também podem ser aplicadas a tipologias maiores de edificações comerciais ou institucionais.

TIPOS DE CONSTRUÇÃO EM MADEIRA

A construção em madeira evoluiu para dois sistemas principais de construção *in loco*: as estruturas "talhadas à mão", dos séculos passados, tornaram-se as estruturas pesadas de madeira de hoje, utilizadas tanto para residências unifamiliares quanto para edificações de maior porte. A partir da estrutura pesada em madeira, surgiu a construção com estrutura leve de madeira, que é o sistema predominante para casas, pequenas estruturas comerciais e edifícios de apartamentos, mesmo para os de até cinco ou seis andares. Esses dois tipos de estrutura são detalhados nos Capítulos 4 e 5.

CSI/CSC	
Seção do MasterFormat para Madeira, Compósitos de Plástico-Madeira e Materiais de Madeira Plástica	
06 0500	**RESULTADOS COMUNS DE TRABALHO PARA MADEIRA, PLÁSTICOS E COMPÓSITOS**
	Madeira, Plástico e Fixação de Compósitos
	Tratamento da Madeira
06 1000	**CARPINTARIA BRUTA**
06 11 00	Estrutura de Madeira
06 12 00	Painéis Estruturais
	Painel com Revestimento Tensionado
	Painéis Isolantes Estruturais
06 16 00	Recobrimento
06 17 00	Madeira Estrutural Fabricada em Oficina
	Madeira Micro-Laminada
	Peças de Tiras Paralelas de Madeira
	Vigas-I em madeira
	Chapas de Borda
	Tesouras em Madeira Fabricadas em Oficina
06 18 00	Construção Laminada-Colada
06 2000	**CARPINTARIA DE ARREMATE**
06 5000	**PLÁSTICOS ESTRUTURAIS**
06 6000	**FABRICAÇÕES PLÁSTICAS**
06 65 00	Acabamentos Plásticos que Simulam Madeira
06 7000	**COMPÓSITOS ESTRUTURAIS**
06 73 00	Deques de Compósitos

REFERÊNCIAS SELECIONADAS

1. Hoadley, R. Bruce. *Understanding Wood: A Craftsman's Guide to Wood Technology* (2nd ed.). Newton, CT, Tauton Press, 2000.

    Belamente ilustrado e produzido, este volume explica e demonstra, de modo vívido, as propriedades da madeira como material de construção.

2. USDA Forest Products Laboratory. *Wood Handbook: Wood as an Engineering Material*. Ottawa, Canada, Algrove Publishing Limited, 2002

    Esta referência do *Forest Products Laboratory* tem sido publicada desde os anos 30. O material oferece uma abrangente cobertura sobre as propriedades da madeira e o uso da madeira na construção. Este livro também pode ser consultado gratuitamente no site do *Forest Products Laboratory*, www.fpl.fs.fed.us.

3. Western Wood Products Association. *Western Woods Use Book*. Portland, OR, atualizado regularmente.

    Esta encadernação, com folhas soltas, apresenta uma referência bibliográfica completa sobre as espécies mais comuns de peças espessas de madeira, madeiras de construção e acabamentos em madeira. Ela inclui o *National Design Specification for Wood Construction*, padrão para projetos estruturais de madeira.

4. APA – The Engineered Wood Association. *Binder; Architect's Reference Materials*. Tacoma, WA, atualizado regularmente.

    Esta publicação é um guia completo, com folhas soltas, sobre produtos manufaturados de madeira, incluindo madeira compensada, OSB, *waferboard*, SIPs e madeira laminada-colada. O site da organização também é uma excelente fonte de informação técnica sobre painéis estruturais, madeira laminada-colada e compósitos estruturais de madeira.

5. Canadian Wood Council. *Wood Reference Handbook*. Ottawa, 1995

    É uma enciclopédia referencial sobre materiais em madeira, maravilhosamente ilustrada.

SITES

Madeira

Site complementar do autor: **www.ianosbackfill.com/03_wood**
Forest Stewardship Council: **www.fsc.org**
Sustainable Forestry Initiative: **www.aboutsfi.org**

Madeira serrada

American Wood Council: **www.awc.org**
Canadian Wood Council: **www.cwc.ca**
Hardwood Council: **www.hardwoodcouncil.com**
U. S. Forest Products Laboratory: **www.fpl.fs.fed.us**
Western Wood Products Association: **www.wwpa.org**

Produtos de madeira

American Institute of Timber Construction: **www.aitc-glulam.org**
APA-The Engineered Wood Association: **www.apawood.org**

Painéis de madeira

APA-The Engineered Wood Association: **www.apawood.org**
Composite Panel Association: **www.pbmdf.com**
Hardwood Plywood & Veneer Association: **www.hpva.org**

Tratamentos químicos para madeira

AWPA-The American Wood Preservers Association: **www.awpa.com**

Componentes manufaturados de madeira

Manufactured Housing Institute: **www.manufacturedhousing.org**
Structural Insulated Panel Association: **www.sips.org**
WTCA (antigamente Wood Truss Council of America): **www.sbcindustry.com**

Palavras-chave

Casca
Câmbio
Alburno
Cerne
Medula
Celulose
Lignina
Grã
Madeira de primavera, madeira temporã
Madeira de verão, madeira tardia
Madeira macia
Madeira dura
Traqueídeos
Raio
Fibra
Vaso, poro
Madeira certificada
Forest Stewardship Council (FSC)
Sustainable Forestry Initiative (SFI)
Madeira de demolição
Madeira serrada
Serra
Serradores
Corte normal
Fibras paralelas
Serrada em quartos, serrada em ângulo, serrada na margem
Fibras verticais, fibras marginais
Água livre
Água de impregnação
Seca
Teor de umidade de equilíbrio (*equilibrium moisture content – EMC*)
Madeira verde
Secagem em estufa
Secagem ao ar livre
Etiqueta
Retração longitudinal
Retração radial
Retração tangencial
Beneficiada
Não beneficiada
Aplainada nos quatro lados (*surfaced four sides* – S4S)
Aplainada em dois lados (*surfaced two sides* – S2S)
S-DRY
S-GRN
Características de crescimento
Características de manufatura
Nó da madeira
Nó oco
Apodrecimento
Dano por insetos
Fenda
Rachadura
Arqueamento
Encurvamento
Torção
Encanoamento
Esmoado
Classificação estrutural
Classificação visual
Classificação por máquina
Máquina de avaliação de tensão
Classificação por aparência
Dimensão nominal
Dimensão real
Chapa
Madeira espessa
Madeira para construção
Board foot
Madeira laminada-colada (*glulam*)
Junta dentada – finger jointed
Junta chanfrada – scarf jointed
Viga laminada-colada híbrida
Viga laminada-colada reforçada com FRP
Madeira estrutural de compósitos, "engenheirado" de madeira
Peças de fitas laminadas (*Laminated Strand Lumber – LSL*)
Peças de tiras orientadas (*Oriented Strand Lumber – OSL*)
Peças de madeira micro-laminada (*Laminated Veneer Lumber – LVL*)
Peças de tiras paralelas (*Parallel Strand Lumber – PSL*)
Madeira estrutural com junta dentada
Compósito plástico-madeira (*wood plastic composite – WPC*)
Arremate de madeira composta
Madeira plástica
Madeira plástica reciclada (*recycled plastic lumber – RPL*)
Madeira plástica estrutural (*Structural-grade plastic lumber – SGPL*)
Fator de duração de carga
Estrutura em balanço
Painel estrutural de madeira
Madeira compensada
Laminado, lâmina
Painel de compósitos
Painel não laminado
Chapa de tiras orientadas (*Oriented strand board – OSB*)
Waferboard
Chapa de madeira aglomerada
Painel de suporte
Chapa de fibra
Chapa de fibra de média densidade (*medium-density fiberboard* – MDF)
Corte rotatório
Lixamento leve
Madeira compensada MDO (*medium-density overlay*)
Madeira compensada HDO (*high-density overlay*)
Flitch
Laminado cortado em flitches
Classificação quanto ao vão admissível
Classificação quanto à durabilidade de exposição
Chapa de fibra de alta densidade
Chapa de fibra isolante de recobrimento
Painéis de fibra de celulose
Madeira dura
Madeira compensada
Tratamento de retardamento do fogo (*fire-retardant treatment – FRT*)
Madeira com tratamento preservativo
Creosoto
Pentaclorofenol
Madeira tratada sob pressão, autoclavada
Arseniato de cobre cromatado (CCA)
Cobre alcalino quaternário (ACQ)
Azol de cobre e boro (CBA e CA)
Borato de sódio (SBX)
Impregnação sob pressão
Incisões
Seca em estufa após tratamento
Sistema de Categoria de Uso (*Use Category System*)
Prego
Prego comum
Prego de caixa
Prego para acabamento
Penny (d)
Prego brilhante
Prego galvanizado em imersão quente
Pregação de face
Pregação de topo
Pregação de tornozelo
Sinker, cooler
Prego de suportes para barrotes
Pistola de pregos
Pregos agrupados
Grampo
Parafuso
Parafuso para madeira
Orifício piloto
Parafuso autoatarraxante
Parafuso sextavado
Parafuso de drywall
Parafuso passante
Arruela
Conector de anel fendido
Chapa dentada
Suporte para barrote
Adesivo
Fenol-formaldeído
Tesoura
Viga-I
Pré-fabricação
Painel estruturado
Painel estrutural isolante (*structural insulated panel – SIP*)
Painel com revestimento tensionado (*stressed-skin panel – SSP*)
Construções com painéis
Casa fabricada
Casa modular

QUESTÕES PARA REVISÃO

1. Discuta as mudanças no teor de umidade e seus efeitos em uma peça espessa, desde o momento em que a árvore é cortada e processada, até a sua utilização em uma edificação ao longo de um ano.
2. Quais são as diferenças entre uma madeira de corte normal e uma madeira serrada em quartos? Quais as aplicações mais apropriadas para cada uma?
3. Dê as dimensões reais das seções transversais das seguintes peças secas em estufa: 1×4, 2×4, 2×6, 2×8, 4×4, 4×12.
4. Por que a madeira é laminada? Quais os tipos de produtos de madeira que utilizam a laminação?
5. Quais as vantagens em se utilizar a madeira composta estrutural em relação à madeira maciça?
6. Qual o significado de uma classificação de 32/16, quanto ao vão admissível? Quais os tipos de produtos de madeira são classificados dessa forma?
7. Identifique a classificação mais adequada para o laminado da madeira compensada para as seguintes aplicações: (a) a face externa de uma parede ou um painel de recobrimento de uma cobertura, (b) subpiso para receber acabamento de piso em madeira, (c) base para a instalação de um fino piso resiliente de recobrimento em vinil, (d) compensado para receber uma pintura para um uso que exija a qualidade de acabamento mais alta possível.
8. Por quais razões você especificaria uma madeira com tratamento preservativo? Quais materiais alternativos poderiam ser utilizados em casos em que a madeira tratada é, normalmente, necessária?
9. Quais são as espécies comuns de madeira que apresentam um cerne naturalmente resistente aos insetos e ao apodrecimento?
10. Por que os pregos são os fixadores favoritos na construção em madeira?

EXERCÍCIOS

1. Visite um pátio de serraria próximo ou um centro de suprimento de materiais de construção. Verifique e liste as espécies, classificações e dimensões das madeiras contidas no estoque. Quais os usos indicados para cada uma delas? Enquanto estiver no local, observe também os tipos de fixadores disponíveis.
2. Pegue algumas sobras de peças espessas de uma loja ou de um canteiro de obras. Examine-as e verifique onde elas estavam posicionadas na tora antes do corte. Observe as distorções de secagem em cada peça: O quanto essas distorções correspondem às que você teria previsto? Meça a largura e a espessura de cada sobra e compare suas medições às dimensões reais especificadas para cada uma.
3. Junte amostras do maior número possível de diferentes espécies que você puder encontrar. Aprenda a diferenciar as espécies, a partir da observação da cor, do odor, do desenho das fibras, da estrutura das estrias, da dureza relativa e assim por diante. Quais são os usos mais comuns para cada espécie?
4. Visite um canteiro de obras e liste os diversos tipos de madeiras e produtos de madeira que estão sendo utilizados. Observe o selo de classificação em cada um e verifique por que uma dada classificação está sendo empregada em determinado uso. Se possível, analise as especificações escritas do arquiteto para o projeto e observe como as madeiras e os produtos de madeira foram especificados.

Do conceito à realidade

PROJETO: Uma estrutura de fechamento para uma piscina residencial
ARQUITETO: Edward Allen

O orçamento para este projeto, uma estrutura de fechamento para uma pequena piscina junto a uma residência unifamiliar, foi restrito. O vão da cobertura era grande demais para ser estruturado com caibros padrão; então, o arquiteto decidiu utilizar, pela primeira vez, tesouras de madeira feitas sob medida e montadas com parafusos. Esses elementos seriam espaçados a cada 4 pés (1,2m) e ficariam expostos no interior da edificação, como aspecto principal de sua arquitetura. Para permanecer dentro do orçamento, as tesouras seriam executadas com madeira estrutural comum, de 2 polegadas. Foi considerada a utilização de tesouras de cobertura padrão, feitas em fábrica, no entanto, percebeu-se que não seria o adequado, uma vez que seus conectores em chapa dentada são pouco atraentes.

A inclinação do telhado, em um ângulo de 45 graus (12/12) foi determinada logo no início do projeto. Para conferir uma sensação de altura no espaço interno, os banzos inferiores das vigas da cobertura foram inclinados até um valor de 6/12, para compor uma configuração de tesouras (Figura A).

O arquiteto calculou as cargas previstas na cobertura e as forças máximas nos componentes da tesoura. Então, ele determinou as dimensões necessárias dos componentes, peças duplas de 2x10, para os banzos superiores, e peças simples de 2x4, para os outros membros. Em seguida, calculou o número necessário de parafusos para cada conexão da tesoura. Finalmente, começou a desenhar em maior escala os detalhes das conexões, os quais revelaram uma surpresa desagradável: a utilização dos espaçamentos entre parafusos e os afastamentos das extremidades exigidos pelo código tornava impossível colocar o número necessário de parafusos nas conexões mais extremas da tesoura. Independentemente do tamanho dos parafusos testados, não existia espaço suficiente na madeira para colocá-los. Anéis conectores não melhoraram a situação, pois também não havia espaço suficiente para utilizá-los.

Com a investigação desse problema, o arquiteto percebeu que os parafusos são caros e têm uma instalação muito trabalhosa. Quando o número total de parafusos necessários para todas as tesouras foi multiplicado pelo custo unitário de cada um, tornou-se evidente que tesouras parafusadas resultariam num custo muito elevado para um projeto de orçamento modesto.

Estudos posteriores, sobre a engenharia da madeira, revelaram que pregos poderiam ser utilizados nas conexões de tesouras, em vez de parafusos. Pregos de 10d, galvanizados em imersão quente, resistiriam à ferrugem no ar úmido acima da piscina e sua instalação custaria apenas alguns centavos, comparada à instalação de vários dólares dos parafusos. Um prego não transferiria tanta força quanto um parafuso, porém muito mais pregos do que parafusos poderiam ser colocados na conexão, uma vez que não existem regras quanto ao espaçamento entre pregos, apenas uma precaução de que pregos não devem rachar a madeira.

Até então, tudo bem – mas, de volta à prancheta, o desenho das tesouras em escala real deixou evidente que muitos pregos seriam necessários nas conexões de extremidade, e que seria quase fisicamente impossível colocar todos, e, desta forma, a fissura da madeira seria inevitável.

A única solução seria modificar a configuração da tesoura de maneira a reduzir os esforços junto às conexões, até que a utilização de pregos se tornasse possível e razoável. A verificação das forças calculadas dos componentes demonstrou que a melhor maneira de fazer isso seria com a redução da inclinação dos banzos inferiores da tesoura, aumentando, assim, o ângulo entre o banzo inferior e o superior no ponto em que eles se encontram sobre o apoio. Por meio de tentativa e erro, foi encontrada uma inclinação que reduziria suficientemente os esforços dos componentes, permitindo, então, que as conexões fossem pregadas (Figura B).

Ainda assim, muitos eram os pregos necessários em cada conexão e eles teriam que ficar em um espaçamento muito próximo. Por isso, o arquiteto elaborou modelos em papel, em escala real, para orientar o construtor na colocação dos pregos em um padrão regular visualmente interessante. Esses padrões minimizaram as forças

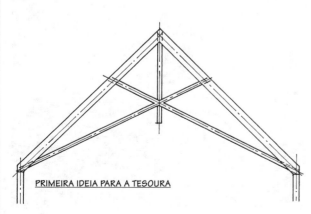

Figura A

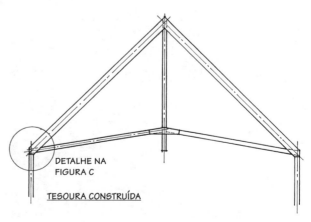

Figura B

de fendilhamento da madeira, pela localização de pregos ao longo de linhas inclinadas, não alinhados no sentido das fibras (Figura C). Como precaução adicional contra o fendilhamento, seriam feitos furos para os pregos, de acordo com as exigências do código de edificações. O arquiteto também visitou serrarias locais, na busca por uma madeira de bom aspecto e com pouca tendência a fendilhar. Dois tipos de madeira estrutural estavam prontamente disponíveis, Hem-Fir e Spruce-Pine-Fir (SPF), ambas provenientes de cultivos mistos das três espécies. A Hem-fir já estava sofrendo fendilhamento nas pilhas do pátio, devido às tensões de secagem. A SPF era, entre as duas, a mais interessante. Ela

Figura C

Figura D

Figura E

Figura F

era, também, um pouco mais macia e apresentava um padrão de fibras mais regular, o que reduziria a probabilidade de rachaduras. Felizmente, não era mais cara do que a Hem-Fir.

No momento da fabricação e içamento das tesouras, o arquiteto despendeu alguns dias de trabalho junto com o construtor no canteiro de obra. Uma primeira tesoura foi cortada, perfurada e montada em um pátio adjacente à piscina. O processo de montagem se mostrou rápido e fácil e a madeira não demonstrou nenhuma tendência ao fendilhamento. Dois carpinteiros precisaram menos do que um dia para confeccionar as tesouras restantes, empilhadas sobre a primeira (Figura D).

Um pequeno caminhão equipado com um guindaste foi alugado de uma companhia local para realizar a instalação das tesouras. Foi necessária apenas uma hora para içar e posicionar todas elas (Figura E). O espaço interno podia, agora, ser facilmente visualizado: ele tinha a qualidade da altura que havia sido inicialmente perseguida e uma rica complexidade visual, que foi criada pela repetição das várias tesouras (Figuras F, G). Muitas lições foram aprendidas:

- O projeto de uma tesoura não é um processo linear. Ele requer idas e vindas, até atingir uma solução que seja visualmente satisfatória, suficientemente forte e construtivamente eficiente.
- Não se pode, simplesmente, desenhar a forma de uma tesoura e presumir que ela fará o trabalho. A tesoura deve ter profundidade suficiente e os seus componentes mais tensionados devem se encontrar em ângulos não muito agudos.
- O trabalho em conjunto com o construtor torna viável a realização de coisas que, de outra forma, seriam impossíveis.
- O tempo gasto na investigação das qualidades e das propriedades dos materiais é tempo bem gasto, não só para o projeto em questão, como para projetos futuros. A inovação em um projeto é um passo a frente para mais inovações no próximo.

Figura G

4
CONSTRUÇÃO COM MOLDURA ESTRUTURAL DE MADEIRA PESADA

- Construções de madeira pesada resistentes ao fogo
- Edifícios combustíveis com moldura estrutural em madeira pesada
- Amarração lateral de edifícios de madeira pesada
- Instalações em edifícios de madeira pesada
- Vãos maiores em madeira pesada
- Madeira pesada e códigos de edificações
- Singularidades de molduras estruturais em madeira pesada

O arquiteto Nils Finne combina uma moldura em madeira pesada com trabalho em pedra robusta e carpintaria exterior finamente trabalhada, nesta residência de belo acabamento. *(Arquiteto: FINNE Architects www.FINNE.com; fotografia de Art Grice)*

Vigas de madeira têm sido utilizadas para construir pisos e telhados de edifícios desde o começo da civilização. As primeiras edificações emolduradas em madeira pesada foram casas de piso de terra, alpendres, tendas indígenas e montagens em forma de cestos, constituídos por galhos curvados de árvores. Nos primeiros tempos da história, telhados e pisos de madeira eram combinados com paredes de alvenaria portante para a construção de casas e edifícios públicos. Na Idade Média, paredes reforçadas com moldura de madeira foram construídas pela primeira vez (Figuras 4.1 e 4.2). Os carpinteiros britânicos que emigraram para a América do Norte, nos séculos XVII e XVIII, trouxeram com eles um conhecimento plenamente desenvolvido de como construir armações eficientemente interligadas e, por dois séculos, norte-americanos viveram e trabalharam quase que exclusivamente em edifícios emoldurados em madeira de construção talhada manualmente, com conexões encaixadas umas nas outras (Figuras 4.3 e 4.4). Pregos eram raros e caros, por isso eram utilizados somente na construção de portas e janelas e, algumas vezes, para amarrar placas de revestimento à moldura.

Até dois séculos atrás, troncos poderiam ser convertidos em tábuas e madeira de construção, somente com uso da energia muscular humana. Para fazer madeira, lenhadores habilmente marcavam e talhavam troncos para reduzi-los a perfis retangulares. Tábuas eram produzidas vagarosa e laboriosamente, com uma longa serra manual, operada por duas pessoas, com um homem colocado em uma cova abaixo do tronco, puxando a serra para baixo, e o outro, colocado acima, puxando-a de volta para cima. No início do século XIX, serrarias movidas à água começaram a assumir o trabalho de transformar troncos de árvores em madeira de construção, falquejando troncos e cortando-os em placas, em uma fração do tempo que tomava para fazer o mesmo trabalho manualmente.

A maior parte dos grandes moinhos industriais norte-americanos do século XIX, que manufaturavam têxteis, calçados, maquinaria, e todos os bens da civilização, consistia em pisos e telhados de madeira pesada serrada, suportados por paredes externas de alvenaria (Figuras 4.5 e 4.6). Os construtores de casas e celeiros do século XIX substituíram as madeiras falquejadas manualmente pelas madeiras de construção serradas, assim que isto se tornou possível. Muitos desses moinhos, celeiros e casas ainda existem, e com eles sobrevive uma rica tradição de edificações com moldura de madeira pesada.

Figura 4.1
As molduras de paredes com elementos interligados não foi desenvolvida senão no final da Idade Média e começo do Renascimento, quando, frequentemente, eram expostas na fachada do edifício, no estilo de construção conhecido como *enxaimel*. O espaço entre o madeiramento era preenchido com tijolos cerâmicos ou em *taipa*, uma argamassa crua de gravetos e barro, como ilustrado aqui no Wythenshawe Hall, residência do século XVI, perto de Manchester, Inglaterra. *(Fotografia de James Austin, Cambridge, Inglaterra)*

Figura 4.2
As formas das casas de madeira europeias, em geral, seguiram uma progressão, em termos de desenvolvimento: de moradias em covas, feitas de terra e troncos de árvores, para molduras de galhos curvados; para molduras com elementos interligados. Os *galhos curvados de madeira*, falquejados a mão a partir de árvores de formas apropriadas, foram precursores dos arcos de madeira laminada e das molduras rígidas, que são amplamente usados hoje.

MORADIA EM COVAS MOLDURA ESTRUTURAL DE MADEIRA EM GALHOS CURVADOS MOLDURA COM ELEMENTOS INTERLIGADOS

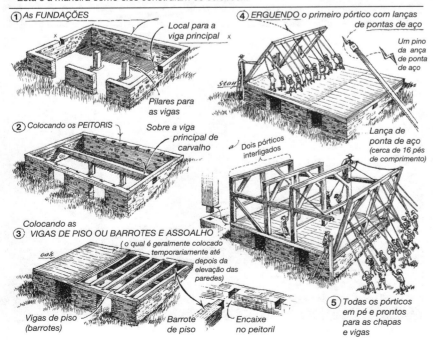

Figura 4.3
A tradição europeia de molduras estruturais de madeira pesada foi trazida para a América do Norte pelos primeiros colonos e foi usada para casas e celeiros, até boa parte do século XIX. *(Desenho de Eric Sloane; cortesia do artista)*

Figura 4.4
A tradicional moldura em madeira foi reavivada nos últimos anos por um número considerável de construtores, que aprenderam os velhos métodos de marcenaria e os atualizaram, com a utilização de modernas ferramentas elétricas e equipamentos. (a) Montando um *pórtico* (uma superfície plana, composta de pilares, vigas, traves e braçadeiras). (b) Os pórticos completos são dispostos no chão, prontos para serem erguidos. (c) Erguendo os pórticos, usando uma grua montada em caminhão, e instalando a moldura do piso e as *terças* do telhado (membros menores da estrutura secundária, que abrangem as vigas primárias e os caibros). (d) A moldura completa. (e) Envolvendo a casa com moldura estrutural em madeira com painéis sanduíche, os quais são feitos de painéis OSB, colados a um cerne de isolante térmico de espuma. *(Cortesia de Benson Woodworking, Inc., Alstead, New Hampshire)*

(a)

(b)

(c)

Capítulo 4 Construção com Moldura Estrutural de Madeira Pesada

(d)

> O antigo construtor rural, quando tem que fazer uma viga arqueada ou uma conexão curva, vai até o seu jardim e procura por um tronco que cresceu nesta forma, e sacando duas camadas externas com um trabalho artesanal na serra, corta-as grosseiramente no formato adequado, com seu machado de falquejar, e trabalha no seu acabamento com o aplainador, de modo que o trabalho completo permaneça, para sempre, como evidência de sua habilidade...
>
> Gertrude Jekyll, designer de jardim inglês, como escrito em 1900.

(e)

Figura 4.5
A maioria dos edifícios industriais do século 19, na América do Norte, era construída com telhados de madeira pesada e pisos apoiados, no seu perímetro, em paredes de alvenaria portante, um método construtivo que veio a ser conhecido como Mill construction. Este grupo impressionante de moinhos têxteis se estende por uma distância de 2 milhas (3 km), ao longo do rio Merrimac em Manchester, New Hampshire. *(Fotografia de Randolph Langebach)*

Figura 4.6
As janelas de tamanho generoso nos moinhos forneciam luz diurna em abundância para se trabalhar. Os pilares eram de madeira ou ferro fundido. A maior parte das fábricas de New England, como esta, era estruturada de forma bem simples: as suas lajes de piso eram suportadas por vigas, que corriam em ângulos retos com as paredes exteriores, suportadas, no interior, por duas linhas de pilares. Observe que o acabamento do piso corre perpendicularmente à laje estrutural. Sprinklers elevados proporcionam segurança adicional contra o fogo, para um método construtivo que já tem qualidades inerentes de resistência ao fogo. *(Fotografia de Randolph Langenbach)*

CONSTRUÇÕES DE MADEIRA PESADA RESISTENTES AO FOGO

Madeiras maiores, por sua capacidade maior de absorver calor, demoram mais para inflamar e entrar em combustão do que pedaços menores de madeira. Quando exposta ao fogo, uma viga de madeira pesada, apesar de carbonizada profundamente por combustão gradual, continuará suportando sua carga por muito mais tempo que aquela que determina o colapso de uma viga de aço desprotegida, exposta às mesmas condições. Se o fogo não for prolongado, uma viga ou coluna em madeira pesada, danificada pelo fogo, pode frequentemente ser jateada com areia, *posteriormente*, para remover a carbonização superficial e continuar em uso. Por essas razões, os códigos de edificações reconhecem as molduras estruturais de madeira pesada que satisfaçam certas exigências específicas, como tendo propriedades de resistência ao fogo.

No IBC (Internacional Building Code), para um edifício ser classificado como Type IV Heavy Timber construction (Construção em Madeira Pesada Tipo IV*)*, seus elementos estruturais em madeira devem atender a certos requisitos mínimos em relação a tamanho, e suas paredes externas devem ser construídas em materiais não combustíveis. Os tamanhos mínimos requeridos para elementos de madeira sólida estão resumidos na Figura 4.7. Elementos laminados-co-

Capítulo 4 Construção com Moldura Estrutural de Madeira Pesada **141**

CONSIDERAÇÕES SOBRE SUSTENTABILIDADE EM CONSTRUÇÕES DE MADEIRA PESADA

Além das considerações de sustentabilidade da produção e do uso da madeira, abordadas no capítulo anterior, há questões relacionadas a construções com moldura estrutural em madeira pesada de maneira especial:

É um desperdício serrar troncos grandes e sólidos de árvores para se obter madeira para construção: na maioria dos casos, somente uma ou duas chapas podem ser obtidas de um tronco e, frequentemente, é difícil serrar peças menores das sobras de placas.

Madeiras laminadas-coladas e madeiras de compósitos utilizam fibras de madeira de modo muito mais eficiente que madeiras sólidas.

Madeira reciclada, proveniente da demolição de engenhos, fábricas e celeiros, frequentemente, está disponível para uso. A maioria dessa madeira é proveniente de florestas antigas, de crescimento lento, que produzem madeira de grã fina e densa. Como resultado, possui propriedades estruturais que são superiores às de madeiras de crescimento mais recente. Madeiras recicladas podem ser usadas como estão, com algum acabamento superficial que lhes dê uma nova aparência, ou ser novamente serradas, em elementos menores. Contudo, elas frequentemente contêm velhos grampos metálicos. A menos que estes sejam meticulosamente encontrados e removidos, eles podem danificar as lâminas de serras e aplainadores, causando paralisações onerosas em serrarias, enquanto os reparos são realizados.

Ações de flexão contínua de vigas podem ser criadas unindo vigas em pontos de inflexão, em vez de sobre apoios, como mostrado nas Figuras 4.15, 4.20 e 4.21. Isso reduz os momentos máximos de flexão, permitindo que o tamanho das vigas seja reduzido substancialmente.

As madeiras não perdem sua resistência com a idade, embora elas se deformem progressivamente, se sobrecarregadas. Quando uma edificação em madeira pesada for demolida, em algum momento do futuro as suas madeiras poderão ser recicladas, mesmo que elas próprias tenham sido utilizadas como material reciclado no edifício em demolição.

Uma estrutura de madeira pesada revestida por um sanduíche com núcleo de espuma ou por painéis com revestimento tensionado é relativamente estanque ao ar e, bem isolada termicamente, terá poucas pontes térmicas. O aquecimento e a refrigeração da edificação irão consumir pouca energia.

As colas e os revestimentos de acabamento usados em madeiras laminadas-coladas, podem emitir gases como o formaldeído, que pode causar problemas de qualidade do ar interno (IAQ). É aconselhável determinar com antecedência que tipos de colas e revestimentos serão utilizados e evitar os que possam causar tais problemas.

---

lados, utilizados neste tipo de construção, devem atender a exigências similares. Paredes externas devem ser construídas em concreto, alvenaria ou revestimento metálico. Historicamente, essa combinação de moldura estrutural de madeira resistente ao fogo e paredes externas em material não combustível foi referida como *Mill Construction*, refletindo suas origens nos moinhos com estruturas de alvenaria de tijolos, do século XIX, ou como *Slow-Burning construction – Construções de Combustão Lenta –* (Figuras 4.8-4.11). Tradicionalmente, as bordas das madeiras eram também *chanfradas* (cortadas em ângulos de 45 graus), para eliminar extremidades delgadas de madeira, que se inflamam mais facilmente, mas este requisito não é mais exigido pelos códigos norte-americanos.

Retração da madeira em construções de madeira pesada

Quando as bordas de pisos e telhados de uma moldura estrutural de madeira pesada estão apoiadas em concreto ou alvenaria, uma atenção especial deve ser dada para o potencial de retração diferencial, entre as paredes externas e os apoios para os pilares internos de madeira. A madeira, quando comparada à alvenaria e concreto, expande-se e se contrai mais com mudanças no conteúdo de umidade, especialmente em direções perpendiculares à sua grã. Essas mudanças ocorrem durante um período de anos, enquanto as peças maiores de madeira gradualmente secam, e, sazonalmente, com as mudanças das condições ambientais. Uma edificação com moldura estrutural de madeira pesada é projetada de modo que os efeitos dessa retração diferencial sejam minimizados pela eliminação das madeiras com grã cruzada nas linhas internas de apoio. Na Mill Construction tradicional, *pinos de*

	Suportando cargas de pisos	Suportando somente cargas de forro e telhado
Pilares	8 × 8 (184 × 184mm)	6 × 8 (140 × 184mm)
Vigas e vigas mestras	6 × 10 (140 × 235mm)	4 × 6 (89 × 140mm)
Tesouras	8 × 8 (184 × 184mm)	4 × 6 (89 × 140mm)
Assoalho	3" assoalho, mais 1" de acabamento (64mm de assoalho, mais 19mm de acabamento)	2" de assoalho, ou 11/8" de madeira compensada (38mm de assoalho, ou 29mm de madeira compensada)

Figura 4.7
Dimensões mínimas para elementos de madeira maciça em Construções de Madeira Pesada Tipo IV, como especificado no IBC.

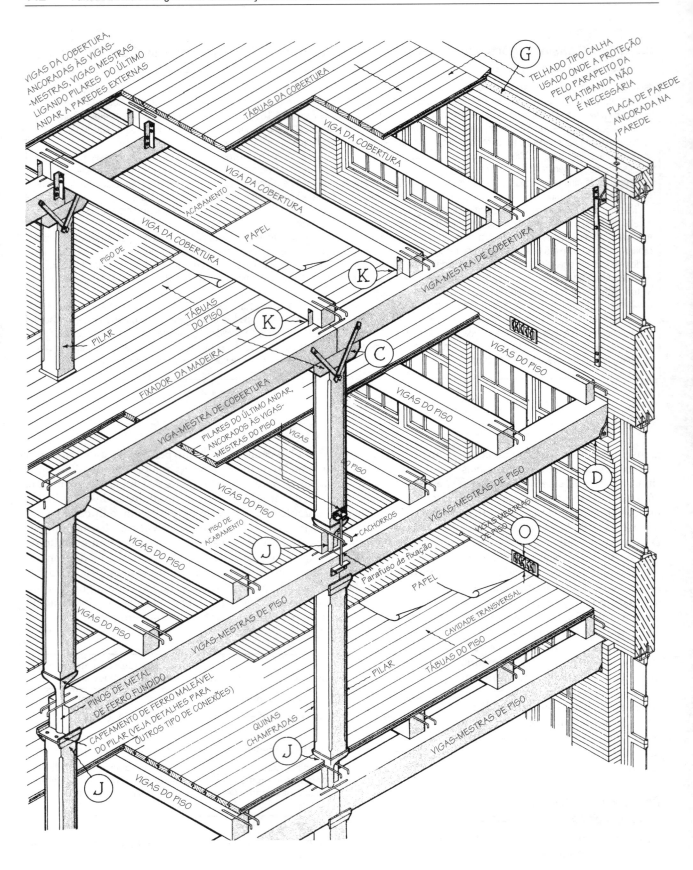

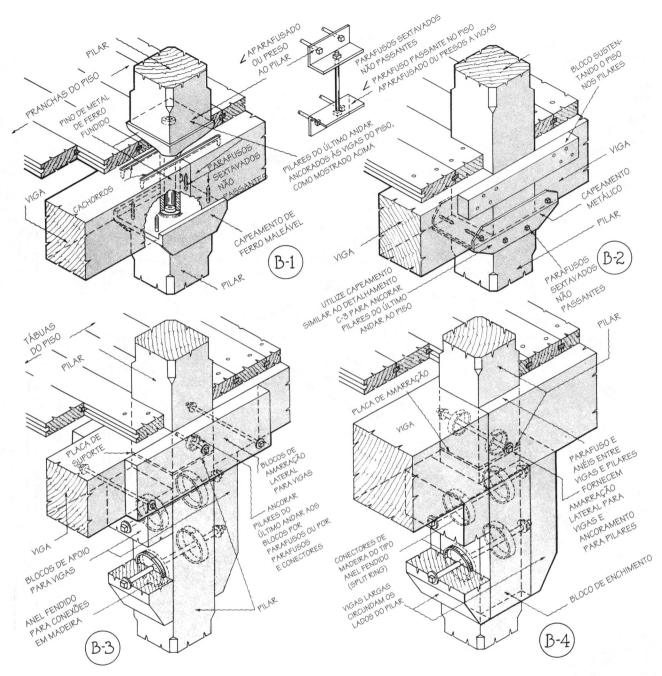

Figura 4.8 (Página ao lado)
A tradicional Mill construction contorna problemas de retração da madeira nas linhas interiores de apoio, usando juntas de ferro fundido (veja o detalhe da conexão inferior, no pilar mais à esquerda, na ilustração) para transmitir as cargas do pilar, através das vigas e vigas mestras. *Cachorros de ferro* amarram as vigas sobre a viga mestra. Uma grande amarração de aço ancora a viga mestra do telhado a um ponto suficientemente baixo, na parede externa, para que o peso da alvenaria, acima do ponto de ancoragem, seja suficiente para resistir à sucção do vento sobre o telhado. *(Detalhes de construções em madeira pesada; cortesia da National Forest Products Association, Washington, DC)*

Figura 4.9
Quatro alternativas de detalhes para intersecções vigas mestras-pilares internos. O Detalhe B-1 evita os problemas de retração da madeira com uma ligação de ferro, enquanto que os outros três detalhes mostram pilares atravessando as vigas, com somente uma placa de suporte de ferro entre as extremidades das secções dos pilares. Conectores do tipo anel fendido (*split-ring connectors*) são usados nos dois detalhes inferiores, para formar uma ligação suficientemente firme entre os blocos de apoio e os pilares, que suporte as cargas das vigas; um número muito maior de parafusos seria necessário para fazer o mesmo trabalho. *(Detalhes de construções em madeira pesada; cortesia da National Forest Products Association, Washington, DC)*

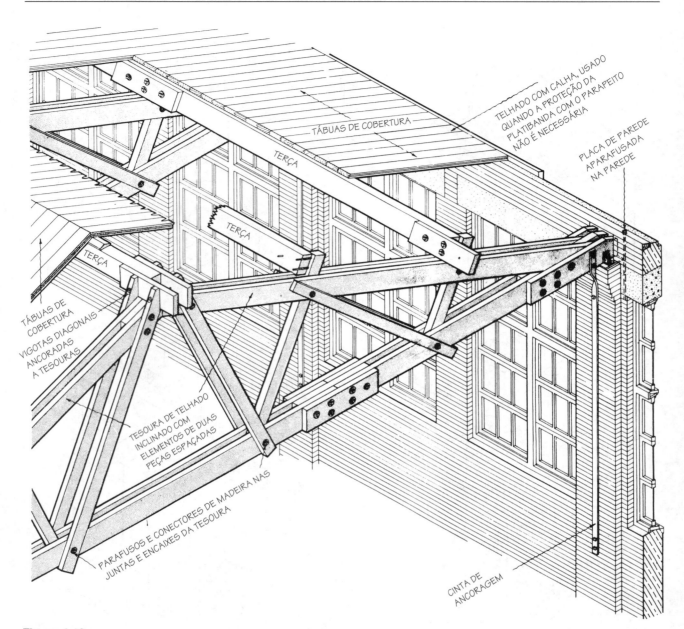

Figura 4.10
Tesouras de madeira pesada, para telhados das Mill constructions. Conectores em anéis fendidos são usados para transmitir as grandes cargas entre os elementos sobrepostos da tesoura. Uma grande cinta de ancoragem é usada novamente na parede exterior, como explicado na legenda da Figura 4.8. *(Detalhes de construções em madeira pesada; cortesia da National Forest Products Association, Washington, DC)*

metal de ferro fundido ou tampões de aço transmitem as cargas dos pilares através das grãs-cruzadas das vigas de cada pavimento, de modo que vigas e vigas-mestras possam retrair, sem fazer com que os pisos e o telhado se deformem (Figuras 4.8 e 4.9). Na prática contemporânea, um pilar laminado-colado pode ser fabricado como uma peça única, por toda a altura do edifício, com as vigas conectadas ao pilar, por *blocos de apoio* de madeira ou por conectores de metal soldado; ou os pilares podem ser assentados diretamente, um sobre o outro, em cada pavimento, com a ajuda de conectores metálicos (Figuras 4.13, 4.14 e 4.17).

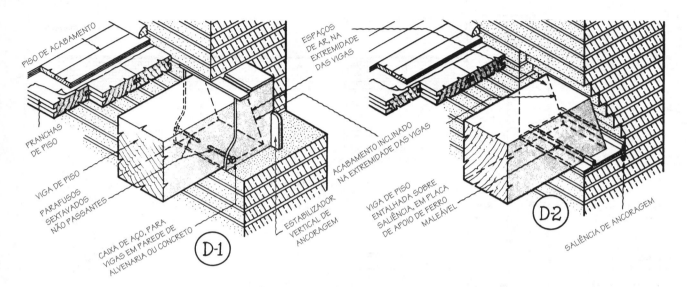

Figura 4.11
Dois detalhes alternativos para apoiar uma viga em uma parede de alvenaria, nas tradicionais Mill constructions. Em ambos os casos, a extremidade da viga é cortada diagonalmente, para permitir que esta possa se desprender da alvenaria, caso ela se queime totalmente (Imagem 4.12), mas é também ancorada, para impedir o seu afastamento da parede, por meio de parafusos sextavados não passantes ou por uma saliência na placa de ferro de apoio. *(Detalhes de construções em madeira pesada; cortesia da National Forest Products Association, Washington, DC)*

Figura 4.12
Uma viga de madeira que se queime totalmente, durante um incêndio prolongado, tende a fazer com que a parede de alvenaria tombe (ilustração da esquerda), a menos que sua extremidade seja chanfrada (ilustração da direita). Nesta imagem, a viga está ancorada na parede, em ambos os casos, por uma tira de ancoragem em aço.

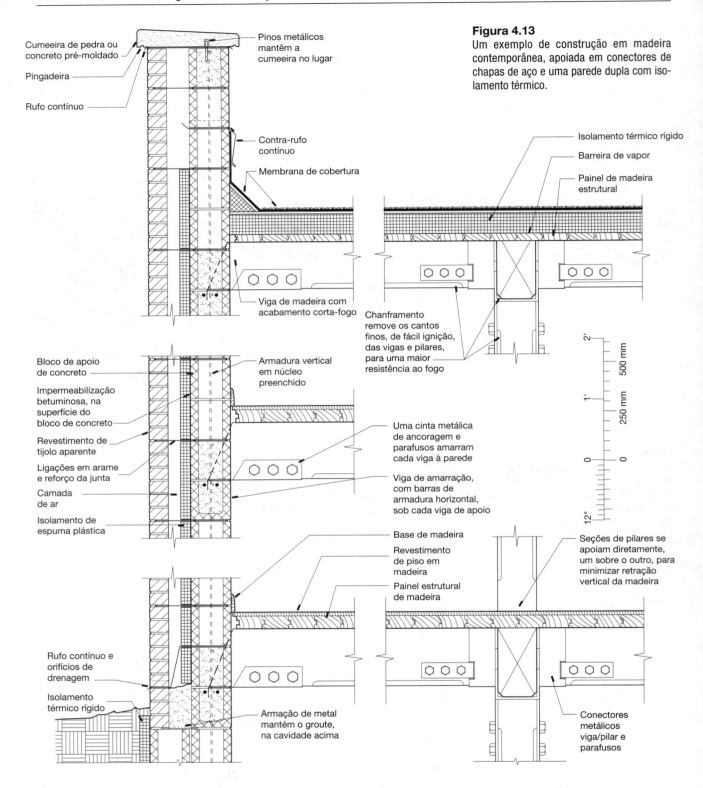

Figura 4.13
Um exemplo de construção em madeira contemporânea, apoiada em conectores de chapas de aço e uma parede dupla com isolamento térmico.

Capítulo 4 Construção com Moldura Estrutural de Madeira Pesada **147**

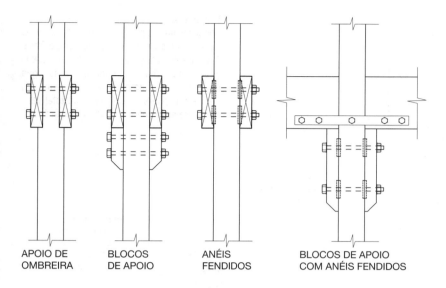

APOIO DE OMBREIRA BLOCOS DE APOIO ANÉIS FENDIDOS BLOCOS DE APOIO COM ANÉIS FENDIDOS

Figura 4.14
Algumas conexões típicas viga-pilar, para construções contemporâneas em madeira pesada. Os primeiros três exemplos são para vigas duplas, ensanduichadas em cada lado de um pilar, e o quarto mostra vigas únicas, no mesmo plano do pilar. Na conexão apoio de ombreira, as vigas são embutidas no pilar por uma profundidade que permita que a carga seja transferida, com segurança, através de um sistema de apoio madeira-a-madeira; os parafusos servem somente para manter as vigas nos recessos. Blocos de apoio permitem que mais parafusos sejam inseridos na conexão do que os que poderiam ser inseridos nas vigas, e cada parafuso nos blocos de apoio pode sustentar diversas vezes a quantidade de carga que a viga sustenta, porque ele atua paralelamente à grã da madeira, em vez de perpendicularmente a ela. Geralmente, é impossível colocar parafusos suficientes em uma junção viga-pilar, para transferir a carga com sucesso, sem os blocos de apoio, a não ser que anéis fendidos sejam utilizados, como mostrado no terceiro exemplo. As alças de aço e parafusos, no quarto exemplo, prendem as vigas aos blocos de apoio.

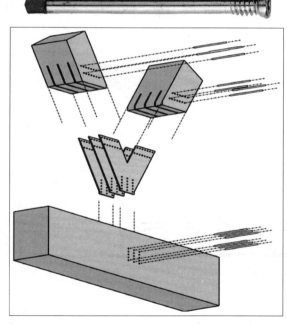

Figura 4.15
Este sistema de fixação contemporâneo, para madeiras pesadas, utiliza buchas de autoperfuração de aço patenteadas (topo), em combinação com chapas de aço incorporadas, que ligam as articulações entre os membros, para criar conexões de alta resistência. O tipo de junta diagramada na parte inferior desta figura pode ser usada como substituta para os membros rosqueáveis e conexões de anéis fendidos, ilustrados na Figura 4.10. *(Cortesia de SFS intec, Inc. Wyomissing, PA, www.sfsintecusa.com)*

Figura 4.16
Uma junta de treliça de madeira pesada completa usando o sistema de fixação ilustrado na figura anterior. *(Cortesia de SFS intec, Inc. Wyomissing, PA, www.sfsintecusa.com)*

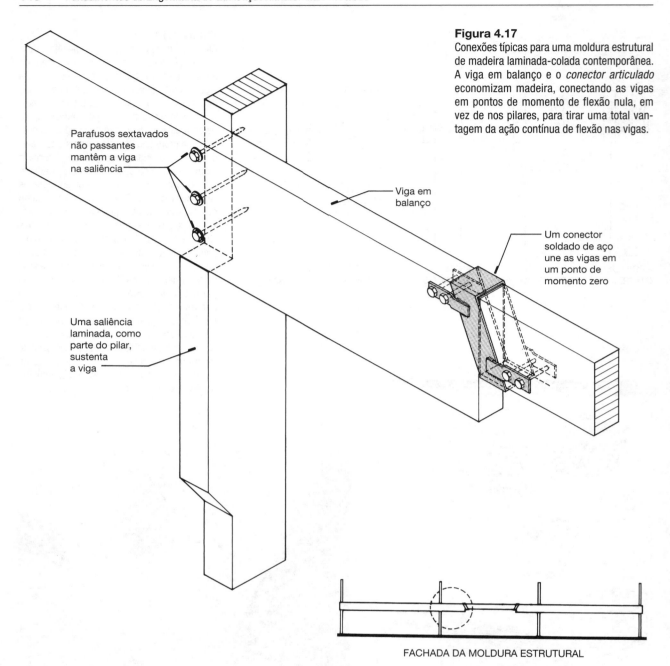

Figura 4.17
Conexões típicas para uma moldura estrutural de madeira laminada-colada contemporânea. A viga em balanço e o *conector articulado* economizam madeira, conectando as vigas em pontos de momento de flexão nula, em vez de nos pilares, para tirar uma total vantagem da ação contínua de flexão nas vigas.

Ancoragem de vigas de madeira e paredes de alvenaria

Se vigas de madeira pesada se encontram com paredes de alvenaria ou concreto, três problemas devem ser resolvidos: primeiro, a viga deve estar protegida da deterioração causada pela infiltração de umidade pela parede. Isso é realizado deixando uma camada de ar, para ventilação, de pelo menos 1/2 polegada (13mm), entre a alvenaria e todas as faces da viga, com exceção do fundo, a não ser que a viga seja quimicamente tratada para resistir à deterioração. O segundo e o terceiro problemas têm que ser resolvidos em conjunto: a viga deve ser ancorada de forma segura na parede, para que não possa ser arrancada sob uso normal; embora ela deva ser capaz de rotacionar livremente, para que não tombe a parede, caso queime totalmente e colapse em um incêndio grave (Figura 4.12). Métodos tradicionais e mais contemporâneos de executar ambas as necessidades são ilustrados nas Figuras 4.11 e 4.13, respectivamente.

Figura 4.18
Seção transversal, em grande escala, de quatro tipos de assoalho em madeira pesada. O *assoalho de encaixe macho-fêmea* é o mais comum, mas os outros três tipos são de madeira serrada, ligeiramente mais econômicos, pois a madeira não é desperdiçada no trabalho de corte das conexões. O assoalho laminado é um tipo tradicional, para vãos maiores e cargas mais pesadas; consiste em *dimension lumber* comum, assentadas em suas bordas e pregadas juntas. O *assoalho colado-laminado* é um tipo moderno. No exemplo mostrado aqui, cinco diferentes tábuas são coladas para fazer cada peça do assoalho. Assoalhos de qualquer tipo são usualmente fornecidos e instalados em comprimentos aleatórios. As juntas de borda não necessariamente se alinham sobre as vigas; ao contrário, elas têm suas bordas desalinhadas, para evitar a criação de zonas de fragilidade estrutural. As chavetas, o sistema macho e fêmea, ou pregos permitem às faixas estreitas dos assoalhos compartilhar as cargas estruturais, como se elas constituíssem uma faixa contínua de madeira sólida.

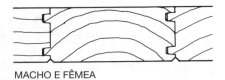
MACHO E FÊMEA

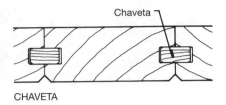
CHAVETA

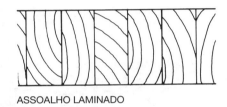
ASSOALHO LAMINADO

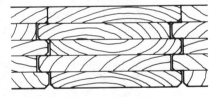
ASSOALHO LAMINADO-COLADO

Painéis de pisos e telhados para edifícios de madeira pesada

Os códigos de edificações requerem que Edificações de Madeira Pesada Tipo IV possuam pisos e telhados de madeira maciça, sem cavidades ocultas. A Figura 4.18 mostra diferentes tipos de assoalhos usados para esse propósito. As espessuras mínimas permitidas nesses assoalhos são dadas na Figura 4.7. Para atingir o requerido pelo código, o piso deve ainda ser coberto por um assoalho de acabamento, consistindo de tábuas de 1 polegada nominal (19mm), com encaixe tipo macho-fêmea, assentadas em ângulo reto ou diagonalmente ao piso estrutural. Em algumas circunstâncias, madeira compensada de ½ polegada (13mm), ou outro painel de compósitos de madeira, também são permitidos como camada de acabamento.

EDIFÍCIOS COMBUSTÍVEIS COM MOLDURA ESTRUTURAL EM MADEIRA PESADA

Elementos de madeira pesada podem ser utilizados, também, em edificações que não atendam às definições do código de edificações para construções em Madeira Pesada Tipo IV. Eles podem ser utilizados em combinação com elementos menores de uma moldura estrutural de madeira, ou em edifícios com paredes externas de materiais combustíveis. Essas edificações, classificadas como construções do Tipo V (Wood Light Frame), pela IBC, trazem as qualidades arquitetônicas e desempenho estrutural de estruturas do tipo de molduras viga-e-deque para pequenas edificações residenciais, comerciais, religiosas e institucionais. Nessas aplicações não há restrições (outras que estruturais) no tamanho mínimo das madeiras de construção, espessura mínima em assoalhos, ou material das paredes externas, e tábuas de 2 polegadas nominais (38 mm), podem ser utilizadas para molduras estruturais leves, se assim desejado.

AMARRAÇÃO LATERAL DE EDIFÍCIOS DE MADEIRA PESADA

Uma construção em estrutura de madeira pesada, com uma parede portante externa de alvenaria ou de concreto, é, normalmente, contraventada contra a ação do vento e de forças sísmicas para resistência ao cisalhamento de suas paredes externas, trabalhando em conjunto com a ação do diafragma dos painéis de piso e telhado. Em áreas de elevado risco sísmico, as paredes devem ser pesadamente armadas, tanto verticalmente, quanto horizontalmente, e os painéis podem ter que ser especialmente pregados ou revestidos com madeira compensada, para aumentar sua resistência ao cisalhamento, bem como especialmente ancorados às paredes perimetrais. Em edifícios com paredes exteriores estruturadas, amarrações diagonais ou painéis de cisalhamento devem ser fornecidos. Atualizações sísmicas, para edificações históricas em madeira pesada e alvenaria, frequentemente requerem a inserção de novas molduras estruturais de amarração em aço, ou paredes de concreto armadas contra o cisalhamento, a fim de satisfazer a requerimentos contemporâneos relacionados à resistência a forças laterais.

INSTALAÇÕES EM EDIFÍCIOS DE MADEIRA PESADA

A estrutura em madeira pesada cria alguns problemas especiais para o projetista, pois a moldura estrutural e deques expostos não dispõem das cavidades escondidas que estão presentes nas estruturas de madeira leve

Figura 4.19
Quando pisos e coberturas são estruturados em madeira pesada, iluminação, fiação para comunicações, dutos, sprinklers de combate a incêndios e outros serviços são deixados à vista. *(Fotografia de Joseph Iano)*

e outros sistemas construtivos convencionais. O isolamento térmico do telhado não pode ser escondido em espaços entre as vigas do forro ou vigas do telhado; em vez disto, deve ser colocado no topo do deque do telhado. Se o telhado é aproximadamente plano, pode ser isolado e coberto da maneira mostrada para telhados de pouca inclinação, no Capítulo 16, ou, se o telhado possui uma inclinação acentuada, uma superfície para se prender as telhas, ou outro tipo de cobertura, deve ser adicionada no lado de fora do isolamento. A fiação elétrica para as luminárias montadas no lado de baixo do deque deve ou percorrer condutores metálicos expostos, abaixo do deque, o qual pode ser visualmente insatisfatório, ou ser canalizado através do isolamento acima do deque. Os dutos para aquecimento e refrigeração devem permanecer expostos. Se as paredes e divisórias são feitas de alvenaria, ou de painel com revestimento tensionado, disposições especiais são necessárias para a instalação da fiação, de encanamentos e componentes de sistemas mecânicos nas paredes (Figura 4.19).

VÃOS MAIORES EM MADEIRA PESADA

Para edifícios que exigem vãos maiores que 20 a 30 pés (6 a 9m), o máximo geralmente associado a molduras estruturais de madeira serrada, o projetista pode escolher entre vários tipos alternativos de dispositivos estruturais de madeira.

Figura 4.20
Instalando deque de telhado com encaixe macho-fêmea sobre vigas mestres e vigas laminadas. *(Cortesia do American Institute of Timber Construction)*

Vigas extensas

Com árvores grandes e de crescimento lento, não mais prontamente disponíveis, vigas muito extensas de madeira são geralmente construídas com laminações ou cantoneiras de madeira, em vez de madeira serrada. Essas vigas são mais fortes e dimensionalmente mais estáveis que vigas de madeira serrada e podem ser feitas no tamanho e forma que corresponda exatamente ao desejado (Figuras 4.20 e 4.21). Vigas híbridas ou vigas FRP reforçadas, de madeira laminada-colada, como descritas no Capítulo 3, podem ser úteis quando vãos especialmente extensos sejam requeridos ou cargas pesadas devam ser suportadas.

Estruturas rígidas

A madeira curva (Figura 4.2), cortada de uma árvore torta, era uma forma de *moldura rígida* ou *moldura em pórtico*. As molduras rígidas de hoje são laminadas-coladas feitas sob encomenda e encontram amplo uso em edificações de grandes vãos. Configurações padrões estão disponíveis (Figuras 4.22-4.24), ou o projetista pode encomendar uma forma customizada. Molduras rígidas exercem um esforço horizontal, de modo que elas devem ser amarradas na base com *tensores de aço,* também chamados de *tirantes.* Em construção de madeira laminada, molduras rígidas são frequentemente chamadas de *arcos,* reconhecendo que as duas formas estruturais atuam de maneira quase igual.

Tesouras

A maior parte das tesouras de madeira construídas a cada ano é constituída por tesouras leves, de cobertura, de 2 polegadas nominais (38mm), de madeira serrada, ligadas por placas dentadas (veja Figuras 3.44, 3.47, 5.65, e 5.66). Para edificações maiores, contudo, *tesouras de madeira pesada* podem ser utilizadas. Suas articulações

Figura 4.21
Este telhado utiliza vigas de madeira laminada-colada para sustentar tesouras de amplos vãos, construídas em madeira com tubos diagonais de aço. Repare que as vigas são articuladas na maneira mostrada na Figura 4.17. As tesouras, as vigas de cobertura e o assoalho de madeira compensada são pré-fabricados, na forma de painéis, para reduzir o tempo de instalação. *(Cortesia de Trust Joist MacMillan)*

Figura 4.22
Arcos articulados em três partes, de madeira laminada-colada, suportam as terças de madeira laminada do telhado. As pequenas peças transversais de madeira entre as terças são escadas temporárias para os trabalhadores. *(Cortesia do American Institute of Timber Construction)*

Figura 4.23
Detalhes característicos de arcos articulados em três partes, de madeira laminada. O tirante é posteriormente coberto pela laje de piso. Placa de cisalhamento e barra.

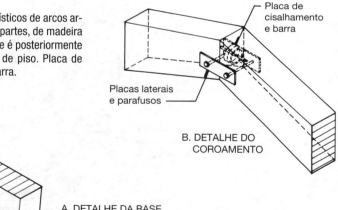

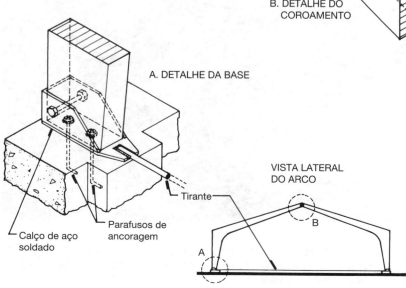

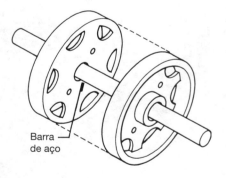

Figura 4.24
As *placas de cisalhamento*, na conexão de coroamento do arco, mostrado aqui em um detalhamento em escala ampliada, são introduzidas em sulcos na madeira e servem para distribuir qualquer esforço da barra de metal, através de uma superfície muito mais ampla de madeira, para evitar esmagamento e separação por cisalhamento.

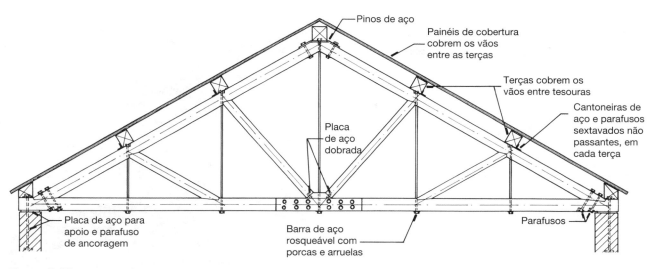

Figura 4.25
Uma tesoura de cobertura, em madeira pesada, com elementos tensores de barras de aço. Este tipo de treliça é fácil de construir, mas não pode ser usada se as forças previstas de sucção pelo vento forem fortes o suficiente para causar a inversão das forças nos membros tracionados (tais barras de aço fino não conseguem resistir às forças de compressão). A ligação central, na corda inferior da tesoura, é necessária somente se for impossível obter peças de madeira individuais, compridas o suficiente para se estenderem de uma extremidade a outra da tesoura. Compare este modo de construção de treliça com aquele mostrado nas Figuras 4.10, 4.15 e 4.16; ainda outro modo comum é produzir a treliça a partir de uma camada única de elementos pesados, conectados por chapas de aço laterais e parafusos, como mostrado nas Figuras 4.27 e 4.28.

Figura 4.26
Tesouras de cobertura em madeira laminada, com placas conectoras de aço. As barras de aço são para estabilidade lateral, para evitar que as cordas inferiores das treliças se desloquem lateralmente. *(Woo & Williams, Arquitetos. Fotógrafo: Richard Bonarrigo)*

Figura 4.27
As tesouras de cobertura para a Biblioteca Pública de Monteville, New Jersey, consistem em um plano único de elementos de madeira laminada-colada, ligado por placas laterais customizadas de aço e parafusos. Um esquema extensivo de amarrações diagonais resiste ao vento e a forças sísmicas, em ambos os eixos da edificação.

Figura 4.28
As madeiras da Biblioteca Pública de Montville são ligadas por conectores customizados, que são soldados junto com as placas de aço. *(Projetado e fotografado por Eliot Goldstein, The Goldstein Partnership, Architects)*

Figura 4.29
Arcos semicirculares de madeira laminada sustentam o teto de madeira da Back Bay Station, em Boston. Observe o uso de tirantes horizontais de aço para resistir ao empuxo dos arcos na base. *(Arquitetos: Kallmann, McKinnell & Wood. Foto © Steve Rosenthal)*

são feitas com parafusos de aço e placas conectoras soldadas de aço ou conectores de anéis fendidos. Madeira serrada laminada e madeiras estruturais de compósitos são utilizadas, eventualmente, em combinação com tensores de aço. Muitas formas de treliça de madeira pesada são possíveis, e vãos de mais de 100 pés (30 m) são comuns (Figuras 4.10 e 4.25-4.28).

Arcos e cúpulas

Longas madeiras curvadas, para fazer *abóbadas de madeira pesada e cúpulas de madeira pesada,* são facilmente fabricadas em madeira laminada e são muito utilizadas em ginásios de esportes, auditórios, lojas de varejo suburbanas, armazéns e fábricas (Figuras 4.29–4.31). Estruturas arqueadas, como molduras estruturais rígidas, exercem empuxos laterais, que devem ser controlados por tirantes ou fundações adequadamente projetadas.

Capítulo 4 Construção com Moldura Estrutural de Madeira Pesada 155

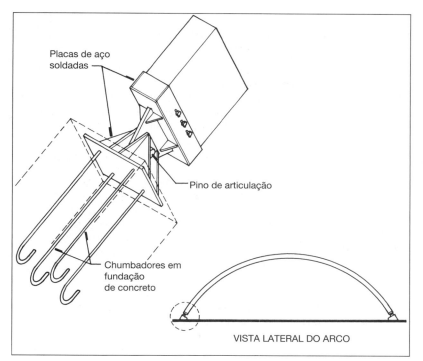

Figura 4.30
Uma típica conexão de fundação articulada, para um arco ou cúpula, feita de placas de aço soldadas. O pino de articulação permite a rotação entre o arco e as fundações, o qual evita muitos tipos de forças, que poderiam, de outro modo, ser aplicadas na estrutura, por retração da madeira e movimento das fundações.

Figura 4.31
Esta cúpula de madeira laminada mede 530 pés (161,5m) cobrindo um centro de convenções e estádio de 25.000 lugares, em Tacoma, Washington. *(Arquitetos: McGranahan, Messenger Associates. Engenheiros estruturais: Chalker Engineers, Inc. Foto de Gary Vannest. Cortesia de American Wood Council).*

> **PARA O PROJETO PRELIMINAR DE UMA ESTRUTURA DE MADEIRA PESADA**
>
> - Estime a espessura nominal do **deque de telhado de madeira** em 1/45 de seu vão. Estime a espessura do deque de madeira do piso em 1/35 do seu vão. Espessuras nominais padrão para painéis de madeira são 2, 3, 4, 6 e 8 polegadas (tamanho real 38, 64, 89, 140 e 184 mm).
>
> - Estime a altura de **vigas de madeira maciça** em 1/15 de seus vãos, e a altura de **vigas laminadas-coladas** em 1/20 de seu vão. Adicione 6 polegadas nominais (150mm) a essas alturas para vigas-mestras. A largura de uma viga ou viga-mestra de madeira maciça é, usualmente, ¼ ou ½ de sua altura. A largura de uma viga laminada-colada tipicamente varia entre 1/7 e ¼ de sua altura.
>
> - Estime a altura de **tesouras triangulares de telhado** de madeira em 1/5 a ½ de seu vão, e a altura de treliças de **banzo arqueado**, em ½ a 2/3 do seu vão.
>
> - Para estimar o tamanho de um **pilar de madeira**, somar a área total de piso e de cobertura a ser suportada. Um pilar de 6 polegadas nominais (tamanho real de 140mm) pode suportar até cerca de 400 pés quadrados (37m²) de área; um pilar de 8 polegadas (tamanho real de 184mm), 1.000 pés quadrados (93 m²); um pilar de 10 polegadas (tamanho real de 235mm), 1.500 pés quadrados (140 m²); um pilar de 12 polegadas (tamanho real de 286mm), 2.500 pés quadrados (230 m²) e um pilar de 14 polegadas (337 mm), 3.500 pés quadrados (325 m²). Pilares de madeira são, geralmente, quadrados ou quase quadrados, em proporção.
>
> Para tamanhos reais de madeira maciça, em unidades convencionais, veja as Figuras 3.22 e 3.23. Tamanhos padrões de madeira laminada-colada são fornecidos no Capítulo 3. Para um edifício que deve ser qualificado como construção do Tipo IV – Madeira Pesada, pelo IBC, os tamanhos mínimos de madeira são fornecidos na Figura 4.7.
>
> Essas aproximações são válidas somente para propósitos de leiaute preliminar de edificações, e não devem ser utilizadas para selecionar tamanhos finais de elementos. Eles se aplicam à diversidade normal de ocupações de construções, tais como residenciais, comerciais e edifícios institucionais. Para edifícios de fábricas e armazéns, utilize elementos maiores.
>
> Para obter informações mais abrangentes sobre a seleção e leiaute preliminares de sistemas estruturais e dimensionamento de elementos estruturais, veja Edward Allen e Joseph Iano, *The Architect's Studio Companion* (4ª ed.), New York, John Wiley & Sons, Inc., 2007.

MADEIRA PESADA E CÓDIGOS DE EDIFICAÇÕES

A tabela na Figura 1.2 mostra os intervalos limites de altura e área, para edifícios de diferentes ocupações, construídos em Madeira Pesada (Tipo IV) e em Madeira Leve (Tipo V) (aplicável quando molduras estruturais em madeira pesada e em madeira leve são usadas em conjunto). Observe que quando se considerar qualquer ocupação específica, as alturas e áreas permitidas para construção em Madeira Pesada são comparáveis àquelas de Construções Não Combustíveis com Proteção de 1 Hora (Tipo IIA) (aço, concreto ou alvenaria) e são maiores que aquelas para construções protegidas e desprotegidas do Tipo V ou em aço desprotegido (Tipo IIB). Esses limites são um reconhecimento explícito das qualidades inerentes de resistência ao fogo de molduras estruturais de madeira pesada. (Lembre também que áreas de piso permissíveis, nesta tabela, podem ser ampliadas instalando um sistema automático de controle de incêndio com *sprinklers*, como descrito no Capítulo 1 deste livro).

SINGULARIDADES DE MOLDURAS ESTRUTURAIS EM MADEIRA PESADA

A madeira pesada não pode cobrir vãos tão longos, ou com tanta delica-

Figura 4.32
Os arquitetos Greene e Greene de Pasadena, Califórnia, eram conhecidos por suas expressões cuidadosamente trabalhadas em molduras estruturais em madeira, em residências como esta, construída por David B. Gamble, em 1909. *(Foto de Wayne Andrews)*

deza, quanto o aço, e não pode imitar a continuidade estrutural ou as formas suaves de cascas de concreto; contudo, muitas pessoas respondem mais positivamente à ideia de edificações em madeira, do que o fazem em relação ao aço ou concreto. Até certo ponto, essa resposta deriva da cor, desenho das fibras e sensação mais calorosa da madeira. Em parte, também, pode vir das associações agradáveis que as pessoas têm das residências robustas, provedoras de satisfação, que nossos antepassados ergueram com madeira talhadas manualmente, há apenas algumas gerações. A maioria das pessoas, hoje em dia, vive em habitações em que nenhuma parte da moldura estrutural é exposta. Vigas expostas de forro, em uma casa ou apartamento, são consideradas um deleite, e fazer compras ou jantar fora em uma fábrica reformada, de madeira pesada e alvenaria, é, geralmente considerado uma experiência agradável. Existe algo em todos nós que responde com satisfação ao fato de ver vigas de madeira trabalhando.

Na realidade econômica, a madeira pesada precisa competir com sucesso, em base de preço, com outros materiais de construção, e como nossas florestas têm se reduzido em qualidade e os custos de transporte têm aumentado, a madeira já não é mais uma escolha automática para a construção de um moinho ou de qualquer outro tipo de estrutura. Para muitas edificações, contudo, a madeira pesada é uma alternativa econômica ao aço e concreto, particularmente em situações em que a aparência e a experiência sensorial de seus grandes elementos de madeira sejam altamente valorizados por aqueles que os usam, em regiões próximas a florestas comerciais, ou onde as disposições de códigos ou prêmios de seguro contra fogo criem um incentivo financeiro.

Figura 4.33
Tesouras de madeira expostas de maneira expressiva sustentam uma estrutura de telhado, de elevada inclinação, nesta cabana de férias projetada por Nils Finne, em North Cascade Mountains, no estado de Washington. *(Arquiteto: FINNE Architects www.FINNE.com; fotografia de Art Grice)*

Figura 4.34
Cada uma das habitações no Sea Ranch Condominium #1, em Sea Ranch, no norte da Califórnia, construído em 1965, é estruturada com uma armação simples de madeira não aplainada, serrada de árvores retiradas de outra parte do local. Os elementos diagonais são contraventamentos. *(Arquitetos: Moore, Lyndon, Turnbull, e Whitaker. Foto de Edward Allen).*

158   Fundamentos de Engenharia de Edificações: Materiais e Métodos

(a)

(b)

Figura 4.35
(a) O exterior do Sea Ranch Condominium # 1, uma vista interior do que é mostrado na fotografia de abertura deste capítulo, é coberto com um deque vertical não aplainado, com conexão macho-fêmea, de 2 polegadas (38 mm) e revestido com um *siding* de madeira vermelha, com encaixe macho-fêmea, de 3/4 de polegada (19 mm). (b) Outra vista das madeiras expostas e conectores, dentro de uma moradia desta edificação. O assoalho é de fibras verticais da *pseudotsuga* (árvore conífera). *(Fotos © Morley Baer)*

CSI/CSC	
Seção do MasterFormat para Construções em Estrutura de Madeira Pesada	
06 10 00	**CARPINTARIA BRUTA**
06 13 00	Madeira Pesada
	Construção em Madeira Pesada
06 15 00	Deques de Madeira
	Deques em Madeira
	Deques de Madeira Laminada
06 18 00	Construção em Madeira Laminada-Colada

REFERÊNCIAS SELECIONADAS

1. American Institute of Timber Construction. *Timber Construction Manual* (5ª ed.). New York, John Wiley & Sons, Inc., 2004.
   Este é um abrangente manual de design para estruturas de madeira, incluindo detalhados procedimentos de engenharia, assim como informações gerais sobre madeira e seus fixadores.
2. American Institute of Timber Construction. *Typical Construction Details.* AITC 104-2003. Englewood, CA, 2003
   Esta referência de 32 páginas contém dezenas de exemplos de como detalhar conexões em edificações de madeira pesada. Especialmente instrutivos são os maus exemplos, que são apresentados como lições do que evitar. Esta referência pode também ser vista, gratuitamente, no site do American Institute of Timber Construction, www.aitc-glulam.org.
3. Benson, Tedd. *Timber-Frame Home: Design, Construction and Finishing.* Middletown, CT, Taunton Press, 1997.
   O autor é um dos mais experientes em estruturas tradicionais de madeira no mundo. Este é um abrangente, ricamente ilustrado e competente guia, para construções residenciais de madeira.
4. Golstein, Eliot E. *Timber Construction for Architects and Builders.* New York, McGraw-Hill, 1998.
   Este livro profundamente prático é baseado na experiência de primeira mão do autor em projetar estruturas de madeira, bem como de sua reconhecida prática em engenharia de madeira.

SITES

Construções com moldura estrutural de madeira pesada

Site complementar do autor: **www.ianosbackfill.com/04_heavy_timber_frame_construction**
American Institute of Timber Construction: **www.aitc-glulam.org**
American Wood Council: **www.awc.org**
Canadian Wood Council: **www.cwc.ca**
Timber Framers Guild: **www.tfguild.org**

PALAVRAS-CHAVE

Enxaimel
Taipa
Curvado
Pórtico
Terça

Tipe IV Heavy Timber (HT) construção
Mill construction, construção de combustão lenta
Chanfrada
Cachorro de ferro
Pino de metal
Bloco de apoio

Conector articulado
Corta-fogo
Assoalho com encaixe macho--fêmea
Assoalho laminado
Assoalho laminado-colado
Chaveta

Moldura estrutural rígida, moldura em pórtico
Tensor, barra de amarração
Arco
Placa de cisalhamento
Tesoura em madeira pesada
Abóbada em madeira pesada
Cúpula de madeira pesada

QUESTÕES PARA REVISÃO

1. Por que a construção em madeira pesada recebe um tratamento relativamente favorável em códigos de edificações e companhias de seguro?
2. Quais são os importantes fatores no detalhamento da união de uma viga de madeira com uma parede de alvenaria portante? Desenhe diversas maneiras de fazer esta união.
3. Desenhe, de memória, um ou dois detalhes típicos para a intersecção de um pilar de madeira com um piso de edificação construída em madeira pesada.

EXERCÍCOS

1. Determine, pela tabela de código na Figura 1.2, se uma edificação que você está projetando atualmente poderia ser construída em Madeira Pesada e quais modificações você poderia ter que fazer no seu projeto, para que esteja em conformidade com os requerimentos de construções em madeira pesada.
2. Encontre um celeiro ou moinho construído entre os séculos XVIII e XIX e esboce alguns detalhes típicos de conexões. Como é estabilizada a estrutura contra as forças horizontais de ventos?
3. Obtenha, na biblioteca, um livro sobre construções japonesas tradicionais e compare os detalhes de uniões de madeira com as práticas americanas dos séculos XVIII e XIX.

5
Construções em Estrutura Leve de Madeira

Histórico

Estrutura-plataforma

Fundações para estruturas leves

Construção da estrutura

Variações na construção de estruturas leves de madeira

Estrutura leve em madeira e os códigos de edificações

A singularidade da estrutura leve de madeira

Uma escola de artes e ofícios em New England está alojada em um conjunto de pequenos prédios construídos com estruturas leves de madeira que harmonizam com paisagem entre montanha e oceano. *(Arquiteto: Edward Larrabee Barnes. Foto de Joseph W. Molitor)*

A *construção em estrutura leve de madeira** é o mais versátil de todos os sistemas construtivos. Dificilmente há uma forma que não possa ser construída, desde uma simples forma retilínea até torres cilíndricas ou complexos telhados com inclinações com águas-furtadas de todos os tipos. Durante um século e meio, desde que seu uso foi iniciado, a estrutura leve de madeira tem servido para construir prédios que variam desde reinterpretações de quase todos os estilos históricos até as descomprometidas tendências arquitetônicas contemporâneas. Durante esse período, assimilou sem dificuldades inúmeros aperfeiçoamentos das construções, como aquecimento central, ar condicionado, iluminação a gás, eletricidade, isolamento térmico, tubulações embutidas, componentes pré-fabricados e cabeamento de comunicações eletrônicas.

Edificações em estruturas leves de madeira são construídas de maneira fácil e rápida, com um investimento mínimo em equipamentos. Muitos pesquisadores da indústria da construção têm criticado a suposta ineficiência das construções em estruturas leves de madeira, que são executadas, em grande parte, com métodos manuais no canteiro de obras. No entanto, ela tem enfrentado com sucesso sistemas construtivos industrializados de todos os tipos, em parte por incorporar suas melhores características e permanecer como a maneira menos dispendiosa de construção de edificações duráveis. Hoje, esse é o mais comum processo de construção de pequenos prédios residenciais e comerciais na América do Norte.

As construções com estruturas leves de madeira têm suas deficiências: em contato com fogo, queimam rapidamente; expostas à umidade, deterioram. Elas se expandem e se contraem significativamente em função de mudanças da umidade, podendo causar problemas crônicos, como fissuras no revestimento, emperramento de portas e empenamento de pisos. A estrutura é tão pouco atraente que quase nunca fica aparente em uma construção. No entanto, esses problemas podem ser controlados por um projeto inteligente e mão de obra cuidadosa e não há discussão quanto ao sucesso: estruturas produzidas pela repetição de barrotes, montantes e caibros de madeira provavelmente permanecerão como o sistema número um de construção na América do Norte por um longo tempo.

Figura 5.1
Carpinteiros colocam as chapas de compensado para o fechamento do telhado de um edifício de apartamentos executado no estrutura-plataforma. O pavimento térreo é constituído por um piso de concreto. A borda da plataforma de madeira do pavimento superior é claramente visível entre os montantes das paredes do térreo e pavimentos superiores. A maioria do escoramento diagonal é temporária, mas escoras diagonais internas permanentes estão presentes entre as duas aberturas na parte inferior esquerda e logo acima no prédio de trás. As aberturas foram estruturadas incorretamente, sem montantes de suporte para as vergas. *(Cortesia de Southern Forest Products Association)*

---

* N. de T.: Este sistema construtivo ainda é pouco difundido no Brasil. Para identificação dos componentes estruturais, foram adotadas denominações usuais de peças de madeira regularmente utilizadas no meio técnico brasileiro ou pela função estrutural que desempenham.

HISTÓRICO

A construção com estrutura leve de madeira* foi o primeiro sistema de construção genuinamente americano. Ele foi desenvolvido na primeira metade do século XIX, quando os construtores perceberam que os elementos verticais utilizados como enchimento das paredes dos edifícios de estrutura pesada de madeira, devido ao pequeno espaçamento entre eles, forneciam resistência suficiente para que os grandes pilares da estrutura fossem eliminados. Seu desenvolvimento foi acelerado por dois importantes marcos tecnológicos do período: as placas e componentes de madeira de pequenas dimensões tinham se tornado econômicas pela primeira vez na história, devido ao advento das serrarias movidas pela força hidráulica. Além disso, os pregos produzidos por processos mecânicos haviam se tornado bem mais baratos quando comparados com os antigos pregos forjados à mão.

A *estrutura-balão*** foi o primeiro sistema de estrutura em madeira a ser construído exclusivamente a partir de peças de madeira esbeltas, pouco espaçadas: *barrotes* para os pisos, *montantes* para as paredes e *caibros* para as coberturas inclinadas. As pesadas colunas e vigas foram completamente eliminadas e, com elas, a difícil e cara carpintaria baseada em encaixes exigida por elas. Não havia componente estrutural em uma estrutura que não pudesse ser facilmente manuseado por um único carpinteiro e cada uma das centenas de ligações era feita rapidamente com dois ou três pregos. O impacto desse novo sistema construtivo foi revolucionário: em 1865, G.E. Woodward escreveu que "um homem e um garoto agora podem obter com facilidade os mesmos resultados que vinte homens conseguiriam em uma estrutura à moda antiga... a Estrutura-Balão pode ser montada com um custo 40% menor que a estrutura de encaixes".

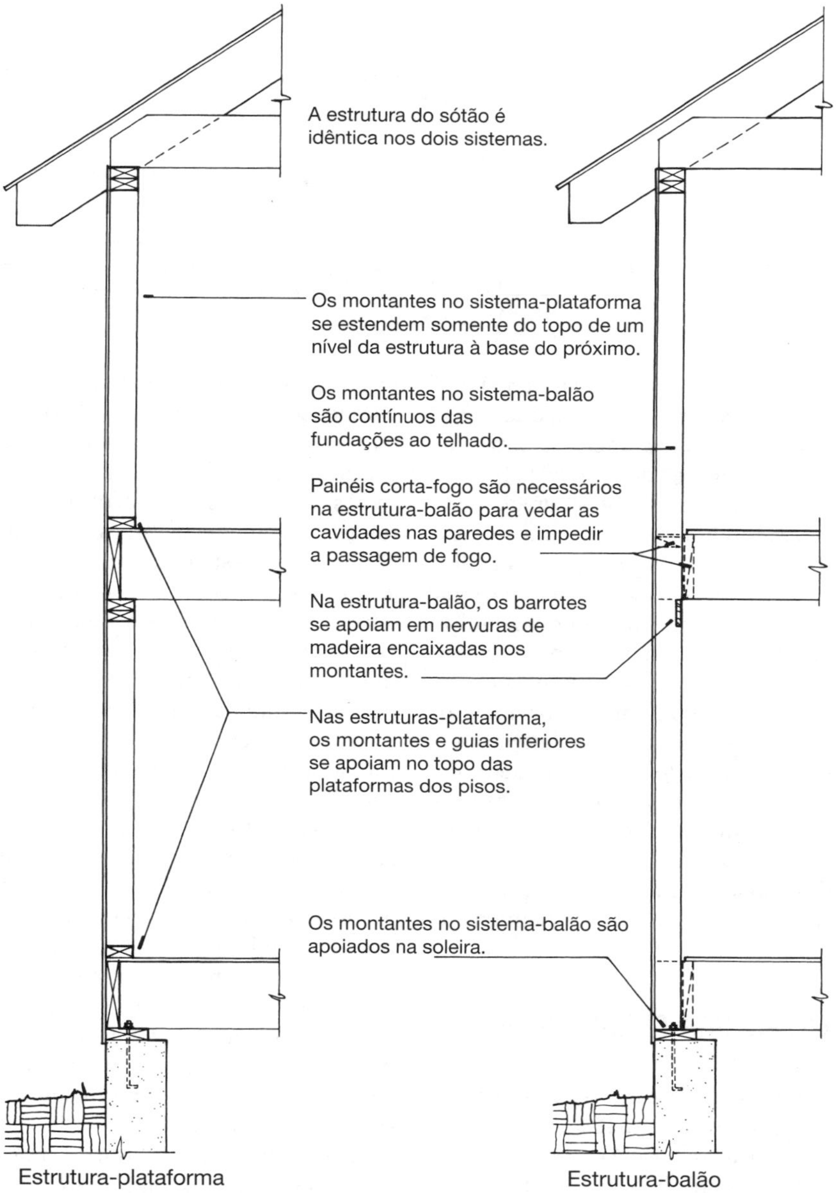

Estrutura-plataforma

Estrutura-balão

Figura 5.2
Comparação de detalhes estruturais entre a estrutura-plataforma (esquerda) e a estrutura-balão (direita). A estrutura-plataforma é muito mais fácil de ser erguida e é o único sistema de estrutura leve utilizado hoje. No entanto, uma estrutura-plataforma se deforma consideravelmente com a secagem e retração da madeira. Caso sejam utilizados barrotes de dimensão nominal de 12 polegadas (300 mm) para estruturar os pisos destes exemplos, a área total da seção transversal de madeira necessária para suportar as cargas entre as fundações e os barrotes do sótão é de 33 polegadas (838 mm) para o sistema-plataforma e apenas 4½ polegadas (114 mm) para a estrutura-balão.

---

* N. de T.: Do original, *wood light frame* designa o sistema estrutural composto por quadros estruturados, vedados por painéis de fechamento. No texto, foi adotada a expressão "estrutura leve de madeira" para designar esse sistema estrutural.

** N. de T.: Em inglês, *balloon frame*,

 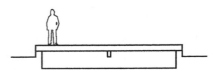 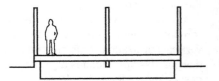

A estrutura-balão (Figura 5.2) utiliza montantes contínuos, que se estendem de um pavimento a outro, da fundação ao telhado. Logo se tornou visível que eram longos demais para serem montados de maneira eficiente. Além disso, em caso de incêndio, os extensos espaços vazios entre os montantes funcionam como múltiplas chaminés, espalhando as chamas rapidamente para os andares superiores, a menos que, em cada pavimento, esses espaços sejam fechados com elementos *corta-fogo* de madeira ou tijolos. Diversas versões modificadas da estruturas-balão foram desenvolvidas na tentativa de superar essas dificuldades. A mais recente delas, a *estrutura-plataforma**, é atualmente o padrão universal.

ESTRUTURA-PLATAFORMA

Ainda que seja complexa em seus detalhes, a estrutura-plataforma é simples no conceito (Figura 5.3). Uma plataforma de piso é construída e paredes estruturais são erguidas sobre ela. Uma segunda plataforma de piso é construída sobre essas paredes e um segundo conjunto de paredes é erguido sobre essa plataforma. O sótão e o telhado são, então, construídos sobre o segundo conjunto de paredes. É claro que existem variações: a plataforma do piso do térreo é, algumas vezes, substituída por uma laje de concreto; as edificações podem ter um ou três andares, em vez de dois, e diversos tipos de telhados que não incorporam sótãos são construídos com frequência. Os princípios essenciais, no entanto, se mantêm: uma plataforma

---

* N. de T.: No original, *platform frame*.

de piso é completada a cada nível e as paredes se apoiam sobre a plataforma em vez de se apoiarem diretamente sobre as paredes do andar abaixo.

As vantagens da estrutura-plataforma sobre a estrutura-balão são várias: para a estrutura das paredes, são utilizadas peças de madeira mais curtas, de fácil manuseio. Seus espaços vazios verticais são automaticamente estanques em relação ao fogo pela estrutura da plataforma do piso a cada pavimento. Suas plataformas são superfícies convenientes para o trabalho dos carpinteiros que constroem a estrutura. A maior desvantagem da estrutura-plataforma é o fato de que cada plataforma constitui uma espessa camada de madeira cujas fibras são alinhadas horizontalmente. Isso leva a uma retração vertical inevitável consideravelmente grande da estrutura com a secagem da umidade da madeira, o que pode causar prejuízos aos acabamentos superficiais internos e externos.

Uma armação plataforma convencional é feita inteiramente com peças de dimensões nominais de 2 polegadas, mas que possuem espessura real de 1 ½ polegadas (38 mm). Essas peças são encomendadas e entregues cortadas com comprimento aproximado de 2 pés (600 mm), sendo então medidas e serradas no comprimento exato no canteiro de obras. Todas as conexões são feitas com pregos, utilizando uniões do tipo *face nailing*, *end nailing* ou *toe nailing* (Figura 3.39)* conforme as necessi-

---

* N. de T.: No Brasil, não é feita a distinção entre as formas de união com pregos. Neste texto, foram denominadas na forma genérica ligação com pregos ou ligação pregada.

dades de cada união. Os pregos são aplicados com martelos ou pistola de pregos. Em ambos os casos, a união é feita rapidamente, pois os pregos são aplicados sem a abertura de orifícios ou qualquer outra preparação da união.

Cada plano estrutural de uma estrutura-plataforma é produzido pelo alinhamento paralelo de uma série de componentes estruturais de madeira serrada espaçados entre si em intervalos predeterminados, unidos por peças transversais posicionadas em cada extremidade, com objetivo de manter o espaçamento e o nível. O plano estrutural é então vedado com *painéis de fechamento*, ou seja, uma camada de pranchas ou painéis que estabilizam e solidarizam as peças em uma unidade estrutural única, pronta para a aplicação dos materiais de acabamento interno e externo (Figura 5.4). Na estrutura de piso, as peças paralelas são os barrotes e as peças transversais nas pontas dos barrotes são denominadas *traves de borda*, *vigas de encabeçamento* ou *barrotes de borda*. A vedação (ou fechamento de um piso) é denominada *contrapiso**. Na estrutura de parede, as peças paralelas são os *montantes*, a peça transversal na base da parede é a *guia inferior* ou o *banzo inferior*, e a peça transversal na parte superior (que é dupla para aumentar a resistência, caso a parede venha a receber carregamentos

---

* N. de T.: O termo contrapiso é normalmente aplicado à camada de argamassa a base de cimento Portland aplicada acima da laje em construções convencionais de concreto e alvenaria. Por analogia, será adotada a mesma denominação para o termo em inglês *subfloor*.

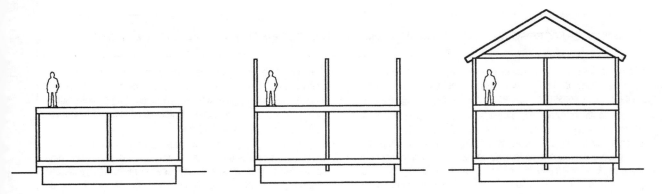

Figura 5.3
O conceito da estrutura-plataforma, mostrado em corte, da direita para a esquerda: uma parede de fundação é construída. Uma plataforma térrea é estruturada e fechada. As estruturas das paredes do térreo são montadas horizontalmente na plataforma, sendo, então, erguidas em suas posições finais. A plataforma do piso do segundo pavimento é construída apoiada nos topos das paredes do térreo e o processo da construção das paredes se repete. O piso do sótão e o telhado são acrescentados.

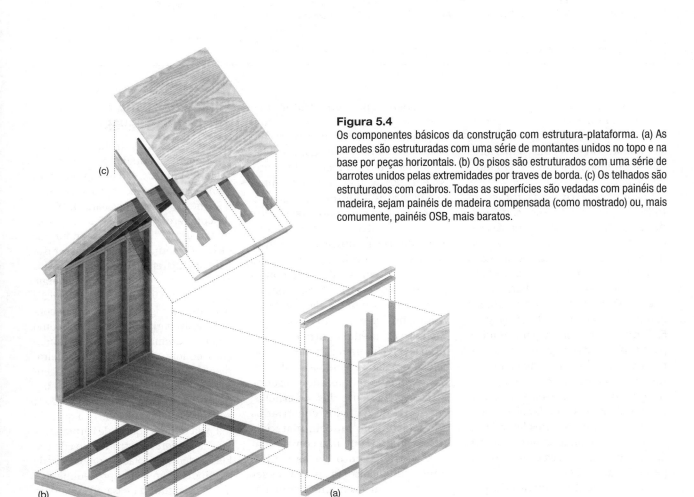

Figura 5.4
Os componentes básicos da construção com estrutura-plataforma. (a) As paredes são estruturadas com uma série de montantes unidos no topo e na base por peças horizontais. (b) Os pisos são estruturados com uma série de barrotes unidos pelas extremidades por traves de borda. (c) Os telhados são estruturados com caibros. Todas as superfícies são vedadas com painéis de madeira, sejam painéis de madeira compensada (como mostrado) ou, mais comumente, painéis OSB, mais baratos.

> ### Considerações sobre sustentabilidade em construções em estruturas leves de madeira
>
> Além das questões de sustentabilidade da produção e do uso de madeira que foram levantadas no Capítulo 3, existem outras que se referem especificamente às construções em estruturas leves de madeira:
>
> - Um prédio em estrutura leve de madeira pode ser projetado para minimizar o desperdício de várias maneiras. Pode ser dimensionado para utilizar chapas e peças de madeira inteiras. A maioria das construções de pequeno porte pode ser estruturada com montantes a cada 24 polegadas (610 mm), eixo a eixo*, em vez das 16 polegadas (406 mm). Um montante pode ser eliminado em cada canto com a utilização de pequenos grampos metálicos, de baixo custo, para suporte dos materiais de acabamento interno das paredes. Se os barrotes e caibros forem alinhados diretamente sobre os montantes, a guia superior pode ser um elemento de seção simples, em vez de duplo. Os barrotes do piso podem ser emendados em pontos de inflexão em vez de sobre as vigas; isso reduz o momento fletor e permite o uso de barrotes menores. O uso de treliças no telhado normalmente resulta em menor uso de madeira do que os convencionais caibros e vigas do teto.
> - Peças de madeira laminada e colada, madeira recomposta (LSL – *laminated strand lumber*, LVL – *laminated venner lumber*; Glulam – glue-laminated; PSL – *paralel strand lumber*), vigas com seção "I" e painéis de fechamento de OSB são materiais que aproveitam as árvores de forma mais eficiente do que os elementos de madeira maciça. Montantes produzidos com pequenos fragmentos colados com entre si e unidos por juntas denteadas podem substituir montantes de madeira maciça de inteiros**.
> - Carpinteiros estruturais podem reduzir o desperdício de madeira ao poupar as aparas e reutilizá-las em vez de descartá-las como sucata. Em alguns locais, a sucata pode ser reciclada e reutilizada na produção de OSB. A queima de aparas deve ser desencorajada por causa da poluição do ar gerada.
> - Ainda que a eficiência térmica da construção em estrutura leve de madeira é por si só elevada, ela pode ser substancialmente melhorada por diversos meios, conforme mostrado nas Figuras 7.17-7.21. A estrutura de madeira é muito menos condutiva de calor que as estruturas leves de aço. A estrutura de aço para paredes externas não é um substituto satisfatório da estrutura de madeira, a menos que o fluxo de calor entre os componentes estruturais de aço seja limitado por uma significativa espessura de espuma isolante.
>
> ---
> * N. de T.: Da expressão *on center*, isto é, distância entre eixos das peças.
>
> ** N. de T.: LSL são peças compostas por lâminas de madeira coladas paralelamente sob pressão. LVL é um produto de madeira formado por lâminas de madeira coladas. GLULAM são peças de madeira formadas a partir de lâminas ou tábuas unidas por colagem. PSL é um produto de madeira reconstituída, formado por tiras compridas coladas sob pressão.

de cima) é chamada de *guia superior* ou o *banzo superior*. Em uma cobertura inclinada (telhado), os *caibros* são apoiados pelas guias superiores na extremidade inferior do telhado e pela *cumeeira* no topo.

São necessárias aberturas em todos os planos estruturais: para janelas e portas nas paredes; para escadas e chaminés nos pisos; para chaminés, claraboias e águas-furtadas nos telhados. Em todos casos, é feito reforço no contorno da abertura. As aberturas do piso são estruturadas com vigas e barrotes laterais (Figura 5.17) que devem ser, em geral, duplos, para suportar as cargas elevadas que recebem devido à presença da abertura. Nas paredes, as *contravergas* ou *soleiras* contornam as partes inferiores das aberturas para janelas e portas, enquanto montantes laterais ou umbrais posicionados lateralmente dão sustentação às vigas da parte superior (Figura 5.32).

O fechamento, constituído por painéis de madeira pregados sobre a face externa da estrutura, é um componente chave da estrutura-plataforma. Os pregos que conectam as guias aos montantes oferecem pouca resistência contra a elevação do telhado devido à ação do vento. No entanto, as placas de fechamento solidarizam o esqueleto estrutural como uma unidade resistente desde as fundações até o telhado. A geometria retilínea dos componentes estruturais paralelos não possui resistência suficiente contra o *colapso* por forças laterais como o vento, mas os painéis rígidos de revestimento exercem um travamento eficiente do prédio contra esses esforços. O fechamento também estabelece uma superfície na qual *shingles*, painéis e tábuas são pregados para o acabamento das superfícies. Em casos de edifícios construídos sem fechamento ou com materiais de fechamento que não contribuem para o travamento da estrutura, como espumas isolantes, devem ser utilizados contraventamentos diagonais na estrutura da parede para se obter estabilidade lateral.

FUNDAÇÕES PARA ESTRUTURAS LEVES

As fundações para estruturas leves, originalmente executadas com pedras ou tijolos cerâmicos, são hoje produzidas na maioria dos casos em concreto moldado no local ou em alvenaria de blocos de concreto (Figuras 5.5-5.11). Esses materiais são excelentes condutores de calor e normalmente devem ser isolados para atender aos requisitos dos códigos para conservação de energia (Figuras 5.8, 5.9, 5.12 e 5.13). Em locais onde os métodos construtivos em concreto e alvenaria não são viáveis, como regiões extremamente frias, as fundações podem ser construídas inteiramente com madeira tratada com agentes preservantes (Figuras 5.14 e 5.15). Essas *fundações definitivas de madeira* podem ser construídas em qualquer clima pela mesma equipe de carpinteiros que irá executar a estrutura do edifício. Elas podem ser isoladas com facilidade seguindo os mesmos procedimentos que a estrutura da casa e acomodam facilmente as instalações elétrica e hidráulica e o acabamento interno. For-

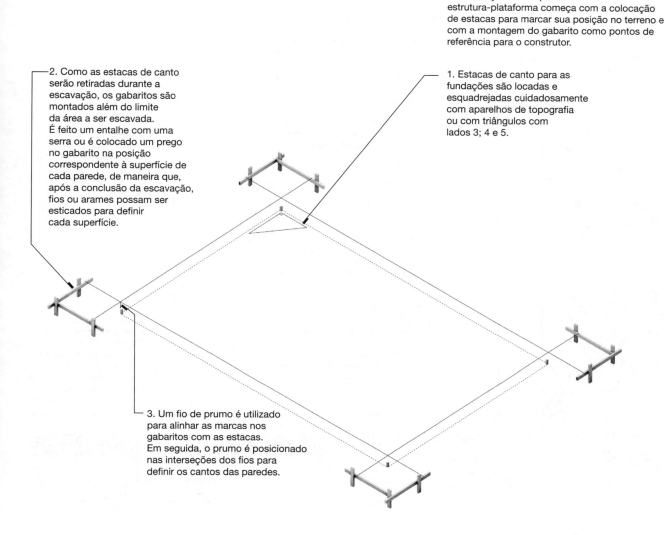

2. Como as estacas de canto serão retiradas durante a escavação, os gabaritos são montados além do limite da área a ser escavada. É feito um entalhe com uma serra ou é colocado um prego no gabarito na posição correspondente à superfície de cada parede, de maneira que, após a conclusão da escavação, fios ou arames possam ser esticados para definir cada superfície.

A construção de um prédio com estrutura-plataforma começa com a colocação de estacas para marcar sua posição no terreno e com a montagem do gabarito como pontos de referência para o construtor.

1. Estacas de canto para as fundações são locadas e esquadrejadas cuidadosamente com aparelhos de topografia ou com triângulos com lados 3; 4 e 5.

3. Um fio de prumo é utilizado para alinhar as marcas nos gabaritos com as estacas. Em seguida, o prumo é posicionado nas interseções dos fios para definir os cantos das paredes.

Figura 5.5
Primeiro passo na construção de um prédio comum em estrutura-plataforma: marcar a posição, forma e dimensão do prédio no terreno. Após a marcação dos cantos das fundações com a utilização de estacas, os *gabaritos* são montados em uma distância segura, além dos limites da área de escavação. A partir de cada gabarito, são esticados fios que cruzam sobre as estacas de canto, e suas posições são marcadas nos gabaritos com entalhes ou pregos. Após a escavação, as linhas são novamente esticadas e os cantos das fundações podem ser remarcados no fundo da escavação. Esta figura inicia uma série de desenhos isométricos que vão mostrar, passo a passo, a construção de um prédio de estrutura leve de madeira.

168 Fundamentos de Engenharia de Edificações: Materiais e Métodos

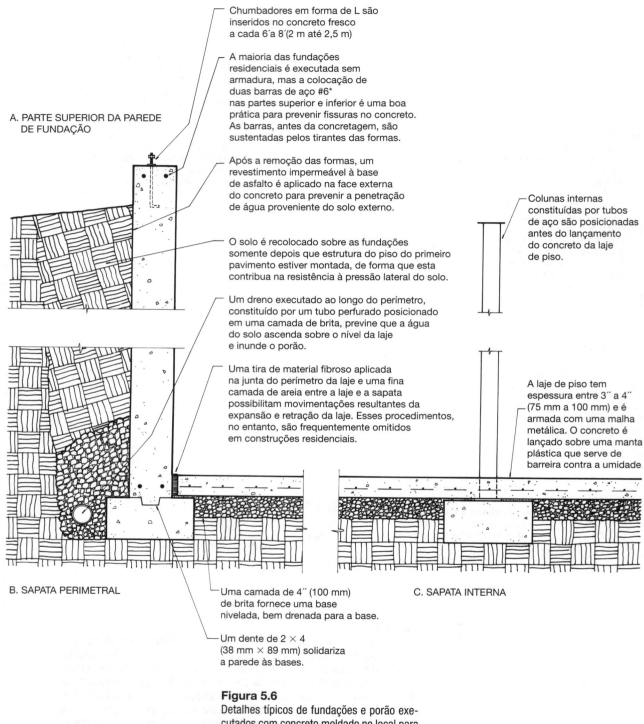

Figura 5.6
Detalhes típicos de fundações e porão executados com concreto moldado no local para um prédio com estrutura-plataforma. Os detalhes A, B e C são relacionados aos itens marcados com círculos na Figura 5.7.

Capítulo 5 Construções em Estrutura Leve de Madeira 169

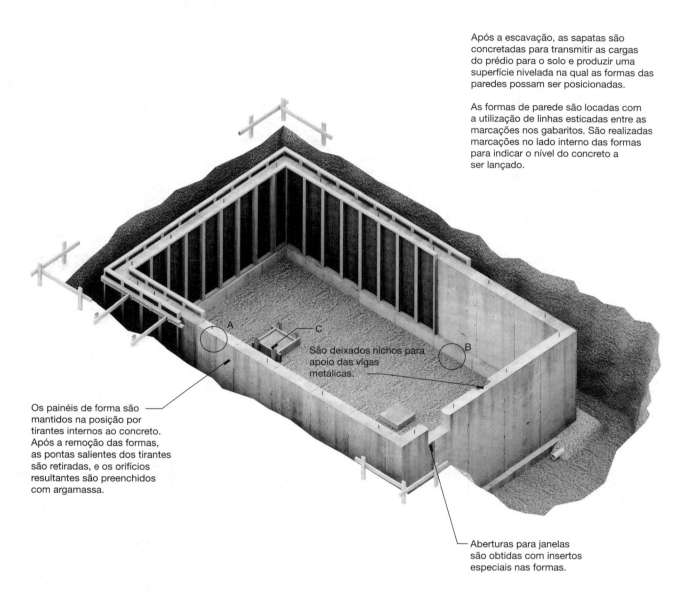

Após a escavação, as sapatas são concretadas para transmitir as cargas do prédio para o solo e produzir uma superfície nivelada na qual as formas das paredes possam ser posicionadas.

As formas de parede são locadas com a utilização de linhas esticadas entre as marcações nos gabaritos. São realizadas marcações no lado interno das formas para indicar o nível do concreto a ser lançado.

São deixados nichos para apoio das vigas metálicas.

Os painéis de forma são mantidos na posição por tirantes internos ao concreto. Após a remoção das formas, as pontas salientes dos tirantes são retiradas, e os orifícios resultantes são preenchidos com argamassa.

Aberturas para janelas são obtidas com insertos especiais nas formas.

Figura 5.7
Segundo passo na construção de um prédio típico com estrutura-plataforma: escavação e fundações. As letras A, B e C indicam partes da fundação que estão detalhadas na Figura 5.6.

170 Fundamentos de Engenharia de Edificações: Materiais e Métodos

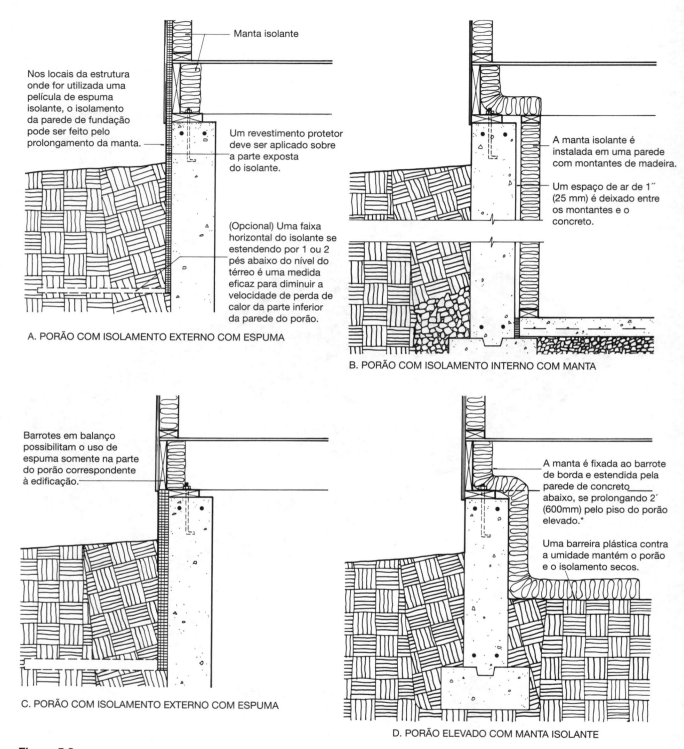

Figura 5.8
A maioria dos códigos de edificações exige o isolamento térmico das fundações. Estão mostradas três diferentes maneiras de aplicar isolamento em um porão executado com concreto moldado no local ou em alvenaria de blocos de concreto e uma maneira de isolar um porão elevado. O porão elevado pode, alternativamente, ser isolado pelo lado externo com painéis de espuma plástica. O isolamento interno mostrado em B é frequentemente utilizado, mas causa dúvidas em relação a como evitar possíveis problemas provenientes do acúmulo de umidade entre o isolamento e a parede.

---

* N. de T.: Em inglês, *crawlspace*: espaço abaixo do piso térreo utilizado como depósito e passagem de instalações prediais, mas sem altura suficiente para ter ocupação permanente.

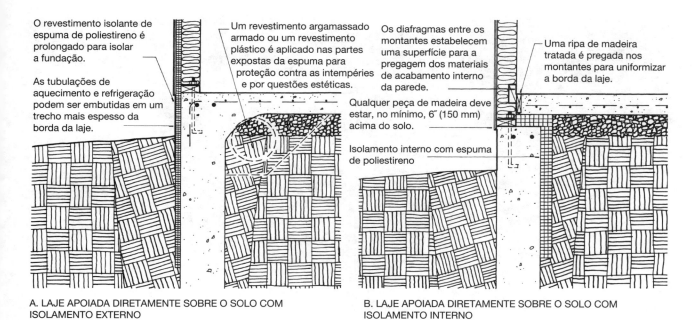

Figura 5.9
Alguns detalhes típicos de lajes com isolamento térmico, apoiadas diretamente sobre o solo. Em regiões onde há cupins, deve haver uma chapa metálica (*barreira contra cupim*) similar à mostrada na Figura 5.18 C ou outro tipo de barreira que passe pelo isolamento acima do nível de solo para evitar que eles criem túneis não detectados e atinjam a estrutura de madeira. Isso também se aplica aos detalhes de porão isolado mostrado na Figura 5.8.

Figura 5.10
Montagem das formas para a execução de uma parede de fundação com concreto moldado no local. A sapata corrida, já moldada e com as formas removidas, é visível na frente do trabalhador à esquerda. *(Foto por Joseph Iano)*

Figura 5.11
Pedreiros constroem uma fundação em alvenaria de blocos de concreto. A primeira camada do revestimento, composta por uma nata de cimento Portland, que contribui para melhorar a estanqueidade da fundação, já foi aplicada na face externa da parede. Uma camada de drenagem, constituída de pedra britada, foi utilizada para preenchimento do local. A pilastra executada com blocos salientes no centro da parede irá sustentar a viga central do piso principal. Após a aplicação de uma segunda camada de revestimento, a parte externa da fundação será revestida com um composto asfáltico impermeabilizante. *(Reimpresso com permissão de Portland Cement Association from Design and Control of Concrete Mixtures, 12th edition; Fotos: Portland Cement Association, Skokie, IL)*

Capítulo 5   Construções em Estrutura Leve de Madeira   **173**

Figura 5.12
Uma fundação em alvenaria de blocos de concreto com isolamento de espuma de poliestireno aplicado externamente. *(Fotografia fornecida por The Dow Chemical Company)*

Figura 5.13
Após a conclusão do acabamento externo, um trabalhador fixa, nas partes expostas da parede do porão, uma tela de fibra de vidro sobre o material isolante. Em seguida, serão aplicadas duas finas camadas de um material cimentício que formará um revestimento durável sobre a espuma. *(Fotografia fornecida por The Dow Chemical Company)*

Figura 5.14
Execução de uma fundação definitiva de madeira. Um trabalhador aplica um cordão de selante na borda de um painel de madeira tratada com agente preservante, enquanto outro se prepara para deslocar o próximo painel até que o mesmo esteja posicionado sobre o selante. Os painéis são apoiados sobre uma prancha horizontal tratada que, por sua vez, está apoiada sobre uma camada de dreno constituída de pedra britada. As fundações de madeira podem ser construídas em qualquer clima e podem ser isoladas da mesma maneira que a superestrutura da construção. *(Cortesia de APA – The Engineered Wood Association)*

Figura 5.15
A diferença de cor deixa claro o local onde a fundação executada com madeira tratada com agente preservante termina e a superestrutura não tratada do edifício tem início. *(Cortesia de APA – The Engineered Wood Association)*

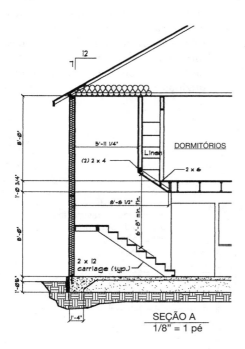

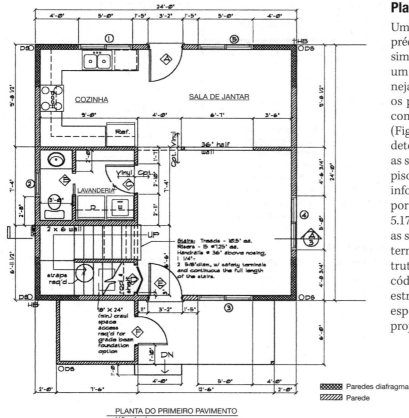

mas permanentes isolantes possibilitam a obtenção de fundações de concreto isolantes, são fáceis de construir, eliminam a necessidade da remoção das formas e fornecem isolamento (Figura 14.12). Sistemas pré-fabricados patenteados constituídos por painéis de concreto armado pré-moldados são rapidamente montados no canteiro e podem ser utilizados para a construção de estruturas de porão com resistência e qualidade adequadas. Eles podem ser produzidos já com o isolamento integrado ao painel pré-moldado ou projetados para que o isolamento seja aplicado no canteiro.

Todos os porões também necessitam ser cuidadosamente impermeabilizados e drenados para evitar alagamentos pela água do solo, bem como para prevenir o aumento da pressão da água no solo circundante, o que poderia levar as paredes ao colapso (Figuras 5.6, 5.7 e 5.11).

CONSTRUÇÃO DA ESTRUTURA
Planejamento da estrutura

Um carpinteiro experiente pode armar um prédio simples a partir de projetos bastante simplificados, mas uma estrutura maior ou um projeto personalizado devem ser planejados de maneira tão cuidadosa quanto os procedimentos adotados para prédios com estrutura metálica ou em concreto (Figura 5.16). O arquiteto ou engenheiro determina um arranjo eficiente, bem como as seções apropriadas para os barrotes dos pisos e caibros das coberturas, sendo essas informações repassadas aos carpinteiros por meio das *plantas estruturais* (Figuras 5.17 e 5.51). Para a maioria dos propósitos, as seções dos componentes podem ser determinadas com a utilização de tabelas estruturais padronizadas, que são parte dos códigos de edificações residenciais. Para estruturas mais complexas ou condições especiais, pode ser necessário o uso de projetos personalizados.

Figura 5.16
Uma planta do piso e um corte do edifício são dois componentes importantes do conjunto de plantas de execução para uma casa simples com estrutura leve de madeira. O andar térreo é uma laje de concreto apoiada diretamente sobre o solo. Destaca-se que partes das paredes são identificadas na planta como paredes diafragma, que são discutidas a partir da página 185.

Detalhes em escalas maiores ou ampliações, similares aos mostrados ao longo deste capítulo, são preparados para as principais ligações do sistema construtivo. As *plantas baixas* do projeto arquitetônico servem para indicar a localização e as dimensões de paredes, divisórias e aberturas, enquanto as *fachadas* mostram as faces externas da construção, com as dimensões verticais ou níveis indicados conforme necessário. Para a maioria dos prédios também são produzidos *cortes*, desenhos que cortam totalmente o edifício e mostram as dimensões dos vários pavimentos e inclinações do telhado. Para cômodos com detalhes internos mais complexos, como cozinhas, banheiros e outros, são produzidas *elevações*.

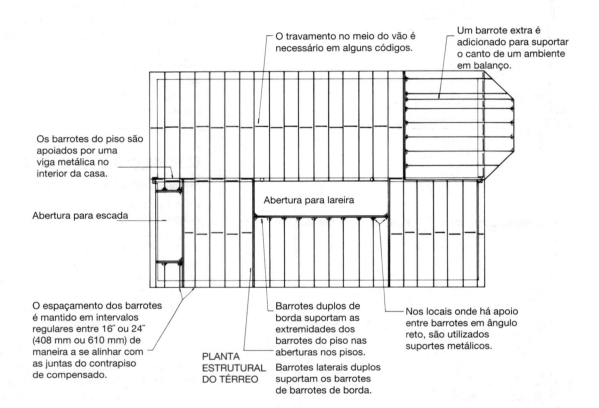

Figura 5-17
Planta estrutural do pavimento térreo do prédio mostrado na Figura 5.19.

Execução da estrutura

A execução da estrutura de uma estrutura-plataforma típica (denominada erroneamente como *carpintaria* ou *obra bruta*) pode ser melhor entendida com o acompanhamento da sequência de diagramas deste capítulo, iniciando pela Figura 5.19. Destaca-se a simplicidade do processo construtivo: uma plataforma é construída na parte superior das fundações. As paredes são montadas horizontalmente na plataforma e elevadas para a posição final.

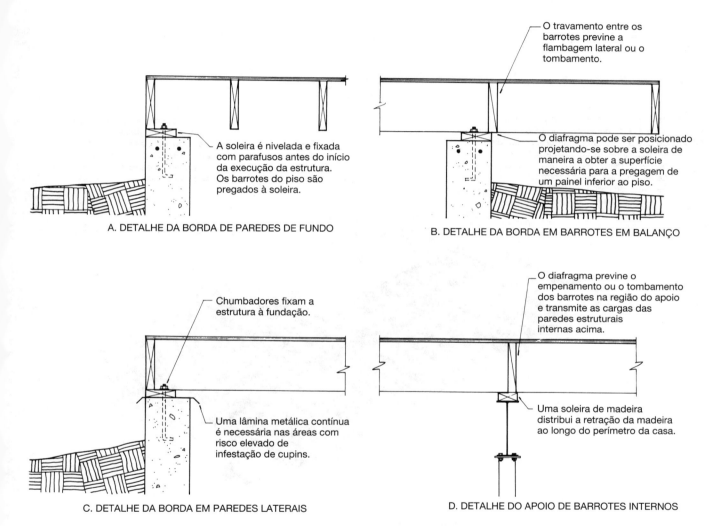

Figura 5.18
Detalhes da estrutura do piso do térreo, indicados com os círculos na Figura 5.19. Uma tira de material resiliente ou compressível deve ser utilizada entre a soleira e o topo da fundação para reduzir a passagem de ar, porém não está mostrada nestes diagramas. As peças de madeira contínuas são indicadas com um "X" internamente, enquanto as peças intermitentes, com uma linha diagonal. A lâmina metálica contra cupins mostrada no desenho C é usada em regiões de alto risco de infestação de cupins. Ela previne que cupins subterrâneos se movimentem pelas fissuras do concreto até a estrutura de madeira acima.*

---

* N. de T.: A diferenciação entre paredes de fundo e paredes laterais ocorre conforme a posição dos barrotes sobre as fundações. Em paredes de fundo, os barrotes estão posicionados paralelamente à fundação, enquanto nas paredes laterais os barrotes estão em posição perpendicular, conforme mostram os detalhes A e C.

Outra plataforma ou um telhado é executado no topo das paredes. A maior parte dos serviços é executada sem o uso de escadas ou andaimes, e escoramentos temporários são necessários somente para apoiar as paredes até que o próximo nível da estrutura seja instalado e fechado.

Os detalhes de uma estrutura-plataforma não mudam. Embora existam incontáveis variações regionais ou pessoais nos detalhes estruturais e nas técnicas, as dimensões, os espaçamentos e as ligações entre os componentes em uma estrutura-plataforma são padronizados e rigidamente controlados pelos códigos de edificações, chegando ao nível das dimensões e da quantidade de pregos para cada ligação (Figura 5.21) e a espessura e padrões de montagem dos painéis de fechamento.

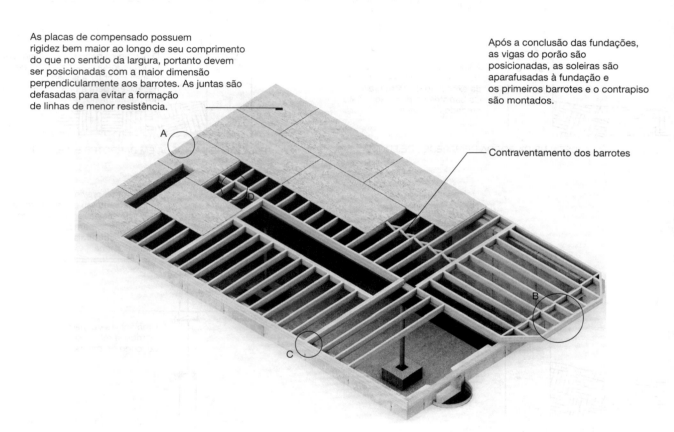

Figura 5.19
Terceiro passo da execução de um edifício típico em estrutura-plataforma: a plataforma do térreo. Compare este desenho com a planta estrutural na Figura 5.17. Observe que a direção dos barrotes deve mudar para a execução do cômodo em balanço situado na extremidade do prédio. Um ambiente em balanço situado no lado mais comprido do prédio poderia ser estruturado simplesmente pelo prolongamento dos barrotes para além do limite das fundações. As letras A, B e C representam partes da estrutura detalhadas na Figura 5.18.

Capítulo 5 Construções em Estrutura Leve de Madeira 179

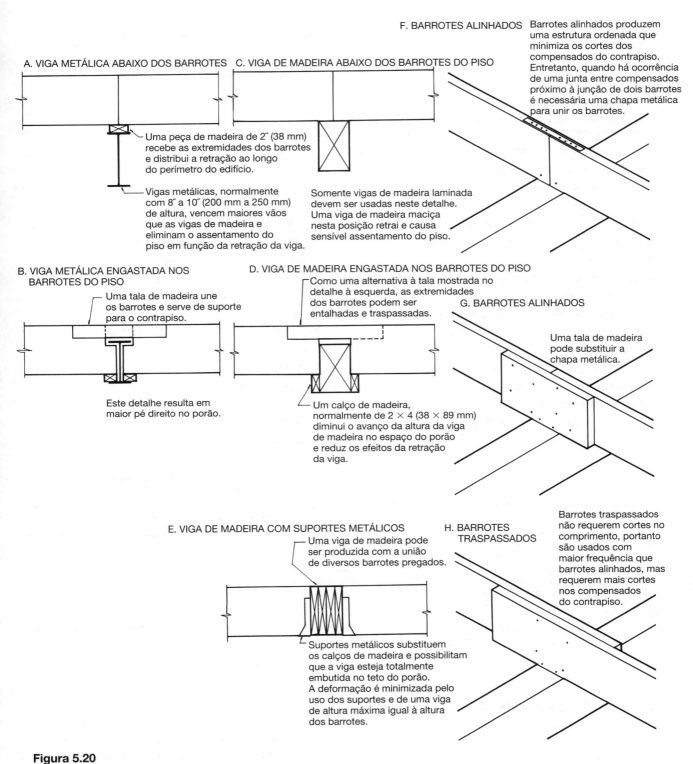

Figura 5.20
Alternativas para a execução de uma linha de apoio interno para os barrotes do piso do pavimento térreo. O espaço deixado acima dos topos das vigas em B e D permite a retração por secagem dos barrotes.

Conexão	Dimensão de pregos comuns ou Nail box*
Vigas compostas	10d FN, com espaçamento 32" com bordas alternadas acima e abaixo mais pregos 2-10d em cada extremidade ou encaixe
Barrotes de piso e soleiras (por baixo)	3-8 TN
Extremidades de barrotes de piso com trave de borda, vergas com trimmers	Usar suportes para vigas
Diafragma entre barrotes, caibros com viga, soleira ou guia superior	3-8d TN
Guia inferior com barrote ou diafragma (por baixo)	16 FN com espaçamento 16"
Montante com guia inferior	2-16 EN ou 3-8 TN
Montante com guia superior	2-16 EN
Montante duplo, montantes de canto compostos	10d FN com espaçados em 24"
Viga de encabeçamento composta com espaçador ½	16d FN espaçados em 16" ao longo de toda a borda
Escora embutida	2-8d FN em cada montante ou guia
Montantes de canto externos com montantes de canto adjacentes	16d FN espaçados em 24" em cada borda
Guia superior dupla	10d FN espaçados em 24"
Sobreposição de extremidades de guias superiores	8-16d FN
Cantos e interseção por sobreposição em guia superior	2-10d FN
Vigas de teto com guia superior	3-8d TN
Interseção de viga de teto acima de divisória	3-10d FN
Trave lateral com guia superior	8d TN espaçados em 6"
Caibro com guia superior	2-16 TN
Caibro com cumeeira, rincão ou espigão	4-16d TN ou 3-16d FN
Caibro de forro com barrote	3-10d FN
Contratirante com caibro	3-10d FN
Revestimento estrutural até ½" de espessura, contrapiso e paredes	Somente pregos comuns 6d, espaçados em 6" nas bordas e espaçados em 12" na estrutura intermediária
Revestimento estrutural até 1" de espessura, contrapiso e telhado	Somente pregos comuns 8d, espaçados em 6" nas bordas e espaçados em 12" na estrutura intermediária

* N de T: Nail box são pregos semelhantes aos pregos comuns mas com menor diâmetro que um prego comum de mesmo comprimento.
Face nail (FN), Toe nail (TN) e End nail (EN) ver observação da página 164.

Dimensão dos pregos: nos Estados Unidos, a dimensão do prego é dada pela letra "d": um prego 2d tem 1 polegada de comprimento. Cada incremento de 1d significa um acréscimo de ¼ polegada no comprimento até 10d. Após existem os pregos: 12d com 3¼" de comprimento, o prego 16d com ¼ polegada maior do que 12d. As demais dimensões a partir do 20d são múltiplos de 10 e, cada um é ½" maior do que o tamanho anterior.

Figura 5.21
Os componentes da estrutura-plataforma são conectados conforme esta tabela de pregos, que está incorporada na maioria dos códigos de edificações e é de conhecimento dos carpinteiros estruturais.

Ligação da estrutura à fundação

A *soleira*, normalmente produzida com madeira tratada com agente preservante de maneira a aumentar a resistência a insetos e a umidade, é aparafusada à fundação, servindo de base para a estrutura de madeira (Figura 5.18, A, B e C). Uma soleira simples, como mostrada nos detalhes, é a exigência mínima dos códigos, mas em obras com melhor padrão de qualidade pode ser dupla ou executada com uma peça de maior espessura para dar para maior rigidez. Uma soleira mais espessa pode ser necessária em áreas de alto risco sísmico para estabelecer uma ligação mais resistente entre a estrutura de madeira e os chumbadores na fundação. Devido ao topo da parede de fundação ser, em geral, desnivelado, a soleira pode também ser calçada nos pontos mais baixos com cunhas de madeira ou calços plásticos, resultando em uma base nivelada e uniforme para a estrutura subsequente. Um *selante* produzido com material compressível ou resiliente deve ser inserido entre a soleira e a fundação para reduzir a infiltração de ar pelas frestas. Alguns materiais selantes também previnem a ascensão da umidade da fundação para a estrutura de madeira. (Figura 5.22). Chumbadores comuns são suficientes para manter a maior parte dos edifícios estáveis nas fundações, mas estruturas

Figura 5.22
Carpinteiros posicionam uma soleira de madeira tratada em uma fundação de concreto moldado no local. Uma tira de selante compressível, à base de fibra de vidro, foi colocada no topo da parede de concreto e a soleira foi perfurada para permitir o encaixe nas extremidades salientes dos chumbadores. Antes que cada seção da soleira seja fixada definitivamente, ela é nivelada conforme a necessidade, com ripas de madeira ou calços plásticos colocados entre o concreto e a soleira. Com o aperto dos chumbadores, o selante é comprimido até uma espessura mínima. Uma parte da soleira já parafusada é visível no canto superior direito. As janelas do porão foram produzidas com insertos metálicos reutilizáveis, posicionados nas formas antes da concretagem. Após o lançamento do concreto e a desforma, os insertos são retirados, resultando em uma moldura de concreto para cada janela. Na parte superior esquerda da figura, pode ser visto um nicho no topo da parede para apoio de uma viga metálica. *(Foto por Edward Allen)*

altas ou sujeitas a ventos fortes ou terremotos podem exigir ligações mais elaboradas (Figuras 5.39-5.41).

Execução da estrutura do piso e travamentos

A estrutura do piso (Figura 5.19) é esboçada de maneira que as extremidades de painéis inteiros do contrapiso, com dimensões de 4 por 8 pés (1,2 m por 2,4 m), sejam apoiadas diretamente sobre os barrotes sem a necessidade de cortes, para evitar o desperdício de materiais e tempo. O espaçamento padronizado entre os barrotes é de 16 ou 24 polegadas (406 ou 610 mm), eixo a eixo. Embora menos usual, um espaçamento de 19,2 polegadas (486 mm) também pode ser usado. Qualquer um desses espaçamentos estabelece automaticamente um barrote de apoio para as extremidades de todos os painéis de 8 pés (2,4m) (Figura 5.23).

Vigas compostas de seção "I" ou treliças industrializadas são frequentemente utilizadas em substituição aos barrotes de madeira maciça.

Figura 5.23
Montagem dos barrotes do piso. Diafragmas serão inseridos entre os barrotes, posicionados acima das duas vigas internas, para prevenir o tombamento dos barrotes. *(Foto por Edward Allen)*

Figura 5.24
Vários tipos de barrotes e treliças industrializadas são frequentemente utilizados em alternativa às peças de madeira serrada. Esta viga de seção "I" tem as abas produzidas em madeira LVL e a alma em madeira compensada. As vigas "I" são produzidas em peças bastante longas e tendem a ser mais retilíneas, resistentes, rígidas e leves que os barrotes de madeira serrada. *(Cortesia de Trus Joist MacMillan)*

Figura 5.25
Estas treliças de piso (montadas para uma casa modelo em um estacionamento) são produzidas com peças de madeira serrada unidas por conectores de chapa de aço dentada. A alma em OSB em cada extremidade pode ser serrada para ajuste do comprimento da treliça. As treliças são mais altas que os barrotes de madeira serrada ou vigas "I", mas podem vencer maiores vãos. Entretanto, mesmo sendo mais altas que outras vigas, as treliças podem resultar em forros de menor altura, pois as tubulações podem passar através das treliças em vez de abaixo delas. *(Cortesia de Wood Truss Council of America)*

Figura 5.26
Colocação do contrapiso em painéis OSB. Destaque para o posicionamento do painel com a maior dimensão perpendicular aos barrotes. *(Cortesia de APA – The Engineered Wood Association)*

Entre suas vantagens, podem ser citadas a possibilidade de vencer maiores vãos, maior uniformidade, mais retilíneas e retração reduzida por secagem da plataforma do piso. O espaçamento mais comum para essas vigas é 19,2 ou 24 polegadas eixo a eixo (488 a 610 mm). As vigas "I", devido às almas esbeltas, com frequência necessitam de reforços nos pontos de ocorrência de cargas concentradas, como nas extremidades dos barrotes, nos balanços ou nos pontos onde paredes internas estruturais se apoiam nos barrotes (Figuras 5.44 e 5.45).

Após o término da estrutura do piso, o contrapiso é fixado. Para reduzir a ocorrência de rangidos no piso pronto e para aumentar a rigidez, deve ser utilizado um adesivo juntamente com os elementos de fixação mecânica (Figuras 5.26 e 5.27). Pregos com a superfície helicoidal ou parafusos fixam o contrapiso de maneira mais eficiente que pregos comuns, além de contribuir para a prevenção dos rangidos. Painéis de madeira compensada ou OSB devem ser posicionados com as fibras perpendicularmente à direção dos barrotes, tendo em vista a maior rigidez nessa direção um painel padrão de 4 × 8 pés (1,2 m × 2,4 m) deve ser disposto com sua maior dimensão perpendicular aos barrotes). Os painéis de fechamento e de contrapiso são, normalmente, produzidos com a superfície menor em ⅛ polegada (3 mm) em cada direção de maneira que possa ser mantido um pequeno afastamento entre eles para prevenir o empenamento durante a construção resultante da exposição às intempéries. O *contraventamento*, seja com diafragmas maciços ou escoras de madeira ou aço, inseridas entre os barrotes no meio do vão ou intervalos máximos de 8 pés (2,4 m), é um item comum em estruturas de pisos (Figuras 5.19, 5.28). (O termo *diafragma* se refere, em geral, a pequenos segmentos de madeira serrada colocados entre os componentes estruturais para várias finalidades, como escoramento, reforço ou estabelecimento de uma superfície firme para os casos de necessária fixação de materiais de acabamento ou equipamentos.) Sua função é manter os barrotes na posição e contribuir para a distribuição de cargas concentradas. O International Residential Code exige contraventamento somente para barrotes de altura maior que 2 × 12 pés (38 × 286 mm). Entretanto, em construções de maior nível de qualidade, o contraventamento é utilizado com frequência em todos os pisos, independentemente da altura dos barrotes, para aumentar a rigidez e reduzir vibrações. O contraventamento com diafragmas também é necessário nos casos em que os barrotes do piso se estendem continuamente entre as vigas de apoio para combater a tendência ao tombamento dos barrotes (Figura 5.18 B, D).

Nos locais onde o encontro entre os barrotes do piso e barrotes laterais se dá de topo, como no entorno das aberturas para escadas e nos casos de mudança de direção dos barrotes para cômodos em balanço, a união das peças por pregos, seja a 90° (*end nails*) ou inclinada (*toe nails*) não é suficiente para transmitir os esforços entre os componentes, sendo, portanto, necessário o uso de suportes metálicos. Cada suporte estabelece um apoio firme para a extremidade do barrote e orifícios nos quais são inseridos pregos curtos especiais que tornam a ligação mais segura.

Figura 5.27
O contrapiso deve ser colado aos barrotes para tornar o piso mais rígido e silencioso. O adesivo é um espesso mastique aplicado com pistola nos topos dos barrotes pouco antes da montagem do contrapiso. *(Cortesia de APA – The Engineered Wood Association)*

Figura 5.28
O contraventamento entre os barrotes deve ser feito com diafragmas maciços de madeira, escoras de madeira ou, como mostrado, barras metálicas cruzadas. Durante a fabricação, a barra de aço é dobrada em forma de V para aumentar sua rigidez. O contraventamento com barras metálicas com uma das extremidades dentada requer somente um prego por peça e nenhum corte para ajuste, sendo, portanto, de instalação mais rápida. *(Cortesia de APA – The Engineered Wood Association)*

Execução da estrutura das paredes, fechamento e escoramento

A estrutura das paredes, da mesma forma que a de piso, é planejada de maneira que um componente estrutural, nesse caso um montante, situe-se sobre cada junta vertical entre os painéis de fechamento. (Figuras 5.29-5.32). O carpinteiro-mestre inicia a estrutura das paredes marcando a posição dos montantes na guia inferior e superior de cada parede. Os demais carpinteiros dão continuidade, cortando os montantes e demais peças e montando a parede na posição horizontal sobre o contrapiso. Cada parede terminada é erguida e pregada em sua posição e, se necessário, é utilizado um escoramento temporário (Figuras 5.34-5.37).

A seção dos montantes longos, utilizados em paredes altas, devem ter seção maior que 2 × 4 polegadas para resistir aos esforços do vento. Devido ao fato de que peças de madeira serrada de grande comprimento tendem não ser totalmente retilíneas, além de ser de menor disponibilidade, podem ser utilizados montantes produzidos com madeira estrutural composta. O International Residential Code estabelece que devem ser utilizados diafragmas horizontais entre os montantes, à meia altura, em paredes de altura superior a 10 pés (3 m). O objetivo desses elementos é interromper as cavidades entre os montantes de forma a limitar a propagação de fogo em casos de incêndio.

As vergas acima das aberturas de janelas e portas devem ser dimensionadas conforme os critérios dos códigos de edificações. Uma verga típica para janelas consiste em duas peças de 2 polegadas posicionadas segundo a face menor, separadas por um espaçador de compensado que serve para dar à verga a mesma espessura dos montantes da parede. Vergas para grandes vãos ou elevados carregamentos são frequentemente produzidos com peças compostas coladas e laminadas (LVL ou PSL), ambas mais resistentes e rígidas que madeira serrada. Vários fabricantes produzem vergas pré-fabricadas que incluem isolamento térmico como uma maneira de diminuir a perda de calor por essas peças de difícil isolamento. Ambas extremidades das vergas são apoiadas em montantes laterais mais curtos* que, por sua vez, são fixados a montantes laterais à esquadria de altura igual aos demais montantes, com denominação em inglês *king studs***. Na parte inferior de uma abertura para janela, o *peitoril* é apoiado por montantes curtos* (Figura 5.32).

Cada canto e interseção entre divisórias deve possibilitar uma superfície para a pregagem dos materiais de acabamento interno e externo. Para isso são necessários pelo menos três montantes em cada interseção, a menos que sejam utilizados grampos metálicos especiais, reduzindo então esse número para dois montantes (Figura 5.32).

O fechamento era originalmente executado com pranchas maciças, normalmente de 6 a 10 polegadas (150 a 250 mm) de largura. Caso aplicadas horizontalmente, essas placas contribuem pouco para reforçar o prédio contra os esforços sísmicos ou devidos ao vento. Entretanto, quando aplicados em sentido diagonal, produzem um esqueleto rígido. Hoje, as paredes são fechadas com compensados ou painéis OSB, que resultam em um travamento permanente e bastante rígido (Figura 5.63), ou com contraventamentos internos como descrito abaixo. Os painéis são colocados assim que possível após a parede estar estruturada, normalmente com ela ainda disposta sobre a plataforma do piso.

---

* N. de T.: Denominados em inglês *trimmer* ou *jack studs*, sem correspondência em português.

** N. de T.: Sem correspondência no Brasil.

---

* N. de T.: Em inglês, *cripple studs*, também sem correspondência no Brasil.

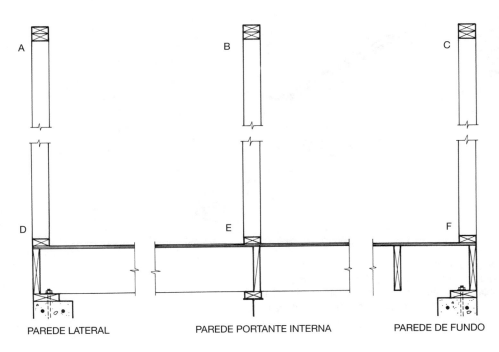

Figura 5.29
Detalhes típicos da estrutura de paredes térreas, indicados por letras na Figura 5.30.

PAREDE LATERAL   PAREDE PORTANTE INTERNA   PAREDE DE FUNDO

Em regiões de ventos fortes ou terremotos, o fechamento das paredes exerce um importante papel na estabilidade lateral da estrutura.

Uma parede adequadamente fechada atua como uma *parede diafragma* em relação à resistência aos esforços laterais. Tanto as paredes internas quanto as externas podem atuar como diafragma e devem existir nas direções longitudinal e transversal, devendo ser espaçadas de forma aproximadamente simétrica pelo pavimento. As tensões nas paredes diafragma são proporcionais a seu comprimento, estando as paredes mais curtas sujeitas a maiores tensões que paredes mais longas. Em casos de paredes com grandes aberturas para janelas ou portas, as seções não vazadas contribuintes na resistência aos esforços laterais podem se tornar relativamente curtas e, consequentemente, estar sujeitas a tensões muito elevadas. Nesses casos, o fechamento poderá ser fixado com pregos maiores, em espaçamentos bastante reduzidos. As extremidades horizontais dos painéis de fechamento devem ser travadas com diafragmas para evitar a flambagem, e os montantes onde os painéis de fechamento se unem devem ser maiores, por exemplo, 3 × ou 4 × (64 m ou 89 mm), de maneira a receber os pregos sem a ocorrência de fendilhamento. Nos casos em que a resistência necessária não puder ser obtida com segurança pelos proces-

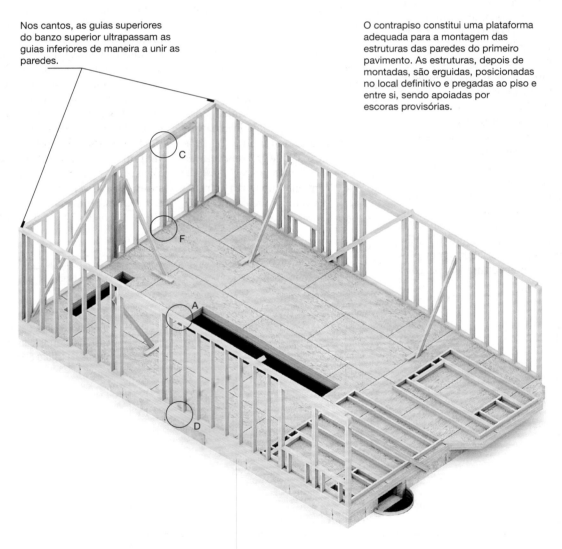

Nos cantos, as guias superiores do banzo superior ultrapassam as guias inferiores de maneira a unir as paredes.

O contrapiso constitui uma plataforma adequada para a montagem das estruturas das paredes do primeiro pavimento. As estruturas, depois de montadas, são erguidas, posicionadas no local definitivo e pregadas ao piso e entre si, sendo apoiadas por escoras provisórias.

Figura 5.30
Quarto passo da execução de um edifício em estrutura-plataforma. As paredes do térreo estão estruturadas. As letras A, B e C indicam partes da estrutura detalhadas na Figura 5.29.

sos construtivos usuais em canteiro, devem ser utilizados componentes pré-fabricados de madeira ou aço (Figura 5.38). Em paredes diafragma sujeitas a elevados esforços, pode ser necessária a utilização de *presilhas* para prevenir o arrancamento das paredes das fundações ou da plataforma do piso (Figuras 5.39-5.41). A assessoria de um projetista estrutural é recomendada (e com frequência legalmente requerida) na construção de obras em áreas sujeitas a sismos ou a forças de vento muito fortes.*

Os painéis de fechamento produzidos com madeira, fibras, espuma plástica e fibra de vidro são usados principalmente para isolamento térmico e para servir de base para películas resistentes à umidade. A maior parte desses painéis é não estrutural, portanto, paredes fechadas com eles têm a resistência a esforços laterais baseada em escoras *diagonais embutidas* ou em painéis estrategicamente localizados, dimensionados para esforços laterais. As escoras embutidas podem ser produzidas com peças de madeira de 1 × 4 (19 × 89 mm) ou com componentes leves de aço encaixados nas faces externas dos montantes antes do fechamento (Figuras 5.32 e 5.42).

---

* N. de T.: No Brasil, é obrigatória a existência de um profissional responsável habilitado para qualquer obra de engenharia.

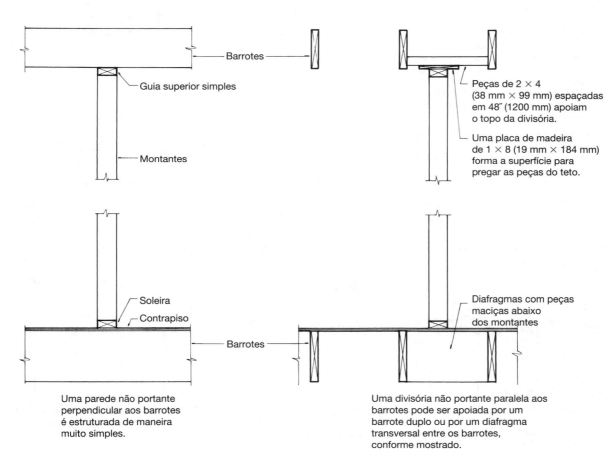

Figura 5.31
Detalhes da estrutura de uma divisória interna não estrutural.

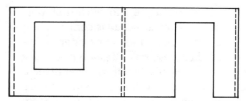

1. Este é o leiaute típico de uma parede externa. Ela se encontra com outras duas paredes externas nos cantos e uma parede divisória no meio. Ela tem duas aberturas, em dimensões brutas: uma para uma janela e outra para uma porta.

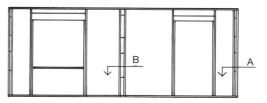

2. O carpinteiro inicia pela marcação da posição de todos os montantes e aberturas na guia inferior e guia superior. Os montantes "especiais" são cortados e montados primeiro: dois pilares de canto, a interseção com a divisória e os montantes laterais às aberturas e os montantes de apoio às vergas acima das aberturas.

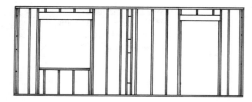

3. A seguir, a parede é preenchida com montantes espaçados em intervalos regulares de 16″ (400 mm) ou 24″ (600 mm) para estabelecer um suporte para os painéis de fechamento.

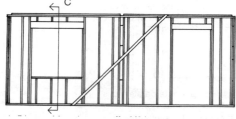

4. Um escoramento diagonal, normalmente de 1 x 4 (19 mm x 89 mm), é deixado no interior da armação nos casos de prédios que não possuam um fechamento rígido. Uma segunda guia superior pode ser adicionada antes ou após a parede ser erguida.

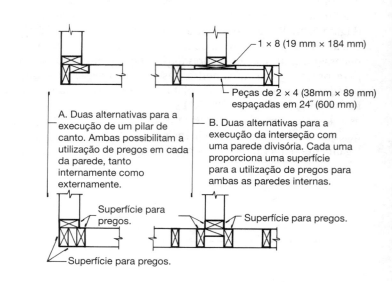

A. Duas alternativas para a execução de um pilar de canto. Ambas possibilitam a utilização de pregos em cada da parede, tanto internamente como externamente.

B. Duas alternativas para a execução da interseção com uma parede divisória. Cada uma proporciona uma superfície para a utilização de pregos para ambas as paredes internas.

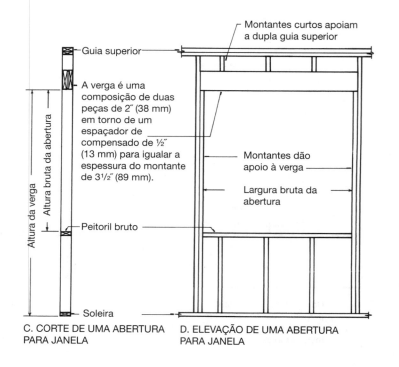

C. CORTE DE UMA ABERTURA PARA JANELA

D. ELEVAÇÃO DE UMA ABERTURA PARA JANELA

Figura 5.32
Etapas na estruturação de uma parede comum e detalhes das interseções e abertura para janela. No detalhe D, os montantes acima da verga e abaixo do peitoril são denominados *trimmer* ou *cripple studs*[*].

---

[*] N. de T.: Não há denominação específica em português para estas peças.

Figura 5.33
Como primeiro passo na construção da estrutura de uma parede, o carpinteiro-chefe posiciona lado a lado, sobre a plataforma do piso, a guia superior e a guia inferior e marca com lápis e esquadro, simultaneamente, em ambas, a posição de cada montante. *(Foto por Edward Allen)*

Figura 5.34
Pregagem dos montantes a uma guia, com a utilização de uma pistola de pregos pneumática. Os montantes triplos são para uma interseção com uma parede divisória. *(Cortesia de Senco Products, Inc.)*

Figura 5.35
Elevação de uma divisória interna até sua posição. A interrupção na guia superior receberá a extremidade da guia superior de outra divisória que a intercepta nesse ponto. *(Cortesia de APA – The Engineered Wood Association)*

Figura 5.36
Fixação de uma parede à plataforma do piso. O diafragma horizontal visto à esquerda da foto é, normalmente, instalado para estabelecer uma base resistente para a posterior montagem das instalações hidráulicas, painéis externos ou vários outros itens. *(Cortesia de Senco Products, Inc.)*

Capítulo 5 Construções em Estrutura Leve de Madeira   **191**

Figura 5.37
A estrutura das paredes do nível inferior é mantida na posição com escoras inclinadas temporárias até que os barrotes da estrutura do piso acima sejam montados e o contraventamento ou fechamento das paredes seja terminado. Depois disso, a estrutura torna-se totalmente autoportante. As paredes externas deste prédio são estruturadas com montantes de 2 × 6 (38 × 140 mm) para possibilitar a maior espessura do isolamento térmico, enquanto as divisórias internas são executadas com peças de 2 × 4 (38 × 89 mm). *(Foto por Joseph Iano)*

Figura 5.38
Paredes diafragma produzidas com painéis pré-fabricados são especialmente úteis para estruturas de paredes de garagens ou outras paredes com grandes aberturas nas quais os segmentos de paredes restantes são insuficientes para resistir aos esforços laterais. Eles podem ser produzidos integralmente com peças de madeira ou, em casos de necessidade de maiores resistências, com madeira e metal, conforme mostrado aqui. O aço galvanizado corrugado no painel tem espessura maior que $1/8$ polegada (3,5 mm), e a capacidade do painel em resistir aos esforços laterais é várias vezes superior que a dos painéis produzidos somente com madeira. A base do painel será ancorada com parafusos chumbados pelo menos 21 polegadas (533 mm) no concreto da fundação, e os lados e o topo serão aparafusados à estrutura de madeira ao redor. Orifícios no painel podem acomodar fiações elétricas nas paredes. *(Cortesia de Simpson Strong-Tie Company Inc.)*

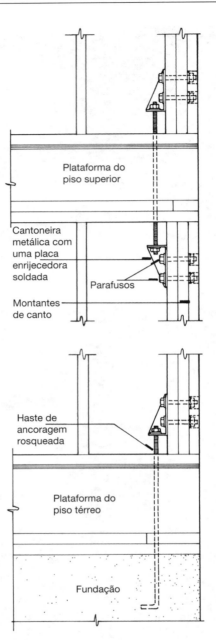

Figura 5.39
Elementos de fixação como presilhas produzidas com tiras de aço galvanizado, com extremidades curvas ou com grapas, chumbadas no concreto da fundação (ao alto). Após a conclusão da estrutura da parede, o segmento exposto da presilha pode ser pregado diretamente na estrutura ou, como mostrado, pregado aos montantes traseiros, através dos painéis de fechamento (abaixo). A quantidade, o tamanho e o espaçamento dos pregos utilizados para a fixação da presilha dependem da magnitude das cargas que devem ser suportadas e da resistência ao fendilhamento do componente de madeira. Na imagem superior, podem ser visualizados, no topo da fundação, chumbadores embutidos no concreto utilizados para a fixação da soleira. *(Fotos por Joseph Iano)*

Figura 5.40
Elementos de fixação constituídos por hastes rosqueadas e placas metálicas podem resistir a esforços muito mais elevados que as presilhas. Eles podem ser usados em cada andar para vincular de maneira segura toda a estrutura do edifício à fundação. Para o tipo mostrado aqui, as porcas das extremidades da haste rosqueadas podem exigir reaperto após a primeira estação quente para compensar a retração da madeira. Isso significa dizer que devem ser previstos pontos de acesso nas faces das paredes internas. Existem outros modelos acionados por sistemas de molas ou outros mecanismos de compensação, que são autoajustáveis.

Figura 5.41
Um elemento de fixação para elevadas cargas sísmicas, similar ao mostrado na Figura 5.40. O pino de ancoragem que tem uma extremidade embutida no concreto da fundação projeta-se através da soleira de madeira tratada, onde sua extremidade rosqueada é aparafusada à ancoragem. A âncora, por sua vez, é aparafusada a um pilar de seção de 4 × 4 (89 mm × 89 mm) com cinco parafusos de grandes dimensões. Um chumbador convencional com uma arruela quadrada superdimensionada está parcialmente visível à direita da presilha. Também se verifica uma soleira mais espessa que as peças de 3 polegadas nominais normalmente utilizadas, uma solução comum para estruturas leves de madeira projetadas para regiões com forças sísmicas de alta intensidade. *(Foto por Joseph Iano)*

Figura 5.42
Colocação de um painel de fechamento de espuma isolante. Esse tipo de fechamento é muito flexível e pouco resistente para contraventar a estrutura; assim, escoras diagonais são encaixadas nas faces externas dos montantes nos cantos do edifício. Escoras de aço, pregadas em cada montante, são utilizadas nesta estrutura; uma delas está visível à direita da perna do carpinteiro. *(Cortesia de The Celotex Corporation)*

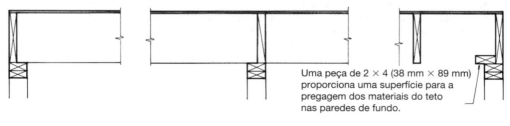

A. PAREDE LATERAL   B. PAREDE INTERNA PORTANTE   C. PAREDE DE FUNDO

Uma peça de 2 × 4 (38 mm × 89 mm) proporciona uma superfície para a pregagem dos materiais do teto nas paredes de fundo.

Figura 5.43
Detalhes da plataforma do piso do segundo pavimento, marcadas com letras na Figura 5.46. A peça de madeira adicional acima da guia superior em C é um diafragma contínuo cuja função é criar uma superfície para a pregagem das bordas dos materiais de acabamento do teto, geralmente placas de gesso ou revestimentos à base de gesso.

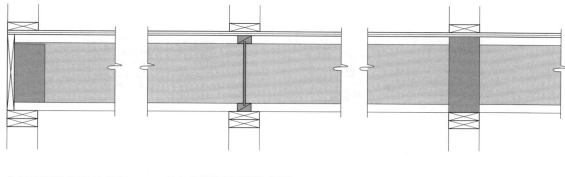

A. PAREDE LATERAL COM ENRIJECEDOR DE ALMA

B-1. APOIO INTERNO COM DIAFRAGMA EM "I"

B-2. BLOCO DE COMPRESSÃO PARA CARGAS CONCENTRADAS

Figura 5.44
Detalhes alternativos aos mostrados na Figura 5.43 para um piso estruturado com vigas "I" em vez das peças de madeira maciça. Para clareza dos detalhes, a alma da viga "I" está representada em cinza claro e os travamentos em cor escura. O enrijecedor mostrado no detalhe A está cortado um pouco menor que a altura da alma da viga e está instalado de maneira que reste um pequeno espaço entre o topo do travamento e a face inferior do flange superior. Isso evita que o travamento pressione os flanges verticalmente caso ocorra retração ou pequenos esforços de compressão na viga I, o que poderia causar a separação dos flanges da alma (veja também a Figura 5.45). A peça de travamento com seção "I" no detalhe B-1 é análoga ao diafragma maciço mostrado na Figura 5.45 B. Um elemento de reforço (bloco de compressão) está mostrado em B-2. É um segmento pequeno, 2 × (38 mm) de uma peça estrutural colocada verticalmente como um montante curto em ambos os lados das vigas "I". Blocos de compressão* são utilizados abaixo de pontos onde há cargas concentradas como sob pilares ou montantes laterais de uma abertura de grande dimensão. Eles são cortados um pouco maiores que a altura da viga para garantir que as cargas sejam transferidas por eles e não pelas vigas.

---

* N. de T.: Do original, *squash block*, sem correspondência em português.

Figura 5.45
Mostra um diafragma na região onde a viga "I" intercepta uma viga de madeira laminada colada, como ilustrado na Figura 5.44 A. Esse diafragma atua como um enrijecedor da alma e também previne a rotação da viga "I" no interior do suporte metálico, que não tem altura suficiente para travar o flange superior da viga. A necessidade do travamento depende da dimensão da viga "I", da magnitude das cargas e do tipo de suporte utilizado. *(Foto por Joseph Iano)*

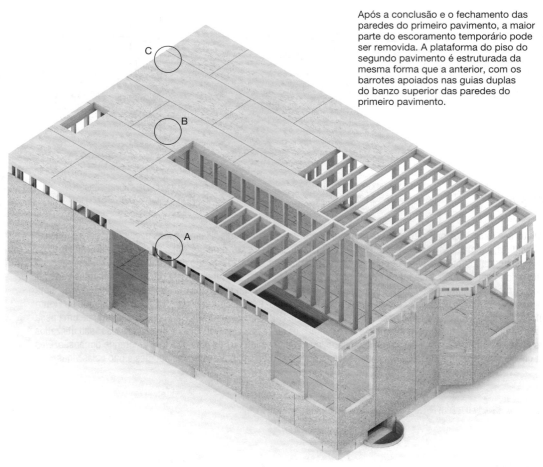

Figura 5.46
Quinto passo na execução de um edifício de dois pavimentos com estrutura-plataforma: construção do piso do pavimento superior. As letras A, B e C indicam partes da estrutura detalhadas na Figura 5.44.

Após a conclusão e o fechamento das paredes do primeiro pavimento, a maior parte do escoramento temporário pode ser removida. A plataforma do piso do segundo pavimento é estruturada da mesma forma que a anterior, com os barrotes apoiados nas guias duplas do banzo superior das paredes do primeiro pavimento.

Figura 5.47
As escadas internas são normalmente estruturadas assim que a estrutura do piso do pavimento superior esteja completa. Isso possibilita aos carpinteiros um fácil acesso ao andar superior durante o restante do trabalho. Degraus temporários são produzidos com restos de vigas ou compensados pregados às longarinas. Eles serão substituídos por peças definitivas na conclusão da obra para evitar o desgaste resultante da execução da obra.

O topo de cada longarina é frequentemente fixado com um prego 1 × 2 (19 mm × 38 mm) em sua borda. Uma escada comum normalmente tem três ou quatro longarinas paralelas para suportar os pisos e espelhos dos degraus.

A longarina é obtida pelo corte de uma peça 2 × 12 (38 mm × 286 mm). Os cortes são marcados com esquadro de carpinteiro, e as dimensões dos pisos e espelhos são predeterminadas.

Um travamento de 2 × 4 (38 mm × 99 mm) impede o escorregamento das longarinas.

Barrotes duplos apoiam o topo e a parte inferior da escada.

Capítulo 5 Construções em Estrutura Leve de Madeira 197

Os procedimentos para a estruturação das paredes do segundo pavimento são idênticos aos adotados no primeiro pavimento.

Figura 5.48
Sexto passo: estruturação das paredes do segundo pavimento.

Figura 5.49
Montagem do piso superior com a utilização de painéis de compensados como contrapiso e base para o revestimento final. Foram utilizados painéis de compensado de classe C-C Plugged*. A face superior do compensado é lixada e todos os vazios superficiais, preenchidos, obtendo-se uma superfície lisa o suficiente para a aplicação de revestimentos acarpetados diretamente sobre o contrapiso, dispensando materiais de regularização abaixo do revestimento. As bordas maiores dos painéis têm juntas macho-fêmea para prevenir a deformação das bordas dos painéis sob cargas concentradas elevadas, como pessoas em pé ou pernas de um piano. *(Cortesia de APA – The Engineered Wood Association)*

---

* N. de T.: Classificação da American Plywood Association, uma associação americana de fabricantes de madeira compensada.

Estrutura do telhado

As formas genéricas de telhados para edifícios de estruturas leves de madeira são mostradas na Figura 5.50. Frequentemente, elas são combinadas de maneira a produzir coberturas adequadas às mais complexas plantas e à volumetria dos edifícios.

Para estabilidade estrutural, os caibros dos telhados de duas ou quatro águas devem ser firmemente fixados ao topo das paredes de apoio por ligações pregadas às vigas do teto, resultando, então, em uma série de treliças triangulares. Caso o projetista deseje eliminar as vigas do teto para deixar aparente a superfície inclinada abaixo do telhado, uma viga ou parede portante deve ser inserida na cumeeira ou um sistema de tirantes horizontais aparentes deve ser usado no lugar das vigas do teto. Algumas vezes, o projetista deseja elevar as vigas do teto ou os tirantes em um nível acima do topo das guias superiores das paredes. Isso aumenta os esforços de flexão nos caibros e deve ser realizado somente após consulta a um projetista estrutural.

Ainda que um engenheiro ou arquiteto, com o uso de trigonometria, possam encontrar dificuldades em detalhar todos os cortes dos caibros para um telhado, um carpinteiro habilidoso pode, sem recorrer à matemática, elaborar com facilidade o telhado se a *inclinação* for expressa como uma relação entre a elevação e o *vão*. Elevação é a dimensão vertical, e o vão, a dimensão horizontal.* Nos Estados

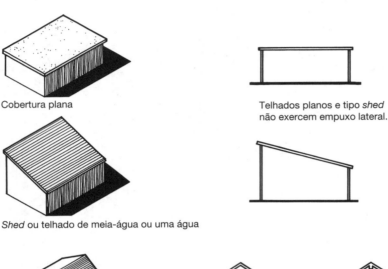

Cobertura plana

Shed ou telhado de meia-água ou uma água

Telhado de duas águas

Telhado de quatro águas

Telhados planos e tipo *shed* não exercem empuxo lateral.

Vigas do teto — Cumeeira

Os caibros dos telhados de duas e quatro águas devem ser unidos às vigas do teto ou apoiados pela cumeeira.

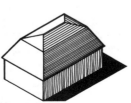

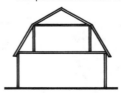

Gambrel roof

Mansarda

Vigas do teto — Knee wall

Telhados *gambrel* e mansardas exigem *knee walls* e vigas de teto para estabilidade estrutural.

---

* N. de T.: No Brasil, a inclinação dos telhados é, normalmente, expressa pela declividade, ou seja, a altura do telhado corresponde a um valor percentual da distância horizontal. Por exemplo, a especificação de um telhado com 70% de declividade indica que para cada 1,0 metro na horizontal, o telhado se eleva 0,70 m. Essa declividade corresponde a uma inclinação de 35°. Também é utilizada a especificação da altura das cumeeiras, também chamada de Ponto de Cobertura, isto é, a relação entre a altura máxima da cobertura e o vão.

Figura 5.50
Formas básicas de telhados para edifícios de estrutura leve de madeira*.

---

* N. de T.: *Knee wall*, sem correspondência em português, define paredes que sustentam, em uma posição intermediária, os caibros. No Brasil, é comum o uso de elementos não contínuos, como pontaletes de madeira.

Unidos, a inclinação é definida, em geral, nos projetos arquitetônicos como polegadas de elevação pelo vão de um pé (12 polegadas). Um carpinteiro experiente usa estas duas figuras nas duas bordas de um *esquadro de carpinteiro* para traçar os caibros conforme mostrado nas Figuras 5.52 e 5.58. O comprimento real do caibro nunca é calculado, pois não é necessário, já que todas as medidas são feitas como distâncias horizontais e verticais com ajuda do esquadro. Atualmente, muitos carpinteiros preferem traçar os caibros com o auxílio de tabelas que dão o comprimento real dos caibros para várias inclinações e distâncias horizontais. Essas tabelas estão estampadas nos esquadros de carpinteiro ou impressas em formato de livros de bolso. Também existem calculadoras portáteis programadas especificamente para encontrar as dimensões dos caibros.

Espigões e *rincões* acrescentam outro nível de complexidade trigonométrica no traçado dos caibros, mas o carpinteiro experiente também aqui encontrará poucas dificuldades. Novamente podem ser utilizadas tabelas para os caibros dos espigões e rincões ou pode-se fazer o leiaute na maneira tradicional, como mostrado na Figura 5.56. O carpinteiro-chefe traça somente um caibro de cada tipo por esses procedimentos, que serão os *caibros-modelo* a partir dos quais os demais profissionais desenham e cortam os caibros restantes (Figura 5.59).

A estrutura balão é intimamente ligada ao nível de industrialização alcançado na América (no início do século XIX). Sua invenção praticamente transformou a construção em madeira de um complicado ofício, praticado por trabalhadores habilidosos, em uma indústria....Esta construção simples e eficiente é completamente adaptada às necessidades dos arquitetos contemporâneos...elegância e leveza (são) qualidades inerentes ao esqueleto da estrutura-balão.

Sigfried Giedion, *Space, Time and Architecture: The Growth of a New Tradition*, 1967.

Em áreas sujeitas a furacões, os códigos de edificações podem exigir que os caibros sejam fixados às paredes de suporte por talas metálicas, como mostrado na Figura 5.46. O tipo, a dimensão e o espaçamento dos pregos que fixam o fechamento do telhado aos caibros também são rigidamente controlados. O objetivo dessas duas medidas é reduzir a probabilidade do telhado ser arrancado por ventos fortes.

De maneira similar ao contraventamento nos barrotes do piso, o International Residential Code exige contraventamento para as vigas do teto e os caibros nos casos em que a altura dessas peças excede sua espessura em uma razão de 6 para 1 tendo como base as dimensões nominais (para peças convencionais de madeira maciça, peças mais altas que 2 × 12 ou 38 × 286 mm). Nos locais em que as faces inferiores das vigas ou caibros não tiverem acabamentos, podem ser utilizadas talas de madeira pregadas perpendicularmente ao fundo das vigas ou caibros, em vez de diafragmas ou escoras colocadas entre os componentes estruturais.

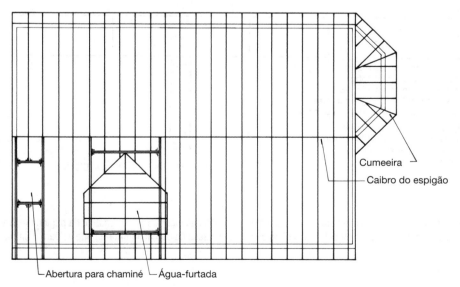

Figura 5.51
Uma planta estrutural do telhado do edifício mostrado na Figura 5.53. As aberturas para água-furtada e chaminé são estruturadas com vigas de encabeçamento duplas e barrotes laterais. A água-furtada é então construída como uma estrutura separada, que é fixada à água do telhado principal.

PLANTA DA ESTRUTURA DO TELHADO

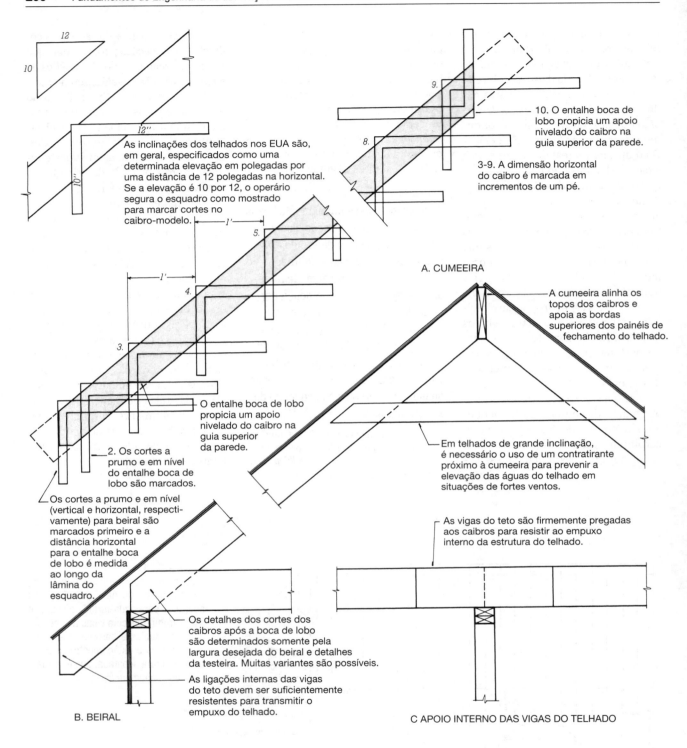

Figura 5.52
Detalhes da estrutura do telhado e procedimentos: os detalhes indicados por letras estão marcados na Figura 5.53. O restante da página mostra como um esquadro de carpinteiro é usado para traçar um caibro modelo, no sentido do primeiro passo na porção inferior da página para o último passo no topo.

As vigas do teto acima do segundo pavimento (que servem também como barrotes para o piso do sótão) são pregadas aos topos das paredes do segundo pavimento. Em seguida, alguns caibros são montados para sustentar a cumeeira e os caibros restantes são montados. Vigas de encabeçamento duplas e barrotes laterais são utilizados no entorno das aberturas no telhado.

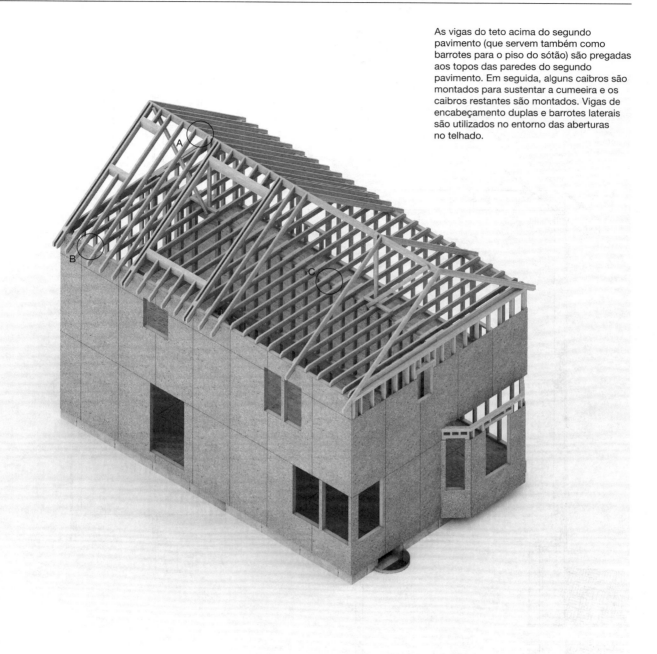

Figura 5.53
Sétimo passo: estruturação do piso do sótão e telhado. As extremidades externas dos barrotes do piso do sótão normalmente não são cortadas e sim pregadas às faces dos caibros sobrepostos.

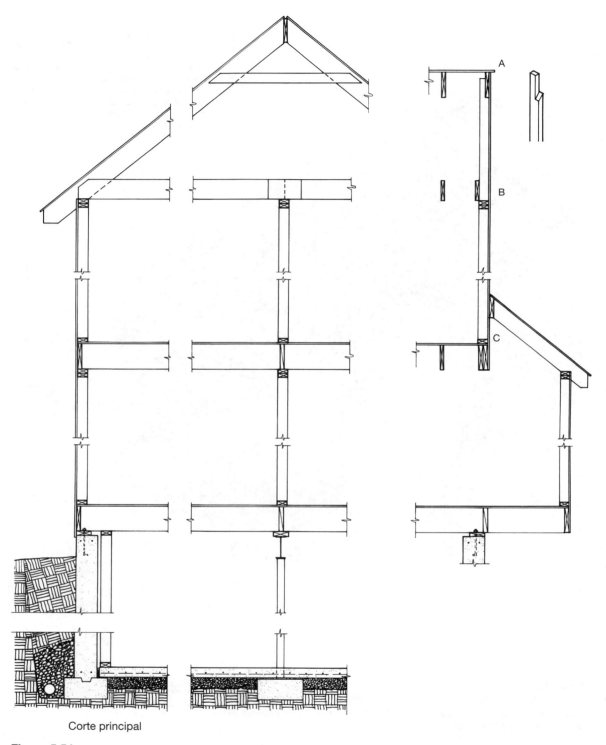

Corte principal

Figura 5.54
Um resumo dos principais detalhes da estrutura mostrada na Figura 5.55. As extremidades dos montantes do oitão são cortadas como mostrado em A e pregadas à extremidade do caibro.

Capítulo 5   Construções em Estrutura Leve de Madeira   **203**

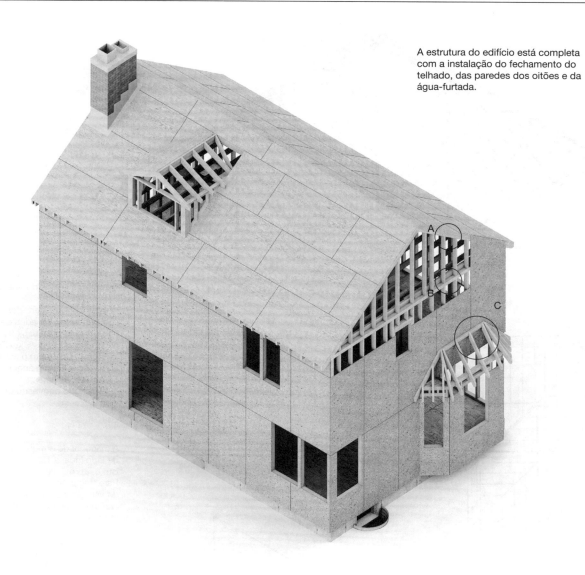

A estrutura do edifício está completa com a instalação do fechamento do telhado, das paredes dos oitões e da água-furtada.

Figura 5.55
Oitavo passo: a estrutura fechada está completa. As letras A, B e C indicam partes da estrutura detalhadas na Figura 5.54.

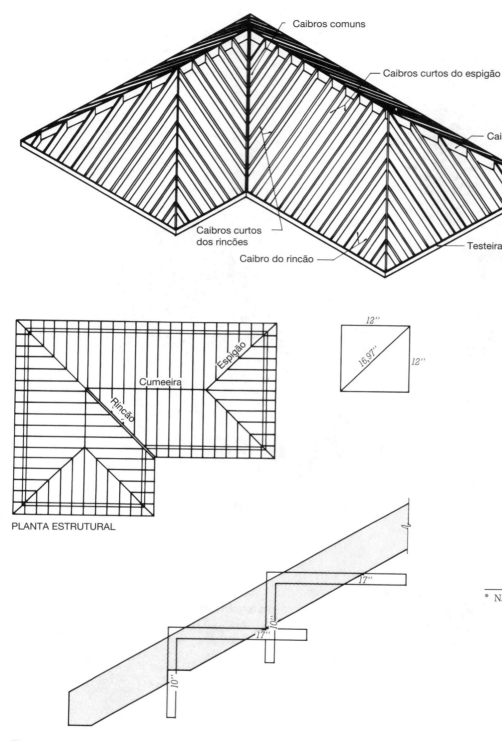

Figura 5.56
Estruturação de um telhado com espigão. A dificuldade geométrica em traçar o caibro diagonal do espigão é facilmente solucionada pelo uso do esquadro de carpinteiro da maneira mostrada. A extremidade inferior do caibro mostrado na parte baixa da figura é um *entalhe boca de lobo*, um entalhe em ângulo que permite o apoio do caibro de maneira estável sobre a guia superior da parede.

Capítulo 5 Construções em Estrutura Leve de Madeira **205**

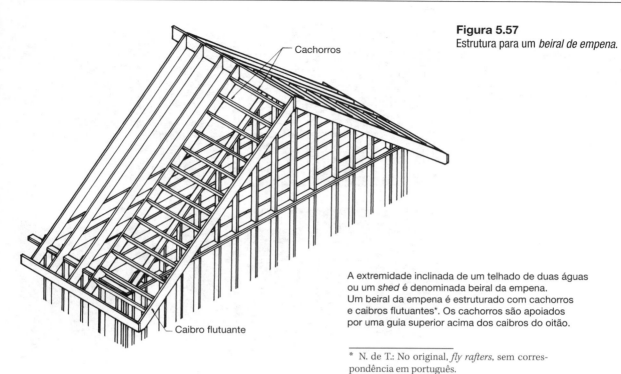

Figura 5.57
Estrutura para um *beiral de empena*.

A extremidade inclinada de um telhado de duas águas ou um *shed* é denominada beiral da empena. Um beiral da empena é estruturado com cachorros e caibros flutuantes*. Os cachorros são apoiados por uma guia superior acima dos caibros do oitão.

---

* N. de T.: No original, *fly rafters*, sem correspondência em português.

Figura 5.58
Um esquadro de carpinteiro sendo utilizado para marcar os cortes no caibro. A medida horizontal, 12 polegadas, é alinhada com a borda do caibro na lâmina (perna maior) do esquadro e a elevação, 7 polegadas neste caso, é alinhada segundo o cabo (a perna mais curta) do esquadro. Uma linha marcada com lápis ao longo da lâmina será perfeitamente vertical (*um corte a prumo*) quando o caibro for posicionado no telhado, e uma linha ao longo da lâmina será horizontal (*corte em nível*). As distâncias horizontais e verticais reais podem ser medidas na lâmina e no cabo, respectivamente. Os desenhos desses tipos de cortes também podem ser vistos nas Figuras 5.52 e 5.56. *(Foto por Edward Allen)*

206 Fundamentos de Engenharia de Edificações: Materiais e Métodos

Figura 5.59
Operário marcando um caibro modelo para o corte dos caibros restantes. O canto do edifício atrás dos carpinteiros tem escoras internas nos cantos de ambos os pavimentos, e a maior parte dos caibros está montada. *(Cortesia de Southern Forest Products Association)*

Figura 5.60
Vigas "I" podem ser usadas como caibros em vez de madeira maciça. *(Cortesia de Trus Joist MacMillan)*

Figura 5.61
Colocação dos compensados para fechamento de um telhado *half-hipped*. O contraventamento entre os caibros (à esquerda da foto) foi perfurado no alinhamento das paredes para ventilação do sótão. O travamento horizontal entre os montantes tem a função de servir de suporte aos painéis de revestimento colocados horizontalmente. *(Cortesia de APA – The Engineered Wood Association)*

Figura 5.62
Fixação do fechamento do telhado com uma pistola de pregos pneumática. *(Cortesia de Senco Products, Inc.)*

Figura 5.63
Uma estrutura leve de madeira totalmente fechada com painéis OSB estruturais.

VARIAÇÕES NA CONSTRUÇÃO DE ESTRUTURAS LEVES DE MADEIRA

Estruturas para maior eficiência térmica

A seção 2 × 4 (38 × 89 mm) tem sido a dimensão padronizada para os montantes das paredes desde que a estrutura leve foi inventada. Entretanto, nos últimos anos, a crescente pressão pela conservação de combustível destinado ao aquecimento alterou as exigências dos códigos sobre isolamento térmico, resultando em uma espessura de isolamento maior, que pode ser inserida no interior das paredes estruturadas com componentes de 3½ polegadas de espessura (89 mm). Uma solução é utilizar montantes de 2 × 6 (38 × 140 mm), normalmente espaçados a cada 24 polegadas (610 mm), criando uma cavidade de 5½ polegadas (140 mm) para o isolante. Como alternativa, paredes estruturadas com montantes 2 × 4 podem ser revestidas interna ou externamente com painéis de fechamento de espuma plástica isolante, alcançando assim um valor de isolamento quase igual à parede estruturada com 2 × 6 com isolamento convencional. Para um desempenho ainda maior, podem ser utilizados montantes 2 × 6 e fechamento isolante simultaneamente. Para climas muito frios, sistemas de paredes com espessuras ainda maiores, capazes de obter elevados valores de isolamento, podem ser construídos com duas linhas separadas de montantes comuns ou com treliças verticais executadas com montantes duplos unidos em determinados intervalos por placas de compensado. Alguns desses métodos construtivos estão ilustrados nas Figuras 7.17 a 7.21.

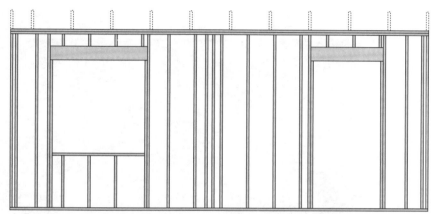

A. Estrutura convencional de parede com montantes a cada 16 eixo a eixo.

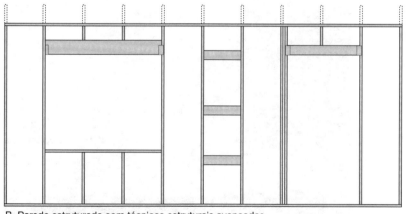

B. Parede estruturada com técnicas estruturais avançadas.

Figura 5.64
Comparação entre parede estruturadas com técnicas convencionais e avançadas. A parede A é estruturada como explicado na Figura 5.32. Os montantes são espaçados a cada 16 polegadas (406 mm) eixo a eixo, o projeto da parede e das aberturas não é coordenado com a modulação da estrutura, e detalhes padrão são usados para os cantos, as aberturas e outros itens. Na parede B, os montantes são espaçados em 24 polegadas (610 mm) eixo a eixo, o comprimento da parede, a posição e as dimensões das aberturas foram coordenados o máximo possível no módulo de 24 polegadas, e componentes estruturais excedentes foram eliminados. Destaca-se que com o banzo superior simples, os barrotes do piso ou os caibros do telhado (mostrados tracejados nas figuras) suportados pela parede B devem apoiar-se diretamente sobre os montantes. O comprimento total de madeira para estrutura utilizado na parede B é metade do necessário para a parede A. Embora seja apenas um pé e meio mais curta, a parede B pode ser fechada com cinco painéis padronizados, enquanto, para a parede A, são necessários seis. Mesmo que a parede A seja construída com montantes 2 × 4 e a parede B, com montantes 2 × 6, a economia total de materiais e a redução do desperdício na parede B é substancial.

Estruturas para otimização do uso de madeira

Em estruturas leves de madeira construídas com *técnicas estruturais avançadas*, também conhecidas como *engenharia otimizada*, é dada atenção especial para a minimização do uso de componentes estruturais desnecessários ou redundantes, reduzindo, assim, a quantidade de madeira necessária para construir a estrutura e, após a vedação, melhorar sua eficiência térmica (Figura 5.64). Uma variedade de técnicas pode ser utilizada, incluindo:

- Espaçamento entre os componentes estruturais em 24 polegadas (610 m) em vez de 16 polegadas (406 mm) eixo a eixo: o maior espaçamento entre os componentes estruturais reduz a quantidade de madeira necessária. Além disso, em paredes externas, a eficiência térmica é aumentada devido à redução, quando comparadas com paredes estruturadas com menores espaçamentos, da área de pontes térmicas.

- Projeto com modulação de 24 polegadas (610 mm): quando as dimensões externas do esqueleto estrutural são modulades em 24 polegadas, o desperdício dos painéis de fechamento é minimizado. O planejamento das dimensões brutas das aberturas e sua posição em pisos, paredes e telhados para se encaixar, dentro do possível, às dimensões modulares pode reduzir ainda mais o desperdício. O projeto modulado também reduz o desperdício de painéis de vedação vertical interna.

- A utilização de banzo superior simples em todas as paredes estruturais ou não: no caso de paredes estruturais, os componentes estruturais de pisos e telhado devem ser alinhados precisamente acima dos montantes das paredes que os suportam.

- Minimização de outros componentes estruturais desnecessários:

Figura 5.65
Tesouras de telhado são normalmente içadas por um guindaste acoplado ao caminhão de entrega. Esta é uma das diversas tesouras idênticas que vão estruturar um espaço habitável abaixo do telhado. *(Foto por Rob Thallon)*

não utilização de vergas acima de aberturas em paredes não estruturais, já que são desnecessárias; em paredes estruturais, utilização de vergas com a altura mínima necessária para cargas e vão. Nos locais onde os montantes de canto servirem somente para proporcionar uma superfície para pregagem ou apoio para os painéis de vedação, usar outra técnica de travamento menos dispendiosa ou elementos metálicos projetados para esse fim. Substituição dos montantes laterais da vergas das aberturas para janelas ou portas por suportes metálicos; eliminação montantes desnecessários abaixo do peitoril. Todas essas técnicas economizam madeira e, em paredes externas, aumentam a eficiência térmica pela redução das pontes térmicas entre os componentes estruturais.

- Eliminação de compensados e painéis OSB de fechamento desnecessários: onde o contraventamento interno é estruturalmente adequado para resistir aos esforços laterais, eliminar totalmente os painéis estruturais de fechamento, substituindo-os por fechamentos isolantes para melhor desempenho térmico. Quando forem necessários painéis estruturais, usar a menor quantidade possível destes.

As técnicas estruturais avançadas são baseadas em métodos estruturais não convencionais e reduzem significativamente a redundância na estrutura do edifício. Por essas razões, não devem ser utilizadas sem assistência técnica de um projetista estrutural ou outro profissional qualificado e, além disso, pode ser necessária uma análise cuidadosa e a aprovação pelas autoridades locais*, mas, mesmo assim, a utilização destas técnicas permite a obtenção de vantagens significativas. Conforme a National Association of Home Builders Partnership for Advancing Technology in Housing, as técnicas avançadas podem reduzir a quantidade total de madeira em estruturas leves de madeira em até 19% e melhorar a eficiência térmica da estrutura em até 30%.

Componentes estruturais pré-fabricados

Treliça de telhado e, em menor escala, *treliças de piso* são utilizadas em edifícios com estrutura-plataforma por causa da rapidez de montagem, economia de materiais e grandes vãos.

---

* N. de T.: No Brasil, devem existir profissionais habilitados responsáveis pelas obras, além de ser necessária a aprovação e o licenciamento junto aos órgãos municipais.

Ainda que a maioria das treliças de piso seja suficientemente leve para ser erguida e instalada por dois carpinteiros, grande parte das treliças é montada com o auxílio de um pequeno guindaste, em geral acoplado ao caminhão de entrega (Figura 5.65). As treliças de telhado são bastante esbeltas, normalmente com apenas 1½ polegadas (38 mm) de espessura e com capacidade de vencer vãos de 24 a 32 pés (7,5 a 10 m). Elas devem ter escoramento provisório durante a construção para prevenir a flambagem ou o colapso progressivo de todas as treliças. As escoras devem ser mantidas até que as treliças estejam adequadamente travadas com a instalação dos painéis de fechamento do telhado e os acabamentos internos (Figura 5.66).

Painéis de parede pré-fabricados têm sido adotados mais lentamente que as treliças de telhado e de piso, e são utilizados, em sua maioria, por grandes construtores que produzem centenas ou milhares de casas por ano. Para um pequeno construtor, a estrutura da parede pode ser executada no canteiro com quase a mesma quantidade de materiais que com painéis e com praticamente nenhum trabalho adicional, em especial quando o edifício exige paredes de diversas altura e formas.

Figura 5.66
Um telhado estruturado com tesouras pré-fabricadas. Em cerca de metade da empena, tirantes provisórios unem as tesouras entre si. Outro escoramento diagonal, não visível na fotografia, une as tesouras à estrutura do piso ou do teto para prevenir o tombamento de todos os elementos. *(Foto por Joseph Iano)*

ANTEPROJETO DE UMA ESTRUTURA LEVE DE MADEIRA

Estime a altura dos **caibros de madeira** com base na distância horizontal entre a parede externa do edifício e a cumeeira em telhado de duas ou quatro águas e a distância horizontal entre os apoios em um telhado tipo shed. Um caibro de seção 2 × 4 vence vãos de aproximadamente 7 pés (2,1 m), caibros de 2 × 6 alcançam 10 pés (3,0 m), um caibro de 2 × 8 vence 14 pés (4,3m) e uma seção de 2 × 10 alcança 17 pés (5,2 m).

A altura de **treliças leves de madeira para telhados** é, normalmente, baseada na inclinação desejada do telhado. Uma altura típica é um quarto da largura do prédio, que corresponde uma inclinação de $^6/_{12}$ (elevação/vão) em uma treliça de duas águas. Em geral, as treliças são espaçadas a cada 24 polegadas (600 mm), eixo a eixo, e podem vencer vãos de até 65 pés (20 m).

Estime a altura dos **barrotes de madeira do piso** como segue: barrotes de seção 2 × 6 vencem vãos de até 9 pés (2,7 m), barrotes 2 × 8 alcançam 11 pés (3,4 m), barrotes de seção 2 × 10 vencem 14 pés (4,3 m) e barrotes 2 × 12 alcançam 17 pés (5,2 m).

Estime a altura das **vigas "I" de madeira**, pré-fabricadas, da seguinte maneira: vigas de 9½ polegadas (240 mm) podem vencer vãos de 16 pés (4,9 m), vigas de 11⅞ polegadas (300 mm) alcançam 19 pés (5,8 m), vigas de 14 polegadas (360 mm) vencem vãos de 23 pés (7,0 m) e vigas de 16 polegadas vencem vãos de 25 pés (7,6 m).

Estime a altura de **treliças de madeira para pisos** como $^1/_{18}$ do vão. Alturas típicas de treliças de piso variam entre 12 e 28 polegadas (305-710 mm) com incrementos de 2 polegadas (51 mm).

Montantes de madeira de seção 2 × 4 espaçados a cada 24 polegadas (600 mm), eixo a eixo, podem suportar somente as cargas do sótão e do telhado. Tanto montantes de seção 2 × 4 com espaçamento de 16 polegadas (400 mm), eixo a eixo, como montantes 2 × 6 a cada 24 polegadas podem suportar um pavimento, o sótão e o telhado. Montantes de seção 2 × 6 a cada 16 polegadas, eixo a eixo, podem suportar dois pavimentos, o sótão e o telhado.

Elementos estruturais em edifícios de estrutura leve de madeira são normalmente espaçados a 16 ou 24 polegadas (400 ou 600 mm), eixo a eixo. Para dimensões reais das peças de madeira serrada, em unidades convencionais ou métricas, consulte a Figura 3.22.

Essas aproximações são válidas somente para fins de anteprojeto do edifício e não devem ser utilizadas para selecionar as dimensões finais dos componentes. Elas se aplicam aos usos normais de edifícios, como residencial, escritório, comercial e institucional. Para indústrias e depósitos, devem ser utilizados componentes bem maiores.

Para informações mais abrangentes sobre seleção preliminar e leiaute de sistemas estruturais e dimensionamento, consulte Edward Allen & Joseph Iano, *The Architect's Studio Companion* (4th ed.), New York, John Wiley & Sons, Inc, 2007.

ESTRUTURA LEVE EM MADEIRA E OS CÓDIGOS DE EDIFICAÇÕES*

Como mostrado na tabela da Figura 1.2, o International Building Code (IBC) permite a construção de prédios com estrutura leve de madeira, classificados como construções Tipo V, para quase todos os usos, havendo, entretanto, restrições relativamente rígidas em relação à altura e às áreas dos pavimentos. Por exemplo, um edifício de escritórios, grupo de atividade B, edificado segundo o Tipo V-B (sem proteção), pode ter dois andares de altura e 9.000 pés quadrados (835 m²) de área por pavimento. Em comparação, se executado no sistema de construção pesada de madeira, Tipo IV, o mesmo edifício pode ter cinco andares de altura e até 36.000 pés quadrados (3.345 m²) por pavimento

---
* N. de R.T.: Em inglês, Building Codes.

Figura 5.67
Esta parede corta-fogo patenteada é constituída por uma estrutura de perfis metálicos, isolamento incombustível e placas de gesso. A estrutura metálica é fixada à estrutura de madeira em ambos os lados com suportes especiais (não mostrados aqui) que se rompem caso a estrutura de madeira seja destruída pelo fogo, deixando a parede apoiada pelos suportes não danificados no edifício adjacente. *(Fotos de Area Separation Wall fornecidas por Gold Bond Building Products, Charlotte, North Carolina)*

Figura 5.68
Esta residência geminada foi totalmente destruída pela ação de um incêndio, mas as casas contíguas sofreram poucos danos por causa da proteção dada pela parede corta-fogo similar à mostrada na Figura 5.67. *(Fotos de Area Separation Wall fornecidas por Gold Bond Building Products, Charlotte, North Carolina)*

Figura 5.69
Este edifício urbano de uso misto está sendo construído com concreto moldado *in loco* até o segundo andar e com estrutura leve de madeira nos andares acima. O código de edificações aceita várias combinações de sistemas estruturais, permitindo, assim, que estruturas leves de madeira possam ser utilizadas em edifícios maiores que os construídos somente nesse sistema.

e, se executados com sistemas construtivos de maior resistência ao fogo, podem ser ainda maiores. (Deve ser ressaltado que as áreas permitidas nessa tabela podem ser aumentadas em vários casos com a instalação de um sistema de chuveiros automáticos para a extinção incêndios, conforme mostrado no Capítulo 1 deste livro.)

O tamanho do prédio pode também ser aumentado pela subdivisão da estrutura com paredes corta-fogo, um artifício frequentemente utilizado em construções de casas geminadas. Uma parede corta-fogo separa uma estrutura única em partes, em que cada uma pode ter área tão grande quanto as normalmente permitidas para um prédio único. A resistência ao fogo requerida para as paredes corta-fogo é fornecida por uma tabela separada no código, reproduzida neste livro como a Figura 1.7. Além disso, a parede corta-fogo deve se estender desde as fundações até o telhado e deve ser construída de maneira a permanecer estável mesmo que a construção de um dos lados seja totalmente destruída por um incêndio. Uma parede corta-fogo tradicional é executada com tijolos cerâmicos ou blocos de concreto para alvenaria, mas sistemas mais leves e baratos produzidos com a utilização de estrutura metálica e placas de gesso também podem ser utilizados (Figuras 5.67 e 5.68).

Ainda que a estrutura-plataforma seja a de menor resistência ao fogo entre todos os sistemas construtivos, os limites estabelecidos pelos códigos de obras são suficientemente flexíveis para possibilitar as mais variadas utilizações para esses edifícios (Figura 5.69). Além disso, suas vantagens econômicas são tais que, sempre que possível, a maior parte dos proprietários escolhem construções em estrutura-plataforma em detrimento a construções mais resistentes ao fogo. E, apesar de sua vulnerabilidade ao fogo, as exigências relativas à segurança em relação à vida nos códigos de edificações modernos asseguram que edifícios em estruturas leves de madeira sejam ambientes seguros para seus ocupantes. Um estudo publicado pelo Canadian Wood Council avaliando a mortalidade por incêndios em residências entre 1993-1995 no Canadá mostrou que a taxa de óbitos em habitações do Tipo VA é quase a mesma que a verificada em habitações construídas com materiais incombustíveis. Outro estudo canadense mostrou que a taxa de mortalidade em residências decresceu de 3,6 por 100.000 moradores em 1975 para 1,4 por 100.000 em 1985, sendo o decréscimo atribuído à instalação de detectores de fumaça.

A SINGULARIDADE DA ESTRUTURA LEVE DE MADEIRA

A estrutura leve de madeira é popular por ser uma maneira extremamente

Figura 5.70
A casa de W.G. Low, construída em Bristol, Rhode Island, em 1887, projetada pelos arquitetos McKim, Mead e White, ilustra tanto a simplicidade básica da estrutura leve de madeira quanto a complexidade de que ela é capaz. *(Foto por Wayne Andrews)*

flexível e econômica de construção de pequenos edifícios. Sua flexibilidade vem da facilidade com que carpinteiros, usando ferramentas comuns, podem criar edifícios de surpreendente complexidade em uma variedade de formas geométricas.

Sua economia pode ser atribuída, em parte, à relativamente baixa taxa de transformação dos materiais utilizados e, em parte, à concorrência entre os fornecedores de componentes e de materiais e à competição local entre pequenos construtores.

A estrutura-plataforma é o único sistema construtivo completo e aberto existente. Ele incorpora estrutura, fechamentos, isolamento térmico, instalações mecânicas e acabamentos em um único conceito construtivo. Milhares de produtos são produzidos para se adequarem a ele: fabricantes concorrentes de janelas e portas; materiais de acabamento interno e externo; produtos para instalações elétricas, hidráulicas e aquecimento. Para o bem ou para o mal, ele pode ser acabado de maneira a se assemelhar a um prédio de madeira ou de alvenaria em qualquer estilo arquitetônico, de qualquer era histórica. Arquitetos falharam em tentar esgotar suas possibilidade de forma e os engenheiros falharam em inventar um novo sistema de controle ambiental que ele não pode assimilar.

Construções com estruturas leves de madeira podem ser utilizadas para produzir os prédios mais baratos e simples. Entretanto, a observação dos melhores exemplos de cons-

Figura 5.71
No final do século XIX, a características de composição entre materiais da estrutura leve de madeira frequentemente encontrou expressão na ornamentação externa das casas. *(Foto por Edward Allen)*

truções nos estilos Carpenter Gothic, Queen Ane e Shinglestyle do século XIX ou os prédios em estilo Moderno ou Bay Region permite ter a ideia de que a estrutura leve de madeira também possibilita ao projetista a liberdade de produzir edifícios finamente trabalhados, que nutrem a vida e elevam o espírito.

Figura 5.72
A construção em estrutura leve de madeira é utilizada para produzir a maioria das casas na América do Norte. Ela permanece até hoje como o mais acessível e flexível sistema construtivo para prédios desse tipo. *(Project: New Holly Phase I, by Weinstein A|U Architects & Planners. Photo by Joseph Iano)*

Figura 5.73
Neste chalé contemporâneo em New England, o projetista Dennis Wedlick explorou as possibilidades de escultura da estrutura-plataforma. *(Photo: © Michael Moran)*

Capítulo 5 Construções em Estrutura Leve de Madeira 217

Figura 5.74
A Capela Thorncrown, em Eureka Sprinks, Arkansas, projetada por Fay Jones & Arquitetos Associados, combina grande áreas envidraçadas com detalhes da estrutura para criar um ambiente bastante inspirador. Para evitar danos ao meio ambiente, todos os materiais foram transportados manualmente em vez da utilização de caminhões. Portanto, toda a estrutura foi produzida com peças de madeira de dimensões nominais de 2 polegadas (38 mm) em vez de madeiras pesadas. *(Foto: Christopher Lark. Cortesia de American Wood Council)*

CSI/CSC	
Seção do MasterFormat para Estrutura Leve de Madeira	
06 10 00	CARPINTARIA BRUTA
06 11 00	Estrutura de madeira
06 12 00	Painéis estruturais
06 14 00	Fundação de madeira tratada
06 16 00	Revestimento

Referências Selecionadas

1. American Forest & Paper Association. *Details for Conventional Wood Frame Construction*. Washington, DC, 2001.

    Esta publicação de 55 páginas está disponível para *download* grátis no site do American Wood Council em www.awc.org. É uma excelente introdução aos sistemas construtivos em estruturas leves de madeira e sua utilização em construções residenciais. Inclui orientações para projeto e construção e uma extensa lista ilustrada de detalhes.

2. APA – The Engineered Wood Association. *Performance Rated I-Joists, Construction Details for Floor and Roof Framing*. Tacoma, WA, 2004.

    Publicação de 55 páginas disponível para *download* gratuito no site da APA – Engineered Wood Association em www.apawood.org. Fornece inúmeras orientações e detalhes ilustrados para estruturas leves de madeira com vigas de seção "I".

3. Thallon, Rob. *Graphic Guide to Frame Construction*. Newton, CT, Taunton Press, 2000.

    Esta enciclopédia de detalhes de construções com estruturas leves de madeira é insuperável pela clareza e utilidade.

4. Allen, Edward e Rob Thallon. *Fundamentals of Residential Construction* (2nd ed.). New York, John Willey & Sons, Inc. 2002.

    As 628 páginas deste livro expandem os capítulos de construções residenciais deste livro, dando amplos detalhes de todos os aspectos, incluindo instalações hidráulicas, mecânicas e elétricas e paisagismo.

5. International Code Council, Inc. *International Residential Code*. Falls Church, VA, atualizado constantemente.

    Este é o guia legal definitivo sobre construções residenciais com sistemas estruturais leves de madeira em praticamente todos os Estados Unidos. Inclui detalhes construtivos para todos os aspectos, seja em estruturas leves de madeira ou sistema de estruturas leves em aço.*

---

* N. de T.: No Brasil, é adotada a denominação em inglês *steel light frame*.

Sites

Site do autor: **www.ianosbackfill.com/05_wood_light_frame_construction**
American Wood Council: **www.awc.org**
APA – Engineered Wood Association: **www.apawood.org**
Canadian Wood Council: **www.cwc.ca**
Fine Homebuilding magazine: **www.finehomebuilding.com**
Journal of Light Construction magazine: **www.jlconline.com**
NAHB Toolbase Services: **www.toolbase.org**
Wood Design & Building magazine: **www.wood.ca**

Palavras-chave

Construção em estrutura leve de madeira
Estrutura-balão
Barrote
Montante
Caibro
Corta-fogo
Estrutura-plataforma
Fechamento, vedação
Viga de encabeçamento, trave de borda, verga
Trave de lateral
Barrote de borda
Contrapiso
Montante
Guia inferior, banzo inferior
Guia superior, banzo superior
Cumeeira
Barrote lateral, montante lateral curto
Soleira, contraverga, peitoril
Colapso
Fundação definitiva de madeira
Gabarito
Barreira contra cupim
Planta estrutural
Detalhe
Planta baixa
Fachada
Corte
Elevação
Obra bruta, carpintaria bruta
Soleira
Selante, vedante
Contraventamento
Diafragma, travamento
Montante lateral curto
Montante lateral longo
Soleira, peitoril
Montante curto
Parede diafragma
Presilha
Escora diagonal embutida
Cobertura plana
Telhado tipo *shed*, telhado de uma água
Telhado de duas águas
Telhado de quarto águas
Telhado gambrel
Mansarda
Viga de teto ou forro
Cumeeira
Knee wallpitch
Elevação
Vão
Esquadro de carpinteiro
Espigão
Rincão
Caibro-modelo
Contratirante
Água-furtada, trapeira
Entalhe boca de lobo
Caibro
Caibro curto do rincão
Caibro curto do espigão
Testeira
Cachorro
Caibro flutuante – *fly rafter*
Beiral de empena ou oitão
Corte a prumo, corte vertical
Corte em nível, corte horizontal
Técnicas estruturais avançadas, engenharia otimizada
Treliça de telhado
Treliça de piso

Questões para revisão

1. Desenhe uma série de cortes simples para ilustrar os procedimentos de construção de um edifício com estrutura-plataforma, começando pelas fundações e continuando com o andar térreo, paredes do térreo, piso e paredes do segundo pavimento e telhado. Não mostre os detalhes das ligações; simplesmente represente cada plano da estrutura com uma linha grossa nos cortes.
2. Desenhe, sem consulta, os detalhes das seções padronizadas para uma residência de dois pavimentos em estrutura-plataforma. *Dica*: a maneira mais fácil para mostrar detalhes é desenhar as peças na sequência em que são montadas durante a construção. Caso seus desenhos da Questão 1 estejam corretos e você seguir esse procedimento, esta não é uma questão muito difícil.
3. Quais são as diferenças entre a estrutura-balão e estrutura-plataforma? Quais são as vantagens e desvantagens de cada um? Por que a estrutura-plataforma se tornou predominante?
4. Por que são exigidos poucos elementos corta-fogo nas estruturas-plataforma?
5. Por que uma viga metálica ou de madeira laminada colada é preferível a uma viga de madeira maciça no nível das fundações?
6. Como uma estrutura-plataforma é travado contra os esforços devido ao vento e a terremotos?
7. Estruturas leves de madeira são altamente inflamáveis. Como os códigos de edificações comuns tratam essa característica?

Exercícios

1. Visite um canteiro de obras onde uma estrutura-plataforma de madeira esteja sendo construída. Compare os detalhes que você observa no canteiro com os mostrados neste capítulo. Entreviste os carpinteiros sobre os procedimentos que você os viu utilizando. Nos casos em que os detalhes forem diferentes dos mostrados, analise qual é melhor e o porquê.
2. Elabore as plantas para a estrutura do piso e do telhado para um edifício que você está projetando. Estime as dimensões aproximadas dos barrotes e caibros usando as regras práticas fornecidas neste capítulo.
3. Faça detalhes reduzidos de 20 ou mais diferentes maneiras de cobrir um prédio em forma de "L" com combinações de telhados. Comece com os mais simples (*shed* simples, a interseção de dois *sheds* e a interseção de dois telhados de duas águas) e evolua para os mais elaborados. Observe como a altura variável do telhado de algumas opções pode resultar em espaço para a utilização parcial de um segundo pavimento ou com maiores espaços para aberturas para iluminação natural. Quantas maneiras de cobrir um prédio em forma de "L" com coberturas inclinadas você consegue lembrar? Observe telhados em regiões com prédios com estruturas de madeira, especialmente as áreas mais antigas, e observe quantas alternativas os projetistas adotaram para a cobertura dos prédios simples no passado. Faça um arquivo com diversas soluções de coberturas inclinadas.
4. Para se familiarizar totalmente com o sistema, construa um modelo, em escala, de uma estrutura-plataforma, reproduzindo minuciosamente todos os detalhes. Melhor ainda: construa um pequeno prédio em escala real para alguém, talvez um galpão de ferramentas, uma casa de brinquedo ou uma garagem.

6

Acabamentos Externos para Construções com Moldura Estrutural Leve em Madeira

Proteção diante das variáveis climáticas

Colocação de telhados

Janelas e portas

Revestimentos externos

Tábuas de cantos e acabamentos externos

Construções externas

Vedando juntas externas

Pinturas externas, nivelamento de acabamento e paisagismo

Os Arquitetos Hartman-Cox revestiram esta pequena igreja com um revestimento econômico, porém atraente, em madeira compensada e ripas verticais, tudo pintado de branco. Os telhados são de *shingles* de asfalto e as janelas são de madeira. As janelas retangulares são do tipo duplo, de guilhotina. *(Foto de Robert Lautman. Cortesia de American Wood Council)*

À medida que a carpintaria menos nobre de uma construção com molduras estruturais em plataforma está perto de ser completada, dá-se início a uma sequência lógica de operações de acabamentos externos. Primeiramente, os beirados e as águas do telhado são acabados, o que permite que o telhado seja coberto de telhas, de forma a propiciar a maior proteção possível frente às condições climáticas, para as operações subsequentes. Quando o telhado estiver pronto, as janelas e portas serão instaladas. Então, o revestimento externo é aplicado. A edificação agora está "estanque para enfrentar as variáveis do clima", permitindo que os acabamentos internos possam ser conduzidos seguramente, abrigados do sol, chuva, neve e vento. A parte externa da edificação agora está pronta para a pintura exterior. O nivelamento de acabamento, o paisagismo e a pavimentação poderão ser iniciados, enquanto os eletricistas, encanadores, funileiros, aplicadores de *drywalls*, marceneiros, carpinteiros e instaladores de pisos enxameiam pelo interior da edificação.

PROTEÇÃO DIANTE DAS VARIÁVEIS CLIMÁTICAS

Revestimento interno de telhados

No interesse de proteger o mais cedo possível a estrutura da edificação das condições climáticas, o *revestimento interno de telhado* é instalado logo após a moldura do telhado ter sido finalizada e coberta. O material mais usado para este propósito é o *feltro betuminoso*, aplicado em uma ou duas camadas, feito de fibras de celulose saturadas com betume e, muitas vezes, chamado de "telha asfáltica". Durante esta etapa da construção, o revestimento interno do telhado serve de barreira temporária contra a chuva, permitindo que a estrutura comece a secar, em preparação para os trabalhos internos. Uma vez que o forro esteja coberto pelo telhado, ele continua servindo como um permanente reforço, reduzindo a chance de a chuva dirigida ou de infiltrações menores penetrarem em sua estrutura do telhado. Tradicionalmente, o feltro betuminoso era projetado como sendo de 15 libras ou 30 libras, referindo-se ao peso do material utilizado para cobrir 100 pés quadrados (9,2 m^2) de área de telhado. Os padrões contemporâneos especificam o feltro betuminoso tanto como nº 15, ou como nº 30. Apesar de frequentemente serem referidos como feltros de 15 lb ou 30 lb, na verdade eles pesam um pouco menos do que esses nomes sugerem. As membranas patenteadas de forração de telhados, feitas de polipropileno ou polietileno, podem também substituir o feltro betuminoso tradicional. Esses *forros sintéticos* tendem a ser mais leves, mais resistentes a rasgos e menos sensíveis à exposição prolongada à luz solar, e mais caros que o feltro betuminoso.

Barreira de umidade das paredes

Em uma etapa posterior da construção, as paredes revestidas da estrutura são também cobertas por uma camada protetora, que serve para repelir a água e restringir infiltrações de ar. Esta camada, referida de diversas formas – *barreira de umidade, barreira resistente à água, barreira resistente às variáveis climáticas ou barreira de ar* –, deve ser aplicada antes de o revestimento externo ser instalado. Mas a decisão sobre se a camada será aplicada antes ou depois da instalação de portas e janelas normalmente é deixada a critério do construtor. Os materiais tradicionalmente usados são os mesmos do revestimento interno de telhados, podendo ser feltros nº 15 ou telhas asfálticas, com propriedades semelhantes de resistência à água, chamados de *revestimento de papel Grau D*. Mais recentemente, a preocupação com a eficiência energética de edificações, conduziu ao desenvolvimento de papéis impermeáveis ao ar, feitos de fibras sintéticas, em substituição aos feltros ou papéis tradicionais. Esses "embrulhos" (*housewraps)* são fabricados em folhas de até 10 pés (3 m), de forma a minimizar as costuras (Figura 6.1). Para reduzir ainda mais as infiltrações de ar, as costuras que restarem podem ser vedadas com fita autoadesiva, fornecida pelo fabricante de *housewrap*. (Para uma discussão mais profunda sobre o controle de infiltrações de ar através do envelope da edificação, vide páginas 800-803.)

Assim como o revestimento interno de telhados, a barreira de umidade das paredes proporciona proteção temporária à chuva e ao vento durante a construção, e uma vez que o revestimento externo estiver instalado, também age como uma linha de defesa permanente contra a penetração da umidade. Enquanto é importante que a barreira de umidade das paredes resista à penetração de água em estado líquido, ela deve, contudo, permitir que a passagem de vapor ocorra de forma relativamente fácil. Especialmente durante os meses frios, a umidade interior, que tende a penetrar através da montagem de paredes, não poderá ficar retida e acumular; em vez disso, deverá passar livremente através da parede, para o exterior.

COLOCAÇÃO DE TELHADOS

Acabamento de beirados e águas de telhados

Antes que um telhado possa receber as telhas, os *beirados* (bordas horizontais do telhado) e as *águas* (bordas e panos inclinados do telhado) devem estar terminados. Diversas formas típicas de se fazer isso são mostradas nas Figuras 6.2-6.4. Quando projetando os detalhes de beirados e águas do telhado, o projetista deverá ter em mente diversos objetivos: as bordas das telhas devem estar posicionadas e apoiadas de forma tal que a água escorrendo sobre as mesmas irá gotejar, sem incidir no material de acabamento e revestimento das paredes abaixo. Deverá ser previsto que a forma de drenagem da água da chuva e da neve derretida, vinda do telhado, não danifique a estrutura abaixo. Na maior parte das montagens de telhados, os beirados devem ser ventilados, de forma a permitir a livre circulação do ar por baixo do revestimento do telhado; e o revestimento externo, que não será colocado posteriormente, deve encaixar-se facilmente sobre ou dentro dos acabamentos dos beirados e águas.

Capítulo 6 Acabamentos Externos para Construções com Moldura Estrutural Leve em Madeira **223**

Figura 6.1
O feltro betuminoso cobre a maior parte do telhado, e um *housewrap* cobre completamente as paredes desta casa em construção, que está sendo preparada para a colocação de telhas e revestimento externo. Uma pequena faixa, de alguns pés, na parte inferior da camada de revestimento do telhado, permanece exposta, aguardando a aplicação de um material impermeável de barreira ao gelo, conforme descrito mais adiante neste capítulo. Os leves *housewraps*, tais como os vistos nesta fotografia, substituíram, de forma ampla, o feltro betuminoso ou o revestimento em papel na proteção das paredes. *(Foto de Rob Thallon)*

Figura 6.2
Dois detalhes típicos para as águas (bordas inclinadas) de telhados inclinados. O detalhe superior não possui uma projeção inclinada, e o inferior possui uma projeção suportada por *lookouts*.

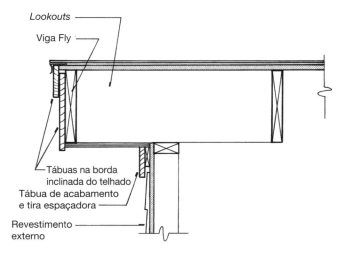

Figura 6.3
Três formas, entre muitas, de acabamento dos beirados, em uma edificação com moldura estrutural leve em madeira. O detalhe do topo possui uma aba e calha, ambas em madeira. A calha é levemente afastada da fachada, com o uso de blocos ou placas metálicas, para impedir que a umidade fique presa entre elas, onde poderia conduzir à sua deterioração. O comprimento do beirado pode variar, de acordo com o projetista, e uma calha de metal ou plástico pode substituir a de madeira. A linha inclinada, próxima ao isolamento térmico do forro, indica um espaçador de ventilação, conforme mostrado na Figura 6.6. O detalhe do meio não possui aba ou calha; ele funciona melhor em um telhado inclinado, com um beirado comprido o suficiente para drenar a água em uma posição que fique bem distante das paredes que estão abaixo. O detalhe inferior é todo acabado em alumínio. Ele mostra uma barreira em madeira, como alternativa a espaçadores de ventilação, para a manutenção da livre ventilação de ar através do sótão.

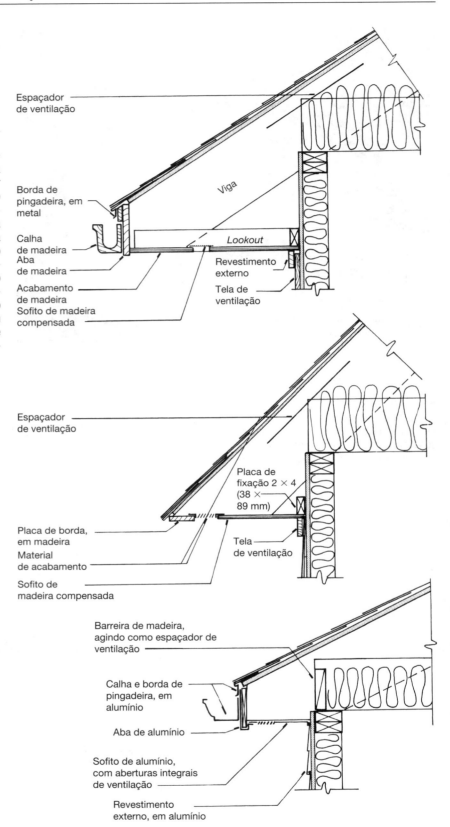

Figura 6.4
Um exemplo mal acabado de um detalhe de beirado em madeira, com uma calha e tubulação de queda em alumínio. O trabalho de carpintaria mostra, na intersecção do beirado com a água, algumas juntas mal encaixadas e extremidades mal acabadas, vendo-se que o sofito não é absolutamente ventilado, o que pode levar à formação de barreiras de gelo no telhado (vide Figura 6.5), a não ser que construído como um telhado não ventilado, conforme explicado no texto. *(Foto de Edward Allen)*

Drenagem do telhado

Calhas e *tubos de queda* são instalados nos beirados de um telhado inclinado para escoar a água da chuva e a neve derretida sem molhar as paredes, causar respingos ou erosão do solo abaixo. As *calhas externas* podem ser de madeira, plástico, alumínio ou outras chapas de metais, sendo fixadas à borda externa do beirado do telhado (Figuras 6.3 e 6.4). São raras as *calhas internas* ou *calhas ocultas*, colocadas em nichos internos à superfície dos telhados. Estas são difíceis de tornar estanques à água e, se por ventura vazarem, causarão maiores danos à estrutura e aos acabamentos da edificação do que uma calha externa que vaze. As calhas são inclinadas na direção dos pontos onde os tubos de queda drenam a água coletada. Em edificações maiores, os tamanhos das calhas e dos tubos de queda são dimensionados por meio do uso de dados sobre a intensidade da chuva para aquela região, e de fórmulas de capacidade de escoamento, encontradas em códigos de edificações e de instalações hidráulicas. No final de cada tubo de queda, a água deverá ser conduzida para longe da edificação, de forma a prevenir a erosão do solo ou alagamento do subsolo. Um simples *bloco dissipador* de concreto pré-moldado poderá espalhar a água e direcioná-la para longe da fundação, ou então um sistema subterrâneo de tubos poderá coletar a água dos tubos de queda e conduzi-la a um sistema de esgotamento pluvial, a *um poço seco* (*um sumidouro subterrâneo preenchido com brita graúda*) ou a uma vala de drenagem.

Se o recolhimento das águas de chuva provenientes de telhados não é exigido pelo código da edificação ou outros regulamentos, as calhas poderão ser omitidas e os problemas associados à obstrução e à formação de gelo evitados. Tais telhados deveriam ser projetados com beirados de comprimento suficiente para proteger a parede abaixo do umedecimento excessivo, resultante da queda de água da borda do telhado. Para evitar a erosão do solo e respingos de lama pela água que cai, a linha de drenagem ao nível do solo deverá ser equipada com uma "cama" de brita ou outro material apropriado de cobertura do solo.

Beirados e proteção contra a chuva

Os beirados e outras projeções do telhado desempenham um importante papel na proteção de edificações frente às condições climáticas. Onde beirados generosos sejam providos, o volume de chuva que atinge a parede da edificação é bastante reduzido, em comparação com paredes sem essa proteção, e a chance de a água penetrar nas paredes será muito menor. De forma empírica, um beirado pode proteger uma porção vertical de parede cuja altura seja aproximadamente duas vezes maior que o comprimento do beirado. (Por exemplo, um beirado de 2 pés, ou 600 mm,

Figura 6.5
Barreiras de gelo são formadas como resultado de isolamento térmico inadequado, combinado com uma falta de ventilação, conforme mostrado no diagrama, no topo. Os dois diagramas abaixo mostram como o isolamento térmico, a ventilação de sótão e os espaçadores de ventilação são utilizados para minimizar o derretimento de neve no telhado. Em áreas propensas a acúmulo de gelo, os códigos de edificações também requerem a instalação de uma faixa de material de barreira ao gelo, à prova d'água, embaixo das telhas, na área do telhado, onde o acúmulo de gelo seja mais provável de se formar (vide Figura 6.9).

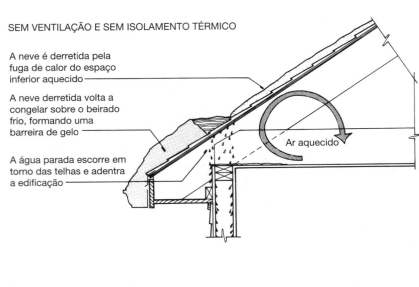

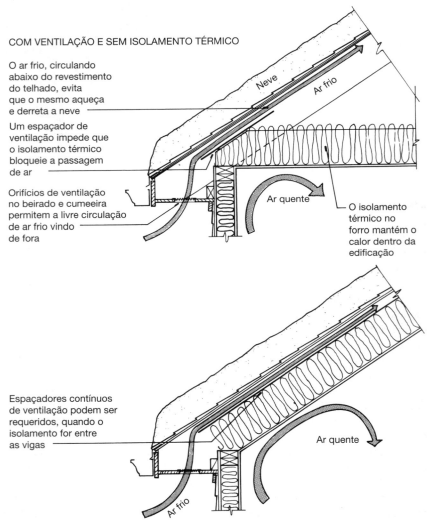

pode proteger aproximadamente 4 pés, ou 1.200 mm, da parede localizada abaixo). E mesmo beirados de 1 a 2 pés (300 a 600 mm) de comprimento podem propiciar uma proteção significativa à estrutura abaixo dela, quando comparados a uma parede sem nenhum beirado. O design de paredes sem beirados deve ser abordado com cautela: essas paredes são propensas a manchas, vazamentos e deterioração, além da degradação prematura de janelas, portas e revestimentos externos.

Telhados ventilados

Em climas frios, a neve em telhados inclinados tende a ser derretida pelo calor que escapa através do telhado e que tem origem no espaço subjacente aquecido. Nas projeções dos beirados, no entanto, as telhas e calhas que não estão acima do espaço aquecido podem ser bem mais frias, e a neve derretida poderá congelar novamente e começar a formar camadas de gelo. Logo se formará uma *barreira de gelo* e a água derretida acumulará sobre o telhado, infiltrando-se por entre as telhas e o revestimento do telhado, e para dentro da edificação, causando danos às paredes e forro (Figura 6.5). As barreiras de gelo podem ser amplamente eliminadas, mantendo-se o telhado inteiro frio o suficiente para que a neve não derreta. Em um *telhado ventilado*, o resfriamento é conse-

Figura 6.6
Para manter passagens livres para ventilação, quando o isolamento térmico é posicionado entre as vigas, os espaçadores de ventilação, feitos de espuma plástica ou fibra de madeira, são instalados conforme mostrado aqui. A posição do bloqueador ou dos espaçadores de ventilação é mostrada nas Figuras 6.3 e 6.5. Os espaçadores de ventilação podem ser instalados sobre todo o comprimento da água do telhado, para manter uma ventilação livre entre o revestimento e o isolamento térmico, onde o material de acabamento interno do teto é aplicado na parte inferior das vigas. *(A patente Vent;™ é marca registrada de Poly-Foam Inc.)*

guido fazendo com que o ar frio proveniente do exterior passe por baixo do revestimento do telhado e através de orifícios no beirado e cumeeira. Em edificações com sótãos, o próprio sótão é ventilado e mantido o mais frio possível. O isolamento é instalado no forro logo abaixo, para manter o calor dentro da edificação. Quando a edificação não possui sótão e o isolamento térmico é instalado entre as vigas do telhado, os espaços entre estas vigas são ventilados por passagens de ar, entre o isolamento e o revestimento do telhado (Figura 6.6).

Os orifícios criam as aberturas de ventilação requeridas nos beirados. Estas normalmente tomam a forma de uma ranhura contínua coberta, ou com tela, ou com uma placa de alumínio perfurada, feita especialmente para este propósito (Figura 6.7). Como alternativa para os orifícios, painéis patenteados com canais vazados para ventilação podem ser instalados sob a camada mais baixa de telhas do telhado. Uma ranhura contínua, percorrendo o revestimento do telhado, permite que o ar externo circule por baixo das telhas, através do painel e dentro do espaço de ventilação localizado sob o revestimento do telhado. As aberturas de ventilação na cumeeira podem ser ou por meio de *orifícios na empena*, logo abaixo da linha do telhado, em cada uma das paredes extremas do sótão, ou por *ventilação de cumeeira*, com uma capa perfurada, que cobre a cumeeira do telhado e que capta o ar através de frestas no revestimento do telhado, em ambos os lados da viga de cumeeira (Figura 6.8). Os códigos de edificações estabelecem requerimentos mínimos de área para as aberturas de ventilação em telhados, baseados na área de piso que está sendo ventilada abaixo do telhado.

Em regiões com tendência a acúmulo de gelo, os códigos de edificações também poderão requerer que uma *barreira ao gelo* seja instalada ao longo dos beirados. Esta barreira é normalmente uma folha autoaderente de um polímero do betume, referido como *forro emborrachado* ou um produto semelhante com marca registrada, que acabou sendo informalmente chamado de *barreira ao gelo e água*. Esta folha deverá se estender da borda mais baixa do telhado até a linha que passa a 2 pés (600 mm) para dentro do espaço isolado termicamente da edificação (Figura 6.9). O betume macio e grudento irá vedar firmemente o entorno dos pregos das telhas, que sejam introduzidos nestas, o que evita a penetração de água, que possa ficar retida por trás da barreira de gelo. De forma alternativa, a porção mais baixa do telhado inclinado poderá ser coberta por uma placa de metal ou de outro material para telhados, que seja suficientemente estanque para proteger o telhado de danos, caso o acúmulo de gelo ocorra.

A ventilação do telhado atende também a outros propósitos. Ela mantém o telhado mais fresco no verão, pela dissipação do calor solar absorvido pelas telhas. Uma temperatura mais baixa do telhado prolonga a vida útil dos materiais de cobertura e reduz a carga térmica do interior da edificação. Por esta razão, muitos fabricantes de telhas de betume requerem, como parte de suas condições de garantia do seu produto, que o mesmo seja instalado em telhados ventilados. A ventilação de telhados também ajuda a dissipar a umidade coletada por baixo do revestimento do telhado, que possa ser originária de vazamentos no telhado, ou, em meses mais frios, pela condensação da umidade interna, que entre em contato com a parte inferior fria do revestimento do telhado.

Telhados não ventilados

Telhados não ventilados podem ser construídos com painéis isolantes de espuma, aplicados sobre o revestimento do telhado, ou com espuma de isolamento em spray, aplicada sob o revestimento, entre as vigas

Figura 6.7
Uma ventilação contínua de sofito, feita de placas de alumínio perfuradas, permite um fluxo de ar generoso a todos os espaços das vigas das tesouras, mas mantém os insetos do lado de fora. As paredes desta edificação estão cobertas com placas de cedro. *(Foto de Edward Allen)*

Figura 6.8
Esta edificação possui tanto uma empena ventilada quanto dispositivos contínuos de ventilação na cumeeira, para liberar o ar que entra pelo sistema de ventilação do sofito. A saída de ar da empena é de madeira e possui uma tela contra insetos, na parte de dentro. O dispositivo de ventilação da cumeeira é de alumínio, sendo internamente defletido, para evitar que a neve ou a chuva entrem na edificação, mesmo que sopradas pelo vento. Um *revestimento externo* vertical, de borda quadrada, do tipo *shiplap*, é usado nesta edificação. O telhado é de telhas asfálticas, em duas camadas, projetadas para imitar a textura tosca de um telhado de madeira. *(Foto de Edward Allen)*

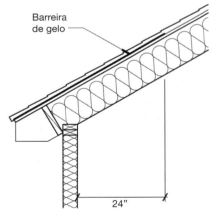

Figura 6.9
Em climas frios, os códigos de edificações normalmente requerem que uma barreira de gelo seja instalada por baixo das fiadas mais inferiores de telhas. Isto deverá se estender por, no mínimo, 24 polegadas (600 mm) sobre a porção isolada termicamente do espaço não habitado.

Capítulo 6 Acabamentos Externos para Construções com Moldura Estrutural Leve em Madeira

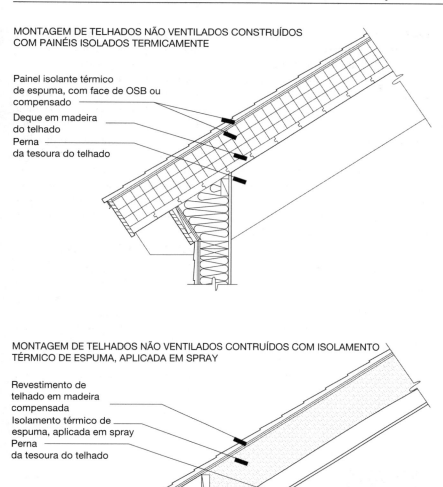

Figura 6.10
Duas maneiras de construir um telhado não ventilado. No diagrama do topo, painéis de isolante térmico de espuma são instalados sobre o deque de madeira. Os painéis de isolamento possuem uma face de compensado ou OSB, que proporciona uma superfície que oferece condições de prender os pregos ou grampos, com os quais o forro do telhado e as telhas são fixados. Os próprios painéis são presos ao deque de madeira do telhado com parafusos que são longos o suficiente para penetrar através da espessura deste painel, dentro do deque do telhado ou das pernas da tesoura abaixo dele. No diagrama inferior, o isolamento de espuma é aplicado em spray, por baixo do revestimento do telhado, e a moldura estrutural e o isolamento térmico são ocultados por um forro em placas de gesso. As duas montagens dependem de níveis adequados de isolamento térmico, para manter a superfície do telhado fria o suficiente para impedir a formação de barreiras de gelo e agir no sentido de restringir a infiltração de ar e a difusão da umidade, para impedir que esta umidade atinja as camadas externas do telhado, onde a condensação poderia ocorrer.

das tesouras do telhado (Figura 6.10). Quando telhados não ventilados são utilizados em locais de clima frio, a proteção para impedir o acúmulo de gelo depende de barreiras de gelo e da instalação de isolamento térmico suficiente para reduzir o fluxo de calor através do telhado, para com isto reduzir a velocidade do derretimento da neve. A resistência à condensação em telhados não ventilados depende do impedimento da passagem de quantidades significativas de ar ou vapor d'água, por meio do isolamento de espuma, para as camadas mais frias do telhado, onde a condensação possa ocorrer. Com painéis isolados, cuidados especiais devem ser tomados para vedar as juntas entre eles, de tal maneira que não ocorra infiltração de ar ao redor das bordas do painel. Para isolamentos com espuma em spray, o International Building Code (IBC) requer que a espuma tenha uma permeabilidade muito baixa ao fluxo de ar. Quando altas temperaturas nos telhados forem uma preocupação (como resultado da falta de ventilação sob o revestimento do telhado), *shingles* ou outras coberturas de telhado, com alta refletância solar, poderão ser consideradas, ou, ainda, painéis isolados, com canais integrais de ventilação, poderão ser usados para criar uma montagem ventilada.

Montagens de telhados não ventiladas correm um risco maior de reter condensações de umidade dentro do telhado do que montagens ventiladas. Por essa razão, as montagens de telhados não ventiladas não são necessariamente apropriadas para todos os climas, e os códigos de edificações colocam várias restrições ao seu uso. Antes de utilizar tais montagens, o projetista deve verificar a sua adequação às circunstâncias particulares específicas do projeto e de sua localização. As vantagens de sistemas de telhados não ventilados incluem a simplicidade de detalhamento, um perfil de telhado menos espesso e o fato de não haver risco de penetração de água para o interior da montagem do telhado, através de sistemas de ventilação de cumeeira com defletores inadequados. Todavia, onde o potencial de condensação for alto, por exemplo, em climas muitos frios ou em telhados sobre espaços de alta umidade, tais montagens devem ser estudadas e cuidadosamente detalhadas, a fim de garantir que as condições de umidade sejam adequadamente controladas.

Telhados com placas de madeira (*shingles*)

As edificações com moldura estrutural leve em madeira podem ser cobertas com qualquer dos sistemas descritos no Capítulo 16. Como as *telhas asfálticas* são bem menos caras que qualquer outro tipo de cobertura e pelo fato de serem altamente resistentes ao fogo, elas são utilizadas na maioria dos casos. Elas podem ser aplicadas tanto por carpinteiros que tenham construído a moldura estrutural como por uma empresa subcontratada para a colocação do telhado. As Figuras 6.11 e 16.40-16.43 mostram como um telhado de telhas asfálticas é aplicado. Também é muito comum a utilização de telhados com telhas de madeira e telhados *shake* (Figuras 16.37-16.39), telhados com telhas cerâmicas e de concreto (Figura 16.46) e telhados de chapas metálicas (Figuras 16.48-16.52). Telhados com pouca inclinação, com membranas de folha simples ou com mais folhas, também poderão ser aplicados a uma edificação de moldura estrutural leve (Figuras 16.4 – 16.33).

JANELAS E PORTAS
Rufos

Antes da instalação de janelas e portas, os *rufos* são instalados para evitar que a água infiltre através de aberturas em torno das bordas desses componentes. Os rufos poderão ser feitos de qualquer um dos muitos metais resistentes à corrosão, plástico, tecidos sintéticos semelhantes a *housewraps*, ou ainda com placas asfálticas modificadas, similares às camadas emborrachadas utilizadas como barreira ao gelo em telhados. A escolha dos materiais e a complexidade do detalhamento variam de acordo com o tipo de moldura de porta ou janela, a severidade da exposição ao vento e à chuva, e o nível do detalhamento de acabamento da parede (Figuras 6.12 e 6.13).

Instalando janelas e portas

As janelas e portas são analisadas em detalhe no Capítulo 18. *Nail-Fin* (*barbatanas*) ou *janelas com flange* são de simples instalação porque possuem uma borda contínua em seu perímetro, através da qual os pregos são introduzidos até os revestimentos e vigas (perpendiculares ao plano

Figura 6.11
Aplicando telhas asfálticas a um telhado. As telhas asfálticas e outras coberturas de telhados são detalhadas no Capítulo 16. *(Foto de Edward Allen)*

Capítulo 6 Acabamentos Externos para Construções com Moldura Estrutural Leve em Madeira 231

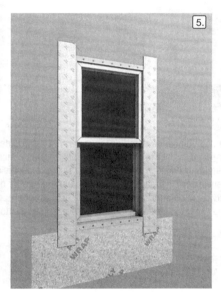
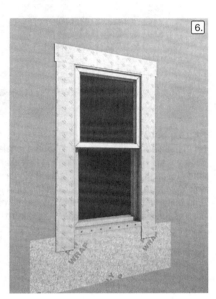

Figura 6.12
Os passos na instalação de uma janela de madeira, revestida com vinil, em uma parede que foi coberta com *housewrap*: 1. Com uma única tira de material à prova d'água, autocolante e flexível, um rufo em formato de U é formado, ao longo do peitoril e subindo pelas laterais. 2. Uma tira de material vedante é colocada em torno da abertura. 3. A unidade de janela é empurrada para dentro da abertura, desde o lado de fora. O seu flange externo é apoiado no material vedante. 4. Um canto do módulo de janela é ancorado com um prego, através de seu flange e penetrando na moldura estrutural da parede. Com o auxílio de um nível, uma fita métrica e cunhas finas de madeira, a unidade é cuidadosamente enquadrada, enquanto pregos adicionais são introduzidos através dos flanges. 5, 6. Tiras de folhas autocolantes, à prova d'água, são coladas aos flanges da janela e ao *housewrap*, sobre os seus batentes laterais e de topo, para tornar a abertura estanque ao ar e à água.

Figura 6.13
Na instalação da esquerda, os rufos e a janela são colocados antes do *housewrap*. Os rufos de tecido sintético são colocados nas aberturas, seguidos da própria unidade de janela. Mais tarde, o *housewrap* será coberto pelos rufos e lacrado com fita adesiva, para criar uma barreira contínua contra o ar e a água. No exemplo da direita, o *housewrap* é colocado primeiro e depois os rufos adesivos serão dobrados sobre o *housewrap* e para dentro da abertura da janela. A janela será instalada mais tarde. Na parte inferior desta abertura é também formado um rufo, com uma folha metálica de cobre formando uma *cavidade de peitoril*. Esta cavidade de peitoril proporciona uma proteção extra contra infiltrações, capturando a água que possa penetrar dentro do espaço, entre a moldura da janela e o seu contorno, devolvendo-a ao exterior. *(fotos de Edward Allen e Joseph Iano)*

da parede), para fixar os módulos de forma segura em seu lugar. O flange também proporciona uma superfície conveniente para a aplicação de rufos autocolantes. A maioria das janelas com revestimento de plástico, alumínio ou plástico sólido é fabricada como tipos *nail-fin*, como são algumas, porém não todas, as janelas de madeira. As *janelas sem flange* e a maioria das portas não possuem flanges para fixá-las com pregos. Elas são fixadas às vigas de suporte (paralelas ao plano da parede), através das laterais da moldura da janela ou porta, com pregos ou parafusos longos. Os fixadores podem ser cobertos por um acabamento adicional ou são embutidos, com os orifícios resultantes preenchidos, mais tarde, com um acabamento de massa e com sua superfície pintada. Uma porta de entrada típica e os detalhes de sua instalação são mostrados nas Figuras 6.14 e 6.15.

> Todo mundo adora assentos junto a uma janela, janelas salientes e grandes janelas com peitoris baixos e cadeiras confortáveis perto das mesmas...Um lugar no qual nos sentimos realmente confortáveis sempre incluirá algum tipo de lugar junto à janela.
>
> Christopher Alexander et al.,
> *Uma Linguagem de Padrões*, 2013

Capítulo 6 Acabamentos Externos para Construções com Moldura Estrutural Leve em Madeira **233**

Figura 6.14
Uma porta de entrada com seis painéis de madeira, com iluminação nas laterais e uma claraboia na parte superior. Uma série de projetos de portas de entradas tradicionais, elaboradas como esta, estão disponíveis, para pronta entrega, para utilização em edificações com moldura estrutural leve. *(Cortesia de Morgan Products Ltda.)*

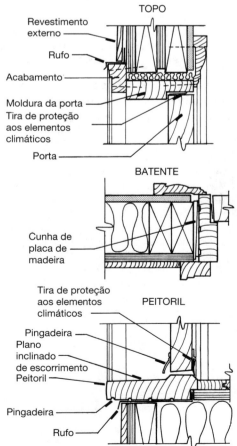

Figura 6.15
Detalhes de instalação de uma porta externa de madeira. A porta se abre em direção ao interior da edificação. O rufo no topo intercepta a água que escorra parede abaixo e a direciona para longe da porta e da moldura. O rufo do peitoril evita que a água, passando pelo peitoril, infiltre na estrutura do piso.

Pinturas e revestimentos

As pinturas e outros revestimentos arquitetônicos (tintas, vernizes, lacas, vedantes) protegem e embelezam as superfícies das edificações. Um bom trabalho de revestimento começa com a completa preparação da superfície (chamada de *substrato*), deixando-a pronta para receber o revestimento. Os materiais de revestimento devem ser cuidadosamente escolhidos e aplicados com competência, utilizando ferramentas e técnicas adequadas. Para finalizar o trabalho, as condições ambientais devem ser apropriadas para a secagem ou cura do revestimento.

Materiais ingredientes

A maioria dos materiais de revestimento é formulada com quatro tipos de ingredientes básicos: veículos, solventes, pigmentos e aditivos.

- O *veículo*, ou *aglutinante*, proporciona adesão ao substrato e forma uma película sobre o mesmo. É comumente chamado de *formador de película*.
- Os *solventes* são líquidos voláteis utilizados para melhorar as propriedades de trabalhabilidade da tinta ou do revestimento. Os solventes mais comuns usados nos materiais de revestimento são a água e os hidrocarbonetos. Todavia, a terebintina, os alcoóis, acetonas, ésteres e éteres também são utilizados.
- Os *pigmentos* são sólidos finamente divididos, que adicionam cor, opacidade e controle de brilho ao material de revestimento. Eles também conferem dureza, resistência à abrasão e frente às condições climáticas ao revestimento.
- Os *aditivos* modificam diversas propriedades do material de revestimento. Os secantes, por exemplo, são aditivos que aceleram a cura do revestimento. Outros aditivos estão relacionados à facilidade de aplicação, resistência ao desbotamento e outras funções.

Revestimentos à base de solvente e revestimentos à base de água

Os revestimentos podem ser incluídos em dois grandes grupos, *à base de solvente* e *à base de água*. Os revestimentos à base de solvente utilizam solventes outros que a água, mais comumente as resinas alquídicas ou, algumas vezes, óleos naturais ou resinas de poliuretano. Esses revestimentos curam pela evaporação do solvente, oxidação do veículo ou também por meio da secagem da umidade, pela reação do veículo com a umidade presente no ar. A limpeza, após a pintura, é normalmente feita com a utilização de uma solução alcoólica mineral.

Os revestimentos à base de água utilizam a água como solvente. A maior parte dos veículos encontrados nesses revestimentos são resinas vinílicas ou acrílicas. A limpeza é feita com água e sabão. No dia a dia, as pinturas à base de solvente são comumente chamadas de *"pinturas oleosas"* ou "pinturas alquídicas" e as pinturas à base de água, chamadas de *"pinturas de látex"*.

Os revestimentos à base de água e à base de solvente possuem, cada um, usos para os quais eles são preferidos e outros usos para os quais eles são mais ou menos intercambiáveis. A maior parte das pinturas de látex gera menos odores durante sua aplicação do que as pinturas alquídicas, com as quais são comparáveis – uma importante consideração para serviços de reforma, em que os ocupantes da edificação poderão ser expostos às emissões gasosas da tinta. Quando utilizadas para acabamentos externos, as pinturas de látex produzem um revestimento mais flexível, capaz de esticar sem romper, quando sujeitas à expansão e contração do substrato, por causa de variações de temperatura e umidade. Os revestimentos de látex permitem maior respiração, diminuindo as chances de a umidade ficar retida por trás da pintura de revestimentos ou acabamentos.

Historicamente, as pinturas alquídicas davam à superfície uma textura mais lisa e dura e eram o tipo de revestimento preferido para pinturas interiores, quando se desejava um revestimento durável, de alto brilho. Os *primers* alquídicos também ofereciam uma propriedade superior de cobertura e uma adesão confiável, até para substratos problemáticos. Todavia, os revestimentos à base de solvente emitem uma quantidade significativamente maior de *compostos orgânicos voláteis (VOCs)* que os revestimentos à base de água. Como as regulamentações de poluição e padrões de qualidade do ar interno, influenciados pela busca de sustentabilidade, têm estabelecido limites rígidos quanto à emissão de VOCs, o uso de revestimentos à base de solvente têm decrescido de forma acentuada. Em resposta a isso, os fabricantes têm trabalhado para melhorar a formulação dos revestimentos à base de água, a tal ponto que, hoje, há revestimentos desse tipo à disposição que podem ter a mesma performance que os revestimentos à base de solventes, para a maioria das aplicações.

Tipos de pinturas e revestimentos

Os vários tipos de revestimentos arquitetônicos podem ser definidos por meio das proporções relativas entre o veículo, solvente, pigmento e aditivos, em cada um deles.

As *pinturas* contêm quantidades relativamente elevadas de pigmentos. O maior conteúdo de pigmento é encontrado nas pinturas opacas, aquelas que secam e criam uma superfície de textura completamente fosca. As pinturas opacas possuem uma proporção relativamente baixa de veículo formador de película.

As pinturas que produzem superfícies mais brilhantes são chamadas de *esmaltes*. Um esmalte de alto brilho contém uma alta proporção de veículo e uma proporção relativamente baixa de pigmento. O veículo cura, formando uma película dura e brilhante, na qual o pigmento fica totalmente imerso. Um esmalte com semibrilho possui uma proporção um pouco menor de ligante, porém ainda maior que na pintura opaca.

As *tintas* podem variar de transparentes a semitransparentes e sólidas. As tintas transparentes são utilizadas somente para modificar a cor do substrato, usualmente a madeira e algumas vezes o concreto. Elas contêm pouco ou quase nenhum veículo ou pigmento, e uma grande proporção de solvente e aditivo de tintura. O excesso de tinta pode ser retirado com um pano, alguns minutos após a sua aplicação, deixando somente aquela que tenha penetrado no substrato.

Usualmente uma superfície pintada com uma tinta transparente é subsequentemente revestida com um acabamento transparente, como o verniz, para realçar a cor e a aparência da madeira, produzindo uma superfície durável e de fácil limpeza.

As tintas semitransparentes possuem mais pigmento e veículo do que as transparentes. Elas não são limpas após sua aplicação. Elas são direcionadas para aplicações externas, em duas camadas, sem requerer uma camada final clara. As tintas sólidas também são autossuficientes, sendo, usualmente, à base de água. Estas contêm muito mais pigmento e veículo que os outros dois tipos de tintas, e se assemelham mais a uma pintura diluída que a uma tinta verdadeira. As tintas sólidas são direcionadas para utilização externa.

Os *revestimentos translúcidos* possuem alto conteúdo de ligante e solvente, e possuem pouco ou nenhum pigmento. O seu propósito é proteger o substrato, facilitar mantê-lo limpo e realçar a sua beleza inerente, independentemente de ser madeira, metal, pedra ou tijolo. As *lacas* são revestimentos claros, que secam de forma extremamente rápida, pela evaporação do solvente. Elas têm por base a nitro celulose ou os acrílicos e são utilizadas, principalmente, em fábricas e oficinas, para um rápido acabamento de armários ou pré-fabricados. Um revestimento claro, de secagem mais lenta, é conhecido como *verniz*. Os vernizes podem ser tanto à base de solvente como à base de água. A maioria endurece por oxidação de um veículo oleoso ou por secagem da umidade. Os vernizes são úteis em acabamentos em obra. Os vernizes e as lacas podem ser encontrados em formulações com brilho, semibrilho e opacas.

A *Goma-Laca* é um revestimento claro, para uso interno, produzido a partir das secreções de um inseto asiático, dissolvido no álcool. A goma-laca seca rapidamente e oferece um acabamento de alta qualidade. Porém, é altamente suscetível a estragos causados pela água ou álcool.

Existem muitos acabamentos, voltados primariamente para móveis ou trabalhos internos em madeira, que são baseados em formulações simples de óleos naturais e ceras. Uma mistura de óleo de linhaça cozida e terebintina, quando esfregada em várias e sucessivas camadas na madeira, resulta em um acabamento brando e resistente à água, que é atrativo em termos visuais, olfativo e tátil. As ceras de abelha e carnaúba podem ser esfregadas sobre superfícies impermeáveis (e algumas vezes permeáveis) de madeira e alvenaria, dando um aprazível acabamento lustroso. Os acabamentos à base de cera e óleos geralmente requerem reaplicações periódicas ao longo de seu uso, para manter as características da superfície.

Existem incontáveis revestimentos especializados, formulados para propósitos específicos, como os revestimentos intumescentes, que podem adicionar ao aço resistência frente ao fogo (vide Capítulo 11), ou ainda os *revestimentos de alta performance*, tais como o epóxi ou uretanos, desenvolvidos para oferecer maiores níveis de resistência ao desgaste físico, ataque químico e corrosão química do que os possíveis às tintas comuns. Também existem revestimentos impermeáveis, à base de veículos polímeros e materiais, como o asfalto (para pintar telhados) e cimento Portland (para pintar alvenaria e concreto).

Muitos dos revestimentos arquitetônicos mais recentes e duráveis são desenvolvidos para serem aplicados em fábrica, onde as condições ambientais controladas e máquinas customizadas permitem a utilização de diversos materiais e técnicas, que seriam difíceis ou impossíveis de serem utilizadas a campo. Estas incluem os revestimentos em pó, que são pulverizados a seco e fundidos em filmes contínuos, por meio da aplicação de calor, revestimentos com formulação à base de dois componentes, como acabamentos de fluoropolímeros (vide Capítulo 21) e muitos outros.

Aplicações a campo de revestimentos arquitetônicos

Nenhum aspecto dos trabalhos de pintura e acabamento é mais importante que a preparação da superfície. A não ser que o substrato esteja limpo, seco, liso e sem defeitos, nenhuma tinta ou revestimento transparente terá um desempenho satisfatório. A preparação normal de superfícies de madeira envolve a raspagem e o lixamento, para remover quaisquer revestimentos prévios, assim como o preenchimento de orifícios e rachaduras, e lixamento da superfície para torná-la lisa. A preparação de metais poderá envolver a limpeza com solvente, para remover óleos e gorduras, a raspagem e o escovamento com escovão de aço, para remover a corrosão e escamas. A limpeza com jato poderá ser utilizada se a corrosão e a escamação forem tenazes e, em alguns metais, a criação de uma textura através da aplicação de produtos químicos ao metal, melhorando a adesão da pintura. As superfícies de alvenaria nova, concreto e gesso, geralmente requerem certo envelhecimento antes da aplicação do revestimento para garantir que as reações de cura química, dentro dos próprios materiais, estejam completas e que o excesso de água já tenha evaporado do material.

Uma série de materiais é projetada especificamente para preparar a superfície para receber pinturas ou revestimentos transparentes. As pastas de preenchimento são utilizadas para preencher os pequenos poros em madeiras de fibras abertas, como o carvalho, nogueira e mogno, antes do acabamento final. Diversos compostos para remendar e calafetar são utilizados para preencher reentrâncias maiores nos substratos. Um *primer* é um revestimento pigmentado, especialmente formulado para tornar a superfície mais apropriada para a pintura. Um *primer* de madeira, por exemplo, melhora a adesão da pintura à madeira. Ele também endurece as fibras da superfície da madeira, de forma que esta possa ser lixada melhor, após a aplicação do primer. Outros *primers* são concebidos para se tornarem a primeira camada

PINTURAS E REVESTIMENTOS (Continuação)

de revestimento, em diversos metais, materiais de alvenaria, reboco e placas de gesso. Em trabalhos de alta qualidade, os acabamentos e revestimentos de madeira recebem aplicação de *primer* em sua superfície posterior, em que o *primer* é aplicado no verso da superfície, antes de serem instalados. Isto ajuda a equalizar a taxa de variação de umidade, em ambos os lados da madeira, durante os períodos de umidade variável, o que reduz a sangria e outras distorções. Um *vedante* é um líquido não pigmentado, que pode ser considerado um *primer* para um revestimento transparente. Ele veda os poros do substrato, de forma que o revestimento transparente não seja absorvido.

Para evitar uma secagem prematura, as superfícies recém-pintadas não devem ser expostas diretamente ao sol, e a temperatura do ar, durante sua aplicação, deve estar entre 50 e 90 graus Fahrenheit (10-32°C). Para trabalhos externos, a velocidade do vento não deve exceder a 15 milhas por hora (7m/s). Os próprios materiais de pintura devem estar a temperatura normalmente encontrada em ambientes internos.

As pinturas e outros revestimentos devem ser aplicados com pincel, rolo, esponja ou spray. A utilização de pincel é o método mais demorado e caro; ele é o melhor para trabalhos minuciosos e para aplicação de diversos tipos de tintas e vernizes. A utilização de spray é o método mais rápido e barato, porém, é o mais difícil de controlar. A aplicação com rolo é econômica e efetiva para grandes extensões de superfície plana. Muitos pintores preferem aplicar tintas transparentes para suavizar superfícies, esfregando esta superfície com um pano que foi encharcado com tinta.

Uma única camada de pintura ou verniz é usualmente insuficiente para cobrir o substrato e formar a espessura de película requerida para cobrir o material. Um requerimento típico para um satisfatório revestimento com pintura é uma camada de *primer*, somada a duas camadas de material de acabamento. Duas camadas de verniz são geralmente requeridas sobre a madeira bruta. A superfície é levemente lixada, após a secagem da primeira camada, para produzir uma superfície lisa, na qual a camada final é aplicada.

Diferentes revestimentos necessitam períodos de secagem que variam entre minutos, para as lacas, até dias, para a maioria das pinturas. Durante este período, as condições ambientais, semelhantes às requeridas para a aplicação do revestimento, devem ser mantidas, para garantir que o revestimento seque apropriadamente.

Deterioração de pinturas e acabamentos

Os revestimentos são as partes das edificações mais expostas ao desgaste e às condições climáticas, deteriorando com o passar do tempo e requerendo a reaplicação de revestimento. O componente ultravioleta (UV) da luz solar é particularmente danoso, causando o desbotamento das pinturas coloridas e a decomposição química das películas de pintura. Os revestimentos translúcidos são especialmente suscetíveis aos estragos do UV, muitas vezes não durando mais que um ano, antes de perder a cor e descascar; por este motivo, são normalmente evitados em locais externos.

Alguns revestimentos transparentes são manufaturados com ingredientes especiais, bloqueadores de raios UV, para que possam ser utilizados em superfícies em ambientes externos. O outro maior motivo de destruição de pinturas e outros revestimentos é a água. A maior parte da escamação de tintas é causada pela água, que entra por trás da película de pintura, levantando-a. As fontes mais comuns dessa água em revestimentos de madeira são umidade na madeira, no momento em que é revestida; o vazamento de água pelas juntas; e o vapor d'água migrando dos espaços internos, que estão úmidos pelo lado de fora, durante o inverno. Boas práticas de construção e um projeto apropriado de barreiras ao ar e ao vapor, podem minimizar esses problemas.

Outros grandes contribuintes para a deterioração dos revestimentos arquitetônicos são o oxigênio, os poluentes do ar, fungos, sujeira, degradação do substrato, por meio da ferrugem ou envelhecimento e desgaste mecânico. A maioria das tintas para exteriores é desenvolvida para se desgastarem lentamente, em resposta a essas forças, permitindo que a chuva lave a superfície a intervalos frequentes.

Sistemas típicos de revestimentos arquitetônicos

A tabela a seguir resume algumas especificações típicas de sistemas de revestimentos para novas superfícies de edificações. Onde os revestimentos alquídicos sejam indicados, a conformidade do produto aos limites aplicáveis, em termos de emissões de VOCs, deverá ser verificada.

Normas para sistemas de revestimentos arquitetônicos

O Master Painters Institute (MPI) estabelece normas para pinturas e métodos de pintura. O seu manual de sistemas de revestimentos normatiza e simplifica a especificação de sistemas completos de revestimento, isto é, combinações de preparação de superfícies, *primers* e revestimentos apropriados, para qualquer tipo de substrato e que atendam a uma variedade de níveis de performance.

As normas *verdes* para tintas e outros revestimentos arquitetônicos continuam a evoluir. O Selo Verde do GS-11, Environmental Standard for Paints, estabelece normas básicas de performance para capacidade de encobrimento (opacidade) e de facilidade de limpeza, limites de emissão de VOCs, e restringe a inclusão de certos ingredientes tóxicos ou nocivos nas pinturas. A conformidade ao GS-11 é correntemente reconhecida pelo sistema LEED para créditos pelo uso de tintas e revestimentos arquitetônicos de baixa emissão. O Green Performance Standards for Paints and Coatings, do MPI, é uma norma alternativa, que estabelece critérios para as mesmas categorias de performance, emissões e ingredientes restritos, mas de uma forma que se harmonize melhor com as outras normas para produtos desta organização.

Para mais informações sobre considerações de sustentabilidade em revestimentos arquitetônicos, veja a página 250.

Algumas especificações típicas de revestimentos para superfícies novas

Exterior

Substrato	Preparação da superfície	Primers e revestimentos
Revestimentos externos, acabamentos internos, janelas e portas em madeira	Lixar, tornando liso, suavizar os nós da madeira e passar resina nas ranhuras. Preencher e lixar as manchas da superfície, após a aplicação da camada de preparação.	Látex exterior (ou *primer* alquídico, quando requerido, devido a condições difíceis do substrato) e duas camadas de pintura látex; ou duas camadas de tinta semitransparente ou sólida.
Alvenaria de concreto	Deve estar limpa e seca há, no mínimo, 30 dias.	*Primer* de preenchimento de blocos e duas camadas de pintura látex.
Paredes de concreto	Devem estar limpas e secas, finalizadas há, no mínimo, 30 dias.	*Primer* de alvenaria, onde requerido, e duas camadas de pintura látex.
Estuque	Deve estar limpo e finalizado há, no mínimo, 7 dias.	*Primer* de alvenaria, onde requerido, e duas camadas de pintura látex.
Ferro e aço	Remover ferrugem, manchas de fabricação, óleo e gordura.	Látex multipropósito ou *primer* para metal, resistente à corrosão, e duas camadas de esmalte látex ou alquídico; ou duas camadas de esmalte látex, direto no metal.
Alumínio	Limpar com um solvente, para remover óleo, gordura e oxidação.	*Primer* de látex para metal e duas camadas de esmalte látex ou alquídico; ou duas camadas de esmalte látex, direto no metal.

Interior

Substrato	Preparação da superfície	Primers e revestimentos
Reboco	O reboco convencional deve estar finalizado há 30 dias (o reboco pode ser revestido com pintura látex, imediatamente após o endurecimento).	*Primer* de látex para interiores e duas camadas de pintura látex.
Placa de gesso	Deve estar limpa, seca e sem poeira.	*Primer* de látex para interiores e uma ou duas camadas de pintura látex.
Portas, janelas e acabamentos internos de madeira	Lixar, tornando liso. Preencher e lixar as pequenas falhas da superfície, após a aplicação da camada de preparação. Lixar levemente entre as camadas. Remover o pó proveniente do lixamento, antes de aplicar o revestimento.	*Primer* de látex para interiores ou de esmalte alquídico e uma ou duas camadas de esmalte látex ou alquídico.
Alvenaria de concreto	Deve estar limpa e seca, há, no mínimo, 30 dias.	*Primer* de alvenaria, onde requerido, e duas camadas de pintura látex.
Assoalho de madeiras duras	Preencher as falhas da superfície e lixar, antes de passar revestimento. Lixar levemente entre as camadas.	Tinta a óleo, se a mudança de cor for desejada, e duas camadas de verniz a óleo ou a poliuretano.

REVESTIMENTOS EXTERNOS

O material externo aplicado às paredes de uma construção com moldura estrutural leve de madeira é chamado de *revestimento externo* (*siding*). Muitos tipos diferentes de materiais são utilizados como revestimentos externos: tábuas de madeira, com diversos perfis, aplicados tanto horizontalmente, quanto verticalmente; compensados; *shingles* de madeira; revestimentos externos em metal ou plástico; fibrocimento; tijolos ou pedras e estuque (Figuras 6.16-6.34).

Revestimentos externos de tábuas

Os *revestimentos externos de tábuas*, aplicados horizontalmente, feitos de madeira sólida, tábuas de compósitos de madeira ou fibrocimento, são usualmente pregados de tal forma que os pregos atravessem a barreira de umidade da parede e o revestimento, alcançando as vigas, e dando uma fixação segura. Esse procedimento também permite que revestimentos horizontais possam ser aplicados diretamente sobre os materiais de isolamento do revestimento, sem requerer uma *camada* de *base para pregamento*, um material tal como um compensado ou OSB, que seja denso o suficiente para segurar os pregos. Os *pregos para revestimentos externos*, cujas cabeças possuam tamanhos intermediários, comparados aos pregos comuns e aos pregos de acabamento, são utilizados para oferecer o melhor resultado, em termos de poder de fixação e aparência, quando fixando revestimentos externos horizontais. Os pregos para revestimentos externos devem ser galvanizados a quente ou feitos de alumínio ou aço inox, para evitar corrosão e manchas. Os pregos *ring-shank* são preferidos por sua alta resistência ao arrancamento, à medida que as tábuas de revestimento encolham e inchem com as mudanças no conteúdo de umidade. A colocação de pregos é realizada de tal forma que as partes individuais do revestimento externo poderão expandir e contrair livremente, sem danos (Figura 6.16). Os revestimentos externos horizontais são unidos firmemente às tábuas das bordas e acabamentos das janelas e portas, usualmente com um mate-

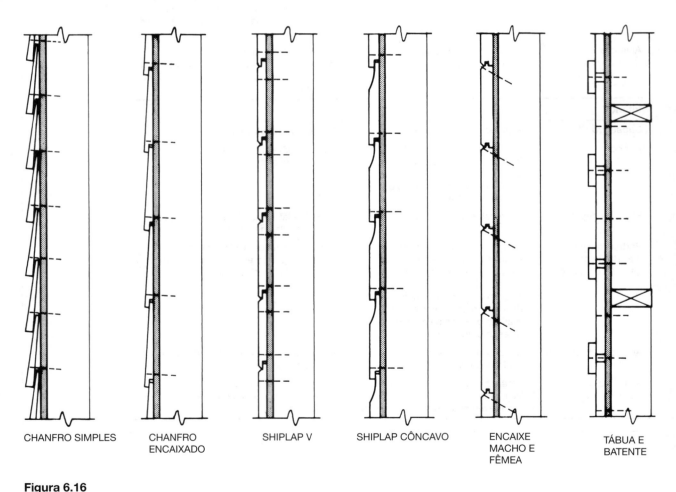

Figura 6.16
Seis tipos de revestimentos externos de madeira, entre muitos. Os quatro revestimentos de *chanfro* e *shiplap* são projetados para serem aplicados com uma orientação horizontal. O revestimento de encaixe *macho e fêmea* pode ser usado tanto horizontalmente como verticalmente. O revestimento *tábua e batente* somente pode ser aplicado na vertical. O padrão de pregamento (mostrado em linhas tracejadas), para cada tipo de revestimento, é projetado para permitir a contração e expansão das tábuas. A penetração de pregos, através do revestimento e da moldura, deve ser de, no mínimo, 1 ½ polegada (38 mm), para uma fixação satisfatória.

rial selante aplicado às juntas durante a montagem.

Tábuas de revestimento externo horizontais, mais econômicas, feitas de diversos tipos de compósitos de madeira, vêm se tornando prontamente disponíveis. Alguns desses materiais demonstraram problemas em uso, com absorção excessiva de água, decomposição ou crescimento de fungos, resultando em processos judiciais e retirada da maior parte desses produtos do mercado. Os revestimentos externos de tábuas, feitos de fibra de madeira em aglutinante de cimento Portland, provaram ter uma boa performance, quando em uso. Estes aceitam e mantêm bem a pintura, não se deterioram nem contribuem para o crescimento de fungos e são dimensionalmente estáveis, altamente resistentes ao fogo e muito duráveis.

Na América do Norte, as tábuas de revestimento externo horizontais são costumeiramente pregadas firmemente sobre o revestimento interno da parede e o *housewrap*. O revestimento externo também poderá ser pregado a espaçadores verticais de madeira, chamados de *tiras de forração*, usualmente feitos com madeiras tratadas com produtos preservativos de 1 × 3s (19 × 63 mm) ou compensados de madeira tratada, ou plásticos de comprimento similar, que são alinhados sobre as vigas (Figura 6.17). O espaço criado por trás do revestimento externo propicia uma via de drenagem livre para escoamento através do revestimento, permite secagem rápida do revestimento, se este vier a ficar encharcado de água, e melhora a capacidade da montagem da parede em expelir o vapor d'água que possa se acumular dentro das

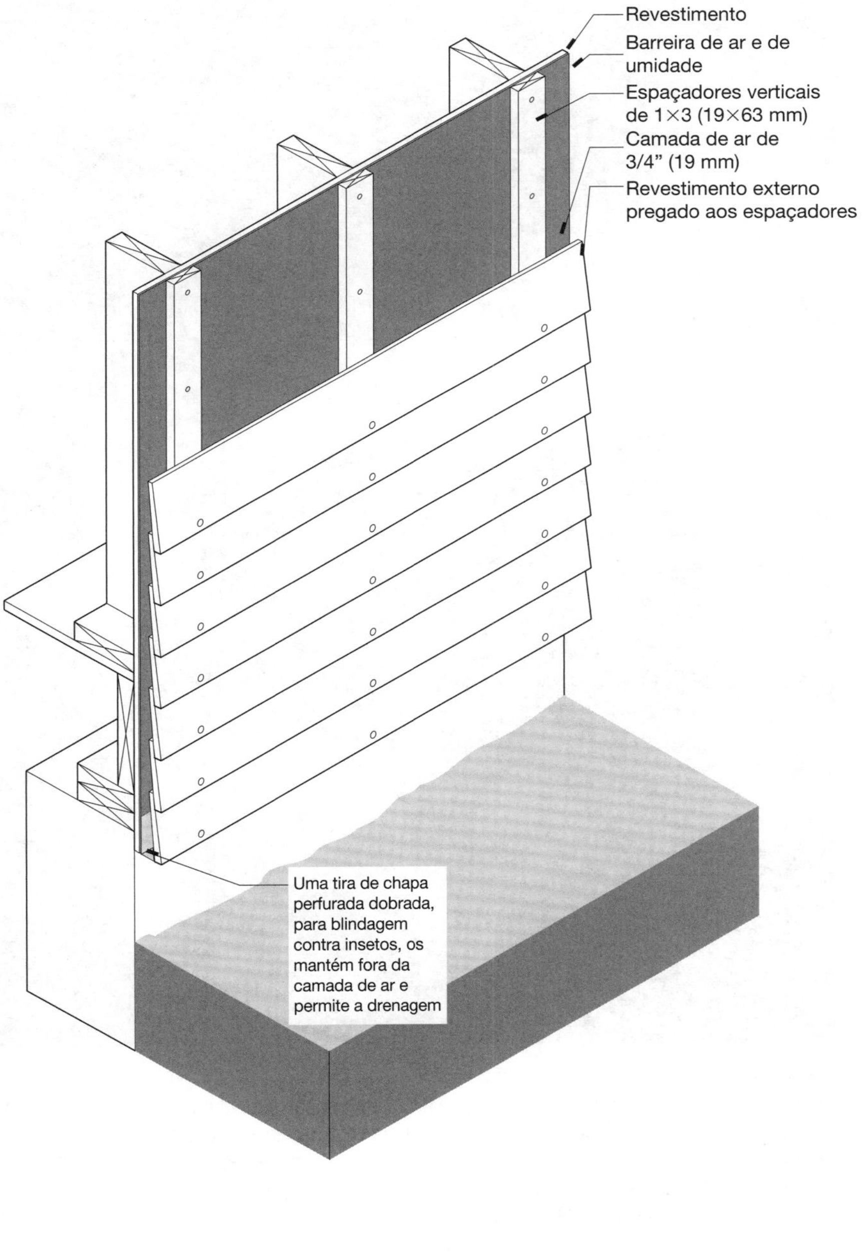

Figura 6.17
Aplicação de proteção contra chuva em revestimentos externos. Qualquer água que penetrar através das juntas ou furos nos revestimentos externos será drenada antes de alcançar o revestimento.

partes isoladas da parede. Tal tipo de construção é frequentemente referida como *rainscreen siding* (*revestimento externo de proteção à chuva*), apesar de não necessariamente atender aos requerimentos de um sistema de pressão totalmente equalizado (vide Capítulo 19). Neste tipo de edificação, atenção especial deve ser dada às tábuas de canto e esquadrias de janelas e portas, de modo a considerar a espessura adicional da parede revestida. Alternativamente, diversos fabricantes vendem materiais de drenagem de espessura fina, que podem ser ensanduichados entre o revestimento externo e o *housewrap*. Esses produtos proporcionam algumas melhorias, em termos de drenagem e ventilação, quando comparados a instalações convencionais de revestimentos externos. Todavia, isto ocorre a custos menores e com menor impacto no detalhamento de acabamentos externos, se comparados aos revestimentos externos sobre forrações verticais.

Os revestimentos externos aplicados verticalmente (Figuras 6.18 e 6.19) são pregados nas placas de cima e de

Figura 6.18
Um carpinteiro aplica um revestimento externo de madeira vermelha, com encaixe macho e fêmea, em um sofito do beirado, usando uma pistola pneumática de pregos. *(Cortesia de Senco Products, Inc.)*

Figura 6.19
Uma instalação completa de revestimento externo com encaixe macho e fêmea, aplicado verticalmente, no primeiro plano da figura, e diagonalmente, na área vista atrás das cadeiras. As ranhuras de coloração mais clara são *alburno*, nesta mistura de cerne e alburno de madeira vermelha. As janelas são emolduradas em alumínio escuro. *(Arquiteto: Zinkhan/Tobey. Foto de Barbeau Engh. Cortesia de Califórnia Redwood Association)*

baixo da moldura estrutural da parede e em uma ou mais linhas horizontais intermediárias de blocos de madeira instalados entre as vigas.

Os revestimentos externos de sequoia, cedro e cipreste podem ser deixados sem acabamento, se desejado, para envelhecer em diversos tons de cinza. A madeira nua sofrerá ação erosiva, gradualmente, através das décadas, e finalmente terá que ser substituída. Outras madeiras podem receber tinta ou pintura, para evitar as consequências das condições climáticas e deterioração. Se esses revestimentos forem renovados fielmente, a intervalos frequentes, o revestimento externo existente por debaixo irá durar indefinidamente.

Revestimentos externos de compensado

Os *painéis de compensado para revestimento externo* (Figuras 6.20 e 6.21) são, frequentemente, escolhidos por sua economia. O custo do material, por unidade de área de parede, é usualmente algo menor que o de outros materiais de revestimento externo e o custo de mão de obra tende a ser relativamente baixo, porque as largas placas de compensado são instaladas mais rapidamente do que áreas equivalentes feitas de tábuas. Em muitos casos, o revestimento interno pode ser eliminado da edificação (com a barreira de umidade das paredes aplicada diretamente às vigas), se o compensado for utilizado para o revestimento externo, levando à redução de custos adicionais.

Figura 6.20
O revestimento externo de compensado com ranhuras é usado verticalmente nesta edificação comercial projetada por Roger Scott Group, Architects. Os rufos horizontais de metal, entre as placas de compensado, são propositalmente enfatizados aqui, com um detalhamento especial de rufo, que projeta uma linha de sombra escura. *(Cortesia de APA – The Engineered Wood Association)*

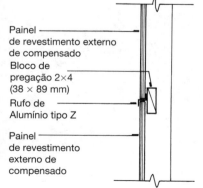

Figura 6.21
Um detalhe de um rufo-Z simples, o dispositivo mais comumente usado para evitar a penetração de água nas juntas horizontais, em revestimentos externos de compensado.

Todos os revestimentos externos de compensado devem receber pintura ou tinta, até mesmo aqueles feitos de cerne de madeira resistente à deterioração, pois as suas camadas são muito finas para suportar a erosão causada pelas condições climáticas, por um período maior que alguns anos. Os revestimentos externos de compensado mais populares são aqueles que possuem ranhuras, imitando revestimentos de tábuas e ocultando as juntas verticais entre as placas.

O maior problema em usar os revestimentos externos de compensado para edificações de vários andares, é como detalhar as extremidades das juntas horizontais, entre placas. Um *rufo-Z* de alumínio (Figura 6.21) é a solução usual e é claramente visível. O projetista deve incluir nos desenhos da construção um leiaute para as placas do revestimento de compensado, organizando as juntas horizontais de um modo aceitável. Isso irá ajudar a evitar um padrão aleatório e nada atraente de juntas na fachada da edificação.

Revestimentos externos de placas (shingle)

As *placas de madeira e fendas* (Figuras 6.22 – 6.28) requerem um material para a base do revestimento para a inserção de pregos, tal como OSB ou compensado. Tanto pregos do tipo box, resistentes a corrosão, como grampos aplicados por pistola, podem ser utilizados para a fixação. A maior parte das placas é de cedro ou sequoia e não precisa ser coberta por pintura ou tinta, a não ser que tal revestimento seja desejado por motivos estéticos.

A aplicação de revestimentos externos de placas de madeira requer intensa mão de obra, especialmente ao redor de cantos e aberturas, onde muitas placas devem ser cortadas e ajustadas. As Figuras 6.24 e 6.25 mostram duas diferentes formas de criar cantos com placas de madeira.

Figura 6.22
Aplicando um revestimento externo de placas de madeira sobre feltro betuminoso. Os cantos são trançados conforme ilustrado na Figura 6.24. *(Foto de Edward Allen)*

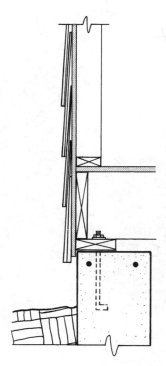

Figura 6.23
Um detalhe de revestimento externo de placas de madeira, em um peitoril de uma edificação em madeira, com moldura estrutural em plataforma. A primeira fiada de placas se projeta abaixo do revestimento, formando uma pingadeira, e é duplicada, para que todas as juntas verticais entre as placas da camada externa estejam protegidas pela camada subjacente de placas. As sucessivas fiadas são simples, porém são colocadas de forma que cada fiada cubra as juntas abertas da fiada de baixo.

Diversos fabricantes produzem revestimentos externos de placas em formato de painel, grampeando e/ou colando em fábrica as placas a painéis subjacentes de madeira. Um tamanho típico de painel é de aproximadamente 2 pés de altura por 8 pés de comprimento (600 × 2.450 mm). Diversos padrões diferentes de aplicação de placas estão disponíveis neste formato, com painéis pré-fabricados de cantos entrelaçados. A aplicação de placas em formato de painel é muito mais rápida do que com placas individuais, o que resulta em custo de mão de obra no canteiro de obras significativamente mais baixo, e, na maior parte das vezes, em um custo total mais baixo.

Revestimentos externos de metal e plástico

Os revestimentos externos de madeira pintados são passíveis de deterioração, a não ser que sejam cuidadosamente raspados e pintados a cada três a seis anos. O *revestimento externo de alumínio ou vinil*, formado por chapas pré-acabadas de alumínio ou de plástico vinílico moldado, são usualmente projetados para imitar revestimentos de madeira e geralmente possuem garantia contra a necessidade de repintura por longos períodos, tipicamente 20 anos (Figuras 6.29 e 6.30). Esses revestimentos externos possuem seus problemas próprios, incluindo a baixa resistência dos revestimentos de alumínio ao impacto, e a tendência do revestimento de plástico de rachar e, ocasionalmente, despedaçar-se quando impactado, especialmente quando as condições climáticas forem de frio.

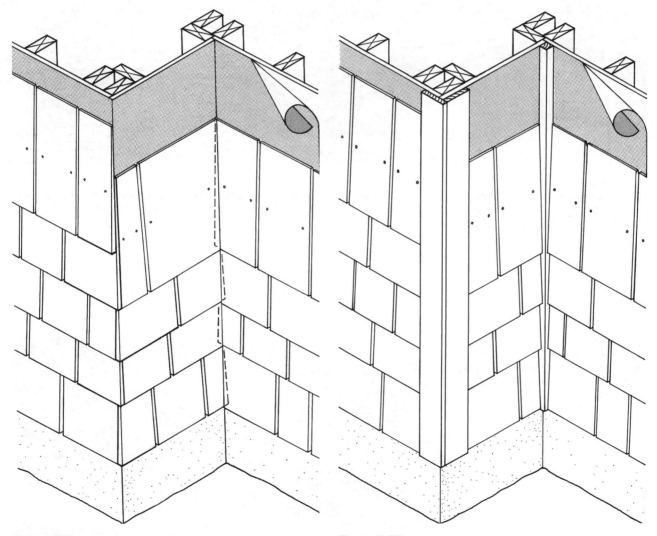

Figura 6.24
As placas de madeira podem ser entrelaçadas nos cantos para evitar a necessidade de tábuas nas extremidades. Cada placa de canto deve ser cuidadosamente aparada na posição correta, com uma plaina, o que consome tempo e é relativamente caro, porém o resultado se apresenta com uma qualidade contínua e escultural do revestimento externo.

Figura 6.25
As tábuas de canto poupam tempo, quando revestindo paredes com placas, e se tornam uma forte característica visual da edificação. Repare, neste diagrama, e no anterior, como as juntas e as cabeças dos pregos, em cada fiada de placas, estão cobertas pela fiada acima.

Figura 6.26
As placas de madeira de corte sofisticado representavam um aspecto característico de revestimentos externos no final do século XIX. Repare as placas em escama de peixe no oitão, as placas dentadas nas beiradas mais baixas das paredes e as placas duplas subindo ao longo das águas. Os cantos são entrelaçados. *(Foto de Edward Allen)*

Figura 6.27
Placas de madeira de corte sofisticado, pintadas em cores contrastantes, são utilizadas neste restaurante contemporâneo. *(Cortesia de Shakertown Corporation)*

Capítulo 6 Acabamentos Externos para Construções com Moldura Estrutural Leve em Madeira 245

Figura 6.28
Tanto o telhado quanto as paredes desta casa, em New England, projetada pelo arquiteto James Volney Righter, estão cobertas por placas de madeira. Os cantos das paredes são entrelaçados. *(© Nick Wheeler / Wheeler Photographics)*

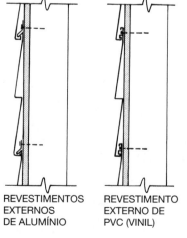

REVESTIMENTOS EXTERNOS DE ALUMÍNIO

REVESTIMENTO EXTERNO DE PVC (VINIL)

Figura 6.29
Tanto os revestimentos externos de alumínio quanto os de vinil possuem a intenção de imitar o revestimento horizontal de madeira chanfrada. A sua principal vantagem, para ambos os casos, é a baixa necessidade de manutenção. Os pregos são completamente ocultos em ambos os sistemas.

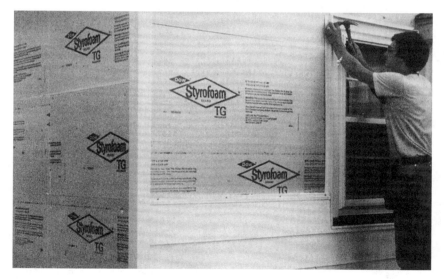

Figura 6.30
Realizando um retrofit, com revestimento de alumínio, sobre uma camada de espuma isolante em uma residência existente. Peças especiais de alumínio são fornecidas para os cantos e para as esquadrias das janelas; cada pedaço possui uma borda rasa em canal, para aceitar os encaixes do revestimento. *(Fotografia oferecida por The Dow Chemical Company)*

Apesar de os revestimentos de plástico e alumínio apresentarem uma similaridade superficial aos revestimentos de madeira que imitam, os detalhes ao redor de aberturas e cantos de paredes são suficientemente diferentes para que o seu uso se torne inapropriado para projetos de restauração histórica.

Estuque

O estuque, um *revestimento de cimento Portland*, é um material forte, durável, econômico e resistente ao fogo, para revestimentos externos de construções em moldura estrutural leve. Ele é normalmente aplicado em três camadas sobre uma tela de arame, à mão, ou com equipamentos para aplicação de spray (Figura 6.31). Apesar de sua aparência monolítica, o estuque é um material poroso e propenso à formação de fissuras capilares de retração. Quando usado em locais expostos a fortes ventos e chuvas, quantidades significativas de água podem passar através do material. Em tais circunstâncias, o estuque apresentará me-

Figura 6.31
Aplicando estuque externo sobre tela de arame entrelaçada, muitas vezes referida como "tela de galinheiro". Os trabalhadores à direita seguram uma mangueira que borrifa a mistura de estuque sobre a parede, enquanto o homem à esquerda nivela a superfície do estuque com uma régua. A pequena abertura retangular, na base da parede, é uma abertura para ventilação. *(Foto cortesia de Keystone Steel & Wire Co.)*

Figura 6.32
Esta pequena edificação comercial, em Los Angeles, demonstra a plasticidade da forma que é possível conseguir com um revestimento de estuque. As juntas verticais e horizontais no estuque servem para minimizar a sua tendência de encolher e rachar, à medida que seca após a cura. Apesar de a edificação estar suportada por colunas de concreto e vigas de aço, ela é, na realidade, uma construção com moldura estrutural leve em madeira. *(Erin Owen Moss Architects. Foto © Tom Bonner)*

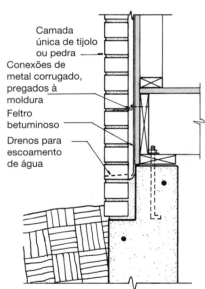

Figura 6.33
Um detalhe de um revestimento em alvenaria para uma edificação com moldura estrutural em plataforma. Os orifícios de escoamento drenam qualquer umidade que possa se alojar na camada de ar, entre a alvenaria e o revestimento. A camada de ar deve ser de, no mínimo, 1 polegada (25 mm). Uma camada de ar de 2 polegadas (50 mm) é considerada melhor, porque é mais fácil de manter afastada de restos de argamassa, que podem obstruir os drenos de escoamento.

lhores resultados se contar com um revestimento protetor contra a chuva (Figura 6.17) ou com uma barreira dupla de umidade nas paredes, para propiciar boa drenagem e proteger a parede da edificação contra a água.

Revestimento em alvenaria

Edificações com moldura estrutural leve podem ter suas faces externas cobertas com um *revestimento em alvenaria*, uma camada única de tijolo ou pedra, conforme mostrado na Figura 6.33. As conexões de metal corrugado evitam que a alvenaria se desprenda da edificação, pois permitem movimentos diferenciais verticais entre a alvenaria e a estrutura. Assim como o estuque, o revestimento de tijolos é formado por um material poroso. A camada de ar por trás dos tijolos cria um sistema de proteção contra a chuva que propicia um caminho de escoamento livre, para proteger a parede de moldura estrutural em madeira da penetração da água. Os materiais de alvenaria e demais detalhamentos estão nos Capítulos 8 e 9.

Pedra artificial

A *pedra artificial* ou *alvenaria manufaturada* é composta por misturas de cimento, areia e outros agregados naturais, e pigmentos minerais, como o óxido de ferro. É moldada em uma grande variedade de formas, texturas e cores, simulando a aparência do tijolo tradicional e produtos naturais em pedra, porém, aplicados como um revestimento delgado. As pedras artificiais variam em espessura entre 1 polegada e 2 ⅝ polegadas (25-67 mm) e são tipicamente aplicadas sobre uma base de tela de metal e argamassa de cimento Portland.

Revestimento externo em painel de fibrocimento

O *revestimento externo em painel de fibrocimento* é composto por cimento, areia, fibras orgânicas e inorgânicas e adições, fabricado de modo a constituir painéis de 4 × 8 pés (1.219 mm × 2.438 mm) de tamanho e ¼ ou ⁵⁄₁₆ polegadas (6 ou 8 mm) de espessura (Figura 6.34). Esses são manufaturados com superfície lisa ou com vá-

Figura 6.34
Esta casa de moldura estrutural em madeira ilustra a utilização de quatro materiais de revestimento externo. À esquerda, a chaminé é revestida em estuque. Repare as juntas de expansão horizontal, espaçadas de cerca de 8 pés (2400 mm). O segundo andar é revestido por placas asfálticas. A área ao redor da porta de entrada é revestida com painéis de fibrocimento. Os painéis foram pintados no canteiro de obras e presos com parafusos de aço inoxidável, que permanecem visíveis e criam um padrão distinto. À direita dos painéis de fibrocimento há uma parede de concreto, sem aplicação de revestimento. *(Arquiteto: Studio Ectypos, www.studioectypos.com Foto de Joseph Iano)*

rias texturas, e podem ser pintados no local ou fornecidos pré-acabadas. São fixados com pregos ou parafusos introduzidos nas vigas das paredes ou outra moldura sólida, por trás da barreira de umidade e revestimento interno da parede. Os vãos entre os painéis podem ser vedados com vedantes de juntas, preenchidos com plástico moldado ou material de acabamento em alumínio.

TÁBUAS DE CANTOS E ACABAMENTOS EXTERNOS

A maioria dos materiais de revestimento externo requer tábuas verticais de canto, assim como tábuas para acabamento, ao redor de janelas e portas. Os cantos de telhados requerem tábuas de acabamento de diversos tipos, incluindo abas, sofitos, placas frisadas e cornijas, os padrões exatos dependendo do estilo e detalhamento da edificação (Figura 6.35). Para a maior parte dos revestimentos externos, a escolha tradicional de material para esses componentes de acabamento externo é o pinho. Para as placas de madeira, o cedro ou a sequoia podem ser preferidos. Os revestimentos externos em plástico ou metal possuem acabamento com tiras especiais no mesmo material. O revestimento de fibrocimento pode possuir acabamento, tanto em madeira com em placas de fibrocimento, preparadas para este propósito.

O pinho é normalmente escolhido para acabamentos em tábuas de madeira, por sua aparência de alto nível. Tradicionalmente, as tábuas recebem, em sua superfície não exposta, a aplicação de um *primer*, que recebe esta camada de pintura antes de sua colocação. Isto ajuda a reduzir a sangria e outras distorções das tábuas de acabamento, frente às variações de umidade. Tábuas de acabamento com aplicação prévia de *primer* também podem ser encontradas na maioria das madeireiras.

Muitos estilos históricos requerem acabamento que seja moldado de forma ornamental. A formatação geralmente ocorre na fábrica, para que as peças de acabamento sejam levadas prontas para o local de sua instalação.

Na medida em que níveis de melhor aparência da madeira se tornaram mais dispendiosos, substitutos foram introduzidos no mercado, incluindo tábuas feitas de espuma de plástico de alta densidade, compósitos de madeira de vários tipos e madeira serrada cortada em pequenas peças, para eliminar os nós e, então, unidas, ponta a ponta, com

Figura 6.35
Pintores finalizam a parte externa de uma casa. O pintor na extremidade à esquerda está sobre uma escada instável, o que é uma prática muito pouco segura. *(Cortesia de Energy Studies in Buildings Laboratory, Center for Housing Innovation, Department of Architecture, University of Oregon).*

Figura 6.36
O cuidadoso detalhamento está evidente em todos os aspectos referentes a acabamentos externos desta edificação comercial. Repare, em especial, nas esquadrias das janelas, detalhadas de forma elegante, o uso proposital, tanto de tábuas verticais como de placas de madeira para o revestimento externo, e a junção organizada entre as placas nas laterais das paredes e as tábuas da água do telhado. *(Woo & Williams, Architects. Fotógrafo: Richard Bonarrigo)*

Figura 6.37
Esta casa localizada em um clima chuvoso foi projetada para proteger cada janela e porta com um beirado. A base da parede é revestida externamente com placa de cimento resistente à água. Uma atenção especial às proporções do beirado, aos detalhes da moldura exposta, ao padrão das travessas das janelas e aos detalhes da balaustrada oferecem a esta casa um caráter atraente singular. *(Foto de Rob Thallon)*

Considerações sobre sustentabilidade em pinturas e outros revestimentos arquitetônicos

- As pinturas e outros revestimentos podem ser emissores significativos de VOCs e, assim, requerem cuidados em sua seleção e especificações. As pinturas de látex acrílico, à base de água, geralmente possuem emissões de VOC mais baixas que as tintas à base de solventes.
- A qualidade e durabilidade de pinturas com zero ou baixa emissão de VOCs continuam a progredir.
- As pinturas e revestimentos arquitetônicos alcançando o Green Seal Certification, do Green Seal Organization, satisfazem os requerimentos atuais do sistema LEED para materiais de baixa emissão.
- A pintura não utilizada poderá ser reprocessada para produzir *pintura reciclada*, eliminando os resíduos de tinta da corrente de geração e deposição de resíduos.
- Em adição aos compostos orgânicos voláteis, as pinturas e revestimentos podem emitir outras substâncias tóxicas ou químicas, de cheiro desagradável. Alguns fabricantes também publicam dados de emissões dos seus produtos e oferecem produtos com emissões reduzidas nessas categorias.
- As pinturas que se desgastam rapidamente e requerem frequentes renovações podem aumentar a emissão de VOCs durante a vida completa de uma instalação, se comparadas a outras, com maior emissão, que são mais duráveis e que requeiram reaplicações menos frequentes.

Figura 6.38
Um deque externo de sequoia, cuidadosamente trabalhado. O espaçamento das tábuas permite que a água possa ser drenada através delas. *(Designer: John Matthias. Foto de Ernest Braun. Cortesia de Califórnia Redwood Association)*

juntas do tipo *finger joints* e cola. Esses produtos tendem a ser consistentemente mais alinhados e livres de defeitos que a madeira natural sólida. Algumas delas não somente são produzidas em tábuas planas, como também moldadas para imitar acabamentos tradicionais. Elas devem ser pintadas e não são apropriadas para receberem acabamentos transparentes. Muitas são também disponíveis com aplicação prévia de *primer* ou pré-acabadas.

CONSTRUÇÕES EXTERNAS

A madeira é amplamente utilizada em ambientes externos, varandas, deques, escadas, sacadas e paredes de retenção (Figura 6.38). Para estes tipos expostos de utilização, é apropriado o uso do cerne da madeira, (resistente à deterioração), da madeira tratada com produtos preservantes e de tábuas de compósitos de madeira ou plástico resistentes à umidade. Se utilizadas madeiras não duráveis, suas juntas logo deteriorarão, onde quer que a água fique retida e seja mantida por ação de capilaridade. Os fixadores devem ser galvanizados ou feitos de aço inoxidável, para evitar a corrosão. Deques de madeira, quando expostos às condições climáticas, devem sempre possuir juntas abertas, espaçadas, que permitam a drenagem da água através das mesmas, assim como para a expansão e contração do deque. Os tabuões de compósitos de plástico são duráveis e atrativos, porém alguns não são tão fortes e rígidos como a madeira e podem requerer vigas de apoio com menor espaçamento.

VEDANDO JUNTAS EXTERNAS

Após a finalização do trabalho de carpintaria externa, as aberturas expostas, entre os revestimentos externos, acabamentos, molduras das portas e janelas e outros materiais externos são preenchidas com *vedante de juntas*, para protegê-las da entrada de água. Os vedantes externos devem possuir boa aderência aos materiais que estão sendo vedados, devem se manter permanentemente flexíveis e

CSI/CSC	
Seções do MasterFormat para Acabamentos Externos para Construções com Moldura Estrutural Leve em Madeira	
04 20 00	**UNIDADE DE ALVENARIA**
04 21 00	Unidade de Alvenaria Cerâmica
	Alvenaria de Revestimento em Tijolos
04 70 00	**ALVENARIA MANUFATURADA**
06 20 00	**CARPINTARIA DE ACABAMENTOS**
	Carpintaria de Acabamentos Externos
07 30 00	**TELHADO COM INCLINAÇÃO ELEVADA**
07 31 00	Telhas e Fendas
07 32 00	Telhas
07 40 00	**PAINÉIS DE COBERTURA E DE REVESTIMENTO EXTERNO**
07 46 00	Revestimentos Externos
07 60 00	**RUFOS E FOLHAS METÁLICAS**
07 63 00	Rufos de Folhas Metálicas e Materiais de Acabamento
07 65 00	Rufos Flexíveis
08 10 00	**PORTAS E MOLDURAS**
08 14 00	Portas de Madeira
	Portas de Revestimento em Madeira
08 15 00	Portas de Plástico
08 16 00	Portas de Compósitos
08 50 00	**JANELAS**
08 51 00	Janelas de Metal
08 52 00	Janelas de Madeira
08 53 00	Janelas de Plástico
08 54 00	Janelas de Compósitos
09 20 00	**PLACAS DE ARGAMASSA E DE GESSO**
09 24 00	Argamassa de Cimento Portland
	Estuque de Cimento Portland
09 90 00	**PINTURAS E REVESTIMENTOS**
09 91 00	Pinturas
	Pinturas Externas
09 93 00	Acabamentos Pintados e Transparentes
	Pinturas Externas e Acabamentos
09 96 00	Revestimentos de Alta Performance

não podem ser afetados pela exposição à luz solar. Os *vedantes pintáveis* podem ser aplicados antes de finalizar a pintura, e, depois, pintados por cima, para combinar com as superfícies adjacentes.

Outros vedantes, como a maioria dos silicones, não seguram a tinta. Estes são selecionados dentre uma série de cores pré-mescladas disponíveis, e então aplicados após a pintura concluída. O projeto dos materiais de vedação e juntas vedantes é discutido e detalhado no Capítulo 19.

PINTURAS EXTERNAS, NIVELAMENTO DE ACABAMENTO E PAISAGISMO

Os passos finais no acabamento do exterior de uma construção com moldura estrutural leve são as pinturas e coloração das superfícies expostas em madeira; o nivelamento de acabamento do solo, ao redor da edificação; a colocação de pavimentação, para a entrada de veículos, passeios de pedestres e terraços; e a semeadura e plantio de espécies para o paisagismo. No momento em que essas operações estiverem ocorrendo, as operações de acabamento interno geralmente estarão usualmente bem encaminhadas, tendo começado tão logo a cobertura, os revestimentos, as janelas e as portas tenham sido finalizadas.

REFERÊNCIAS SELECIONADAS

Em adição a consultas a referências listadas ao final do Capítulo 5, o leitor deverá obter informações sobre produtos atuais de fabricantes de janelas residenciais, portas, coberturas e materiais de revestimento externo. Muitos fornecedores varejistas para edificações também distribuem catálogos unificados de janelas, portas e pré-fabricados, o que pode assumir um valor inestimável na estante de referências para o projetista.

1. National Roofing Contractors Association. NRCA *Steep-slope Roofing Manual*. Rosemont, Il., atualizado regularmente.

   Esta referência de padrão industrial fornece diretrizes técnicas e detalhes recomendados para coberturas de placas asfálticas e de outros tipos de cobertura com inclinações acentuadas.

2. The Tauton Press, Inc. *Fine Homebuilding*. Newtown, CT, publicado mensalmente; e o *Journal of Light Construction*, Williston, VT, publicado mensalmente.

   Estas duas revistas são excelentes referências em todos os aspectos de construções leves com moldura estrutural em madeira, incluindo tópicos relacionados à carpintaria e acabamentos externos.

3. R. Sam Williams. "Finishing of Wood," in Forest Products Laboratory. *Wood Handbook: Wood as an Engineering Material*. Madison, Wisconson, 1999.

   Este artigo proporciona uma introdução abrangente ao tópico de acabamentos em madeira. Ele pode ser encontrado gratuitamente, online, no site da Forest Product Laboratory, www.fpl.fs.fed.us. O manual completo também está disponível em forma impressa, em diversas editoras.

SITES

Site complementar do autor: **www.ianosbackfill.com/06_exterior_finishes_for_wood_light_frame_construction**

Coberturas

National Roofing Contractors Association: **www.nrca.net**

Janelas e portas

Anderson Windows & Doors: **www.andersonwindows.com**
Fleetwood Windows & Doors: **www.fleetwoodusa.com**
Pella Windows and Doors: **www.pella.com**
Quantum Windows & Doors: **www.quantumwindows.com**

Revestimentos externos

Cedar Shake & Shingle Bureau: **www.cedarbureau.org**
James Hardie Fiber Cement Siding: **www.jameshardie.com**
Portland Cement Association – Stucco (Argamassa de Cimento Portland): **www.cement.org/stucco**
Vinyl Siding Institute: **www.vinylsiding.org**
Western Red Cedar Lumber Association: **www.wrcla.org**

Pinturas externas

Benjamin Moore Paints: **www.benjaminmoore.com**
Cabot Stains: **www.cabotstain.com**
Green Seal: **www.greenseal.org**

Master Painters Institute (MPI): **www.paintinfo.com**
MPI Specify Green: **www.specifygreen.com**
Olympic Paints and Stains: **www.olympic.com**
Sherwing-Williams Coatings: **www.sherwin-williams.com**

Palavras-chave

Forros de telhados
Feltro de edificação
Forros sintéticos de telhados
Barreira de umidade, barreira resistente à água, barreira resistente às condições climáticas, barreira de ar
Revestimento de papel Grau D
Housewrap
Beirado
Água
Calha
Tubo de queda, condutor
Calha externa
Calha interna, calha oculta
Bloco de espalhamento
Poço seco
Barragem de gelo
Telhado ventilado
Sofito de ventilação
Oitão de ventilação
Ventilação de cumeeira
Barreira ao gelo
Forro emborrachado, barreira ao gelo e água

Telhado não ventilado
Placa asfáltica, shingle
Rufo
Peitoril acumulador
Janela com barbatana pregada, janela de flange
Janela sem barbatana, janela sem flange
Substrato (para pintura)
Veículo, aglutinante e formador de película
Solvente
Pigmento
Revestimento à base de solvente
Revestimento à base de água
Composto orgânico volátil (VOC)
Pintura
Esmalte
Tinta
Revestimento transparente
Laca
Verniz
Goma-laca
Revestimento de alta performance
Primer
Vedante
Revestimento externo

Tábua de revestimento externo
Base para pregamento
Prego de revestimento externo
Revestimento externo chanfrado
Revestimento externo *shiplap*
Revestimento externo de encaixe macho e fêmea
Revestimento externo tábua e batente
Tira de forração
Revestimento externo de proteção contra chuva
Revestimento externo de painel de compensado
Rufo-Z
Placa de madeira
Fenda de madeira
Revestimento externo de alumínio
Revestimento externo de vinil
Estuque, argamassa de cimento Portland
Revestimento de alvenaria de pedra artificial, alvenaria manufaturada
Revestimento de painel em fibrocimento
Vedante de juntas
Vedante pintável
Pintura reciclada

Questões para revisão

1. Em que ordem as operações de acabamento externo são conduzidas, em uma construção de moldura estrutural em plataforma? E por quê?
2. Em que momento das operações de acabamento externo pode se dar início às operações de acabamento interno?
3. Que tipos de revestimentos externos requerem uma camada de base para pregos? Que materiais servem como camada de base para pregos? Cite alguns materiais para camada de base, que não podem funcionar como base para pregos.
4. Quais são as razões para a economia relativa em revestimentos externos de madeira compensada? Quais são as precauções recomendadas em um projeto de edificação com revestimentos externos de madeira compensada?
5. Como podem ser feitos os cantos de revestimentos externos, quando construindo com placas de madeira?
6. Especifique dois sistemas alternativos de revestimentos externos para uma construção revestida em madeira chanfrada.
7. Quais são as razões usuais para o desgaste prematuro da pintura, em uma casa com revestimento externo em madeira?

Exercícios

1. Faça uma lista dos materiais utilizados para acabamentos externos, em uma construção completa com moldura estrutural em madeira, e esquematize um conjunto de detalhes para beirados, águas, cantos e janelas. Existem formas com as quais cada um possa ser aperfeiçoado?
2. Visite uma loja de suprimento de materiais de construção e verifique todas as alternativas para revestimentos externos, janelas, portas, materiais de acabamento em madeira e coberturas. Estude um ou mais sistemas de calhas e tubos de queda. Procure por dispositivos de ventilação em beirados, oitões e cumeeiras.
3. Faça uma lista precisa e completa de materiais de acabamento externo que você gostaria de utilizar para uma construção com moldura estrutural leve em madeira, projetada por você. Esquematize um conjunto de detalhes típicos, mostrando de que forma esses acabamentos devem ser aplicados para conseguir a aparência que você deseja, com especial atenção aos detalhes das bordas do telhado.

7

Acabamentos Internos para Construções com Moldura Estrutural Leve em Madeira

- Completando a envoltória da edificação
- Acabamentos para paredes e forros
- Usinagem e carpintaria de acabamento
- Execução de pisos e revestimentos cerâmicos
- Toques finais

O arquiteto Michael Craig Moore usa uma rica paleta de pedras e madeiras para pisos e peças serradas, contrastando elegantemente com superfícies de paredes e tetos, em cores claras. Em primeiro plano, um piso em ardósia. As escadas e os pisos de madeira são todos em cerne de pinheiro. Os armários e os arremates de madeira são em *pseudotsuga*, com grã vertical. Os balcões dos armários e o topo do assento à janela (no plano central da imagem) são de uma folha de compósito, feito de papel prensado e resina fenólica. Os puxadores do armário são de bronze. O pilar estrutural exposto, em madeira, à direita na imagem, também é de *pseudotsuga*. Todas as superfícies de madeira são acabadas com poliuretano claro. Paredes e forros são revestidos com chapas normais de gesso, acabadas com selador em látex e revestimento de topo. *(Fotografia por Michael Craig Moore, AIA)*

À medida que o telhado e os revestimentos externos de uma edificação com moldura estrutural em plataforma se aproximam da conclusão, os carpinteiros e os executores do telhado passam a ser acompanhados por trabalhadores de uma série de outras especialidades da construção. Os pedreiros começam a trabalhar nas lareiras e chaminés (Figuras 7.1 e 7.2). Os encanadores começam a *embutir* os componentes que não ficarão visíveis na construção pronta. Os primeiros a ser instalados são as grandes *canalizações de drenagem, cloacais e ventilação* (*DWV – drain-waste-vent*), os quais funcionam por gravidade e precisam, portanto, ter a primeira opção de localização na construção; então, as pequenas *canalizações de abastecimento*, que trazem água quente e fria para as instalações e as canalizações de gás (Figuras 7.3-7.6). Se a edificação for suprida com sistema de aquecimento central de ar e/ou ar condicionado, os funileiros instalam a caldeira de calefação e os *dutos* (Figuras 7.7-7.9). Se a edificação tiver um *sistema de aquecimento hidrônico (circulação forçada de água quente)*, os encanadores instalam, nesse momento, o *boiler* e embutem os dutos de aquecimento e os *convectores* (Figura 7.10). Uma variante especial do aquecimento hidrônico é o *sistema de aquecimento radiante*, que aquece os pisos da edificação por meio de canos plásticos, instalados nos pisos, através dos quais circula água quente (Figura 7.11). Os eletricistas são, geralmente, os últimos dos especialistas mecânicos e elétricos a completar sua instalação, porque seus fios são flexíveis e podem, normalmente, ser direcionados por volta dos canos e dutos sem dificuldade (Figura 7.12). Quando os encanadores, funileiros e eletricistas tiverem completado seus serviços pesados, que consistem em tudo, menos a instalação dos equipamentos hidráulicos, tomadas elétricas e registros e grelhas de ar, os inspetores do departamento local de obras passam a examinar cada um dos sistemas, para verificar o atendimento aos códigos elétrico, hidráulico e mecânico, assim como para assegurar que a moldura estrutural não tenha sido danificada durante a instalação desses componentes.

Uma vez que essas inspeções tenham sido concluídas, as ligações são feitas com as fontes externas de água, gás, eletricidade e serviços de comunicação, e a um sistema de esgotamento, seja a uma rede de esgotos, a uma fossa séptica ou a um sumidouro. O isolamento térmico e um retardador de vapor são adicionados a forros e paredes externas.

Nesse momento, começa uma nova fase da construção: as operações de acabamento interno, durante as quais o interior da edificação passa por uma sucessão de radicais transformações. O elaborado emaranhado de membros de molduras, dutos, canos, fios e isolantes térmicos rapidamente desaparece, por trás dos materiais de revestimento de paredes e forros. A marcenaria interna – portas, acabamentos de escadas, vedações, armários, prateleiras, interiores de *closets* e guarnições de portas e janelas – é instalada. Os materiais de revestimento de pisos são instalados o mais tarde possível no processo, para protegê-los dos danos da passagem dos exércitos de trabalhadores, e os carpinteiros seguem logo depois dos instaladores de piso, para adicionar os rodapés, que cobrem os últimos dos cantos não acabados da construção.

Finalmente, o edifício recebe os pintores, que vedam, aplicam pinturas, tintas, envernizam e revestem com papel de parede as suas superfícies internas. Os encanadores, eletricistas e funileiros fazem aparições breves, nos calcanhares dos pintores, para instalar os equipamentos hidráulicos; as tomadas elétricas, interruptores e luminárias; as grelhas de ar e os registros. Por fim, depois de uma rodada final de inspeções e de uma rodada de última hora de reparos e correções para solucionar defeitos recorrentes, o edifício está pronto para ocupação.

Capítulo 7 Acabamentos Internos para Construções com Moldura Estrutural Leve em Madeira 257

Figura 7.1
Sistemas metálicos de exaustão, isolados termicamente, em geral são mais econômicos do que chaminés em alvenaria (mostrado aqui) para caldeiras, *boilers*, aquecedores de água, lareiras e fornalhas com combustível sólido. *(Foto cortesia de Selkirk Metalbestos)*

Figura 7.2
Um pedreiro coloca uma seção de revestimento cerâmico, em uma saída de exaustão, em uma chaminé. A saída grande é para uma lareira e as outras três saídas menores são para uma caldeira e duas fornalhas à lenha. *(Foto por Edward Allen)*

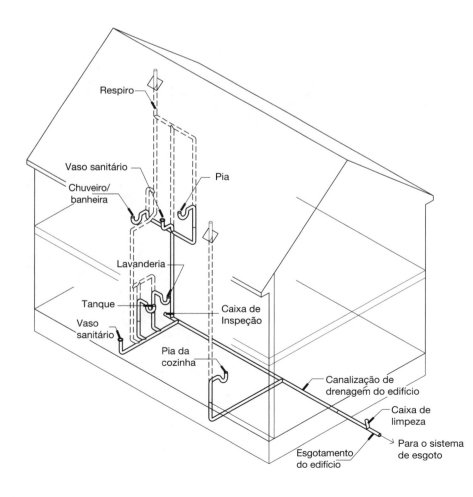

Figura 7.3
Um típico sistema residencial de esgotamento de resíduos líquidos. Todos os equipamentos escoam para a canalização de drenagem do edifício, por meio de derivações inclinadas ou verticais. A linha de esgotos é ventilada para o exterior, junto a cada instalação, por uma rede de canos exaustores, mostrada com linhas pontilhadas.

258 Fundamentos de Engenharia de Edificações: Materiais e Métodos

Figura 7.4
Um típico sistema residencial de abastecimento de água. A água ingressa na casa por uma linha enterrada e se ramifica em dois conjuntos paralelos de linhas de distribuição: um é para água fria; o outro passa pelo aquecedor de água e fornece água quente.

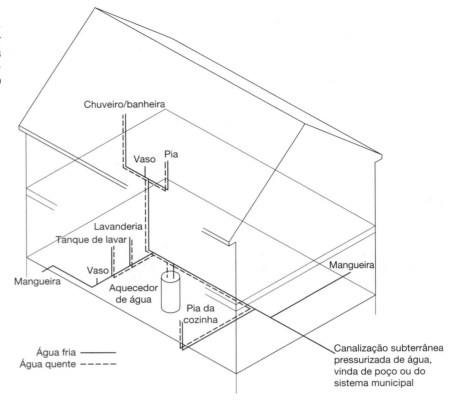

Figura 7.5
No forro do porão, o encanador instala primeiro os tubos plásticos de esgotamento, para garantir que eles estejam devidamente inclinados para o ralo. As canalizações de abastecimento em cobre, para água quente e fria, são instalados em seguida. *(Foto por Edward Allen)*

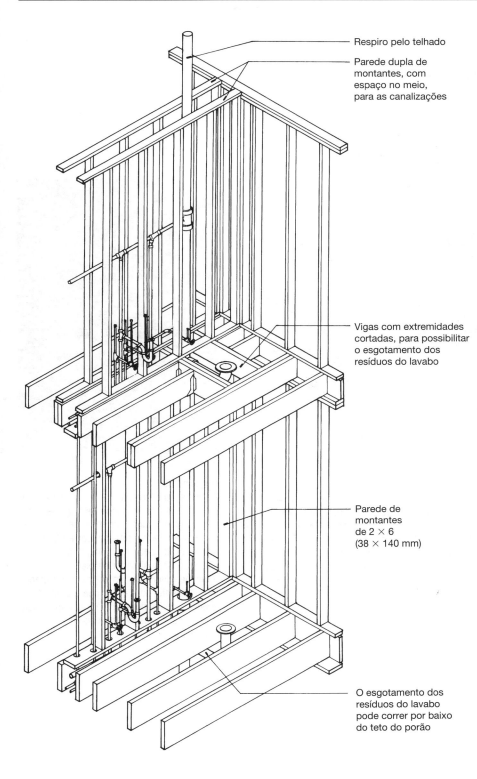

Figura 7.6
O trabalho do encanador é mais fácil e menos caro se a edificação for projetada para acomodar facilmente os encanamentos. A disposição "empilhada", mostrada aqui, na qual um banheiro, no segundo andar, e uma cozinha e um banheiro, dispostas um de costas para o outro, no primeiro piso, dividem os mesmos tubos de queda verticais, é econômica e fácil de embutir, comparada com os encanamentos que não se alinham verticalmente de um piso para o próximo. A moldura estrutural, em parede dupla, no segundo andar, permite bastante espaço para o esgotamento, respiro e canalizações de abastecimento. As vigas do segundo piso estão posicionadas para proporcionar uma abertura pela qual os canos possam passar, na base da parede dupla, e as vigas sob o banheiro (vaso) são cortadas para abrigar a sua tubulação de esgotamento. O primeiro piso mostra um tipo alternativo de emolduramento estrutural de parede, utilizando uma camada única de montantes mais largos, os quais devem ser perfurados para permitir a passagem de linhas horizontais de canos.

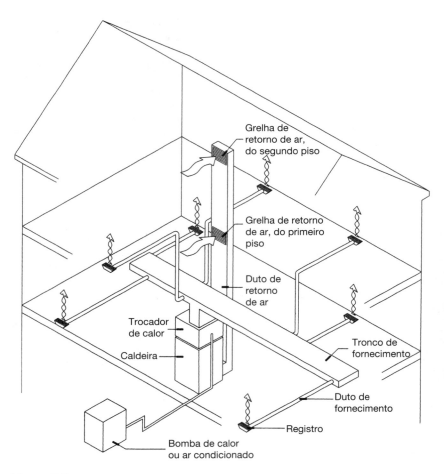

Figura 7.7
Um sistema de injeção de ar, em um edifício de dois pavimentos com um porão. A caldeira está no porão. Ela queima gás ou óleo ou se vale de aquecimento com resistência elétrica para aquecer um trocador de calor, que gera ar aquecido. Ele sopra o ar aquecido pelos dutos de chapas metálicas em direção a registros no piso, próximos às paredes externas. O ar retorna à caldeira por um duto de retorno de ar, posicionado de maneira centralizada e que possui uma grelha de retorno de ar, próximo ao forro de cada pavimento. Com a adição de uma bomba de calor ou de um condicionador de ar, esse sistema pode distribuir ar frio e desumidificado durante os meses quentes.

Figura 7.8
A instalação dessa unidade de caldeira de ar quente e ar-condicionado está quase completa, necessitando apenas de conexões elétricas. O cano metálico, correndo diagonalmente, à esquerda, conduz os gases de exaustão do queimador de óleo para a chaminé de alvenaria. Os dutos são isolados termicamente, para evitar que a umidade se condense neles durante a estação fria e para evitar perdas excessivas de energia pelos dutos. *(Foto por Edward Allen)*

Capítulo 7 Acabamentos Internos para Construções com Moldura Estrutural Leve em Madeira 261

Figura 7.9
Dutos e fiação elétrica estão convenientemente instalados pelas aberturas, nestas treliças de sustentação de piso, tornando fácil a aplicação de um forro de acabamento, se desejado. A peça de 2 × 6, que corre pelas das treliças, no centro da fotografia, é um membro de ligação, que impede que as treliças se deformem. *(Cortesia de Trus Joist Corporation)*

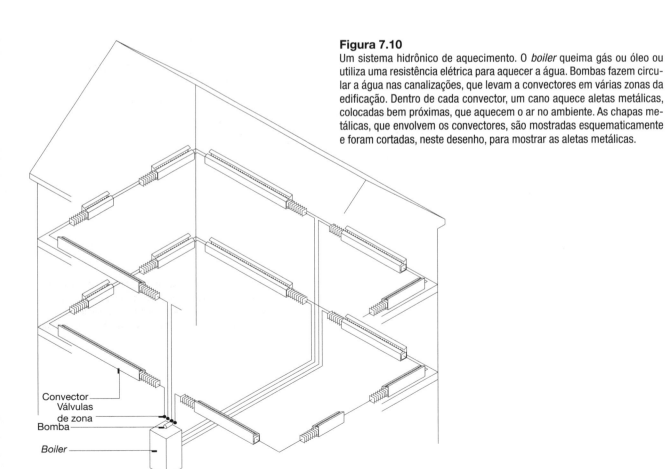

Figura 7.10
Um sistema hidrônico de aquecimento. O *boiler* queima gás ou óleo ou utiliza uma resistência elétrica para aquecer a água. Bombas fazem circular a água nas canalizações, que levam a convectores em várias zonas da edificação. Dentro de cada convector, um cano aquece aletas metálicas, colocadas bem próximas, que aquecem o ar no ambiente. As chapas metálicas, que envolvem os convectores, são mostradas esquematicamente e foram cortadas, neste desenho, para mostrar as aletas metálicas.

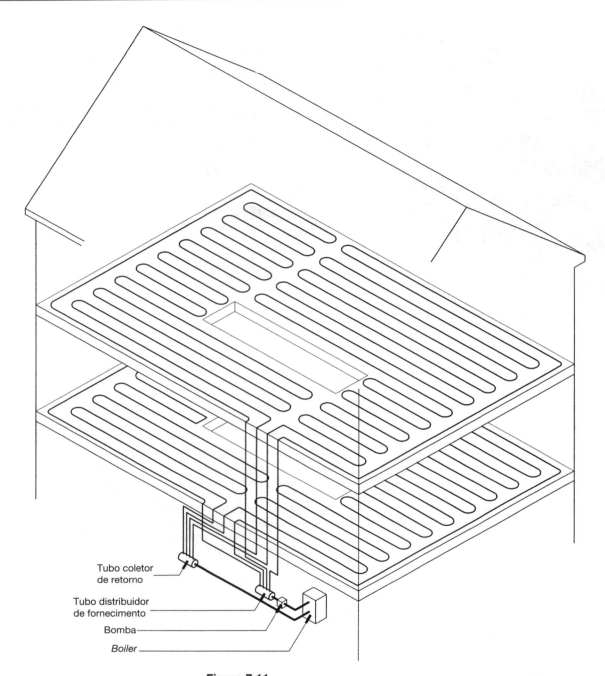

Figura 7.11
O sistema de aquecimento radiante, neste edifício de dois pavimentos, distribui o calor através de tubos hidrônicos que aquecem os pisos. Há quatro zonas, duas no andar de cima e duas no andar de baixo. A água é aquecida em um *boiler* e bombeada por meio de um tubo distribuidor, onde válvulas, controladas por termostato, regulam o fluxo de água para cada uma das zonas.

Figura 7.12
O eletricista começa o seu trabalho pregando caixas plásticas para equipamentos à moldura da edificação, nos pontos mostrados na planta de eletricidade. Então, são feitos furos através da moldura, e o cabo com revestimento plástico, que abriga dois condutores isolados de cobre e um fio terra não isolado, é puxado pelos furos para dentro das caixas, onde ele é fixado por grampos isolados, presos na madeira. Após os materiais da parede interna estarem adequadamente posicionados, os eletricistas retornam para conectar as tomadas, luminárias e interruptores aos cabos e caixas e para aplicar placas de fechamento para finalizar a instalação. *(Foto por Edward Allen)*

COMPLETANDO A ENVOLTÓRIA DA EDIFICAÇÃO

As paredes, os telhados e outras superfícies de uma edificação, que separam o interior do exterior, podem ser chamadas de *envelope térmico*, *envelope da edificação* ou *envoltória da edificação*. A envoltória da edificação controla o fluxo de calor, ar e umidade entre o interior e o exterior de uma edificação. Montagens de envoltórias, bem projetadas e cuidadosamente construídas, ajudam a manter uma edificação mais fresca no verão e mais aquecida no inverno, retardando a passagem de calor pelas superfícies exteriores da edificação. Elas ajudam a manter os ocupantes de um edifício mais confortáveis, moderando as temperaturas das superfícies internas da edificação e reduzindo as infiltrações convectivas de ar. Elas também reduzem o consumo de energia da edificação com aquecimento e resfriamento para uma fração do que aconteceria de outra forma. E elas impedem o acúmulo prejudicial de condensação dentro das paredes externas, telhados e outras partes da envoltória da edificação.

Isolando termicamente a estrutura da edificação

Materiais de isolamento térmico resistem à condução de calor. *Isolamento térmico* é adicionado a praticamente todas as construções para limitar a perda de calor no inverno e reduzir as cargas de refrigeração no verão. A resistência de um material à condução de calor é medida como *resistência térmica*, abreviada como *valor-R*, ou, em unidades métricas, como *valor-RSI* (ou, em muitos casos, simplesmente como valor-R). Um material com maior resistência térmica é melhor isolante do que um com menor valor. A Figura 7.13 lista os tipos mais importantes de materiais para isolamento térmico, usados nas edificações com molduras estruturais leves em madeira, e fornece algumas de suas características. As *mantas de fibra de vidro* são o tipo mais popular de isolamento térmico para uso em construções com molduras estruturais leves em madeira, mas todos os materiais listados possuem utilidade. Exemplos da aplicação de alguns desses materiais são mostrados nas Figuras 6.30 e 7.14-7.16. Para uma discussão mais aprofundada do papel do isolamento térmico nos edifícios, veja as páginas 658-662.

Tipo	Materiais	Método de instalação	Valor-R[a]	Combustibilidade	Vantagens e desvantagens
Placa ou manta	Lã de vidro; lã de rocha	A placa ou a manta são instaladas entre os elementos da moldura estrutural e são fixadas no lugar, ou por fricção, ou por uma face grampeada à moldura.	3,2-3,7 *22-26*	A lã de vidro ou de rocha são incombustíveis, mas seus revestimentos em papel são combustíveis.	Custo baixo, valor-R relativamente alto, fácil de instalar
Placa de alta densidade	Lã de vidro	O mesmo que acima.	4,3 *30*	O mesmo que acima	O mesmo que acima
Preenchimento solto	Lã de vidro; lã de rocha	O preenchimento é injetado nos assoalhos do sótão ou nas camadas de ar das paredes duplas por orifícios perfurados no revestimento.	2,5-3,5 *17-24*	Não combustível	Bom para isolamento em retrofits em edifícios antigos. Pode sedimentar e acumular um pouco em paredes.
Fibras soltas com aglomerante	Celulose tratada; lã de vidro	À medida que o material de preenchimento é injetado, por meio de um bocal, um borrifador de água ativa um aglomerante, que adere o isolante no lugar e previne a sedimentação.	3,1-4,0 *22-28*	Não combustível	Custo baixo, valor-R relativamente alto
Aplicação, na forma de espuma, no local	Poliuretano	A espuma é misturada com dois componentes e espargida ou injetada no lugar, onde ela adere às superfícies circundantes.	5-7 *35-49*	Combustível, libera gases tóxicos quando queimado	Alto valor-R, custo alto, veda contra passagem de ar, impermeável ao vapor
Aplicação, na forma de espuma, no local	*Polyicynene*	Dois componentes são espargidos ou injetados no lugar, onde eles reagem quimicamente e aderem às superfícies circundantes.	3,6-4,0 *25-28*	Resistente à ignição, combustível, autoextinguível	Alto valor-R, veda contra passagem de ar, permeável ao vapor
Placa rígida	Espuma de poliestireno expandido (EPS)	As placas são aplicadas sobre a moldura da parede, nos assoalhos, ao redor de fundações e sob lajes de concreto, no solo.	3,6-4,2 *25-29*	Combustível, mas autoextinguível na maioria das formulações	Alto valor-R, baixa permeabilidade ao vapor; pode ser usado em contato com a terra, custo moderado
Placa rígida	Espuma de poliestireno extrudado (XPS)	Igual	5 *35*	O mesmo que acima	O mesmo que o EPS, mas com maior resistência à compressão e menor absorção de umidade
Placa rígida	Espuma de poliisocianureto	Principalmente utilizada como isolamento de cobertura, aplicada sobre o forro. Também utilizada como isolamento de parede.	5,6-6 *39-42*	Combustível, libera gases tóxicos quando queimada	Alto valor-R, alto custo
Placa rígida	Fibra mineral	Igual	4 *28*	Não combustível	Custo moderado, permeável ao vapor
Placa rígida	Fibra de celulose (de madeira ou vegetal)	Igual	2,8 *19*	Combustível	Custo moderado, permeável ao vapor

[a] Os valores-R são por espessura de unidade, expressos, primeiro, em unidades inglesas de ft^2-hr-°F/Btu-in, e segundo, em unidades métricas (em itálico) de mK/W.

Figura 7.13
Materiais isolantes térmicos comumente usados em edificações com moldura estrutural leve em madeira. Os valores-R oferecem um meio direto de comparar a relativa eficácia das diferentes opções. Para mais informações sobre placas rígidas de isolamento, comumente usadas em baixa declividade, ver Figura 16.10.

Capítulo 7 Acabamentos Internos para Construções com Moldura Estrutural Leve em Madeira

(a)

(b)

(c)

(e)

(d)

Figura 7.14
(a) Instalando um retardador de vapor de polietileno sobre isolamento térmico em placas de fibra de vidro utilizando um martelo grampeador, o qual crava um grampo quando atinge uma superfície sólida. As placas não são revestidas e ficam no lugar, entre os montantes, por fricção. (b) Grampeando placas revestidas entre as tesouras de cobertura. O valor-R do isolante está impresso no revestimento. (c) Colocando blocos não revestidos entre as vigas do telhado em um sótão. Espaçadores de ventilação devem ser usados nos beirais (ver Figura 6.6). (d) Trabalhando por baixo para isolar um piso acima de um porão baixo. Os blocos, nesse tipo de isolamento, são, normalmente, mantidos na posição por pedaços de arame rígido, cortados um pouco maiores do que a distância entre as vigas e colocados a intervalos frequentes, abaixo do isolante. (e) Isolando as paredes do porão baixo com blocos de isolante suspensos da soleira. O espaço superior, entre os apoios das vigas, já foi isolado (ver também Figura 5.8). *(Cortesia da Owens-Corning Fiberglas Corporation)*

Figura 7.15
(a) Borrifando uma espuma de *polyicynene* de baixa densidade para isolamento térmico entre os montantes de uma construção com moldura estrutural leve em madeira. No momento da aspersão, os componentes são líquidos densos, mas eles reagem imediatamente entre si para produzir uma espuma de baixa densidade, conforme ocorrido na base da camada de ar. A espuma, na camada de ar da direita, já foi aparada rente aos montantes. (b) Aparando o excesso de espuma com uma serra elétrica especial. *(Cortesia de Icynene, Inc., Toronto, Canadá)*

Aumentando os níveis de isolamento térmico

Uma parede emoldurada com montantes de 2 × 4 (38 × 89 mm) e preenchida com isolamento térmico em placas de fibra de vidro pode alcançar uma resistência térmica de, aproximadamente, R-13 a R-15 (RSI-90 a 104). De acordo com os padrões do código de energia norte-americano, isso é adequado para um edifício residencial nas porções meridionais dos Estados Unidos e Havaí, mas não é suficiente para regiões mais frias. Para atingir um valor maior de isolamento térmico, o projetista pode aumentar a espessura do isolamento ou utilizar um material isolante que tenha um valor-R mais alto para uma mesma espessura. A Figura 7.17 mostra duas soluções comumente empregadas, cada uma atingindo um valor de isolamento de R-19 (RSI-132) ou maior. A Figura 7.20 ilustra duas possíveis abordagens para se atingir níveis de isolamento ainda maiores em paredes. Espuma borrifada ou materiais de espuma rígida também podem ser usados, aproveitando o relativamen-

Capítulo 7 Acabamentos Internos para Construções com Moldura Estrutural Leve em Madeira 267

Figura 7.16
Borrifando isolante térmico feito de fibra de vidro, em forma solta, em um forro abaixo de um sótão. Um retardador de vapor foi instalado na parte de baixo das vigas e, em seguida, um forro de gesso, que apoia o isolamento. Espaçadores de ventilação foram instalados nos beirais, para evitar que o isolamento térmico bloqueie os respiros dos beirais. *(Cortesia da Owens-Corning Fiberglas Corporation)*

te alto valor-R, por espessura, desses materiais, e, no caso da espuma borrifada, sua habilidade de também reduzir a infiltração de ar.

As Figuras 7.18 e 7.19 ilustram métodos de redução da *ponte térmica* nos cantos e nas vergas, sobre portas e janelas. A ponte térmica ocorre onde os membros da moldura estrutural interrompem a camada de isolamento térmico, criando áreas de parede com uma menor resistência térmica do que as áreas circunvizinhas e reduzindo a eficiência de isolamento da parede como um todo. O uso de técnicas avançadas de execução de molduras (Figura 5.64) ou de revestimentos isolantes (Figura 7.17, à direita) são exemplos de outras abordagens para redução de pontes térmicas em estruturas de paredes.

O nível de isolamento térmico também poderá diminuir, onde o isolamento de forro, abaixo de um telhado inclinado, necessite ficar restrito, de certa forma, ao espaço reduzido entre o revestimento do telhado e o topo da parede externa. Isso pode ser observado nas Figuras 7.17 e 7.20. Uma tesoura de canto treliçado, em um telhado (Figura 7.21), é uma maneira de resolver esse problema.

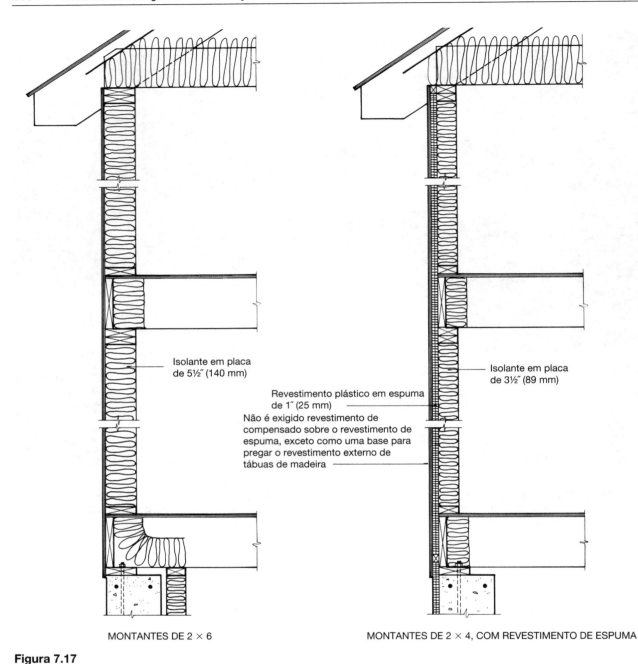

Figura 7.17
Os níveis de isolamento térmico em paredes de construções com molduras estruturais leves podem ser aumentados dos R-13 a R-15 (RSI-90 a RSI-104) de uma parede com montantes de 2 × 4, para R-19 (RSI-132) ou mais, usando tanto uma moldura de 2 × 6 e isolamento mais espesso em placas (*esquerda*) como uma moldura de 2 × 4 com revestimento de espuma plástica, em associação com isolamento em placas (*direita*). O revestimento de espuma isola os membros da moldura estrutural em madeira, assim como as cavidades entre eles, mas pode complicar o processo de instalação de alguns tipos de revestimento externo.

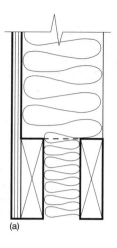
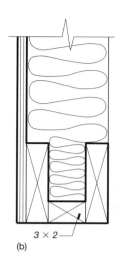

Figura 7.18
Vergas de janela e porta, em uma moldura de 2 × 6, exigem detalhamento especial. Dois detalhes alternativos para vergas são mostrados aqui, em corte: (a) Os membros da verga estão instalados rentes às superfícies internas e externas dos montantes, com um espaço isolado termicamente entre eles. Este detalhe é termicamente eficiente, mas pode não fornecer superfície de fixação suficiente para os materiais de acabamento interno em torno da janela. (b) Um espaçador de 3 × 2 fornece ampla superfície de fixação em torno da abertura.

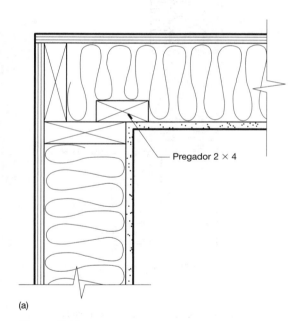
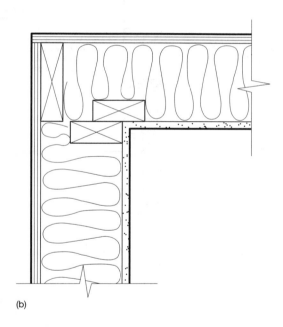

Figura 7.19
Dois detalhes alternativos de pilares de canto para paredes com montantes de 2 × 6, mostrados em planta: (a) Cada moldura de parede termina com um montante inteiro, de 2 × 6, e um pregador de 2 × 4 é adicionado para receber os conectores do acabamento interno das paredes. (b) Para uma máxima eficiência térmica, uma parede termina com um montante de 2 × 4, rente à superfície interna, o que elimina qualquer ponte térmica pelos montantes.

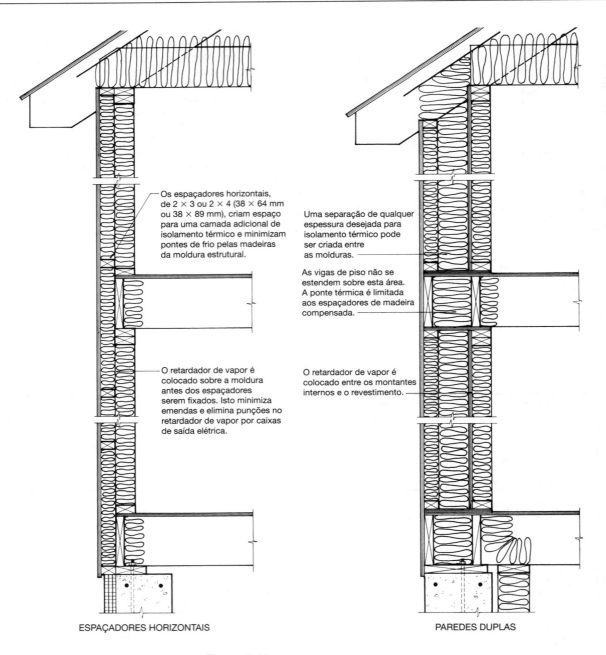

Figura 7.20
Com os dois métodos de emolduração mostrados aqui, as paredes podem ser isoladas em qualquer nível desejado de resistência térmica.

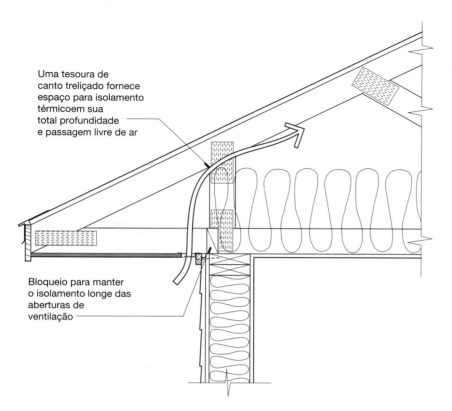

Figura 7.21
Uma tesoura de canto treliçado para telhado fornece bastante espaço para o isolamento térmico do sótão, junto ao beiral.

Barreiras à radiação

Em regiões mais quentes, as *barreiras à radiação* podem ser usadas em coberturas e paredes para reduzir o fluxo de calor de origem solar para dentro da edificação. Elas são feitas de folhas finas ou de painéis cobertos com uma folha de metal brilhante que bloqueiam a transmissão da radiação infravermelha (calor). A maioria dos tipos de barreiras à radiação é feita para ser instalada sobre os banzos superiores ou montantes e abaixo do revestimento, e deve, portanto, ser instalada durante a montagem da moldura estrutural da edificação. Elas são eficazes apenas se a superfície brilhante da barreira estiver voltada para um espaço de ar ventilado; isso permite que a superfície reflexiva funcione adequadamente e possibilita a remoção convectiva do calor solar que tenha passado pelo revestimento mais externo da edificação. Alguns painéis de barreira à radiação são configurados com dobras, que proporcionam esse espaço de ar automaticamente. As barreiras à radiação são utilizadas em conjunto com materiais convencionais de isolamento térmico para atingir o desempenho térmico global desejado.

Retardadores de vapor

Um *retardador de vapor* (chamado com frequência, porém com menos precisão, de *barreira de vapor*) é uma membrana de folha metálica, plástica, de papel tratado ou de pintura seladora, colocada no lado quente do isolamento térmico para evitar que o vapor d'água penetre no isolante e condense em forma líquida. A função de um retardador de vapor é explicada em detalhes nas páginas 658-661. Seu papel aumenta de importância em climas mais frios, na medida em que aumentam os níveis de isolamento térmico, e para espaços internos, como piscinas ou termas, com altos níveis de umidade.

Muitos materiais de isolamento em placas são providos de uma camada retardadora de vapor, já fixada, com papel tratado ou papel alumínio. A maioria dos projetistas e construtores em climas frios, entretanto, prefere utilizar placas não revestidas de isolamento e aplicar uma folha separada de retardador de vapor em polietileno, porque o retardador de vapor fixado nas placas possui uma emenda a cada montante, que pode deixar vazar significativas quantidades de ar e vapor, enquanto a folha aplicada separadamente possui menos emendas.

Barreiras ao ar

As *barreiras ao ar* controlam a infiltração de ar pela envoltória da edificação. Elas reduzem significativamente o consumo de energia da edificação e ajudam a proteger o conjunto da envoltória da condensação de umidade ao restringir a infiltração de ar úmido. O papel da barreira ao ar na envoltória da edificação é discutido com mais detalhe nas páginas 800-803.

Housewraps aplicadas sobre o revestimento externo, discutidas na página 222, são uma maneira comum de incorporar uma barreira ao ar em edifícios com moldura estrutural leve em madeira. Ou, ainda, quando o recobrimento plástico, usado como retardador de vapor, é cuidadosamente vedado contra vazamento de ar, ele também pode funcionar como uma barreira ao ar. Outro método, chamado de *sistema de parede seca estanque* (*airtight drywall approach* – *ADA*), conta com

Figura 7.22
Um sistema de barreira ao ar deve formar uma fronteira hermética contínua entre o interior e o exterior da edificação. No método ADA, o sistema de barreira ao ar é construído com painéis de gesso acartonado, membros da moldura estrutural em madeira e a parede de fundação em concreto (os elementos sombreados na figura). Fitas e calafetantes (veja a ampliação) são usados para vedar os caminhos de infiltração entre esses componentes.

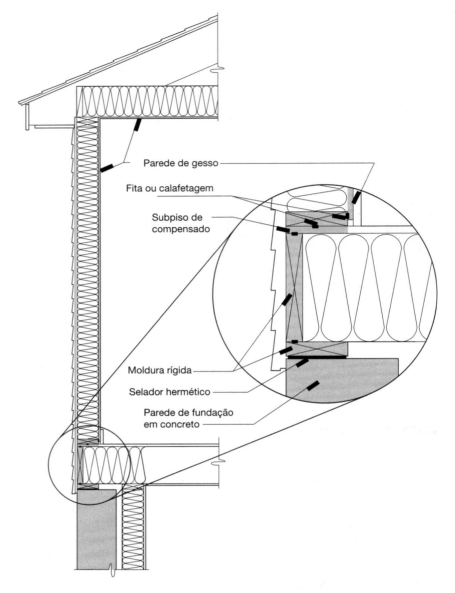

painéis de gesso acartonado (*drywall*), usados no acabamento de paredes e forros internos, a fim de criar a barreira ao ar. Neste método, é dada atenção meticulosa à vedação das juntas entre esses painéis e os membros de moldura, de modo a criar uma fronteira impermeável ao ar, contínua ao redor dos espaços internos condicionados (Figura 7.22). O sistema ADA requer atenção para os detalhes da construção: caminhos de potenciais infiltrações de ar, em torno das bordas dos painéis de gesso e entre membros contíguos da moldura, devem ser vedados com gaxetas de fita de espuma compressível ou selantes de juntas durante a instalação desses membros; a placa de gesso é aplicada a todas as superfícies internas das paredes externas antes de as divisórias internas serem emolduradas, eliminando potenciais infiltrações de ar, onde essas divisórias se juntam com as paredes externas; e gaxetas, vedantes ou caixas herméticas especiais são usadas para vedar infiltrações de ar em torno das saídas elétricas e outras perfurações.

O sistema ADA exige atenção à vedação das juntas durante a construção da moldura estrutural do edifício e a instalação da parede seca (*drywall*). Um sistema relacionado, denominado *calafetagem e vedação simples*, conta com a aplicação estratégica de vedantes de juntas, depois de terminadas a emolduração e a colocação das paredes secas, para atingir praticamente o mesmo resultado do sistema ADA. A calafetagem e a vedação simples são mais fáceis de coordenar, porque a vedação da junta acontece separadamente do trabalho de outros especialistas. Entretanto, ela pode ser menos bem sucedida na eliminação de caminhos de infiltração de ar, que se tornam ocultos e inacessíveis antes do trabalho de vedação ser executado.

A crescente preocupação em controlar infiltrações de ar pela envoltória da edificação também levou a padrões mais elevados de construção de janelas e portas e a um maior cuidado na vedação ao redor de saídas elétricas externas e outras perfurações da parede externa.

Ventilação e infiltração de ar

A redução do fluxo de calor e de ar pela envoltória da edificação reduz o consumo de energia. Entretanto, casas ou apartamentos hermeticamente construídos podem trocar tão pouco ar com o exterior que, se eles não forem adequadamente ventilados, a umidade interna, os odores e os poluentes químicos podem crescer a níveis intoleráveis ou insalubres. Abrir uma janela para ventilar uma habitação é uma maneira de introduzir ar fresco, mas durante as estações frias ou quentes, isso desperdiça energia. Uma melhor solução seria um sistema de ventilação mecânica, projetado para fornecer ar fresco para os espaços internos a uma taxa constante e controlada. Tal sistema de ventilação pode estar integrado com um sistema forçado de aquecimento ou resfriamento de ar, ou pode ser dedicado exclusivamente a satisfazer as necessidades de ventilação. Para maior eficiência energética, um *trocador de calor ar-ar* (*air-to-air*) – um dispositivo que recupera a maior parte do calor do ar retirado do edifício e o adiciona ao ar externo que é trazido para dentro – pode ser parte de tal sistema. Edificações não residenciais com moldura estrutural leve em madeira geralmente exigem maiores taxas de ventilação do que estruturas residenciais e, nesse caso, construções de baixas taxas de infiltração e sistemas de ventilação adequadamente projetados também são importantes para manter um ambiente interno saudável e confortável, ao mesmo tempo em que se reduzem os custos de aquecimento e refrigeração.

ACABAMENTOS PARA PAREDES E FORROS

Rebocos e acabamentos para paredes *drywall*, à base de gesso, sempre foram os mais populares para paredes e forros em edifícios com moldura estrutural em madeira. Suas vantagens incluem custos de instalação substancialmente mais baixos do que qualquer outro tipo de acabamento; adaptabilidade, tanto a pinturas como a papel de parede e, o que é importante, um grau de resistência ao fogo que oferece considerável proteção à estrutura combustível. O *reboco de gesso de três camadas*, aplicado sobre *ripado de madeira*, era o sistema prevalecente de acabamento para paredes e forros até a Segunda Guerra Mundial, quando a *placa de gesso* (também chamada *parede seca* ou *drywall*) passou a ter uso crescente, em função de seu baixo custo de material, mais rápida instalação e utilização de mão de obra menos especializada. Mais recentemente, foram desenvolvidos sistemas de *revestimento laminado,* que oferecem superfícies de qualidade e durabilidade superiores às da placa de gesso, geralmente a preços comparáveis.

Acabamentos em reboco, revestimento laminado e placas de gesso são apresentados em detalhe no Capítulo 23. As placas de gesso permanecem como o material favorito de pequenos construtores, que fazem, eles mesmos, todo o trabalho de acabamento interno em uma construção. Isso acontece porque a habilidade e as ferramentas exigidas estão, em sua maioria, mais relacionadas àquelas de carpintaria do que as exigidas para revestimento. Em áreas geográficas onde existe bastante mão de obra especializada para revestimento, o revestimento laminado capta uma parcela substancial do mercado. Em quase todo lugar na América do Norte, existem subempreiteiros que se especializam em acabamento e instalação de placas de gesso, e que conseguem dar acabamento a superfícies internas de projetos maiores, como edifícios de apartamentos, lojas de varejo e edifícios de salas para alugar, assim como a casas individuais, a preços altamente competitivos.

Na maior parte dos edifícios pequenos, todas as superfícies de paredes e forros são cobertas com reboco ou placa de gesso. Até mesmo painéis de madeira devem ser aplicados sobre uma camada de placa de gesso para maior resistência ao fogo. Em edifícios que requerem paredes corta-fogo entre unidades habitacionais, ou paredes resistentes ao fogo para separar áreas de diferentes usos, uma parede de placa de gesso, com o exigido grau de resistência ao fogo, pode ser instalada, eliminando a necessidade de empregar pedreiros para erguer uma parede em alvenaria de tijolos ou de concreto (Figuras 5.67 e 5.68).

USINAGEM E CARPINTARIA DE ACABAMENTO

A *marcenaria* ou *usinagem* (assim chamada porque é manufaturada em uma instalação de planejamento e moldagem) inclui todos os componentes de acabamento interno em madeira de uma edificação. A marcenaria é geralmente produzida a partir de uma madeira de muito maior qualidade do que a usada para a moldura estrutural: as madeiras macias usadas são aquelas com estrutura de grã fina e uniforme, com poucos defeitos, como o *Pinus lambertiana* e o *Pinus ponderosa*. Pisos, degraus de escadas e marcenaria destinados a acabamentos transparentes, como verniz ou goma-laca, normalmente são feitos de madeiras duras, como carvalho vermelho e branco, cerejeira, mogno ou nogueira, ou de compensados com madeiras duras de qualidade similar.

Guarnições e *arremates* também são produzidos com espumas plásticas de alta densidade, tábuas de tiras paralelas de madeira e placas de fibras de média densidade como uma forma de reduzir custos e minimizar contrações e dilatações provocadas pela umidade. Todos esses materiais devem ser pintados.

A qualidade do trabalho de marcenaria é regulada pelo Architectural Woodwork Institute (AWI), que define três categorias: econômica, personalizada e premium. Armários e marcenaria da categoria econômica representam a expectativa mínima de qualidade. A categoria personalizada fornece um grau bem definido de controle sobre a qualidade dos materiais, mão de obra e instalação, e é a categoria em que a maioria dos armários é construída. A categoria premium é a mais cara e é reservada para o trabalho de marcenaria mais fino.

DIMENSIONANDO LAREIRAS

Desde que as lareiras foram desenvolvidas pela primeira vez, na Idade Média, as pessoas têm buscado fórmulas para sua construção, a fim de garantir que a fumaça suba pela chaminé e seu calor vá para o ambiente, em vez do contrário, o que muitas vezes acontece. Até hoje, há pouca informação científica sobre como as lareiras funcionam e como projetá-las. O que temos são algumas medidas tiradas de lareiras que parecem funcionar razoavelmente bem. Estas foram correlacionadas e organizadas em uma tabela de dimensões (Figuras B e C), que permite a projetistas reproduzirem as características críticas dessas lareiras o mais próximo possível.

Vários princípios gerais são claros: a chaminé deve ser o mais alto possível. A área da seção ascendente da *chaminé* deve ser de, aproximadamente, um décimo da área da abertura frontal da lareira. Um *registro* deve ser instalado para fechar a chaminé quando não há queima e para regular a passagem de ar pela *câmara de combustão*, quando o fogo estiver aceso (Figura A). Uma *prateleira de fumaça*, acima do registro, reduz problemas de funcionamento da lareira causados por correntes frias de ar que descem pela chaminé. Laterais chanfradas e a parte de trás inclinada, na câmara de combustão, reduzem a fumaça e injetam mais calor no ambiente.

A partir desses princípios gerais, duas linhas de pensamento se desenvolveram a respeito de como uma lareira deveria ser configurada e quais deveriam ser suas proporções. A maioria das lareiras na América do Norte é construída de acordo com os padrões convencionais tabulados aqui. Muitos projetistas, no entanto, preferem as regras de construção de lareiras que foram formuladas pelo Conde Rumford, na década de 1790. Estas produzem uma lareira com uma abertura mais alta e uma câmara de combustão mais rasa do que a lareira convencional. A intenção do desenho de Rumford é alcançar uma maior eficiência, lançando mais calor radiante dos tijolos aquecidos pelo fogo, na parte de trás da câmara de combustão, sobre os ocupantes da edificação.

Os códigos de edificações colocam uma série de restrições na construção de lareiras e chaminés. Em geral, elas exigem uma separação de 2 polegadas (51 mm) entre a moldura estrutural em madeira e a alvenaria da chaminé ou da lareira, e o distanciamento dos materiais combustíveis de acabamento em torno da abertura da lareira, como mostrado na Figura B. Também especificados por código, estão a espessura mínima da alvenaria em torno da câmara de combustão e da seção da chaminé; o tamanho mínimo dessa seção; o prolongamento mínimo da chaminé acima do telhado; e a armadura em aço para a chaminé. Uma entrada de ar para combustão deve ser prevista para trazer ar do exterior para a base do fogo. Para pronta referência de proporções em lareiras, use os valores constantes nas Figuras B e C. Na maioria dos casos, o projetista não precisa detalhar a construção interna da lareira, além da informação dada nessas dimensões, porque os pedreiros são bem versados nos meandros de montar uma lareira.

Há uma série de alternativas à lareira convencional em alvenaria. Uma delas é um revestimento de lareira em aço ou cerâmica, que toma o lugar do revestimento em tijolo refratário, do registro e da câmara de fumaça. Muitos desses produtos possuem passagens internas, que retiram o ar do ambiente, aquecem-no com o calor do fogo e o devolvem ao ambiente. O revestimento é aplicado sobre a base da lareira e construído pelo pedreiro com um revestimento em alvenaria e de forma a constituir uma chaminé.

Outra alternativa é a lareira "pronta", uma unidade independente e isolada termicamente por completo, que não precisa de alvenaria. Em geral, é assentada diretamente sobre o subpiso e ajustada a uma chaminé, isolada termicamente, de tubulação metálica pré-fabricada. Ela pode ser revestida com qualquer material cerâmico ou em alvenaria. Muitas lareiras prontas são feitas para queimar gás, em vez de lenha.

Uma terceira alternativa é uma fornalha independente de metal, que queima lenha, carvão ou outro combustível sólido. As fornalhas estão disponíveis em centenas de estilos e tamanhos. Sua principal vantagem é que elas fornecem mais calor ao interior da edificação, por unidade de combustível queimado, do que uma lareira. Uma fornalha requer uma soleira não combustível e uma parede protegida do fogo que seja bastante grande em extensão. O projetista deveria consultar o código de edificações local em um estágio inicial de projeto para se assegurar de que o ambiente seja grande o suficiente para comportar uma fornalha com as dimensões desejadas.

Figura A
Uma vista em corte de uma lareira convencional. A alvenaria em concreto é usada onde quer que ela não apareça, para reduzir os custos com mão de obra e materiais; mas, se blocos vazados de concreto forem usados, eles devem ser preenchidos com graute. O registro e as portas de limpeza das cinzas são unidades pré-fabricadas em ferro fundido, assim como o é uma entrada de ar para combustão, na soleira (não mostrada aqui), que se conecta com um duto de chapa metálica a uma tomada de ar externo. Os revestimentos internos da chaminé são feitos de cerâmica refratária e são altamente resistentes ao calor. A chaminé da fornalha ou *boiler*, no porão, se inclina ao passar pela câmara de combustão para se juntar com a chaminé de exaustão da lareira e manter a chaminé o menor possível.

Capítulo 7 Acabamentos Internos para Construções com Moldura Estrutural Leve em Madeira

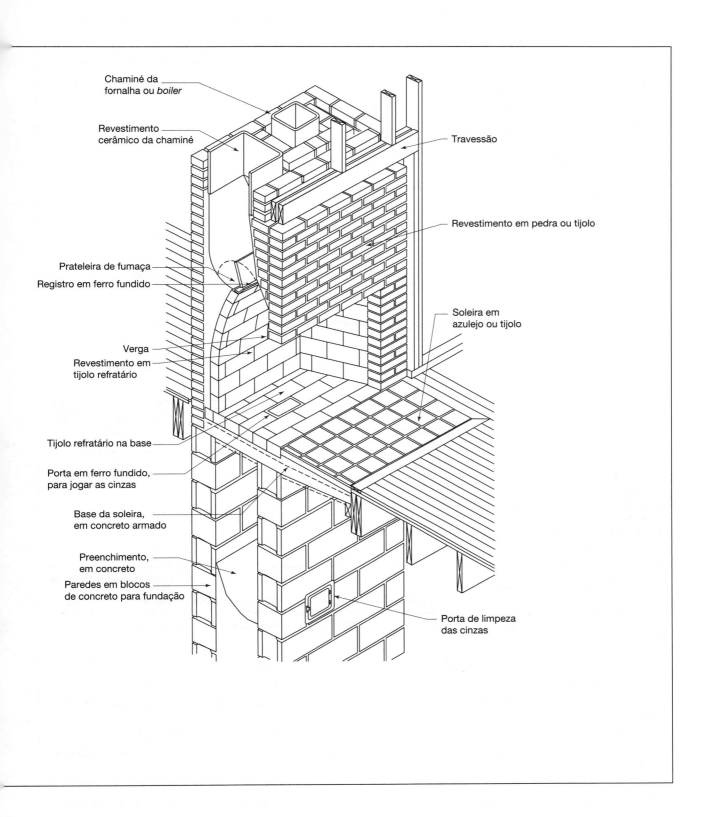

DIMENSIONANDO LAREIRAS (CONTINUAÇÃO)

Figura B
As dimensões críticas de uma lareira convencional em alvenaria, relacionadas à tabela da Figura C. A dimensão D exigida, a profundidade da soleira, é normalmente de 16 polegadas (405 mm), para lareiras com aberturas de até 6 pés² (0,56 m²), e 20 polegadas (510 mm), se a abertura for maior. A extensão lateral da soleira, E, é normalmente fixada em 8 polegadas (200 mm) para aberturas menores de lareiras, e 12 polegadas (305 mm) para as maiores.

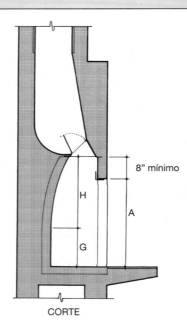
CORTE

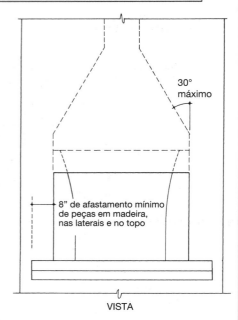
VISTA

Figura C
Dimensões recomendadas para lareiras convencionais em alvenaria, baseadas, principalmente, em dados apresentados no Ramsey/Sleeper, *Architectural Graphic Standards* (9th ed.), New York, John Wiley & Sons, Inc., 1994.

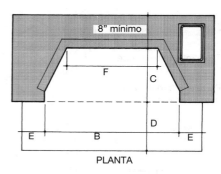
PLANTA

| Abertura da lareira |||| | | Revestimento da chaminé ||
Altura (A)	Largura (B)	Profundidade (C)	Largura mínima da parede de fundo (F)	Altura da parede vertical de fundo (G)	Altura da parede inclinada de fundo (H)	Retangular (dimensões externas)	Circular (diâmetro interno)
24" (610 mm)	28" (710 mm)	16 a 18" (405 a 455 mm)	14" (355 mm)	14" (355 mm)	16" (405 mm)	8½ × 13" (216 × 330 mm)	10" (254 mm)
28 a 30" (710 a 760 mm)	30 (760 mm)	16 a 18" (405 a 455 mm)	16" (405 mm)	14" (355 mm)	18" (455 mm)	8½ × 13" (216 × 330 mm)	10" (254 mm)
28 a 30" (710 a 760 mm)	36" (915 mm)	16 a 18" (405 a 455 mm)	22" (560 mm)	14" (355 mm)	18" (455 mm)	8½ × 13" (216 × 330 mm)	12" (305 mm)
28 a 30" (710 a 760 mm)	42" (1.065 mm)	16 a 18" (405 a 455 mm)	28" (710 mm)	14" (355 mm)	18" (455 mm)	13 × 13" (330 × 330 mm)	12" (305 mm)
32" (815 mm)	48" (1.220 mm)	18 a 20" (455 a 510 mm)	32" (815 mm)	14" (355 mm)	24" (610 mm)	13 × 13" (330 × 330 mm)	15" (381 mm)

Os trabalhos de marcenaria são fabricados e entregues no canteiro de obras com um conteúdo de umidade bastante baixo, normalmente em torno de 10%, e por isso é importante protegê-los da umidade antes e durante a instalação, para evitar inchaço e distorções. Com frequência, a umidade dentro da edificação é alta na conclusão do reboco ou na aplicação de placas de gesso. A madeira de emolduramento, o concreto, a argamassa da alvenaria, o reboco, a mistura para as juntas de paredes secas e a tinta ainda estão liberando grandes quantidades do excesso de umidade para o ar interno. O máximo possível dessa umidade deve ser ventilado para o exterior antes de a *carpintaria de acabamento* (instalação da marcenaria) começar. As janelas devem ser deixadas abertas por alguns dias e, em clima frio e úmido, o sistema de aquecimento da edificação deve ser ligado, para aumentar a temperatura do ar interno e ajudar na retirada do excesso de água. Em clima quente e úmido, o sistema de ar condicionado deve ser ativado para secar o ar.

Portas internas

A Figura 7.23 ilustra cinco portas, que se inserem em três categorias: com travamento Z, com painéis e lisa.

As *portas com travamento Z*, em sua maioria construídas no local, não são de uso frequente, porque são passíveis de distorções, e dilatação e contração significativas, devido à umidade na superfície maior das tábuas, cuja grã corre perpendicular à largura da porta. As *portas com painéis* foram desenvolvidas há séculos, para minimizar as mudanças e distorções dimensionais causadas pelas mudanças sazonais no conteúdo de umidade da madeira. Elas são amplamente disponíveis, na forma já pronta, nas lojas de marcenaria. As *portas lisas* são pranchas lisas, sem qualquer marca na superfície a não ser a grã da madeira. Elas podem ser de núcleo maciço ou ocas. As *portas de núcleo maciço* consistem em duas faces laminadas, coladas a um núcleo maciço de blocos de madeira ou a tiras de madeira coladas (Figura 7.24). Elas são muito mais pesadas, fortes e resistentes à passagem do som do que portas ocas, e também são mais caras. Em edifícios residenciais, o seu uso é normalmente restrito a portas de entrada, mas com frequência elas são instaladas por toda parte, em edifícios comerciais e institucionais, onde as portas estão sujeitas a maior abuso. As *portas ocas* possuem duas faces finas em madeira compensada, separadas por um espaço de ar. O espaço de ar é mantido por uma malha interna de espaçadores de madeira ou papelão, aos quais as lâminas são coladas. Portas lisas, de qualquer um dos tipos, estão disponíveis em uma variedade de espécies de lâminas; as mais baratas recebem acabamento com pintura.

Para rapidez e economia na instalação, a maioria das portas internas são fornecidas *no quadro*, ou seja, já estão com dobradiças e foram encaixadas em seus marcos na marcenaria. O carpinteiro, no local da obra, apenas encaixa a unidade de porta na abertura inacabada, nivela-a cuidadosamente, calça-a com pares de cunhas de madeira entre os batentes e prega-a aos montantes com pregos de acabamento pelos batentes (Figura 7.25). As *guarnições* são, então, pregadas em torno do quadro, em ambos os lados da parede, para fechar a folga irregular entre o quadro da porta e o acabamento da parede (Figura 7.26). Para poupar o trabalho de colocar guarnições, as unidades de porta também podem ser compradas com *batentes divididos*, o que permite que a porta seja guarnecida na marcenaria. No momento da instalação, cada unidade de porta é separada em duas metades, que são instaladas por lados opostos da parede, até se encaixarem, antes de serem pregadas no lugar (Figura 7.27).

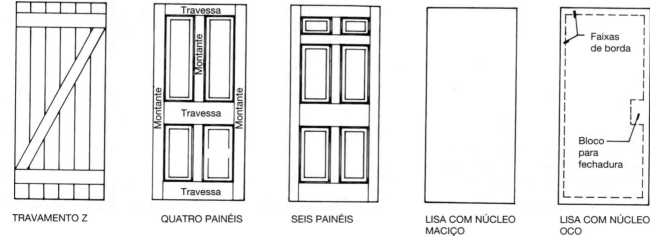

Figura 7.23
Tipos de portas em madeira.

Figura 7.24
Detalhes de borda de três tipos de porta em madeira. O painel é encaixado com folga aos montantes e travessas, em uma porta com *painéis*, para permitir dilatação da madeira por umidade. Os espaçadores e as faixas de bordas, nas portas ocas, possuem orifícios de ventilação, para equalizar as pressões de ar dentro e fora da porta.

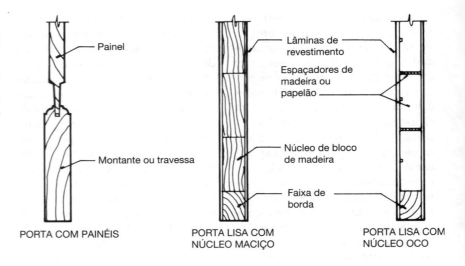

Figura 7.25
Instalando o quadro de uma porta em uma abertura inacabada. Cunhas de madeira são dispostas aos pares, a cada ponto de pregação, em direções opostas, a fim de criar um calço alinhado e precisamente ajustado para apoiar o quadro.

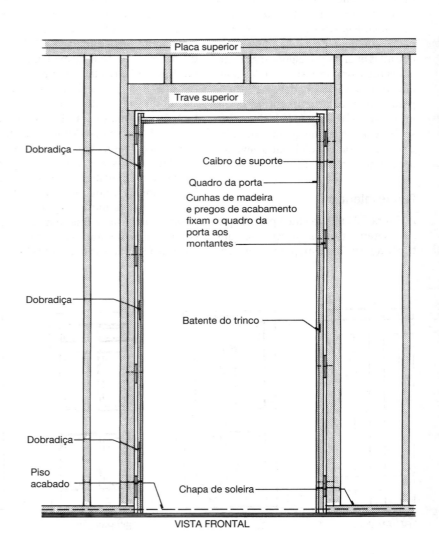

Guarnições de janelas e rodapés

As janelas são finalizadas da mesma maneira que as portas (Figuras 7.28 e 7.29). Depois que o piso de acabamento está na posição, os *rodapés* são instalados para cobrir a fenda entre o piso e a base da parede e para proteger a base da parede contra estragos provocados por pés, móveis e equipamentos de limpeza (Figuras 7.36K-N e 24.32).

Quando está instalando guarnições ou rodapés, o carpinteiro crava os pregos de acabamento até que suas cabeças fiquem levemente para dentro da superfície da madeira, usando, na forma tradicional, um martelo e um *perfurador* (uma peça de aço endurecido), ou uma pistola de pregos. Depois, os pintores irão preencher esses buracos de pregos com uma massa de preenchimento e lixar a superfície até deixá-la lisa, depois que a massa tiver secado, de maneira que os buracos ficarão invisíveis após a madeira ser pintada. Para acabamentos transparentes na madeira, normalmente os buracos de pregos são preenchidos depois de os acabamentos serem aplicados, usando massas de preenchimento à base de cera, as quais são fornecidas em uma gama de cores, para combinar com todas as espécies de madeira.

Os pregos em guarnições e rodapés precisam atravessar o reboco ou a placa de gesso para penetrar nos membros da moldura estrutural abaixo, a fim de fazer uma conexão segura. Pregos de acabamento ou pregos de guarnição, de 8p ou 10p, são geralmente utilizados.

Armários

Armários para cozinhas, banheiros, quartos, escritórios e outros espaços podem ser feitos tanto personalizados quanto em fábrica. *Armários personalizados* são feitos em marcenarias especializadas, de acordo com desenhos e especificações preparadas para cada

(a)

(b)

(c)

(d)

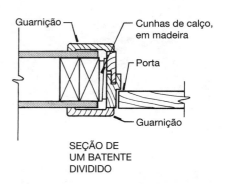

Figura 7.27
Uma porta interna com batente dividido chega ao canteiro de obras, já "no quadro" e com guarnições. As metades do quadro são separadas e instaladas por lados opostos da parede.

Figura 7.26
Instalando a guarnição em um quadro de porta. (a) As cabeças dos pregos de acabamento, no quadro, são pregadas para dentro da superfície da madeira com um conjunto de pregos de aço. (b) A peça superior da guarnição, chanfrada para se unir com as peças verticais, está pronta para ser instalada, e é espalhada cola na borda do quadro. (c) A guarnição superior é pregada em sua posição. (d) Os pregos são aprofundados para baixo da superfície da madeira, prontos para serem cobertos. *(Fotos por Joseph Iano)*

280 Fundamentos de Engenharia de Edificações: Materiais e Métodos

Figura 7.28
Instalando a guarnição de uma janela. (a) Marcando o comprimento da guarnição. (b) Cortando a guarnição no tamanho correto com uma serra de esquadria. (c) Pregando a guarnição. (d) Fazendo o arremate na ponta de uma borda arredondada de um acabamento inferior com uma serra de arco, para que o perfil moldado termine de forma bem acabada na extremidade do acabamento inferior. (e) Planejando a borda do acabamento inferior, o qual foi fatiado (serrado no comprimento, paralelamente à grã da madeira) de uma peça de guarnição mais espessa. (f) Passando cola no acabamento inferior. (g) Pregando o acabamento inferior, o qual foi calçado temporariamente com uma vareta. (h) A extremidade arredondada do acabamento inferior, colocado em seu lugar. (i) A janela com todas as guarnições, pronta para preenchimento, lixamento e pintura. *(Fotos por Joseph Iano)*

projeto. Assim como a carpintaria de qualidade, armários personalizados são construídos de acordo com especificações do AWI, em geral nas categorias premium ou personalizada. Menos caros, *armários pré-fabricados* são feitos em fábricas, em tamanhos e configurações padrão. Ambos os tipos de armário são, na maioria das vezes, entregues na construção, já acabados.

Nas especificações de projeto, os armários personalizados são especificados como *marcenaria arquitetônica*, e os armários feitos em fábricas são especificados como *marcenaria industrializada*.

No canteiro de obras, os armários são instalados com calços contra as superfícies de parede e piso, para deixá-los nivelados, conforme necessário, e aparafusados pela parede de fundo das unidades de armário aos montantes de sustentação das paredes (Figuras 7.30 e 7.31). Os cobrimentos são, então, aparafusados nos armários. Os *balcões* da cozinha e do banheiro são cortados, para que possam ser encaixadas as cubas das pias, instaladas, subsequentemente, pelo encanador.

Figura 7.29
Simples, mas detalhadas de forma cuidadosa e habilmente executadas, as guarnições de janelas em um restaurante. *(Woo & Williams, Architects. Fotógrafo: Richard Bonarrigo)*

Figura 7.30
Armários de cozinha, previamente pintados, instalados antes da colocação de prateleiras, gavetas, portas e balcões. *(Foto por Edward Allen)*

Figura 7.31
Armários projetados de forma personalizada avivam uma cozinha reformada em uma casa mais antiga. *(Arquitetos: Dirigo Design. Foto © Lucy Chen)*

Escadas acabadas

Escadas acabadas são construídas no local (Figuras 7.32 e 7.33) ou em marcenaria (Figuras 7.34 e 7.35). As escadas construídas em marcenaria tendem a ser mais firmes e a fazer menos barulho em uso, mas as escadas construídas no local podem ser encaixadas mais justas nas paredes e ser mais adaptáveis a situações especiais e a irregularidades na moldura. Os degraus de escada normalmente são feitos com madeiras duras, resistentes ao desgaste, como o carvalho ou o bordo. Os espelhos e as pranchas laterais podem ser feitos de qualquer madeira razoavelmente dura, como carvalho, bordo ou *pseudotsuga*.

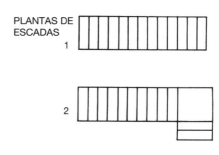
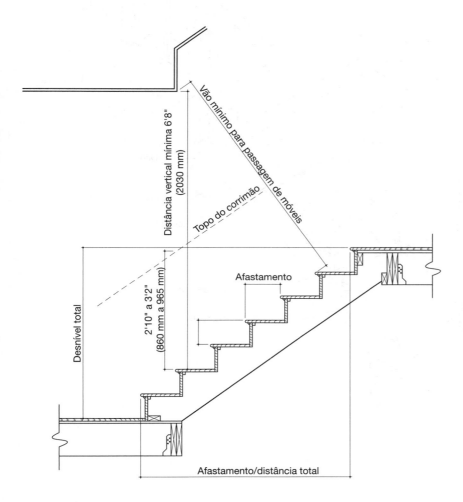
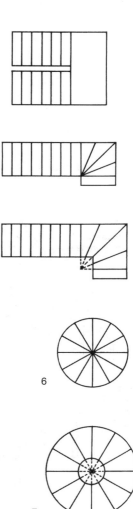

Figura 7.32
Esquerda: terminologia para escadas e espaçamentos, para construção residencial com moldura estrutural em madeira. Direita: tipos de escadas. 1. Lance simples. 2. Escada em L, com patamar. 3. Volta de 180°, com patamar. 4. Escada em L, com degraus em leque (degraus triangulares). Os leques ajudam a compactar uma escada em um espaço muito menor, mas são perigosamente íngremes nos pontos onde eles convergem, e os seus degraus se tornam muito estreitos no que tange a conforto e segurança. Os códigos de edificação limitam suas dimensões mínimas e restringem seu uso para unidades habitacionais. 5. Escada em L, cujos degraus em leque possuem um centro afastado de curvatura. O centro afastado pode aumentar as dimensões mínimas do degrau para dentro dos limites legais. 6. Uma escada em espiral (na verdade, em hélice, não em espiral) consiste inteiramente em degraus e é, em geral, ilegal para qualquer uso, a não ser como escada secundária em uma residência unifamiliar. 7. Uma escada circular ou em espiral, com um centro aberto, de diâmetro suficiente, pode ter seus degraus dimensionados dentro dos padrões legais.

284 Fundamentos de Engenharia de Edificações: Materiais e Métodos

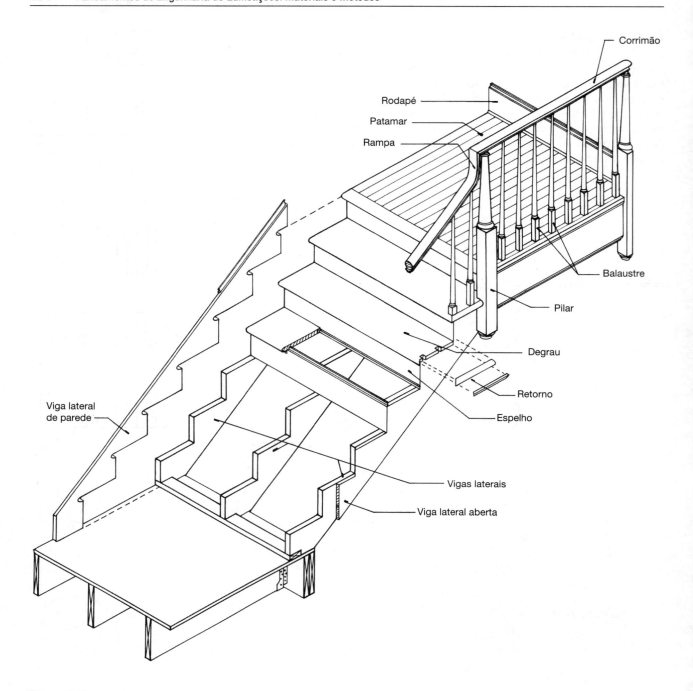

Figura 7.33
Construindo uma escada que é acabada no local. A junta entre o espelho e a viga lateral aberta é um quadro de madeira. Os balaustres, pilares e corrimãos são comprados prontos da marcenaria e cortados de modo a se encaixarem.

Capítulo 7   Acabamentos Internos para Construções com Moldura Estrutural Leve em Madeira   **285**

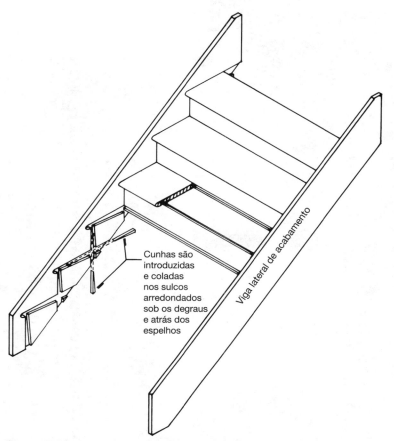

Figura 7.34
Uma escada construída em marcenaria. Todos os componentes são firmemente colados em marcenaria e a escada é instalada como uma peça única.

> Três aberturas são requeridas em caixas de escadas: a primeira é a porta pela qual alguém sobe a escada, que, quanto menos for escondida para aqueles que entram na casa, mais ela deve ser elogiada. E me agradaria muito se ela estivesse em um lugar em que, antes de alguém chegar até ela, a parte mais bonita da casa fosse vista; porque ela faz a casa (mesmo que pequena) parecer muito grande; porém, deixe-a evidente e fácil de achar. A segunda abertura é a das janelas, necessárias para dar luz aos degraus. Elas devem estar no meio, e altas, para que a luz possa se espalhar igualmente em todo o lugar. A terceira é a abertura pela qual alguém entra no andar superior; esta deve nos levar a lugares amplos, bonitos e adornados.
>
> Andrea Palladio, *The Four Books of Architecture*, 1570.

Acabamentos diversos em carpintaria

Carpinteiros de acabamento instalam dezenas de itens variados no edifício médio – balizas e prateleiras de *closets*, prateleiras de despensa, estantes de livros, painéis de madeira, frisos para cadeiras, frisos para quadros, rodatetos, cornijas, tanques de lavanderia, escadas dobráveis para sótão, escotilhas de acesso, equipamentos para portas, calafetagens, batentes de portas e acessórios de banho (suportes de toalha, papeleiras e assim por diante). Muitos desses itens estão disponíveis prontos, em marcenarias e lojas de equipamentos (Figuras 7.36 e 7.37), mas outros precisam ser feitos pelo carpinteiro.

(a) (b)

Figura 7.35
(a) Um operário finaliza uma escada curva, altamente personalizada, em uma loja. (b) Balaustres, pilar de apoio e corrimão recebem um acabamento esmerado, em um estilo histórico. *(Cortesia da Staircase & Millwork Co., Alphareta, GA)*

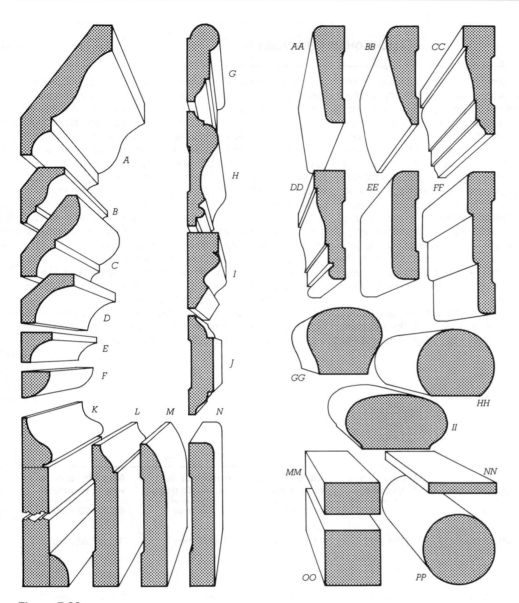

Figura 7.36
Alguns padrões comuns de cordões para arremates internos de madeira. *A* e *I* são coroamentos, *C* é arredondado para fora e *D* e *E* são quartos de círculo côncavos. Todos são usados para acabamento da junção entre um forro e uma parede. *F* é um quarto de círculo para uso geral em acabamentos de cantos internos. Os cordões *G-J* são usados em paredes. *G* é um cordão para quadros, colocado próximo ao topo de uma parede para que quadros emoldurados possam ser pendurados nele, em qualquer ponto, em ganchos metálicos especiais, que encaixam sobre a porção arredondada do cordão. *H* é um protetor de cadeira, instalado ao redor de salas de jantar, para proteger as paredes contra estragos feitos pelos encostos das cadeiras. *I* é uma mata-junta e *J* é um batente, ambos usados em painéis tradicionais de lambri. Os rodapés (*K-N*) incluem três desenhos de peça única e um desenho tradicional (*K*), utilizando uma guarnição separada de topo e base, em adição a uma peça de suporte de S4S, que é o próprio rodapé (ver também a Figura 24.32). Note a leve reentrância, também chamada de "dorso aliviado", nos rodapés de peça única e muitos outros cordões planos nesta página. Isso serve para reduzir as forças de arqueamento na peça e a torna mais fácil de instalar, mesmo que esteja levemente arqueada.

Os desenhos *AA-FF* são guarnições padrão para portas e janelas. *GG*, *HH* e *II* são hastes de corrimão. *MM* representa alguns tamanhos de material S4S disponível para carpintaria de acabamento, para diversos usos. *NN* é para treliças, também usado ocasionalmente para acabamentos lisos. *OO* é uma haste quadrada, usada principalmente para balaustres. *PP* representa vários tamanhos disponíveis de hastes redondas para balaustres, corrimãos e araras de roupeiros. Os cordões de madeira são fornecidos em uma de duas categorias: a classe N, para acabamentos transparentes, deve ser de peça única. A classe P, para pintura, originária de peças menores de madeira, pode ser utilizada encaixada ou colada. A classe P é mais econômica porque pode ser feita de seções curtas de madeira de menor classificação, com os defeitos cortados fora. Uma vez pintada, fica indistinguível da classe N. Os formatos mostrados aqui representam uma fração das guarnições em geral disponíveis. Padrões personalizados de guarnições podem ser produzidos de forma fácil, porque as talhadeiras usadas para produzi-los podem ser rapidamente configuradas com o perfil desejado, trabalhando de acordo com os desenhos do arquiteto.

DIMENSIONANDO ESCADAS

Os códigos de edificações garantem o projeto de escadas seguras por meio de vários requisitos dimensionais. As limitações para escadas, conforme informado no International Building Code (IBC), estão resumidas na Figura A. A largura requerida para uma escada de escape também é calculada conforme o número de ocupantes servidos pela escada, de acordo com fórmulas dadas no código, e pode ser mais larga do que o mínimo indicado nesta figura. Uma escada também não pode ascender mais do que 12 pés (3660 mm) entre patamares. Os patamares contribuem para a segurança de uma escada, proporcionando um momento de descanso para as pernas entre lances de degraus (geralmente os arquitetos também evitam projetar lances com menos de três espelhos, porque lances curtos, especialmente em edifícios públicos, às vezes passam despercebidos, levando a quedas perigosas). A largura do patamar deve ser igual à largura da escada. O comprimento de um patamar também deve ser igual à largura da escada para escadas com até 48 polegadas (1219 mm) de largura, mas não precisa exceder essa dimensão para escadas mais largas.

Trabalhando dentro dos limites dimensionais do IBC, as combinações de dimensões entre degrau e espelho mais confortáveis para uso podem ser encontradas utilizando a regra proporcional, na qual o dobro da dimensão do espelho, somada com a dimensão do degrau, deve ser igual a 24 a 25 polegadas (610-635 mm). Essa fórmula foi definida na França, dois séculos atrás, a partir de medições de dimensões reais de escadas confortáveis. A Figura B dá um exemplo de como essa fórmula é usada no projeto de uma nova escada, nesse caso para uma residência unifamiliar. Pelo fato de o IBC não permitir variações maiores do que $3/8$ de polegada (9,5 mm) entre sucessivos degraus ou espelhos, a dimensão entre pisos deve ser dividida igualmente entre os espelhos, com uma precisão de 0,01 polegada ou 1 mm, para evitar erros cumulativos. O esquadro usado por carpinteiros nos Estados Unidos para configurar vigas laterais de escada possui uma marcação de centésimos de polegada, e as dimensões dos espelhos devem ser dadas nessas unidades, em vez de frações, para atingir a precisão necessária.

Escadas monumentais externas, tais como aquelas que levam a entradas de edifícios públicos, são projetadas com espelhos mais baixos e degraus mais profundos do que as escadas internas. Muitos projetistas atenuam um pouco as proporções da fórmula $2R + T$ para escadas externas, aumentando a soma para 26 ou 27 polegadas (660 ou 685 mm), mas é melhor fazer um modelo, em escala real, de uma seção da escada, para ter certeza de que ela é confortável ao uso.

	Largura mínima	Altura máxima do espelho	Altura mínima do espelho	Profundidade mínima do degrau	Altura mínima do vão de passagem
Escada no interior de uma residência	36″ (915 mm)	7¾″ (197 mm)	(nenhuma)	10″ (254 mm)	6′8″ (2.032 mm)
Escada não residencial, servindo menos de 50 ocupantes	36″ (915 mm)	7″ (178 mm)	4″ (102 mm)	11″ (279 mm)	6′8″ (2.032 mm)
Escada não residencial, servindo mais de 50 ocupantes	44″ (1.118 mm)	7″ (178 mm)	4″ (102 mm)	11″ (279 mm)	6′8″ (2.032 mm)

Figura A
Limites dimensionais para escadas, conforme estabelecido pelo IBC.

Procedimento	Inglês	Métrico
1. Determine a altura (*H*) de piso acabado a piso acabado	*H* = 9´4³⁄₈, ou 112,375"	*H* = 2.854 mm
2. Divida *H* pela altura aproximada desejada do espelho – nesse exemplo, 7" ou 180 mm – e arredonde, para obter um número tentativo de espelhos da escada.	Altura aproximada do espelho = 7" $\frac{H}{7"} = \frac{112,375"}{7"} = 16,05$ Tente 16 espelhos	Altura aproximada do espelho = 180 mm $\frac{H}{7"} = \frac{2.854 \text{ mm}}{180 \text{ mm}} = 15,9$ Tente 16 espelhos
3. Divida *H* pelo número tentativo de espelhos, para obter uma altura exata do espelho (*R*). Trabalhe com o centésimo de polegada mais próximo, ou o milímetro mais próximo, para evitar qualquer erro cumulativo, que resultaria em um espelho sendo substancialmente mais baixo ou mais alto do que o resto. Verifique, para ter certeza de que essa altura de espelho está dentro dos limites fixados pelo código de edificações.	$R = \frac{H}{16} = \frac{112,375"}{16} = 7,02"$ *R* = 7,02" 7,02" = 7,75" máximo; espelho OK	$R = \frac{H}{16} = \frac{2.854 \text{ mm}}{16} = 178 \text{ mm}$ *R* = 178 mm 178 mm = 179 mm máximo; espelho OK
4. Substitua essa altura do espelho na fórmula dada para proporções entre degraus e espelhos e determine a profundidade do degrau. A profundidade pode ser arredondada um pouco para baixo, se desejado, desde que 2*R* *T* = 24". Verifique se a profundidade do degrau está dentro do mínimo determinado pelo código.	2*R* + *T* = 25" 2(7,02") + *T* = 25" *T* = 25" – 14,04" *T* = 10.96", digamos 10,9" 10.9" > 10" mínimo do código; degrau OK	2*R* + *T* = 635 mm 2(178 mm) + *T* = 635 mm *T* = 635 mm – 356 mm *T* = 279 mm, digamos 275 mm 275 mm = 254 mm mínimo do código; degrau OK
5. Faça uma síntese dos resultados desses cálculos. Há sempre um degrau a menos do que o número de espelhos, em um lance de escada.	16 espelhos com 7.02" 15 degraus com 10.9" Comprimento do lance = (15) (10,9´) = 164,5" = 13´7½"	16 espelhos com 178 mm 15 degraus com 275 mm Comprimento do lance = (15) (275 mm) = 4.125 mm
6. Se desejado, uma escada mais ou menos inclinada pode ser testada como alternativa. Basta diminuir ou aumentar um espelho e um degrau e recalcular as dimensões. Reduzir o número de degraus e espelhos resulta em uma escada mais inclinada, mas também diminui significativamente o comprimento do lance da escada, o que é útil quando se está projetando uma escada para um espaço limitado. Adicionar espelhos e degraus resulta em uma escada menos íngreme e que ocupa mais espaço em planta.	Tente 15 espelhos: $R = \frac{H}{15} = \frac{112,375"}{15} = 7,49"$ 7,49" = 7,75" máximo no código; espelho OK 2(7,49") + *T* = 25" *T* = 10,02", digamos 10,0" 10" = 10" mínimo; degrau OK Síntese: 15 espelhos com 7,49" 14 degraus com 10" Comprimento do lance = (14) (10´) = 11´8" Subtrair um degrau e um espelho diminui o lance da escada em quase 2 pés.	Tente 15 espelhos: $R = \frac{H}{15} = \frac{2.854 \text{ mm}}{15} = 190 \text{ mm}$ 190 mm = 197 máximo no código; espelho OK 2(190 mm) + *T* = 635 *T* = 255 mm 255 mm > 254 mm mínimo; degrau OK Síntese: 15 espelhos com 190 mm 14 degraus com 255 mm Comprimento do lance = (14) (255 mm) = 3.570 mm Subtrair um degrau e um espelho diminui o lance da escada em 555 mm.

Figura B
Um exemplo de cálculo para dimensionamento de uma escada residencial.

Figura 7.37
Molduras para lareiras estão disponíveis em marcenarias especializadas, em vários de desenhos tradicionais e contemporâneos. Cada moldura é fornecida já em grande parte montada, mas é detalhada de tal forma que pode ser facilmente ajustada para encaixar em qualquer lareira dentro de uma ampla variação de tamanhos. *(Cortesia de Mantels of Yesteryear, McCaysville, GA, www.mantelsofyesteryear.com)*

EXECUÇÃO DE PISOS E REVESTIMENTOS CERÂMICOS

Antes que os acabamentos de piso possam ser aplicados, o subpiso é raspado, para a retirada de pingos de argamassa, e varrido completamente. Painéis de suporte em compensado C-C Reparado ou chapa de madeira aglomerada (em áreas destinadas para carpetes e materiais de pisos resilientes) são colados e pregados sobre o subpiso, e suas juntas são desencontradas com as do subpiso para eliminar pontos fracos. As espessuras dos painéis de suporte são escolhidas para fazer com que as superfícies de piso acabado fiquem o mais uniformemente niveladas possível nas junções entre diferentes materiais de piso.

Em edifícios comerciais e de apartamentos de vários andares com moldura estrutural leve em madeira, um suporte de piso, especialmente formulado com uma nata de gesso ou concreto leve, é com frequência derramado sobre o subpiso. Isso tem uma tripla função: proporciona uma superfície lisa e nivelada para os materiais de acabamento do piso; fornece resistência adicional ao fogo para a construção do piso; e reduz a transmissão sonora pelo piso para o apartamento ou escritório do andar de baixo. O gesso ou o concreto são formulados com aditivos superplastificantes, que os tornam praticamente autonivelantes à medida que são aplicados (Figura 7.38). A espessura mínima é ¾ de polegada (19 mm). Camadas fluidas de suporte também são usadas para nivelar pisos em edifícios mais antigos, adicionar resistência ao fogo e ao som em pisos de concreto pré-moldado e para embutir tubulações plásticas ou fios de resistências elétricas para pisos radiantes.

As operações de acabamento de pisos exigem limpeza e isenção de trânsito; portanto, trabalhadores de outras especialidades são banidos da área enquanto os materiais de piso são aplicados. O piso de madeira dura é lixado, a fim de nivelar e suavizar a superfície após sua instalação, e então aspirado, para remover a poeira gerada pela lixação. As demãos de acabamento são aplicadas em uma atmosfera o mais livre de poeira possível, para evitar a incorporação de partículas. Instaladores de piso resiliente aspiram meticulosamente a camada de suporte, para que as partículas de sujeira não fiquem presas sob o fino piso e causem obstruções na superfície. Os pisos acabados são frequentemente cobertos com folhas de papelão ou plástico, com o objetivo de protegê-los durante os dias finais das atividades de construção. A instalação de carpete é menos sensível à poeira, e os carpetes instalados possuem uma tendência menor de estragar do que pisos de madeira dura ou resilientes, mas coberturas temporárias são colocadas, conforme necessário, para proteger o carpete contra respingos de tinta e manchas de água.

A aplicação de lajotas cerâmicas em uma base de reboco de cimento Portland, sobre uma malha metálica, para um box de chuveiro é ilustrada na Figura 7.39, e o trabalho acabado do revestimento cerâmico é mostrado na Figura 7.40. Uma chapa cimentícia de apoio pode ser usada como substituto mais barato para a camada de base em reboco de cimento Portland (Figura 24.29). A instalação

Figura 7.38
Trabalhadores aplicam uma camada de suporte em gesso para o piso de um escritório. O gesso é bombeado por uma mangueira e distribuído com uma ferramenta tipo régua (lisa). Pelo fato de o gesso fechar as bases das divisórias internas, ele pode ajudar, também, a reduzir a transmissão sonora de uma peça para a outra. *(© Gyp-Crete Corporation, Hamel, Minnesota)*

Figura 7.39
Colocando placas de pastilhas cerâmicas em um box de chuveiro. A camada de base, de argamassa de cimento Portland sobre a malha metálica, já foi colocada. Agora, o azulejista aplica uma fina camada de adesivo de azulejo na camada de base com uma colher de pedreiro e pressiona uma placa de pastilhas sobre ela, tomando o cuidado de alinhar as pastilhas individualmente em torno das bordas. Um dia ou dois depois, após o adesivo ter endurecido o suficiente, as juntas serão preenchidas com graute, para completar a instalação. *(Fotos por Joseph Iano)*

Figura 7.40
Azulejos cerâmicos são usados para o piso, balcões e paredes nesta cozinha. O contorno foi feito com a substituição seletiva dos azulejos brancos por azulejos de quatro cores diferentes. *(Designer: Kevin Cordes. Cortesia de American Olean Tile)*

Figura 7.41
Piso, carpintaria e guarnições em carvalho envernizado. *(Woo & Williams, Architects. Fotógrafo: Richard Bonarrigo)*

de um piso em madeira é representada nas Figuras 24.32 e 24.33. Um piso acabado em madeira dura é mostrado nas Figuras 7.41 e 24.34. A instalação de materiais de revestimento cerâmico e de acabamentos de piso é tratada de forma detalhada nos Capítulos 23 e 24.

TOQUES FINAIS

Quando pisos e pintura são finalizados, os encanadores instalam e ativam os equipamentos constituintes de lavatórios, sanitários, banheiras, pias e chuveiros. Os dutos de gás são conectados aos aparelhos e a válvula principal de gás é aberta. Os eletricistas conectam a fiação para os equipamentos de aquecimento e ar condicionado e (se elétrico) de aquecimento de água; montam tomadas, interruptores e luminárias; e colocam capas de proteção, metálicas ou plásticas, nos interruptores e tomadas. Os circuitos elétricos são energizados e verificados para ter certeza de que funcionam. Os alarmes de fumaça e os alarmes de calor, exigidos na maioria dos códigos em estruturas residenciais, também são conectados e testados pelos eletricistas, juntamente com qualquer fiação do sistema de comunicações, entretenimento e segurança. O sistema de aquecimento e de ar condicionado é completado com a instalação das grades de ar e registros, ou com a colocação das capas metálicas dos convectores; e então, ligado e testado. Superfícies pintadas que tenham sido raspadas ou estragadas são retocadas, e problemas de última hora são identificados e corrigidos, com esforço cooperativo de construtores, do proprietário da edificação e do arquiteto. O fiscal de edificações é chamado para a inspeção final e a emissão de uma permissão de ocupação. Após uma limpeza minuciosa, a edificação está pronta para uso.

CSI/CSC	
Seções do MasterFormat para acabamentos internos para construções com moldura estrutural leve em madeira	
06 20 00	**CARPINTARIA DE ACABAMENTO**
	Carpintaria de acabamento interno
06 22 00	Marcenaria
06 26 00	Painéis de placas
06 40 00	**MARCENARIA ARQUITETÔNICA**
	Marcenaria interna de arquitetura
06 41 00	Guarnições arquitetônicas em madeira
06 42 00	Painéis de madeira
06 43 00	Balaustradas para escadas em madeira
06 44 00	Marcenaria ornamental
06 46 00	Acabamentos em madeira
06 48 00	Molduras em madeira
07 20 00	**PROTEÇÃO TÉRMICA**
07 21 00	Isolamento térmico
	Isolamento com placas
	Isolamento com mantas
	Isolamento, no local, com espuma
	Isolamento com material solto de preenchimento
	Isolamento injetado
	Isolamento em *spray*
07 25 00	Barreiras climáticas
07 26 00	Retardadores de vapor
07 27 00	Barreiras ao ar
08 10 00	**PORTAS E MARCOS**
08 14 00	Portas em madeira
	Portas lisas em madeira
	Portas com montantes e trilhos em madeira
08 70 00	**FERRAGENS**
08 71 00	Ferragens para portas
12 30 00	**GUARNIÇÕES**
12 32 00	Guarnições manufaturadas em madeira
12 36 00	Balcões

REFERÊNCIAS SELECIONADAS

1. Lstiburek, Joseph. *Builder's Guide to Cold Climates*. Westford, MA, Building Science Corporation, 2006.

    Este guia, junto de guias afins para outras principais zonas climáticas, explica os papéis do isolamento térmico, dos retardadores de vapor e das barreiras ao ar no desempenho da envoltória da edificação e fornece diretrizes para a construção de uma casa energeticamente eficiente e resistente ao clima.

2. Thallon, Rob. *Graphic Guide to Interior Details: For Builders and Designers*. Newtown, CT, Taunton Press, 2004.

    Profusamente ilustrado, claramente escrito e de abrangência enciclopédica, este livro oferece orientação completa sobre acabamentos internos para edifícios com moldura estrutural leve em madeira.

3. Dietz, Albert G. H. *Dwelling House Construction* (5th ed.). Cambridge, MA, MIT Press, 1990.

    Este texto clássico possui extensos capítulos, com claras ilustrações relativas a chaminés e lareiras, isolamento térmico, placas de parede, malhas metálicas e reboco, e carpintaria de acabamento interno.

4. Architectural Woodwork Institute. *AWI Quality Standards Illustrated*. Reston, VA, atualizado regularmente.

    Cada detalhe de cada classificação de armário e marcenaria interna é ilustrado e descrito neste grosso volume.

Sites

Acabamentos internos para construções com moldura estrutural leve em madeira
Site suplementar do autor: **ww.ianosbackfill.com/07_interior_finishes_for_wood_light_frame_construction**

Isolamento térmico e retardador de vapor
Building Science Corporation: **www.buildingscience.com**
Dow Chemical rigid foam insulation: **www.dow.com/styrofoam**
Gypsum Association: **www.gypsum.org**
Icynene Corporation spray-foam insulation: **www.icynene.com**
Owens Corning insulation products: **www.owenscorning.com**

Acabamentos de paredes e forros
USG gypsum products: **www.usg.com**

Marcenaria e acabamento
Architectural Woodwork Institute: **www.awinet.org**
Hardwood Plywood & Veneer Association: **www.hpva.org**
Jeld-Wen Windows & Doors: **www.jeld-wen.com**
Window and Door Manufacturers Association: **www.wdma.org**

Proporcionando lareiras
Buckley Rumford Company: **www.rumford.com**

Trabalhos em pisos e revestimentos cerâmicos
American Olean Tile: **www.americanolean.com**
Tile Council of America: **www.tileusa.com**

Palavras-chave

Embutindo
Canalizações de drenagem, cloacais e de ventilação (DWV – drain-waste-vent)
Canalizações de abastecimento
Dutos (de climatização)
Sistema de aquecimento hidrônico, sistema forçado de aquecimento com água quente
Convector
Sistema de aquecimento radiante
Envelope térmico, envelope da edificação, envoltória da edificação
Isolamento térmico
Resistência térmica
Valor-R, valor-RSI
Manta de fibra de vidro
Isolamento com lã de vidro
Isolamento com lã de rocha
Isolamento com celulose tratada
Isolamento com espuma de poliuretano borrifada no local
Isolamento com espuma de *polyicynene* borrifada no local

Isolamento com placas rígidas de espuma de poliestireno expandido (EPS)
Isolamento com placas rígidas de espuma de poliestireno extrudado (EXS)
Isolamento com placas rígidas de espuma de poliisocianureto
Isolamento com placas rígidas de fibra mineral
Isolamento com placas rígidas de fibra de celulose (de madeira ou vegetal)
Resistência térmica
Ponte térmica
Barreira à radiação
Retardador de vapor, barreira ao vapor
Barreira ao ar
Sistema de parede seca estanque (*airtight drywall approach* – ADA)
Calafetagem e vedação simples
Trocador de calor ar-ar (*air-to-air*)
Reboco de gesso de três camadas
Malha de madeira
Placa de gesso, parede seca (*drywall*)
Revestimento laminado
Chaminé
Registro

Câmara de combustão
Prateleira de fumaça
Marcenaria
Guarnição
Categorias AWI econômica, personalizada, premium
Carpintaria de acabamento
Porta com travamento Z
Porta com painéis
Porta lisa
Porta de núcleo maciço
Porta de núcleo oco
Painel
Montante
Travessa
Porta "no quadro"
Guarnição
Batente dividido
Rodapé
Perfurador
Armário personalizado, armário arquitetônico de madeira
Armário pré-fabricado, armário industrializado de madeira
Balcão

Questões para Revisão

1. Liste a sequência de operações exigidas para completar o interior de uma edificação com moldura estrutural leve em madeira e explique a lógica da ordem em que essas operações ocorrem.
2. Quais são algumas das maneiras alternativas de isolar termicamente as paredes de um edifício com moldura estrutural leve em madeira para que atinjam valores-R acima da faixa normalmente possível com montantes comuns de 2 × 4 (38 × 89 mm)?
3. Por que o reboco e as placas de gesso são tão populares para acabamentos de paredes em edifícios com moldura estrutural em madeira? Liste o maior número de razões possíveis.
4. Qual é o nível de umidade em uma edificação no momento em que é terminada a instalação dos acabamentos de uma parede interna? Por quê? O que deve ser feito sobre isso e por quê?
5. Resuma as coisas mais importantes para se manter em mente, quando se está projetando uma escada.

Exercícios

1. Projete e detalhe uma lareira para uma edificação que você esteja projetando, utilizando as informações fornecidas na página 276 para definir as dimensões exatas, e as informações no Capítulo 8 para ajudar a detalhar a alvenaria.
2. Projete e detalhe uma escada para uma edificação que você esteja projetando, utilizando as informações fornecidas nas páginas 288 e 289 para calcular as dimensões.
3. Visite uma edificação com moldura estrutural em madeira que você admire. Faça uma lista dos componentes e materiais de acabamentos internos, incluindo acabamentos e espécies de madeira, quando possível. Como cada material e componente contribui para a sensação geral da edificação? Como eles se relacionam entre si?
4. Faça desenhos, com cotas dos detalhes de marcenaria, de uma edificação antiga que você admire. Analise cada detalhe para descobrir sua lógica. Que madeiras foram usadas e como elas foram serradas? Como elas foram acabadas?

8

ALVENARIA DE TIJOLOS

História

Argamassa

Alvenaria de tijolos

Construção de paredes em alvenaria

Alvenaria com amarração flamenga combina simples e diretamente com vergas e peitoris em pedra calcária nesta casa urbana em Beacon Hill, Boston. *(Foto de Edward Allen)*

A alvenaria é a mais simples das técnicas construtivas: o *pedreiro* empilha pedaços de material (tijolos, pedras, ou blocos de concreto, coletivamente chamados de *unidades de alvenaria*), um sobre o outro, para fazer paredes. Porém, a alvenaria é, também, a mais rica e variada das técnicas, com sua interminável seleção de cores, texturas e padrões. E porque as peças de que é feita são pequenas, a alvenaria pode assumir qualquer forma: de uma parede plana a uma sinuosa superfície que desafia a distinção entre teto e parede.

A alvenaria é o material da terra, retirado da terra e confortavelmente no seu elemento, em fundações, pavimentos e paredes que se erguem diretamente da terra. Com modernas técnicas de alvenaria armada, no entanto, ela pode se erguer em muitos pavimentos acima do solo e, em formas de arcos e abóbadas, a alvenaria pode ter asas e voar pelo espaço.

Mais antiga de nossas técnicas de construção, a alvenaria permanece sendo intensiva em termos de mão de obra, requerendo as habilidades pacientes de artesãos experientes e meticulosos para atingir um resultado satisfatório. Ela se manteve atualizada e permanece altamente competitiva, técnica e economicamente, com outros sistemas estruturais e de fechamento, tanto mais porque um pedreiro pode produzir, em uma operação, uma parede portante, isolada e completamente acabada, pronta para o uso.

A alvenaria é durável. O projetista pode selecionar materiais que são dificilmente afetados pela água, ar ou fogo, aqueles com cores brilhantes, que não irão esmaecer, aqueles que irão resistir ao uso pesado e ao abuso, e fazer deles um edifício que irá durar por gerações.

A alvenaria é um material dos pequenos empreendedores. Pode-se resolver construir um edifício de tijolos com não mais ferramentas do que uma *colher de pedreiro*, uma pá, um martelo, uma trena, um nível, um esquadro de resíduos de madeira e um pedaço de barbante. E ainda, muitos pedreiros podem trabalhar em conjunto, auxiliados pelo manejo mecanizado dos materiais, para erigir projetos tão grandes quanto a mente humana é capaz de conceber.

HISTÓRIA

A alvenaria começou, espontaneamente, com a criação de muros baixos, por meio do empilhamento de pedras ou pedaços de lama endurecida, retirados de poças secas. A argamassa era, originalmente, a lama aplicada nas juntas da parede sendo erguida, para conferir estabilidade e estanqueidade. Onde a pedra estava ao alcance da mão, ela era preferida aos tijolos; onde a pedra era indisponível, tijolos eram confeccionados com argilas e siltes locais. Mudanças ocorreram com o passar dos milênios: as pessoas aprenderam a minerar, talhar e polir pedras com crescente precisão. Fogueiras feitas junto a paredes de tijolos de barro contribuíram para o conhecimento sobre as vantagens do tijolo queimado, levando à invenção do forno. Os construtores aprenderam a simples arte de transformar pedra calcária em cal, e a argamassa de cal, gradualmente, substituiu a lama.

No quarto milênio a.C., os povos da Mesopotâmia estavam construindo palácios e templos de pedra e tijolos secos ao sol. No terceiro milênio, os egípcios erigiram o primeiro de seus templos e pirâmides em pedra. Nos últimos séculos antecedendo o nascimento de Cristo, os gregos aperfeiçoaram seus templos de calcário e mármore (Figura 8.1). O controle do mundo Ocidental passou, então, aos romanos, que fizeram o primeiro uso em larga escala de arcos e tetos abobadados de alvenaria em seus templos, basílicas, termas, palácios e aquedutos.

Figura 8.1
O Partenon, construído em mármore, permanece na Acrópole, em Atenas, por mais de 24 séculos. *(Foto de James Austin, Cambridge, Inglaterra)*

As civilizações medievais, tanto na Europa quanto no mundo Islâmico, fizeram com que as cúpulas em alvenaria alcançassem um alto nível de desenvolvimento. Os artesãos islâmicos construíram magníficos palácios, mercados e mesquitas em tijolos e, com frequência, os revestiram com ladrilhos de argila brilhantemente esmaltados. Os europeus dirigiram seus esforços para fortalezas e catedrais de pedra, culminando nas abóbadas pontiagudas e contrafortes das grandes igrejas góticas (Figuras 8.2 e 8.3). Na América Central, América do Sul e Ásia, outras civilizações realizavam uma evolução simultânea das técnicas de alvenaria em pedra talhada.

Durante a Revolução Industrial, na Europa e América do Norte, foram desenvolvidas máquinas para a extração e trabalhos em pedras, que moldavam tijolos e tornavam mais rápido o transporte desses pesados materiais ao local da construção. Matemática sofisticada foi aplicada pela primeira vez na análise da estrutura de arcos em alvenaria e na arte de talhar pedras. A argamassa de cimento Portland teve seu uso difundido, permitindo a construção de edifícios em alvenaria com maior resistência e durabilidade.

No final do século XIX, a alvenaria começou a perder sua primazia entre os materiais de construção. Os edifícios de grande altura das cidades centrais requeriam estruturas em ferro ou aço, para substituir as grossas paredes portantes de alvenaria, que haviam limitado as alturas que alguém poderia construir. O concreto armado, despejado rápida e economicamente em simples formas feitas de madeira, começou a substituir a alvenaria de tijolo e de pedra em fundações e paredes. A pesada cúpula de alvenaria foi suplantada por estruturas mais leves de piso e de cobertura, em aço e concreto, que eram mais rápidas de erigir.

A invenção do bloco vazado de concreto, no século XIX, ajudou a evitar a extinção da alvenaria como ofício. O bloco de concreto era muito

Figura 8.2
A construção em calcário talhado e polido da esplendorosa catedral gótica em Chartres, França, iniciou-se em 1194 d.C. e não foi terminada até vários séculos depois. Vistos aqui estão os contrafortes que resistem às pressões laterais do telhado em abóbada de pedra. *(Foto de James Austin, Cambridge, Inglaterra)*

Figura 8.3
As catedrais góticas eram cobertas por abóbadas altas de blocos de pedra. A cobertura da nave em Bourges (construída entre 1195-1275) evidencia a habilidade dos pedreiros medievais franceses em construir abóbadas, para cobrir até mesmo um plano de piso sinuoso. *(Foto de James Austin, Cambridge, Inglaterra)*

Figura 8.4
Apesar da contínua mecanização das operações de construção, de maneira geral, a construção em alvenaria de tijolos, blocos de concreto e pedra ainda é baseada em ferramentas simples e nas mãos habilidosas daqueles que as utilizam. *(Cortesia do International Masonry Institute, Washington, DC)*

mais barato do que a pedra talhada e requeria muito menos trabalho para assentar do que o tijolo. Ele poderia ser combinado com revestimentos em tijolo ou pedra, para fazer paredes de baixo custo, que fossem satisfatórias em aparência. A parede dupla de tijolos, uma invenção britânica do início do século XIX, também contribuiu para a sobrevivência da alvenaria, pois ela produzia uma parede mais quente e estanque à água, que, posteriormente, se adaptaria facilmente à introdução do isolamento térmico, quando materiais isolantes apropriados se tornaram disponíveis, em meados do século XX.

Outras contribuições do século XX à construção em alvenaria incluem o desenvolvimento das técnicas para alvenaria armada com aço, argamassas de alta resistência, unidades de alvenaria (tanto de tijolos como de blocos de concreto) que possuem maior resistência estrutural, e unidades de alvenaria de muitos tipos, que reduzem a quantidade de trabalho necessário para a construção em alvenaria.

> ... e a sufocada incandescência do forno: no calor fabuloso, tesouro mineral e químico cozinhando em mera argila, para brotar em todos os matizes do arco-íris, todas as formas da imaginação, que nunca se submetem ao tempo... estas grandes fornalhas iriam lançar um feitiço sobre mim, enquanto eu ouvia o brando rugido em suas profundezas.
>
> **Frank Lloyd Wright**, *In the Nature of Materials*, 1942.

Se este livro tivesse sido escrito há 125 anos, ele mencionaria poucos materiais de construção que não fossem alvenaria e madeira. Como os outros materiais de construção surgiram tão tardios, a maioria dos grandes trabalhos de arquitetura no mundo, e muitas das arquiteturas vernaculares melhor desenvolvidas, foi construída em alvenaria. Vivemos em meio a uma rica herança de edifícios em alvenaria. Dificilmente se encontrará uma cidade no mundo não tenha belos exemplos com os quais os estudantes de arquitetura em alvenaria possam aprender.

ARGAMASSA

A *argamassa* é uma parte tão vital da alvenaria quanto as próprias unidades de alvenaria. A argamassa serve para acomodar as unidades de alvenaria, dando-lhes total apoio, umas contra as outras, apesar das irregularidades de superfície. A argamassa proporciona a vedação entre as unidades para impedir a penetração de água e vento; ela adere as unidades, umas às outras, para ligá-las em uma unidade estrutural monolítica; e, inevitavelmente, ela é importante para a aparência da parede de alvenaria acabada.

Ingredientes da argamassa

O tipo mais característico de argamassa é a *argamassa de cal e cimento*, feita com cimento Portland, cal hidratada, um agregado inerte e água. O *agregado*, areia, deve ser limpo e deve ser peneirado para eliminar partículas muito grossas ou muito finas; a especificação C144 da ASTM estabelece os padrões para a areia de argamassas. O *cimento Portland* é o aglutinante na argamassa. Sua composição e manufatura são descritos em maior detalhe a partir da página 518 deste livro. (Apenas os Tipos I, II e III de cimento Portland são recomendados para uso em argamassas de alvenaria). A argamassa feita apenas com cimento Portland, entretanto, é "áspera", o que significa que ela não flui bem na colher de pedreiro ou sob o tijolo, então cal é adicionada para dar suavidade e trabalhabilidade. A *cal* é produzida pela queima de calcário ou conchas (carbonato de cálcio), em um forno, para expulsar o dióxido de carbono e deixar a *cal viva* ou *cal virgem* (óxido de cálcio). A cal viva é então extinta ao se permitir que ela absorva tanta água quanto ela consiga reter, resultando na formação do hidróxido de cálcio, chamado de *cal extinta* ou *cal hidratada*. O processo de hidratação, que libera grandes quantidades de calor, é normalmente conduzido em fábrica. A cal hidratada é subsequentemente seca, moída e ensacada para transporte. A especificação C207 da ASTM orienta a produção da cal. A água também é um importante ingrediente na argamassa, porque ela está quimicamente envolvida na cura do cimento e da cal. A água utilizada na argamassa deve ser limpa e livre de ácidos, álcalis e matéria orgânica. A água potável é geralmente considerada apropriada para o uso em argamassa.

Os *cimentos hidráulicos combinados*, ASTM C595, são misturas de cimento Portland com outros materiais cimentícios, como escória de alto-forno, que podem ser utilizados no lugar do cimento Portland comum sozinho, nas misturas de argamassa de cimento e cal.

Cimentos para alvenarias e cimentos para argamassas são cimentos pré-embalados, que não requerem a adição de cal, pelo pedreiro, na obra. Suas principais vantagens são conveniência, consistência (uma vez que são previamente misturados) e boa trabalhabilidade. Os *cimentos de alvenaria* são formulações patenteadas, que podem conter cimento Portland ou cimentos hidráulicos combinados, cal ou outros ingredientes plastificantes e outros aditivos. As formulações variam de um fabricante para outro, mas todas devem obedecer à ASTM C91. A fim de atingir trabalhabilidade equivalente a das argamassas convencionais de cimento e cal, as argamassas de cimento para alvenarias são formuladas com *incorporadores de ar*, que resultam em um maior conteúdo de ar na argamassa curada do que na argamassa de cimento e cal. Isso reduz a resistência de união entre a argamassa e a unidade de alvenaria em, aproximadamente, metade da resistência da argamassa convencional, o que significa que a resistência à flexão e ao cisalhamento da parede é reduzida e a parede é mais permeável à água. Por essas razões, cimentos de alvenaria não devem ser especificados para trabalhos de alvenaria que requeiram alta resistência e baixa permeabilidade.

Os *cimentos de argamassa* também são misturas de cimento Portland, cal e outros aditivos. Entretanto, eles são formulados de acordo com a ASTM C1329, com limites na incorporação de ar, o que lhes permite cumprir exigências de resistência de união comparáveis com as das argamassas de cimento e cal. Códigos estruturais tratam a argamassa feita com cimento de argamassa como equivalente às argamassas tradicionais de cimento e cal.

Os cimentos estão disponíveis em uma variedade de cores. A cor mais comum é a cinza clara, aproximadamente a mesma cor do bloco de concreto comum. Os cimentos também estão disponíveis na cor branca, assim como em uma gama de cinzas mais escuros, todas alcançadas pelo controle dos ingredientes utilizados na produção do próprio cimento. Na mistura final da argamassa, uma variedade muito maior de cores pode ser produzida, tanto pela adição de pigmentos à argamassa, no momento da mistura, quanto pela aquisição de uma mistura seca de argamassa que tenha obtido coloração personalizada na fábrica. Misturas embaladas de argamassa podem ser obtidas em tons que variam do puro branco ao puro preto, abrangendo todas as cores do espectro.

A argamassa compõe uma fração considerável da área de superfície exposta de uma parede de tijolos, tipicamente em torno de 20%; por isso, a sua cor é extremamente importante na aparência de uma parede de tijolos e é quase tão importante na aparência de paredes de alvenaria, como nas de alvenarias de pedra ou concreto. Pequenas amostras de paredes são frequentemente construídas antes de uma grande edificação ter sua construção iniciada, para ver e comparar diferentes combinações de cores de tijolo e argamassa e fazer a seleção final.

Misturas de argamassas

As argamassas misturadas com cimento Portland, cimento hidráulico misturado, cimento de alvenaria ou cimento de argamassa estão todas especificadas de acordo com a ASTM C270. Quatro *tipos básicos de argamassas*, distintos principalmente pelas diferenças em resistência, são definidos:

- *Tipo N* é uma argamassa de uso geral com um equilíbrio entre boa capacidade de união e boa trabalhabilidade. Ela é recomendada para camadas externas, paredes externas não portantes, parapeitos, chaminés e paredes portantes internas.
- *Tipo S* possui uma maior resistência à flexão do que a do Tipo N. É recomendada para alvenarias armadas externas, paredes externas portantes em alvenaria e camadas e paredes sujeitas a altas forças de vento ou altas cargas sísmicas.
- *Tipo O* é uma argamassa de baixa resistência, recomendada, principalmente, para alvenaria interna não portante e trabalho de restauração histórica.
- *Tipo M* é uma argamassa de alta resistência, com menor trabalhabilidade do que as dos tipos S ou N. Ela é recomendada para construções de alvenaria abaixo do nível do solo, alvenarias sujeitas a altos carregamentos de compressão ou laterais, ou alvenaria exposta à ação severa da neve.

Como regra geral, as argamassas com menor resistência são mais trabalháveis do que as de maior resistência; assim, a argamassa de menor resistência, que cumpra as exigências de projeto, deve ser escolhida. A maioria das argamassas para trabalho em alvenaria utilizadas nas novas construções é ou do Tipo N, ou do Tipo S. Como ajuda para memorização, as letras empregadas para designar os tipos de argamassa, em ordem decrescente de resistência, vêm da retirada de uma a cada duas letras da frase, em inglês, *MaSoN wOrK*, que significa "trabalho em alvenaria". (A do Tipo K é uma argamassa de muito baixa resistência, utilizada em trabalhos de preservação histórica e que não faz mais parte da especificação ASTM C270.)

De acordo com a ASTM C270, as misturas de argamassas podem ser especificadas de duas maneiras: por *especificação de proporções*, na qual as quantidades dos ingredientes usados no preparo da mistura são especificadas, ou por *especificação de propriedades*, em que a resistência à compressão e outras propriedades da argamassa endurecida, conforme determinado por testes em laboratório, são definidas. A especificação de proporções é o método mais simples (nenhum teste em laboratório é necessário) e mais comum. Em trabalhos maiores, entretanto, a especificação de propriedades dá ao construtor maior flexibilidade na escolha dos ingredientes da argamassa e pode resultar em uma economia geral, mesmo depois de considerados os custos de testes em laboratório. Esses dois métodos estão resumidos nas Figuras 8.5 e 8.6, respectivamente.

Argamassa de cal

As argamassas da alvenaria moderna são feitas com *cimentos hidráulicos*, ou seja, cimentos que curam por reação química com a água, um processo chamado "hidratação", discutido a seguir em mais detalhes. Até o final do século XIX e início do século XX, entretanto, a argamassa era feita sem cimento Portland, e a própria cal era o aglutinante. As *argamassas de cal* tradicionais, feitas a partir de uma mistura de cal, areia e água, continuam encontrando uso, principalmente, na restauração de estruturas históricas. De forma distinta dos cimentos hidráulicos modernos, a cal é um *cimento não hidráulico*, e as argamassas feitas com cal como o único ingrediente cimentício curam a partir de uma reação com dióxido de carbono na atmosfera. Este processo, chamado *carbonatação*, ocorre gradualmente e pode continuar por muitos anos. Tais argamassas permanecem, pelo menos parcialmente, solúveis em água e conservam alguma habilidade de autocicatrização, no caso de

Tipo de argamassa	Partes por volume de cimento Portland ou cimento hidráulico misturado	Partes por volume de cimento de argamassa ou cimento de alvenaria	Partes por volume de cal hidratada	Agregado, medido em condição solta e úmida
M	1		¼	Não menos do que 2¼ e não mais do que 3 vezes a soma dos volumes dos materiais de cimento e cal utilizados
M	1	1 (Tipo N)		
M	1	1 (Tipo M)		
S	1		Acima de ¼ até ½	
S	½	1 (Tipo N)		
S		1 (Tipo S)		
N	1		Acima de ½ até 1¼	
N		1 (Tipo N)		
O	1		Acima de 1¼ até 2½	
O		1 (Tipo N)		

Figura 8.5
Tipos de argamassa por especificação de proporções. O princípio geral é que quanto maior a proporção de cimento em relação à cal, maior a resistência à compressão da argamassa. Para cada um dos quatro tipos de argamassa, o primeiro exemplo é uma mistura de argamassa de cimento e cal, consistindo de cimento Portland ou cimento hidráulico misturado, cal e agregado. O segundo e, algumas vezes, o terceiro exemplos, para cada tipo, são argamassas feitas com cimento de argamassa ou cimento de alvenaria. Note que não é requerida cal adicional para estas misturas; a cal necessária e outros plastificantes estão incluídos nos ingredientes pré-embalados. Note também que um Tipo M de argamassa pode ser feito com um cimento Tipo N, acrescentando-se ao conteúdo total de cimento da mistura um cimento Portland ou cimento hidráulico misturado na obra. Da mesma forma, a argamassa Tipo S pode ser feita com uma argamassa Tipo N pré-embalada e cimento adicionado.

Tipo de argamassa	Mínima resistência média à compressão aos 28 dias
M	2.500 psi (17.2 MPa)
S	1.800 psi (12.4 MPa)
O	750 psi (5.2 MPa)
N	350 psi (2.4 MPa)

Figura 8.6
Resistência mínima à compressão para tipos de argamassa, por especificação de propriedades. Não mostrados aqui, mas também inclusos na especificação ASTM C270, estão os requerimentos para conteúdo máximo de ar, mínima retenção de água (um fator que afeta a resistência colante da argamassa) e a proporção volumétrica de agregado, em relação ao cimento e à cal. Quando a argamassa é especificada pelas propriedades, o construtor fica livre para usar qualquer mistura que atenda à resistência especificada e outros requerimentos, conforme demonstrado por testes laboratoriais.

fissuras capilares causadas por movimentos no interior parede. Pela adição de outros materiais cimentícios, argamassas de cal com maiores propriedades hidráulicas podem, também, ser formuladas.

Hidratação da argamassa

Argamassas de cimento hidráulico curam por *hidratação*, não por secagem: um conjunto complexo de reações químicas absorve a água e a combina com os constituintes do cimento e da cal para criar uma densa e forte estrutura cristalina, que aglutina as partículas de areia e as unidades de alvenaria. Uma vez endurecidos os cimentos hidráulicos, eles se tornam insolúveis em água.

A argamassa que já tenha sido misturada, mas que ainda não tenha sido utilizada, pode se tornar muito dura para o uso, ou por secagem, ou pelo início de sua hidratação. Se a argamassa foi misturada menos de 90 minutos antes de seu endurecimento, ela apenas secou e o pedreiro pode seguramente *retemperar* a argamassa com água, para torná-la trabalhável novamente. Se a argamassa não utilizada tem mais de 2½ horas, ela deve ser descartada, porque já começou a hidratar e não pode mais ser retemperada sem redução de sua resistência final. Em grandes projetos de alvenaria, uma *mistura de sobrevida* é, às vezes, incluída na argamassa. Isso permite que a argamassa seja misturada em grandes bateladas e mantida por até 72 horas, antes que necessite ser descartada. A maioria das unidades de alvenaria não deve ser molhada antes do assentamento; porém, para prevenir secagem prematura da argamassa, o que a enfraqueceria, as unidades de alvenaria, que são altamente absorventes, devem ser levemente umedecidas antes de assentadas.

CONSIDERAÇÕES SOBRE SUSTENTABILIDADE EM ALVENARIA DE TIJOLOS

Materiais de alvenaria de tijolos

- A argamassa é feita de minerais geralmente abundantes no planeta. O cimento Portland e a cal são produtos de alto conteúdo energético. (Para mais informações sobre a sustentabilidade da produção de cimento, veja o Capítulo 13.)
- Argila e xisto, matéria-prima para tijolos, são abundantes. Eles são normalmente obtidos a partir de escavações a céu aberto, com contínuo distúrbio da drenagem, vegetação e habitat da vida selvagem.
- O tijolo cerâmico pode incluir pó de tijolo reciclado, resíduo pós-industrial, como cinzas volantes, e uma variedade de outros produtos residuais na sua fabricação.

Fabricação de tijolos

- As olarias são usualmente localizadas próximas às fontes de matéria-prima.
- A fabricação de tijolos produz pouco resíduo. A argila não queimada é facilmente reciclada no processo produtivo. Tijolos queimados que são inutilizáveis são triturados e reciclados no processo produtivo ou utilizados como material de paisagismo.
- A manufatura de tijolos requer quantidades relativamente grandes de água. A água que não evapora pode ser reutilizada muitas vezes. Pouca ou nenhuma água precisa ser descartada como resíduo.
- Por causa da energia utilizada na sua queima, o tijolo é um produto de relativamente alto conteúdo energético. Sua energia incorporada pode variar de aproximadamente 1.000 a 4.000 BTU por libra (2,3 – 9,3 MJ/Kg).
- A fonte energética mais comum para os fornos de tijolos é o gás natural, embora petróleo e carvão também sejam utilizados*. A queima da alvenaria cerâmica produz emissões de flúor e cloro. Outros tipos de poluição do ar podem resultar de fornos indevidamente regulados.
- A maioria dos tijolos é vendida para uso em mercados regionais, próximos ao seu ponto de manufatura. Isso reduz a energia necessária para o transporte e faz com que a maioria dos tijolos possa se candidatar a créditos como material regional.

Construção em alvenaria de tijolos

- Relativamente poucas quantidades de resíduos são geradas no local da construção, durante o trabalho de alvenaria, incluindo tijolos partidos, tijolos insatisfatórios e argamassa não utilizada. Estes resíduos geralmente vão para aterros ou são enterrados no próprio local.
- Seladores aplicados à alvenaria de tijolos, para prové-los de repelência à água e proteção contra manchas, são fontes potenciais de emissões. Seladores à base de solventes geralmente têm maiores emissões do que os produtos à base d'água.

Edifícios em alvenaria de tijolos

- A alvenaria de tijolos não é normalmente associada a quaisquer problemas de qualidade do ar interno; entretanto, em raras circunstâncias, ela possa ser fonte de gás radônio.
- A massa térmica da alvenaria de tijolos pode ser um útil componente em estratégias de redução de consumo de combustível para aquecimento e resfriamento, como aquecimento solar e resfriamento noturno.
- A alvenaria de tijolos é uma forma durável de construção, que exige relativamente pouca manutenção e que pode durar por um período bastante longo.
- A construção com alvenaria de tijolos pode reduzir a dependência de acabamentos com tintas, uma fonte de compostos orgânicos voláteis.
- A alvenaria de tijolos é resistente à umidade e ao desenvolvimento de mofo.
- Quando um edifício de tijolos é demolido, os tijolos em boas condições podem ser limpos e reutilizados (uma vez que suas propriedades físicas tenham sido verificadas como adequadas para o novo uso). Resíduos de tijolos podem ser moídos e utilizados para paisagismo. Resíduos de tijolos e argamassa podem também ser utilizados como aterro no próprio local. Muito deste resíduo, entretanto, é eliminado para fora do local, em aterros sanitários.

* N. de T.: No Brasil, a fonte mais comum é a biomassa, na forma de resíduos de madeira (serragem, maravalha, resíduos da produção de móveis, etc.).

ALVENARIA DE TIJOLOS

Dentre os materiais de alvenaria, o tijolo é especial em dois aspectos: resistência ao fogo e tamanho. Como um produto do fogo, ele é o tipo de unidade de alvenaria mais resistente a incêndios. Seu tamanho pode ser responsável por muito do amor, que muitas pessoas sentem instintivamente pelo tijolo: um tijolo tradicional é moldado e dimensionado para caber na mão humana. Tijolos dimensionados para a mão são menos prováveis de fissurar durante a secagem ou a queima do que tijolos maiores, e eles são de mais fácil manipulação pelo pedreiro. Este tamanho pequeno de unidade torna o trabalho de alvenaria bastante flexível para se adaptar a geometrias e padrões de pequena escala e confere uma agradável escala e textura à parede ou ao piso de tijolos.

Moldagem de tijolos

Por causa de seu peso e volume, que os tornam caros para transportar em longas distâncias, os *tijolos* são produzidos por um grande número de fábricas relativamente pequenas e dispersas, a partir de uma variedade de argilas locais. A matéria-prima é escavada em jazidas, triturada, moída e peneirada para reduzi-la a uma consistência fina. Ela é, então, misturada com água, para produzir uma argila plástica, pronta para ser moldada em tijolos.

Três métodos principais são usados hoje para moldar tijolos: o processo de barro mole, o processo de prensagem seca e o processo de barro rijo.

O mais antigo é o *processo de barro mole*, no qual uma argila relativamente úmida (20-30% de água) é prensada em moldes retangulares simples, à mão ou com o auxílio de máquinas de moldagem (Figura 8.7). Para impedir a aderência da argila viscosa nos moldes, estes podem ser mergulhados em água, imediatamente antes de serem preenchidos, produzindo tijolos com uma superfície relativamente lisa e densa, que são conhecidos como *tijolos de molde úmido*. Se areia for aplicada ao molde molhado, logo antes de enformar o tijolo, serão produzidos *tijolos de molde em areia*, com uma superfície de textura áspera.

O *processo de prensagem seca* é utilizado para argilas que encolhem excessivamente durante a secagem. A argila misturada a um mínimo de água (até 10%) é pressionada em moldes de aço, por meio de uma máquina trabalhando com uma pressão muito elevada.

O *processo de barro rijo*, de alta produção, é, atualmente, o mais amplamente utilizado. A argila, contendo entre 12% e 15% de água, passa por um sistema a vácuo para remover quaisquer bolhas de ar, e então é extrudada, através de uma matriz retangular (Figuras 8.8 e 8.9). Assim que a argila sai da matriz, texturas ou finas misturas de argilas coloridas podem ser aplicadas em sua superfície, conforme desejado. A coluna retangular de argila umedecida é empurrada pela pressão de extrusão por uma mesa de corte, na qual fios de corte automáticos a fatiam em tijolos.

Após a moldagem por qualquer um desses três processos, os tijolos vão para um forno de secagem de baixa temperatura por um ou dois dias. Então eles estão prontos para a transformação em sua forma final, pelo processo conhecido como *queima*.

Queima de tijolos

Antes do aparecimento dos fornos modernos, os tijolos eram mais comumente queimados por meio do seu empilhamento em um arranjo de forma livre chamado *pilha*, cobrindo-se a

Figura 8.7
Uma forma simples de madeira produz sete tijolos de molde úmido por vez. *(Foto de Edward Allen)*

Figura 8.8
Uma coluna de argila emerge da matriz no processo de moldagem de tijolos de barro rijo. *(Cortesia da Brick Industry Association)*

Figura 8.9
Grupos rotatórios de fios paralelos cortam a coluna de argila em tijolos individuais, prontos para secagem e queima. *(Cortesia da Brick Industry Association)*

Figura 8.10
Três estágios na queima de tijolos de molde úmido, em uma pequena fábrica. (a) Tijolos empilhados em um vagonete de forno, prontos para a queima. Os espaços abertos entre os tijolos permitem que os gases quentes do forno penetrem no interior da pilha. O leito do vagonete do forno é feito de material refratário, o qual não é afetado pelo calor do forno. (b) Os vagonetes de tijolos são rolados até a extremidade distante deste forno a gás, tipo túnel, intermitente. Quando a queima se completa, a grande porta na extremidade mais próxima é aberta e os vagonetes de tijolos são rolados para fora, pelos trilhos que podem ser vistos no canto inferior direito da imagem. (c) Depois de os tijolos queimados terem sido classificados, eles são amarrados nestes "cubos" para transporte. *(Foto de Edward Allen)*

(a)

(b)

(c)

Figura 8.10 *(continuação)*

pilha com terra ou argila, fazendo-se uma fogueira sob a pilha e mantendo-se o fogo por um período de vários dias. Depois de resfriada, a pilha era desfeita e os tijolos eram selecionados de acordo com o grau de queima que cada um tivesse obtido. Os tijolos contíguos ao fogo (*tijolos clínquer*) eram, muitas vezes, queimados demais e distorcidos, tornando-os pouco atraentes e, portanto, inadequados para alvenaria de tijolos aparentes. Os tijolos em uma zona da pilha próxima ao fogo eram totalmente queimados, mas não distorcidos, adequados para tijolos externos, com um alto grau de resistência a intempéries. Os tijolos mais distantes do fogo eram mais macios, e deixados de lado para uso como tijolos de reserva, enquanto alguns dos tijolos do perímetro da pilha não eram queimados suficientemente para nenhuma finalidade e eram descartados. Em períodos anteriores ao transporte mecanizado, os tijolos para um edifício eram, frequentemente, produzidos do barro obtido no terreno da obra e eram queimados em pilhas próximas à construção.

Nos dias de hoje, os tijolos são, geralmente, queimados em um forno intermitente ou em um forno tipo túnel, contínuo. O *forno intermitente* é uma estrutura fixa, que é carregada com tijolos, queimada, resfriada e descarregada (Figura 8.10). Para maior produtividade, os tijolos são passados continuamente por um longo *forno tipo túnel*, em estrados especiais sobre trilhos, que emergem na porção final, totalmente queimados. Em qualquer um dos tipos de forno, os primeiros estágios da queima são de emissão de *vapor de água* e *desidratação*, que retiram a água remanescente da argila. As próximas etapas são *oxidação* e *vitrificação*, durante as quais a temperatura se eleva de 1.800 até 2.400 graus Fahrenheit (1.000-1.300°C) e a argila é transformada em um material cerâmico. Este pode ser seguido por um estágio chamado *flashing*, no qual o fogo é regulado para criar uma atmosfera de redução no forno, que promove variações de cores nos tijolos. Finalmente, os tijolos são resfriados, sob condições controladas, para atingir a coloração desejada e evitar rachaduras térmicas. Os tijolos resfriados são inspecionados, selecionados e embalados para transporte. Todo o processo de queima dura de 40 a 150 horas e é monitorado continuamente, para manter a qualidade da produção. Ocorre considerável retração nos tijolos durante a secagem e a queima; isto deve ser levado em conta no momento de planejar os moldes para os tijolos. Quanto mais alta é a temperatura, maior a retração e mais escura a cor do tijolo. Os tijolos são frequentemente utilizados em uma variada gama de cores, com os tijolos mais escuros sendo inevitavelmente menores do que os mais claros. Mesmo em tijolos de coloração uniforme, alguma variação de tamanho é esperada, e os tijolos, em geral, estão sujeitos a um certo grau de distorção, resultante do processo de queima.

A cor de um tijolo depende da composição química da argila e da temperatura e da química do fogo no forno. Temperaturas mais altas, como observado no parágrafo anterior, produzem tijolos mais escuros. O ferro, que prevalece na maioria das argilas, torna-se vermelho em um fogo oxidante e roxo em um fogo redutor. Outros elementos químicos interagem, de forma similar, com a atmosfera do forno para compor ainda outras cores. Para cores mais claras, as faces dos tijolos podem ser esmaltadas, como em objetos de cerâmica, seja durante a queima normal, ou em uma queima adicional.

Tamanhos de tijolos

Não existe tijolo verdadeiramente padrão. O mais próximo disso, nos Estados Unidos, é o tijolo *modular*, dimensionado para construir paredes em módulos de 4 polegadas (101 mm), horizontalmente, e 8 polegadas (203 mm), verticalmente, mas o tijolo modular não encontrou pronta aceitação em algumas partes do país e os tamanhos tradicionais persistem regionalmente. A Figura 8.11 mostra os tamanhos de tijolos que representam, aproximadamente, 90% de todos os tijolos utilizados nos Estados Unidos. Na prática, o projetista, quando selecionando os tijolos para um edifício, usualmente vê amostras reais, antes de completar os desenhos para o edifício, e dimensiona os desenhos de acordo com o tamanho dos tijolos específicos selecionados (Figura 8.22). Para a maioria dos tijolos, na gama de tamanhos tradicionais, três fiadas de tijolos, mais as três juntas de argamassa que as acompanham, somam uma altura de 8 polegadas (203 mm). As dimensões de comprimento devem ser calculadas especificamente para o tijolo selecionado e devem incluir a espessura das juntas de argamassa.

O uso de tijolos maiores pode levar a economias substanciais na construção. Um tijolo *utility*, por exemplo, possui a mesma altura nominal que um tijolo modular padrão, mas, por ser mais comprido, seu custo na parede, por pé quadrado, é aproximadamente 25% mais baixo e a resistência à compressão da parede é aproximadamente 25% mais alta, por causa da menor proporção de argamassa. O projetista deve também considerar, entretanto, que uma parede construída com tijolos maiores pode iludir o observador em relação à escala do edifício.

Tamanhos e formatos personalizados de tijolos são frequentemente requeridos para edifícios com detalhes especiais, ornamentação ou geometrias incomuns (Figuras 8.12 e 8.13). Esses são facilmente produzidos pela maioria dos fabricantes de tijolos, se lhes for dado tempo suficiente.

Nome	Largura	Comprimento	Altura
Modular	3½" ou 3⅝" (90 mm)	7½" ou 7⅝" (190 mm)	2¼" (57 mm)
Standard	3½" ou 3⅝" (90 mm)	8" (200 mm)	2¼" (57 mm)
Engineer Modular	3½" ou 3⅝" (90 mm)	7½" ou 7⅝" (190 mm)	2¾" a 2¹³⁄₁₆" (70 mm)
Engineer Standard	3½" ou 3⅝" (90 mm)	8" (200 mm)	2¾" (70 mm)
Closure Modular	3½" ou 3⅝" (90 mm)	7½" ou 7⅝" (190 mm)	3½" ou 3⅝" (90 mm)
Closure Standard	3½" ou 3⅝" (90 mm)	8" (200 mm)	3⅝" (90 mm)
Roman	3½" ou 3⅝" (90 mm)	11½" ou 11⅝" (290 mm)	1⅝" (40 mm)
Norman	3½" ou 3⅝" (90 mm)	11½" ou 11⅝" (290 mm)	2¼" (57 mm)
Engineer Norman	3½" ou 3⅝" (90 mm)	11½" ou 11⅝" (290 mm)	2¾" a 2¹³⁄₁₆" (70 mm)
Utility	3½" ou 3⅝" (90 mm)	11½" ou 11⅝" (290 mm)	3½" ou 3⅝" (90 mm)
King Size	3" (75 mm)	9⅝" (240 mm)	2⅝" ou 2¾" (70 mm)
Queen Size	3" (75 mm)	7⅝" ou 8" (190 mm)	2¾" (70 mm)

Figura 8.11
Dimensões de tijolos comumente utilizados na América do Norte, conforme estabelecido pela *Brick Industry Association*. Esta lista dá uma ideia da diversidade de tamanhos e formatos disponíveis e da dificuldade de se generalizar quanto a dimensões de tijolos. Os tijolos modulares são dimensionados para que três fiadas, mais as juntas de argamassa, somem uma dimensão vertical de 8 polegadas (203 mm), e o comprimento de um tijolo, mais junta de argamassa, tenha uma dimensão horizontal de 8 polegadas (203 mm). As dimensões alternativas, de cada tijolo, são calculadas para espessuras de junta de argamassa de ⅜" (9,5 mm) e ½" (12,7 mm).

Capítulo 8 Alvenaria de Tijolos **309**

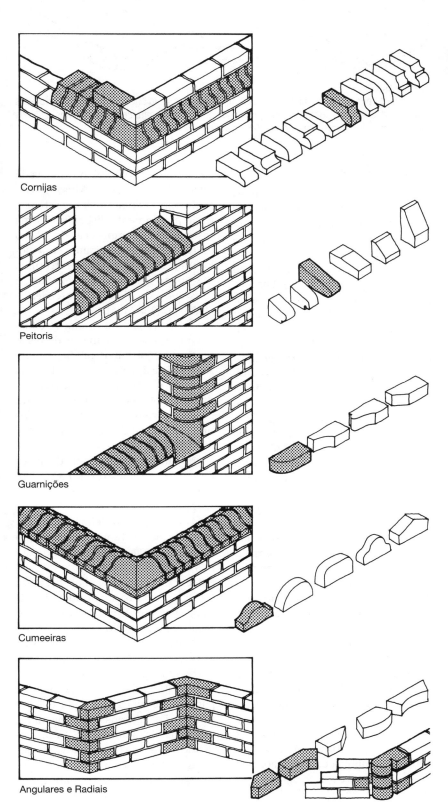

Cornijas

Peitoris

Guarnições

Cumeeiras

Angulares e Radiais

Figura 8.12
Os tijolos podem ser moldados personalizados para desempenhar funções particulares. Esta fiada, em uma parede de assentamento inglês, foi moldada para uma curva de cornija. *(Foto de Edward Allen)*

Figura 8.13
Alguns formatos de tijolo personalizados comumente utilizados. Note que cada formato de tijolo exige tijolos especiais de canto, tanto internos, quanto externos, além dos tijolos básicos de arremate. Os tijolos angulares são necessários para que se obtenham cantos bem feitos, em paredes que se encontram em ângulos que não sejam retos. O tijolo dobradiça, no canto inferior direito do desenho, é um formato tradicional, que pode ser utilizado para fazer cantos em qualquer ângulo desejado. Tijolos radiais produzem uma superfície suavemente curvada de parede, em qualquer raio especificado. Formatos comuns, não mostrados aqui, incluem aduelas, para qualquer forma e tamanho de arco desejado, e tijolos de canto arredondado, para degraus de escada.

Classificações de tijolos

Os tijolos mais comuns utilizados na construção são classificados como tijolos aparentes (ASTM C216), tijolos de construção (ASTM C62) ou tijolos furados (ASTM C652). *Tijolos aparentes* (também chamados *tijolos à vista*) se destinam tanto para uso estrutural quanto não estrutural, em que a aparência é importante. Os *tijolos de construção* são utilizados nos casos em que a aparência não importa, como paredes de apoio em alvenaria, que serão ocultadas na conclusão do trabalho. Tanto tijolos aparentes quanto tijolos de construção são especificados como *unidades maciças*. Unidades maciças podem, de fato, ser genuinamente maciças ou, apesar da nomenclatura, elas podem ser *perfuradas* ou *endentadas* (Figura 8.14), desde que qualquer plano medido, paralelo à superfície de suporte do tijolo, seja, pelo menos, 75% sólido. Ao reduzir o volume e a espessura da argila, perfurações e endentações permitem secagem e queima mais uniformes, reduzem custos de combustível para a queima e de transporte e criam tijolos mais leves e fáceis de manusear. (Onde tijolos genuinamente maciços são requeridos, especificações devem exigir tijolos 100% maciços, não perfurados e não endentados). Os *tijolos furados*, definidos de acordo com a ASTM C652, devem ser até 60% vazados e são utilizados, principalmente, para permitir a inserção e ancoragem de barras de aço de armação em paredes simples de alvenaria (Figura 8.14).

Tijolos de pavimentação (ASTM C902) são utilizados para pavimentação de calçadas, caminhos e pátios e devem obedecer a requisitos especiais, não apenas de resistência a congelamento-descongelamento, mas também de absorção de água e resistência à abrasão. *Tijolos refratários* (ASTM C64) são utilizados para revestimento de lareiras e caldeiras. Estes são feitos de argilas especiais, chamadas *refratárias*, que produzem tijolos com qualidades refratárias (resistência a temperaturas muito altas). Os tijolos refratários são assentados com juntas bastante finas de *argamassa refratária*.

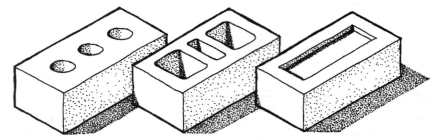

Figura 8.14
Da esquerda para a direita: tijolo perfurado, tijolo furado e tijolo endentado. Tijolos perfurados e endentados são considerados maciços, desde que permaneçam com, pelo menos, 75% de solidez. Um tijolo furado pode ser até 60% vazado.

Escolhendo tijolos

Nós já consideramos três importantes qualidades que o projetista deve levar em conta ao escolher tijolos para um edifício em particular: processo de moldagem, coloração e tamanho. Diversas outras qualidades também são importantes. As normas ASTM para tijolos estabelecem classes de tijolos baseados na durabilidade, e, para tijolos que estarão expostos, os tipos, baseados na uniformidade de formato e tamanho (Figura 8.15). A *classe do tijolo* estabelece requisitos mínimos para resistência à compressão e absorção de água. A durabilidade geral do tijolo e sua resistência às intempéries podem, então, ser relacionadas a um mapa de índices climáticos, derivados de dados sobre precipitações de inverno e ciclos de congelamento-degelo (Figura 8.16). O tijolo de Classe SW é recomendado para uso externo, em todas as regiões do mapa marcadas com intemperismo severo ou moderado, assim como para todo o tijolo em contato com a terra. O tijolo Classe MW é recomendado para uso apenas acima do solo, em áreas marcadas no mapa como de intemperismo desprezível. O tijolo Classe NW deveria ser utilizado apenas em locais externos abrigados de intempéries, ou internamente.

Além de influenciar a durabilidade, a resistência à compressão de um tijolo é, também, de óbvia importância, quando utilizado na construção de paredes estruturais e pilastras. De acordo com as normas ASTM, a resistência mínima à compressão, para tijolos de construção e tijolos aparentes, varia, dependendo da classe, de 1.500 a 3.000 libras por polegada quadrada (psi) (10-21 MPa). Entretanto, tijolos de mais alta resistência estão prontamente disponíveis. Uma resistência à compressão de 10.000 psi (69 MPa) não é incomum para tijolos utilizados em alvenaria estrutural. Em aplicações de alta resistência, a resistência do tijolo pode exceder os 20.000 psi (138 MPa).

A resistência da alvenaria construída depende não apenas da resistência dos tijolos, mas, também, da resistência da argamassa e, se reforçada com aço, da quantidade e resistência da armadura. As forças típicas de trabalho em compressão, para paredes não armadas e de baixa resistência, variam de 75 a 400 psi (0.52-2.8 MPa). Com materiais de alvenaria de maior resistência e a adição de armadura em aço, valores significativamente maiores podem ser alcançados.

O *tipo de tijolo* define os limites na variação de tamanho, distorção no formato e *lesões* (extensão de danos à superfície ou a cantos visíveis) entre as unidades de tijolos (Figura 8.15). O Tipo FBS é considerado um tijolo aparente, de uso geral, e é o tipo mais comum vendido. Os tijolos Tipo FBX possuem limites mais rigorosos em características de aparência e são destinados para trabalhos em alvenaria com juntas bastante finas ou para padrões de vinculação que exigem tolerâncias dimensionais bastante próximas. Os tijolos Tipo FBA são caracterizados pelas significativas variações em tamanho e formato, típicas de tijolos feitos à mão ou fabricados intencionalmente para tal efeito.

Durabilidade do tijolo aparente, tijolo de construção e tijolo furado	
Classe SW	Qualquer região de intemperismo, todo tijolo em contato com a terra
Classe MW	Tijolo acima do solo, em regiões indicadas na Figura 8.16, com *intemperismo desprezível* apenas
Classe NW	Locais abrigados ou internos apenas
Uniformidade de aparência do tijolo aparente	
Tipo FBX	Mínima variação em tamanho por unidade, mínima distorção no formato, mínima lesão
Tipo FBS	Tijolo aparente de uso geral, com variação mais ampla em tamanho e formato, maiores lesões
Tipo FBA	Grande variação permitida em tamanho e formato, conforme definido pelo fabricante

Figura 8.15
Classes e tipos de tijolos. As classes de tijolos classificam os tijolos de acordo com sua durabilidade e resistência à ação de congelamento-descongelamento. As classes listadas aqui são aplicáveis ao tijolo aparente, ao tijolo de construção e ao tijolo furado. Os tijolos de pavimentação são classificados de maneira similar, porém utilizando as designações, em ordem decrescente de resistência à intempérie, SX, MX e NX. Os tipos de tijolos os classificam de acordo com sua uniformidade de tamanho e de formato. Os tipos listados aqui se aplicam somente ao tijolo aparente. Tijolos furados são manufaturados nos tipos designados HBX, HBS, HBB e HBA, em ordem decrescente de uniformidade, e os tijolos de pavimentação são manufaturados nos tipos PX, PS e PA. Tijolos de construção, que não são visíveis na obra concluída, não são classificados pela aparência.

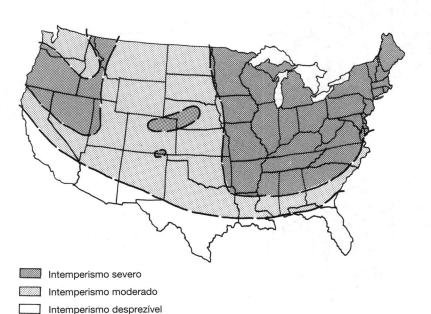

Figura 8.16
Regiões de intemperismo nos Estados Unidos, conforme determinado pelas chuvas de inverno e os ciclos de congelamento. O tijolo Classe SW é recomendado para todo tijolo em contato com a terra e para alvenaria externa, em todas as regiões, exceto as de intemperismo desprezível. *(Cortesia da Brick Industry Association)*

- Intemperismo severo
- Intemperismo moderado
- Intemperismo desprezível

Assentando tijolos

A Figura 8.17 mostra o vocabulário básico para o assentamento de tijolos nos Estados Unidos. Os tijolos são assentados em posições variadas, por questões visuais, razões estruturais ou ambas. A parede mais simples de tijolos é a de largura de uma unidade, com tijolos assentados com a face paralela à parede e a dimensão mais longa na horizontal. Para paredes com largura de duas ou mais unidades, são usados *tijolos na transversal*, para unir duas fiadas paralelas em uma unidade estrutural. Fiadas de tijolos assentados sobre a face são comumente utilizadas para coroamento de muros de jardim e para peitoris inclinados sob janelas,

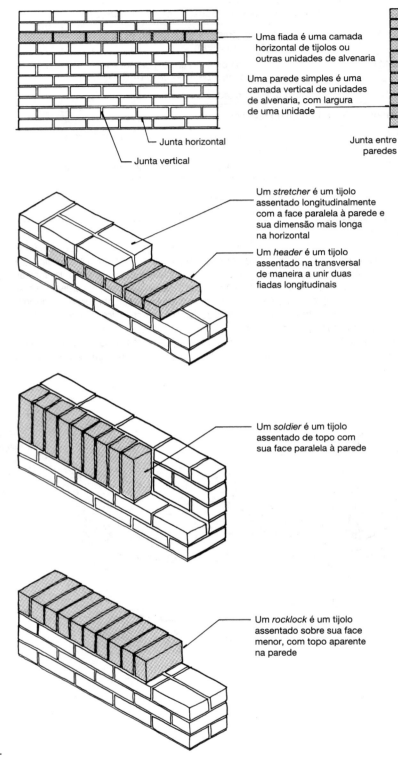

Figura 8.17
Terminologia básica para trabalho em alvenaria.

embora elas não sejam duráveis em climas rigorosos. Arquitetos normalmente empregam fiadas assentadas de topo para ênfase visual, em locais como vergas de janelas ou topos de muros.

O problema de se unir múltiplas linhas de tijolos foi solucionado de muitas maneiras, em diferentes regiões do planeta, frequentemente resultando em padrões de superfície que são particularmente agradáveis aos olhos. As Figuras 8.18 e 8.19 mostram alguns tipos de *assentamento estrutural* para trabalhos em tijolo, dentre os quais o *assentamento comum*, o *assentamento flamengo* e o *assentamento inglês* são os mais populares. No exterior dos edifícios, a *parede dupla*, com sua parede externa simples, oferece pouca desculpa para usar outra opção que não seja o *assentamento corrido*. Dentro de um edifício, seguramente distante das intempéries, é possível usar paredes de tijolo maciço, em qualquer tipo de assentamento desejado. Para lareiras e outras construções em tijolo muito pequenas, entretanto, é frequentemente difícil criar uma superfície suficientemente longa para justificar o uso de alvenaria em tijolo.

O processo de assentar tijolos é resumido nas Figuras 8.20 e 8.21. Mesmo que conceitualmente simples, o trabalho de assentar tijolos exige cuidado extremo e considerável experiência para produzir resultados satisfatórios, especialmente onde vários pedreiros trabalhando lado a lado devem produzir um trabalho idêntico, em uma estrutura maior. Ainda, rapidez é es-

Assentamento de *stretchers* corrido consiste inteiramente

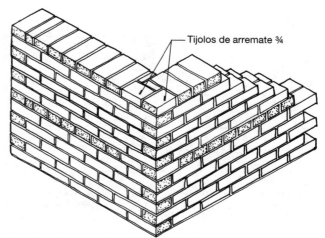

Assentamento comum (também em fiadas longitudinais conhecido como assentamento americano) possui uma fiada transversal a cada seis fiadas. Note como as juntas verticais se alternam entre as fiadas transversais e longitudinais

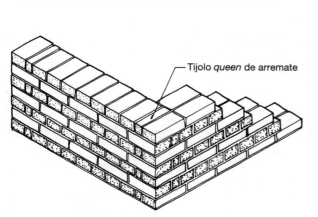

Assentamento inglês alterna fiadas de tijolos transversais e longitudinais

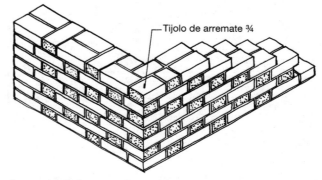

Assentamento flamengo alterna tijolos transversais e longitudinais a cada fiada

Figura 8.18
Assentamentos estruturais frequentemente utilizados em paredes de tijolos. Tijolos parciais de arremate são necessários nos cantos, para fazer com que as fiadas transversais cheguem uniformes, enquanto evitam alinhamentos de juntas verticais, em fiadas sucessivas. O pedreiro corta os tijolos de arremate no tamanho ideal com um martelo de pedreiro ou uma serra diamantada.

314 Fundamentos de Engenharia de Edificações: Materiais e Métodos

(a)

(b)

(c)

(d)

(e)

(f)

Figura 8.19
Fotografias de alguns tipos de assentamento em tijolo. (a) Assentamento corrido, (b) assentamento comum e (c) assentamento de parede de jardim inglês, com fiadas flamengas. (d) Assentamento inglês, (e) assentamento flamengo e (f) assentamento de frade, que é um assentamento flamengo com dois tijolos longitudinais, em vez de apenas um, entre tijolos transversais. O exemplo de assentamento corrido, mostrado aqui, é do final do século XVIII. Suas juntas extremamente delgadas exigem argamassa feita com areia muito fina. Note, na parede de assentamento comum (datando da década de 1920, neste caso), que a fiada de tijolos transversais começa a sair do alinhamento, com as fiadas de tijolos longitudinais; então o pedreiro inseriu um tijolo longitudinal cortado, para compensar a diferença; tais pequenas variações de execução são responsáveis por alguns dos apelos visuais das paredes de tijolos. Fiadas de assentamento flamengo, como as utilizadas no assentamento de parede de jardim inglês, são frequentemente utilizadas com tijolos cujo comprimento, incluindo a junta de argamassa, substancialmente maior do que duas vezes sua largura; a fiada de tijolos transversais, no assentamento flamengo, evita as juntas espessas entre tijolos transversais. O exemplo de assentamento flamengo é moderno e composto por tijolos modulares, moldados em areia. O assentamento de frade, mostrado aqui, possui grossas e incomuns juntas horizontais, de aproximadamente ¾" (19 mm) de altura; estas juntas são difíceis para o pedreiro assentar, a menos que a consistência da argamassa seja muito bem controlada. *(Fotos de Edward Allen)*

sencial para a economia da construção em alvenaria. O trabalho de um pedreiro habilidoso é impressionante, tanto pela rapidez quanto pela qualidade. Este nível de perícia leva tempo e trabalho duro para se adquirir, razão pela qual o período de aprendizagem para pedreiros é longo e exigente.

O assentamento das *guias* é de trabalho relativamente intenso. Uma *régua de pedreiro* ou estaca, que é marcada com a altura das fiadas, é utilizada para estabelecer as alturas precisas das fiadas nas guias. O trabalho é verificado frequentemente com um nível de bolha, para garantir que as superfícies estejam planas e no prumo e as fiadas, niveladas. Quando as guias são concluídas, uma linha de pedreiro (cordão de barbante) é esticada entre as guias, utilizando-se *blocos de linha* com forma de L, em cada ponta, para posicionar a extremidade da linha, precisamente, no topo de cada fiada de tijolos.

O assentamento dos blocos de preenchimento entre as guias é muito mais rápido e fácil, porque o pedreiro precisa apenas de uma trolha, em uma mão, e de um tijolo, na outra, para *assentar na linha* e criar uma parede perfeita. Em consequência, as guias são caras, quando comparadas às superfícies entre elas; portanto, em situações onde a economia for importante, o projetista deve buscar minimizar o número de cantos em uma estrutura de alvenaria de tijolos.

Os tijolos podem ser cortados, conforme necessário, ou com golpes secos e bem direcionados, com a ponta de um martelo de pedreiro ou, para maior precisão e formas mais complexas, com uma serra elétrica, que utiliza uma serra diamantada refrigerada à água (Figura 9.25). Entretanto, cortar tijolos retarda consideravelmente o processo de assentar tijolos, e paredes de tijolos comuns devem ser dimensionadas de forma a minimizar cortes (Figura 8.22).

Eu me lembro dos pedreiros em minha primeira casa. Eu não era muito mais velho do que o aprendiz, a quem encontrei sufocando as lágrimas de frustração com a falta de jeito do seu trabalho e as repreensões do seu patrão. Aproximadamente trinta anos mais tarde, nós continuamos a colaborar em, por vezes difíceis, paredes de alvenaria, lareiras e paginações de pavimentação. Eu trabalho com os pedreiros... cujos anos de aprendizado no seu ofício acompanharam os meus anos tentando compreender a minha profissão. Somos amigos e conversamos sobre nossos trabalhos, como peregrinos em uma viagem para o mesmo destino.

Henry Klein, arquiteto, na sua aceitação do prêmio Louis Sullivant Award of Architecture, 1981, citado na *Blueprints Magazine*, 1985.

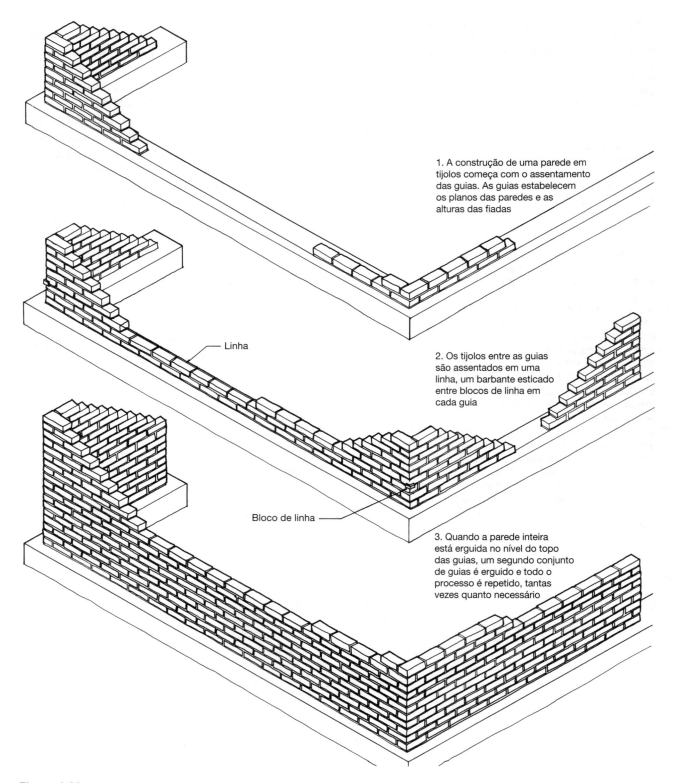

Figura 8.20
O procedimento para a construção de paredes de tijolos. Este exemplo é de uma parede de meio tijolo, com assentamento corrido.

Capítulo 8 Alvenaria de Tijolos 317

Figura 8.21
Erguendo uma parede de tijolos. (a) A primeira fiada de tijolos da guia é assentada sobre uma camada de argamassa, seguindo uma linha marcada na fundação. (b, c, d) À medida que cada guia vai sendo erguida, o pedreiro utiliza um nível de bolha, para se assegurar de que cada fiada está nivelada, alinhada, no prumo e no mesmo plano do restante da guia. Uma régua de pedreiro ou estaca também é utilizada para verificar as alturas das fiadas. (e) Uma guia finalizada. (f) Um pedreiro assenta um tijolo alinhado com o cordão esticado entre duas guias. Quando alinhado, não há necessidade de usar um nível ou régua. *(Cortesia do International Masonry Institute, Washington, DC)*

As juntas de argamassa podem variar em espessura de ¼ polegada (6 mm), até mais de ½ polegada (13 mm). Juntas finas funcionam apenas quando os tijolos são idênticos entre si, dentro de tolerâncias bem pequenas, e a argamassa é feita com areia bem fina. Juntas muito espessas exigem uma argamassa rígida, que é difícil de trabalhar. As juntas de argamassa são, normalmente, padronizadas em ⅜ polegada (10 mm), que é fácil para o pedreiro e tolera considerável distorção e desigualdade nos tijolos. Juntas de meia polegada (13 mm) também são comuns.

As juntas na alvenaria de tijolos são *trabalhadas* uma ou duas horas depois de assentar os blocos, quando a argamassa começa a endurecer, para conferir uma aparência limpa e para compactar a argamassa em um perfil que atenda aos requisitos visuais e de resistência às intempéries da parede (Figuras 8.23 e 8.24). Em exteriores, a *junta V* e a *junta côncava* protegem da água e resistem aos estragos do congelamento-degelo melhor do que as outras. Em interiores, uma junta *recuada* ou *despida* pode ser usada, se for desejado acentuar o padrão dos tijolos na parede e atenuar a argamassa.

Após trabalhar as juntas, a face do tijolo é escovada com um pincel macio, para remover os fragmentos secos de argamassa resultantes do processo de acabamento. Se o pedreiro trabalhou de forma limpa, a parede está agora acabada, mas a maioria das paredes de tijolos ainda recebe, posteriormente, uma limpeza final, por meio de escovação com *ácido muriático* (ácido clorídrico) e é enxaguada com água, para remover manchas de argamassa das faces dos tijolos. Tijolos de coloração clara podem ser manchados por ácidos e devem ser limpos de outra maneira.

Aberturas de vãos em paredes de tijolos

Paredes de tijolos necessitam ser suportadas, quando sobre aberturas para portas e janelas. *Vergas* de

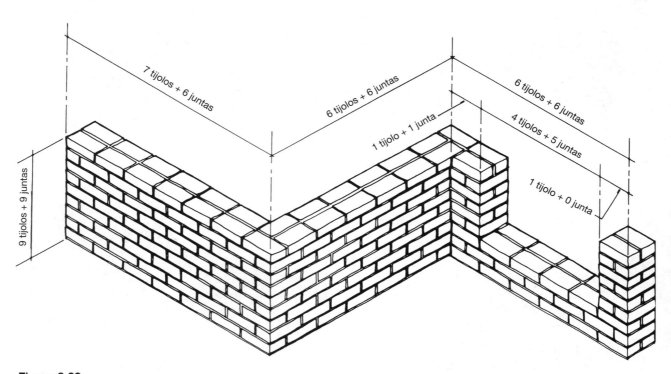

Figura 8.22
As dimensões para edifícios em tijolo são planejadas com antecedência pelos arquitetos, baseadas nas dimensões reais dos tijolos e juntas de argamassa a serem utilizados na construção. Os tijolos e as juntas de argamassa são cuidadosamente contados e convertidos em dimensões numéricas, para cada porção de parede.

Figura 8.23
(a) Trabalhando juntas horizontais em um perfil côncavo. (b) Trabalhando juntas verticais em um perfil côncavo. O excesso de argamassa, pressionado para fora das juntas pelo processo, será removido com um pincel, deixando a parede acabada. (c) Limpando as juntas com um prego comum, preso a um ancinho com rodinhas. A cabeça do prego remove a argamassa para fora, a uma profundidade pré-estabelecida. *(Cortesia da Brick Industry Association)*

(a)

(b)

(c)

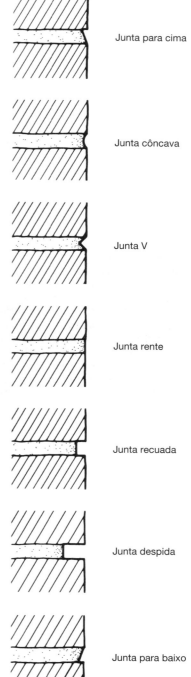

Figura 8.24
Perfis de juntas para alvenaria em tijolos. A junta côncava e a junta V são as únicas apropriadas para uso externo em climas severos.

concreto armado, tijolo armado, ou perfis de aço (Figuras 8.25 e 8.26) são igualmente satisfatórias de um ponto de vista técnico. A quase invisibilidade da verga em aço é fonte de deleite para alguns designers, mas desagrada àqueles que preferem que um edifício expresse visualmente seus recursos de sustentação. A madeira não é mais utilizada para vergas, por causa da tendência a pegar fogo, degradar-se e se retrair e permitir que a alvenaria sobre ela recalque e fissure.

A *corbel* é um artifício estrutural antigo, com limitada capacidade para cobrir vãos, que pode ser utilizado para pequenas aberturas em paredes de tijolos, para suportes de vigas e para ornamentação (Figuras 8.27-8.29). Uma boa regra empírica para projetar corbels é a de que a projeção de cada fiada não deve exceder a metade da altura da fiada; isso resulta em um ângulo de corbel de aproximadamente 60 graus com a horizontal e minimiza tensões de flexão nos tijolos.

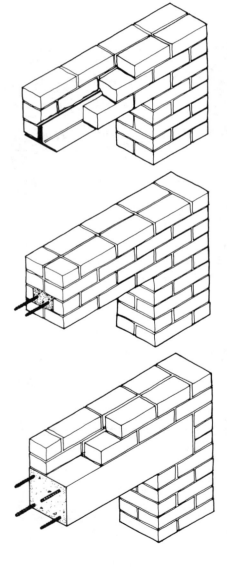

Figura 8.25
Três tipos de vergas para emoldurar aberturas em paredes de tijolos. O perfil de aço (superior) é dificilmente visto na parede acabada. A verga de tijolo armado (centro) funciona da mesma forma que uma viga em concreto armado e não dá indícios visíveis sobre o que suporta os tijolos sobre a abertura. A verga pré-moldada em concreto armado (inferior) é claramente visível. Para pequenos vãos, vergas em pedra, sem armadura de reforço, podem ser usadas da mesma forma que vergas em concreto.

Figura 8.26
Devido às ações de corbelling e de arqueamento nos tijolos, considera-se que uma verga suporta apenas a área triangular de alvenaria indicada pela porção sombreada deste desenho. A linha pontilhada indica uma verga oculta em aço.

Capítulo 8 Alvenaria de Tijolos **321**

Figura 8.27
O corbelling tem muitos usos na construção em alvenaria. É utilizado, neste exemplo, tanto para emoldurar a abertura de uma porta quanto para criar uma mísula para suportar uma viga.

Figura 8.28
O corbelling cria uma transição da torre cilíndrica para o telhado hexagonal. Pedras talhadas em calcário são usadas para peitoris de janelas, vergas, interseções de arcos e gárgulas esculpidas grotescamente. O edifício é a catedral Gótica em Albi, França. *(Foto de Edward Allen)*

Figura 8.29
Todas as habilidades do pedreiro do século XIX foram postas em jogo para criar as corbels e arcos desta cornija em tijolos no Back Bay de Boston. *(Foto de Edward Allen)*

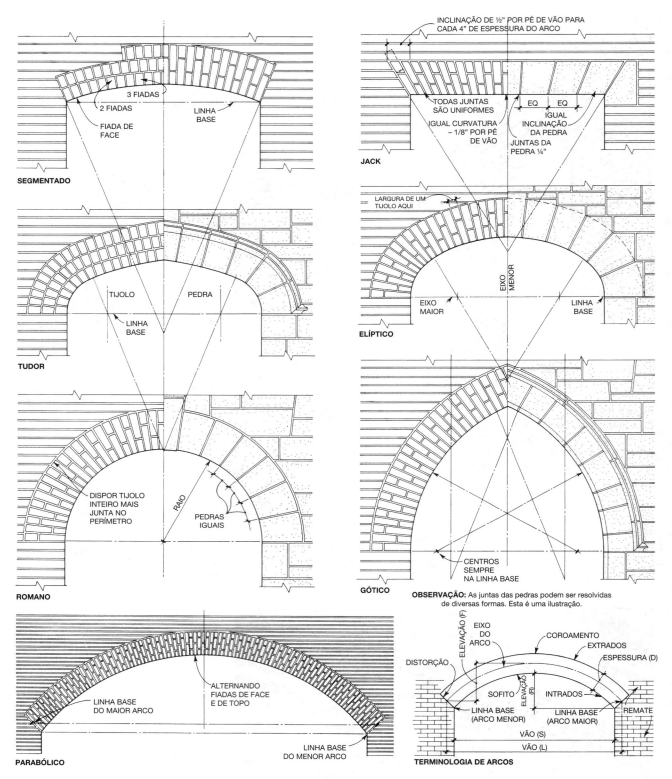

Figura 8.30
Formatos de arcos e terminologia de arcos em tijolo e pedra talhada. O tímpano é a área de parede delimitada pelos extrados do arco. *(Reimpresso com permissão de John Wiley & Sons, Inc., de Ramsey/Sleeper, Architectural Graphic Standards (7ª ed.), Robert T. Packard, A.I.A., Editor, copyright 1981 por John Wiley & Sons, Inc.)*

O *arco* em tijolos é uma forma estrutural tão amplamente utilizada e poderosa, tanto estrutural, quanto simbolicamente, que livros inteiros têm sido dedicados a ele (Figura 8.30). Dada uma *guia de montagem* de madeira ou aço (Figura 8.31), um pedreiro pode construir um arco de tijolos muito rapidamente, embora o *tímpano*, a área de parede nivelada que se junta com o arco, seja demorado para se construir, pois muitos de seus tijolos precisam ser cortados para se ajustar. Em um arco de *tijolos radiais*, cada tijolo é desgastado até o formato de cunha requerido com uma pedra abrasiva, o que é trabalhoso e caro. O *arco rústico*, que depende de juntas de argamassa em cunha para sua curvatura, é, portanto, muito mais usual nos edifícios atuais (Figuras 8.32 e 8.33). Alguns fabricantes de tijolos moldarão, sob encomenda, conjuntos de tijolos prismáticos, para arcos de qualquer formato ou vão.

Um arco transladado, ao longo de uma linha perpendicular ao seu pla-

(a)

(b)

(c)

Figura 8.31
(a) Dois arcos rústicos em construção, cada um com sua guia de montagem em madeira. (b) As posições dos tijolos foram marcadas de antemão na guia de montagem, para se ter certeza de que não seriam necessários tijolos cortados ou juntas de argamassa de espessura incomum para fechar o arco. Isto foi feito deitando-se a guia de montagem de lado, no chão, e posicionando os tijolos ao seu redor, ajustando suas posições por tentativa e erro, até atingir espaçamentos uniformes. Então, a posição de cada tijolo foi marcada com um lápis na superfície curva da guia de montagem. (c) Os arcos em tijolos, cuja construção é mostrada nas duas fotografias anteriores, estão em uma sala com lareira, coberta por uma abóbada de tijolos. A fornalha é revestida com tijolo refratário, e o piso, acabado com ladrilhos. *(Fotos de Edward Allen)*

no, produz uma *abóbada*. Um arco rotacionado, em torno de sua linha vertical central, transforma-se em um *domo*. Das várias intersecções entre estas duas formas básicas de cobertura surge o infinito vocabulário da construção de abóbadas em alvenaria. Abóbadas e domos de tijolos, caso seus empuxos laterais estejam suficientemente amarrados ou contidos (com *contrafortes*), são formas resistentes e estáveis. Em partes do mundo onde a mão de obra é barata, eles continuam a ser construídos diariamente (Figuras 8.34 e 8.46). Na América do Norte e maior parte da Europa, onde a mão de obra é mais cara, eles têm sido substituídos, quase que inteiramente, por elementos menos caros e mais compactos, como vigas e lajes de madeira, aço ou concreto.

Alvenaria armada de tijolos

A *alvenaria armada de tijolos* (AAT) é análoga à construção em concreto armado. As mesmas barras de aço utilizadas no concreto são inseridas no vazio de uma parede dupla, para aumentar a resistência de uma parede ou verga de tijolos. Uma parede de tijolos armada (Figura 8.35) é criada pela construção de duas linhas de parede de tijolos, espaçadas de 2 a 4 polegadas (50-100 mm), inserindo a armadura de aço na cavidade e preenchendo a cavidade com *graute*. Graute é uma mistura de cimento Portland, agregado e água. A ASTM C476 especifica as proporções e qualidades do graute para uso em preenchimento de paredes portantes de alvenaria. É

Figura 8.32
Um arco semicircular profundo de tijolos emoldura a vista de uma arcada em tijolos e o porto mais além, no Federal Courthouse em Boston, Massachusetts. *(Arquitetos: Pei, Cobb, Freed and Partners. Foto © 1998 Steve Rosenthal)*

Figura 8.33
Um arco rústico, tipo *jack* (também chamado de *arco plano*), em uma parede de alvenaria em tijolo, com assentamento flamengo. *(Foto de Edward Allen)*

(a)

(b)

Figura 8.34
(a) Pedreiros na Mauritânia, baseando-se em milhares de anos de experiência em abóbadas de alvenaria, constroem um domo para um quarto de um novo hospital. A alvenaria é autoportante, do começo ao fim do processo de construção; apenas uma simples guia radial é utilizada para manter um diâmetro constante. O domo é duplo, com uma camada de ar interna, para isolar o quarto do calor do sol. (b) As paredes são contidas com contrafortes de tijolos empilhados, para resistir ao empuxo, para fora, dos domos. *(Cortesia de ADAUA, Genebra, Suíça)*

importante que o graute seja fluido o suficiente para penetrar prontamente na estreita cavidade e preenchê-la completamente. O excesso de água no graute, que é requerido para atingir esta fluidez, é rapidamente absorvido pelos tijolos e não prejudica a eventual resistência do graute, como seria com o concreto despejado em uma forma. Graute altamente fluido e *autoconsolidante*, análogo ao concreto autoconsolidante, conforme descrito no Capítulo 13, também pode ser usado.

Há dois métodos para grauteamento de paredes de tijolo armado: de baixa elevação e de alta elevação. No *grauteamento de baixa elevação*, a alvenaria é construída a uma altura não maior do que 4 pés (1.200 mm), antes do grauteamento, tomando o cuidado de deixar a cavidade livre de respingos de argamassa, o que poderia interferir na colocação da armadura e do graute. As barras de armação vertical são inseridas na cavidade e deixadas projetando, pelo menos, 30 diâmetros da barra acima do topo da alvenaria, para transferir seus carregamentos para o aço da próxima elevação. A cavidade é, então, preenchida com graute, até 1½ polegada (38 mm) do topo, e o processo é repetido na próxima elevação.

No método de *grauteamento de alta elevação*, a parede é grauteada um andar a cada vez. A limpeza da cavidade é assegurada pela omissão temporária de alguns tijolos na fiada mais baixa da alvenaria, para criar *janelas de limpeza*. À medida que o assentamento dos tijolos progride, a cavidade é periodicamente enxaguada pela parte superior, para mover detritos para baixo e para fora, pelas saídas. Para resistir à pressão hidrostática do graute molhado, as camadas de parede são unidas por *amarrações* de arames de aço galvanizado, assentadas nas juntas horizontais através da cavidade, normalmente em intervalos de 24 polegadas (600 mm), horizontalmente, e 16 polegadas (400 mm), verticalmente. Após as saídas de limpeza terem sido preenchidas com tijolos e a argamassa ter curado, por, pelo menos, três dias, as barras de armação são colocadas e o graute é bombeado para dentro da cavidade, por cima, em incrementos de não mais do que 4 pés (1.200 mm) de altura. Para minimizar a pressão na alvenaria, cada incremento é deixado endurecer por, aproximadamente, uma hora, antes de o próximo incremento ser derramado acima dele.

O método de baixa elevação é, geralmente, mais fácil para trabalhos pequenos, nos quais o graute é derramado à mão. Nos casos em que seja necessário alugar um equipamento de bombeamento de graute, o método de alta elevação é preferido por minimizar os custos de locação.

Apesar de paredes não armadas de tijolos serem adequadas para muitos propósitos estruturais, paredes de AAT são muito mais resistentes frente a carregamentos verticais, cargas de flexão do vento ou pressão da terra e cargas de cisalhamento. Com AAT, é possível construir edifícios com paredes portantes, em alturas antes possíveis apenas com estruturas de aço ou concreto, e ainda fazê-lo com paredes surpreendentemente finas (Figuras 8.36 e 8.37). O método AAT é também utilizado para pilastras de tijolos, que são análogas a colunas de concreto e, menos comumente, para vergas estruturais (Figura 8.25), vigas, lajes e muros de arrimo.

A alvenaria armada também pode ser criada em uma escala menor, ao se inserir barras de reforço e graute no interior de tijolos furados. Esta técnica é especialmente útil para construção de residências unifamiliares e para painéis-cortina pré-fabricados, de camada simples (Capítulo 20).

CONSTRUÇÃO DE PAREDES EM ALVENARIA

Unidades de alvenaria em tijolos, pedras e concreto são misturadas e combinadas em paredes portantes e não portantes de muitos tipos. Alvenarias em pedra e em concreto são discutidas no capítulo seguinte, e os tipos mais importantes de construção de paredes em alvenaria são apresentados no Capítulo 10.

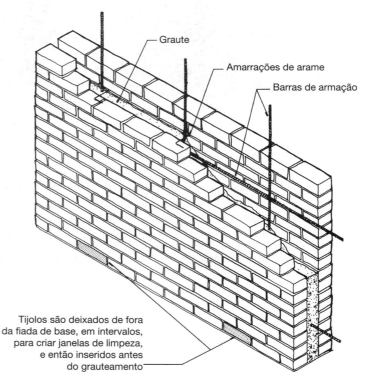

Figura 8.35
Uma parede portante de alvenaria armada é construída a partir da colocação de barras de armação no vazio de uma parede dupla e do preenchimento do vazio com graute de cimento Portland. As janelas de limpeza, mostradas aqui, são utilizadas no método de grauteamento de alta elevação.

Capítulo 8 Alvenaria de Tijolos **327**

Figura 8.36
Paredes armadas em tijolo armado, de 12 polegadas (300 mm), de espessura constante, suportam as estruturas de piso e cobertura em concreto de um hotel. *(Foto de Edward Allen)*

Figura 8.37
Como as cargas em um edifício acumulam desde o topo até a base, as paredes de tijolos não armados do Edifício Monadnock, de 16 andares, construído em Chicago em 1891, têm 18 polegadas (460 mm) de espessura, no topo, e 6 pés (1830 mm) de espessura, na base da edificação. *(Burnham e Root Arquitetos, Foto de William T. Barnum. Cortesia da Chicago Historical Society, IChi-18292)*

Figura 8.38
Tijolos em projeções ornamentais em uma chaminé inglesa New England, do século XVIII. Rufos em chapas de chumbo impermeabilizam a junção entre a chaminé e as telhas de madeira, tipo *shingle*, da cobertura. *(Foto de Edward Allen)*

Figura 8.39
Nos jardins que ele projetou na Universidade de Virginia, Thomas Jefferson utilizou muros sinuosos de tijolos não armados, que possuem a espessura de apenas uma unidade transversal. A forma da parede a torna extremamente resistente ao tombamento, apesar de sua espessura. *(Foto de Wayne Andrews)*

Figura 8.40
Bays cilíndricas de tijolos, com vergas em pedra, compõem a fachada destas casas em fita, em Boston. *(Foto de Edward Allen)*

Figura 8.41
Os tijolos foram assentados diagonalmente, em duas das fiadas, para criar este padrão dentado. O vão da janela é vencido por um arco segmental de pedra calcária. *(Foto de Edward Allen)*

Figura 8.42
Quinas originadas há muito tempo, como blocos de pedras cortados, utilizados para formar arestas reforçadas, em paredes de alvenaria de materiais fracos, tais como tijolos de barro ou pedras rústicas arredondadas. Mais recentemente, as quinas passaram a ser amplamente utilizadas para fins decorativos. À esquerda, quinas e uma cornija em pedra calcária ornam uma parede comum de tijolos assentados. As juntas de argamassa entre as quinas são arrematadas em um perfil frisado saliente, para enfatizar o padrão das pedras. À direita, quinas em tijolos são utilizadas para compor uma terminação elegante de uma parede em alvenaria de concreto, de uma abertura de porta de garagem. Repare que três fiadas de tijolos se ajustam perfeitamente a uma fiada de blocos. *(Foto de Edward Allen)*

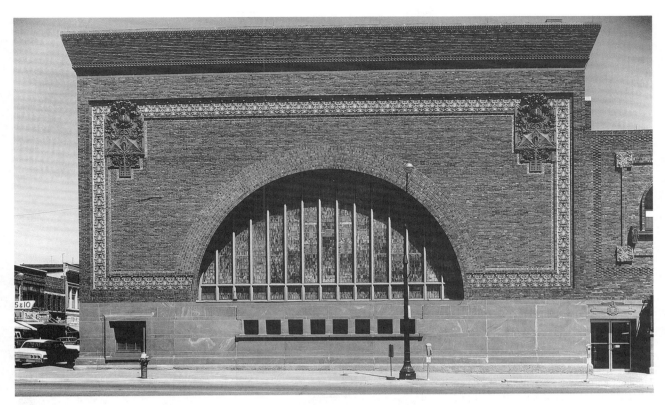

Figura 8.43
O National Farmers' Bank, de Louis Sullivan, em Owatonna, Minnesota, concluído em 1908, ergue-se sobre uma base de pedra de arenito vermelho. Enormes arcos em tijolos assentados na transversal emolduram as janelas, nas fachadas das duas ruas. Faixas ornamentais em cerâmica terracota vitrificada, em ricos tons de azul, verde e marrom, contornam as paredes, e uma vistosa cornija com tijolos e terracota se projetando coroa o edifício. *(Foto de Wayne Andrews)*

Figura 8.44
Os arquitetos Pei, Cobb, Freed utilizaram meios-domos em tijolos para demarcar as entradas das salas de audiência no Boston Federal Courthouse. *(Foto © 1998 Steve Rosenthal)*

Figura 8.45
Frank Lloyd Wright utilizou tijolos romanos compridos e cumeeiras em pedra calcária para enfatizar a horizontalidade da Robie House, construída em Chicago, em 1906. *(Foto de Mildred Mead. Cortesia da Chicago Historical Society, IChi-14191)*

Figura 8.46
Durante a segunda metade do século XX, o engenheiro uruguaio Eladio Dieste construiu centenas de edifícios industriais, com grandes vãos, com abóbadas de alvenaria de cerâmica armada, tanto de tijolos quanto, como no exemplo aqui mostrado, de ladrilhos cerâmicos vazados. O vão deste telhado é de, aproximadamente, 100 pés (30 m). *(Esquerda)* As abóbadas são longas fitas entremeadas por janelas zenitais, para iluminação natural. *(Direita)* Cada tira possui seção em forma de S. Isso enrijece a abóbada, para prevenir deformações, e também provê as aberturas para as janelas. *(Foto de Edward Allen)*

CSI/CSC	
Seção do MasterFormat para Alvenaria de Tijolos	
04 00 00	**ALVENARIA**
04 05 00	Resultados em Trabalhos Comuns para Alvenarias
	Grauteamento de Alvenarias
	Barras para Armação de Alvenarias
04 20 00	**UNIDADE DE ALVENARIA**
04 21 00	Unidade de Alvenaria Cerâmica
	Alvenaria de Tijolos
04 50 00	**ALVENARIA REFRATÁRIA**
05 52 00	Alvenaria para Câmaras de Combustão
04 57 70	Lareiras em Alvenaria

REFERÊNCIAS SELECIONADAS

1. Beall, Christine. *Masonry Design and Detailing for Architects, Engineers, and Builders* (5th ed.) New York, McGraw-Hill, 2003.

    Este livro de 500 páginas é uma excelente referência geral em design de alvenaria de tijolos, pedras e concreto.

2. Brick Industry Association. BIA *Technical Notes of Brick Construction*. McLean, VA, diversas datas.

    Esta coleção, com mais de 50 boletins, está disponível em formato de fichário ou para download gratuito do site da Brick Industry Association. São encontradas informações atualizadas em cada aspecto relacionado a tijolos e alvenaria de tijolos.

3. Brick Industry Association. *Principles of Brick Masonry*. Reston, VA, 1989.

    As 70 páginas deste folheto apresentam um currículo completo sobre construção em alvenaria cerâmica para o estudante de construção de edificações.

SITES

Site suplementar do autor: **www.ianosbackfill.com/08_brick_masonry**
Brick Industry Association: **www.bia.org**
General Shale Brick: **www.generalshale.com**
Glen-Gery Brick: **www.glengerybrick.com**
International Masonry Institute: **www.imiweb.org**

Palavras-chave

Pedreiro
Unidade de alvenaria
Trolha ou colher de pedreiro
Argamassa
Argamassa de cimento e cal
Agregado
Cimento Portland
Cal
Cal viva ou cal virgem
Cal extinta, cal hidratada
Cimento hidráulico combinados
Cimento de alvenaria
Incorporador de ar
Cimento de argamassa
Tipo de argamassa
Tipo N de argamassa
Tipo S de argamassa
Tipo O de argamassa
Tipo M de argamassa
Especificação de proporções
Especificação de propriedades
Cimento hidráulico
Argamassa de cal
Cimento não hidráulico
Carbonatação
Hidratação
Retemperar
Mistura de sobrevida
Tijolo
Processo de barro mole
Tijolo de molde úmido
Tijolo de molde em areia
Processo de prensagem seca
Processo de barro rijo
Queima
Pilha
Tijolo de clínquer
Forno intermitente
Forno tipo túnel
Vapor de água
Desidratação
Oxidação
Vitrificação
Flashing
Tijolo modular
Tijolo *utility*
Tijolo aparente
Tijolo de construção
Unidade maciça
Unidade perfurada
Unidade endentada
Tijolo furado
Tijolo de pavimentação
Tijolo refratário
Argila refratária
Argamassa refratária
Classe do tijolo
Tipo de tijolo
Lesões
Camada de parede
Fiada na horizontal
Fiada na transversal
Fiada assentada de face
Fiada assentada de topo
Junta horizontal
Junta vertical
Junta entre paredes
Tijolo na horizontal
Tijolo na transversal
Tijolo de topo
Tijolo de face
Assentamento estrutural
Assentamento comum
Assentamento flamengo
Assentamento inglês
Parede dupla com camada de ar
Assentamento corrido
Guia
Régua
Bloco de linha
Assentar na linha
Junta trabalhada
Junta para cima
Junta côncava
Junta V
Junta rente
Junta recuada
Junta despida
Junta para baixo
Ácido muriático
Verga
Corbel
Arco
Guia de montagem
Tímpano
Tijolo radial
Arco rústico
Arco *jack*, arco plano
Abóbada
Domo
Contraforte
Alvenaria armada de tijolos (AAT)
Graute
Graute autoconsolidante
Grauteamento de baixa elevação
Grauteamento de alta elevação
Janelas de limpeza
Amarração
Quina
Cornija

Questões para revisão

1. Quantas sílabas há na palavra *masonry* (alvenaria, em inglês)? (Dica: Não pode haver mais sílabas do que vogais em uma palavra. Muitas pessoas, mesmo pedreiros e profissionais da construção, pronunciam errado esta palavra.)
2. Quais os tipos mais comuns de unidades de alvenaria?
3. Quais os processos de moldagem utilizados na fabricação de tijolos? Como eles se diferem entre si?
4. Liste as funções da argamassa.
5. Quais são os ingredientes da argamassa? Qual a função de cada ingrediente?
6. Por que as juntas de argamassa são trabalhadas? Quais são os perfis de junta adequados para uma parede de tijolos em um clima severo?
7. Qual é a função de um assentamento estrutural de tijolos como, por exemplo, o assentamento comum ou o assentamento flamengo? Busque na memória os três assentamentos de tijolos mais comuns.

Exercícios

1. Qual é a altura exata de uma parede de tijolos que possui 44 fiadas, quando três fiadas de tijolos, mais suas três juntas de argamassa, possuem 8 polegadas (203.2 mm) de altura?
2. Quais as dimensões internas de uma abertura de janela, em uma parede de tijolos modulares com juntas de argamassa de ⅜" (9,5 mm), se a abertura possui 6½ tijolos de largura e 29 fiadas de altura?
3. Obtenha, em uma loja de materiais de construção, areia, cal hidratada, várias centenas de tijolos e ferramentas básicas para assentar tijolos. Arranje um pedreiro que auxilie todos na sua classe a aprender um pouco da técnica de assentar tijolos. Use argamassa de cal (cal hidratada, areia e água), que endurece tão devagar que pode ser retemperada com água e utilizada repetidamente por várias semanas. Erga pequenas paredes em diversos tipos de assentamento estrutural. Faça uma guia de montagem simples de madeira e construa um arco. Construa um domo de, aproximadamente, 4 pés (1.2 m) de diâmetro, sem utilizar guia de montagem, conforme é feito na Figura 8.34. Desmonte o que você construiu no final de cada dia, limpe os tijolos e os empilhe ordenadamente para reuso e retempere a argamassa com água, cobrindo-a com um plástico, para impedir que ela seque antes de ser utilizada novamente.
4. Projete uma lareira em tijolos para uma casa que você esteja projetando. Selecione o tamanho e a cor do tijolo e a cor da argamassa. Proporcione a lareira de acordo com as orientações no Capítulo 7. Dimensione a lareira de forma que sejam usados apenas tijolos inteiros e meios tijolos. Desenhe cada tijolo e cada junta de argamassa, em cada vista da lareira. Utilize tijolos de face, tijolos de topo, mísulas e arcos, conforme desejado para efeito visual. Como você vai emoldurar a abertura da lareira?

9
ALVENARIAS EM PEDRA E EM CONCRETO

Alvenaria em pedra
Alvenaria em concreto
Outros tipos de unidades de alvenaria
Construção de paredes em alvenaria

A pedra oferece uma ampla gama de possibilidades expressivas ao arquiteto. Neste detalhe de uma igreja do século XIX, as colunas, à esquerda, são feitas em granito polido e estão apoiadas sobre bases de pedra calcária entalhada. Os blocos de pedra calcária, à direita, cortados e talhados à mão, têm as faces brutas e as bordas dentadas. *(Arquitetos: Cummings and Sears. Foto de Edward Allen)*

As alvenarias em pedra e em concreto são similares, em conceito, à alvenaria em tijolos. Ambas envolvem o empilhamento de unidades de alvenaria na mesma argamassa que é utilizada para a alvenaria em tijolos. Entretanto, existem diferenças importantes: enquanto os tijolos são moldados em um formato pré-estabelecido, as pedras para edifícios precisam ser extraídas de pedreiras em blocos brutos, e então cortadas e entalhadas nas formas que queremos. Nós podemos controlar as propriedades físicas e visuais dos tijolos, até certo ponto, mas não podemos controlar as propriedades da pedra; assim, precisamos aprender a selecionar, a partir da abundante variedade oferecida pela terra, o tipo e a cor que queremos, e a trabalhar com ela, a partir da forma como nos é provida pela natureza. Unidades de alvenaria em concreto, assim como os tijolos, são moldadas em formas e tamanhos desejados, e suas propriedades podem ser controladas de perto. A maior parte das unidades de alvenaria em concreto, entretanto, é muito maior do que os tijolos, e, como a pedra, requer técnicas levemente diferentes para assentamento.

ALVENARIA EM PEDRA
Tipos de pedras para construção

A *pedra para construção* é obtida pela retirada da rocha da terra e da sua redução até as formas e tamanhos necessários para a construção. Ela é um material natural, ricamente diverso, que pode variar enormemente em suas propriedades químicas, estruturais, físicas e aparência. Geologicamente, as pedras podem ser classificadas em três tipos, de acordo com o modo pelo qual foram formadas:

- A *rocha ígnea* é a rocha em que os depósitos foram formados a partir de seu estado fundido.
- A *rocha sedimentar* é a rocha em que os seus depósitos foram formados pela ação da água e do vento.
- A *rocha metamórfica* foi, anteriormente, ou rocha ígnea ou rocha sedimentar. Subsequentemente, suas propriedades foram transformadas pelo calor e pressão.

Para fins comerciais, a ASTM C119 classifica a pedra utilizada em construção de edificações em seis grupos: granito, calcário, pedras à base de quartzo, ardósia, mármore e outros.

Grupo granito

O *granito* é a pedra ígnea mais comumente minerada para construção na América do Norte. Ela é um mosaico de cristais minerais, principalmente feldspato e quartzo (sílica), e pode ser obtida em uma gama de cores, que inclui cinza, preto, rosa, vermelho, marrom, amarelo claro e verde. O granito é não poroso, sólido, forte e durável; é o que mais se aproxima de uma pedra permanente, entre as pedras para construção; é apropriado para uso em contato com o solo ou em locais expostos a intemperismo severo. Sua superfície pode ser acabada em um número qualquer de texturas, incluindo um polimento espelhado. Na América do Norte, ele é extraído, principalmente, no leste e no alto centro-oeste. Diversos granitos também são importados do exterior, principalmente do Brasil, da China, da Índia e da Itália. Os granitos domésticos são classificados conforme sejam de grã fina, média ou grossa. Os requisitos para as pedras dimensionais de granito estão definidos na ASTM C615.

O *basalto*, como o granito, é uma rocha ígnea muito densa e durável. Ele é geralmente encontrado na cor cinza escura e, por isso, é uma de um grupo de pedras que podem ser coletivamente referidas como "granitos pretos". O basalto costuma ser utilizado na forma irregular e é raramente usinado.

Figura 9.1
O Austin Hall, na Universidade de Harvard (1881-1884), projetado por Henry Hobson Richardson, é uma apresentação virtuosa de alvenaria em pedra. Repare no entalhe intrincado dos componentes dos capitéis e arcos em arenito Ohio amarelo. Os tímpanos acima dos arcos são um mosaico de duas cores de blocos de arenito Longmeadow. A profundidade dos arcos é intencionalmente exagerada para transmitir uma sensação de massividade à parede na entrada da edificação. *(Foto de Steve Rosenthal)*

Capítulo 9   Alvenarias em Pedra e em Concreto   **339**

Figura 9.2
As paredes portantes da Cistercian Abbey Church, em Irving, Texas, são feitas de 427 blocos brutos de calcário de Big Spring, Texas, cada um com 2 × 3 × 6 pés (0,6 × 0,9 × 1,8 m) e pesando, aproximadamente, 5.000 libras (2.300 kg). As pedras foram trazidas diretamente da pedreira para o canteiro de obras, sem lapidação; furos de brocas são visíveis em muitas delas. Cada pedra foi assentada sobre uma camada de argamassa Tipo S, com 1 polegada (25 mm) de espessura, para compensar irregularidades em suas faces horizontais. As pedras mais escuras estão agrupadas em faixas, para efeito visual. As colunas foram torneadas em calcário. O escritório Cunningham Architects, ao projetar para uma ordem católica originada há 900 anos na Europa, desejava construir uma igreja que durasse outros 900 anos. *(Foto de James F. Wilson)*

Figura 9.3
O pesado telhado em madeira maciça da Cistercian Abbey Church, ladeado por zenitais contínuas, parece flutuar sobre o volume simples de pedra da nave. *(Foto de James F. Wilson)*

Grupo calcário

O *calcário* é um dos dois principais tipos de rocha sedimentar utilizados na construção. Ele pode ser encontrado em uma forma altamente estratificada, ou em depósitos que apresentam pouca estratificação (*arenito*). Ele é minerado em toda a América do Norte, com a maioria das pedreiras para pedras dimensionais grandes encontradas em Missouri e Indiana. França, Alemanha, Itália, Espanha, Portugal e Croácia são os principais fornecedores de calcário importado. Os requisitos para a pedra dimensional calcária estão especificados na ASTM C568.

O calcário pode ser composto por carbonato de cálcio (*calcário calcítico*) ou por uma mistura de carbonatos de cálcio e magnésio (*calcário dolomítico*). Ambos os tipos foram formados há muito tempo, a partir de esqueletos ou conchas de organismos marinhos. Suas cores variam do quase branco, passando pelo cinza e amarelo-claro, até o vermelho do óxido de ferro. A pedra calcária é porosa e contém considerável quantidade de água (*seiva de pedra*), quando minerada. Enquanto saturada com *seiva de pedra*, a maioria dos calcários é fácil de trabalhar, sendo suscetível a danos por congelamento. Após a secagem ao ar, para evaporar a água, a pedra se torna mais dura e resistente a danos por congelamento. Alguns calcários densos podem ser polidos (e classificados como mármores), mas a maioria é produzida com variados graus de textura superficial.

De acordo com a ASTM C568, os calcários podem ser classificados como I Baixa-Densidade, II Média-Densidade, ou III Alta-Densidade. As categorias de maior densidade geralmente são mais resistentes e menos porosas do que aquelas com densidades mais baixas. Todas as três categorias são adequadas para aplicações na construção.

O Indiana Limestone Institute classifica o calcário em duas cores, amarelo e cinza, e quatro classes. A classe seleta consiste em pedras de grã fina a média, com um mínimo de imperfeições naturais. A classe standard pode incluir pedras de grã fina a moderadamente grande, com um número médio de imperfeições naturais. A classe rústica pode ter pedras de grã fina a bastante grosseira, com um número de imperfeições naturais acima da média. A quarta classe, variegada, consiste em uma mistura não selecionada das três classes e permite pedras em tons de cinza e amarelo.

Grupo de pedras à base de quartzo

O *arenito* é o segundo tipo de rocha sedimentar mais usado na construção. Assim como o calcário, ele pode ser encontrado tanto em uma forma altamente estratificada, quanto em uma forma mais homogênea. O arenito foi formado em tempos remotos, a partir de depósitos de areia quartzosa (dióxido de silício). Sua coloração e propriedades físicas variam significativamente com o material que une as partículas de areia, que pode consistir em sílica, carbonatos de cálcio ou óxido de ferro. Nos Estados Unidos, o arenito é minerado, principalmente, em Nova York, Ohio e Pensilvânia. Duas das suas formas mais familiares são o *arenito castanho*, amplamente utilizado em construção de paredes, e o *arenito cinzento*, uma pedra altamente estratificada e durável, especialmente apropriada para pavimentação e cumeeiras. Ele é minerado no nordeste dos Estados Unidos. O arenito não aceita alto polimento. Os requisitos para pedras dimensionais à base de quartzo estão especificados na ASTM C616.

Grupo ardósia

A *ardósia* é um dos dois grupos de pedras metamórficas utilizados na construção. Formada a partir da argila, é uma pedra densa e dura, com planos de clivagem proximamente espaçados, sendo fácil separá-la em lâminas, tornando-a útil para pavimentações, *shingles* de telhados e delgados revestimentos de paredes. Ela é extraída em Vermont, Virginia, Nova York, Pensilvânia e partes do Canadá, em uma variedade de cores, incluindo preto, cinza, roxo, azul, verde e vermelho. A China e a Índia são os maiores fornecedores estrangeiros de ardósia para a América do Norte. Itália, Reino Unido e Espanha também fornecem quantidades significativas. Os requisitos para pedras dimensionais de ardósia estão especificados na ASTM C629.

Grupo mármore

O *mármore* é o segundo dos principais grupos de rochas metamórficas. Em sua verdadeira forma geológica, é uma forma recristalizada de calcário. Ele é facilmente esculpido e polido e ocorre em branco, preto e em quase todas as cores, frequentemente com belos padrões de veios. Os mármores utilizados na América do Norte vêm principalmente do Alabama, Tenesse, Vermont, Geórgia, Missouri e Canadá. Mármores também são importados para este continente a partir do mundo inteiro, principalmente da Turquia, Líbano, México, Itália, China e França. As propriedades físicas e a aparência do mármore variam bastante, dependendo da composição química do calcário original, de onde ele foi formado e, mais ainda, do processo pelo qual foi metamorfoseado. Requisitos para pedras dimensionais de mármore estão especificados na ASTM C503.

O Marble Institute of America estabeleceu um sistema de classificação de quatro categorias para mármores, no qual o grupo A inclui mármores de boa qualidade e pedras com qualidades uniformes e favoráveis ao trabalho. Os mármores do grupo B possuem qualidades de trabalho um pouco menos favoráveis do que o grupo A e podem ter algumas falhas naturais, que exigem colagem (cimentando partes) e preenchimento (encher vazios com cimentos, goma-laca ou outros materiais). Os mármores do grupo C podem ter variações adicionais em suas qualidades de trabalho. Falhas geológicas, vazios, veios e linhas de separação são comuns, frequentemente exigindo colagem, preenchimento e uso de forros, que são pedaços de pedra de qualidade, unidos com pinos e cimentados na parte de trás das chapas de pedra, para reforçá-las. O grupo D permite um máximo de variação nas qualidades de trabalho e ainda maior proporção de falhas e imperfeições naturais. Muitos dos mais valorizados, a maioria dos mármores altamente coloridos, pertencem a este grupo inferior. O grupo mármore também inclui outras pedras, que podem sofrer alto polimento, mas que não são mármores verdadeiros, como os calcários densos, chamados de mármore calcário, mármore ônix, mármore serpentina e outros.

Grupo outros

O grupo outros da ASTM C119 inclui uma variedade de pedras de construção menos frequentemente utilizadas. O *travertino* é uma rocha calcítica (com uma composição química similar à do calcário) relativamente rara, parcialmente cristalizada e com ricos padrões, formada por depósitos em nascentes antigas. Parece-se com o mármore nas suas qualidades físicas. Os requisitos para a pedra dimensional de travertino estão especificados na ASTM C1527. Também incluso neste grupo da ASTM C119 estão o alabastro, a pedra verde, o xisto, a serpentina e a pedra-sabão.

Minerando e usinando a pedra

A indústria da construção utiliza a pedra em muitas formas diferentes. A *pedra de mão* (*fieldstone*) é a pedra bruta de construção, obtida de leitos de rios e de campos com pedras espalhadas. A *pedra irregular* (*rubble*) consiste em fragmentos irregulares minerados, que possuem, pelo menos, uma face boa para ser exposta em uma parede. A *pedra dimensional* (*dimension stone*) é aquela que foi minerada e cortada de forma retangular; grandes placas são frequentemente referidas como *pedra cortada* (*cut stone*), e blocos pequenos retangulares são chamados de *pedra de cantaria* (*ashlar*). A *pedra decorativa* (*flagstone*) consiste em finas placas de pedra, retangulares ou de contorno irregular, que são utilizadas para pisos e pavimentações. Pedras britadas e quebradas são úteis em canteiros de obras, como material de preenchimento de drenos, como camadas de base sob lajes de concreto e pavimentações, como materiais de superfície e, ainda, como agregados em concreto e asfalto. O pó de pedra é utilizado por paisagistas para passeios, entradas de garagem e *mulch*.

Os tamanhos máximos e as espessuras mínimas das placas de pedra cortada variam de um tipo de pedra para outro. O granito, a mais forte das pedras, pode ser utilizado em placas tão finas quanto ⅜ de polegada (9,5

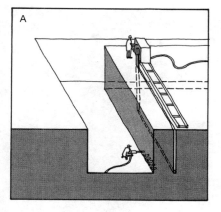

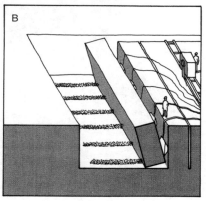

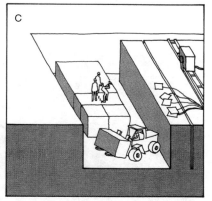

mm), em algumas aplicações. O mármore, geralmente, não é cortado mais fino do que ¾ de polegada (19 mm). Em ambos, granito e mármore, espessuras maiores do que essas são aconselháveis na maioria das aplicações. O calcário, a pedra de construção menos resistente, nunca é cortado mais fino do que 2 polegadas (51 mm), e 3 polegadas (76 mm) é a espessura preferível para pedras colocadas convencionalmente.

Em uma espessura de 6 polegadas (152 mm), a pedra calcária pode ser manuseada em lâminas tão grandes

Figura 9.4
Um procedimento típico para mineração de calcário. (*a*) Uma serra cinto diamantado divide o leito de rocha calcária em longos cortes, cada um com aproximadamente 50 pés (15 m) de comprimento e 12 pés (3,6 m) de altura. Múltiplos furos horizontais, feitos com perfuratrizes, criam um plano de fragilidade sob o corte mais externo. (*b*) Sacos pneumáticos de borracha são inflados na incisão da serra para "virar o corte", soltando-o do leito de rocha e tombando-o sobre uma camada preparada de cascalho, que amortece sua queda. (*c*) Trabalhadores da pedreira usam marretas para inserir cunhas de aço para dentro de orifícios superficiais perfurados por brocas, para dividir o pedaço cortado em blocos. Uma empilhadeira remove os blocos e os empilha para o transporte até a usina.

quanto 5 × 18 pés (1,5 × 5,5 m). Um mármore do grupo A possui um tamanho máximo recomendado de lâmina de 5 × 7 pés (1,5 × 2,1 m).

A pedra dimensional, seja granito, calcário, arenito ou mármore, é cortada da pedreira em blocos. Os métodos para fazer isso variam de acordo com o tipo de pedra, e a tecnologia de mineração está mudando rapidamente. As máquinas mais avançadas para cortar mármore e calcário na pedreira são as serras fita de correntes e as serras em cinto, que utilizam lâmi-

(a)

Figura 9.5
(a) A longa lâmina de uma serra de cinto diamantado, da qual somente a haste é visível aqui, corta profundamente o calcário em uma passada, utilizando água para lubrificar a serra e remover o pó de pedra. A serra avança automaticamente sobre seus trilhos móveis, a uma velocidade máxima de aproximadamente 2½ polegadas (65 mm) por minuto. Uma serra de corrente é similar à serra de cinto mostrada aqui, mas utiliza uma corrente de dentes rígidos, conectados, enquanto a serra de cinto utiliza uma correia, flexível e estreita, de polietileno (reforçado com aço), com segmentos cortantes de diamante. (b) Após a peça ter sido tombada, os operários cortam-na em blocos transportáveis. O homem no topo da fotografia está marcando o padrão de corte com uma trena e uma régua, trabalhando a partir de uma lista de dimensões de blocos, que a usina requer para os trabalhos específicos que ela está desenvolvendo. À direita, um operário perfura orifícios superficiais na pedra. Ele é seguido por um segundo trabalhador, que insere cunhas de aço nos furos e por um terceiro, que golpeia as cunhas até que o pedaço se parta. Cada etapa de corte leva apenas alguns minutos para ser concluída. *(Fotos de Edward Allen)*

(b)

nas diamantadas (Figuras 9.4 e 9.5). O granito é bem mais duro do que outras pedras; assim ele é extraído com perfuração e explosão ou com o uso de um *maçarico*, que queima combustível com ar comprimido. A chama quente na ponta da lança do maçarico induz ao estresse térmico local e à *esfoliação* (fracionamento ou esfoliamento da superfície) no granito. Com passadas repetidas da lança, o operador gradualmente escava uma profunda e estreita vala, para isolar cada bloco de granito do leito de rocha. Certos tipos de granito são minerados com sucesso, com uma técnica de fio de diamante, na qual um retesado laço de fio cravejado de diamantes é movimentado em alta velocidade contra a pedra para fazer o corte (páginas 593-597).

Ao preparar pedras para um edifício, o produtor de pedras trabalha a partir dos desenhos do arquiteto, para fazer um conjunto de desenhos que mostra o formato e as dimensões de cada pedra no edifício. Após esses desenhos terem sido verificados pelo arquiteto, eles são utilizados para guiar o trabalho da usina na produção das pedras. Blocos rústicos de pedra são selecionados no pátio, trazidos para a usina e serrados em placas. As placas podem ser serradas em pedaços menores, aparadas, aplainadas retas ou de acordo com um perfil de forma, torneadas ou entalhadas, conforme requerido. Equipamento automatizado é frequentemente usado para cortar e entalhar peças repetitivas. Depois que o acabamento desejado foi criado, orifícios para *ganchos* e âncoras são perfurados, conforme requerido (Figuras 9.6, 9.7 e 9.11). Cada peça acabada de pedra é marcada para corresponder à sua posição no edifício, conforme indicado nos desenhos, antes de serem despachadas ao canteiro de obras.

Selecionando pedras para edificações

A seleção de pedras para construção é complicada por diversos fatores. Os nomes comuns para pedras não necessariamente correspondem às suas origens geológicas, à sua com-

> **Seus poderes cresceram continuamente e ele inventou maneiras de arrastar as pedras até o topo, onde os trabalhadores eram obrigados a ficar por todo o dia, uma vez que estivessem lá em cima. Filippo tinha casas de vinho e lugares onde comer, dispostos na cúpula, para poupá-los da longa descida ao meio-dia.... Ele supervisionava a feitura dos tijolos, elevando-os para fora do forno, com suas próprias mãos. Ele examinava as pedras, procurando por imperfeições e esculpia, com vivacidade, formas modelo, com o seu canivete, em um nabo ou em uma madeira, para instruir aos trabalhadores...**
>
> Giorgio Vasari, escrevendo sobre Filippo Brunelleschi (1377-1446), o arquiteto do grande domo de alvenaria da Catedral de Santa Maria Del Fiore, em Florença, em *The Lives of the Artists*, 1550.

posição mineral, ou às suas propriedades físicas. Por exemplo, algumas pedras rotuladas comercialmente como mármore são desprovidas de carbonatos, o grupo mineral essencial em mármores verdadeiros, e elas diferem marcadamente na sua estabilidade dimensional. Nomes aplicados comercialmente para pedra, em geral, também diferem regionalmente. Na América do Norte, por exemplo, o nome "*basalto*" é aplicado a uma rocha ígnea semelhante ao granito, ao passo que em outros lugares ao redor do globo esse termo pode ser usado para descrever diversas variedades de siltitos ou arenitos sedimentares. Mesmo dentro de uma região, as características físicas de um tipo particular de pedra podem variar, às vezes significativamente, de uma pedreira para outra, ou, até, entre lotes individuais de pedras extraídas do mesmo local.

Se a pedra é obtida em uma fonte estabelecida, suas propriedades e aptidões para o uso podem geralmente ser extrapoladas de experiências passadas. Caso uma pedra em particular tenha uma história de desempenho bem sucedido como revestimento externo, por exemplo, é geralmente seguro presumir que novos suprimentos dessa pedra, da mesma fonte, continuarão a ser adequados para esse tipo de aplicação. Entretanto, se a pedra vem de uma fonte não comprovada, ou se ela será usada de uma forma para a qual não possua um histórico de desempenho passado, ela deve ser testada em laboratório para determinar as propriedades físicas e verificar a adequação ao uso proposto. A pedra pretendida para alvenaria deve ser submetida a uma *análise petrográfica* (exame microscópico do conteúdo mineral e da estrutura da pedra), assim como a testes de absorção de água, densidade, resistência à compressão, estabilidade dimensional, resistência ao congelamento e resistência ao ataque por sal ou por outros produtos químicos. Painéis de pedra usados como revestimento externo, conforme discutido no Capítulo 20, também podem ser testados para resistência à flexão, módulo de ruptura, expansão e contração térmica e capacidade de ancoragem (a capacidade de carregamento do sistema de ancoragem metálico proposto). Exemplos de requerimentos de propriedades físicas, para alguns tipos comuns de pedras de construção, estão listados na Figura 9.8.

A indústria da pedra é internacional em escopo e operação. Arquitetos e proprietários de edificações tendem a selecionar pedras, principalmente, com base na aparência, durabilidade e custo, com pouca consideração à origem nacional. O maquinário mais avançado para trabalho com pedra, usado em todo o mundo, é projetado e manufaturado na Itália e na Alemanha. Um número de companhias italianas adquiriu reputação em corte e acabamento de pedras em um padrão bastante alto e a um custo razoável. Como resultado desses fatores e do baixo custo do frete marítimo, relativo ao valor da pedra, tem sido comum, por exemplo, um granito minerado na Finlândia ser transportado até a Itália, para corte e acabamento, e ter a pedra acabada despachada até um porto norte-americano, onde ela é transferida para vagões ou caminhões, para entrega no canteiro de obras. Além disso, por causa do caráter único de

344 Fundamentos de Engenharia de Edificações: Materiais e Métodos

Figura 9.6
Operações de lapidação de pedras, mostrando um conjunto de técnicas para trabalhar granito e calcário. (a) Uma grua ergue um bloco de granito rústico do pátio de armazenagem, para transportá-lo para dentro da laminadora. O bloco médio neste pátio pesa de 60 a 80 toneladas (55 a 75 toneladas métricas). (b) Duas serras alternadas em conjunto fatiam blocos de calcário em placas. A serra da direita recém acaba de completar seus cortes, enquanto a da esquerda está recém começando. Os intervalos entre as lâminas paralelas são ajustados pelo operador da serra, para produzir a espessura desejada das placas. A água resfria as lâminas diamantadas das serras e remove o pó das pedras. (c) Uma placa de granito é lixada para produzir uma superfície lisa, anteriormente às operações de polimento. (d) Se um acabamento texturizado térmico for desejado em uma placa de granito, um maçarico de propano-oxigênio é passado pela placa, sob condições controladas, para provocar a explosão de pequenas lascas para fora da superfície. (e) Um especialista em leiaute, trabalhando a partir de desenhos para uma construção específica, marca uma placa polida de granito para o corte. (f) A placa de granito é cortada em peças acabadas, com uma grande serra circular diamantada, que é capaz de cortar 7 pés (2,1 metros) por minuto, a uma profundidade de 3 pol (76 milímetros).

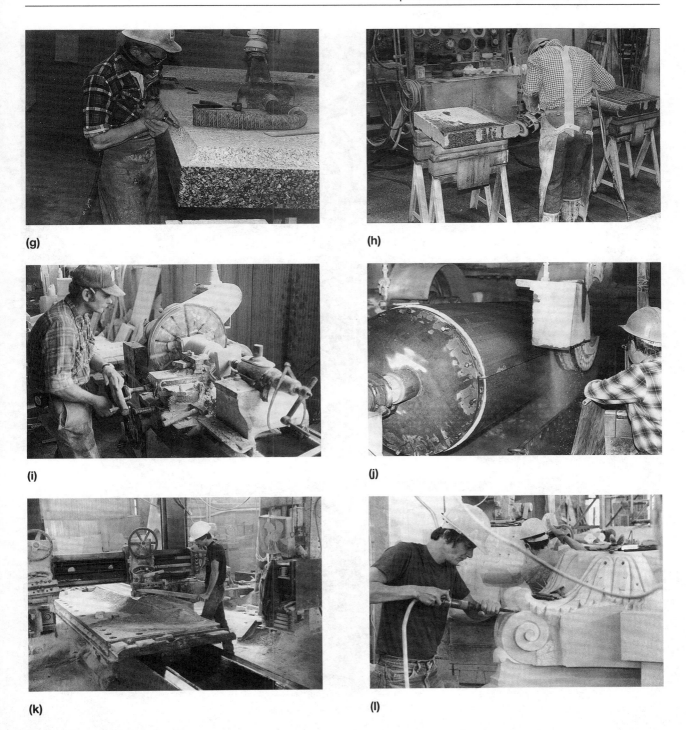

(g) Pequenas talhadeiras pneumáticas com ponteiras de carboneto são usadas para detalhes especiais em granito. (h) Polidores manuais são utilizados para finalizar bordas de granito, que não podem ser acabadas com máquinas automáticas. (i) Componentes cilíndricos de calcário são torneados em um torno. (j) Uma lâmina cilíndrica de revestimento de coluna é lixada, até chegar ao seu raio verdadeiro. (k) Formas lineares de calcário indiana, uma pedra relativamente macia, podem ser formadas por uma lâmina perfilada de carboneto de silício em uma plaina. O pedaço de pedra é preso à base de movimentação alternante, que o passa para frente e para trás sob a lâmina. A pressão e a profundidade da lâmina são controladas pela mão esquerda do operador, pressionando a alavanca de madeira. Aqui o aplainador está fazendo um perfil escalonado para uma cornija. (l) Trabalhando a mão livre, com uma talhadeira pneumática vibratória, um entalhador faz o acabamento de um capitel de uma coluna em calcário indiana. Ponteiras intercambiáveis de talhadeira, de diferentes tamanhos e formatos, repousam sobre a curva do capitel. *(Fotos a, c-h e j cortesia da Cold Spring Granite Company; foto i cortesia do Indiana Limestone Institute; fotos b, k e l de Edward Allen)*

Figura 9.7
Este capitel, de 9 toneladas (8 toneladas métricas), de uma coluna coríntia, foi esculpido a partir de um único bloco, de 27 toneladas, de calcário indiana. O corte mais grosseiro levou 400 horas e o entalhe, outras 500. Oito desses capitéis foram manufaturados para um novo pórtico de uma igreja já existente. *(Arquiteto: I. M. Pei & Partners. Cortesia do Indiana Limestone Institute)*

	Absorção de água por peso, máxima	Densidade, mínima	Resistência à compressão, mínima	Módulo de ruptura, mínimo	Resistência à flexão, mínima
Granito ASTM C615	0,4%	2.560 kg/m³ 160 lb/ft³	131 MPa 19.000 psi	10 MPa 1.500 psi	8 MPa 1.200 psi
Calcário ASTM C568	3-12%	1.760-2.560 kg/m³ 110-160 lb/ft³	12-55 MPa 1.800-8.000 psi	3-7 MPa 400-1.000 psi	
Arenito ASTM C616	1-8%	2.003-2.560 kg/m³ 125-160 lb/ft³	28-138 MPa 4.000-20.000 psi	2-14 MPa 350-2.000 psi	
Mármore ASTM C503	0,2%	2.305-2.595 kg/m³ 144-162 lb/ft³	52 MPa 7.500 psi	7 MPa 1.000 psi	7 MPa 1.000 psi

Figura 9.8
Propriedades mínimas requeridas para alguns tipos comuns de pedras, de acordo com as normas ASTM. A absorção de umidade é um bom indicador de durabilidade da pedra. Quanto menos absorvente a pedra, geralmente menos suscetível ela é a danos por congelamento-descongelamento ou à deterioração química. Níveis altos de umidade na pedra também podem causar corrosão acelerada das ancoragens metálicas ou das armaduras dentro da alvenaria construída. A densidade da pedra também é uma boa medida geral de durabilidade, correlacionando-se com resistência mais elevada e absorção mais baixa. Resistência à compressão é especialmente importante para pedras utilizadas em paredes portantes, nas quais a pedra deve suportar as cargas de gravidade impostas sobre ela. O módulo de ruptura é uma medida de resistência da pedra às forças de cisalhamento e tração, uma propriedade particularmente relevante para o desempenho de ancoragens metálicas, usadas para conectar a pedra ao edifício. A resistência à flexão é importante na determinação da resistência às forças do vento de painéis de pedra relativamente finos.

muitas pedras nacionais, pedreiras e laminadoras norte-americanas e canadenses enviam milhões de toneladas de pedra para países estrangeiros, a cada ano, além da quantidade extraída, usinada e erigida localmente. Com uma elevada conscientização a respeito de fatores de sustentabilidade, porém, há uma crescente ênfase no uso de pedra local e laminadoras locais de pedra.

Alvenaria em pedra

A pedra é usada de duas maneiras fundamentalmente diferentes nas construções: ela pode ser assentada em argamassa, de modo muito semelhante a tijolos ou blocos de concreto, para fazer paredes, arcos e abóbadas, um método de construção referido como *alvenaria em pedra*; ou pode ser conectada mecanicamente à moldura estrutural ou às paredes de um edifício, como um acabamento, chamado de *revestimento em pedra*. Este capítulo trata apenas de alvenaria em pedra assentada em argamassa; o detalhamento e instalação de revestimentos em pedra são contemplados nos Capítulos 20 e 23.

Há duas simples distinções que são úteis na classificação de padrões de alvenaria em pedra (Figuras 9.9 e 9.10):

- A alvenaria irregular é composta por peças não quadrangulares de pedra, ao passo que a cantaria é feita de peças quadrangulares.
- A *alvenaria linear em pedra* possui juntas horizontais contínuas, ao passo que a *alvenaria aleatória ou não linear em pedra* não as possui.

A pedra irregular pode ter muitos formatos, desde pedras arredondadas, lavadas pela água, até peças quebradas de uma pedreira. Ela pode ser alinhada ou não. A alvenaria de cantaria pode ser linear ou aleatória e pode ser feita de blocos, que são todos do mesmo tamanho, ou de vários tamanhos diferentes. Os termos são obviamente muito gerais no seu significado e o leitor vai encontrar alguma variação no seu uso, mesmo entre pessoas experientes no ramo da alvenaria em pedra.

O trabalho com pedras irregulares é feito de maneira muito semelhante a de alvenaria de tijolos. No entanto, as formas e os tamanhos irregulares das pedras exigem que o pedreiro selecione cada pedra cuidadosamente, para encaixá-la no espaço disponível e, ocasionalmente, cortá-la com uma colher de pedreiro ou talhadeira. O trabalho em cantaria, apesar de também similar ao trabalho em alvenaria de tijolos, frequentemente utiliza peças de pedra que são muito pesadas para se levantar manualmente e, portanto, depende de equipamento de içamento para auxiliar o pedreiro no posicionamento das pedras. Isso, por sua vez, requer um meio de conectar as cordas de içamento aos lados ou ao topo do bloco de pedra, para que não interfiram na junta a ser argamassada, e vários tipos de dispositivos são utilizados para esse propósito (Figura 9.11). Tanto a cantaria como a alvenaria irregular são usualmente assentadas com a *grã* ou *base de extração* da pedra correndo na direção horizontal, porque a pedra é mais resistente a cargas e ao intemperismo nesta orientação.

A alvenaria em pedra é frequentemente combinada com alvenaria em concreto, para reduzir custos. A pedra é usada onde ela pode ser vista, mas a alvenaria em concreto, que é menos cara, mais rápida de erigir e mais facilmente reforçada, é utilizada para as partes ocultas da parede. Um exemplo de tais técnicas: um revestimento externo em pedra, com uma parede de fundo de alvenaria em concreto, é ilustrado na Figura 9.12.

348 Fundamentos de Engenharia de Edificações: Materiais e Métodos

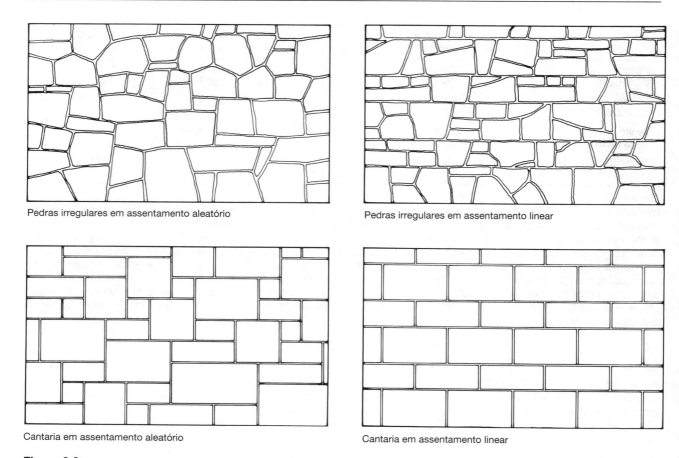

Figura 9.9
Alvenaria em pedras irregulares e em cantaria, em assentamento linear e aleatório.

Figura 9.10
Alvenaria em pedras irregulares em assentamento aleatório em granito (esquerda) e cantaria em assentamento aleatório em calcário (direita). *(Fotos de Edward Allen)*

Capítulo 9   Alvenarias em Pedra e em Concreto   **349**

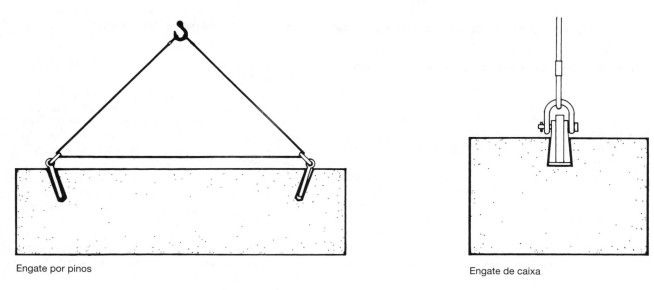

Engate por pinos   Engate de caixa

Figura 9.11
Engates permitem o erguimento e o posicionamento dos blocos de pedra para construção, sem interferir nas juntas horizontais de argamassa.

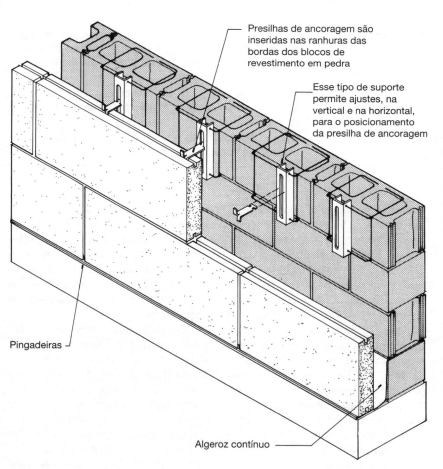

Presilhas de ancoragem são inseridas nas ranhuras das bordas dos blocos de revestimento em pedra

Esse tipo de suporte permite ajustes, na vertical e na horizontal, para o posicionamento da presilha de ancoragem

Pingadeiras

Algeroz contínuo

Figura 9.12
Um método convencional de ancorar blocos de revestimento em pedra a uma parede de alvenaria em concreto. As presilhas de ancoragem, que estão em contato direto com a pedra, devem ser feitas apenas de aço inoxidável altamente resistente à corrosão. (Quando o aço corrói, ele se expande. A corrosão das ancoragens onde elas se conectam com a pedra poderia rapidamente levar a um dano à própria pedra.) Os suportes conectados à parede de alvenaria em concreto podem ser de aço inoxidável, ou aço galvanizado menos caro. Os suportes são encaixados na própria parede de alvenaria em concreto, à medida que ela se eleva. O espaço de ar, ou cavidade, entre a pedra e a alvenaria de concreto cria um plano de drenagem, que conduz a água que penetra no revestimento de pedra, até a base da cavidade. O algeroz à prova d'água, na base da cavidade, força a água a sair da parede, de volta ao exterior, através de pequenos drenos no revestimento chamados de "pingadeiras". Para mais informações sobre a construção de paredes com cavidade, veja o próximo capítulo. Para métodos de conexão de grandes painéis de pedra a uma edificação, veja o Capítulo 20.

Considerações sobre sustentabilidade em alvenarias em pedra e em concreto

Materiais das alvenarias em pedra e em concreto

- A pedra é um recurso abundante, porém finito. Ela é, normalmente, obtida de escavações a céu aberto, com o contínuo distúrbio da drenagem, da vegetação e do habitat da vida selvagem.
- Os impactos danosos da mineração de pedra podem perdurar por muito mais tempo do que os edifícios para os quais ela foi extraída.
- Práticas de recuperação de pedreiras, como revegetação e restauração da paisagem e do habitat, podem mitigar alguns dos impactos ambientais adversos da mineração de pedra e converter locais de pedreiras exauridas em outros usos benéficos.
- O concreto usado na manufatura das unidades de alvenaria pode incluir materiais reciclados, como cinzas volantes, cacos de vidro, escória e outros resíduos pós-industriais. Para mais informação sobre a sustentabilidade do concreto, ver o Capítulo 13.
- A argamassa usada para alvenarias em pedra e concreto é feita a partir de minerais que, geralmente, são abundantes na terra. Entretanto, o cimento Portland e a cal são produtos intensivos em energia, em sua manufatura. Para mais informações a respeito da sustentabilidade da produção de cimento, ver o Capítulo 13.

Processamento e manufatura das alvenarias em pedra e em concreto

- A pedra é pesada. O seu transporte é caro e de intenso uso de energia. As pedras podem ser originárias de pedreiras locais ou de fontes em muitos lugares ao redor do mundo. A fabricação pode se dar próxima à fonte da pedra, próxima ao canteiro de obras, ou em algum outro local distante, tanto da fonte de pedra, quanto do seu destino. Nos casos em que pedras de fontes raras são desejadas ou habilidades e processos especializados de fabricação são requeridos, o transporte a longas distâncias pode ser necessário.
- As operações de corte, formatação e polimento, que acontecem durante a fabricação da pedra, utilizam grandes quantidades de água, que se torna contaminada com resíduos de pedras, lubrificantes e abrasivos. Sistemas de reciclagem e filtragem de água podem evitar que contaminantes entrem no fluxo das águas residuais e minimizar o consumo de água.
- Aproximadamente metade da pedra minerada pode se transformar em resíduo durante a fabricação. Dependendo do tipo de pedra, o resíduo pode ser triturado e usado como material de aterro nos canteiros de obras, ou como agregado, no concreto ou no asfalto. Pedras com coloração forte ou outras qualidades visuais únicas podem ser processadas como agregado, para uso na manufatura de granitinas, unidades de alvenaria em concreto, ou como produtos sintéticos de pedra. Muito do resíduo de pedra, entretanto, é disposto em aterros.
- A energia incorporada em pedras para construção pode variar significativamente com a fonte da pedra, os processos de fabricação, e as distância e métodos de transporte. A pedra que é facilmente extraída e fabricada, e que é utilizada localmente, pode ter uma energia incorporada tão baixa quanto 0,7 a 0,9 MJ/Kg (300-400 BTU/lb). Por outro lado, a pedra que exige mais esforço e energia para extrair e fabricar, e que é transporta por longas distâncias antes de chegar ao canteiro de obras, pode ter uma energia incorporada 10 ou até 20 vezes maior.
- A maioria das unidades de alvenaria em concreto é produzida em fábricas regionais relativamente próximas ao seu destino final de uso.
- O uso de alvenaria em concreto leve reduz os custos relacionados ao transporte e o consumo de energia.

As juntas de argamassa em alvenaria de pedra são, frequentemente, *recuadas* (escavadas) a uma profundidade que varia de ½ polegada a 1 polegada (13-25 mm) ou mais, após o assentamento das pedras. Isso previne a acomodação desigual das pedras ou a esfoliação de suas bordas, que pode ocorrer quando a argamassa no plano da parede seca e endurece mais rápido do que a argamassa mais profunda na junta. Depois que a argamassa restante curou por completo, os pedreiros retornam para *pontear* a parede, preenchendo as juntas até o plano da parede com *argamassa de pontear* e trabalhando-as no perfil desejado. A principal função da argamassa de pontear é formar uma boa vedação à intempérie, na face da pedra. Por essa razão, uma argamassa de baixa resistência, com características de boa trabalhabilidade e adesão, como as dos tipos O ou N, é usada. Para assegurar que a argamassa de pontear não se submeta a tensões concentradas e à possível esfoliação na face da alvenaria, ela nunca deve ser de resistência superior a da argamassa mais profunda da junta. (Ver o capítulo anterior para uma discussão sobre tipos de argamassa). Utilizar argamassa de pontear também possibilita o uso de uma argamassa de cor diferente da massa de assentamento. Alternativamente, juntas recuadas podem ser ponteadas com um selante de junta de elastômero. Devem ser usados selantes de alta qualidade, que não tinjam a pedra e possuam as capacidades elásticas apropriadas. Os tipos de material selante de juntas e suas aplicações estão descritos de forma mais completa no Capítulo 19.

Algumas pedras para construção, especialmente calcário e mármore, deterioram-se rapidamente na presença de ácidos. Isso restringe seu uso externo, em regiões cujo ar é altamente poluído, e também impede que elas sejam limpas com ácido, como é frequentemente feito com tijolos. Um cuidado excepcional é tomado durante a construção, para manter lim-

- A energia incorporada das unidades de alvenaria em concreto é levemente mais alta do que a do concreto com o qual elas são feitas, por causa da energia adicional consumida na cura das unidades. Unidades comuns de alvenaria em concreto possuem uma energia incorporada de, aproximadamente, 250 BTU por libra (0,6 MJ/kg).

Construção de alvenarias em pedra e em concreto

- Quantidades relativamente pequenas de resíduos são geradas em um canteiro de obras, durante a construção de alvenarias em pedra e em concreto, incluindo, por exemplo, restos de pedras cortadas, blocos parciais e argamassa não usada. Esses resíduos, geralmente, vão para aterros ou são enterrados no local.
- Selantes aplicados às alvenarias em pedra e em concreto, para fornecer repelência à água e proteção ao enferrujamento, são fontes potenciais de emissões. Selantes à base de solventes, normalmente, emitem mais poluentes atmosféricos do que os produtos à base d'água.

Edificações de alvenarias em pedra e em concreto

- As alvenarias em pedra e em concreto não são, normalmente, associadas a problemas de qualidade do ar no interior das edificações. Em raras circunstâncias, os agregados de pedra no concreto ou as pedras usadas na alvenaria em pedra foram achadas como sendo fontes de emissões do gás radônio.
- O efeito de massa térmica das alvenarias em pedra e em concreto pode ser um componente útil de estratégias de aquecimento e resfriamento, com economia de combustível, como aquecimento solar e resfriamento noturno.
- As alvenarias em pedra e em concreto são materiais densos, que podem efetivamente reduzir a transmissão sonora entre espaços adjacentes.
- As construções de alvenarias em pedra e em concreto não são combustíveis. Unidades de alvenaria em concreto leve são especialmente efetivas para a construção de edificações classificadas como resistentes ao fogo.
- Unidades de alvenaria em concreto leve possuem maior resistência térmica do que unidades mais densas de concreto, pedra ou tijolo.
- A construção com alvenarias em pedra e em concreto pode reduzir a dependência de acabamentos em pintura, uma fonte de compostos orgânicos voláteis.
- As alvenarias em pedra e em concreto são formas duráveis de construção, que requerem relativamente pouca manutenção e podem durar por um período bastante longo de tempo.
- As alvenarias em pedra e em concreto são resistentes aos danos por umidade e ao crescimento de mofo.
- Quando um edifício com alvenaria em pedra ou em concreto é demolido, as pedras ou as unidades de alvenaria podem ser trituradas e recicladas, para uso como preenchimento do solo do terreno ou como agregado para pavimentação. Algumas pedras de construção podem ser salvas para novas construções.

Trabalhos locais em alvenaria em concreto

- Pavimentos permeáveis de alvenaria em concreto podem facilitar a captação da água de chuva no terreno.
- Pavimentos em concreto com cores claras podem diminuir os efeitos de ilhas de calor urbanas.
- Unidades intertravadas de alvenaria em concreto, utilizadas em paredes de contenção de terra, são facilmente desmontadas e reutilizadas.

---

po o trabalho em pedra: argamassas que não mancham são usadas, altos padrões de mão de obra são impostos e o trabalho é mantido coberto, o máximo possível. Calhas ou algerozes na alvenaria em pedra devem ser de plástico ou metal inoxidável. Este tipo de alvenaria deve ser limpo apenas com sabão neutro, água e uma escova macia. Uma vez limpa e seca, deve ser tratada com um *selante claro*, também chamado de *repelente à água*, um recobrimento respirável e virtualmente invisível, que reduz a absorção de água pela pedra, ajudando a protegê-la de manchas e degradações decorrentes de intempéries.

Dos milhares de anos de experiência em construção com pedra, herdamos uma rica tradição de estilos e técnicas (Figuras 9.13-9.20). Essa tradição é ainda mais rica pelas suas variações regionais, que são nutridas pelas pedras localmente abundantes: o calcário Jerusalém, quente e suave, em Israel; o primitivo e branco mármore Pentélico, na Grécia; o granito cinza austero e o mármore Vermont branco rajado em cinza, no nordeste dos Estados Unidos; os mármores alegremente coloridos e o carcomido travertino, na Itália; o calcário dourado e o granito cinza Aswan, no Egito; os arenitos vermelhos e marrons, em Nova York; o calcário fresco e esculpível, na França; o granito e o basalto negro acinzentado, no Japão. Apesar de a indústria da pedra ser global, suas maiores glórias são frequentemente regionais e locais.

ALVENARIA EM CONCRETO

As *unidades de alvenaria em concreto* (UACs) são produzidas em três formas básicas: tijolos maciços, unidades vazadas maiores, as quais são comumente denominadas *blocos de concreto* e, menos comumente, unidades maciças maiores.

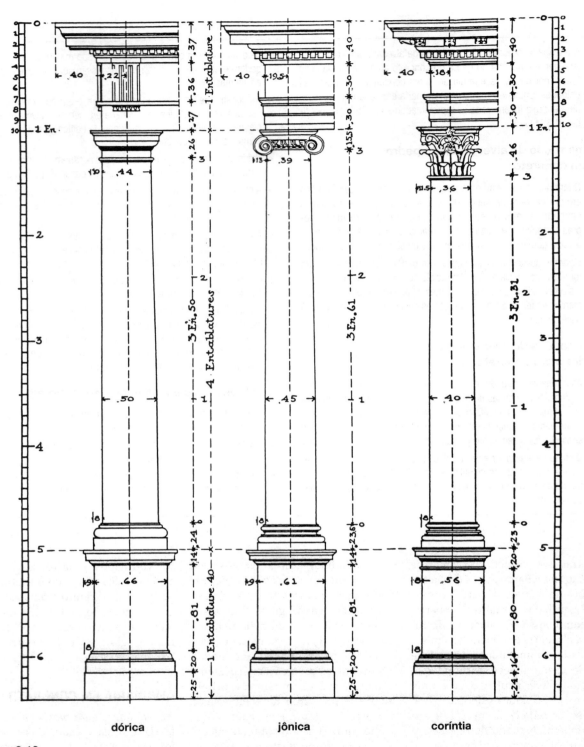

Figura 9.13
Regras de proporcionamento para as ordens clássicas da arquitetura. *(Cortesia do Indiana Limestone Institute)*

Capítulo 9 Alvenarias em Pedra e em Concreto **353**

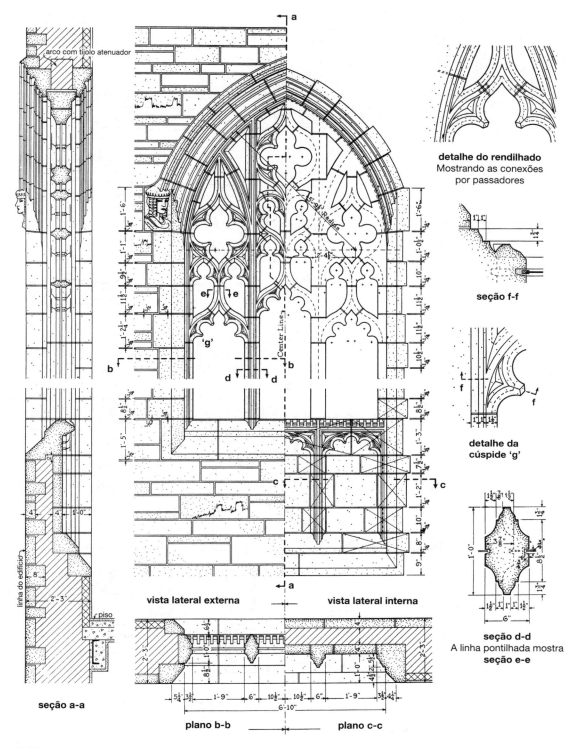

Figura 9.14
Detalhes de uma moldura e rendilhado em uma janela Gótica em calcário. *(Cortesia do Indiana Limestone Institute)*

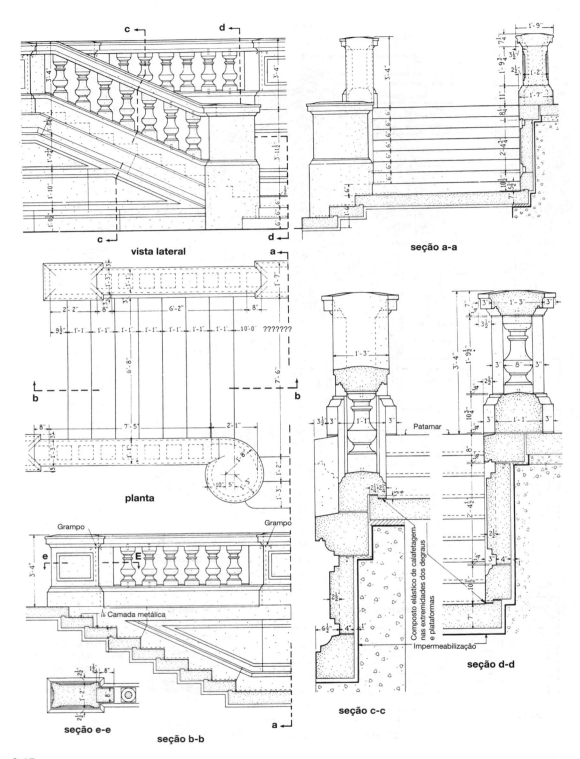

Figura 9.15
Detalhes de uma escada e uma balaustrada em calcário, da maneira clássica. Os balaústres são torneados em um torno, conforme mostrado na Figura 9.6i. *(Cortesia do Indiana Limestone Institute)*

Capítulo 9 Alvenarias em Pedra e em Concreto 355

Figura 9.16
A loja Marshall Field Wholesale Store, construída em 1855, em Chicago, apoiada sobre uma base de dois andares em granito vermelho. Suas paredes superiores foram construídas em arenito vermelho, e seu interior foi estruturado com madeiramento pesado. *(Arquiteto: H. H. Richardson. Cortesia da Chicago Historical Society, IChi-01688)*

Figura 9.17
Detalhes em granito e arenito da reitoria da Trinity Church, em Boston (1872-1877), de H. H. Richardson. *(Foto de Edward Allen)*

Figura 9.18
Detalhes de pedras cortadas. (a) A cantaria aleatória de granito de face irregular, na Trinity Church, em Boston (1872-1877), de H. H. Richardson, ainda apresenta os orifícios de broca da sua extração de jazida. (b) As pedras talhadas na janela e ao seu redor, na mesma igreja, contrastam com a cantaria rústica da parede. (c) A alvenaria em pedra, em um prédio de apartamentos do século XIX, vai ficando mais refinada à medida que vai se distanciando do solo e encontra as paredes de tijolos acima. (d) A base da Boston Public Library (1888-1895, McKim, Mead and White, Architects) é construída em granito rosa, com blocos fortemente rusticados entre as janelas. (e) Uma capela de uma faculdade é detalhada de maneira simples em calcário. (f) Uma biblioteca em estilo contemporâneo, de uma universidade, é revestida com faixas em calcário. *(Arquitetos: Shepley, Bulfinch, Richardson e Abbott. Fotos de Edward Allen)*

Capítulo 9 Alvenarias em Pedra e em Concreto 357

Figura 9.19
Paredes portantes em cantaria de pedra calcária, no Wesleyan University Center for the Arts, projetado pelos arquitetos Kevin Roche, John Dinkeloo and Associates. *(Cortesia do Indiana Limestone Institute)*

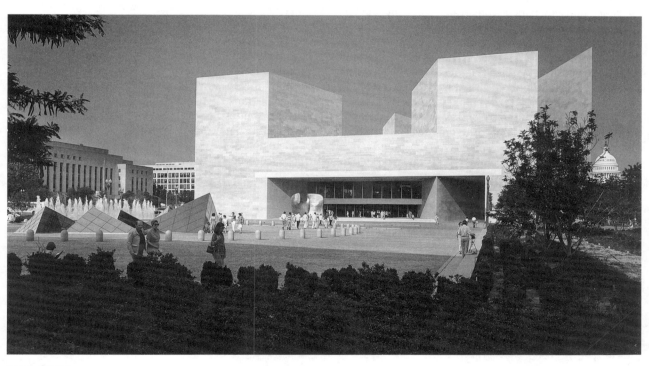

Figura 9.20
O East Building, da National Gallery of Art, em Washington, D.C., é revestido em mármore rosa. *(Arquitetos: I. M. Pei & Partners. Foto de Ezra Stoller, © ESTO)*

Manufatura das unidades de alvenaria em concreto

As unidades de alvenaria em concreto são manufaturadas pela vibração de uma mistura não fluída de concreto em formas metálicas e, então, imediatamente, tirando os blocos ou tijolos molhados e colocando-os em pilhas, para que as formas possam ser reutilizadas, a uma taxa de 1.000 ou mais unidades por hora. As pilhas de unidades de alvenaria em concreto são curadas em um ritmo acelerado, quando submetidas ao vapor, à pressão atmosférica ou, para cura mais rápida, a alta pressão (Figura 9.21). Após a cura a vapor, as unidades são embaladas sobre *paletes* de madeira, para despacho até o canteiro de obras.

As unidades de alvenaria em concreto são produzidas em uma variedade de formas e tamanhos (Figuras 9.22 e 9.23). Elas também são feitas com diferentes densidades de concreto, algumas das quais utilizam cinzas, pó de pedra, escória de alto-forno ou agregados expandidos leves, em vez de brita ou cascalho. Muitas cores e texturas de superfície estão disponíveis. Formatos especiais são relativamente fáceis de produzir, caso um número suficiente de unidades seja produzido, para amortizar os gastos com a forma. As principais normas da ASTM, que especificam a produção de alvenaria em concreto são a C55, para tijolos de concreto; C90, para unidades portantes; e a C129, para unidades não portantes.

A ASTM C90 estabelece três pesos para unidades portantes; de alvenaria em concreto, conforme indicado na Figura 9.24. Embora todas as três classificações de peso requeiram a mesma resistência mínima à compressão, blocos mais pesados são mais densos e possuem, tipicamente, maior resistência à compressão do que blocos mais leves. Blocos mais pesados também são menos caros de produzir, absorvem a umidade menos prontamente, possuem melhor resistência à transmissão do som e são mais resistentes às solicitações. Entretanto, seu maior peso também faz com que os blocos mais pesados sejam mais caros de

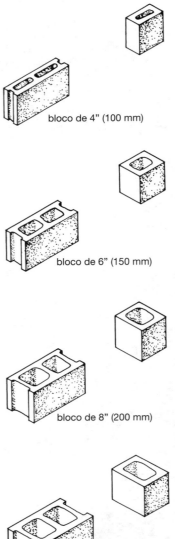

Figura 9.21
Uma empilhadeira de garfos carrega unidades de alvenaria em concreto recentemente moldadas em uma autoclave para cura a vapor. *(Reimpresso com permissão da Portland Cement Association, do livro Design and Control of Concrete Mixtures, 12ª edição; fotos: Portland Cement Association, Skokie, IL)*

Figura 9.22
Blocos inteiros e meios-blocos de concreto, segundo norma norte-americana. Cada bloco inteiro possui altura nominal de 8 polegadas (200 mm) e comprimento nominal de 16 polegadas (400 mm).

Capítulo 9 Alvenarias em Pedra e em Concreto 359

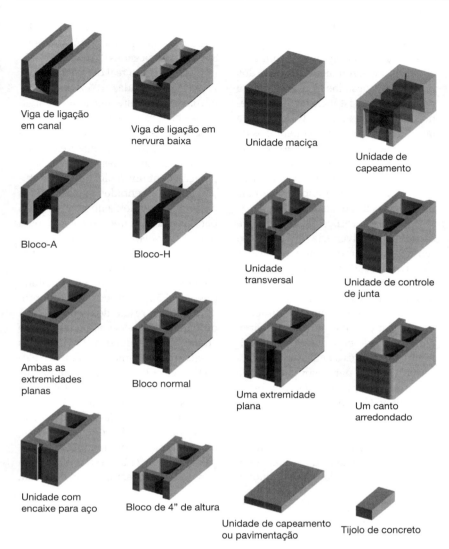

Figura 9.23
Outros formatos de alvenaria em concreto. Tijolos de concreto são intercambiáveis com tijolos cerâmicos modulares. As unidades transversais aceitam as extremidades de uma fiada assentada na transversal de um revestimento em tijolo. O uso de unidades de controle de junta está ilustrado na Figura 10.21. Unidades tipo vigas de ligação possuem espaço para barras de armação horizontal e graute, e são utilizadas para amarrar horizontalmente uma parede. Elas também são utilizadas para vergas de blocos armados. Os blocos-A são utilizados para construir paredes com barras de armação vertical, grauteadas nos núcleos, em situações em que não há espaço suficiente para levantar os blocos acima dos topos das barras que se projetam; uma dessas situações é uma parede interna em alvenaria de concreto, construída por dentro da estrutura de um edifício, como mostrado na Figura 20.1.

Classificação por peso ASTM C90	Densidade do concreto (seco)	Pesos típicos das unidades individuais
Peso normal (também denominado "Peso Pesado")	Pelo menos 125 pcf (2.000 kg/m³)	33-39 lb (15-18 kg)
Peso médio	De 105 pcf a menos de 125 pcf (1.680-2.000 kg/m³)	28-32 lb (13-15 kg)
Peso leve	Menos de 105 pcf (1.680 kg/m³)	20-27 lb (9-12 kg)

Figura 9.24
Densidades específicas e pesos típicos de unidades de alvenaria em concreto vazado.

Figura 9.25
Blocos e tijolos de concreto podem ser cortados precisamente com uma serra diamantada refrigerada à água. Para tipos mais rústicos de corte, alguns poucos golpes habilidosos de um martelo de pedreiro bastarão. *(Reimpresso com permissão da Portland Cement Association, do livro Design and Control of Concrete Mixtures, 12ª edição; fotos: Portland Cement Association, Skokie, IL)*

transportar, além de mais trabalhoso e mais caro o seu assentamento pelos pedreiros, em comparação com blocos mais leves. A maior densidade dos blocos mais pesados também confere a eles menor resistência térmica e menor resistência ao fogo. Os blocos de peso médio são, provavelmente, os de especificação de classificação de peso mais comum, embora a disponibilidade de blocos de diferentes pesos varie, de acordo com diferenças regionais nas práticas de construção.

Paredes externas de uma única camada em alvenaria de concreto tendem a vazar, quando submetidas a chuvas dirigidas pelo vento. Exceto em clima secos, elas devem ser pintadas na parte externa com tinta para alvenaria ou com um revestimento de elastômero que permita respirar, confeccionado com aditivos integralmente repelentes à água, ou, como alternativa, uma parede dupla poderia ser utilizada em seu lugar, conforme descrito no Capítulo 10.

Embora inúmeros tamanhos, formatos e padrões especiais estejam disponíveis, as dimensões das unidades norte-americanas de alvenaria em concreto são baseadas em um módulo cúbico de 8 polegadas (203 mm). O bloco mais comum possui, nominalmente, $8 \times 8 \times 16$ polegadas ($203 \times 203 \times 406$ mm). O tamanho real do bloco é $7⅝ \times 7⅝ \times 15⅝$ polegadas ($194 \times 194 \times 397$ mm), o que permite uma junta de argamassa com ⅜ de polegada (9 mm) de espessura. Este bloco padrão é projetado para ser convenientemente erguido e assentado com duas mãos (em comparação com um tijolo, que é projetado para ser assentado com uma). Suas proporções de dois cubos funcionam bem para assentamento corrido, para blocos na transversal e para cantos.

Apesar de as unidades de alvenaria em concreto poderem ser cortadas com uma serra de lâmina diamantada (Figura 9.25), é mais econômico e produz melhores resultados se o projetista desenhar edificações em alvenaria de concreto em unidades dimensionais que correspondam ao módulo do bloco (Figura 9.26). Espessuras nominais de blocos de 4 polegadas, 6 polegadas e 12 polegadas (102 mm, 152 mm e 305 mm) também são comuns, assim como um tijolo de concreto maciço, que é idêntico, em tamanho e proporção, ao tijolo cerâmico modular. Uma característica bastante funcional da

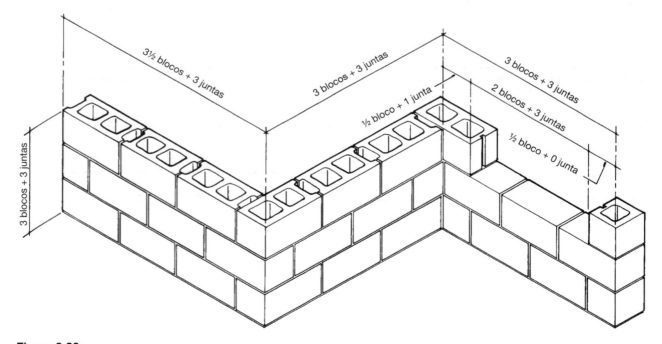

Figura 9.26
Dimensionamento modular para construção de alvenaria em concreto. Edificações de alvenaria em concreto devem ser dimensionadas para utilização de blocos não cortados, exceto sob circunstâncias especiais.

altura do bloco padrão de 8 polegadas (203 mm) é que ela corresponde exatamente a três fiadas de tijolos cerâmicos ou de concreto, ou a duas fiadas de tijolos maiores, tornando fácil entretecer a alvenaria de tijolos e a de blocos em paredes compostas.

Assentando blocos de concreto

A sequência fotográfica (Figura 9.27) ilustra a técnica para assentar paredes em blocos de concreto. A argamassa é idêntica à utilizada em paredes de tijolos, mas, na maioria das paredes, apenas a casca externa do bloco é argamassada, com a nervura interna deixada sem suporte (Figura 9.27c, j e k).

A alvenaria em concreto é normalmente armada com aço, para aumentar sua capacidade de suporte, sua resistência a rachaduras ou sua resistência a forças sísmicas. A *ar-*

(a)

(b)

(c)

(d)

Figura 9.27
Assentando uma parede em alvenaria de concreto. (a) Uma camada de argamassa é espalhada na base. (b) A primeira fiada de blocos para uma guia é assentada sobre a argamassa. A argamassa para a junta vertical é aplicada na extremidade de cada bloco, com a trolha, antes de o bloco ser assentado. (c) A guia é construída mais alta. A argamassa é normalmente aplicada apenas na casca do bloco e não nas nervuras internas. (d) À medida que cada nova fiada é iniciada na guia, sua altura é meticulosamente conferida com uma trena ou, conforme mostrado aqui, com uma estaca marcada com as alturas de cada fiada.

(continua)

mação horizontal é normalmente inserida na forma de *armação de junta*, grelhas soldadas de barras de aço de pequeno diâmetro, que são colocadas dentro da argamassa das juntas horizontais, a intervalos verticais desejados (Figura 9.28). Se uma armação horizontal mais resistente for requerida, blocos de viga de ligação (Figura 9.23) ou blocos especiais com nervuras canalizadas (Figura 9.29) permitem que barras maiores de armação sejam colocadas na direção horizontal. As barras horizontais podem ser embutidas no graute antes da nova fiada ser assentada, com o graute sendo contido nos núcleos da fiada armada por uma malha de metal, que foi previamente

Figura 9.27 *(continuação)*
(e, f) Cada nova fiada também é conferida com um nível, para se ter certeza de que está nivelada e no prumo. O tempo gasto para se certificar de que as guias estão corretas é amplamente compensado na acurácia da parede e na velocidade com que os blocos podem ser assentados entre as guias. (g) As juntas da guia são trabalhadas em um perfil côncavo. (h) Uma escova macia remove os fragmentos de argamassa, após trabalhar as juntas.

(continua)

Figura 9.27 *(continuação)*
(i) Uma linha de pedreiro é esticada entre as guias nos blocos alinhados. (j) As fiadas de blocos entre as guias são rapidamente assentadas pelo alinhamento de cada bloco com a linha esticada; não são necessários trena, nem nível. O pedreiro assentou a argamassa da junta horizontal e "lambuzou" as juntas verticais para alguns blocos. (k) O último bloco a ser instalado em cada fiada de blocos de preenchimento, o de arremate, deve ser inserido entre os blocos que já foram assentados. As juntas verticais e horizontais dos blocos já assentados estão lambuzadas. (l) Ambas as extremidades dos blocos de arremate também estão com argamassa e o bloco é cuidadosamente baixado até a sua posição. Algum retoque na argamassa da junta vertical é com frequência necessário. *(Reimpresso com permissão da Portland Cement Association, do livro Design and Control of Concrete Mixtures, 12ª edição; fotos: Portland Cement Association, Skokie, IL)*

colocada na junta horizontal, abaixo da fiada, para interligar as aberturas dos núcleos. Alternativamente, as barras horizontais podem ser grauteadas simultaneamente com as barras verticais.

Os núcleos verticais dos blocos são facilmente armados, pela inserção de barras e graute, seja utilizando a técnica de baixa elevação, seja a de alta elevação, conforme descrito no Capítulo 8. Na maioria dos casos, apenas os núcleos que contêm barras de armação são grauteados, mas, algumas vezes, todos os núcleos verticais são preenchidos, contendo ou não barras, para garantir uma resistência adicional (Figura 9.30).

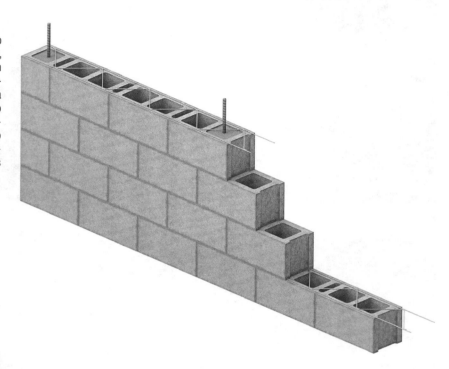

Figura 9.28
Paredes de alvenaria em concreto, que estão submetidas apenas a tensões moderadas, podem ser armadas horizontalmente com armação de junta, em aço, a qual é suficientemente delgada para encaixar em uma junta comum horizontal de argamassa. A armação horizontal de junta é disponível, tanto em padrão de "tesoura", conforme ilustrado, como de "escada". Ambas são igualmente satisfatórias. A armação vertical é feita com barras comuns, grauteadas nos núcleos dos blocos.

Figura 9.29
Neste sistema patenteado para a construção de paredes mais reforçadas de alvenaria em concreto, são abertos sulcos nas nervuras dos blocos, para permitir a inserção de barras horizontais de reforço na parede. Os núcleos dos blocos são então grauteados para embutir as barras. *(Cortesia de G. R. Ivany and Associates, Inc.)*

Figura 9.30
O graute é depositado nos núcleos de uma parede armada em alvenaria de concreto, usando uma bomba de graute e uma mangueira. *(Reimpresso com permissão da Portland Cement Association, do livro Design and Control of Concrete Mixtures, 12ª edição; fotos: Portland Cement Association, Skokie, IL)*

As vergas para paredes em blocos de concreto podem ser feitas de perfis de aço, de combinações de aço laminado, de concreto armado ou de blocos, tipo viga de ligação, com armadura horizontal grauteada (Figura 9.31).

A *amarração externa* de paredes de alvenaria em concreto encontrou aplicação para certos edifícios de baixa altura, nos quais o custo ou a disponibilidade de mão de obra especializada é um problema. Os blocos são assentados sem argamassa, fiada sobre fiada, para fazer a parede. Então uma fina camada de um composto cimentício especial, contendo fibras curtas de vidro resistente a álcalis, é aplicada em cada lado da parede, com ferramentas de reboco. Após a cura, este composto de aplicação superficial une os blocos, uns aos outros, de maneira segura, tanto para os esforços de tração, quanto de compressão. Ele também serve como acabamento de superfície, cuja aparência remete ao estuque.

Unidades decorativas de alvenaria em concreto

As *unidades decorativas de alvenaria em concreto*, também chamadas de unidades arquitetônicas de alvenaria em concreto, são produzidas de maneira fácil e econômica em uma infindável variedade de padrões de superfície, texturas e cores, destinadas ao uso exposto, em paredes externas e internas. Algumas dessas unidades estão diagramadas na Figura 9.33, e algumas das texturas de superfícies resultantes estão retratadas nas Figuras 9.34-9.37. Os custos com as formas para a produção de unidades especiais são baixos, quando divididos pelo número de unidades necessárias para um edifício de médio a grande porte. Muitas das unidades texturizadas de alvenaria em concreto, que hoje são consideradas padrão, originaram-se como desenhos especiais criados por arquitetos para edifícios específicos.

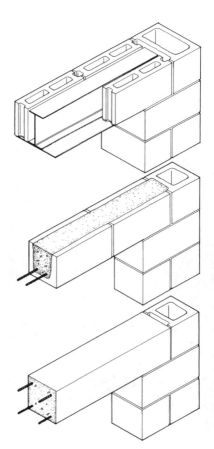

Figura 9.31
Vergas para aberturas em paredes de alvenaria em concreto. No topo, uma verga em aço, para uma abertura ampla, é feita com um perfil I soldado a uma chapa. Vergas em perfis metálicos são utilizadas para aberturas mais estreitas. No centro, uma verga de bloco armado é composta por unidades tipo viga de ligação. Abaixo, vê-se uma verga em concreto armado.

Figura 9.32
Uma pequena casa projetada pelos arquitetos Clark e Menefee é detalhada de maneira clara em alvenaria de concreto. Um muro de contenção em alvenaria armada ajuda a estabelecer a ligação visual do edifício com o local. *(Foto de Jim Rounsevell)*

unidade de
face riscada

unidade de
face nervurada

unidade de
face nervurada

unidade de
face canelada

unidade de face
nervurada irregular

unidade de
face angular

Figura 9.33
Algumas unidades decorativas de alvenaria em concreto, literalmente representando centenas de desenhos atualmente em produção. A unidade de face riscada, se o vinco da face for preenchido com argamassa e trabalhado, produz uma parede que aparenta ter sido totalmente construída com meios-blocos. A unidade de face nervurada irregular é produzida pela moldagem de blocos "gêmeos siameses", unidos pelas nervuras, cortando-os então em separado.

Figura 9.34
Uma fachada em alvenaria de concreto com face irregular. *(Arquitetos: Paderewski, Dean, Albrecht & Stevenson. Cortesia da National Concrete Masonry Association)*

Capítulo 9 Alvenarias em Pedra e em Concreto **367**

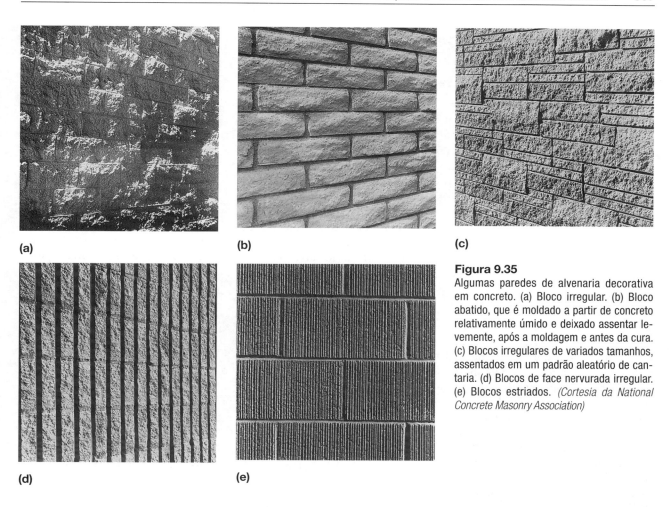

Figura 9.35
Algumas paredes de alvenaria decorativa em concreto. (a) Bloco irregular. (b) Bloco abatido, que é moldado a partir de concreto relativamente úmido e deixado assentar levemente, após a moldagem e antes da cura. (c) Blocos irregulares de variados tamanhos, assentados em um padrão aleatório de cantaria. (d) Blocos de face nervurada irregular. (e) Blocos estriados. *(Cortesia da National Concrete Masonry Association)*

Figura 9.36
Blocos de face irregular são utilizados em ambiente interno, neste auditório de escola. *(Arquitetos: Marcel Breuer and Associates. Cortesia da National Concrete Masonry Association)*

A economia da construção em alvenaria de concreto

A alvenaria de concreto usa um material de construção versátil e paredes construídas com ela são normalmente mais econômicas do que aquelas a ela comparáveis, feitas em alvenaria de tijolo ou pedra. Os próprios blocos de concreto são mais baratos, em uma base volumétrica, e são transformados em parede muito mais rapidamente, por causa de seu tamanho maior (um único bloco padrão de concreto ocupa o mesmo volume de 12 tijolos modulares). Blocos de concreto podem ser produzidos em diferentes graus de resistência e, como seus núcleos vazados permitem a fácil inserção de armaduras de aço e graute, eles são amplamente utilizados na construção de paredes portantes. Os blocos de concreto são frequentemente utilizados para a camada de parede interna, atrás de um revestimento em tijolo ou pedra. As paredes de blocos também aceitam reboco, estuque ou revestimento cerâmico diretamente, sem a necessidade de suporte metálico. Em um ano recente, aproximadamente 8 bilhões de blocos de concreto foram produzidos, apenas na América do Norte.

OUTROS TIPOS DE UNIDADES DE ALVENARIA

Tijolos, pedras e blocos de concreto são os tipos de unidades de alvenaria mais comumente usados. No passado, ladrilhos vazados, de gesso moldado ou cerâmica queimada, eram frequentemente utilizados para a construção de divisórias (Figura 23.39). Ambos foram substituídos, nos Estados Unidos, por blocos de concreto, embora ladrilhos cerâmicos vazados ainda sejam largamente utilizados em outras partes do mundo. *Azulejos estruturais esmaltados de revestimento* de argila continuam sendo usados, principalmente para divisórias, cujas superfícies duráveis e fáceis de limpar são vantajosas, assim como em corredores públicos, sanitários, cozinhas institucionais, vestiários e duchas e instalações industriais (Figura 23.40).

A *terracota estrutural*, unidade decorativa moldada de argila queimada, esmaltada ou não, foi largamente utilizada até a metade do século XX e é frequentemente vista nas fachadas de edifícios em alvenaria, do final do século XIX, nos Estados Unidos (Figura 8.43). A terracota quase desapareceu do mercado de materiais nos EUA há algumas décadas, mas os trabalhos de restauração em edifícios mais velhos criaram uma demanda pelo material e geraram um desejo renovado de usá-lo em novas edificações, resgatando os últimos fabricantes da beira da obsolescência.

Os *tijolos de vidro* estão disponíveis em diversas texturas e em vidros transparentes, absortivos de calor e reflexivos (Figuras 9.38 e 9.39). Tijolos de vidro são não absorventes. Quando paredes em alvenaria de vidro são construídas, a argamassa enrijece mais devagar do que em unidades mais absorventes, de cerâmica ou concreto. Assim, espaçadores temporários são inseridos entre as unidades para manter o espaçamento apropriado, até que a argamassa se ajuste.

O *concreto aerado autoclavado* (*AAC*), embora tenha sido fabricado e utilizado na Europa por muitos anos, encontrou apenas limitada aplicação na América do Norte. Seus ingredientes são areia, cal, água e uma pequena quantidade de pó de alumínio. Esses materiais reagem com vapor, para produzir um concreto aerado, que consiste, essencialmente, em hidratos de silicato de cálcio. O AAC é disponibilizado em blocos maciços, que são assentados em argamassa, assim como outras unidades de alvenaria em concreto. Ele também é fabricado na forma de painéis armados para paredes, vergas armadas e painéis armados para pisos e forros. Em função de suas bolhas de gás aprisionadas, que são criadas pela reação do pó de alumínio com a cal, a densidade do AAC é similar a da madeira e é facilmente serrado, furado e formatado. Ele possui propriedades de isolamento térmico moderadamente boas. Ele não é, nem de perto, tão resistente quanto o concreto de densidade normal, mas é suficientemente resistente para o uso em paredes portantes, pisos e telhados, em construções de baixa altura. As paredes de AAC são porosas demais para serem deixadas expostas; elas normalmente são revestidas em estuque, no exterior, e rebocadas, no interior.

CONSTRUÇÃO DE PAREDES EM ALVENARIA

Unidades de alvenaria em tijolos, pedras e concreto são misturadas e combinadas em paredes portantes e não portantes de vários tipos. Aspectos mais importantes da construção de paredes são mostrados no próximo capítulo.

Figura 9.37
Prédio de apartamentos de grande altura, construído com paredes portantes armadas de unidades de face canelada. Blocos especialmente moldados foram utilizados para produzir as frentes curvas das sacadas. *(Arquiteto: Paul Rudolph. Cortesia da National Concrete Masonry Association)*

Figura 9.38
Blocos de vidro utilizados para cercar uma sala de reuniões, em um escritório corporativo. *(Cortesia da Pittsburgh Corning Corporation)*

Figura 9.39
Uso externo de blocos de vidro na parede de uma caixa de escada. *(Arquiteto: Gwathmey/Siegel. Cortesia da Pittsburgh Corning Corporation)*

Figura 9.40
O granito escuro, detalhado com simplicidade e beleza, cria uma sensação de serena dignidade para a escada principal do Federal Courthouse, em Boston. O piso é feito em granitina com lascas de pedra, cujas cores se ajustam e contrastam. *(Foto © Steve Rosenthal)*

Figura 9.41
Alguns padrões de pavimentação em alvenaria, de tijolos e de granito. Os seis exemplos são assentados sem argamassa sobre uma camada de areia. Pavimentos exteriores em alvenaria também podem ser assentados com argamassa sobre lajes de concreto armado. *(Fotos de Edward Allen)*

CSI/CSC	
Seções do MasterFormat para alvenaria em pedra e em concreto	
04 00 00	**ALVENARIA**
04 05 00	Resultados de Trabalhos Comuns para Alvenaria
	Grauteamento de Alvenaria
	Ancoragem e Armadura para Alvenaria
	Armação Contínua de Juntas
	Barras de Armadura de Alvenaria
	Ancoragens para Pedra
04 20 00	**ALVENARIA DE UNIDADES**
04 21 00	Alvenaria de Unidade Cerâmica
	Alvenaria em ladrilho cerâmico esmaltado estrutural
	Alvenaria em terracota
04 22 00	Alvenaria de Unidade em Concreto
	Alvenaria de Unidade em Concreto, com Superfície Colada
	Alvenaria de Unidade em Concreto Arquitetônico
04 23 00	Alvenaria em Unidade de Vidro
04 40 00	**MONTAGENS EM PEDRA**
04 43 00	Alvenaria em Pedra

Referências Selecionadas

1. Indiana Limestone Institute of America, Inc. *ILI Handbook*. Bedford, IN, atualizado regularmente.

   Esta é uma referência definitiva sobre o uso de pedra calcária na construção, que inclui a história e a proveniência do calcário indiana, normas recomendadas e detalhes para seu uso e histórias de casos arquitetônicos.

2. Marble Institute of America. *Dimensional Stone Design Manual*. Cleveland, OH, atualizado regularmente.

   Normas, especificações e detalhes para cantaria dimensional estão incluídos neste grande volume de folhas soltas. Apesar de todos os tipos de pedras estarem incluídos, a ênfase é para o mármore.

3. Panarese, W., S. Kosmatka e F. Randall. *Concrete Masonry Handbook for Architects, Engineers, and Builders* (6ª ed.). Skokie, IL, Portland Cement Association, 2008.

   Este é um guia claramente escrito, belamente ilustrado, sobre todos os aspectos da alvenaria em concreto.

4. National Concrete Masonry Association. *Annotated Design and Construction Details for Concrete Masonry*. Herndon, VA, 2003.

   Um tesouro de detalhes típicos para alvenaria em concreto.

5. National Concrete Masonry Association. *TEK Manual for Concrete Masonry Design and Construction*. Herndon, VA, atualizado regularmente.

   Esta coleção abrangente de boletins técnicos cobre todos os aspectos mais importantes de produtos e design de alvenaria em concreto. A série completa de boletins TEK também está disponível gratuitamente na Internet, no site da NCMA (www.ncma.org).

Sites

Site suplementar do autor: **www.ianosbackfill.com/09_stone_and_concrete_masonry**
Autoclaved Aerated Concrete Products Association: **www.aacpa.org**
Building Stone Institute: **www.buildingstoneinstitute.org**
Bybee Stone Company: **www.bybeestone.com**
Genuine Stone: **www.genuinestone.com**
Indiana Limestone Institute: **www.iliai.com**
Marble Institute of America: **www.marble-institute.com**
National Concrete Masonry Association: **www.ncma.org**
Portland Cement Association: **www.cement.org**
Trenwyth Architectural Masonry Units: **www.trenwyth.com**

Palavras-chave

Pedra para construção
Rocha ígnea
Rocha sedimentar
Rocha metamórfica
Granito
Basalto
Calcário
Arenito
Calcário calcítico
Calcário dolomítico
Seiva de pedreira
Arenito
Arenito castanho
Arenito cinzento
Ardósia
Mármore
Travertino
Pedra de mão
Pedra irregular
Pedra dimensional
Pedra cortada
Pedra de cantaria
Pedra decorativa
Maçarico
Esfoliação
Gancho
Análise petrográfica
Alvenaria em pedra
Revestimento em pedra
Alvenaria linear em pedra
Alvenaria não linear em pedra, alvenaria aleatória em pedra
Base de extração, grã
Junta recuada de argamassa
Junta ponteada de argamassa
Argamassa de pontear
Selante transparente, repelente à água
Unidade de alvenaria em concreto (UAC)
Bloco de concreto
Armação horizontal
Armação de junta
Colagem superficial
Unidade decorativa de alvenaria em concreto, unidade arquitetônica de alvenaria em concreto
Azulejo estrutural esmaltado de revestimento
Terracota estrutural
Bloco de vidro
Concreto aerado autoclavado (AAC)

QUESTÕES PARA REVISÃO

1. Quais são os principais tipos de pedra utilizados na construção? Como suas propriedades diferem entre si?
2. Que sequência de operações seria usada para produzir placas retangulares de mármore polido, a partir de um grande bloco de pedreira?
3. Em quais aspectos o assentamento de alvenaria em pedras é diferente do assentamento de tijolos?
4. Quais as vantagens das unidades de alvenaria em concreto, em relação aos outros tipos de unidades de alvenaria?
5. Qual o comprimento de uma parede feita com 22 unidades de alvenaria em concreto, cada uma com dimensão nominal de 8 × 8 × 16 polegadas (203 × 203 × 406 mm), unidas com juntas de ⅜ polegada (10 mm) de argamassa?
6. Como podem ser introduzidas armaduras verticais e horizontais de aço em uma parede de UAC?

EXERCÍCIOS

1. Projete uma fachada em alvenaria de pedra para o prédio de um banco localizado no centro da cidade, que possua uma largura de 32 pés (9,8 m) e dois pavimentos de altura. Desenhe todas as juntas entre as pedras na vista lateral. Desenhe um corte detalhado, para mostrar como as pedras são fixadas a uma parede interna em alvenaria de concreto.
2. Projete um pórtico em alvenaria para uma das entradas de um campus universitário, com o qual você esteja familiarizado. Escolha qualquer tipo de alvenaria que você considerar apropriado e faça o máximo uso dos potenciais decorativos e estruturais do material. Mostre o máximo de detalhamento possível da alvenaria nos seus desenhos.
3. Visite uma companhia fornecedora de peças de alvenaria e veja todos os tipos disponíveis de unidades de alvenaria em concreto. Qual é a função de cada uma?
4. Projete uma casa simples, em alvenaria de concreto, que um estudante possa construir para seu próprio uso, mantendo a área em 400 pés quadrados (37 m²).
5. Projete uma UAC decorativa, que possa ser utilizada para construir uma parede ricamente texturizada.

10

CONSTRUÇÃO DE PAREDES EM ALVENARIA

Tipos de paredes em alvenaria

Sistemas de piso e cobertura para a construção de paredes em alvenaria portante

Detalhando paredes em alvenaria

Alguns problemas especiais das construções em alvenaria

A alvenaria e os códigos de edificação

A singularidade da alvenaria

O rico tecido norte-americano dos prédios centrais do século XIX é principalmente composto por prédios, cuja construção é definida como construção comum, pelos códigos de edificação: paredes externas portantes em alvenaria, com pisos e cobertura sustentados por vigas de madeira. *(Foto de Edward Allen)*

Os edifícios mais duradouros do mundo são construídos em *alvenaria maciça*. As grossas paredes monolíticas de tais prédios podem durar por séculos, com sua grande massa proporcionando resistência, durabilidade e abrandamento no fluxo de calor e umidade, entre o ambiente interno e o externo. Métodos tradicionais de construção em alvenaria sobrevivem, até hoje, em edifícios como a Washington National Cathedral (Washington, D.C.), construída, basicamente, em alvenaria de pedra calcária. Entretanto, a maioria das construções contemporâneas combina os materiais essenciais de alvenaria – tijolo, pedra, bloco de concreto e argamassa – com materiais mais modernos e inovações tecnológicas, para criar paredes mais delgadas, mais leves, mais rápidas de erigir e com melhor controle do fluxo de calor e umidade através delas.

Figura 10.2
Grampos de alvenaria e armação de juntas. Estes são apenas alguns poucos exemplos dentre dezenas de tipos disponíveis. Grampos corrugados (a) possuem pouca resistência ou rigidez e são recomendados apenas para ancorar camadas de revestimento, de baixa altura, a paredes internas com molduras estruturais em madeira. Grampos-Z (b) são mais rígidos que os grampos corrugados. Grampos ajustáveis (c) permitem irregularidades de altura das fiadas, entre as camadas. Grampos ajustáveis para pedra (d) possuem um folga excessiva, a menos que a junta vertical seja preenchida com argamassa. Os grampos tipo escada e tesoura (e-g) combinam a armação da junta horizontal com a amarração da alvenaria. A armação horizontal tipo tesoura (g) pode desempenhar ação composta entre camadas, resultando em uma parede mais rígida. Ela é apropriada para paredes maciças, mas não deve ser usada em paredes duplas, nas quais as diferentes taxas de dilatação e retração entre as camadas separadas podem causar um arqueamento da parede. (Nos casos em que estas ilustrações se aplicam a paredes de alvenaria composta, o preenchimento de argamassa entre as camadas foi omitido, para maior clareza.)

TIPOS DE PAREDES EM ALVENARIA

Paredes em alvenaria composta

Para um equilíbrio ótimo entre aparência e economia, paredes em alvenaria maciça, de mais de uma camada, podem ser construídas como *paredes em alvenaria composta*, com uma camada externa em pedra ou tijolo aparente e uma camada interna de alvenaria em concreto vazado. As duas camadas são unidas, ou por uma armadura de aço nas juntas horizontais (Figura 10.2*g*), ou por grampos metálicos (Figura 10.2*d*), e o espaço entre as duas camadas é preenchido com argamassa. Na construção tradicional de alvenaria composta, as camadas podem ser unidas com tijolos assentados na transversal, que se estendem desde a camada externa e que se engatam na camada interna. Estes tijolos podem penetrar por completo na camada interna ou podem ser intertravados com fiadas de blocos assentados na transversal (Figura 9.23). As paredes em alvenaria composta podem ser tanto portantes, quanto não portantes.

Figura 10.1
Paredes tradicionais em alvenaria maciça não armada contam com sua massa para resistência e durabilidade. No entanto, tal construção carece de resistência à tração e, como consequência, é vulnerável a forças sísmicas. Este edifício foi gravemente danificado pelo terremoto Nisqually, em Seattle, em 2001, e posteriormente passou por ampla reconstrução. Esteios cruzados em aço, parte de uma moldura estrutural interna, inserida para adicionar resistência a forças laterais, podem ser vistos através da janela central, no nível térreo. A eflorescência (depósito semelhante a um pó branco), logo abaixo da mísula na platibanda é evidência de alvenaria recentemente construída. Este fenômeno é explicado mais adiante no capítulo. *(Foto de Joseph Iano)*

Capítulo 10 Construção de Paredes em Alvenaria **379**

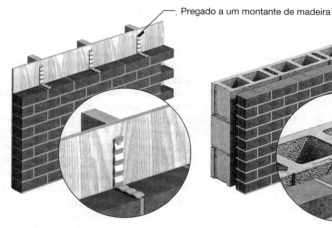

A. Grampo corrugado

B. Grampo-Z

C. Grampo ajustável

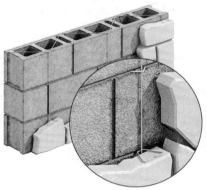

D. Grampo ajustável para pedra

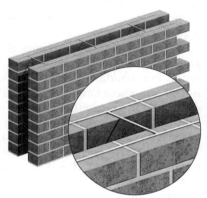

E. Grampo tipo escada de duas barras

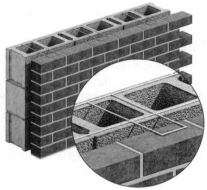

F. Grampo tipo escada com laço

G. Grampo tipo tesoura de três barras

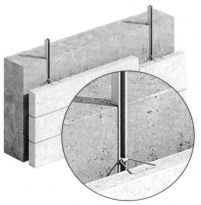

H. Ancoragem tipo rabo-de-andorinha, para camada interna em concreto

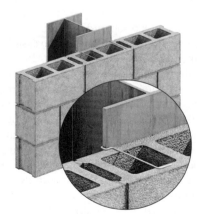

I. Ancoragem em coluna de aço

Em uma parede de alvenaria composta, as camadas separadas estão intimamente ligadas e se comportam como uma massa única. Ao projetar tais paredes, o designer deve ter certeza de que as diferenças nas características de dilatação térmica e dilatação por umidade, dos dois materiais da alvenaria, não sejam tão grandes a ponto de causar arqueamento ou rachaduras na parede, à medida que eles se expandem ou se contraem, de modo diferenciado. Em paredes compostas portantes, as diferentes resistências e elasticidades dos dois materiais também devem ser levadas em consideração, para garantir o apropriado posicionamento de armaduras e para calcular as deformações que a parede irá experimentar sob carregamento.

Paredes em alvenaria dupla

Toda parede em alvenaria é porosa, em algum grau. Alguma quantidade de água irá encontrar passagem, mesmo através de uma alvenaria nova, se a parede for molhada por um período contínuo. Paredes antigas em alvenaria e paredes não perfeitamente construídas irão permitir a passagem de ainda mais água. Uma *parede dupla* evita que a água alcance o interior da edificação, pela interposição de um espaço vazio entre as camadas interna e externa da parede. As duas camadas são separadas por um espaço de ar contínuo, que é atravessado apenas por fixadores, feitos de aço galvanizado resistente à corrosão ou aço inoxidável, que seguram as paredes juntas (Figura 10.2*b, c, e, f*; Figuras 10.3, 10.8 e 10.9). Quando a água penetra na camada mais externa e atinge a camada de ar, ela não tem para onde ir, a não ser para baixo. Quando ela atinge o fundo da camada de ar, ela é captada por uma fina membrana impermeável, chamada de *rufo*, e escoada através de *drenos* para o exterior da edificação.

Para protegê-la ainda mais contra a penetração de água, um revestimento repelente à água, ou *hidrofugante*, pode ser aplicado no lado voltado para a camada de ar, na camada interna da parede. No caso de a água atravessar a camada de ar, esse revestimento desencoraja a sua infiltração na camada interna. Membranas ou revestimentos, que também possam funcionar como barreiras ao ar, podem ser aplicados nesta superfície, como ilustrado nas Figuras 20.1 e 20.3 (veja o Capítulo 19, para uma explanação sobre barreiras ao ar). Para controlar o fluxo de calor através da parede dupla, placas isolantes, de espuma rígida de plástico, podem ser inseridas na camada de ar (Figura 10.3*d-f*).

A separação mínima recomendada entre as camadas de uma parede dupla é de 50 milímetros (2 pol). Isso proporciona um espaço suficiente para que o pedreiro mantenha a camada de ar livre de obstruções de argamassa enquanto a parede está sendo construída. Quando placas isolantes térmicas forem inseridas na camada de ar, o espaço livre remanescente, entre a superfície do isolante e a face interna da camada externa da parede, não deve ser reduzido a menos de 25 milímetros (1 pol). Drenos devem ser instalados, separados horizontalmente, a não mais do que 600 milímetros (24 pol), em alvenaria de tijolos, e 800 milímetros (32 pol), em alvenaria de concreto, e eles devem se posicionar imediatamente acima do rufo na parede, para manter a base da camada de ar o mais seca possível. Um diâmetro mínimo para um dreno é 6 milímetros (¼ pol). Um dreno pode ser criado de várias maneiras: com um pequeno pedaço de corda assentado na junta de argamassa e posteriormente puxado para fora (Figuras 10.12*b* e 10.13*b*); com um tubo plástico ou metálico assentado na argamassa, ou, simplesmente, deixando uma junta vertical sem argamassa. Acessórios para drenos, de plástico e de metal, com telas para insetos, estão disponíveis para instalação em juntas verticais não argamassadas, para evitar que abelhas ou outros insetos se instalem no interior da camada de ar.

Figura 10.3
Fotografias de armações e amarrações de juntas. (a) Armadura tipo escada, para uma camada simples de alvenaria em concreto. (b) Armadura tipo tesoura. (c) As hastes duplas da armadura sísmica, tipo escada, oferecem maior resistência do que as hastes simples da armadura normal, tipo escada. (d) A armadura tipo escada, com haste lateral, atravessa uma camada de ar, com isolante, para armar a camada externa de alvenaria em tijolos e amarrá-la à camada interna de alvenaria em concreto. (e) A armadura de colchete e amarra, da armadura tipo tesoura, permite certo ajuste para as alturas das fiadas. (f) A armadura tipo escada, com amarra sísmica, permite que a construção da camada externa seja defasada, em relação à construção da camada interna de alvenaria em concreto, e ainda confere reforço e amarração positiva da camada externa à camada interna. *(Cortesia da Dur-O-Wal Corporation)*

Capítulo 10 Construção de Paredes em Alvenaria **381**

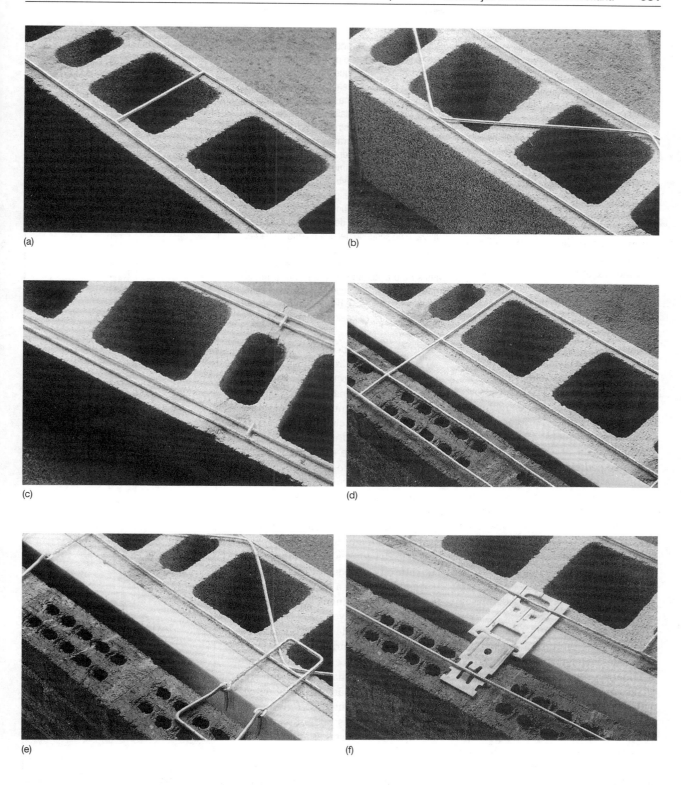

(a)

(b)

(c)

(d)

(e)

(f)

Durante a construção, a camada de ar deve ser mantida livre de respingos de argamassa, lascas de tijolos e outros detritos, que podem obstruir os drenos ou formar pontes, que podem transportar água através da camada de ar, até a camada interna. Isso requer boas práticas de construção e fiscalização cuidadosa. Quando uma unidade de alvenaria é pressionada na sua posição, em uma junta horizontal de argamassa, um pouco de argamassa é espremida para fora da junta, em cada lado. Normalmente, o pedreiro recolhe essa argamassa extrudada com uma colher de pedreiro e a remove da camada de ar, mas, inevitavelmente, um pouco de argamassa cai para dentro da camada de ar. Ao final, no fundo da camada de ar, pode se acumular argamassa suficiente para bloquear os drenos. Uma solução para esse problema é colocar uma placa de madeira sobre as amarras metálicas na camada de ar, para captar esses pingos de argamassa, então puxar esta placa para fora e raspar a argamassa dela, antes de posicionar a nova linha de amarras. Entretanto, esse método representa uma inconveniência adicional para o pedreiro e tende a derramar argamassa, quando a placa é erguida da camada de ar. Uma alternativa seria o pedreiro chanfrar a junta horizontal com a colher de pedreiro, tornando-a mais fina no lado voltado para a camada de ar e mais espessa no lado voltado para fora, antes de assentar as unidades de alvenaria sobre ela. Isso minimiza o espremer de argamassa para dentro da camada de ar.

Independentemente das precauções tomadas durante a construção da parede, a camada de ar deve ser inspecionada, antes de ser fechada, para se ter certeza de que os drenos não tenham sido obstruídos pelos respingos de argamassa ou outros detritos. Era uma prática comum no passado especificar que uma camada de brita de 9 milímetros de diâmetro (⅜ pol de diâmetro) fosse depositada na base da camada de ar, para evitar tal obstrução. Entretanto, as pesquisas mostraram que isso não só é ineficaz, como, na verdade, tende a reter a água, mesmo se a camada de ar estiver limpa. Mais recentemente, *materiais drenantes para a camada de ar*, na forma de vários produtos patenteados, como tecidos ou carpetes de livre-drenagem, entraram em uso. Esses materiais são inseridos no interior da camada de ar, seja em sua base, ou continuamente, em toda a sua altura, para captar respingos de argamassa de modo que eles não obstruam a drenagem (Figura 10.5). Tais produtos, apesar de úteis para manter os drenos desobstruídos, ainda podem permitir o acúmulo de respingos de argamassa, criando pontos de ligação, que podem transferir calor e umidade através da camada de ar. Por essa razão, eles não devem ser considerados um substituto para boas práticas de construção, destinadas a manter a camada de ar livre de respingos de argamassa, tanto quanto possível.

Em uma parede dupla portante, a camada interna, normalmente, sustenta o carregamento estrutural, enquanto a camada externa serve de camada de revestimento não estrutural ou *camada superficial* (menos comumente, ambas as camadas podem participar do suporte de carregamentos estruturais). Em paredes não portantes, a camada interna não sustenta carregamentos da estrutura, mas ainda oferece um apoio crítico à camada externa, através das amarrações metálicas, ancorando a camada externa na posição adequada e reforçando-a contra forças de vento e sísmicas. Exemplos adicionais de construção de paredes duplas podem ser encontrados em outras par-

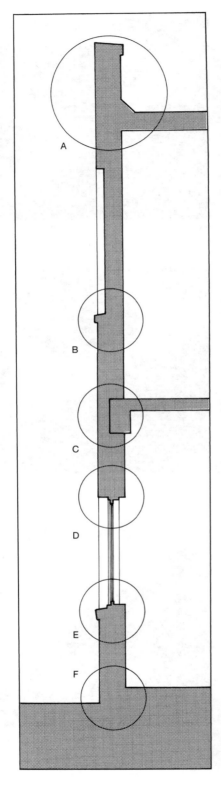

Figura 10.4
Rufos típicos em paredes de alvenaria. Rufos são requeridos no topo de paredes e em qualquer local onde quer que a camada de ar seja obstruída horizontalmente. As letras no corte, de toda a altura de uma parede, nesta página, são referentes aos detalhes em escala ampla, na página seguinte. Os rufos em um parapeito (*a*) podem ser considerados como rufos externos, porque eles não drenam a camada de ar e não possuem, usualmente, drenos associados a eles. O rufo mostrado para um recesso ou projeção em (*b*) é para uma parede em alvenaria composta. Todos os outros detalhes ilustram a construção de parede dupla. O friso utilizado no segundo detalhe do rufo de parede prateleira (*c*) é uma régua de metal ou plástico moldado, que é conectada ao interior da fôrma, antes de o concreto ser lançado. O arremate mostrado no desenho central evita que a água, retida pelo rufo, escoe de volta para a camada de ar, em vez de sair pelos drenos.

Capítulo 10 Construção de Paredes em Alvenaria **383**

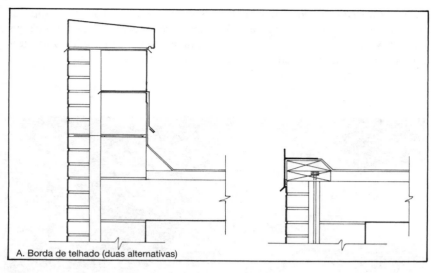
A. Borda de telhado (duas alternativas)

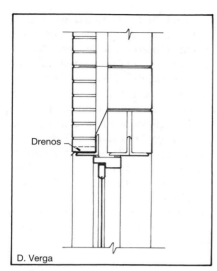
D. Verga

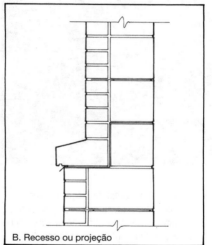
B. Recesso ou projeção

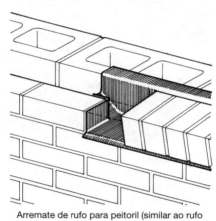
Arremate de rufo para peitoril (similar ao rufo para vergas)

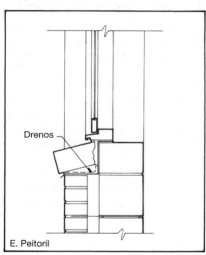
E. Peitoril

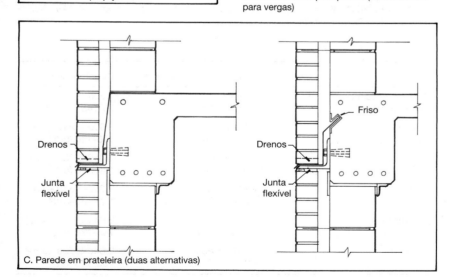
C. Parede em prateleira (duas alternativas)

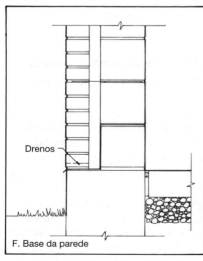
F. Base da parede

tes deste texto. Uma parede-cortina, com camada externa de tijolos e com camada interna em alvenaria de concreto é ilustrada nas Figuras 20.1 até 20.3 e é discutida em maior detalhe nas legendas e textos que as acompanham. Uma parede com camada externa em tijolos e camada interna com montantes em aço é mostrada na Figura 20.5; um estudo de caso de revestimento em tijolo é apresentado nas páginas 810-817, e um revestimento em tijolo, com moldura estrutural leve em madeira, é ilustrado na Figura 6.33. Um exemplo de revestimento exterior em pedra é mostrado na Figura 9.12.

Paredes portantes em alvenaria

Paredes construídas com alvenaria de tijolo, pedra ou concreto podem ser usadas para sustentar estruturas de cobertura e piso, compostas por molduras estruturais leves ou pesadas em madeira, aço, concreto moldado in loco, concreto pré-moldado ou abóbadas de alvenaria. Essas *paredes em alvenaria portante* (usualmente chamadas simplesmente de *paredes portantes*) podem exercer dupla função: paredes externas ou divisórias internas. Isso as torna um sistema de construção bastante econômico, se comparado aos sistemas que suportam suas cargas estruturais em pilares de madeira, aço ou concreto, mas exigem sistemas de construção separados, para preencher entre esses membros.

Paredes em alvenaria armada

Paredes portantes em alvenaria podem ser construídas com ou sem armação. Paredes em alvenaria não armada, no entanto, não podem suportar esforços de compressão tão elevados quanto as paredes armadas e são pouco aptas para resistir a forças de tração. Isso as torna impróprias ao uso em regiões de risco sísmico, ou para paredes sujeitas a grandes esforços laterais, como ventos fortes ou pressões de empuxo de terra. Paredes de alvenaria armadas com aço também podem ser construídas mais finas do que paredes comparáveis, não armadas, resultando, especialmente em paredes mais altas, em economia de materiais, mão de obra e área de piso consumida pela parede. No passado, paredes não armadas eram utilizadas, nos Estados Unidos, para sustentar edifícios de até 16 pavimentos de altura (Figura 8.37). Na construção contemporânea, com exceção das menores e mais simples, todas as paredes portantes em alvenaria são armadas.

Figura 10.5
Um material de drenagem de camada de ar patenteado por um fabricante. Peças de fios emaranhados, cortados com um padrão angular, são inseridas na base da camada de ar da parede, onde eles evitam que acúmulos de argamassa obstruam os drenos. Conforme observado no texto, respingos de argamassa caídos na camada de ar possuem outros efeitos prejudiciais e devem ser evitados, independentemente do uso de tais materiais. *(©Copyright 2007, Mortar-Net® USA, Ltd. Todos os direitos reservados.)*

	Resistência última à compressão	Densidade
Unidades de alvenaria em concreto	12-41 MPa 1.700-6.000 psi	1.200-2.320 kg/m³ 75-145 lb/ft³
Tijolos	14-140 MPa 2.000-20.000 psi	1.600-2.240 kg/m³ 100-140 lb/ft³
Calcário	18-230 MPa 2.600-33.000 psi	2.080-2.720 kg/m³ 130-170 lb/ft³
Arenito	28-240 MPa 4.000-35.000 psi	2.080-2.640 kg/m³ 130-165 lb/ft³
Mármore	502-190 MPa 7.500-27.000 psi	2.640-2.720 kg/m³ 165-170 lb/ft³
Granito	130-310 MPa 19.000-45.000 psi	2.640-2.720 kg/m³ 165-170 lb/ft³

Figura 10.6
Intervalos comuns, de resistência e densidade, para tijolos, blocos de concreto e pedra, para permitir uma comparação entre esses materiais. Na prática, os esforços admissíveis de compressão, utilizados no cálculo estrutural para alvenaria, são muito menores do que os valores dados, tanto para levar em conta a resistência da argamassa quanto para fornecer um substancial coeficiente de segurança.

O cálculo de paredes portantes, tanto armadas como não armadas, é regido pelo Building Code Requirements for Masonry Structures, ACI 530/ASCE 5/TMS 402, uma norma preparada conjuntamente pelo American Concrete Institute, pela American Society of Civil Engineers e pela The Masonry Society. Este documento estabelece requisitos tanto para materiais (unidades de alvenaria, materiais de armadura, argamassa, amarrações metálicas e acessórios e graute) quanto para métodos de construção em alvenaria. Ele também define os procedimentos de engenharia, por meio dos quais são calculadas a resistência e a rigidez dos elementos estruturais da alvenaria. Métodos de armação de paredes em alvenaria de tijolos e de concreto foram descritos nos Capítulos 8 e 9, e são ilustrados, adicionalmente, neste capítulo, nas Figuras 10.2, 10.3, 10.7-10.10 e 10.15. As exigências para armação de paredes portantes relativamente pequenas e com carregamento relativamente reduzido podem ser comumente verificadas em tabelas de projeto integrantes de normas técnicas. Entretanto, para paredes maiores ou mais carregadas, o número, a localização e o diâmetro das barras de armação devem ser determinados individualmente, para cada condição estrutural, por um engenheiro de estruturas.

Paredes em alvenaria pós-tensionada

As paredes em alvenaria podem ser pós-tensionadas, utilizando-se hastes de aço, de alta resistência, com roscas ou cabos flexíveis, em vez de convencionalmente armadas com barras de armadura verticais comuns (Figura 10.7). Esses elementos de pós-tensionamento são ancorados na fundação e correm verticalmente, através da parede de alvenaria, seja em uma camada de ar, entre as camadas de parede, ou nos núcleos das unidades de alvenaria em concreto. Depois de a parede ter sido concluída e a argamassa curada, cada haste ou cabo é tensionado (esticado bem firmemente) e ancorado, na sua condição tensionada, em uma chapa horizontal de aço, no topo da parede. As hastes de pós-tensionamento possuem ranhuras rosqueáveis, para

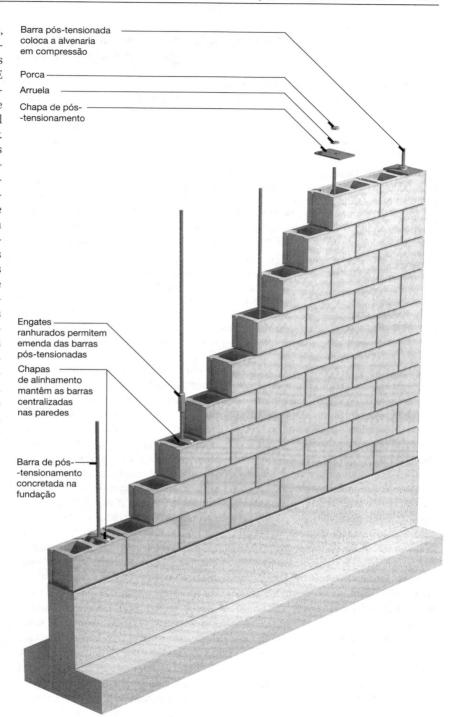

Figura 10.7
Um sistema para pós-tensionamento de uma parede em alvenaria de concreto. Seções curtas de barras redondas ranhuradas de aço, de alta resistência, são emendadas com engates ranhurados, à medida que a parede é erguida. Na base da parede, a barra é ancorada a uma peça ranhurada, que foi fixada com resina epóxi em um orifício aberto na fundação de concreto. No topo, a barra passa através de uma chapa de aço. Quando a porca, na extremidade superior da barra, é apertada, a parede de alvenaria é colocada sob compressão. Uma arruela indicadora de carga avisa quando a barra está aplicando compressão suficiente à parede. Arruelas indicadoras de carga são mostradas na Figura 11.17.

> ### CONSIDERAÇÕES PARA O PROJETO PRELIMINAR DE UMA ESTRUTURA EM ALVENARIA PORTANTE
>
> - Para estimar a secção de um pilar em alvenaria armada de tijolos, some a área total de cobertura e piso sustentada pelo pilar. Um pilar quadrado, de 300 mm (12 pol), pode suportar até 185 m² (2.000 pés²) de área; um pilar de 400 mm (16 pol), 280 m² (3.000 pés²) de área; um pilar de 500 mm (20 pol), 465 m² (5.000 pés²) e um pilar de 600 mm (24 pol), 650 m² (7.000 pés²).
> - Para estimar a secção de um pilar em alvenaria armada de concreto, some a área total de cobertura e piso sustentada pelo pilar. Um pilar quadrado, de 300 mm (12 pol), pode suportar até 95 m² (1.000 pés²) de área; um pilar de 400 mm (16 pol), 185 m² (2.000 pés²) de área; um pilar de 500 mm (20 pol), 280 m² (3.000 pés²) e um pilar de 600 mm (24 pol), 370 m² (4.000 pés²).
> - Para estimar a espessura de uma parede portante em alvenaria armada de tijolos, some a largura total de lajes ou deques de cobertura e piso, que contribuem em carga para 305 mm (1 pé) lineares de parede. Uma parede de 200 mm (8 pol) pode suportar, aproximadamente, até 200 m (650 pés) de laje; e uma parede de 300 mm (12 pol), cerca de 245 m (800 pés).
> - Para estimar a espessura de uma parede portante em alvenaria armada de concreto, some a largura total de lajes ou deques de cobertura e piso que contribuem em carga para 305 mm (1 pé) lineares de parede. Uma parede de 200 mm (8 pol) pode suportar, aproximadamente, até 120 m (400 pés) de laje; uma parede de 300 mm (12 pol), 215 m (700 pés).
>
> Essas aproximações são válidas apenas para fins de leiaute preliminar da edificação e não devem ser usadas para escolha de dimensões finais das peças. Elas se aplicam para a classificação normal de ocupações de edificações, como edifícios residenciais, de escritórios, comerciais e institucionais e estacionamentos. Para edifícios de fábricas e armazéns, utilize peças um pouco maiores.
>
> Para informações mais abrangentes sobre a seleção e o leiaute preliminar de um sistema estrutural e dimensionamento de peças estruturais, ver Edward Allen e Joseph Iano, *The Architect's Studio Companion* (4th ed.), New York, John Wiley & Sons, Inc., 2007.

que cada uma possa ser tensionada por meio do aperto de uma porca contra a chapa de aço. Os cabos são esticados com um macaco hidráulico especial e então ancorados, na sua condição tensionada, com o auxílio de um mandril de aço, que prende os fios, dos quais o cabo é feito. Em qualquer um dos casos, esse tensionamento da armadura coloca a parede toda sob uma protensão vertical de compressão, que é consideravelmente superior a que seria criada pelos pesos da alvenaria e dos pisos e coberturas que ela sustenta. O efeito do pós-tensionamento é fortalecer a parede contra cargas que, normalmente, induzem tração na mesma, tais como forças do vento ou sísmicas. Isso permite o uso de paredes mais finas, com menos núcleos grauteados, o que poupa material e trabalho. O conceito de pós-tensionamento é discutido e ilustrado, em mais detalhe, no Capítulo 13.

SISTEMAS DE PISO E COBERTURA PARA A CONSTRUÇÃO DE PAREDES EM ALVENARIA PORTANTE

Construção comum com vigotas

A chamada *construção comum*, na qual pisos e coberturas são dotados de moldura estrutural formada por vigotas e caibros de madeira e apoiadas, no perímetro, sobre paredes de alvenaria, é o tecido com o qual as cidades centrais americanas foram, em grande parte, construídas no século XIX. Ela ainda encontra uso, atualmente, em um pequeno percentual de novas construções e é listada como construção Tipo III, na tabela do Código de Edificações (Figura 1.2). A construção comum é, essencialmente, uma moldura estrutural em balão (*balloon framing*) (Figura 5.2), no qual as paredes externas de madeira foram substituídas por paredes portantes em alvenaria. A moldura estrutural em balão (*balloon framing*) das divisórias internas portantes é usada, em vez da moldura estrutural em plataforma (*platform framing*), porque minimiza o desnivelamento dos pisos, que pode ser causado pela retração da madeira ao longo das linhas internas de apoio. A Figura 10.8 mostra as características essenciais da construção comum. Observe dois detalhes muito importantes: as extremidades corta fogo das vigas e as ancoragens metálicas, usadas para unir a moldura estrutural em madeira com as paredes de alvenaria.

Construção pesada em madeira ou pré-fabricada em madeira

A *construção pesada em madeira* ou *construção pré-fabricada em madeira (Mill construction)*, listada como Tipo IV-HT, na tabela do código (Figura 1.2), assim como a construção comum, combina paredes externas em alvenaria com um interior dotado de uma moldura estrutural em madeira. Entretanto, ela utiliza peças pesadas de madeira, em vez de vigotas, caibros e barrotes leves, e assoalhos espessos de tábuas, no lugar de painéis finos de revestimento e subpiso. Pelo fato de as madeiras pesadas serem mais lentas em pegar fogo e queimar do que os membros de molduras de 2 polegadas (38 mm), alturas de edificações e áreas de piso um pouco maiores são permitidas com construção pré-fabricada em madeira, do que com construção comum. A construção pré-fabricada em madeira é discutida em detalhe no Capítulo 4 e um exemplo contemporâneo é ilustrado na Figura 4.13.

Painéis de piso em aço e concreto com paredes em alvenaria portante

Sistemas de piso e cobertura em aço estrutural, concreto moldado *in loco* e concreto pré-moldado são frequentemente utilizados em combinação com paredes portantes em alvenaria. As Figuras 10.9 e 10.10 mostram detalhes representativos de duas dessas combinações. Dependendo do grau de resistência ao fogo dos elementos que cobrem tais vãos, essas construções podem ser classificadas como Tipo I ou Tipo II, na tabela da Figura 1.2.

Capítulo 10 Construção de Paredes em Alvenaria 387

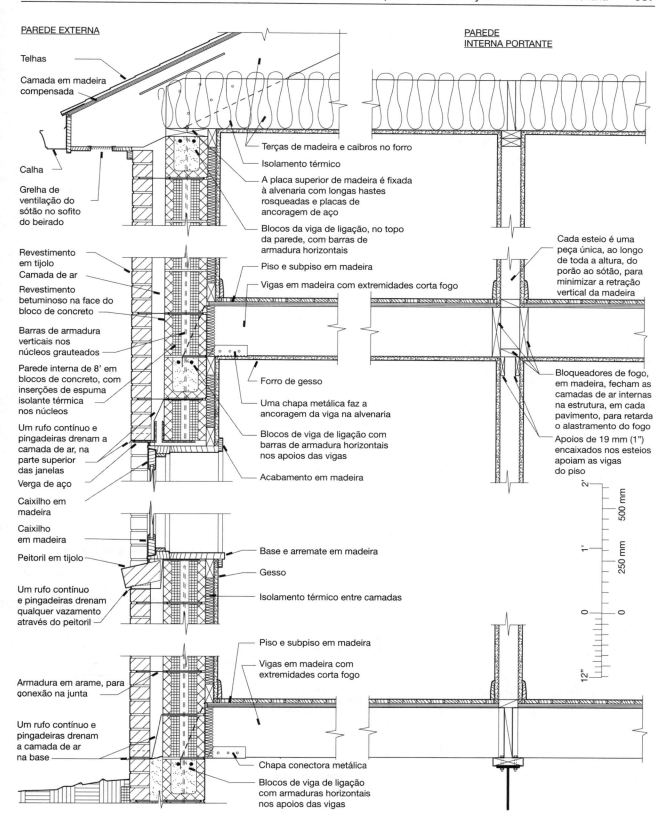

Figura 10.8
Construção comum, mostrada aqui com uma parede dupla de tijolos com camada de ar, com uma camada de alvenaria portante em concreto. O isolamento térmico está instalado entre faixas de forração em madeira, no lado interno da parede. O interior de uma edificação de construção comum é estruturado com o sistema de moldura estrutural em balão (*balloon framing*) de vigas e esteios em madeira. No perímetro da edificação, as vigas são sustentadas pela parede em alvenaria. O peitoril em tijolo da janela, mostrado aqui, é similar àquele cuja construção é mostrada na Figura 10.13.

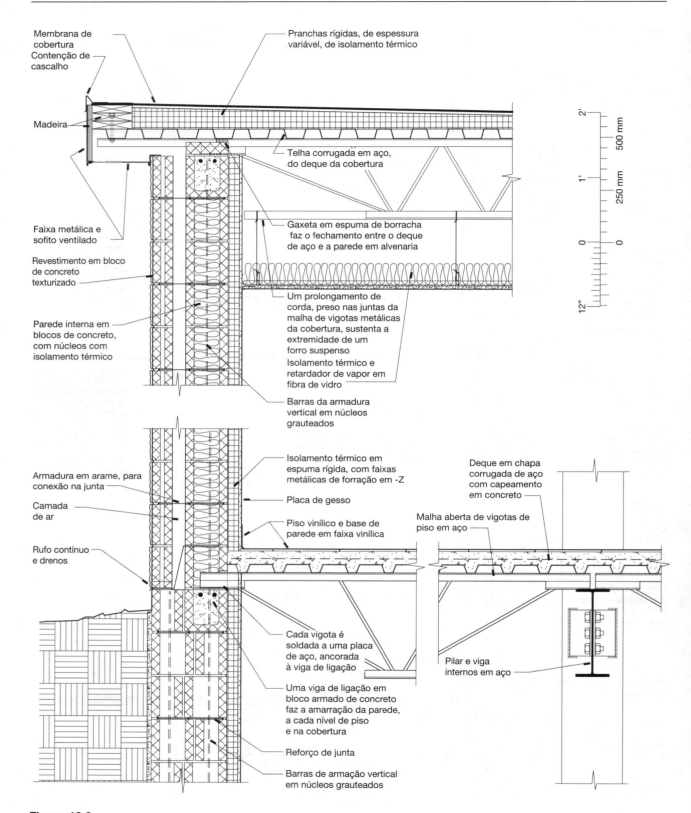

Figura 10.9
Um exemplo de parede externa portante em alvenaria de concreto, com cobertura e piso sustentados por uma malha aberta de vigotas de aço e deques de chapa corrugada em aço. Em regiões de invernos muito rigorosos, o isolamento na camada de ar da parede ou na superfície interna da parede ofereceria melhor desempenho para climas frios do que o isolamento dentro dos núcleos, como mostrado aqui. Com a devida proteção ao fogo, para a estrutura metálica, esse tipo de edificação poderia ser construído com vários pavimentos.

Capítulo 10 Construção de Paredes em Alvenaria 389

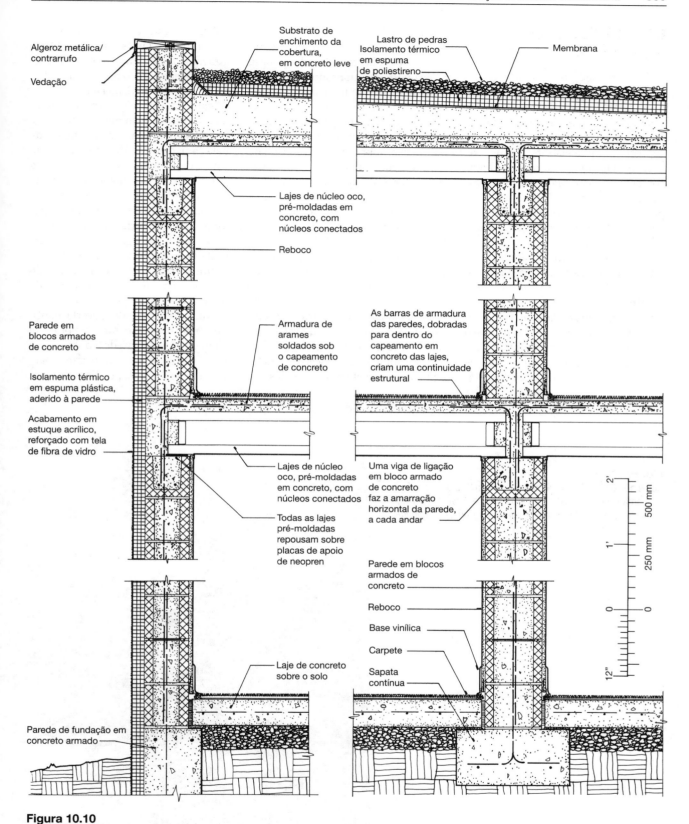

Figura 10.10
Um exemplo de paredes portantes internas e externas em alvenaria de concreto, com lajes pré-moldadas em concreto de núcleo oco, nos níveis de cobertura e dos pisos. Este sistema pode ser utilizado para edifícios de múltiplos pavimentos. A armação total da parede é mostrada, com *EIFS* aplicado no exterior do edifício. Detalhes deste sistema de acabamento externo são discutidos mais adiante, neste capítulo.

DETALHANDO PAREDES EM ALVENARIA

Rufos e drenagem

Dois tipos gerais de rufos são usados na construção em alvenaria: os *rufos externos* evitam que a umidade penetre na alvenaria, a partir de seu topo exposto ou onde ela intercepte a cobertura. Os *rufos internos* (também conhecidos como *rufos ocultos ou passantes*) capturam a água que tenha penetrado em uma parede de alvenaria e a conduzem, através de drenos, de volta ao exterior.

O rufo externo, localizado na interseção entre uma laje plana de cobertura e uma platibanda, é usualmente construído em duas partes sobrepostas, um *rufo de base* e um *contrarrufo* ou *rufo de capeamento*. Isso facilita a instalação e permite algum movimento entre os componentes da parede e da cobertura. Frequentemente o rufo de base é formado pela própria membrana de impermeabilização da cobertura. O rufo de base é normalmente dobrado para cima, estendendo-se por uma altura de, pelo menos, 200 mm (8 pol.). O contrarrufo é incorporado na parede de alvenaria, sobre o rufo de base, e se prolonga para baixo, sobrepondo-se ao rufo de base. Os contrarrufos são frequentemente feitos em duas peças intertravadas, facilitando a sua instalação e a sua remoção, quando a membrana de cobertura precisar ser substituída (Figuras 10.4a, 10.11, 16.29).

Os rufos internos são instalados por pedreiros durante a construção da parede. Nós já discutimos o rufo interno, que é posicionado na parte inferior da camada de ar da parede. Rufos adicionais são requeridos em todos os locais onde a camada de ar é interrompida: nas vergas das janelas e portas, nos peitoris das janelas, em ângulos de estruturas em prateleira e em tímpanos. Onde um rufo interno atravessa a camada de ar da parede, ele deve ser dobrado para cima, de 150 a 225 mm (6-9 pol.), na face de dentro da camada de ar, e penetrar na camada interna em, pelo menos, 50 mm (2 pol.). Desta forma, a água que escoa pela camada de ar é interceptada pelo rufo e direcionada para o exterior da parede. Exemplos desses rufos internos podem ser vistos na Figura 10.4-b-f. Se a camada de ar for limitada por uma camada interna, constituída por uma parede ou viga de concreto, ele pode terminar em um *friso*, uma ranhura horizontal, formada na face do concreto, conforme mostrado no lado direito da Figura 10.4c. Na face externa da parede, o rufo deveria continuar, pelo menos, 19 mm (¾ pol.) para além da face da parede e dobrar para baixo, em um ângulo de 45 graus, para que a água drenada por ele possa pin-

Figura 10.11
Rufos de cobre em uma platibanda. A membrana da cobertura, em camada simples, é dobrada para cima e serve de rufo, abaixo do contrarrufo de cobre. *(Cortesia da Copper Development Association Inc.)*

gar livremente da parede, em vez de ser trazida sob o rufo, por ação de capilaridade, e retornar para dentro da parede. É uma prática comum, porém perigosa, terminar o rufo ainda no interior da face da parede, para escondê-lo; isso pode causar a reabsorção de quantidades significativas de água pela parede, sob o rufo.

Os rufos podem ser feitos de chapas metálicas, membranas asfálticas modificadas, lâminas plásticas, emborrachados ou folhas de compósitos. Os rufos de chapas metálicas são os mais duráveis e mais caros. Os de cobre e de aço inoxidável são os melhores; o aço galvanizado, depois de um período longo, enferruja e se desintegra. O alumínio e o chumbo não são apropriados para rufos em paredes de alvenaria, porque reagem quimicamente com a argamassa. Os rufos asfálticos são feitos com polímeros modificados de asfalto e laminados em suportes plásticos. A maioria é fabricada com adesivo pré-aplicado em uma face, razão pela qual eles são frequentemente chamados de *rufos autoaderentes*. Em comparação com os rufos metálicos, eles podem ser mais facilmente moldados e vedados em cantos e elementos horizontais. Eles são frequentemente usados em combinação com chapas metálicas. A chapa metálica pode sustentar a membrana asfáltica flexível, nos pontos onde ela cobrir a camada de ar da parede, e pode se estender para além da face externa da parede, para formar a pingadeira recomendada (os rufos asfálticos são flexíveis demais para formar uma pingadeira projetante, e esse material não pode ficar permanentemente exposto aos raios solares). Os rufos de compósitos (laminados) combinam camadas de diversos materiais e são de preço intermediário. A maioria consiste em folhas pesadas de cobre ou chumbo, laminadas com filme de poliéster, malha de fibra de vidro, tecido revestido com betume ou papel kraft à prova d'água. Muitos rufos compósitos são bastante duráveis. Os rufos de plástico e borracha são os mais baratos. Alguns são duráveis, mas outros se deterioram muito rapidamente para uso em paredes de alvenaria. O projetista deve especificar apenas aqueles tipos comprovadamente adequados para a finalidade. Os rufos no interior de uma parede são quase impossíveis de serem substituídos, se eles falharem em serviço. Mesmo os materiais mais caros de rufos custam apenas uma pequena fração do preço total de uma parede de alvenaria; portanto, não há razão para utilizar os baratos, em um esforço mal direcionado em busca de economia.

É necessária uma cuidadosa supervisão para assegurar que os rufos sejam instalados corretamente. Nos cantos e em outras junções, onde peças separadas do material de execução dos rufos se encontram, as peças devem ser sobrepostas, pelo menos, 150 mm (6 pol.), e soldadas ou vedadas com a resina apropriada (Figura 10.12). Rufos de vergas e peitoris devem se estender para além dos batentes da abertura e terminar em *contenções terminais ou canaletas dobradas* (Figuras 10.4 e 10.13a). As contenções terminais garantem que a água capturada pelos rufos escoe de volta ao exterior da parede, em vez de escorrer pelas extremidades do rufo, para dentro da camada de ar. Contenções terminais também devem ser formadas, onde quer que um rufo seja interrompido horizontalmente, como em colunas expostas ou em juntas de dilatação e de controle.

(a)

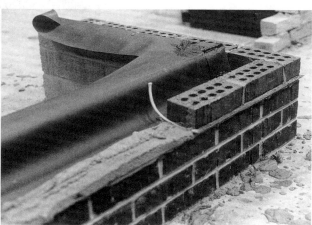
(b)

Figura 10.12
Impermeabilizando a base de uma parede dupla com um rufo de folha de compósito. (a) O pedreiro usa uma resina adesiva para vedar as juntas de sobreposição, nos cantos do rufo. (b) Um pedaço de corda forma o orifício do dreno. Pelo fato deste material do rufo ser sensível à luz solar e flexível demais para se projetar para além da face da parede, ele deve ser dobrado levemente para dentro da face e cimentado ao topo de uma tira de folha de cobre ou de aço inoxidável, que se projeta para além da face e se dobra para baixo, formando uma pingadeira. *(Cortesia do Brick Institute of America)*

Figura 10.13
Aplicando um rufo em um peitoril de janela em tijolos, com um rufo de folha de compósito. (a) A folha do rufo é voltada para cima, para formar uma contenção no final. Como na Figura 10.12, a parte que se projeta deve ser feita de uma folha de metal. (b) Pedaços de corda formam drenos na junta horizontal, sob o peitoril inclinado de tijolos, assentados na maior dimensão. Estes serão puxados para fora, depois que a argamassa estiver enrijecida. (c) O peitoril finalizado. *(Cortesia do Brick Institute of America)*

(a)

(b)

(c)

Isolamento térmico de paredes em alvenaria

Uma parede sólida em alvenaria é uma boa condutora de calor, o que é outra maneira de se dizer que é um mau isolante térmico. Em muitos climas quentes e secos, a capacidade de uma parede em alvenaria, sem isolamento, armazenar calor e retardar a sua passagem mantém o interior da edificação fresco, durante o dia quente, e aquecido, durante a noite fria. Mas em climas com estações de frio ou calor continuado, medidas devem ser tomadas para melhorar a resistência térmica das paredes em alvenaria. A introdução de uma camada de ar em uma parede melhora consideravelmente suas propriedades de isolamento térmico, mas não em um nível totalmente suficiente para climas frios.

Existem três maneiras gerais de se isolar termicamente paredes em alvenaria: na face externa, dentro da parede e na face interna. O isolamento pela face externa é um desenvolvimento relativamente recente. Ele é normalmente realizado por um *sistema externo de acabamento e isolamento* (*exterior insulation and finish system – EIFS*), que consiste de painéis de espuma plástica, os quais são presos à alvenaria e cobertos por uma fina e contínua camada de estuque polimérico, armado com uma malha de fibra de vidro. A aparência é de uma construção com estuque. A alvenaria fica completamente oculta e pode ser feita de materiais baratos e de mão de obra pouco refinada. O *EIFS* é frequentemente usado para isolar edificações existentes de alvenaria, em casos onde a aparência externa da alvenaria não necessite ser mantida. Uma vantagem do *EIFS* é que a alvenaria fica protegida de temperaturas extremas e pode funcionar efetivamente para estabilizar a temperatura interna da edificação. As desvantagens são que as finas camadas de estuque normalmente não são muito resistentes a danos por impacto ou perfuração, além de o *EIFS* ser combustível. Além disso, a maioria dos *EIFSs* não possui rufos ou drenos internos; portanto, danos por punção e lapsos de execução, especialmente os próximos às bordas e aberturas, podem causar vazamento substancial de umidade para o interior das paredes e da edificação. A Figura 10.10 detalha um edifício isolado desta maneira, e fotografias da instalação de sistemas externos de acabamento e isolamento térmico são mostradas na Figura 20.23.

O isolamento térmico no interior da parede pode ocorrer de diversas formas. Se a camada de ar da parede for suficientemente larga, os pedreiros podem inserir placas de isolante térmico de espuma plástica contra a camada interna de alvenaria, à medida que a parede é construída (Figura 10.3*d-f*). Os núcleos ocos de uma parede em blocos de concreto podem ser preenchidos com isolamento térmico granular solto (Figura 10.14) ou com revestimentos especiais sob medida ou plásticos em espuma (Figura 10.15). Entretanto, o isolamento térmico dos núcleos dos blocos não retarda a passagem de calor através dos elementos sólidos interconectados dos blocos, e é mais efetivo quando ele é combinado com uma camada ininterrupta de isolamento térmico, na camada de ar ou em uma face da parede.

A face interna da parede em alvenaria pode ser isolada termicamente por meio de fixação de *faixas de for-*

Figura 10.14
Isolando os núcleos em uma parede de blocos de concreto, com um isolante térmico de preenchimento a seco. O isolante térmico é não combustível, inorgânico, que não sedimenta e é tratado para repelir a água que possa estar presente nos núcleos dos blocos, por causa da condensação ou vazamento. *(Cortesia de W. R. Grace & Co.)*

Figura 10.15
Este sistema patenteado de alvenaria em concreto é projetado com preenchimento em espuma de poliestireno, o qual proporciona um alto grau de isolamento térmico. A interconexão entre os blocos é mínima, para reduzir as pontes térmicas, onde elas possam atravessar a espuma. Barras de armadura verticais podem ser colocadas, conforme mostrado, e barras horizontais podem ser dispostas na rede de ranhuras dos blocos. Os núcleos devem ser grauteados, onde a armação for utilizada. *(Cortesia de Korfil, Inc., P.O. Box 1000, West Brookfield, MA 01585)*

Figura 10.16
Um trabalhador instala um isolamento térmico em espuma plástica no interior de uma parede de alvenaria em concreto, utilizando um sistema patenteado de faixas de forramento em aço, onde apenas os conectores isolados, visíveis nesta fotografia, tocam a parede em alvenaria, para minimizar a condução de calor através do metal. As faixas de forramento servem como uma base à qual os painéis de acabamento, como o gesso acartonado, podem ser fixados. Outros sistemas de forramento para paredes em alvenaria são mostrados nas Figuras 23.4-23.6. *(Cortesia de W. R. Grace & Co.)*

ração metálica ou de madeira, ao interior da parede, por meio de pregos ou conectores metálicos (Figuras 10.8, 10.9, 10.16 e 23.4-23.6). As faixas de forração podem ser de qualquer profundidade desejada, para conter a espessura necessária de isolante térmico, em fibra ou espuma. A parede de gesso acartonado ou outro material de acabamento interno é, então, aparafusado às faixas de forração. Faixas de forração podem também resolver outro problema crônico da construção em alvenaria, pela criação de um espaço no qual a fiação elétrica e o encanamento possam ser facilmente ocultos.

ALGUNS PROBLEMAS ESPECIAIS DAS CONSTRUÇÕES EM ALVENARIA
Dilatação e contração

Paredes em alvenaria se contraem e dilatam levemente, em resposta a mudanças de temperatura e de umidade. A dilatação térmica é relativamente fácil de quantificar (Figura 10.17). Quanto à expansão associada à umidade, é mais difícil: unidades novas de alvenaria cerâmica tendem a absorver água e expandir, sob condições atmosféricas normais. Unidades novas de alvenaria em concreto normalmente encolhem um pouco, já que liberam o excesso de água, após a fabricação. Dilatação e contração em materiais de alvenaria são pequenas, comparadas à movimentação por umidade na madeira ou à movimentação térmica em plásticos ou alumínio, mas elas devem ser levadas em conta no projeto de uma edificação, fornecendo juntas de separação de superfícies, para evitar acúmulo excessivo de forças, que poderiam fender ou lascar a alvenaria (ver a seção destacada, "Juntas de Movimentação em Edificações", a seguir).

Três diferentes tipos de juntas de separação de superfície são utilizados para alvenaria. As juntas de dilatação são ranhuras intencionalmente criadas, que podem se fechar levemente, para acomodar a expansão das superfícies feitas em alvenaria de tijolos ou pedras. As juntas de controle são fendas intencionalmente criadas, que podem se abrir para acomodar retrações de superfícies feitas de alvenaria em concreto. Juntas de remate, às vezes chamadas de "juntas de construção" ou "juntas de isolamento", são posicionadas nos encontros entre a alvenaria e outros materiais, ou entre a alvenaria nova e a alvenaria antiga, para acomodar as diferenças em movimentação. As Figuras 10.18-10.21 ilustram o emprego das juntas de movimentação em paredes de alvenaria. As juntas de movimentação também são críticas em revestimentos de alvenaria aplicados em molduras estruturais de vários pavimentos, em aço ou concreto, para evitar a fratura da alvenaria, quando a moldura deflete sob carregamento, conforme discutido no Capítulo 20.

As armaduras de juntas devem ser interrompidas nas juntas de movimentação, para que não restrinjam a abertura ou o fechamento da junta. Para evitar deslocamentos para fora do plano da parede, vários tipos de detalhes de intertravamentos verticais são frequentemente usados, como visto na Figura 10.21. A maioria das juntas de movimentação em paredes de alvenaria é fechada com seladores flexíveis, para evitar a passagem de ar e água.

A alvenaria é um material de grande massa, tomando formas permitidas pela lei da gravidade. Nosso vocabulário de formas em alvenaria foi desenvolvido em construções que se tornaram ensaios sobre a gravidade – grandes cargas empilhadas, contrafortes escorados para suportar as pressões das abóbadas arqueadas. Muito depois de as molduras estruturais internas em aço desobrigarem a necessidade de tais formas, elas ainda conservam significado para nós, por suas referências históricas e por sua familiaridade. As formas básicas da alvenaria se tornaram símbolos.

Michael Shellenbarger, *Landmarks: A Tradition of Portland Masonry Architecture*, 1984.

Figura 10.17
Coeficientes médios de dilatação térmica linear, para alguns materiais de alvenaria.

Material	Coeficiente de dilatação térmica linear pol./pol.-°F	mm/mm-°C
Alvenaria de tijolos de argila ou xisto	3.6×10^{-6}	$6,5 \times 10^{-6}$
Alvenaria em concreto leve	4.3×10^{-6}	$7,7 \times 10^{-6}$
Calcário	4.4×10^{-6}	$7,9 \times 10^{-6}$
Granito	4.7×10^{-6}	$8,5 \times 10^{-6}$
Alvenaria em concreto comum	5.2×10^{-6}	$9,4 \times 10^{-6}$
Mármore	7.3×10^{-6}	$13,1 \times 10^{-6}$
Concreto comum	5.5×10^{-6}	$9,9 \times 10^{-6}$
Aço estrutural	6.5×10^{-6}	$11,7 \times 10^{-6}$

Juntas de movimentação em edificações

Os materiais de construção e os edifícios estão em constante movimento. Muitos desses movimentos são cíclicos e sem fim. Alguns são causados por mudanças de temperatura: todos os materiais retraem quando se esfriam, e dilatam quando se aquecem, cada material o fazendo de acordo com o seu ritmo característico (ver Figura 10.17 e a tabela de coeficientes de dilatação térmica, no Apêndice). Alguns são causados por mudanças no conteúdo de umidade: a maioria dos materiais mais porosos se dilata, quando molhada por água ou ar úmido, e contrai, quando seca, também a taxas que variam de um material para outro. Essas movimentações cíclicas, causadas por temperatura e umidade, podem ocorrer em uma base sazonal (quente e úmido, no verão; frio e seco, no inverno) e podem também ocorrer em ciclos muito mais curtos (dias quentes, noites frias; quente, quando o sol incide sobre uma superfície; frio, quando uma nuvem encobre o sol). Algumas movimentações são causadas por deflexões estruturais sob carregamento, como o leve arqueamento de vigas, traves e lajes. Essas movimentações podem ser de muito longa duração, para cargas próprias e para pisos que suportam materiais armazenados em um depósito. As deflexões podem ser de média duração, para a neve em um telhado, e de muito curta duração, como para paredes resistindo a rajadas de vento. Algumas movimentações são fenômenos que ocorrem uma só vez: o concreto e o estuque se contraem, ao curar e secar, enquanto que o reboco de gesso se expande ao curar. Tijolos cerâmicos dilatam levemente ao longo do tempo, conforme absorvam a umidade atmosférica. Pilares de concreto encurtam levemente e vigas e lajes de concreto cedem um pouco, devido à deformação plástica do material, durante os primeiros anos de vida de um edifício; então eles estabilizam. Lajes e vigas pós-tensionadas encurtam sensivelmente conforme recebem a compressão provocada pelos tendões tensionados de aço. O solo se comprime sob a pressão das fundações de um novo edifício e então, na maioria dos casos, para de se movimentar.

Processos químicos podem causar movimentações nos componentes das edificações: se uma barra de armadura enferruja, ela dilata, rachando o concreto à sua volta. Seladores que emitem solventes encolhem à medida que curam. Alguns plásticos retraem e fissuram em exposição prolongada ao sol. O movimento também pode ser causado pela expansão da água ao congelar, como acontece, durante um inverno frio, com a elevação de sapatas de fundação insuficientemente profundas, ou com o lascar das superfícies do concreto e da alvenaria, quando expostas à umidificação e ao congelamento.

A maioria dessas movimentações é pequena em magnitude. Elas são, em grande parte, inevitáveis. Mas elas ocorrem em construções de qualquer tamanho e material e, se elas forem ignoradas no projeto e na construção, podem rasgar um edifício, rachando materiais frágeis e aplicando forças de formas não previstas em componentes estruturais e não estruturais, que podem causar a falência desses elementos.

Nós acomodamos esses movimentos inevitáveis nas edificações de duas maneiras diferentes: em alguns casos, reforçamos um material para permitir que ele resista à tensão que será causada por uma movimentação antecipada, como fazemos ao adicionar aço de contenção à retração térmica, em uma laje de concreto. Na maioria dos casos, entretanto, nós instalamos juntas de movimentação na construção do edifício, que são projetadas para permitir que os movimentos ocorram, sem danificar a edificação. Nós posicionamos essas juntas em locais onde prevemos o máximo perigo potencial, proveniente de movimentações previstas. Nós também as posicionamos a intervalos regulares, em grandes superfícies e conjuntos, para aliviar as tensões causadas por movimentações, antes que elas provoquem estrago. Um edifício que não é devidamente munido de juntas de movimentação fará as suas próprias juntas, fissurando e lascando em pontos de máxima tensão, criando uma situação que é, no mínimo, desagradável e, muitas vezes, perigosa ou catastrófica.

Tipos de juntas de construção

A terminologia usual aplicada a juntas em edificações é confusa e frequentemente contraditória. O termo "junta de dilatação", por exemplo, é comum e erroneamente aplicado para quase todo tipo de junta de movimentação.

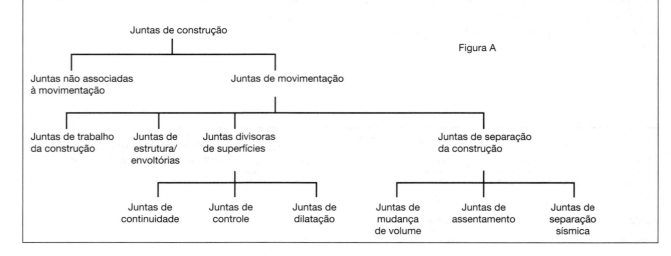

Figura A

Um sistema mais lógico de terminologia é proposto na Figura A. Este estabelece duas classificações amplas, juntas de movimentação e juntas não associadas à movimentação. As *juntas não associadas à movimentação* incluem a maioria dos tipos de juntas que são utilizadas para conectar peças de materiais em uma edificação, juntas tais como as conexões por pregos, na moldura em madeira de uma casa; as juntas de argamassa, entre unidades de alvenaria; conexões soldadas e aparafusadas, em uma estrutura de aço; e juntas entre concretagens. Uma junta não associada à movimentação pode ser feita para se movimentar apenas se sofrer sobrecarga, como no afastamento de uma conexão pregada; no deslizamento das peças de aço, em uma conexão aparafusada, ou na fissura de uma solda; de uma junta de argamassa ou de uma laje de concreto.

As *juntas de movimentação* são de muitos tipos diferentes. O que elas têm em comum é uma habilidade projetada de se ajustar a determinadas quantidades de movimento, sem causar problema.

- As mais simples das juntas de movimentação são as *juntas de trabalho da construção*, que são projetadas em diversos materiais de construção e criadas no processo normal de construção de um edifício. Um excelente exemplo é o telhado comum, o qual é feito de pequenas unidades de material, que são aplicadas em um padrão de sobreposição, de modo que pequenas quantidades de movimento, por temperatura ou umidade, na estrutura inferior do telhado ou nas próprias telhas, possam ser toleradas sem problema (Figura 16.40). Outros exemplos são: o revestimento com placas chanfradas de madeira (Figura 6.16), que são pregadas de tal forma que a dilatação e a contração por umidade são antecipadas; os conectores e placas metálicas, com os quais um telhado de chapa metálica é montado (Figura 16.51), que deslizam, conforme necessário, para permitir a movimentação térmica; e a maioria dos tipos de juntas de vedação e juntas de vidros (Capítulos 17 e 19).
- As *juntas de estrutura/envoltória* separam os elementos estruturais dos não estruturais, para que assim possam atuar independentemente. Um exemplo simples é a junta de vedação utilizada no topo de uma divisória interna (Figura 23.22*a*), a qual assegura que a divisória não irá suportar cargas da estrutura, mesmo que o piso acima ceda. Um exemplo importante de junta de estrutura/envoltória é a "junta flexível", colocada logo abaixo de uma viga estrutural em prateleira, que suporta um revestimento de alvenaria (Figuras 10.4*c* e 20.1); assim como a junta no topo de uma divisória, ela evita que um elemento não estrutural (nesse caso, um revestimento em tijolos) fique sujeito a um carregamento estrutural, para o qual ele não foi projetado. Muitos outros detalhes de fixação de revestimento, mostrados nos Capítulos 19-21, são projetados para permitir que a moldura estrutural da edificação e a envoltória exterior se movam independentemente uma da outra, e essas fixações são sempre associadas com juntas vedantes flexíveis na superfície dos painéis. Ainda outro exemplo de junta de estrutura/envoltória é a junta colocada em torno da borda de uma laje de piso térrea, para permitir movimentos separados entre a parede portante e a laje (Figura 5.6). Esse tipo de junta é frequentemente chamado de *junta de isolamento,* porque ela isola os componentes adjacentes, uns dos outros, de maneira que eles possam se mover independentemente.
- As *juntas divisoras de superfície*, como seu nome sugere, são utilizadas para acomodar movimentos no plano de um piso, parede, forro, ou cobertura. As juntas divisoras de superfície podem ser ainda classificadas como juntas de continuidade, juntas de controle e juntas de dilatação.
- As *juntas de continuidade* separam construções novas de construções antigas. Elas são utilizadas quando uma edificação existente é alterada ou ampliada, para permitir que movimentações, que eram normais no passado, ocorram nos materiais novos, sem perturbar a construção original. Se uma parede de tijolos existente é ampliada horizontalmente, com nova alvenaria, por exemplo, uma junta vertical de continuidade deverá ser colocada entre a parede antiga e a nova, ao invés de se tentar intertravar as novas fiadas de tijolos com as antigas. O último desenho na Figura 10.21 é uma junta de continuidade. As juntas de continuidade são, às vezes, chamadas de "juntas de construção" ou "juntas de isolamento".
- As *juntas de controle* são linhas de fragilidade intencionalmente criadas, ao longo das quais a fissura irá ocorrer, quando uma superfície de material frágil contrair, aliviando as tensões que, de outro modo, causariam rachaduras aleatórias. As ranhuras espaçadas regularmente, nas calçadas de concreto, são juntas de controle; elas servem para canalizar a tendência de fissuramento da calçada em um padrão ordenado de linhas retas, em vez de rachaduras denteadas aleatórias. Em outras partes deste livro, desenhos de juntas de controle são mostrados para lajes de piso em concreto (Figura 14.3*c*), paredes de alvenaria em concreto (Figura 10.21) e rebocos (Figura 23.12).
- As *juntas de dilatação* são bainhas abertas, que podem fechar levemente para permitir que a dilatação ocorra em áreas adjacentes de material. Juntas de dilatação em paredes de tijolos permitem que os tijolos se expandam levemente, sob condições de umidade (Figura 10.21). Juntas de dilatação em montantes de paredes-cortina em alumínio (Figura 21.14) permitem que os elementos da parede aumentem de tamanho, quando aquecidos pela radiação solar.
- Juntas de controle e juntas de dilatação devem ser posicionadas em descontinuidades geométricas, tais como cantos, mudanças em altura ou largura de uma superfície, ou aberturas. Em superfícies compridas ou amplas, elas também devem ser espaçadas a intervalos que irão aliviar as tensões esperadas no material, antes que tais tensões aumentem a níveis que possam causar danos.
- As *juntas de separação da construção* dividem uma grande ou geometricamente complexa massa edificada, em estruturas discretas e menores, as quais podem se movimentar independentemente, umas das outras. As juntas de separação da construção podem ser classificadas em três tipos: juntas de mudança de volume, juntas de assentamento e juntas de separação sísmica.
- Efeitos em larga escala, de contração e dilatação, causados por temperatura e

JUNTAS DE MOVIMENTAÇÃO EM EDIFICAÇÕES (CONTINUAÇÃO)

umidade, são aliviados por *juntas de mudança de volume*. Estas são, geralmente, posicionadas em descontinuidades verticais ou horizontais, na massa da edificação, onde rachaduras teriam uma probabilidade maior de ocorrência (Figura B). Elas também são colocadas a intervalos de 40 a 60 metros (150-200 pés), em edifícios muito longos, sendo que a distância exata depende da natureza dos materiais e a taxa com que ocorrem as mudanças dimensionais.

- As *juntas de assentamento* são projetadas para evitar problemas causados pelas diferentes taxas de assentamento que são esperadas para as fundações; entre diferentes partes de uma edificação, como entre uma torre elevada e um bloco mais baixo ao qual está conectada; ou entre partes de um edifício, que se apoiam em diferentes solos ou que possuam diferentes tipos de fundações.

- As *juntas de separação sísmica* são usadas para dividir um edifício geometricamente complexo, em unidades menores, que possam se mover independentemente, umas das outras, durante um terremoto (os edifícios em zonas sísmicas também devem ser detalhados com juntas de estrutura/envoltória, que permitam que a estrutura do edifício se deforme durante um terremoto, sem danificar os elementos de revestimento frágeis ou divisórias).

- As juntas de separação da construção são criadas construindo-se estruturas independentes, em ambos os lados do plano da junta, usualmente com fundações, colunas e lajes inteiramente separadas (Figura B). Cada uma dessas estruturas independentes é pequena e compacta o suficiente em sua geometria, o que torna razoável crer que ela irá se movimentar como uma unidade, em resposta às forças que são esperadas que venham atuar sobre elas.

Detalhando juntas de movimentação

O primeiro imperativo, no detalhamento de uma junta de movimentação, é determinar para qual tipo, ou quais tipos, de movimento a junta precisa ser projetada a acomodar. Isso não é sempre simples. Frequentemente a mesma junta é chamada a agir simultaneamente, em muitas das formas aqui delineadas – como uma junta de mudança de volume, uma junta de assentamento e uma junta sísmica, por exemplo. Uma junta em uma parede de alvenaria de compósitos pode servir tanto como uma junta de dilatação para o revestimento em tijolo, quanto como uma junta de controle, para a parede interna de alvenaria em concreto. Uma vez que a função ou as funções de uma junta tenham sido determi-

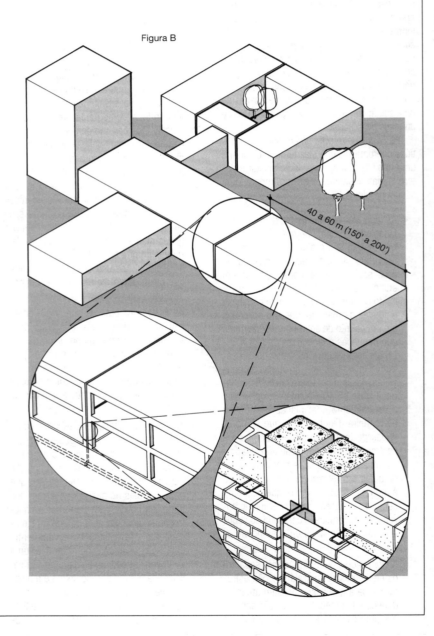

Figura B

nadas, o esperado caráter e a magnitude da movimentação podem ser estimados com o auxílio de trabalhos de referências técnicas *standards* e a junta poderá, então, ser projetada de acordo.

É importante que quaisquer materiais estruturais que restrinjam movimentações sejam tornados descontínuos em uma junta de movimentação. Barras de armadura ou malhas de fios soldados não devem se estender através de uma junta de controle. A tela metálica expandida é interrompida nas juntas de controle, em reboco ou estuque. A moldura estrutural primária, recebendo o carregamento de um edifício, é interrompida nas juntas de separação de construção. Ao mesmo tempo, é frequentemente importante detalhar uma junta de movimentação, para que ela mantenha um alinhamento crítico, de um tipo ou de outro. A Figura 10.21 mostra diversas juntas de dilatação e controle, que usam unidades de alvenaria intertravadas ou gaxetas de borracha rígida para impedir, através da junta, movimentações para fora do plano. Em lajes de concreto, pinos de aço lisos, engraxados e com espaçamento próximo, são frequentemente inseridos, através de uma junta de controle, na altura média da laje; eles permitem que a junta se abra completamente, enquanto garantem que a laje permanecerá nivelada, em ambos os lados da junta. O montante de parede-cortina, na Figura 21.14, permite movimentações ao longo de um eixo, enquanto mantém o alinhamento ao longo dos dois outros eixos.

As juntas devem ser projetadas para parar a passagem de calor, ar, água, luz, som e fogo. Algumas devem suportar tráfego, como no caso de juntas em pisos ou pavimentações de pontes. Todas devem ser duráveis e permitir manutenção, enquanto, simultaneamente, se ajustam às movimentações e mantém uma aparência aceitável. Cada junta deve ser detalhada para permitir movimentações que sejam esperadas, tanto em direção como em extensão: algumas juntas terão de operar apenas no modo puxar-empurrar, enquanto outras deverão acomodar movimentos de cisalhamento e até movimentos de torção. O fechamento externo da junta é normalmente feito com um fole metálico ou borracha sintética (Figura B). Alguns fechamentos internos típicos de juntas são mostrados na Figura 22.4. Uma leitura dos catálogos de fabricantes, classificados sob a Seção 07 95 00, Expansion Control, do sistema CSI/CSC MasterFormat, revelará centenas de dispositivos diferentes de fechamento de juntas, para todos os fins.

Todo projetista de edificações deve desenvolver uma correta percepção de onde as juntas de movimentação são necessárias nas construções e uma sensibilidade sobre como desenhá-las. Isso não é nem fácil, nem rápido de ser feito, pois o assunto é extenso e complexo, e material referencial confiável é muito disperso. Inúmeros edifícios são construídos a cada ano por projetistas que não adquiriram essa intuição. Muitos desses edifícios estão cheios de rachaduras, antes mesmo de serem finalizados. Este breve ensaio e as ilustrações a ele relacionadas, ao longo do livro, têm a intenção de despertar para o problema das movimentações nas edificações e de estabelecer uma estrutura lógica, que o leitor possa preencher com mais informações detalhadas ao longo do tempo.

Referências

Além das referências listadas nos finais dos capítulos deste livro, muitas das quais tratam de problemas de movimentações, uma boa referência geral é *Cracks, Movements and Joints in Buildings*, Ottawa, National Research Council of Canada, 1976 (NRCC 15477). Para um resumo prático, ver páginas 91-102 de Edward Allen e Patrick Rand, *Architectural Detailing: Function, Constructibility, Aesthetics*, Hoboken, NJ, John Wiley & Sons, Inc., 2007.

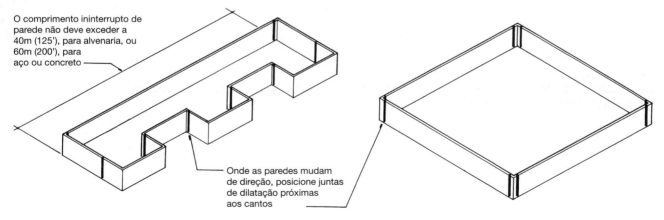

Figura 10.18
As juntas de movimentação, em paredes de alvenaria, devem ser posicionadas próximo às mudanças de direção nas paredes.

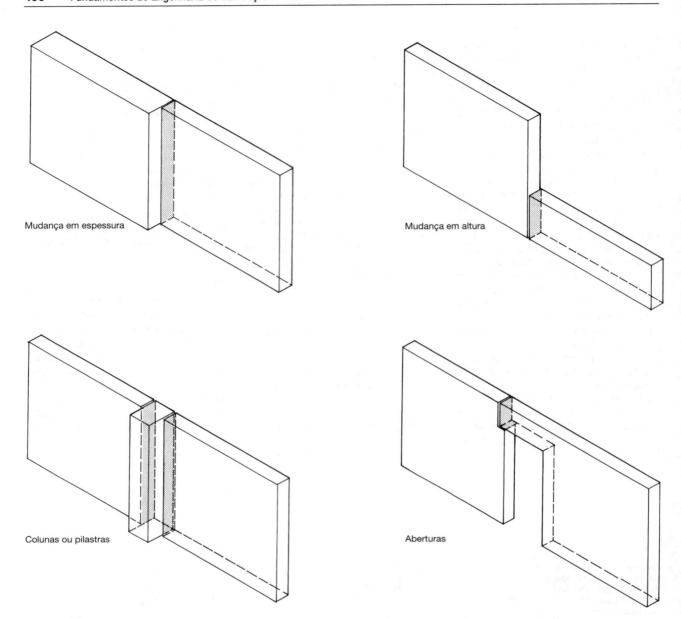

Figura 10.19
As juntas de movimentação, em paredes de alvenaria, também devem ser posicionadas em descontinuidades na parede, onde as rachaduras tendem a se formar.

Figura 10.20
Uma verga e uma junta de dilatação, em uma parede de revestimento em tijolo. A fiada de tijolos em pé é sustentada por uma verga de aço.
(Foto de Edward Allen)

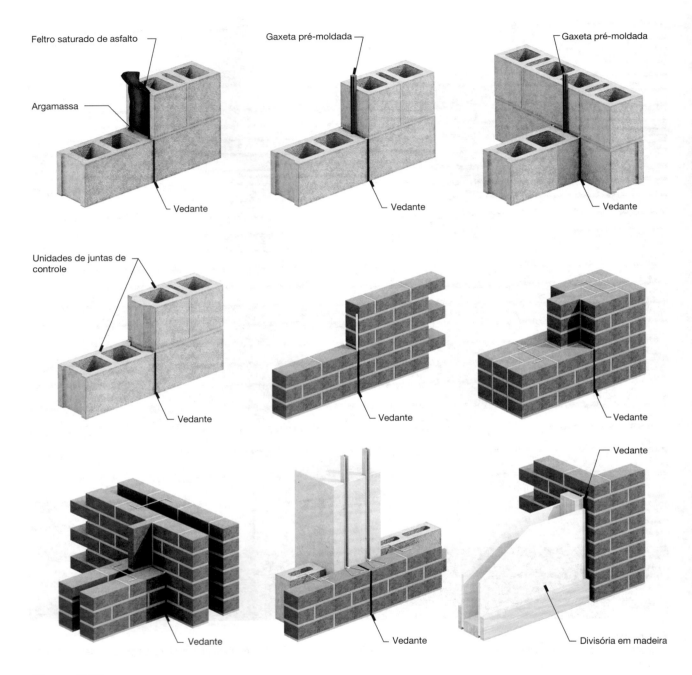

Figura 10.21
Algumas maneiras de fazer juntas de movimentação em alvenaria. As juntas em paredes de alvenaria em concreto são juntas de controle, para controlar rachaduras de retração. Aquelas nas paredes de tijolos são juntas de dilatação, para permitir a dilatação dos tijolos por umidade. A junta de baixo, à direita, é uma junta de continuidade. Observe que, em muitos desses detalhes, as unidades de alvenaria estão intertravadas, para impedir movimentos das paredes para fora do plano. Os detalhes de juntas selantes são explicados no Capítulo 19.

Figura 10.22
Eflorescência em uma parede de tijolos com assentamento Flamengo. *(Foto de Edward Allen)*

Eflorescência

A *eflorescência* é um pó solto, cristalino, normalmente branco, que às vezes aparece na superfície de uma parede em alvenaria de tijolos, de pedra ou de concreto (Figuras 10.1, 10.22). Ela consiste de um ou mais sais solúveis em água, que estavam originalmente presentes nas unidades da alvenaria ou na argamassa. Estes foram trazidos à superfície e ali depositados pela água, que infiltrou na alvenaria, dissolveu os sais e então migrou para a superfície e evaporou. A eflorescência usualmente pode ser evitada com a escolha de unidades de alvenaria que tenham mostrado, por meio de testes laboratoriais, não conter sais hidrossolúveis, com o uso de ingredientes limpos na argamassa e com a minimização da intrusão de água na construção da alvenaria. A maioria dos tipos de eflorescência se forma logo após a conclusão da construção e é facilmente removida com água e uma escova. Apesar de ser provável que a eflorescência reapareça após a lavagem, ela normalmente irá diminuir e finalmente desaparecer com o tempo, à medida que o sal é gradualmente lixiviado da parede. A eflorescência que se forma pela primeira vez, após um período de anos, é uma indicação de que a água só começou a entrar recentemente na parede e poderá ser melhor controlada pela investigação e correção da fonte de infiltração.

Deterioração da junta de argamassa

As juntas de argamassa são o elo mais fraco na maioria das paredes em alvenaria. A água que escorre na parede tende a acumular nas juntas, onde os ciclos climáticos de congelamento e descongelamento podem, gradualmente, *lascar* (soltar flocos de) a argamassa, em um processo acelerado de destruição, que eventualmente cria vazamentos de água e faz com que as unidades de alvenaria se soltem. Para evitar esse processo, pelo maior tempo possível, deve ser usada uma formulação de argamassa adequadamente resistente à água, e as juntas devem ser bem preenchidas e firmemente compactadas com uma ferramenta côncava ou em V, no momento em que a alvenaria é assentada. Mesmo com todas essas precauções, uma parede de alvenaria, em um clima severo, apresentará substancial deterioração nas juntas, após muitos anos de intempéries, e pode exigir a raspagem e retirada da argamassa com defeito e a sua substituição por argamassa nova.

Resistência da alvenaria à umidade

A maioria dos materiais para alvenaria, incluindo a argamassa, é porosa e pode transferir água, de fora para dentro da parede. A água também pode penetrar por rachaduras, entre as unidades da alvenaria e a argamassa, e por falhas nas juntas de argamassa. Para impedir a entrada de água em uma edificação, através de uma parede de alvenaria, o projetista deve começar pela especificação de tipos apropriados de unidades de alvenaria, de argamassa e de perfis adequados de juntas. A construção de uma parede dupla, com camada de ar, deve ser utilizada, em vez da construção de paredes maciças ou de paredes de compósitos. O processo de construção deve ser supervisionado de perto, para se ter certeza de que todas as juntas de argamassa estejam livres de bolhas ou vazios, que rufos e drenos estejam instalados adequadamente, e que as camadas de ar sejam mantidas limpas. As paredes em alvenaria devem ser protegidas contra o umedecimento excessivo da superfície exterior da parede, na medida do possível, por meio de drenagem de cobertura e de beirados adequados. Além dessas medidas, consideração também deve ser dada para o revestimento da parede com estuque, pintura ou *repelente de umidade*. É importante que qualquer acabamento externo seja altamente permeável ao vapor de água, para evitar a formação de bolhas e a ruptura do revestimento, desde o exterior, por migração de vapor (ver páginas 658 e 659). *Primers*/seladores e pinturas para alvenaria à base de cimento Portland preenchem os poros da parede, sem obstruir a passagem do vapor de água para o exterior. A maioria das outras tintas são formulações à base de látex e também são permeáveis ao vapor de água. Quando paredes externas são construídas com alvenaria maciça, *repelentes integrais de umidade* devem ser adicionados à argamassa, e se unidades de alvenaria em concreto forem usadas, também ao concreto com que essas forem feitas.

Abaixo do solo, a alvenaria deve, primeiro, ser revestida (rebocada por fora), com duas camadas de argamassa do Tipo M, até uma espessura total de 13 mm (½ pol.), para vedar fissuras e poros. Após o reboco ter curado e secado, ela pode ser revestida com um composto betuminoso, à prova d'água, ou, se uma parede realmente estanque abaixo do solo for requerida, ela pode ser coberta por uma camada à prova d'água, conforme discutido no Capítulo 2.

Construção em clima frio e clima quente

Não se pode deixar a argamassa congelar antes de curar; caso contrário, sua resistência e estanquidade podem ser gravemente prejudicadas. Em climas frios, precauções especiais são necessárias se a construção da alvenaria for realizada durante os meses de inverno. Isso inclui medidas como manter as unidades de alvenaria e a areia secas; protegê-las das temperaturas de congelamento, antes do uso; esquentar a água de mistura (e às vezes a areia também), para produzir a argamassa a uma temperatura ótima para trabalhabilidade e cura; utilizar um cimento do Tipo III (alta resistência inicial), para acelerar a cura da argamassa e misturar a argamassa em menores quantidades, de maneira que ela não resfrie excessivamente antes de ser usada. As estações de trabalho dos pedreiros devem ser protegidas do vento, com compartimentos temporários. Elas também devem ser aquecidas, se a temperatura dentro dos compartimentos não se mantiver acima da de congelamento. A alvenaria concluída deve ser protegida contra o congelamento, por, pelo menos, 2 a 3 dias após sua aplicação e os topos das paredes devem ser protegidos da chuva e da neve. Aceleradores químicos e aditivos chamados de "anticongelantes" são, em geral, prejudiciais à argamassa e às armaduras de aço e não devem ser usados.

Em clima quente, a argamassa pode secar excessivamente antes de curar. Alguns tipos de unidades de alvenaria podem ter de ser umedecidos antes do assentamento, para que não absorvam água em demasia da argamassa. Também é útil manter na sombra as unidades de alvenaria e os ingredientes da argamassa, assim como as estações de trabalho dos pedreiros.

A ALVENARIA E OS CÓDIGOS DE EDIFICAÇÃO

Pelo fato de a construção em alvenaria ser incombustível, o seu uso é permitido em qualquer tipo construtivo definido pelos códigos, como nos exemplos discutidos em seções anteriores deste capítulo. As paredes feitas

Figura 10.23
Classificação, segundo critérios empíricos, dos níveis de resistência ao fogo e das Classes de Transmissão Sonora (*Sound Transmission Class – STC*), para algumas divisórias em alvenaria. A resistência ao fogo de uma construção em alvenaria varia de acordo com: a densidade das unidades de alvenaria (unidades menos densas conduzem o calor mais lentamente e podem atingir maiores classificações); a massa total da parede (massa maior absorve mais calor, com menor aumento de temperatura e pode atingir uma classificação mais elevada); e outros fatores, como a parede ser sólida ou possuir camada de ar; se membros combustíveis fazem parte da moldura da parede; e a presença de acabamentos aplicados, como reboco ou placas de gesso, que possam contribuir para a resistência ao fogo. Os níveis de STC também variam, de acordo com a densidade e a massa da parede e a presença de camadas de revestimento.

Tipo de parede	Resistência ao fogo (horas)	STC
tijolo 100 mm (4")	1	45
tijolo 150 mm (6")	2	51
tijolo 200 mm (8")	2-4	52
tijolo 250 mm, 300 mm (10", 12")	4	59
bloco de concreto 100 mm	½-1	43-47[a]
bloco de concreto 150 mm	1	44-51[a]
bloco de concreto 200 mm	1-2	45-55[a]
bloco de concreto 250 mm	3-4	46-59[a]

[a]Bloco de textura bruta, deve ser pintado ou rebocado em ambos os lados

de alvenaria também são barreiras eficazes contra a passagem do fogo, tornando-as adequadas para o uso como paredes corta fogo e para outros tipos de separações qualificadas como apresentando taxas de resistência ao fogo, quer seja entre os espaços dentro de um mesmo edifício, quer seja entre edifícios adjacentes. A Figura 10.23 fornece valores gerais de taxas de resistência ao fogo, para paredes de diversas espessuras, em alvenaria de tijolos e de concreto.

Em virtude da sua massa, as paredes em alvenaria também são eficazes para limitar a transmissão do som, de um espaço para outro. As taxas de Classe de Transmissão Sonora (STC), para paredes em alvenaria de tijolos e de concreto, também listadas na Figura 10.23, permitem a comparação das propriedades acústicas dessas paredes, com outros sistemas de divisórias discutidos no Capítulo 23. (Ver Capítulo 22 para mais informações sobre critérios acústicos para paredes.)

A SINGULARIDADE DA ALVENARIA

A alvenaria é, muitas vezes, escolhida como material de construção por sua associação, na mente das pessoas, com belas edificações e estilos arquitetônicos do passado, e com qualidades de permanência e solidez. Ela é, muitas vezes, escolhida por suas cores, texturas e padrões ímpares; por sua resistência ao fogo; por sua facilidade em cumprir os requisitos do código de edificações, considerando-se a sua não combustibilidade e a sua resistência ao fogo. A alvenaria também é, muitas vezes, escolhida por ser econômica. Apesar de requerer mão de obra intensiva, ela pode criar uma estrutura e uma envoltória duradouras e de alto desempenho, em uma única operação, com uma única contratação, evitando as dificuldades que são frequentemente encontradas no gerenciamento das numerosas negociações e subcontratações necessárias para erigir uma edificação similar, mas com outros materiais.

A construção em alvenaria, assim como a construção de estruturas leves em madeira, é realizada no canteiro de obras com ferramentas e máquinas pequenas e relativamente baratas. Diferentemente da construção em aço e concreto, ela não exige (exceto no caso de trabalho em cantaria) uma oficina grande e equipada a um custo elevado para fabricar os seus principais materiais, antes de ser erguida. Ela divide com a construção em concreto moldado em obra a longa programação de construção, que exige precauções especiais e que pode enfrentar atrasos durante períodos de muito calor, de muito frio ou muito úmidos. Entretanto, em geral, ela não exige um longo período de preparação e fabricação, antes do início da construção, porque utiliza materiais e unidades padronizados, que são colocados em sua forma final, na medida em que são posicionados na edificação.

Desde o início da civilização humana, a alvenaria tem sido o recurso com o qual nós criamos nossas construções mais cuidadosamente trabalhadas, mais altamente valorizadas e quase permanentes. Ela nos deu a massividade das pirâmides egípcias, a elegância inspiradora do Parthenon e a imponência repleta de luz das grandes catedrais europeias, assim como o aconchego reconfortante da lareira, da cabana de tijolos e do jardim murado. A alvenaria pode expressar nossas mais altas aspirações e nossos anseios mais profundos de enraizamento na terra. Ela reflete tanto a minúscula escala da mão humana quanto o poder sem limites desta mão em criar.

Material	Resistência de trabalho à tração[a]	Resistência de trabalho à compressão[a]	Densidade	Módulo de elasticidade
Madeira (para moldura estrutural)	300-1.000 psi 2,1-6,9 MPa	600-1.700 psi 4,1-12 MPa	30 pcf 480 kg/m³	1.000.000-1.900.000 psi 6.900-13.000 MPa
Alvenaria de tijolos (incluindo argamassa, não armada)	0	250-1.300 psi 1,7-9,0 MPa	120 pcf 1.900 kg/m³	700.000-3.700.000 psi 4.800-25.000 MPa
Aço estrutural	24.000-43.000 psi 170-300 MPa	24.000-43.000 psi 170-300 MPa	490 pcf 7.800 kg/m³	29.000.000 psi 200.000 MPa
Concreto (não armado)	0	1.000-4.000 psi 6,9-28 MPa	145 pcf 2.300 kg/m³	3.000.000-4.500.000 psi 21.000-31.000 MPa

[a]Tensão permitida ou tensão máxima aproximada, sob condições normais de carregamento.

Figura 10.24
Propriedades físicas comparativas para quatro materiais estruturais comuns: madeira, alvenaria de tijolos (linha sombreada), aço e concreto. A alvenaria de tijolos, em si, não possui resistência útil à tração, mas sua resistência à compressão é considerável e, quando combinada com armadura de aço, pode ser utilizada para uma ampla gama de tipos de estruturas. As amplitudes de valores de resistência e rigidez refletem as variações entre os tipos disponíveis de tijolos e argamassas.

Figura 10.25
Um detalhe do pórtico da *First Baptist Church*, de H. H. Richardson, em Boston, construída em 1871. *(Foto de Edward Allen)*

CSI/CSC	
Seção do MasterFormat para construção de paredes em alvenaria	
04 00 00	**ALVENARIA**
04 05 00	Resultados Comuns para Alvenaria
	Grauteamento de Alvenaria
	Ancoragem e Armaduras para Alvenaria
	Acessórios para Alvenaria
	Juntas de Controle e Dilatação para Alvenaria
	Rufos Embutidos para Alvenaria
	Drenagens, Pingadeiras e Aberturas de Ventilação para Camadas de Ar em Alvenaria
04 20 00	**ALVENARIA DE UNIDADES**
04 21 00	Alvenaria de Unidades Cerâmicas
04 22 00	Alvenaria de Unidades em Concreto
04 27 00	Alvenaria de Unidades de Múltiplas Camadas
	Alvenaria de Unidades de Compósitos
	Alvenaria de Unidades de Parede com Camada de Ar
04 40 00	**MONTAGEM COM PEDRAS**
04 43 00	Alvenaria em Pedra
07 10 00	**RESISTÊNCIA À UMIDADE E RESISTÊNCIA À ÁGUA**
07 11 00	Resistência à Umidade
07 19 00	Repelentes à Água
07 60 00	**RUFOS E FOLHAS METÁLICAS**
07 62 00	Rufos de Folhas Metálicas e Acabamentos
07 65 00	Rufos Flexíveis
	Rufos de Folhas Laminadas
	Rufos de Folhas Betuminosas Modificadas
	Rufos de Folhas Plásticas
	Rufos de Borracha
	Rufos de Folhas Autoaderentes

REFERÊNCIAS SELECIONADAS

Além das referências listadas nos Capítulos 8 e 9, ao leitor são sugeridas:
1. The Masonry Society. *Mansonry Designers' Guide.* Boulder, CO, atualizado regularmente.

Este abrangente guia de design é baseado no *Building Code Requirements for Masonry Structures, ACI 530/ASCE 5/TMS 402* (discutido neste capítulo) e as relacionadas *Specifications for Masonry Structures*. Ele também inclui extensivos comentários, ilustrações e exemplos de design relacionados ao projeto e construção de estruturas em alvenaria.

SITES

Site suplementar do autor: **www.ianosbackfill.com/10_masonry_loadbearing_wall_construction**
Dur-O-Wall: **www.dur-o-wal.com**
Grace Construction Products: **www.na.graceconstruction.com** (selecionar "Masonry Products")
Hyload Flashings: **www.hiloadflashing.com**
The Masonry Society: **www.masonrysociety.org**
Mortar Net: **www.mortarnet.com**
Thermadrain: **www.thermadrain.com**

Palavras-chave

Alvenaria maciça, alvenaria monolítica
Parede em alvenaria composta
Parede dupla
Rufo
Drenos
Hidrofugante
Materiais drenantes para parede com camada de ar
Camada de revestimento
Parede em alvenaria portante, parede portante
ACI 530 / ASCE 5 / TMS 402
Construção comum
Construção pesada em madeira, construção pré-fabricada em madeira (*Mill Construction*)
Rufo externo
Rufo interno, rufo oculto, rufo passante
Rufo de base
Contrarrufo, rufo de capeamento
Friso
Rufo autoaderente
Contenção terminal ou canaleta
Sistema externo de acabamento e isolamento térmico (*exterior insulation and finish system – EIFS*)
Faixa de forração
Junta não associada à movimentação
Junta de movimentação
Junta de trabalho da construção
Junta de estrutura/envoltória
Junta de isolamento
Junta divisora de superfície
Junta de continuidade
Junta de controle
Junta de dilatação
Junta de separação da construção
Junta de mudança de volume
Junta de assentamento
Junta de separação sísmica
Eflorescência
Lascar
Repelente de umidade
Repelente integral de umidade

QUESTÕES PARA REVISÃO

1. Descreva como funciona uma parede dupla com camada de ar e esboce as suas mais importantes características construtivas. Que aspectos da construção de parede dupla com camada de ar são mais críticos para o seu sucesso na prevenção de vazamento de água?
2. Onde devem ser instalados rufos, em uma parede de alvenaria? Qual a função do rufo, em cada um desses locais?
3. Onde devem ser instalados drenos? Descreva a função de um dreno e indique algumas maneiras de construi-lo.
4. Quais as diferenças entre construção comum e construção pré-fabricada em madeira? Que características de cada uma estão relacionadas com a resistência ao fogo?
5. Quais tipos de juntas de movimentação são requeridas em uma parede de alvenaria de concreto? E em uma parede de alvenaria de tijolos? Onde essas juntas devem ser posicionadas?
6. Quais são algumas formas de isolar termicamente paredes em alvenaria?
7. Por que na construção comum a moldura estrutural em balão (*balloon framing*) é usada, em vez da moldura estrutural em plataforma?
8. Quais precauções deverão ser tomadas para se construir paredes em alvenaria, em Minneapolis, no inverno?

EXERCÍCIOS

1. Qual a altura e a área de piso admissíveis para um restaurante (Grupo de Ocupação A-2), em um edifício de construção pré-fabricada em madeira (Tipo IV)? Como esses valores mudarão se uma construção comum não protegida (Tipo IIIB) for utilizada em substituição? (Admita que *sprinklers* não sejam exigidos.) E se vigas de aço não protegidas substituírem as vigas de madeira? Ou assoalhos de placas de concreto pré-moldado, com classificação ao fogo de 2 horas?
2. Examine as paredes de alvenaria de alguns edifícios novos na sua vizinhança. Onde foram colocadas as juntas de movimentação nessas paredes? Que tipo de junta é cada uma delas? Por que ela está posicionada onde está? Você concorda com esta colocação?
3. Atente para drenos e rufos nos mesmos edifícios. Como eles são detalhados? Você pode melhorar esses detalhes?
4. Projete um portal em alvenaria para uma das entradas de um *campus* de universidade, com o qual você esteja familiarizado. Escolha o tipo de alvenaria que você achar apropriado e faça o máximo uso possível dos potenciais decorativos e estruturais do material.

11
Construções com Moldura Estrutural em Aço

- História
- O material aço
- Detalhes da emolduração estrutural em aço
- O processo de construção
- Provendo resistência ao fogo às molduras em aço
- Vãos maiores em aço
- Colunas compostas
- Sistemas industrializados em aço
- O aço e os códigos de edificações
- A singularidade do aço

Ferreiros colocam vigas de aço com alma vazada em uma moldura estrutural composta por vigas em aço com mesas largas, enquanto uma grua baixa feixes de vigas. *(Foto por Balthazar Korab. Cortesia de Vulcraft Division of Nucor)*

O aço, forte e rígido, é um material para torres delgadas e vãos arrojados. Preciso e previsível, leve em proporção a sua resistência, também é bem adequado a construções rápidas, edificações com molduras estruturais altamente repetitivas e detalhes arquitetônicos agradáveis aos olhos com uma elegância limpa e precisa. Entre os metais, é singularmente abundante e econômico. Se suas fragilidades – a tendência à corrosão em certos ambientes e à perda de resistência durante graves incêndios – forem mantidas sob controle por meio de medidas construtivas inteligentes, ele oferece ao projetista possibilidades que não existem com nenhum outro material.

HISTÓRIA

Até o início do século XIX, os metais exerciam uma função estrutural limitada nas edificações, exceto na conexão de dispositivos. Os gregos e romanos usavam grampos de bronze ocultos para juntar blocos de pedra, e os arquitetos do Renascimento opunham resistência ao empuxo das abóbadas de alvenaria com correntes e hastes de ferro forjado. A primeira estrutura totalmente de metal, uma ponte de ferro fundido, foi construída no final do século XVIII, na Inglaterra, e mais de dois séculos após sua construção, ainda suporta o tráfego sobre o rio Severn. O ferro fundido, produzido a partir do minério de ferro em um alto-forno, e o ferro forjado, ferro purificado por meio de repetidos golpes com um martelo, foram crescentemente utilizados durante a primeira metade do século XIV, na Europa e América do Norte, para emoldurar edificações industriais. Porém, sua utilidade foi limitada pela fragilidade imprevisível do ferro fundido e o custo relativamente alto do ferro forjado.

Até essa época, o aço era um material raro e caro, produzido so-

Figura 11.1
O arquiteto paisagista Joseph Paxton projetou o Crystal Palace, um *hall* de exposições de ferro fundido e vidro, construído em Londres, em 1851. *(Arquivo Bettmann)*

Figura 11.2
Allied Bank Plaza, projetado por Architects Skidmore, Owings and Merrill. *(Com a permissão do American Institute of Steel Construction)*

Capítulo 11   Construções com Moldura Estrutural em Aço   **413**

mente em pequenas quantidades para ser utilizado como arma e em cutelaria. O aço, em abundância e econômico, tornou-se disponível pela primeira vez na década de 1850, com a introdução do *Processo Bessemer*, no qual o ar era soprado em um recipiente de ferro fundido para queimar as impurezas. Por este método, grandes quantidades de ferro podiam ser transformadas em aço em mais ou menos 20 minutos, e as propriedades estruturais do metal resultante eram bastante superiores às do ferro fundido. Outro processo econômico de fabricação de aço, o *método open-hearth* (forno aberto), foi desenvolvido na Europa, em 1868, e logo foi adotado na América do Norte. Por volta de 1889, quando a Torre Eiffel foi construída em ferro forjado, em Paris (Figura 11.3), diversos arranha-céus com moldura estrutural em aço já haviam sido levantados nos Estados Unidos (Figura 11.4). Um novo material de construção havia nascido.

O MATERIAL AÇO
O aço

O *aço* é qualquer liga de ferro, dentre uma variedade, que contenha menos que 2% de carbono. O aço estrutural comum, chamado *aço macio*, contém menos de três décimos de 1% de carbono, somado a traços de elementos benéficos, como o manganês e o silício, e impurezas prejudiciais, como o fósforo, enxofre, oxigênio e nitrogênio. Em contrapartida, o *ferro fundido* comum contém de 3 a 4% de carbono e quantidades maiores de impurezas que o aço, enquanto o *ferro forjado* contém ainda menos carbono que a maioria das ligas de aço. O conteúdo de carbono é o determinante crucial das propriedades de qualquer *metal ferroso* (à base de ferro): muito carbono conduz a um metal duro, porém quebradiço (como o ferro fundido), enquanto pouco carbono produz um material maleável, relativamente fraco (como o ferro forjado). Assim, o aço macio é o ferro no qual as propriedades foram otimizadas para propósitos estruturais, através do controle das

Figura 11.3
A magnífica torre de ferro forjado, do engenheiro Gustave Eiffel, foi construída em Paris, de 1887 a 1889. *(Foto por James Austin, Cambridge, England)*

A diferença entre a pedra, o aço e o vidro era tão grande quanto aquela, na ordem evolucionária, entre os crustáceos e os vertebrados.

Por Lewis Mumford, *The Brown Decades*, New York, Dover Publications, Inc., 1955, pp. 130-131.

quantidades de carbono e de outros elementos no metal.

O processo de conversão do minério de ferro em aço começa com a fundição do minério de ferro em ferro fundido. O ferro fundido é produzido em um alto-forno, carregado com camadas alternadas de *minério de ferro* (óxidos de ferro), *coque* (carvão cujos constituintes voláteis tenham sido destilados, deixando somente o carbono) e calcário moído (Figura 11.6). O coque é queimado com grandes quantidades de ar, forçado para o fundo da fornalha, a fim de produzir monóxido de carbono, que reage com o minério para reduzi-lo a ferro elementar. O calcário forma uma escória com uma diversidade de impurezas, porém grandes quantidades de carbono e outros elementos são inevitavelmente incorporados ao ferro. O ferro fundido é retirado pelo fundo do forno e mantido em um estado líquido para processamento em aço.

A maioria dos aços convertida a partir do ferro é manufaturada pelo *processo de oxigênio básico* (Figura 11.5), no qual uma lança oca, arrefecida com água, é baixada até penetrar em um recipiente de ferro fundido e sucata de aço reciclado. Um jato de oxigênio puro com alta pressão é soprado pela lança, para dentro do metal, para queimar o carbono em excesso e as impurezas. Um fluxo de cal e fluoreto é adicionado ao metal, a fim de reagir com outras impurezas, em especial fósforo, e formar uma escória que é descartada. Novos elementos metálicos podem ser adicionados ao recipiente, ao final do processo, para ajustar a composição do aço, conforme desejado: o manganês contribui para resistência à abrasão e ao impacto, o molibdênio fornece resistência, o vanádio proporciona resistência e dureza, e o níquel e o cromo fornecem resistência à corrosão, dureza e rigidez. Todo o processo ocorre com o auxílio de amostragens cuidadosas e técnicas analíticas de laboratório, para assegurar a qualidade do aço acabado, levando menos de uma hora do início ao fim.

Atualmente, a maioria dos aços estruturais para molduras de edificações são produzidos a partir de sucata de aço, nas chamadas "mini-usinas", utilizando *fornos a arco voltaico*.

Essas usinas são apenas miniaturas em comparação às usinas convencionais que elas substituem; são alocadas em edificações enormes e laminam perfis estruturais com até 40 polegadas (1 m) de largura. A sucata da qual o aço estrutural é feito vem, principalmente, de cemitérios de automóveis; uma mini-usina, sozinha, consome 300.000 sucatas de carro, em média, em um ano. Por meio de cuidadosos testes de metalurgia e controle, elas são recicladas e transformadas em aço de primeira qualidade.

Figura 11.4
A edificação da Home Insurance Company, projetada por William LeBaron Jenney e construída em 1893, em Chicago, foi um dos primeiros arranha-céus de verdade. A moldura estrutural em aço foi protegida contra o fogo com alvenaria, e os revestimentos externos em alvenaria foram apoiados na moldura estrutural em aço. *(Foto por Wm. T. Barnum. Cortesia de Chicago Historical Society ICHi-18293)*

416 Fundamentos de Engenharia de Edificações: Materiais e Métodos

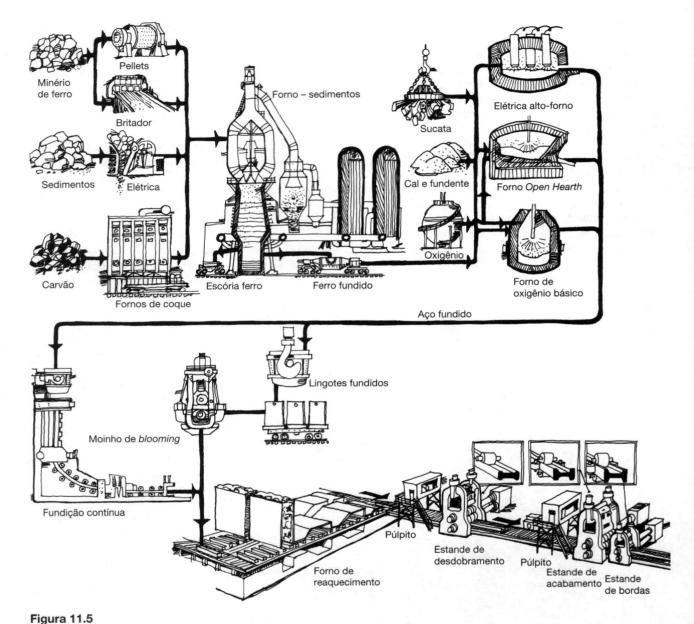

Figura 11.5
O processo de fabricação do aço, desde o minério de ferro até os perfis estruturais. Observe, particularmente, os passos na evolução de um perfil largo, enquanto ele progride pelos vários estandes, na esteira de laminação. Hoje, a maioria dos aços estruturais, nos Estados Unidos, é feita a partir de sucata de aço, em fornos elétricos. *(Adaptado de "Steelmaking Flowlines", com a permissão do American Iron and Steel Institute)*

PARA UM PROJETO PRELIMINAR DE UMA ESTRUTURA EM AÇO

- Estime a espessura do **deque de cobertura, em aço corrugado,** como $1/40$ de seu vão. As espessuras padrão são de 1, 1 ½, 2 e 4 polegadas (25, 38, 50 e 100 mm).
- Estime a altura total de um **deque de piso de aço corrugado, adicionada de um capeamento de concreto,** como sendo $1/24$ de seu vão. As alturas totais típicas variam de 2 ½ a 7 polegadas (65-180 mm).
- Estime a altura de **vigas de aço de alma vazada** como $1/20$ do seu vão, para pisos recebendo cargas elevadas ou com vigas amplamente espaçadas, e como $1/24$ do seu vão para telhados ou pisos recebendo carregamento leve ou para vigas com espaçamento próximo. O espaçamento das vigas depende da capacidade de cobertura de vãos por parte do material do deque. Os espaçamentos típicos entre vigas variam entre 2 e 10 pés (0,6-3,0 m). As alturas padrão de vigas serão informadas mais adiante, neste capítulo.
- Estime a altura de **vigas de aço,** como $1/20$ do vão e a altura de **vigas mestras de aço** como $1/15$ do vão que cobrem. A largura de uma viga ou viga mestra é, em geral, de $1/3$ a ½ de sua altura. Para as vigas ou vigas mestras compostas, use as mesmas proporções, porém aplique-as à altura total da viga ou viga mestra, incluindo o deque do piso e a cobertura de concreto. As alturas padrão de perfis de aço de mesas largas ainda serão informadas neste capítulo.

- Estime a altura de **tesouras triangulares em aço, para coberturas,** como ¼ a $1/5$ do vão coberto. Para tesouras retangulares, a altura é, tipicamente, de $1/8$ a $1/12$ do vão.
- Para estimar a dimensão de uma **coluna de aço**, some a área total de telhado e de piso suportada pela coluna. Uma coluna W8 pode suportar até, aproximadamente, 4.000 pés quadrados (370 m^2) e uma coluna W14, 30.000 pés quadrados (2.800 m^2). Os perfis W14 muito pesados, cujas dimensões sejam bem maiores que 14 polegadas (355 mm), podem suportar de 50.000 a 100.000 pés quadrados (4.600-9.300 m^2). Os perfis das colunas em aço são, em geral, quadrados ou quase quadrados em suas proporções.
- Essas aproximações são válidas somente para efeito de leiaute preliminar de edificações e não devem ser usadas para escolher as dimensões finais de peças. Elas se aplicam ao espectro normal de ocupações de edificações, como residenciais, escritórios, comerciais, edificações institucionais e garagens de estacionamento. Para edificações de produção e estocagem, deverão ser usadas peças um pouco maiores.
- Para informações mais detalhadas a respeito de seleções preliminares e leiaute de sistemas estruturais e dimensionamento de peças estruturais, veja Edward Allen e Joseph Iano, *The Architect´s Studio Companion* (4ª Ed.), New York, John Wiley & Sons, Inc., 2007.

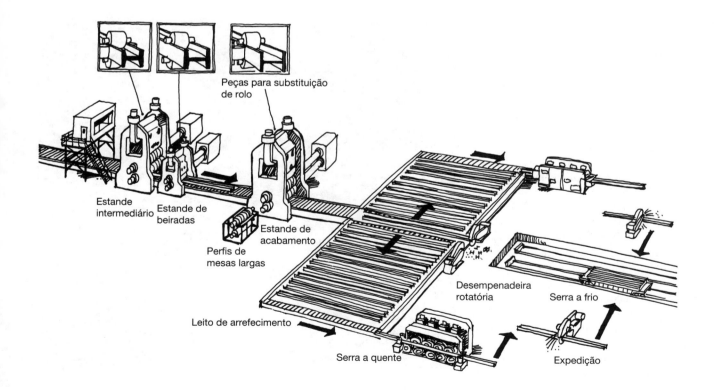

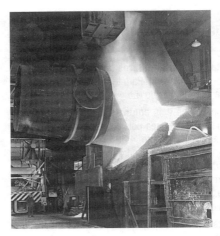

Figura 11.6
O ferro fundido é vertido em um cadinho, para começar sua conversão em aço pelo processo de oxigênio básico. *(Cortesia de U.S. Steel Corp.)*

Independentemente do seu processo particular de fabricação, o aço acabado é fundido continuamente em *lingotes ou lupas*, em aproximações muito grosseiras do perfil final desejado, que são, então, rolados, até atingir o seu formato final, conforme descrito mais adiante neste capítulo.

Ligas de aço

Pelo ajuste da mescla de elementos metálicos usados na produção do aço, sua resistência e outras propriedades podem ser manipuladas. O aço estrutural macio, conhecido por sua designação ASTM como A36, foi, por décadas, o tipo predominante de aço utilizado em molduras estruturais de edificações. Porém, atualmente, as mini-usinas, usando a sucata como sua matéria-prima básica, produzem de forma rotineira os *aços de baixa liga e alta resistência*, que são mais resistentes e menos caros que aqueles designados como ASTM A992 ou ASTM A572. O aço ASTM A992 é o tipo de aço preferido para os perfis estruturais de mesas largas, enquanto o aço ASTM A36 ou, quando é necessária maior resistência, o aço ASTM A572, são especificados para cantoneiras, canaletas, placas e barras. (Para uma explicação sobre perfis padrão de aço, veja a discussão a seguir.)

Onde o aço ficar exposto às condições externas na construção finalizada, sem nenhum acabamento de proteção, o *aço patinável* (ASTM A588) poderá ser especificado. Essa liga de aço desenvolve um revestimento óxido tenaz, quando exposto à atmosfera, e, uma vez formado, protege contra corrosão posterior e elimina a necessidade de pintura ou outro revestimento de proteção. Embora utilizado, principalmente, para autoestradas e pontes, onde reduz os custos de manutenção, o aço patinável também encontra utilização ocasional em edificações, nas quais a matiz profunda e quente do revestimento de óxido poderá ser explorada como um recurso estético. Com a adição do níquel e do cromo ao aço, podem ser produzidas diferentes categorias de *aço inoxidável* (ASTM A240 e A276), com resistência ainda maior à corrosão e custando significativamente mais que o aço estrutural convencional. O aço também pode ser protegido da corrosão pela galvanização, a aplicação de um revestimento de zinco, que será discutida mais adiante, nas páginas 507-508.

Produção de perfis estruturais

Na *usina estrutural* ou *usina de desdobramento*, o lingote é reaquecido, conforme necessário, e então passa por uma sucessão de rolos, que comprimem o metal em aproximações progressivamente mais refinadas do perfil e dimensões desejadas (Figura 11.7). O perfil acabado sai do último conjunto de rolos, em uma peça contínua, que é cortada em segmentos menores por uma *serra a quente* (Figura 11.8). Esses segmentos são resfriados em um *leito de arrefecimento* (Figura 11.9). Depois disso, uma *desempenadeira rotatória* corrige qualquer curvatura residual. Finalmente, cada peça é cortada na sua extensão exata e etiquetada com sua designação de perfil, e o número do lote de aço do qual foi produzido. Mais tarde, quando a peça é expedida ao fabrican-

Figura 11.7
Um perfil de aço brilhante, de mesas largas, emerge dos rolamentos do estande de acabamento da usina de laminação. *(Foto por Mike Engestrom. Cortesia de Nucor-Yamato Steel Company)*

Figura 11.8
Uma serra a quente corta as peças do estoque de mesas largas de uma longa peça contínua que acabou de emergir do estande de acabamento, no segundo plano. Os trabalhadores, na cabine, controlam o processo. *(Cortesia de U.S. Steel Corp.)*

Figura 11.9
Perfis de mesas largas são inspecionados quanto à qualidade, no leito de arrefecimento. *(Foto por Mike Engestrom. Cortesia de Nucor-Yamato Steel Company)*

te, ela será acompanhada de um certificado, que informa sobre a análise química daquele lote em particular como evidência de que o aço está de acordo com as especificações estruturais de norma.

Os espaçamentos dos rolamentos da usina estrutural são ajustáveis; com mudança de espaçamentos entre os rolamentos, uma variedade de perfis diferentes, com as mesmas dimensões nominais, pode ser produzida (Figura 11.10). Isso proporciona ao arquiteto e ao engenheiro estrutural, uma ampla diversidade de perfis, dentre os quais pode selecionar cada peça estrutural da edificação, evitando assim o desperdício de aço, por meio de especificações de perfis maiores que o requerido.

Os *perfis de mesas largas* são usados para a maioria das vigas e colunas, substituindo os perfis *Standard Americanos (Viga-I)*, mais antigos (Figura 11.11). Os perfis Standard Americanos são menos eficientes estruturalmente do que os de mesas largas, porque o arranjo de rolamentos que os produz é incapaz de aumentar a quantidade de aço nas mesas sem

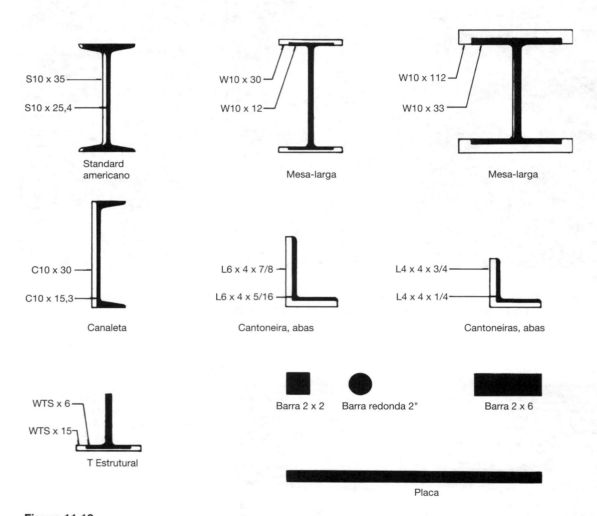

Figura 11.10
Exemplos de perfis padrão em aço estrutural. Onde dois perfis forem sobrepostos, eles ilustrarão diferentes pesos para a mesma seção, produzidos pela variação do espaçamento dos rolamentos na usina estrutural. Os perfis estruturais de aço, e seus requisitos gerais, são definidos na ASTM A6. As *barras* são perfis sólidos redondos, retangulares e hexagonais, geralmente não maiores que 8 polegadas (203 mm), em qualquer dimensão, em corte. Os perfis sólidos mais largos são chamados de placas ou chapas, dependendo da sua espessura em relação a sua altura. A placa é mais espessa que a chapa.

também adicionar aço à alma, onde esta pouco contribui para aumentar a capacidade de suporte de carga da peça. As mesas largas estão disponíveis em uma vasta gama de tamanhos e pesos. A menor altura disponível nos Estados Unidos é de 4 polegadas (100 mm), e a maior, de 44 polegadas (1.117 mm). Os pesos, por pé linear de peça, variam de 9 a 730 libras (13-1.080 kg/m), este último para um perfil nominal de 14 polegadas (360 mm), com mesas de, aproximadamente, 5 polegadas (130 mm) de espessura. Alguns fabricantes constroem seções de mesas largas mais pesadas por meio da soldagem das mesas junto às placas de almas, em vez da laminação, um procedimento que também é utilizado para a produção de placas de vigas mestras muito altas, para vãos amplos (Figura 11.79).

As mesas largas são fabricadas em duas proporções básicas: altas e estreitas, para vigas, e mais quadradas, para colunas e estacas de fundação. A nomenclatura aceita para perfis de mesas largas começa com a letra W, seguida pela altura nominal do perfil, em polegadas, um sinal de multiplicação e o peso do perfil em libras por pés. Assim, o W12 x 26 é um perfil de mesa larga, de altura nominal de 12 polegadas (305

Perfil	Designação da amostra	Explicação	Gama de tamanhos disponíveis
Mesas-largas	W21 × 83	O W denota um perfil de mesa larga. O primeiro número é a altura nominal, em polegadas, e o segundo número é o peso, em libras, por pés de comprimento.	Alturas nominais de 4 a 18", em incrementos de 2", de 18 a 36", em incrementos de 3", e de 36 a 44", em incrementos de 4".
Vigas de Standard Americano	S18 × 70	O S denota uma viga de Standard Americano. O primeiro número é a altura nominal, em polegadas, e o segundo número é o peso, em libras, por pés de comprimento.	Alturas nominais de 3", 4", 5", 6", 8", 10", 12", 15", 18", 20" e 24".
Canaleta	MC10 × 33,6	O MC denota uma canaleta. O primeiro número é a altura nominal, em polegadas, e o segundo número é o peso, em libras, por pés de comprimento.	Alturas nominais de 6", 7", 8", 9", 10", 12", 13" e 18".
Canaleta de Standard Americano	C6 × 13	O C denota a canaleta de Standard Americano. O primeiro número é a altura nominal, em polegadas, e o segundo número é o peso, em libras, por pés de comprimento.	Alturas nominais de 3", 4", 5", 6", 7", 8", 9", 10", 12" e 15".
T Estrutural	WT13,5 × 47	O WT denota um T feito da divisão de um perfil W. O primeiro número é a altura nominal, em polegadas, e o segundo número é o peso, em libras por pés, de comprimento. (O exemplo de um T, relacionado aqui, foi feito de um W27 x 94.) Os T's divididos de vigas de Standard Americano, são designados como ST, em vez de WT.	Veja os tamanhos disponíveis das mesas largas e vigas de Standard Americano relacionados acima, e divida-os por 2, para chegar às alturas disponíveis para os T´s estruturais feitos desses perfis.
Cantoneira	L4 × 3 × 3/8	O L denota uma cantoneira. Os dois primeiros números são as alturas nominais, em polegadas, das duas abas, e o último número é a espessura, em polegadas, das abas.	Alturas das abas de 2", 2 ½", 3", 3 ½", 4", 5", 6", 7" e 8". Espessura das abas de $1/8$" a $11/8$".
HSS Quadrado, Retangular, Redondo ou Elíptico.	HSS10 × 8 × 1/2	O HSS denota uma seção estrutural vazia. Os dois primeiros números são o tamanho nominal, em polegadas, dos dois lados de um perfil quadrado, retangular ou elíptico. Para os tubos redondos, um único número indica o diâmetro nominal. O último número é a espessura, em polegadas, da parede do tubo.	Para os perfis quadrados ou retangulares, as larguras nominais vão de 1" a 48" e espessura da parede, de $1/8$" a 5/8". Para os perfis redondos, diâmetros nominais de 1,66 a 20" e espessura da parede de 0,109 a 0,625".

Figura 11.11
Perfis de aço comumente utilizados.

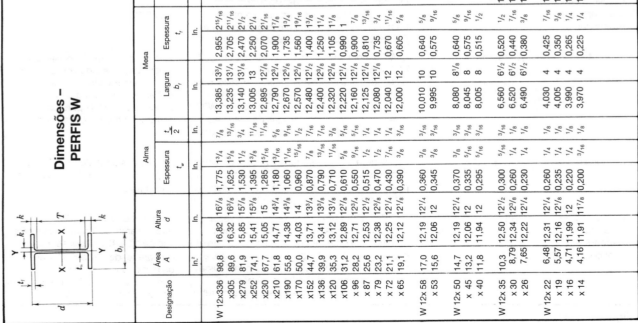

Propriedades – PERFIS W

Designação	Peso nominal por pé (Lb.)	bf/2tf	Fy' (Ksi)	Fy'' (Ksi)	d/tw	rT (In.)	d/Af	Eixo X-X I (In.⁴)	S (In.³)	r (In.)	Eixo Y-Y I (In.⁴)	S (In.³)	r (In.)	Constante de Torção (In.⁴)	Zx (In.³)	Zy (In.³)
W 12×336	336	2,3	—	9,5	3,71	0,43	4060	483	6,41	1190	177	3,47	243	603	274
×305	305	2,4	—	10,0	3,67	0,46	3550	435	6,29	1050	159	3,42	185	537	244
×279	279	2,7	—	10,4	3,64	0,49	3110	393	6,16	937	143	3,38	143	481	220
×252	252	2,9	—	11,0	3,59	0,53	2720	353	6,06	828	127	3,34	108	428	196
×230	230	3,1	—	11,7	3,56	0,56	2420	321	5,97	742	115	3,31	83,8	386	177
×210	210	3,4	—	12,5	3,53	0,61	2140	292	5,89	664	104	3,28	64,7	348	159
×190	190	3,7	—	13,6	3,50	0,65	1890	263	5,82	589	93,0	3,25	48,8	311	143
×170	170	4,0	—	14,6	3,47	0,72	1650	235	5,74	517	82,3	3,22	35,6	275	126
×152	152	4,5	—	15,8	3,44	0,79	1430	209	5,66	454	72,8	3,19	25,8	243	111
×136	136	5,0	—	17,0	3,41	0,87	1240	186	5,58	398	64,2	3,16	18,5	214	98,0
×120	120	5,6	—	18,5	3,38	0,96	1070	163	5,51	345	56,0	3,13	12,9	186	85,4
×106	106	6,2	—	21,1	3,36	1,07	933	145	5,47	301	49,3	3,11	9,13	164	75,1
×96	96	6,8	—	23,1	3,34	1,16	833	131	5,44	270	44,4	3,09	6,86	147	67,5
×87	87	7,5	—	24,3	3,32	1,28	740	118	5,38	241	39,7	3,07	5,10	132	60,4
×79	79	8,2	62,6	26,3	3,31	1,39	662	107	5,34	216	35,8	3,05	3,84	119	54,3
×72	72	9,0	52,3	28,5	3,29	1,52	597	97,4	5,31	195	32,4	3,04	2,93	108	49,2
×65	65	9,9	43,0	31,1	3,28	1,67	533	87,9	5,28	174	29,1	3,02	2,18	96,8	44,1
W 12×58	58	7,8	—	33,9	2,72	1,90	475	78,0	5,28	107	21,4	2,51	2,10	86,4	32,5
×53	53	8,7	55,9	35,0	2,71	2,10	425	70,6	5,23	95,8	19,2	2,48	1,58	77,9	29,1
W 12×50	50	6,3	—	32,9	2,17	1,96	394	64,7	5,18	56,3	13,9	1,96	1,78	72,4	21,4
×45	45	7,0	—	36,0	2,15	2,61	350	58,1	5,15	50,0	12,4	1,94	1,31	64,7	19,0
×40	40	7,8	—	40,5	2,14	2,90	310	51,9	5,13	44,1	11,0	1,93	0,95	57,5	16,8
W 12×35	35	6,3	—	41,7	1,74	3,66	285	45,6	5,25	24,5	7,47	1,54	0,74	51,2	11,5
×30	30	7,4	—	47,5	1,73	4,30	238	38,6	5,21	20,3	6,24	1,52	0,46	43,1	9,56
×26	26	8,5	57,9	53,1	1,72	4,95	204	33,4	5,17	17,3	5,34	1,51	0,30	37,2	8,17
W 12×22	22	4,7	—	47,3	1,02	7,19	156	25,4	4,91	4,66	2,31	0,847	0,29	29,3	3,66
×19	19	5,7	—	51,7	1,00	8,67	130	21,3	4,82	3,76	1,88	0,822	0,18	24,7	2,98
×16	16	7,5	—	54,5	0,96	11,3	103	17,1	4,67	2,82	1,41	0,773	0,10	20,1	2,26
×14	14	8,8	54,3	59,6	0,95	13,3	88,6	14,9	4,62	2,36	1,19	0,753	0,07	17,4	1,90

Dimensões – PERFIS W

Designação	Área A (In.²)	Altura d (In.)	Alma Espessura tw (In.)	tw/2 (In.)	Mesa Largura bf (In.)	Espessura tf (In.)	Distância T (In.)	k (In.)	k1 (In.)
W 12×336	98,8	16,82 16⁷⁄₈	1,775 1³⁄₄	⁷⁄₈	13,385 13³⁄₈	2,955 2¹⁵⁄₁₆	9¹⁄₂	3¹¹⁄₁₆	1¹⁄₂
×305	89,6	16,32 16³⁄₈	1,625 1⁵⁄₈	¹³⁄₁₆	13,235 13¹⁄₄	2,705 2¹¹⁄₁₆	9¹⁄₂	3⁷⁄₁₆	1⁷⁄₁₆
×279	81,9	15,85 15⁷⁄₈	1,530 1¹⁄₂	³⁄₄	13,140 13¹⁄₈	2,470 2¹⁄₂	9¹⁄₂	3³⁄₁₆	1³⁄₈
×252	74,1	15,41 15³⁄₈	1,395 1³⁄₈	¹¹⁄₁₆	13,005 13	2,250 2¹⁄₄	9¹⁄₂	2¹⁵⁄₁₆	1⁵⁄₁₆
×230	67,7	15,05 15	1,285 1⁵⁄₁₆	¹¹⁄₁₆	12,895 12⁷⁄₈	2,070 2¹⁄₁₆	9¹⁄₂	2³⁄₄	1¹⁄₄
×210	61,8	14,71 14³⁄₄	1,180 1³⁄₁₆	⁵⁄₈	12,790 12³⁄₄	1,900 1⁷⁄₈	9¹⁄₂	2⁵⁄₈	1³⁄₁₆
×190	55,8	14,38 14³⁄₈	1,060 1¹⁄₁₆	⁹⁄₁₆	12,670 12⁵⁄₈	1,735 1³⁄₄	9¹⁄₂	2⁷⁄₁₆	1¹⁄₈
×170	50,0	14,03 14	0,960 ¹⁵⁄₁₆	¹⁄₂	12,570 12⁵⁄₈	1,560 1⁹⁄₁₆	9¹⁄₂	2¹⁄₄	1¹⁄₁₆
×152	44,7	13,71 13³⁄₄	0,870 ⁷⁄₈	⁷⁄₁₆	12,480 12¹⁄₂	1,400 1³⁄₈	9¹⁄₂	2¹⁄₈	1¹⁄₁₆
×136	39,9	13,41 13³⁄₈	0,790 ¹³⁄₁₆	⁷⁄₁₆	12,400 12³⁄₈	1,250 1¹⁄₄	9¹⁄₂	1¹⁵⁄₁₆	1
×120	35,3	13,12 13¹⁄₈	0,710 ¹¹⁄₁₆	³⁄₈	12,320 12³⁄₈	1,105 1¹⁄₈	9¹⁄₂	1¹³⁄₁₆	1
×106	31,2	12,89 12⁷⁄₈	0,610 ⁵⁄₈	⁵⁄₁₆	12,220 12¹⁄₄	0,990 1	9¹⁄₂	1¹¹⁄₁₆	¹⁵⁄₁₆
×96	28,2	12,71 12³⁄₄	0,550 ⁹⁄₁₆	⁵⁄₁₆	12,160 12¹⁄₈	0,900 ⁷⁄₈	9¹⁄₂	1⁵⁄₈	⁷⁄₈
×87	25,6	12,53 12¹⁄₂	0,515 ¹⁄₂	¹⁄₄	12,125 12¹⁄₈	0,810 ¹³⁄₁₆	9¹⁄₂	1¹⁄₂	⁷⁄₈
×79	23,2	12,38 12³⁄₈	0,470 ¹⁄₂	¹⁄₄	12,080 12¹⁄₈	0,735 ³⁄₄	9¹⁄₂	1⁷⁄₁₆	⁷⁄₈
×72	21,1	12,25 12¹⁄₄	0,430 ⁷⁄₁₆	¹⁄₄	12,040 12	0,670 ¹¹⁄₁₆	9¹⁄₂	1³⁄₈	⁷⁄₈
×65	19,1	12,12 12¹⁄₈	0,390 ³⁄₈	³⁄₁₆	12,000 12	0,605 ⁵⁄₈	9¹⁄₂	1¹⁵⁄₁₆	¹³⁄₁₆
W 12×58	17,0	12,19 12¹⁄₄	0,360 ³⁄₈	³⁄₁₆	10,010 10	0,640 ⁵⁄₈	9¹⁄₂	1³⁄₈	¹³⁄₁₆
×53	15,6	12,06 12	0,345 ³⁄₈	³⁄₁₆	9,995 10	0,575 ⁹⁄₁₆	9¹⁄₂	1¹⁄₄	¹³⁄₁₆
W 12×50	14,7	12,19 12¹⁄₄	0,370 ³⁄₈	³⁄₁₆	8,080 8¹⁄₈	0,640 ⁵⁄₈	9¹⁄₂	1³⁄₈	¹³⁄₁₆
×45	13,2	12,06 12	0,335 ⁵⁄₁₆	³⁄₁₆	8,045 8	0,575 ⁹⁄₁₆	9¹⁄₂	1¹⁄₄	¹³⁄₁₆
×40	11,8	11,94 12	0,295 ⁵⁄₁₆	³⁄₁₆	8,005 8	0,515 ¹⁄₂	9¹⁄₂	1¹⁄₄	³⁄₄
W 12×35	10,3	12,50 12¹⁄₂	0,300 ⁵⁄₁₆	³⁄₁₆	6,560 6¹⁄₂	0,520 ¹⁄₂	10¹⁄₂	1	⁹⁄₁₆
×30	8,79	12,34 12³⁄₈	0,260 ¹⁄₄	¹⁄₈	6,520 6¹⁄₂	0,440 ⁷⁄₁₆	10¹⁄₂	¹⁵⁄₁₆	¹⁄₂
×26	7,65	12,22 12¹⁄₄	0,230 ¹⁄₄	¹⁄₈	6,490 6¹⁄₂	0,380 ³⁄₈	10¹⁄₂	⁷⁄₈	¹⁄₂
W 12×22	6,48	12,31 12¹⁄₄	0,260 ¹⁄₄	¹⁄₈	4,030 4	0,425 ⁷⁄₁₆	10¹⁄₂	⁷⁄₈	¹⁄₂
×19	5,57	12,16 12¹⁄₈	0,235 ¹⁄₄	¹⁄₈	4,005 4	0,350 ³⁄₈	10¹⁄₂	¹³⁄₁₆	¹⁄₂
×16	4,71	11,99 12	0,220 ¹⁄₄	¹⁄₈	3,990 4	0,265 ¹⁄₄	10¹⁄₂	³⁄₄	¹⁄₂
×14	4,16	11,91 11⁷⁄₈	0,200 ³⁄₁₆	¹⁄₈	3,970 4	0,225 ¹⁄₄	10¹⁄₂	¹¹⁄₁₆	¹⁄₂

Figura 11.12
Uma parte da tabela de dimensões e propriedades de perfis de mesas largas, do *Manual of Steel Construction* do American Institute of Steel Construction. Uma polegada equivale a 25,4 mm. *(Com a permissão do American Institute of Steel Construction)*

mm), que pesa 26 libras por pé de comprimento (38,5 kg/m). Mais informações sobre esse perfil estão contidas em uma tabela de dimensões e propriedades do *Manual of Steel Construction*, publicado pelo American Institute of Steel Construction (Figura 12.22): sua altura real é de 12,22 polegadas (310,4 mm), e suas mesas possuem largura de 6,49 polegadas (164,9 mm). Essas proporções indicam que o perfil é principalmente voltado para utilização como viga ou viga mestra, e não como uma coluna ou estaca de fundação. Por meio da leitura transversal da tabela, coluna a coluna, o projetista pode aprender tudo que há para saber sobre essa seção, desde sua espessura e raio de seus filetes até diferentes quantidades úteis na computação de seu comportamento estrutural, quando sob carga. Na extremidade superior da tabela, quando tratando de mesas largas de 12 polegadas (305 mm), podemos encontrar perfis pesando até 336 libras por pé (501 kg/m), com alturas de quase 17 polegadas (432 mm). Esses perfis mais pesados possuem mesas quase tão largas quanto sua altura, sugerindo que são direcionados à utilização como colunas. Os fabricantes dos Estados Unidos produzem perfis de aço somente em unidades convencionais de medição: polegadas e libras. Em outras partes do mundo, uma variedade normalizada de tamanhos métricos é utilizada. Os Estados Unidos adotaram uma "leve" conversão para tamanhos métricos, apenas tabulando dimensões métricas de perfis produzidos em unidades convencionais.

As *cantoneiras* em aço (Figura 11.13) são extremamente versáteis. Elas podem ser utilizadas como vigas muito curtas, suportando pequenas cargas, e são frequentemente encontradas assumindo esse papel como vergas de portas e de janelas, em construções em alvenaria. Em edifi-

Figura 11.13
Uma parte da tabela de dimensões e propriedades de perfis cantoneiras, do *Manual of Steel Construction* do American Institute of Steel Construction. Uma polegada equivale 24,5 mm. *(Com a permissão do American Institute of Steel Construction)*

CANTONEIRAS
Abas iguais e abas desiguais
Propriedades para o projeto

Tamanho e espessura	k	Peso por pés	Área	Eixo X-X I	S	r	y	Eixo Y-Y I	S	r	x	Eixo X-Z r	Tan α
In.	In.	Lb.	In.²	In.⁴	In.³	In.	In.	In.⁴	In.³	In.	In.	In.	α
L4 x3 x 5/8	1 1/16	13,6	3,98	6,03	2,30	1,23	1,37	2,87	1,35	0,844	0,871	0,637	0,534
1/2	15/16	11,1	3,25	5,05	1,89	1,25	1,33	2,42	1,12	0,864	0,827	0,639	0,543
7/15	7/8	9,5	2,87	4,52	1,68	1,25	1,30	2,18	0,992	0,871	0,804	0,641	0,547
3/8	13/16	8,5	2,48	3,96	1,46	1,26	1,28	1,92	0,866	0,879	0,782	0,644	0,551
5/16	3/4	7,2	2,09	3,38	1,23	1,27	1,26	1,65	0,734	0,887	0,759	0,647	0,554
1/4	11/16	5,8	1,69	2,77	1,00	1,28	1,24	1,36	0,599	0,896	0,736	0,651	0,558
L 3 1/2 x 3 1/2 x 1/2	7/8	11,1	3,25	3,64	1,49	1,06	1,06	3,64	1,49	1,06	1,06	0,683	1,000
7/16	13/16	9,8	2,87	3,26	1,32	1,07	1,04	3,26	1,32	1,07	1,04	0,684	1,000
3/8	3/4	8,5	2,48	2,87	1,15	1,07	1,01	2,87	1,15	1,07	1,01	0,687	1,000
5/16	11/16	7,2	2,09	2,45	0,976	1,08	0,990	2,45	0,976	1,08	0,990	0,690	1,000
1/4	15/8	5,8	1,69	2,01	0,794	1,09	0,968	2,01	0,794	1,09	0,968	0,694	1,000
L 3 1/2 x 3 x 1/2	15/16	10,2	3,00	3,45	1,45	1,07	1,13	2,33	1,10	0,881	0,875	0,621	0,714
7/16	7/8	9,1	2,65	3,10	1,29	1,08	1,10	2,09	0,975	0,889	0,853	0,622	0,718
3/8	13/16	7,9	2,30	2,72	1,13	1,09	1,08	1,85	0,851	0,897	0,830	0,625	0,721
5/16	3/4	6,6	1,93	2,33	0,954	1,10	1,06	1,58	0,722	0,905	0,808	0,627	0,724
1/4	11/16	5,4	1,56	1,91	0,776	1,11	1,04	1,30	0,589	0,914	0,785	0,631	0,727
L 3 1/2 x 2 1/2 x 1/2	15/16	9,4	2,75	3,24	1,41	1,09	1,20	1,36	0,760	0,704	0,705	0,534	0,486
7/16	7/8	8,3	2,43	2,91	1,26	1,09	1,18	1,23	0,677	0,711	0,682	0,535	0,491
3/8	13/16	7,2	2,11	2,56	1,09	1,10	1,16	1,09	0,592	0,719	0,660	0,537	0,496
5/16	3/4	6,1	1,78	2,19	0,927	1,11	1,14	0,939	0,504	0,727	0,637	0,540	0,501
1/4	11/16	4,9	1,44	1,80	0,755	1,12	1,11	0,777	0,412	0,735	0,614	0,544	0,506
L3 x3 x 1/2	13/16	9,4	2,75	2,22	1,07	0,898	0,932	2,22	1,07	0,898	0,932	0,584	1,000
7/16	3/4	8,3	2,43	1,99	0,954	0,905	0,910	1,99	0,954	0,905	0,910	0,585	1,000
3/8	11/16	7,2	2,11	1,76	0,833	0,913	0,888	1,76	0,833	0,913	0,888	0,587	1,000
5/16	5/8	6,1	1,78	1,51	0,707	0,922	0,865	1,51	0,707	0,922	0,865	0,589	1,000
1/4	9/16	4,9	1,44	1,24	0,577	0,930		1,24	0,577	0,930	0,842	0,592	1,000
3/16	1/2	3,71	1,09	0,962	0,441	0,939		0,962	0,441	0,939	0,820	0,596	1,000

As cantoneiras nas colunas sombreadas podem não estar disponíveis de imediato. A disponibilidade está sujeita a acúmulo de material de laminação e localização geográfica, e deve ser verificada com os fornecedores de material.

cações com moldura estrutural em aço, o seu papel primário é o de conectar as vigas de mesas largas, vigas mestras e colunas, conforme veremos em breve. Elas também possuem utilidade como amarrações diagonais de molduras estruturais em aço e como peças de tesouras em aço, onde são fixadas umas às outras, pela junção de suas superfícies superiores, conectando-se de maneira conveniente para se fixar às *placas gusset*, nas juntas das tesouras (Figura 11.82). As seções em canaleta são também utilizadas como peças de tesouras e amarração, assim como para vigas curtas, vergas e longarinas em escadas de aço. Os *T´s*, as *placas*, as *barras* e as *chapas* possuem diferentes papéis em uma edificação de moldura estrutural em aço, conforme mostrado nos diagramas que acompanham este texto.

As propriedades estruturais do aço também podem ser ajustadas após sua laminação, por meio da utilização de vários dos assim chamados "processos termomecânicos". Por exemplo, imediatamente após a laminação, o aço ASTM A913 é sujeito a um processo de *extinção* (resfriamento rápido) e posterior *têmpera* (reaquecimento parcial), para dar ao aço um balanço otimizado de características de resistência, tenacidade e soldabilidade.

O aço fundido

A maioria dos aços estruturais é produzida como perfis laminados; os perfis estruturais também podem ser produzidos com *aço fundido*, isto é, pelo despejo de aço derretido diretamente em moldes, permitindo que o aço esfrie. Apesar de a fundição do aço ser mais dispendiosa, em termos de peso, que os perfis de aço laminados, ele oferece outras vantagens: pelo fato de as peças fundidas serem produzidas em pequenas quantidades, elas podem, de forma econômica, utilizar ligas de aço especializadas, selecionadas com base nos requisitos específicos de uma peça. Como elas são fundidas em moldes discretos, em vez de serem formatadas por processos de rolagem contínua, as peças de aço fundido podem ser não uniformes em secção, elas podem rapidamente incorporar curvas ou geometrias complexas, e seus perfis podem ser cuidadosamente ajustados aos requisitos particulares da peça. O aço fundido é especialmente adequado à produção de conexões customizadas para estruturas de aço, que são mais resistentes, mais leves e mais atraentes do que as fabricadas com aço convencional laminado.

O aço trabalhado a frio

O aço pode ser *trabalhado a frio* ou *produzido a frio* (laminado ou dobrado), em um estado chamado de "frio" (temperatura ambiente). O trabalho a frio faz com que o aço adquira uma resistência considerável, pelo realinhamento de sua estrutura cristalina. As chapas leves de aço (finas) são produzidas em seções em formato de C, para fazer peças de moldura de extensão curta, que são frequentemente utilizadas para emoldurar divisórias e paredes exteriores, em edificações maiores, e estruturas de pisos, em edificações menores (veja o Capítulo 12). Chapas de aço também são laminadas em configurações corrugadas, utilizadas como deques de pisos e de coberturas, em estruturas com moldura estrutural em aço (Figuras 11.59 – 11.64).

Chapas ou placas mais pesadas podem ser produzidas a frio, em perfis vazados quadrados, retangulares, redondos e elípticos, que são soldados ao longo da costura longitudinal, para formar *seções estruturais vazadas (HSS)* (Figuras 11.11, 11.14 e 11.84). Também chamados de "tubos estruturais", são utilizados com frequência para colunas e peças de tesouras soldadas em aço e tesouras espaciais. O seu formato vazado as torna especialmente adequadas para peças sujeitas a estresses torcionais (torção) ou empeno associado a cargas de compressão.

A diversidade de perfis de mesas largas é muito grande para que sejam laminados a frio, porém a laminação a frio é utilizada para produzir hastes de aço de seções pequenas e componentes de aço para vigas de alma vazada, em que a resistência maior pode ser utilizada como uma vantagem. O aço também é estirado a frio por meio de moldes, para produzir fios de alta resistência, utilizados em cabos de aço, tensores de pontes e cabos de protensão para concreto.

Vigas em aço de alma vazada

Dentre os muitos produtos de aço estrutural, fabricados por perfis de laminados a quente e a frio, o mais comum é a *viga em aço de alma vazada (OWSJ)*, uma estrutura produzida em massa, utilizada em grelhas com espaçamentos próximos, para suportar os deques de pisos e coberturas (Figura 11.14). De acordo com as especificações do Steel Joist Institute (SJI), as vigas de alma vazada são produzidas em três séries: as séries de vigas K são para vãos de até 60 pés (18 m) e variam, em altura, de 8 a 30 polegadas (200-760 mm). As séries de vigas LH são especificadas como "vãos amplos" e podem alcançar até 96 pés (29 m). Suas alturas variam entre 18 e 48 polegadas (460 – 1220 mm). As séries de "vãos amplos e altos" DLH, das vigas de alma vazada, possuem altura de 52 a 72 polegadas (1320 – 1830 mm) e podem, horizontalmente, cobrir um vão de até 144 pés (44 m). A maioria das edificações que usa vigas de alma vazada utiliza as vigas de série K, que possuem menos de 2 pés (600 mm) de altura, para cobrir vãos de até 10 pés (0,6 – 3 m), dependendo da magnitude das cargas aplicadas e da capacidade de cobertura de vãos do deque. Alguns fabricantes de vigas também produzem tipos patenteados de vigas de aço de alma vazada, capazes de cobrir vãos maiores do que as tesouras desenvolvidas segundo as especificações SJI.

As *vigas mestras* são tesouras de aço pré-fabricadas, projetadas para suportar cargas pesadas, particularmente, *intercolúnios de vigas de aço* (Figura 11.14). Elas variam, em altura, entre 20 a 72 polegadas (500-1800 mm). Podem ser utilizadas em vez de vigas de mesas largas e vigas mestras em estruturas de coberturas e pisos, onde a altura maior não for sujeita a objeções. As vigas de alma vazada e as vigas mestre são invariavelmente feitas em aço de alta resistência.

Figura 11.14
O telhado de uma edificação industrial de um pavimento é emoldurado com vigas de aço de alma vazada, suportadas por vigas mestras. As vigas mestras se apoiam sobre as colunas de seção estrutural quadrada vazadas. *(Cortesia de Vulcraft Division of Nucor)*

Unindo peças em aço

Rebites

Os perfis em aço podem ser unidos a uma moldura de edificação com três técnicas de fixação – rebites, pinos ou solda – e por qualquer combinação destas.

Um *rebite* é um fixador em aço que consiste em um corpo cilíndrico e cabeça formatada. Ele é aquecido até adquirir a cor branca, em uma forja, inserido por orifícios existentes nas peças a serem unidas, e tratado a quente com um martelo pneumático, para produzir uma segunda cabeça, oposta à primeira (Figura 11.15). À medida que o rebite esfria, ele se contrai, travando as peças unidas e formando uma junta estanque. A rebitagem foi, por muitas décadas, a técnica de fixação predominante usada em edificações com moldura estrutural em aço; porém, foi completamente substituída, na construção contemporânea, pelas técnicas menos trabalhosas que usam pinos e soldagem.

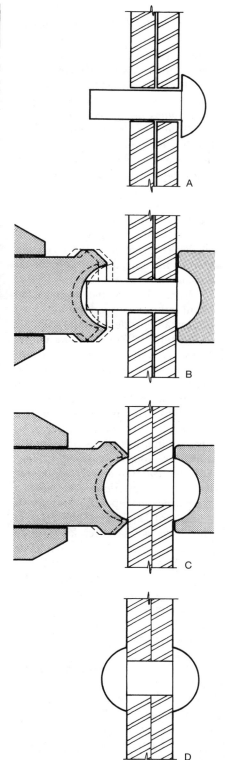

Figura 11.15
O modo como as conexões rebitadas são feitas. (a) Um rebite quente de aço é inserido pelos furos existentes nas duas peças a serem unidas. (b, c) Sua cabeça é acomodada na depressão, em forma de taça, de um pesado martelo de mão. A martelagem pneumática repetida contra o corpo do rebite forma uma segunda cabeça. (d) O rebite encolhe quando esfria, unindo as peças de forma bem justa.

Pinos

Os pinos utilizados em uma construção com moldura estrutural em aço podem ser tanto os *pinos de alta resistência* (ASTM A325 e A490), tratados a quente durante a sua fabricação para melhor desenvolver sua resistência, como *pinos de aço carbono* (ASTM A307), de menor resistência. Na construção contemporânea em molduras de aço, as conexões estruturais com pinos dependem quase que exclusivamente de pinos de alta resistência. Os pinos de aço carbono (também chamados de pinos "inacabados" ou "comuns") encontram apenas utilização limitada, como na fixação de elementos menores de emolduração ou em conexões temporárias.

A maneira pela qual uma conexão estrutural de pinos em aço explora a sua força depende de como os pinos são instalados. Em uma *conexão do tipo suporte*, os pinos somente precisam ser instalados em uma condição *apertada confortável*. Nesse caso, o movimento entre as peças unidas é impedido pelos próprios pinos, na medida em que as laterais dos furos do pino, nas peças conectadas, apoiam-se contra o corpo dos pinos. Em uma *conexão de escorregamento crítico* (ou do *tipo fricção*), os pinos são pré-carregados (apertados durante a instalação) de tal forma, que a fricção entre as faces adjacentes das peças de aço (as *superfícies de contato*) impede o movimento entre as peças. Sob condições normais de carga, os pinos em conexões do tipo suporte são, fundamentalmente, tensionados pelo esforço cortante, enquanto nas conexões de escorregamento crítico, são estressados por tração.

Quando uma conexão do tipo suporte recebe carga pela primeira vez, ocorre um leve escorregamento da junta, enquanto as laterais dos furos dos pinos, nas peças unidas, transferem a carga total contra o corpo dos pinos. Em contrapartica, uma conexão de escorregamento crítico irá alcançar a sua carga total para a qual foi projetada praticamente sem qualquer deslizamento inicial. Por essa razão, somente conexões de escorregamento crítico são utilizadas quando as pequenas variações em alinhamento

Figura 11.16
Um ferreiro aperta pinos de alta resistência, com uma chave de impacto pneumática. *(Cortesia de Bethlehem Steel Corporation)*

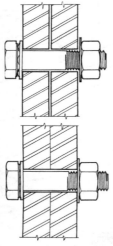

Figura 11.17
Superior: Um pino de alta resistência, não atarrachado, com uma arruela indicadora de carga, por baixo da cabeça. *Inferior*: O pino e a arruela, após o atarrachamento: repare que as protuberâncias na arruela indicadora de carga foram aplanadas.

Figura 11.18
Um pino ranhurado, com controle de tração. *(Cortesia de Lejeune Bolt Company)*

que podem ocorrer nas conexões do tipo suporte podem ser prejudiciais à estrutura. Por exemplo, as emendas de colunas e conexões de vigas-coluna, em edificações altas, devem ser projetadas como de escorregamento crítico, assim como o requerem as conexões que experienciam reversões de carga.

Em uma conexão típica, os pinos são inseridos em furos $\frac{1}{16}$ polegadas (2 mm) mais largos que o diâmetro do pino. Dependendo de vários fatores, arruelas de aço endurecido podem ser inseridas em uma ou ambas as extremidades do fixador. É necessário que que as arruelas possuam ranhuras ou furos maiores que o necessário, para assegurar que a cabeça do pino e a porca desenvolvam um contato adequado com as superfícies das peças que estão sendo unidas. Ao instalar pinos pré-carregados, podem ser necessárias arruelas para evitar danos, como *esfoladura* (rasgos), às superfícies das peças unidas. Muitos métodos de verificação de tensão de pinos, discutidos abaixo, também requerem arruelas, pelo menos em uma das extremidades do pino, para assegurar resultados de tração consistentes.

Figura 11.19
O *design* compacto de uma chave elétrica de corte, usada para apertar pinos com controle de tração, faz com que seja fácil alcançar pinos em situações de pouco espaço. *(Cortesia de Lejeune Bolt Company)*

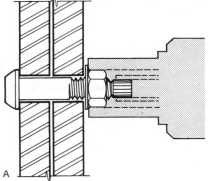

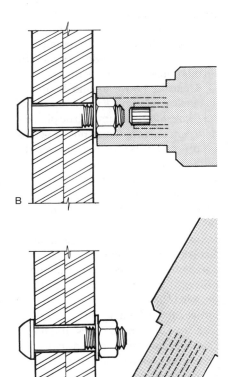

Os pinos são usualmente apertados utilizando uma *chave de impacto* pneumática ou elétrica (Figura 11.16). Em uma conexão do tipo suporte, a intensidade de tração nos pinos não é crítica. Em uma conexão de escorregamento crítico, os pinos devem ser apertados com segurança até, pelo menos, 70 % de sua última resistência de tração.

Um grande problema, na montagem de conexões de escorregamento crítico, é como saber se a tensão necessária foi alcançada em cada pino. Isso pode ser conseguido de diversas formas. No *método de rosqueio de porca*, cada pino é apertado até ficar justo, e então girado em uma fração adicional específica de uma volta. Dependendo do comprimento do pino, da liga da qual ele é feito e de outros fatores, o aperto adicional requerido irá variar entre um terço de volta e uma volta inteira.

Em outro método, uma *arruela de indicação de carga*, também chamada de *indicação de tração direta* (DTI), é colocada por baixo da cabeça ou da porca do pino. À medida que o pino é apertado, as protuberâncias na arruela são progressivamente aplanadas, de modo proporcional à tensão de tração no pino (Figura 11.17). A inspeção da tensão apropriada do pino se torna, dessa forma, uma questão relativamente simples de inserir um calibrador para determinar se a arruela foi aplanada o suficiente, indicando se foi alcançada a tensão requerida. Um fabricante de arruelas fez a inspeção se tornar ainda mais fácil, anexando minúsculas cápsulas de tinta à arruela: quando as protuberâncias se tornam suficientemente planas, as cápsulas esguicham uma tinta de alta visibilidade na superfície da arruela.

Utilizado com menos frequência para verificar a tensão de pinos, há o *método de chave calibrada*, no qual uma chave especial de controle de torque é usada para apertar os pinos. Os ajustes de torque da chave são cuidadosamente calibrados para o tamanho e o tipo particular dos fixadores que estão sendo instalados, de modo a alcançar a tensão requerida para o pino. Uma arruela, por baixo da extremidade rotacionada do pino, mini-

Figura 11.20
Apertando um pino de controle de tensão. (a) A chave segura tanto a porca quanto o corpo estriado do pino, e rotaciona um contra o outro para apertar o pino. (b) Quando o torque requerido tiver sido alcançado, a extremidade estriada desenrosca da chave. (c) Um pistão dentro da chave descarrega a extremidade estriada para dentro de um recipiente. *(Cortesia de Lejeune Bolt Company)*

miza a fricção e assegura uma relação consistente entre a força de aperto aplicada e a tensão alcançada no pino.

Outro método de verificação de tensão de pinos emprega ainda *pinos de controle de tensão*. Estes possuem extremidades com protuberâncias estriadas, que se estendem para além da parte rosqueada do corpo do pino (Figura 11.18). A porca é apertada com uma *chave* elétrica especial *de corte* (Figura 11.19), que prende, simultaneamente, a porca e a extremidade estriada, girando um contra o outro. A extremidade estriada é produzida de tal forma, que quando o torque requerido tenha sido alcançado, a extremidade cai fora (Figura 11.20). A verificação da tensão adequada do pino, em pinos instalados, se torna um simples caso de verificação visual de ausência de elementos estriados. Outra vantagem desse tipo de fixador é o fato de poder ser instalado por um único operário, diferentemente de pinos convencionais, que requerem um segundo operário com chave inglesa para impedir que a outra extremidade do conjunto do pino gire durante o aperto.

Uma alternativa ao pino de alta resistência é o *lockpin e fixador de anéis* ou *pino estampado*, um tipo de pino de aço, com anéis anulares que depende de um colarinho de aço, em vez de uma porca convencional, para segurar o pino. O pino estampado é instalado usando uma ferramenta elétrica especial para segurar o pino sob alta tensão, enquanto produz a frio (estampagem, uma ação do tipo dobra), a coleira ao redor de sua extremidade, para completar a conexão. Quando o processo de instalação é completado, a extremidade do lockpin quebra, fornecendo evidência visual de que a foi alcançada tensão necessária no fixador. Assim como o pino de controle de tensão, o pino estampado pode ser instalado por um único operário.

Soldagem

A soldagem oferece uma possibilidade única e valiosa para o projetista estrutural: ela pode unir as peças de uma moldura de aço como se fosse um todo monolítico. As conexões soldadas, projetadas e executadas apropriadamente, são mais fortes que as peças que estão sendo unidas, em termos de resistência ao cisalhamento e ao momento fletor. Apesar de ser possível alcançar essa mesma performance com conexões utilizando pinos de alta resistência, muitas vezes, tais conexões são complexas quando comparadas a juntas soldadas equivalentes. A utilização de pinos, por outro lado, tem suas próprias vantagens: é rápida e fácil para conexões a campo, que precisam somente resistir a forças de cisalhamento, e pode ser realizado sob condições climáticas adversas ou de difícil acesso físico, que tornariam a soldagem impossível. Frequentemente, a soldagem e aplicação de pinos são combinadas nas mesmas conexões, para tirar vantagem das qualidades únicas de cada uma: a soldagem pode ser empregada na oficina do fabricante, em funçõ sua economia inerente, e a campo, por sua continuidade estrutural, enquanto a aplicação de pinos é, frequentemente, empregada nas conexões mais simples de campo e para segurar os elementos a serem conectados em alinhamento, antes da soldagem. A escolha entre a aplicação de pinos, soldagem ou a combinações dos dois, é frequente-

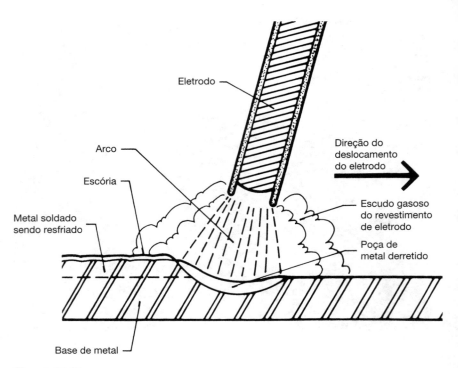

Figura 11.21
Diagrama ampliado do processo de soldagem com arco elétrico.

mente ditada pelo projetista; porém, pode, também, ser influenciada por considerações, tais como os equipamentos e conhecimentos do fabricante e do montador, disponibilidade de força elétrica, clima e localização.

A *solda de arco elétrico* é simples, conceitualmente. Um potencial elétrico é estabelecido entre as peças de aço a serem unidas e um *eletrodo* metálico, controlado por uma máquina ou por uma pessoa. Quando o eletrodo é colocado próximo à costura, entre as peças de aço, um arco elétrico contínuo é estabelecido, gerando calor suficiente para derreter, tanto uma área localizada nas peças de aço, quanto a ponta do eletrodo (Figura 11.21). O aço derretido do eletrodo se funde com o aço das peças, formando uma massa disforme única. O eletrodo é conduzido lentamente ao longo da costura, deixando uma fita contínua de metal, que esfria e solidifica, para formar uma conexão contínua entre as peças. Para peças pequenas, uma única passagem do eletrodo pode ser suficiente para fazer a conexão. Para peças maiores, é feita uma série de passagens, de forma a construir uma solda com a altura requerida.

Na prática, a soldagem é uma ciência complexa. A metalurgia do aço estrutural e os eletrodos de soldagem devem ser cuidadosamente coordenados. A voltagem, a amperagem e a polaridade da corrente elétrica são selecionadas, a fim de alcançar a temperatura e a penetração certas para a solda. O ar deve ser mantido afastado do arco elétrico, para evitar a rápida oxidação do aço líquido: isso é conseguido, em processos simples de soldagem, tanto através de um grosso revestimento no eletrodo que derrete, para criar um escudo líquido e gasoso ao redor do arco, quanto por um núcleo de fluxo de vaporização em um eletrodo de aço tubular. Também pode ser feito por meio de um fluxo contínuo de um gás inerte ao redor do arco ou com um fluxo seco, que é sobreposto sobre a extremidade do eletrodo à medida que ele se move pela peça trabalhada.

A espessura e o comprimento requeridos de cada solda são calculados pelo projetista, para combiná-los às forças a serem transmitidas entre as peças, e são indicados em plantas de fabricação, utilizando *símbolos de solda* normalizados (Figura 11.22). Para soldas profundas, como as soldas de penetração total, mostradas na Figura 11.23, as bordas das peças são chanfradas, para criar uma ranhura que permita o acesso do eletrodo à espessura total da peça. Pequenas tiras de aço, chamadas barras de *backup* ou *barras de apoio*, são soldadas por baixo da ranhura antes de iniciar a solda verdadeira para evitar que o metal derretido flua para fora do fundo da ranhura. A solda é, então, depositada em uma série de passagens do eletrodo, até que a ranhura seja inteiramente preenchida. Em alguns casos, *barras de escoamento* são requeridas nas extremidades da solda de uma ranhura, para facilitar o preenchimento da espessura total de metal soldado nas bordas da peça (Figura 11.46).

Os trabalhadores que fazem soldagem estrutural são metodicamente treinados e periodicamente testados, para assegurar que possuam o nível requerido de habilidade e conhecimento. Quando uma solda importante é completada, ela é inspecionada para se ter certeza de que é do tamanho e qualidade requeridos; isso, requer, com frequência procedimentos de testes com partículas magnéticas sofisticadas, penetração de tintas, ultrassom ou radiografias, que procuram defeitos ocultos ou falhas dentro de cada solda.

As soldas em conexões estruturais, que podem estar sujeitas a tensões muito elevadas durante um evento sísmico e que são críticas para a manutenção da estabilidade em uma estrutura de edificação, são chamadas de *soldas de demanda crítica*. Elas devem atender a requisitos especiais, relacionados ao seu projeto, materiais, instalação e inspeção, para assegurar sua confiabilidade sob tais condições.

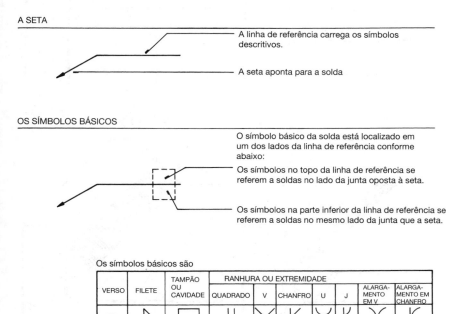

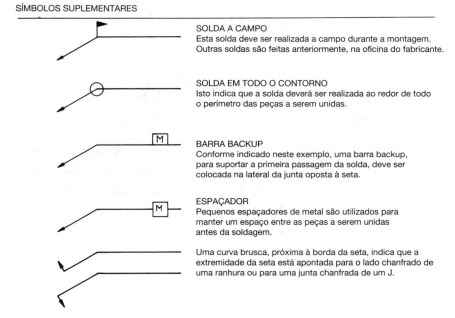

Figura 11.22
Símbolos normalizados de solda, conforme utilizados em desenhos detalhados de conexões de aço.

430 Fundamentos de Engenharia de Edificações: Materiais e Métodos

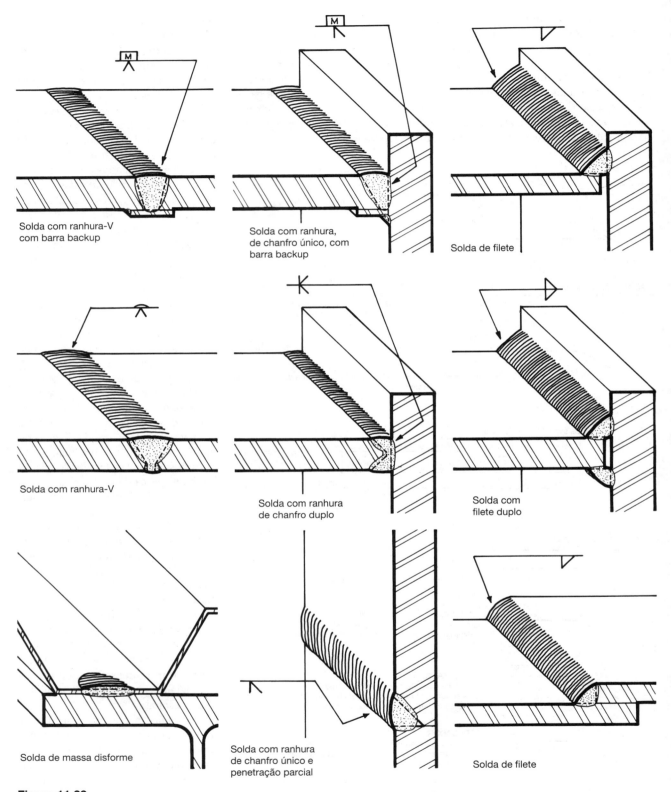

Figura 11.23
Soldas típicas usadas em construções de moldura estrutural em aço. As soldas em filete são as mais econômicas, porque não requerem preparação antecipada da junta; porém, as juntas com ranhura de penetração total são mais fortes. Os símbolos de norma utilizados aqui são explicados na Figura 11.22.

DETALHES DA EMOLDURAÇÃO ESTRUTURAL EM AÇO
Conexões típicas

A maioria das conexões de molduras em aço utiliza cantoneiras, placas ou T´s como elementos de transição entre as peças que estão sendo conectadas. Uma simples conexão de pinos, do tipo viga-coluna-mesa requer duas cantoneiras e uma série de pinos (Figuras 11.24-11.27). As cantoneiras são cortadas em seu comprimento exato, e os furos são feitos em todos os componentes antes da montagem. As cantoneiras são usualmente fixadas por meio de pinos à alma da viga, na oficina de fabricação. Os pinos pela mesa da coluna são incorporados à medida que a viga é montada no canteiro de obras. Esse tipo de conexão, que une somente a alma da viga à coluna, mas não às mesas, é conhecido como *conexão de cisalhamento*, e capaz de transmitir forças verticais (cisalhamento) de uma viga a uma coluna. Todavia, pelo fato de não conectar as mesas da viga à coluna, não possui nenhuma contribuição na transmissão das forças de flexão (*momentos de flexão*) de uma para a outra.

Para produzir uma *conexão de momento* capaz de transmitir forças de flexão entre uma viga e uma coluna, é necessário conectar fortemente as mesas das vigas pela junta, mais comumente por meio de *soldas com ranhura de penetração total* (Figuras 11.28 e 11.29). Se as mesas da coluna não são fortes o suficiente para receber as forças transmitidas pelas mesas da viga, *placas de enrijecimento* devem ser instaladas dentro das mesas da coluna, a fim de distribuir melhor essas forças para o corpo da coluna. (Apesar de menos comum, é também possível projetar conexões de transmissão de momentos que se valham exclusivamente de pinos.)

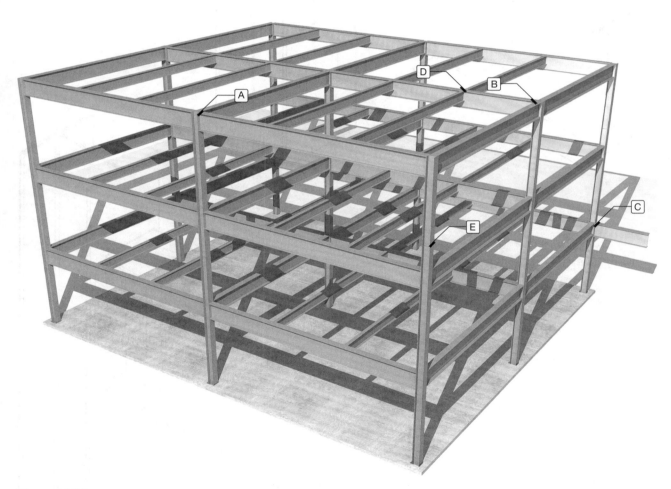

Figura 11.24
Uma moldura genérica de uma edificação em aço. As letras se referem às conexões detalhadas nas figuras a seguir.

Figura 11.25
Vista explodida e de montagem de uma conexão usando pinos, para uma conexão viga-mesa-coluna, referente à letra A da moldura estrutural mostrada na Figura 11.24. O tamanho das cantoneiras e o número e tamanho dos pinos são determinados pela magnitude da carga que a conexão deverá transmitir da viga para a coluna.

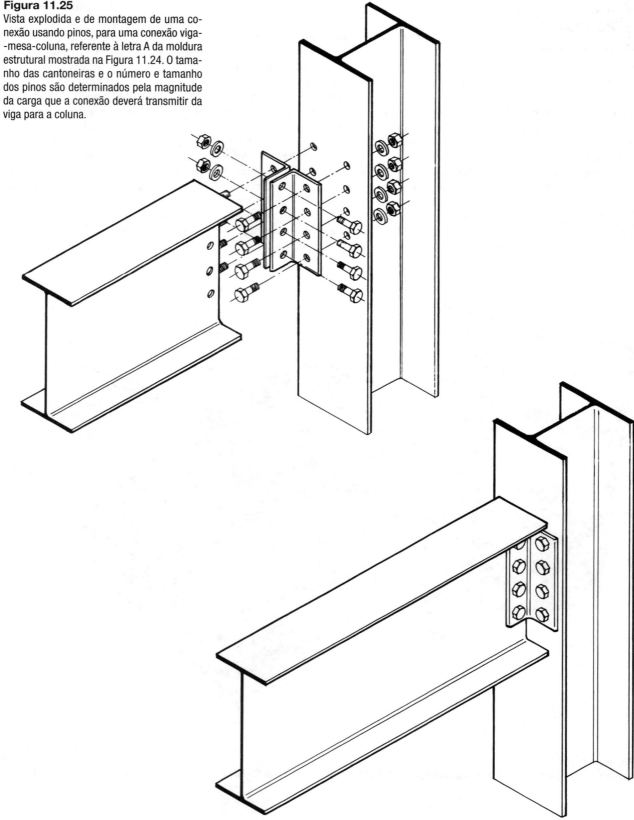

Capítulo 11 Construções com Moldura Estrutural em Aço **433**

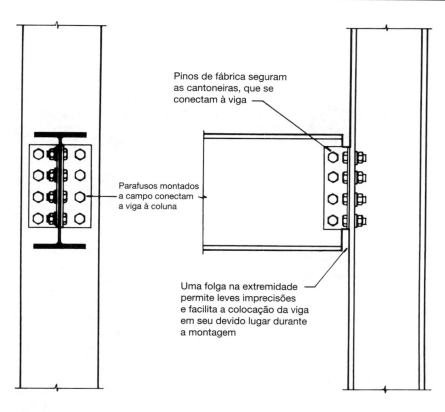

Figura 11.26
Duas vistas das conexões em pinos de viga-coluna-mesa, mostradas na Figura 11.25. Esta é uma conexão de cisalhamento (conexão simples AISC) e não uma conexão resistente a momentos fletores, pois as mesas da viga não estão rigidamente conectadas à coluna. Esse tipo de conexão de cisalhamento, no qual a viga é conectada à coluna por meio de cantoneiras, placas ou T's fixados à alma da viga, são também chamadas *conexões emolduradas*. Alternativamente, as conexões de cisalhamento podem ser assentadas conforme ilustrado na Figura 11.32.

Figura 11.27
Uma vista pictórica de uma conexão de cisalhamento com pinos, de viga-coluna-mesa.

Figura 11.28
Uma conexão soldada (AISC Totalmente Contida) resistente a momentos para a ligação de uma viga à mesa de uma coluna. Esse é o tipo de conexão que seria utilizada, em vez da uma conexão de cisalhamento, montada no local, indicada pela letra A da Figura 11.24, se uma conexão resistente a momento fosse requerida. Os pinos prendem a viga no seu lugar para a soldagem e também resistem aos esforços de cisalhamento. Pequenas barras retangulares de apoio são soldadas por baixo da extremidade de cada mesa de viga, para evitar que o arco de soldagem as queime. Uma fenda de distanciamento é cortada desde o topo da alma da viga, para permitir que a barra de apoio passe por ela. Uma fenda de distanciamento similar, na parte inferior da alma da viga, permite que a mesa de baixo seja inteiramente soldada, pela sua parte superior, para maior conveniência. As ranhuras de solda permitem que se estabeleça a resistência plena das mesas da viga, permitindo à conexão transmitir momentos entre a viga e a coluna. Se as mesas da coluna não forem rígidas o suficiente para receber os momentos provenientes da viga, placas de enrijecimento deverão ser soldadas entre as mesas da coluna, conforme mostrado aqui. As mesas da viga são cortadas em uma configuração "osso de cachorro", para criar uma zona na viga que seja levemente mais fraca à flexão que a própria conexão soldada. Durante um violento terremoto, a viga irá se deformar permanentemente nessa zona, enquanto protege a conexão soldada contra eventuais colapsos.

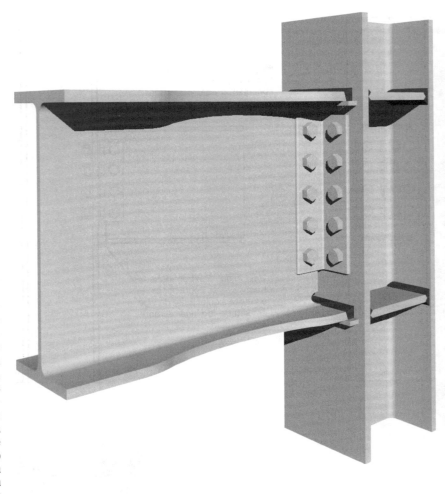

Figura 11.29
Uma fotografia de uma conexão resistente a momentos, similar à mostrada na Figura 11.28. A viga acabou de ser fixada por pinos a uma guia de cisalhamento, que é soldada à coluna. A seguir, barras de apoio são soldadas à coluna, logo abaixo das mesas da viga. Depois disso, as mesas são soldadas à coluna. *(Com a permissão do American Institute of Steel Construction)*

Estabilizando a moldura estrutural da edificação

Para entender os papéis correspondentes às conexões de cisalhamento e de momento em uma moldura estrutural da edificação, é necessário entender os meios pelos quais as edificações podem ser estáveis frente às forças laterais do vento e de terremotos. Três mecanismos básicos de estabilização são comumente usados: molduras amarradas, paredes de cisalhamento e molduras resistentes a momentos (Figura 11.30). Uma *estrutura contraventada* funciona pela criação de configurações triangulares estáveis, ou *amarrações diagonais*; de outra forma, seria instável na geometria retilínea de uma edificação com moldura estrutural em aço. As conexões entre as vigas e as colunas, em uma estrutura contraventada, não precisam transmitir momentos (forças de flexão); elas podem se comportar como pinos ou dobradiças, outra forma de dizer que elas podem ser conexões de cisalhamento, como aquela na Figura 11.27. (Embora isso possa não ser imediatamente aparente, esse tipo de conexão tem a capacidade de realizar as pequenas rotações necessárias para que se comporte, essencialmente, como se fosse articulada.)

Um caso especial de estrutura contraventada é a *moldura amarrada excentricamente*. Pelo fato de as extremidades das amarrações diagonais serem recuadas de uma certa distância uma da outra, onde se conectam às vigas, a estrutura como um todo é mais resiliente que uma moldura com amarração convencional. A amarração excêntrica é usada, fundamentalmente, como uma forma de a moldura da edificação absorver energia durante um terremoto, e assim protegê-la diante de um colapso. Assim como as estruturas contraventadas convencionais, as estrutura contraventada excentricamente podem depender exclusivamente de conexões de cisalhamento entre vigas e colunas.

As *paredes de cisalhamento* são paredes rígidas, feitas de aço, concreto ou em alvenaria de concreto armado. Elas servem ao mesmo propósito que as amarrações diagonais, em uma estrutura com moldura amarrada, e,

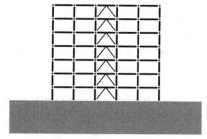

Estrutura contraventada

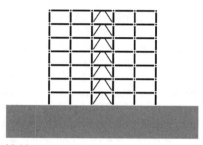

Moldura amarrada excentricamente

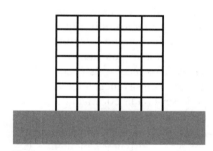

Moldura resistente a momentos

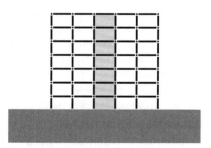

Paredes de cisalhamento

Figura 11.30
Vistas dos modos básicos para proporcionar estabilidade lateral a uma moldura estrutural. As conexões feitas com pontos são conexões para cisalhamento, e as interseções sólidas indicam conexões para momentos. A estrutura contraventada (no topo) é ilustrada, aqui, como uma *amarração Chevron* (ou V invertido). A *amarração cruzada*, na qual diagonais em pares partem de cantos opostos do intercolúnio de amarração, também é comum. A amarração excêntrica (a segunda de cima para baixo) é usada em situações em que é vantajoso para a moldura absorver energia sísmica, durante um terremoto. As conexões na moldura resistente a momentos (a terceira de cima para baixo), chamadas de "conexões para momentos", são suficientemente resistentes à rotação para estabilizar a estrutura contra forças laterais sem a utilização de amarrações diagonais ou paredes de cisalhamento. As molduras resistentes a momentos são, algumas vezes, também chamadas de "molduras rígidas", apesar de esse nome poder ser enganador. Enquanto as conexões em tais molduras são relativamente rígidas, as molduras estruturais inteiras, que dependem somente dessas conexões para estabilidade lateral, são tipicamente menos rígidas que aquelas estabilizadas com amarrações diagonais ou paredes de cisalhamento.

assim como na moldura amarrada, conexões de momento entre as vigas e colunas não são requeridas.

As *molduras de resistência a momentos* não possuem amarrações diagonais nem paredes de cisalhamento para assegurar a estabilidade lateral. Em vez disso, elas dependem de conexões de momento entre as vigas e colunas, que são resistentes à rotação e, assim, capazes de estabilizar a moldura contra as forças laterais. Dependendo da configuração da estrutura e da magnitude das forças envolvidas, nem todas as conexões em uma moldura resistente a momentos precisam ser conexões de momentos. Uma vez que as conexões para momentos são de execução mais dispendiosa que as conexões de cisalhamento, elas são usadas somente na medida do necessário, com o restante da moldura se valendo de conexões de cisalhamento, mais simples e menos dispendiosas.

Existem dois métodos comuns de arranjar elementos estabilizadores em uma moldura de uma edificação alta (Figura 11.31). Uma possibilidade é criar um *núcleo rígido* no centro da construção. O núcleo, que está na área

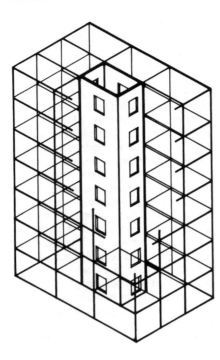

Núcleo rígido

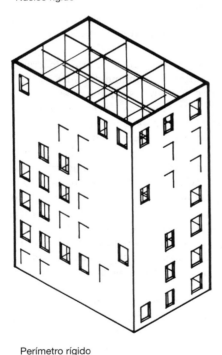

Perímetro rígido

Figura 11.31
Núcleo rígido *versus* perímetro rígido.

que contém os elevadores, escadas, recessos mecânicos e banheiros, é estruturado como uma torre rígida, usando amarrações diagonais, paredes de cisalhamento ou conexões de momentos. O restante da moldura da edificação pode, então, ser construído com conexões de cisalhamento e estabilizadas pela *ação de diafragma* (a rigidez que possui uma placa fina de material, como um deque de aço soldado com uma cobertura de concreto) dos pisos e coberturas, que conectam esses vãos externos ao núcleo rígido. Ou, onde uma resistência adicional às forças laterais ou uma maior rigidez for requerida, conexões resistentes a momentos viga-coluna podem ser introduzidas em algumas partes da moldura estrutural da edificação.

Um segundo arranjo para alcançar estabilidade é o de criar um *perímetro rígido*, novamente pela utilização de amarrações diagonais, paredes de cisalhamento ou conexões resistentes a momentos. Quando isso é feito, todo o interior da estrutura pode ser montado com conexões de cisalhamento, valendo-se da ação diafragmática nas placas do piso e de cobertura para transmitir estabilidade a essas partes da estrutura.

Em suma, as conexões de cisalhamento entre vigas e colunas são suficientes para transmitir cargas verticais através da moldura estrutural da edificação, porém não são, por si só, capazes de oferecer resistência às forças laterais. A resistência a forças laterais pode ser criada por meio da introdução de amarrações diagonais (moldura amarrada), paredes de cisalhamento, conexões resistentes a momentos viga-coluna (moldura resistente a momentos) ou algumas combinações destes elementos em partes da moldura estrutural. Pelo fato de as conexões de cisalhamento serem mais fáceis e menos dispendiosas de construir, as conexões resistentes a momentos são usadas somente quando necessário e, muitas vezes, em combinação com outros mecanismos de estabilização.

Conexões para resistir a cisalhamento e conexões para momentos fletores

O American Institute of Steel Construction (AISC) define três tipos de conexões viga-coluna, classificadas de acordo com sua capacidade de resistência a momentos. As *conexões de momentos, do tipo totalmente contidas – FR* (anteriormente, *AISC Tipo 1*) são rígidas o suficiente para manter os ângulos geométricos entre as peças praticamente inalterados, sob carga normal. As *conexões de momentos do tipo parcialmente contidas – PR* (anteriormente, *AISC Tipo 3*) não são tão rígidas quanto as conexões FR, mas, não obstante, possuem uma capacidade de resistência a momentos segura e previsível, tal que podem ser usadas para estabilizar a moldura estrutural da edificação. As conexões de momentos FR e PR também são, algumas vezes, referidas como conexões "rígidas" e "semirrígidas", respectivamente. Ambos os tipos de conexão podem ser usados para construir molduras estruturais de edificações resistentes a momentos. As *conexões simples* (anteriormente, *AISC Tipo 2*), também conhecidas como conexões de cisalhamento, são consideradas como capazes de rotação irrestrita, sob condições normais de carregamento, e oferecem uma capacidade de resistência a momentos que pode ser desconsiderada. Edificações emolduradas exclusivamente com conexões simples precisam recorrer a amarrações diagonais ou paredes de cisalhamento para estabilidade lateral.

Uma série de conexões de cisalhamento simples totalmente à base de pinos (AISC simples) é mostrada, como base inicial, para entender os detalhes de conexões em aço (Figuras 11.25-11.27, 11.32 e 11.37). Estas são intercaladas com uma série correspondente de conexões soldadas resistentes a momentos (AISC, totalmente e parcialmente contidas) (Figuras 11.28, 11.29, 11.33 e 11.36). A soldagem também é amplamente usada para fazer conexões de cisalhamento; dois exemplos disso são mostrados nas Figuras 11.34 e 11.35. Uma série de conexões para colunas são ilustradas na Figuras 11.38-11.41.

Na prática, existem várias de diferentes formas de se fazer qualquer uma dessas conexões, usando inúmeros tipos de elementos de conexão e com diferentes combinações de pinos e soldas. O objetivo é escolher um método de estabilização e *designs* para conexões individuais, que irão resultar na maior economia possível de construção para a edificação como

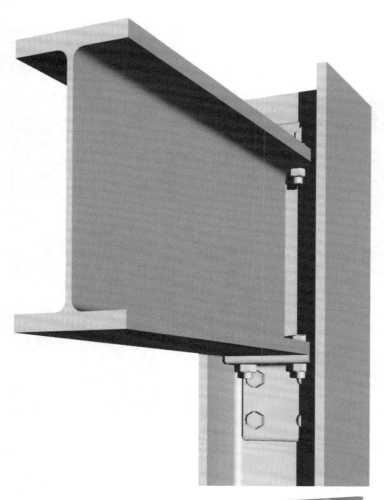

Figura 11.32
Uma *conexão assentada* de viga-alma de coluna, na localização B, na moldura da Figura 11.24. Apesar de as mesas da viga estarem conectadas à coluna por uma cantoneira de assento, abaixo, e por uma cantoneira de estabilização, acima, esta é uma conexão de cisalhamento (AISC simples), não uma conexão resistente a momentos, já que os dois pinos são incapazes de explorar a resistência total da mesa da viga. Esta conexão assentada é utilizada, em vez de uma conexão emoldurada, conforme ilustrado na Figura 11.27, para se conectar à alma da coluna, pois, usualmente, não existe espaço suficiente entre as mesas da coluna para inserir uma chave elétrica, de modo a apertar todos os parafusos em uma conexão emoldurada.

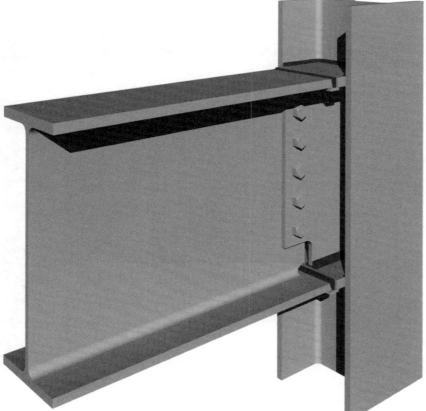

Figura 11.33
Uma conexão soldada resistente a momentos, de viga-alma de coluna (AISC totalmente contida), usada na localização B, da Figura 11.24, quando uma conexão rígida é requerida. Uma *presilha de cisalhamento* vertical, soldada à alma da coluna em sua linha central, serve para receber os pinos que unem a coluna à alma da viga e seguram a viga em seu lugar durante a soldagem. As placas de enrijecimento horizontal, soldadas dentro das mesas das colunas, são mais espessas que as mesas das vigas e se estendem para além das mesas das colunas, para reduzir concentrações de estresse nas soldas.

Figura 11.34
Uma conexão de cisalhamento de presilha individual (AISC moldura simples) é uma alternativa econômica à conexão mostrada nas Figuras 11.26 e 11.27, quando a carga na conexão é relativamente baixa. Uma placa conectora individual é soldada à coluna em oficina, e a viga é aparafusada a ela no canteiro de obras.

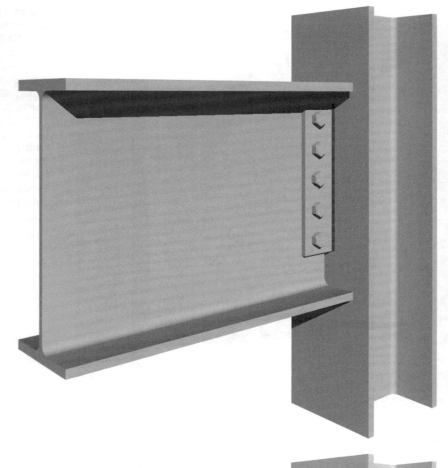

Figura 11.35
As conexões de cisalhamento (AISC moldura simples) podem, também, ser feitas inteiramente por meio de soldagem. As cantoneiras são soldadas à viga em oficina. Os pinos pelas cantoneiras seguram a viga em seu lugar, enquanto ela é soldada à coluna. As cantoneiras não são soldadas à coluna ao longo de suas bordas superiores e inferiores. Isso permite que as cantoneiras se deformem levemente, para permitir que a viga gire em relação à coluna, à medida que ela absorve os esforços atuantes.

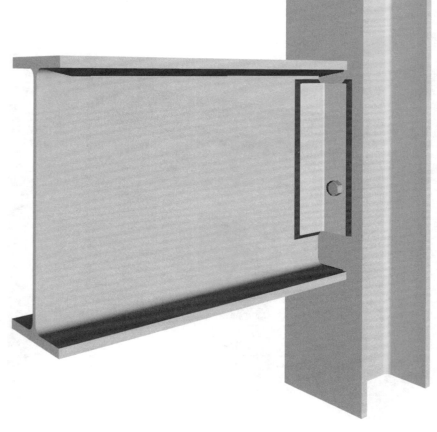

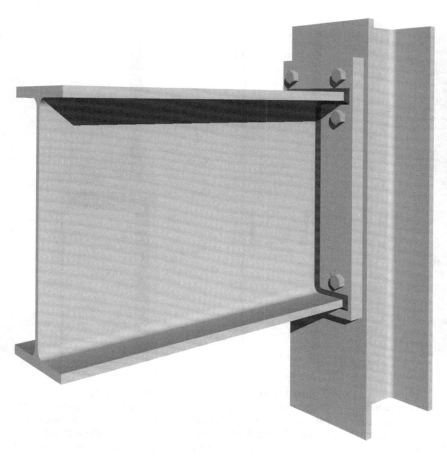

Figura 11.36
Uma conexão viga-coluna soldada/fixa com pinos a uma *placa de extremidade*. Conforme mostrado, esta é uma conexão semirrígida (AISC parcialmente contida). Com mais pinos, ela pode se tornar uma conexão rígida, AISC totalmente contida, e poderia ser usada para suportar uma viga em balanço curta como a que é apresentada na localização C, da Figura 11.24. A placa é soldada à extremidade da viga em oficina e aparafusada à coluna no canteiro de obras.

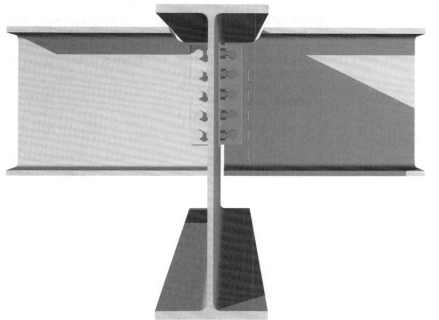

Figura 11.37
Uma conexão de cisalhamento rebaixada, do tipo viga-viga mestra (AISC simples), usada na localização D, da Figura 11.24. Uma viga mestra é uma viga que sustenta outras vigas. Essa conexão também pode ser feita com presilhas individuais, em vez de cantoneiras, se a carga não for muito pesada. As mesas superiores das vigas são recortadas (rebaixadas) para que as partes superiores das vigas e a viga mestra estejam todas niveladas umas às outras, prontas para receber o deque de piso ou de cobertura. Os momentos fletores nas extremidades de uma viga são normalmente tão pequenos que as mesas podem ser cortadas sem comprometer a resistência da viga.

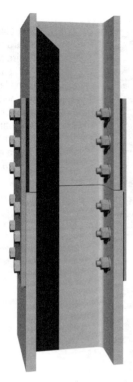

Figura 11.38
Uma conexão com pinos coluna-coluna, para colunas que são do mesmo tamanho. As placas são aparafusadas à parte inferior da coluna em oficina e à parte superior no canteiro de obras. Todas as conexões nas colunas são feitas à altura da cintura, acima do piso (localização E, na Figura 11.24).

Figura 11.39
As dimensões das colunas diminuem à medida que a edificação sobe, requerendo uso frequente de placas de ajuste nas conexões, para acomodações resultantes de diferenças na espessura das mesas.

Figura 11.40
As conexões às colunas podem ser soldadas, como alternativa ao uso de pinos. A placa conectora é soldada à parte inferior da coluna na oficina do fabricante. O orifício, na placa conectora, é usado para fixar um cabo para sua elevação durante a montagem. Os pinos fazem com que as seções das colunas fiquem alinhadas, enquanto as mesas são conectadas a campo, com soldas de penetração parcial em ranhuras chanfradas. A solda de penetração parcial permite que uma coluna descanse sobre a outra antes da soldagem.

Figura 11.41
Uma conexão de placa de extremidade soldada é usada onde uma coluna muda de um tamanho nominal de largura de mesa para outro. A espessa placa de extremidade, soldada à parte inferior da coluna em oficina, transfere a carga de uma parte da coluna para a outra. A solda de penetração parcial, na base para a coluna superior, é feita no canteiro de obras.

um todo. Para condições de juntas convencionais, em estruturas simples, a escolha da conexão a ser utilizada pode ser deixada para o fabricante, que possui conhecimentos suficientes sobre os métodos mais seguros e os de mais fácil construção, que irá utilizar a mão de obra e equipamentos da empresa da forma mais eficiente. Para estruturas mais complexas ou para condições únicas de junção, o engenheiro estrutural ou arquiteto poderá definir um detalhe específico de conexão.

O PROCESSO DE CONSTRUÇÃO

Uma moldura estrutural de uma construção em aço começa como um esboço na prancheta de um arquiteto ou engenheiro. À medida que o processo de projeto da construção progride, o esboço evolui por muitos estágios de desenhos e cálculos para se tornar um conjunto de desenhos estruturais acabados. Estes mostram a localização exata de colunas, os formatos e tamanhos de todas as peças da moldura estrutural, porém não informam o comprimento exato com que cada peça deve ser cortada para se ajustar com as peças que estão sendo unidas, e não fornecem detalhes das conexões mais rotineiras da moldura estrutural. Estes são deixados para ser elaborados por um destinatário subsequente do desenho, *o fabricante*.

O fabricante

O trabalho do fabricante é o de entregar, no canteiro de obras, componentes de aço que estejam prontos para ser montados, sem transformações adicionais. Esse trabalho começa na oficina do fabricante, com a preparação de desenhos detalhados, que mostrem exatamente como cada peça será feita e quais serão suas dimensões precisas. O fabricante projeta conexões para transmitir as cargas indicadas nos desenhos do engenheiro. Dentro dos limites aceitáveis na prática da engenharia, o fabricante tem liberdade para projetar as conexões da forma mais econômica possível, usando várias combinações de soldas e conexões com pinos, que melhor se adaptam ao equipamento e *expertise* disponíveis. Há desenhos que também são preparados pelo fabricante, para mostrar ao empreiteiro geral exatamente onde e como instalar a ancoragem das fundações, para que se conectem às colunas da edificação, e para orientar ao operário na montagem da moldura estrutural em aço, no canteiro de obras. Quando completos, os *desenhos executivo* do fabricante são enviados ao engenheiro e ao arquiteto para revisão e aprovação, para ter certeza de que estão exatamente em conformidade com as intenções da equipe de projeto. Enquanto isso, o fabricante da estrutura encaminha um pedido para o fabricante de aço, para dispor do material com o qual as peças de aço estrutural serão fabricadas. (As vigas principais, vigas mestras e colunas, são normalmente encomendadas de forma a serem cortadas em seu comprimento exato, pela fábrica.) Quando os desenhos executivo aprovados são devolvidos ao fabricante pela equipe de projeto, com correções e comentários, as revisões são feitas conforme necessário, e moldes em tamanho real, em cartolina ou madeira, são preparados conforme requerido, para auxiliar os trabalhadores da oficina na distribuição das diferentes conexões nas peças reais em aço.

As placas, cantoneiras e T´s para as conexões são trazidas para a oficina e cortadas no tamanho e forma adequadas com maçaricos de corte a gás, tesouras elétricas e serras. Com a ajuda dos moldes, as localizações dos furos para os pinos são marcadas. Se as placas e cantoneiras não forem particularmente espessas, os furos poderão ser feitos rápida e economicamente com uma máquina de perfuração. Em materiais muito espessos, ou em peças que não se ajustem de modo conveniente na máquina de perfuração, os furos são feitos com uma furadeira, em vez de com uma máquina de perfuração.

As peças de material em aço para as vigas, vigas mestras e colunas são trazidas para a oficina do fabricante por uma grua ou um sistema de transporte. Cada peça é estampada ou pintada com um código, que informa para qual edificação ela foi projetada e exatamente onde será colocada na construção. Com a ajuda dos desenhos executivo, cada peça é medida e marcada no seu comprimento exato e com a localização dos furos, enrijecedores, conectores e demais detalhes. O corte no comprimento exato, para

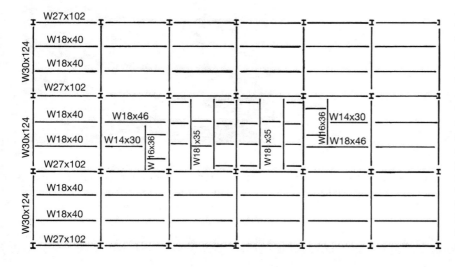

Figura 11.42
Um típico plano de emolduração para uma edificação com moldura estrutural em aço de vários andares, mostrando as designações de tamanhos para vigas e vigas mestras. Repare como esta moldura requer conexões de viga--mesa de coluna, em que as vigas mestras W30 encontram as colunas; conexões viga--alma da coluna, em que as vigas W27 encontram as colunas; e conexões em berço viga--viga mestra, em que as vigas W18 encontram as vigas mestras W30. Os pequenos quadrados, no centro da edificação, são aberturas para elevadores, escadarias e *shafts* mecânicos. Um plano para a moldura da edificação, feito por um arquiteto ou engenheiro, também forneceria as dimensões entre centros de colunas e indicaria as magnitudes das cargas que cada junta deve transferir, para permitir que o fabricante projete cada conexão.

aquelas peças que ainda não tenham sido cortadas na fábrica, é feito com uma serra elétrica ou com a chama de maçarico de corte. As extremidades das seções das colunas que devem se apoiar de forma integral em placas de base ou se conectar umas às outras são colocadas no esquadro e feitas perfeitamente planas, por meio de serra, desgaste ou revestimento.

Em casos em que as colunas venham a ser soldadas umas às outras, e as vigas e vigas mestras devam ser soldadas, as extremidades das mesas são chanfradas, conforme necessário. As mesas das vigas são *abauladas,* conforme requerido, e os furos para os pinos são furados ou perfurados (Figura 11.43). O *corte a plasma* (gás ionizado de alta temperatura) e o *corte a laser* também têm encontrado uma crescente utilização na fabricação em aço. Esses dois tipos de equipamento de corte podem ser realizados por máquinas que permitam o corte e a formatação totalmente automatizada de peças preparadas a partir de modelos conformados digitalmente.

Quando necessário, as vigas e vigas mestras são *arqueadas* (curvadas levemente para cima) para que elas, sob carga, assumam a forma de uma linha reta. O arqueamento pode ser conseguido com um macaco hidráulico, que vergue a viga o suficiente para forçar uma deformação permanente. Os perfis em aço também podem ser dobrados para assumir um raio determinado, com uma grande máquina que faz passar o perfil por três rolos, arqueando-os o suficiente para determinar uma curvatura permanente (Figura 11.44). Um meio mais antigo e muito mais dispendioso de arqueamento envolve o aquecimento de áreas locais de uma mesa da peça com um grande maçarico de oxiacetileno. À medida que cada área é aquecida, até alcançar uma cor vermelho cereja, o metal amacia, expande e deforma, para constituir uma ligeira saliência na largura e espessura da mesa, porque o aço circundante, que é frio, evita que a mesa aquecida seja alongada. Enquanto a mesa aquecida esfria, o metal se contrai, deformando a peça, de modo a constituir uma ligeira curvatura naquele ponto. Pela repetição desse processo, em diversos pontos ao longo da viga,

Figura 11.43
Perfurando os furos para pinos em uma viga de mesas largas. *(Cortesia de W.A. Whitney Corp.)*

Figura 11.44
Seções estruturais retangulares vazadas, para esta moldura, foram curvadas pelo fabricante. Os perfis de mesas largas também podem ser dobrados. *(Foto por Eliot Goldstein, The Goldstein Partnership, Architects)*

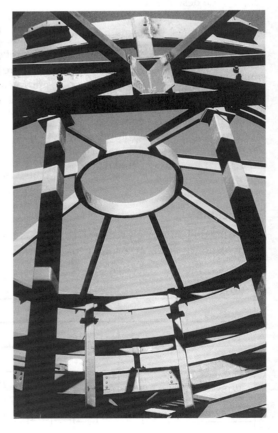

um abaulamento no formato e magnitude desejados é produzido.

Em uma última etapa na fabricação de vigas, vigas mestras e colunas, placas enrijecedoras são soldadas a arco, de modo a conformar cada peça, de acordo com o requerido, e placas conectoras, cantoneiras e T´s são soldados ou aparafusados nos locais apropriados (Figura 11.46). As cone-

Capítulo 11 Construções com Moldura Estrutural em Aço **443**

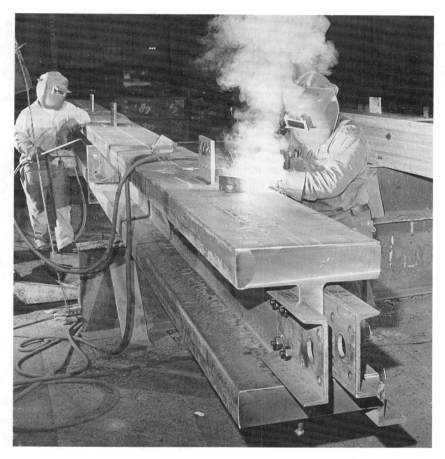

Figura 11.45
Soldadores anexam placas conectoras a uma seção de coluna excepcionalmente pesada na oficina do fabricante. As canaletas duplas, conectadas por pinos na extremidade da coluna serão usadas para fixar um cabo de elevação para o seu erguimento, e, então, serão removidas e reutilizadas. *(Cortesia de U.S. Steel Corp.)*

Figura 11.46
Placas soldadas mecanicamente, unidas para formar uma coluna em caixa. Os maçaricos, à esquerda, preaquecem o metal, para ajudar a evitar distorções térmicas na coluna. Os montículos de fluxo de pulverizado, ao redor dos eletrodos, no centro, indicam que este é o processo de soldagem a arco submerso. As pequenas placas de aço tacheadas nos cantos da coluna, na extremidade esquerda, são barras de escoamento, utilizadas para permitir que a máquina de solda vá até o final da coluna para realizar uma solda completa. Estas serão cortadas assim que a soldagem estiver completa. *(Cortesia de U.S. Steel Corp.)*

xões são realizadas, sempre que possível, nas oficinas, onde as ferramentas estão à mão e o acesso é fácil. Isso economiza tempo e dinheiro durante a construção, quando as ferramentas e as condições de trabalho são menos otimizadas e os custos totais por hora trabalhada são mais altos.

As placas de vigas mestras, colunas construídas, tesouras e outros grandes componentes são montados em oficina, em unidades tão grandes quanto possam ser transportadas, de forma prática, para o canteiro de obras, por caminhão, via férrea ou barcaças (Figura 11.46). As montagens intricadas, como as grandes tesouras, são, normalmente, pré-montadas em sua totalidade em oficina, para ter certeza de que irão se encaixar sem problemas a campo, e então desmontadas novamente em componentes transportáveis.

À medida que as peças são completadas, cada uma é alinhada, limpa e pré-pintada, conforme necessário, e inspecionada, para verificar sua qualidade e conformidade para com as especificações de trabalho e desenhos executivo. As peças são, então, levadas da oficina até o pátio do fabricante por uma grua, um sistema transportador, um *trolley* ou uma empilhadeira, onde são organizadas em pilhas, de acordo com a ordem com que serão necessárias no canteiro de obras.

Como uma alternativa ao processo tradicional, no qual o fabricante produz o projeto final para as conexões em aço e envia esse projeto para a revisão do engenheiro estrutural, esse engenheiro poderá utilizar um *software* de modelagem tridimensional para projetar as conexões em aço e fornecer dados, por meio digital, ao fabricante, para orientar o equipamento automatizado. Enquanto esse método exige que o engenheiro assuma mais responsabilidade pelo projeto final dos detalhes das conexões em aço, ele também pode encurtar o tempo requerido para que o aço chegue ao local, e pode melhorar a coordenação entre o aço estrutural e outros sistemas construtivos.

O montador

Onde o trabalho do fabricante termina, começa o trabalho do *montador*. Algumas empresas tanto fabricam quanto montam, porém é mais comum que as duas operações sejam feitas por empresas separadas. O montador é responsável pela montagem dos componentes em aço produzidos pelo fabricante, em uma moldura estrutural, no canteiro de obras. Os montadores, por tradição, são chamados de ferreiros.

Montando o primeiro bloco

A construção da moldura estrutural de uma edificação em aço com vários andares começa com a montagem do *bloco* dos dois primeiros andares da moldura. A elevação dos componentes em aço é iniciada com uma grua móvel, acoplada a um caminhão ou esteiras.

> Existem 175.000 ferreiros neste país...e, com exceção das nossas silhuetas, tamanho formiga, no topo de uma nova ponte ou arranha-céu, somos praticamente invisíveis.
>
> Mike Cherry, *On High Steel: The Education of an Ironworker*, New York, Quadrangle / The New York Times Book Co,. 1974, p. xiii

De acordo com os desenhos de montagem preparados pelo fabricante, as colunas para o primeiro bloco, usualmente preparadas em seções com altura de dois andares, são retiradas de pilhas organizadas no canteiro de obras e baixadas com cuidado em cima dos pinos de ancoragem e sobre a fundação, onde os ferreiros as fixam.

Os detalhes de fundação para as colunas de aço variam (Figura 11.47). *Placas de base* em aço, que distribuem a carga concentrada das colunas em aço sobre a área maior da fundação em concreto são soldadas, em oficina, a todas as colunas, exceto as maiores. As fundações e pinos de ancoragem são colocados em seus lugares previamente, pelo empreiteiro geral, seguindo o plano preparado pelo fabricante. O empreiteiro pode, se solicitado, fornecer *placas de nivelamento* finas em aço, que são niveladas perfeitamente, na altura adequada em um leito de *groute* sobre cada fundação de concreto. A placa de base da coluna descansa sobre a placa de nivelamento e é fixada com os pinos de ancoragem protuberantes. Como alternativa, em especial para as placas

Figura 11.47
Detalhes de três bases típicas de colunas. *Superior esquerda*: Uma coluna pequena, com uma placa de base soldada, colocada sobre uma placa de nivelamento em aço. *Superior direita*: uma coluna maior, com uma placa de base soldada, colocada sobre porcas de nivelamento. *Abaixo*: uma coluna pesada, soldada, a campo, a uma placa de base frouxa, que foi previamente nivelada e grouteada.

de base maiores, com quatro pinos de ancoragem, a placa de nivelamento é omitida. A coluna é apoiada na altura adequada, sobre pilhas de calços em aço, inseridas entre a placa de base e a fundação, ou sobre pinos de nivelamento, colocadas embaixo da placa de base e sobre os pinos de ancoragem. Depois que o primeiro bloco de moldura estrutural é aprumado, conforme descrito abaixo, as placas de base são grouteadas e os pinos de ancoragem apertados. Para colunas muito grandes e pesadas, as placas de base são despachadas separadas das colunas (Figura 11.48). Cada uma é nivelada em seu lugar, com calços, cunhas ou pinos de nivelamento incorporados em oficina; em seguida, são grouteadas, antes da colocação da coluna em seu lugar.

Após o primeiro bloco de colunas ter sido construído, as vigas e vigas mestras para os dois primeiros andares são fixadas com pinos em seus lugares (Figuras 11.50-11.55). Primeiro, uma *equipe de elevação*, trabalhando com uma grua, posiciona os componentes e insere pinos suficientes para mantê-los juntos temporariamente. Uma equipe de operários responsáveis pelos pinos segue, inserindo pinos em todos os orifícios e apertando-os de forma parcial. A moldura estrutural dos dois pavimentos é, então, aprumada (endireitada e alinhada) com cabos diagonais e tensores, enquanto é checado o alinhamento com prumos, trânsitos ou níveis a *laser*. Quando o pavimento estiver aprumado, as conexões são apertadas; as placas de base, grouteadas, se necessário; as soldas são feitas e as amarrações diagonais permanentes, se necessárias, são rigidamente fixadas. Os ferreiros percorrem as colunas e vigas, de ponta a ponta, de alto a baixo, protegidos da queda por cintos de segurança, que estão conectados a cabos de segurança em aço (Figura 11.50).

Capítulo 11 Construções com Moldura Estrutural em Aço **445**

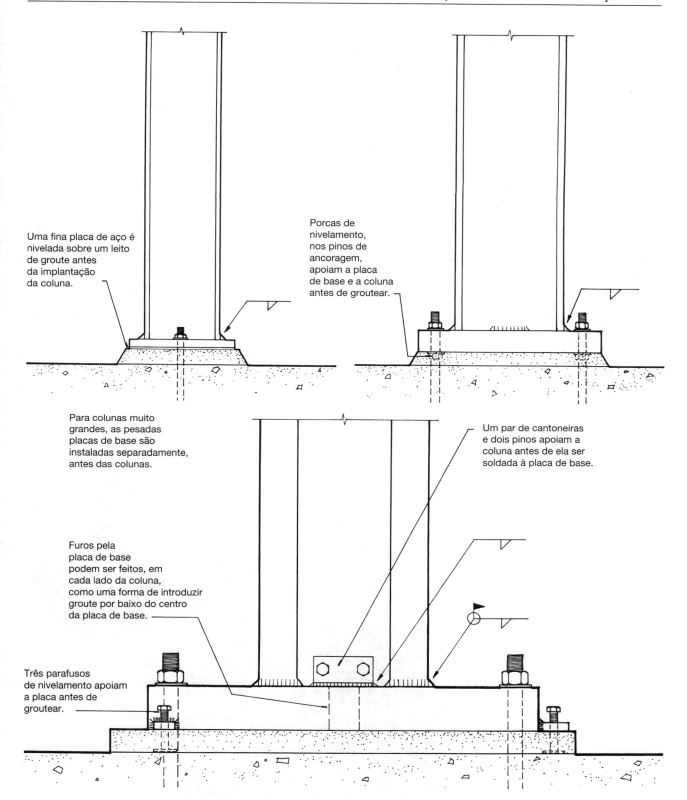

No topo de cada bloco, uma superfície de trabalho temporária, de 2 ou 3 polegadas (50 ou 75 mm) de pranchas de madeira ou deque de aço corrugado, pode ser disposta sobre a moldura de aço. Plataformas similares serão colocadas em cada segundo pavimento, à medida que a moldura estrutural sobe, a menos que redes de segurança sejam utilizadas em seu lugar ou o deque de piso permanente seja instalado enquanto a construção progrida.

As plataformas protegem aos operários nos níveis inferiores da construção contra possíveis objetos em queda. Elas também oferecem uma conveniente superfície de trabalho para ferramentas, materiais e guindastes. Encaixes nas colunas são feitos na altura da cintura, acima dessa plataforma, tanto por questão de conveniência quanto como uma forma de evitar conflitos entre os encaixes das colunas e as conexões viga-coluna. As colunas são, geralmente, fabricadas em comprimentos de dois andares, um tamanho transportável, que também corresponde ao espaçamento de dois andares das superfícies das pranchas.

Montando os blocos superiores

A construção do segundo bloco segue, de forma muito parecida, à do primeiro. Seções de colunas de dois andares são içadas em posição e conectadas por placas de encaixe ao primeiro bloco de colunas. As vigas e as colunas para os dois andares são colocadas, o novo nível é aprumado e apertado, e outra camada de pranchas, deque ou redes de segurança é instalada.

Se a edificação não for muito alta, a grua móvel fará a elevação para todo o edifício. Para uma edificação mais alta, a grua móvel realiza o trabalho até que chegue à altura máxima à qual pode elevar uma *grua em torre* (Figura 11.49). A grua em torre, constrói ela mesma, uma torre independente, na medida em que a edificação sobe, tanto ao lado da edificação, quanto em

Figura 11.48
Ferreiros guiam a colocação de uma coluna muito pesada, fabricada pela soldagem de duas seções de mesas largas laminadas, com duas grossas placas em aço. Esta será fixada com pinos à placa de base, pelos furos na pequena placa soldada entre as mesas em ambos os lados. *(Cortesia de Bethlehem Steel Corporation)*

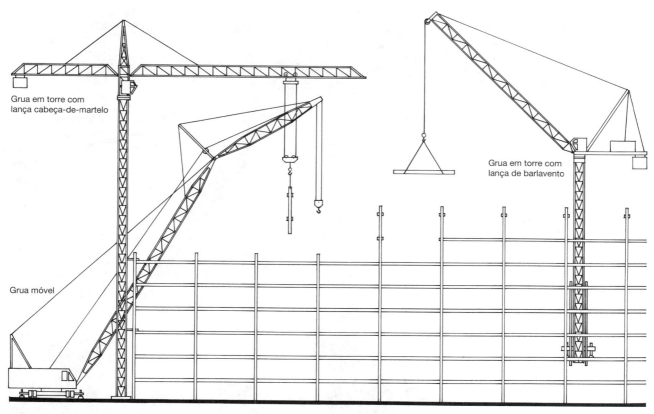

Figura 11.49
Dois tipos comuns de gruas em torre e uma grua móvel. A *grua com lança de barlavento* pode ser utilizada em situações congestionadas, onde o movimento da grua com lança em cabeça-de-martelo seria limitado por obstruções. Ambas podem ser montadas em torres externas ou internas. A torre interna é apoiada na moldura estrutural da edificação, enquanto a torre externa é apoiada em sua fundação própria e fixada à edificação. As gruas em torre se elevam à medida que a construção sobe, por meio de macacos hidráulicos próprios.

Figura 11.50
Um ferreiro prende o seu cinto de segurança a um cabo de segurança, enquanto ele se movimenta ao redor de uma coluna. *(Foto por James Digby. Cortesia de LPR Construction Company)*

Figura 11.51
Uma grua em torre baixa uma série de vigas para os ferreiros. O operário à esquerda usa uma corda para manobrar a viga em sua orientação correta. *(Foto por James Digby. Cortesia de LPR Construction Company)*

um *shaft* de elevador ou em um espaço vertical deixado temporariamente aberto na moldura estrutural.

À medida que cada peça em aço é baixada em direção à sua posição final, na moldura estrutural, ela é guiada por um ferreiro, que segura uma corda, com a outra extremidade desta fixada à peça. Outros ferreiros da equipe de elevação guiam a peça manualmente, assim que conseguem alcançá-la, até que os furos para os pinos estejam alinhados com aqueles nas peças de acoplamento (Figura 11.53). Algumas vezes, pés-de-cabra ou martelos devem ser usados para alavancar, cunhar ou inserir componentes, até que se encaixem corretamente, e os furos dos pinos podem, ocasionalmente, precisar de alargamentos para inserção dos pinos, pelas peças ligeiramente desalinhadas. Quando um alinhamento aproximado foi alcançado, *pinos de punção* cônicos em aço, tirados do cinto de ferramentas dos ferreiros, são empurrados em um número suficiente de furos para pinos, de modo que as peças possam ser fixadas umas às outras, até que alguns pinos possam ser inseridos. Os operários que trabalham com a inserção de pinos seguem logo atrás da equipe de elevação, preenchendo os furos remanescentes com pinos tirados de dentro de bolsas de transporte em couro e apertando-os, primeiramente com chaves de mão, e, depois, com chaves de impacto. As conexões soldadas a campo são primeiramente realizadas por meio de alinhamento com pinos; então, soldadas, quando a moldura estiver aprumada.

A última viga é colocada no topo da edificação com um grau de cerimônia apropriado à magnitude da edificação. No mínimo, uma pequena árvore, uma bandeira nacional ou ambas, são presas à viga, antes dela ser erguida (Figura 11.56). Para as edificações mais importantes, provavelmente, várias personalidades são convidadas para o evento de *término da construção* no canteiro de obras, que inclui música e comes e bebes. Após o evento, o trabalho continua normalmente, pois apesar de a moldura estrutural estar completa, a edificação não está. As operações de cobertura, revestimento e acabamento ainda continuarão por muitos meses.

Figura 11.52
Conectando uma viga a uma coluna. *(Cortesia de Bethlehem Steel Corporation)*

Figura 11.53
Ferreiros ligam uma viga mestra a uma coluna caixa. Cada operário carrega duas combinações de ferramentas de chaves para pinos em um coldre no seu cinto, e insere os pinos de punção afilados em cada conexão, para firmá-los, enquanto alguns pinos podem ir sendo adicionados. Feixes de deques de aço corrugado estão prontos para ser abertos e distribuídos sobre as vigas para fazer um piso de deque. *(Cortesia de Bethlehem Steel Cosporation)*

Figura 11.54
Ligando vigas mestras a uma coluna com pinos. *(Corteria de Vulcraft Division of Nucor)*

Figura 11.55
Soldando vigas de aço de alma vazada a uma viga de mesa larga. *(Cortesia de Vulcraft Division of Nucor)*

Figura 11.56
Término de montagem: a última viga em uma moldura estrutural em aço é especial. *(Cortesia de U.S. Steel Corp.)*

Figura 11.57
Uma moldura estrutural em aço de 10 andares aproxima-se de sua conclusão. Os andares inferiores já tiveram o deque colocado, com aço corrugado para deques. *(Cortesia de Vulcraft Division of Nucor)*

> Se ninguém as aprumasse, todas as edificações altas em nossas cidades iriam inclinar-se de forma maluca umas contra as outras, os elevadores iriam raspar e bater contra as paredes dos *shafts*, e os vidraceiros teriam de reformatar todos os vidros de janelas na forma de paralelogramos.... O que se inclinasse uma polegada para o oeste no trigésimo segundo andar seria sugado de volta para o leste no trigésimo quarto, e uma coluna que se recusasse a deixar-se inclinar para o sul no quadragésimo sexto, poderia, geralmente, ser trazida de volta no quadragésimo oitavo, e no momento em que todo o trabalho tivesse sido conduzido até o topo, estaria diretamente no chão.
>
> Mike Cherry, *On High Steel: The Education of an Ironworker*, New York, Quadrangle / The New York Times Book Co., 1974, pp. 110-111.

Deques de pisos e coberturas

Se deques de pranchas de madeira forem utilizados, durante a montagem da moldura estrutural, eles deverão ser substituídos por deques permanentes de pisos e coberturas feitos de materiais não combustíveis. Em edificações antigas, com moldura estrutural em aço, arcos rasos de tijolos ou azulejos eram comumente construídos entre as vigas, amarrados com tensores em aço e preenchidos com concreto, para produzir superfícies niveladas (Figura 11.58). Estas eram mais pesadas que os sistemas de deques metálicos, normalmente usados hoje, e requeriam peças maiores para a moldura estrutural para suportar o seu peso. Também exigiam uma mão de obra muito mais intensiva.

Deques metálicos

O *deque metálico*, em sua forma mais simples, é uma chapa fina em aço que foi corrugada para aumentar a sua rigidez. A capacidade de cobertura de vãos do deque é determinada, principalmente, pela espessura da chapa da qual é feita, e pela profundidade e espaçamento das ondulações do corrugado. Ela também depende de as chapas do deque serem individuais ou celulares. As chapas individuais corrugadas são comumente usadas para *deques de cobertura*, onde não se espera que as cargas concentradas sejam grandes e critérios de deflexão não são tão rigorosos, quanto em pisos. Elas também são utilizadas como formas permanentes, para deques de pisos de concreto, com uma laje de concreto armado suportada pelo deque em aço, até que a laje possa sustentar a si própria e às cargas permanentes (Figuras 11.59-11.61). O deque celular é fabricado por meio da soldagem de duas chapas entre si, uma corrugada e a outra lisa. Ele pode ser feito suficientemente rígido para suportar as cargas normais dos pisos sem o reforço estrutural da cobertura de concreto lançada sobre ele. O deque celular pode ainda, como benefício adicional, proporcionar espaços para a fiação elétrica e de comunicações, conforme ilustrado no Capítulo 24.

Figura 11.58
O piso em arcos, com peças cerâmicas ou tijolos, é encontrado em muitas edificações mais antigas com moldura estrutural em aço.

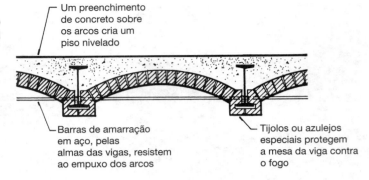

Figura 11.59
Operários instalam um deque de forma, em aço corrugado, sobre uma estrutura de piso composto por vigas de aço, apoiadas por vigas mestras. *(Foto por Balthazar Korab. Cortesia de Vulcraft Division of Nucor)*

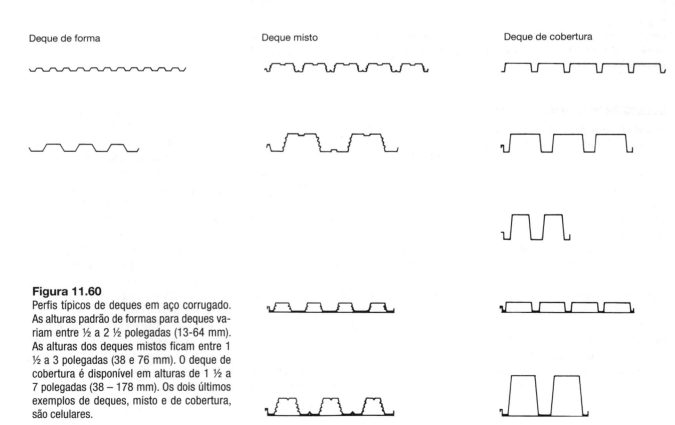

Figura 11.60
Perfis típicos de deques em aço corrugado. As alturas padrão de formas para deques variam entre ½ a 2 ½ polegadas (13-64 mm). As alturas dos deques mistos ficam entre 1 ½ a 3 polegadas (38 e 76 mm). O deque de cobertura é disponível em alturas de 1 ½ a 7 polegadas (38 – 178 mm). Os dois últimos exemplos de deques, misto e de cobertura, são celulares.

O deque metálico é comumente *soldado em porções* às vigas e vigas mestras, pelo derretimento, pelo deque, até as peças de suporte, abaixo, com um eletrodo de soldagem. Os parafusos autoperfurantes ou auto-atarrachantes ou pinos pulverizados também podem ser utilizados para a fixação do deque. Se for preciso que o deque atue como um diafragma, as bordas longitudinais dos painéis do deque devem ser conectadas umas às outras, em intervalos frequentes, com parafusos ou soldas.

Construção mista

O *deque metálico misto* (Figuras 11.60-11.62) é projetado para trabalhar juntamente com a cobertura de piso de concreto, para fazer um deque rígido, leve e econômico. O deque metálico atua como armadura de tração para o

Figura 11.61
Amostras de deque em aço corrugado. O segundo exemplo, a contar de baixo, alcança ação combinada, por meio da ligação do capeamento de concreto às ondulações do deque. O exemplo de baixo possui uma extremidade fechada, usada no perímetro da edificação para evitar que o capeamento de concreto escape durante o seu lançamento. *(Cortesia de Wheeling Corrugating Company Division, Wheeling-Pittsburgh Steel Corp.)*

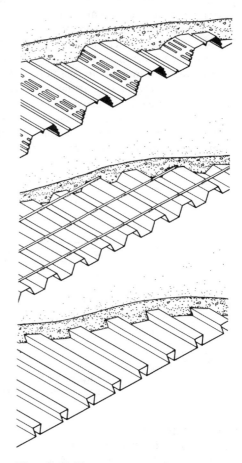

Figura 11.62
O deque misto atua como uma armadura de aço para o capeamento de concreto aplicado sobre ela. O exemplo do topo une o concreto com arestas deformadas, e o exemplo do meio, com montantes em aço soldados. O tipo de baixo determina uma textura de forro atrativa, se deixada exposta, e fornece canaletas de encaixe para a inserção de instrumentos especiais de fixação, para pendurar dutos, tubulações, conduítes e maquinário desde o forro.

concreto, ao qual se liga por meio de padrões especiais de nervuras na chapa de metal ou por pequenos montantes em aço ou arames soldados, sobre as partes superiores dos corrugados.

A construção composta é frequentemente realizada como um passo além do deque, por incluir as vigas do piso. Antes de o concreto ser despejado sobre o deque metálico, *montantes de cisalhamento* são soldados a cada poucos centímetros, ao topo de cada viga, usando uma pistola elétrica especial de soldagem (Figuras 11.63 e 11.64). Seria mais econômico incorporar os montantes de cisalhamento em oficina, em vez de a campo, porém o perigo de os ferreiros tropeçarem nos montantes durante o processo de montagem atrasaria a sua instalação, até que o deque em aço estivesse no seu lugar. O propósito dos montantes é o de criar uma conexão de cisalhamento forte entre a laje de concreto e a viga em aço. Uma faixa da laje pode, então, ser entendida como atuando em conjunto com a mesa superior do perfil em aço para resistir a forças de compressão. O resultado da ação combinada dos dois materiais é uma peça em aço, cuja capacidade de suporte de cargas tenha sido consideravelmente aumentada, a um custo relativamente baixo, aproveitando a força não utilizada da cobertura de concreto que, de toda forma, precisa estar presente na construção. O retorno é uma moldura estrutural mais rígida, mais leve e menos dispendiosa.

Deques de concreto

Pisos de concreto e lajes de cobertura são frequentemente usadas em construções com molduras estruturais em aço, em vez de deques metálicos, preenchidos com concreto. O concreto poderá ser lançado no lugar desejado, sobre formas removíveis de compensado, ou poderá ser construído na forma de pranchas de concreto pré-moldadas, erguidas até o local de aplicação, de forma muito parecida com os elementos metálicos da edificação (Figura 11.65). Os deques pré-moldados de concreto são relativamente leves e rápidos de construir, mesmo sob condições climáticas que iriam impedir o lançamento do concreto; porém, normalmente requerem a adição de uma fina cobertura de concreto, lançado no local, para produzir um piso liso.

Deques de cobertura

Para coberturas de edificações baixas, com moldura estrutural em aço, muitos tipos de deques estão disponíveis. O metal corrugado pode ser usado com ou sem preenchimento de concreto; muitos tipos de tábuas de isolamento rígidas são capazes de cobrir o corrugado para compor uma

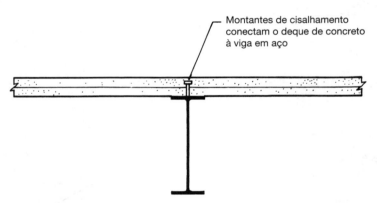

Figura 11.63
Construção com viga composta.

Figura 11.64
Lançando concreto em um deque de cobertura em aço, utilizando uma bomba de concreto para trazer o concreto da rua abaixo, até o ponto de lançamento. Montantes de cisalhamento são claramente visíveis sobre as linhas das vigas abaixo. O fio soldado da armadura aumenta a resistência do concreto para fazer frente a rachaduras. *(Cortesia de Schwing America, Inc.)*

Capítulo 11 Construções com Moldura Estrutural em Aço 457

Figura 11.65
Uma grua em torre instala pranchas de concreto pré-moldado, com núcleo vazado, para deques de piso, em um edifício de apartamentos. O concreto pré-moldado é também utilizado para o revestimento externo da edificação. A moldura estrutural em aço é um *design* conhecido como o sistema de "tesouras escalonadas", no qual tesouras de aço, de um andar inteiro, em níveis alternados da construção, apoiam os pisos. As tesouras, posteriormente, serão preenchidas, para definir as divisórias internas. Uma vantagem do sistema de tesouras escalonadas, é que a estrutura do piso é muito fina, permitindo que as alturas totais piso-piso sejam tão pequenas quanto 8 2/3 pés (2,6 m). *(Cortesia de Blakeslee Prestress, Inc.)*

superfície lisa para a membrana de cobertura. Alguns deques corrugados são acabados com um revestimento impermeável à água, que permite que atuem como a superfície estanque à água da cobertura. Muitos diferentes tipos de tábuas isolantes de deques são produzidos de fibras de madeira ou fibras de vidro, ligadas com cimento Portland, gesso ou aglutinantes orgânicos. Muitas dessas tábuas isolantes são projetadas para constituírem as formas permanentes para lajes armadas, de gesso ou de concreto leve, moldados *in loco*. Nesse tipo de aplicação, elas são, usualmente, apoiadas em *subterças* em aço (Figuras 11.66 e 11.67). Deques de madeira pesada, ou mesmo vigas de madeira e revestimento de compensado, também são usados sobre molduras de aço em situações em que os códigos de edificações permitem materiais combustíveis.

As chapas de aço corrugado também são usadas com frequência para revestimentos de edificações industriais, em que se apoiam em *cintas*, elementos horizontais em Z ou canaletas, que se estendem entre as colunas externas da edificação (Figura 11.80).

Aço estrutural arquitetônico

Onde as peças estruturais em aço ficarem expostas, na edificação acabada, e um alto padrão de qualidade na aparência for desejado, o aço pode ser especificado como *aço estrutural arquitetonicamente exposto* (*AESS*). As especificações AESS podem incluir requisitos especiais para confecção e acabamento das soldas, tolerâncias mais estritas para as conexões entre as peças, remoção das marcas feitas no aço durante a fabricação, aplicação de acabamentos de alta qualidade e outras considerações.

Figura 11.66
Soldando subterças de tesouras T a vigas de aço de alma vazada para um deque de cobertura. *(Cortesia de Keystone Steel & Wire Co.)*

Figura 11.67
Instalando tábuas isolantes para formas, sobre subterças de tesouras T. Uma malha de tela constituinte da armadura e preenchimento com gesso vertido serão instalados sobre as tábuas que definem as formas. As bordas superiores entrelaçadas das sub--terças ficam incorporadas à laje de gesso para formar um deque composto. *(Cortesia de Keystone Steel & Wire Co.)*

PROVENDO RESISTÊNCIA AO FOGO ÀS MOLDURAS EM AÇO

Os incêndios em edificações não são quentes o suficiente para derreter o aço, mas são capazes de enfraquecê-lo a ponto de causar colapso estrutural (Figuras 11.68 e 11.69). Por essa razão, os códigos de edificações geralmente limitam o uso da molduras de aço exposto às construções de um a cinco andares, das quais escapar, em caso de incêndio, é rápido. Para construções mais altas, é necessário proteger a moldura em aço do calor por um período longo o suficiente para que a edificação seja totalmente evacuada e o fogo, extinto; ou para que ele se apague sozinho.

A *resistência ao fogo* ("proteção ao fogo" pode ser um termo mais preciso) de molduras de aço era, originalmente, feita pelo revestimento das vigas e colunas em aço com alvenaria de tijolo ou concreto lançado (Figuras 11.70 e 11.71). Esses pesados revestimentos eram eficazes, absorvendo o calor para o interior da sua grande massa e dissipando parte desse calor pela desidratação da argamassa e do concreto; porém, o seu peso somava de forma considerável à carga que a moldura estrutural em aço tinha de suportar. Isso, por sua vez, acrescentava ao peso e ao custo da moldura estrutural. A busca por resistência ao fogo por meio de sistemas mais leves conduziu, primeiramente, a invólucros finos de telas em metal e reboco, ao redor das peças em aço (Figuras 11.70 – 11.72). Estes devem sua eficácia às grandes quantidades de calor necessárias para desidratar a água da cristalização do gesso. Os rebocos baseados em agregados leves, como a vermiculita, em vez da areia, têm sido utilizados para reduzir ainda mais o peso e aumentar as propriedades de isolamento térmico do reboco.

Figura 11.68
Uma estrutura em aço exposta, após uma queima prolongada dos conteúdos altamente combustíveis de um armazém. *(Cortesia do National Fire Protection Association, Quincy, Massachusetts)*

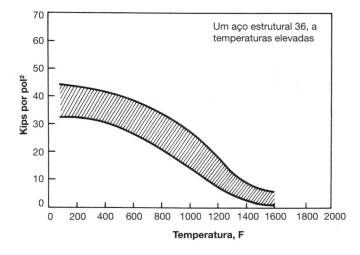

Figura 11.69
A relação entre temperatura e resistência, no aço estrutural. *(Cortesia do American Iron and Steel Institute)*

Os projetistas atuais também podem escolher entre um grupo de técnicas de resistência ao fogo que são ainda mais leves. A resistência ao fogo do reboco tem sido amplamente substituída por invólucros de vigas e colunas, feitas de placas ou lages de gesso, ou outros materiais resistentes ao fogo (Figuras 11.70-11.75). Estas são fixadas de modo mecânico ao redor dos perfis em aço, e, no caso de placas de gesso resistentes de fogo, elas também podem servir como uma superfície acabada no interior da edificação.

Onde o material resistente ao fogo não precisa servir como superfície acabada, os *materiais resistentes*

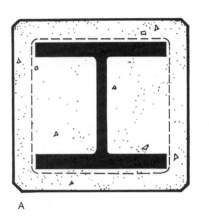
A

B

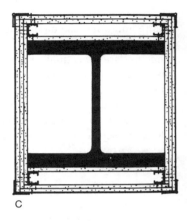
C

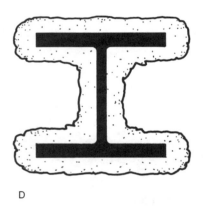
D

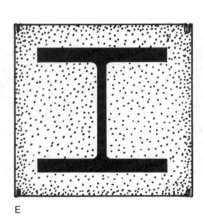
E

F

Figura 11.70
Alguns métodos para criar resistência ao fogo em colunas em aço. (a) Revestimento em concreto armado. (b) Invólucro de telas metálicas e reboco. (c) Envolvimento com múltiplas camadas de placas de gesso. (d) Proteção ao fogo com *spray*. (e) Preenchimento com isolante solto, dentro de um invólucro de chapa metálica. (f) Coluna caixa, preenchida com água, e feita com um perfil com mesas largas com placas de aço adicionadas.

ao fogo aplicados com spray (*SFRM*), comumente chamados "proteção ao fogo aplicada com *spray*", têm se tornado o tipo mais predominante. Estes geralmente consistem tanto em uma fibra e um aglutinante, quanto de uma mistura cimentícia, e são borrifados sobre o aço com a espessura requerida (Figura 11.76). Esses produtos estão disponíveis em pesos de, aproximadamente, 12 a 40 libras por pé cúbico (190-640 kg/m³). Os materiais mais leves são frágeis e devem ser cobertos com materiais de acabamento. Os materiais mais densos geralmente são mais duráveis. Todos os materiais aplicados com *spray* atuam, primariamente, isolando termicamente o aço das altas temperaturas por longos períodos de tempo. Eles são, normalmente, a forma menos dispendiosa de proteger o aço da ação do fogo. A proteção ao fogo aplicada com *spray* é mais comumente aplicada a campo

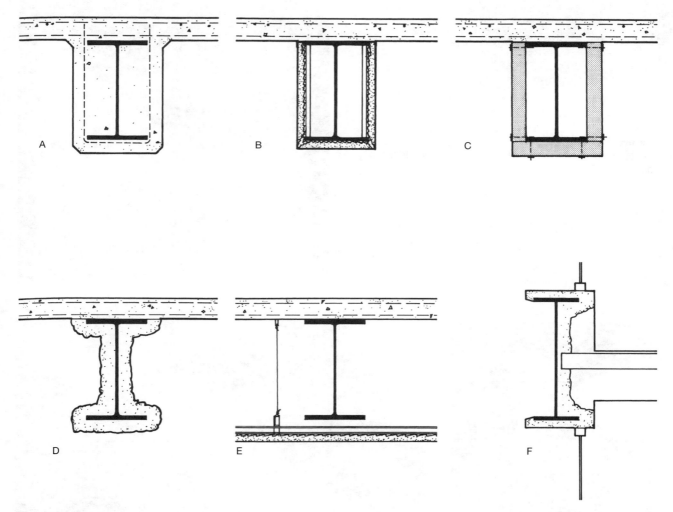

Figura 11.71
Alguns métodos para proteger contra o fogo as vigas e vigas mestras em aço. (a) Revestimento em concreto armado. (b) Invólucro de telas metálicas e reboco. (c) Proteção contra o fogo com laje rígida. (d) Proteção ao fogo com *spray*. (e) Forro de gesso suspenso. (f) Viga tímpano externa, protegida das chamas, com proteção contra o fogo com *spray* na parte interna.

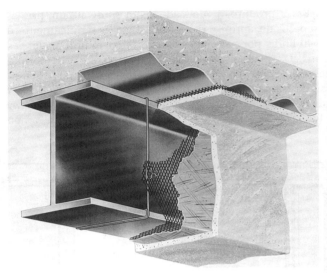

Figura 11.72
Proteção contra o fogo com tela e reboco ao redor de uma viga em aço. *(Cortesia de United States Gypsum Company)*

Figura 11.73
Proteção contra o fogo com placa de gesso ao redor de uma coluna em aço. As camadas de placas de gesso são aparafusadas às quatro canaletas em C, produzidas a frio nos cantos da coluna, e acabadas com filete de canto em aço e componente de *drywall* nos cantos. *(Cortesia de United States Gypsum Company)*

Figura 11.75
Proteção ao fogo com laje, em uma viga em aço. *(Cortesia de United States Gypsum Company)*

Figura 11.74
Fixando laje de proteção ao fogo, feita de fibra mineral, a uma coluna em aço, utilizando elementos de fixação soldados. *(Cortesia de United States Gypsum Company)*

após o aço ter sido erguido e as conexões entre as peças estarem completas. Ela também poderá ser aplicada na oficina de fabricação, onde condições ambientais controladas e acesso mais fácil às peças em aço podem resultar em uma aplicação mais rápida e de qualidade mais consistente.

Quando os terroristas direcionaram suas aeronaves contra as torres do World Trade Center, em Manhattan, em 2001, a proteção ao fogo dos componentes estruturais em aço das edificações foi desalojada pelo impacto das aeronaves. Isso deixou essas estruturas vulneráveis ao calor dos incêndios que se seguiram às colisões, e acredita-se ter sido essa a causa primária do colapso final de ambas as edificações. Em resposta a essa falha, o International Building Code, agora, requer resistências maiores de adesão para proteção ao fogo aplicada com *spray*, utilizada em edificações com pisos ocupados a um nível mais elevado que 75 pés (23 m), acima do nível de acesso dos bombeiros.

A geração mais recente de técnicas de proteção ao fogo para o aço oferece novas possibilidades ao projetista. Os *mastiques intumescentes* e as *pinturas intumescentes* são revestimentos finos, que permitem que elementos estruturais em aço permaneçam expostos, em situações de baixo a moderado risco de incêndio. Eles se expandem, quando expostos ao fogo, para formar uma espessa e estável crosta carbonizada, que isola o aço do calor do fogo por períodos variados de tempo, dependendo da espessura do revestimento. A maior parte dos revestimentos intumescentes está disponível em uma diversidade de cores. Eles também podem servir como uma camada de base, por baixo de pinturas comuns, se outra cor for desejada.

Uma técnica bem especializada, aplicável somente a caixas em aço ou colunas em tubo expostas no exterior das edificações é de encher as colunas com água e anticongelante (Figura 11.70f). O calor transferido a uma região de uma coluna por um incêndio, é dissipado ao longo dela por convecção no líquido de enchimento.

Técnicas com embasamento matemático e computacional têm sido desenvolvidas para calcular as temperaturas que serão alcançadas pelas peças em aço, em diversas situações, durante um incêndio. Estas permitem ao projetista fazer experiências, com uma variedade de alternativas de proteção às peças, incluindo blindagem metálica a chamas, que permite que os componentes sejam deixados expostos no exterior de uma edificação (Figura 11.71f).

Figura 11.76
Aplicando proteção ao fogo em *spray* a uma viga em aço, usando uma escala para medir a espessura. *(Cortesia de W.R. Grace & Co.)*

VÃOS MAIORES EM AÇO

As vigas padrão de mesas largas são apropriadas para a gama de vãos normalmente encontrados em escritórios, escolas, hospitais, hotéis de apartamentos, lojas de varejo, armazéns e outras edificações nas quais as colunas poderão ser posicionadas a intervalos tais que não obstruam as atividades que ocorrem em seu interior. Para muitos outros tipos de construção – edificações de esportes, certos tipos de edificações industriais, hangares para aeronaves, auditórios, teatros, edificações religiosas, terminais de transportes – vãos maiores são requeridos, o que pode ser conseguido por vigas de mesas largas. Uma rica variedade de recursos estruturais para vãos mais amplos está disponível em aço para essas utilizações.

Vigas aperfeiçoadas

Uma classe geral de recursos para vãos maiores pode ser chamada de "vigas aperfeiçoadas". A *viga acastelada* (Figuras 11.77 e 11.78) é produzida pelo corte, com maçarico, da alma de uma seção de mesa larga, segundo um padrão em zigue-zague, seguido da remontagem da viga, por meio da soldagem das suas metades, ponto a ponto, aumentando assim a sua altura sem aumentar o seu peso. Isso aumenta de maneira considerável o potencial de cobertura de vãos pela viga, desde que as cargas aplicadas não sejam excepcionalmente elevadas.

Para vigas em grandes vãos, adaptadas a qualquer condição de carga, *placas de vigas mestras* são projetadas de forma customizada e fabricadas. As placas em aço e as cantoneiras são montadas pela fixação de pinos ou soldagem, de tal forma que o aço seja colocado exatamente onde é requerido. As mesas são, frequentemente, feitas mais espessas no meio dos vãos, onde as forças de flexão são maiores; mais enrijecedores de alma são colocados próximo às extremidades, onde as tensões na alma são elevadas e as áreas ao redor dos apoios são reforçadas de forma especial. Praticamente qualquer altura pode ser fabricada, conforme necessário, e vãos muito amplos são possíveis, mesmo sob cargas pesadas (Figura 11.79). Essas peças são frequentemente afiladas, tendo maior altura onde o momento fletor é maior.

As *molduras estruturais rígidas em aço* são produzidas de maneira eficiente pela soldagem de seções de mesas largas ou placas de vigas mestras. Elas podem ser arranjadas em uma fileira, para cobrir um espaço retangular (Figura 11.80), ou dispostas ao redor de um eixo vertical, para cobrir uma área circular. Sua ação estrutural se situa entre a de uma moldura estrutural retilínea e a de um arco. Como um arco, elas algumas vezes podem requerer montantes de amarração em aço na base, para resistir a empuxos laterais nesse caso, esses montantes são usualmente ocultos na laje do piso.

As vigas acasteladas, as placas de vigas mestras e as molduras estruturais rígidas em aço compartilham a característica de que, pelo fato de serem elementos longos e delgados, eles com frequência devem ser amarrados lateralmente por terças, cintas, deques ou amarrações diagonais, para impedir a sua flambagem.

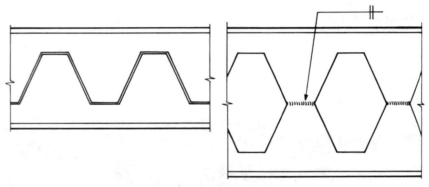

Figura 11.77
A fabricação de uma viga acastelada.

Figura 11.78
Moldura estrutural formada por vigas acasteladas e vigas mestras, convergindo em uma coluna de mesa larga. *(Cortesia de Castelite Steel Products, Midlothian, Texas)*

Figura 11.79
Erguendo uma viga mestra de placas de aço soldadas. Observe como a viga mestra é customizada, com recortes para a passagem de tubulações e canalizações. A seção que está sendo erguida possui 115 pés (35 m) de comprimento, 13 pés (4 m) de altura e pesa 192.000 libras (87.000 kg). *(Cortesia de Bethlehem Steel Corporation)*

Figura 11.80
As molduras estruturais rígidas em aço desta construção industrial fazem uso de terças em aço, que irão suportar o deque de cobertura, e cintas, para suportar o revestimento das paredes. A altura de cada moldura varia de acordo com a magnitude dos esforços fletores, e se torna maior nas conexões de beirado, onde essas forças estão em seu máximo. *(Cortesia de Metal Building Manufacturers Association)*

Tesouras

As *tesouras em aço* (Figuras 11.81 – 11.84) são arranjos triangulares de peças em aço, que em geral são mais altas e mais leves que as vigas aperfeiçoadas, e que podem cobrir vãos correspondentemente maiores. Elas podem ser projetadas para suportar cargas leves ou pesadas. No início deste capítulo, foi apresentada uma classe de tesouras em aço, vigas de alma vazada e vigas mestras. Estas são peças leves padronizadas, para cargas leves, capazes de cobrir vãos razoavelmente amplos, e são, em geral de menor custo que as tesouras customizadas. As tesouras customizadas de coberturas, para cargas leves, são comumente feitas de T´s em aço ou com cantoneiras superiores e inferiores ligadas por peças em aço. As cantoneiras de cada par estão distantes apenas o suficiente para deixar entre elas um espaço para os conectores de

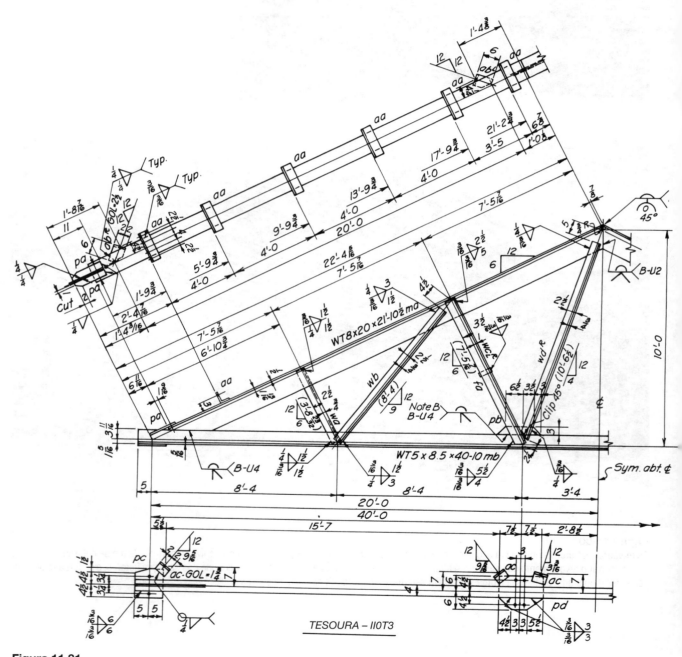

Figura 11.81
Um desenho da oficina do fabricante de uma tesoura de cobertura soldada em aço, feita de vigas T e diagonais de cantoneiras. *(Do Detailing for Steel Construction, Chicago, AISC, 1983. Com a permissão do American Institute of Steel Construction)*

placa de *gusset* em aço, que os unem às outras peças da tesoura. Elas podem ser tanto soldadas, quanto presas com pinos às placas de gusset. As tesouras para cargas mais pesadas, como as tesouras de transferência, que são usadas em algumas molduras estruturais de edificações para transmitir as cargas de colunas de pisos superiores, por uma ampla sala de reuniões ou do *lobby* em uma edificação, podem ser feitas de mesas largas ou perfis tubulares.

Uma *tesoura espacial* em aço (mais popularmente chamada de *moldura estrutural espacial*) é uma tesoura tridimensional (Figuras 11.85 e 11.86). Ela carrega a sua carga fletindo ao longo de seus dois eixos, de modo bastante similar a uma laje de concreto armada em duas direções (Capítulo 13). Ela deve ser apoiada em colunas, que estão espaçadas de forma mais ou menos igual em ambas as direções.

Figura 11.82
Tesouras de cobertura, conectadas por pinos de aço, cobrindo um *shopping*, apoiam terças de aço, que suportam o deque de cobertura em aço corrugado. *(Com a permissão do American Institute of Steel Construction)*

Figura 11.83
Ferreiros assentam a extremidade de uma pesada tesoura de cobertura, com seções de mesas largas. *(Com a permissão do American Institute of Steel Construction)*

Figura 11.84
Tesouras tubulares em aço suportam a cobertura de um centro de convenções. *(Com a permissão do American Institute of Steel Construction)*

Figura 11.85
Montando uma tesoura espacial. *(Cortesia de Unitrust Space-Frame Systems, GTE Products Corp.)*

Arcos

Os *arcos* em aço, produzidos por meio da flexão de perfis convencionais com mesas largas ou pela junção de placas e cantoneiras, podem ser empregados em telhados em arcos cilíndricos ou em cúpulas circulares de vão considerável (Figura 11.87). Para vãos ainda maiores, os arcos podem ser construídos com tesouras em aço. Empuxos laterais ocorrem na base de um arco e devem ser suportados pelas fundações ou por uma peça de amarração. No momento em que este livro foi escrito, a estrutura de cobertura de maior vão do mundo é reportada como sendo uma cobertura retrátil de um estádio de futebol americano, atualmente sendo construída em Arlington, Texas, apoiada por um par de tesouras em caixa de aço com um vão de 373 m. Cada tesoura possui 11 m de altura e pesa 2.955 toneladas.

Figura 11.86
Uma tesoura espacial suporta a cobertura de um terminal ferroviário. *(Arquitetos: Braccia/DeBrer/Heglund. Engenharia Estrutural: Kaiser Engineers. Foto por Barbeau Engh. Com a permissão do American Institute of Steel Construction)*

470 Fundamentos de Engenharia de Edificações: Materiais e Métodos

Figura 11.87
Montando a cúpula em aço na Disney World. *(© Walt Disney Productions. Com a permissão do American Institute of Steel Construction)*

Figuras 11.88 e 11.89
A cobertura do Estádio Olímpico de Munique, Alemanha, é feita de cabos de aço e painéis de plástico de acrílico transparente. Para uma noção de escala, observe o trabalhador visto pela cobertura, na parte superior esquerda da Figura 11.89. *(Arquitetos: Frei Otto, Ewald Bubner e Benisch and Partner. Cortesia do Institute for Lightweight Structures, Stuttgard)*

Estruturas tênseis

Fios de aço produzidos a frio de alta resistência à tração, transformados em cabos, são o material para uma variedade fascinante de coberturas do tipo tenda, que podem cobrir vãos muito amplos (Figuras 11.88 e 11.89). Com *curvatura anticlástica* (em forma de sela), *fixadores de cabo* ou outras formas de conter a rede de cabos, os telhados suspensos são totalmente rígidos, sendo evitada a sua elevação ou vibração por efeito do vento. Para vãos menores, os tecidos podem fazer a maior parte do trabalho, juntamente com cabos de aço ao longo das bordas e nos pontos de máxima tensão, conforme apresentado na barra lateral de acompanhamento.

Figuras 11.88 e 11.89
(continuação)

A teia de aranha é uma boa inspiração para as construções em aço.

Frank Lloyd Wright, "*In the Cause of Architecture: The Logic of the Plan*"
Architectural Record (Janeiro 1928).

Estruturas em Tecido

As estruturas de tecido não são novidade. As pessoas têm construído tendas desde os primórdios da civilização humana. Durante as últimas décadas, no entanto, métodos novos, com tecidos duráveis e métodos computadorizados para definir formas e forças, têm ajudado a criar um novo tipo de construção: uma estrutura de tecido permanente, rígida e estável, que irá durar por 20 anos ou mais.

Tipos de estruturas em tecido

As estruturas de tecido podem ser tênseis ou pneumáticas (Figura A). Uma *estrutura de tecido tênsil* é uma membrana suportada por mastros ou outros elementos estruturais rígidos, como molduras ou arcos. A membrana, normalmente, consiste em um tecido têxtil e é em geral armada com cabos de aço, ao longo das linhas principais de tensão. O tecido e os cabos transmitem cargas externas aos suportes rígidos e ancoragens no piso por meio de forças de tração.

As *estruturas pneumáticas* dependem da pressão do ar para sua estabilidade e sua capacidade de suportar cargas de neve e vento. O tipo mais comum de estrutura pneumática é a *estrutura suportada pelo ar*, na qual um tecido estanque a ar, comumente armado com cabos de aço, é mantido pela pressurização do ar no espaço habitado existente abaixo dele. O tecido e os cabos na estrutura suportada pelo ar são tensionados por forças de tração.

Tecidos para estruturas permanentes

Quase todas as estruturas de tecido são feitas de panos trançados que foram revestidos com um material sintético. O pano fornece a resistência estrutural que permite resistir às forças de tração na estrutura, e o revestimento torna o tecido estanque ao ar e resistente à água. O tecido mais amplamente utilizado é o pano de poliéster laminado ou revestido com cloreto de polivinila (vinil, PVC). Outros dois tecidos de longa durabilidade, frequentemente usados, são baseados em panos de fibra de vidro: um é revestido com politetrafluoretileno (PTFE, a marca mais comum pela qual é conhecido é Teflon); o outro é revestido com silicone. O tecido de poliéster/PVC é o mais econômico dos três, porém não atende aos requisitostos do código de edificações dos Estados Unidos para um material não combustível e é usadode modo predominante para estruturas menores. Os tecidos em vidro/PTFE e vidro/silicone são classificados como não combustíveis. Embora seja mais caro, o tecido de vidro/PTFE permanece limpo por mais tempo que os outros dois tipos. Todos os três tecidos são altamente resistentes a forças de deterioração, como luz ultravioleta, oxidação e fungos.

Os tecidos podem ser brancos, coloridos ou impressos com padrões ou gráficos. Um tecido pode ser totalmente opaco, obstruindo toda a passagem da luz, ou pode ser translúcido, permitindo que um percentual controlado de luz o atravesse.

Embora uma única camada de tecido tenha pouca resistência ao fluxo de calor, uma estrutura de tecido projetada da maneira apropriada pode alcançar economias de energia substanciais com relação a invólucros convencionais por meio do uso seletivo de translucidez e refletividade. A translucidez pode ser usada para prover iluminação natural, captar calor solar no inverno e resfriar o ambiente à noite, no verão. Um tecido altamente reflexivo pode reduzir o ganho de calor solar e economizar iluminação artificial. Com a adição de uma segunda camada, um forro de tecido suspenso a aproximadamente um pé (300 mm) abaixo do tecido estrutural, a resistência térmica da estrutura pode ser melhorada. Um forro acústico interno pode ajudar a controlar a reflexão interna do som, o que é especialmente importante em estruturas suportadas pelo ar, que tendem a concentrar o som. As estruturas tênseis, em função de sua curvatura anticlástica, tendem a dispersar o som, em vez de concentrá-lo.

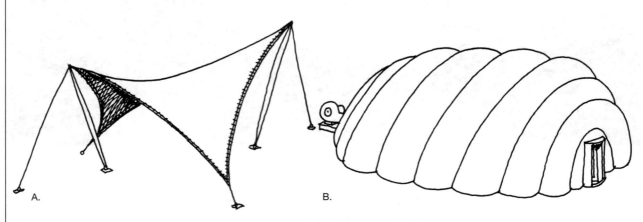

Figura A
Estruturas tênsil simples e pneumática (suportada pelo ar), em tecido. *(Esboço de Edward Allen)*

Capítulo 11 Construções com Moldura Estrutural em Aço   **473**

Figura B
A maior estrutura de cobertura do mundo cobre o Haj Terminal, em Jeddah, Arábia Saudita, uma instalação de aeroporto colossal, que é usada para facilitar a viagem de um vasto número de fiéis muçulmanos durante um curto período de peregrinação anual. A cobertura é feita de formatos radiais. *(Arquitetos: Skidmore, Owings & Merrill. Projetista da cobertura e engenharia estrutural: Geiger Berger Associates. As fotografias das Figuras B-G são fornecidas como cortesia do fotógrafo Horst Berger.)*

Figura C
O tecido do Haj Terminal é um pano de fibra de vidro, revestido de PTFE.

Figura E
A cobertura do Centro de Convenções de San Diego é levantada no centro com tirantes rígidos em aço que descansam sobre cabos, apoiados pela moldura estrutural de concreto. *(Arquitetos: Arthur Erickson Associates. Projetista da cobertura e engenharia estrutural: Horst Berger Partners)*

Figura D
A copa da cobertura do Centro de Convenções de San Diego é apoiada no perímetro da moldura estrutural de concreto da edificação acima.

ESTRUTURAS EM TECIDO *(Continuação)*

Figura F
A forma da cobertura do Aeroporto Internacional de Denver combina formas de sela e radiais para ecoar as formas das montanhas ao seu redor. *(Arquitetos: C. W. Fentriss, J. H. Bradburn & Associates. Projetista da cobertura e engenharia estrutural: Severud Associates, Horst Berger, Principal Consultant)*

Figura G
Assim como as pétalas de uma flor gigante, as estruturas tênseis, dispostas em um enorme círculo, fazem sombra para a arquibancada do Estádio King Fahd, em Riyadh, Arábia Saudita. Os mastros estão a uma altura de 190 pés (58 m). *(Arquitetos: Ian Fraser, John Roberts & Partners. Projetista da cobertura e engenharia estrutural: Geiger Berger Associates)*

Estruturas tênseis

As estruturas tênseis são estabilizadas por curvatura anticlástica e *protensão*. A curvatura anticlástica significa que o tecido é curvado simultaneamente em duas direções opostas. Duas geometrias básicas podem ser usadas para criar a curvatura anticlástica: uma é o formato de sela (Figuras D, E e G); a outra, a tenda radial (Figuras B e C). É por meio das combinações e variações dessas geometrias, como na Figura F, que todas as estruturas tênseis são moldadas.

A protensão é a introdução de uma tração permanente no tecido, em duas direções opostas. Sem a curvatura anticlástica e a protensão, o tecido iria vibrar ao vento e ser destruído em um curto espaço de tempo. A quantidade de curvatura e de força de protensão devem ser suficientes para manter a estabilidade sob condições esperadas de vento e neve. Se a curvatura for muito rasa ou se a tensão de protensão for muito baixa, irá ocorrer deformação ou vibração excessiva.

O projeto de uma estrutura tênsil normalmente começa por meio da experimentação com modelos físicos simples. Estes são frequentemente feitos de material de meia-calça ou tecido elástico, ambos facilmente esticados ou manipulados. Depois que um molde geral foi estabelecido com o modelo, é usado um computador para encontrar o formato exato de equilíbrio, determinar as tensões no tecido e nas peças de suporte sob cargas de vento e de neve e gerar padrões de corte para o tecido. O processo de projeto é referido como o *encontro da forma*, porque uma estrutura tênsil não pode ser feita com qualquer formato arbitrário.

Assim como uma corrente suspensa irá sempre assumir uma forma que coloque os seus elos em equilíbrio uns com os outros, uma estrutura tênsil deve assumir uma forma que mantenha quantidades proporcionais de tensão em todas as partes do tecido, sob todas as condições esperadas de carga. A tarefa do projetista é de encontrar tal forma.

Um bom projeto para uma estrutura tênsil emprega *mastros* curtos, a fim de minimizar problemas de flambagem. O tecido, geralmente, não pode alcançar um pico no mastro, mas deve terminar em um anel de cabo, que é fixado ao mastro para evitar grandes tensões no tecido. As bordas perimetrais do tecido, em geral, terminam ao longo de cabos curvos de aço. Para criar uma estrutura estável, esses cabos devem ter curvatura adequada e ser ancorados às fundações que ofereçam resistência adequada às forças de arranque. O tecido pode ser fixado aos cabos por meio de mangas costuradas nas bordas do tecido ou a grampos, que prendem o tecido e o puxam em direção ao cabo.

Estruturas suportadas pelo ar

As estruturas suportadas pelo ar são pressurizadas por ventiladores, usados para aquecer, resfriar e ventilar a edificação. As pressões do ar requeridas são tão baixas, que dificilmente são discerníveis por pessoas entrando ou saindo da edificação, porém são altas o suficiente (5-10 libras por pé quadrado, ou 0,25-0,50 kPa) para evitar que portas giratórias comuns se abram. Por essa razão, as portas giratórias, cuja operação não é afetada pela pressão interna e mantém uma vedação contínua contra a perda do ar são usualmente usadas para acesso.

O tecido para uma estrutura suportada pelo ar é protendido pela sua pressão interna de ar, para evitar vibrações. Para formatos de coberturas com perfil baixo, uma rede de cabos é empregada para resistir às grandes forças que resultam da curvatura plana. O tecido se estende entre os cabos. O tecido e os cabos puxam as fundações para cima com uma força total equivalente à pressão interna do ar, multiplicada pela área de solo coberta pelo telhado. Os elementos de suporte e fundações devem ser projetados para resistir a essa força.

O vento provoca forças de sucção, que ocorrem em muitas áreas de uma estrutura suportada pelo ar, resultando em uma tensão adicional no tecido e cabos. As forças direcionadas para baixo, das cargas de vento ou de neve, em uma estrutura suportada pelo ar, devem ser resistidas diretamente pela pressão do ar interior, que faz pressão em direção contrária às cargas. Em áreas geográficas em que as cargas de neve são maiores que as pressões internas aceitáveis, a neve deve ser removida da cobertura. Não fazer isso tem levado ao desinflar não planejado de diversas coberturas suportadas pelo ar.

Na teoria, as estruturas suportadas pelo ar não são limitadas em termos de vãos. Na prática, a vibração e as forças de elevação do perímetro restringem o seu vão a algumas centenas de metros, porém isso é o suficiente para abrigar estádios inteiros de futebol. Por segurança, as bordas externas da maioria das coberturas suportadas pelo ar terminam em um nível que está bem acima do nível do piso que elas cobrem. Assim, se a cobertura desinflar, em função de falha do ventilador, remoção inadequada da neve ou escapamento de ar, o tecido da cobertura ficará suspenso a uma altura logo acima do piso da construção (Figura H).

Para informações adicionais, veja Horst Berger, *Light Structures; Structures of Light,* Birkhäuser Verlag, 1996.

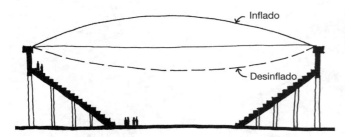

Figura H
A maioria das estruturas suportadas pelo ar são projetadas de tal modo que, se a pressão do ar falhar, a membrana ficará suspensa a um nível seguro sobre as cabeças dos ocupantes. *(Esboço de Edward Allen)*

COLUNAS COMPOSTAS

Colunas que combinam a resistência de perfis estruturais em aço e concreto produzido no local têm sido usadas em edificações há muitos anos. Um tipo de coluna composta compreende uma coluna em aço, de mesa larga, com concreto armado produzido no local. Outro tipo consiste em uma tubulação de aço preenchida com concreto. Em um terceiro tipo, uma coluna com mesa larga é inserida em uma tubulação antes de o concreto ser adicionado, para criar uma capacidade portante maior.

Diversos arranha-céus recentes utilizam colunas de tubulações em aço bem amplas, preenchidas com concreto de alta resistência, para suportar uma grande parte das cargas verticais e laterais.

Essas colunas permitem reduções de até 50% da quantidade total de aço requerido para a edificação (Figura 11.90). Em uma edificação como esta, uma torre de escritórios de 720 pés (200 m), quatro colunas feitas de tubulações de 10 pés de diâmetro (3 m), preenchidas com concreto de 19.000-psi (131 MPa), suportam 40% das cargas verticais e uma grande proporção das cargas de vento. Não há armadura ou outro tipo de aço dentro das tubulações, exceto em certas conexões, que suportam cargas muito pesadas. As vantagens potenciais de colunas compostas em edificações altas incluem uso reduzido do aço, maior rigidez da edificação contra as forças do vento e conexões simplificadas de viga-coluna.

SISTEMAS INDUSTRIALIZADOS EM AÇO

O aço se adapta bem a sistemas industrializados de construção. Os dois sistemas de pré-fabricação de maior sucesso e mais econômicos dos Estados Unidos são, provavelmente, as casas pré-fabricadas (frequentemente referidas como "*mobile homes*") e a construção industrial empacotada. A casa pré-fabricada, construída principalmente em madeira, só é possível devido a uma subestrutura rígida (chassi) unida por solda a partir de perfis laminados em aço. A edificação empacotada é mais comumente apoiada em uma estrutura de molduras rígidas em aço soldado, que apoiam um envelope de chapas, em metal corrugado. A casa pré-fabricada possui fundações de aço, por causa da rigidez e

Figura 11.90
Uma estrutura central com oito largas colunas compostas, cada uma constituída por uma tubulação preenchida com concreto com 7 ½ pés (2,3 m) de diâmetro, suporta a maior parte das cargas de gravidade e vento nesta edificação comercial de 44 andares, em Seattle. O perímetro da edificação é suportado por colunas compostas, com tubulações de diâmetro menor. *(Cortesia de Skilling Ward Magnusson Barkshire, Inc., Seattle, Washington)*

CONSIDERAÇÕES SOBRE SUSTENTABILIDADE EM CONSTRUÇÕES COM MOLDURA ESTRUTURAL EM AÇO

Fabricação

- As matérias-primas do aço são minérios de ferro, carvão, calcário, ar e água. O minério, o carvão e o calcário são minerais cuja mineração e extração causam distúrbios na paisagem e perdas no hábitat, frequentemente acompanhados de poluição de córregos e rios. O carvão, o calcário e os minérios de ferro de alta qualidade são abundantes, porém os minérios de ferro de alta qualidade têm se esgotado em muitas áreas do planeta.
- A indústria do aço tem trabalhado intensamente para reduzir a poluição do ar, da água e do solo, mas ainda resta muito trabalho a ser feito.
- Alguns metais constituintes de ligas, como o manganês, cromo e níquel, estão se esgotando.
- A fabricação de uma tonelada de aço, a partir do minério de ferro pelo do processo de oxigênio básico, consome 3.170 libras (1.440 kg) de minério, 300 libras (140 kg) de calcário, 900 libras (410 kg) de coque (feito do carvão), 80 libras (36 kg) de oxigênio e 2.575 libras (1170 kg) de ar. Nesse processo, 4.550 libras (2070 kg) de emissões gasosas são liberadas, e 600 libras (270 kg) de escória e 50 libras (23 kg) de pó são geradas. Emissões adicionais emanam do processo de conversão do carvão em coque.
- A energia incorporada no aço produzido a partir de minérios pelo processo de oxigênio básico é de aproximadamente 14.000 BTU por libra (33 MJ/kg). Em instalações modernas, a sucata de aço é, tipicamente, adicionada como um ingrediente durante esse processo, resultando em um conteúdo de materiais reciclado de 25 a 35%.
- Hoje, a maior parte do aço estrutural na América do Norte é feito a partir de sucata reciclada, pelo processo de forno de fusão a arco voltaico; sua energia incorporada é de aproximadamente 4.000 BTU por libra (9,3 MJ/kg), menos de um terço que a do aço feita a partir de minérios. O conteúdo de material reciclado de aço feito esse processo é de 90% ou mais.
- Na América do Norte, praticamente todos os perfis em aço estrutural laminados a quente são fabricados por processo de forno de fusão a arco voltaico. As placas e chapas de aço usadas, por exemplo, na fabricação de peças de aço leve, deques e seções estruturais vazadas, podem ser produzidas tanto pelo processo de forno de fusão a arco voltaico, como pelo processo de oxigênio básico.
- Noventa e cinco por cento, ou mais, de todo o aço estrutural usado na construção de edificações na América do Norte são, ao final, reciclados ou reutilizados, o que é um percentual bastante alto. Em um período recente, de um ano, 480 milhões de toneladas (430 milhões de toneladas métricas) de sucata de aço foram consumidas em todo o mundo.
- A sucata usada na produção do aço estrutural em mini-usinas vem de fontes que distam, aproximadamente, 300 milhas (500 km) da usina. Quando o aço produzido em tais usinas é, então, usado para a construção de edificações não muito distantes da usina, o aço é potencialmente elegível a créditos, como sendo um material regionalmente extraído, processado e produzido. Isso ocorre mais frequentemente para as ligas em aço mais comumente usadas, que são produzidas em um maior número de usinas. Todavia, algumas ligas em aço menos comumente produzidas estão disponíveis somente em um número limitado de usinas. Em alguns casos, são produzidas somente no exterior, e não são elegíveis para tal crédito, a exceção apenas ocorre para projetos localizados, fortuitamente, próximos às usinas, onde esses tipos particulares de aço são produzidos.

Construção

- A fabricação e a montagem do aço são processos relativamente limpos e eficientes, apesar de as pinturas e os óleos usados nas peças em aço poderem causar a poluição do ar.
- As molduras estruturais em aço são mais leves que as molduras estruturais em concreto, que desempenham a mesma função. Isso significa que uma edificação em aço geralmente possui fundações menores e requer menos trabalho de escavação.
- Alguns materiais para a proteção ao fogo, em *spray*, podem poluir o ar pelas fibras disseminadas.

Em uso

- A moldura estrutural em aço, se protegida da água e do fogo, irá durar por muitas gerações, com pouca ou nenhuma manutenção.
- O aço exposto ao tempo precisa ser repintado periodicamente, a não ser que seja galvanizado, protegido com um revestimento de longa duração de polímero ou feito de um aço inoxidável mais caro.
- As peças de emolduração em aço, em paredes de edificações ou coberturas, deveriam ser termicamente interrompidas ou isoladas, de forma a não conduzir o calor entre a parte de dentro e a parte de fora.
- Quando uma moldura estrutural em aço é demolida, seu material é quase sempre reciclado.
- O aço raramente causa problemas de qualidade do ar interno, apesar de óleos aplicados em sua superfície e de revestimentos de proteção, algumas vezes, causarem desconforto aos ocupantes por suas emissões.

da resistência incomparável do aço. A edificação empacotada depende do aço para obter essa qualidade, pela precisão, passível de repetição, com a qual os componentes podem ser produzidos, e pela facilidade com que os componentes relativamente leves em aço podem ser transportados e montados. Está a apenas um pequeno passo do processo usual de fabricação e montagem em aço para a produção repetitiva, em série, dos componentes de construção.

O AÇO E OS CÓDIGOS DE EDIFICAÇÕES

As construções com moldura estrutural em aço aparecem nas tabelas dos códigos de edificações típicas, nas Figuras 1.2 e 1.3, como seis tipos diferentes de construção – I, II e III – com a classificação exata dependendo do grau de tratamento para prevenção ao fogo aplicado às várias peças da moldura estrutural. Com um grau elevado de prevenção ao fogo, especialmente nas peças que suportam mais de um andar, alturas ilimitadas e áreas de edificações são permitidas para a maioria dos grupos de ocupação. Sem qualquer prevenção contra o fogo nas peças em aço, as alturas e áreas das edificações serão severamente limitadas, porém muitos grupos de ocupação podem atender com facilidade a essas restrições.

A SINGULARIDADE DO AÇO

Dentre os materiais estruturais comuns para construções resistentes ao fogo – alvenaria, concreto e aço – somente o aço possui resistência útil à tração que, juntamente com resistência à compressão, ele possui de sobra (Figura 11.91). Uma quantidade relativamente pequena de aço pode exercer um trabalho estrutural que requereria uma quantidade muito maior de outro tipo de material. Assim, o aço, o material estrutural mais denso, é também aquele que produz as estruturas mais leves e que cobre os maiores vãos.

A infraestrutura necessária para trazer perfis de aço até um canteiro de obras – as minas, as usinas, os fabricantes e a indústria de sucata de metal – é vasta e complexa. Uma sequência cuidadosa de planejamento antecipado e de atividades preparatórias é necessária para fazer uma moldura estrutural em aço. Uma vez no local, no entanto, uma moldura em aço é montada rapidamente e com

Material	Resistência de trabalho na tração[a]	Resistência de trabalho na compressão[a]	Densidade	Módulo de elasticidade
Madeira (madeira para molduras estruturais)	300 – 1.000 psi 2,1-6,9 Mpa	600 – 1.700 psi 4,1 – 12 MPa	30 pcf 480 kg/m^3	1.000.000 – 1.900.000 psi 6.900 – 13.000 MPa
Alvenaria de tijolos (incluindo argamassa, sem reforço)	0	250-1.300 psi 1,7 – 9,0 MPa	120 pcf 1.900 kg/m^3	700.000 – 3.700.000 psi 4.800 – 25.000 MPa
Aço estrutural	24.000 – 43.000 psi 170 – 300 MPa	24.000 – 43.000 psi 170 – 300 MPa	490 pcf 7800 kg/M^3	29.000.000 psi 200.000 MPa
Concreto (não armado)	0	1.000 – 4.000 psi 6,9 – 28 MPa	145 pcf 2.300 kg/m^3	3.000.000 – 4.500.000 psi 21.000 – 31.000 MPa

[a] Tensão admissível ou tensão máxima aproximada, sob condições normais de carga.

Figura 11.91
Propriedades físicas comparativas para quatro materiais estruturais comuns: madeira, alvenaria de tijolos, aço (linha sombreada) e concreto. O aço é muitas vezes mais forte e rígido que esses outros materiais estruturais. Os intervalos de resistência e rigidez refletem diferenças entre as ligas em aço estrutural.

relativamente poucas ferramentas, em um processo de montagem que é rivalizado, em velocidade e confiabilidade, sob todas as condições climáticas, somente por certos sistemas de concreto pré-moldado. Com projeto e planejamento apropriados, o aço pode emoldurar quase qualquer forma de edificação, incluindo aquelas com ângulos irregulares e curvas. Em última análise, é claro que o aço estrutural produz somente a moldura estrutural. Ao contrário da alvenaria ou do concreto, ele não se presta para formar o envelope total de uma edificação, exceto em certas aplicações industriais. Isso é, no entanto, de pouca importância, em função de o aço poder ser combinado facilmente com vidro, alvenaria e sistemas de envelopes em painéis, e também pelo fato de o aço fazer tão bem o seu próprio trabalho, o de suportar cargas altas e amplas com aparente facilidade e tão bem.

Figura 11.92
Esta casa elegantemente detalhada, no Sul da Califórnia, foi um dos primeiros exemplos do uso do aço estrutural em escala residencial.
(Arquiteto: Pierre Koenig, FAIA. Foto: Julius Shulman, Hon. AIA)

Figura 11.93
O arquiteto Peter Waldman utilizou colunas de tubulação em aço, vigas de mesas largas, vigas de aço com almas vazadas e deque de cobertura em aço corrugado, para esta casa em Charlottesville, Virgínia. *(Foto por Maxwell McKenzie)*

Figura 11.94
O Chicago Police Training Center expressa elegantemente a lógica e a simplicidade de uma moldura estrutural direta em aço. *(Arquiteto: Jerome R. Butler, Jr. Engenheiro: Louis Koncza. Com a permissão do American Institute of Steel Construction)*

Capítulo 11   Construções com Moldura Estrutural em Aço   **483**

Figura 11.95
A arquiteta Suzane Reatig estruturou a cobertura de uma igreja, em Washington, D.C., com tesouras feitas de cantoneiras de aço. Os reforços do deque do telhado adicionam uma textura forte ao forro. *(Foto por Robert Lautman)*

Figura 11.96
O terminal da United Airlines, no Aeroporto O´Hare, em Chicago, é uma maravilha *high-tech* da emolduração em aço e vidro fritado. *(Arquiteto: Murphy-Jahn. Foto por Edward Allen)*

Figura 11.97
Chicago é famosa por seu papel no desenvolvimento dos arranha-céus com moldura estrutural em aço (Figura 11.4). Um dos mais altos nos Estados Unidos é a Torre Sears, vista no primeiro plano desta fotografia. *(Arquiteto e engenheiro: Skidmore, Owings e Merril. Foto de Chicago Convention and Tourism Bureau, Inc. Com a permissão do American Institute of Steel Construction.)*

CSI/CSC	
Seção do MasterFormat para construções com moldura estrutural em aço	
05 10 00	**EMOLDURAÇÃO ESTRUTURAL METÁLICA**
05 12 00	Emolduração estrutural em aço
05 16 00	Cabeamento estrutural
05 20 00	**VIGAS METÁLICAS**
05 21 00	Emolduração de vigas em aço
05 30 00	**DEQUES METÁLICOS**
05 31 00	Deques em aço
05 35 00	Montagens de deques condutores
05 36 00	Deques compostos metálicos
05 50 00	**FABRICAÇÕES METÁLICAS**
05 56 00	Fundições metálicas

REFERÊNCIAS SELECIONADAS

1. American Institute of Steel Construction, Inc. *Steel Construction Manual*. Chicago, atualizado regularmente.

   Esta é a bíblia da indústria da construção em aço nos Estados Unidos. Ela contém tabelas detalhadas das dimensões e das propriedades de todas as seções de aço laminado padrão, informações em conexões padrão e especificações e informações de códigos.

2. American Iron and Steel Institute. *Specification for Structural Steel Buildings*. Washington, DC, 2005.

   Esta especificação, incluída no Steel Construction Manual, pode também ser vista gratuitamente no *site* do American Institute of Steel Construction, www.aisc.org.

3. American Iron and Steel Institute. *Designing Fire Protection for Steel Beams* e *Designing Fire Protection for Steel Trusses*. Washington, DC, 1984 e 1991, respectivamente.

   O problema de prover resistência ao fogo para os elementos de edificações em aço é discutido, e uma variedade de detalhes em proteção ao fogo é ilustrada nestes livretos concisos.

4. Ambrose, James e Patrick Tripeny. *Simplified Design of Steel Structures* (8th Ed.). Hoboken, NJ, John Wiley & Sons, Inc., 2007.

   Esta é uma excelente introdução ao cálculo de vigas em aço, colunas e conexões.

5. Geoffrey L. Kulak, John W. Fisher e John H. A. Struik. *Guide to Design Criteria for Bolted and Riveted Joints* (2nd ed.). Chicago, AISC, 2001.

   Este guia, com mais de 300 páginas, fornece diretrizes detalhadas de engenharia para o projeto de conexões em aço, com pinos e rebites. Este guia pode ser visto gratuitamente no *site* do Research Council on Structural Connections, www.boltcouncil.org.

6. Steel Joist Institute. *Catalog of Standard Specifications and Load Tables for Steel Joists and Joist Girders*. Myrtle Beach, SC, atualizado regularmente.

   Tabelas de cargas, tamanhos e especificações para vigas de alma vazada são fornecidas neste livreto.

SITES

Construções com moldura estrutural em aço
Site suplementar do autor: **www.ianosbackfill.com/11_steel_frame_construction**

O material aço
American Institute of Steel Construction (AISC): **www.aisc.org**
American Iron and Steel Institute: **www.steel.org**
Chaparral Steel: **www.chaparralsteel.com**
Jacob Stainless Steel Fittings and Wire: **www.jakobstainlesssteel.com**
Lincoln Eletric Welding: **www.lincolnelectric.com**
Nucor Steel: **www.nucor.com**
Nucor-Vulcraft Group: **www.vulcraft.com**
Research Council on Structural Connections web site: **www.boltcouncil.org**
Steel Joist Institute (SJI): **www.steeljoist.org**
Steel Recycling Institute: **www.recycle-steel.org**

Vãos mais amplos em aço
Birdair Tensioned Membrane and Lightweight Structures: **www.birdair.com**

PALAVRAS-CHAVE

Processo Bessemer
Processo *Open-Hearth*
Aço
Aço macio
Ferro fundido, ferro forjado
Metal ferroso
Minério de ferro
Coque
Processo de oxigênio básico
Forno em arco voltaico
Lingote, lupa
Alta resistência, aço de pouca liga
Aço patinável
Aço inoxidável
Estande estrutural, estande de desdobramento
Serra a quente
Leito de arrefecimento
Desempenadeira rotatória
Barra
Placa
Chapa
Perfil de mesas largas
Perfil de Padrão Americano, viga-I
Cantoneira
Placa *gusset*
Canaleta
T
Placa

Barra
Folha
Extinção
Têmpera
Aço fundido
Aço trabalhado a frio, aço formado a frio
Seção estrutural vazada (HSS)
Viga de alma vazada em aço (OWSJ)
Viga mestra
Rebite
Pino de alta resistência
Pino de aço-carbono
Conexão do tipo suporte
Conexão de escorregamento crítico, conexão de fricção
Pré-carregado
Superfície de contato
Esfoladura
Chave de impacto
Método de giro de porca
Arruela indicadora de carga, indicador de tração direta (DTI)
Método de chave calibrada
Pino de controle de tensão
Chave de cisalhamento
Lockpin e fixador de colar, pino estampado
Soldagem a arco elétrico
Eletrodo
Símbolos de soldagem
Barra *backup*, barra de suporte

Barra de escoamento
Solda de demanda crítica
Conexão de cisalhamento
Cisalhamento
Momento de flexão
Conexão emoldurada
Conexão para momentos fletores
Solda com ranhura de penetração total
Placa enrijecedora
Estrutura contraventada
Amarração diagonal
Moldura excentricamente amarrada
Amarração *Chevron*, amarração de V invertido
Amarração cruzada
Parede de cisalhamento
Moldura de resistência a momentos
Núcleo rígido
Ação de diafragma
Perímetro rígido
Conexão totalmente contida para momentos, Conexão AISC Tipo 1
Conexão parcialmente contida para momentos, Conexão AISC Tipo 3
Conexão simples, Conexão AISC Tipo 2
Conexão assentada
Presilha de cisalhamento
Conexão de extremidade de placas
Fabricante
Desenho executivo
Mesa rebaixada

Corte a plasma
Corte a *laser*
Curvatura
Montador
Ferreiro
Nível
Placa de base
Placa de nivelamento
Groute
Grua de haste barlavento
Grua de haste em cabeça de martelo
Equipe de elevação
Colocando encanamento
Grua de torre
Pinos de punção
Término da construção

Deque metálico
Deque de cobertura
Deque celular
Solda em porções
Deque metálico misto
Montante de cisalhamento
Subterça
Cinta
Aço estrutural arquitetonicamente exposto (AESS)
Proteção ao fogo
Materiais de resistência ao fogo aplicados em spray (SFRM)
Mastique intumescente
Pintura intumescente
Viga acastelada

Placa de viga mestra
Moldura estrutural rígida em aço
Tesoura em aço
Corda
Tesoura espacial, moldura estrutural espacial
Arco
Curvatura anticlástica
Cable stay
Estrutura de tecido tênsil
Estrutura pneumática
Estrutura suportada por ar
Protendido
Encontro da forma
Mastro

Questões para revisão

1. Qual é a diferença entre o ferro e o aço? Qual é a diferença entre ferro forjado e ferro fundido?
2. Em peso, qual é a principal matéria-prima usada na fabricação do ferro fundido?
3. Como são produzidos os perfis estruturais em aço? Como são modificados os pesos e os espessuras de um perfil?
4. De que forma o trabalho do fabricante se diferencia do trabalho do montador?
5. Explique a designação W21 x 68.
6. Como você pode diferenciar uma conexão de cisalhamento de uma conexão de momento? Qual é o papel de cada uma?
7. Por que uma viga pode ser abobadada?
8. Qual é a vantagem da construção composta?
9. Explique as vantagens e desvantagens de uma estrutura de construção em aço com relação ao fogo. Como as desvantagens podem ser superadas?
10. Liste três diferentes sistemas estruturais em aço que podem ser apropriados para a cobertura de um ginásio de esportes.

Exercícios

1. Para o seu projeto de uma edificação comercial simples de vários andares:
   a. Desenhe uma proposta para a moldura estrutural em aço para um andar típico.
   b. Desenhe uma vista ou seção mostrando um método apropriado de fazer a edificação estável frente às forças laterais – vento e terremotos.
   c. Faça uma avaliação preliminar dos tamanhos aproximados dos deques, vigas e vigas mestras, usando as informações do quadro na página 417.
   d. Faça um esboço dos detalhes das conexões típicas na moldura estrutural, usando as dimensões reais obtidas no *Manual of Steel Construction* (referência 1), para o tamanho de peça que você tenha determinado e trabalhe na escala real.
2. Selecione um método de proteção ao fogo e faça um esboço dos detalhes típicos da proteção ao fogo de colunas e vigas para a edificação do exercício 1.
3. Que níveis de resistência ao fogo, em horas, são requeridos para os seguintes elementos da moldura estrutural em aço de uma loja de departamento, com uma altura de três andares, sem sistema de sprinklers, com uma área de 21.000 pés quadrados por andar? (As informações necessárias são encontradas nas Figuras 1.2 e 1.3)
   a. Colunas do pavimento térreo
   b. Vigas dos pisos
   c. Vigas das coberturas
   d. Paredes internas não portantes e divisórias
4. Encontre uma edificação com moldura estrutural em aço que esteja em construção. Observe as conexões cuidadosamente e descubra o motivo de cada uma ser detalhada daquela forma. Se possível, converse com o engenheiro estrutural da edificação para discutir o projeto da moldura estrutural.

12
Construções com Moldura Estrutural Leve em Aço

O conceito de construções leves em aço

Procedimentos em molduras estruturais

Outros usos comuns de molduras estruturais leves em aço

Vantagens e desvantagens de uma moldura estrutural leve em aço

Molduras estruturais leves em aço e os códigos de edificações

Acabamentos para molduras estruturais leves em aço

Introduzindo parafusos autoperfurantes e autoatarraxantes com uma pistola elétrica, os operários adicionam tiras de amarração diagonais à moldura estrutural de uma parede composta por montantes leves de aço e perfis em forma de canaletas. *(Cortesia de United States Gypsum Company)*

Para produzir as peças utilizadas em construções de moldura estrutural *leve em aço*, chapas de aço em rolos contínuos são introduzidas em máquinas a temperatura ambiente, que trabalham o metal a frio (vide Capítulo 11) e o dobram em formatos estruturais eficientes, produzindo peças lineares rígidas e fortes. Estas peças são chamadas de *molduras estruturais metálicas produzidas a frio*, para diferenciá-las das peças muito mais pesadas roladas a quente, que são usadas em molduras estruturais de aço. O termo "leve" se refere à relativa finura da chapa de aço, da qual as peças são feitas.

O CONCEITO DE CONSTRUÇÕES LEVES EM AÇO

As construções leves em aço são o equivalente, não combustível, das construções com moldura estrutural leve em madeira. As dimensões externas das peças leves em aço, de tamanho padrão, correspondem, de forma próxima, às dimensões nominais padrão das molduras em madeira de 2 polegadas (38 mm). Estas peças de aço são utilizadas em molduras, na forma de montantes, vigas e barrotes, com espaçamentos próximos, de uma forma muito similar àquela em que as peças das molduras leves em madeira são utilizadas, e uma edificação com moldura estrutural leve em aço pode ser revestida, isolada termicamente, e receber fiação e acabamentos internos e externos, da mesma maneira que as edificações de moldura estrutural leve em madeira.

O aço utilizado em peças leves é fabricado de acordo com a norma ASTM A1003 e recebe um revestimento metálico de zinco ou de uma liga de zinco e alumínio, para proporcionar proteção de longo prazo contra corrosão. A espessura do revestimento metálico pode variar, de acordo com a severidade do ambiente no qual as peças serão colocadas. Para montantes, vigas e barrotes, o aço é conformado em *secções no formato de C* (Figura 12.1). As redes de peças em forma de C são perfuradas em fábrica, para prover furos a intervalos de 2 pés (600 mm), sendo estes projetados para permitir que a fiação, tubulações e amarrações passem através dos montantes e vigas, sem a necessidade de perfuração, no canteiro de obras. Para as placas de topo e de fundo, para as paredes e para o topo das vigas, são utilizadas *secções em canaleta*. A resistência e a rigidez de uma peça dependem do formato e profundidade da secção e da espessura da chapa de aço da qual ela é feita. Um conjunto de profundidades e espessuras estandardizadas é disponibilizado por cada fabricante. As espessuras de metais comumente usadas para peças que suportam carregamento variam entre 0.097 e 0.033 polegadas (2,46 – 0,84 mm) e podem ser encontradas em até 0.018 polegadas (0,45 mm) de finura, para peças que não recebem cargas (Figura 12.2).

Pelo menos um fabricante produz peças leves em aço que não recebem cargas, e que são produzidas por um processo em que uma chapa de aço passa através de rolos com superfícies, que possuem um padrão tal que gera uma malha densa de ondulações no metal das peças moldadas. O trabalho adicional de produzir o metal a frio, o que ocorre durante a sua moldagem, e a superfície com um padrão com texturas resulta em peças produzidas em chapas de matéria-prima mais fina, porém equivalentes em termos de rigidez e resistência às peças moldadas convencionalmente e produzidas a partir de material mais pesado.

Figura 12.1
Peças típicas de moldura estrutural leve em aço. Do lado esquerdo, estão os tamanhos comuns de montantes e vigas em C. No centro estão os montantes em canaleta. Do lado direito estão os perfis em forma de canaleta.

CONSIDERAÇÕES SOBRE SUSTENTABILIDADE EM MOLDURAS ESTRUTURAIS LEVES EM AÇO

Em adição às questões de sustentabilidade, levantadas no capítulo anterior, que também se aplicam aqui, o maior problema relacionado à sustentabilidade de construções leves em aço, é a alta condutividade térmica das peças da moldura estrutural. Se uma habitação emoldurada com peças leves em aço for emoldurada, isolada e acabada, como o seria uma com uma moldura estrutural em madeira, ela irá perder calor durante o inverno a uma taxa duas vezes superior á sua equivalente com estrutura em madeira. Para superar esta limitação, os códigos de energia requerem que as edificações com moldura estrutural leve em aço, que forem construídas em regiões frias, incluindo a maior parte dos Estados Unidos continental, deverão ser revestidas com painéis isolantes de espuma plástica, de forma a eliminar as pontes térmicas que poderão ocorrer, se assim não for feito, através das peças de moldura em aço.

Mesmo com o revestimento isolante, atenção especial deve ser prestada para evitar pontes térmicas não desejadas. Por exemplo, em uma edificação com telhado inclinado, uma ponte térmica significativa poderá se estabelecer através das conexões das vigas estruturais do forro, conforme visto na Figura 12.4b. A colocação de revestimento de espuma nas superfícies internas das paredes e do forro é uma forma possível de se evitar esta situação, porém a adição de isolante na parte interna da moldura estrutural em metal expõe os montantes, e as camadas de ar nos montantes, a temperaturas extremas ainda mais intensas, aumentando o risco de condensação. Além disto, também permite a formação de pontes térmicas, através dos parafusos utilizados para fixar as placas de gesso internas às molduras estruturais. Embora pequenas em área, estas pontes térmicas podem conduzir rapidamente o calor e resultar em pontos de condensação nas superfícies de acabamento interno, em climas muito frios.

Para grandes projetos, as peças devem ser fabricadas precisamente, de acordo com as dimensões requeridas. Caso contrário, serão fornecidas em comprimentos padrão. As peças poderão ser cortadas em sua extensão exata no local da construção, com serra elétrica ou tesouras especiais. Uma variedade de chapas dobradas de metal, tiras, placas, canaletas e formas diversas, são fabricadas como acessórios para construções de moldura estrutural leve em aço (Figura 12.3).

A peças leves em aço são usualmente unidas com parafusos *autoperfurantes* e *autoatarraxantes*, que perfuram os seus próprios furos e formam roscas helicoidais nos próprios furos, na medida em que são colocados. Estes parafusos, que são rapidamente colocados com ferramentas manuais elétricas ou pneumáticas, são blindados com cádmio ou zinco, para resistir à corrosão, e estão disponíveis em uma série de diâmetros e comprimentos, para atender a uma gama completa de possibilidades de conexões. A soldagem é comumente usada para a montagem de painéis pré-fabricados de moldura estrutural leve em aço, e usada, em algumas ocasiões, no canteiro de obras, onde conexões particularmente fortes são necessárias. Outras técnicas de fixação, amplamente usadas, incluem equipamentos manuais de rebite, que unem as peças sem parafusos, ou soldas e a técnica de colocação pneumática de pinos, que penetram as peças e os fixam por fricção.

	Espessuras mínimas de chapas de aço	
Dimensão	Moldura estrutural portante leve em aço	Moldura estrutural não portante leve em aço
12	0,097" (2,46 mm)	
14	0,068" (1,73 mm)	
16	0,054" (1,37 mm)	0,054" (1,37 mm)
18	0,043" (1,09 mm)	0,043" (1,09 mm)
20	0,033" (0,84 mm)	0,030" (0,75 mm)
22		0,027" (0,69 mm)
25		0,018" (0,45 mm)

Figura 12.2
Espessuras mínimas de chapas de base metálicas (não incluindo o revestimento metálico), para peças de moldura estrutural leve em aço. Designações de dimensões tradicionais são também inclusas (repare que números de dimensão menores correspondem a espessuras metálicas maiores). O número de dimensão não é mais recomendado para a especificação da espessura das chapas de metal, pela falta de uma estandardização uniforme para a tradução deste número e a espessura efetiva do metal. A espessura das chapas de metal também poderá ser especificada em mils, ou milésimos de polegada. Por exemplo, a espessura de 0,033 polegadas pode ser expressa como 33 mils.

Figura 12.3
Acessórios standard para molduras estruturais leves em aço. Os clipes nas extremidades são usados para unir as peças que se encontram em ângulos retos. Os clipes de fundação fixam a plataforma piso-solo a pinos de ancoragem embutidos na fundação. Os suspensores de vigas conectam estas vigas aos elementos de coroamento e aos acabamentos do entorno das aberturas. O enrijecedor de malha é um conjunto de duas peças, que é inserido em uma viga e aparafusado à sua malha vertical, para ajudar a transmitir cargas de paredes, verticalmente através da viga. Os acessórios restantes são usados para fixação.

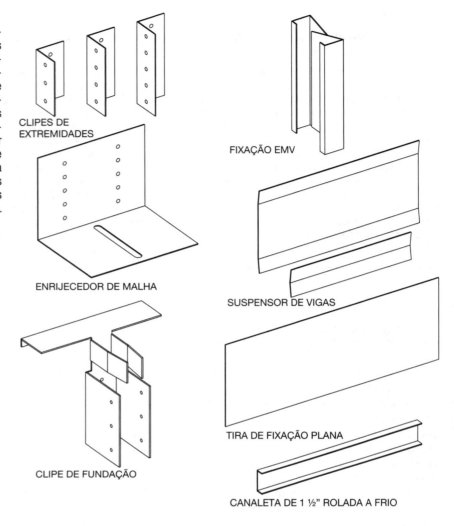

PROCEDIMENTOS EM MOLDURAS ESTRUTURAIS

A sequência de construção para uma edificação, que seja inteiramente emoldurada com peças de aço de pequenas dimensões é, essencialmente, a mesma que a descrita no Capítulo 5, para uma edificação emoldurada com peças de madeira de 2 polegadas (38-mm) nominais (Figura 12.4). A moldura costuma ser construída em forma de plataforma: o nível térreo é estruturado com vigas de aço. Um mastique é aplicado às bordas superiores das vigas e o subforro de painel de madeira é aplicado e fixado às flanges superiores das vigas com parafusos. Montantes de aço são deitados sobre o piso e unidos, para montar as molduras das paredes. As molduras estruturais das paredes são revestidas com painéis de madeira, ou, para construções não combustíveis, com *painéis de revestimento em gesso,* que são semelhantes a placas de gesso, porém com faces de vidro fosco e uma formulação resistente à água para o seu núcleo. As molduras das paredes são erguidas, aparafusadas à estrutura de piso e fixadas. A plataforma do piso superior é emoldurada, e então o mesmo acontece às paredes do piso superior. Finalmente, o forro e o telhado são estruturados, basicamente da mesma forma que nas casas de moldura estrutural em madeira. As treliças pré-fabricadas com peças leves em aço, que são perfuradas ou soldadas, são frequentemente usadas como moldura estrutural para forros e telhados (Figuras 12.15 e 12.16). (Na realidade, qualquer edificação que possa ser estruturada com peças de madeira de 2 polegadas (38 mm), poderá ser emoldurada com componentes de moldura estrutural leve em aço.) Para conseguir um tipo de construção mais resistente ao fogo, em conformidade com o código de edificações, pisos com deque de aço corrugado, com uma cobertura de concreto, algumas vezes substituem painéis de forro em madeira.

As aberturas nos pisos e paredes são emolduradas analogamente às aberturas das construções de moldura estrutural leve em madeira, com peças duplas, ao redor de cada abertura e com reforço nas peças que são empregadas no topo de janelas e portas (Figuras 12.5-12.9). Os suspensores de vigas e clipes de chapa em aço de ângulo reto são usados para unir as peças do entorno das aberturas. As

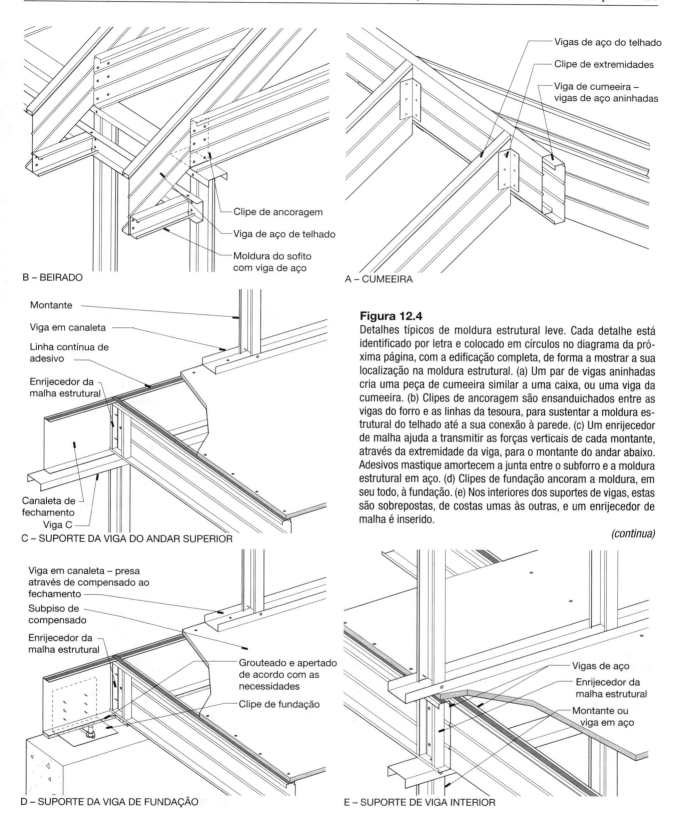

Figura 12.4
Detalhes típicos de moldura estrutural leve. Cada detalhe está identificado por letra e colocado em círculos no diagrama da próxima página, com a edificação completa, de forma a mostrar a sua localização na moldura estrutural. (a) Um par de vigas aninhadas cria uma peça de cumeeira similar a uma caixa, ou uma viga da cumeeira. (b) Clipes de ancoragem são ensanduichados entre as vigas do forro e as linhas da tesoura, para sustentar a moldura estrutural do telhado até a sua conexão à parede. (c) Um enrijecedor de malha ajuda a transmitir as forças verticais de cada montante, através da extremidade da viga, para o montante do andar abaixo. Adesivos mastique amortecem a junta entre o subforro e a moldura estrutural em aço. (d) Clipes de fundação ancoram a moldura, em seu todo, à fundação. (e) Nos interiores dos suportes de vigas, estas são sobrepostas, de costas umas às outras, e um enrijecedor de malha é inserido.

(continua)

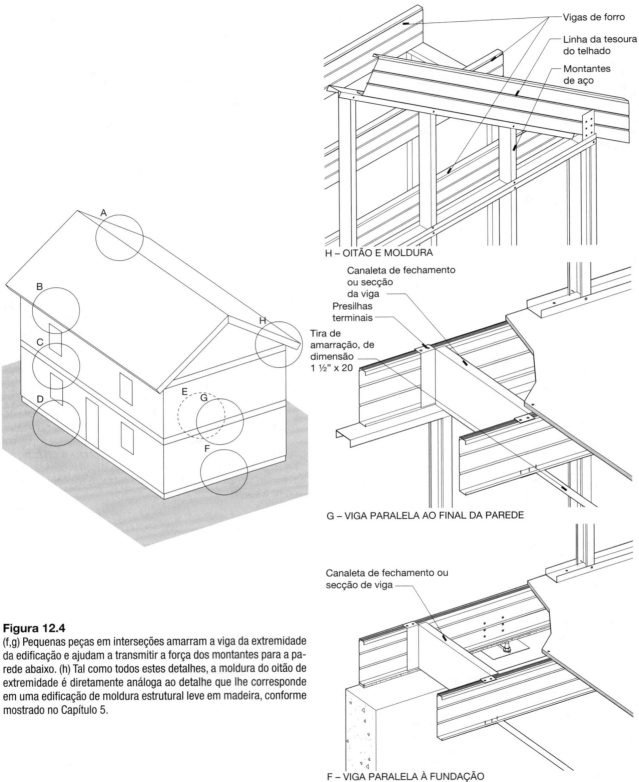

Figura 12.4
(f,g) Pequenas peças em interseções amarram a viga da extremidade da edificação e ajudam a transmitir a força dos montantes para a parede abaixo. (h) Tal como todos estes detalhes, a moldura do oitão de extremidade é diretamente análoga ao detalhe que lhe corresponde em uma edificação de moldura estrutural leve em madeira, conforme mostrado no Capítulo 5.

Capítulo 12 Construções com Moldura Estrutural Leve em Aço   **495**

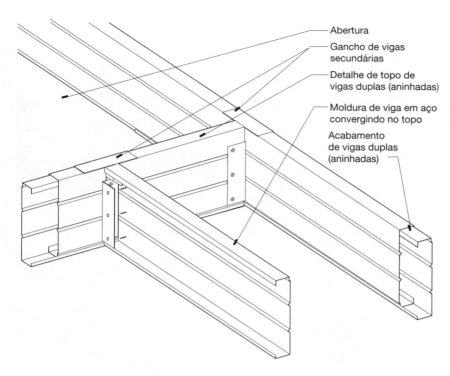

Figura 12.5
Capeamento de topo e acabamentos para aberturas do piso são duplicados e aninhados, para criar uma peça do tipo caixa, forte e estável. Somente uma flange vertical do supensor da viga é amarrada a esta viga; a outra flange seria utilizada, em vez disso, se a malha da viga estivesse orientada para a esquerda, em vez de para a direita.

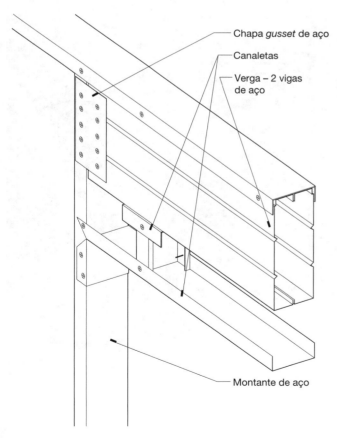

Figura 12.6
Um detalhe típico da borda superior de janelas ou portas. A parte superior é feita de duas vigas, com os seus lados abertos colocados juntos. A chapa superior da parede, que é uma canaleta, continua acima da borda superior. Outra canaleta é cortada e dobrada em cada extremidade, para emoldurar o topo da abertura. Montantes curtos são inseridos entre esta canaleta e a borda superior para manter o ritmo dos montantes na parede.

Figura 12.7
Tiras de amarração diagonais estabilizam a moldura estrutural da parede de andares superiores, em uma edificação de apartamentos. *(Cortesia de United States Gypsum Company)*

Figura 12.8
As amarrações temporárias dão suporte às paredes de cada nível, até que a plataforma do piso superior tenha sido completada. As canaletas roladas a frio passam através da malha de aberturas determinada pelos montantes; elas são soldadas a cada montante para ajudar a estabilizá-los, para impedir a sua flambagem. *(Cortesia de Unimast Incorporated – www.unimast.com)*

Figura 12.9
Um detalhe da borda superior de uma janela. Pelo fato de um montante de suporte ter sido inserido por baixo da extremidade da borda superior, não será requerida uma chapa de *gusset* grande, como a mostrada na Figura 12.6. *(Cortesia de Unimast Incorporated – www.unimast.com)*

Figura 12.10
As vigas do telhado colocadas em seus lugares, para uma edificação de apartamentos. Um revestimento de tijolos já foi adicionado ao nível térreo. *(Cortesia de United States Gypsum Company)*

peças leves são projetadas de modo que possam ser *aninhadas*, formando uma configuração tubular, que é especialmente forte e rígida, quando utilizadas como uma placa de capeamento ou viga de cumeeira (Figuras 12.4a e 12.5).

Pelo fato de as peças leves em aço serem muito mais propensas a torcer e fletir, quando sob carga, se comparadas àquelas feitas em madeira, mais atenção deve ser prestada à sua fixação e conexão. Os montantes de paredes altas geralmente possuem amarração em intervalos de 4 pés (1.200 mm), seja com tiras de aço aparafusadas às bordas dos montantes, seja com canaletas de aço moldadas a frio de 1 ½ polegada (38 mm), que são feitas passar através das aberturas perfuradas nos montantes, sendo soldadas e aparafusadas a um clipe dobrado em cada montante (Figura 12.8). As vigas de piso são conectadas com blocos de vigas-C e tiras de aço aparafusadas às suas bordas superiores e inferiores. Em locais onde forças verticais substanciais devem ser descarregadas através das vigas de pisos (conforme ocorre onde montantes suportando cargas se apoiam na borda de uma plataforma de piso), os *enrijecedores de malha* de aço são aparafusados às malhas finas das vigas, para evitar que as mesmas empenem (Figura 12.4 c,e). A amarração de paredes consiste de tiras diagonais de aço aparafusadas aos montantes (foto de abertura do capítulo, Figura 12.7). A resistência permanente frente ao empenamento, torção e cargas laterais, como vento e terremotos, é ampla e eficientemente contemplada por meio de subpisos, revestimento de paredes e materiais de acabamento interno.

Figura 12.11
Um detalhe de uma moldura de um beirado. *(Cortesia de Unimast Incorporated – www.unimast.com)*

Figura 12.12
Uma serra elétrica com uma lâmina abrasiva, faz cortes rápidos e precisos através de peças da moldura estrutural em aço. *(Cortesia de Unimast Incorporated – www.unimast.com)*

OUTROS USOS COMUNS DE MOLDURAS ESTRUTURAIS LEVES EM AÇO

As peças leves de aço são utilizadas para construir muitos componentes de edificações resistentes ao fogo, cujas estruturas sejam feitas de aço estrutural, concreto ou alvenaria. Estes componentes incluem as paredes e divisórias internas (Capítulo 23), forros suspensos (Capítulo 24), abas, platibandas e paredes secundárias para revestimentos externos, tais como: revestimentos cerâmicos, sistema de isolamento térmico e acabamento externo (EIFS), concreto armado com fibras de vidro (GFRC), painéis metálicos e diversos sistemas de revestimento de pedra fina (Capítulos 19 e 20; veja também as Figuras 12.13 e 12.14). As peças leves em aço, usadas para a moldura estrutural de divisórias internas e outras aplicações de paredes não portantes, são apropriadamente chamadas e especificadas como *moldura metálica não estrutural*, de forma distinta da moldura estrutural de metal moldado a frio, onde a última referência é reservada para peças leves de aço, usadas em aplicações estruturais e sistemas de revestimento de paredes externas (apesar de os dois tipos de peça serem, na realidade, produzidos a frio).

Os montantes leves de aço podem ser combinados com concreto, para produzir sistemas de painéis de paredes finas, porém relativamente rígidas. Tanto os painéis portantes quanto os não portantes podem ser feitos de forma a serem aplicados a edificações residenciais e edificações comerciais leves. Uma variedade de métodos de produção é possível, que geralmente envolve a moldagem de aproximadamente 2 polegadas (50mm) de revestimento de concreto, em formas com montantes de aço. O concreto pode ser produzido no local (no canteiro de obras) ou pré-fabricado (em uma fábrica). A ligação concreto-aço pode ser criada por uma variedade de dispositivos soldados ou aparafusados aos montantes, que então são embutidos no concreto, como montantes de ancoragem, tiras cortadas de chapa de metal, armaduras de arames soldadas ou metal expandido. Em aplicações para suporte de cargas, os painéis de concreto proporcionam resistência ao esforço cortante, enquanto os montantes de aço proporcionam a maior parte da resistência às cargas gravitacionais e às cargas de vento atuando perpendicularmente à face do painel.

Figura 12.13
Paredes de montantes leves em aço emolduram as paredes externas de uma edificação, cujos pisos e telhado são emoldurados com aço estrutural. *(Cortesia de Unimast Incorporated – www.unimast.com)*

Figura 12.14
O alinhamento dos montantes de aço é aparente nestas paredes altas que envolvem uma edificação emoldurada com aço estrutural. *(Cortesia de Unimast Incorporated – www.unimast.com)*

Figura 12.15
Um operário aperta os últimos parafusos, para completar uma conexão em uma tesoura leve de telhado em aço. As peças da tesoura são mantidas alinhadas durante a montagem por um gabarito simples, feito de compensado e blocos de madeira de construção. *(Cortesia de Unimast Incorporated – www.unimast.com)*

Figura 12.16
Instalando tesouras em telhados de aço. *(Cortesia de Unimast Incorporated – www.unimast.com)*

> **PARA UM PROJETO PRELIMINAR DE UMA MOLDURA ESTRUTURAL LEVE EM AÇO**
>
> - Estime a largura das linhas das tesouras, com base na distância horizontal (não inclinada) desde a parede externa da edificação até a viga de cumeeira, em um telhado com oitão ou telhado com arestas; e a distância horizontal entre os apoios, em um telhado em shed. Estime a largura da linha da tesoura em 1/24 desta distância, arredondando-a para o múltiplo de 2 polegadas (50 mm) mais próximo.
> - A altura de **tesouras de telhado** leves em aço é usualmente dependente da inclinação desejada para o telhado. Uma altura típica é de um quarto da largura da edificação, o que corresponde a uma inclinação de 6/12.
> - Estime a altura das **vigas de piso** leves em aço em 1/20 da distância entre os apoios, arredondada para o múltiplo de 2 polegadas (50 mm) mais próxima.
> - Para **montantes recebendo carga**, adicione a largura total das lajes do piso e do telhado, que contribuem com carga para a parede com os montantes. Uma parede com montantes espaçados de 3⅝ polegadas (92 mm) ou 4 polegadas (102 mm) pode suportar uma largura de aproximadamente 60 pés (18 m), e uma parede com montantes espaçados de 6 polegadas (152 mm) ou 8 polegadas (203 mm) pode suportar uma largura de aproximadamente 150 pés (45 m).
> - Para as **paredes secundárias de revestimento externo**, estime que um montante de 3⅝ polegadas (92 mm) pode ser usado até uma altura máxima de 12 pés (3,7 m), um montante de 6 polegadas (150 mm), até 19 pés (5,8 m), e um montante de 8 polegadas (100 mm), até 30 pés (9,1 m). Para materiais de revestimento frágeis, tal como a alvenaria de tijolos, escolha um montante que seja 2 polegadas (50 mm) mais espesso que os tamanhos acima sugeridos.
>
> Todas as peças de moldura estrutural são geralmente espaçadas em 24 polegadas (600 mm).
>
> Essas aproximações são válidas somente para efeito de leiaute preliminar de edificações e não devem ser usadas para escolher os tamanhos finais de peças. Elas se aplicam ao espectro normal de ocupações de edificações, tais como edificações residenciais, de escritórios, comerciais e institucionais. Para edificações de estocagem e produção, deverão ser usadas peças maiores.
>
> Para informações mais detalhadas a respeito de seleções preliminares e leiaute de peças estruturais, veja Edward Allen e Joseph Iano, *The Architect's Studio Companion* (4º Ed.), New York, John Wiley & Sons, Inc., 2007.

Em situações onde a não combustibilidade não é um requisito, as molduras estruturais leves de metal e madeira são, algumas vezes, mescladas na mesma edificação. Alguns construtores consideram econômico usar a madeira para emoldurar paredes externas, pisos e telhados, com moldura estrutural em aço, para as divisórias internas. Algumas vezes todas as paredes internas e externas são emolduradas com aço, e os pisos emoldurados com madeira. As tesouras de aço, feitas de peças leves, podem ser aplicadas sobre paredes de moldura estrutural em madeira. Em tais usos mesclados, um cuidado especial deve ser tomado nos detalhes, para assegurar que a eventual retração da madeira não crie tensões imprevistas ou danos aos materiais de acabamento. A moldura estrutural de aço também poderá ser usada em substituição à madeira, caso o risco de danos causados por cupins seja muito alto.

VANTAGENS E DESVANTAGENS DE UMA MOLDURA ESTRUTURAL LEVE EM AÇO

A moldura estrutural leve em aço partilha a maioria das vantagens de molduras leves em madeira: é versátil e flexível, requer somente ferramentas simples e de baixo custo; disponibiliza camadas de ar internas para isolamento térmico e instalações; e aceita uma extremamente vasta gama de materiais de acabamento externo e interno. Adicionalmente, a moldura estrutural em aço pode ser utilizada em edificações onde o código da edificação requeira uma construção não combustível, com isto, estendendo o seu uso a edificações maiores e àqueles cujo uso requeira um grau mais elevado de resistência ao fogo.

As peças das molduras em aço são significativamente mais leves que as peças estruturalmente equivalentes em madeira, uma vantagem muitas vezes reforçada pelo espaçamento de montantes de aço, vigas e linhas de tesouras em 24 polegadas (600 mm), em vez de 16 polegadas (400 mm).

As vigas e linhas de tesouras leves em aço podem cobrir vãos um pouco maiores que as peças de madeira, de 2 polegadas (50 mm), com a mesma largura. As peças de aço tendem a ser mais retas e uniformes que as peças de madeira e são dimensionalmente mais estáveis, pois não são afetadas por variações de umidade. Embora elas possam oxidar, se expostas à umidade por um longo período de tempo e, particularmente, em locais de frente para o mar, elas não serão vítimas de cupins ou deterioração.

Quando comparadas a paredes e divisórias de construções em alvenaria, as paredes e divisórias equivalentes, com moldura estrutural de montantes em aço, são mais leves, fáceis de isolar termicamente e aceitam, de forma mais rápida, a fiação elétrica e tubulações, para as instalações hidráulicas e aquecimento. Pelo fato de o processo de emolduração em aço ser a seco, pode ser conduzido sob condições climáticas úmidas ou frias, o que tornaria difícil a construção com alvenaria. Todavia, as paredes de alvenaria tendem a ser mais rijas e resistentes à passagem do som que as paredes com moldura estrutural em aço.

A condutividade térmica de peças com moldura estrutural leve em aço é muito maior que as de madeira. Em regiões frias, a moldura estrutural leve em aço deve ser detalhada com *barreiras térmicas*, isto é, com materiais com alta resistência ao fluxo de calor, tais como camadas de espuma plástica ou o isolamento térmico de espaçadores de bordas, entre os montantes e a camada de revestimento, para evitar a perda rápida de calor através das peças de aço. Sem essas medidas, a performance térmica da parede ou telhado é profundamente reduzida, as perdas de energia aumentam substancialmente, e a condensação de umidade dentro das camadas de ar, ou sobre as superfícies internas da edificação, poderão ocorrer com o crescimento de danos a materiais, crescimento de mofo e ácaros, e a descoloração das superfícies de acabamento. Atenção especial deve ser dada aos detalhes do projeto, para bloquear o fluxo excessivo de calor em cada área da moldura. Em um beirado de uma casa de moldura estrutural em aço, por exemplo, as vigas do forro conduzem rapidamente o calor do forro interno aquecido, por toda sua extensão, até o beirado frio, a não ser que espaçadores de isolamento de bordas ou placas de espuma isolante sejam utilizadas entre o material de acabamento do forro e as vigas.

MOLDURAS ESTRUTURAIS LEVES EM AÇO E OS CÓDIGOS DE EDIFICAÇÕES

Apesar de as peças da moldura estrutural leve em aço não queimarem, elas irão perder rapidamente sua resistência e rigidez estruturais, se expostas ao calor do fogo. Por esta razão, elas devem ser protegidas do fogo, em conformidade com os requerimentos do código de edificações. Com a proteção apropriada, fornecida por camadas de gesso e placas para paredes de gesso ou reboco, as construções leves em aço podem ser classificadas tanto como construções do Tipo I ou Tipo II, na tabela de códigos de edificações mostrada na Figura 1.2, permitindo a sua utilização em uma ampla gama de tipos e tamanhos de edificações.

Em seu International Residential Code for One – and Two – Family Dwellings (Código Residencial Internacional para Habitações com Uma ou Duas Famílias), o International Code Council incorporou os *requisitos prescritivos* para construções residenciais em moldura estrutural em aço. Em muitos casos, estes requerimentos, com suas tabelas estruturais e detalhes normativos, permitem que construtores possam projetar e construir casas com moldura estrutural leve em aço, sem a necessidade de contratar um engenheiro ou arquiteto, tal como eles são capazes de fazer em construções com moldura estrutural leve em madeira.

ACABAMENTOS PARA MOLDURAS ESTRUTURAIS LEVES EM AÇO

Qualquer material de acabamento interno ou externo que seja usado para construções de moldura estrutural leve em madeira poderá ser aplicado em construções de moldura estrutural leve em aço. Ao passo que materiais de acabamento são frequentemente fixados a molduras de madeira com pregos, em molduras de aço poderão ser usados somente parafusos. Os componentes de acabamentos de madeira são aplicados com parafusos especiais de acabamento, análogos aos pregos de acabamento, que possuem cabeças bem pequenas.

Figura 12.17
Painéis de revestimento de gesso foram aparafusados à maior parte das paredes de nível térreo desta grande edificação comercial. *(Cortesia de Unimast Incorporated – www.unimast.com)*

Figura 12.18
Waferboard (um produto em painel de madeira, similar ao OSB) reveste as paredes desta casa que possui uma moldura estrutural composta por componentes leves em aço para seus montantes, vigas e linhas das tesouras. *(Cortesia de Unimast Incorporated – www.unimast.com)*

METAIS NA ARQUITETURA

Os metais são materiais densos e lustrosos, sendo altamente condutores de calor e eletricidade. Eles geralmente são *dúcteis*, significando que podem ser martelados até ficarem finos ou transformados em fios. Podem ser liquefeitos, pelo aquecimento, e irão solidificar novamente quando esfriar. A maioria dos metais é corroída pela oxidação. Os metais incluem os materiais de construção mais resistentes utilizados atualmente, embora os materiais mais resistentes à base carbono ou de fibras de aramida estejam começando a aparecer com mais frequência na construção de edificações.

A maior parte dos metais é encontrada na natureza na forma de óxidos minerais. Estes minérios são refinados, por meio de processos que envolvem calor e materiais reagentes, ou, no caso do alumínio, eletrólise.

Os metais podem ser classificados, em geral, como ferrosos, significando que consistem primariamente de ferro, ou não ferrosos (todos os outros metais). Pelo fato de o ferro ser um mineral abundante e relativamente fácil de ser refinado, os metais ferrosos tendem a ser bem menos caros que os não ferrosos. Os metais ferrosos são também os mais resistentes, porém a maioria tende a enferrujar. Os metais não ferrosos, em geral, são considerados mais caros, em termos volumétricos, que os metais ferrosos, porém, diferentemente destes, a maioria produz camadas finas, tenazes, de óxido, que os protege de corrosão adicional, sob condições atmosféricas normais. Isso faz com que muitos dos metais não ferrosos sejam valiosos para componentes de acabamentos em edificações. Muitos dos metais não ferrosos são também fáceis de trabalhar e atrativos aos olhos.

Modificando as propriedades dos metais

O metal é raramente usado em seu estado químico puro. Em vez disso, é misturado a outros elementos, principalmente a outros metais, modificando suas propriedades com um propósito específico. Tais misturas são chamadas de *ligas*. Uma liga que combina cobre com uma pequena quantidade de estanho é conhecida como "bronze". Uma quantidade muito pequena e bem controlada de carbono, misturado com ferro, produz o aço. Em ambos os exemplos, a liga é mais resistente e dura que o metal que é o seu ingrediente primário. Diversas ligas de ferro (diferentes tipos de aço, para ser mais específico) são mencionadas no Capítulo 11. Algumas dessas ligas de ferro possuem maior resistência e outras formam camadas de óxido autoprotetoras, pela influência dos elementos que a liga contém. Similarmente, existem muitas ligas que consistem primariamente de alumínio; algumas são moles e fáceis de moldar, outras são muito duras e flexíveis, e ainda outras são muito resistentes, e assim por diante.

As propriedades de muitos metais também podem ser modificadas por meio do *tratamento térmico*. O aço que é *arrefecido*, isto é, aquecido até ficar vermelho e depois imerso em água fria, se torna bem mais duro, porém bastante quebradiço. O aço pode ser *temperado*, por meio do seu aquecimento a um nível moderado e resfriado mais lentamente, tornando-o tanto duro, como resistente. O aço que é trazido a uma temperatura muito alta e depois resfriado lentamente, em um processo chamado de *recozimento*, se tornará mais macio, fácil de trabalhar e menos quebradiço. Muitas ligas de alumínio também poderão ser tratadas termicamente para modificar suas características.

O *tratamento a frio* é outra forma de modificar as propriedades de um metal. Quando o aço é malhado ou laminado com rolo, a temperatura ambiente, até se tornar fino, a sua estrutura cristalina é modificada de um modo que o torna mais forte e algo mais quebradiço. Os metais de maior resistência utilizados na construção são os fios de aço e cabos, usados para pretensionar o concreto. A sua alta resistência (em torno de quatro vezes maior do que a do aço estrutural normal) é o resultado da extrusão do metal através de orifícios menores e menores, até produzir o fio, um processo que sujeita o metal a um alto nível de trabalho a frio. Os formatos de aço rolados a frio, com resistências substancialmente maiores que a do aço estrutural rolado a quente, são utilizados para armaduras e como componentes de vigas em malhas abertas. Os efeitos do trabalho a frio são facilmente revertidos através do recozimento. A rolagem a quente, que é, na realidade, um processo de autorrecozimento, não aumenta a resistência do metal.

Para modificar a aparência do metal, ou para protegê-lo da oxidação, ele pode ser revestido com uma camada fina de outro metal. O aço é frequentemente *galvanizado,* por meio do seu revestimento com zinco, para protegê-lo da corrosão, conforme descrito a seguir. A *galvanoplastia* é amplamente utilizada, sendo um processo em que metais, como o cromo e o cádmio, revestem o aço, melhorando a sua aparência e protegendo-o da oxidação. Um processo eletrolítico é utilizado para *anodizar* o alumínio, adicionando uma camada fina de óxido, de cor e consistência controladas, à superfície do metal. Para proteger e realçar a aparência dos metais, estes são frequentemente acabados com revestimentos não metálicos, como as pinturas, as lacas, os revestimentos orgânicos de alta performance, esmaltes de porcelana e pós de fixação térmica.

Fabricando metais

Os metais podem ser moldados de muitas formas diferentes. A *fundição* é o processo de despejar metal derretido em um molde com uma forma específica; o metal retém o formato do molde à medida que é resfriado. A *laminação,* que pode ser realizada a quente ou frio, dá forma ao metal, a partir de sua prensagem entre uma série de rolos. A *extrusão* é o processo de espremer o metal aquecido, porém não derretido, através de uma matriz, produzindo uma longa peça de metal, com um perfil formatado, que combina com o da matriz que lhe deu origem. O *forjamento* envolve o aquecimento de uma peça de metal até que ela se torne macia, e então a sua malhação até alcançar o formato desejado. O forjamento era originalmente realizado a mão, com uma forja de ferreiro, martelo e bigorna; porém, hoje em dia, a maior parte do forjamento é realizado por uma poderosa máquina hidráulica, que força o metal em matrizes específicas. A *estampagem* é o processo de prensar placas de metal entre duas matrizes idênticas, para lhes dar um formato ou textura desejada. O procedimento de *moldagem* produz fios puxando uma haste de metal através de uma série de orifícios,

Metais na arquitetura (Continuação)

progressivamente menores, em chapas de aço endurecido, até que o diâmetro desejado seja alcançado. Esses procedimentos de moldagem possuem efeitos variáveis na resistência do material resultante. A moldagem a frio ou laminação a frio irá endurecer e dar resistência a muitos metais. O forjamento determina uma orientação à grã do metal, que segue de perto o formato da peça, para uma performance estrutural melhorada. A fundição tende a produzir metais um tanto mais fracos que a maioria dos outros processos de moldagem, porém é útil para produzir formatos elaborados (como torneiras de lavatórios), que não poderiam ser fabricados economicamente de nenhuma outra forma. Desenvolvimentos recentes na fundição do aço permitem a produção de peças fundidas que são tão fortes quanto os aços laminados.

Os metais também podem ser formatados pela *usinagem*, que consiste no processo de cortar o material indesejado de uma peça de metal para produzir o formato desejado. Dentre as operações de usinagem mais comuns está o *serrilhamento,* na qual uma roda de corte em rotação é usada para cortar o metal de uma peça. Para produzir formatos cilíndricos, um pedaço de metal é rodado contra uma ferramenta fixa de corte, em um *torno mecânico*. Furos são produzidos por uma *furadeira,* o que é usualmente feito em uma *prensa furadeira* ou em um torno mecânico. As roscas dos parafusos podem ser produzidas em um furo, com a utilização de uma ferramenta de corte helicoidal chamada de *rosqueadeira,* e os filamentos externos em uma barra de aço são cortados com uma *matriz.* (As roscas de parafusos e pinos produzidos em massa são preparados em alta velocidade por uma máquina especial de laminação.) As máquinas de esmerilhar e polimento são usadas para criar e dar acabamento a superfícies planas. As operações de serragem, corte e perfuração, descritas no Capítulo 11, são também métodos comuns de dar forma a componentes metálicos.

Um método econômico para cortar o aço, praticamente de qualquer espessura, é a utilização de uma *chama de maçarico,* que combina uma chama tênue de gás, de alta temperatura, com um jato de oxigênio puro, fazendo o fogo consumir o metal. O *corte com plasma,* com um minúsculo jato supersônico de gás superaquecido, que funde o metal, pode resultar em cortes mais precisos, em espessuras de até 2 polegadas (50 mm), e o *corte a laser* oferece resultados de alta qualidade em placas finas de metal.

A chapa de metal é fabricada utilizando seu próprio conjunto específico de ferramentas. As tesouras são utilizadas para cortar as chapas de metal, e as dobras são feitas em grandes máquinas, chamadas de *laminadas.*

Unindo componentes metálicos

Os componentes metálicos podem ser unidos mecanicamente ou por fusão. A maior parte dos fixadores mecânicos requer perfurações para a inserção de parafusos, pinos ou rebites. Alguns parafusos de pequeno diâmetro, que são utilizados com componentes finos de metal, são formatados e endurecidos de forma tal a serem capazes de perfurar e rosquear, na medida em que são introduzidos no material. Muitos componentes de chapas de metal, especialmente as chapas de telhados e canalizações, são unidos primariamente com conexões entrelaçadas e dobradas.

As conexões por fusão a alta temperatura são realizadas por meio de *soldagem,* na qual uma chama de gás ou arco elétrico derrete o metal de ambos os lados da junta e permite que fluam, com o metal fundido adicional, oriundo de uma barra de soldagem ou eletrodo consumível. A *brasagem* e o *soldering* são processos de menor temperatura, no qual o metal de origem não é derretido. Em vez disso, um metal diferente, com um ponto de fusão mais baixo (bronze ou latão, no caso de *brasagem,* e uma liga de estanho-chumbo, no tipo mais comum de solda) é fundido na junta e cola as peças que está unindo. Uma conexão totalmente soldada é geralmente tão forte quanto as peças que estão sendo conectadas. Já uma conexão *soldered* não é tão forte, mas é fácil de fazer e funciona bem para conectar encanamentos de cobre e telhados de chapas de metal. Como uma alternativa à soldagem ou soldering, os adesivos são ocasionalmente usados para unir metais, em certas utilizações não estruturais.

Metais comuns usados na construção de edificações

Os metais ferrosos incluem o ferro fundido, o ferro forjado, o aço e o aço inoxidável. O **ferro fundido** contém montantes relativamente altos de carbono e impurezas. É o metal ferroso mais quebradiço (sujeito a colapso súbito). O **ferro forjado** é produzido martelando o ferro semiderretido, para produzir um metal com longas fibras de ferro, intercalado com longas fibras de escória. Ele possui um conteúdo muito baixo de ferro, tornando-o mais forte na tração e bem menos quebradiço que o ferro fundido. Tanto o ferro fundido quanto o ferro forjado encontraram significativa utilização nas estruturas metálicas iniciais. Porém, com a introdução de processos de fabricação de aço mais econômicos, o papel de ambos foi amplamente substituído pelo aço. Até mesmo os trabalhos de ornamentação em metal, que atualmente chamamos de "ferro forjado", é frequentemente realizado em aço macio. O **aço** é discutido com maiores detalhes no Capítulo 11, e suas diversas utilizações são abordadas ao longo deste livro. Em geral, todos esses metais ferrosos são muito fortes, relativamente baratos, fáceis de moldar e trabalhar em máquinas e devem ser protegidos contra a corrosão.

O *aço inoxidável,* feito a partir da liga do aço com outros metais, primariamente o cromo e níquel, forma um revestimento oxidado de autoproteção, que o torna altamente resistente à corrosão. Ele é mais difícil de moldar e trabalhar em máquinas que o aço macio, e é mais caro. Está disponível em acabamentos atrativos, que variam de texturas opacas, até lustrosas como espelhos. O aço inoxidável é frequentemente usado na fabricação de fixadores, chapas de telhados e rufos, ferramentas, grades e outros itens ornamentais de metal.

O aço inoxidável está disponível em ligas que são distinguíveis, fundamentalmente, por seus níveis de resistência à corrosão. O *aço inox Tipo 304* é o tipo mais comumente especificado e proporciona resistência adequada à corrosão, para a maioria das utilizações. O aço inox Tipo 304 também pode ser referido como Tipo 18-8, os dois números referindo os percentuais de cromo e níquel, respectivamente, na liga.

O *aço inox Tipo 316*, com um conteúdo mais alto de níquel e a adição de pequenas quantidades de molibdênio, é mais resistente à corrosão que o Tipo 304. Ele é frequentemente especificado para uso em ambientes marinhos, onde o ar carregado de sal pode ocasionar a aceleração da corrosão, em ligas de aço inox menos resistentes. O *aço inox Tipo 410* possui um conteúdo menor de cromo e é menos resistente à corrosão que as ligas da série 300. Entretanto, esta liga também possui uma estrutura metálica cristalina distinta, que, diferentemente das ligas da série 300, permite que seja endurecida por meio de tratamento térmico. Os fixadores em aço inox, autoperfurantes e autoatarrachantes, com roscas que devem ser fortes o suficiente para cortar através do aço ou concreto estrutural, são frequentemente feitos de aço inoxidável do Tipo 410, endurecido.

O **alumínio** é o metal não ferroso mais comumente usado na construção. A sua densidade é de aproximadamente um terço a do aço e possui resistência e rigidez entre moderada e alta, dependendo da liga da qual é resultante. Ele pode ser endurecido por meio de produção a frio e algumas ligas podem ser tratadas termicamente, para o aumento da resistência. Ele pode ser laminado a frio ou a quente, fundido, forjado, moldado e estampado e é particularmente bem adaptável à extrusão (vide Capítulo 21). O alumínio se autoprotege da corrosão, é fácil de ser usinado e possui condutividade térmica e elétrica quase tão alta quanto o cobre. Ele é facilmente transformado em lâminas finas, que encontram ampla utilização em materiais de isolamento térmico e barreiras ao vapor. Com um acabamento espelhado, o alumínio em forma de lâmina ou chapa reflete mais calor e luz que qualquer outro material arquitetônico. Os usos típicos do alumínio em edificações incluem chapas de telhados e rufos, canalizações, componentes de paredes cortina, molduras de janelas e portas, grades, grades ornamentais, revestimentos externos, ferramentas, fiação elétrica e revestimentos de proteção para outros metais, principalmente o aço. O alumínio em pó é utilizado em pinturas metálicas, e o óxido de alumínio, utilizado como abrasivo, em lixas e moinhos.

O **cobre** e as ligas de cobre são amplamente utilizados na construção. O cobre é levemente mais denso que o aço e possui uma coloração vermelho-alaranjada clara. Quando oxida, forma um revestimento autoprotetor, que varia em cor, do verde-azulado ao preto, dependendo dos contaminantes na atmosfera do local. O cobre é moderadamente forte e pode se tornar mais forte por meio de ligas ou trabalho a frio; porém não é propício ao tratamento térmico. É dúctil e fácil de fabricar. Ele possui a mais alta condutividade térmica e elétrica, dentre todos os materiais de construção. Ele pode ser moldado por fundição, moldagem, extrusão e laminação a quente ou a frio. As utilizações primárias do cobre em edificações são nas chapas de telhados e rufos, encanamentos e tubulações e fiação para eletricidade e comunicações.

O cobre é um elemento de liga em determinados aços resistentes à corrosão, e sais de cobre são utilizados na conservação da madeira.

O cobre é o elemento principal de duas ligas versáteis, o bronze e o latão. O **bronze** é um metal dourado-avermelhado, que tradicionalmente consiste de 90% de cobre e 10% de estanho. Todavia, atualmente o termo "bronze" é aplicado a uma ampla variedade de ligas, que também podem incorporar metais como alumínio, silício, manganês, níquel e zinco. Esses diferentes bronzes são encontrados em edificações, em forma de esculturas, sinos, trabalhos ornamentais em metal, portas e ferragens de armários e dispositivos de estanqueidade. O **latão** é formulado à base de cobre e zinco, somado a pequenas quantidades de outros metais. Possui, geralmente, coloração mais clara que o bronze, mais como um amarelo palha; porém, na utilização contemporânea a diferença entre o latão e o bronze se tornou indistinta, e os diferentes latões podem ser encontrados em uma ampla variedade de cores, dependendo da sua formulação. O latão, assim como o bronze, é resistente à corrosão. Pode ser polido, para obter um alto brilho. É amplamente utilizado em dobradiças e maçanetas, dispositivos de estanqueidade, trabalhos ornamentais em metal, parafusos, pinos, porcas e torneiras (nos quais são geralmente revestidas com cromo). Em uma base volumétrica, o latão, o bronze e o cobre são metais caros, porém geralmente são os materiais mais econômicos para uma utilização que requeira a combinação única de propriedades funcionais e visuais. Para maior economia, eles frequentemente revestem eletroliticamente o aço, para utilizações como em dobradiças e fechaduras.

O **zinco** é um metal branco-azulado, que possui baixa resistência, é relativamente quebradiço e moderadamente duro. A chapa de liga de zinco é utilizada em telhados e rufos. As ligas de zinco são também utilizadas em pequenas peças fundidas de ferramentas, como maçanetas, puxadores e dobradiças de armários, acessórios de banheiros e componentes de equipamentos elétricos. Estas *peças fundidas com textura*, que são geralmente galvanizadas com outro material, como o cromo, para melhorar a sua aparência, não são especialmente fortes, porém são econômicas e podem ser finamente detalhadas.

A utilização mais importante do zinco na construção é para a galvanização, aplicação de um revestimento de zinco para evitar que o aço enferruje. O próprio zinco forma um revestimento óxido cinza autoprotetor, e mesmo que seja arranhado acidentalmente, expondo o aço que possui por baixo, o zinco interage eletroquimicamente com o aço exposto, continuando a protegê-lo da corrosão — este é um fenômeno chamado *proteção galvânica*. Na *galvanização a quente*, as peças de aço são submersas em um banho de zinco derretido, para produzir um revestimento espesso, sendo a forma mais durável de galvanização. Bem menos durável é o revestimento fino produzido pela *eletrogalvanização*. Elementos de fixação com roscas em aço e outras peças pequenas podem ser *mecanicamente galvanizadas*, onde o zinco é fundido ao aço, em temperatura ambiente, em um recipiente giratório, que contém pó de zinco, elementos de impacto para moagem (como rolamento de esferas, por exemplo) e outros materiais. A galvanização mecânica produz um revestimento que é especialmente uniforme e consistente em espessura. As chapas de aço para telhados arquitetônicos são também

Metais na arquitetura *(Continuação)*

frequentemente revestidas com uma liga de alumínio e zinco. O alumínio proporciona um revestimento óxido, de proteção superior, e o zinco oferece a proteção galvânica, caso o revestimento seja danificado e a base de aço exposta. (Para uma discussão mais detalhada a respeito da ação galvânica, vide páginas 698-700.)

O **estanho** é um metal prateado, dúctil e macio, que forma uma camada oxidada autoprotetora. A onipresente "latinha" é, na verdade, feita de chapa de aço, com um revestimento interno resistente à corrosão, de estanho. O estanho é encontrado em edificações, primariamente como um constituinte da liga metálica, uma liga de 80% de chumbo e 20% de estanho, que foi usada no passado como um revestimento resistente à corrosão, em chapas de aço ou aço inox, para telhados. Atualmente, as chapas de aço e aço inox, revestidas com a liga de zinco-estanho, estão disponíveis para utilização como metais de cobertura, que se aproximam, em termos de aparência e durabilidade, à liga metálica tradicional.

O **cromo** é um metal muito duro, que pode ser polido, criando um acabamento espelhado brilhante. Ele não sofre corrosão quando exposto ao ar. É geralmente aplicado por meio de eletrogalvanoplastia sobre outros metais, para utilização em peças ornamentais em metal, acessórios de banheiro e cozinha, ferragens de portas e equipamentos hidráulicos e de iluminação. É também o constituinte principal na liga de aço inox e de muitos outros metais, aos quais oferece dureza, resistência e resistência à corrosão. Os compostos de cromo são utilizados como pigmentos coloridos em pinturas e revestimentos cerâmicos.

O **magnésio** é um metal forte e notavelmente leve (menos de um quarto da densidade do aço), que é muito utilizado em aeronaves, porém permanece muito caro para o uso geral em edificações. Ele é encontrado no canteiro de obras, como material em diversas ferramentas leves e como um elemento em ligas que aumentam a força e resistência à corrosão do alumínio.

O **titânio** é também de baixa densidade, tendo aproximadamente a metade do peso do aço, sendo muito forte e um dos metais mais resistentes à corrosão, dentre todos. É um elemento constituinte de diversas ligas e o seu óxido substituiu o óxido de chumbo em pigmentos de pinturas. O titânio é também um metal relativamente caro e, recentemente, começou a aparecer nas construções, na forma de chapas de metal para telhados.

CSI/CSC	
Seções do MasterFormat para construções com moldura estrutural leve em aço	
05 40 00	**MOLDURAS METÁLICAS PRODUZIDAS A FRIO**
05 41 00	Moldura Estrutural em Montantes Metálicos
05 42 00	Moldura Estrutural de Vigas Metálicas Produzidas a Frio
04 44 00	Tesouras Metálicas Produzidas a Frio
06 10 00	**CARPINTARIA GROSSEIRA**
06 16 00	Revestimentos
	Revestimentos em Gesso
09 20 00	**REBOCO E PLACAS DE GESSO**
09 22 16	Molduras Metálicas Não Estruturais

REFERÊNCIAS SELECIONADAS

1. American Iron and Steel Institute. *AISI Cold-Formed Steel Design Manual*. 1996, Chicago.

   Este é um trabalho de referência em engenharia, que contém tabelas de projeto estrutural e procedimentos para emoldturamentos estruturais leves em aço.

2. International Code Council. *International Residential Code for One-and Two- Family Dwellings*. Falls Church, VA, 2002.

   Este código incorpora amplas informações de projetos e outras disposições de código, aplicáveis em praticamente todos os Estados Unidos, para construções residenciais com moldura estrutural leve em aço.

Sites

Site suplementar do autor: **www.ianosbackfill.com/12_light_gauge_steel_frame_construction**
Center for Cold-Formed Steel Structures: **web.umr.edu/~ccfss/research&abstracts.html**
Dietrich Metal Framing: **www.dietrichindustries.com**
Steel Framing Alliance: **www.steelframingalliance.com**
United States Gypsum: **www.usg.com**

Palavras-chave

Aço leve
Moldura metálica produzida a frio
Corte em C
Secção em canaleta
Dimensão
Parafuso autoperfurante, autoatarrachante
Painel de revestimento em gesso
Peça aninhada
Enrijecedor de malha
Moldura metálica não estrutural
Dúctil
Liga
Tratamento térmico
Arrefecer

Temperar
Recozer
Tratamento a frio
Galvanizar
Eletrogalvanoplastia
Anodizar
Fundição
Laminação
Extrusão
Forjamento
Estampagem
Moldagem
Usinagem
Serrilhamento
Torno mecânico
Perfuração
Furadeira

Furadeira de pressão
Tap
Matriz de molde
Chama de maçarico
Corte de plasma
Corte a laser
Laminada
Soldagem
Brasagem
Soldering
Quebradiço
Aço inox dos tipos 304, 316 e 410
Ferramentas fundidas
Proteção galvânica
Galvanização a quente
Eletrogalvanização
Galvanização mecânica

Questões para Revisão

1. Como são fabricadas as peças de moldura estrutural leve em aço?
2. Como os detalhes de uma casa, com moldura estrutural leve em aço, podem diferir de casas similares de moldura estrutural em plataforma de madeira?
3. Que precauções especiais você deveria tomar no detalhamento de uma edificação de moldura estrutural em aço, para evitar a condução excessiva do calor através das peças da moldura?
4. Se uma edificação emoldurada com peças leves em aço deve ser totalmente não combustível, que materiais você usaria para os forros e revestimentos das paredes?
5. Qual é a vantagem de um código de edificações prescritivo, para uma moldura estrutural leve em aço?
6. Compare as vantagens e desvantagens de uma construção com moldura estrutural leve em madeira e uma construção de moldura estrutural leve em aço.

Exercícios

1. Converta um conjunto de detalhes de uma casa de moldura estrutural em madeira para uma com moldura estrutural leve em aço.
2. Visite uma construção onde estão sendo instalados montantes leves em aço. Segure um montante que já tenha sido instalado, porém ainda não revestido, à altura do tórax. Faça uma rotação em sentido horário e anti-horário. Quão resistente é o montante à torção? Como esta resistência será aumentada quando a edificação estiver completa?
3. Nesta mesma construção, esquematize como serão instaladas a fiação elétrica, as caixas elétricas e as tubulações na moldura estrutural em metal.

DO CONCEITO À REALIDADE

PROJETO: Câmera obscura, no Mitchell Park, Greenport, Nova York
ARQUITETO: SHoP / Sharples Holden Pasquarelli

A *câmera obscura* é um instrumento antigo – um projetor do tamanho de uma sala, utilizada para exibir as vistas do entorno da sala, dentro da câmera, onde estas imagens podem ser visualizadas pelos seus ocupantes. Ao assumir a Câmera Obscura, no Mitchell Park, o SHoP Studio aceitou o tema nostálgico do programa do cliente e adicionou a ele os seus próprios interesses em desenvolver um projeto e métodos construtivos de ponta.

O ShoP projetou e documentou a Câmera Obscura inteiramente em um modelo digital e tridimensional. Além de facilitar a geometria não convencional do projeto, o uso de modelagem digital criou

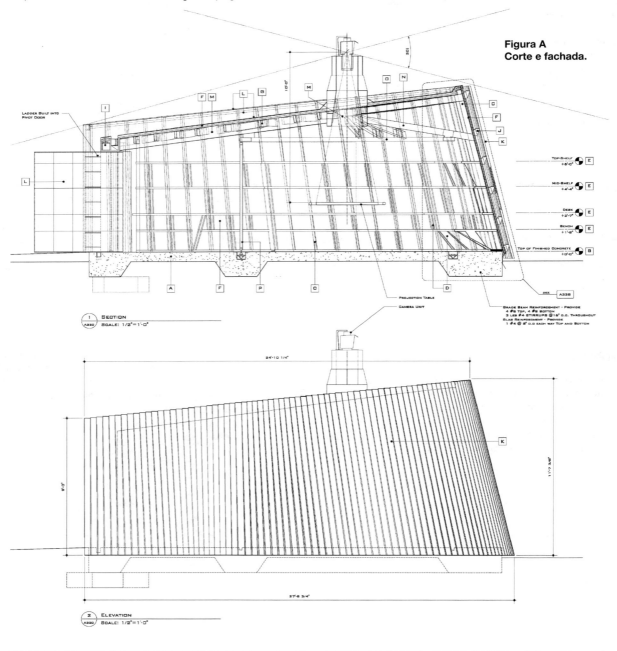

Figura A
Corte e fachada.

oportunidades significativas para mudar a forma como este projeto seria construído e alterou a contribuição dos arquitetos para esse processo.

Por exemplo, em consequência do modelo digital, grande parte do processo de preparação tradicional de desenho da fase de construção ficou em sua mente, neste projeto. Em vez de o fabricante preparar plantas para a revisão pelo arquiteto/equipe de engenharia, o modelo criado pelo ShoP, para o design do projeto, foi utilizado para gerar as plantas, que foram supridas em formato digital, pelo arquiteto ao fabricante. O fabricante usou essas plantas para implementar um maquinário automatizado, que transformou o estoque de matérias-primas em componentes cortados, moldados e perfurados. As peças foram entregues no canteiro de obras pré-rotuladas individualmente, prontas para a montagem na estrutural final.

Figura B
Plantas derivadas do modelo digital.

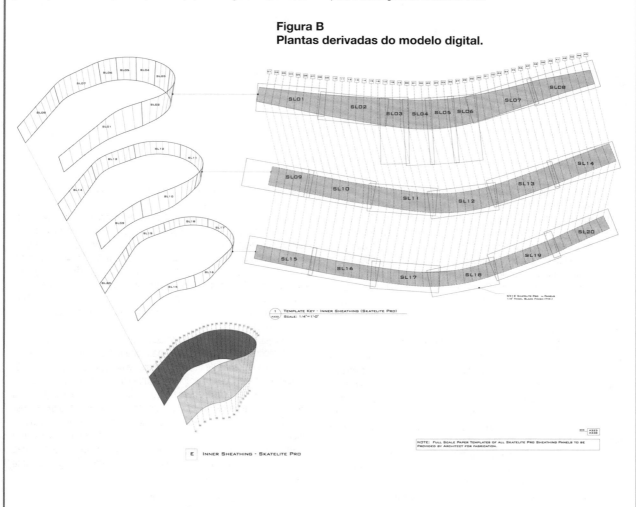

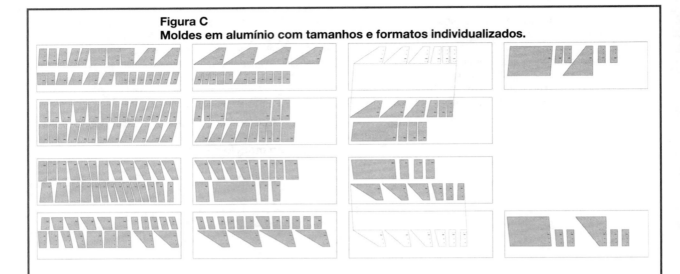

Figura C
Moldes em alumínio com tamanhos e formatos individualizados.

O modelo digital da edificação também permitiu ao SHoP explorar as possibilidades de customização, que ultrapassam as práticas ocorrentes com métodos de projetos mais convencionais. Dentro da Câmera Obscura, muitas das peças da edificação eram únicas em seu formato, tendo sido prevista a sua utilização em somente um local pré-determinado da edificação. Se esta proposta fosse assumida com a utilização de métodos tradicionais de construção, isto implicaria em custos adicionais significativos. Capitalizando o potencial descritivo do modelo, somado à fabricação automatizada, os custos para produzir esses itens e organizar a sua montagem puderam ser competitivos com a construção tradicional.

O SHoP também utilizou o modelo digital de construção para gerar desenhos de construções que comunicam como a edificação seria montada a campo. Por exemplo, diagramas de montagens explodidos foram usados para estudar e ilustrar a sequência em que os sistemas seriam construídos. Os padrões de corte foram organizados de forma a minimizar o tempo de corte e resíduos de material. Os moldes foram plotados no papel em seu tamanho real e entregues no canteiro de obras para auxiliar no leiaute da construção.

O interesse do SHoP em explorar criativamente os meios de construção trouxe consigo responsabilidades adicionais. Pelo fato de o SHoP ter fornecido as plantas para a moldagem de diferentes componentes, ele assumiu uma maior responsabilidade para assegurar que esses componentes iriam se ajustar apropriadamente, quando montados a campo. Como consequência, o SHoP trabalhou de perto com fabricantes e fornecedores, para se educar com relação às capacidades potenciais e às limitações dos materiais com os quais fizeram o projeto.

Em alguns casos, as propriedades dos materiais, como o raio de curvatura prático de metais de diversas dimensões, foram construídas dentro dos parâmetros do próprio modelo digital. Maquetes em tamanho real puderam ser construídas no local para verificar os conceitos da montagem e tolerâncias, antes da fabricação da massa de componentes do projeto. E como com qualquer firma de design comprometida em aprimorar as suas capacidades profissionais, as lições que SHoP aprendeu do trabalho completo são conscienciosamente aplicados a novos projetos.

O objetivo do SHoP era o de conectar as ferramentas de design com as técnicas de construção. Repare que todas as imagens mostradas aqui são retiradas de desenhos reais de construção, em um projeto premiado por meio de um processo competitivo, de licitação pública.

Com a aplicação inovadora de novas ferramentas de design e uma vontade de desafiar os limites profissionais convencionais, o SHoP busca abrir novas possibilidades arquitetônicas. Esses esforços são ainda recentes, e o seu completo potencial talvez ainda não seja possível de ser avaliado. Ainda assim, eles já demonstram como a exploração de materiais e técnicas de construção pode ser parte integral de uma prática de design criativo.

Agradecimentos especiais à SHoP/Sharples Holden Pasquarelli e William Sharples, Chefe de Equipe, pelo auxílio na preparação deste estudo de caso.

**Figura D
Diagrama da montagem.**

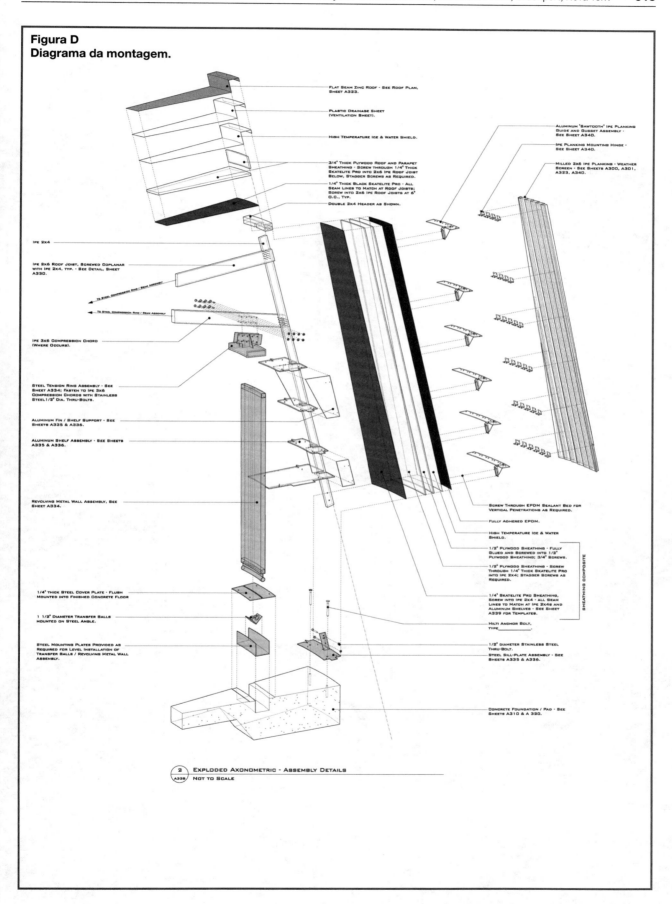

13
Construções em Concreto

História

Cimento e concreto

Produção e lançamento do concreto

Formas

Armaduras

Fluência do concreto

Protensão

Inovações nas construções em concreto

ACI 301

O centro de ciências físicas da Universidade de Dartmouth, construído num espaço altamente irregular, cercado por três prédios já existentes, exemplifica o potencial do concreto armado para fazer prédios altamente expressivos e singulares. *(Architects: Shepley Bulfinch Richardson and Abbott. Photograph: Ezra Stoller © ESTO)*

O concreto é um material de construção de uso universal. De acordo com o World Business Council for Sustainable Development, o concreto é, depois da água, o material mais utilizado no planeta. As matérias-primas para sua produção são facilmente disponíveis em quase todas as partes do globo e o concreto pode ser transformado em edifícios, com ferramentas que variam desde uma pá até uma fábrica automatizada de pré-moldados. O concreto tem boa durabilidade, é incombustível, tem custo relativamente baixo e pode ser utilizado para todos os tipos de construção, desde simples pisos até robustas estruturas, revestimentos exteriores e acabamentos interiores.

Entretanto, o concreto é o único material estrutural importante que é frequentemente produzido no canteiro de obras, não tem forma própria, nem resistência significativa à tração. Antes que seu ilimitado potencial arquitetônico seja aproveitado, projetistas e construtores devem aprender a produzir concreto com qualidade adequada para, de maneira equilibrada, combiná-lo com o aço, obtendo as melhores características estruturais de cada material, e moldá-lo e adequá-lo às necessidades de nossas construções.

HISTÓRIA

Os antigos romanos, enquanto exploravam pedreiras de rocha calcária destinadas à produção de argamassa nas encostas do monte Vesúvio, acidentalmente descobriram um mineral rico em sílica e alumina. Esse mineral misturado à rocha calcária e queimado, produzia um cimento que exibia uma propriedade peculiar: ao ser misturado à água e areia, produzia uma argamassa que podia endurecer tanto sob a água como quando exposta ao ar, sendo, entretanto, mais resistente quando endurecida sob a água. Essa argamassa era também mais resistente, tinha maior capacidade de aderência e endurecia muito mais rapidamente do que a argamassa comum de rocha calcária usada na época. A nova descoberta não apenas se transformou na argamassa preferida para uso em projetos de edifícios, mas também começou a alterar as características das construções romanas. A alvenaria de pedra ou tijolos passou a ser utilizada somente para construir camadas externas dos píeeres, muralhas e abóbadas, sendo os espaços internos preenchidos com grandes volumes desse novo tipo de argamassa (Figura 13.2). Hoje se sabe que aquela argamassa continha todos os ingredientes essenciais do cimento Portland moderno e que os romanos podem ser considerados os inventores das construções em concreto.

A tecnologia das construções em concreto foi perdida com a queda do Império Romano, não sendo retomada até o final do século XVIII, quando vários inventores ingleses começaram a realizar experimentos com cimentos naturais ou produzidos artificialmente. Joseph Aspdin, em 1824, patenteou um cimento artificial, denominado por ele como *cimento Portland*, relacionando-o às rochas calcárias originárias de Portland, Inglaterra, de reconhecida durabilidade como material de construção. Seu cimento teve logo grande aceitação e o nome Portland mantém-se usado até hoje.

O concreto armado, no qual barras de aço são inseridas para resistir aos esforços de tração, foi desenvolvido na década de 1850, simultaneamente, por diversos pesquisadores. Entre eles estavam o francês J. L. Lambot que, em 1854, construiu diversos barcos de concreto armado em Paris, e o americano Thaddeus Hyatt, que produziu e ensaiou vigas de concreto armado. Entretanto, a combinação de aço e concreto não se difundiu até que o jardineiro francês Joseph Monier obteve, em 1867, a patente para produzir vasos de plantas em concreto armado e passou a construir tanques de água e pontes com o novo material. Ao fim do século XIX, foram desenvolvidos métodos de dimensionamento para estruturas de concreto armado e uma série de estruturas importantes foi construída. Naquela época, os primeiros experimentos com a protensão (aplicação de esforços de tração nas barras de aço antes de a estrutura entrar em carregamento) foram realizados, apesar da base científica para o projeto de estruturas de concreto protendido somente ter sido desenvolvida na década de 1920 por Eugene Freyssinet.

CIMENTO E CONCRETO

O *concreto* é um material pétreo obtido pelo endurecimento da mistura

Figura 13.1
No momento do lançamento o concreto não tem forma própria. Esta caçamba de concreto fresco foi preenchida no térreo por um caminhão betoneira e içada para o topo do prédio por um guindaste. O trabalhador à direita abriu a válvula no fundo da caçamba para descarregar o concreto na forma. *(Reimpresso com permissão de Portland Cement Association from* Design and Control of Concrete Mixtures, 12th edition*; Fotos: Portland Cement Association, Skokie, IL)*

de *agregados* miúdos e graúdos, cimento Portland e água. Os *agregados graúdos* são usualmente o cascalho, o seixo ou a pedra britada e o *agregado miúdo* é a areia. O cimento Portland, também referido a partir deste ponto simplesmente como "cimento", é um pó fino e cinzento. Durante o processo de endurecimento do concreto, o cimento combina-se quimicamente com água, formando fortes cristais que aglomeram os agregados, processo conhecido como *hidratação*. Durante esse processo uma quantidade significativa de calor, denominada *calor de hidratação*, é liberada e, especialmente quando associada à evaporação da água excedente, ocasiona retração no concreto, fenômeno conhecido como *retração por secagem*. O processo de hidratação não termina repentinamente, a não ser que seja interrompido artificialmente. Na verdade, ele diminui ao longo do tempo. Entretanto, para fins práticos, o concreto é considerado totalmente hidratado após 28 dias.

Em um concreto adequadamente dosado, a maior parte de seu volume consiste de agregados graúdos e miúdos, que devem ser dosados e graduados de maneira que os grãos menores preencham os vazios entre os grãos maiores (Figura 13.3). Cada partícula é completamente envolvida pela pasta de cimento e água que se liga totalmente às partículas adjacentes.

Cimento

O cimento pode ser produzido a partir de diversas matérias-primas desde que, combinadas, forneçam as quantidades necessárias de cal, ferro, sílica e alumina. A cal é comumente fornecida pelo calcário, mármore, marga ou conchas marinhas. O ferro, a sílica e a alumina podem ser fornecidos por argila ou xisto. Os materiais utilizados dependem da disponibilidade local e a composição varia bastante de uma região geográfica para outra. Frequentemente são incluídas escórias de alto-forno, cinzas volantes, resíduos de beneficiamento de minérios, bauxita e outros minerais. Para produzir o cimento, as matérias-primas selecionadas são britadas, moídas, dosadas e homogeneizadas. Em seguida, são calcinadas em fornos rotativos de grande comprimento, em temperaturas entre 2.600 e 3.000 graus Fahrenheit (1.400-1.650°C) para produzir o clínquer (Figuras 13.4 e 13.5). Após o resfriamento, o clínquer passa por um processo de moagem, de maneira a obter um material pulverulento. Normalmente, nesta etapa, uma pequena quantidade de gesso é adicionada para

Figura 13.2
Na Vila de Adriano, um grande palácio construído próximo a Roma entre 125 e 135 d.C., o concreto não armado foi largamente utilizado para estruturas como este domo. *(Foto de Edward Allen)*

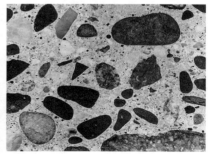

Figura 13.3
Fotografia de uma seção transversal polida de concreto endurecido, mostrando o empacotamento dos agregados graúdos e miúdos e o envolvimento das partículas pela pasta de cimento. *(Reimpresso com permissão de Portland Cement Association de* Design and Control of Concrete Mixtures, *12th edition;* Fotos: *Portland Cement Association, Skokie, IL)*

Figura 13.4
Um forno rotativo durante a produção de clínquer (Reimpresso com permissão de Portland Cement Association from Design and Control of Concrete Mixtures, 12th edition; Fotos: *Portland Cement Association, Skokie, IL)*

agir como retardador da reação do cimento. O cimento Portland é acondicionado em sacos ou expedido a granel. Nos Estados Unidos um saco de cimento contém 99 libras (43 kg). No Brasil, um saco padrão de cimento contém 50 kg.*

A qualidade do cimento Portland é estabelecida por ASTM C150, que identifica oito diferentes tipos:**

Tipo I	Normal
Tipo IA	Normal com incorporador de ar
Tipo II	Resistência moderada ao ataque de sulfato
Tipo IIA	Resistência moderada ao ataque de sulfato com incorporador de ar
Tipo III	Alta resistência inicial
Tipo IIIA	Alta resistência inicial com incorporador de ar
Tipo IV	Baixo calor de hidratação
Tipo V	Alta resistência ao ataque de sulfato

---

* N. de T.: No Brasil são normalizados os seguintes cimentos e suas respectivas normas: Cimento Portland Comum (CPI e CPI-S) – NBR 5732; Cimento Portland Composto (CPII--E, CPII-Z e CPII-F) – NBR 11.578; Cimento Portland de Alto-forno – NBR 5735; Cimento Portland Pozolânico – NBR 5736; Cimento Portland de Alta Resistência Inicial – NBR 5733; Cimento Resistente a Sulfatos – NBR 5737; Cimento Portland de Baixo Calor de Hidratação – NBR 13.116 e Cimento Portland Branco – NBR 12.989.

** N. de T.: Equivalência entre os cimentos americanos e brasileiros: o Tipo I é equivalente ao CPI; o Tipo II, aos cimentos RS (resistentes a sulfatos); o Tipo III equivale ao CPV, normalizado pela NBR 5733; o Tipo IV equivale ao cimento BC (baixo calor de hidratação); e o Tipo V equivalente aos cimentos RS. Não existem no Brasil cimentos com equivalência aos tipos IA, IIA e IIIA.

Etapas da produção de cimento Portland

A rocha calcária é inicialmente britada, diminuindo a dimensão de 5 in (127mm), para ¾ in (19mm), e estocada;

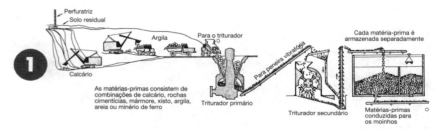

A calcinação combina quimicamente as matérias-primas, resultando no clínquer

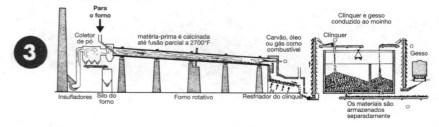

Figura 13.5
Passos da produção de cimento Portland. *(Reimpresso com permissão de Portland Cement Association from* Design and Control of Concrete Mixtures, *12th edition;* Fotos: *Portland Cement Association, Skokie, IL)*

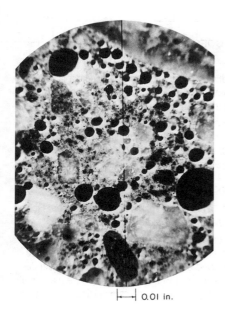

Figura 13.6
Um fotomicrografia de uma pequena seção de concreto com ar incorporado mostra as bolhas de ar incorporado (0,01 in equivale a 0,25 mm). (Reimpresso com permissão de *Portland Cement Association* de Design and Control of Concrete Mixtures, 12th edition; Fotos: *Portland Cement Association, Skokie, IL*)

O cimento Tipo I é destinado ao uso geral. Os cimentos Tipos II e V são utilizados em situações nas quais o concreto estará em contato com água que tenha alta concentração de sulfatos. O cimento Tipo III desenvolve resistência mais rapidamente do que os outros tipos, sendo empregado em situações que necessitam resistências iniciais elevadas (casos de clima frio), na produção de elementos pré-moldados ou em casos em que o cronograma de construção deve ser acelerado. O cimento Tipo IV é utilizado em estruturas de concreto-massa, como barragens, nas quais o calor de hidratação do concreto pode causar elevações de temperatura prejudiciais.

Alterações recentes na Norma ASTM C150 permitiram a adição de rocha calcária moída ao cimento Portland (como adição ao cimento pronto, uso distinto do calcário como matéria-prima na produção do clínquer). Esse fato vai gerar benefícios ambientais e econômicos, reduzindo tanto o consumo de matérias-primas e energia, quanto as emissões de dióxido de carbono e cinzas dos fornos de cimento.*

Cimentos com incorporador de ar contêm ingredientes que, durante a mistura, formam bolhas de ar ao concreto (Figura 13.6). Essas bolhas, que normalmente constituem de 2 a 8% do volume do concreto pronto, melhoram a trabalhabilidade durante o lançamento do concreto e, mais importante, aumentam significativamente a resistência do concreto endurecido contra os danos causados

---
* N. de T.: No Brasil, também é permitida essa adição, identificada nas normas como material carbonático.

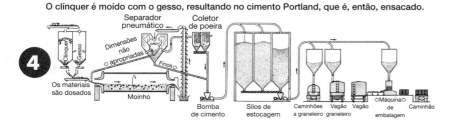

Considerações sobre sustentabilidade em construções de concreto

- A cada ano o mundo consome 1,6 bilhão de toneladas (1,5 bilhão de toneladas métricas) de cimento Portland, 10 bilhões de toneladas (9 bilhões de toneladas métricas) de areia e rocha e 1 bilhão de toneladas (0,9 bilhão de toneladas métricas) de água, fazendo com que a indústria do concreto seja a maior usuária de recursos naturais no mundo.
- A mineração de matérias-primas para concreto nas pedreiras pode causar erosão do solo, derramamento de poluentes, prejuízos ao habitat natural e degradação estética da paisagem.
- As construções em concreto também utilizam grandes quantidades de outros materiais – madeira bruta, painéis de madeira, aço, alumínio, plásticos – para formas, escoramentos e armaduras.
- O total de energia embutida em uma libra de concreto apresenta importante variação com a resistência de projeto. Isso se deve ao fato de que concretos de resistência mais elevada possuem um maior teor de cimento Portland em sua mistura e a energia necessária para a produção de cimento Portland é muito alta quando comparada a dos demais ingredientes do concreto. Para concreto de resistência média, a energia embutida varia de 200 a 300 BTU por libra (0,5-0,7 MJ/kg).
- Existem várias maneiras estratégicas para aumentar a sustentabilidade das construções em concreto:
  - utilizar resíduos industriais, como cinzas volantes de centrais elétricas, escórias de alto-forno, escórias de cobre, areias de fundição, resíduos da produção de aço, resíduos de jateamento de areia e outros como componentes do cimento e do concreto;
  - utilizar concreto produzido a partir de matérias-primas locais e em usinas de concreto locais para reduzir a distância de transporte de materiais;
  - minimizar o uso de materiais para formas, escoramentos e armadura;
  - reduzir o consumo de energia, a produção de resíduos e a emissão de poluentes de cada etapa do processo de construções em concreto, desde a mineração das matérias-primas até a eventual demolição de edifício em concreto;
  - em regiões onde a qualidade dos materiais de construção é baixa, melhorar a qualidade do concreto, de modo que as construções durem por mais tempo, reduzindo a demanda por concreto e a necessidade de dar destino aos resíduos de demolição.

Cimento Portland

- A produção de cimento Portland é, sem dúvida, a maior usuária de energia no processo de construções em concreto, contabilizando em média de 85% do total da energia necessária. O processo também contabiliza aproximadamente 5% de todo o dióxido de carbono gerado por atividades humanas ao redor do mundo e cerca de 1,5% dessas emissões na América do Norte.
- Desde 1970, a indústria de cimento norte-americana já reduziu em um terço a quantidade de energia despendida na produção de cimento e continua trabalhando para maiores reduções.
- A produção de cimento gera grandes quantidades de poluentes do ar e de pó. Para cada tonelada de clínquer Portland produzida, quase uma tonelada de dióxido de carbono, gás responsável pelo efeito estufa, é liberada na atmosfera. A produção de cimento contabiliza em média de 1,5 a 5% das emissões de dióxido de carbono ao redor do mundo.
- Nos últimos 35 anos, a emissão de partículas geradas na produção de cimento foi reduzida em mais de 90%.
- A indústria de cimento está engajada em reduzir, até o ano de 2020, as emissões de gases do efeito estufa por tonelada de produto para 10% dos níveis de 1990. De acordo com a Portland Cement Association, ao longo da vida útil do concreto, ele reabsorve aproximadamente metade do dióxido de carbono liberado durante o processo de produção do cimento.
- A quantidade de cimento Portland utilizada como componente do concreto e, como consequência, a energia necessária para produção do concreto, podem ser substancialmente reduzidas pela adição de resíduos industriais com propriedades cimentantes às misturas de concreto. A substituição do cimento por estes materiais cimentícios suplementares, entre eles as cinzas volantes, sílica ativa e escórias de alto-forno em teores de até 50% do total de cimento Portland, pode resultar em reduções que chegam a um terço da energia empregada.*
- As cinzas volantes são materiais substitutos do cimento Portland, usualmente em teores entre 15 e 25%. Concretos com taxas maiores de substituição – o chamado *concreto com altos teores de cinzas volantes (high-volume-fly-ash concrete – HVFA)* – têm tido seu uso ampliado. O concreto com cinzas volantes ainda oferece outros benefícios: necessita menos água do que o concreto convencional, gera menor calor de hidratação e apresenta menor retração. Essas características levam a um produto final mais denso e durável. Pesquisas estão sendo desenvolvidas para produzir concretos nos quais cinzas volantes substituem o cimento Portland.
- Resíduos de outras indústrias também podem ser utilizados como adições minerais, como cinzas de madeira e de casca de arroz. Óleo lubrificante usado e pneus podem ser empregados como combustível para fornos de cimento. Além de consumir resíduos de outras indústrias, as fábricas de cimento podem, se operadas de maneira eficaz, não gerar resíduo sólido.

---

* N. de T.: No Brasil os materiais cimentícios suplementares são conhecidos como adições minerais.

Agregados e água

- Areia e pedra britada são abundantes em muitas partes do mundo, mas agregados de alta qualidade estão se tornando raros em alguns países.
- Em raras oportunidades, os agregados do concreto foram identificados como fonte de gás rádon, mas o concreto, especificamente, não está associado a problemas na qualidade do ar interno aos ambientes.*
- Resíduos como vidro reciclado triturado, areia de fundição usada e concreto reciclado britado podem ser substitutos para uma parcela dos agregados convencionais para concreto.
- Água de qualidade adequada para concreto é escassa em diversos países em desenvolvimento. Por isso, concretos que utilizam menos água, em função do uso de aditivos superplastificantes ou incorporadores de ar e cinzas volantes, são interessantes.

Desperdício

- Uma parcela significativa do concreto fresco não é utilizada devido ao caminhão-betoneira conter mais concreto que o necessário para a concretagem. Esse concreto é frequentemente lançado no canteiro, onde endurece, devendo depois ser removido e levado aterros para descarte. Um caminhão-betoneira vazio deve ser lavado após transportar cada mistura, o que produz um volume substancial de água que contém grãos de cimento Portland, aditivos e agregados. Esses resíduos podem ser recuperados e reciclados como agregados e água de amassamento, mas ainda é necessária organização de um maior número de empresas fornecedoras de concreto para aplicar esses procedimentos.

Forma

- Componentes de formas e escoramentos que podem ser reutilizados muitas vezes apresentam vantagem sobre formas de uso único, que geram desperdício de materiais de construção.
- Deve ser dada preferência a agentes desmoldantes e de cura de baixa volatilidade e biodegradáveis.
- Formas de concreto isolante eliminam a maioria das formas provisórias e produzem paredes de concreto com elevada capacidade de isolamento térmico.

Armadura

- Na América do Norte, o aço destinado à armadura de concreto é produzido quase que totalmente a partir de sucata, principalmente de automóveis. Isso reduz significativamente a exploração de recursos e o consumo de energia.

Demolição e reciclagem

- Quando um prédio de concreto é demolido, sua armadura pode ser reciclada.
- Na maioria, se não em todos os casos, os resíduos de demolição de concreto podem ser britados, classificados e utilizados como agregados para concreto novo. No entanto, hoje, a maioria dos resíduos de demolição de concreto é enterrado no local, utilizado como material de aterro ou descartado em aterros sanitários.**

Usos verdes do concreto

- Concreto poroso, produzido somente com agregados graúdos, pode ser utilizado para produzir pavimentos que permitam a penetração da água da chuva no solo, ajudando a alimentar aquíferos e a reduzir a força do fluxo das águas das chuvas.
- O concreto é um material durável que pode ser utilizado para construir prédios de grande durabilidade e adequados para adaptações e reuso, reduzindo os impactos ambientais de demolições e novas construções.
- Na recuperação de *brownfield*,*** resíduos de concreto podem ser utilizados para estabilizar solos e reduzir a concentração de substâncias lixiviáveis.
- A construção de edifícios-garagem substitui as áreas de estacionamento, preservando espaços abertos.
- A massa térmica do concreto pode ser aproveitada para reduzir os custos de aquecimento e refrigeração do edifício, ao armazenar o excesso de calor durante os períodos mais quentes do dia ou semana e liberá-lo para o interior da construção durante os períodos mais frios.
- Uma pavimentação de concreto com cores claras reflete mais radiação solar do que a pavimentação asfáltica, mais escura, resultando em temperaturas mais baixas no pavimento e, com isso, reduzindo os efeitos das ilhas de calor urbano.
- Lajes internas construídas com concreto branco podem melhorar a iluminação, a visibilidade e a segurança dos trabalhadores em ambientes internos, sem o aumento de custos ou consumo de energia necessário para adição de novos pontos de iluminação ou aumento da potência luminosa existente. O concreto branco é produzido com cimento e agregados brancos.
- Agentes fotocatalíticos podem ser adicionados ao concreto utilizado na construção de estradas e edificações. Na presença de luz solar, o concreto quebra quimicamente o monóxido de carbono, o óxido de nitrogênio e o benzeno, além de outros poluentes do ar.

---

* N. de T.: O gás rádon ou radônio é um gás inerte natural que se origina do rádio e está presente em praticamente todos os lugares da crosta terrestre. Tem a propriedade de se acumular em ambientes fechados como residências. É considerado pela Agência Internacional de Pesquisa em Câncer (IARC) como carcinógeno.

** N. de T.: No Brasil, desde 2002 a Resolução Nº 307, do Conselho Nacional do Meio Ambiente, estabelece diretrizes, critérios e procedimentos para a gestão dos resíduos da construção civil.

*** N. de T.: "Brownfield" são instalações industriais ou comerciais abandonadas, ociosas e subutilizadas cujo redesenvolvimento é complicado devido a contaminações, mas possuem potencial para reuso.

por repetidos ciclos de gelo-degelo. O concreto com ar incorporado é comumente utilizado para pavimentação e como concreto aparente em climas frios. Com ajustes apropriados na dosagem, pode atingir a mesma resistência do concreto convencional.

O *cimento Portland branco* é produzido a partir do controle das quantidades de certos minerais, como óxidos de ferro e manganês, encontrados na composição do cimento e que contribuem para a cor cinza usual do produto. O cimento Portland branco é utilizado em aplicações arquitetônicas para produzir concretos mais claros e de coloração mais uniforme ou, quando combinado com pigmentos, para melhorar a aparência do concreto colorido.

Agregados e água

Como os agregados compõem aproximadamente três quartos do volume de concreto, a resistência mecânica do concreto é fortemente dependente da qualidade de seus agregados. Os agregados para concreto devem ser resistentes e limpos, ter boa durabilidade frente ao processo de gelo-degelo, ser estáveis quimicamente e apresentar uma distribuição granulométrica adequada. Um agregado com material pulverulento ou argila vai contaminar a pasta de cimento com partículas inertes que a enfraquecem, enquanto um agregado que contenha substâncias químicas, que abrangem do sal marinho aos compostos orgânicos, pode causar problemas que vão desde a corrosão das armaduras até o retardo das reações de hidratação e diminuição da resistência final do concreto. Vários testes normalizados são estabelecidos pela ASTM para avaliar a qualidade dos agregados.*

A distribuição granulométrica dos agregados é importante devido à grande variação do tamanho de partículas que deve ser incluída e dosada em cada mistura de concreto visando alcançar um maior empacotamento das partículas. Os agregados para concreto são graduados segundo suas dimensões ao passar-se uma amostra por uma série de peneiras padrão, com tamanho da malha decrescente e pesando-se a porcentagem de material passante em cada peneira**. Esse ensaio possibilita a comparação da distribuição granulométrica de um agregado real com a de um agregado ideal. A dimensão do agregado é importante também porque a maior partícula numa mistura de concreto deve passar facilmente entre os espaçamentos das barras da armadura e adequar-se às formas. Geralmente a dimensão máxima do agregado não deve ser maior do que três quartos do espaçamento livre entre as barras de aço ou um terço da espessura de uma laje. Para lajes muito estreitas ou lajes de capeamento, um agregado de dimensão máxima de ⅜ de polegada (9 mm) é normalmente especificado. A dimensão máxima de ¾ de polegada ou 1½ polegada (19 mm ou 38 mm) é comum para a maioria das lajes e peças estruturais, mas diâmetros de agregados de até 6 polegadas (150 mm) são usados em barragens e outras estruturas de concreto-massa. Os produtores de agregados de concreto classificam seus produtos pela dimensão, utilizando-se de um conjunto graduado de peneiras, e podem fornecer agregados graduados sob encomenda.***

Os agregados leves são usados no lugar de areia e brita em diversos tipos de concretos especiais. *Agregados estruturais leves* são produzidos a partir de minerais, como xisto. O xisto é moído até atingir uma determinada dimensão desejada, sendo então aquecido em um forno até uma temperatura na qual assume consistência plástica. A pequena quantidade de água naturalmente presente no xisto evapora e "explode" as partículas amolecidas, de maneira semelhante à pipoca. O concreto produzido com *agregados de xisto expandido* tem em média uma densidade 20% menor do que os concretos convencionais, mas é quase tão resistente quanto aqueles. Concretos leves não estruturais são produzidos para usos como camadas de isolamento térmico de coberturas e têm densidades entre ¼ e ⅙ do concreto convencional. Os agregados nesses concretos são normalmente a mica expandida (*vermiculita*) ou vidro vulcânico expandido (*perlita*), ambos produzidos por processos semelhantes ao usado para produzir o agregado de xisto expandido. Apesar desses dois agregados serem muito menos densos do que o agregado de xisto expandido, a densidade dos concretos produzidos com eles ainda pode ser reduzida pelo uso de aditivos que incorporam grandes quantidades de ar durante a mistura.

A norma ASTM C1.602 estabelece os requisitos para a água de amassamento do concreto: em geral, deve ser isenta de substâncias nocivas, especialmente materiais orgânicos, argila e sais como cloretos e sulfatos. Água própria para beber é tradicionalmente considerada adequada para a produção de concreto.

Figura 13.7
Coleta de amostra para ensaios de agregados graúdos em uma pedreira. *(Reimpresso com permissão de Portland Cement Association from Design and Control of Concrete Mixtures, 12th edition; Fotos: Portland Cement Association, Skokie, IL)*

---

* N. de T.: No Brasil, as características e propriedades dos agregados para concreto são estabelecidas pela NBR 7211/2005.

** N. de T.: No Brasil, o ensaio é feito a partir da pesagem do material retido em cada peneira, segundo a NBR 7217

*** N. de T.: No Brasil, a NBR 6118 estabelece as seguintes dimensões máximas (dmax) para os agregados graúdos: a) para toda a estrutura: dmax ≤ 1,2×cobrimento nominal das armaduras; b) para vigas: dmax ≤ 1,2×espaçamento horizontal de armaduras longitudinais e dmax ≤ 0,5×espaçamento vertical de armaduras longitudinais; c) para pilares: dmax ≤ 1,2×espaçamento de armaduras longitudinais.

Materiais cimentícios suplementares (adições minerais)

Vários produtos minerais, conhecidos como *materiais cimentícios suplementares** podem ser adicionados às misturas de concreto como substituição parcial ao cimento Portland, resultando em vários benefícios. As adições minerais são classificadas como materiais pozolânicos (pozolanas) ou materiais cimentantes.**

As *pozolanas* são materiais que reagem com o hidróxido de cálcio no concreto fresco e formam compostos cimentantes. Entre os materiais pozolânicos estão incluídos:

- *Cinzas volantes*, um pó fino, resíduo da queima de carvão mineral em usinas termoelétricas. Aumenta a resistência do concreto, diminui sua permeabilidade, aumenta a resistência a sulfatos, reduz o aumento de temperatura durante a hidratação, reduz a quantidade de água de amassamento e melhora a capacidade de bombeamento e a trabalhabilidade do concreto. As cinzas volantes também diminuem a retração por secagem do concreto.

- *Sílica ativa*, um pó com dimensão aproximadamente 100 vezes menor do que o cimento Portland e constituído quase que por dióxido de silício. É um subproduto da indústria eletrônica. Quando adicionado à mistura de concreto produz um concreto com alta resistência e baixíssima permeabilidade.

- *Pozolanas naturais* são derivadas em sua maioria de xisto ou argila e utilizadas com objetivo de reduzir o calor de hidratação, reduzir a reatividade do concreto com agregados que contenham sulfatos ou melhorar a trabalhabilidade do concreto. O *metacaulim de alta reatividade* é um material pozolânico de incomparável coloração branca que melhora o brilho do concreto branco ou colorido, bem como a trabalhabilidade e resistência e diminui a porosidade do concreto. Essas características tornam esta adição um material bastante apropriado ao uso como um componente em concretos aparentes, em que a aparência e qualidade de acabamento são fundamentais.

Escória de alto-forno é um subproduto da produção do ferro-gusa. É um material com características cimentantes, ou seja, da mesma forma que o cimento Portland, ele reage com a água para formar compostos cimentícios. Pode ser adicionado às misturas de concreto para melhorar a trabalhabilidade, aumentar a resistência, reduzir a permeabilidade e o incremento de temperatura durante a hidratação e melhorar a resistência a sulfatos.

As adições minerais podem ser adicionadas tanto ao cimento Portland durante o seu processo de produção, resultando nos *cimentos compostos*, quanto diretamente ao concreto nas usinas. O uso de adições minerais também contribui para a sustentabilidade do concreto, ao reduzir sua dependência do cimento Portland (que necessita de um maior gasto de energia) e, em muitos casos, ao fazer uso produtivo de resíduos de outros processos industriais. Na América do Norte, pelo menos metade do total de concreto produzido inclui alguma adição mineral entre seus componentes.

Aditivos

Além do cimento e adições minerais, agregados e água, os aditivos são outros materiais frequentemente adicionados ao concreto com objetivo de alterar suas propriedades de diversas formas.

- *Aditivos incorporadores de ar* melhoram a trabalhabilidade do concreto fresco, reduzem os efeitos nocivos causados pelos ciclos de gelo-degelo e, quando usados em grandes quantidades, produzem concretos não estruturais muito leves com propriedades de isolamento térmico.

- *Aditivos redutores de água* permitem a redução da água de amassamento enquanto mantêm a mesma trabalhabilidade, resultando em concretos de maior resistência.

- *Aditivos redutores de água de alto desempenho*, também conhecidos como *superplastificantes*, são compostos orgânicos que transformam um concreto de consistência seca em uma mistura capaz de fluir facilmente nas formas. São usados para condições de concretagem adversas ou para reduzir o consumo de água de uma mistura de concreto de maneira a aumentar sua resistência.

- *Aditivos aceleradores* aceleram o endurecimento do concreto, e *aditivos retardadores* estendem o tempo de início de pega de modo que haja um maior tempo para o lançamento do concreto fresco.

- *Agentes modificadores de trabalhabilidade* melhoram a plasticidade do concreto fresco, para facilitar seu lançamento nas formas e acabamento. Entre eles, se incluem as pozolanas e os aditivos incorporadores de ar, além de algumas cinzas volantes e componentes orgânicos.

- *Aditivos redutores de retração* diminuem a retração por secagem e as consequentes fissuras.

- *Inibidores de corrosão* são usados para reduzir o processo de corrosão das armaduras em estruturas expostas aos sais anticongelamento das rodovias ou outras causas químicas de corrosão.

- *Aditivos de proteção contra congelamento* permitem que o processo de hidratação do concreto seja feito satisfatoriamente em temperaturas tão baixas quanto 20°F (7°C).

- *Aditivos estabilizadores de hidratação* podem ser utilizados para atrasar a reação de hidratação do concreto por vários dias. Eles incluem dois componentes: o estabilizador, adicionado no momento da mistura inicial e que retarda o início do processo de hidratação, e o componente ativador adicionado quando se deseja o reinício do processo de hidratação.

- *Agentes colorantes* são corantes e pigmentos usados para alterar

---

* N. de T.: No Brasil, estes materiais também são conhecidos como adições minerais.

** N. de T.: É usual uma terceira classificação para as adições que não desenvolvem atividade química, o filer.

e controlar a cor do concreto em componentes de edifícios cuja aparência seja importante.

PRODUÇÃO E LANÇAMENTO DO CONCRETO

A qualidade do concreto endurecido pode ser avaliada por diversos critérios, dependendo do uso final do produto. Para pilares, vigas e lajes, a resistência à compressão e rigidez são importantes. Já para pisos e pavimentos, são importantes o nivelamento, a planeza da superfície e resistência à abrasão. Para pavimentos e paredes de concreto em ambientes externos, é necessária uma resistência aos fatores climáticos. A estanqueidade à água é importante em tanques de concreto, barragens e paredes. No entanto, independentemente dos critérios usados, as regras para se produzir um concreto de alta qualidade são quase sempre as mesmas: utilize ingredientes limpos e de boa qualidade; misture-os nas proporções corretas; manuseie corretamente o concreto fresco de forma a evitar a segregação de seus ingredientes; e cure o concreto cuidadosamente sob condições controladas.

Dosagem de concreto

A dosagem de concreto é uma ciência que aqui será descrita em linhas gerais. O ponto de partida de qualquer estudo de dosagem é estabelecer as características de trabalhabilidade desejadas para o concreto fresco, as propriedades físicas desejadas do concreto endurecido e o custo aceitável do concreto, tendo a consciência de que não é necessário gastar mais recursos financeiros para produzir um concreto melhor do que o necessário para determinado uso. Concretos com baixa resistência à compressão como, por exemplo, 2000 psi (13,8 MPa) são satisfatórios para alguns elementos de fundação. Concretos com resistência à compressão iguais ou maiores do que 20.000 psi (140 MPa), produzidos com ajuda de sílica ativa, cinzas volantes e aditivos superplastificantes, atualmente são empregados em pilares de alguns arranha-céus. Uma trabalhabilidade adequada pode ser alcançada em qualquer nível de resistência.*

Para uma determinada mistura de concreto produzida com agregados bem graduados, a resistência do concreto endurecido é, principalmente, dependente da quantidade de cimento e da *relação água-cimento (a/c)*. Além da água necessária para atuar como reagente no endurecimento do concreto, uma maior quantidade de água, excedente à necessária hidratação do cimento, deve ser adicionada às misturas de concreto com objetivo de prover a fluidez e a plasticidade necessárias ao lançamento e acabamento do concreto fresco. Esta água extra evapora e deixa vazios microscópicos que reduzem sua resistência e a qualidade da superfície (Figura 13.8). Para aplicações comuns de concreto, a relação água/cimento varia aproximadamente de 0,45 a 0,60 em massa, ou seja, significa que a quantidade de água na mistura não excede em 45 a 60% a quantidade de cimento Portland. Relações água/cimento altas são habitualmente preferidas pelos operários, pois elas produzem uma mistura fluída de fácil lançamento nas formas. No entanto, o concreto resultante será provavelmente deficiente em resistência e com superfície de baixa qualidade.

Relações água/cimento mais baixas produzem concretos mais densos e de maior resistência e que se retraem menos durante o processo de endurecimento. No entanto, a não ser que sejam usados aditivos incorporadores de ar ou redutores de água com objetivo de melhorar sua trabalhabilidade, uma mistura de baixa relação água/cimento não vai fluir facilmente nas formas, formando grandes vazios e de difícil acabamento. É importante que o concreto seja dosado com a quantidade adequada de água para cada situação, devendo ser suficiente para garantir a trabalhabilidade e não afetar negativamente as propriedades do material endurecido.

A maioria do concreto na América do Norte é dosada em centrais

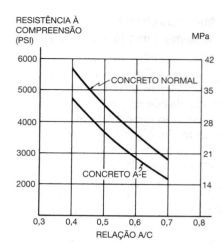

Figura 13.8
O efeito da relação água-cimento na resistência do concreto. "A-E concreto" no gráfico refere-se ao concreto com ar incorporado. *(Reimpresso com permissão de Portland Cement Association from* Design and Control of Concrete Mixtures, *12th edition;* Fotos: *Portland Cement Association, Skokie, IL)*

de concreto, usando apoio de laboratórios e conhecimento de tecnologia de materiais de construção para produzir concreto de qualidade adequada para cada projeto. O concreto é *misturado durante o transporte* em um tambor rotatório localizado na traseira do caminhão, para que, quando chegar ao local da construção, esteja pronto para ser lançado (Figuras 13.9 e 13.10). Para trabalhos de menor importância ou volume, o concreto pode ser misturado no canteiro de obras, seja por uma betoneira estacionária, seja manualmente, com pás, em uma superfície plana. Nesses trabalhos menores, nos quais a qualidade do concreto final não necessita ser precisamente controlada, a dosagem é normalmente feita por regras práticas ou por métodos empíricos.** Normalmente, os ingredientes secos têm seus volumes medidos com uma pá como instrumento de medida, em proporções de uma pá de cimento para duas de areia e até três de agregado graúdo, com água suficiente para fazer um concreto

---

* N. de T.: No Brasil, a NBR 6118 estabelece o valor de 15 MPa para a resistência característica à compressão do concreto (f_{ck}) como o mínimo para fundações e 20 MPa para as demais obras.

** N. de T.: A NBR 12.655 somente permite o uso de dosagem empírica para concretos de resistência característica à compressão igual ou inferior a 10 MPa, não citando aspectos relacionados ao volume de concreto.

Figura 13.9
Carregamento de um caminhão-betoneira com quantidades especificadas de cimento, agregados, aditivos e água em uma central de concreto. *(Reimpresso com permissão de Portland Cement Association from* Design and Control of Concrete Mixtures, *12th edition;* Fotos: *Portland Cement Association, Skokie, IL)*

Figura 13.10
Um caminhão-betoneira descarrega o concreto, que foi misturado em trânsito, em uma bomba de concreto, que o impele por uma tubulação até o local do prédio onde será lançado. *(Reimpresso com permissão de Portland Cement Association from* Design and Control of Concrete Mixtures, *12th edition;* Fotos: *Portland Cement Association, Skokie, IL)*

fresco que não seja muito fluido ou seco.*

Cada carga de concreto usinado é entregue com a nota fiscal da central de concreto, que lista seus ingredientes e proporções. Como verificação posterior de sua qualidade, o ensaio de abatimento de tronco de cone (*slump test*) deve ser realizado no momento da descarga para determinar se a trabalhabilidade especificada foi atingida (Figuras 13.11 e 13.12). Para concretos estruturais são moldados corpos de prova cilíndricos que posteriormente serão levados a um laboratório onde serão curados até uma determinada idade e ensaiados para determinar a resistência à compressão (Figura 13.13). Caso os resultados dos ensaios não resultem nos valores ne-

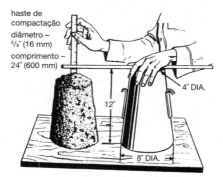

Figura 13.11
Ilustração do ensaio de abatimento de tronco de cone "slump test" do concreto. A forma tronco-cônica é preenchida com concreto que é compactado com a haste, de acordo com procedimento padrão.** A forma é cuidadosamente levantada, permitindo que o concreto fresco se deforme sob seu próprio peso. O abatimento é medido em milímetros como demonstrado. *(De U.S. Department of Army,* Concrete, Masonry, and Brickwork*)*

Figura 13.12
Fotografia de uma medição do abatimento do tronco de cone. *(Reimpresso com permissão de Portland Cement Association from* Design and Control of Concrete Mixtures, *12th edition;* Fotos: *Portland Cement Association, Skokie, IL)*

---

* N. de T.: Recomenda-se para produção do concreto em obra que sejam utilizadas como medida caixas ou padiolas especificamente dimensionadas.

** N. de T.: NBR NM 67.

Figura 13.13
Posicionamento de um corpo de prova cilíndrico em uma máquina de ensaios à compressão, onde ele será ensaiado para determinar sua resistência. *(Reimpresso com permissão de Portland Cement Association from Design and Control of Concrete Mixtures, 12th edition; Fotos: Portland Cement Association, Skokie, IL)*

cessários, são extraídos testemunhos de concreto dos componentes estruturais do lote suspeito. Caso a resistência à compressão dos testemunhos ainda seja deficiente, pode ser solicitado que o construtor descarte o concreto defeituoso e o substitua. Com frequência, corpos de prova cilíndricos de concreto também são feitos e curados no canteiro de obras sob as mesmas condições do concreto que está nas formas; sendo que os resultados podem ser usados para determinar o momento em que o concreto tenha resistência suficiente para permitir remoção das formas e escoras.*

Manuseio e lançamento do concreto

O concreto recém-misturado não é um líquido, mas uma *massa semifluida*, uma mistura semiestável de sólidos suspensos em um líquido. Caso

---

* N. de T.: No Brasil, os critérios controle do concreto são definidos pela NBR 12.655 e diferem dos aqui apresentados.

Figura 13.14
Concreto sendo lançado em uma laje de piso de subsolo com a ajuda de uma bomba de concreto. O concreto também pode ser bombeado por grandes distâncias horizontais e por muitos andares acima do solo. Também pode ser visto o sistema de escoramento que suporta a parede da escavação. *(Reimpresso com permissão de Portland Cement Association from Design and Control of Concrete Mixtures, 12th edition; Fotos: Portland Cement Association, Skokie, IL)*

seja vibrado em excesso, transportado horizontalmente por longas distâncias dentro das formas, ou lançado em espaços restritos, é possível que apresente *segregação*, significando que os agregados graúdos se movimentam para o fundo da forma e a água e a pasta de cimento ascendem para o topo. O resultado é um concreto de propriedades não uniformes e geralmente insatisfatórias. A segregação é prevenida ao lançar o concreto fresco, recém-retirado da betoneira, em uma posição o mais próxima possível da posição final. Se o concreto tiver que ser transportado por uma grande distância horizontal para chegar até áreas inacessíveis das formas, ele deve ser bombeado através de tubulações (Figura 13.14) ou transportado em baldes ou carrinhos de mão, em vez de deslocado pelas formas. Se o concreto tiver que ser lançado de uma altura maior do que 3 a 5 pés (cerca de 1 m), deve-se tomar cuidado para assegurar que caia livremente, sem obstruções, para que não ocorra a segregação, ou que seja lançado por meio de *calhas* que amenizem a queda do concreto.

O concreto deve ser *adensado* nas formas para que o ar aprisionado seja eliminado e para que o espaço ao redor das barras de armadura e em todas as arestas ou cantos das formas seja preenchido. Isso pode ser feito pela introdução repetida de um bastão, ferramentas ou vibrador de imersão no concreto em pontos pouco espaçados ao longo das formas. No entanto, a vibração excessiva do concreto deve ser evitada sob risco de ocorrência de segregação.

O *concreto autoadensável (CAA)*, que preenche completamente as formas sem a necessidade de vibração ou qualquer outro método de adensamento, é um desenvolvimento mais recente. É formulado com maior quantidade de agregados miúdos que de graúdos, uma reversão das proporções usuais, e inclui aditivos especiais superplastificantes baseados em éteres policarboxílicos e, em alguns casos, agentes modificadores de viscosidade. O resultado é um concreto que flui livremente, mas não permite que seus agregados graúdos se movimentem para o fundo da mistura. O concreto autoadensável pode ser usado em situações em que as formas estão com altas taxas de armaduras, o que torna difícil o adensamento do concreto convencional. A boa qualidade das superfícies obtidas pelo concreto autoadensável o torna bastante adequado para a produção de concretos arquitetônicos de alta qualidade final. Ao eliminar a etapa de adensamento e permitir um lançamento mais rápido, o concreto autoadensável pode melhorar a produtividade na produção de pré-moldados e na produção de grandes volumes de concreto no canteiro. No entanto, os custos das formas para concretos autoadensáveis podem ser mais altos do que os do concreto convencional, já que a maior pressão exercida pelo fluxo do concreto fresco torna necessário o uso de formas resistentes e de baixa deformabilidade.

Cura do concreto

Em virtude do endurecimento e do ganho de resistência do concreto acontecer por meio da hidratação – a ligação química entre a água e o cimento – e não por simples secagem, é essencial que o concreto seja mantido úmido até que atinja a resistência especificada. A reação de hidratação ocorre por um período de tempo muito longo. No entanto, o concreto é comumente projetado com base na resistência que atinge após 28 dias. Caso ocorra secagem do concreto em algum momento desse período de tempo, a resistência resultante do concreto será reduzida e sua durabilidade e resistência superficial estarão sujeitas a serem afetadas negativamente (Figura 13.15). O concreto lançado nas formas está protegido da perda de água em maior parte de sua superfície pela forma, mas as superfícies superiores devem ser mantidas úmidas, borrifando repetidamente água ou por represamento, cobrindo-as com materiais que mantenham a água (tecidos, mantas geotexteis, etc.) ou com a aspersão na superfície do concreto de um agente de cura que sela a superfície e impede a perda de água. Essas medidas são ainda mais importantes em lajes de concreto, cujas grandes áreas expostas tornam-nas especialmente suscetíveis à secagem prematura. Essa secagem é particularmente perigosa quando as lajes são concretadas em dias de tempo quente ou ventoso, que podem levar à secagem e fissuração da superfície antes mesmo que o concreto comece a endurecer. Quebra-ventos provisó-

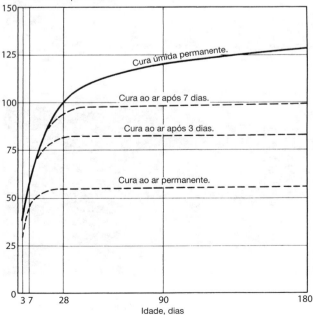

Figura 13.15
O crescimento da resistência à compressão do concreto ao longo do tempo. Concreto mantido em cura úmida ainda está ganhando resistência após seis meses, enquanto concreto seco ao ar virtualmente para de ganhar resistência. *(Reimpresso com permissão de Portland Cement Association de Design and Control of Concrete Mixtures, 12th edition;* Fotos: *Portland Cement Association, Skokie, IL)*

rios ou proteção contra o sol podem ser necessários, retardadores de evaporação podem ser adicionados ao concreto e aspersão de uma névoa úmida sobre a superfície da laje com um spray de água pode ser necessária até que a laje esteja endurecida o suficiente para ser acabada e coberta ou borrifada com composto de cura.

Em temperaturas baixas, as reações de hidratação do concreto ocorrem de forma muito mais lenta. Se, durante o processo de hidratação, o concreto atingir temperaturas abaixo de congelamento, a reação de hidratação é completamente interrompida até que a temperatura do concreto atinja níveis acima do ponto de congelamento. É importante que o concreto seja protegido das temperaturas baixas e especialmente do congelamento até que esteja completamente hidratado. Caso o concreto recém lançado seja coberto e isolado, normalmente seu calor de hidratação será suficiente para manter uma temperatura adequada no concreto, mesmo em temperaturas de ar bastante frias. Em condições de inverno mais severo, os materiais componentes do concreto podem ser aquecidos antes da mistura e um abrigo e uma fonte de calor temporários podem se fazer necessários durante o lançamento e cura.

Em climas muito quentes, a reação de hidratação é bastante acelerada e o concreto pode começar a hidratar antes mesmo que se consiga lançá-lo e realizar o acabamento. Essa tendência pode ser controlada pelo uso de componentes resfriados e, em condições extremas, pela substituição de parte da água da mistura por uma quantidade igual de gelo moído, desde que se tenha certeza que o gelo tenha derretido completamente e que o concreto tenha sido cuidadosamente misturado antes de seu lançamento. Outro método de resfriar o concreto é injetar bolhas de nitrogênio líquido na mistura, na usina de concreto.

FORMAS

Em função de o concreto ser lançado como uma massa semifluida sem forma e sem resistência, ele deve ser moldado e sustentando pelas *formas* até que tenha resistência suficiente para sustentar a si mesmo. A forma normalmente é feita de painéis estruturados de madeira, metal ou plástico e é construída como um negativo da forma pretendida para o concreto. As formas para vigas ou lajes servem como superfícies temporárias de trabalho, durante o processo de construção e como um suporte temporário para as barras de armadura. A forma deve ser resistente o suficiente para suportar o peso e a pressão exercida pelo concreto fresco sem sofrer uma deformação excessiva, sendo as formas, elas mesmas, importantes estruturas. Durante a cura, a forma contribui para a retenção da água necessária à hidratação no concreto e, quando o processo de ganho de resistência estiver completo, ela deve ser retirada de maneira fácil, sem que haja danos para o concreto ou para a forma, que é normalmente reutilizada à medida que a construção progride. Isso significa que as formas não devem ter reentrâncias que dificultem a retirada ou fiquem aderidas ao concreto. Qualquer molde que vai ser retirado de um local com concreto em quatro ou mais superfícies, como formas alveolares (Figuras 14.23 e 14.24), deve ser vedado. Para prevenir

Figura 13.16
A moldagem de concreto no canteiro requer a construção de uma estrutura completa e temporária que será removida assim que o concreto tenha sido lançado e adquirido resistência requerida.

a aderência do concreto às formas, é usual a aplicação de um *agente desmoldante* que pode ser à base de óleos, ceras ou polímeros.

A qualidade das superfícies do concreto não será melhor do que a qualidade das formas nas quais elas são moldadas e os requisitos para a qualidade de superfície e resistência estrutural da forma devem ser rigorosos. Chapas de madeira de alta qualidade ou chapas de madeira compensada plastificadas são usadas com frequência para obter superfícies de alta qualidade. As gravatas e componentes estruturantes provisórios que dão sustentação às chapas de madeira ou compensado são posicionadas próximas umas das outras para evitar o abaulamento das formas em função da alta pressão do concreto fresco.

Pode-se dizer que as formas constituem uma construção temporária completa, que deve ser erguida e depois demolida com objetivo de produzir um edifício permanente de concreto (Figura 13.16). O custo das formas contabiliza uma grande parcela, metade ou mais, do custo total da construção de uma estrutura de concreto. Esse custo é um dos fatores que levou ao desenvolvimento da *pré-moldagem*, um processo no qual o concreto é lançado em formas reutilizáveis em uma planta industrial.

Quando apresentam a resistência desejada, os componentes estruturais são transportados para o local de aplicação, onde são içados aos locais pretendidos e conectados como se fossem perfis de uma estrutura metálica. A alternativa para a pré-moldagem e o método mais usual de construção em concreto é a *moldagem in loco ou moldagem no canteiro,* no qual o concreto é lançado nas formas que são montadas na obra. Nos dois capítulos que seguem, são apresentados sistemas de formas, tanto para concreto pré-moldado, como para concreto moldado no local.

ARMADURAS
O conceito do reforço com armaduras

O concreto não possui resistência à tração utilizável (Figura 13.17). Historicamente, até o momento em que a ideia de reforçá-lo com barras de aço foi desenvolvida, seu uso estrutural era limitado. A compatibilidade do aço e do concreto é uma feliz coincidência, pois, se os dois materiais tivessem coeficientes de dilatação térmica muito diferentes, uma estrutura de concreto armado se romperia durante ciclos sazonais de variação de temperatura. Se os dois materiais fossem incompatíveis quimicamente, o aço sofreria corrosão ou o concreto se

degradaria. Se o concreto não aderisse ao aço, uma configuração de armadura muito diferente e mais cara seria necessária. No entanto, o concreto e o aço sofrem alterações de dimensões de mesma proporção em função das mudanças de temperatura; o aço é protegido da corrosão pela alcalinidade do concreto e o concreto liga-se fortemente ao aço, provendo um meio conveniente de adaptação do concreto frágil aos elementos estruturais que devem resistir não somente à compressão, mas também à tração, ao cisalhamento e à flexão.

A teoria básica de *concreto armado* é extremamente simples: posicione a armadura de aço onde ocorrem esforços de tração e deixe que o concreto resista à compressão. Isso identifica precisamente a localização da maioria das armaduras de aço usadas em uma estrutura de concreto. No entanto, há algumas exceções importantes: aço é usado para resistir a uma parte da compressão em pilares de concreto e em vigas cuja altura deva ser diminuída por razões arquitetônicas. É usado como estribo em pilares, tema discutido a seguir, para prevenir a flambagem das barras verticais de pilares. É utilizado para resistir às fissuras que podem ser causadas pela retração por causa da hidratação e pela expansão e retração térmica em lajes e paredes.

Material	Resistência de serviço à tração[a]	Resistência de serviço à compreensão[a]	Massa específica	Módulo de elasticidade
Madeira estrutural	300–1000 psi 2.1–6.9 MPa	600–1700 psi 4.1–12 MPa	30 pcf 480 kg/m³	1,000,000– 1,900,000 psi 6900–13,000 MPa
Alvenaria de tijolos (incluindo argamassa não armada)	0	250–1300 psi 1.7–9.0 MPa	120 pcf 1900 kg/m³	700,000– 3,700,000 psi 4800–25,000 MPa
Aço estrutural	24,000–43,000 psi 170–300 MPa	24,000–43,000 psi 170–300 MPa	490 pcf 7800 kg/m³	29,000,000 psi 200,000 MPa
Concreto simples	0	1000–4000 psi 6.9–28 MPa	145 pcf 2300 kg/m³	3,000,000– 4,500,000 psi 21,000–31,000 MPa

[a] Tensão admissível ou tensão máxima aproximada em condições normais de carregamento.

Figura 13.17
Comparativo das propriedades físicas de quatro materiais estruturais comuns: madeira, blocos cerâmicos, alvenaria, aço e concreto (linha sombreada). O concreto, como a alvenaria, não tem resistência utilizável à tração, mas sua resistência à compressão é considerável e, quando combinado com armaduras de aço, pode ser utilizado para todos os tipos de estruturas. A variação dos valores em resistência e na rigidez reflete as variações nas propriedades das misturas do concreto. (Com concretos especialmente dosados são obtidos valores de resistência substancialmente maiores do que os citados nesta tabela.)

Barras de aço para concreto armado

As *barras de aço* popularmente conhecidas por "vergalhões" para construção em concreto são laminadas a quente do mesmo modo que os perfis estruturais. Têm seção circular e apresentam *nervuras* na superfície para melhor aderência ao concreto (Figuras 13.18 e 13.19). Ao fim da linha de laminação na usina, as barras são cortadas para que fiquem com um comprimento padrão (normalmente 60 pés, ou 18,3 m, nos Estados Unidos.* Depois, são embaladas e enviadas às obras ou empresas prestadoras de serviços de corte e dobra de aço.

As barras de aço são laminadas em um determinado número de diâmetros padrões. Nos Estados Unidos, as barras são especificadas por um sistema numérico simples, no qual o número corresponde à quantidade de oitavos de polegada (3.2 mm) do diâmetro da barra (Figura 13.20). Por exemplo, uma barra de armadura de número 6 possui diâmetro de ⁶⁄₈ ou ¾ de polegada (19 mm) e uma de número 8 possui diâmetro de ⁸⁄₈ ou 1 polegada (25,4 mm). Barras maiores que a número 8 apresentam pequenas variações desses diâmetros nominais com o objetivo de corresponder a ápeas de seção transversal de aço mais adequadas. Para o crescente número de projetos nos Estados Unidos elaborados em unidades SI, uma conversão de unidades adaptada é utilizada: as barras são exatamente iguais, mas com um sistema numérico diferente, que corresponde grosseiramente ao diâmetro de cada barra em milímetros. Isso evita o caro processo de conversão das linhas de laminação para produzir uma série de barras de tamanhos com pequenas diferenças. Na maioria dos outros países, uma "rigorosa faixa métrica" de diâmetros das barras de armadura é padrão (13.21).**

Na seleção de barras da armadura para uma viga ou pilar, o projetista estrutural sabe, a partir de cálculos, a área da seção transversal de aço, que é necessária em um local específico. Esta área pode ser obtida por um maior número de barras menores, ou por um menor número de barras maiores, em diversas combinações.

O arranjo final das barras é baseado no espaço físico disponível no componente de concreto, na espessura especificada de concreto que deve cobrir a armadura, no espaço livre

---

* N. de T.: No Brasil, os vergalhões têm 12 m de comprimento.

** N. de T.: No Brasil, as barras são especificadas com seus diâmetros em milímetros.

Figura 13.18
Fios de aço incandescentes são transformados em barras enquanto passam pela pista de laminação. *(Cortesia de Bethlehem Steel Company)*

Figura 13.19
As nervuras na superfície de uma barra de aço contribuem para a boa aderência ao concreto. *(Foto de Edward Allen)*

Barras para armadura (ASTM)

Dimensão da barra		Dimensão nominal					
		Diâmetro		Área de seção transversal		Massa	
Americano	Métrico	in.	mm	in.²	mm²	lb/ft	kg/m
#3	#10	0,375	9,5	0,11	71	0,376	0,560
#4	#13	0,500	12,7	0,20	129	0,668	0,944
#5	#16	0,625	15,9	0,31	199	1,043	1,552
#6	#19	0,750	19,1	0,44	284	1,502	2,235
#7	#22	0,875	22,2	0,60	387	2,044	3,042
#8	#25	1,000	25,4	0,79	510	2,670	3,973
#9	#29	1,128	28,7	1,00	645	3,400	5,060
#10	#32	1,270	32,3	1,27	819	4,303	6,404
#11	#36	1,410	35,8	1,56	1006	5,313	7,907
#14	#43	1,693	43,0	2,25	1452	7,65	11,38
#18	#57	2,257	57,3	4,00	2581	13,6	20,24

Figura 13.20
Dimensões-padrão de barras de aço para concreto armado nos Estados Unidos. Essas dimensões foram originalmente estabelecidas em unidades de polegadas e polegadas quadradas. Mais recentemente, designações adaptadas do sistema métrico também foram dadas às barras sem que fossem alteradas suas dimensões. Percebe-se que as designações das dimensões das barras, em ambos os sistemas de medida, correspondem muito aproximadamente aos valores da regra prática de 1/8 polegada ou 1 mm por número de tamanho de barra.

Barras para armadura (sistema métrico)

Denominação	Massa nominal, kg/m	Dimensões nominais	
		Diâmetro, mm	Área de seção transversal, mm²
10M	0,785	11,3	100
15M	1,570	16,0	200
20M	2,355	19,5	300
25M	3,925	25,2	500
30M	5,495	29,9	700
35M	7,850	35,7	1000
45M	11,775	43,7	1500
55M	19,625	56,4	2500

Figura 13.21
Essas dimensões, em sistema métrico real para barras de armadura, são utilizadas na maioria dos países do mundo.

necessário entre as barras para permitir a passagem dos agregados do concreto e nas dimensões e número de barras que será mais conveniente produzir e montar.

A maioria das barras de aço é produzida de acordo com a norma ASTM A615 e são disponíveis em categorias de 40, 60 e 75, correspondentes ao aço com resistência de escoamento de 40.000, 60.000 e 75.000 psi (280, 420 e 520 MPa), respectivamente (Figura 13.22). A categoria 60 é geralmente a mais econômica e facilmente disponível das três, ainda que a categoria 75 tenha seu uso crescente em armaduras de pilares. Barras de aço produzidas em conformidade com a ASTM A706, produzidas com aço de baixa liga* e que possuem propriedades especiais de ductilidade são utilizadas em situações em que as estruturas de concreto devem atender critérios especiais de projetos resistentes a sismos ou onde a soldagem generalizada da armadura é necessária. Em estruturas com altas taxas de armaduras, as barras de armadura normalizadas pela ASTM A1035, com resistências de até 120.000 psi (830 MPa) podem ser utilizadas, já que com barras de tão alta resistência, seu diâmetro pode ser reduzido e o espaçamento entre as barras pode ser aumentado, em comparação aos projetos com armadura de resistência convencional. Isto reduz o *congestionamento de barras*, tornando mais fácil o lançamento e adensamento do concreto ao redor da armadura.**

Armaduras utilizadas em estruturas de concreto expostas a sais, como sais de degelo ou de água do mar, estão propensas a sofrer corrosão. Em estruturas marinhas, estruturas de rodovias e garagens, são normalmente utilizadas barras de aço galvanizadas e barras de aço revestidas com epóxi para resistir à corrosão. Barras de aço inoxidável, barras revestidas com aço inoxidável, barras revestidas com zinco e polímero e barras com ligas resistentes à corrosão são novos tipos de armadura resistentes à corrosão. Ainda em estágio experimental ou ainda novas no mercado, são as barras não metálicas feitas com fibras de carbono de alta resistência, de vidro ou aramida, imersas em uma matriz polimérica.

Como alternativa às armaduras convencionais, para lajes existe o reforço metálico produzido na forma de painéis ou rolos de *armadura de arame soldado,* também conhecida como *telas soldadas,* uma malha de fios ou barras de seção circular espaçadas entre si de 2 a 12 polegadas (50-300 mm) (Figura 13.23). As telas soldadas mais leves assemelham-se a cercas e são utilizadas para armar lajes de concreto inclinadas e certos elementos de concreto pré-moldado. Os tipos mais pesados têm uso em paredes de concreto e lajes estruturais. A principal vantagem das telas soldadas sobre as barras soltas é a economia de mão de obra na montagem da armadura, especialmente onde um grande número de pequenas barras pode ser substituído por um painel do material. A dimensão e o espaçamento dos fios para cada obra são especificados pelo projetista estrutural.

---

* N. de T.: Ligas que contêm menos de 10% de outros metais.

** N. de T.: No Brasil, a NBR 7.480 classifica o aço para concreto armado segundo a resistência de escoamento na tração em CA-25, CA-50 e CA-60, respectivamente 25, 50 e 60 MPa, sendo as duas últimas as mais utilizadas.

Figura 13.22
As barras de aço são produzidas com marcas de identificação, registrando a usina que produziu as barras, o diâmetro da barra, o tipo e a categoria do aço. A categoria do aço é indicada tanto com um número, como "60" para Categoria de aço 60, ou com pequenas linhas (linhas de categoria), segundo a regra: nenhuma linha significa Categoria de aço 40 ou 50, uma linha significa Categoria de aço 60 e duas linhas indicam Categoria de aço 75.*** *(Cortesia de Concrete Reinforcing Steel Institute)*

*** N. de T.: No Brasil, a NBR 7480 estabelece que as barras de aço CA-25 não devem ter nervuras e devem ter superfície lisa. Para o aço CA-50 e CA-60 deve estar gravados a categoria do aço e o diâmetro.

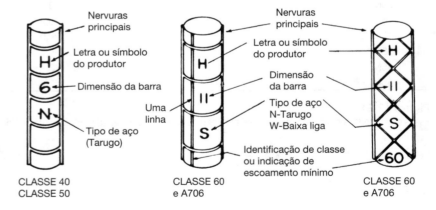

Seção transversal e massa das telas soldadas

Número do fio		Diâmetro nominal, in.	Massa nominal, lb/lin ft	Área em polegadas quadradas por pé de largura para vários espaçamentos							
				Espaçamento centro a centro						
Liso	Deformado			2″	3″	4″	6″	8″	10″	12″
W20	D20	0,505	0,680	1,20	0,80	0,60	0,40	0,30	0,24	0,20
W18	D18	0,479	0,612	1,08	0,72	0,54	0,36	0,27	0,216	0,18
W16	D16	0,451	0,544	0,96	0,64	0,48	0,32	0,24	0,192	0,16
W14	D14	0,422	0,476	0,84	0,56	0,42	0,28	0,21	0,168	0,14
W12	D12	0,391	0,408	0,72	0,48	0,36	0,24	0,18	0,144	0,12
W11	D11	0,374	0,374	0,66	0,44	0,33	0,22	0,165	0,132	0,11
W10.5		0,366	0,357	0,63	0,42	0,315	0,21	0,157	0,126	0,105
W10	D10	0,357	0,340	0,60	0,40	0,30	0,20	0,15	0,12	0,10
W9.5		0,348	0,323	0,57	0,38	0,285	0,19	0,142	0,114	0,095
W9	D9	0,338	0,306	0,54	0,36	0,27	0,18	0,135	0,108	0,09
W8.5		0,329	0,289	0,51	0,34	0,255	0,17	0,127	0,102	0,085
W8	D8	0,319	0,272	0,48	0,32	0,24	0,16	0,12	0,096	0,08
W7.5		0,309	0,255	0,45	0,30	0,225	0,15	0,112	0,09	0,075
W7	D7	0,299	0,238	0,42	0,28	0,21	0,14	0,105	0,084	0,07
W6.5		0,288	0,221	0,39	0,26	0,195	0,13	0,097	0,078	0,065
W6	D6	0,276	0,204	0,36	0,24	0,18	0,12	0,09	0,072	0,06
W5.5		0,265	0,187	0,33	0,22	0,165	0,11	0,082	0,066	0,055
W5	D5	0,252	0,170	0,30	0,20	0,15	0,10	0,075	0,06	0,05
W4.5		0,239	0,153	0,27	0,18	0,135	0,09	0,067	0,054	0,045
W4	D4	0,226	0,136	0,24	0,16	0,12	0,08	0,06	0,048	0,04
W3.5		0,211	0,119	0,21	0,14	0,105	0,07	0,052	0,042	0,035
W3		0,195	0,102	0,18	0,12	0,09	0,06	0,045	0,036	0,03
W2.9		0,192	0,099	0,174	0,116	0,087	0,058	0,043	0,035	0,029
W2.5		0,178	0,085	0,15	0,10	0,075	0,05	0,037	0,03	0,025
W2.1		0,162	0,070	0,126	0,084	0,063	0,042	0,031	0,025	0,021
W2		0,160	0,068	0,12	0,08	0,06	0,04	0,03	0,024	0,02
W1.5		0,138	0,051	0,09	0,06	0,045	0,03	0,022	0,018	0,015
W1.4		0,134	0,048	0,084	0,056	0,042	0,028	0,021	0,017	0,014

Figura 13.23
Configuração padrão de telas soldadas. Os "fios" mais pesados têm mais de ½ de polegada de diâmetro, tornando-os adequados para armadura de lajes estruturais. A especificação das telas soldadas é feita inicialmente pela indicação do espaçamento dos fios e, então, os tipos de fio. Por exemplo, a designação *6 x 12-W12 x W5* indica uma tela soldada com armadura longitudinal com fios W12, espaçados em 6 polegadas (150 mm) e armadura transversal com fios W5 espaçados em 12 polegadas (300 mm).) *(Cortesia de Concrete Reinforcing Steel Institute)**

---

* N. de T.: No Brasil, a especificação é feita pela NBR 7481 e as telas padronizadas devem ser designadas pelo seu tipo, acrescido da área da seção principal dos fios, em mm^2/m.

GANCHOS PADRÃO

Todas as dimensões a seguir, recomendadas pelo CRSI, atendem aos requerimentos mínimos do ACI 318

GANCHOS DAS EXTREMIDADES RECOMENDADAS
Todas classes

D= Diâmetro de curvatura final

Dimensão da barra	Gancho 180°		Gancho 90°	
	D	A ou G	J	A ou G
# 3	2¼	5	3	6
# 4	3	6	4	8
# 5	3¾	7	5	10
# 6	4½	8	6	1-0
# 7	5¼	10	7	1-2
# 8	6	11	8	1-4
# 9	9½	1-3	11¾	1-7
#10	10¾	1-5	1-1¼	1-10
#11	12	1-7	1-2¾	2-0
#14	18¼	2-3	1-9¾	2-7
#18	24	3-0	2-4½	3-5

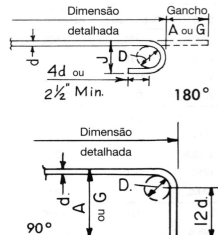

GANCHOS DE ESTRIBOS E TIRANTES

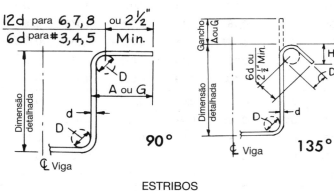

ESTRIBOS
(TIRANTE)

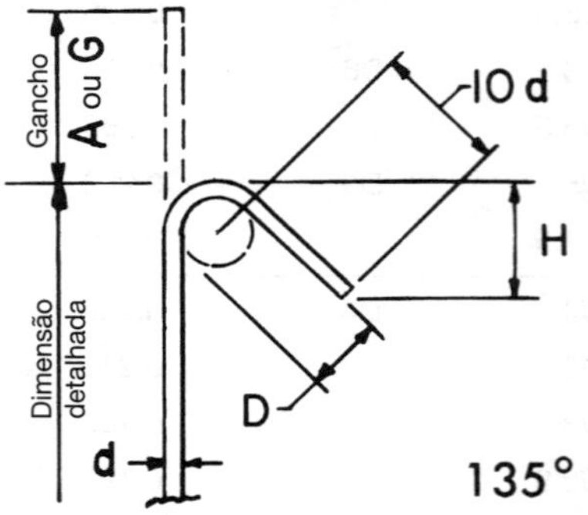

DIMENSÕES DE GANCHOS DE ESTRIBOS E TIRANTES
Classes 40-50-60 ksi

Dimensão da barra	D (in.)	Gancho 90°	Gancho 135°	
		Gancho A ou G	Gancho A ou G	H Aprox.
#3	1½	4	4	2½
#4	2	4½	4½	3
#5	2½	6	5½	3¾
#6	4½	1-0	7¾	4½
#7	5¼	1-2	9	5¼
#8	6	1-4	10¼	6

GANCHOS DE ESTRIBOS COM DOBRAS A 135° EM REGIÕES SÍSMICAS E TIRANTES

DIMENSÕES DE GANCHOS
DE ESTRIBOS COM DOBRAS A 135°
EM REGIÕES SÍSMICAS E TIRANTES
Classes 40-50-60 ksi

Dimensão da barra	D (in.)	Gancho 135°	
		Gancho A ou G	H Aprox.
#3	1½	5	3½
#4	2	6½	4½
#5	2½	8	5½
#6	4½	10¾	6½
#7	5¼	1-0½	7¾
#8	6	1-2¼	9

Figura 13.24
As dobras das barras são feitas de acordo com padrões específicos em uma central de corte e dobra ou no canteiro de obras. *(Cortesia de Concrete Reinforcing Steel Institute)*

Fabricação e montagem das armaduras

A produção de armaduras de aço para uma estrutura de concreto armado é análoga à fabricação de perfis de aço para construção de um edifício com estrutura metálica (Capítulo 11). A empresa prestadora de serviços de corte e dobra de aço recebe do contratante as plantas das armaduras da estrutura e faz os projetos para a produção na central ou fábrica. Após a conferência dos projetos de produção, a central inicia os trabalhos de corte das barras de aço nos comprimentos especificados e faz as dobras necessárias (Figura 13.24). As armaduras produzidas são acondicionadas em feixes, identificadas conforme o elemento estrutural e posição na estrutura e enviadas à obra conforme a necessidade e cronograma de entrega. Ao serem entregues, os feixes são conferidos e abertos, as barras são amarradas com arame recozido (ou eventualmente soldadas) e posicionadas nas formas, aguardando o lançamento do concreto.* O arame recozido tem apenas uma função temporária, que é manter a armadura na posição correta até que o concreto tenha endurecido. Qualquer transferência de esforço de uma barra da armadura para outra, no edifício pronto, é feita pelo concreto. Quando duas barras devem ser emendadas, elas são sobrepostas em um determinado comprimento (em geral, um múltiplo do diâmetro da barra, tipicamente 30, e as cargas são transferidas de uma a outra pelo concreto ao redor.)** Uma exceção comum ocorre em pilares densamente armados, onde o espaço para o traspasse das barras é insuficiente. Nesses casos são realizadas emendas de topo (ponta com ponta),

Figura 13.25
Alguns dispositivos mecânicos para emendas de barras de aço. Da esquerda para direita: uma conexão cuneiforme, em traspasse, usada principalmente para unir barras novas com as de uma estrutura já existente. Um conector soldado muito forte e rígido. Uma luva grauteada para unir componentes de concreto pré-moldado: uma barra é rosqueada e atarraxada em um colarinho em uma ponta da luva e a outra barra é inserida no remanescente da luva e mantida na posição com uma argamassa injetada (graute). Uma luva rosqueada, com ambas as barras rosqueadas e atarraxadas nas pontas da luva. Uma luva simples de travamento que serve para alinhar as barras de compressão em um pilar. Um acoplador flangeado para emendar barras na face de uma parede ou viga de concreto: o acoplador é aparafusado na ponta de cada barra, que possui uma rosca, e sua flange é pregada na face interna da forma. Depois da forma ser retirada, a outra barra é rosqueada e aparafusada através de um furo no flange e inserida no acoplador. *(Foto: Cortesia de Erico, Inc.)*

---

* N. de T.: Este sistema descrito está relacionado às empresas que prestam serviços de corte e dobra de aço. No Brasil também é usual a produção das armaduras em obra, sendo as operações de corte e dobra executadas pelos operários no canteiro de obras.

** N. de T.: Nas normas brasileiras este procedimento é conhecido como traspasse e o comprimento de traspasse é determinado pela NBR 6118.

em vez de traspasse, e as cargas são transferidas por soldas ou por dispositivos mecânicos de encaixe (luvas) (Figura 13.25).

A ação conjunta do concreto e do aço nos elementos estruturais de concreto armado é tamanha que a armadura de aço é normalmente carregada axialmente por tração ou compressão e, ocasionalmente, por cisalhamento, mas nunca em flexão. A rigidez à flexão das barras da armadura não tem contribuição na transmissão de esforços para o concreto.

Armadura de uma viga de concreto simplesmente apoiada

Em uma viga ideal, simplesmente apoiada sob carregamento uniforme, os esforços de compressão (encurtamento) seguem uma série de curvas em arco, que criam uma tensão de compressão máxima no topo da viga no meio do vão, com esforços de compressão progressivamente menores em direção a cada extremidade. O rebatimento dessas curvas corresponde aos esforços de tração (alongamento), com as tensões atingindo novamente o máximo no meio do vão (Figura 13.26). Em uma viga ideal de concreto armado as barras de armadura de aço deveriam ser curvadas de maneira a acompanhar as linhas de tração e o agrupamento das barras no meio do vão serviria para resistir às maiores tensões neste ponto. No entanto, é difícil dobrar as barras conforme essas curvas e mantê-las posicionadas adequadamente na forma, portanto, elas são substituídas por um arranjo de barras de aço simplificado e retilíneo.

Esse arranjo se constitui de uma série de barras inferiores e estribos. As *barras inferiores* são posicionadas horizontalmente, próximas ao fundo da viga, deixando uma determinada espessura de concreto abaixo e ao lado das barras como *cobrimento* (Figura 13.27). O cobrimento de concreto fornece um envolvimento das barras e as protege contra a ação do fogo e corrosão. O esforço nas barras é maior no meio do vão da viga, com uma redução progressiva das tensões na direção de cada um dos apoios. As diferenças de tensão são dissipadas das barras para o concreto por meio da *aderência* entre o concreto e o aço, auxiliada pelas ranhuras na super-

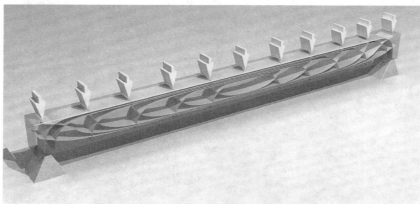

(a)

(b)

Figura 13.26
(a) As direções dos esforços em uma viga simplesmente apoiada (apoiada somente nas extremidades) sob carga uniforme. As linhas em forma de arco representam compressão e as linhas em forma de cabo representam tração. Próximo às extremidades da viga as linhas de maiores esforços de tração movem-se para cima diagonalmente pela viga. (b) Armadura de aço para uma viga simplesmente apoiada sob carga uniforme. O concreto resiste aos esforços de compressão. As barras horizontais próximas ao fundo da viga resistem à maioria dos esforços de tração. Os estribos verticais resistem às menores tensões de tração diagonais próximas às extremidades da viga.

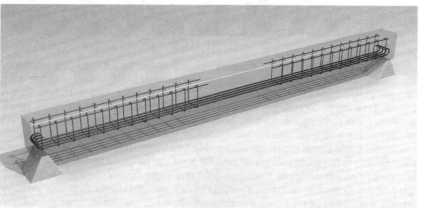

Figura 13.27
Uma seção transversal de uma viga de concreto retangular, mostrando o cobrimento e o espaçamento das barras da armadura.

fície das barras. Nas extremidades da viga, ainda há tensões remanescentes no aço, entretanto, o comprimento de concreto não é suficiente para a dissipação das tensões. Esse problema é resolvido ao dobrar as pontas das barras em *ganchos,* que são dobras semicirculares com dimensões padronizadas.

As barras inferiores fazem o maior trabalho de tração na viga, mas alguns esforços de tração menores ocorrem em direção diagonal, próximo às extremidades das vigas. Esses são resistidos por uma série de *estribos* (Figura 13.26). Os estribos tanto podem ser abertos, *estribos-U*, como mostrado, ou *estribos fechados,* que são retângulos de aço que envolvem as barras longitudinais. Os estribos-U são mais baratos para serem produzidos e montados e são suficientes para diversas situações. Já os estribos fechados são necessários em vigas que estarão sujeitas a esforços de torção ou a elevados esforços de compressão nas barras superiores ou inferiores. Em qualquer dos casos, os estribos fornecem a armadura de tração vertical necessária para resistir às forças de fissuração que ocorrem diagonalmente por eles. Um uso mais eficiente para o aço ocorreria se os estribos fossem orientados diagonalmente, na mesma direção dos esforços de tração diagonais, no entanto, seria muito difícil posicioná-los desta forma.

Quando a viga simplesmente apoiada de nosso exemplo estiver montada, as barras inferiores serão mantidas na posição, garantindo a espessura correta de cobrimento por *espaçadores* produzidos com fios de aço ou plástico (Figuras 13.28 e 13.29). Em vigas largas ou lajes, as barras são sustentadas por espaçadores longos, denominados *multiapoio ou centopeias*. Os espaçadores permanecem no interior do concreto após o lançamento, pois não há maneira de retirá-los. Em obras de concreto aparente os apoios dos espaçadores podem oxidar ao entrar em contato com a face da viga ou laje, devendo, então, ser utilizados espaçadores com uma proteção plástica nos apoios. Em local onde o concreto for lançado em contato direto com o solo podem ser usados blocos ou pequenos pedaços de concreto para sustentar as barras, em vez dos espaçadores. Dessa forma, previne-se que os espaçadores sofram corrosão e essa se dissemine para as barras de armadura.*

Os estribos na viga simplesmente apoiada em análise são sustentados pela amarração com arame às barras inferiores e atando seus topos a barras superiores horizontais, com a menor dimensão padronizada, que têm como função na viga manter os estribos eretos e corretamente espaçados, até que o concreto tenha sido lançado e curado.**

---

* N. de T.: Além dos espaçadores plásticos são comuns os espaçadores confeccionados com argamassa de cimento e areia. Para garantia efetiva da espessura de cobrimento, é recomendada a utilização de espaçadores com dimensões especificadas.

** N. de T.: As barras sem função estrutural, como as superiores do exemplo, são denominadas armaduras de montagem.

Figura 13.28
Um suporte plástico para barras formado por duas peças, chamado "cadeira", sustenta uma barra de aço para uma laje de concreto. À esquerda da cadeira é visível um pequeno bloco de concreto que sustenta uma segunda barra posicionada mais próxima ao fundo da laje. *(Foto de Joseph Iano)*

SYMBOL	BAR SUPPORT ILLUSTRATION	BAR SUPPORT ILLUSTRATION PLASTIC CAPPED OR DIPPED	TYPE OF SUPPORT	SIZES*
SB	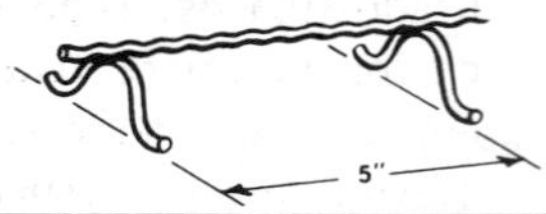	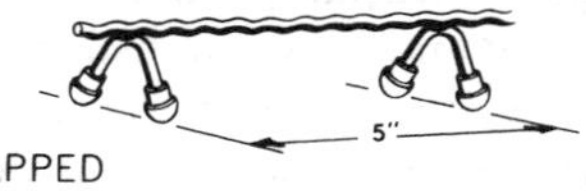 CAPPED	Slab Bolster	¾, 1, 1½, and 2 inch heights in 5 ft. and 10 ft. lengths
SBU	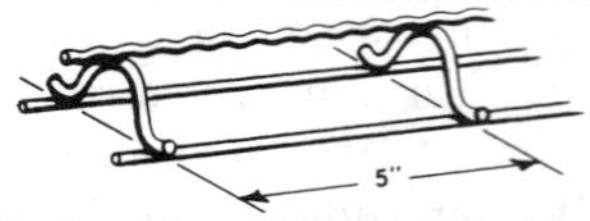		Slab Bolster Upper	Same as SB
BB	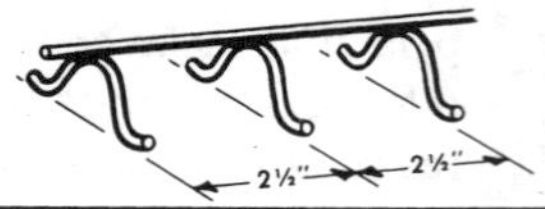	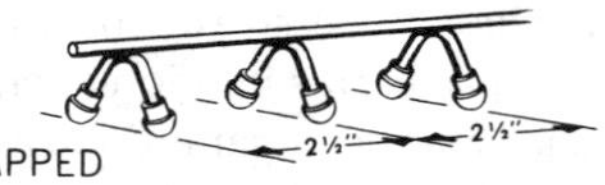 CAPPED	Beam Bolster	1, 1½, 2, over 2" to 5" heights in increments of ¼" in lengths of 5 ft.
BBU	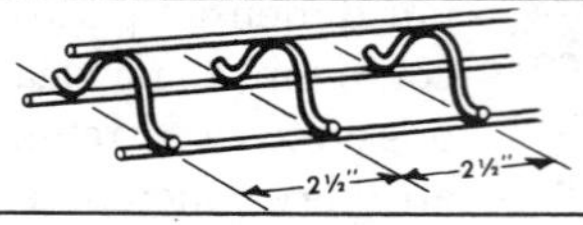		Beam Bolster Upper	Same as BB
BC	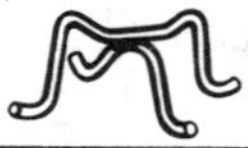	DIPPED 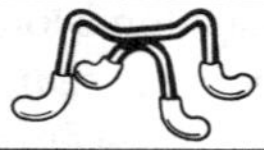	Individual Bar Chair	¾, 1, 1½, and 1¾" heights
JC	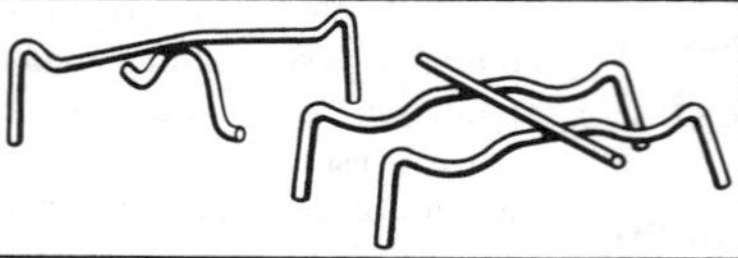	 DIPPED DIPPED	Joist Chair	4, 5, and 6 inch widths and ¾, 1 and 1½ inch heights
HC	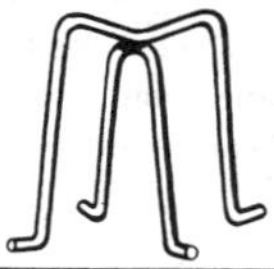	CAPPED 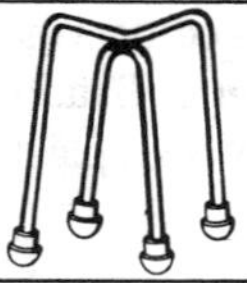	Individual High Chair	2 to 15 inch heights in increments of ¼ inch
HCM			High Chair for Metal Deck	2 to 15 inch heights in increments of ¼ in.
CHC	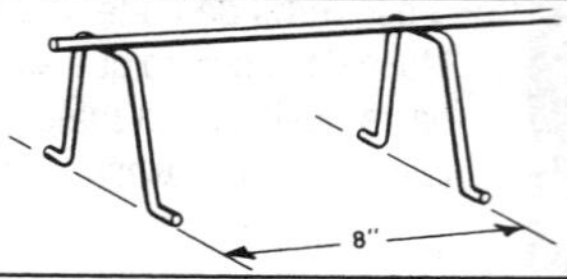	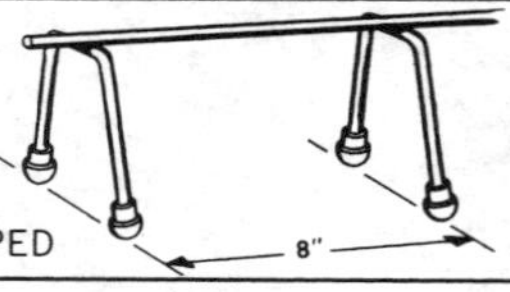 CAPPED	Continuous High Chair	Same as HC in 5 foot and 10 foot lengths
CHCU	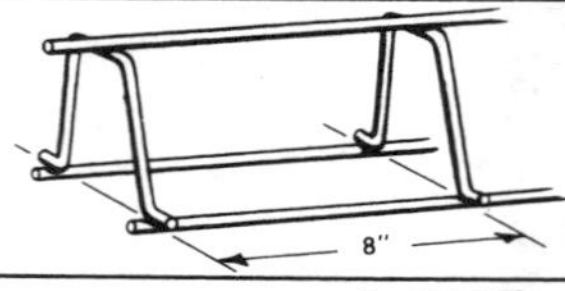		Continuous High Chair Upper	Same as CHC
CHCM	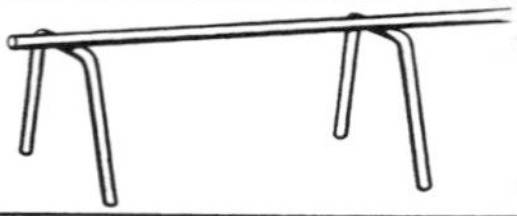		Continuous High Chair for Metal Deck	Up to 5 inch heights in increments of ¼ in.
JCU	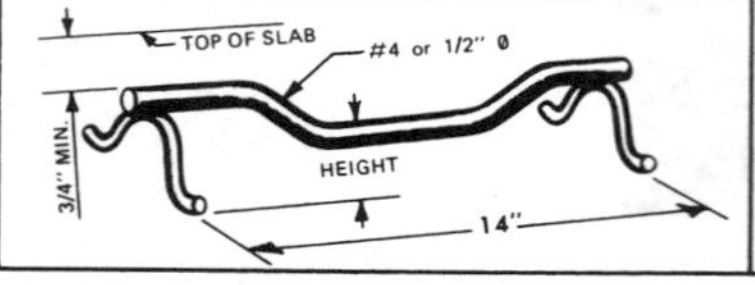	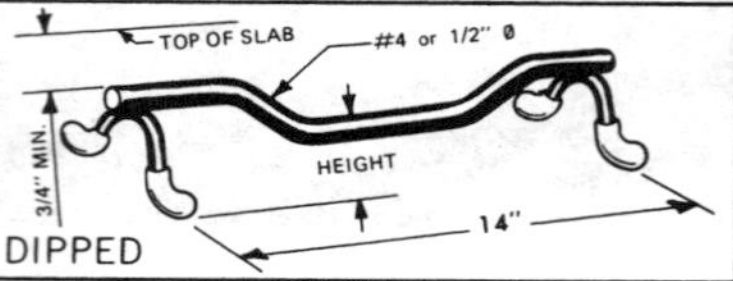 DIPPED	Joist Chair Upper	14" span. Heights −1" thru +3½" vary in ¼" increments

Figura 13.29
Espaçadores (cadeiras e multiapoios) para sustentação de barras de aço das armaduras de vigas e lajes. Os multiapoios são produzidos em maiores comprimentos, para serem usadas em lajes. Cada cadeira sustenta somente uma ou duas barras. *(Cortesia de Concrete Reinforcing Steel Institute)**

---

* N. de T.: A figura mostra espaçadores metálicos utilizados para lajes (Slab e deck) e vigas (beam, joist). No Brasil são mais utilizados espaçadores plásticos e de argamassa. Alguns espaçadores multiapoios mostrados apresentam semelhança com espaçadores treliçados produzidos no Brasil.

Armadura de uma viga contínua

A maioria das vigas moldadas no local não é do tipo simplesmente apoiada, porque o concreto se ajusta mais facilmente a estruturas que formem uma peça única com alto grau de continuidade estrutural de um vão da viga para o próximo. Em uma estrutura contínua, o fundo da viga está sob tração no meio do vão e no topo da viga nas regiões de apoio de vigas, pilares ou paredes. Isso significa que as barras superiores devem ser posicionadas sobre os apoios e as barras inferiores no meio do vão, com os estribos, como ilustrado na Figura 13.30. Até algumas décadas atrás, era prática comum dobrar algumas das barras horizontais para cima ou para baixo nos pontos de inversão de esforços em vigas contínuas de concreto, de modo que as mesmas barras pudessem servir como armadura inferior no meio do vão e como armadura superior sobre os pilares. No entanto, essa prática tem sido abandonada devido à facilidade do uso exclusivo de barras retas para armaduras horizontais.

Armadura de lajes

Uma laje de concreto que se estende sobre vigas paralelas (*armada em uma direção*) é, na verdade, uma viga muito larga. O modelo de armadura para esta laje é similar ao da armadura para uma viga, mas com um maior número de barras superiores e inferiores, de menor dimensão, distribuídas uniformemente através da largura da laje. Em função da largura da laje existe uma grande seção transversal de concreto, que normalmente pode resistir aos pequenos esforços de tração próximos aos seus apoios sem a ajuda de estribos.

Lajes armadas em uma direção devem possuir uma *armadura de retração térmica*, um conjunto de barras de pequeno diâmetro posicionadas em ângulos retos em relação à armadura principal e acima desta. Sua função é prevenir fissuras paralelas à armadura principal em função da retração do concreto, tensões induzidas por temperatura e outros esforços que podem ocorrer na construção (Figura 13.31).

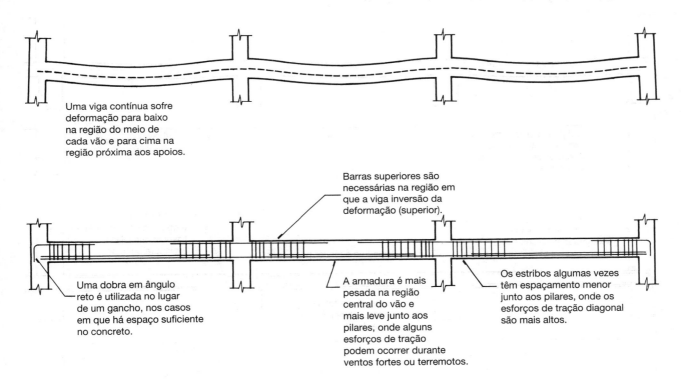

Figura 13.30
Armadura para uma viga de concreto contínua ao longo de vários vãos. O diagrama anterior mostra, de maneira exagerada, a forma assumida por uma viga contínua sob carga uniforme; a linha pontilhada é a linha central da viga. O diagrama inferior mostra o arranjo da armadura inferior, superior e estribos normalmente utilizados nesta viga. As barras inferiores são normalmente posicionadas em uma mesma altura, mas nesse diagrama são apresentadas em dois níveis para mostrar que algumas barras inferiores são descontinuadas nas regiões próximas aos pilares. Há uma regra prática para determinar onde as barras devem ser posicionadas na viga: desenhe um diagrama exagerado da forma que a viga vai assumir sob carga, como no desenho de cima dessa ilustração e posicione as barras o mais próximas possível da borda convexa.

Lajes armadas em duas direções

Uma economia estrutural sem igual em estruturas de concreto é obtida com o uso de lajes *armadas em duas direções* nas lajes de piso e cobertura. Lajes armadas em duas direções, que se adaptam melhor para áreas quadradas ou quase quadradas, são armadas igualmente em ambas as direções e dividem os esforços de flexão igualmente entre as duas direções. Isso permite que essas lajes sejam um pouco menos espessas que as armadas em uma direção, tenham menor taxa de armadura e, assim, custem menos. A Figura 13.32 ilustra o conceito da armadura em duas direções. Diversos sistemas estruturais armados em duas direções serão mostrados em detalhe no próximo capítulo.

> O campo [...] perto de Taliesin, meu lar e estúdio, é o leito de um antigo sedimento glacial. Enormes minas de cascalho estão por todos os lados e são muito exploradas, revelando pilhas de agregado amarelo que antes repousavam, adormecidas sob os campos verdejantes. Grandes montes de cascalho, limpos e dourados, estão sempre esperando sob o sol. E jamais passo [...] sem me emocionar, ter uma visão das longas faixas das empoeiradas fábricas de cimento, moendo até uma finura inacreditável o pó mágico que determinaria minha visão futura das formas; eu queria que tanto as indústrias e o cascalho se submetessem infinitamente ao meu desejo [...] material! Que recurso!
>
> Frank Lloyd Wright
> *Architectural Record*, Outubro, 1928.

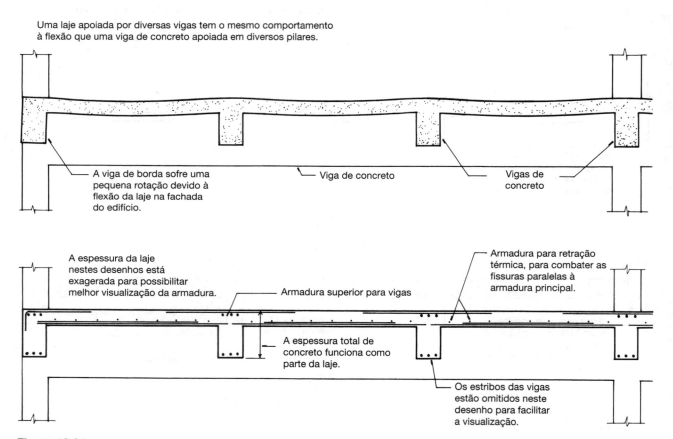

Figura 13.31
Armadura para uma laje de concreto armada em uma direção. A armadura é similar à utilizada em uma viga contínua, exceto pelo fato que os estribos normalmente não são necessários na laje e deve ser adicionada armadura de retração térmica na direção perpendicular. A laje não se apoia sobre as vigas; em vez disto, o concreto da parte superior da viga faz parte dela e da laje. Uma viga de concreto nesta situação é considerada como um componente em forma de T, com uma parte da laje atuando com a alma da viga, resultando em maior eficiência estrutural e menor altura da viga.

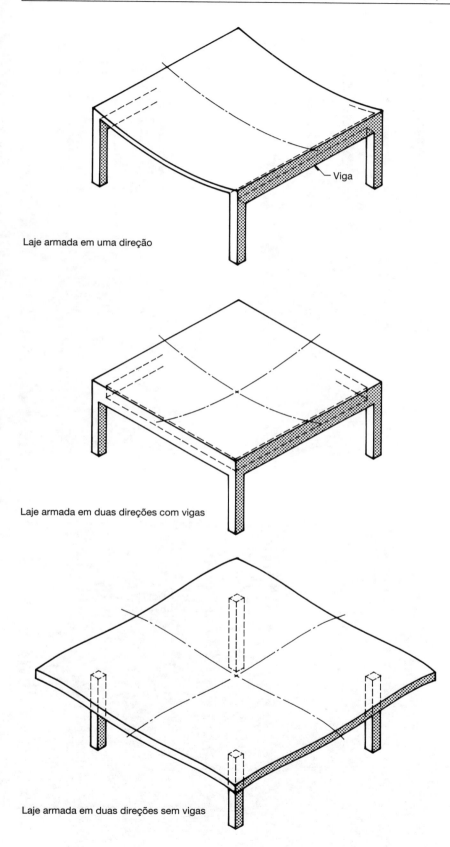

Figura 13.32
Lajes armadas em uma direção e em duas direções com deformações propositalmente exageradas.

Figura 13.33
Armaduras para pilares de concreto. À esquerda está um pilar com arranjo retangular de barras verticais e estribos. À direita, um arranjo circular de barras verticais com estribo helicoidal. Qualquer um dos dois arranjos pode ser utilizado seja para um pilar de seção quadrada ou circular.*

---

* N. de T.: O segundo arranjo é mais usual para os pilares de seção circular, ou seja, uma coluna.

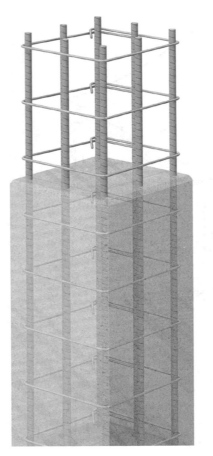
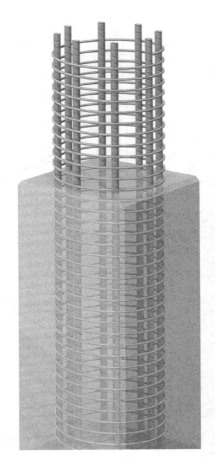

Figura 13.34
Estribos helicoidais de colunas. Cada duplo círculo de barras verticais será embutido em um único pilar retangular.

Armadura de pilares

Os pilares contêm dois tipos de armadura: as *barras verticais* (*barras longitudinais de pilares*), que são barras de grande diâmetro que absorvem, com o concreto, os esforços de compressão e resistem aos esforços de tração que ocorrem nos pilares quando a estrutura de uma construção é exposta às forças do vento e terremotos; e os *estribos* de barras de aço de pequeno diâmetro ao redor de barras verticais e contribuem na resistência à flambagem. A flambagem interna é impedida pelo núcleo do pilar em concreto e a flambagem externa, pelos estribos (Figuras 13.33 e 13.34). As barras verticais podem ser organizadas tanto em um padrão circular quanto retangular, já os estribos podem ser de dois tipos: *estribos individuais* ou *estribos helicoidais*. Os estribos helicoidais são enviados à obra em rolos e são abertos e esticados conforme o espaçamento necessário e amarrados às barras verticais. São geralmente utilizados apenas para arranjos de barras longitudinais quadrados ou circulares. Para arranjos de barras verticais retangulares os estribos devem ser amarrados um a um às barras verticais. Todas as barras de canto e, alternadamente, as barras intermediárias devem estar contidas por uma dobra dos estribos, dessa forma, dois ou mais estribos são normalmente unidos em cada nível (Figura 13.35). Um arranjo de barras verticais circular é, normalmente, mais econômico do que um retangular, pois evita a necessidade de guarnecer as barras dos cantos. Como os estribos individuais são, em geral, mais econômicos que os estribos helicoidais, mesmo em pilares com arranjos circulares de barras são normalmente utilizados estribos individuais. As dimensões das barras e espaçamentos dos estribos são determinados pelo projetista estrutural. Para minimizar custos de mão-de-obra, os estribos e barras verticais para cada pilar são, normalmente, montados e amarrados na posição horizontal no térreo, sendo a armadura já pronta elevada até sua posição final com um guindaste.

Reforço com fibras

O reforço fibroso é composto por fibras curtas de vidro, aço ou polipropileno que são adicionadas à mistura de concreto. O *reforço com microfibras* é adicionado em pequenos teores e tem o objetivo de reduzir as *fissuras por retração plástica* que ocorrem com frequência enquanto o concreto ainda está em estado plástico, durante os estágios iniciais de hidratação. A armadura de microfibra tem pouca ou nenhuma contribuição às propriedades do concreto endurecido. O *reforço com macrofibras*, normalmente de polipropileno ou misturas de fibras de aço e polipropileno, não apenas protege contra a retração plástica, mas também resiste à fissuração de longo prazo devido à retração por secagem e tensões térmicas. A armadura de macrofibra é adicionada ao concreto em teores 10 ou 20 vezes maiores do que os utilizados para armadura de microfibra e, em alguns casos, substitui completamente a armadura de retração térmica em lajes de concreto. A armadura de macrofibra pode também melhorar a resistência do concreto ao impacto e abrasão. Fibras de vidro são também adicionadas ao concreto para produzir concreto armado com fibra de vidro (GFRC ou CAFV), que é

Figura 13.35
Em cada nível são colocados vários estribos, de modo que as quatro barras de canto e as barras intermediárias alternadas estejam contidas pelos estribos. (*Cortesia de Concrete Reinforcing Steel Institute*)

utilizado para placas de revestimento vertical (ver Capítulo 20).

FLUÊNCIA DO CONCRETO

Além da retração plástica e da retração por secagem, o concreto também está sujeito à deformação ao longo do tempo (*fluência*). Quando submetido a esforços de compressão contínuos decorrentes do peso próprio, carregamentos permanentes da construção ou dos esforços de protensão (descritos posteriormente neste capítulo), o concreto vai gradual e permanentemente apresentar um encurtamento em um período de meses ou anos. Em algumas circunstâncias, essa alteração dimensional é de tal magnitude que deve ser considerada no projeto e no detalhamento dos sistemas da construção. Por exemplo, quando um sistema de revestimento vertical constituído por placas cerâmicas (ver Capítulo 20) está apoiado na estrutura de concreto de um edifício, a retração do concreto, combinada com outros fatores que influenciam a movimentação da alvenaria, torna necessário que sejam projetadas juntas de movimentação horizontal no sistema de revestimento, de maneira a acomodar as movimentações diferenciais entre o revestimento e a estrutura do edifício. Caso essas juntas não sejam projetadas ou forem muito estreitas, com capacidade insuficiente para absorver a movimentação, o revestimento pode apresentar falhas ao ser comprimido, em parte, devido ao encurtamento da estrutura de concreto. Como regra prática pode se esperar que as estruturas produzidas com concreto moldado no local sofram, sob influência do peso próprio e carregamentos permanentes, um encurtamento em relação à altura a uma taxa de $\frac{1}{16}$ polegada para cada 10 pés ($\frac{1}{2}$ mm por metro) de altura de construção.

PROTENSÃO

Quando uma viga suporta uma carga, o lado comprimido é ligeiramente encurtado e o lado tracionado é alongado. Em uma viga de concreto armado a tendência ao alongamento é suportada pela armadura e não pelo concreto. Quando o aço sofre alongamento na tração, no concreto em seu entorno surgem fissuras que correm da borda da viga para o plano horizontal, acima do qual as forças de compressão ocorrem. Essa fissuração é visível a olho nu em vigas de concreto armado que são carregadas até (ou acima de) suas capacidades máximas de carregamento. Na verdade, cerca de metade do concreto na viga não está fazendo nenhum trabalho útil além de manter o aço na posição e protegê-lo do fogo e da corrosão (Figura 13.36).

Caso as barras da armadura pudessem ser alongadas com um elevado esforço de tração antes que a viga

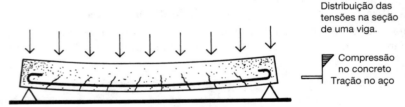

Em uma viga de concreto armado convencional, menos da metade do concreto está em compressão, e sob a ação do carregamento vão surgir fissuras no fundo da viga.

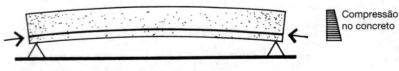

Quando uma viga de concreto é protendida, todo o concreto atua sob compressão. A localização não centrada do aço pré-tensionado gera uma contra flecha na viga.

Figura 13.36
A lógica do concreto protendido. Além da ausência de fissuras, o comportamento estrutural de uma viga protendida é melhor que o de uma viga de armadura convencional, resultando em menor consumo de materiais. Os pequenos diagramas à direita indicam a distribuição de tensões ao longo da seção transversal vertical de cada uma das vigas no meio do vão.

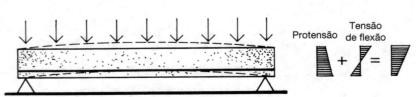

Sob ação do carregamento, a viga protendida se mantém nivelada, mas todo o concreto ainda está sob compressão e nenhuma fissura aparece.

fosse submetida a um carregamento e, então liberadas contra o concreto em seu entorno, elas iriam causar compressão no concreto. O carregamento posterior da viga causaria um aumento da tração no aço já alongado e uma diminuição da compressão no concreto. Caso a tração inicial ou *protensão* das barras de aço seja de magnitude suficiente, o concreto ao seu redor jamais sofreria tração e não ocorreriam fissuras. Além disso, a viga seria capaz de suportar uma carga muito maior, com a mesma quantidade de concreto e aço, do que se fosse armada na maneira convencional. Essa é a lógica do *concreto protendido*. Componentes protendidos, em especial os projetados para trabalhar em flexão, possuem menor seção de concreto que componentes de resistência equivalente, mas armados convencionalmente, sendo, por isso, mais econômicos. Seu menor peso também torna vantajosa sua utilização para produção de componentes pré-moldados devido à maior facilidade de transporte. Por essa razão o concreto estrutural pré-moldado utilizado para a produção de lajes, vigas (e em alguns casos também pilares) é normalmente protendido.

Na prática, barras de armaduras comuns não têm capacidade resistente suficiente para servir como armadura protendida. A protensão é viável somente com fios ou cordoalhas de aço de alta resistência produzidas especificamente para este fim, a partir de fios de aço trefilados a frio.

Concreto com armadura pré-tracionada

A protensão pode ser obtida por duas formas diferentes. A *pré-tração* é usada em componentes de concreto pré-moldado: cordoalhas de aço de alta resistência são alongadas e fixadas firmemente entre anteparos em uma fábrica de pré-moldados e o componente de concreto (mais comumente, uma série de componentes de concreto alinhada) é moldado com a cordoalha alongada em seu interior (Figura 15.8). O concreto ao endurecer adere às cordoalhas ao longo de todo seu comprimento. Depois que o concreto tenha alcançado uma resistência à compressão especificada, as cordoalhas são cortadas em ambas as extremidades dos componentes estruturais. Isso libera a tração externa sobre o aço, permitindo sua contração, e assim comprime o concreto do componente. No caso do aço, em geral, se posicionado o mais próximo possível do lado tracionado do componente, este assume uma curvatura inversa à flexão, originando uma *contraflecha* (arqueamento longitudinal) no momento em que as cordoalhas de aço são cortadas (Figura 13.37). Grande parte dessa contraflecha, ou quase toda, desaparece posteriormente, quando o componente é submetido aos carregamentos de um edifício.

Os anteparos necessários para manter as cordoalhas tracionadas antes do lançamento do concreto são extremamente caros para serem construídos, a não ser que isso seja feito em um local fixo onde muitos componentes de concreto possam ser produzidos com a mesma série de anteparos. Por essa razão, pré-tensão é útil somente para componentes de concreto produzidos em fábricas de pré-moldados.

Concreto com armadura pós-tracionada

Ao contrário da pré-tração, que é sempre feita em uma fábrica, a *pós-tração* é feita, em geral, na própria obra. Os cabos de aço de alta-resistência (*cordoalhas*) são colocados no interior de um tubo de aço ou plástico* para evitar que eles entrem em contato com

---
* N. de T.: Também denominadas Bainhas.

1. O primeiro passo na pré-tração é estirar as cordoalhas de aço e fixá-las através do leito de moldagem.

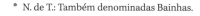

1. No sistema pós-tracionado, não é permitido que o concreto desenvolva aderência às cordoalhas de aço durante o processo de cura.

2. O concreto é lançado ao redor das cordoalhas estiradas e curado, ocorrendo a aderência entre o concreto e as cordoalhas.

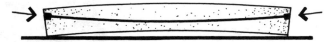

2. Após o concreto ter sido curado, as cordoalhas são estiradas com um macaco hidráulico e ancoradas nas extremidades da viga. Se as cordoalhas forem instaladas já com curvatura, como mostrado aqui, é possível uma maior eficiência estrutural do que com cordoalhas retas.

3. Quando as cordoalhas são cortadas, o concreto entra em compressão e a viga apresenta uma contraflecha.

Figura 13.37
Pré-tração. Fotografias de cordoalhas para concreto protendido são mostradas no capítulo 15.

Figura 13.38
Pós-tração, usando cordoalhas posicionadas para uma maior aproximação do sentido dos esforços de tração na viga.

o concreto e não sejam tracionados até que o concreto tenha a resistência adequada. Cada cordoalha é ancorada a uma chapa de aço embutida em uma ponta da viga ou laje. Um macaco hidráulico é posicionado entre a outra extremidade da cordoalha e uma chapa de aço similar a da outra extremidade do elemento. O macaco aplica um grande esforço de tração na cordoalha, enquanto comprime o concreto com uma força igual, mas oposta, que é aplicada pela chapa. Antes que o macaco seja removido, a cordoalha estirada é ancorada à placa de aço na segunda extremidade do elemento (Figuras 13.38 – 13.40). (Para componentes longos, o macaco hidráulico é inserido em ambas as extremidades da cordoalha para que haja certeza que as perdas por atrito nas bainhas não ocasionem um esforço de tração não uniforme.)

O efeito da pós-tração é similar ao dos sistemas pré-tracionados. A diferença é que, na pós-tração, não são necessários os anteparos, já que o componente estrutural por si só gera as forças de reação necessárias para estirar o aço. Quando o processo de pós-tração é terminado, as cordoalhas podem ser mantidas livres ou, se estiverem em uma bainha metálica, podem ser fixadas pela injeção de uma nata de cimento para preencher o espaço entre as cordoalhas e a bainha. A pós-tração com aderência é comum em pontes e outras estruturas pesadas, mas a maioria da pós-tração em construções é feita com cordoalhas não aderentes. Essas são produzidas com até sete fios de aço trefilados a frio, e têm 0,5 ou 0,6 polegadas (12,7 ou 15,2 mm) de diâmetro (Figuras 13.40 e 13.41). A cordoalha é revestida com

Figura 13.39
Realizando a pós-tração de cordoalhas com curvatura em uma grande viga de concreto com um macaco hidráulico. Cada cordoalha consiste de um número de fios de aço individuais de alta resistência. As barras dobradas que aparecem no topo da viga serão concretadas com a laje de concreto que a viga irá suportar, para que atuem de forma conjunta como uma estrutura composta. (Reimpresso com permissão de *Portland Cement Association de* Design and Control of Concrete Mixtures, *12th edition;* Fotos: *Portland Cement Association, Skokie, IL*)

Figura 13.40
A maioria das vigas e lajes em edifícios são pós-tracionadas com cordoalhas não aderentes revestidas com uma bainha plástica. A bomba e o macaco hidráulico são pequenos e portáteis. *(Cortesia de Constructive Services, Inc., Dedham, Massachusetts)*

Capítulo 13 Construções em Concreto **547**

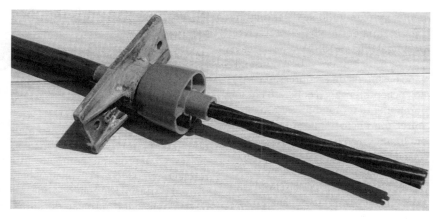

(a)

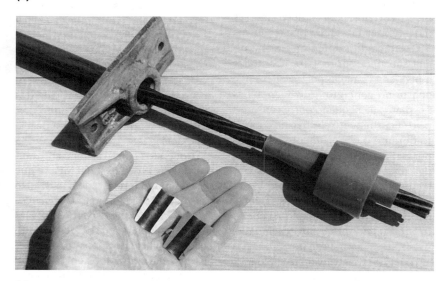

(b)

(c)

Figura 13.41
A ancoragem das extremidades para pequenas cordoalhas para sistemas pós-tracionados é bastante simples. (a) Uma chapa metálica de ancoragem e uma forma plástica para formar um nicho são fixadas à parte interna da forma de concreto, com a face circular maior da forma de nicho posicionada contra a face vertical da forma. O restante da cordoalha passa por um orifício na forma. (b) Depois do concreto ter sido curado, sido realizada a desforma da peça, a forma do nicho é retirada, deixando uma cavidade na borda da laje para acesso à placa de ancoragem, que está abaixo da superfície do concreto. Duas cunhas cônicas com cristas internas afiadas são inseridas ao redor da cordoalha e dentro do furo cuneiforme na placa de ancoragem. (c) O macaco exerce um esforço de compressão contra as cunhas e estira a cordoalha por elas até que o medidor da bomba indique que a carga de tração necessária foi atingida. Quando o macaco é retirado, as cunhas são empurradas para dentro do furo cuneiforme e prendem a cordoalha, mantendo a tração. Após todas as cordoalhas terem sido estiradas seu o comprimento excedente é cortado e o nicho preenchido com graute, alinhado com a borda da laje. *(Fotos de Edward Allen)*

um lubrificante e coberto com um revestimento plástico na fábrica.*

Uma maior eficiência estrutural é possível de ser alcançada em uma viga ou laje protendida quando as cordoalhas de aço forem posicionadas de maneira a seguir, o mais próximo possível, os esforços de tração, conforme mostrado no diagrama da Figura 13.26. Em uma viga ou laje de concreto pós-tracionado isso é feito pela utilização de cadeiras ou apoios de diversas alturas que sustentem as cordoalhas ao longo de uma linha curva que marca o centro das forças de tração no componente. Essa cordoalha pode ter disposição curvilínea (Figuras 13.38 e 13.39). A execução desse arranjo é impraticável em componentes pré-tracionados, pois as cordoalhas teriam que ser puxadas para baixo em diversos pontos ao longo de seu comprimento. Entretanto, as cordoalhas pré-tracionadas podem ser alçadas, isto é, puxadas para cima e para baixo nas formas para produzir uma configuração que aponte para baixo ou em forma de "V" em cada componente, aproximando-se da configuração de uma cordoalha curvilínea ou poligonal (Figura 13.42).

Por estar sempre submetido a elevados esforços de compressão causados pela protensão, o concreto em um componente protendido está sujeito a sofrer um encurtamento progressivo em longo prazo (fluência). As cordoalhas de aço também se alongam ligeiramente ao longo do tempo, perdendo um pouco de sua força de protensão, portanto, os esforços iniciais de protensão devem ser ligeiramente aumentados acima de seus valores teoricamente corretos, para compensar esses movimentos em longo prazo. Outros acréscimos do esforço de tração inicial são necessários para acomodar a pequena retração por secagem que ocorre no concreto, movimentações imediatas de pequeno porte causadas pelo encurtamento elástico do concreto durante o carregamento, e perdas por atrito e deslizes iniciais ou ajustes das ancoragens das cordoalhas nos componentes pós-tracionados.

Nos capítulos posteriores será discutido mais detalhadamente o concreto protendido, pré e pós-tracionado, mostrando suas aplicações para vários sistemas de construção pré-moldados e moldados no canteiro.

* N. de T.: As cordoalhas deste tipo são utilizadas no sistema de protensão sem aderência. No Brasil as normas NBR 7482 e NBR 7483 estabelecem os requisitos para fios e cordoalhas destinados ao uso em concreto protendido.

Cordoalhas pré-tracionadas retas.

Cordoalhas pré-tracionadas poligonais.

Cordoalhas pré-tracionadas elevadas ou alçadas.

Figura 13.42
A conformação das cordoalhas pré-tracionadas com objetivo de aumentar a eficiência estrutural. Exemplos de cordoalhas curvilíneas ou poligonais e alçadas são apresentados no Capítulo 15.

INOVAÇÕES NAS CONSTRUÇÕES EM CONCRETO

Os materiais básicos concreto e aço estão sendo constantemente pesquisados e desenvolvidos, levando a possibilidade de maiores resistências e menor peso às estruturas. Concretos estruturais leves estão tendo seu uso mais difundido para reduzir ainda mais as cargas. Cimentos que compensam a retração têm sido desenvolvidos para uso em estruturas de concreto que não devem apresentar retração durante o endurecimento. O concreto autoadensável está sendo usado para melhorar a produtividade e diminuir os custos de mão de obra. Revestimentos melhorados para armadura de aço, ligas de aço com maior resistência à corrosão e armaduras não metálicas estão sendo usadas para aumentar a vida das estruturas expostas às intempéries, ambientes marinhos e sais de degelo em rodovias.

Concretos com resistência à compressão de 30.000 psi (200 MPa) e que possuem uma resistência à tração utilizável são denominados *concretos de ultra-alto-desempenho (CUAD)*. Eles são formulados a partir de cimento Portland, sílica ativa, pós-reativos (sílica ou quartzo moídos em alto grau de finura), areia fina, aditivo redutor de água de alto desempenho, água e armadura de fibras de aço, não sendo utilizados agregados graúdos. O concreto resultante é caracterizado por um grande empacotamento dos agregados miúdos e os pós-reativos com a matriz, resultando em um concreto mais resistente, menos permeável e mais durável do que as misturas convencionais de alta resistência. A adição de reforços metálicos na forma de macrofibras de aço fornece resistência à tração e ductilidade (tenacidade). O concreto de ultra-alto-desempenho pode ser utilizado na moldagem de elementos arquitetônicos extraordinariamente delgados. Por exemplo, componentes de revestimentos exteriores pré-moldados e coberturas em arco, em ambos os casos com espessura menor que ¾ polegada (20 mm) e sem qualquer armadura convencional, têm sido produzidos com esse material (Figuras 13.43 e 13.44). Concreto de

Figura 13.43
A *Shawnessy LRT Station* em Calgary, Alberta, projetada por *Stantec Architecture Ltd.* As coberturas em casca foram moldadas com concreto de ultra-alto-desempenho, e têm apenas ¾ polegadas (19 mm) de espessura. *(Cortesia de Lafarge North America, Inc. Foto de Tucker Photography)*

ultra-alto-desempenho é apropriado para aplicações estruturais nas quais são necessários elevada capacidade resistente, baixo peso e alta durabilidade. Ao reduzir o volume de concreto necessário para essas aplicações, seu uso também reduz, quando comparado o concreto convencional, de menor resistência, as emissões de gases do efeito estufa resultantes da produção do concreto.

Concreto transmissor de luz é produzido de blocos ou painéis de concreto pré-moldado com fibras óticas ou mantas que permitem a passagem de luz pelo material, mantendo a resistência e durabilidade do concreto. Esse material recentemente desenvolvido tem encontrado aplicação em divisórias não estruturais, balcões e outros elementos arquitetônicos.

Figura 13.44
Moldagem de uma cobertura de concreto para a *Shawnessy LRT Station* mostrada na Figura 13.43. As coberturas foram moldadas por injeção, uma técnica na qual o concreto é lançado em um molde totalmente fechado, em vez de uma forma convencional aberta. Nesta fotografia as duas metades do molde foram separadas e a cobertura está sendo elevada com a ajuda de uma estrutura temporária. *(Cortesia de Lafarge North America, Inc. Foto de Tucker Photography)*

ACI 301

Nos Estados Unidos, as estruturas de concreto são construídas de acordo com as exigências da ACI 301: *Especificações para Concreto Estrutural para Edifícios*, uma publicação do Instituto Americano de Concreto (ACI). Este é um documento que compreende todos os aspectos das atividades com concreto: formas, armaduras, espaçadores e suportes de armaduras, dosagem de concreto, manuseio e lançamento do concreto, concreto leve, protensão e o uso do concreto aparente. É uma norma comum a arquitetos, engenheiros, empreiteiros e fiscais e fornece uma base comum para todos os envolvidos em projetos e execução de edifícios em concreto.*

---

* N. de T.: No Brasil, o projeto de estruturas de concreto é normalizado pela NBR 6118, o controle e recebimento do concreto pela NBR 12655, enquanto a execução de estruturas pela NBR 14931.

CSI/CSC

Seção do MasterFormat para Construções em Concreto

03 10 00	FORMAS PARA CONCRETO E ACESSÓRIOS
03 20 00	ARMADURAS PARA CONCRETO
03 20 00	Aço para armaduras
03 22 00	Armadura de tela soldada
03 23 00	Cordoalhas
03 24 00	Reforço com fibras
03 30 00	CONCRETO MOLDADO IN LOCO
03 40 00	CONCRETO PRÉ-MOLDADO

REFERÊNCIAS SELECIONADAS

1. Portland Cement Association. *Design and Control of Concrete Mixtures* (14th ed). Skokie, IL, 2002.
   As 372 páginas deste livro resumem clara e sucintamente, com várias fotografias e tabelas explicativas, a prática usual de produção, lançamento, acabamento e cura do concreto.
2. Concrete Reinforcing Steel Institute. *Manual of Standard Practice*. Schaumburg, IL, atualizado regularmente.
   As especificações para armadura, aço, tela soldada, espaçadores, com detalhes de fabricação e montagem são padronizadas nesta publicação.
3. American Concrete *Institute. Field Reference Manual: Standard Specifications for Structural Concrete ACI 301 with Selected ACI References*. Farmington Hills, MI, ACI International, atualizado regularmente.
   Este manual inclui o ACI301, a detalhada norma sobre todos aspectos relativos ao concreto estrutural, bem como inúmeras referências do ACI relevantes para construção de concreto moldado no canteiro (in loco).
4. Mehta, P. Kumar, and Paulo J. M. Monteiro. *Concrete: Microstructure, Properties, and Materials* (3rd ed.). New York, McGraw-Hill, 2006.
   Este texto apresenta uma abordagem profunda dos materiais, elaboração e comportamento do concreto para o leitor que deseja ir além na ciência e mecânica do concreto.

SITES

Construções em concreto

Author's supplementary web site: **www.ianosbackfill.com/13_concrete_construction**
American Concrete Institute International: **www.concrete.org**
Portland Cement Associaton: **www.cement.org**

Armadura

Concrete Reinforcing Steel Institute **www.crsi.org**

Palavras-chave

cimento Portland
concreto
agregado
agregado graúdo
agregado miúdo
cura
hidratação
calor de hidratação
retração por secagem
clínquer
cimento com incorporador de ar
cimento Portland branco
concreto com alto teor de cinzas voláteis (CACV)
agregado leve
agregado leve estrutural
agregado expandido de xisto
vermiculita
perlita
material cimentício suplementar (MCS)
pozolana
cinza volante
sílica ativa, microssílica
pozolana natural
metacaulim de alta reatividade
escória de alto-forno, cimento de escória
cimento hidráulico
cimento composto
aditivos para concreto
aditivo incorporador de ar
aditivo redutor de água
aditivo redutor de água de alto desempenho
superplastificante
aditivo acelerador
aditivo retardador
agente de trabalhabilidade
aditivo redutor de retração
inibidor de corrosão
aditivo anticongelamento
aditivo inibidor de hidratação ou aditivo controlador de pega de alto desempenho
corante
relação água-cimento, relação a/c
concreto misturado durante o transporte
ensaio de abatimento de tronco de cone (*slump test*)
massa semifluida
segregação
calha
adensamento
concreto autoadensável (CAA)
formas
desmoldantes
pré-moldagem
moldagem *in loco*
concreto armado
barras de armadura de aço
barras de armadura laminadas a frio (encruadas)
congestionamento de barras
armadura de tela soldada, tela soldada (TS)
barra de fundo
cobrimento
aderência
gancho
estribo
estribo-U
estribo fechado
espaçador
armadura em uma direção
armadura para retração térmica
armadura em duas direções
barra vertical, barra de pilar
amarração
estribo de pilar
estribo helicoidal
armadura fibrosa; fibras
armadura de microfibra microfibras
fissura por retração plástica
armadura de macrofibra
deformação
protensão
concreto protendido
pré-tração
contra-flecha
pós-tração
cordoalha
cordoalha poligonal, curvilínea
cordoalha alçada, erguida
concreto de ultra-alto-desempenho (CUAD)
concreto transmissor de luz
ACI 301

Questões para Revisão

1. Qual é a diferença entre cimento e concreto?
2. Liste as condições que devem ser atendidas para produzir uma mistura de concreto satisfatória.
3. Liste as precauções que devem ser tomadas para curar o concreto adequadamente. Como elas mudam em climas muito quente, muito ventoso, e muito frio?
4. Que problemas são possíveis de ocorrer se o concreto tem um abatimento de tronco de cone muito baixo? E muito alto? Como o abatimento de tronco de cone pode ser aumentado sem aumentar a quantidade de água na mistura de concreto?
5. Explique como as barras da armadura de aço trabalham no concreto.
6. Explique o papel dos estribos nas vigas.
7. Explique o papel dos estribos nos pilares.
8. Qual é o papel da armadura para retração térmica? Onde ela é utilizada?
9. Explique as diferenças entre concreto armado e protendido e as vantagens e desvantagens relativas de cada um.
10. Sob quais circunstâncias você usaria pré-tensão e sob quais circunstâncias você usaria pós-tensão?
11. Explique as vantagens de utilizar barras de aço de alta resistência em concreto que necessite de elevadas taxas de armadura pesada.

Exercícios

1. Projete uma mistura de concreto simples. Misture e molde alguns corpos-de-prova cilíndricos com várias relações água/cimento. Cure e ensaie os corpos-de-prova. Faça um gráfico da resistência do concreto *versus* a relação água/cimento.
2. Esboce de memória o padrão de armadura para uma viga contínua de concreto. Adicione notas para explicar a função de cada um dos tipos de armadura.
3. Projete, faça fôrma e molde uma pequena viga de concreto, com comprimento de 6 a 12 pés (2-4m). Caso necessário, peça ajuda a um professor ou profissional para projetar a viga.
4. Visite um canteiro de obras onde estejam sendo executadas obras em concreto. Examine as formas, armaduras e atividades com o concreto. Observe como o concreto é levado até o local, transportado, lançado, adensado e acabado. Como o concreto é suportado após ter sido lançado? Por quanto tempo?

14

Sistemas Estruturais com Concreto Moldado no Local

Produção de pisos de concreto

Produção de paredes de concreto

Produção de pilares de concreto

Sistemas estruturais armados em uma direção para lajes de pavimentos e tetos

Sistemas estruturais armados em duas direções para lajes de pavimentos e tetos

Escadas de concreto

Sistemas estruturais pós-tracionados moldados no local

Seleção de um sistema estrutural de concreto moldado no local

Inovações em construção com concreto moldado no local

Concreto arquitetônico

Grandes vãos em concreto moldado no local

Projetos econômicos de edifícios de concreto moldado no local

Concreto moldado no local e os códigos de edificações

A singularidade do concreto moldado no local

Câmara Municipal de Boston faz uso arrojado de concreto moldado no local em sua estrutura, fachadas e interiores. Sua base é revestida com alvenaria de tijolo. *(Arquitetos: Kallmann, McKinnell, and Wood. Foto: Ezra Stoller © ESTO)*

O concreto produzido no canteiro de obras oferece possibilidades quase ilimitadas ao projetista. Qualquer forma possível de ser produzida pode ser moldada, com ilimitadas opções de texturas superficiais e exemplos dessas realizações são encontrados nos livros de arquitetura moderna. Para componentes de concreto que não podem ser pré-moldados, tais como: fundações em tubulões e fundações contínuas, pisos, elementos estruturais de grande porte ou elevado peso que torna impossível o transporte desde a fábrica de pré-moldados, elementos com seções irregulares ou com formas especiais que inviabilizem a pré-moldagem, capas de concreto para lajes de elementos pré-moldados de piso e cobertura e vários tipos de sistemas estruturais bidirecionais de lajes ou sistemas nos quais deve haver continuidade estrutural total entre os componentes, a moldagem no canteiro é a única solução. Em muitos casos, em que o concreto moldado no local poderia ser substituído por concreto pré-moldado, a produção no canteiro continua sendo o método adotado devido às suas características arquitetônicas de maior massa e monoliticidade.

As estruturas de concreto moldado no local tendem a ser mais pesadas que a maioria dos outros tipos de estruturas, o que pode levar à seleção de uma estrutura de concreto pré-moldado ou de aço nos casos em que as cargas nas fundações sejam um fator determinante. O ritmo de construção de edifícios com concreto produzido no canteiro também é relativamente lento, já que cada nível do edifício deve passar pelas etapas de montagem das formas e armaduras, lançamento e cura do concreto e posterior retirada das formas antes que a construção do outro nível possa começar. Na realidade, cada elemento de um edifício com estrutura de concreto produzido no canteiro é fabricado no local, frequentemente sob condições variáveis de clima, ao passo que grande parte do trabalho em edifícios com estruturas em aço ou concreto pré-moldado é feito em fábricas, nas quais as condições de trabalho, ferramentas e equipamentos para manuseio dos materiais e condições ambientais são geralmente superiores aos dos canteiros de obras. No entanto, em respostas às suas próprias limitações inerentes, a tecnologia da moldagem no local tem se desenvolvido rapidamente por meio de métodos racionalizados de manuseio dos materiais, sistemas de formas reutilizáveis que podem ser montados ou desmontados quase que instantaneamente, pré-fabricação das armaduras e mecanização das operações de acabamento. O rápido ritmo dessa evolução tem mantido o concreto moldado no local entre as técnicas de construção preferidas pelas construtoras, arquitetos e engenheiros.

Figura 14.1
Unity Temple, em Parque Oak, Illinois, construído pelo arquiteto Frank Lloyd em 1906. Sua estrutura e superfícies exteriores foram moldadas em concreto, sendo um dos primeiros prédios nos Estados Unidos a ser construído essencialmente com este material. *(Foto de John McCarthy. Cortesia de Chicago Historical Society ICHi-18291)*

PRODUÇÃO DE PISOS DE CONCRETO

Um *piso de concreto* é uma laje de concreto nivelada e apoiada diretamente sobre o solo. Os pisos de concreto são usados em estradas, calçadas, pátios, pistas de aeroporto, pisos de porões ou pavimentos térreos de prédios. Um piso de concreto normalmente tem poucas solicitações estruturais, com exceção da transmissão direta ao solo dos esforços de compressão gerados pelos carregamentos sobre ele, podendo, portanto, ser adotado como um bom exemplo das operações envolvidas na produção de concreto em obras (Figura 14.2).

Como preparação para o lançamento de um piso de concreto deve ser prevista a retirada da camada de solo superficial, instável, até atingir a camada inferior de solo firme. Caso a camada inferior seja muito mole, deve ser realizada compactação ou substituição por um material mais estável. Em seguida, uma camada de brita com diâmetro aproximado a ¾ de polegada (19 mm) de diâmetro e espessura mínima de 4 polegadas (100 mm), conhecida como *barreira capilar*, é espalhada e compactada sobre o solo, de maneira a funcionar como uma camada de drenagem para manter a água afastada da face inferior do piso. Em situações em que o piso não esteja sendo moldado com paredes periféricas, uma forma limitante para as bordas – uma tira de madeira ou metal fixada a pinos cravados no solo – é construída ao redor do perímetro da área a ser preenchida com concreto. Esta forma é revestida com um composto desmoldante para evitar a aderência do concreto (Figura 14.3). Nos casos em que existam paredes periféricas, um material selante flexível é utilizado para criar uma junta de isolamento entre a laje e as paredes ao redor, conforme detalhamento posterior neste capítulo. A borda superior da forma é cuidadosamente nivelada.

A espessura do piso pode variar de 3 polegadas (100 mm), para um piso residencial, até 6 ou 8 polegadas (150 ou 200 mm) para um piso industrial. Para uma pista de aeroporto, que suporta as elevadas cargas das rodas dos aviões e as transmite ao solo, a espessura pode atingir 1 pé ou mais (300 mm). Para pisos internos, uma *barreira à umidade* (também chamada de *barreira de vapor*), normalmente, uma espessa lona plástica, é posicionada sobre a pedra britada para evitar que o vapor da água proveniente do solo ascenda através da laje.

Para construção de alguns pisos internos, uma camada granular, constituída de pedra britada de pequenas dimensões ou areia, com espessura entre 2 e 4 polegadas (50 a 100 mm), pode ser colocada sobre a barreira de vapor. Essa camada de agregado miúdo tem o objetivo de proteger a barreira de vapor contra possíveis danos antes do lançamento do concreto. Após o lançamento do concreto, essa camada absorve o ex-

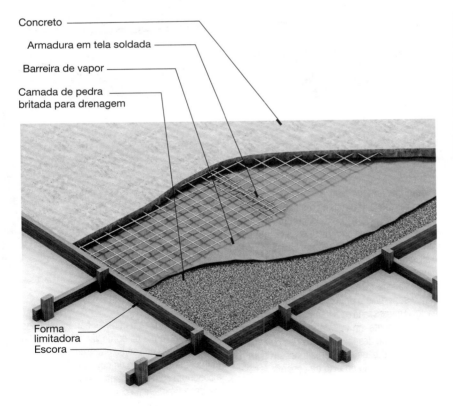

Figura 14.2
Construção de um piso de concreto. Verifica-se a superposição da armadura de tela soldada no encontro de dois painéis. Como explicado no texto, uma camada de pedra britada de pequenas dimensões ou areia é, em algumas vezes, adicionada sobre a barreira de vapor para protegê-la de possíveis danos anteriores ao lançamento do concreto e para promover uma cura uniforme após o lançamento do concreto.

Figura 14.3
Construção e acabamento de um piso de concreto. (a) Posicionamento de uma forma, específica de um fabricante, limitante de borda em um pino de apoio. O perfil da forma de borda faz com que os lançamentos de concreto adjacentes se travem. Os furos na forma de metal permitem a colocação de barras de aço horizontais para unir as diversas placas do piso. (b) À direita, a camada de drenagem de um piso, produzida com pedra britada, à esquerda, uma seção do piso pronta para receber o concreto, com barreira de umidade, armadura de tela soldada e formas limitantes já posicionadas. (c) Estas placas de compensado impregnado com asfalto formam uma junta isolante quando inseridas na laje. O perfil plástico é removido imediatamente após o acabamento da laje, para criar um espaço vazio para posterior preenchimento com um selante elastomérico. (d) O adensamento e nivelamento da superfície do piso de concreto é realizado imediatamente após o lançamento com a utilização de uma régua vibratória. O motor da régua exerce uma vibração na placa sobre o concreto fresco até a obtenção de uma superfície nivelada. (e) Um rodo do tipo *bull float** pode ser utilizado para o alisamento preliminar da superfície imediatamente após o nivelamento. (f) O uso de uma desempenadeira manual traz a pasta de cimento para a superfície e produz uma superfície plana. (g) O desempeno ou flotação** pode ser feita mecanicamente em vez de manualmente. (h) A utilização de desempenadeira de aço após a flotação produz uma superfície densa, dura e lisa. (i) Uma seção do piso de concreto terminada e pronta para a cura. As barras inseridas ao longo da forma de borda vão criar a ligação com os painéis que serão produzidos posteriormente. (j) Um método de cura úmida da laje é a cobertura com uma manta de polietileno para manter a umidade no concreto. *(Fotos a, b, c, e i cortesia de Vulcan Metal Products, Inc., Birmingham, Alabama;* fotos d, e, f, g, h, e j reimpresso com a permissão de *Portland Cement Association de Design and Control of* Concrete Mixtures, *12th edition, Portland Cement Association, Skokie, IL)*

---

* N de T.: É usual a utilização do termo em inglês. Trata-se de um rodo alisador.

** N de T.: Flotação é a operação de desempeno mecânico para trazer argamassa à superfície e eliminar pequenas imperfeições da superfície.

cesso de água, ajudando na prevenção do empenamento do piso, que pode ocorrer durante a cura, quando a camada superficial do piso perde umidade mais rapidamente do que a camada inferior. No entanto, essa prática também favorece o risco de se criar um acúmulo de água sob o piso, o que pode ocasionar problemas relacionados à umidade após a colocação em uso, especialmente quando forem aplicados sobre o piso revestimentos sensíveis à umidade, como pisos laminados ou placas vinílicas. Com o desenvolvimento de barreiras de vapor mais resistentes, menos vulneráveis aos danos originados durante as operações de construção, a prática de colocação de uma camada de agregados sobre a barreira de vapor vem se tornando menos usual.

Uma armadura de fios de aço soldados (tela soldada) é cortada em um tamanho um pouco menor do que as dimensões da laje e é colocada sobre a barreira de umidade ou pedra britada. A armadura mais comumente utilizada em pisos com carregamentos leves, como os utilizados em residências, é 6x6-W1,4,* que tem um espaçamento de fios de 6 polegadas (150 mm) em cada direção e fios com diâmetro de 0,135 polegada (3,43 mm – veja Figura 13.23 para mais informações sobre telas soldadas). Para pisos em fábricas, depósitos e aeroportos, podem ser utilizadas telas com fios mais pesados ou uma malha de barras de aço. Os fios da tela ou as barras ajudam a proteger o piso contra a fissuração que pode ser causada pela retração do concreto, tensões térmicas, cargas concentradas, congelamento intenso ou assentamento do solo. O reforço com fibras (macrofibras), discutido no capítulo anterior, também pode ser utilizado para controle da fissuração nas lajes, em vez das telas e barras.

Lançamento e acabamento de pisos

O lançamento (moldagem) do piso tem início com o posicionamento do concreto na forma. Isto pode ser feito diretamente a partir da calha de um caminhão-betoneira, por carrinhos de mão, por uma caçamba de concreto movimentada por guindaste, por correia transportadora ou por uma bomba de concreto e tubulação. O método selecionado dependerá do porte do serviço e das condições de acesso ao piso pelo caminhão de transporte do concreto. O espalhamento do concreto é realizado pelos trabalhadores, com a utilização de pás e rodos até que a forma esteja cheia. As mesmas ferramentas são usadas para um adensamento inicial do concreto, especialmente ao redor das bordas, de modo que se eliminem os bolsões de ar. Assim que o concreto for lançado, a tela soldada é erguida pelos operários com o uso de ganchos até, aproximadamente, a metade da espessura do piso, posição mais adequada para resistir aos esforços de tração causados pelas forças que agem tanto acima como abaixo do piso.**

A primeira operação no acabamento do piso é o *nivelamento* do concreto, por meio da passagem de uma régua rígida de madeira ou metálica apoiada sobre as bordas das formas limitantes para a obtenção de uma superfície de concreto nivelada (Figura 14.3d). Isso é feito com movimentos da régua, de uma extremidade a outra, semelhante ao movimento de serrar, evitando que grãos de agregados graúdos salientes se soltem da superfície do concreto fresco. Um excesso de concreto é mantido à frente da régua durante o nivelamento, de maneira a preencher eventuais pontos mais baixos encontrados.

Imediatamente após o nivelamento do concreto o piso recebe o *desempeno* inicial. Essa etapa é, normalmente, realizada manualmente, com a utilização de desempenadeiras manuais de cabo longo, tipicamente de 4 a 10 pés (1,2 a 3 m) de comprimento, conhecidas como *bull floats* (Figura 14.3e). Esses equipamentos são passados sobre o concreto para alisar e consolidar sua superfície.

---

* N. de T.: A nomenclatura das telas soldadas, no Brasil, é estabelecida pela NBR 7481.

** N. de T.: Embora a prática de elevação da armadura após o lançamento do concreto seja citada, recomenda-se que não seja utilizada, devendo ser dada preferência ao posicionamento prévio das armaduras pelo uso de espaçadores plásticos, de argamassa, de concreto ou metálicos.

Após o desempeno inicial, a camada superficial do piso está nivelada, mas ainda bastante áspera. Nas situações em que será executada posteriormente uma capa de concreto sobre a superfície ou aplicação de revestimentos pétreos ou ladrilhos, o piso pode ser curado sem outros acabamentos.

Caso seja desejada uma superfície mais lisa, são realizadas operações de acabamento adicionais após um determinado prazo, no qual o concreto começa a enrijecer e a água superficial que produz o espelhamento da superfície, denominada *água de exsudação*, evapora da superfície do piso. Inicialmente, ferramentas manuais com formatos especiais podem ser utilizadas para formar bordas arredondadas ao redor do perímetro do piso e das juntas de controle do interior. Em seguida, é realizado um segundo desempeno do piso para melhorar a consolidação da superfície. Pisos de pequenas dimensões podem ser desempenados manualmente (Figura 14.3f), mas para pisos maiores, são utilizadas desempenadeiras ou acabadoras rotativas motorizadas (Figura 14.3g). As superfícies de contato das acabadoras são de madeira ou metálicas*** com uma superfície ligeiramente áspera. Com a passagem do equipamento sobre a superfície, o atrito gerado por esta rugosidade causa uma leve vibração no concreto, e traz a pasta de cimento para a superfície, onde, então é espalhada pela acabadora sobre os agregados graúdos e nos pontos mais baixos. O desempeno ou a flotação excessiva, no entanto, ocasiona uma ascensão excessiva de pasta e água livre para a superfície, formando poças que tornam quase impossível a obtenção de um bom acabamento. A experiência do operador é essencial para o desempeno, assim como para todas as operações de acabamento dos pisos, devendo saber o momento exato de início e término de cada operação. O piso desempenado tem uma superfície levemente texturizada, sendo apropriada para calçadas ao ar livre e pavimentos sem acabamentos adicionais. Para

---

*** N. de T.: Não é usual o uso de acabadoras motorizadas com superfícies de madeira.

uma superfície completamente lisa e densa, o piso deve ser *espelhado*. Isso é feito imediatamente após o segundo desempeno, seja manualmente, utilizando-se de uma *desempenadeira de aço*, lisa e retangular (Figura 14.3*h*), seja com uma *desempenadeira ou acabadora motorizada rotativa**. Caso o operário não consiga alcançar todas as áreas do piso a partir das bordas, devem ser utilizadas joelheiras de madeira compensada, conhecidas pelo nome em inglês, *knee boards*. São duas por funcionário, utilizadas sobre a superfície do concreto para distribuir o peso do funcionário e permitir que ele se ajoelhe sem causar marcas no concreto. Qualquer marca deixada pelas joelheiras é removida pelo funcionário com a desempenadeira, sendo o trabalho desenvolvido ao longo de toda a superfície, em sentido inverso, ou seja, do ponto mais distante para o ponto mais próximo às bordas. Caso seja desejada uma superfície antiderrapante, é utilizada, após o desempeno, uma vassoura de cerdas duras na superfície do piso para produzir uma textura com ranhuras denominada *acabamento vassourado*.

Nos casos em que o piso de concreto deve atender limites rígidos de planicidade, após as fases de flotação devem ser realizadas operações de corte. O *corte* é comumente realizado com o uso do *rodo de corte*, que consiste de uma régua de alumínio acoplada a um cabo de aproximadamente 10 pés (3 m) de comprimento, que é puxado ao longo da superfície da laje de concreto para remover pequenas ondulações produzidas durante as operações de flotação ou desempeno.

Produtos *endurecedores de superfície* são algumas vezes salpicados sobre a superfície de um piso, entre as operações de nivelamento e desempeno. Esses produtos, em forma de pó seco, reagem com o concreto, formando uma superfície extremamente dura e durável, adequada para aplicações de alto desgaste, como depósitos e fábricas.

Quando as operações de acabamento tiverem sido completadas, o piso deve ser curado sob condições úmidas por no mínimo uma semana; caso contrário, sua superfície pode fissurar ou tornar-se pulverulenta pela secagem prematura. A cura úmida pode ser conseguida ao cobrir o piso com algum material absorvente, como serragem, terra, areia, palha ou aniagem, que deve ser mantido úmido pelo tempo necessário. Uma manta plástica impermeável ou de papel à prova da água também pode ser colocada sobre a laje assim que a flotação estiver concluída, para evitar a perda da umidade do concreto (Figura 14.3*j*). O mesmo efeito pode ser obtido ao borrifar a superfície de concreto com uma ou mais aplicações de um *composto de cura* líquido, que forma uma membrana invisível impermeável sobre a laje.**

Nenhum piso de concreto é perfeitamente liso, pois o processo normal de acabamento produz uma superfície que apresenta ondulações,

---

* N. de T.: É usual o termo em inglês *power trowel* ou helicóptero.

** N. de T.: Também conhecida película de cura ou cura química.

---

normalmente imperceptíveis no uso diário, entre áreas baixas e altas. A planicidade de pisos de concreto é, usualmente, definida como a amplitude máxima do intervalo de variação medida sob uma régua de 10 pés (3,0 m) posicionada em qualquer local do piso, em geral, na faixa de ⅛ a ⅜ de polegada (3 a 10 mm). Depósitos industriais que utilizam empilhadeiras de alto alcance, no entanto, necessitam de pisos com menores tolerâncias para a planicidade. Os *pisos superplanos*, bem como outros para os quais se deseja um rígido limite sobre a planicidade, são especificados segundo um sistema mais complexo de indicadores, conhecido como *F-numbers*, que correspondem aos graus de planicidade (ondulações) e nivelamento (conformidade a um plano horizontal) requeridos e produzidos com utilização de equipamentos e técnicas de acabamento especiais. Devido à sua precisão extrema, um equipamento automático com uma régua monitorada a laser (Figura 14.4) é normalmente utilizado para a

Figura 14.4
Guiado por um nível laser, a régua motorizada deste equipamento pode produzir 240 pés quadrados (22 m²) de superfície de piso por minuto com um padrão extremamente rígido de planicidade. O trabalhador à direita alisa a superfície com uma desempenadeira de cabo longo, tipo *bull float*. *(Foto de Wironen, Inc. Cortesia de Laser Screed Company, Inc., New Ipswich, New Hampshire)*

obtenção de pisos superplanos. Esse aparelho produz, com alta produtividade, uma superfície lisa e nivelada e variações bastante pequenas.

Controle de fissuras em pisos de concreto

Em virtude dos pisos serem relativamente finos em relação às suas dimensões horizontais e, normalmente, serem levemente armados, eles são particularmente propensos à ocorrência de fissuração. As tensões que causam fissuras podem ser originárias da retração, que faz parte do processo de endurecimento do concreto, da movimentação térmica do piso ou de movimentos diferenciais entre o piso e os elementos adjacentes do prédio. Caso essas fissuras não sejam evitadas, elas podem causar o comprometimento estético e funcional do piso.

Na maioria das vezes, as fissuras em pisos de concreto são controladas pela introdução de um sistema de juntas no piso, que permite que as tensões sejam dissipadas sem comprometer a aparência ou desempenho do piso. *Juntas de controle*, também chamadas de *juntas de retração*, são seções intencionalmente enfraquecidas através de um piso de concreto, nas quais os esforços de tração, causadas pela retração por secagem do concreto, podem ser aliviadas sem alterar o piso. Essas juntas, normalmente produzidas no formato de sulcos em profundidades de pelo menos ¼ da espessura do piso, são criadas pela passagem de uma desempenadeira especial ao longo de uma régua enquanto o concreto ainda estiver plástico, ou pela serragem parcial do concreto logo após o início do endurecimento, utilizando-se uma máquina de corte com disco diamantado ou abrasivo. Para forçar que as fissuras ocorram nas juntas de controle, em vez de em outros locais do piso, a armadura deve ser parcialmente descontinuada nos cruzamentos com as juntas. As recomendações de espaçamento das juntas de controle variam conforme a espessura do piso e a taxa de retração do concreto. Por exemplo, para pisos de 4 a 8 polegadas (100-200

> O concreto armado tornou possível o pavimento de "pilotis". A casa fica no ar, elevada em relação ao solo; o jardim corre sob a casa e também está sobre ela, na cobertura [...] O concreto armado é o meio que tornou possível construir tudo com apenas um material [...] O concreto armado traz a planta livre para dentro da casa! Os pavimentos já não precisam simplesmente estar empilhados. Eles são livres [...] O concreto armado revoluciona a história da janela. As janelas podem correr de lado a lado da fachada [...]
>
> Le Corbusier e P. Jeanneret
> *Oeuvre Complète 1910–1929, 1956.*

mm) de espessura, produzidos com concreto convencional, o espaçamento de juntas recomendado varia entre 11 pés e 6 polegadas e 17 pés e 6 polegadas (3,6 a 5,3 m). Quanto menos espesso for o piso, menor deve ser o espaçamento entre as juntas e, nos pisos em que as juntas de controle estiverem posicionadas em direções perpendiculares, o espaçamento entre elas deve ser aproximadamente igual, de maneira a criar painéis aproximadamente quadrados.

As *juntas de isolamento*, também denominadas *juntas de expansão*, são produzidas pela inserção de perfis no piso para formar juntas em toda a sua profundidade (Figura 14.3*c*), com largura típica entre ⅜ a ¾ de polegada (10-20 mm), separando completamente o piso dos elementos adjacentes. As juntas de expansão aliviam as tensões potenciais ao dar maior liberdade de movimentação ao piso em relação às demais partes da construção ou outros segmentos do piso. Essas movimentações podem ocorrer devido à expansão e retração térmica, solicitações estruturais ou assentamentos diferenciais. As juntas de expansão são normalmente executadas na região de encontro da borda do piso de concreto com as paredes e elementos verticais, bem como no entorno de elementos como pilares e paredes estruturais existentes no piso. As juntas de isolamento também são usadas para dividir grandes pisos ou pisos de formatos irregulares em áreas menores de formas retangulares mais simples, menos propícias ao acúmulo de tensões.

O próprio concreto pode ser produzido de maneira a reduzir a incidência de fissuras: aditivos redutores de retração e alguns materiais cimentícios suplementares, como cinzas volantes, reduzem a retração por secagem. A diminuição da relação água/cimento do concreto reduz a retração por secagem e resulta em um concreto com resistência final mais elevada e mais resistente às fissuras. *Cimentos compensadores de retração** especialmente formulados podem anular completamente a retração por secagem, permitindo a produção de pisos de concreto de grandes dimensões sem juntas de retração. A taxa de armadura do piso pode ser aumentada ou podem ser adicionadas fibras à mistura de concreto, de maneira a melhorar a resistência do piso aos esforços de tração. A proteção do piso de concreto recém-lançado contra a retração por secagem por meio do processo de cura úmida reduz a incidência de fissuras durante o endurecimento do concreto e assegura que o concreto alcance a resistência de projeto.

Sob certas circunstâncias, é vantajosa a realização de protensão de pisos, utilizando-se cordoalhas nas duas direções, niveladas à meia altura do piso, em vez da tela soldada. A protensão ocasiona em todo o piso uma tensão de compressão suficiente para que, em condições previstas, nunca ocorram tensões de tração. A protensão torna os pisos resistentes à fissuração devido a cargas concentradas, elimina a necessidade da execução de juntas de controle e, em geral, resulta em pisos de menor espessura. É especialmente eficiente para pisos sobre solos instáveis ou de baixa consistência e para pisos superplanos.

---

* N. de T.: Não disponíveis no Brasil.

PRODUÇÃO DE PAREDES DE CONCRETO

Uma parede de concreto armado construída no nível do solo, em geral, está apoiada sobre uma fundação contínua de concreto (Figuras 14.5-14.7). Essa fundação é produzida e lançada de maneira semelhante aos pisos de concreto. Suas seções transversais e armadura, se existente, são determinadas pelo engenheiro estrutural*. Uma *cavilha*, um sulco que formará uma conexão mecânica com a parede, é algumas vezes executada no topo da sapata, com ripas de madeira que são temporariamente incorporadas ao concreto fresco. *Esperas* de armadura, barras de aço salientes no sentido vertical, são normalmente colocadas na sapata antes do lançamento do concreto. Elas serão posteriormente traspassadas com as barras verticais das paredes de maneira a estabelecer uma continuidade estrutural. Após o lançamento do concreto, a parte superior da fundação é nivelada e não são necessárias operações de acabamento adicionais. A sapata é curada pelo prazo mínimo de um dia antes que as formas das paredes sejam montadas.

---

* N. de T.: Estas fundações contínuas armadas são definidas pela NBR 6122 como sapatas corridas, já os elementos de fundação não armados são conhecidos como blocos. A mesma norma estabelece os procedimentos para dimensionamento de fundações no Brasil.

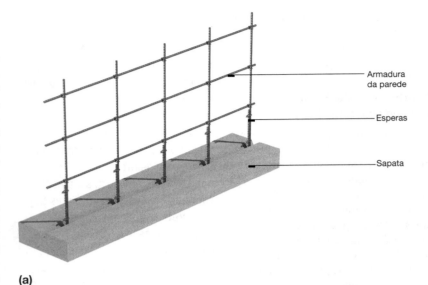
(a)

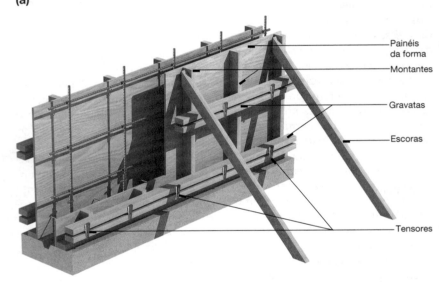
(b)

(c)

Figura 14.5
O processo de produção de uma parede de concreto. (a) Barras verticais da armadura são emendadas às esperas que se projetam da sapata e barras horizontais são unidas às barras verticais. (b) A forma é montada. Chapas de madeira compensada formam os painéis das faces e são sustentadas por peças verticais de madeira (montantes). O travamento contra a pressão do concreto fresco é feito com o uso de peças horizontais (gravatas) que são travadas com o uso de tensores metálicos, que passam através de orifícios na madeira compensada até as gravatas no lado oposto. Os tensores também agem como espaçadores mantendo a distância entre os painéis de madeira compensada igual à espessura desejada da parede. Escoras inclinadas mantêm toda a montagem aprumada e reta. (c) Após o concreto ter sido lançado, adensado e curado, os tensores e gravatas são retiradas e é realizada a desforma do concreto.

Capítulo 14 Sistemas Estruturais com Concreto Moldado no Local 561

Figura 14.6
Protegido contra o risco de queda por um cinto de segurança, um operário, posicionado sobre as barras da armadura de uma parede de concreto, amarra outra barra horizontal na posição. *(Foto: cortesia de DBI/SALA, Red Wing, Minnesota)*

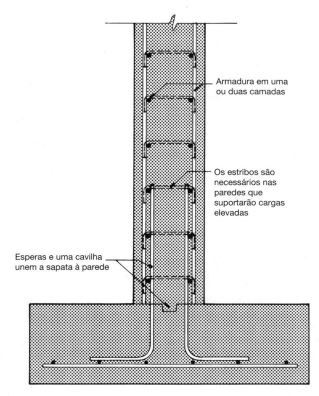

Figura 14.7
Seção transversal de uma parede de concreto armado, com duas camadas de barras de horizontais e verticais para maior capacidade resistente.

A armadura da parede, seja formada por uma malha de barras horizontais e verticais no centro da seção, seja com duas malhas próximas às superfícies externas, conforme o projeto estrutural, é montada com barras horizontais e verticais próximas entre si, amarradas uma a outra nas interseções. As barras verticais são sobrepostas com as esperas correspondentes que se projetam da sapata. Barras horizontais em forma de L são posicionadas nos cantos da parede, para manter a continuidade estrutural entre duas seções da parede. Caso a parte superior da parede seja ligada a um piso de concreto ou a outra parede, são deixadas esperas que se projetam da forma e serão incorporadas no lançamento posterior de concreto, estabelecendo uma continuidade estrutural.

As formas de parede podem ser construídas conforme cada necessidade, a partir de madeira serrada e madeira compensada. No entanto, é mais usual o uso de painéis padronizados reutilizáveis, revestidos em um dos lados com um composto desmoldante, posicionados sobre a fundação, alinhados cuidadosamente e escorados. Os *tensores*, que são barras metálicas de pequeno diâmetro especialmente projetadas para manter as formas na posição sob a pressão do concreto fresco, são inseridos nos orifícios existentes da forma e fixados aos painéis por dispositivos fornecidos com os tensores. Tanto os tensores quanto os elementos de fixação apresentam detalhes que variam de um fabricante a outro (Figuras 14.8 e 14.9). Os tensores atravessam de um lado a outro da parede de concreto e permanecem incorporados a ela após o lançamento do concreto. Esta pode parecer uma forma estranha de manter as formas das paredes unidas, no entanto, as pressões do concreto fresco nas formas são tão grandes que não há outra maneira econômica de lidar com elas.*

Quando os tensores estão posicionados e a armadura inspecionada, a forma para o segundo lado da parede é montada, as *gravatas* e *escoras* são adicionadas (Figura 14.5), e as formas são inspecionadas para verificação das seções, prumo, alinhamento, fechamento e escoramento. Um teodolito ou dispositivo de nivelamento a laser é utilizado para estabelecer a altura exata na qual o concreto será lançado, e esta altura é marcada na face interna das formas e o lançamento do concreto pode então ser realizado.

O concreto é transportado ao canteiro de obras, onde é feito o recebimento depois da verificação de sua consistência, por meio da determinação do abatimento de tronco de cone e moldagem de corpos-de-prova cilíndricos. O concreto é então transportado ao topo da parede por uma caçamba movimentada por um guindaste ou por uma bomba e mangueira de concreto. Operários sobre andaimes ou plataformas sobre as formas lançam o concreto nas formas, adensando-o com um vibrador para eliminar os vazios (Figura 14.10). Quando a

---

* N. de T.: Uma opção é o uso de tubos plásticos rígidos ou flexíveis com bainhas para a passagem dos tensores. Essa alternativa permite a retirada dos tensores.

Figura 14.8
Detalhe da montagem de tensor. Dois cones plásticos nas faces internas da forma mantêm a espessura correta da parede. Cunhas de forma cônica, encaixadas nas extremidades do tirante transmitem a tensão para as gravatas. Após a retirada das formas, os cones serão removidos do concreto e os tirantes serão cortados de dentro das cavidades deixadas pelos cones. Os orifícios cônicos podem ser deixados abertos, preenchidos com argamassa ou fechados com tampões plásticos.

Figura 14.9
Detalhe de um tirante de esforços elevados. Esta montagem é ajustada com parafusos especiais que se conectam a uma haste helicoidal soldada no tirante. A haste permanece no interior do concreto, mas os parafusos e o cone plástico à direita são removidos e reutilizados após a desforma. O objetivo do uso do cone é deixar um orifício de bom acabamento na superfície exposta do concreto. *(Cortesia de Richmond Screw Anchor Co., Inc., 7214 Burns St., Fort Worth, TX 76118)*

Figura 14.10
Adensamento do concreto fresco após o lançamento, utilizando-se de um vibrador de imersão no concreto. *(Reimpresso com permissão de Portland Cement Association de* Design and Control of Concrete Mixtures, *12th edition; Fotos Portland Cement Association, Skokie, IL)*

forma tiver sido preenchida até o nível marcado em sua parte interna e o concreto adensado, desempenadeiras manuais são usadas para alisar e nivelar a superfície superior da parede. O topo da forma é então coberto com uma folha plástica ou lona e a parede é deixada para a cura.

Após alguns dias de cura, as escoras e gravatas são retiradas, os conectores são removidos das extremidades dos tensores, e é realizada a *desforma* da parede (Figura 14.11). A parede sem as formas tem um aspecto eriçado, devido às pontas dos tensores aparentes. Os tensores são cortados por meio de torção, realizada por alicates, sendo os *orifícios dos tirantes* resultantes nas superfícies da parede cuidadosamente preenchidos com argamassa. Defeitos maiores na superfície da parede, causados por defeitos nas formas, falhas de preenchimento ou adensamento, podem ser reparados neste momento e a parede está pronta.

Formas isolantes de concreto

Como um método alternativo de moldagem de uma parede de concreto, em especial paredes externas de um edifício, podem ser utilizadas *formas*

Figura 14.11
Três estágios da construção de uma parede de concreto armado sobre uma fundação contínua. No primeiro plano, as barras da armadura foram amarradas às esperas que se projetam da fundação, prontas para a montagem das formas. No centro, o concreto já foi lançado em uma forma de aço patenteada que é fixada ao longo da parede com pequenas presilhas de aço fixadas por cunhas. No fundo, as formas já foram retiradas e alguns dos tirantes já foram cortados. *(Reimpresso com permissão de Portland Cement Association de* Design and Control of Concrete Mixtures, *12th edition; Fotos Portland Cement Association, Skokie, IL)*

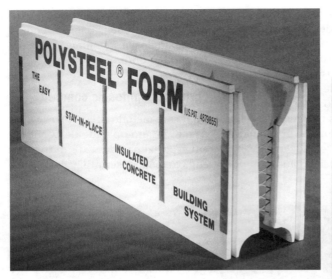

(a)

Figura 14.12
Produção de uma parede de concreto com formas isolantes de concreto. (a) As formas são produzidas como blocos intertravados. As metades internas e externas dos blocos são unidas por malhas de aço que são conectadas às tiras de metal nas superfícies interna e externa. Essas tiras mais tarde servirão para receber os parafusos que fixam os materiais de acabamento interior e exterior na parede. (b) Operários montam os blocos para formar todas as paredes exteriores de uma casa. As aberturas para portas e janelas são produzidas com madeira serrada. O operário à direita está cortando um bloco da forma com um serrote. (c) Esta amostra de parede, de onde alguns blocos foram removidos, mostra que a parede acabada contém um núcleo contínuo de concreto armado com isolamento térmico interna e externamente. *(Cortesia de American Polysteel Forms)*

(b)

(c)

isolantes de concreto (FIC), que servem para moldagem do concreto e permanecem no local como isolante térmico (Figura 14.12). As formas são fabricadas em configurações ligeiramente diferentes por diversas empresas. A forma mais comum é o bloco oco intertravado de espuma de poliestireno, mas alguns fabricantes produzem pranchas ou painéis de espuma com tensores plásticos que os unem para produzir formas de paredes. Seja qual for a configuração exata, esses sistemas pesam tão pouco, e são feitos de forma tão precisa, que são montados quase tão fácil e rapidamente quanto pequenos blocos plásticos de construção de brinquedos de crianças. Os topos dos blocos possuem uma cavidade, de maneira que barras da armadura horizontal possam ser colocadas no topo de cada fiada, sendo as barras verticais inseridas nos furos verticais. As formas de parede devem ser firmemente escoradas para evitar que se movimentem durante o lançamento do concreto, normalmente com o uso da tubulação da bomba de concreto, no interior dos blocos. A altura total da parede não pode ser lançada em uma única operação, pois a pressão exercida pelo concreto fresco devido à grande altura poderia romper as paredes laterais dos frágeis blocos. O procedimento normal é o lançamento do concreto em diversas etapas com altura limitada, trabalhando ao redor de toda a estrutura em cada etapa, de modo que ao iniciar a segunda etapa, a primeira tenha tido um intervalo de uma a duas horas para enrijecer, aliviando, desta forma, a pressão na base das formas. Materiais de acabamento interior e exterior devem ser aplicados nas superfícies de espuma plástica para protegê-las da luz solar, de danos mecânicos e do fogo. O valor do isolamento térmico da parede acabada, normalmente, é de R17 a R22, o que em geral é suficiente para atingir os requisitos das atuais normas.*

---

* N. de T.: No Brasil, as normas que estabelecem os requisitos gerais de desempenho de edificações são NBR 15575-1 a NBR 15575-6.

PRODUÇÃO DE PILARES DE CONCRETO

Um pilar é montado e moldado de maneira semelhante a uma parede, com algumas, mas importantes, diferenças. A base é normalmente uma fundação isolada, um bloco sobre estacas ou um tubulão, em vez da fundação contínua (Figura 14.13). As esperas** são dimensionadas e posicionadas de maneira a que correspondam às barras verticais do pilar. A armadura do pilar é montada com amarrações de arame e içada ao local sobre as esperas. Se a região

---

** N. de T.: Também chamadas de Arranques dos pilares.

(a)

(b)

Figura 14.13
(a) Uma fundação de pilar quase pronta para o lançamento, ainda faltando a armadura de espera para os arranques dos pilares. A malha de aço está apoiada em fragmentos de blocos de concreto. (b) A fundação do pilar com o concreto já lançado, com as esperas para ligação com pilares de seção circular (colunas) e retangulares. *(Fotos de Edward Allen)*

onde as esperas e barras verticais se sobrepõem for de pequenas dimensões, as barras podem ser emendadas por soldas ou luvas* (Figura 13.25). As formas do pilar podem ser uma caixa de madeira compensada de seção retangular ou painéis compostos, um cilindro de aço ou tubo plástico montados em duas ou mais partes de modo que seja possível a remoção posterior, ou um tubo de papelão encerado que é retirado após a cura, desenrolando as camadas de papel que constituem o tubo (Figuras 14.14 e 14.15). A não ser que um pilar retangular seja muito largo e, portanto, semelhante a uma parede, não são necessários tensores ao longo do concreto. As barras verticais (esperas) projetam-se do topo do pilar para as emendas com as barras do pilar do andar superior, ou são curvadas em ângulo reto para unirem-se à estrutura do teto. Onde houver sobreposição das barras verticais, os trechos superiores das barras do pilar inferior são deslocados para o lado interno em uma distância equivalente a um diâmetro de barra, para evitar interferências.

* N. de T.: As emendas sobrepostas são identificadas nas normas brasileiras como emendas por traspasse. A norma NBR 6.118 estabelece os procedimentos e restrições para os tipos de emendas de barras de aço.

Figura 14.14
No primeiro plano, uma forma de pilar de seção quadrada é fechada com duplas de perfis metálicos em forma de L. No fundo, um operário fecha uma forma de um pilar de seção circular (coluna) produzida em chapas de aço. *(Cortesia de the Ceco Corporation, Oakbrook Terrace, Illinois)*

Figura 14.15
As seções circulares também podem ser formadas com tubos de papelão descartáveis. Destaca-se a densa estrutura de aço para escoramento que está sendo erguida para suporte das formas das lajes, que receberá uma elevada carga de concreto fresco. *(Cortesia de Sonoco Products Company)*

SISTEMAS ESTRUTURAIS ARMADOS EM UMA DIREÇÃO PARA LAJES DE PAVIMENTOS E TETOS

Lajes maciças armadas em uma direção

Uma *laje maciça armada em uma direção* (Figuras 14.16-14.19) desenvolve-se sobre linhas paralelas de apoios dados por paredes e/ou vigas. As paredes e pilares são concretados previamente à montagem das formas das lajes, mas as formas das vigas são quase sempre montadas em conjunto com as formas das lajes, sendo a concretagem das lajes e vigas realizada simultaneamente, como um componente único.

Inicialmente, são montadas as formas das vigas e, em seguida, as formas das lajes. As formas são sustentadas por barrotes e vigas temporárias de metal ou madeira que, por sua vez, são sustentadas por *escoras* temporárias. O peso do concreto plástico que deve ser sustentado é grande e o escoramento e as vigas temporárias devem ser resistentes e espaçadas adequadamente. As formas são, na verdade, projetadas por engenheiros estruturais ou empresas especializadas de maneira tão cuidadosa como

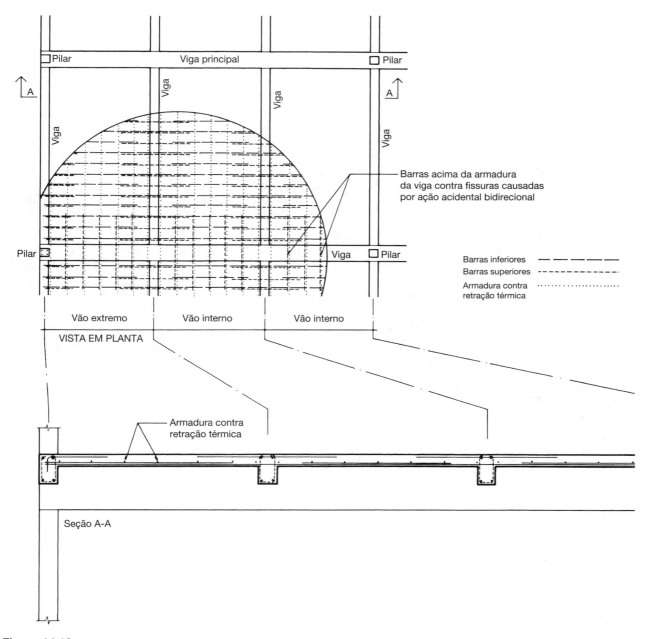

Figura 14.16
Planta e seção ampliada de um sistema típico de uma laje maciça armada em uma direção. Para facilitar o entendimento, as armaduras das vigas não são mostradas na planta e a armadura da viga e coluna foram excluídas do detalhe. As lajes se desenvolvem entre as vigas, as vigas são sustentadas pelos apoios ou vigas principais, sendo essas apoiadas sobre os pilares.

se fossem uma construção permanente, já que uma falha estrutural das formas é um risco intolerável para trabalhadores e propriedade.*

As bordas dos elementos estruturais de concreto são chanfradas ou arredondadas pela inserção de peças de madeira ou plástico em forma de tiras nos cantos da forma, para que se produza o perfil desejado. Isso é feito porque as arestas de concreto dos componentes estruturais se quebram durante a retirada da forma, deixando uma borda irregular de difícil recuperação. Durante o uso, as bordas afiadas são facilmente danificadas e potencialmente prejudiciais aos usuários, mobílias e veículos.

Um agente desmoldante é aplicado em todas as superfícies da forma que estarão em contato com concreto. Em continuidade, conforme as plantas das armaduras e cronogramas preparados pelo engenheiro estrutural, a armadura das vigas (barras inferiores, barras superiores e estribos) é posicionada nas formas, apoiada em espaçadores que mantenham o cobrimento de concreto especificado, sendo então, montada a armadura da laje (barras inferiores, barras superiores e barras contra retração térmica), também com os respectivos espaçadores. Após a inspeção das armaduras e formas, é feito o lançamento do concreto em uma operação única, sendo moldados corpos-de-prova ci-

---

* N. de T.: No Brasil, a norma para dimensionamento de formas é a NBR 15.696.

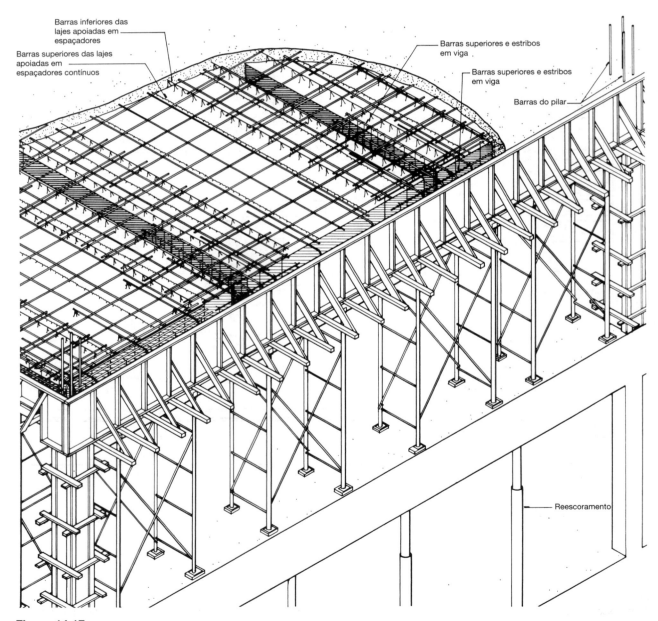

Figura 14.17
Visão isométrica de uma laje maciça armada em uma direção em construção. A laje e vigas são produzidas em um único lançamento de concreto.

líndricos para posterior verificação da resistência do concreto. As espessuras típicas de lajes armadas em uma direção estão entre 4 e 10 polegadas (100-250 mm), dependendo do vão e carregamento. A superfície da laje é acabada de maneira semelhante aos pisos, normalmente, desempeno, com desempenadeiras metálicas, e a laje é selada ou coberta para cura úmida. Os únicos elementos que permanecem salientes sobre a superfície da laje nesta etapa são as esperas dos pilares que agora estão prontas para serem unidas às barras do pilar do próximo pavimento.

Quando a laje e vigas tiverem atingido resistência suficiente para que se sustentem de forma segura, as formas são retiradas, sendo então *reescoradas* com escoras verticais de maneira a aliviar as cargas sobre elas até que tenham atingido a resistência total, o que ainda levará várias semanas. Enquanto isso, as formas e escoras restantes são limpas e movidas para um nível acima da laje e viga recém-concretada, no qual o ciclo de montagem das formas, armação, lançamento e desforma é repetido (Figura 14.19).

Geralmente, a viga de concreto mais eficiente e econômica é aquela cuja altura é duas ou três vezes maior do que sua largura. As lajes maciças armadas em uma direção, no entanto, são frequentemente sustentadas por vigas que são várias vezes mais largas do que altas. Essas são chamadas *vigas-faixa* (Figura 14.20). A construção de uma viga-faixa oferece dois tipos de economia: sua largura reduz o vão da laje, o que pode resultar em uma espessura reduzida para a laje e, consequentemente, em economia de concreto e aço. Além disso, a espessura reduzida da viga-faixa, quando comparada às vigas de concreto de dimensões convencionais, permite a redução da altura de andar do prédio, gerando economia em pilares, revestimentos, divisórias e trechos verticais de dutos e tubulações.

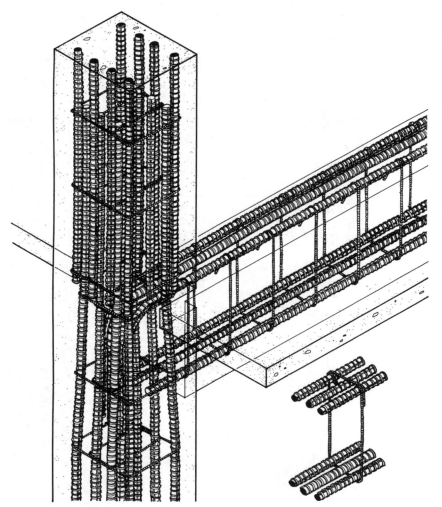

Figura 14.18
Um exemplo de uma ligação viga-pilar em uma estrutura de laje maciça armada em uma direção, com a armadura da laje omitida para facilitar a clareza da imagem. Verifica-se que as barras do pilar são emendadas por traspasse logo acima do nível do piso. As barras do pilar abaixo são deslocadas no topo, de forma que elas estejam dentro das barras do pilar superior. A continuidade estrutural entre a viga e o pilar é estabelecida pela continuidade das barras superiores da viga para dentro do pilar. Estribos em forma de "U" são mostrados na viga, mas normalmente são utilizados estribos fechados, conforme mostrado no detalhe.

Figura 14.19
Reescoramento na construção de laje de concreto. Os três pavimentos abaixo do sistema de formas desta torre de concreto foram reescorados. A forma é um sistema trepante que se eleva por meios próprios assim que cada andar for terminado. Os painéis verticais externos às formas protegem o espaço de trabalho e trabalhadores da ação do vento e chuva. O sistema estrutural é uma laje lisa, armada em duas direções, descrito posteriormente neste capítulo. *(Foto by Joseph Iano)*

Figura 14.20
Uma construção de viga-faixa. Destaca-se a diferença da espessura e largura da viga-faixa no centro do prédio com as vigas convencionais periféricas. *(Reimpresso com permissão de Portland Cement Association de Design and Control of Concrete Mixtures, 12th edition; Fotos Portland Cement Association, Skokie, IL)*

Figura 14.21
Esta rampa em espiral é uma aplicação especial de uma laje maciça armada em uma direção. A forma é produzida com chapas de madeira compensada, de maneira a obter uma superfície lisa. *(Cortesia de APA – The Engineered Wood Association)*

Laje nervurada unidirecional (laje nervurada)

Conforme aumentam os vãos das lajes maciças armadas em uma direção, maior será sua espessura. A partir de um determinado vão, a laje torna-se tão espessa que seu peso passa a ser parcela significativa do carregamento, a menos que parte do concreto sem função estrutural situado na parte inferior da laje seja eliminada para aliviar a carga. Esse é o princípio do sistema estrutural de *laje nervurada unidirecional* (Figuras 14.22-14.25), também chamado de *laje nervurada*. O aço da camada inferior é concentrado nas nervuras. A laje de pequena espessura que vence o vão entre as nervuras é armada apenas contra retração térmica. Nesse sistema a parcela de concreto sem função estrutural é pequena, resultando que o sistema de laje nervurada unidirecional pode, de maneira eficiente e econômica, vencer vãos consideravelmente maiores que os alcançados por uma laje maciça armada em uma direção. Cada nervura é armada como uma pequena viga, com exceção dos estribos que, em geral, não são utilizados, tendo em vista a largura limitada das nervuras. Alternativamente, as extremidades das nervuras são alargadas o suficiente para que o concreto possa resistir aos esforços de cisalhamento.[*]

---

[*] N. de T.: No Brasil devem ser seguidas as recomendações da NBR 6118.

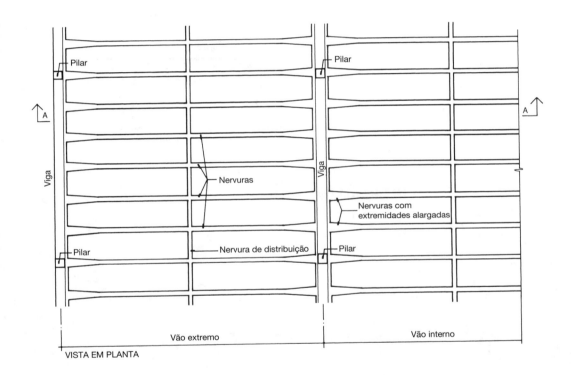

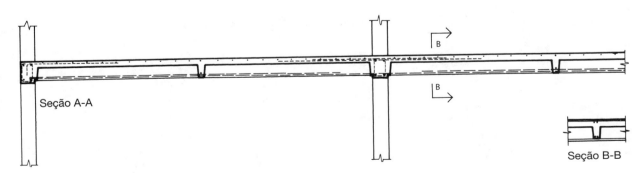

Figura 14.22
Vista em planta e seção ampliada de um sistema estrutural de laje nervurada unidirecional. Para fins de clareza, na planta não está representada qualquer armadura; enquanto na seção não está representada a armadura do pilar. Todas as barras superiores e inferiores encontram-se nas nervuras e todas as barras contra retração térmica estão posicionadas na laje.

Figura 14.23
Dimensões padronizadas de formas de aço para uso em lajes nervuradas unidirecionais. *(Cortesia de the Ceco Corporation, Oakbrook Terrace, Illinois)*

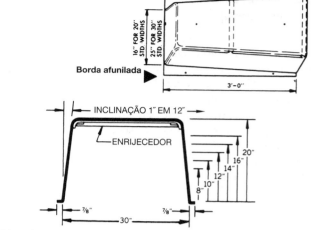

Figura 14.24
Montagem de armadura em um pavimento com laje nervurada unidirecional. Eletrodutos e caixas de luz foram posicionadas e uma malha de tela soldada está sendo colocada para atuar como armadura contra a retração térmica. Estão visíveis as formas das nervuras principais, com a lateral inclinada, e das nervuras de distribuição com laterais quadradas. *(Cortesia de the Ceco Corporation, Oakbrook Terrace, Illinois)*

As nervuras são formadas com *cubetas* metálicas ou plásticas, apoiadas em um tablado temporário de madeira compensada. As cubetas são disponíveis em duas larguras padrão, 20 polegadas (508 mm) e 30 polegadas (762 mm), e em alturas que atingem até 20 polegadas (508 mm), como mostrado na Figura 14.23. Cubetas maiores também são disponíveis para a produção de lajes projetadas como sendo lajes maciças armadas em uma direção.* As laterais da cubeta têm uma inclinação no sentido vertical, de maneira a permitir a retirada mais facilmente durante a desforma. A largura das nervuras pode variar conforme a distância entre as cubetas. O fundo de cada nervura é formado pelo tablado de madeira. As extremidades das nervuras são alargadas com o uso de cubetas padronizadas com largura variável. Em alguns casos, é executada no meio do vão uma *nervura de distribuição* no sentido transversal às nervuras com o objetivo de distribuir cargas concentradas para mais de uma nervura. Após a aplicação de um agente desmoldante, a armadura das vigas e nervuras é posicionada, e as barras contra retração térmica, apoiadas em espaçadores, são montadas sobre as cubetas. O lançamento e o acabamento do concreto são realizados em uma operação. (Figuras 14.24 e 14.25).*

As lajes nervuradas unidirecionais são normalmente apoiadas por vigas-faixa, que são vigas mais largas com espessura igual a das nervuras. Ainda que uma viga mais alta seja mais eficiente estruturalmente, uma viga-faixa é formada pelo mesmo tablado de madeira compensada que sustenta as cubetas, o que elimina totalmente as formas das vigas e produz uma estrutura com a face inferior mais simples e pé direito uniforme.

Sistema de nervurado de grandes vãos

Quando as exigências legais de resistência ao fogo estabelecem uma espessura mínima de laje de 4½ polegadas (115 mm), a laje é capaz de vencer um vão muito maior que a distância usual entre nervuras em um sistema de laje nervurada unidirecional. Isto levou ao desenvolvimento do *wide-module concrete joist system* (*sistema nervurado de grandes vãos*)*, no qual a distância entre as nervuras varia entre 4 a 6 pés (1220-1830 mm). O nome "skip-joist" se originou da prática para obtenção de maior espaçamento. Peças de madeira eram colocadas alternadamente sobre as nervuras das cubetas convencionais, bloqueando o ingresso do concreto. Atualmente são produzidas cubetas especiais para a construção em grandes vãos (Figuras 14.26 e 14.27).

Como as nervuras de grandes vãos devem suportar, cada uma, cerca do

---

* N. de T.: Não existe padronização de dimensões para as cubetas no Brasil e o dimensionamento estrutural é regido pela NBR 6118/03.

* N. de T.: Existem sistemas de lajes nervuradas cujas cubetas são apoiadas diretamente por cimbramento, não sendo utilizado o tablado de madeira.

* N de R.T.: Não existem normas brasileiras ou práticas de construção com esta denominação. Também não é feita no Brasil uma distinção entre um sistema nervurado convencional e um sistema para grandes vãos.

Figura 14.25
Um sistema de laje nervurada unidirecional após a retirada das formas, mostrando as extremidades alargadas das nervuras na parte inferior da fotografia e uma nervura de distribuição no primeiro plano. Os fios pendentes são suportes para um forro suspenso (veja Capítulo 24). *(Reimpresso com permissão de Portland Cement Association de Design and Control of Concrete Mixtures, 12th edition; Fotos: Portland Cement Association, Skokie, IL)*

Figura 14.26
Formas de um sistema nervurado de grandes vãos. Essas cubetas foram posicionadas sobre um tablado de madeira compensada, que também irá servir para formar as porções inferiores das vigas-faixa. (*Cortesia de Ceco Corporation, Oakbrook Terrace, Illinois*)

Figura 14.27
A face inferior de um, já concluído, sistema nervurado de grande vão, sendo visíveis as vigas-faixa e lajes. *(Cortesia de Ceco Corporation, Oakbrook Terrace, Illinois)*

dobro da carga suportada pelas nervuras de espaçamento convencional, geralmente, são necessários estribos junto às extremidades de cada nervura. Caso sejam utilizados estribos em forma de "U", eles devem ser instalados em uma diagonal, se vistos de cima, para que se encaixem na estreita nervura, ou estribos de uma só barra podem ser usados em seu lugar.

SISTEMAS ESTRUTURAIS ARMADOS EM DUAS DIREÇÕES PARA LAJES DE PAVIMENTOS E TETOS

Laje cogumelo armada em duas direções e laje lisa armada em duas direções

Sistemas estruturais armados em duas direções são, em geral, mais econômicos que os sistemas armados em uma direção em edifícios nos quais os pilares podem ser posicionados de maneira a obter ambientes de áreas quadradas ou aproximadamente quadradas. Uma *laje maciça armada em duas direções* é um sistema raramente visto, utilizado ocasionalmente para lajes de edifícios industriais com elevados carregamentos, no qual a laje é sustentada por uma grelha que se desenvolve

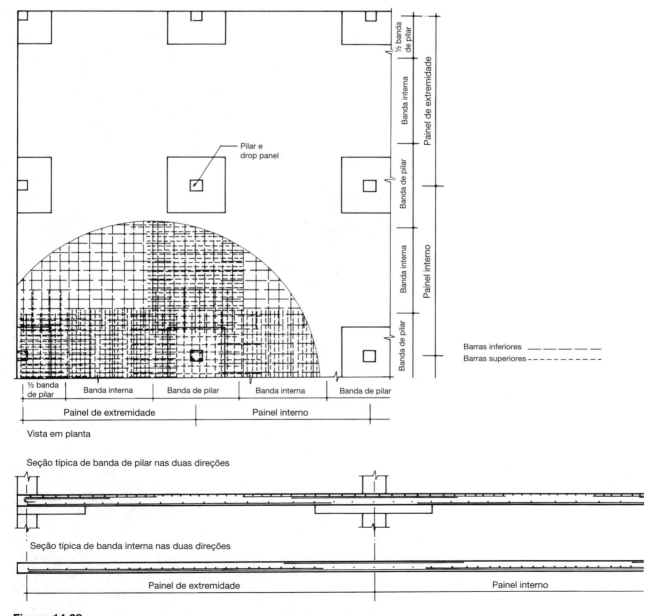

Figura 14.28
Vista em planta e seção ampliada de uma laje cogumelo armada em duas direções. As armaduras variam segundo dois padrões, as bandas dos pilares e as bandas internas, ocorrendo ligeira mudança na periferia para acomodar os diferentes esforços de flexão que ocorrem nas bordas. No sistema mostrado existe o engrossamento da laje na região dos pilares, não sendo usados capitéis. A armadura em lajes lisas armadas em duas direções é muito semelhante a este exemplo, sendo a única diferença o fato das lajes lisas não possuírem capitéis.

em ambas as direções entre os pilares. No entanto, mesmo para elevados carregamentos, a maioria dos sistemas estruturais para lajes de pavimentos e tetos armados em duas direções é produzida sem vigas. A laje é armada de tal maneira que as tensões variáveis nas diferentes regiões da laje são absorvidas pela espessura uniforme do concreto. Isso simplifica consideravelmente as formas e armaduras.

A *laje cogumelo armada em duas direções* (Figura 14.28) é um sistema adequado para edifícios com elevados carregamentos, tais como depósitos e prédios industriais, que ilustra este conceito. A forma é totalmente lisa, exceto na região em torno do topo de cada pilar, onde ocorre um aumento da espessura para resistir aos elevados esforços de punção nesta região. Tradicionalmente, esse aumento da espessura era efetuado pelo alargamento da cabeça do pilar, resultando em uma seção piramidal, *capitel-cogumelo* e um aumento na espessura da laje (*drop panel*). Atualmente, para reduzir o custo com formas, não é usual o uso do capitel-cogumelo, cabendo ao engrossamento da espessura (drop panel) o papel de resistência à punção. (Figura 14.29). As espessuras usuais das lajes variam entre 6 e 12 polegadas (150 e 300 mm).*

---

* N. de T.: Segundo a NBR 6118, são denominadas lajes-cogumelo aquelas apoiadas diretamente em pilares com capitéis, e lajes lisas, as apoiadas nos pilares sem capitéis.

Figura 14.30
Uma laje lisa armada em duas direções de edifício residencial é lançada com ajuda de uma bomba de concreto situada na base do prédio. O concreto é levado por uma torre telescópica até o mangote no final de um braço articulado. As esperas dos pilares no centro da área recém-lançada mostram a capacidade das construções em lajes lisas adaptarem-se a espaçamentos irregulares dos pilares.

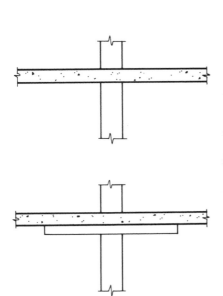

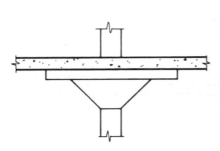

Figura 14.29
Capitéis de pilares para sistemas estruturais de concreto armado em duas direções. Para lajes com elevados carregamentos, os efeitos de punção ao redor do pilar são reduzidos por meio de um capitel e engrossamento da laje ou somente por um capitel. Para menores carregamentos não é necessário o aumento da espessura.

Figura 14.31
Face inferior de uma laje lisa armada em duas direções. Foram instalados tubos para um sistema de chuveiros automáticos *(sprinklers)* para proteção contra incêndios.

A armadura é posicionada em ambas as direções, conforme dois tipos de faixas ou bandas: *bandas de pilar*, que são dimensionadas para suportar os elevados esforços de flexão que ocorrem nas regiões das lajes que cruzam os pilares; e a *banda central, que* tem armadura mais leve. A armadura contra a retração térmica não é necessária em sistemas armados em duas direções, pois o concreto deve ser armado em ambas às direções para que resista à flexão. O engrossamento da laje (drop panel) ou capitel (se existente) não tem armadura adicional, além daquela fornecida pela banda de pilar, pois o aumento da espessura do concreto fornece resistência à punção necessária.*

Em edifícios com menores carregamentos, como hotéis, hospitais e edifícios residenciais, a espessura da laje não precisa ser aumentada junto aos pilares. Isto faz com que as formas sejam extremamente simples e pode possibilitar que alguns pilares sejam levemente deslocados dos alinhamentos caso seja necessário um arranjo mais eficiente das áreas do pavimento (Figura 14.30). Os tetos lisos desse sistema permitem que as divisórias sejam colocadas em qualquer posição. Como não existem vigas, apenas uma laje fina, as alturas dos andares do edifício podem ser mantidas em um mínimo possível, o que reduz o custo do revestimento exterior (Figura 14.31). As espessuras típicas das lajes no sistema de *laje lisa armada em duas direções* variam entre 5 e 12 polegadas (125-305 mm).

A região ao longo das bordas das lajes armadas em duas direções, quer sejam as lajes cogumelo ou lisas, necessita de atenção especial. Para aproveitar completamente a vantagem da continuidade estrutural, as lajes devem ter uma região em balanço além do último alinhamento de pilares com comprimento de aproximadamente 30% do vão interno. Caso não seja possível este balanço, deve ser previs-

---

* N. de T.: Os critérios de dimensionamento dessas lajes, no Brasil, são determinados pelas NBR 6118.

ta armadura adicional para absorver as altas tensões resultantes.

Como as lajes lisas armadas em duas direções não possuem capitéis, é necessária armadura adicional no topo de cada pilar para resistir às elevadas tensões de punção que ocorrem nesta região. Como alternativa, podem ser usados sistemas patenteados de pinos verticais de aço (*studs*) nas formas localizadas na região da cabeça dos pilares, para atuar como estribos, substituindo uma grande quantidade de barras horizontais (Figuras 14.32 e 14.33).

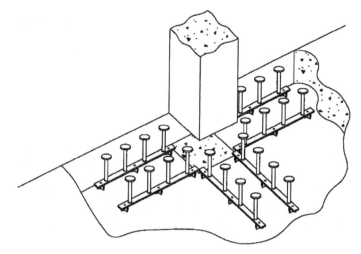

Figura 14.32
A armadura contra punção ao redor de pilares em uma laje lisa armada em duas direções pode ser simplificada com a utilização de um sistema patenteado de pinos (*studs*) de aço, *Studrails*®, previamente soldados a perfis horizontais. *(U.S. and Canada patents Nos. 4406103 and 1085642, respectively. Licensee: Deha, represented by Decon, 105C Atsion Rd., P.O. Box 1575, Medford, NJ 08055-6675 and 35 Devon Road, Bramton, Ontario L6T 5B6)*

Figura 14.33
Studrails conectados à forma, ao redor das barras do pilar, prontos para a colocação das barras superiores e inferiores da laje lisa armada em duas direções. *(U.S. and Canada patents Nos. 4406103 and 1085642, respectively. Licensee: Deha, represented by Decon, 105C Atsion Rd., P.O. Box 1575, Medford, NJ 08055-6675 and 35 Devon Road, Bramton, Ontario L6T 5B6)*

Laje nervurada bidirecional

A *laje nervurada bidirecional* (Figura 14.34) é o equivalente às lajes armadas em duas direções do sistema de lajes nervuradas. Moldes plásticos ou metálicos, denominados *cubas* ou *cubetas*, são utilizados como forma para que o concreto sem função estrutural seja eliminado da laje, permitindo vãos consideravelmente maiores que os obtidos com lajes lisas armadas em duas direções. Com cubetas padronizadas é possível formar nervuras de 6 polegadas (152 mm) de largura a cada 36 polegadas (914 mm) ou de 5 polegadas (127 mm) de largura a cada 24 polegadas (610 mm), com alturas que alcançam até 20 polegadas (500 mm), conforme mostram as Figuras 14.35-14.38*. Existem ainda formas especiais para maiores dimensões. Junto ao topo dos pilares são criadas regiões maciças de concreto (*capitel*) ao não se utilizar cubetas nestas áreas. Estas regiões maciças têm a mesma função dos capitéis existentes nas lajes cogumelo armadas em duas direções. Se uma laje nervurada bidirecional não puder ter uma extremidade livre no perímetro do edifício, deve ser prevista a existência de uma viga periférica. Em muitos casos, a retirada das cubetas é facilitada pela aplicação de ar comprimido junto à região superior de cada cubeta. O sistema de laje nervurada bidirecional é adequa-

---

* N. de T.: No Brasil, as dimensões variam conforme os fabricantes das formas.

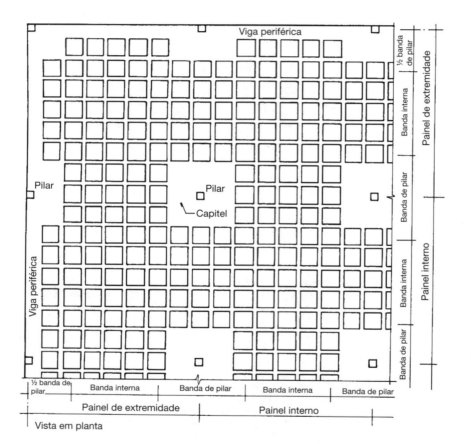

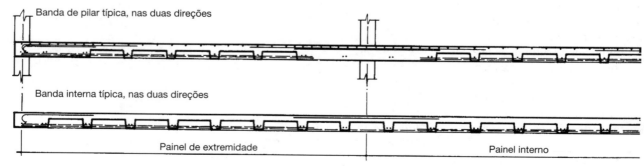

Figura 14.34
Vista em planta e seção ampliada de uma laje nervurada bidirecional. Para maior clareza não estão mostradas as armaduras na planta, e na seção não está representada a tela soldada, que é posicionada sobre as formas antes do lançamento.

Módulo 2´-0˝
(cubetos 19 x 19)

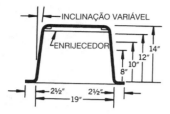

Figura 14.35
Cubetas metálicas padronizadas para a execução de nervuras bidirecionais. Um módulo de 2½ pés, utilizando-se de formas de 24 polegadas (610 mm) quadradas, também é disponibilizado por alguns fabricantes. (Uma polegada equivale a 25,4 mm.) *(Cortesia de Ceco Corporation, Oakbrook Terrace, Illinois)*

Módulo 3´-0˝
(cubetos 30 x 30)

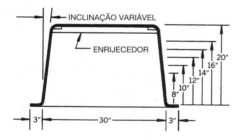

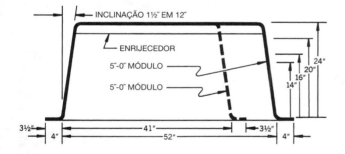

Figura 14.36
Cubetas metálicas sendo posicionados em um tablado provisório de madeira compensada para formar uma laje nervurada bidirecional. As cubetas não são colocadas ao redor dos pilares, formando assim regiões maciças de concreto. *(Cortesia de Ceco Corporation, Oakbrook Terrace, Illinois)*

Figura 14.37
Cubetas plásticas sendo montadas para uma laje de concreto nervurada bidirecional. No primeiro plano é possível ver um eletroduto e uma caixa de luz que ficarão embutidos no interior da laje. *(Cortesia de Molded Fiber Glass Concrete Forms Company)*

Figura 14.38
Retirada das cubetas plásticas após a remoção do tablado temporário de madeira compensada. *(Cortesia de Molded Fiber Glass Concrete Forms Company)*

do para vãos maiores, com elevados carregamentos, e os vazios inferiores apresentam oportunidades arquitetônicas como o teto aparente (Figura 14.39). No entanto, a complexidade das formas das lajes nervuradas bidirecionais torna esse sistema menos econômico quando comparado com as outras soluções estruturais para vãos e carregamentos semelhantes como, por exemplo, as lajes nervuradas unidirecionais.

ESCADAS DE CONCRETO

Uma escada de concreto (Figura 14.40) pode ser interpretada como uma laje inclinada armada em uma direção com concreto adicional para produzir os degraus e espelhos. A face inferior da forma é plana. A parte superior é construída com as formas dos espelhos, normalmente inclinadas para permitir maior espaço para os pés e tornar a escada mais confortável para os usuários. O concreto é lançado em uma única etapa e os degraus são acabados com espátulas de aço.

SISTEMAS ESTRUTURAIS PÓS-TRACIONADOS MOLDADOS NO LOCAL

A protensão por pós-tração pode ser aplicada a qualquer um dos sistemas estruturais de concreto moldado no local. É utilizada em vigas e lajes, armadas em uma ou duas direções, para reduzir as dimensões dos elementos e deformações e vencer maiores vãos.

Estruturas de lajes lisas armadas em duas direções são frequentemente pós-tracionadas, em especial quando os vãos são extensos ou quando, por haver a restrições legais à altura do edifício, as lajes devem ter a menor espessura possível. O arranjo das cordoalhas, no entanto, é bastante diferente do arranjo da armadura convencional mostrado na Figura 14.28. Em vez de serem posicionadas de maneira idêntica em ambas as direções, as cordoalhas escalonadas são posicionadas de maneira uniforme em uma direção e agrupadas sobre o alinhamento dos pilares na outra direção (Figuras 14.41 e 14.42). Esse arranjo é estruturalmente mais eficiente em lajes pós-tracionadas, pois equilibra o máximo esforço ascendente das cordolhas agrupadas com o esforço máximo descendente das cordoalhas distribuídas. Além disso, é muito mais fácil a execução dessa configuração em vez das cordoalhas escalonadas, posicionadas em ambas as direções. Se o elemento estrutural for quadrado utiliza-se o mesmo número de cordoalhas em cada direção. O esforço de protensão das cordoalhas agrupadas é uniformemente distribuído ao longo da largura da laje, em uma pequena distância das ancoragens, devido à ação de *corbelling* no concreto.

Como em qualquer sistema estrutural de concreto protendido, a perda

Figura 14.39
A parte inferior de uma laje nervurada bidirecional. Perceba como as nervuras estão em balanço, além do alinhamento dos pilares para máxima eficiência estrutural. *(Cortesia de Ceco Corporation, Oakbrook Terrace, Illinois)*

de protensão, a curto e longo prazo, deve ser prevista. As perdas de curto prazo na pós-tração são causadas pelo encurtamento elástico do concreto, pelo atrito entre as cordoalhas e o concreto e pelos ajustes iniciais da ancoragem. As perdas de longo prazo são causadas pela retração e deformação do concreto e relaxação do aço. O engenheiro estrutural avalia o total das perdas esperadas e estabelece um valor do esforço inicial de tração majorado para compensá-las.

SELEÇÃO DE UM SISTEMA ESTRUTURAL DE CONCRETO MOLDADO NO LOCAL

Entre os fatores preliminares que devem ser considerados para a seleção de um sistema estrutural de concre-

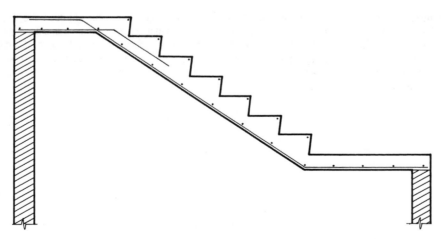

Figura 14.40
Seção ao longo de uma escada de concreto moldado no local.

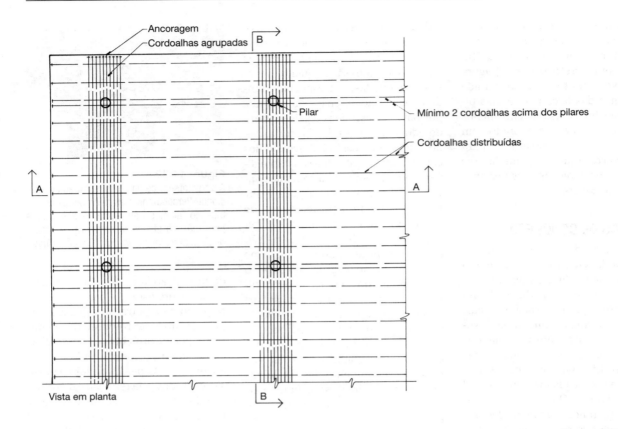

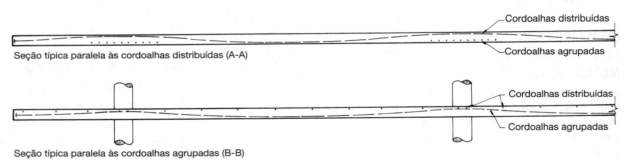

Figura 14.41
Uma vista em planta e duas seções ampliadas do arranjo das cordoalhas em uma laje lisa armada em duas direções com pós-tração com cordoalhas agrupadas. O número de cordoalhas em cada uma das duas direções é idêntico, mas em uma das direções são concentrados em faixas, que se desenvolvem sobre os topos dos pilares. O escalonamento das cordoalhas é evidente nos desenhos das duas seções. As normas exigem que no mínimo duas cordoalhas distribuídas passem diretamente sobre cada pilar para contribuir com a resistência à punção da laje nesta região. Além das cordoalhas também é utilizada armadura convencional na região do entorno dos pilares e no meio do vão, mas não está apresentada nos desenhos para melhorar a clareza.

Figura 14.42
Cordoalhas agrupadas passam diretamente pelo pilar de concreto desta laje lisa. Uma quantidade substancial de armadura convencional é utilizada para reforço contra punção. Destacam-se as placas de ancoragem fixadas à superfície vertical da forma no lado direito superior; veja também Figura 13.40. *(Cortesia de Post-Tensioning Institute)*

to moldado no local para um edifício incluem-se os seguintes (Figuras 14.43 e 14.44):

1. Os ambientes do prédio são quadrados, ou próximos disto? Se sim, um sistema armado em duas direções provavelmente será mais econômico do que um sistema armado em uma direção.
2. Quais são as dimensões dos vãos? Vãos até 25 ou 30 pés (7,6 ou 9,1 m) são normalmente vencidos de maneira mais econômica com um sistema com lajes lisas armadas em duas direções ou lajes cogumelo, devido à relativa simplicidade das formas. Para vãos maiores, um sistema de laje nervurada unidirecional pode ser uma boa escolha. A protensão por pós-tração aumenta significativamente o vão economicamente viável em qualquer um desses sistemas.
3. Quais são os carregamentos? Elevados carregamentos industriais são mais propícios a lajes mais espessas e vigas mais largas ao invés de construção com nervuras de pequenas dimensões. Carregamentos de edifícios comerciais usuais, institucionais e residenciais são facilmente suportados por sistemas de lajes lisas ou nervuradas.
4. Haverá um acabamento de forro abaixo da laje? Caso não, a construção em lajes lisas ou lajes armadas em uma direção tem as faces inferiores lisas, que, pintadas, podem servir como forros.
5. A estabilidade lateral do prédio contra vento e cargas sísmicas deve ser fornecida pela rigidez da estrutura de concreto? O sistema de lajes lisas pode não ser suficientemente rígido para esse propósito, que é favorecido pelos sistemas armados em uma direção com suas ligações mais sólidas entre vigas e pilar.

INOVAÇÕES EM CONSTRUÇÃO COM CONCRETO MOLDADO NO LOCAL

O desenvolvimento de construção com concreto moldado no local continua ao longo de várias linhas. Os materiais básicos, concreto e aço, continuam a sofrer inovações, conforme já descrito no Capítulo 13. A evolução constante dos concretos de alta resistência e rigidez, somada a melhorias nos sistemas de formas para concreto e à tecnologia de bombeamento de concreto, tem permitido à construção com concreto moldado no local manter-se competitiva economicamente em relação ao aço estrutural para edifícios de qualquer tipo ou tamanho. O edifício mais alto do mundo no momento da elaboração deste livro, o *Burj Dubai*, em Dubai, Emirados Árabes Unidos, está sendo construído, em grande parte de sua altura, como uma estrutura de concreto armado moldada no local.

As formas, em geral, são responsáveis por mais da metade do custo da construção em concreto moldado no local. Os esforços para reduzir esse custo levaram a muitas inovações, incluindo novos tipos de painéis que são excepcionalmente lisos, duráveis e de fácil limpeza após a desforma. Eles podem ser reutilizados muitas vezes antes estarem deteriorados.

A *construção em lift-slab*, utilizada principalmente com estruturas de lajes lisas armadas em duas direções,

Figura 14.43
Sistemas estruturais de concreto moldado no local, armados em uma direção. (a) Laje maciça armada em uma direção com vigas. (b) Laje maciça armada em uma direção com vigas-faixa. (c) sistema nervurado unidirecional (laje nervurada) com vigas-faixa. (d) Sistema nervurado de grandes vãos com vigas-faixa. *(Desenhos de Edward Allen)*

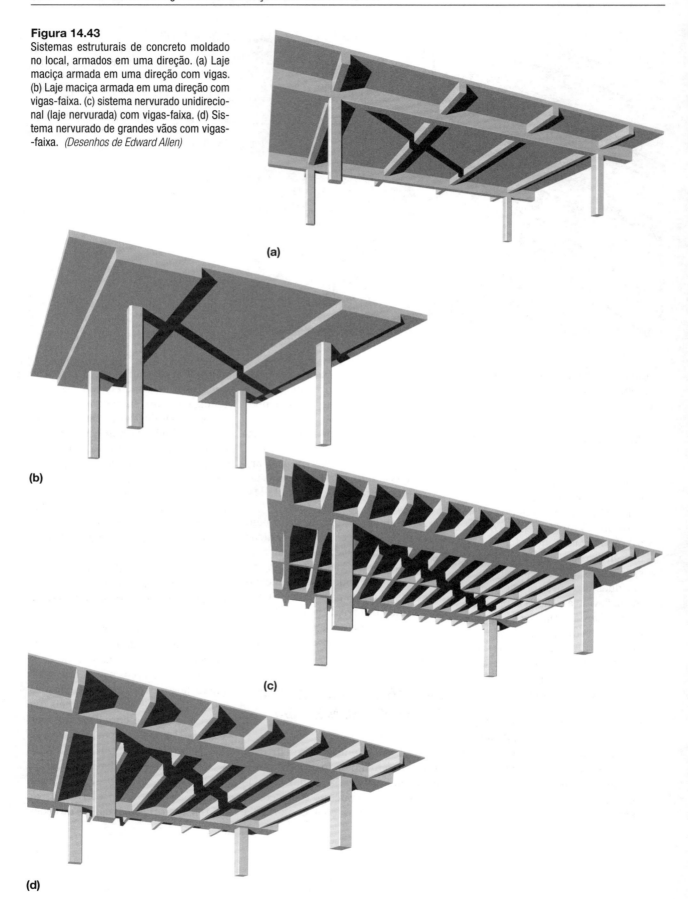

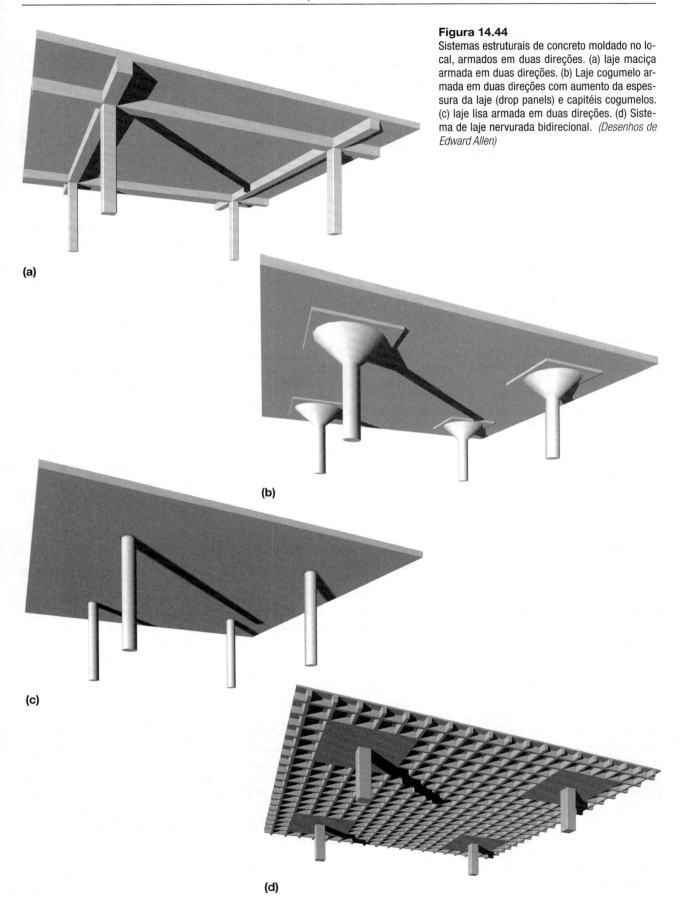

Figura 14.44
Sistemas estruturais de concreto moldado no local, armados em duas direções. (a) laje maciça armada em duas direções. (b) Laje cogumelo armada em duas direções com aumento da espessura da laje (drop panels) e capitéis cogumelos. (c) laje lisa armada em duas direções. (d) Sistema de laje nervurada bidirecional. *(Desenhos de Edward Allen)*

586 Fundamentos de Engenharia de Edificações: Materiais e Métodos

---

PARA UM PROJETO PRELIMINAR DE UMA ESTRUTURA DE CONCRETO MOLDADO NO LOCAL

- Estime a espessura de uma **laje maciça armada em uma direção** em ½₂ de seu vão se for convencionalmente armada, ou em ¹⁄₄₀ de seu vão se for protendida por pós-tração. As espessuras variam normalmente entre 4 e 10 polegadas (100-250 mm).

- Estime a altura total de uma **laje nervurada unidirecional** ou **sistema nervurado de grandes vãos** em ¹⁄₁₈ de seu vão se for armado convencionalmente ou em ¹⁄₃₆ do vão se for protendido por pós-tração. Para dimensões padronizadas das cubetas utilizadas para formar esses sistemas consulte a Figura 14.23. Para obter a altura total, uma espessura de laje de 3 a 4½ polegadas (75-115 mm) deve ser adicionada à altura da cubeta selecionada.

- Estime a altura das **vigas de concreto** em ¹⁄₁₆ de seus vãos se elas forem armadas convencionalmente ou em ¹⁄₂₄ de seus vãos se forem protendidas por pós-tração. Para vigas principais, utilize razões de ¹⁄₁₂ e ¹⁄₂₀, respectivamente.

- Estime a espessura das **lajes lisas e lajes cogumelo armadas em duas direções** em ¹⁄₃₀ de seus vãos se forem convencionalmente armadas ou em ¹⁄₄₅ de seus vãos se forem protendidas por pós-tração. As espessuras típicas variam entre 5 e 12 polegadas (125-305 mm). A dimensão mínima do pilar para uma laje lisa é aproximadamente duas vezes a espessura da laje. A largura de capitel para uma laje lisa é normalmente um terço do vão e sua altura, abaixo da laje, é aproximadamente metade da espessura da laje.

- Estime a espessura de uma **laje nervurada bidirecional** em ¹⁄₂₄ de seu vão se for convencionalmente armada ou em ¹⁄₃₅ de seu vão se for protendida por pós-tração. Para as dimensões padronizadas das cubetas utilizadas para formar as lajes nervuradas, consulte a Figura 14.35. Para obter a altura total, uma espessura de laje de 3 a 4½ polegadas (75-115 mm) deve ser adicionada à altura da cubeta selecionada.

- Para estimar a dimensão de um **pilar de concreto** de altura normal, adicione a área total de teto e piso sustentado pelo pilar. Um pilar de 12 polegadas (300 mm) pode sustentar até 2000 pés quadrados (190 m^2) de área; um pilar de 16 polegadas (400-mm), até 4000 pés quadrados (370 m^2); um pilar de 20 polegadas (500 mm) até 6000 pés quadrados (560 m^2); um pilar de 24 polegadas (600-mm), até 9000 pés quadrados (840 m^2), e um pilar de 28 polegadas (700-mm), até 10,500 pés quadrados (980 m^2). Essas dimensões são bastante influenciadas pela resistência do concreto utilizado e pela taxa de armadura.

- Para estimar a espessura de uma **parede portante de concreto** some a largura total das lajes de teto e piso que contribuem com carregamento à parede. Uma parede de 8 polegadas (200 mm) pode suportar aproximadamente 1.200 pés (370 m) de laje, uma parede de 10 polegadas (250 mm), até 1.500 pés (460 m), uma parede de 12 polegadas (300 mm), até 1.700 pés (520 m), e uma parede de 16 polegadas (400 mm), até 2.200 pés (670 m). Essas espessuras são bastante influenciadas pela resistência do concreto adotada e pela taxa de armadura.

Essas aproximações são válidas somente para propósitos de estudo preliminar do edifício e não devem ser utilizadas para selecionar as dimensões finais dos elementos. Elas aplicam-se aos tipos usuais de ocupações do edifício, como prédios residenciais, escritórios, comerciais e institucionais, edifícios-garagem. Para prédios industriais e depósitos, devem ser utilizados componentes maiores.

Para informações mais abrangentes sobre projeto preliminar, leiaute de um sistema estrutural e dimensionamento dos elementos estruturais, consulte Edward Allen e Joseph Iano, *The Architect's Studio Companion* (4ª ed.), Hoboken, John Wiley & Sons, Inc., 2007.

---

praticamente elimina as formas. As lajes do edifício são moldadas umas sobre as outras no térreo e, com o uso de macacos hidráulicos, elevadas ao longo dos pilares até a posição definitiva, onde são soldadas com utilização de colarinhos metálicos especiais chumbados no local (Figura 14.45).

Formas modulares para construção de paredes são grandes unidades produzidas com um determinado número de painéis, que são sustentados por um único conjunto de cabos. São movimentadas por guindastes e, em geral, são mais econômicas que os painéis convencionais menores, movimentados manualmente. Para lajes moldadas no local, a *mesa voadora* é fabricada em grandes dimensões e sustentada por treliças metálicas. As seções são elevadas de um pavimento a outro com o uso de um guindaste, eliminando grande parte do trabalho de desforma e montagem das formas (Figura 14.46).

Formas deslizantes são úteis para estruturas de paredes altas, como caixas de elevadores, escadarias e silos de armazenamento. Um trecho da forma é elevado por macacos apoiados nas barras da armadura vertical, enquanto operários lançam concreto e colocam armadura horizontal, em um processo contínuo. Os fabricantes de forma de concreto têm desenvolvido sistemas mais sofisticados de formas autotrepantes, que oferecem muitas vantagens em relação às formas deslizantes (Figuras 14.19 e 14.47).

No sistema construtivo *tilt-up* (Figura 14.48), é produzido um piso de concreto no térreo e sobre ele serão produzidos os painéis de paredes de concreto armado na posição horizontal. Quando a cura estiver completa, os painéis são elevados para a orientação vertical e içados até a posição por um guindaste e grauteados em conjunto. A eliminação da maior parte das formas tradicionais das paredes resulta em diminuição no custo das formas para menos de 5% em relação ao custo total da estrutura de concreto, tornando a construção *tilt-up* normalmente econômica para edifícios de um pavimento.

Ainda que a maioria da construção em *tilt-up* seja para paredes de alturas inferiores a 45 pés (13,7 m), painéis para paredes em que a altura chega aos 100 pés (30 m) são viáveis. O sistema *tilt-up* é, provavelmente, o método inovador de construção em concreto descrito aqui mais largamente usado.

Concreto projetado (*concreto lançado por ar comprimido*) é lançado

Figura 14.45
Construção em *lift-slab* em andamento. As hastes duplas de aço, visíveis contra o céu, à direita, são parte dos macacos de elevação vistos nos topos dos pilares. Na América do Norte, esta forma de construção é raramente utilizada, em parte devido a um histórico de acidentes em construções anteriores. *(Reimpresso com permissão de Portland Cement Association de Design and Control of Concrete Mixtures, 12th edition; Fotos: Portland Cement Association, Skokie, IL)*

Figura 14.46
Movimentação de uma mesa voadora de uma laje nervurada unidirecional de um pavimento para o próximo a ser preparado para o lançamento do concreto. Rígidas treliças metálicas permitem que uma grande área da forma seja movimentada como uma peça única pelo guindaste. *(Cortesia de Molded Fiber Glass Concrete Forms Company)*

no local a partir do bico de uma mangueira por um fluxo de ar comprimido. Devido ao baixíssimo abatimento de tronco de cone, mesmo paredes com faces verticais podem ser produzidas de maneira bastante distinta aos sistemas de formas convencionais, ainda que uma superfície sólida seja necessária para a projeção. O concreto projetado é utilizado para cortinas de concreto, contenção de encostas íngremes, reparos de concreto danificado nas faces de vigas e pilares e para produção de estruturas amorfas como piscinas e estruturas de playground.

Ainda maior economia nos custos das formas pode ser obtida ao moldar o concreto em moldes reutilizáveis, em uma usina de pré-moldagem ou pela combinação do concreto moldado no local com elementos de pré-moldados, que serão tema do próximo capítulo.

Avanços em armaduras para concreto moldado no local, além da adoção de pós-tração, incluem uma mudança para aços de alta-resistência e uma tendência para o aumento da pré-fabricação da armadura previamente à montagem nas formas. Com avanços em soldagem e equipamentos de fabricação, o conceito de armadura de telas soldadas está se expandindo além das familiares telas de fios para incluir armaduras

Figura 14.47
Um sistema patenteado de forma autotrepante está sendo utilizado para a construção destas caixas de elevadores com concreto moldado no local para um arranha-céu. O nível superior é uma superfície de trabalho a partir da qual a armadura é manipulada e o concreto lançado. Os painéis exteriores da forma são montados em perfis suspensos, logo abaixo do nível superior. Os painéis podem ser movimentados de volta para a parte externa da área de trabalho após cada lançamento, permitindo que os trabalhadores limpem a forma e instalem a armadura para o próximo lançamento. O sistema inteiro, equivalente a dois andares, eleva-se com o uso de macacos hidráulicos embutidos, em etapas correspondentes a um andar de cada vez. *(Cortesia de Patent Scaffolding Company, Fort Lee, New Jersey)*

Figura 14.48
Construção em *tilt-up*. Os painéis de paredes exteriores foram armados e moldados horizontalmente no piso no térreo. Com a utilização de anéis para içamento que foram chumbados nos painéis e de cabos que exercem esforço igual em cada um dos anéis, um guindaste inclina cada painel e posiciona-o ereto na sapata no perímetro do edifício. Cada painel erguido é apoiado temporariamente com escora metálica inclinada até que a estrutura de telhado esteja pronta. *(Reimpresso com permissão de Portland Cement Association de* Design and Control of Concrete Mixtures, *12th edition; Fotos: Portland Cement Association, Skokie, IL)*

completas para pilares e armaduras completas para lajes para cada compartimento do edifício. Com as barras leves produzidas com fibra de carbono ou fibra de aramida sendo mais presentes no uso cotidiano, outras formas novas de armadura certamente irão desenvolver-se.

As bombas de concreto têm se tornado os meios universais de movimentação do concreto fresco dos caminhões betoneira para o local de lançamento. O bombeamento tem muitas vantagens, entre elas o fato de poder lançar o concreto em locais que não poderiam ser acessados por caçambas e guindastes ou mesmo por um carrinho de mão. Na maioria das obras, o concreto é bombeado por uma mangueira flexível, mas em algumas grandes obras, tubos fixos e rígidos são instalados pelo período de duração da construção, para que transportem o concreto por grandes distâncias. A dosagem do concreto deve ter a participação do subempreiteiro de bombeamento, para que se tenha certeza de que o concreto não causará o entupimento da tubulação quando for colocado sob pressão pela bomba. O concreto pode ser bombeado até alturas e distâncias horizontais assombrosas: para a torre Burj Dubai, o concreto foi bombeado por mais de 1970 pés verticais (600 m).

CONCRETO ARQUITETÔNICO

O concreto destinado a ser o acabamento de superfícies interiores ou exteriores e especificado com características finais altamente detalhadas é conhecido como *concreto arquitetônico*. A maioria das superfícies de concreto produzidas, ainda que com boas condições estruturais, tem muitos defeitos e irregularidades para ser visualmente atrativas. Uma grande quantidade de considerações e esforços foi despendida para o desenvolvimento de acabamentos superficiais atraentes para o concreto arquitetônico (Figuras 14.49-14.52). *Acabamentos com agregados expostos* envolvem a lavagem das superfícies de concreto, logo após o endurecimento inicial do concreto, para remover a pasta de cimento da superfície e revelar o agregado. Esse processo é costumeiramente auxiliado por substâncias químicas que retardam o endurecimento da pasta de cimento e são borrifadas sobre a superfície de uma laje ou aplicadas internamente na forma. Como o concreto pode assumir qualquer textura que seja transmitida à forma, muito trabalho se deu no desenvolvimento de superfícies das formas de madeira, produtos de painéis de madeira, metal, plástico e borracha para produzir texturas que variam entre as

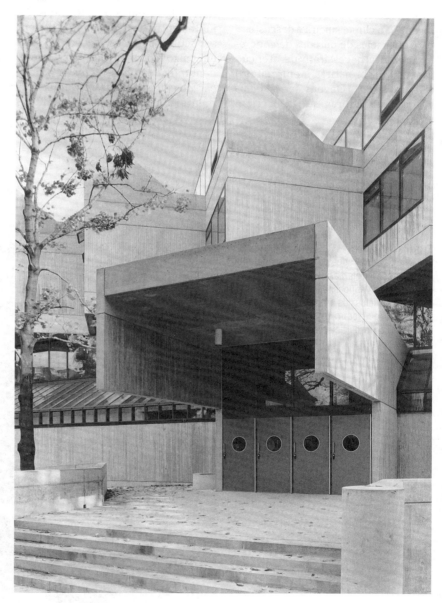

Figura 14.49
Superfícies de paredes de concreto aparente moldado no local. Tábuas estreitas foram utilizadas para as formas das paredes e os locais de fechamento das formas foram detalhados previamente. *(Arquiteto: Eduardo Catalano. Foto de Erik Leigh Simmons. Cortesia do arquiteto)*

quase vítreas e lisas até as estriadas, com nervuras e corrugadas. Após a cura parcial, outros passos podem ser tomados para mudar a textura do concreto, incluindo jateamento de areia, atrito com pedras abrasivas, polimento e desbaste com vários tipos de martelos (lisos, pontiagudos ou dentados). Muitos tipos de pigmentos, corantes, tintas e selantes podem ser usados para adicionar cor e brilho às superfícies de concreto e para protegê-las do clima, sujeira e desgaste.

Superfícies de paredes de concreto aparente necessitam de atenção especial do projetista e empreiteiro (Figura 14.51). Devem ser selecionados espaçadores que não criem pontos de corrosão nas superfícies externas de concreto. Os pontos de fechamento das formas nas paredes de concreto aparente devem ser padronizados de maneira a harmonizar com o leiaute das paredes, e os orifícios deixados nas superfícies de concreto onde existiam os tirantes de fechamento das formas devem ser recuperados ou fechados de maneira segura, para que se previna a ocorrência de oxidação nos mesmos. As juntas entre os lançamentos podem ser ocultas com a execução de faixas em baixo relevo na face do concreto, denominadas *mata-juntas*. A produção do concreto deve ser cuidadosamente controlada para a manutenção da cor entre uma mistura e outra. Em climas frios, a incorporação de ar é aconselhável para evitar danos causado pelos ciclos de gelo-degelo nas superfícies expostas.

> **Se fôssemos treinados para desenhar à medida que construímos, de baixo para cima [...] parando nossa lapiseira para fazer uma marca nas juntas de construção ou de lançamento do concreto, o ornamento derivaria do nosso amor pela expressão do método.**
>
> Louis I. Kahn, quoted in Vincent Scully, Jr., *Louis I. Kahn*, 1962

Figura 14.50
Superfícies de paredes de concreto aparente jateadas com areia para causar a exposição do agregado. Verifica-se o espaçamento regular dos orifícios dos tirantes de fechamento das formas, que foram detalhados pelo arquiteto como uma característica do projeto do edifício. *(Arquiteto: Eduardo Catalano. Foto de Gordon H. Schenck, Jr. Cortesia do arquiteto)*

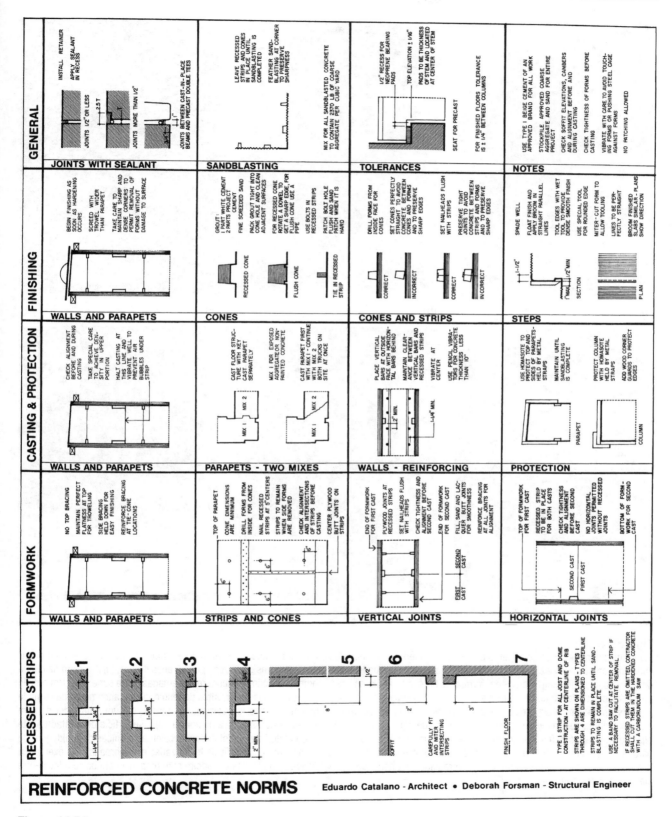

Figura 14.51
Padrões de detalhes construtivos estabelecidos pelo arquiteto para assegurar uma qualidade visual satisfatória nas paredes de concreto aparente dos prédios ilustrados nas Figuras 14.49 e 14.50. *(Cortesia de Eduardo Catalano, Arquiteto)*

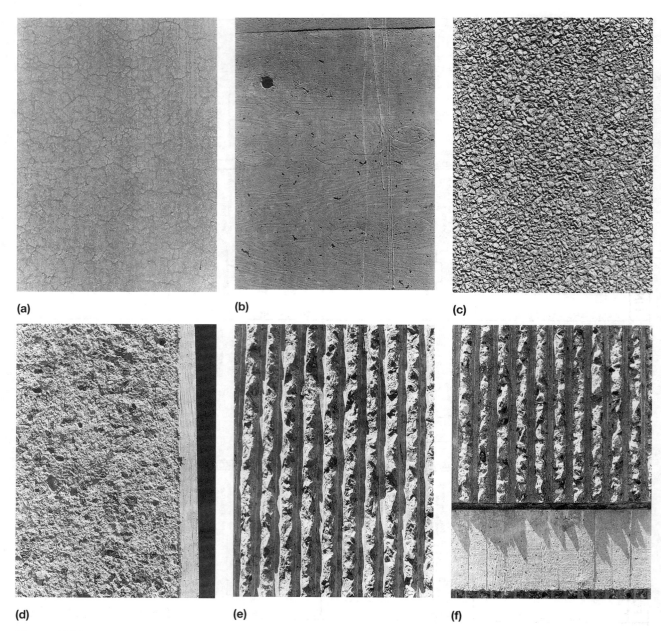

Figura 14.52
Fotografias com detalhes de texturas de algumas superfícies de paredes em concreto aparente. (a) Concreto moldado sobre madeira compensada com objetivo de se obter uma superfície lisa; mostra um padrão aleatório de fissuras capilares após 10 anos de uso. (b) A textura da chapa de madeira laminada com marcas em formas de barcos e circulares usada como forma são fielmente representadas nesta superfície. Um orifício do dispositivo de fechamento da forma é visto no lado superior esquerdo e diversas linhas decorrentes de respingos do lançamento da camada superior aparecem na superfície. (c) Esta superfície de agregado exposto foi obtida com o revestimento da forma com um retardador de cura e escovação da superfície do concreto com o uso de água e uma escova de cerdas duras após a desforma. (d) A superfície desbastada deste pilar de concreto é definida uniformemente por uma forma de borda. (e,f) O arquiteto Paul Rudolph desenvolveu as técnicas de moldagem de paredes de concreto com formas estriadas e, com posterior desbaste das estrias, produz superfícies texturizadas e sombreadas. No exemplo à direita, a superfície da parede estriada é contrastada pela borda da laje produzida com placas de madeira com uma faixa em baixo relevo entre elas. *(Fotos de Edward Allen)*

CORTE DE CONCRETO, PEDRA E ALVENARIA

Com frequência, é necessário cortar materiais duros, seja durante a obtenção e processamento dos materiais de construção, seja no próprio processo de construção. A extração e moagem de rocha necessitam de muitas operações de corte. Elementos pré-moldados de concreto frequentemente têm seus comprimentos finais cortados na fábrica. Componentes de alvenaria muitas vezes precisam ser cortados no canteiro de obras, e paredes de alvenaria necessitam, às vezes, de cortes de para a colocação de elementos de fixação e abertura de nichos para o embutimento de sistemas prediais. O corte de concreto tornou-se uma indústria própria, por causa da necessidade de aberturas para os sistemas prediais, elementos de fixação, juntas de controle, polimento e texturização das superfícies. O corte e furação são necessários para criar novas aberturas e remover construções não mais desejadas durante a renovação de prédios de alvenaria e concreto. A extração de testemunhos é utilizada para a obtenção de amostras de concreto, alvenaria e pedra para testes laboratoriais. Finalmente, o corte é necessário, algumas vezes, para remover o trabalho incorreto e para realizar operações de demolição do prédio.

Em tempos pré-industriais, os materiais duros eram cortados com ferramentas manuais, como serras de aço que empregavam uma lama abrasiva de areia e água sob a lâmina e brocas e cinzéis de aço endurecido e pesados martelos. Cunhas e explosivos em orifícios previamente perfurados eram utilizados para dividir grandes blocos de materiais. Essas técnicas e suas variações mecânicas ainda são utilizadas em algumas aplicações, mas ferramentas de corte feitas de diamante estão rapidamente tomando conta do segmento de corte na indústria de construção. Ferramentas diamantadas têm elevado custo inicial, mas cortam muito mais rapidamente e de maneira mais limpa que outros tipos de ferramentas, além de durarem muito mais, sendo mais econômicas no cômputo final. Além disso, as ferramentas diamantadas podem fazer coisas que ferramentas convencionais não conseguem, como serrar com precisão finas lâminas de mármore e granito destinadas ao revestimento de piso e parede.

Os diamantes cortam eficientemente materiais duros, já que se trata do material conhecido de maior dureza. A maioria dos diamantes industriais utilizados nas ferramentas de corte é sintética, sendo produzidos ao submeter grafite e um catalisador a calor e pressão extremos, resultando em pequenos diamantes que são coletados e graduados. Ainda que alguns diamantes naturais sejam utilizados na indústria, os sintéticos são os preferidos para a maioria das tarefas devido ao seu comportamento mais uniforme quando em uso.

Para fabricar uma ferramenta de corte, os diamantes são primeiramente incorporados em uma matriz metálica. O material resultante é cortado em pequenos segmentos cortantes. A escolha dos diamantes e composição exata da matriz são determinadas pelo tipo de material que será cortado. Os segmentos são soldados às ferramentas de corte feitas em aço – lâminas de serra circular, lâminas do tipo *gangsaw*, coroas cilíndricas para corte de testemunhos – que são montadas nas máquinas que as movimentam. Algumas ferramentas são projetadas para corte a seco, mas a maioria é utilizada com circulação de água, que tem a função de resfriar a lâmina e lavar o material do corte. As ilustrações seguintes (Figuras A-J) mostram uma variedade de máquinas que usam ferramentas de corte feitas de diamante. Outro exemplo é mostrado na Figura 9.25. Os diamantes estão presentes em ferramentas abrasivas que são utilizadas para vários fins, desde afiar ferramentas de carbeto de tungstênio (*tungsten carbide*) até alisar pisos de concreto desnivelados e polir granito.

Ferramentas de corte baseadas em outros materiais, além do diamante, ainda são comuns nos canteiros de obras. O carbeto de tungstênio é utilizado para as pontas de brocas de pequeno diâmetro para alvenaria e concreto e para os dentes das serras para trabalhos em madeira.

(*continua*)

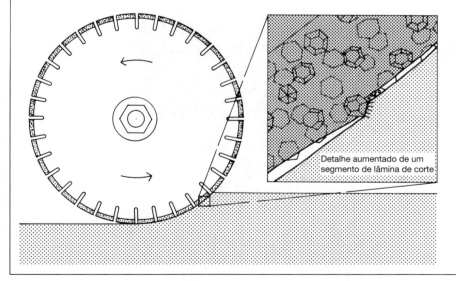

Figura A
Uma lâmina de serra diamantada é constituída por segmentos cortantes soldados a uma lâmina central de aço. Cada segmento consiste de cristais de diamantes incorporados a uma matriz metálica. Os diamantes dos segmentos cortantes rompem lascas do material que estiver sendo cortado e se desgastam até se soltarem da matriz. A matriz desgasta-se em uma determinada taxa, de forma a expor novos diamantes que tomam o lugar dos que se soltaram.

CORTE DE CONCRETO, PEDRA E ALVENARIA *(Continuação)*

Lâminas de serra circular de baixo custo, compostas de abrasivos como carbeto de silício, são úteis para cortes ocasionais de metais, concreto e alvenaria. No entanto, a ação de corte é lenta e as lâminas se desgastam muito rapidamente. Ferramentas de menor precisão, como marteletes pneumáticos, talhadeiras hidráulicas e a tradicional marreta, também são usadas. Para cortes e furos de precisão em grandes volumes, no entanto, não há substituto para o diamante industrial.

Figura B
Corte do comprimento excedente de uma estaca com uma serra circular diamantada, portátil e pneumática. *(Cortesia de Sinco Products, Inc.)*

Figura C
Corte de uma junta de controle em piso de concreto com uma serra circular diamantada pneumática. *(Cortesia de Partner Industrial Products, Itasca, Illinois)*

Figura D
Corte de uma nova abertura de uma parede de alvenaria com uma serra circular diamantada. *(Cortesia de Partner Industrial Products, Itasca, Illinois)*

Figura E
Enquanto uma serra circular convencional consegue executar cortes em uma profundidade máxima aproximada a do diâmetro de sua lâmina, a serra com anel de corte (*ring saw*) pode cortar materiais duros em uma profundidade de quase três quartos de seu diâmetro. *(Cortesia de Partner Industrial Products, Itasca, Illinois)*

Figura F
Corte de uma parede de alvenaria de blocos de concreto com uma motosserra hidráulica com lâmina diamantados. *(C-150 Hydracutter, foto cortesia de Reimann & George Construction, Buffalo New York)*

CORTE DE CONCRETO, PEDRA E ALVENARIA *(Continuação)*

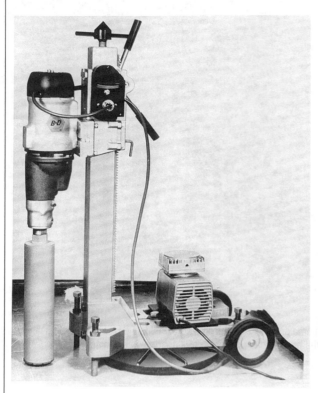

Figura G
Uma broca diamantada é utilizada para produzir orifícios circulares. *(Foto: Cortesia de Sprague & Henwood, Inc., Scranton, Pennsylvania)*

Figura H
Utilizando a técnica denominada "perfuração ponteada", uma broca corta uma abertura em uma parede muito espessa. *(Cortesia de GE Superabrasives)*

Figura I
Aberturas serradas e perfuradas para passagem de tubulações de sistemas prediais em uma laje de concreto. *(Cortesia de GE Superabrasives)*

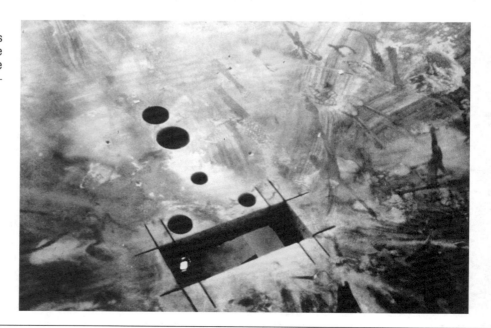

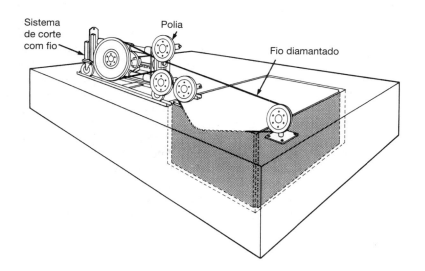

Figura J
As máquinas de corte de fio são capazes de cortar profundidades e espessuras de material que não podem ser cortadas por nenhum outro tipo de ferramenta. Primeiramente, são perfurados orifícios nas extremidades do local a ser cortado e um fio diamantado é passado pelos orifícios e ao redor das polias do equipamento de serra. O equipamento mantém uma tensão constante no fio enquanto este é puxado em alta velocidade através do material. O fio vai gradualmente abrindo o caminho de saída, deixando superfícies lisas e planas. O fio é é um cabo de aço com diamantes incorporados. (© *1988 Cutting Technologies, Inc., Cincinnati, Ohio. Todos os direitos reservados*)

Figura K
Este hotel foi criado a partir de 36 silos de estocagem de grãos construídos em concreto em 1932. As paredes dos silos, com 7 polegadas (180 mm) de espessura, foram cortadas com serra circular diamantada, com os diâmetros dos cortes variando de 24 a 42 polegadas (610-1.070 mm), para criar as aberturas de janelas e portas. *(Cortesia de GE Superabrasives)*

Existem duas formas de tratar o problema de produzir uma superfície de concreto bem acabada. Uma é remover o cimento que é a causa das imperfeições e expor os agregados. A outra é criar um padrão ou um desenho que desvie a atenção dos defeitos.

Henry Cowan, *Science and Building: Structural and Environmental Design in the Nineteenth and Twentieth Centuries*, New York, John Wiley & Sons, Inc., 1978, p. 283.

GRANDES VÃOS EM CONCRETO MOLDADO NO LOCAL

Os antigos romanos construíram abóbadas e domos de concreto não armado como tetos para templos, banhos, palácios e basílicas (Figura 13.2). Foram construídos vãos impressionantes, incluindo um domo sobre o Panteão em Roma, ainda existente, com diâmetro aproximado a 150 pés (45 m). Ainda hoje, o arco, o domo e a abóbada permanecem como soluções preferenciais para transpor longas distâncias em concreto, devido à adequação do concreto a formas estruturais que trabalhem inteiramente em compressão (Figuras 14.53–14.55). Por meio do uso de abóbadas plissadas ou de geometrias curvas como o paraboloide hiperbólico, a resistência necessária aos esforços de flexão e flambagem poderá ser atingida com uma camada de concreto de pequena espessura, que, em geral é proporcionalmente mais fina que a casca de um ovo (Figura 14.55*b*).

Vigas com grandes vãos e treliças são possíveis de serem produzidas em concreto, incluindo vigas pós-tracionadas e vigas altas com armadura convencional analogamente às vigas de chapas metálicas e estruturas rígidas. Treliças de concreto e estruturas espaciais não são comuns, mas são eventualmente produzidas. Por definição, uma treliça está sujeita a elevados esforços de tração e compressão, e é altamente dependente da armadura convencional ou protendida.

As *abóbadas* e as *placas plissadas* (Figuras 14.54, 14.55*c*, e 14.56) obtêm sua rigidez e resistência a partir da execução de dobras ou curvaturas em uma placa fina de concreto conse-

Figura 14.53
A mesma cambota de madeira foi utilizada quatro vezes para produzir esta ponte de concreto em arco. *(Cortesia de Gang-Nail Systems, Inc.)*

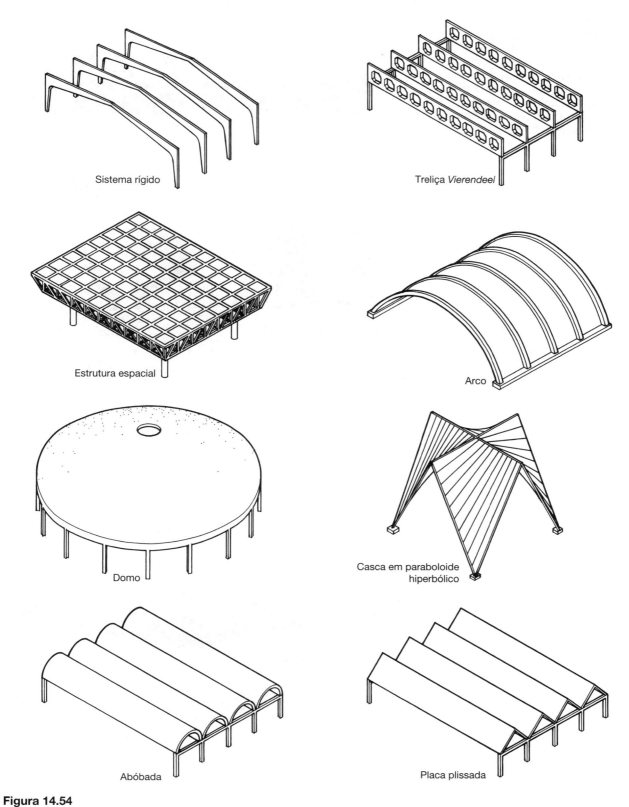

Figura 14.54
Oito exemplos de soluções estruturais de concreto para grandes vãos. Cada uma é um caso especial de uma variedade infinita de formas. Todos podem ser moldados no local, no entanto, o sistema rígido, a estrutura espacial e a treliça *Vierendeel* são mais adequados para serem utilizados pré-moldados.

Figura 14.55
Três estruturas em casca realizadas por mestres da engenharia de concreto do século XX. (a) Arena de esportes em abóbada de Pier Luigi Nervi. (b) Restaurante em paraboloide hiperbólico, de Felix Candela. (c) Tribuna de um hipódromo com a cobertura em cascas de concreto em balanço de Eduardo Torroja. *(Desenhos de Edward Allen)*

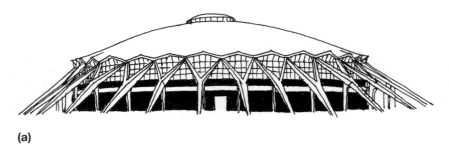

(a)

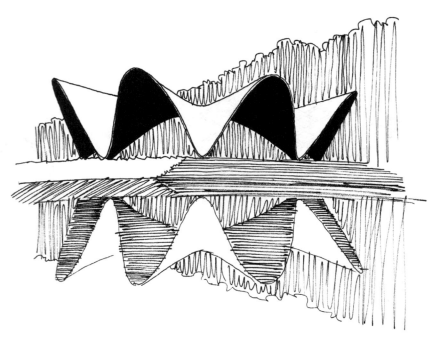

(b)

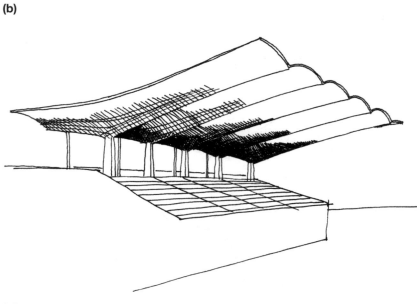

(c)

Figura 14.56
A mesa voadora é retirada do vão de um telhado em placa plissada de concreto de um terminal aéreo. *(Arquitetos: Thorshov and Cerny. Foto: Cortesia de APA – The Engineered Wood Association)*

guindo, com isso, aumento da rigidez e altura estrutural sem a adição de material. Cada uma dessas formas depende da armadura convencional ou protendida para resistir aos esforços de tração a que pode estar sujeita.

PROJETOS ECONÔMICOS DE EDIFÍCIOS DE CONCRETO MOLDADO NO LOCAL

O custo de uma estrutura de um prédio de concreto pode ser discriminado em custos de concreto, da armadura e da forma. Desses três, nos Estados Unidos, o custo do concreto é normalmente o menos significativo, enquanto o custo das formas é o mais espressivo. Consequentemente, a harmonização, a simplificação e a padronização das formas são os primeiros requisitos de uma estrutura de concreto econômica. Espaçamentos repetitivos entre pilares e dimensões dos vãos permitem que a mesma forma seja utilizada várias vezes sem receber alterações. A construção utilizando lajes lisas é normalmente a mais econômica, pela simplicidade de suas formas. A construção com vigas-faixa é normalmente mais econômica que a construção com lajes nervuradas unidirecionais, com vigas adequadamente dimensionadas para suas exigências estruturais, já que o valor economizado nas formas é suficiente para compensar os gastos adicionais em concreto e aço das vigas. Essa mesma justificativa se aplica quando as dimensões dos pilares e vigas são padronizadas ao longo de todo o prédio, mesmo com as cargas variando entre si; sendo que as variações das necessidades estruturais podem ser atendidas com a alteração da taxa de armadura e a resistência do concreto (Figura 14.57).

CONCRETO MOLDADO NO LOCAL E OS CÓDIGOS DE EDIFICAÇÕES

As estruturas de concreto são inerentemente resistentes ao fogo. Quando o fogo atinge o concreto, a água de hidratação é gradualmente expulsa, fazendo com que o concreto sofra uma diminuição na resistência. No entanto, essa deterioração é lenta, já que é necessária uma quantidade considerável de calor para aumentar a temperatura da massa de concreto até que a desidratação tenha início, e uma grande quantidade adicional de calor é necessária para causar a evaporação da água. As barras da armadura ou as cordoalhas de protensão estão imersas sob uma espessura de concreto que as protege do fogo por um longo período de tempo. Com exceção de circunstâncias não usuais, como fogo prolongado alimentado por produtos derivados de petróleo, as estruturas

Figura 14.57
Ao manter as dimensões dos pilares, vigas e outros elementos moldados o mais uniforme possível, uma considerável economia pode ser obtida no custo das formas para a construção em concreto moldado no local. Aqui, uma forma de pilar, após ser retirada de um pilar recentemente moldado, está sendo levada a outro local para ser reutilizada. *(Foto de Joseph Iano)*

de concreto normalmente sobrevivem ao fogo com danos meramente estéticos e são reparadas com relativa facilidade.

Estruturas de concreto com cobrimento de armadura e espessura de lajes adequadas são classificadas como construções Tipo I pelo Código de Construção Internacional.* Os requisitos de espessura de laje para os diversos tipos de construção são complexos e dependem do tipo de agregado utilizado no concreto, e do fato de um componente estrutural estar ou não com a movimentação restringida pela construção adjacente. Os requisitos de resistência ao fogo para os tipos superiores de construção podem ser atingidos em sistemas nervurados uni ou bidirecionais pelo aumento da espessura de laje além do que é estruturalmente necessário, ou pela aplicação de materiais resistentes ao fogo

---
* N. de T.: No Brasil, deve ser consultada a norma NBR 14.432.

nas superfícies inferiores e nas estruturas de piso.

Prédios de concreto moldado no local têm vigas rígidas e em muitos casos não necessitam de elementos estruturais adicionais para atingir a resistência necessária ao vento e às forças sísmicas. Maiores exigências em relação aos sismos nas normas, no entanto, têm levado a uma maior atenção dos engenheiros estruturais aos estribos de pilares e vigas, particularmente na região de encontro entre eles, para que se tenha certeza de que as barras verticais dos pilares e as horizontais das vigas, estejam adequadamente restringidas contra os grandes esforços que podem ocorrer nessas zonas sob ação sísmica. As ligações entre lajes lisas e pilares podem não ser suficientemente rígidas para suportar nada além de prédios de pequena altura, a não ser que capitéis ou vigas sejam adicionados para enrijecer a ligação entre pilar-laje.

A SINGULARIDADE DO CONCRETO MOLDADO NO LOCAL

O concreto é um material amorfo cuja forma deve ser dada pelo projetista. Por economia, este pode adotar um sistema estrutural padronizado. Entretanto, pela inspiração do projetista, muitas formas e texturas novas podem ser conseguidas, um caminho trilhado por muitos dos mais importantes arquitetos. Alguns têm perseguido suas possibilidades estruturais, outros suas texturas e padrões de superfície e, outros, sua lógica estrutural. De cada um desses caminhos saíram obras de arte – a capela de Le Corbusier em Ronchamp (Figura 14.62), o Unity Temple de Wright (Figura 14.1) e as elegantes estruturas de Torroja, Candela e Nervi, exemplos esboçados na Figura 14.55. Muitas dessas obras de arte, em especial desses três projetistas, também foram construídas de maneira impressionantemente

Figura 14.58
Obra em concreto atingindo o pico de 1.475 pés (450 m) das Torres Gêmeas Petronas em Kuala Lumpur, Malásia, na época de sua construção, os prédios mais altos do mundo. Cada torre é sustentada por um anel perimetral de 16 pilares cilíndricos de concreto e um núcleo central, também em concreto. Os diâmetros dos pilares variam de 8 pés (2.400 mm) na base do prédio até 4 pés (1.200 mm) no topo. Para rapidez na construção, os pavimentos são estruturados com aço e *decks* metálicos compostos. O concreto utilizado nos pilares alcançava resistência de 11.600 psi (80 MPa). O arquiteto foi Cesar Pelli & Associados, Inc, sendo que os engenheiros estruturais foram Thornton-Tomasetti e Rahnill Bersekutu Sdn Bhd. O parceiro americano no grupo de associados que construiu as torres foi J.A. Jones Construction Co., Charlotte, Carolina do Norte. *(Foto de Uwe Hausen, J. A. Jones, Inc.)*

econômica. O concreto moldado no local pode fazer quase qualquer coisa, ser quase qualquer coisa, em quase qualquer escala e em qualquer tipo de prédio. É um potente material arquitetônico e, portanto, um material que serve tanto a realizações arquitetônicas espetaculares quanto a tristes falhas arquitetônicas. Um material tão maleável demanda habilidade e cuidado daqueles que construirão com ele, e um material tão trivial necessita de imaginação, quando se desejar fugir do lugar comum.

Como projetistas, aprendemos a expressar a composição interna do concreto ao expor seus agregados na superfície ou ao mostrar as belezas das formas com que ele foi moldado, deixando as marcas das ligações e as texturas dos painéis. Mas ainda não descobrimos como revelar na estrutura final as atraentes e complexas geometrias das barras de aço, que constituem metade da parceria estrutural que mantém os prédios de concreto em pé.

Figura 14.59
As superfícies revestidas de argamassa do museu Guggenheim, de Frank Lloyd Wright (1943–1956), cobrem uma rampa helicoidal produzida com concreto moldado no local. *(Foto de Wayne Andrews)*

Figura 14.60
A capela de São Ignácio, da Seattle University, projetada pelo arquiteto Steven Holl, é uma estrutura em concreto *tilt-up*. *(Foto de Joseph Iano)*

Figura 14.61
Uma casa de concreto moldado no local em Lincoln, Massachusetts. *(Arquitetos: Mary Otis Stevens e Thomas F. McNulty)*

Figura 14.62
O prédio mais escultural de Le Corbusier, em seu material favorito, o concreto: a capela de Notre Dame de Haut, em Ronchamp. *(Desenho de Edward Allen)*

Figura 14.63
O terminal TWA, no Aeroporto John F. Kennedy, Nova York, 1956-1962. *(Arquiteto: Eero Saarinen. Foto de Wayne Andrews)*

CSI/CSC	
Seção do MasterFormat para construção em concreto	
03 30 00	Concreto moldado no local
03 31 00	Concreto estrutural
03 33 00	Concreto arquitetônico
03 34 00	Concreto de baixa densidade
03 35 00	Acabamento de concreto
03 37 00	Concreto com lançamento especial Concreto projetado Concreto bombeado
03 39 00	Cura de concreto

REFERÊNCIAS SELECIONADAS

1. American Concrete Institute. *ACI 318: Building Code Requirements for Structural Concrete and Commentary.* Farmington Hills, MI, atualizado regularmente.

   Esta publicação estabelece as bases para o projeto estrutural e construção de estruturas de concreto armado nos Estados Unidos.

2. Concrete Reinforcing Steel Institute. *CRSI Design Handbook.* Schaumburg, IL, Concrete Reinforcing Steel Institute, atualizado regularmente.

   Engenheiros estruturais que trabalham com concreto utilizam-se deste manual, cuja maior referência é o Código ACI (referência 1). Contém exemplos de métodos de projeto estrutural e centenas de páginas de tabelas de projetos padronizados de elementos estruturais em concreto armado.

3. Concrete Reinforcing Steel Institute. *Placing Reinforcing Bars.* Schaumburg, IL, atualizado regularmente.

   Escrito como um manual para aqueles envolvidos no negócio de fabricação e montagem de armaduras de aço, este pequeno volume é escrito de maneira clara e ricamente ilustrado com diagramas e fotografias de armadura para todos os sistemas estruturais comuns de concreto.

4. Hurd, M. K. *Formwork for Concrete* (7th ed.). Farmington Hills, MI, American Concrete Institute, 2005.

   Este livro, bastante ilustrado, é a bíblia do projeto e construção de formas para concreto moldado no local.

5. American Concrete Institute. *ACI 303R: Guide to Cast-in-Place Architectural Concrete Practice.* Farmington Hills, MI, atualizado regularmente.

   Este é um abrangente manual para a produção de atraentes superfícies de concreto.

6. Post-Tensioning Institute. *Post-Tensioning Manual.* Phoenix, AZ, atualizado regularmente.

   Este volume, amplamente ilustrado, é uma excelente introdução à protensão para o iniciante e também um manual básico de engenharia para o especialista.

7. Concrete Reinforcing Steel Institute. *Structural System Selection: Guide to Structural System Selection* e *Workbook for Evaluating Concrete Structures.* Schaumburg, IL, 1997.

   Estes volumes tornam fácil a seleção de um sistema estrutural de concreto apropriado para um edifício e a determinação de dimensões aproximadas aos componentes estruturais.

8. Veja também as Referências Selecionadas listadas no Capítulo 13.

SITES

Sistemas estruturais de concreto moldado no local

Site complementar do autor: **www.ianosbackfill.com/14_sitecast_concrete_framing_systems**
Acessórios para formas Dayton Superior: **www.daytonconcreteacc.com**
Sistemas de protensão Dywidag-Systems International: **www.dsiamerica.com**
Formas de fibras de vidro para construção: **www.mfgcp.com**
Formas: Symons Corp.: **www.symons.com**

Palavras-chave

Piso de concreto
Barreira capilar
Espera
Banda central
Barreira à umidade, barreira de vapor
Tensor
Laje lisa armada em duas direções
Nivelamento, régua
Gravata
Laje nervurada bidirecional
Flotação, desempeno
Escora
Domo, cubeta
Desempenadeiras manuais de cabo longo, *Bull float*
Desforma
Capitel
Orifício de tirante
Cordoalha escalonada
Água de exsudação
Forma isolante de concreto
Ajuste
Piso espelhado
Laje maciça armada em uma direção
Lift-slab
Desempenadeira de aço
Escora
Forma modular
Desempenadeira motorizada rotativa, helicóptero
Reescoramento
Mesa voadora
Joelheira tipo *knee board*
Viga-faixa
Forma deslizante
Acabamento vassourado
Laje nervurada unidirecional
Tilt-up
Corte
Cubeta
Concreto projetado, concreto lançado por ar comprimido
Rodo de corte
Nervura de distribuição
Concreto arquitetônico
Endurecedores de superfície
Viga-faixa
Acabamento com agregado exposto
Composto de cura, película de cura
Laje nervurada de grandes vãos, sistema nervurado alternado
Mata-junta
Piso de concreto superplano
Laje maciça armada em duas direções
Serra diamantada
F-number
Laje cogumelo armada em duas direções
Cascas cilíndricas ou abóbadas
Junta de controle, junta de retração
Capitel cogumelo
Placa plissada
Junta de isolamento, junta de expansão
Drop panel
Cimento compensador de retração

Questões para Revisão

1. Desenhe de memória um detalhe de um piso de concreto e liste os passos de sua produção. Por que a superfície não pode ser acabada em uma operação, em vez de esperar por horas antes do acabamento final?
2. O que são juntas de controle e juntas isolantes? Explique os propósitos e localizações típicas para cada uma delas em uma laje de concreto.
3. Liste os passos que são seguidos na montagem das formas e lançamento de uma parede de concreto.
4. Diferencie os sistemas estruturais de concreto armado em uma direção e em duas direções. Sistemas estruturais de madeira e aço são em uma ou duas direções? A construção em uma direção é estruturalmente mais eficiente do que a construção em duas direções?
5. Liste os sistemas estruturais comuns de concreto armado em uma direção e duas direções e indique as possibilidades e limitações de cada um.
6. Por que realizar pós-tração em uma estrutura de concreto em vez de somente armá-la?

Exercícios

1. Proponha um sistema estrutural de concreto armado que seja adequado a cada um dos seguintes edifícios e determine uma espessura para cada um deles.
    a. Um prédio de apartamentos com um espaçamento de pilares aproximado de 16 pés (5 m) em cada direção.
    b. Um depósito de um jornal, com espaçamento de pilares de 20 pés por 22 pés (6 m × 6,6 m).
    c. Uma escola de nível básica, espaçamento de colunas de 24 pés por 32 pés (7,3 m × 9,75 m).
    d. Um museu, espaçamento de colunas de 36 pés por 36 pés (11 m × 11 m).
    e. Um hotel cuja altura total deve ser minimizada para permitir o maior número possível de andares, conforme o limite de altura municipal.
2. Veja diversos canteiros de obras de edifícios com concreto moldado no local. Determine o tipo de sistema estrutural utilizado em cada um e explique porque você acha que ele foi escolhido. Se possível, fale com os projetistas do prédio e descubra se você estava certo.
3. Observe um edifício de concreto em construção. Qual é o sistema estrutural? Por quê? Quais tipos de formas são utilizados para seus pilares, vigas e lajes? De que forma as armaduras são entregues no local? Como o concreto é misturado? Como é içado e lançado nas formas? Como é adensado nas formas? Como é curado? São retiradas amostras para testes? Em quanto tempo após o lançamento as formas são retiradas? As formas são reutilizadas? Por quanto tempo as escoras são mantidas no local? Mantenha um diário de suas observações por um período de um mês ou mais.

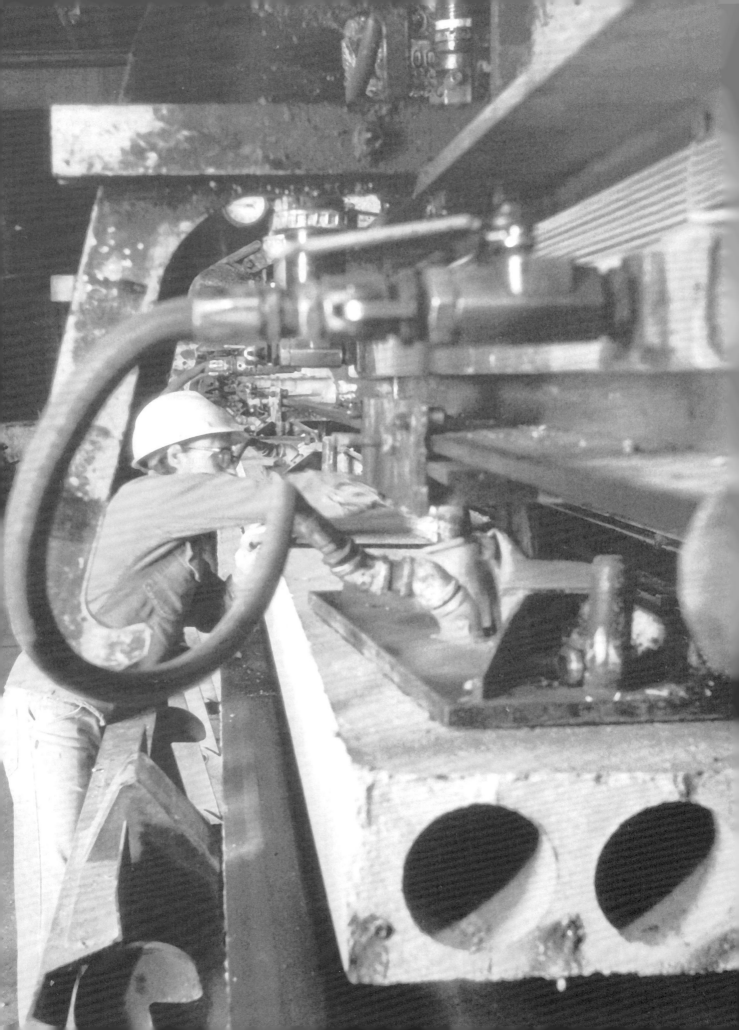

15
SISTEMAS ESTRUTURAIS DE CONCRETO PRÉ-MOLDADO

Elementos estruturais de concreto pré-moldado e protendido
Conceitos de montagem de edifícios em concreto pré-moldado
Produção de elementos estruturais de concreto pré-moldado
Ligações entre elementos de concreto pré-moldado
O processo construtivo
Concreto pré-moldado e os códigos de edificações
A singularidade do concreto pré-moldado

Dispositivos de sucção elevam uma laje alveolar de concreto pré-moldado da pista de moldagem onde foi produzida. *(Cortesia de The Flexicore Co., Inc.)*

Os elementos estruturais de *concreto pré-moldado* – lajes, vigas, pilares e painéis de parede – são moldados e curados nas fábricas, transportados para o canteiro de obras e montados já prontos. A pré-moldagem oferece muitas vantagens em relação ao concreto moldado no local: a produção de elementos pré-moldados é realizada de maneira adequada no nível do solo. As operações de mistura e lançamento são, normalmente, mecanizadas e, com frequência, realizadas em ambientes abrigados, especialmente em casos de condições climáticas adversas. O controle da qualidade dos materiais e mão de obra é, geralmente, melhor que o realizado no canteiro de obras. O concreto é moldado em formas permanentes feitas de aço, concreto, plástico reforçado com fibra de vidro ou painéis de madeira revestidos com películas, cujas excelentes propriedades da superfície se traduzem na alta qualidade das superfícies dos elementos pré-moldados acabados. As formas podem ser reutilizadas por centenas ou milhares de vezes antes que tenham de ser renovadas e, por isso, os custos com formas por componente de concreto produzido são baixos. As formas possuem equipamentos para realizar a protensão do aço nos elementos pré-moldados de maneira a atingir maior eficiência estrutural, que pode ser traduzida por vãos maiores e menores espessuras e pesos quando comparados a elementos semelhantes produzidos em concreto armado convencional. Em geral, se utilizam concretos e aços com resistências mais elevadas nos elementos pré-moldados, tipicamente concreto de 5.000 psi (35 MPa) e aço para concreto protendido de 270.000 psi (1860 MPa).

Para que o endurecimento e ganho de resistência seja o mais rápido possível, o concreto para componentes de concreto pré-moldado é produzido com cimento Portland do Tipo III de alta resistência inicial* e os componentes são normalmente *curados a vapor*. O vapor fornece calor para acelerar o endurecimento do concreto e umidade para hidratação completa do cimento. Desta forma, uma indústria de pré-moldados é capaz de produzir, em um ciclo de 24 horas, elementos estruturais totalmente curados, desde a colocação das cordoalhas de protensão até a remoção dos componentes acabados da pista de moldagem. (O uso do concreto autoadensável, descrito no Capítulo 13, tem aumentado na produção de concreto pré-moldado, pois tem potencial para aumentar a produtividade e produzir componentes de concreto arquitetônico com melhor acabamento superficial.)

Quando os elementos produzidos com esta eficiente tecnologia são levados ao canteiro de obras, outras vantagens adicionais são percebidas: o processo de construção é similar ao de estruturas metálicas, mas é, normalmente, mais rápido, pois a maioria dos sistemas de pré-moldados possuem componentes longos que fazem a função de fechamentos horizontais, sem a necessidade de posicionar componentes adicionais de vigas e painéis horizontais (Figuras 15.1 e 15.2). A produção da estrutura é muito mais rápida do que a utilização do concreto moldado no local, pois não há formas para montar e desmontar e o prazo para a cura do concreto é pequeno ou inexistente. A construção de estruturas pré-moldadas pode ser realizada sob condições climáticas adversas, como temperatura extremamente altas ou baixas, que poderiam impedir a produção do concreto no canteiro de obras.

Ao escolher entre pré-moldagem ou moldagem no local, o projetista deve pesar as possíveis vantagens e desvantagens da pré-moldagem. Os elementos estruturais pré-moldados, mesmo que mais leves do que elementos similares de concreto moldado no local de construção, ainda assim são pesados e grandes para serem transportados por estradas e posicionados no local. Isso restringe o tamanho e as proporções da maioria dos elementos pré-moldados: eles podem ser bastante longos, no entanto, a largura é limitada pela largura máxima permitida dos veículos, que é de 12 a 14 pés (3.66 – 4.27 m**). Essa restrição de largura, em geral, exclui a utilização das armaduras em duas direções nas lajes pré-moldadas. Além disso, as possibilidades esculturais tridimensionais do concreto moldado no local são praticamente inexistentes no concreto pré-moldado.

Ainda que paredes completas ou cômodos sejam, algumas vezes, pré-moldados, este capítulo vai focar os elementos pré-moldados padrão, que são normalmente produzidos em massa, como componentes estruturais.

---

* N. de T.: No Brasil, o cimento equivalente é o CP V – ARI.

** N. de T.: No Brasil, a largura máxima regulamentada é 2,60m.

Capítulo 15   Sistemas Estruturais de Concreto Pré-Moldado   **613**

Figura 15.1
Um edifício em execução utilizando somente componentes pré-moldados. Uma capa de concreto será lançada e cobrirá as lajes alveolares e as vigas criando um piso liso e unindo os elementos pré-moldados. *(Cortesia de The Flexicore Co., Inc.)*

Figura 15.2
Operários conduzem duas lajes alveolares, suspensas por cabos de aço e movimentadas por um guindaste, em direção às vigas de concreto pré-moldado que irão sustentá-las. *(Cortesia de The Flexicore Co., Inc.)*

ELEMENTOS ESTRUTURAIS DE CONCRETO PRÉ-MOLDADO E PROTENDIDO

Lajes de concreto pré-moldado

A maioria dos elementos de concreto pré-moldado com alto grau de padronização é utilizada para a produção de lajes de pisos e de cobertura (Figura 15.3). Esses elementos podem ser suportados por paredes estruturais, produzidas com concreto pré-moldado ou alvenaria, ou por estruturas metálicas ou de concreto, seja pré-moldado, seja moldado no local. Quatro tipos de elementos pré-moldados de laje são normalmente produzidos: para pequenos vãos e lajes com espessuras mínimas, as *lajes maciças* são adequadas. Para vãos maiores, devem ser utilizados elementos de maior espessura, entretanto, as lajes pré-moldadas maciças, da mesma forma que suas similares produzidas no canteiro de obras, tornam-se ineficientes, pois possuem excessivo peso próprio, correspondente ao concreto que não desempenha função estrutural. Nas *lajes alveolares*, componentes pré-moldados adequados para vãos intermediários, vazios internos longitudinais substituem grande parte do concreto sem função estrutural. Para os maiores vãos, elementos com altura ainda maior são necessários, e elementos de seção *Duplo T* e *T simples* eliminam uma porção ainda maior de concreto sem função estrutural.

Para a maioria das aplicações, os quatro tipos de lajes pré-moldadas são fabricados com um acabamento superficial superior rugoso. Após a montagem dos componentes, é lançada uma *capa* de concreto sobre eles e, então, executado o acabamento superficial alisado. A capa de concreto, normalmente com 2 polegadas (50 mm) de espessura, adere à superfície rugosa dos elementos pré-moldados durante a cura e se torna uma parte ativa, contribuindo para a capacidade estrutural da laje. A capa também contribui para o trabalho conjunto dos elementos pré-moldados, fazendo com que atuem como um elemento estrutural único e não como placas individuais, quando sob ação de cargas concentradas e cargas do efeito diafragma. Além disso, a capa de concreto esconde a pequena curvatura que normalmente ocorre nos componentes protendidos. A continuidade estrutural ao longo de uma série de vãos pode ser conseguida com a colocação de barras de aço na capa de concreto sobre as vigas ou paredes de suporte. Os eletrodutos também podem ser embutidos na capa de concreto. Lajes pré-moldadas com acabamento superficial liso são, em alguns casos, utilizadas sem a capa de concreto, conforme discutido posteriormente neste capítulo.

Tanto o concreto com massa específica normal, quanto o concreto estrutural leve, podem ser escolhidos para uso em qualquer um dos tipos de laje. O concreto leve, com massa específica aproximadamente 20% menor do que o concreto convencional, reduz as cargas na estrutura e nas fundações do edifício tendo, no entanto, seu custo maior do que o concreto de massa específica normal.

Existe um número considerável de soluções econômicas para um mesmo vão com os diferentes tipos de lajes pré-moldadas, permitindo ao projetista alguma liberdade na escolha do elemento a usar em cada situação. As lajes maciças e alveolares resultam em edifícios com menor altura total, nos casos de estruturas de vários andares, suas faces inferiores lisas podem ser pintadas e utilizadas como acabamento final do teto em muitas aplicações. Para vãos maiores, geralmente as lajes de seção Duplo T são preferidas em vez das tradicionais lajes do tipo T simples, pois não necessitam de suporte para evitar o tombamento durante sua montagem.

Vigas e pilares de concreto pré-moldado

As vigas de concreto pré-moldado são produzidas em várias formas padronizadas (Figura 15.4). Os *dentes* salientes nas *vigas L* e *T invertido* fornecem suporte direto para elementos das lajes pré-moldadas. Por terem o suporte das lajes próximas às partes inferiores das vigas, elas mantêm o pé direito em uma construção, quando comparadas às vigas de seção retangular sem os den-

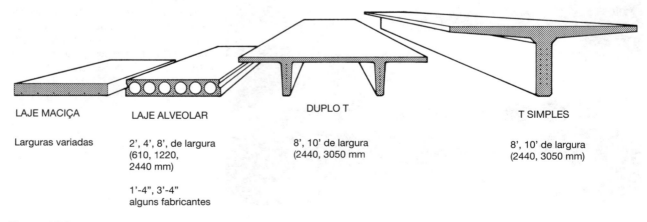

LAJE MACIÇA — Larguras variadas

LAJE ALVEOLAR — 2', 4', 8', de largura (610, 1220, 2440 mm) — 1'-4", 3'-4" alguns fabricantes

DUPLO T — 8', 10' de largura (2440, 3050 mm)

T SIMPLES — 8', 10' de largura (2440, 3050 mm)

Figura 15.3
Os quatro principais tipos de componentes pré-moldados para lajes. As lajes alveolares são produzidas por diferentes fabricantes, em uma variedade de padrões de seção-transversal, por diferentes processos. As lajes tipo T são usualmente menos usadas que as do tipo Duplo T devido a necessitarem de uma sustentação temporária contra o tombamento até que estejam permanentemente fixadas no local.

Capítulo 15 Sistemas Estruturais de Concreto Pré-Moldado **615**

ANTEPROJETO DE UMA ESTRUTURA DE CONCRETO PRÉ-MOLDADO

- Estime a espessura de uma **laje maciça pré-moldada** em 1/40 do vão. As espessuras variam, normalmente, entre 3½ e 8 polegadas (90-200 mm).

- Uma **laje pré-moldada alveolar** de 8 polegadas (200 mm) pode vencer um vão de aproximadamente 25 pés (7,6 m), uma laje de 10 polegadas (250 mm) pode alcançar um vão de 32 pés (9,8 m), e uma laje de 12 polegadas (300 mm) pode vencer vãos de 40 pés (12 m).

- Estime a altura das vigas tipo **Duplo T de concreto pré-moldado** em 1/28 do vão. As espessuras mais comuns de Duplo T são 12, 14, 16, 18, 20, 24 e 32 polegadas (300, 350, 400, 460, 510, 610 e 815 mm). Alguns fabricantes podem produzir vigas do tipo Duplo T que chegam a 48 polegadas (1.220 mm) de altura.

- Uma **viga de seção T simples** de 36 polegadas (915 mm) de altura tem capacidade de vencer vãos na ordem de 85 pés (26 m), e uma viga T com altura igual a 48 polegadas (1.220 mm) alcança vãos de 105 pés (32 m).

- Estime a altura de **vigas de concreto pré-moldado** em 1/15 do vão para carregamentos leves e em 1/12 do vão para maiores carregamentos. Essas relações se aplicam a vigas retangulares, T-invertido e seção L. A largura de uma viga é, normalmente, cerca de metade de sua altura. Os dentes nas vigas do tipo T invertido ou L têm normalmente 6 polegadas (150 mm) de largura e 12 polegadas (300 mm) de altura.

- Para estimar as dimensões de um **pilar de concreto pré-moldado** some a área total de teto e piso sustentada pelo pilar. Um pilar de 10 polegadas (250 mm) pode suportar uma área de aproximadamente 2.300 pés quadrados (215 m²), um pilar de 12 polegadas (300 mm) alcança 3.000 pés quadrados (280 m²), um pilar de 16 polegadas (400 mm), 5.000 pés quadrados (465 m²) e um pilar de 24 polegadas (600 mm) chega a 9.000 pés quadrados (835 m²). Esses valores podem ser interpolados para pilares em incrementos de 2 polegadas (50 mm) e os pilares são, normalmente, de seção quadrada.

Essas aproximações somente são válidas para um esboço preliminar do edifício e não devem ser utilizadas para selecionar as dimensões finais dos componentes. Elas se aplicam aos tipos usuais de edifícios, como prédios residenciais, escritórios, comerciais e institucionais e edifícios-garagem. Para prédios de fábricas e depósitos, 3½ devem ser usados componentes um pouco maiores.

Para informações mais abrangentes sobre a seleção preliminar, esboço do sistema estrutural e dimensionamento de componentes estruturais, consulte *The Architect's Studio Companion*, de Edward Allen e Joseph Iano, (4ª ed.), New York, John Wiley & Sons, Inc., 2007.

---

tes, nas quais as lajes estão apoiadas na parte superior. As vigas AASHTO (American Association of State Highway and Transportation Officials) foram projetadas originalmente como soluções para estruturas de pontes, mas, algumas vezes, também são utilizadas em edifícios*. Os pilares de concreto pré-moldado têm, normalmente, seção quadrada ou retangular, e podem ser produzidos com concreto protendido ou com concreto armado convencional.

Painéis de parede de concreto pré-moldado

Os painéis de concreto pré-moldado, seja protendido ou com armadura convencional, são comumente utilizados como paredes portantes em vários tipos de edifícios baixos ou arranha-céus. Painéis maciços com espessura variando de 3½ até 10 polegadas (90 a 250 mm), normalmente podem alcançar um ou dois andares de altura. Quando produzidos em concreto protendido, as cordoalhas são posicionadas no plano médio vertical dos painéis para aumentar a resistência contra a flambagem e fle-

---

* N. de T.: São conhecidas como vigas de seção I.

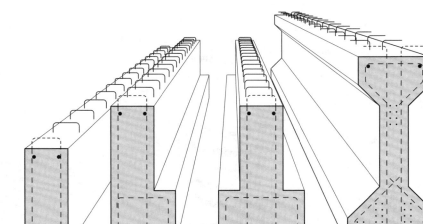

Figura 15.4
Formatos padronizados de vigas de concreto pré-moldado. Os pontos maiores representam as barras de armadura convencional e os pontos menores representam cordoalhas de protensão de alta resistência. As linhas pontilhadas mostram os estribos produzidos em aço convencional. Os ganchos dos estribos, normalmente projetam-se acima da parte superior da viga, como mostrado, para ligação com a capa de concreto moldado no local, formando uma seção estrutural composta.

xão. Painéis nervurados ou alveolares, ou painéis-sanduíche, com materiais isolantes, podem ter entre 12 e 24 polegadas de espessura (305 a 610 mm) e alcançar até quatro andares (Figura 15.12).

Vários fabricantes produzem painéis de concreto pré-moldado patenteados para construção das fundações de residências. Nervuras verticais, também conhecidas como barrotes de concreto, espaçadas a cada 24 polegadas (610 mm), proporcionam superfícies com lâminas metálicas ou ripas de madeira, para fixação dos acabamentos verticais tradicionais, e criam uma cavidade que pode ser usada para a colocação de isolamento ou as instalações dos sistemas prediais. Alguns fabricantes já incorporam ao projeto isolantes ou reforços nas bases dos painéis.

Os painéis não estruturais são discutidos no Capítulo 20.

CONCEITOS DE MONTAGEM DE EDIFÍCIOS EM CONCRETO PRÉ-MOLDADO

A Figura 15.5 mostra um edifício em que os componentes pré-moldados das lajes (Duplo T, no exemplo) estão apoiados em uma estrutura de vigas pré-moldadas em forma de L e pilares pré-moldados. Os elementos de laje na Figura 15.6 estão apoiados em painéis de parede pré-moldados estruturais. A Figura 15.7 ilustra uma construção em que as lajes são suportadas por uma combinação de painéis de paredes e vigas. Essas três maneiras fundamentais de apoio de lajes pré-moldadas – em um esqueleto de concreto pré-moldado, em painéis verticais estruturais pré-moldados e numa combinação desses dois – ocorrem em infinitas variações nos edifícios. O esqueleto pode ter profundidade de um ou mais ambientes; as paredes portantes são normalmente construídas em alvenaria estrutural ou em várias configurações de concreto pré-moldado; os elementos pré-moldados para lajes podem ser

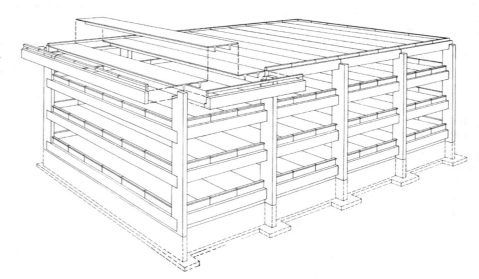

Figura 15.5
Lajes do tipo Duplo T em uma estrutura de pilares pré-moldados e vigas em forma de L. *(Cortesia de Precast/Prestressed Concrete Institute)*

Figura 15.6
Lajes alveolares apoiadas em painéis estruturais de concreto pré-moldado. *(Cortesia de Precast/Prestressed Concrete Institute)*

maciços, alveolares, duplos T, com ou sem capeamento. Entre as principais vantagens do concreto pré-moldado como material estrutural está o fato de ser produzido conforme a encomenda, além de ser facilmente personalizado para um projeto específico de um edifício, normalmente com custos adicionais mínimos.

PRODUÇÃO DE ELEMENTOS ESTRUTURAIS DE CONCRETO PRÉ-MOLDADO

Pistas de moldagem

A maioria dos elementos de concreto pré-moldado é produzida em formas permanentes, denominadas *pistas de moldagem*. As pistas de moldagem têm, em média, 400 pés (125 m) de comprimento, podendo, no entanto, se estender por até 800 pés (250 m) ou mais em algumas fábricas (Figura 15.8). Um ciclo de pré-moldagem normalmente começa pela manhã, logo que os elementos que foram moldados no dia anterior tenham sido retirados das pistas. Cordoalhas de aço de alta resistência são estiradas entre as ancoragens nas extremidades da pista. As cordoalhas são pré-tracionadas com macacos hidráulicos, resultando em um considerável alongamento. Uma vez que as cordoalhas tenham sido completamente tracionadas, anteparos separadores transversais podem ser posicionados ao longo da pista, nas distâncias necessárias para dividir os elementos individuais entre si. (Para lajes maciças, lajes alveolares e painéis de parede os separadores normalmente não são utilizados; a laje ou painel, após a cura, são simplesmente cortados nos comprimentos necessários, antes da remoção da pista.)

Quando a protensão e o posicionamento dos separadores tiverem sido completados, as barras de armadura de aço convencional e telas soldadas são posicionadas conforme a necessidade. Os *insertos* e peças a serem chumbadas são instaladas. O concreto então é lançado na pista, vibrado para eliminar vazios e nivelado.

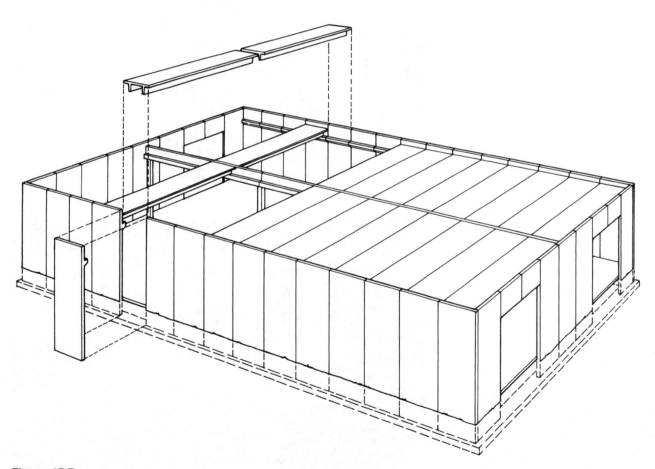

Figura 15.7
Elementos pré-moldados de lajes do tipo Duplo T apoiados no perímetro por painéis pré-moldados de paredes com função estrutural e uma estrutura interior de pilares pré-moldados e vigas do tipo T invertido. *(Cortesia de Precast/Prestressed Concrete Institute)*

Figura 15.8 – a, b
Produção de lajes Duplo T. (a) Um operário posiciona insertos metálicos com detalhes em formato de "V" na pista de moldagem, previamente ao lançamento do concreto. Os insertos servirão como ancoragem para a armadura. As cordoalhas de protensão e as telas soldadas como armadura de cisalhamento foram instaladas nas almas dos duplos T. Uma parte da tela soldada para a camada superior da laje pode ser vista no primeiro plano. Destaca-se a grande extensão da pista de moldagem; muitos elementos podem ser moldados simultaneamente, utilizando-se toda a extensão da pista. (b) A superfície superior do concreto é nivelada mecanicamente.

(a)

(b)

Figura 15.8 – c, d, e
(c) Na manhã seguinte, após a cura a vapor durante a noite, um trabalhador corta as cordoalhas de protensão entre os elementos separadores com um maçarico de oxi--acetileno. A malha de tela soldada é exposta nas extremidades dos elementos, pois serão usados como lajes sem capeamento (ver Figura 15.20). (d) Com a utilização de ganchos chumbados às extremidades, as lajes são içadas da pista e serão estocadas em uma área externa. As almas da viga serão estocadas sobre as vigas de seção L e T invertido e o canto entalhado se ajustará ao redor de um pilar. (e) Carregando os duplos T para transporte em caminhões. *(Fotos de Alvin Ericson)*

(c)

(d)

Se as lajes forem ser usadas sem capa de concreto, a superfície superior é finalizada com desempenadeiras e acabadoras de superfície. Para acelerar o processo de cura, é aplicado calor na forma de vapor ou na forma radiante. Em um período de dez a doze horas após o lançamento, o concreto já deve ter atingido uma resistência à compressão entre 2.500 a 4.000 psi (24-28 MPa) e aderido às cordoalhas de aço. Na manhã seguinte, após a verificação no laboratório da resistência do concreto por meio dos corpos-de-prova cilíndricos, as cordoalhas expostas são cortadas entre os anteparos separadores, liberando a força externa nas cordoalhas, que se encurta e, com isso, origina esforços de protensão no concreto. Elementos de viga e laje protendidos com forma assimétrica imediatamente se arqueiam para cima na pista de moldagem, assumindo uma curvatura pronunciada assim que a força de protensão é liberada. Quando os elementos tiverem sido separados entre si, são içados para fora do leito e estocados, aguardando para serem transportados. Então, um novo ciclo de moldagem tem início.

(e)

Aço para armaduras convencionais e de protensão

As lajes maciças, alveolares e painéis de parede são produzidos com cordoalhas horizontais no interior do concreto. Painéis T, Duplo T e vigas são normalmente produzidas com cordoalhas com curvatura descendente ou alçadas para maior eficiência estrutural (Figuras 13.42 e 15.9).

Armaduras convencionais também são posicionadas na parte interna de elementos de concreto protendido com vários propósitos: em vigas ou lajes em balanço são colocadas barras de armadura convencional sobre os pontos de engaste. Telas de aço soldado são utilizadas para reforço das bordas dos componentes T ou Duplo T e para reforço geral de painéis de parede. Os estribos das almas de vigas T simples e Duplos T são produzidos com armadura de aço convencional ou com telas soldadas (Figura 15.10). Armaduras adicionais podem ser posicionadas para dar resistência em *bordas chanfradas* e nas regiões de aberturas em painéis ou lajes para passagem de tubos, dutos, pilares e claraboias. Insertos e outros componentes metálicos para ligações são posicionados na parte interna dos elementos, conforme a necessidade. Ganchos de aço salientes são utilizados em diversos tipos de elementos para o içamento por guindastes.

Reforço com fibra de carbono

O *reforço com fibra de carbono* tem tido seu uso aumentado como material substituto para armadura convencional (tais como estribos ou armadura para combater efeitos de variações térmicas) em componentes de concreto pré-moldado, incluindo os painéis de parede, Duplos T e painéis para pisos e coberturas. Em função das fibras de carbono, ao contrário do aço, não necessitarem proteção contra a corrosão, a espessura de cobrimento de concreto é menor do que nos casos de utilização de armaduras de aço, diminuindo de forma significativa a espessura e o peso total dos componentes com fibra de carbono. A baixa condutividade térmica da fibra de carbono, combinada com as seções de concreto mais esbeltas, possíveis com esse tipo de reforço, permite a produção de painéis isolantes com um desempenho térmico superior. A resistência à tração e rigidez muito maiores das fibras de carbono, quando comparadas ao aço convencional, e as formas inovadoras em que malhas dos reforços com fibra de carbono podem ser incorporadas aos componentes de concreto pré-moldado, também fornecem melhorias na eficiência estrutural.

Cabos de compósitos de fibra de carbono, substituindo as cordoalhas de aço protendido de alta resistência, têm sido usados em estruturas de concreto pré-moldado de rodovias. É possível que esses materiais eventualmente também sejam utilizados na construção de edifícios.

Figura 15.9
Uma pista de pré-moldagem sendo preparada para o lançamento de uma longa viga tipo perfil I. As formas laterais do molde podem ser vistas ao fundo, à direita. As cordoalhas curvilíneas são mantidas no centro da viga por polias de aço que permanecerão no interior do concreto após o lançamento. A pista é longa o suficiente para que várias vigas sejam moldadas em toda sua extensão, com as cordoalhas sendo deslocadas para cima ou para baixo, conforme a necessidade. Barras de aço convencional são utilizadas para os estribos. Os topos salientes dos estribos irão aderir a uma capa de concreto moldada no local. As cordoalhas enlaçadas situadas próximas às extremidades da viga funcionarão como ganchos para o içamento. *(Cortesia de Blakeslee Prestress, Inc.)*

Produção de lajes alveolares

Os vazios longitudinais existentes nas lajes alveolares podem ser produzidos por vários processos. No *processo extrudado*, mecanismos de extrusão comprimem uma mistura de concreto extremamente seca e rígida através de um molde móvel para produzir a seção vazada. Esse método tem como desvantagem o fato de que os insertos metálicos e gabaritos

Figura 15-10
Operários instalam as formas laterais para vigas T invertidas em uma pista de moldagem externa. As barras de aço convencional são usadas para os estribos. *(Cortesia de Blakeslee Prestress, Inc.)*

para aberturas verticais não poderem ser facilmente posicionados para o chumbamento. Nesses casos, as aberturas devem ser obtidas por corte no concreto, quando apresentarem um enrijecimento inicial após a extrusão, ou devem ser serradas após o endurecimento. Os insertos metálicos são adicionados às lajes por um processo manual antes que o concreto esteja totalmente endurecido.

No *processo de moldagem úmida,* uma camada de concreto fresco é lançada no fundo da pista de moldagem; em seguida, uma segunda camada de concreto, com tubos desmontáveis, agregados graúdos secos ou agregados leves, cuidadosamente posicionados para formar os vazios, é lançada. Formas especiais podem ser facilmente colocadas na pista de moldagem para que sejam feitas as aberturas conforme o projeto, e os insertos metálicos podem posicionados nesse processo. Os tubos ou agregados são removidos depois da cura do concreto. No *processo de forma deslizante,* uma tremonha móvel descarrega uma mistura de concreto de abatimento de tronco de cone igual a zero na pista de moldagem. Os tubos que formam os núcleos das lajes movem-se com o alimentador e são retirados da laje com a continuidade do processo de moldagem de um extremo a outro da laje. Esse processo, considerando a facilidade ou dificuldade de colocar as peças embutidas e formar as aberturas especiais, se encaixa entre os processos de moldagem úmida e extrusão.

Após a cura, as lajes são transportadas a uma área de recuperação de agregados, aonde a brita seca é despejada para fora dos vazios e armazenada para reutilização (Figura 15.11). Em um terceiro tipo de processo, tubos inflados com ar são usados para formar os vazios. Em algumas fábricas, as lajes alveolares são moldadas uma sobre a outra, em pilhas, em vez de uma única camada, e são curadas úmidas por sete dias, em vez da cura a vapor no período noturno.

Produção de pilares

Pilares de concreto pré-moldado podem ser armados com aço convencional ou com cordoalhas protendidas. Os pilares protendidos são normalmente produzidos e transportados em segmentos de diversos andares com *consolos* (Figuras 15.16 e 15.18) para servir de apoio às vigas e lajes. Os pilares com consolos em uma ou em duas faces opostas são facilmente moldadas em pistas planas. Se forem necessários consolos em três faces ou duas faces adjacentes, são montadas formas acima da face superior da forma do pilar, ainda na pista de moldagem. Para consolo na quarta face, insertos metálicos suplementares são posicionadas na face inferior do pilar na pista, onde serão soldadas as barras da armadura após o pilar ter sido removido da pista. O consolo da quarta face é, então, moldada ao redor das barras de aço, em uma operação separada.

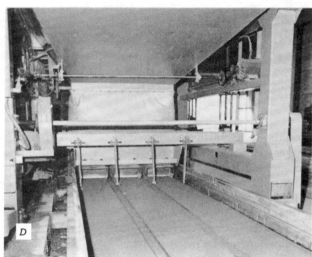

Figura 15.11
Passos da produção de uma *Span-Deck*, uma laje alveolar proprietária. (a) Uma laje de fundo de pequena espessura é produzida com o lançamento de concreto de baixo abatimento na pista de moldagem equipada com uma tremonha móvel. (b) Um rolo estriado realiza a compactação da laje de fundo e produz sulcos, marcando a posição das almas de concreto. (c) Quatro cordoalhas de protensão são posicionadas na pista e serão, posteriormente, estiradas com macacos. (d) Após a aplicação da protensão, um mecanismo de extrusão move-se ao longo da pista, formando as almas e o topo da laje e preenchendo os núcleos com agregado leve e seco que serve como suporte temporário para o concreto fresco. (e) No dia seguinte, após a cura da laje estar completa, uma serra realiza os cortes nos comprimentos desejados. Cada segmento é, então, içado da pista e transportado por uma ponte rolante para a área de recuperação dos agregados, onde o agregado seco é retirado e armazenado para reutilização. (f) Lajes *Span-Deck* acabadas e estocadas, prontas para o transporte ao canteiro de obras. O enchimento com papel nos núcleos tem a função de evitar que sejam preenchidos com concreto durante a concretagem da capa. *(Cortesia de Blakeslee Prestress, Inc.)*

Figura 15.12
Uma mesa inclinada sendo usada para moldar um painel de concreto com espuma isolante. À esquerda, uma face de um painel de concreto com armadura de tela soldada está sendo moldada. Painéis de material isolante rígido e amarrações de arames são vistos no centro e a tela soldada para a segunda face do painel é vista à direita, com uma dupla de barras verticais e uma caixa embutida na parte inferior que é parte do sistema de ligações. Destacam-se os tubos para aquecimento da forma com o objetivo de acelerar a cura, situados na borda esquerda da mesa. *(Cortesia de Blakeslee Prestress, Inc.)*

LIGAÇÕES ENTRE ELEMENTOS DE CONCRETO PRÉ-MOLDADO

As Figuras 15.13 a 15.22 e 15.27 mostram alguns detalhes de ligações frequentemente utilizados em construções em concreto pré-moldado. Parafusagem, soldagem e grauteamento são comumente empregados nessas ligações. As conexões podem ser protendidas por pós-tração nos pontos de apoio para produzir um comportamento de viga contínua (Figura 15.16). Para a proteção contra fogo ou corrosão, os conectores de metal que não são cobertos pela capa de concreto são normalmente protegidos com a colocação de uma argamassa de cimento Portland de consistência seca* após o posicionamento dos elementos.

As juntas mais simples em construções com concreto pré-moldado

---
* N. de T.: É usual a nomenclatura em inglês *dry packed mortar*.

são aquelas que dependem da gravidade para posicionar um componente sobre o outro, como nos casos em que os componentes de laje apoiam-se em paredes portantes ou vigas ou, ainda, nos quais uma viga se apoia em um consolo de um pilar. Juntas de pilares com a base ou pilares com pilares são normalmente grauteadas de maneira a permitir a transferência total de carga entre as seções (Figuras 15.13-15.15). Paredes portantes são ligadas às lajes de maneira similar (Figura 15.27). Para elementos destinados a vencer vãos, normalmente são utilizados *aparelhos de apoio* nos pontos de contato para evitar o esmagamento do concreto devido às elevadas tensões que podem ocorrer nos pontos de contato (Figuras 15.16-15.20) e permitir a movimentação causada pela expansão e contração ou deformação estrutural dos elementos. Para lajes maciças e alveolares, os aparelhos de apoio são tiras de polímeros de alta densidade. Sob elementos com elevadas cargas concentradas, como "Tês" e vigas, aparelhos de borracha sintética são utilizados. Para a resistência às forças sísmica e eólica, os elementos com juntas simples devem ser unidos pela lateral. Elementos de laje são normalmente unidos sobre os apoios com barras de armaduras que são inseridas na capa de concreto ou, nos casos em que não é utilizada a capa de concreto, nas chaves para grauteamento entre as lajes (Figuras 15.18–15.22). As vigas T simples e Duplos T podem ser ligadas adicionalmente pela soldagem dos insertos metálicos que foram incorporados aos elementos na fábrica (Figuras 15.18–15.20). As almas (porções inferiores) de T simples e duplos e a base das vigas nunca são soldadas aos apoios e sim deixadas livres para moverem-se sobre os aparelhos de apoio conforme a deformação dos elementos de laje sob ação dos carregamentos.

FIXAÇÃO EM CONCRETO

Após a estrutura de concreto estar terminada, muitos elementos necessitam ser fixados a ela, incluindo painéis de fachada e de revestimentos, divisórias internas, suportes para tubos, dutos e eletrodutos, forros suspensos, guarda-corpos de escadas, armários e máquinas. Os desenhos A-H são exemplos de sistemas de fixação que são embutidos no concreto. A é um *parafuso de fixação* usual. O B é uma placa metálica soldada a uma haste dobrada ou a uma presilha. Esta placa soldada ou *embutida* prove uma superfície onde componentes metálicos podem ser soldados. A cantoneira mostrada em C possui um pino roscado soldado de modo que outro componente pode ser unido por uma ligação aparafusada. D é um inserto ajustável de ferro dúctil que é pregado às formas através de orifícios laterais. Uma porca especial é colocada na ranhura do inserto para a fixação de um parafuso ou um pino roscado colocado pela face inferior. Um tipo ligeiramente diferente deste inserto é mostrado em detalhe na cantoneira para fixação de uma prateleira em alvenaria no Capítulo 20. E e F são dois tipos de insertos com roscas, embutidos no concreto. O perfil metálico com encaixe tipo *rabo de andorinha* (NT: original em inglês, *dovetail*) mostrado em G é utilizado com tiras de fixação especiais mostradas para a fixação de revestimentos de alvenaria em estrutura de concreto moldado no canteiro ou uma parede. H é simplesmente uma tira de madeira em forma de rabo de andorinha, embutida no concreto, para fixação de pregos. Este detalhe é de funcionamento incerto devido à possibilidade da madeira absorver umidade, dilatar-se e causar fissuras no concreto ou, retrair-se e fixar solta. A-F são dispositivos com elevada capacidade de carga, com capacidade para fixar componentes do edifício e máquinas de elevado peso.

Os detalhes A-P mostram dispositivos de fixação que são inseridos em orifícios perfurados no concreto endurecido. Em I está mostrado um suporte de aço de um guarda-corpo que é posicionado em uma laje de concreto em um orifício de diâmetro maior, sendo fixado com a utilização de graute ou epóxi. Este procedimento também é utilizado para a fixação de parafusos no concreto e, sendo adequadamente projetado e instalado pode suportar cargas elevadas. J é uma bucha

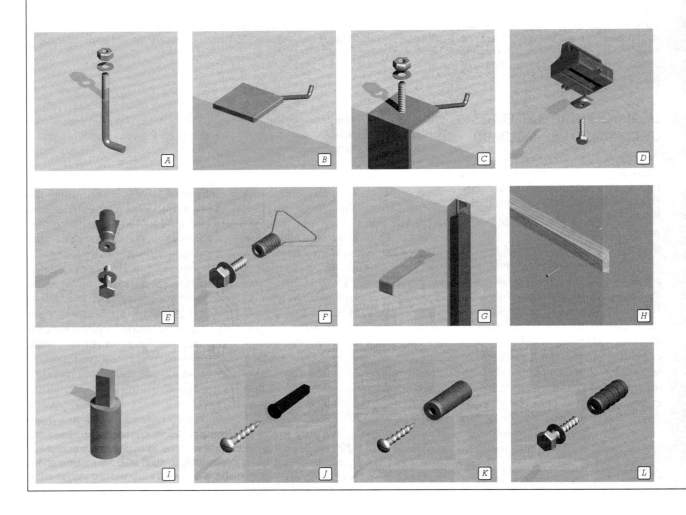

plástica, K é um tarugo de madeira ou fibra e L de chumbo. Os três são inseridos em furos abertos com broca e quando um parafuso é inserido, expandem e aderem à superfície do furo. M é tipo de bucha similar, metálica, sendo utilizado um prego especial que causa sua expansão ao ser inserido. N é um parafuso especial com uma luva de aço sobre um fuste cônico no interior. A luva se prende no concreto quando o parafuso é colocado e apertado, causando a expansão do fuste. O e P são, respectivamente, um parafuso e um prego especiais, ambos projetados para aderirem firmemente quando inseridos em furos abertos com brocas de dimensões de diâmetro correto. J a P são fixadores para cargas leves e médias, exceto L e N que também podem ser utilizados com cargas elevadas.

Q e R são elementos de fixação pregados. Q é o comum prego para concreto ou alvenaria, produzido com aço endurecido. Sendo pregados através de uma tira de madeira com poucos golpes de um martelo bastante pesado ou uma máquina de pregos, irão penetrar no concreto somente o necessário para dar suporte para placas de forros, mas tem a tendência de se soltarem, especialmente se pregados com muitos golpes. Em R estão mostrados três exemplos de *fixadores à pólvora* (frequentemente chamados de *fixação à pólvora*) que são inseridos no aço ou no concreto pela detonação de uma cápsula de pólvora. O primeiro fixador é um pino simples utilizado para a fixação de componentes de madeira ou madeira e metal em uma parede ou piso. O fixador central é roscado para receber uma porca. O furo no fixador da direita possibilita a passagem de um fio metálico, como os utilizados em forros suspensos. Os fixadores à pólvora são instalados com rapidez, são econômicos e tem uma capacidade de carga relativamente elevada.

S é um exemplo de um dispositivo em que a placa perfurada que liga-se firmemente a superfícies de concreto ou alvenaria através do uso de um adesivo. O dispositivo mostrado aqui tem um grampo metálico fino onde um painel de espuma isolante pode ser fixado. A ponta do grampo é então dobrada para manter o painel na posição. Sistemas de fixação para acabamentos de telhados aos edifícios, utilizando placas perfuradas e adesivos são ilustrados no Capítulo 16.

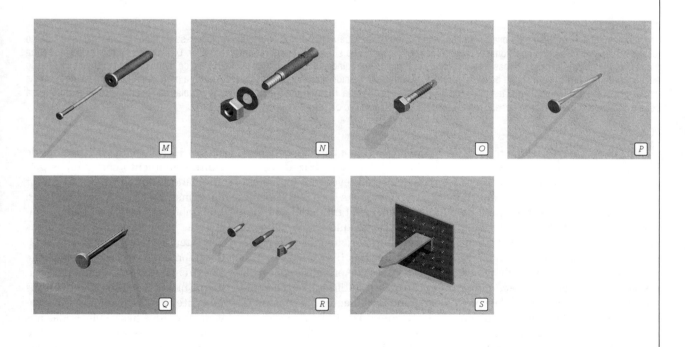

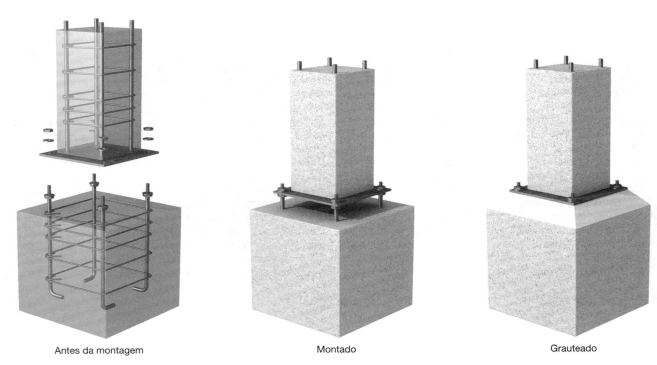

Antes da montagem · Montado · Grauteado

Figura 15.13
Um simples detalhe da base para pilares de concreto pré-moldado. Quatro parafusos de fixação projetam-se do topo da fundação moldada no local. Porcas e arruelas são posicionadas nesses parafusos, para que suportem temporariamente o pilar. O pilar que foi moldado sobre uma placa com buchas metálicas soldadas é posicionado por meio de um guindaste. Os operários guiam o pilar, de modo que os parafusos de fixação encaixem-se nos orifícios na chapa de base. Arruelas e porcas são adicionadas aos parafusos de fixação na parte superior da placa de base. As oito arruelas são usadas para ajustar a altura do pilar e deixá-la nivelada. Quando isto é conseguido, as arruelas são apertadas e uma argamassa seca é colocada sob a chapa de base. *(Todas as fotos deste capítulo são de Lon Grohs)*

Em alguns casos, elementos de laje pré-moldada, especialmente lajes maciças, necessitam de escoramentos temporários no meio do vão para ajudar a suportar o peso da capa de concreto até que ela tenha alcançado a resistência especificada. Após a cura, a capa de concreto torna-se parte da laje e melhora sua resistência e rigidez. Para economia na construção, elementos de laje pré-moldada com a face superior plana e lisa são utilizados sem a capa de concreto, especialmente para coberturas, nas quais qualquer tipo de irregularidades entre elementos são cobertas pelo isolamento térmico rígido. Lajes sem a capa de concreto também podem ser utilizadas para pisos que serão revestidos e para estacionamentos. As lajes sem capa de concreto necessitam detalhes especiais de ligação, que não dependam da armadura posicionada na capa de concreto (Figuras 15.18 e 15.20).

O processo de protensão por pós-tração pode ser utilizado para combinar grandes elementos pré-moldados com elementos ainda maiores no canteiro de obras. Isso é feito na montagem de segmentos de viga de seção caixão de concreto pré-moldado, formando vigas longas e de grande altura utilizadas em pontes (Figuras 15.23 e 15.24) e para criar paredes de contraventamento com painéis pré-moldados com altura de um andar em construções de vários andares. Em ambos os casos, antes da moldagem, as bainhas para as cordoalhas de protensão são posicionadas cuidadosamente nas seções, de modo que as extremidades se alinhem perfeitamente quando as seções forem unidas no canteiro de obras. Após a montagem, as cordoalhas são inseridas nas bainhas, horizontalmente no caso das vigas, ou verticalmente no caso de paredes, estiradas com macacos hidráulicos portáteis e, se necessário, grauteadas.

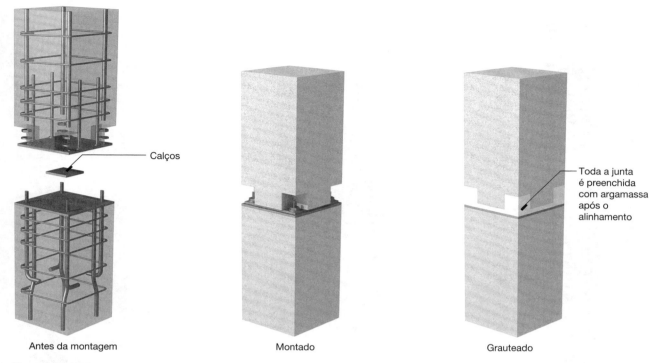

Figura 15.14
Detalhes similares servem tanto como um método alternativo para posicionar um pilar em sua fundação quanto para fazer a união entre pilares. Calços de metal sustentam as seções superiores dos pilares na altura correta, até que o graute atinja a resistência. Os cantos abertos são preenchidos com argamassa tipo *dry pack* depois do pilar ter sido alinhado e aparafusado. Dessa forma, as partes metálicas da ligação estarão protegidas contra o fogo e a corrosão.

O projeto de juntas é a área na qual a tecnologia de concreto pré-moldado tem se desenvolvido mais rapidamente. Historicamente, a construção de edifícios de concreto pré-moldado tem sido pouco expressiva em regiões de alto risco sísmico, devido às incertezas com relação ao comportamento desse tipo de estrutura sob cargas sísmicas. Mais recentemente, inovações no processo de ligação dos componentes de concreto pré-moldado têm conduzido a sistemas de conexões que podem absorver, de forma mais confiável, a energia transmitida para a estrutura durante um evento sísmico. Cordoalhas de protensão não aderentes que permitem à estrutura responder elasticamente aos deslocamentos sísmicos, sistemas híbridos de juntas que combinam a ductilidade das armaduras de aço convencional com a alta resistência das cordoalhas de protensão, sistemas não grauteados ou de junta "aberta" que permitem movimentos controlados entre os componentes, juntas com amortecedores de atrito que limitam os movimentos estruturais enquanto absorvem energia sísmica e outras técnicas têm sido utilizadas ou estão sob desenvolvimento.

Outros esforços de desenvolvimento concentram-se em aumentar a facilidade de execução e economia das juntas de membros pré-moldados. Novos sistemas de juntas são patenteados a cada ano e, como as técnicas de armar, grautes e adesivos também se desenvolvem, haverá simplificações e melhorias de diversos tipos nas estruturas de concreto pré-moldado.

628 Fundamentos de Engenharia de Edificações: Materiais e Métodos

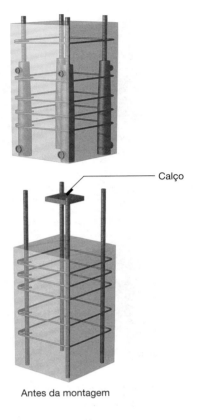

Calço

Antes da montagem

Montado

Grauteado

Figura 15.15
Esta ligação pilar-pilar usa luvas proprietárias, que são chumbadas na extremidade inferior do segmento superior do pilar. Antes que as seções sejam montadas (no alto, à esquerda) as extremidades inferiores das barras verticais, que chegam à altura média de cada luva do segmento superior do pilar, são os únicos conteúdos das luvas. A montagem dos segmentos do pilar tem início com o posicionamento de uma série de calços metálicos no centro da parte superior do segmento. Esses calços servem para ajustar a altura do pilar e para manter o espaço necessário para grauteamento entre os dois segmentos.

Nos próximos dois desenhos, os segmentos foram montados ao baixar-se o segmento superior até o inferior. As luvas ajustam-se com as barras salientes da armadura da seção inferior do pilar. Depois da seção superior da coluna ter sido calçada até atingir a altura correta e aprumada, uma argamassa fluida é injetada em cada luva e, ao desenvolver resistência, faz a ligação das barras de aço. As luvas preenchidas com argamassa garantem a resistência integral das barras conectadas.

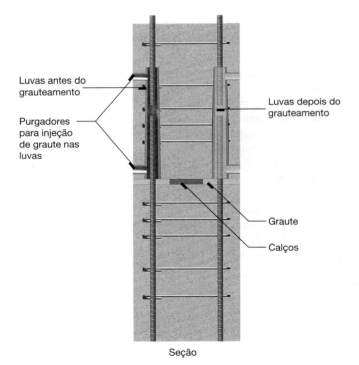

Seção

Capítulo 15 Sistemas Estruturais de Concreto Pré-Moldado **629**

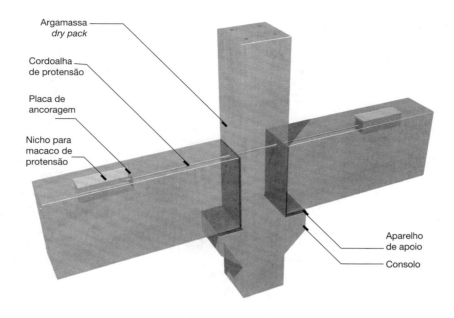

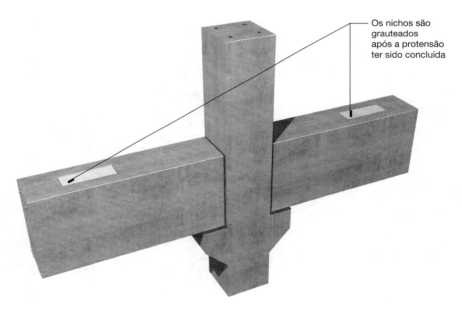

Figura 15.16
Uma ligação de viga-pilar, protendida e estruturalmente contínua, pode ser criada ao passar-se uma cordoalha de um nicho na face superior de uma viga, através do pilar, até um nicho na face superior da outra viga. A cordoalha é fixada a uma placa em um dos nichos, enquanto é estirada por um macaco no outro nicho.

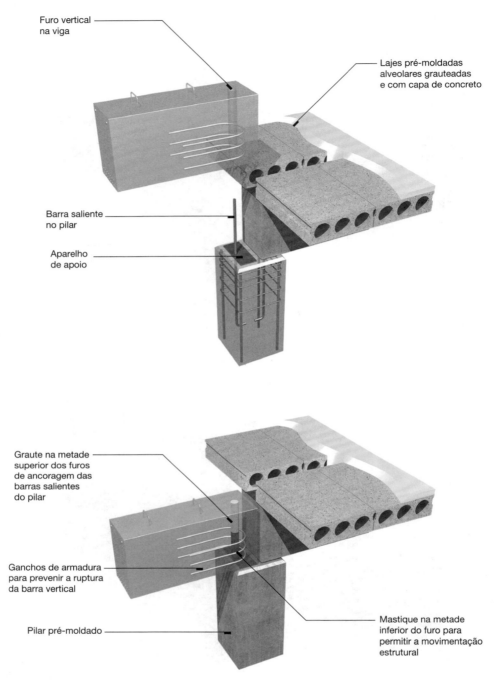

Figura 15.17
As lajes alveolares com capa de concreto usadas em coberturas. Estão apoiadas em vigas e ligadas a um pilar com barras verticais. Uma ligação similar pode ser usada para vigas de piso apoiadas em consolos.

Capítulo 15 Sistemas Estruturais de Concreto Pré-Moldado **631**

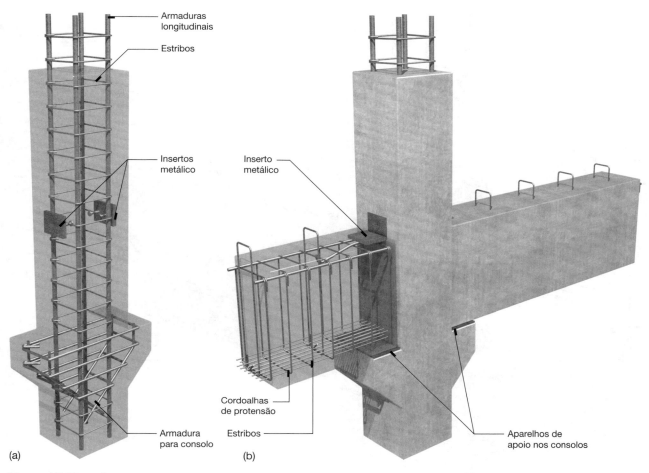

Figura 15.18 - a, b
As vigas neste sistema estrutural estão apoiadas em consolos de concreto que são moldados com os pilares. As lajes alveolares com acabamento superficial liso são especificadas para uso sem a capa de concreto. (a) Insertos foram incorporados ao pilar. (b) As vigas são posicionadas nos aparelhos de apoio sobre os consolos. Na face superior de cada viga, na extremidade, há um inserto metálico.

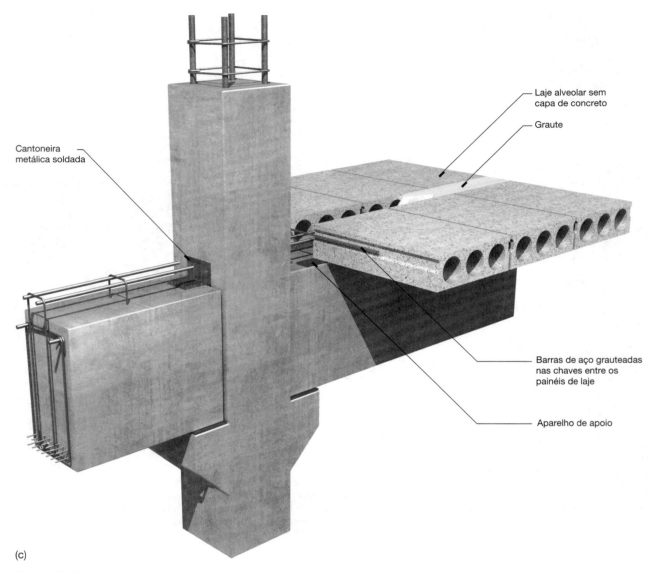

Figura 15.18, C
(c) Pequenas cantoneiras metálicas são soldadas aos insertos para unir as vigas aos pilares. As placas pré-moldadas alveolares com superfície superior lisa são posicionadas sobre os aparelhos de apoio no topo de cada viga. O graute é lançado no espaço entre as extremidades das placas pré-moldadas para unir os ganchos de armadura salientes da parte de cima das vigas com as barras de aço inseridas por meio dos ganchos e os segmentos de barras laterais que são grauteadas nas chaves entre as placas. O resultado final é uma montagem firmemente conectada que sustenta um piso ou cobertura sem a capa de concreto moldada no local.

Capítulo 15 Sistemas Estruturais de Concreto Pré-Moldado **633**

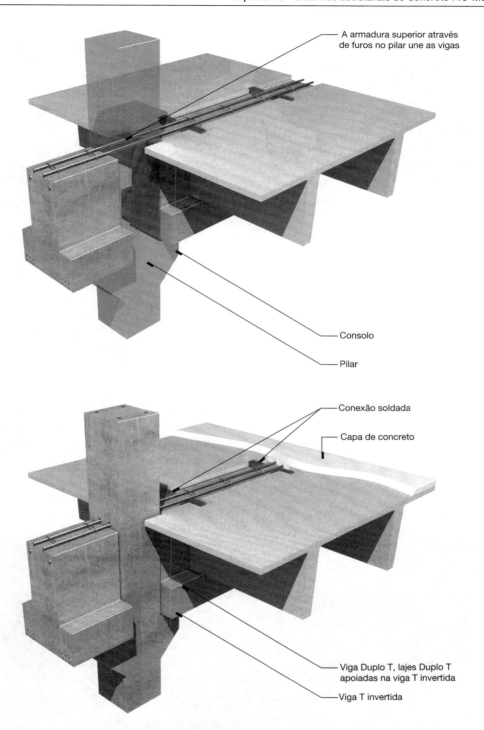

Figura 15.19
Lajes de piso capeadas em forma de Duplo T são sustentadas, neste detalhe, por vigas T invertidas. As armaduras que passam através de bainhas inseridas no pilar conectam as vigas e o pilar. A capa de concreto moldada no local une todos os componentes e propicia uma superfície lisa e nivelada.

Figura 15.20
Com pé direito mínimo e menor custo possível, o sistema de piso para garagens utiliza duplos T sem capa de concreto. Na Figura 15.8 estão as fotografias que mostram o detalhamento das extremidades dos "T" para uso neste sistema. As almas dos "T" possuem um dente, de modo que a viga não necessite ser mais alta do que os "T".

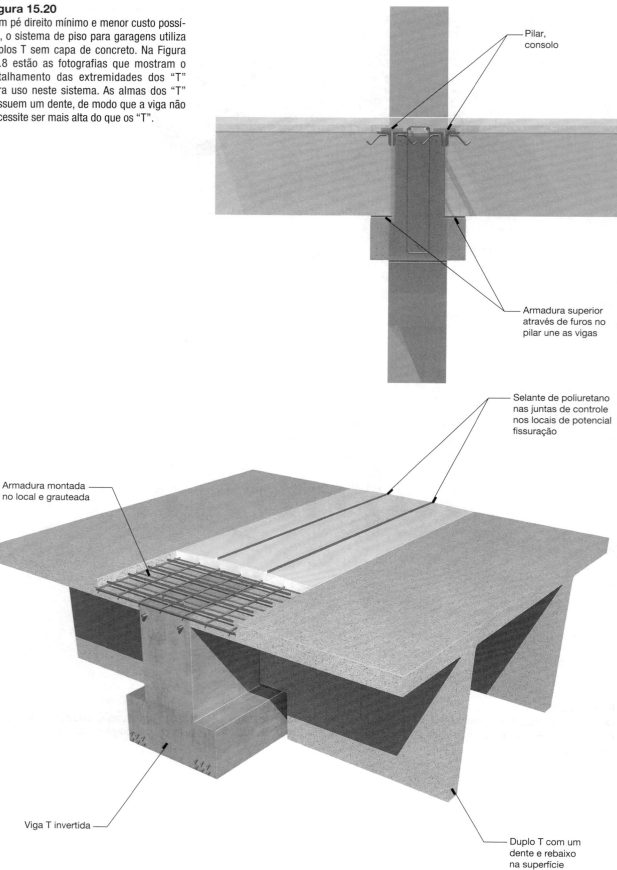

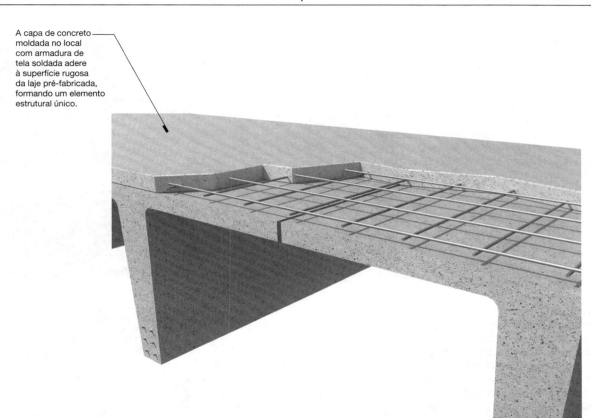

Figura 15.21
Um detalhe de uma viga Duplo T com capa de concreto.

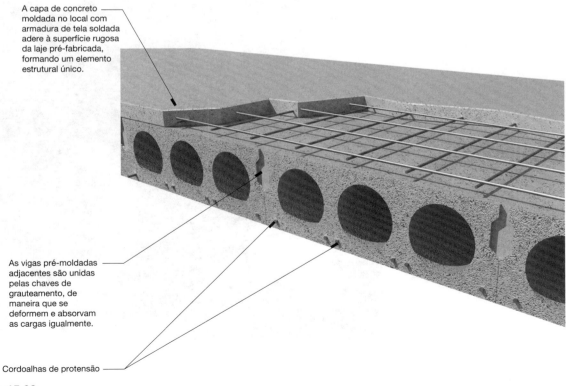

Figura 15.22
Uma vista em corte de uma laje alveolar com capa de concreto.

Figura 15.23
O viaduto Linn Cove em Linnville, Carolina do Norte, foi construído a partir de segmentos pré-moldados curtos que foram unidos por protensão enquanto eram posicionados para formar uma viga caixão contínua. Uma seção está sendo instalada pela grua na extrema direita. O maior vão livre é de 180 pés (55 m). *(Engineer: Figg and Muller Engineers, Inc. Cortesia de Precast/ Prestressed Concrete Institute)*

Figura 15.24
O viaduto Linn Cove foi construído com escoramento temporário reduzido, de modo a causar a menor alteração possível na paisagem natural do entorno. As seções caixão pré-moldadas formam uma viga que pode se sustentar em balanço por longas distâncias durante a construção. O perfil caixão é altamente resistente às forças de torção que ocorrem nas vigas em curva. *(Cortesia de Precast/Prestressed Concrete Institute)*

Figura 15.25
No sistema de concreto pré-moldado de pré-laje, elementos pré-moldados de concreto servem como formas para o concreto moldado no local. Nesta fotografia, os elementos pré-moldados do sistema de pré-laje e as vigas foram montados e o posicionamento das armaduras está em curso. Mais tarde, o concreto será lançado em cima dessa forma. Uma vez que a construção desse sistema estiver completa, os elementos pré-moldados e o concreto moldado no local trabalharão em conjunto, como um sistema estrutural unificado: as cordoalhas pré-tracionadas nos elementos pré-moldados fazem o reforço na parte inferior. As barras de topo são adicionadas no local como armadura convencional. Armaduras leves para reforço das juntas, incorporadas aos componentes pré-moldados de modo a permanecerem parcialmente expostas, vão formar uma ligação estrutural entre as partes de concreto pré-moldado e moldado no local, criando uma ação estrutural composta de uma maneira muito similar àquela atingida com ligações rebitadas em estruturas metálicas compostas (Figuras 11.63 e 11.64). Verifica-se também a pequena espessura da laje de forma a partir da região esquerda inferior até a região direita superior da fotografia. *(Cortesia de Midstate Filigree Systems, www.fi ligreeinc.com)*

Construções de concreto pré-moldado compostas e de concreto moldado no local

No *sistema de concreto pré-moldado de pré-laje*, elementos pré-moldados relativamente finos, armados de forma convencional ou protendidos, são utilizados como forma para a moldagem local de vigas e lajes. Uma vez que o processo esteja completo, a ação estrutural composta entre o concreto moldado no local e os elementos pré-moldados resulta em um sistema unificado e estruturalmente eficiente. Desde que os elementos pré-moldados sejam incorporados como parte do sistema final, os custos com as formas são muito menores em comparação aos métodos convencionais de construção em concreto moldado no local (Figura 15.25).

O PROCESSO CONSTRUTIVO

O processo de construção de estruturas em concreto pré-moldado é bastante similar ao utilizado em estruturas de aço. As plantas estruturais para o edifício são enviadas para a empresa de pré-moldados, onde engenheiros e projetistas preparam projetos executivos, que mostram todas as dimensões e detalhes de cada elemento separadamente, bem como as formas de ligações. Esses projetos são revisados pelos engenheiros e arquitetos, para verificação do atendimento às ideias iniciais e, se necessário, para que sejam corrigidos. A produção dos componentes pré-moldados prossegue com a produção de eventuais moldes especiais necessários e de armaduras, e continua com os ciclos de moldagem, cura e armazenamento, como descrito anteriormente. Os elementos, quando prontos, são identificados para designar suas posições na construção e, então, transportados para o local de construção conforme a necessidade. No canteiro são posicionados com guindastes, de acordo com os projetos executivos preparados pela fábrica de pré-moldados.

CONCRETO PRÉ-MOLDADO E OS CÓDIGOS DE EDIFICAÇÕES

A resistência ao fogo das estruturas de concreto pré-moldado e painéis estruturais depende de terem sido produzidos com concreto estrutural leve ou normal e da espessura de cobrimento de concreto que protege as cordoalhas de protensão e a armadura convencional. A tabela mostrada na Figura 1.3 indica os níveis de resistência ao fogo, em horas, requeridos para componentes de construção do Tipo I e II. Quando o tipo de construção tiver sido determinado pelo arquiteto ou engenheiro, o fabricante de pré-moldados pode ajudar na definição de como serão obtidos os limites necessários de resistência ao fogo em cada componente da construção. Elementos de laje com resistência ao fogo de uma a duas horas e vigas e pilares com resistência entre uma a quatro horas são facilmente disponíveis. Os índices de resistência ao fogo de lajes de concreto pré-moldado podem ser melhorados com a utilização de uma capa de concreto ou com o aumento da espessura da capa requerida. Pelos mesmos meios, podem ser atingidos índices de até três horas em lajes maciças ou alveolares. Componentes de seção T simples e duplos necessitam da adição de material resistente ao fogo ou um forro de proteção contra o fogo para atingir um índice de resistência ao fogo maior do que duas horas.

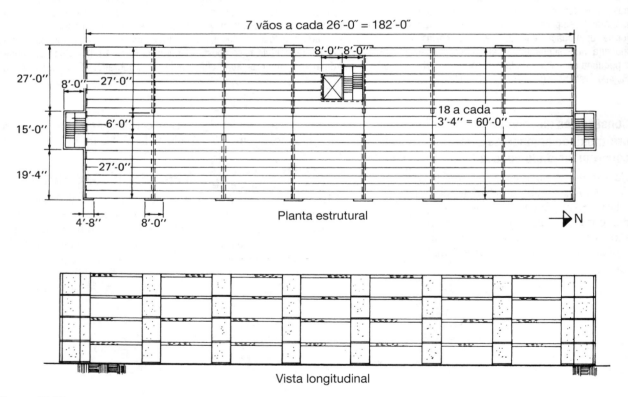

Figura 15.26
Uma planta estrutural e uma vista de um edifício simples de quatro pavimentos, produzido com painéis de paredes estruturais pré-moldados e lajes alveolares. *(Cortesia de Precast/ Prestressed Concrete Institute)*

CONSIDERAÇÕES SOBRE SUSTENTABILIDADE EM CONSTRUÇÕES EM CONCRETO PRÉ-MOLDADO

Em adição às considerações sobre sustentabilidade nas construções em concreto do Capítulo 13, há questões relacionadas especialmente às construções em concreto pré-moldado.

- Normalmente, na produção de pré-moldados de concreto, são utilizados concretos de maior resistência; por isso, sua energia incorporada é maior, em uma comparação libra a libra, que no concreto convencional, geralmente na faixa de 500 a 600 BTU por libra (1.1-1.4 MJ/kg).
- A produção em concreto pré-moldado favorece a reutilização de formas, reduzindo os resíduos. Formas de madeira e de fibra de vidro podem ser utilizadas até 50 vezes sem grande manutenção. Formas de concreto e de aço podem ser reutilizadas por centenas ou milhares de vezes.
- Em função do concreto pré-moldado ser produzido em um ambiente controlado, similar a uma fábrica, as matérias-primas são utilizadas de forma mais eficiente, gerando menos resíduos. A água residual usada em vários processos de produção, a areia utilizada no acabamento e os agregados graúdos utilizados para criar vazios em placas alveolares também podem ser reutilizados.
- Em muitos casos, o projeto otimizado do concreto pré-moldado resulta em elementos que utilizam menos material do que os sistemas semelhantes de concreto moldado no canteiro.
- Elementos arquitetônicos de concreto pré-moldado com revestimentos de alta qualidade reduzem a necessidade de tintas emissoras de compostos orgânicos voláteis ou outros revestimentos. O concreto não é facilmente danificado pela umidade e não é propício ao crescimento de mofo.
- Painéis de concreto pré-moldado para paredes com as juntas devidamente seladas têm boa estanqueidade ao ar, reduzindo o aquecimento do edifício e os custos de refrigeração, contribuindo para uma boa qualidade do ar interno.
- Painéis de parede de concreto pré-moldado podem ser reutilizados quando os prédios forem alterados.

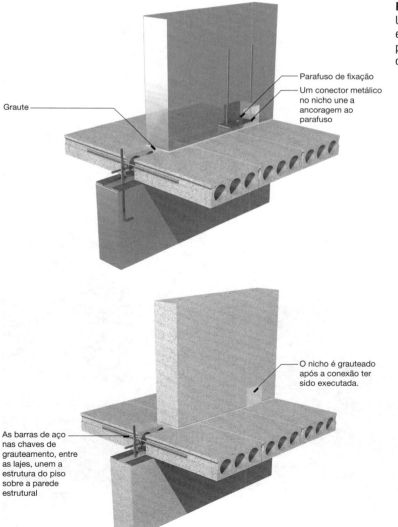

Figura 15.27
Um detalhe típico para as ligações laje-parede na estrutura mostrada na Figura 15.26. A armadura nos painéis da parede e o aço protendido nas lajes foram omitidos nestes desenhos para preservar a clareza.

Figura 15.28
Uma vista da construção de um prédio que utiliza painéis de parede estruturais de concreto pré-moldado. Os nichos retangulares localizados na borda inferior dos painéis de parede destinam-se às conexões aparafusadas, do tipo mostrado na Figura 15.27. Escoras metálicas sustentam os painéis até que todas as conexões estejam terminadas e que a estrutura se torne autoportante. *(Cortesia de Blakeslee Prestress, Inc.)*

Figura 15.29
Painéis de paredes estruturais exteriores são frequentemente produzidos com concreto colorido com texturas superficiais produzidas na moldagem. *(Cortesia de Blakeslee Prestress, Inc.)*

Figura 15.30
Um guindaste iça uma escada pré-moldada para um arranha-céu de painéis de paredes estruturais de concreto pré-moldado. *(Cortesia de Blakeslee Prestress, Inc.)*

Figura 15.32
A montagem de um pilar de um andar superior utilizando uma conexão do tipo mostrado na Figura 15.14. *(Cortesia de Blakeslee Prestress, Inc.)*

Figura 15.31
Um segmento de um pilar pré-moldado é erguido do solo por um guindaste.
(Cortesia de Blakeslee Prestress, Inc.)

Figura 15.33
Posicionamento de uma laje alveolar em uma estrutura pré-moldada. *(Cortesia de Blakeslee Prestress, Inc.)*

A SINGULARIDADE DO CONCRETO PRÉ-MOLDADO

Elementos estruturais de concreto pré-moldado e protendido são resistentes e esbeltos em relação ao vão, exatos, repetitivos e com alto grau de acabamento. Eles combinam a montagem rápida, em qualquer tipo de clima, das estruturas de aço com as propriedades de resistência ao fogo das estruturas de concreto moldado no local, resultando em estruturas econômicas para muitos tipos de edifícios. Como o concreto pré-moldado é o mais novo e o menos desenvolvido entre os principais materiais estruturais utilizados em edifícios, sua estética arquitetônica ainda está amadurecendo. Lajes maciças e alveolares têm se tornado comuns no vocabulário de estruturas para escolas, hotéis, edifícios residenciais e hospitais para as quais são ideais tanto funcionalmente quanto economicamente. Engenheiros e arquitetos, há tempos, estão familiarizados com concreto pré-moldado em prédios com grandes vãos, em especial edifícios-garagem, depósitos e edifícios industriais, nos quais seu potencial estrutural único e a eficiente produção em série de elementos idênticos podem ser totalmente utilizados. Hoje, estamos tendo um sucesso crescente na produção de prédios públicos de alta qualidade arquitetônica, construídos em concreto pré-moldado interna e externamente (Figuras 15.34–15.34). É razoável esperar que muitos prédios inovadores sejam construídos com esse novo material de construção, ao mesmo tempo suave e vigoroso, e em rápido desenvolvimento.

(a)

Figura 15.34-a
Um guindaste iça um segmento de um pilar a partir de um caminhão-plataforma para início da montagem de um estádio de tênis em New Haven, Connecticut.

(b)

(c)

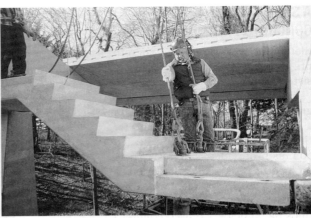
(d)

(e)

Capítulo 15 Sistemas Estruturais de Concreto Pré-Moldado 645

Figura 15.34 - b, c, d, e, f, g
(b) Ligações de luva grauteada, do tipo mostrado na Figura 15.15, foram usadas para unir as seções pré-moldadas dos cavaletes que sustentam a arquibancada. (c) Seções de degraus do piso da arquibancada aguardam sua elevação. (d) Uma seção de escada pré-moldada é posicionada. (e) Placas alveolares pré-moldadas serão utilizadas para diversas áreas do piso. (f) A interação entre as partes de escadas, cavaletes e degraus do piso é evidente nesta fotografia do estádio pronto. (g) O estádio em uso, após um processo de construção que levou apenas 11 meses. A capacidade de público sentado é de 15.000. *(Structural engineer: Spiegel Zamecnik & Shah, Inc. Fotos de Clark Broadbent. Compliments of Blakeslee Prestress, Inc., P.O. Box 510, Branford, CT 06405)*

(f)

(g)

Figura 15.35
Um prédio comercial baixo, no Texas, mostra uma estrutura pré-moldada cuidadosamente detalhada. *(Arquitetos: Omniplan Architects. Cortesia de Precast/Prestressed Concrete Institute)*

Figura 15.36
Vigas de concreto pré-moldado vencem o vão do telhado de uma fábrica de papel na Columbia Britânica. *(Engenheiro: Swan Wooster Engineering Co., Ltd. Cortesia de Precast/Prestressed Concrete Institute)*

Capítulo 15 Sistemas Estruturais de Concreto Pré-Moldado **647**

Figura 15.37
As paredes e lajes pré-moldadas deste condomínio de apartamentos foram erguidas durante o inverno nas montanhas do Novo México. *(Arquiteto: Antoine Predock. Cortesia de Precast/Prestressed Concrete Institute)*

Figura 15.38
Estruturas de concreto pré-moldado altamente personalizadas foram utilizadas neste tribunal, pelo arquiteto Eduardo Catalano. *(Foto de Gordon H. Schenk, Jr. Cortesia do arquiteto)*

Figura 15.39
Os 39 andares do prédio Paramount atingem 420 pés (128 m) em uma estrutura de concreto pré-moldado. O prédio está localizado em San Francisco, Califórnia, na zona de maior risco sísmico dos Estados Unidos. As ligações de viga-pilar são protendidas por pós-tração para que resistam às forças sísmicas. Os painéis de revestimento de concreto pré-moldado contribuem para resistir às forças laterais que atuam sobre o prédio. *(Arquitetos: Elkus Manfredi and Kwan Henmi. Engenheiros estruturais: Robert Engelkirk Consulting Engineers, Inc. Photograph © Bernard André)*

CSI/CSC	
Seção do MasterFormat para construção em concreto	
03 40 00	CONCRETO PRÉ-MOLDADO
03 41 00	Concreto estrutural pré-moldado Placas alveolares de concreto pré-moldado Lajes de concreto pré-moldado Concreto pré-moldado protendido pré-tracionado
03 45 00	CONCRETO PRÉ-MOLDADO ARQUITETÔNICO

Referências selecionadas

1. Precast/Prestressed Concrete Institute. *PCI Design Handbook*. Chicago, atualizado regularmente.

    Este é o principal manual de referência para os envolvidos em projetar edifícios de concreto pré-moldado e protendido. Inclui conceitos básicos de montagem, tabelas de carga para elementos pré-moldados padronizados, métodos de projeto e alguns detalhes e sugestões de ligações.

2. Precast/Prestressed Concrete Institute. *Design and typical Details of Connections for Precast and Prestressed Concrete* (2ª ed.). Chicago, 1988.

    Este manual de projeto inclui uma grande lista de desenhos de detalhes de ligações padronizadas.

3. Precast/Prestressed Concrete Institute. *Erector´s Manual: Standards and Guidelines for the Erection of Precast Concrete Products*. Chicago, 1999.

    As 96 páginas deste manual descrevem e ilustram as melhores maneiras de içamento e montagem dos elementos de um edifício de concreto pré-moldado.

4. Precast/Prestressed Concrete Institute. *Architectural Precast Concrete*. Chicago, 1989.

    Este manual de projeto fornece orientações técnicas e de projeto para se conseguir uma alta qualidade de acabamentos arquitetônicos em concreto pré-moldado e inclui centenas de imagens e desenhos.

Sites

Sistemas estruturais em concreto pré-moldado

Site complementar do autor: **www.ianosbackfill.com/15_precast_concrete_framing_systems**
Altus Group concreto pré-moldado reforçado com carbono: **www.altusprecast.com**
Precast/prestresses Concrete Institute (PCI): **www.pci.org**
Spancrete **www.spancrete.com**

Palavras-chave

concreto pré-moldado
cura a vapor
laje maciça
laje alveolar
Duplo T
T simples
capa
dente

viga L
T invertido
viga I (viga AASHTO)
pista de moldagem
inserto
borda chanfrada
reforço com fibra de carbono
processo de extrusão para laje alveolar
processo de moldagem úmida para laje alveolar

processo de forma deslizante para laje alveolar
consolo
parafuso de fixação
placa incorporada
cavilha
pistola finca-pinos
dry pack (argamassa seca)
aparelho de apoio
sistema de pré-laje pré-moldada

Questões para revisão

1. Sob quais circunstâncias um projetista deve escolher um sistema de estrutura de concreto pré-moldado em vez de um sistema moldado no local? Sob quais circunstâncias um sistema de moldagem no local pode ser melhor?
2. Por que os elementos estruturais de concreto pré-moldado normalmente são curados com vapor?
3. Explique os diversos métodos de produção das lajes alveolares.
4. Diagrame mentalmente as diferentes formas de ligações de vigas de concreto pré-moldado e pilares.
5. Diagrame mentalmente um método de ligação entre um par de lajes do tipo Duplo T sem capa de concreto e uma viga em forma de T invertido. Então, planeje uma maneira similar de ligar um Duplo T a uma viga L, como aconteceria ao redor do perímetro do mesmo prédio.
6. Explique o processo de construção para um sistema de pré-laje de concreto pré-moldado. Quais são as vantagens específicas desse sistema sobre outros sistemas de concreto?

Exercícios

1. Projete um depósito retangular simples de dois andares, com dimensões de 90 por 180 pés (27 por 54 m), utilizando concreto pré-moldado para as estruturas de piso e teto e paredes. Use as informações fornecidas neste capítulo para anteprojeto estrutural para ajudar a determinar o espaçamento entre os pilares, os tipos de elementos que serão utilizados e as espessuras dos elementos. Desenhe um esboço de estrutura e ligações típicas para o prédio.
2. Localize uma fábrica de pré-moldados de concreto em sua região e planeje uma visita para ver o processo de produção. Se possível, chegue na usina no início da manhã, quando as cordoalhas estão sendo cortadas e os elementos, retirados dos moldes.
3. Descubra com a gerência da fábrica uma obra de um edifício em concreto pré-moldado em execução e visite o local de construção. Planeje um elemento estrutural de concreto pré-moldado típico a partir das matérias-primas desde a pré-moldagem, transporte e montagem. Existem formas de fazer com que esse processo seja mais eficiente? Esboce algumas ligações típicas usadas nesse projeto.

16
TELHADOS

Telhados de pequena declividade

Telhados inclinados

Telhados sustentáveis

Telhados e os códigos de edificações

Arquiteto Tom Kundig, da Olson Sundberg Kundig Allen Arquitects, usa aço corrugado, que não é combustível, para o telhado de uma residência no topo do morro em uma área sujeita a incêndios no sul da Califórnia. A forma simples do telhado é erguida acima do principal espaço de vivência da casa, protegendo-a do sol e permitindo que a brisa naturalmente fria, que vem do mar, circule livremente em volta e através dele. *(Fotografia de Tim Bies, cortesia da Olson Sundberg Kundig Allen Arquitects)*

O telhado de um edifício é a sua primeira linha de defesa contra o clima, protegendo-o da chuva, da neve e do sol. O telhado ajuda a isolar o edifício dos extremos de calor e frio e a controlar os problemas que acompanham a infiltração de ar e a condensação de vapor de água. E como qualquer linha de frente de defesa, ele precisa receber o impacto do ataque: um telhado é submetido à radiação solar mais intensa do que qualquer outra parte de um edifício. Ao meio-dia, o sol tosta um telhado com calor irradiado e luz ultravioleta. Em noites claras, um telhado irradia calor para a escuridão do espaço e torna-se mais frio que o ar em volta. Do meio-dia até a meia-noite do mesmo dia, é possível que a temperatura superficial de um telhado varie de quase fervendo até abaixo de zero. Em climas frios, neve e gelo cobrem um telhado depois de tempestades de inverno e ciclos de congelamento e descongelamento desgastam os materiais do telhado. Um telhado é vital para a função de abrigo de um edifício. Mesmo assim, ele é particularmente vulnerável às forças destrutivas da natureza.

Telhados podem ser cobertos com muitos materiais diferentes, que podem ser organizados convenientemente em dois grupos: os que funcionam bem em *telhados inclinados* e aqueles que funcionam bem em *telhados de pequena declividade*, que são quase horizontais. A distinção é importante: um telhado inclinado drena rapidamente a água de sua superfície, dando ao vento e à gravidade pouca oportunidade para empurrar ou puxar a água através dos materiais que o compõem. Portanto, telhados bem inclinados podem ser revestidos com materiais de cobertura que são fabricados e aplicados em unidades pequenas e sobrepostas – telhas de madeira, ardósia ou uma composição artificial, telhas de argila queimada ou concreto, ou mesmo feixes firmemente amarrados de juncos, folhas ou capins (Figuras 16.1 e 16.2). Esses materiais apresentam diversas vantagens. Muitos deles são baratos. As pequenas unidades individuais são fáceis de manusear e de instalar. O reparo de um dano local no telhado é fácil. Os efeitos da expansão e contração térmicas e dos movimentos da estrutura que suporta o telhado são minimizados pela habilidade das pequenas unidades do telhado de moverem-se umas em relação às outras. O vapor de água passa facilmente do interior do edifício através das juntas soltas do material do telhado. Além disso, um telhado inclinado de materiais bem escolhidos e habilmente instalados pode ser um prazer para os olhos.

Telhados de pequena declividade não têm nenhuma dessas vantagens. A água é drenada de forma relativamente lenta das superfícies e pequenos erros de projeto ou construção podem causar o aprisionamento de pequenas poças de água parada. As membranas que cobrem os telhados de pequena declividade precisam ser absolutamente impermeáveis. Mesmo pequenos furos, rasgos ou falhas nas emendas, causados por defeitos na construção, desgaste físico, ou movimentos dentro da estrutura do edifício, podem permitir que grandes quantidades de água entrem na estrutura do edifício e no seu interior, com resultados potencialmente desastrosos. Ou a pressão do vapor de água de dentro do edifício pode formar bolhas e romper a membrana. Mas telhados de pequena declividade também têm vantagens importantes: ele pode cobrir um edifício de qualquer dimensão horizontal, ao contrário de um telhado inclinado, que pode ter uma altura antieconômica quando usado em um edifício muito largo. Um edifício com pequena declividade tem uma geometria muito mais simples, que é normalmente mais barata de construir. E telhados de pequena declividade, quando apropriadamente detalhados, podem servir de sacadas, decks, pátios e mesmo jardins arborizados e parques.

Figura 16.1
Um telhado bem inclinado pode ser construído de forma impermeável com uma variedade de materiais. Este telhado de cobertura vegetal* está sendo construído amarrando-se feixes de juncos à estrutura do telhado em camadas sobrepostas, de tal maneira que somente as pontas dos juncos estão sendo deixadas expostas ao tempo.

---

* N. de T.: No Brasil, esses telhados usam um material específico e são conhecidos como telhados de capim Santa Fé.

Figura 16.2
O telhado de cobertura vegetal tem contornos suavemente arredondados e uma textura superficial agradável. O padrão decorativo da capa da cumeeira é a assinatura exclusiva do artesão que fez o telhado. *(Fotos de telhados de cobertura vegetal cortesia de Warwick Cottage Enterprises, Anaheim, Califórnia)*

TELHADOS DE PEQUENA DECLIVIDADE

Um telhado de pequena declividade (normalmente referido, incorretamente, como telhado horizontal) é normalmente definido como um telhado cuja inclinação é menor do que 2:12, ou 17%. Um telhado de pequena declividade é um conjunto altamente interativo, feito de múltiplos componentes. O *deck do telhado* é a superfície estrutural que apoia o telhado. O *isolamento térmico* é instalado para reduzir a passagem de calor para dentro e para fora do edifício. Uma *barreira de ar* restringe a infiltração de ar através do conjunto do telhado e um *retardador de vapor* é essencial em climas mais frios ou quando envolvendo espaços úmidos, para prevenir que o vapor de água condense dentro do telhado. A *membrana do telhado* é a folha impermeável do material que mantém a água do lado de fora do edifício. Componentes de *drenagem*, tais como drenos de telhado, respiros, calhas e tubulações de descida do pluvial, removem a água que corre pela membrana. Em volta da borda da membrana e onde ela é penetrada por tubos, juntas de expansão, eletrodutos ou alçapões no telhado, *arremates de telhado* especiais e detalhes precisam ser projetados e instalados para prevenir a penetração de água.

Decks de telhados

Capítulos anteriores deste livro apresentaram os tipos de decks estruturais normalmente utilizados sob telhados de pequena declividade: painéis de madeira sobre vigotas de madeira, decking de madeira sólida sobre uma pesada estrutura de madeira, decking de aço corrugado, painéis de fibra de madeira colados entre si com cimento Portland, laje de concreto moldado no local e laje de concreto pré-fabricado. Para que uma instalação de telhado de pequena declividade seja durável, é importante que o deck seja adequadamente rígido sob as cargas de telhado esperadas e completamente resistente às forças de arrancamento do vento. O deck precisa inclinar-se no sentido dos pontos de drenagem em uma inclinação suficiente para drenar com segurança, apesar dos efeitos de deflexões estruturais. Uma inclinação de descida de pelo menos dois centímetros por metro (2%) é normalmente requerida pelos códigos de obra* e pela maioria dos fabricantes de membranas de telhados de pequena declividade.

Para criar as inclinações em um telhado de pequena declividade, as vigas que suportam o deck podem ser inclinadas, variando a altura das colunas de apoio, ou o deck pode ser construído em nível e as inclinações serem criadas por uma camada de isolamento térmico de espessura variável, instalado sobre o deck. Essa camada pode consistir de um concreto leve isolante, ou ser um sistema de pranchas rígidas de isolamento que vão tornando-se cada vez mais finas.

Se a inclinação de um telhado de pequena declividade é muito pequena, o *empoçamento* ocorre: a formação de poças de água que ficam paradas

---

* N. de T.: No Brasil, essas exigências não estão presentes nos códigos de obras.

por longos períodos de tempo, levando à deterioração prematura dos materiais do telhado naquelas áreas. Se a água acumula-se em pontos baixos causados por deflexões estruturais, o colapso estrutural progressivo torna-se uma possibilidade, com poças que vão se aprofundando e atraindo mais e mais água durante as tempestades, tornando-se mais e mais pesadas, até que as vigas ou elementos de apoio tornam-se carregados ao ponto de falharem (Figura 16.3).

A membrana do telhado precisa ser apoiada sobre uma superfície plana. Um deck de madeira que irá receber uma membrana de telhado não deve ter grandes espaçamentos entre os elementos, furos de nós ou fixadores salientes. Um deck de concreto moldado no local deve ser desempenado para ficar liso, e um deck de concreto pré-moldado, se não for recoberto com uma camada de recobrimento, precisa ser rejuntado entre as placas para preencher as juntas e formar uma superfície lisa. Um deck de aço corrugado precisa ser recoberto com *pranchas de nivelamento*, finos painéis de isolamento rígido, madeira ou gesso acartonado, que podem passar sobre as ondulações no deck e criar uma superfície contínua e plana.

É extremamente importante que o deck esteja seco no momento de iniciar as operações de colocação do telhado para evitar problemas posteriores com vapor de água aprisionado sob a membrana do telhado. Um deck não deve receber o telhado quando estivesse chovendo, nevando ou na presença de água congelada dentro ou sobre o material do deck. Decks de concreto e materiais de isolamento precisam ser completamente curados e completamente secos com ar.

Se um deck tem grande extensão, o sistema do telhado deve ser provido com um número suficiente de juntas de dilatação, de tal maneira que as expansões e contrações, ou outro movimento do deck, não estressem excessivamente a membrana que está sobre ele. Quando as juntas de dilatação ocorrem em uma estrutura de um edifício, essas juntas precisam existir também no sistema de membrana do telhado (Figura 16.27). Quando tais juntas não ocorrem ou estão muito distantes umas das outras para satisfazer os requisitos de afastamento da membrana, *juntas divisoras de área*, que são muito similares às juntas de dilatação de edifícios, mas não se estendem para além da superfície do deck do telhado, podem ser utilizadas (Figura 16.28).

Isolamento térmico e retardador de vapor

O isolamento térmico para um telhado de pequena declividade pode ser instalado em qualquer uma das três posições: sob o deck estrutural, entre o deck e a membrana ou sobre a membrana (Figura 16.4).

Isolamento sob o deck

Abaixo do deck, uma manta de isolamento feita de fibra mineral ou fibra de vidro é instalada entre os membros da estrutura ou por cima de um

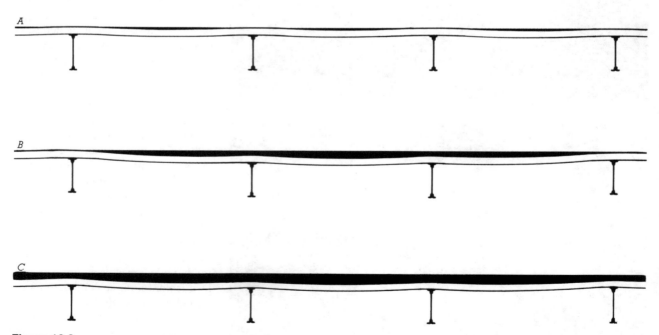

Figura 16.3
Um telhado de pequena inclinação com inclinação insuficiente para um dreno está sujeito à formação de poças e possível falha estrutural por meio de um colapso progressivo, como demonstrado nesta sequência de seções transversais. (a) A água permanece parada em poças no telhado, seu peso causando leves deflexões no deck do telhado entre as vigas ou caibros de suporte. (b) Se a chuva pesada continua, as poças aumentam e unem-se, e o peso da água que vai se acumulando começa a causar deflexões significativas nos elementos estruturais de apoio. As deflexões estimulam a água de uma área maior do telhado a correr para a poça. (c) À medida que as deflexões estruturais aumentam, a profundidade da poça aumenta mais e mais rapidamente, até que a estrutura sobrecarregada entre em colapso.

forro suspenso. Nos Estados Unidos, os códigos de obra normalmente requerem um espaço de ar ventilado entre o isolamento e a parte de baixo do deck, para dissipar o excesso de vapor de água. O isolamento abaixo do deck é relativamente econômico e isento de problemas, mas ele deixa o deck e a membrana expostos a toda a flutuação da temperatura externa. Em climas frios ou quando envolvendo espaços úmidos, um retardador de vapor é recomendado pelo lado quente e condicionado do isolamento térmico do telhado, para controlar a difusão de vapor de água dentro das partes isoladas do telhado, onde a condensação pode ocorrer.

Isolamento térmico de espuma borrifada também pode ser utilizado sob o deck do telhado. Quando o isolamento de espuma impenetrável ao ar é utilizado, o risco de acumulação de umidade dentro do conjunto é reduzido, e a ventilação entre o deck e o isolamento térmico pode não ser necessária.

Isolamento térmico entre o deck e a membrana

A posição tradicional para o isolamento de telhados de pequena declividade é entre o deck e a membrana do telhado. O isolamento térmico nesta posição deve ser na forma de pranchas rígidas de baixa densidade ou concreto celular, de modo a apoiar a membrana. O isolamento térmico protege o deck de extremos de temperatura e é ele mesmo protegido do clima pela membrana. Mas a membrana do telhado nesse tipo de instalação permanece exposta a variações extremas de temperatura. Adicionalmente, qualquer umidade que possa acumular-se no isolamento térmico fica presa sob a membrana, o que pode levar à deterioração do isolamento térmico

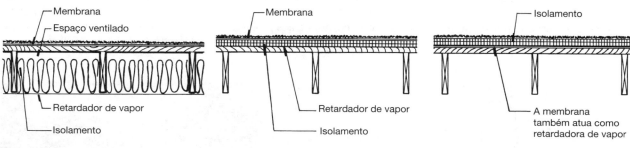

Figura 16.4
Telhados de pequena inclinação com isolamento térmico em três diferentes posições, mostradas aqui com um deck de telhado com caibros de madeira. À esquerda, o isolamento térmico está localizado abaixo do deck, com um retardador de vapor pelo lado quente do isolamento. Ao centro, o isolamento térmico está colocado entre o deck e a membrana, com um retardador de vapor pelo lado quente do isolamento térmico. À direita, em um telhado de membrana protegida, o isolamento térmico está colocado acima da membrana e um retardador de vapor separado não é necessário. Quando o isolamento térmico é instalado sob o deck do telhado, um espaço que é continuamente ventilado com o ar externo é normalmente exigido entre o isolamento térmico e o deck, para prevenir a acumulação de vapor de água.

Figura 16.5
Respiros na parte de cima do telhado estão sendo instalados nesta membrana de telhado construída para liberar a pressão de vapor que pode acumular-se sob ela. *(Cortesia de Manville Corporation)*

e do deck do telhado, bem como à formação de bolhas e à eventual ruptura da membrana devido à pressão de vapor. (Veja a discussão nas páginas 658-661 para uma explicação mais aprofundada sobre isolamento térmico e retardadores de vapor.)

Quando da instalação de isolamento térmico entre o deck e a membrana, em climas frios, duas precauções podem ser tomadas: um retardador de vapor instalado sob o isolamento térmico e uma ventilação pelo lado de dentro do isolamento para permitir a saída de qualquer umidade que chegue ali. A ventilação é obtida pela instalação de *respiros de telhado*, um para cada 100 metros quadrados, que permitem que o vapor de água escape por cima, por meio da membrana (Figuras 16.5 e 16.6). Respiros de telhado são mais eficientes com uma membrana colocada solta (uma membrana que não é aderida à superfície abaixo dela), o que permite que a umidade aprisionada facilmente encontre seu caminho para os respiros, a partir de qualquer parte da camada de isolamento.

Isolamento térmico acima da membrana: o telhado com membrana protegida

Em um sistema de *telhado com membrana protegida* (*TMP*) o isolamento térmico é instalado acima da membrana do telhado. Isso oferece duas vantagens: a membrana é protegida dos extremos de calor e frio, e a membrana está do lado aquecido do isolamento térmico, imune aos problemas de bolhas de vapor. Uma vez que o isolamento térmico estará exposto à água quando colocado acima da membrana, ele deve ser feito com um material que retenha sua capacidade de isolamento quando molhado e não apodreça ou se desintegre. Espuma extrudada de poliestireno é o material que tem essas qualidades (Figura 16.7). Os painéis de poliestireno ou são embebidos em um revestimento de asfalto quente para aderi-lo à membrana abaixo dele, ou são colocados soltos. Eles são seguros no lugar e protegidos da luz solar (a qual desintegra o poliestireno) por uma camada de lastro, que pode consistir de pedra britada ou cascalho, uma fina camada de concreto laminado em fábrica sobre a superfície superior da chapa de isolamento, ou blocos de concreto intertravados (Figuras 16.8, 16.9 e 16.23). Já que a

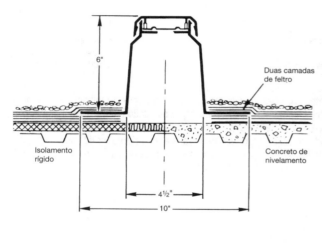

Figura 16.7
Instalando um isolamento térmico de espuma de poliestireno extrudado sobre uma membrana de telhado para criar um telhado de membrana protegida. *(Fotografia fornecida por Dow Chemical Company)*

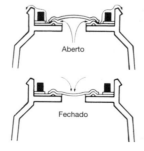

Figura 16.6
Este respiro de telhado com tecnologia proprietária, feito de plástico moldado com uma válvula de borracha sintética, permite que o vapor de umidade escape a partir da parte inferior da membrana, mas fecha-se para prevenir que a água ou o ar externo entrem. *(Cortesia de Manville Corporation)*

membrana em um sistema TMP é protegida da luz solar e de temperaturas extremas pelo isolamento térmico e pelo lastro acima dela, pode-se esperar que ela dure basicamente o dobro do que em um arranjo no qual ela permanece diretamente exposta a esses elementos. Entretanto, um sistema TMP tem desvantagens potenciais. Quando o isolamento do telhado é exposto às intempéries, ele pode absorver umidade e perder parte de sua resistência ao fluxo de calor. Quando se calcula a energia para sistemas TMP, os valores de R (resistência térmica) para o isolamento térmico do telhado podem ser levemente reduzidos em relação aos seus valores padrão, para levar em consideração tais perdas. Sistemas TMP podem não ser apropriados para climas com períodos extensos de frio e chuva, porque a água fria constantemente fluindo em volta e através das chapas do isolamento térmico e pode diminuir muito o seu valor de isolamento. Além disso, reparos para telhados de membrana protegida, se necessários, são mais caros e consomem mais tempo, porque acessar a membrana do telhado requer a remoção das camadas de material acima dela.

Figura 16.8
Um detalhe em corte de um tipo de telhado com membrana protegida, com tecnologia proprietária, mostra, de baixo para cima, o deck do telhado, a membrana, o isolamento térmico de espuma de poliestireno, um tecido polimérico que separa o lastro do isolamento e o lastro. *(Fotografia fornecida por The Dow Chemical Company)*

Figura 16.9
Este sistema com tecnologia proprietária, consistindo de um isolamento térmico de espuma de poliestireno de 50 milímetros de espessura para um telhado com membrana protegida, é recoberto com uma camada de 9 milímetros de concreto modificado com látex. O concreto protege a espuma da luz solar e do desgaste e, também, forma um lastro que previne o arrancamento do telhado sob ventos fortes. *(Foto cortesia de T. Clear Protected Membrane Roof System)*

INFORMAÇÕES ESSENCIAIS SOBRE O ENVELOPE DA EDIFICAÇÃO: ISOLAMENTO TÉRMICO E RETARDADOR DE VAPOR

Isolamento térmico

O isolamento térmico é um material adicionado ao conjunto de um edifício para reduzir a condução de calor através do conjunto. Nos Estados Unidos, o isolamento térmico é quase sempre instalado em novos telhados e nas paredes externas, em pisos sobre espaços não aquecidos, em volta de fundações e de lajes de concreto sobre o terreno e em outras áreas onde o espaço interior aquecido ou resfriado entra em contato com um espaço não condicionado, o terreno, ou o exterior do edifício. Um envoltório bem isolado de um edifício aumenta o conforto dos ocupantes e reduz a energia requerida para aquecê-lo ou resfriá-lo.

A efetividade de um material para resistir à condução de calor é denominada sua *resistência térmica*, abreviada como R ou RSI e expressa no sistema métrico como metro quadrado-grau Kelvin por watt (m^2-$^0K/W$). Para uma lista de materiais isolantes e suas propriedades, veja Figuras 7.13 e 16.10. Quanto mais alto o valor de R de um material, maior a resistência ao fluxo térmico e melhor o seu desempenho como isolante térmico.

O desempenho térmico de um conjunto completo de partes de um edifício depende da soma das resistências térmicas dos materiais dos quais o conjunto é feito. Cada componente de um conjunto contribui em alguma medida para a resistência térmica total do conjunto, o valor da contribuição dependendo do tipo de material e de sua espessura. Metais são isolantes ruins; concreto e alvenaria, são só levemente melhores. Madeira tem uma resistência térmica substancialmente maior, mas nem assim próxima dos valores dos materiais comumente utilizados como isolantes térmicos. Nos conjuntos convencionais de paredes e telhados, a maior parte da resistência térmica vem dos materiais isolantes.

No inverno, está quente dentro de um edifício aquecido e frio do lado de fora, e a superfície interna de um conjunto de materiais que formam uma parede ou telhado está quente, enquanto a superfície externa está fria. Entre as duas superfícies, a temperatura varia de acordo com as resistências térmicas das diversas camadas do conjunto. Como a maior parte do valor de isolamento térmico do conjunto está no próprio isolamento térmico, a maior parte da mudança de temperatura dentro do conjunto ocorre através da espessura do material de isolamento (Figura A).

Vapor de água e condensação

A água existe em três estados físicos, dependendo de sua temperatura e pressão: sólido (gelo), líquido (água) e vapor. O ar sempre contém alguma água na forma de *vapor de água*, um gás invisível. Quanto mais alta a temperatura do ar, mais vapor de água ele pode conter. Em uma dada temperatura, a quantidade de vapor de água que o ar realmente contém, em proporção à quantidade máxima de vapor de água que ele poderia conter é a *umidade relativa* do ar. Por exemplo, ar a 50% de umidade relativa contém metade do vapor de água que ele é capaz de conter naquela temperatura específica.

Se uma massa de ar é resfriada, sua umidade relativa aumenta. A quantidade de vapor de água na massa de ar não mudou, mas a habilidade da massa de ar de conter vapor de água diminuiu porque o ar tornou-se mais frio. Se o resfriamento da massa de ar continua, uma temperatura na qual a umidade é de 100% será atingida. Esta é a temperatura na qual o ar está completamente saturado com vapor de água, também conhecida como *ponto de orvalho*. O ponto de orvalho é diferente para cada massa de ar. Uma sala cheia de ar muito úmido tem um ponto de orvalho muito alto, o que é outra maneira de dizer que o ar na sala não teria de ser muito resfriado antes de atingir 100% de umidade. Em comparação, uma sala cheia de ar muito seco tem um ponto de orvalho mais baixo e pode ser resfriada a uma temperatura mais baixa antes de atingir a saturação.

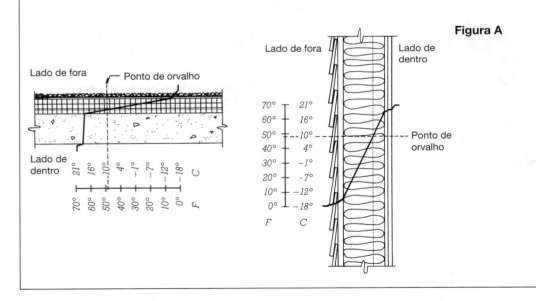

Figura A

Quando uma massa de ar é resfriada abaixo do seu ponto de orvalho, ela não pode mais conter todo o seu vapor de água e uma parte do vapor torna-se líquido. Quanto mais a massa de ar é resfriada abaixo desse ponto, menos vapor de água ela pode conter e mais vapor converte-se em líquido. Esse processo de converter vapor de água em líquido por resfriamento é chamado *condensação*.

A condensação ocorre em edifícios de muitas maneiras diferentes. No inverno, o ar de um quarto circulando contra um pano de vidro frio, pode ser resfriado abaixo de seu ponto de orvalho e gotículas de água vão se formar no vidro. Se o ar é muito úmido, as gotículas crescerão em tamanho e, então, rolarão para baixo no vidro, para acumular-se em poças na pingadeira da janela. Se o vidro é muito frio, o condensado pode congelar em padrões de cristais de gelo no vidro. De modo similar, em um dia úmido e quente de verão, o vapor de água do ar pode condensar na superfície de um tubo de água fria, em uma parede fria do subsolo, ou em um copo gelado de limonada. Apesar de não ser visível externamente, a condensação também pode ocorrer dentro de paredes, telhados e outros conjuntos que envolvem o edifício.

Vapor de água em elementos compostos* de edifícios

Vapor de água é um gás e exerce pressão, chamada *pressão de vapor*, nas superfícies que o contém. Quanto mais vapor de água uma massa de ar contém, maior a pressão de vapor. Sob as condições de aquecimento no inverno, o ar dentro de um edifício está a uma temperatura mais alta e contém mais vapor de água que o ar do lado de fora. Isso ocorre principalmente nas áreas do edifício com muitos ocupantes ou onde se cozinha, ou, ainda, onde ocorrem processos industriais úmidos, banho, ou lavagem. O resultado é uma diferença de pressão de vapor agindo de dentro para fora, causando a difusão do vapor de água para fora diretamente através das várias camadas de materiais dos elementos compostos que envolvem o edifício. Se a taxa de difusão é alta o suficiente e a queda de temperatura dentro dos elementos compostos é grande o suficiente, o vapor de água vai atingir o seu ponto de orvalho e condensar-se dentro do elemento composto. Se a umidade se acumula, o isolamento térmico pode diminuir sua efetividade, e materiais podem ser estragados por ferrugem, deterioração, ciclos de congelamento e descongelamento ou outros processos danosos. Se a água corre pelo lado de fora do elemento composto, acabamentos ou partes do edifício podem ser danificadas. (O vapor de água também pode ser carregado por um elemento composto por infiltração de ar através dos espaços entre os materiais. Esse é um mecanismo diferente da difusão do vapor de água através dos materiais e é discutido sob o tópico de barreiras de ar nas páginas 800-803.)

Sob condições de resfriamento, no verão, em um clima quente e úmido, a difusão de vapor de água através dos elementos compostos é inversa. O vapor de água é conduzido do exterior quente e úmido, para o ar seco e frio do interior. Na maior parte dos Estados Unidos, a condição de verão não é tão severa quanto a do inverno: no verão, diferenças em temperatura e umidade entre o interior e o exterior não são tão grandes quanto no inverno, e a época de resfriamento do ar quente é mais curta, se comparada com a época de aquecimento. Quando as condições de aquecimento predominam, o controle de vapor de água nos elementos compostos dos edifícios é focado principalmente no fluxo de vapor do interior para o exterior, embora condições reversas, de fluxo para o interior, também devam receber alguma consideração. Em áreas da América do Sul e nas ilhas do Havaí, entretanto, as condições do verão são mais severas, e o fluxo de vapor de água do exterior para o interior é o problema predominante a ser resolvido.

Retardador de vapor

Um *retardador de vapor* (frequentemente chamado, incorretamente, de *barreira de vapor*) é um material usado para reduzir a difusão de vapor de água através dos elementos compostos de um edifício. Retardadores de vapor são folhas contínuas ou revestimentos feitos de plástico, metal, papel pintado, ou qualquer outro material resistente à passagem de vapor de água. Retardadores de vapor estão localizados no lado quente do isolamento térmico de um elemento composto de um edifício. Nesta posição, eles podem restringir a difusão de vapor de água para dentro do elemento composto pelo lado da maior pressão de vapor, limitando as chances para as condições de ponto de orvalho e condensação ocorrerem dentro das partes frias do elemento composto. Para edifícios localizados na maior parte dos Estados Unidos, onde as condições de aquecimento do inverno predominam, os retardadores de vapor são colocados pelo lado interno e aquecido do isolamento térmico de um elemento composto. Em regiões úmidas, onde o resfriamento de climas quentes predomina dentro dos edifícios, o retardador de vapor deveria estar localizado pelo lado externo do isolamento térmico. Em climas relativamente amenos ou equilibrados, ou quando os elementos compostos são projetados para minimizar as condições de condensação, um retardador pode não ser necessário.

Quanto maior é a resistência de um material à difusão de vapor de água, isto é, quanto mais baixa sua *permeância ao vapor*, mais eficaz ele é como um retardador de vapor. Nos Estados Unidos**, a permeância é medida em *perms*, definida pela norma ASTM E 96 como a passagem de um *grain* de vapor de água por hora através de 1 pé quadrado de material a uma pressão diferencial de uma polegada de mercúrio entre os dois lados do material (grains/hr.pé^2.pol.Hg). Em unidades métricas, uma perm é medida em gramas por segundo por metro quadrado por Pascal de diferença de pressão (g/s.m^2.Pa). Uma U.S. perm equivale a $5,72 \times 10^{-8}$ perms métricas. Para chegar a unidades mais trabalháveis, perms métricos também podem ser calculados com nanogramas (um bilionésimo de grama) em vez de gramas. Nesse caso, uma U.S. perm equivale a 57,2 ng/s.m^2.Pa. Modelos de códigos de obra geralmente definem os materiais usados como retardadores de vapor com tendo um valor de 1 U.S. perm (um valor de perm métrico de 60 ng/s.m^2.Pa) ou menos.

Quando avaliando retardadores de vapor, a permeância ao vapor não deveria ser confundida com *permeabilidade ao vapor*. A permeabilidade ao vapor é definida como a permeância ao vapor de um material por unidade de espessura. Por exemplo, a permeabilidade ao vapor de um isolamento rígido em particular pode ser dada como 0,75 perm.

---

* N. de T.: Elementos compostos são conjuntos de materiais montados na obra; e não devem ser confundidos com materiais compostos (ou compósitos).

** N. de T.: No Brasil, adota-se a mesma norma ASTM E96 para a determinação do ensaio, mas as unidades são em SI.

> **INFORMAÇÕES ESSENCIAIS SOBRE O ENVELOPE DA EDIFICAÇÃO: ISOLAMENTO TÉRMICO E RETARDADOR DE VAPOR** (*Continuação*)

polegada. A permeância ao vapor de uma chapa de isolamento feita desse material é, então, encontrada dividindo a permeabilidade do material pela espessura real da chapa utilizada. Por exemplo, se a chapa de isolamento é de ½ polegada de espessura, sua permeância é de 1,5 perms (0,75 perms.pol./0,5 polegadas), ou se ela é de 2 polegadas de espessura, 0,375 perm (0,75 perm.pol./2 polegadas). Em unidades métricas, a permeabilidade ao vapor é calculada como ng.m/Pa.s.m^2, o que se reduz a ng/Pa.s.m.

A permeância ao vapor de alguns materiais varia. Materiais que absorvem umidade líquida, tais como compensado ou uma superfície de papel *kraft* encontrada em muitos tipos de isolamento de fibra de vidro, tendem a aumentar em permeância quando úmidos. Da mesma forma, a membrana retardadora de vapor de pelo menos um fabricante com tecnologia proprietária é desenvolvida propositalmente para aumentar a permeância sob condições de alta umidade. Tais materiais podem prover benefícios, inibindo a difusão de vapor nos elementos compostos sob condições normais, mas tornando-se mais permeáveis e aumentando a habilidade do elemento composto de secar pelo lado de fora se a umidade acumular-se pelo lado de dentro.

Lâminas plásticas de polietileno, revestimento de papel *kraft* em chapas de isolamento de fibra de vidro, folhas de alumínio laminado recobrindo vários tipos de isolamento e *primers* de pintura especiais com baixa permeabilidade ao vapor são comumente utilizados como materiais retardadores de vapor. Alguns materiais feitos de espuma para isolamento, dependendo da sua formulação e espessura, também podem atuar como retardadores de vapor. Em construções com telhados de pequena declividade, nos quais os retardadores de vapor são, com frequência, instalados como parte do sistema de membrana do telhado, retardadores de vapor são frequentemente feitos de feltros para telhados colocados sobre asfalto quente ou de folhas de asfalto emborrachado aderente (Figura B).

Utilização dos retardadores de vapor

Retardadores de vapor são utilizados em elementos compostos para isolamento de edifícios, para prevenir a condensação de vapor de água dentro do elemento composto. Isso é mais provável de ocorrer quando um elemento composto está exposto a grandes diferenças de temperatura de um lado em relação ao outro e a umidade relativa é alta no lado quente. No Código Internacional de Conservação de Energia (2006), os requisitos para retardadores de vapor diferem entre tipos de edifícios residenciais e comerciais e de acordo com a localização do edifício. Falando de forma geral, retardadores de vapor são requeridos em elementos compostos utilizados em forros e em paredes exteriores para edifícios em regiões dos Estados Unidos onde as condições de aquecimento no inverno predominam, isto é, basicamente nos dois terços dos Estados Unidos continental, bem como no Alaska. O Código de Edificação do Canadá (2005) requer retardadores de vapor na maioria dos elementos compostos utilizados em edifícios termicamente isolados.

Onde os retardadores de vapor são utilizados, o lado mais frio do elemento composto, oposto ao retardador de vapor, deve ser "respirável", isto é, projetado de tal modo que qualquer umidade que encontre seu caminho para dentro do elemento composto possa ser dispersa por meio de ventilação ou difusão através de materiais que são permeáveis ao vapor. Exemplos desta estratégia incluem sistemas de telhado ventilados, fachadas com espaço de ventilação, e o uso de envoltórias de habitação permeáveis ao vapor. Elementos compostos com muitas camadas impermeáveis ao vapor deveriam ser abordados com cuidado: eles podem aprisionar a umidade e não fornecem meios para a umidade escapar. Uma regra expedita algumas vezes usada para a seleção de materiais no lado oposto de um elemento composto ao do retardador de vapor é que eles tenham uma permeância ao vapor pelo menos 10 vezes maior que aquela do retardador de vapor.

Fatores adicionais a considerar no uso de retardadores de vapor:

- *As condições de temperatura e de umidade às quais um elemento composto é submetido ao longo do tempo não são estáticas.* Um sistema de parede projetado exclusivamente para as condições de aquecimento no inverno podem ter um desempenho ruim quando o vapor migra do exterior para o interior durante os meses de verão, com o ar condicionado em operação. Aquecimento pelo sol de um sistema de fachada externa encharcado de água de chuva pode causar forte movimento de vapor de água para o interior a qualquer tempo durante o ano.

- *Elementos compostos do edifício precisam ser capazes de secar depois de molharem.* A água introduzida nos elementos compostos de um edifício, como a da chuva ou da construção feita com materiais molhados, precisa ter meios de escapar, permitindo que os materiais sequem.

- *Barreiras de ar também são importantes para o controle do vapor de água.* Sob muitas circunstâncias, a infiltração de ar pode transportar muitas vezes mais vapor de água para dentro dos elementos compostos do que a difusão do vapor. Barreiras de ar são discutidas nas páginas 800-803.

- *O projeto para o controle de vapor de água deveria considerar todos os componentes de um elemento composto.* A permeabilidade do revestimento externo, fachada ou telhado, provisões para ventilação, locação e tipos de materiais isolantes dentro de elementos compostos, podem influenciar a escolha e a posição dos retardadores de vapor.

Para mais informações sobre o projeto de retardadores de vapor dentro de elementos compostos isolantes de edifícios, veja as referências listadas ao final do capítulo.

	Permeância de vapor	
	U.S. Perms, Grains/h.pé^2.pol.Hg	Perms Métricos Ng/s.m^2.Pa
Alumínio laminado, 1 mil (0,025 mm)	~0	~0
Feltro de telhado de dupla camada com asfalto quente	0,005	0,29
Folha de polietileno, 4 mil (0,08 mm)	0,08	4,6
Tinta, alquídica exterior (tinta a óleo), três demãos sobre madeira	0,3-1,0	17-57
Revestimento de papel kraft para isolamento de chapa de fibra de vidro		
Baixa umidade	0,4-1,0	23-57
Alta umidade	7,5	430
Tinta, primer de látex para barreira de vapor	0,43	25
Telhado de EPDM uma camada, 45 mil	0,43	25
Espuma de poliuretano de alta densidade em spray, várias espessuras	0,43-2	25-110
Compensado, cola exterior, ½ pol. (12 mm) de espessura		
Baixa umidade	0,5	29
Alta umidade	3-10	170-570
Alvenaria de tijolos, 4 pol. (100 mm) de espessura	0,8-1.1	46-63
Membrana com tecnologia proprietária com retardador de vapor de permeabilidade variável		
Baixa umidade	<1	<57
Alta umidade	10-35	570-2000
Tinta, alquídica para interior (tinta a óleo), primer para interior mais um acabamento sobre a argamassa	1,6-3,0	92-172
Gesso acartonado, ½ pol. (12 mm)		
Tinta, interior látex	2-3	110-172
Não pintado	25	1400
Papel de edificação, feltro impregnado com asfalto	3,3	190
Chapa da envoltória do edifício (*housewraps*)	5-50	290-2900
Isolamento de espuma de poliuretano de baixa densidade, 5 pol. (125 mm)	10	570
Argamassa de gesso sobre chapa metálica, ¾ pol. (19 mm) de espessura	15	860

Figura B
A permeância ao vapor de alguns materiais comuns de construção. Linhas sombreadas indicam materiais que excedem os limites definidos pelos códigos de edificações para retardadores de vapor.

	Valores[a] de R	Composição	Vantagens	Desvantagens
Chapa de fibra de celulose	2,8 19	Uma chapa rígida de baixa densidade feita de fibras de madeira ou de outro vegetal e de um aglomerante, que pode ser pintada ou revestida com asfalto	Econômica; compatível com betumes quentes	Eficiência de isolamento mais baixa do que espumas plásticas; suscetível à absorção de umidade e apodrecimento
Chapa de perlita	2,8 19	Grânulos de vidro vulcânico expandido e um aglomerante prensados em uma chapa rígida	Inerte; resistente ao fogo; compatível com betumes quentes; dimensionalmente estável	Eficiência de isolamento muito mais baixa do que as espumas plásticas
Chapa de vidro celular	2,9 20	Uma chapa rígida, de baixa densidade de células de vidro fundidas e fechadas, com revestimento de papel kraft	Inerte; resistente ao fogo; compatível com betumes quentes; dimensionalmente estável	Eficiência de isolamento mais baixa do que a de espumas plásticas
Chapa de fibra mineral	4 28	Uma chapa rígida, de baixa densidade feita de rocha, escória ou fibras de vidro e um aglomerante, usualmente com revestimentos de manta de fibra de vidro	Inerte; resistente ao fogo; dimensionalmente estável; compatível com betumes quentes; ventila livremente a umidade	
Chapa de espuma de poliuretano expandido (EPE)	3,6-4,2 25-29	Uma espuma rígida de células fechadas de plástico poliuretano, manufaturado por um processo de moldagem	Mais barata do que espuma de poliestireno extrudado; compatível com asfalto a baixas temperaturas	Combustível; alto coeficiente de expansão térmica; absorção de umidade maior do que espuma de poliestireno extrudado; não compatível com betumes quentes
Chapa de espuma de poliestireno extrudado (EPX)	5 35	Uma espuma rígida de células fechadas de plástico poliestireno, manufaturada por um processo de extrusão	Resistente à umidade; adequada para sistemas de telhado de membrana protegida; compatível com asfalto a baixas temperaturas; disponível em altas densidades adequadas a telhados sujeitos a cargas de tráfego ou pesadas sobrecargas	Combustível; alto coeficiente de expansão térmica; não compatível com betumes quentes
Chapa de espuma de poliisocianurato	5,6 39	Uma espuma rígida de células fechadas de poliisocianurato, com revestimentos de alumínio laminado, mantas de fibra de vidro, ou mantas celulósicas	Alta eficiência de isolamento; compatível com betumes quentes; moderada resistência ao fogo	Cara; o valor de R pode decrescer com o tempo
Chapas isolantes compostas	Vários	Várias chapas sanduíche de espumas plásticas e outros materiais, como chapa de perlita, chapa de fibra mineral e feltro saturado	Combinam a alta eficiência de isolamento de resistência à umidade das espumas plásticas com a resistência ao fogo, rigidez estrutural e/ou compatibilidade com betume ou outros materiais	
Concreto leve de isolamento	1-1,5 6,9-10	Concretos feitos de agregados minerais leves (perlita ou vermiculita) ou espuma a partir de materiais que incorporam ar	Inerte; pode facilmente produzir uma camada de isolamento com espessura variável para drenagem positiva do telhado; resistente ao fogo; dimensionalmente estável; frequentemente combinado com um núcleo isolante de espuma plástica para atingir maior eficiência de isolamento	Umidade residual da mistura com água pode causar bolhas da membrana

Valores de R são por unidade de espessura, expressos primeiro em unidades inglesas de pé^2.hr.°F/Btu.pol. e depois em unidades métricas (em itálico) de m.°K/W.

Figura 16.10
Um resumo comparativo de alguns materiais rígidos de isolamento para telhados de pequena declividade.

Materiais de isolamentos rígidos para telhados de pequena inclinação

Um material de isolamento para telhados de pequena declividade deve ter alta resistência térmica, adequada resistência à compressão, à formação de mossas (afundamento pontual), ao arrancamento de pequenos pedaços, ao apodrecimento devido à umidade, e ao fogo e, se fizer parte de um sistema de aplicação a quente, alta resistência ao derretimento ou solubilidade quando betumes quentes são aplicados nele. Nenhum material individualmente tem todas essas virtudes. Alguns materiais de isolamento rígidos comumente utilizados em telhados de pequena declividade nos Estados Unidos estão listados na Figura 16.10, com um sumário de suas vantagens e desvantagens. A melhor escolha é, frequentemente, uma combinação de materiais, ou uma placa composta que combine dois ou mais materiais em um produto, para explorar as melhores qualidades de cada um. Uma chapa de isolamento composta para instalação sob uma membrana de telhado de betume colocado no local poderia incluir, por exemplo, uma camada inferior de espuma de poliisocianurato com alto valor de isolamento e uma camada superior de chapa perlítica resistente a betumes quentes.

Se chapas de isolamento rígidas estão localizadas abaixo da membrana do telhado, elas podem ser aderidas ao deck com asfalto quente ou adesivos, ou fixadas mecanicamente com parafusos ou qualquer um de uma variedade de fixadores feitos especialmente para este propósito. Fixadores mecânicos são preferidos pelas companhias de seguros porque eles são mais seguros contra arrancamento pelo vento (Figuras 16.11 e 16.12).

O *concreto isolante leve* é um material isolante econômico, que também cria um deck de telhado que pode ser pregado. Formulado com agregados leves ou com espuma formada por agentes incorporadores de ar, o material tem densidades que variam de 320 a 640 kg/m^3, comparadas a 2.300 kg/m^3 do concreto convencional.

O concreto leve pode ser aplicado diretamente sobre o deck de aço corrugado ou sobre decks de concreto desempenado. Pode ter a espessura facilmente reduzida de modo gradual para um lado durante a colocação para dar uma inclinação no sentido da drenagem do telhado. A resistência térmica por centímetro não é tão alta para esse material como para a maioria dos outros tipos de isolamento de telhados. Entretanto, chapas de espumas plásticas podem ser embebidas no concreto de isolamento para atingir valores de isolamento mais altos dentro de espessuras razoáveis. O isolamento com enchimento do concreto leve contém grandes quantidades de água livre no momento em que ele é colocado. Ele precisa ser curado e seco tão completamente quanto possível antes da aplicação da membra-

Figura 16.11
Trabalhadores assentam chapas rígidas de isolamento em tiras de asfalto quente sobre um deck de metal corrugado. *(Cortesia da GAF Corporation)*

Figura 16.12
Parafusos e grandes arruelas de metal fixam o isolamento a um deck metálico, de forma mais segura do que seria possível com o uso de asfalto quente. *(Cortesia da GAF Corporation)*

na e é aconselhável alguma forma de ventilação para permitir o escape do vapor de umidade do isolamento durante a vida do telhado, seja pelos respiros do lado superior ou pelo lado de baixo pelos furos no deck de metal do telhado. O gesso, outro material popular utilizado para decks no passado, colocado no local com a finalidade de formar decks de telhado inclinados leves e que podem ser pregados, não é mais utilizado em novas construções.

Retardadores de vapor para telhados de pequena declividade

A membrana em um telhado de membrana protegida serve também como o retardador de vapor do conjunto. Entretanto, quando o isolamento está localizado abaixo da membrana do telhado, um retardador de vapor separado é recomendado em climas frios ou quando enclausurando espaços interiores de alta umidade. O tipo mais comum de retardador de vapor para um telhado de pequena declividade consiste de duas camadas de um feltro de telhado saturado de asfalto, ligados entre si e colados ao deck do telhado com asfalto quente. Folhas de retardador de vapor feitas de membranas betuminosas autoaderentes produzidas industrialmente também são comuns. Folhas de polietileno, usadas como um retardador de vapor em muitos outros tipos de construção, raramente são usadas em telhados de pequena declividade, porque elas fundem na temperatura de aplicação do betume quente usado em muitas membranas de telhado, e não resistem bem ao rigor do tráfego de pessoas e outras atividades de construção que ocorrem durante a instalação do telhado.

Quando um retardador de vapor é incluído em uma montagem de materiais em um telhado de pequena declividade, ele precisa ser colocado na montagem de tal maneira que, em condições normais de uso, ele sempre esteja mais quente que o ponto de orvalho do ar no interior das peças. Isso normalmente significa colocar o retardador de vapor sob o isolamento térmico. Entretanto, um retardador de vapor não deveria

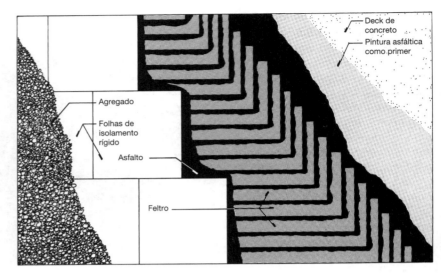

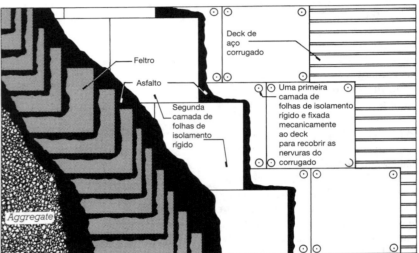

Figura 16.13
Duas típicas construções de telhados feitos no local vistas de cima. O diagrama superior é um corte de um telhado de membrana protegida sobre um deck de telhado de concreto moldado no local. A membrana é feita de camadas de feltro sobrepostas de tal maneira que em nenhum local existem menos do que quatro camadas de feltro de espessura total. Placas de isolamento de espuma rígida são assentadas em asfalto quente sobre a membrana e lastreadas com agregado de pedra para mantê-las no lugar e protegê-las da luz solar. O diagrama inferior mostra como placas de isolamento rígido são fixadas a um deck de telhado de aço corrugado em duas camadas contrafiadas para prover uma base firme e lisa para a aplicação da membrana. Uma membrana de três camadas é mostrada. Em climas frios, um retardador de vapor deveria ser instalado entre as camadas de isolamento ou sob o isolamento sobre uma placa de substrato fixada ao deck de telhado de aço.

ser instalado diretamente sobre um deck de aço corrugado, já que teria que passar sobre o corrugado, e seria vulnerável a danos até que fosse coberto pelo isolamento. Em tais casos, a chapa do substrato (painéis finos de madeira, gesso ou espuma de isolamento) é colocada primeiro sobre o deck, seguida pelo retardador de vapor e, então, pelas chapas de isolamento. Quando alguma parte do isolamento do telhado está localizada abaixo do retardador de vapor, o projetista precisa calcular cuidadosamente a posição do ponto de orvalho na montagem de materiais, para assegurar-se de que o retardador de vapor situa-se abaixo dele.

Membranas para telhados de pequena declividade

As membranas utilizadas para telhados de pequena declividade dividem-se em três categorias: membranas betuminosas, membranas de camada única e membranas de aplicação de fluido.

Membranas betuminosas de telhados

As *membranas betuminosas de telhados* podem ser de dois tipos: executadas no local ou com betume modificado. Uma *membrana de telhado executada no local* (*TEL*) é montada no local a partir de múltiplas camadas de feltro de telhado impregnado com asfalto, embebidas em camadas adicionais de betume (Figuras 16.13-16.15). O feltro, feito a partir de celulose, vidro ou fibras sintéticas, é saturado com asfalto na fábrica e entregue no local em rolos. O betume é, usualmente, asfalto derivado da destilação de petróleo. No entanto, para telhados sem inclinação ou com inclinações muito pequenas, alcatrão de carvão é usado no seu lugar, devido à maior resistência à água parada. Asfalto modificado por polímeros, como descrito a seguir, para telhados de betume modificado, também pode ser utilizado. Ambos, asfalto e alcatrão, são aplicados a quente, de modo a fundir-se com o betume saturado no feltro, para formar uma membrana unificada de múltiplas camadas. O feltro é laminado em camadas sobrepostas (contrafiadas) para formar uma membrana com duas a quatro camadas de espessura. Quanto maior o numero de camadas utilizadas, mais durável é o telhado. Para proteger a membrana da luz solar e do desgaste físico, uma camada de pedra britada ou outro agregado mineral granulado é embebido na camada superior. Menos usual, um telhado com membrana executada no local pode ser feito com camadas de feltro fixadas em *mastiques aplicados a frio (asfaltos à base de solventes)*, isto é, compostos de asfalto e de outras substâncias aplicados por borrifamento ou a pincel à temperatura ambiente e, então, curado pela evaporação do solvente.

Figura 16.14
Uma camada de base de feltro saturado com asfalto é colocada sobre o isolamento térmico rígido, usando uma máquina que desenrola o feltro e o pressiona sobre uma camada de asfalto quente. *(Cortesia de Celotex Corporation)*

Figura 16.15
Camadas sobrepostas de feltro de telhado são impregnadas com asfalto quente para criar uma membrana de quatro camadas. *(Cortesia da Manville Corporation)*

Uma *membrana de telhado de betume modificado* é feita de folhas manufaturadas industrialmente de betumes modificados por polímeros. Betumes modificados são materiais asfálticos aos quais compostos como *polipropileno atático* (*PPA*) ou *estireno-butadieno-estireno* (*EBE*) são adicionados com o intuito de aumentar a flexibilidade, coesão, dureza e resistência a fluir do material. Folhas de membranas de betume modificado para telhados também são reforçadas com plástico ou fibras de vidro ou mantas fibrosas. A espessura das folhas varia de 1,0 mm a 4,0 mm.

Da mesma forma que um telhado executado no local, folhas de betume modificado são montadas no local em camadas sobrepostas para formar um sistema multicamadas, usualmente duas ou três camadas de espessura. As folhas são coladas umas às outras de varias maneiras: com uma *membrana de betume modificado aplicada a fogo*, à medida que uma folha de material é desenrolada, um aparato de chama aberta é utilizado para fundir termicamente o lado de baixo da folha à superfície superior do substrato ou da folha que está por baixo. Uma *membrana de betume modificado colada a quente* baseia-se na aplicação de asfalto quente para ligar as folhas; uma *membrana com processo a frio* ou com *adesivo aplicado a frio* usa adesivos líquidos, e uma *membrana autoaderente* baseia-se em adesivos aplicados na fábrica (Figura 16.16).

A *folha de capa* ou superior, em um telhado com betume modificado, tem, na sua superfície, grânulos metálicos, uma fina lâmina metálica, ou pinturas elastoméricas ou asfálticas para maior resistência à deterioração causada por raios ultravioleta, desgaste e fogo (Figura 16.17). Folhas de capa com pinturas brancas reflexivas que atendem aos padrões de telhados frios também estão disponíveis. Em comparação com telhados executados no

Figura 16.16
Trabalhadores colam uma membrana de betume modificado por polímero a um deck de concreto com um adesivo aplicado a frio. As emendas serão fundidas a quente umas às outras. *(Cortesia da Koppers Company, Inc.)*

Figura 16.17
Um trabalhador funde a quente uma emenda entre duas folhas de uma membrana de betume modificado revestido com alumínio. O alumínio laminado protege a membrana do sol e reflete o calor solar que incide no telhado. *(Cortesia da Koppers Company, Inc.)*

local, telhados de betume modificado combinam a dureza e a redundância de uma aplicação multicamada no local com as qualidades melhoradas dos materiais de folhas manufaturadas na fábrica. Sistemas executados no local e de betume modificado podem também ser combinados com uma folha de capa de betume modificado aplicado sobre várias camadas de um produto aplicado para criar uma um *telhado betuminoso de membrana híbrida*. Sistemas de telhado betuminoso correspondem a aproximadamente 40% do mercado para membranas de telhados de pequena declividade, com a maior porção desta fatia correspondendo aos sistemas de betume modificado.

Membranas de telhado de camada única

As *membranas de telhado de camada única* formam um grupo de materiais diversos e aparentemente em permanente evolução, que são aplicados ao telhado em uma única camada (Figura 16.18). Comparadas às membranas betuminosas de telhado, elas requerem menos mão de obra local e, especialmente em comparação às membranas para telhado executadas no local, elas são mais elásticas e, portanto, menos suscetíveis a fissuras ou rasgos à medida que envelhecem. A espessura normal das membranas varia de 0,9 mm a 3,0 mm, dependendo do tipo de material da membrana e dos requisitos da aplicação no telhado. Membranas de camada única podem ser fixadas ao deck do telhado por adesivos, pelo peso de um lastro, fixadores escondidos nas emendas entre folhas ou, se as folhas são suficientemente flexíveis, com o uso de fixadores mecânicos inteligentes que não necessitam penetrar na membrana (Figuras 16.19-16.21).

Os materiais utilizados para membranas de camada única recaem em dois grupos: termoplásticos e termofixos. *Materiais termoplásticos* podem ser amaciados pela aplicação de calor e podem ser unidos nas emendas por solda a quente (ou com solvente). Esse processo de solda, que funde completamente uma folha em outra, resulta em emendas entre as folhas que são confiáveis, fortes e de grande durabilidade. *Materiais termofixos*, algumas

Figura 16.18
Trabalhadores desdobram uma membrana de telhado de única aplicação. *(Cortesia da Carlisle SynTec Systems)*

 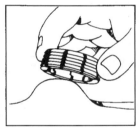 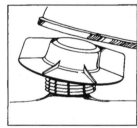

1. Passe a membrana sobre o disco com botão de encaixe
2. Encaixe o clip de retenção branco
3. Rosqueie a tampa preta

Figura 16.19 e 16.20
Um sistema com tecnologia proprietária de fixação não penetrante para uma membrana de única aplicação. *(Cortesia da Carlisle SynTec Systems)*

vezes também chamados de *elastoméricos*, têm uma ligação molecular mais restritiva e não podem ser amaciados por calor. Folhas de termofixos precisam ser unidas nas emendas por adesivos líquidos ou por fitas sensíveis à pressão, as quais nem sempre mostraram-se tão confiáveis quanto as emendas soldadas nas membranas termoplásticas. Membranas de camada única, diferentemente de membranas betuminosas de múltiplas aplicações, não têm redundância. Mesmo um pequeno defeito nas juntas das folhas pode resultar em uma infiltração significativa através da membrana. (Veja páginas 758-761 para mais informações sobre a diferença entre plásticos termoplásticos e termofixos.)

Os materiais termoplásticos de membranas de telhados mais utilizados são *cloreto de polivinina* (*PVC*) e *poliolefina termoplástica* (*PTP*). Membranas de telhado de PVC, feitas de resinas de PVC, plastificantes, além de fibras ou tecidos de reforço, têm um histórico de desempenho de sucesso estabelecido ao longo de muitas décadas. Elas são disponibilizadas em várias cores, incluindo branco reflexivo para telhados frios. Entretanto, preocupações com a produção de produtos químicos tóxicos (em particular dioxina, um conhecido cancerígeno) durante a manufatura e descarte do PVC têm levado ao debate sobre a conveniência do uso de PVC como um material de construção. Ainda não emergiu um consenso sobre o assunto e, à medida que os fabricantes de PVC continuam a melhorar seus processos de manufatura e a instituir programas de reciclagem de materiais, os prós e contras dessa questão aparentemente vão continuar a evoluir no futuro. Membranas de telhado de PTP são relativamente novas no mercado de telhados de pequena inclinação dos Estados Unidos. Elas são feitas de misturas dos polímeros polietileno, polipropileno e borracha de etileno--propileno, reforçadas com fibras ou tecidos. Membranas de PTP exibem boa resistência ao calor e à radiação ultravioleta (UV), características mais comumente associadas com membranas termofixas, mas como são termoplásticas, suas emendas podem ser soldadas a quente. Elas também são disponíveis em um largo espectro de cores. PVC e PTP representam, juntas, aproximadamente 20% do mercado para materiais de telhados de pequena declividade. Outros materiais termoplásticos para membranas de telhados menos utilizados incluem ester de etilenocetona (EEC) e uma classe de materiais referidos como "ligas de PVC" ou "termoplásticos compostos de PVC", feitos de várias misturas de PVC e outros polímeros.

O material de membrana termofixa de telhado mais comumente instalado é o *monômero de dienopropilenoetileno* (*MEPE*), uma borracha sintética que pode ou não incluir um reforço de fibras ou de tecido. O MEPE tem uma estrutura química altamente estável, com excelente resistência ao ozônio, calor, radiação UV e intemperismo. Normalmente é de cor preta, mas também está disponível em branco frio* em alguns fabricantes. Considerando que o MEPE não pode ser soldado a quente, a costura é obtida com fitas ou adesivos. Como

---
* N. de T.: No original, o autor menciona a cor *cooler white*, referindo-se ao fato de o branco refletir mais a luz, melhorando o conforto térmico no verão.

---

o PVC, o MEPE tem um histórico de muitas décadas de bom desempenho. Ele é o material mais utilizado nos Estados Unidos para telhados de pequena declividade de qualquer tipo, contribuindo com mais de um terço do mercado para tais aplicações. Outros materiais termofixos para membranas de telhados incluem polietileno clorosulfonado (PECS) e poliisobutileno (PIB).

Membrana de telhado com aplicação líquida

As *membranas de telhado com aplicação líquida* são utilizadas principalmente em domos, cascas e outras formas complexas que são difíceis de cobrir por meios convencionais. Tais formas são, frequentemente, muito chatas no topo para revestimentos de telhas, mas muito inclinadas nos lados para membranas executadas no local e, se apresentam curvatura dupla, elas são difíceis de recobrir com

Figura 16.21
Outro sistema de fixação sem penetração, com tecnologia proprietária, dobra a membrana em um encaixe contínuo, no qual ela é segurada por uma tira de borracha sintética que é inserida com uma ferramenta que utiliza uma roda. *(Cortesia da Firestone)*

folhas pré-fabricadas. Membranas com aplicação líquida são aplicadas na forma líquida com um rolo ou uma máquina de borrifar, normalmente em diversas camadas, e curam para formar uma membrana de borracha. Os materiais aplicados por esse método incluem neopreno (com uma camada protetora de PECS), silicone, poliuretano, borracha butílica e emulsão asfáltica. Membranas com aplicação líquida também são utilizadas como uma camada de impermeabilização sobre isolamento de espuma de poliuretano borrifada em sistemas de telhado com tecnologia proprietária, desenvolvidas para superfícies que são difíceis de recobrir com lâminas planas de isolamento térmico com membrana. Esses sistemas também são um modo conveniente para adicionar isolamento térmico e uma nova membrana de telhado sobre telhados deteriorados construídos no local sobre qualquer forma do edifício. Membranas para telhados de pequena declividade podem ter uma expectativa de vida útil variando de 10 a 30 anos, dependendo do material da membrana e da espessura, da localização geográfica do telhado, sua exposição a extremos de temperatura e de radiação UV, e da qualidade da instalação e manutenção do telhado.

Lastreamento e decks com tráfego

Membranas de telhado podem ser cobertas, depois da sua instalação, com um *lastro* de pedras arredondadas e soltas, variando em tamanho de 40 mm a 65 mm de diâmetro, ou com blocos de pavimentação de concreto pré-fabricado (Figuras 16.8 e 16.22). O lastro serve para segurar a membrana contra o arrancamento causado pelo vento, além de proteger a membrana contra luz ultravioleta e desgaste físico. Ele também pode contribuir para a resistência ao fogo da cobertura do telhado.

Decks* com tráfego são instalados sobre membranas de telhados planos e, algumas vezes, sobre acessos de veículos e estacionamentos. Dois detalhes diferentes são utilizados: em um deles, blocos baixos de plástico ou concreto são colocados sobre a membrana do telhado para suportar a colocação de pesadas pedras quadradas de pavimentação ou lajes com juntas abertas (Figura 16.23). No outro, uma camada de drenagem de brita ou concreto sem finos (um concreto muito poroso, cujo agregado consiste somente de

---

* N. de T: No Brasil, o termo *deck* refere-se normalmente a uma plataforma de madeira. Neste livro, entretanto, será adotado o significado original do termo em inglês, de estrutura do telhado, que pode ou não ser revestida.

Figura 16.22
O sistema de lastro usa blocos especiais de concreto que são rejuntados com tiras tubulares de plástico. Os sulcos na base dos blocos são projetados para facilitar a drenagem da água da membrana. Os blocos são feitos com agregado leve, de tal forma que eles contribuem para o isolamento térmico do telhado. *(Lastro isolante de telhado com um característico intertravamento variável © National Concrete Masonry Association, 1988)*

Figura 16.23
Um sistema com tecnologia proprietária para apoiar pedras ou blocos de pavimento de concreto pré-fabricado sobre uma membrana de telhado de pequena declividade permite o uso de um telhado de pequena declividade como um terraço externo. Cada pedestal de polietileno de alta densidade suporta os cantos adjacentes de quatro blocos de pavimento. As aletas espaçadoras verticais no pedestal proveem um espaço uniforme de drenagem entre os blocos. Placas de nivelamento de polietileno do mesmo tamanho (não mostradas na figura) podem ser colocadas sobre o pedestal para compensar irregularidades na superfície do telhado. *(Foto cortesia da Envirospec, Inc., Buffalo, New York)*

pedra britada de um único tamanho) é nivelada sobre a membrana, e blocos de pavimento de junta aberta são colocados sobre ela. Em qualquer um dos casos, a água passa através das juntas do pavimento e é recolhida e drenada pela membrana abaixo. Note que a membrana não é perfurada em qualquer das soluções detalhadas.

Bordas e detalhes de drenagem para telhados de pequena declividade

Alguns detalhes típicos de telhados de pequena declividade estão presentes nas Figuras 16.24-16.33. Todos são mostrados com membranas de telhados montadas no local, mas os detalhes para membranas de uma única camada são similares nos aspectos principais.

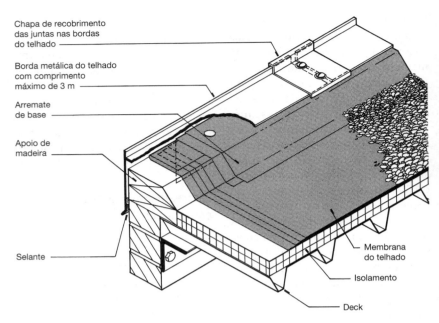

Figura 16.24
Uma borda de telhado para um telhado convencional executado no local. A membrana consiste de quatro camadas de feltro embebido em asfalto com um lastro de pedras. O arremate da base é composto de duas camadas adicionais de feltro que selam a borda da membrana e a reforçam onde ela dobra sobre o ressalto. O ressalto direciona a água para os drenos ao invés de permitir que ela derrame sobre a borda. A face vertical exposta da borda de metal do telhado é chamada de *faixa lateral*.

Figura 16.25
Um sistema de borda de telhado com tecnologia proprietária para telhados de pequena declividade. A banda de metal perfurado é presa ao telhado com um mastique adesivo que penetra através das perfurações para criar uma ligação mais forte. Quando o adesivo endurece, um ressalto de aço galvanizado é colocado na posição com o auxílio das linguetas de metal perfurado e uma borda de telhado de alumínio é encaixada por cima, com uma peça de reforço interno nas juntas, como mostrado, para prevenir vazamentos. Finalmente, a borda do telhado e a membrana são fixadas na posição simultaneamente pela instalação de uma tira com a função de braçadeira que encaixa no gancho existente na parte interna superior da borda de telhado de alumínio. A tira-braçadeira é fixada na posição por parafusos que passam através da borda da membrana até o ressalto galvanizado, como visto no topo da fotografia. *(Produto da W. P. Hickman Company, Asheville, North Carolina)*

Capítulo 16 Telhados 671

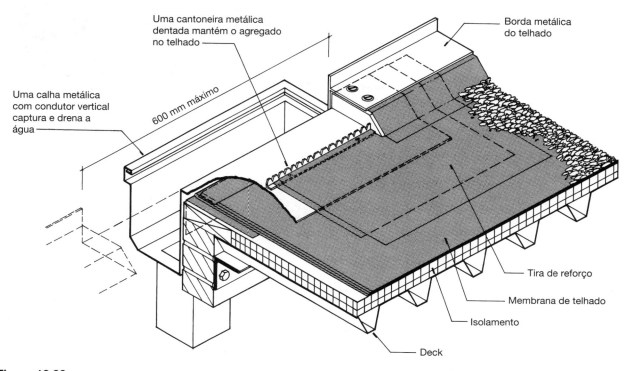

Figura 16.26
Detalhe de um *embornal*. O ressalto é descontinuado para permitir que a água escorra para fora do telhado em uma calha para a tubulação de descida do pluvial. Camadas adicionais de feltro, chamadas de *sobremanta de reforço*, fazem a selagem em volta dos componentes feitos de chapa metálica. A maioria dos telhados usa drenos interiores (Figura 16.31) como seu principal meio de drenagem, com embornais mais frequentemente usados como drenagem secundária para limitar o empoçamento no caso de entupimento no dreno primário.

Figura 16.27
Uma junta de dilatação de um edifício em um telhado de pequena declividade. Grandes movimentos diferenciais entre as partes adjacentes da estrutura podem ser toleradas com esse tipo de junta devido à habilidade do recobrimento da junta flexível de ajustar-se ao movimento sem rasgar-se. Altos ressaltos mantêm a água empoçada afastada da borda da membrana, a qual é selada com uma algerosa de duas camadas.

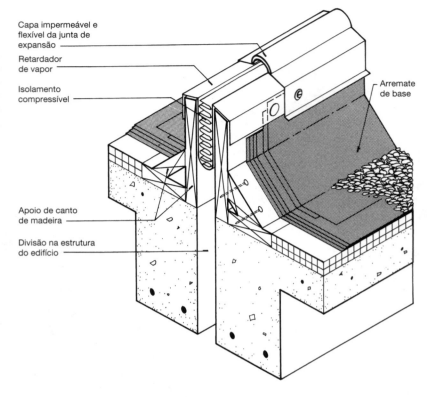

Figura 16.28
Um divisor de áreas é projetado para permitir algum movimento somente na própria membrana, não na estrutura inteira. Ele é utilizado para subdividir uma membrana muito grande para permitir movimento causado por dilatação térmica.

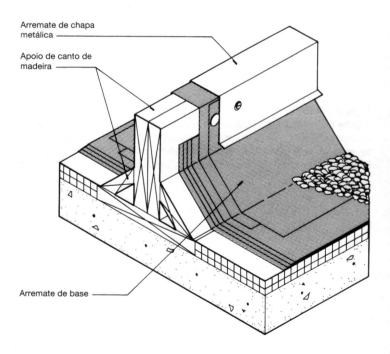

Capítulo 16 Telhados **673**

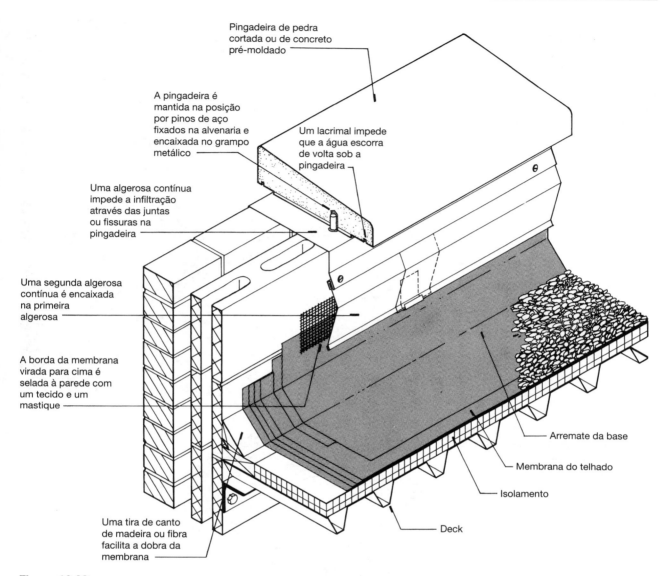

Figura 16.29
Um *parapeito* – uma parede baixa que se projeta acima da borda do telhado – com uma *contra-algerosa* complementar e uma *pingadeira*. *Cantoneiras*, como visto neste e em muitos outros detalhes neste capítulo, nos quais a membrana do telhado vira para cima em uma superfície vertical, são comumente utilizadas com telhados betuminosos, nos quais as membranas menos flexíveis e as múltiplas camadas não podem fazer facilmente uma dobra com ângulo reto fechado (de raio pequeno). Membranas de uma única camada tipicamente não requerem cantoneiras sob tais condições.

Figura 16.30
Um sistema de pingadeira de parapeito com tecnologia proprietária. A calha de metal perfurado é presa à alvenaria com um mastique adesivo. Seções da pingadeira de metal são fixadas por encaixes de pressão sobre a calha, com uma bandeja especial sob as juntas para drenar as infiltrações. *(Produto da W. P. Hickman Company, Asheville, North Carolina)*

Figura 16.31
Um *dreno de telhado* convencional interno feito de ferro fundido para um telhado de pequena declividade. Duas camadas de tiras de feltro fazem a selagem em volta da algerosa de folha metálica.

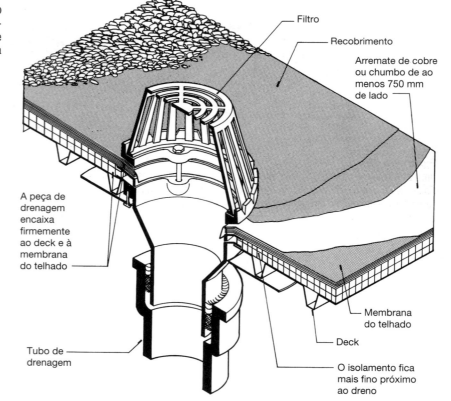

Figura 16.32
Um dreno de telhado de uma única peca, produzido com tecnologia proprietária em plástico moldado. *(Produto da W. P. Hickman Company, Asheville, North Carolina)*

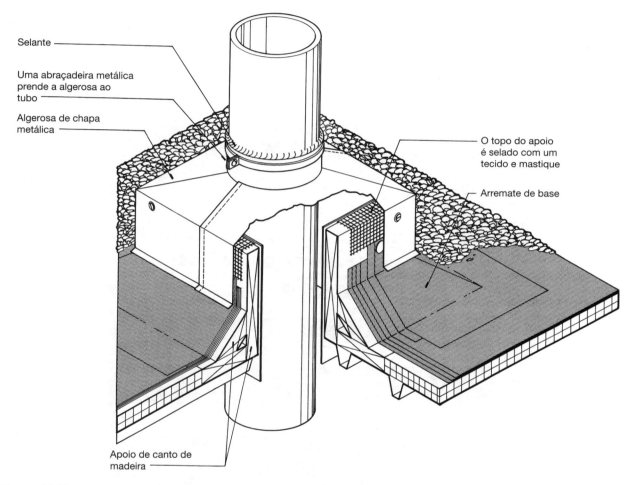

Figura 16.33
Uma *perfuração do telhado* para uma tubulação de coluna de ventilação. Note como esta e todas as bordas anteriores e os detalhes de penetração para um telhado plano usam o ressalto, as tiras biseladas e as tiras de reforço de feltro para manter a água parada longe da borda da membrana.

Telhados de painéis metálicos estruturais para telhados de pequena declividade

Fabricantes de sistemas de edificação metálica pré-fabricada têm desenvolvido sistemas proprietários de painéis metálicos de telhados que podem ser utilizados como telhados de pequena declividade com inclinações tão baixas quanto 2%. Esses sistemas podem ser aplicados não somente em edifícios metálicos pré-fabricados, mas também em edifícios construídos de outros materiais (Figuras 16.34-16.36). Eles são chamados *telhados de painéis metálicos estruturais* porque a forma dobrada do telhado metálico dá a ele rigidez suficiente para suportar a si mesmo e às cargas normais de neve entre os perfis Z, sem a necessidade de um deck estrutural por baixo. Esta denominação também distingue esta solução daquela dos telhados arquitetônicos de chapas metálicas, formas tradicionais de telhado metálico que não são autoportantes. *Telhados arquitetônicos de chapas metálicas* são largamente utilizados em telhados inclinados e são descritos mais adiante neste capítulo.

Figura 16.34
Como um primeiro passo para refazer o telhado de um edifício com um telhado metálico estrutural, perfis Z de aço são colocados sobre o telhado original em postes tubulares metálicos. *(Cortesia da Metal Building Manufacturers Association)*

Capítulo 16 Telhados 677

Figura 16.35
Um clipe metálico com tecnologia proprietária é utilizado para prender as folhas do telhado metálico aos perfis Z, enquanto permitem o movimento térmico nas folhas. O colar de espuma expandida impede a ponte térmica. *(Cortesia da Metal Building Manufacturers Association)*

Figura 16.36
O telhado metálico estrutural completo tem uma inclinação de apenas 1:48. As inúmeras perfurações para tubulações, respiros e dutos são típicas de telhados de pequena declividade. *(Cortesia da Metal Building Manufacturers Association)*

TELHADOS INCLINADOS

Telhados com uma inclinação de 2:12 (17%) ou maior são chamados de telhados inclinados. As coberturas de telhados inclinados caem em três categorias gerais: telhados de fibras vegetais*, telhas e folhas metálicas arquitetônicas. *Telhados de fibras vegetais*, uma efetiva solução de telhado, consistindo de fardos de juncos, capim ou folhas (Figuras 16.1 e 16.2), são de mão de obra altamente intensiva e raramente usados hoje. Telhas e telhados de folhas metálicas de muitos tipos são comuns para todos os tipos de edifícios e variam, em preço, da cobertura de telhados mais barata até a mais cara. O isolamento e o retardador de vapor em muitos telhados inclinados são instalados abaixo da cobertura do telhado ou deck. Detalhes típicos dessa prática são mostrados nos Capítulos 6 e 7. Quando o lado de baixo do deck deve ser deixado exposto como uma superfície de acabamento, um retardador de vapor (se necessário) e chapas de isolamento rígido são aplicados acima do deck, mas abaixo da cobertura. Uma camada de chapa compensada ou de OSB é, então, pregada sobre as placas de isolamento, como um *apoio para pregos*, para a fixação das telhas ou das chapas metálicas, ou placas de isolamento, feitas de compósitos especiais com uma base integral para pregos, podem ser utilizados. Em climas frios, telhados inclinados podem ter a tendência de formar barragens de gelo nas bordas sob condições de inverno. Quando o risco de tais barragens de gelo for alto, os códigos de edificações exigem a instalação de uma camada emborrachada ou de outro material que crie uma barreira contra o gelo ao longo da borda, para prevenir que a água retida ali entre no edifício, como descrito nas páginas 227-228.

* N. de T.: Nos Estados Unidos, esta cobertura de telhados recebe um nome específico: *thatch*.

Telhas

A palavra *telha* é utilizada aqui de modo genérico para incluir telhas de madeira, asfálticas, de ardósia, de argila e de concreto. O que esses materiais têm em comum é que eles são aplicados no telhado em pequenas unidades e em camadas sobrepostas, com juntas verticais desencontradas.

Telhas de madeira são chapas finas de madeira, de espessura variável ao longo da peça, cortadas a partir de pequenos pedaços do tronco de árvores, com o veio da madeira correndo aproximadamente paralelo à face da telha (Figuras 16.37 e 16.58). *Placas de madeira* são rachadas da madeira em vez de serem serradas e exibem uma textura de face muito mais grosseira que as telhas de madeira (Figuras 16.38 e 16.39). A maioria das telhas e placas de madeira nos Estados Unidos são feitas de cedro vermelho, cedro branco ou sequóia, devido à natural resistência ao apodrecimento dessas madeiras. Com frequência é recomendado que telhas e

Figura 16.37
Aplicando telhas de cedro vermelho, neste exemplo refazendo o telhado sobre telhas de asfalto. Pequenos pregos resistentes à corrosão são pregados próximo de cada borda na metade da altura de cada telha. Cada camada sucessiva cobre as juntas e os pregos da camada abaixo. (*Cortesia da Red Cedar Shingle and Handsplit Shake Bureau*)

Capítulo 16 Telhados 679

Figura 16.38
Aplicação de placas de cedro vermelho rachadas a mão sobre um telhado existente de telhas de asfalto. Compare as formas, espessura e textura da superfície dessas placas com aquelas das telhas de cedro na ilustração precedente. Cada carreira é intercalada com tiras de um pesado feltro saturado de asfalto de 460 mm de largura como uma segurança extra contra a passagem de vento e água entre as placas altamente irregulares e, consequentemente, mal ajustadas. O sacador de pregos pendurado em volta do pescoço do trabalhador acelera seu trabalho, armazenando os pregos e alinhando-os com as pontas para baixo, prontos para serem cravados. (*Cortesia da Red Cedar Shingle and Handsplit Shake Bureau*)

Figura 16.39
Aplicação de placas sobre um novo deck de telhado usando um grampeador a ar comprimido para trabalhos pesados, para maior velocidade. As tiras de feltro saturado com asfalto foram todas colocadas antecipadamente com suas bordas inferiores soltas. Cada fileira de placas é colocada, inserida sob a sua tira de feltro, então rapidamente pregada pelos trabalhadores que caminham pelo telhado pregando os grampos tão rápido quanto eles possam puxar o gatilho. (*Cortesia de Senco Products, Inc.*)

placas de madeira sejam instaladas sobre um recobrimento espaçado ou uma *manta permeável* (uma manta plástica de não tecido que cria um espaço de ar contínuo) para permitir o fluxo de ar sob as telhas e prevenir a acumulação de umidade e a deterioração acelerada das telhas ou placas. Coberturas de telhado de madeira são moderadamente caras e não são muito resistentes ao fogo, a menos que as placas ou telhas tenham sido tratadas com químicos retardadores de fogo aplicados em câmara pressurizada. Esses tratamentos irão falhar em algum momento devido à erosão das fibras de madeira, e sua expectativa de duração é de 15 a 25 anos sob condições normais.

Telhas asfálticas ou *telhas compostas* são recortadas de pesadas folhas de feltro impregnado de asfalto, recobertos com grânulos minerais que agem como uma camada de desgaste e acabamento decorativo. A maioria dos feltros é baseada em fibras de vidro, mas alguns ainda retêm a velha composição de celulose. O tipo mais comum de telhas asfálticas, que cobre provavelmente 90% das casas unifamiliares nos Estados Unidos, é de 305 mm por 914 mm de tamanho. (Uma telha medindo 337 mm por 1000 mm também é amplamente comercializada.) No padrão mais popular, cada telha recebe dois sulcos para produzir um telhado que parece ser feito de telhas menores (Figuras 16.40-16.43). Outros tamanhos e muitos outros estilos estão disponíveis, incluindo telhas mais espessas que são laminadas a partir de diversas camadas de material. Telhas asfálticas são baratas para comprar, rápidas de instalar, moderadamente resistentes ao fogo e têm uma expectativa de vida útil de 15 a 25 anos, dependendo de sua composição. O mesmo material das folhas, das quais as telhas de asfalto são recortadas, também é manufaturado em rolos de 914 mm de largura como um *telhado de rolo (roll roofing)* asfáltico. Um telhado de rolo é muito barato e é usado principalmente em armazenagem e em edifícios agrícolas. Suas principais deficiências são que a expansão térmica do telhado ou a retração da estrutura de madeira podem causar a formação de cristas desagradáveis no telhado e que a contração térmica pode rasgá-la.

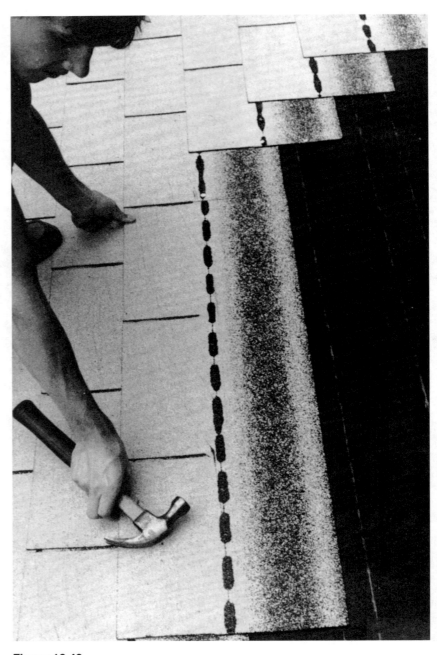

Figura 16.40
Instalando telhas asfálticas. Para dar uma melhor escala visual ao telhado, os sulcos fazem cada telha parecer ser três telhas menores quando o telhado está terminado. Muitos padrões diferentes de telhas asfálticas estão disponíveis, incluindo alguns que não têm sulcos. (*Foto de Edward Allen*)

Capítulo 16 Telhados **681**

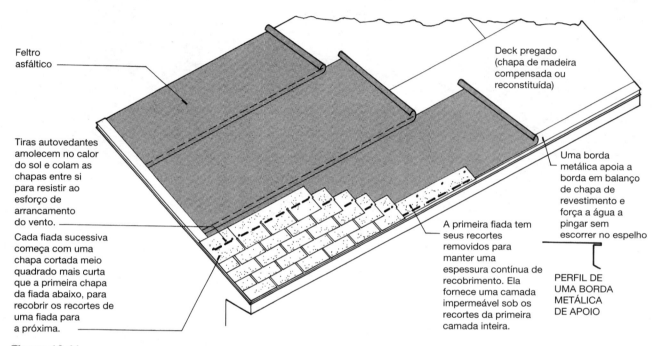

Figura 16.41
Começando um telhado com telhas asfálticas. Como explicado no Capítulo 6, códigos de edificações exigem a instalação de uma barreira de gelo sob a telha ao longo da borda, em regiões com invernos frios com tendência à acumulação de gelo. Onde exigido, a barreira de gelo substituiria a fiada mais baixa de papel feltro saturado de asfalto, mostrado nesta ilustração.

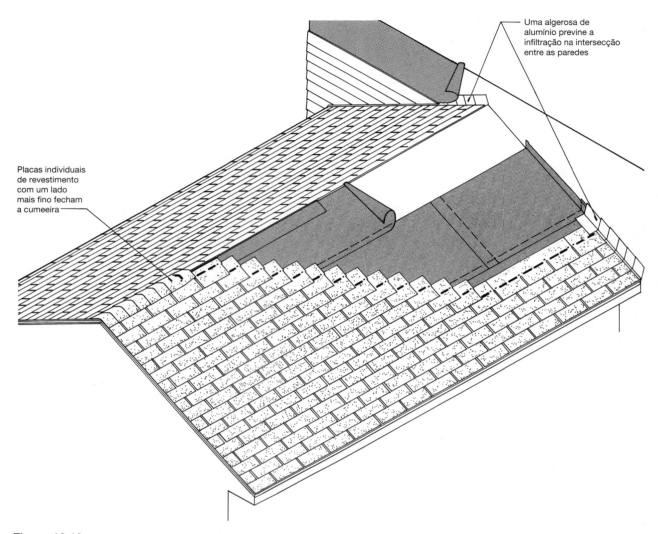

Figura 16.42
Completando um telhado de telhas asfálticas. Uma tira de ventilação na cumeeira, feita de metal ou plástico (veja Capítulo 6) frequentemente substitui telhas na cumeeira para prover uma saída para a ventilação sob a cobertura do telhado.

Capítulo 16 Telhados **683**

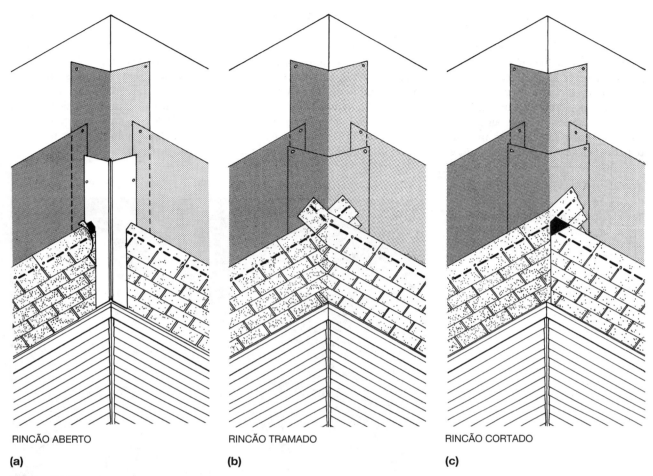

RINCÃO ABERTO
(a)

RINCÃO TRAMADO
(b)

RINCÃO CORTADO
(c)

Figura 16.43
Um *rincão* é formado em um telhado quando dois planos do telhado se encontram sobre um canto interno do edifício. Três métodos alternativos de fazer um rincão em um telhado de telhas asfálticas são mostrados aqui. (a) O *rincão aberto* usa um rufo de folha metálica; a saliência no meio do rufo ajuda a prevenir que a água que vem de um lado penetre sob as telhas do lado oposto. O *rincão tramado* (b) e o *rincão cortado* (c) são os preferidos dos construtores de telhados porque eles não requerem rufos metálicos. As áreas pretas sobre as telhas nos rincões aberto e cortado indicam áreas às quais um cimento asfáltico de telhados é aplicado para aderir as telhas umas nas outras.

Telhas de placas para telhados são entregues na obra já divididas, esquadrejadas no tamanho correto e perfuradas com broca ou com punção para serem pregadas (Figuras 16.44 e 16.45). Elas formam um telhado resistente ao fogo e de longa duração, que é adequado para edifícios da mais alta qualidade. Seu custo inicial é alto, mas um telhado de placas dura de 60 a 80 anos.

Telhas de argila têm sido usadas em telhados por milhares de anos. É dito que as telhas curvas tradicionais da região mediterrânea (similares às telhas coloniais, na Figura 16.46) foram originalmente formadas nas coxas dos trabalhadores que fabricavam as telhas. Muitos outros padrões de telhas de argila são disponíveis agora, tanto vitrificadas como não vitrificadas. *Telhas de concreto* são geralmente mais baratas que aquelas de argila e são oferecidas em alguns dos mesmos padrões. Telhas em geral são pesadas, duráveis, altamente resistentes ao fogo e têm um custo inicial relativamente alto. A expectativa de vida útil varia de 30 a 75 anos, dependendo do clima e da resistência das telhas à absorção de água.

Figura 16.44
Rachando placas para telhados. As finas placas ao fundo serão, a seguir, esquadrejadas nas dimensões corretas, após o que furos serão feitos nas mesmas. (*Foto de Flournoy. Cortesia da Buckingham-Virginia Slate Corporation*)

Figura 16.45
Um telhado de placas durante a instalação. (*Cortesia da Buckingham-Virginia Slate Corporation*)

Outros materiais usados para telhas incluem folhas metálicas, borracha, cimento reforçado com fibras e plástico. Cada tipo de telha precisa ser assentado sobre uma estrutura que tenha uma inclinação suficiente para garantir um desempenho à prova de infiltrações. Inclinações mínimas para cada material são especificadas pelo fabricante e pelos códigos de obras. Por exemplo, a inclinação mínima para um telhado com telhas asfálticas comuns é usualmente de 4:12 (33%), embora com um forro protetor especial por baixo, inclinações tão baixas quanto 2:12 (17%) possam ser aceitáveis em algumas circunstâncias. Para cada tipo de telha, inclinações maiores do que o mínimo deveriam ser utilizadas em locais onde a água tem a possibilidade de ser arrastada para cima pela superfície do telhado por causa de fortes ventos durante tempestades.

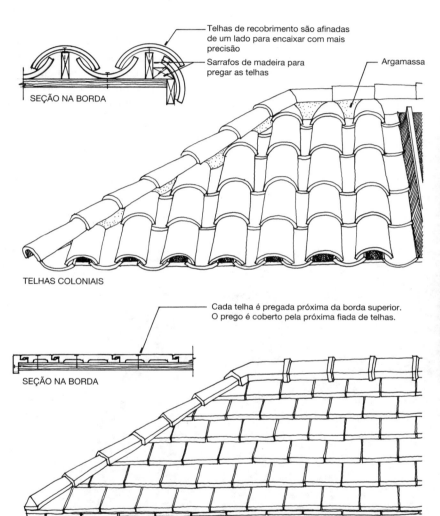

Figura 16.46
Dois estilos de telhas de argila. A telha colonial tem origens ancestrais.

Figura 16.47
Dispositivos de proteção garantem a segurança contra quedas longas dos trabalhadores de telhados inclinados. (*Cortesia da DBI/SALA, Red Wing, Minnesota*)

Telhado arquitetônico de folhas metálicas

Folhas finas de metal têm sido utilizadas para telhados desde tempos ancestrais e permanecem sendo um material popular para telhados até hoje. Elas são instaladas com a utilização de engenhosos sistemas de juntas e fixações para garantir a impermeabilidade (Figuras 16.48- 16.52). Emendas entre as folhas devem ter um espaçamento pequeno o suficiente para segurar adequadamente as folhas contra arrancamento pelo vento e para absorver a expansão e contração entre as folhas em função das variações de temperatura. Essas emendas também criam fortes padrões visuais que podem ser manipulados pelo projetista para enfatizar as qualidades da forma do telhado. Um telhado arquitetônico* de folhas metálicas tem um custo inicial relativamente alto, mas, quando adequadamente instalado, pode se esperar que dure por muitas décadas.

Vários tipos de metais podem ser utilizados na produção de telhados arquitetônicos de folhas metálicas:

- *Chumbo* é um metal macio, facilmente conformado, de grande durabilidade, que oxida com o tempo, formando uma cor branca sem brilho. Ele é também um material tóxico, que requer precauções especiais com relação à saúde durante sua manipulação.

---

* N. de T.: O termo "arquitetônico" é utilizado para denotar um telhado com formas singulares e/ou com função estética destacada na edificação.

- *Cobre* é um metal relativamente macio, que oxida gerando uma bonita cor azul esverdeada em um ar limpo e um preto austero em uma atmosfera industrial; vários tratamentos químicos podem ser utilizados para obter e preservar a cor desejada.

- Folhas de *cobre revestido com chumbo* são algumas vezes utilizadas para combinar a maior resistência do cobre com a cor cinza esbranquiçada do chumbo e para evitar o manchamento dos materiais das paredes por óxidos de cobre, que pode ocorrer com o escorrimento de água da chuva de telhados de cobre não revestidos.

- Um telhado metálico de *zinco* apresenta grande durabilidade e é produzido com uma liga de zin-

Figura 16.48
Emenda vertical de um telhado de cobre. (*Projetista: Emil Hnslin. Cortesia da Copper Development Association, Inc.*)

Figura 16.49
Um equipamento automático sobre rodas para fazer emendas, movendo-se com autopropulsão, fecha emendas verticais em um telhado de cobre. Uma orelha de fixação é visível no canto inferior direito. *(Cortesia da Copper Development Association, Inc.)*

Capítulo 16 Telhados **687**

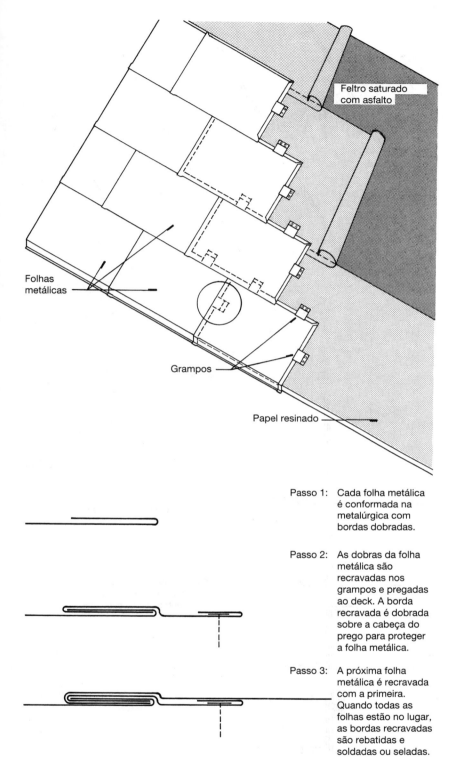

Figura 16.50
Instalando um telhado metálico com *emenda horizontal*. Os três diagramas no fundo da ilustração mostram os três passos na criação da emenda, vista em corte. As orelhas de fixação, que fixam o telhado à estrutura, são completamente cobertas quando o telhado está completo.

Passo 1: Cada folha metálica é conformada na metalúrgica com bordas dobradas.

Passo 2: As dobras da folha metálica são recravadas nos grampos e pregadas ao deck. A borda recravada é dobrada sobre a cabeça do prego para proteger a folha metálica.

Passo 3: A próxima folha metálica é recravada com a primeira. Quando todas as folhas estão no lugar, as bordas recravadas são rebatidas e soldadas ou seladas.

Figura 16.51
Instalando um telhado arquitetônico com *emendas verticais*.

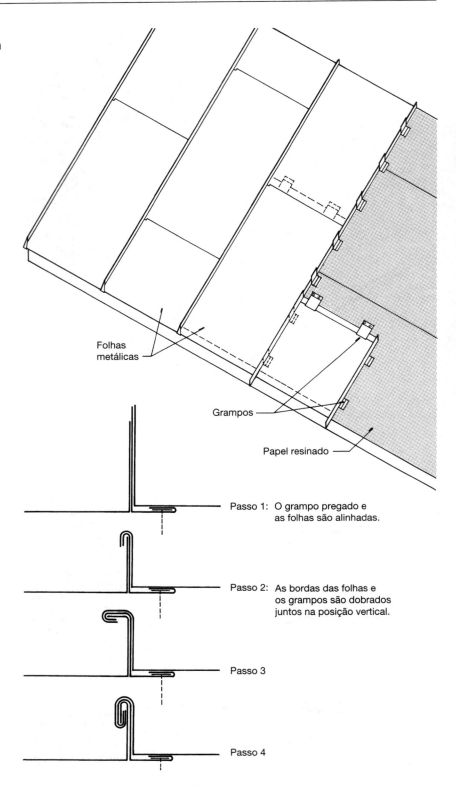

Capítulo 16 Telhados **689**

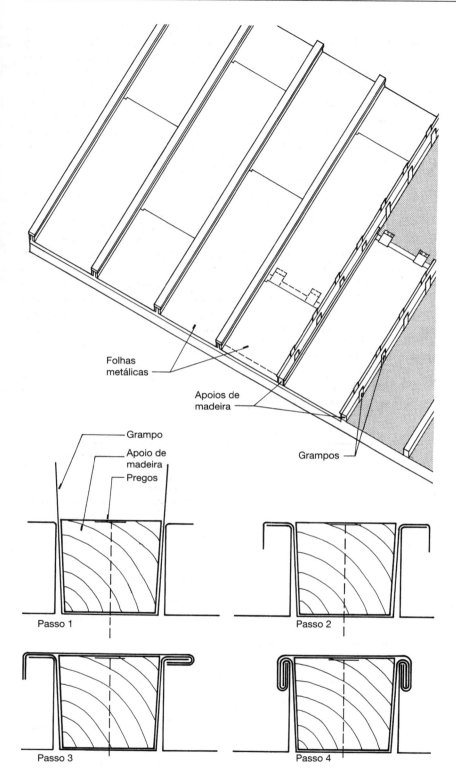

Figura 16.52
Instalando um telhado metálico com *emendas nervuradas*. As nervuras têm seção trapezoidal para permitir a expansão do metal no telhado.

co com pequenas quantidades de cobre e titânio para melhorar sua trabalhabilidade. Ele normalmente envelhece formando uma cor cinza escura e também pode ser tratado de várias formas para alterar ou preservar sua aparência.

- *Aço inoxidável* e *titânio* são fortes e duráveis, mas têm mais dificuldade de ser trabalhados do que outros metais de telhados. Ambos têm uma cor branco-prateada.

- *Aço inoxidável revestido com liga de zinco-titânio* tem uma aparência sem brilho e mais escura do que o aço inoxidável sem revestimento. Este material é muito similar na aparência – e algumas vezes é confundido – com um metal revestido com uma liga de cobre e estanho, chamado *aço inoxidável revestido com folha de flandres*, que não é mais manufaturado, mas pode ainda ser encontrado em prédios antigos.

Todos os metais listados formam revestimentos óxidos autoprotetores (pátinas) que fornecem resistência de longa duração contra a corrosão. Eles são, normalmente, instalados sem revestimento e deixados para criarem a pátina naturalmente. Outros metais mais baratos, que não são tão duráveis quando estão sem revestimento, são comumente revestidos durante a fabricação com revestimentos orgânicos de alta performance (similares a tintas), que estendem sua expectativa de vida útil e fornecem uma grande variedade de cores a escolher. Esses metais revestidos incluem *alumínio*, *aço revestido metalicamente* (aço revestido com ligas de zinco ou zinco-alumínio), ou *aço revestido com liga de zinco-estanho* e, até, ocasionalmente, *aço carbono* sem qualquer revestimento metálico protetor. (Para mais informação sobre metais de arquitetura, veja páginas 505-508.)

A espessura das folhas de aço tradicionalmente tem sido especificada por *calibre*, um sistema de números inteiros nos quais os números menores correspondem às maiores espessuras. Entretanto, devido à ausência de um padrão uniforme para a relação entre o calibre e a real espessura do metal, os padrões da ASTM desencorajam o uso de números de calibre para especificar a espessura de chapas metálicas. Em vez disso, recomendam a adoção de valores decimais ou frações de polegadas para indicar a espessura*.

A espessura de chapas de cobre é normalmente especificada em calibre BWG ou em milímetros. Chapas de alumínio são expressas em milímetros. Em geral, chapas metálicas mais grossas são mais duráveis, com menos tendência ou ondulações, normalmente mais difíceis de conformar e mais caras do que as cha-

---

* N. de T.: No Brasil, as espessuras também são referidas em calibre, mas a tendência atual é de especificar as chapas em milímetros.

Figura 16.53
Espessuras de chapas metálicas comuns utilizadas em telhados de chapas metálicas arquitetônicas.

Chapas de aço	Calibre	Aço com revestimento metálico	Aço inoxidável
	18	1,32 mm	1,27 mm
	20	1,02 mm	0,95 mm
	22	0,86 mm	0,79 mm
	24	0,71 mm	0,64 mm
	25	0,64 mm	0,56 mm
	26	0,56 mm	0,48 mm
Chapas de cobre	**Calibre**		
	21	0,81 mm	
	22	0,71 mm	
	23	0,64 mm	
	24	0,56 mm	
Chapas de alumínio			
		0,80 mm	1,52 mm
		0,90 mm	1,27 mm
		1,00 mm	1,02 mm
		1,20 mm	1,81 mm
		1,50 mm	

pas mais finas. A Figura 16.53 lista a espessura típica de algumas chapas metálicas utilizadas como materiais de telhados.

Telhados metálicos podem ser fabricados e fornecidos de duas maneiras distintas. Quando um instalador de telhados compra chapas metálicas comuns não conformadas e molda os painéis na forma desejada, o telhado é especificado como um *telhado de chapas metálicas*. Alternativamente, os painéis do telhado podem ser conformados na fábrica em uma família de formas que podem ser selecionadas de um catálogo do fabricante*. Neste caso, o telhado é especificado como *painéis metálicos de telhado* (Figura 16.54). Painéis metálicos de telhado são mais comumente feitos de alumínio ou aço revestido com outros metais, com o revestimento realizado em fábrica. Eles podem utilizar emendas encaixáveis, com um sistema de fixação escondido que imita a aparência da emenda tradicional feita na obra e que pode ser vertical ou nervurada, ou eles podem consistir de formas corrugadas ou dobradas mais simples, fixadas com parafusos expostos e arruelas de borracha. Painéis metálicos de telhado são geralmente mais baratos que os telhados tradicionais de chapas metálicas conformados de forma customizada. Eles também podem ser usados em aplicações de telhados de pequena declividade, como discutido antes neste capítulo.

---

* N. de T.: Esta segunda opção é prática corrente nos Estados Unidos e Canadá, mas não no Brasil.

> A cobertura desempenha um papel primordial em nossas vidas. As edificações mais primitivas não passam de uma cobertura. Se a cobertura ficar oculta, sua presença não será sentida em torno da edificação e as pessoas sentirão a falta da sensação de proteção.
>
> Chistopher Alexander et al., *Uma linguagem de Padrões*, 2013.

As inclinações mínimas recomendadas para telhados de chapas metálicas variam de acordo com o tipo de emenda, com a maneira pela qual a emenda é fechada e com o tipo de estrutura que existe sob o telhado. Para painéis metálicos de telhados pré-manufaturados, deve-se consultar as recomendações do fabricante. Para telhados de chapas metálicas construídos de forma customizada, consulte as referências apropriadas listadas ao final deste capítulo.

Proteção contra corrosão entre diferentes metais

A maneira ideal de evitar a corrosão que pode ocorrer entre diferentes metais quando estão em contato direto, é usar o mesmo metal para todos os componentes de um telhado de chapas metálicas, incluindo suas fixações, clipes de ancoragem, folhas de telhado, algerosas e rufos, calhas e baixadas de água pluvial. De forma alternativa, os metais precisam ser misturados, com um entendimento das reações que podem ocorrer entre eles.

Figura 16.54
As emendas verticais no telhado de painéis metálicos arquitetônicos acentuam as geometrias complexas do telhado do International Center in Brattleboro, Vermont. (*Arquiteto: William A. Hall Partnership. Foto de Stanley Jesudowich*)

CONSIDERAÇÕES SOBRE SUSTENTABILIDADE EM TELHADOS

O telhado pode contribuir de muitos modos para a sustentabilidade de um edifício:

- Um telhado pode capturar a água da chuva e a neve derretida e conduzi-las para uma cisterna, tanque ou lago, para uso como água de uso doméstico ou industrial, ou para irrigação.
- Um beiral adequadamente proporcionado pode fornecer sombra para janelas voltadas para o norte (no Hemisfério Sul) no alto sol do verão, mas permitem a passagem da luz que aquece no sol mais baixo do inverno.
- Uma cobertura de telhado de cor clara, se mantida limpa, pode refletir metade ou mais da radiação solar que atinge sua superfície, melhorando o conforto dos ocupantes e significativamente reduzindo a carga de calor no espaço ocupado abaixo. Mesmo materiais de telhado mais escuros, quando revestidos com pigmentos claros especialmente formulados, podem refletir 25% ou mais da radiação solar. Esses telhados frios podem reduzir os custos de energia para resfriamento de edifícios de 10 a 25% e estender a vida dos materiais do telhado.
- Telhados reflexivos, que diminuem a absorção de calor solar, podem reduzir a elevação da temperatura do ar em áreas densamente edificadas e, consequentemente, reduzir a contribuição indireta do edifício para o smog, a degradação da qualidade do ar, o desconforto ambiental e outros efeitos de ilhas de calor.
- Em um clima quente, uma superfície que produza sombra sobre o telhado, com um espaço livre de ventilação entre eles, pode eliminar a maior parte do calor ganho através das superfícies do telhado. A superfície de sombreamento pode consistir de uma gelosia, tecido, ou metal corrugado; o material exato é menos importante que prover sombreamento e ventilação.
- Uma superfície de telhado pode suportar coletores solares planos, utilizados para reduzir os custos de aquecimento dos edifícios, ou conjuntos de células fotovoltaicas para fornecer energia elétrica. Energia elétrica para uso no edifício também pode ser produzida a partir de filmes finos de materiais fotovoltaicos, laminados diretamente sobre uma variedade de coberturas convencionais de telhados.

Isolamento de telhados

Os materiais de isolamento térmico em telhados e paredes são provavelmente os materiais com maior relação custo-benefício e mais benéficos ao meio ambiente usados em edifícios. Eles aumentam o conforto dos ocupantes pela redução das temperaturas de radiação dos forros e paredes. Eles também reduzem a demanda de energia utilizada para aquecimento e resfriamento ambiental para uma fração do que seriam sem o isolamento e se pagam pela economia de energia em um período de tempo muito curto.

Outras implicações ambientais de materiais de isolamento térmico são mais complexas:

- O isolamento de celulose é o mais amigável material de isolamento térmico, de um ponto de vista ambiental. Ele pode ser especificado para conter não menos que 85% de material reciclado, primariamente jornais. Sua energia incorporada é de apenas 0,35 MJoule/kg. O borato de sódio, usado para torná-lo resistente ao fogo, normalmente não é prejudicial aos seres humanos. O aglomerante utilizado para manter as fibras de celuloso na posição é normalmente um simples cola que não libera gases. Instaladores deveriam utilizar máscaras de proteção, mas as fibras não são consideradas carcinogênicas.
- Lã de vidro e lã de rocha podem ser manufaturadas primariamente a partir de materiais descartados, vidro reciclado e escória de alto-forno, respectivamente. A energia incorporada na fibra de vidro é de aproximadamente 30 MJoule/kg, mas um quilo desse material cobre uma grande área. Os aglomerantes utilizados em alguns isolamentos de fibra de vidro liberam pequenas quantidades de formaldeído, mas produtos que não liberam gases também podem ser encontrados. Em um grande número de estudos científicos, as lãs de vidro e mineral não mostraram ser carcinogênicas. Entretanto, elas irritam e congestionam os pulmões. Por isso, instaladores necessitam utilizar máscaras de proteção.
- A espuma de poliestireno é feita a partir de petróleo e tem uma energia incorporada de aproximadamente 120 KJ/kg. Ela pode ser feita a partir de estireno e de poliestireno reciclados. Espuma de poliestireno expandido é produzida utilizando gás pentano como agente de expansão, que não é uma substância que destrói a camada de ozônio.
- Espumas de poliestireno extrudado, poliisocianureto e poliuretano eram fabricadas anteriormente utilizando agentes de expansão que degradavam a camada de ozônio. Agora, todos são manufaturados usando pentano ou outras substâncias químicas menos danosas à atmosfera.

Membranas de pequena declividade

Membranas de telhados de pequena declividade têm impactos variados sobre o meio ambiente:

- Telhados betuminosos são grandemente baseados em compostos asfálticos derivados de carvão e petróleo.
- Operações de telhado com asfalto quente e piche liberam grandes quantidades de fumos desagradáveis e potencialmente insalubres, mas uma vez que o telhado tenha esfriado, essas emissões desaparecem.
- A maioria dos feltros de telhado é feita, hoje, com celulose ou fibras de vidro, mas feltros muito antigos em edifícios que estão sendo demolidos, ou com telhados sendo refeitos, podem conter asbestos, um material comprovadamente carcinogênico.
- As várias formulações de borracha e plástico, usadas em membranas de uma única camada, geralmente utilizam petróleo com a principal matéria-prima. Cada uma delas tem suas próprias características com respeito à energia incorporada e liberação de gases.
- A colagem com adesivos, a solda com solventes e a solda a quente de emendas podem liberar compostos orgânicos voláteis (VOCs). Algumas membranas de camada única também emitem VOCs.
- Materiais de demolição de membranas de telhados executadas na obra são geralmente incineradas ou levadas a aterros. Membranas termoplásticas de camada única podem ser recicladas, embora a maioria delas atualmente não o seja. Membranas termofixas não podem ser recicladas.
- Telhados de pequena declividade podem ser desenvolvidos como telhados verdes, nos quais a membrana é coberta com solo e plantas. Estes constituintes vivos do telhado consomem dióxido de carbono, geram oxigênio, protegem de temperaturas extremas a

membrana e o espaço habitado abaixo, resfriam a superfície do telhado por evaporação e transpiração, retardam a passagem da água da chuva para os esgotos e reduzem o seu volume, além de criar uma agradável paisagem no telhado.

Materiais de telhados inclinados

Materiais de telhados inclinados – telhas, placas, chapas metálicas – vêm de uma variedade de fontes, com diferentes impactos ambientais:

- Telhas asfálticas consistem principalmente de petróleo.
- O impacto ambiental de telhas de madeira é essencialmente o mesmo que o de outros produtos de madeira; veja páginas 90 e 91.
- Placas de pedra são retiradas de pedreiras e telhas de concreto são, é claro, concreto (páginas 520 e 521).
- Cobre, aço inoxidável, alumínio, chapas metálicas revestidas e chumbo são materiais que se originam como minérios que precisam ser retirados de minas, refinados e manufaturados em sua forma final, tudo com diversos custos ambientais.
- Materiais metálicos de telhados podem ser reciclados. Existe pouca reciclagem dos outros materiais de telhados inclinados. Estão disponíveis, entretanto, telhas com tecnologia proprietária feitas quase que inteiramente de pneus reciclados ou outros materiais reciclados.

Por exemplo, chapas metálicas de cobre, chumbo ou zinco podem, em geral, ser ancoradas de forma segura com fixadores e clipes de ancoragem feitos de aço inoxidável, mais forte e mais rígido, porque o aço inoxidável é eletroquimicamente nobre (passivo) em relação àqueles outros metais. Para uma discussão mais detalhada da ação galvânica e corrosão entre diferentes metais, veja páginas 698-700.

TELHADOS SUSTENTÁVEIS
Telhados frios

Telhados são expostos diariamente à radiação solar e, à medida que esta radiação é absorvida e convertida em calor, a temperatura da cobertura do telhado aumenta. Dependendo da intensidade da radiação e da porção da mesma que é retida pela cobertura, as superfícies do telhado podem rotineiramente atingir temperaturas de 65°C ou maiores. Altas temperaturas de telhados podem levar ao sobreaquecimento dos espaços no interior da edificação, à redução do conforto para os ocupantes do edifício, ao aumento do consumo de energia no edifício, à necessidade de equipamentos de condicionamento de ar maiores e mais caros, ao encurtamento da vida útil dos materiais do telhado e ao aumento da contribuição para os efeitos de ilhas urbanas de calor em função da elevação da temperatura do ar circundante. Selecionar uma cobertura de *telhado frio* que minimize tal aquecimento pode reduzir esses efeitos significativamente.

O aquecimento solar de telhados é afetado principalmente por duas propriedades do material do telhado. A *refletância solar*, ou *albedo*, de um material é a medida de sua tendência a refletir a radiação solar ao invés de absorvê-la. A refletância solar é medida em uma escala sem dimensão, de 0 a 1, onde 1 representa um material que reflete toda a radiação solar e 0 representa um material que absorve toda a radiação solar. Uma maior refletância solar corresponde a um telhado mais frio. A *emitância térmica* é uma medida da capacidade de um material irradiar energia como calor no infravermelho e resfriar a si mesmo à medida que sua temperatura aumenta. Do mesmo modo que a refletância solar, a emitância térmica é medida em uma escala de 0 a 1 e uma emitância térmica mais alta implica em um telhado mais frio.

Os critérios de um telhado frio diferem entre os padrões de conservação de energia e os programas de edifícios verdes. Os requisitos para o programa Energy Star da Agência de Proteção Ambiental (EPA) dos Estados Unidos são baseados somente na refletância solar da cobertura de um telhado, medida quando a cobertura é nova e depois que ela já tiver sofrido a ação do tempo. Os requisitos para o padrão de avaliação LEED para Novos Edifícios, do Conselho de Edifícios Verdes dos Estados Unidos, estão baseados no *índice refletivo solar* (*SRI*) da cobertura de um telhado. SRI é uma medida do potencial de aquecimento solar, derivado de outras características de acordo com a norma ASTM E1980 e que leva em consideração as propriedades emissivas e refletivas de um material, assim como sua habilidade de perder calor pela condutância térmica para o ar circundante. Dois materiais de telhado com o mesmo SRI devem atingir a mesma temperatura de superfície sob exposições comparáveis. Valores mais altos de SRI correspondem a coberturas de telhados mais frias, com um valor de SRI de 0 correspondendo a uma superfície preta padrão de referência e um valor de 100 correspondendo a uma superfície branca padrão de referência (Figura 16.55).

Propriedades de aquecimento solar comparativas para materiais comuns de telhado estão listadas na Figura 16.56. Dados de produtos específicos podem ser obtidos na literatura fornecida pelo fabricante de cada produto ou no Cool Roof Rating Council (Conselho de Classificação de Telhados Frios), uma organização independente que mantém um programa de classificação de materiais de telhados e publica as propriedades dos produtos testados (veja a lista de sites da rede ao final deste capítulo). Em comparação com a tradicional EPDM escura tradicional ou membranas betuminosas, membranas frias altamente refletivas em telhados de pequena declividade podem reduzir as temperaturas da superfície de telhados entre 25 e 40°C e cortar os custos de resfriamento do edifício entre 15 e 25%. Materiais de telhados frios em telhados inclinados têm o potencial de economizar 5 a 10% de custos estimados de resfriamento do edifício.

Coberturas de telhados de cores frias

Materiais de telhados de *cores frias* não são brancos na cor, mas, ainda assim,

Figura 16.55
Requisitos de telhado frio para telhados de pequena declividade e telhados inclinados. Para os programas Energy Star da EPA, os valores de telhados envelhecidos estão baseados no teste de amostras de materiais retirados de telhados instalados que sofreram a ação do tempo ou de amostras que foram submetidas ao envelhecimento acelerado para simular a ação natural do tempo.

	EPA Energy Star	USGBC LEED[a]
Telhados de pequena declividade	Refletância solar mínima: 0,65 novo 0,50 envelhecido 3 anos	Mínimo SRI: 78
Telhados inclinados	Refletância solar mínima: 0,25 novo 0,15 envelhecido 3 anos	Mínimo SRI: 29

[a]LEED NC 2.2, Crédito de Locais Sustentáveis 7.2 Efeito de Ilha de Calor: Telhado.

	Refletância solar	Emissividade térmica	Índice refletivo solar (SRI)	Aumento de temperatura da superfície do telhado
Telhados de Pequena Declividade				
Termoplástico branco	0,85	0,90	105	5°C
Membrana betuminosa com revestimento elastomérico refletivo ou folha de revestimento ou folha de recobrimento de filme refletivo	0,80	0,90	100	8°C
EPDM branco	0,75	0,90	95	11°C
Membrana betuminosa com grânulos pintados de branco	0,65	0,90	80	16°C
Membrana betuminosa com grânulos claros	0,35	0,90	35	30°C
Membrana betuminosa com grânulos escuros	0,25	0,90	25	39°C
EPDM preto	0,10	0,85	5	48°C
Telhados Inclinados				
Painel metálico com revestimento metálico frio	0,70	0,85	85	14°C
Alumínio sem revestimento	0,60	0,05	40	31°C
Telha de argila vermelha	0,35	0,90	35	33°C
Painel metálico com revestimento de cor fria	0,30	0,85	30	37°C
Telha asfáltica com superfície granulada de cor fria	0,25	0,90	25	39°C
Telha de concreto não pintada	0,25	0,90	25	39°C
Telha asfáltica cinza	0,22	0,90	20	41°C
Telha asfáltica preta	0,05	0,90	0	50°C

Figura 16.56
As propriedades de aquecimento solar para alguns exemplos de materiais. Materiais em linhas sombreadas não atendem aos critérios para telhados frios listados na figura anterior. (Figuras são aproximadas e não deveriam ser utilizadas para documentar a conformidade com programas de classificação de telhados frios.)

refletem uma parte significativa da radiação solar. Cores frias são formuladas com pigmentos que são seletivamente reflexivos para diferentes partes do espectro solar. Elas são altamente refletivas da *radiação no infravermelho próximo* (*NIR*), um componente invisível da radiação solar que contribui com mais da metade da energia calorífica total irradiada pelo sol, enquanto mantêm-se absorventes no espectro da luz visível, o qual é responsável por sua cor aparente. Pigmentos de cores frias podem ser aplicados a grânulos de agregados utilizados para recobrir telhas asfálticas, assim como chapas metálicas, telhas de argila ou concreto, telhas de fibrocimento e outros materiais de telhado, para fabricar produtos que atendam aos padrões de telhados frios para telhados inclinados. À medida que as formulações de pigmentos de cores frias continuam a evoluir, materiais de telhados com superfícies lisas, com valores de refletância tão altos quanto 0,45, e materiais de superfície granulada com valores tão altos quanto 0,30 podem ser antecipados.

Telhados verdes

Telhados verdes, também chamados *ecotelhados* ou *telhados vegetais*, são sistemas de telhados cobertos com vegetação e materiais adicionais necessários para suportar o crescimento das plantas. Assim como telhados de membrana protegida, telhados verdes aumentam a vida útil da membrana do telhado devido à proteção contra a radiação UV e extremos de temperatura. Os telhados verdes também reduzem os custos de aquecimento e resfriamento pela moderação das oscilações de temperatura no conjunto do telhado. Eles minimizam a transmissão de barulho através do sistema do telhado e a reflexão do barulho exterior, além de reduzir o fluxo superficial de água da chuva e prover um hábitat para pássaros. Ao suportar o crescimento das plantas e reduzir os efeitos de ilha de calor, telhados verdes melhoram a qualidade do ar. Eles proveem valores estéticos e, em alguns casos, criam espaços utilizáveis e agradáveis.

Telhados verdes extensivos são relativamente rasos, com profundidades de solo variando de 25 a 150 mm. Eles são plantados com ervas, gramas, briófitas, sedums ou outras plantas tolerantes à seca, que não requerem irrigação ou manutenção frequente. *Telhados verdes intensivos* podem ter solos tão profundos quanto 750 mm e são projetados para suportar uma variedade mais ampla de tipos de plantas e arbustos. Telhados intensivos normalmente, requerem irrigação e manutenção regular, tais como poda, desbaste, controle de pestes e fertilização. O planejamento do telhado para receber cargas estruturais de solo e materiais de plantas é uma parte importante do projeto de telhados verdes. Devido à sua menor profundidade, telhados extensivos são relativamente leves em peso, impondo cargas, quando saturados de água, que variam de 0,6 a 1,7 kPa na estrutura de suporte do telhado.

Telhados intensivos impõem cargas de 2,4 kPa ou mais. Enquanto a maioria dos telhados verdes é essencialmente plana, com medidas espe-

Figura 16.57
Um telhado verde sobre uma estrutura de telhado inclinado. Este telhado completamente plantado tem uma camada de solo de 150 mm de profundidade e suporta tipos nativos e ornamentais de gramas. *(Cortesia de Steve Grim)*

ciais de retenção de solo, telhados extensivos com inclinações tão grandes quanto 12:12 (100%) são tecnicamente factíveis (Figura 16.57).

De cima para baixo, os componentes típicos de um sistema de telhado verde incluem o seguinte:

- **Plantas** podem ser selecionadas com base na sua resistência, clima, profundidade do solo, expectativas de manutenção e aparência.

- O **meio de crescimento** (solo) precisa prover condições duráveis e que otimizem o crescimento. As particularidades de sua formulação variam com a profundidade do solo e com os tipos de vegetação suportada. A estabilidade do solo, as propriedades de drenagem e, no caso de telhados extensivos, a resistência à seca são importantes considerações.

- Um **tecido filtrante** geotextil impede que as partículas do solo sejam levadas do meio de crescimento e entupam a camada drenante abaixo.

- **Materiais de contenção do solo**, feitos de plástico perfurado ou metal, permitem o fluxo livre da água enquanto confinam o meio de crescimento no perímetro do telhado e em volta dos drenos ou calhas.

- Os materiais da **camada de drenagem**, tais como painéis de plástico moldado ou uma manta feita de filamentos plásticos entrelaçados, são utilizados para prover uma drenagem eficiente e aeração sob o solo. Alguns produtos também proveem a **retenção da água**, beneficiando o ambiente do subsolo das plantas. Pedra britada ou outro material agregado pode também ser utilizado, embora ao custo de peso adicionado, em comparação ao uso de materiais sintéticos.

- Chapas de **isolamento** de espuma rígida podem ser posicionadas por cima ou por baixo da membrana do telhado. Quando o isolamento é colocado por cima da membrana, poliestireno extrudado é utilizado porque ele retém o seu valor de isolamento quando molhado.

- Dependendo do sistema de membrana, uma ou mais **camadas de proteção** podem ser colocadas sobre a membrana para prevenir contra a invasão de raízes e para aliviar a tensão mecânica.

- Considerando que o acesso à **membrana de impermeabilização** torna-se difícil, uma vez que ela é coberta por componentes do telhado verde, ela deveria ser escolhida tendo em conta seu desempenho de longo prazo em um ambiente enterrado e continuamente úmido. Sistemas de impermeabilização robustos são especialmente recomendados no lugar de membranas de telhado convencionais feitas para demandas menos exigentes. Embora muitos materiais de membranas possam ser utilizados, asfalto emborrachado quente, PVC e betume modificado multicamadas têm os mais longos registros de acompanhamento de instalações de sucesso. Quando os sistemas de telhados verdes modulares são utilizados (veja a seguir) e a membrana permanecer mais facilmente acessível, alguns tipos de membranas convencionais mais baratas também podem ser adequadas. Antes de serem recobertas, as membranas de telhados verdes deveriam ser *testadas por alagamento* contra vazamentos, isto é, testadas para estanqueidade à água, colocando a membrana sob condições de submersão contínua por um período de horas ou meses, para checar a existência de vazamentos antes de colocar os componentes sobre a membrana.

- Requisitos para o **retardador de vapor** e a **barreira de ar** não são diferentes para os telhados verdes do que são para os elementos compostos que formam telhados convencionais de pequena declividade.

- O **deck do telhado** e a **estrutura de suporte** precisam ser projetados para suportar as cargas adicionais impostas pelos componentes do telhado verde.

Com *sistemas de telhado verde modulares*, todos os componentes do sistema de telhado verde sobre a membrana são pré-montados em bandejas facilmente transportáveis ou módulos. Essas bandejas, de 600 a 1200 mm nas duas dimensões maiores e de 50 a 200 mm em profundidade, são pré-plantadas e chegam ao local da construção prontas para serem colocadas diretamente sobre a membrana do telhado. Sistemas de telhados verdes modulares são leves, fáceis de especificar, fáceis de montar no local e fáceis de remover ou ajustar em uma data posterior.

Telhados fotovoltaicos

Os materiais dos *telhados fotovoltaicos* (*FV*) são painéis metálicos ou telhas asfálticas, de placas, de fibrocimento, ou de metal laminado, com um fino filme de materiais semicondutores capazes de converter a radiação solar em energia elétrica. Quando eles são instalados como parte de um *sistema fotovoltaico integrado ao edifício (SFIE)*, a eletricidade produzida por esses materiais pode ser utilizada para alimentar os próprios equipamentos e sistemas de um edifício ou, onde permitido pelo agente público de energia, pode ser vendida de volta para o agente de modo a reduzir os custos de consumo de energia. Energia elétrica a partir de um sistema SFIE é produzida sem poluição ou degradação de recursos naturais. Os componentes essenciais de um sistema SFIE são uma bateria de módulos FV (o material do telhado FV), equipamento controlador para regular a corrente gerada pelos módulos e um inversor para converter a corrente direta (DC) de saída dos módulos para a corrente alternada (AC) compatível com a energia convencional de edificações.

Sistemas *isolados* ou *SFIE fora da rede* – sistemas não conectados à grade do sistema público de fornecimento de energia – também requerem um sistema de armazenamento de energia, usualmente na forma de baterias recarregáveis, e com frequência incluem um sistema de apoio de energia, tal como um formado por geradores diesel. Estimar a contribuição potencial de energia de um sistema SFIE e avaliar o seu retorno financeiro potencial para um projeto particular requer uma análise da localização geográfica do projeto, a exposição solar, as necessidades de energia projetadas, os custos de energia pública e fatores adicionais. Veja a lista de páginas na internet ao final deste capítulo para mais informações.

TELHADOS E OS CÓDIGOS DE EDIFICAÇÕES

Padrões de manufatura, inclinações mínimas, materiais de base permitidos e requerimentos de instalações para materiais de telhados são especificados nos códigos de obras de diversos países. Nos Estados Unidos, os códigos também regulam o nível exigido de resistência à propagação de chama e penetração do fogo de um telhado, testados de acordo com as normas ASTM E108 ou UL790 e classificados como *coberturas de telhado Classe A, B ou C* (listados aqui em ordem decrescente de resistência). O International Building Code (Código Internacional de Edificações) requer que os telhados nos edifícios de Tipos de Construção I, IIA, III-A, IV ou V-A atendam ao menos as exigências da Classe B e aqueles em edifícios dos Tipos de Construção II-B, III-B E V-B atendam ao menos os requisitos da Classe C (veja Figura 1.3 e o texto relativo a ela para uma explicação dos tipos de construção). Telhados para casas unifamiliares e outros pequenos edifícios residenciais ou comerciais geralmente podem ser não classificados, exceto nos casos em que porções de tais telhados estejam localizadas próximas à divisa da propriedade, é exigida classificação mínima como Classe C. Apólices de seguro de propriedade ou normas locais de edificação, como as que podem ser aplicadas em densas áreas urbanas ou em áreas propensas a incêndios florestais, também podem impor exigências de classificação de classes de telhados.

Testes de classificação de classes de telhados aplicam-se a todo o conjunto do telhado, incluindo a membrana, as telhas ou outros tipos de coberturas, revestimentos internos, isolamento, deck e o lastro, se houver algum. Nos casos em que um telhado classificado é exigido, o fabricante da cobertura do edifício deveria ser consultado para determinar os materiais precisos e as exigências de construção para atender a classificação.

De maneira geral, a maioria das membranas de telhados de pequena declividade e telhas não combustíveis (como concreto ou argila) pode atender aos requisitos da Classe A, do mesmo modo que algumas coberturas metálicas de telhados e as telhas asfálticas feitas com feltros de fibra de vidro; telhas asfálticas feitas de feltros orgânicos e outras coberturas metálicas de telhados podem atender aos requisitos da Classe B; e telhas e placas de madeira com retardadores de fogo podem atender aos requisitos da Classe C.

Figura 16.58
Uma casa é recoberta no telhado e nas paredes com telhas de cedro vermelho para mostrar suas qualidades esculturais. *(Arquiteto: William Isley, Foto de Paul Harper, Cortesia da Red Cedar Shingle and Handsplit Shake Bureau)*

Informações essenciais sobre o envelope da edificação:
Metais diferentes e a série galvânica

Quando diferentes metais entram em contato na presença de umidade ou algum outro meio condutor, uma corrente elétrica flui entre eles. Tais pares de metais, ou *pares galvânicos*, formam a base, por exemplo, para o armazenamento de energia elétrica em baterias. Na construção de edifícios, os pares galvânicos são importantes em função da maneira pela qual a troca de elétrons afeta as taxas de corrosão dos metais envolvidos – um fenômeno que, se aplicado adequadamente, pode ser utilizado para um efeito positivo ou, se ignorado, pode levar à deterioração prematura de componentes críticos de edifícios.

As séries galvânicas

Em qualquer par galvânico, o metal que doa elétrons, chamado de *ânodo*, experimenta uma taxa acelerada de corrosão; por outro lado, o metal que recebe elétrons, chamado de *cátodo*, experimenta corrosão em taxas reduzidas. Este efeito é relativamente grande para pares de matais com grandes diferenças entre seus potencias eletroquímicos, e proporcionalmente pequeno para aqueles com uma menor diferença de potencial. Para facilitar a predição do potencial de corrosão de pares metálicos, os metais podem ser listados em uma *série galvânica*, isto é, na ordem de seus potenciais eletroquímicos relativos, com os metais mais anódicos, ou *ativos*, em uma ponta da lista e os metais mais catódicos, *nobres* ou *passivos*, na outra ponta. Os pares metálicos posicionados distantes um do outro na serie têm um maior potencial de corrosão do que pares de metais próximos um do outro. Qualquer número de séries galvânicas pode ser compilado para um grupo de metais em diferentes meios condutores e sob diferentes condições ambientais. Para a construção de edifícios, uma serie galvânica, baseada em metais imersos em água do mar corrente, é utilizada (Figura A).

Aplicando a série galvânica a problemas na construção de edifícios

Corrosão no ânodo e no cátodo

Na Figura A, qualquer metal listado mais acima na série comporta-se como o ânodo quando pareado com qualquer outro metal listado mais abaixo na série, o qual se comporta como o cátodo. Além disso, em qualquer par galvânico assim definido, o ânodo experimenta uma corrosão acelerada, enquanto a taxa de corrosão do cátodo é reduzida.

Uma aplicação comum de pares galvânicos é o uso de metais anódicos como revestimentos protetivos de outros metais mais catódicos. Por exemplo, considere fixadores de *aço galvanizados* (revestidos com zinco). O zinco aparece mais acima na série galvânica e é, portanto, o ânodo neste par de metais. Mesmo se o revestimento de zinco fosse danificado e o aço ficasse diretamente exposto à umidade e ao ar, o aço poderia permanecer protegido. Enquanto houver zinco suficiente nas redondezas para sustentar uma ação galvânica entre os metais, somente o zinco irá corroer, na realidade sacrificando a si mesmo para preservar o aço. Pela mesma razão, o zinco e as ligas de zinco e alumínio são frequentemente aplicados como revestimentos metálicos para folhas de aço usadas para telhados e calhas. Essas ligas metálicas formam revestimentos protetores de sacrifício para o aço que está recoberto.

Condições ambientais

As taxas de corrosão de metais são afetadas pelo ambiente. Metais do lado externo de edifícios expostos ao ar marinho carregado de sal, ou a atmosferas carregadas com poluentes industriais, irão corroer a uma taxa mais rápida que os metais que estão em ambientes menos agressivos ou mais protegidos. Quanto mais severo o ambiente, mais importante é evitar o contato entre metais dissimilares. Quando metais dissimilares precisam ser combinados em tais ambientes, pares metálicos com a menor diferença de potencial eletroquímico, isto é, tão próximos quanto possível um do outro nas séries galvânicas, são preferidos.

Área de superfície relativa do ânodo para o cátodo

Os efeitos corrosivos dentro de um par galvânico são proporcionais à área de superfície relativa dos metais envolvidos. Por exemplo, considere um telhado de cobre preso com fixadores de aço inoxidável. Neste par metálico, o cobre é o anodo e está sob risco de corrosão. Entretanto, a área de superfície relativa do ânodo para o cátodo, isto é, a área de superfície relativa do telhado de cobre, é muito grande em relação à área de superfície dos fixadores de aço inoxidável. Isso significa que os efeitos eletroquímicos estão diluídos sobre uma área muito grande do cobre e, portanto, são relativamente fracos. De fato, o uso de fixadores de aço inoxidável para a fixação da maioria de tipos de telhados metálicos, incluindo cobre, é bastante comum. Por outro lado, considere o uso de fixadores de aço galvanizado para a fixação do mesmo telhado de cobre. Neste caso, os fixadores são o ânodo no par galvânico, e a relação de áreas de superfície do ânodo (fixadores) para o cátodo (telhado metálico) é muito baixa. Essa condição provavelmente levará a uma corrosão grandemente acelerada dos fixadores e não é recomendada. Como uma regra geral, quando metais dissimilares são pareados, a proporção entre as áreas de superfície do ânodo para o cátodo deveriam ser mantidas tão grandes quanto possível.

Fixadores catódicos

Como um corolário para a regra anterior, quando os fixadores de um metal são utilizados para fixar metais de outro tipo, os fixadores deveriam ser o metal catódico do par. Considerando que fixadores têm tipicamente pequenas áreas de superfície em comparação com os materiais que eles fixam, esta abordagem assegura uma proporção relativamente grande entre as áreas das superfícies do ânodo e do cátodo. Na prática, fixadores de aço inoxidável são normalmente considerados adequados para fixar metais de construção de virtualmente qualquer tipo. Esta é uma prática segura, já que o aço inoxidável é o metal mais catódico normalmente encontrado no local da construção.

Água fluindo de um metal para outro

Quando a água da chuva flui de um metal de um tipo para outro, o primeiro metal deveria ser anódico em relação ao segundo. Considere

Mais anódico ou ativo
Zinco
Alumínio
Cádmio
Aço, ferro
Liga de bronze e alumínio
Latão naval, latão amarelo, latão vermelho
Estanho
Cobre
Solda de chumbo e estanho
Latão em ligas especiais, liga de latão e alumínio
Liga de bronze e manganês, liga de bronze e silício, liga de bronze e estanho
Aço inoxidável tipos 410 e 416 (passivado)
Liga de prata e níquel
Liga de níquel-cobre com alto conteúdo de cobre
Chumbo
Liga de níquel, alumínio e bronze
Níquel
Prata
Monel, ligas de cobre-níquel com alto conteúdo de níquel
Aço inoxidável tipos 304 e 316 (passivado)
Titânio
Mais catódico ou nobre

Figura A
Uma série galvânica lista metais em ordem de potencial eletroquímico para um dado meio condutor. A série mostrada aqui é para metais imersos em água do mar corrente, adaptada da norma ASTM G82. Quando montados como pares galvânicos, os metais posicionados mais acima na lista irão corroer como metais de sacrifício enquanto protegem os metais posicionados mais abaixo na lista. As linhas horizontais na lista separam os metais em grupos com diferença de potencial relativamente igual dentro de cada grupo. Por exemplo, embora a liga de bronze e alumíno e as ligas de níquel-cobre com alto conteúdo de cobre estejam separadas por oito outros metais nesta lista, sua diferença eletroquímica e o seu potencial de corrosão relativo como um par galvânico são aproximadamente apenas tão grandes quanto aquele entre chumbo e titânio (separados por outros cinco metais) ou entre cádmio e aço (os quais aparecem diretamente um após o outro).

Alguns metais, aço inoxidável por exemplo, podem aparecer em diferentes posições dentro da série, dependendo de sua condição eletroquímica e do ambiente no qual eles estão colocados. Nesta série, os aços inoxidáveis estão listados nos seus chamados estados passivados, ou seja, seu estado esperado dentro de condições normais de utilização arquitetônica.

> **INFORMAÇÕES ESSENCIAIS SOBRE O ENVELOPE DA EDIFICAÇÃO:**
> **METAIS DIFERENTES E A SÉRIE GALVÂNICA** *(Continuação)*
>
> novamente um telhado de cobre, neste caso drenando em uma calha de aço inoxidável. À medida que a água da chuva lava o telhado metálico, ela irá carrear íons de cobre dissolvidos até a calha. Considerando que o aço inoxidável é catódico em relação ao cobre, a calha metálica permanecerá sem ser danificada. De modo contrário, considere o mesmo telhado com uma goteira de aço galvanizado. Neste caso, a calha de aço galvanizado é anódica em relação ao cobre dissolvido que passa através dela, e ela pode sofrer uma corrosão acelerada.
>
> ### Isolando metais dissimilares
>
> Para que uma ação galvânica ocorra, uma corrente elétrica precisa fluir entre os metais dissimilares. Então, isolando metais dissimilares um do outro, previne-se a corrosão galvânica. Por exemplo, uma camada de feltro de papel ou uma membrana de asfalto emborrachado pode ser utilizada para separar folhas de materiais metálicos dissimilares utilizados em telhados e calhas. Pinturas, anodização de alumínio e outros revestimentos também podem atuar frequentemente como isolantes entre metais. Entretanto, ao utilizar revestimentos para separar metais dissimilares, os metais a serem revestidos deveriam ser selecionados cuidadosamente. Se um revestimento de isolamento é aplicado somente ao metal anódico em um par metálico, aquele metal corre o risco de corrosão acelerada se a cobertura for danificada. Isso ocorre porque, se o revestimento é falho apenas em áreas limitadas, a área exposta de metal anódico é relativamente pequena e a ação galvânica fica concentrada nessas áreas limitadas (em outras palavras, a relação de áreas de superfície do ânodo para o cátodo é muito pequena). Por essa razão, nos casos em que revestimentos são utilizados para separar metais dissimilares, é mais seguro revestir somente o metal catódico no par, ou revestir ambos os metais.

Figura 16.59
Um telhado metálico de juntas verticais, com beirais belamente detalhados, projetado pelos arquitetos Kallmann e McKinnell. (*Foto de Steve Rosenthal*)

CSI/CSC	
Seção do MasterFormat para telhados	
07 20 00	**PROTEÇÃO TÉRMICA**
07 22 00	Isolamento de Telhados e Estruturas de Apoio
07 30 00	**TELHADOS INCLINADOS**

07 31 00	Telhas e folhas
	    Telhas Asfálticas
	    Placas de Madeira Rachada
	    Telhas de Madeira

07 32 00	Telhas
	    Telhas de Argila
	    Telhas de Concreto

07 33 00	Cobertura Natural de Telhado
	    Telhado de grama
	    Telhado de Capim Santa Fé
	    Telhado com vegetação

07 40 00	**PAINÉIS DE TELHADO E DE PAREDE**
07 41 00	Painéis de Telhado Painéis Metálicos de Telhado
07 50 00	**TELHADO DE MEMBRANA**
07 51 00	Telhado Betuminoso Construído no Local
07 52 00	Telhado de Membrana de Betume Modificado

07 54 00	Telhado de Membrana Termoplástica
	    Telhado de Cloreto de Polivinila
	    Telhado de Poliolefina Termoplástica

07 55 00	Telhado de Membrana Protegida
07 56 00	Telhado de Fluido Aplicado
07 57 00	Telhado de Espuma Revestida Telhado de Espuma de Poliuretano Borrifado
07 58 00	Telhado de Rolo
07 60 00	**CALHAS E FOLHAS METÁLICAS**

07 61 00	Telhado de Folhas Metálicas
	    Telhado de Folhas Metálicas com Junta Vertical
	    Telhado de Folhas Metálicas com Junta Nervurada
	    Telhado de Folhas Metálicas com Junta Horizontal
	    Telhado de Folhas de Estanho e Suas Ligas

07 62 00	Acabamento de Folhas Metálicas
07 70 00	**ESPECIALIDADES E ACESSÓRIOS DE TELHADOS E PAREDES**
07 71 00	Especialidades de Telhados
07 72 00	Acessórios de Telhados
07 76 00	Blocos intertravados de Telhados

REFERÊNCIAS SELECIONADAS

1. National Roofing Contractors Association. *The NRCA Roofing Manual: Membrane Roof Systems, The NRCA Steep-Slope Roofing Manual, The NRCA Architectural Sheet Metal Manual, The NRCA Spray Polyurethane Foam-Based Roofing Manual*, and *The NRCA Green Roof Systems Manual*. Rosemont, IL.

   Todos estes manuais são atualizados regularmente e são os mais abrangentes guias para a prática corrente nos Estados Unidos, tanto para sistemas de telhados de pequena declividade quanto para telhados inclinados. O tratamento dos assuntos é exaustivo e tanto os diagramas quanto os textos são excelentes. Estes produtos são atualizados regularmente e podem estar disponíveis em edições combinadas.

2. Sheet Metal and Air Conditioning Contractors National Association. *Architectural Sheet Metal*. Chantilly, VA, atualizado regularmente.

   Telhados arquitetônicos de chapas metálicas são profusamente detalhados nesta excelente referência, juntamente com todos os tipos concebíveis de algerosas, calhas e outros detalhes para telhados planos e recobertos com chapas.

3. Zahner, L. William. *Architectural Metals: A Guide to Selection, Specification, and Performance* (3ª ed.). John Wiley & Sons, Hoboken, NJ, 1995.

   Este é um dos mais abrangentes tratamentos disponível sobre o assunto de tipos de metais arquitetônicos e do seu uso em construção.

4. ASHRAE. *ASHRAE Handbook – Fundamentals*. American Society of Heating, Refrigerating, and Air-Conditioning Engineers, Atlanta, GA, atualizado regularmente.

   Este manual fornece um tratamento definitivo da física de transferência do calor e da umidade através de elementos da edificação, bem como a aplicação dos princípios apresentados nos métodos de construção de edificações.

SITES

Telhados

Página da Internet suplementar do autor: **www.ianosbackfill.com/16_roofing**

Telhados de pequena inclinação

Asphalt Roofing Manufacturers Association: **www.asphaltroofing.org**
Carlisle SynTec: **www.carlisle-syntec.com**
Firestone Building Products: **www.firestonebpco.com**
National Roofing Contractors Association: **www.nrca.net**
Polyisocyanurate Insulation Manufacturers Association: **www.polyiso.org**
Whole Building Design Guide, Roofing Systems: **www.wbdg.org/design/env_roofing.php**

Telhados inclinados

Asphalt Roofing Manufacturers Association: **www.asphaltroofing.org**
Cedar Shingle and Shake Bureau **www.cedarbureau.org**
Certainteed Roofing Products **www.certainteed.com**
Copper Development Association **www.copper.org**
GAF Roofing Products **www.gaf.com**
Metal Construction Association: **www.metalconstruction.org**
Sheet Metal and Air Conditioning Contractors National Association: **www.smacna.org**
Umicore Building Products (zinc roofing): **www.vmzinc-us.com**

Telhados frios

Cool Metal Roofing Coalition: **www.coolmetalroofing.org**
Cool Roof Rating Council: **www.coolroofs.org**
Cool Roofing Materials Database: **eetd.lbl.gov/coolroofs**

Telhados verdes

Green Roofs for Healthy Cities: **www.greenroofs.org**

Telhados fotovoltaicos

Renewable Resource Data Center (RReDC): **rredc.nrel.gov**

Palavras-chave

Telhado inclinado
Telhado de pequena declividade
Deck do telhado
Isolamento térmico
Barreira de ar
Retardador de vapor
Membrana de telhado
Drenagem
Arremates de telhado
Empoçamento
Prancha de nivelamento
Junta divisora de áreas
Respiro de telhado
Telhado de membrana protegida (TMP)
Lastro
Resistência térmica (R, RSI)
Vapor de água
Umidade relativa
Ponto de orvalho
Condensação
Pressão de vapor
Retardador de vapor, barreira de vapor
Permeância ao vapor
Perm
Permeabilidade ao vapor
Concreto isolante leve
Membrana betuminosa de telhado
Membrana de telhado executada no local (TEL)
Mastique aplicado a frio, asfalto à base de solvente
Membrana de telhado de betume modificado
Polipropileno atático (PPA)
Estireno-butadieno-estireno (EBE)
Membrana de betume modificado aplicada a fogo
Membrana de betume modificado colada a quente
Membrana de betume modificado aplicado em processo a frio, membrana de betume modificado com adesivo aplicado a frio
Membrana de betume modificado autoaderente
Folha de capa
Telhado betuminoso de membrana híbrida
Membrana de telhado de camada única
Material termoplástico
Material termofixo, elastomérico
Cloreto de polivinila (PVC)
Poliolefina termoplástica (PTP)
Monômero de etileno-propileno-dieno (EPDM)
Membrana de telhado com aplicação líquida
Lastro
Faixa lateral
Embornal
Sobremanta de reforço
Parapeito
Contra-algerosa
Pingadeira
Cantoneira
Dreno de telhado
Perfuração do telhado
Telhado de painel metálico estrutural
Telhado arquitetônico de chapa metálica
Telhado de fibras vegetais
Apoio para pregos
Telha
Telha de madeira
Placa de madeira
Manta permeável
Telha asfáltica, telha composta
Telhado de rolo (roll roofing)
Rincão
Rincão aberto
Rincão tramado
Rincão cortado
Telha de placa
Telha de argila
Telha de concreto
Chumbo
Cobre
Cobre revestido com chumbo
Zinco
Aço inoxidável
Titânio
Aço inoxidável revestido com liga de zinco-titânio
Aço inoxidável revestido com folha de flandres
Alumínio
Aço revestido metalicamente
Aço revestido com liga de zinco-estanho
Aço carbono
Calibre
Telhado de chapas metálicas
Painel metálico de telhado
Telhado frio
Refletância solar, albedo
Emitância térmica
Índice reflexivo solar (SRI)
Cor fria
Radiação no infravermelho próximo (NIR)
Telhado verde, ecotelhado, telhados vegetais
Telhado verde extensivo
Telhado verde intensivo
Testado por alagamento
Sistema de telhado verde modular
Telhado fotovoltaico (TFV)
Sistema fotovoltaico integrado ao edifício (SFIE)
SFIE isolado, SFIE fora da rede
Cobertura de telhado Classe A, B, C
Par galvânico
Ânodo
Cátodo
Série galvânica
Metal ativo
Metal nobre, metal passivo
Aço galvanizado

QUESTÕES PARA REVISÃO

1. Quais são as maiores diferenças entre um telhado de pequena declividade e um telhado inclinado? Quais são as vantagens e as desvantagens de cada tipo?
2. Discuta as três posições nas quais o isolamento térmico pode ser instalado em um telhado de pequena declividade, bem como as vantagens e desvantagens de cada uma.
3. Explique em termos precisos a função de um retardador de vapor em uma parede externa ou elemento composto de telhado.
4. Compare uma membrana betuminosa de telhado com uma membrana de telhado de camada única.
5. Qual é a diferença entre telhas de cedro e placas de cedro?
6. Quais metais são utilizados para telhados arquitetônicos de folhas metálicas? Quais são os pontos fortes e fracos de cada um?
7. Quais são os benefícios de um telhado frio? Quais propriedades de um material de telhado afetam seu aquecimento solar? Como isso ocorre?
8. Liste os principais componentes de um sistema de telhado verde e descreva suas funções.
9. Quais das seguintes combinações de metais geralmente são seguras? Por quê?
   a. Telhado metálico de folhas de cobre com fixadores de aço inoxidável
   b. Telhado metálico de folhas de cobre com fixadores de cobre
   c. Telhado metálico de folhas de cobre com fixadores de aço galvanizado
   d. Telhado metálico de folhas de aço galvanizado com fixadores de aço inoxidável
   e. Telhado metálico de folhas de aço galvanizado com fixadores de aço galvanizado

EXERCÍCIOS

1. Para um telhado de pequena declividade de um edifício de salas de aula de uma universidade, com uma parede portante de alvenaria, estrutura interior de aço, deck de telhado de aço corrugado e parapeito:
   a. Mostre duas maneiras de obter uma declividade de 1:50 com áreas livres de apoio de 11 m^2.
   b. Desenhe esquematicamente um conjunto de detalhes da borda do parapeito, da junta de separação do edifício, da junta divisora de áreas e do dreno de telhado, para um sistema de telhado de pequena declividade de sua escolha. Mostre o isolamento térmico, o retardador de vapor (caso exista), a membrana do telhado e os arremates do telhado.

2. Desenhe o detalhe de uma faixa lateral para um sistema de telhado de pequena declividade de sua escolha, presumindo que a parede abaixo é feita de painéis de concreto pré-moldado e o deck do telhado, com elementos de laje de concreto pré-moldado.

3. Encontre um sistema de telhado de pequena declividade sendo instalado e faça anotações sobre o processo até que o telhado esteja pronto. Faça perguntas para os operários que constroem o telhado, ao arquiteto ou ao seu instrutor sobre qualquer coisa que você não entende.

4. Examine vários telhados de pequena declividade na vizinhança de seu *campus* ou de sua residência, procurando por problemas como fissuras, descascamento, rasgos ou vazamentos. Tente explicar as razões para cada problema que você encontrar.

VIDROS E ENVIDRAÇAMENTOS

17

História

O material vidro

Envidraçamentos

Vidro e energia

O vidro e os códigos de edificações

O *lobby* da Federal Courthouse abarca uma vista de Boston Harbor com uma impressionante parede curva de vidro laminado. *(Arquitetos: Pei, Cobb, Freed. © 1998 Steve Rosenthal)*

O vidro desempenha muitas funções e toma muitas formas em edificações: as janelas igreja gótica feita de milhares de peças de vidro colorido parecendo um jóia; amplos panos de vidro liso, contínuo, de tirar o fôlego, que preenche paredes inteiras das edificações atuais; janelas com caixilho elizabetano, com minúsculos panos diamantados encravados em chumbo; arranha-céus que emitem uma luz trêmula nas faces de vidro reflexivo espelhando o céu; janelas agradáveis; janelas confortáveis; janelas que trazem a luz natural, branda; janelas que emolduram vistas espetaculares; janelas que dão boas vindas à luz solar de inverno para aquecer uma sala; janelas que diluem os limites entre o interior e o exterior. Mas o vidro também compõe janelas que tornam impossível a privacidade; janelas que admitem uma luz intensa, ofuscante; superfícies frias de inverno, que congelam o corpo e demandam o sistema de aquecimento; janelas que cozinham uma sala com a luz solar, no entardecer de verão. O vidro usado com habilidade em edificações contribui fortemente para a nossa satisfação com a arquitetura, mas o vidro usado de maneira impensada pode tornar uma edificação sem atrativos, não econômica e desconfortável para habitar.

HISTÓRIA

As origens do vidro se perdem na pré-história. Inicialmente um material para contas de vidro coloridas e pequenas garrafas, o vidro foi usado pela primeira vez em janelas no período romano romanas. A maior peça romana de vidro conhecida, uma folha rudemente moldada, usada para uma janela em um banho público, em Pompéia, tinha um tamanho de, aproximadamente, 3 por 4 pés (800 por 1.100 mm).

Até o final do século X d.C., a ilha veneziana de Murano havia se tornado o maior centro de produção de vidros, produzindo o *vidro do processo de coroa* e o *vidro do processo de cilindro* para janelas. Tanto os processos *de coroa* como *de cilindro* começavam pelo sopro de uma grande esfera de vidro. No processo de coroa, a esfera de vidro aquecida ficava aderida a uma haste de ferro chamada de *pontel*, oposta ao cachimbo de sopro. O *cachimbo de sopro era então removido, deixando* um orifício oposto ao *pontel*. A seguir, a esfera era reaquecida, onde o operário vidraceiro produzindo o vidro girava o pontel rapidamente, causando uma força centrífuga para abrir a esfera em um disco largo, a coroa, de 30 polegadas (750 mm) ou mais de diâmetro (Figura 17.2). Quando a coroa era cortada em panos, um pano sempre continha um "olho de touro", ponto ao qual o pontel havia sido acoplado antes de ser quebrado. No processo de cilindro, a esfera aquecida até um ponto de fusão era balançada para frente e para trás, como em um pêndulo, na ponta do cachimbo de sopro, para alongá-la até adquirir uma forma cilíndrica. As terminações hemisféricas eram cortadas e o cilindro remanescente era aberto ao longo de seu comprimento,

Figura 17.1
Uma parede inteira do Baltimore Convention Center é feita com um envidraçamento duplo, de baixa emissividade, que é suportado por uma subestrutura de aço tubular. Esquadrias ajustáveis de aço inoxidável com arruelas de borracha conectam o vidro à subestrutura. *(Arquitetos: Cochran, Stevenson, & Donkervoet. Foto de Pilkington Planar System, cortesia de W&W Glass Systems, Inc.)*

Capítulo 17   Vidros e Envidraçamentos   **709**

Figura 17.2
O operário vidraceiro, nesta velha gravura, usava uma proteção para o rosto (a) e uma proteção para a mão (b) para se proteger do calor da larga coroa de vidro (c) que ele tinha recém acabado de girar na ponta do pontel. Depois de resfriar, a coroa era cortada em pequenos panos de vidro para janelas. *(Cortesia do Corning Museum of Glass, Corning, New York)*

Figura 17.3
A produção de vidro pelo processo de cilindro, no século XIX, em Pittsburgh, Pensilvânia. Garrafas alongadas de vidro eram sopradas, balançando o cachimbo de sopro para frente e para trás, no canteiro em frente à fornalha *(centro)*. À medida que cada garrafa solidificava *(esquerda)*, ela era trazida para uma outra área, onde as extremidades eram cortadas para produzir os cilindros *(direita)*. Os cilindros eram reaquecidos e tornados planos em folhas, das quais os vidros para janelas eram cortados. *(Cortesia do Corning Museum of Glass, Corning, New York)*

reaquecido, reaberto e tornado plano, em uma folha retangular de vidro, que mais tarde era cortada em panos de vidro de qualquer tamanho desejado (Figure 17.3). Antes da introdução das modernas técnicas de produção de vidro, o vidro de coroa possuía a seu favor, com relação ao vidro de cilindro, o acabamento de sua superfície, que era suave e brilhante, porque era formado sem contato com outro material. O vidro de cilindro, embora mais econômico de ser produzido, era limitado, em termos de qualidade de superfície, já que dependia da textura e da limpeza da superfície sobre a qual ele era tornado plano.

Nem o vidro de coroa, nem o vidro de cilindro eram de suficiente qualidade ótica para os finos espelhos desejados pela nobreza do século XVII. Por essa razão, o *vidro pelo processo de prato* foi produzido, pela primeira vez, *na França, ao final do século XVII*. O vidro fundido era despejado em molduras, espalhado em folhas por roletes, esfriando; então era tornado plano e polido com abrasivos primeiro em um lado, depois no outro. O resultado era um vidro caro, de qualidades óticas quase perfeitas, em folhas sem precedentes em termos de tamanho.

A mecanização das operações de moagem e polimento do século XIX reduziu o preço do vidro prato a um nível tal que permitiu que ele fosse usado em fachadas, tanto na Europa quanto nos Estados Unidos. No século XIX, o processo de cilindro evoluiu para um método de obter cilindros de vidro fundido em uma fornalha. Isso tornou possível a produção rotineira, econômica, de cilindros de 40 a 50 pés (12–15 m) de comprimento. Em 1851, o Crystal Palace, em Londres (Figura 11.1), foi envidraçado com 900.000 pés quadrados (84.000 m^2) de vidro cilíndrico, suportado por uma moldura de ferro fundido.

Nos anos iniciais do século XX, a produção de vidro pelo processo de cilindro foi gradualmente sendo substituído por processos que puxavam folhas planas de *vidro pelo processo de gaveta*, diretamente de um contêiner com vidro fundido. Linhas de produção altamente mecanizadas para moagem e polimento de vidro prato foram se estabelecendo, com folhas de vidro bruto entrando em linha, de modo contínuo, em uma extremidade, com folhas acabadas emergindo na outra.

Em 1959, a firma inglesa de Pilkington Brothers Ltd. iniciou a produção de *vidro pelo processo floating*, a qual foi, a partir de então licenciada para outros fabricantes de vidro e se tornou padrão internacional, substituindo tanto o vidro de gaveta, como o vidro de prato. Nesse processo, uma faixa de vidro fundido é feita flutuar sobre um banho de latão fundido, onde ele endurece antes de tocar uma superfície sólida (Figuras 17.4–17.6). As folhas de vidro resultantes possuem faces paralelas, alta qualidade ótica (praticamente indistinguível daquela do vidro de prato) e um acabamento de superfície brilhante. Este tipo de vidro tem sido produzido nos Estados Unidos desde 1963 e hoje representa praticamente toda a produção doméstica de vidro de flutuação. A terminologia associada a vidros se desenvolveu cedo nesta longa história. O termo envidraçamento, quando aplicado a edificações, refere-se à instalação do vidro em uma abertura ou ao material transparente (normalmente vidro), em uma abertura envidraçada. O instalador de vidro é conhecido como um *vidraceiro*. Peças individuais de vidro são chamadas, em inglês, como *lights*, ou frequentemente, para evitar confusão com a luz visível, *lites*.

O MATERIAL VIDRO

O maior ingrediente do vidro é a areia (dióxido de silício). A areia é misturada com cinza de soda (hidróxido ou carbonato de sódio), cálcio e pequenas quantidades de alumina, óxido do potássio e vários elementos para controlar a cor, e, então, aquecida para formar o vidro. O material terminado, embora parecendo cristalino e convincentemente sólido, é, na verdade, um líquido super-resfriado, já que ele não possui um ponto fixo de fusão e uma microestrutura aberta, não cristalina. Quando lhe é dada a forma de pequenas fibras, o vidro é mais forte que o aço, embora nem de perto, tão rígido. Em peças mais largas, as imperfeições microscópicas, uma característica inerente do vidro, reduzem a sua resistência útil a valores significantemente mais baixos, em particular quando sob tração. Quando uma superfície de uma folha de vidro é colocada sob suficiente tração, como acontece quando um objeto impacta sobre o vidro, as rachaduras se propagam de uma imperfeição próxima do ponto de tração máxima e o vidro se despedaça.

Figura 17.4
No processo floating, o vidro fundido da fornalha é colocado a flutuar em um banho de latão líquido, até formar uma folha contínua de vidro. Um *lehr* de anelamento resfria o vidro, a uma taxa controlada, para evitar tensões internas; em seguida, ele é cortado em folhas menores. *(Cortesia de PPG Industries)*

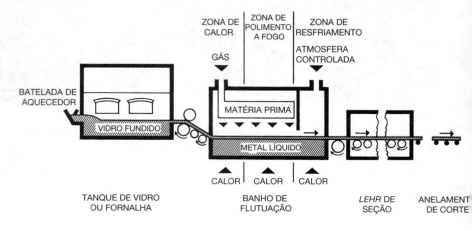

Capítulo 17 Vidros e Envidraçamentos 711

Figura 17.5
A superfície plana de qualidade superior e o acabamento superficial brilhante do vidro flutuante são prontamente identificados nas reflexões na fita de vidro emergente do *lehr* de anelamento. *(Foto cortesia de LOF Glass, a Libby-Owens-Ford Company)*

Figura 17.6
Dispositivos de corte, montados em uma esteira, atribuem valores à fita de vidro de flutuação resfriada, como parte de uma operação de corte controlado por computador, que automaticamente produz os tamanhos de vidro encomendados pelos clientes. *(Cortesia de PPG Industries)*

Considerações sobre sustentabilidade relacionadas ao vidro

Produção de vidro

- As principais matérias-primas para produzir o vidro – areia, calcário e carbonato de sódio – são minerais finitos, mas abundantes.
- A alta energia incorporada na fabricação do vidro, utilizando métodos tradicionais, aproximadamente 7.000 BTU por libra (16 MJ/kg), pode ser reduzida de 30 a 65%, à medida que tecnologias de produção novas, mais eficientes, forem introduzidas.
- A produção de alguns vidros envolve a geração de resíduos potencialmente não saudáveis ou causadores de poluição. A fabricação tradicional de vidros para espelhos, por exemplo, gera um efluente residual ácido, com altas concentrações de cobre e chumbo. Entretanto, recentemente, vidros para espelhos fabricados com o uso de técnicas produtivas mais ambientalmente amigáveis tornaram-se disponíveis.
- Embora garrafas de vidro e recipientes sejam reciclados em novos recipientes a uma alta velocidade, existe pouca reciclagem de vidros planos no presente. A maioria dos vidros velhos é enviada para aterros.
- Esforços estão sendo desenvolvidos para encontrar novos usos para resíduos de vidro. Por exemplo, agregados de vidro vitrificado (vidro que tenha sido fundido e rapidamente extinto, para capturar metais pesados e outros contaminantes) podem ser reusados em asfalto, concreto, aterros de construção, *shingles* para telhados e telhas cerâmicas.

Usos do vidro

- Se ele não for quebrado por acidente ou instalação imprópria, o vidro tem uma longa vida útil, com pouca degradação de sua qualidade, sendo sua durabilidade, frequentemente, muito mais longa do que a da maioria dos outros componentes da edificação.
- O vidro é inerte e não afeta a qualidade dos ambientes internos. Ele é mantido limpo e livre de fungos e bactérias facilmente.
- O impacto do vidro no consumo de energia pode ser muito prejudicial, muito benéfico, ou algo intermediário, dependendo de quão inteligentemente ele é utilizado.
- Se mal utilizado, o vidro pode contribuir para o sobreaquecimento de verão, a partir de ganhos solares não desejados; para excessivas perdas de calor durante o inverno, devido a valores inerentemente baixos nos valores de resistência térmica; ofuscamento visual; desconforto no inverno, causado por perdas de calor radiante a partir do corpo, em direção a superfícies frias de vidro; e pela condensação de umidade, que pode causar danos a outros componentes da edificação.
- Bem utilizado, o vidro pode trazer calor de origem solar para dentro da edificação, no inverno, e excluí-lo no verão, com considerável economia em termos de energia para aquecimento e refrigeração. Ele pode trazer a luz natural para dentro da edificação, sem ofuscamento, reduzindo tanto o uso de eletricidade para iluminação, como a carga de refrigeração determinada por essa iluminação.
- Esses benefícios incidem sobre toda a vida útil do edifício e o retorno pode ser enorme. Assim, o vidro é um componente chave de cada edificação energeticamente eficiente e um importante cúmplice dos projetistas mal informados da maioria dos edifícios que desperdiçam energia.

Espessura do vidro

O vidro é produzido em uma série de espessuras – tipicamente variando de ³⁄₃₂ polegada (2,5 mm), também chamado de *resistência simples*, até ⅛ polegada (3 mm), chamado de *resistência dupla*, chegando ao limite de 1 polegada (25,4 mm), dependendo do fabricante. A espessura do vidro para uma janela em particular é determinada pelo tamanho da abertura de iluminação e pelas máximas cargas estimadas de vento sobre o vidro. Para edifícios baixos, com janelas relativamente pequenas, normalmente um vidro de ⅛ polegada de espessura é suficiente. Para janelas maiores e para janelas em edifícios altos, onde as velocidades do vento são elevadas em grandes altitudes, um vidro mais espesso é, em geral, requerido, juntamente com uma atenção maior sobre como o vidro é fixado em sua moldura. (Tem se tornado prática comum, para arquitetos e engenheiros estruturais, encomendar extensivos testes em edifícios altos, em túneis de vento, durante o processo de projeto, para estabelecer as máximas pressões e sucções determinadas pelo vento sobre as janelas.)

Em função de inevitáveis defeitos de produção nos vidros, assim como pela probabilidade de dano ao vidro durante a instalação e enquanto em uso, uma certa margem de quebra deve ser sempre antecipada em um edifício de grande porte. A ASTM E1300 estabelece procedimentos padrões para avaliar a estabilidade estrutural e a probabilidade de quebra em vidros. Estes são usados para determinar a espessura de vidro, que resultará em uma baixa probabilidade aceitável de quebra para uma janela de determinadas dimensões, condições de apoio e pressão de vento.

Durante a sua manufatura, o vidro comum para janelas é *anelado*, significando que ele é resfriado lentamente, sob condições controladas, para evitar a geração de tensões térmicas que possam causar um comportamento imprevisível para o vidro em uso. Mas outros tipos de vidro têm tido o seu uso incrementado para propósitos particulares em edificações.

Vidro tratado termicamente

O *vidro tratado termicamente* é produzido pelo reaquecimento do vidro anelado em um forno até, aproximadamente, 1.150 graus Fahrenheit (620°C) e, então, resfriando (*processo de extinção*) rapidamente ambas as suas superfícies, com jatos de ar, enquanto o seu miolo resfria de forma muito mais lenta. Esse processo induz tensões compressivas permanentes nas bordas e faces do vidro e tensões de tração em seu miolo. O vidro resultante é mais forte à flexão do que o vidro anelado e mais resistente a tensões térmicas e a impactos. Essas propriedades fazem com que o vidro tratado com calor seja adequado para janelas submetidas a grandes pressões de vento, impacto e intenso calor ou frio. Pelo ajustamento do processo de resfriamento (extinção), maiores ou menores graus de tensão residual podem ser introduzidos no vidro, produzindo produtos referidos tanto como "temperados", quanto como "vidros reforçados com calor".

Vidro temperado

O *vidro temperado* possui tensões residuais maiores do que as do vidro reforçado com calor e é cerca de quatro vezes mais resistente à flexão do que o vidro anelado. Se ele quebra, a liberação súbita de suas tensões internas reduz o vidro temperado, instantaneamente, a pequenos grânulos de vidro, de bordas em ângulo reto, em vez de a farpas longas, com bordas agudas. Essa característica, combinada com sua alta resistência, qualifica-o para uso como envidraçamento seguro (discutido abaixo), isto é, em situações de possível impacto sobre os ocupantes. O vidro temperado também é usado para portas totalmente envidraçadas, que não possuam nenhuma moldura (Figura 17.7), para paredes inteiras de *squash* e quadras para handebol, para rinques de hóquei e para tabelas de basquete. O vidro temperado é mais caro do que o vidro anelado. Ele, frequentemente, apresenta distorções óticas, criadas pelo processo de têmpera. Além disso, todo corte em tamanhos menores, perfuração e acabamento de bordas tem de ser feito antes do tratamento com calor, porque tais operações, se realizadas após temperá-los, liberará as tensões no vidro e irá causar a sua desintegração. O vidro temperado é também referido como vidro *integralmente temperado,* para distingui-lo mais claramente do vidro reforçado com calor.

Vidro reforçado com calor

Para muitas aplicações, o *vidro reforçado com calor,* de menor custo, pode ser usado no lugar do vidro temperado. As tensões compressivas induzidas na superfície e nas bordas do vidro reforçado com calor são em torno de um terço daquelas do vidro integralmente temperado (tipicamente 5.000 psi, comparados com 15.000 psi para o vidro temperado, ou 34 MPa *versus* 104 MPa). O vidro reforçado com calor é cerca de duas vezes mais forte na flexão do que o vidro anelado e é mais resistente a tensões térmicas. Ele, normalmente, tem menos distorções que o vidro temperado. Seu comportamento de quebra é mais parecido com o do vidro anelado do que com o do vidro temperado. Por tal razão, ele não pode ser utilizado onde são requeridos vidros de segurança, exceto na forma laminada (o vidro laminado é discutido abaixo).

Vidro laminado

O *vidro laminado* é feito como um sanduíche, cuja intercamada transparente é feita de uma *camada de polyvinyl butyral* (PVB), posicionada entre camadas de vidro, com as três camadas coladas juntas, sob condições adequadas de

Figura 17.7
O vidro temperado é usado por sua resistência e segurança contra quebras, tanto em portas, como em janelas desta loja, em um *shopping*. *(Foto por Edward Allen)*

temperatura e pressão. O vidro laminado não é tão forte quanto o vidro anelado de mesma espessura, mas quando o vidro laminado quebra, a intercamada mole segura as farpas de vidro no lugar, em vez de permitir que elas caiam da moldura da janela. Isso torna o vidro laminado útil para *skylights* e envidraçamento zenital, porque ele reduz o risco de acidentes a pessoas abaixo, em caso de quebra (Figuras 17.8 e 17.9). A intercamada de PVB pode ser colorida ou receber um padrão superficial, para produzir uma ampla variedade de efeitos visuais no vidro laminado. Como o vidro laminado não cria farpas perigosas e soltas de vidro quando ele quebra, ele também se qualifica como um vidro de segurança.

O vidro laminado é uma barreira contra a transmissão sonora superior a do vidro sólido. Ele é utilizado para envidraçar janelas de residências, salas de aulas, quartos de hospitais e outras salas que necessitem se manter quietas em meio a ambientes ruidosos. Ele é especialmente eficaz quando instalado em duas ou mais camadas, com espaços de ar intermediários. Em comparação com o vidro sólido, o vidro laminado também reduz a transmissão de radiação ultravioleta (UV), um componente da luz solar que contribui significativamente para o desbotamento e a degradação de acabamentos interiores, mobiliário e tecidos.

Vidros de segurança, usados para janelas de agências bancárias, *drive-in* e outros serviços que necessitem ser resistentes a arrombamentos, são feitos de múltiplas camadas de vidro e PVB, e estão disponíveis em uma variedade de espessuras, para deter qualquer calibre de projétil desejado. O vidro laminado também é usado em sistemas de envidraçamento resistentes a impactos e a partículas projetadas pelo vento, os quais são descritos em mais detalhe no próximo capítulo.

Vidro reforçado quimicamente

O *vidro reforçado quimicamente* é produzido por um processo de troca de íons, que ocorre quando um vidro anelado é imerso em um banho de sal fundido. À medida em que íons menores de sódio no vidro são substituídos por íons maiores de potássio, da solução salina, as faces do vidro são sujeitas à compressão em relação ao seu núcleo, e o vidro é protendido de uma maneira similar àquela que ocorre quando do tratamento por calor. Entretanto, como as temperaturas envolvidas no reforço químico são menores, o vidro quimicamente endurecido não experiencia as distorções óticas ou o empenamento, comuns no vidro tratado com calor. Dependendo das particularidades do processo de tratamento, a resistência e a dureza do vidro quimicamente reforçado podem exceder àquelas do vidro temperado.

Figura 17.8
A platibanda de entrada do Newport, Rhode Island Hospital é feita de vidro laminado, suportado por dispositivos tipo aranha, de aço inoxidável, que transmitem o peso do telhado para as vigas de aço em balanço. As cabeças dos parafusos que prendem o vidro aos dispositivos repousam em reentrâncias que não causam obstrução dentro da camada de vidro. *(Taylor & Partners, Architects. Foto de Pilkington Planar System e cortesia de W&W Glass Systems, Inc.)*

Diferentemente do vidro temperado, o vidro quimicamente reforçado pode ser cortado após ser reforçado, embora a sua resistência seja diminuída ao longo das bordas de corte. Quando o vidro quimicamente reforçado quebra, ele produz grandes e perigosas farpas. Assim, como o vidro reforçado com calor, ele não pode ser usado onde vidros de segurança são requeridos, a menos que seja laminado. O reforço químico é usado para peças de vidro que não podem ser facilmente tratadas com calor, como aquelas pequenas, finas ou com formato singular. Ele também é usado em alguns produtos de vidro adequados para resistir a incêndios (discutidos abaixo) e em forma laminada, para vidros de segurança, vidros resistentes a impactos e vidros resistentes a partículas projetadas pelo vento.

Vidro com classificação de resistência ao fogo

O *vidro com classificação de resistência ao fogo* em portas corta-fogo, janelas corta-fogo e paredes classificadas como resistentes ao fogo precisam manter sua integridade, como uma barreira à passagem de fumaça e chamas, mesmo após ter sido expostas ao calor por um período de tempo. Alguns produtos de vidros temperados ou laminados conseguem alcançar classificações de até 20 minutos de resistência ao fogo. *Vidros aramados* são produzidos rolando uma malha de finos fios sobre uma folha de vidro quente. Quando o vidro aramado quebra, como resultado de tensão térmica, os fios seguram as placas de vidro em seu lugar, de tal modo que o vidro continua a atuar com uma barreira ao fogo. Ele tem uma classificação de resistência ao fogo de 45 minutos. A *cerâmica de qualidade ótica* é mais estável contra quebras térmicas do que qualquer outro tipo de vidro. Ele tem a aparência e é sentido como vidro e consegue alcançar uma classificação de resistência ao fogo que varia de 20 minutos a 3 horas.

Figura 17.9
O vidro laminado proporciona segurança contra a queda de farpas de vidro em uma instalação de cobertura com envidraçamento inclinado. *(Cortesia de PPG Industries)*

Dois outros tipos de vidro classificados são o envidraçamento duplo preenchido com retardante ao fogo e o envidraçamento laminado, com intercamada intumescente. O *envidraçamento duplo preenchido com retardante ao fogo* consiste em um polímero gel claro, absorvente de calor, contido entre duas folhas de vidro temperado. O *envidraçamento laminado com intercamada intumescente* é feito de finas camadas de material intumescente transparente, ensanduichado entre múltiplas camadas de vidro anelado. Quando qualquer desses tipos de vidro é aquecido pelo fogo, o gel ou a intercamada intumescente reage, formando camadas opacas isolantes. Como resultados, esses produtos não somente resistem à passagem das chamas e fumaça: eles também limitam a elevação da temperatura superficial do vidro no lado oposto ao fogo, e evitam a transferência de calor radiante através do vidro. Essas propriedades protetoras adicionais tornam esses tipos de vidro adequados para uso em grandes panos e em uma variedade mais ampla de aplicações do que outros tipos de vidro classificados como oferecendo resistência ao fogo. Classificações de resistência ao fogo de até 2 horas podem ser alcançadas.

De acordo com o International Building Code, vidros classificados como resistentes ao fogo devem atender aos requisitos de resistência ao fogo de um dos três testes – NFPA 252, NFPA 257, or ASTM E119 – dependendo de o vidro ser parte de uma porta corta-fogo, de uma janela corta-fogo ou de um subsistema de parede classificado como resistente ao fogo, respectivamente. Vidros testados para resistir ao fogo, para uso em portas e janelas, são limitados ao tamanho máximo permitido para panos individuais. Entretanto, produtos de vidro que podem passar pelos requisitos mais exigentes da ASTM E119 para subsistemas de paredes, incluindo o envidraçamento duplo com preenchimento retardante de fogo e o envidraçamento laminado com intercamada intumescente não possuem tais limites dimensionais e podem ser usados como substitutos integrais para construções de paredes classificadas como resistentes ao fogo. Para distinguir entre os produtos que atendem a todos os requisitos de construção de paredes classificadas como retardantes de fogo daqueles que são adequados apenas para uso em portas e janelas corta-fogo, os termos *paredes corta-fogo de vidro* ou *envidraçamento resistente ao fogo* podem ser aplicados ao primeiro, e *envidraçamento protetor contra fogo*, aos últimos.

Devido ao seu frequente uso em portas e outras situações de risco, o vidro classificado como resistente ao fogo deve, com frequência, também atender aos requisitos de resistência ao impacto e de segurança contra quebras, de envidraçamentos de segurança. Para atender a esses requisitos, a cerâmica de qualidade ótica é laminada ou revestida com um filme superficial para protegê-la de se estilhaçar perigosamente quando usada em tais locais. Vidros anelados aramados não atendem aos requisitos de segurança para envidraçamentos. Mesmo que historicamente o seu uso fosse permitido em portas e janelas corta-fogo, em função da falta de alternativas adequadas, isto já não mais se aplica. Onde o vidro aramado for agora utilizado em situações de risco, ele é, também, ou provido de filme superficial, ou laminado. Envidraçamentos preenchidos com retardante de fogo e envidraçamentos laminados intumescentes são, ambos, capazes de atender aos requisitos de envidraçamentos, oferecendo segurança.

Vidro fritado

Vários produtores estão equipados para imprimir padrões de seritipia, à base de tintas cerâmicas, na superfície dos vidros. As pinturas consistem, fundamentalmente, em partículas pigmentadas de vidro, denominadas *fritas*. Após a frita ter sido impressa sobre o vidro, este é seco e então queimado em uma fornalha de têmpera, que transforma a frita em uma película de cobertura, dura e permanente. Muitas cores são possíveis, tanto com acabamento translúcido como opaco. Padrões típicos para *fritas* ou *vidro com seritipia* podem ser variados, com motivos pontuados e listras (Figura 17.10), mas padrões sob encomenda, e mesmo textos, são facilmente reprodutíveis. O vidro fritado é, frequentemente, utilizado para controlar a penetração de luz solar e calor em um espaço.

Tímpanos de vidro

As fritas são utilizadas para criar vidros opacos especiais, para cobrir áreas de preenchimento (as faixas de parede, no entorno das bordas de pisos) em construções de paredes cortina de vidro (Figura 17.11). Uma cobertura uniforme de fritas é aplicada sobre o que será a superfície interior do vidro. Alguns *tímpanos de vidro* são feitos tão similares quanto possível, em sua aparência exterior, ao vidro que será utilizado para as janelas de um projeto específico. É muito difícil, no entanto, mesmo com vidros com um acabamento superficial reflexivo, fazer com que os preenchimentos sejam indistinguíveis das janelas, sob todas as condições de iluminação. A maioria dos tímpanos de vidro são feitos para contrastar com as janelas do edifício. Muitos fornecedores podem aplicar um isolamento térmico no interior do vidro, complementado com uma barreira de vapor. O vidro de preenchimento é em geral temperado ou reforçado termicamente, para resistir a tensões térmicas que possam ser causadas pelo acúmulo de calor solar atrás da camada de preenchimento.

Vidros com revestimento pigmentado e reflexivo

O calor de origem solar que pode se formar pode ser problemático em edificações com grandes painéis de vidro, especialmente durante o período quente do ano. Dispositivos fixos de proteção solar, do lado externo das janelas, constituem a melhor solução para bloquear a luz solar indesejável; mas os produtores de vidro também têm desenvolvido vidros pigmentados e reflexivos, que reduzem o ofuscamento e os ganhos calor de origem solar.

Vidros pigmentados

A transparência do vidro à luz visível é denominada de *transmitância à luz visível* (VT). Ela é medida como a relação entre a luz visível que passa pelo vidro e a quantidade de luz incidindo sobre o vidro. Vidros claros têm uma transmitância à luz visível na faixa de 0,80 a 0,90, significando que de 80 a 90% da luz visível incidente sobre o vidro passa ao interior da edificação. Os 10 a 20% restantes são refletidos ou absorvidos pelo vidro e convertidos em calor.

Ao pigmentar o vidro, a transmitância de luz visível é reduzida. O *vidro pigmentado* resulta da adição de pequenas quantidades de elementos químicos selecionados à massa de vidro fundido para produzir o matiz e a saturação de cor em cinzas, bronzes, azuis, verdes e ouros. A transmitância à luz visível, para vidros pigmentados comercialmente disponíveis, variam de em torno de 0,75, nas pigmentações mais claras, até 0,10, para o cinza escuro. A redução geral em ganhos de calor solar é, com frequência, significativamente menor; entretanto, como a radiação solar absorvida pelo vidro e convertida em calor precisa ir para algum lugar, uma porção substancial dela é conduzida ou reirradiada para o interior da edificação (Figure 17.12).

Para avaliar a eficácia do vidro em reduzir os ganhos de calor que tem por origem a radiação solar, uma medida denominada de *coeficiente de ganho de calor solar* (SHGC) ou *fator de ganho solar* (conforme denominado no Brasil) é utilizada; ela é a relação entre o calor solar admitido através de um vidro em particular e o total de energia calorífica incidindo sobre o vidro. O SHGC contabiliza a radiação solar que atravessa o vidro, assim como o calor que é conduzido ou irradiado para o interior do espaço, resultante do aquecimento do próprio vidro.

Vidros claros têm coeficientes de ganhos de calor solar variando de 0,90 a 0,70, dependendo da claridade e da espessura do vidro. O coeficiente de ganho de calor solar para vidros pigmentados varia de 0,70 a 0,35, o que significa que esses vidros permitem que 70 a 35% da energia calorífica solar impactando sobre o vidro passe através dele. Em termos gerais, para edificações onde é dominante a carga de aquecimento, um vidro com um alto valor de SHGC é desejável para tirar vantagem dos ganhos solares passivos de calor. Em edificações em que é dominante o resfriamento, um vidro com um baixo valor de SHGC é preferível, para minimizar o aquecimento solar indesejável. (O coeficiente de sombreamento, uma medida similar ao SHGC, é uma forma mais antiga de medir a redução em ganho solar de calor, que foi, em grande parte, substituída pela SHGC.)

A transmitância à luz visível e o coeficiente de ganho de calor solar po-

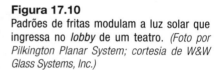

Figura 17.10
Padrões de fritas modulam a luz solar que ingressa no *lobby* de um teatro. *(Foto por Pilkington Planar System; cortesia de W&W Glass Systems, Inc.)*

Figura 17.11
A Lever House, em Nova York, um dos edifícios pioneiros em paredes cortina de vidro, projetado pelos arquitetos Skidmore, Owings e Merrill, usa vidro verde escuro para os tímpanos e vidro verde claro para as janelas. *(Cortesia de PPG Industries)*

dem ser combinados para determinar a razão de ganho de luz relativamente ao ganho solar (LSG), uma medida de utilidade para avaliar o potencial global de conservação de energia do vidro. A fração LSG é definida como a transmitância de luz visível, dividida pelo coeficiente de ganho de calor solar. Um vidro com um alto valor de LSG admite uma porção relativamente grande de luz visível em comparação com a quantidade de calor solar admitido, combinando o máximo do potencial da luz natural com o mínimo potencial de aquecimento solar. Vidros pigmentados de verde e azul tendem a ter altos valores da razão LSG, enquanto aqueles de pigmentação bronze, ouro e cinza tendem a ter menores valores.

Vidros com revestimento reflexivo

Filmes finos e duráveis, de metal ou de óxido metálico, podem ser depositados sobre uma superfície de folhas de vidro claro ou pigmentado, sob condições controladas de perto, para produzir um *vidro com revestimento reflexivo*, também chamado *vidro para controle solar*. Dependendo de sua composição, o filme pode ser aplicado tanto no lado interno, como no lado externo do vidro. Em um envidraçamento duplo, ele pode também ser aplicado sobre qualquer das superfícies que limitam o espaço entre as camadas de vidro. Mesmo permanecendo finos o suficiente para que se enxergue através deles, o filme reflete uma porção considerável da luz visível incidente. A transmitância à luz visível e o coeficiente de ganho de calor solar (SHGC), para vidros com revestimento reflexivo variam significativamente, dependendo da densidade do revestimento metálico e da pigmentação do vidro sobre o qual ele é aplicado. Os vidros com revestimento reflexivo têm a aparência de espelhos, quando observados desde o exterior, em um dia de céu claro e são frequentemente escolhidos por arquitetos tão somente por essa propriedade (Figura 17.13). À noite, com luzes no interior da edificação, eles têm a aparência de vidro escuro, mas transparente.

A luz do sol refletida por um edifício envidraçado, com vidros possuindo revestimento reflexivo, pode ser útil, em algumas circunstâncias, por iluminar os espaços da rua urbana, que, de outra forma, seriam escuros. Ela pode criar problemas, em outras situações, por determinar calor de origem solar e ofuscamento em edifícios vizinhos e sobre as ruas.

Vidro isolante térmico

O vidro usado em janelas é um isolante térmico limitado. Uma folha de vidro simples (*envidraçamento simples*) conduz calor a uma taxa, aproximadamente, 5 vezes mais rápida que o isolamento proporcionado por uma polegada (25 mm) de espuma de poliestireno e 20 vezes mais rápida do que uma pa-

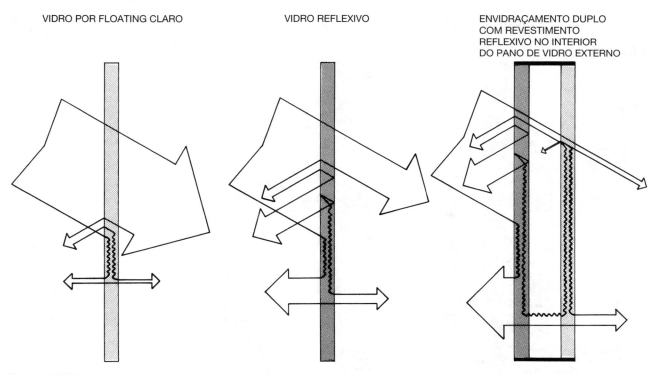

Figura 17.12
Uma representação esquemática do efeito de três diferentes montagens de envidraçamento frente à luz solar. O ambiente externo está à esquerda. A largura relativa das setas indica as percentagens relativas da luz incidente que é transmitida, refletida e absorvida. No vidro claro produzido por floating, à esquerda, a maioria da luz é transmitida, com pequenas quantidades refletida, absorvida e reirradiada como calor. O vidro com revestimento reflexivo, ao centro, reflete uma grande proporção da luz de volta para o ambiente externo, e também absorve e reirradia uma porção significativa. No envidraçamento duplo, muitas combinações diferentes de tipos de vidro são possíveis: a que é mostrada à direita deste diagrama utiliza um vidro com um revestimento reflexivo no lado interno do pano exterior.

rede bem isolada termicamente. Uma segunda lâmina de vidro aplicada em uma janela, com uma camada de ar entre as duas lâminas (*envidraçamento duplo*) corta essa taxa de perda de calor pela metade, e uma terceira lâmina, com a sua camada de ar adicional (*envidraçamento triplo*) reduz a taxa de perda de calor a aproximadamente um terço da taxa ocorrente pela folha de vidro simples. Uma janela com envidraçamento triplo, entretanto, ainda perde calor a uma taxa seis vezes maior do que a da parede na qual ela está inserida. A contínua adição de lâminas de vidro e espaços de ar adiciona peso, volume e despesas à unidade de envidraçamento e a moldura que a sustenta, fazendo do envidraçamento duplo e triplo o máximo praticável em aplicações usuais de envidraçamento em edificações.

Para prevenir a condensação de umidade nas camadas de ar de envidraçamentos duplos ou triplos (também chamados de unidades vítreas de isolamento térmico ou IGUs), em geral as unidades são hermeticamente seladas no instante da manufatura, sendo inserido ar seco no espaço entre os panos de vidro. Originalmente, para pequenos panos de vidro, as bordas das duas folhas eram simplesmente fundidas juntas (Figura 17.14). Entretanto, este detalhe raramente é utilizado hoje em dia porque a borda

Figura 17.13
Janelas com revestimento reflexivo, com tímpanos providos de vidros com revestimentos reflexivos levemente distintos. *(Arquitetos: Paul Rudolph and 3D International. Foto cortesia de PPG Industries)*

> Quem, quando primeiro viu a areia e as cinzas... imaginaria que nessa massa amorfa residiriam tantas conveniências para a vida... por tal liquefação fortuita, a humanidade foi ensinada a se apoderar, de imediato, de um corpo de alta solidez e transparência; que pode admitir a luz do sol e excluir a violência do vento; que pode estender a visão do filósofo para novas amplitudes de existência...
>
> Dr. Samuel Johnson, escritor e lexicógrafo, *The Rambler*, 17 de abril, 1750.

de vidro fundido é altamente condutora de calor. Em vez disso, um *espaçador de borda* metálico, vazado (em inglês, também chamado de *spline*) é inserido entre as bordas das folhas de vidro, e as bordas são fechadas com um composto orgânico vedante. Uma pequena quantidade de um agente químico secante, ou *dessecante*, é deixado no interior do espaçador, para remover qualquer umidade residual do ar encapsulado. O ar é sempre inserido à pressão atmosférica, para evitar pressões estruturais sobre o vidro. (No caso de as unidades de vidro exibirem sinais de condensação interna, isso constitui um sinal de falha na impermeabilização da borda, e a unidade tem de ser substituída.)

A espessura da camada de ar entre as unidades de vidro é menos crítica para o valor do isolamento térmico do que a mera presença da camada de ar: de ⅜ de polegada (9 mm) até algo como 1 polegada (25 mm) de espessura, o valor do isolamento térmico da camada de ar cresce, mas acima dessa espessura, pouco benefício adicional é ganho. Uma espessura padrão para amplos panos de envidraçamento duplo é 1 polegada (25,4 mm), o que resulta em uma camada de ar com ½ polegada (13 mm) de espessura, se um vidro de ¼ de polegada (6 mm) for utilizado.

Para desempenhos térmicos ligeiramente superiores, o aço inoxidável, que conduz menos ao calor, pode ser usado no lugar do espaçador de alumínio, e um material vedante pode ser colocado entre o vidro e o espaçador, constituindo uma barreira térmica. Para desempenhos térmicos ainda melhores, os assim denominados *espaçadores quentes de borda*, feitos de alumínio termicamente descontinuado ou de borracha extrudada, podem ser utilizados.

O desempenho térmico de unidades de envidraçamento isolantes térmicas também pode ser melhorado pela introdução de gases com densidade maior e condutividade térmica menor que o ar entre as folhas de vidro. Dependendo do gás utilizado e da espessura do espaço entre as folhas de vidro, são possíveis melhorias em desempenho térmico da ordem de 12 a 18%. O

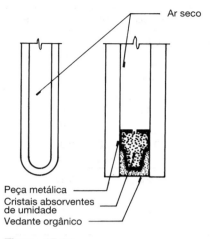

Figura 17.14
Duas maneiras de vedar a borda de um envidraçamento duplo: bordas de vidro fundidas, à esquerda; e uma peça metálica e um vedante orgânico, à direita. Cristais absorventes de umidade na peça metálica (espaçador de borda) absorvem qualquer umidade residual no espaço de ar. As peças metálicas podem, ainda, melhorar o desempenho térmico das unidades isoladas, em áreas próximas às bordas da unidade, em comparação àquele resultante da fusão das bordas de vidro.

argônio e o kriptônio são os gases mais comumente utilizados.

O desempenho do envidraçamento, como um isolante térmico, é quantificado por seu *coeficiente U* (conhecido como transmitância térmica). O valor de U é expresso na unidade BTUs por pé quadrado-hora-grau Fahrenheit (BTU/ft^2-hr-$°F$) ou, em unidades métricas, como Watts por metro quadrado-Kelvin (W/m^2-$°K$). O valor de U é a recíproca matemática do valor de R (veja página 658), e, como tal, valores mais baixos para U representam um desempenho térmico superior. Alguns exemplos de configurações de envidraçamento e seus valores U estão listados na Figura 17.15. Para informações mais detalhadas, devem ser consultados os produtos dos fabricantes de vidro.

Os produtos de envidraçamento isolados termicamente, que se valem da evacuação do máximo de ar de dentro do espaço entre as folhas de vidro, também se encontram em desenvolvimento. Quando combinados com revestimentos de baixa emissividade (veja a seguir), essas *unidades de envidraçamento isoladas a vácuo* podem alcançar valores de U tão baixos quanto 0,080 BTU/ft^2-hr-$°F$ (0,45 W/m^2-$°K$), em unidades que não ultrapassam ½ polegada (12 mm), em sua espessura total.

Vidro com revestimento de baixa emissividade

O desempenho térmico dos envidraçamentos pode ser melhorado substancialmente com o uso de vidros com um *revestimento de baixa emissividade* (*baixa-e*). Revestimentos de baixa-e são revestimentos metálicos ultrafinos, praticamente transparentes e quase desprovidos de coloração, que refletem a radiação solar de diferentes comprimentos de onda, de maneira seletiva. Eles possuem uma alta transmitância à luz visível e, dependendo do revestimento específico, uma baixa transmitância para alguns ou todos os tipos de radiação infravermelha (calor).

Vidros com revestimento de baixa-e são mais frequentemente utilizados em um dos dois panos em envidraçamentos duplos, em que eles oferecem vários benefícios: ao reduzirem a transferência de calor entre panos de vidro individuais, a transmitância térmica global da unidade de envidraçamento é reduzida em uma extensão tal que o envidraçamento duplo, de baixa-e, pode equivaler a ou ultrapassar o desempenho térmico de um envidraçamento triplo comum. Ao refletir a maior parte do componente infravermelho da radiação solar, o envidraçamento duplo de baixa-e pode, simultaneamente, prover uma alta transmitância à luz visível, com um baixo ganho de calor solar, permitindo que tais unidades alcancem a mais alta relação luz/ganho de calor, quando comparadas com qualquer outro tipo de vidro dotado de isolamento térmico.

Por meio da variação das propriedades do revestimento com baixa-e e combinando-o com diferentes tipos de vidro pigmentado, as características de desempenho da unidade de envidraçamento podem ser ajustadas para atender a diferentes necessidades. Para edificações em que predomina a necessidade de aquecimento de inverno, podem ser selecionadas unidades com um baixo valor de U (para minimizar as perdas de calor),

	VT	SHGC	LSG	U[a]	R[b]
Envidraçamento simples, claro	0,90	0,85	1,3	1,1 6,3	0,91 0,16
Envidraçamento duplo, claro	0,79	0,70	1,1	0,47 2,7	2,1 0,37
Envidraçamento duplo, cinza médio pigmentado	0,40	0,45	0,9	0,47 2,7	2,1 0,37
Envidraçamento triplo, claro	0,53	0,52	1,0	0,34 1,9	2,9 0,52
Envidraçamento duplo, claro, baixa-e (baixo SHGC)	0,64	0,27	2,4	0,28 1,6	3,6 0,63
Envidraçamento duplo, claro, baixa-e (alto SHGC), preenchido com argônio	0,78	0,63	1,2	0,27 1,5	3,7 0,65

[a]U: Btu/ft^2-hr-°F seguido de W/m^2-°K.
[b]R: ft^2-hr-°F/Btu seguido de m^2-°KW.

Figura 17.15
Propriedades comparativas de alguns tipos de vidro. Observe a alta relação luz/ganho solar (LSG) possível com o envidraçamento duplo de baixa-e. LSG é o quociente entre a transmitância à luz visível (VT) e o coeficiente de ganho de calor solar (SHGC). Valores mais elevados de LSG indicam uma melhor eficiência energética global da unidade de envidraçamento (em edifícios em que as cargas de refrigeração são predominantes). Os valores de U e de R são valores referentes ao centro do vidro e, para as unidades de isolamento térmico listadas, não contribuem para a redução do desempenho térmico em torno das bordas das unidades, em função da maior condutividade dos espaçadores. Quanto mais baixo o valor de U (valor mais elevado para R), melhor o desempenho térmico da unidade de envidraçamento.

com um alto coeficiente de ganhos de calor solar (para promover ganhos de calor solar durante o período de inverno). Para edificações em que predomina a necessidade de cargas de refrigeração, são utilizadas unidades com um baixo coeficiente de ganhos de calor solar (para minimizar o aquecimento solar) e valores mais baixos de transmissão de luz visível (Figura 17.15). Assim como para os vidros laminados, os vidros com revestimento de baixa-e também apresentam uma baixa transmitância à radiação UV, um benefício para os acabamentos e o mobiliário interior. Embora menos comuns, vidros com revestimento com baixa-e também podem ser utilizados em envidraçamentos simples ou triplos, para melhorar o desempenho térmico desses tipos de vidro.

Ao especificar vidros com qualquer tipo de revestimento (vidro com baixa-e ou vidros com revestimento reflexivo), é necessário especificar sobre que superfície de vidro o revestimento deverá ser localizado. Por convenção, as superfícies de vidro são numeradas, começando do lado exterior de uma unidade de envidraçamento e continuando em direção ao interior. Em envidraçamentos simples, a face externa é a *superfície número* 1, e a face interna é a superfície número 2. Em envidraçamentos duplos, a face externa do pano de vidro exterior é a superfície número 1 e a face interior desse pano é a superfície número 2, a face externa do pano de vidro interior é a superfície número 3, e sua superfície interna é a superfície número 4. Em envidraçamentos duplos de baixa-e, o revestimento de baixa-e é mais comumente localizado na superfície número 2, embora onde um alto valor para o coeficiente de ganho de calor solar é desejado, ele pode ser localizado sobre a superfície número 3.

Revestimentos de baixa-e também podem ser aplicados a membranas muito finas de plástico transparente. Um ou dois desses filmes plásticos podem ser instalados no centro de uma camada de ar ou da camada preenchida com gás de uma unidade de envidraçamento duplo, bem esticadas, paralelas aos panos de vidro, onde elas atuam como um elemento de envidraçamento praticamente sem peso adicional. Combinadas com as propriedades seletivas de revestimentos com baixa-e, valores de desempenho térmico variando de R-6 a R-20 são atestadas pelos produtores desses filmes.

Vidro autolimpante

O vidro tende a atrair sujeira e necessita ser lavado periodicamente, tanto em seu lado interior como do lado de fora, para que mantenha a sua transparência. O *vidro autolimpante* é revestido com óxido de titânio em sua superfície exterior. Esse revestimento atua como um catalisador, que permite que a luz do sol converta a sujeira orgânica em dióxido de carbono e água. Ele também faz com que a água de chuva escorra ao longo da superfície em lâminas, em vez de formar gotículas. A sujeira não orgânica, como areia, não é afetada pelo catalisador, mas as lâminas de água são mais efetivas ao remover tais materiais do que o são as gotículas de água. O revestimento é aplicado unicamente no lado externo do vidro; assim, a superfície interior do vidro necessita ser lavada à mão.

Vidro que modifica suas propriedades

O vidro que pode modificar suas propriedades óticas é denominado de *vidro cromogênico*. O *vidro termocrômico* se torna mais escuro quando é aquecido pelo sol. O *vidro fotocrômico* escurece quando exposto à luz intensa. Ambos os tipos são potencialmente valiosos como dispositivos passivos para reduzir as cargas de resfriamento em edificações.

O *vidro eletrocrômico* modifica sua transparência, em resposta à passagem de corrente elétrica. Também chamado de *vidro mutável*, ele pode ser controlado de forma ativa pelos ocupantes da edificação ou por sistemas de controle automático, permitindo, em comparação com tecnologias passivas, respostas mais precisas aos requerimentos de controle dos ganhos de calor solar, iluminação natural ou privacidade para o ocupante. Os produtos em vidro eletrocrômico atualmente disponíveis se baseiam em tecnologias de cristal líquido em estado sólido, similar àquela utilizada em monitores eletrônicos planos. Esses produtos são limitados a aplicações interiores, em que o controle sobre a transparência e a privacidade é desejado, não sendo indicados para uso externo. Espera-se que outras tecnologias atualmente em desenvolvimento resultem em produtos que sejam adequados tanto para exposição externa, como interna, que possam controlar de forma seletiva, porções do espectro solar (como a radiação infravermelha) e que possam ser alternados entre os estados de transparência e de refletividade.

O *vidro gasocrômico* é outra tecnologia que permite alternância na transmitância de luz do vidro em que a transparência de um revestimento reativo, na superfície de número 2 de uma unidade de vidro não isolado termicamente, pode ser alterada pelo bombeamento de gás para dentro ou para fora do espaço intersticial da unidade.

Outros tipos de vidro

Vidros podem ser produzidos com uma surpreendente amplitude de propriedades físicas e variações em aparência, e novos produtos com características únicas continuam sendo desenvolvidos. Membranas de *vidro estrutural* funcionam como vigas para resistir a cargas de vento em paredes cortina muito altas ou largas, e já estão sendo produzidas na forma de cilindros vazados de vidro protendidos, com fios de aço correndo pelo seu eixo central, declarados como podendo tomar o lugar de elementos de concreto ou aço para resistir a cargas estruturais de compressão.

Vidros antireflexivos minimizam reflexões residuais, que normalmente ocorrem quando os níveis de luz diferem de forma significativa entre os lados opostos do vidro. Eles são usados para envidraçamentos em *showrooms*, estádios esportivos, molduras de trabalhos de arte e outras aplicações nas quais as mais altas qualidades óticas possíveis são desejadas. Espelhos são feitos de *vidros para espelhos,* que possuem um revestimento fino, à base de prata, em seu lado posterior. Uma fina camada de cobre aplicada sobre a prata previne a corrosão, e uma segunda camada de pintura proporciona proteção adicional. O *vidro texturizado,* um vidro quente rolado que produz lâminas com muitos padrões superficiais e texturas, é utilizado quando a transmissão de luz é desejada, mas a visão precisa ser obscurecida, para privacidade. Vidros manufaturados com uma alta percentagem de óxido de chumbo podem ser utilizados como *vidros protetores de radiação*. O *vidro fotovoltaico* é revestido com um fino filme de silício amorfo, que gera eletricidade a partir da radiação solar. Ele permite que uma edificação com uma ampla área envidraçada crie pelo menos, uma fração da energia que ela usa para lâmpadas e equipamentos. O tradicional *vidro para vitrais* e o contemporâneo vidro colorido, formulados com ingredientes que alteram a cor do vidro, podem ser usados em uma variedade de aplicações artísticas e arquitetônicas. O vidro pode ser soprado, moldado, fundido e colorido, para produzir inúmeros tipos de *vidros artísticos*, usados para fins decorativos e esculturais.

Folhas de materiais plásticos

Folhas de materiais plásticos transparentes são frequentemente usadas em lugar do vidro, para aplicações especializadas de envidraçamento. Os dois materiais plásticos mais comuns usados em envidraçamentos são o acrílico e o policarbonato, mais caros do que o vidro por floating. Ambos possuem coeficientes muito elevados de dilatação térmica, o que faz com que eles não apenas expandam e contraiam com as mudanças de temperatura, mas que também se curvem visivelmente em direção ao lado quente quando sujeitos a elevados diferenciais de temperatura interior-exterior. Isso, por sua vez, requer que os materiais em folhas plásticas sejam instalados em suas molduras com detalhes de envidraçamento relativamente dispendiosos, que permitam a eles uma ampla movimentação linear e uma rotação. Tanto o policarbonato quanto o acrílico são moles e fáceis de arranhar, embora formulações resistentes a riscos estejam disponíveis.

O envidraçamento plástico é mais utilizado onde o uso do vidro é impróprio: plásticos podem ser cortados em formatos com cantos interiores (formatos L e T, por exemplo), que tendem a trincar se cortados em vidro. Eles podem ser dobrados facilmente, para se ajustarem a molduras curvas. Eles podem ser moldados a quente, de modo a comporem envidraçamentos de domos para iluminação zenital. E os plásticos, em especial o policarbonato, que literalmente é impossível de se quebrar sob condições ordinárias, é amplamente usado para janelas em edificações nas quais o vandalismo é um problema, ou onde uma resistência a altos impactos é requerida. Os plásticos em policarbonato podem ser manufaturados em uma variedade de cores e em variáveis graus de transparência. Eles também podem ser manufaturados em uma configuração de parede dupla, denominada de *envidraçamento em policarbonato celular,* criando painéis ocos, de aproximadamente ¼ a 1½ polegada (6–40 mm) de espessura, com maior rigidez e melhor desempenho térmico que folhas sólidas. Envidraçamentos com folhas plásticas também conseguem atender às exigências de segurança para envidraçamentos usados em áreas sujeitas a impacto humano.

Folhas plásticas translúcidas, mas não transparentes, armadas com fibra de vidro (*envidraçamentos de poliéster armado com fibra de vidro*) também são usadas em edificações. Folhas corrugadas são usadas para iluminação zenital e em telhados de pátios residenciais. Folhas finas, planas, com uma formulação especial, com uma alta transparência à energia solar, são usadas para iluminação zenital e para envidraçamentos de coletores solares de baixo custo.

Envidraçamento preenchido com Aerogel

Aerogel, uma espuma à base de silício, cuja constituição é 99,8% de ar, pode ser utilizado para preencher a camada de ar de envidraçamentos duplos de produtos de vidro ou plástico. Embora o aerogel tenha sido inventado há várias décadas, sua comercialização foi retardada por sua fragilidade e pelo alto custo de manufatura – problemas que apenas recentemente foram resolvidos. O aerogel é leitoso em sua coloração, não totalmente transparente, e tem uma transmitância de luz visível que varia com sua espessura. Os envidraçamentos preenchidos com aerogel possuem uma boa relação luz/ganhos solares, tornando-o uma eficiente fonte de luz natural difusa e de baixo contraste. Hoje, produtos de aerogel disponíveis podem atingir valores de isolamento térmico de R-8 por polegada (RSI-1,4, por 25 mm), mais de duas vezes aquela do isolamento térmico com fibra de vidro. Produtos em desenvolvimento, que se baseiam na nanotecnologia para aprimorar o seu desempenho térmico, são identificados como tendo valores de isolamento térmico tão elevados quanto R-40 por polegada (RSI-7, por 25 mm).

ENVIDRAÇAMENTOS

Envidraçando panos de vidro de pequena área

Pequenos panos de vidro não são submetidos a tensões intensas resultantes da força do vento, nem a expressivas variações associadas à expansão e à contração térmica. Eles são envidraçados de maneira muito simples (Figura 17.16). Em esquadrias tradicionais de madeira, o vidro é, primeiramente, fixo em seu lugar, com o auxílio de pequenos *pontos de vidraçaria metálicos* e, então, tornado estanque, no seu lado exterior, com massa de vidraceiro, um composto simples de óleo de linhaça com pigmento, que endurece de forma gradual, por oxidação do óleo. A massa precisa ser protegida das condições atmosféricas por pinturas subsequentes, e tende a endurecer e a se tornar quebradiça ao envelhecer.

Como uma alternativa à massa de vidraceiro, novos compostos de látex e silicone para calafetagem, que podem ser aplicados mais rapidamente e não precisam ser pintados, podem ser usados para envidraçamentos a campo. Massas de vidraceiro e *compostos para envidraçamento aperfeiçoados*, mais adesivos e mais elásticos, são também empregados em esquadrias, em envidraçamentos realizados em fábrica.

Envidraçando panos de vidro amplos

Amplos panos de vidro (aqueles com mais de 6 pés quadrados ou 0,6 m² de área) requerem mais cuidados no seu envidraçamento. As tensões determinadas pelas cargas de vento, em cada pano de vidro, são mais altas, e o vidro precisa cobrir vãos maiores entre as bordas que o suportam. Qualquer irregularidade na moldura da janela pode resultar em distorção no vidro, pressões altamente concentradas em pequenas áreas de vidro ou contato entre vidro e moldura; qualquer delas podendo levar à abrasão ou à fratura do vidro. Em panos de vidro amplos, as expansões e contrações térmicas também podem causar o aumento de tensões no vidro.

Os objetivos, no projeto de um sistema de envidraçamento de amplos panos, são:

1. suportar o peso do vidro, de tal modo que o vidro não fique sujeito a padrões de tensões intensos ou anormais;
2. contribuir para que o vidro suporte a pressão do vento e a sucção;
3. isolar o vidro dos efeitos de deflexões estruturais na moldura da edificação e nas molduras menores dos *montantes* que suportam o vidro;
4. permitir expansões e contrações, tanto do vidro, como da moldura, sem danos a qualquer um deles;
5. impedir o contato do vidro com a moldura da janela ou com qualquer outro material que possa causar abrasão ou tensões no vidro.

O peso do vidro é suportado na moldura por *blocos de assentamento* de borracha sintética, normalmente dois

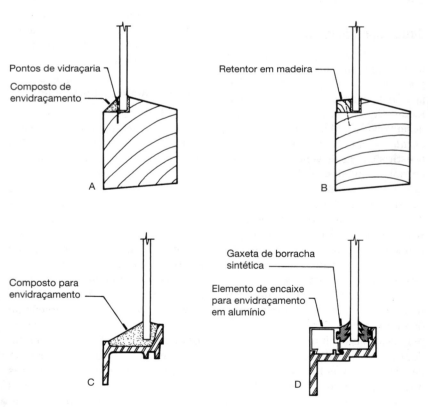

Figura 17.16 - a, b, c, d
Métodos alternativos de envidraçamento de panos simples de vidro. O vidro é montado, tradicionalmente, na esquadria de madeira, usando pontos de vidraçaria e composto de envidraçamento (a) ou um retentor em madeira, pregado à esquadria (b). Esquadrias metálicas uma vez eram envidraçadas do modo mostrado em (c), mas a maioria das esquadrias de metal são, hoje, envidraçadas com elementos de encaixe e gaxetas de borracha sintética, como exemplificado em (d).

por pano de vidro, localizados a um quarto da extremidade da borda de fundo do pano de vidro. Para fazer frente às cargas de vento, uma quantidade específica de *bite* (profundidade de apoio na margem do vidro) é provida por montantes de suporte. Se o apoio é muito pequeno, o vidro pode perdê-lo sob cargas de vento; se for demasiadamente amplo, o vidro pode não ser capaz de defletir o suficiente, sob cargas intensas de vento, sem ser tensionado na borda. Os montantes certamente necessitam ser rígidos o suficiente para que transmitam as cargas de vento da edificação, sem defletir a ponto de sobre-estressar o vidro. O material resiliente de envidraçamento, usado para tornar estanque a junta montante-vidro, tem de possuir elasticidade e uma dimensão tal que permita qualquer movimento térmico antecipado e eventuais irregularidades nos montantes.

Os materiais de envidraçamento mais comumente usados entre os montantes e o vidro incluem os *componentes de envidraçamento úmidos* e os *componentes de envidraçamentos secos*. Os componentes úmidos são os mastiques vedantes e os compostos para envidraçamento. Os componentes secos são a borracha ou as gaxetas elastoméricas. O envidraçamento úmido, quando elaborado com boa mão de obra, é mais efetivo em termos de estanqueidade frente à penetração de água e de ar. O envidraçamento seco é mais rápido, mais fácil e menos dependente da mão de obra do que o envidraçamento úmido. Esses dois tipos são frequentemente usados em combinação, para utilizar as melhores propriedades de cada um.

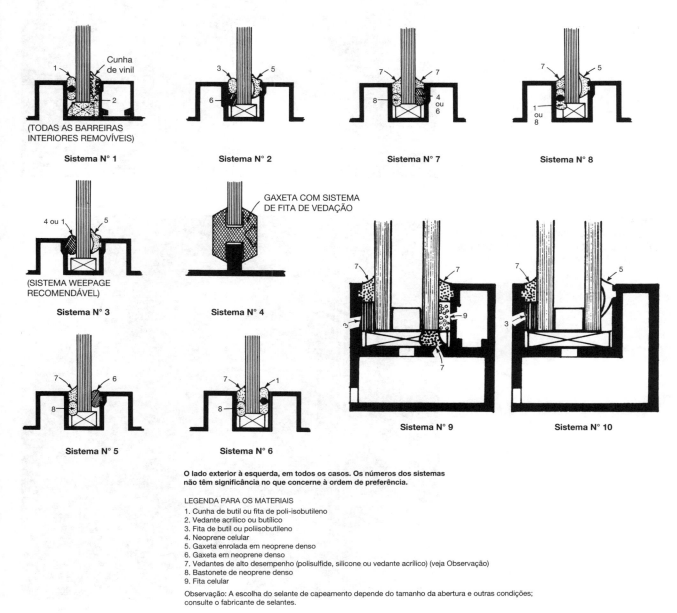

Figura 17.17
Uma variedade de detalhes típicos para envidraçamentos amplos e reduzidos, com o lado exterior à esquerda. *(American Architectural Manufacturers Association Window Selection Guide—1988)*

Figura 17.18
Inserindo a fita vedante em uma gaxeta de vedação que irá expandir na gaxeta e vedá-la contra o vidro. *(Cortesia de Standard Products Company)*

Figura 17.19
Uma instalação de envidraçamento concluída utilizando gaxeta de vedação. *(Cortesia da Standard Products Company)*

Nos sistemas de envidraçamento amplos e reduzidos, mostrados na Figura 17.17, blocos de apoio de borracha são indicados pelos retângulos com X´s, sob a borda inferior do vidro. Os sistemas 1, 2, 3, 6, 9 e 10 usam *selante em fita sólida pré-moldada*, uma fita espessa de um material muito pegajoso, que adere, sob pressão, ao vidro e aos montantes. Várias formulações diferentes (butil, poli-isobutileno) são usualmente agrupadas sob o nome de *fita de envidraçamento de polibuteno*. O material selante em fita exerce uma ligação muito forte sobre o vidro e permanece plástico indefinidamente, permitindo movimentações no sistema de envidraçamento.

Os sistemas 1, 2, 3, 8 e 10 utilizam *cunhas* ou *gaxetas enroladas*, tiras de material elastomérico que são simplesmente empurradas para dentro do espaço existente entre o vidro e o montante, no lado interior, para ligar o conjunto de forma firme e torná-lo estanque ao ar. Os sistemas 5–10 tornam estanque a fresta exterior com um material de envidraçamento úmido. O sistema 4 compreende uma *gaxeta de vedação*, de duas peças, que é um sistema de envidraçamento completamente independente. As Figuras 17.18 e 17.19 mostram aplicações de envidraçamento usando gaxeta de vedação.

As propriedades que os vedantes de fita sólida, mastiques vedantes e gaxetas de compressão têm em comum são as de possuir o requerido grau de resiliência; de poderem ser instaladas na espessura requerida, para amortecer impactos sobre o vidro em todos os seus esperados movimentos; e de formarem uma barreira à prova de água, tanto junto ao vidro quanto à moldura. Entretanto, para resguardá-la contra possíveis vazamentos e condensação de umidade, *orifícios de drenagem* devem ser proporcionados, para drenar a água dos montantes horizontais para o exterior da moldura da janela, como visto diretamente abaixo da borda de fundo do vidro, nos sistemas 9 e 10, na Figura 17.17.

Figura 17.20
Vidraceiros instalam panos de vidro reflexivo, que pesam em torno de 125 libras (57 kg) cada, em uma torre no topo de um edifício de escritórios. O vidro é fixado à corda de elevação do modo usual, com copos de sucção, como visto na frente do trabalhador, em baixo, à esquerda. *(John Burgee Architects com Philip Johnson. Foto cortesia de PPG Industries)*

Sistemas avançados de envidraçamento

Em sua busca pelo projeto dos mínimos detalhes nas edificações, os arquitetos têm encorajado o desenvolvimento de sistemas de envidraçamento que parecem, em graus variados, desafiar a gravidade. Em sistemas de envidraçamento *butt-joint*, o topo e a base das folhas de vidro são suportadas da forma convencional por molduras metálicas, mas os montantes verticais são eliminados, com as juntas verticais entre as folhas de vidro sendo preenchidas com a injeção de um vedante incolor à base de silicone. Isso determina um forte efeito de faixas de vidro contínuas horizontais, envelopando o edifício (Figuras 17.21–17.23).

Em *envidraçamentos estruturais*, os montantes metálicos ficam dispostos inteiramente no lado interior do vidro, com o vidro aderindo aos montantes com o *vedante estrutural de silicone* ou, mais recentemente, com *fitas de espuma acrílica para envidra-*

Figura 17.21
Envidraçamentos sem montantes, com juntas preenchidas com materiais expansivos *(butt-joint)*, usam apenas um cordão de vedante de silicone incolor, nas juntas verticais dos vidros. O vidro, neste exemplo, é um vidro simples, com espessura de ¾ de polegada (19 mm). *(Foto cortesia de LOF Glass, uma Companhia da Libby-Owens-Ford)*

Figura 17.22
Outro envidraçamento *butt-joint*, sem montantes, visto desde o exterior. *(Arquitetos: Neuhaus & Taylor. Foto cortesia da PPG Industries)*

çamento estrutural. O envidraçamento estrutural permite que a pele externa da edificação seja completamente nivelada, sem ser quebrada por montantes protuberantes (Figuras 17.24–17.26). Observe, na Figura 17.24, que o trabalho crítico com o vedante de silicone é feito em fábrica, e não no canteiro de obras. Os panos de vidro são transportados para a obra já aderidos aos pequenos canais de alumínio, que proporcionarão sua ligação aos montantes. Se comparadas ao envidraçamento estrutural com silicone, as fitas de espuma acrílica para envidraçamento estrutural exibem propriedades elásticas superiores. Elas podem ser aplicadas mais rapidamente e com menos desperdícios, desenvolvem sua pega adesiva mais rapidamente, e resultam em uma aparência visual mais limpa.

Os mais impactantes entre todos são os *sistemas de envidraçamentos suspensos*, usados principalmente para paredes altas de vidro, circundando *lobbies* de edifícios e espaços amplos enclausurados. No *sistema de montantes de vidro*, as folhas de vidro temperado são suspensas, desde sua parte superior, por grampos especiais e são estabilizadas contra a pressão dos ventos por enrijecedores perpendiculares, também feitos de vidro temperado, ou por sistemas de cabos tensionados.

Onde uma simples folha de vidro se estende desde o topo da janela até sua base, o vidro e os enrijecedores são unidos somente por vedante. Para criar paredes mais altas que uma simples folha, usam-se elementos metálicos para unir as folhas aos cantos e às bordas (Figuras 17.1, 17.10 e 17.27). Cabos de aço inoxidável e peças de ajuste podem ser utilizados para suportar amplos panos de vidro, em telhados (Figuras 17.28–17.30 e 17.35). A estrutura do perímetro da abertura precisa ser muito rígida e forte para resistir à tensão dos cabos que sustentam ao vidro.

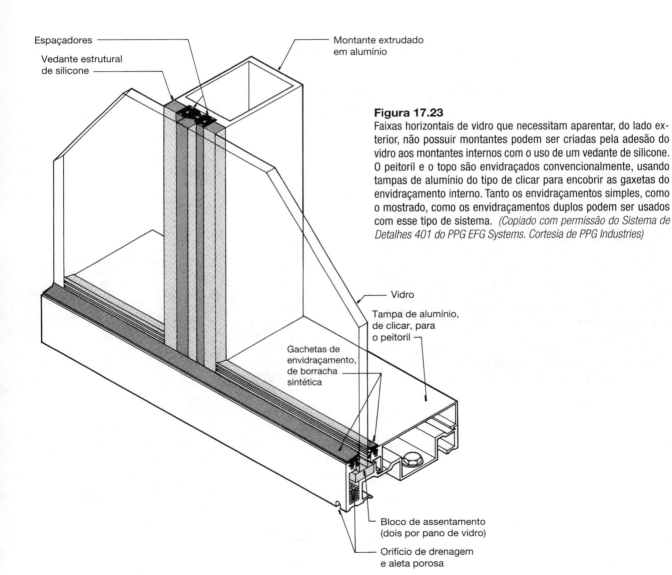

Figura 17.23
Faixas horizontais de vidro que necessitam aparentar, do lado exterior, não possuir montantes podem ser criadas pela adesão do vidro aos montantes internos com o uso de um vedante de silicone. O peitoril e o topo são envidraçados convencionalmente, usando tampas de alumínio do tipo de clicar para encobrir as gaxetas do envidraçamento interno. Tanto os envidraçamentos simples, como o mostrado, como os envidraçamentos duplos podem ser usados com esse tipo de sistema. *(Copiado com permissão do Sistema de Detalhes 401 do PPG EFG Systems. Cortesia de PPG Industries)*

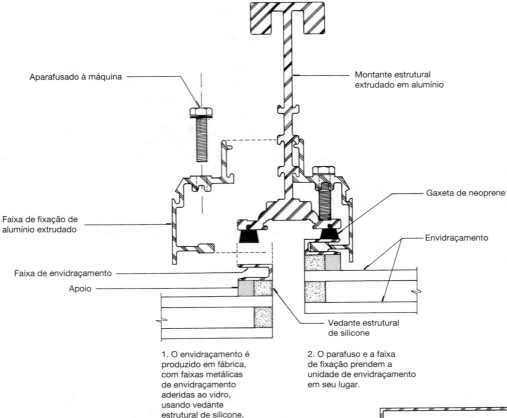

1. O envidraçamento é produzido em fábrica, com faixas metálicas de envidraçamento aderidas ao vidro, usando vedante estrutural de silicone.

2. O parafuso e a faixa de fixação prendem a unidade de envidraçamento em seu lugar.

Figura 17.24
Etapas na montagem de um montante, para um sistema de envidraçamento de quatro lados, apoiado em um sistema vedante estrutural de silicone. Esse sistema é utilizado para construir paredes envidraçadas de vários pavimentos, sem que seus componentes metálicos fiquem expostos, no exterior da edificação. A ação adesiva do vedante estrutural de silicone é a única maneira com a qual se consegue manter o vidro em posição. Esse sistema é aplicável tanto para envidraçamentos duplos, como o mostrado, como para envidraçamentos simples. Observe que as complexidades internas dos componentes de alumínio e dos vedantes ficam completamente encobertas quando a instalação termina. Pelo lado interno, só se enxerga um simples montante retangular de alumínio, e pelo lado exterior, somente o vidro e um fino filete de vedante de silicone. *(Reproduzido com permissão do Sistema de detalhes 712, da PPG EFG. Cortesia da PPG Industries)*

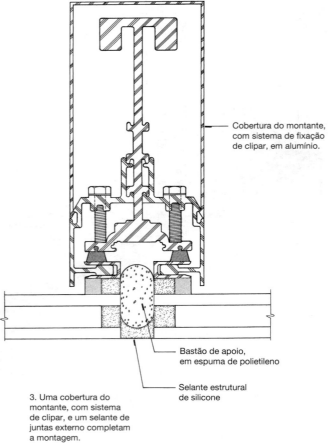

3. Uma cobertura do montante, com sistema de clipar, e um selante de juntas externo completam a montagem.

Capítulo 17 Vidros e Envidraçamentos 731

Figura 17.25
Vidro reflexivo montado com um sistema vedante estrutural de silicone, de quatro lados, não mostra qualquer metal no lado externo deste edifício de escritórios no Texas, apenas finas linhas de vedante. *(Arquitetos: Haldeman, Miller, Bregman & Haman. Foto cortesia de PPG Industries)*

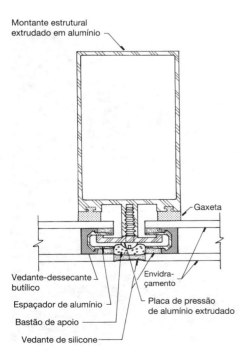

Figura 17.26
O espaçador estrutural do envidraçamento é um sistema patenteado para envidraçamentos apoiados em um sistema vedante estrutural de silicone, que proporciona uma fixação mais positiva das unidades de envidraçamento duplo à edificação. O vidro é ajustado ao montante com o auxílio de uma placa de pressão de alumínio, que encaixa em uma fenda na faixa espaçadora entre as folhas de vidro. O dessecante requerido para remover a umidade residual na camada de ar, é, nesse sistema, misturado com o material do vedante butílico.

Figura 17.27
O *vidro com baixo conteúdo em ferro*, no Magic Johnson Theater, na cidade de Nova York, possui uma transparência elevada, um efeito acentuado pela suspensão do vidro por sua parte superior, apenas utilizando enrijecedores verticais para o vidro, de modo a torná-lo resistente frente às cargas de vento. Elementos de aço inoxidável fazem a junção dos componentes da parede. *(Foto de Pilkington Planar System; cortesia de W&W Glass Systems, Inc.)*

Figura 17.28
O Airside 2, do Terminal do Orlando International Airport, projetado por HOK Architects, apresenta amplas unidades de vidro laminado isolante térmico. Aletas de vidro laminado servem de vigas para conduzir o peso do telhado para os cabos verticais de aço inoxidável, que são suportados por uma estrutura de tensores, composta por cabos de aço inoxidável. Os cabos suspensos descendentes transmitem o peso da treliça rígida de tubos de aço ao longo do perímetro, que também resiste à tração dos cabos em direção ao interior. Os cabos em arco ascendentes sustentam as superfícies de vidro contra possíveis forças de sucção exercidas pelo vento. Fritas de vidro foram usadas para diminuir o ofuscamento por reflexão, no vidro orientado para a torre de controle, e revestimentos de baixa emissividade foram aplicados sobre o vidro isolante. *(Foto de Pilkington Planar System; cortesia de W&W Glass Systems, Inc.)*

Capítulo 17 Vidros e Envidraçamentos **733**

Figura 17.29
Um detalhe dos apoios para o telhado de vidro. Observe as aranhas de aço inoxidável, de quatro pontos e de dois pontos, que conectam os componentes de vidro entre si e à estrutura metálica de apoio. *(Foto de Pilkington Planar System, cortesia de W&W Glass Systems, Inc.)*

Figura 17.30
Um vista em detalhe de uma aranha de quatro pontos, que fixa os cantos de quatro peças individuais de vidro isolante térmico. Montantes de aço inoxidável verticais, dispostos em sistemas ajustáveis, transferem o peso do vidro à estrutura acima. *(Foto de Pilkington Planar System; cortesia de W&W Glass Systems, Inc.)*

Imagine uma cidade iridescente durante o dia, luminosa à noite, imperecível! Edifícios, peles tremeluzentes, tecidos com rico vidro; vidro todo claro, ou parcialmente opaco e parcialmente claro, com padrões coloridos ou em padrões para se harmonizarem com as ornamentações metálicas que o sustentam, no qual a própria ornamentação se constitui, ela mesma, algo de delicada beleza, consistente com a esbeltez da construção metálica...

Frank Lloyd Wright, em *Architectural Record*, Abril 1928

Figura 17.31
Janelas em panos feitos com vidro rolado à mão, no formato-diamante, com moldura de chumbo, em uma bay window, em estilo elizabetano inglês. *(Foto por Edward Allen)*

Figura 17.32
Janelas discretas em um edifício de escritórios. *(Arquitetos: Skidmore, Owings and Merrill. Foto cortesia de PPG Industries)*

Capítulo 17 Vidros e Envidraçamentos **735**

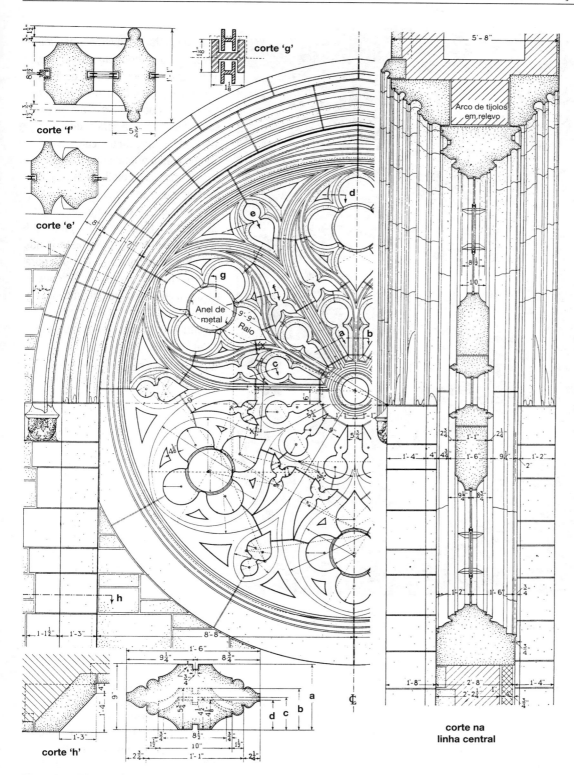

Figura 17.33
Montantes de calcário e metal, para uma janela de uma igreja gótica. *(Cortesia do Indiana Limestone Institute)*

Figura 17.34
Vitral com moldura de chumbo, na Robie House, Chicago, 1906. *(Arquiteto: Frank Lloyd Wright. Foto por Edward Allen)*

> Salas de jantar de inverno e banheiros devem ter uma orientação noroeste, pela razão de necessitarem da luz do entardecer, e, também, por causa do pôr-do-sol; observá-los, em todo o seu esplendor, mas com o seu calor atenuado, empresta um calor mais brando a esta orientação no entardecer. Dormitórios e bibliotecas devem possuir uma exposição leste, já que para seus propósitos requerem a luz da manhã.... Salas de jantar para a primavera e o outono, para o leste, já que quando as janelas estão voltadas para esse quadrante, o sol, à medida que percorre seu caminho para alcançar o oeste, deixa tais salas à temperatura apropriada no momento em que é comum usá-las.
>
> Marcus Vitruvius Pollio, arquiteto romano, *The Ten Books of Architecture*, século I a.C.

VIDRO E ENERGIA

O vidro é um caminho de duas mãos para o fluxo, tanto da condução, quanto da irradiação de calor. Como observado previamente, o vidro, mesmo quando duplo ou triplo, conduz rapidamente o calor, tanto para o interior, quanto para o exterior de uma edificação. Ele pode também, permitir o ingresso e o armazenamento de grandes quantidades de calor de origem solar dentro de uma edificação.

Em edificações residenciais, a condução de calor através do vidro deve ser minimizada tanto nas estações quentes, quanto nas estações frias do ano. O envidraçamento duplo, os revestimentos de baixa emissividade, o preenchimento da camada de ar com gases de baixa condutividade, assim como cortinas e venezianas são recursos desejáveis para janelas residenciais. A radiação solar que aquece é bem-vinda no inverno; no entanto, ela é altamente indesejável no verão, o que leva o projetista de residências consciencioso a orientar as janelas maiores para o norte, com proteções solares e toldos acima delas, para protegê-las do sol de alto verão. Janelas amplas voltadas para leste ou oeste podem causar severo sobreaquecimento no verão e devem ser evitadas, a menos que sejam sombreadas por árvores próximas.

Capítulo 17 Vidros e Envidraçamentos 737

Figura 17.35
Airside 2 do Terminal do Orlando International Airport. *(Foto de Pilkington Planar System, cortesia de W&W Glass Systems, Inc.)*

Em edificações não residenciais, o calor gerado em seu interior por lâmpadas, pessoas e equipamentos frequentemente é suficiente para manter o conforto durante a maior parte do inverno. Em épocas mais quentes, esse calor, juntamente com qualquer calor solar que tenha entrado pelas janelas, deve ser removido da edificação por um sistema de resfriamento.

Em tal situação, as janelas voltadas para o sul contribuem minimamente para o problema de resfriamento da edificação, e as janelas voltadas para o norte, com proteções solares horizontais acima delas, permitem o ingresso de calor solar somente durante o inverno. As janelas leste e oeste são problemáticas, já que contribuem fortemente para o sobre-aquecimento de verão e são muito difíceis de sombrear. Dispositivos de sombreamento interno são úteis para eliminar o ofuscamento com origem em tais janelas, mas eles contribuem pouco para manter o calor do lado de fora, já que uma vez que a luz solar os alcança, o calor já terá ingressado na edificação e muito pouco dele irá escapar.

Vidros coloridos e reflexivos são de valor óbvio para controlar a entrada de calor solar nas edificações, a ponto de serem percebidos como que encorajando ao projetista a prestar pouca atenção ao tamanho da janela e a sua orientação. Mas um número crescente de edificações de grande escala é caracterizado por diferentes esquemas de envidraçamento para as diferentes fachadas do edifício, cada um projetado para criar um ótimo fluxo de calor para dentro e para fora da edificação para tais orientações, e cada um fazendo um uso criativo dos tipos disponíveis de vidro para esse propósito. Os resultados, medidos pelo conforto do usuário e pela economia de energia, são, geralmente, impressionantes, e as possibilidades estéticas são intrigantes.

Essa última afirmação poderia ser igualmente aplicável ao papel desempenhado pelo vidro, ao permitir o ingresso de luz em uma edificação. A iluminação artificial representa, com frequência, o maior fator de consumo de energia em uma edificação comercial, especialmente quando o calor gerado pelas lâmpadas tiver de ser removido da edificação por uma sistema de resfriamento. A luz natural que ingressa por janelas e sistemas de iluminação zenital distribuídos por um espaço, pelas superfícies reflexivas e difusoras, podem reduzir ou eliminar a necessidade de iluminação elétrica em muitas circunstâncias, e são, frequentemente, mais agradáveis do que a iluminação artificial. Modelos computacionais de baixo custo tornam fácil predizer os níveis de iluminação natural que podem ser alcançados com projetos alternativos, possibilitando que mais e mais arquitetos e engenheiros possam se especializar nesse campo.

O VIDRO E OS CÓDIGOS DE EDIFICAÇÕES

Os códigos de edificações estão preocupados com diversos aspectos funcionais do vidro: sua adequação estrutural contra o vento e cargas de impacto; sua função em prover luz natural em salas habitadas; sua segurança quanto a quebras; sua segurança em impedir a propagação do fogo por uma edificação; e seu papel determinante no consumo de energia de uma edificação.

O International Building Code estabelece critérios estruturais para a determinação da espessura necessária de vidro para resistir às cargas de vento e a outras cargas estruturais. Em regiões costeiras, onde furacões são comuns, o código também requer que as janelas e suas espessuras atendam aos requisitos de resistência aos impactos de objetos que possam ser arremessados por ventos de alta velocidade a áreas envidraçadas.

O International Residential Code requer que todos os ambientes habitados tenham uma área envidraçada líquida igual a, pelo menos, 8% de sua área de piso. O International Building Code geralmente não exige janelas ou envidraçamentos externos (com a exceção de alguns dormitórios, que são requeridos terem janelas ou portas de saída de emergência) e permite espaços iluminados somente por iluminação artificial. O uso de iluminação natural para prover iluminação interna e o proporcionamento de vistas para o exterior para os ocupantes das edificações são reconhecidos como componentes de edificações saudáveis e energeticamente eficientes, e são encorajados pelo LEED, para Novas Construções e outros programas de projetos sustentáveis.

A segurança contra a quebra é regulamentada para claraboias, para prevenir danos por acidentes que possam ser causados pela queda de cacos de vidro quebrado. O vidro laminado e as folhas de envidraçamento plástico, por não despencarem de claraboias se quebrados, são os únicos envidraçamentos de zenitais permitidos sem restrição.

A segurança à quebra também é importante em envidraçamentos contra os quais as pessoas possam se chocar e quebrar com os seus corpos. Para evitar ferimentos graves em tais ocorrências, os códigos de edificações tornam mandatório que os panos de vidro, em localizações perigosas, sejam constituídos por algum tipo de *vidro de segurança*, isto é, vidro ou plástico que não crie farpas grandes, afiadas, que possam ser potencialmente letais quando quebradas. Exemplos de tais localizações incluem áreas dentro ou no entorno de portas para o exterior, em que as pessoas possam acidentalmente impactar sobre o vidro; panos de vidro que se estendam do piso ao forro, que possam ser impactados por pessoas que os confundam com aberturas na parede; box de chuveiros, e janelas que têm uma área envidraçada superior a 0,9 m^2 (9 pés quadrados), cuja borda menor esteja a uma distância inferior a 450 mm (18 polegas) do piso. Os materiais de envidraçamento, que atendem aos requisitos de segurança de envidraçamento, incluem: vidro temperado, vidro laminado e placas plásticas.

Os vidros de segurança contra o fogo devem ser usados em aberturas, em portas corta-fogo e em paredes que funcionem como barreira ao fogo. As áreas máximas de aberturas envidraçadas em tais locais são especificadas pelos códigos de edificações. O International Building Code também requer que as janelas alinhadas, uma sobre a outra, em edificações com mais de três pavimentos de altura, sejam separadas verticalmente por painéis resistentes ao fogo com uma altura especificada, tendo como mínimo, normalmente, 914 mm (36 polegadas). A intenção dessa provisão é de buscar restringir o alastramento de incêndios de um piso de uma edificação para os pisos acima. Se um painel de vidro for utilizado como parede, ele deve ser revestido internamente com um material que ofereça a necessária resistência ao fogo.

As provisões do Código relacionadas a vidro e a consumo de energia geralmente possibilitam diversos enfoques ao projetista de uma edificação: podem ser obedecidos requisitos prescritivos, que exponham claramente a quantidade máxima que pode ser utilizada, expressa como uma percentagem da área total de parede ou de piso, assim como a mínima resistência térmica para o vidro. Enfoques alternativos permitem ao projetista considerar o desempenho térmico entre as diferentes partes da edificação ou efetuar uma detalhada análise energética do edifício inteiro, usando métodos aprovados, demonstrando, em cada um dos casos, que o desempenho energético global da edificação é igual ou superior ao da mesma edificação, supondo-a projetada em conformidade com os requisitos prescritivos.

CSI/CSC	
Seções do MasterFormat para telhados	
08 80 00	**ENVIDRAÇAMENTOS**
08 81 00	Envidraçamentos com vidro
08 83 00	Espelhos
08 84 00	Envidraçamento plástico
08 85 00	Acessórios para envidraçamento
08 88 00	Funções especiais para envidraçamentos
	Envidraçamentos resistentes a furações
	Envidraçamentos suspensos por cabos
	Envidraçamentos resistentes a pressões
	Envidraçamentos resistentes à radiação
	Envidraçamentos de segurança
	Envidraçamentos resistentes a disparos balísticos

REFERÊNCIAS SELECIONADAS

1. A informação mais atualizada sobre vidros poderá ser encontrada na literatura dos produtores, disponíveis em forma escrita ou na internet.
2. Glass Association of North America. *Glazing Manual*. Topeka, KS, atualizado regularmente.

   Este manual resume as práticas correntes na produção e no uso do vidro em edificações.
3. Schittich, Christian, et. al. *Glass Construction Manual*. Munich, Birkhauser Verlag, 2007.

   Este é um tratamento belamente produzido e amplo sobre os usos modernos do vidro em arquitetura, incluindo as propriedades do material vidro, envidraçamentos e consumo de energia em edificações, e sobre detalhes de sistemas de envidraçamentos.

SITES

Vidros e envidraçamentos

Site suplementar do autor: **www.ianosbackfill.com/17_glass_and_glazing**
Cardinal Glass: **www.cardinalcorp.com**
Corning Museum of Glass: **www.cmog.org**
Glass Association of North America: **www.glasswebsite.com**
Nathan Allan Glass Studios: **www.nathanallan.com**
National Glass Association: **www.glass.org**
Pilkington: **www.pilkington.com**
Pilkington Planar: **www.pilkington.com/planar**
PPG Industries: **corporateportal.ppg.com/NA/IdeaScapes/GlassOverview.htm**
TGP Fire Rated Glass and Framing: **www.fireglass.com**
Whole Building Design Guide, Glazing: **www.wbdg.org/design/env_fenestration_glz.php**

Palavras-chave

Vidro produzido pelo processo de coroa (*crown glass*)
Vidro produzido pelo processo de cilindro (*cylinder glass*)
Pontel
Vidro produzido pelo processo de prato (*plate glass*)
Vidro produzido pelo processo de gaveta (*drawn glass*)
Vidro produzido pelo processo *floating*
Lehr
Envidraçamento
Vidraceiro
Light, lite
Vidro com reforço simples
Vidro com reforço duplo
Vidro anelado
Vidro tratado termicamente
Extinção
Vidro temperado, vidro totalmente temperado
Vidro reforçado termicamente
Vidro laminado
Camada intermediária de *polyvinyl butyral* (PVB)
Vidro de segurança
Vidro reforçado quimicamente
Vidro resistente ao fogo
Vidro aramado
Cerâmica de qualidade ótica
Envidraçamento duplo, preenchido com retardante de propagação de fogo
Envidraçamento laminado, com camada intermediária intumescente
Parede de proteção ao fogo em vidro, envidraçamento resistente ao fogo
Envidraçamento de proteção contra incêndios
Frita
Vidro fritado, vidro em tela sedosa
Tímpano de vidro
Transmitância de luz visível
Vidro pigmentado
Coeficiente de ganho de calor solar (*SHGC*)
Coeficiente de sombreamento
Relação luz/ganho solar (*LSG*)
Vidro com revestimento reflexivo, vidro para controle solar
Envidraçamento simples
Envidraçamento duplo
Envidraçamento triplo
Unidade de isolamento térmico de vidro (*IGU*)
Espaçador de borda, *spline*
Dessecante
Espaçador de borda quente
Fator U (transmitância térmica)
Unidades de envidraçamento com isolamento térmico a vácuo
Revestimento de baixa emissividade (baixa-e)
Número de superfície
Vidro autolimpante
Vidro cromogênico
Vidro termocrômico
Vidro fotocrômico
Vidro eletrocrômico, vidro cambiável
Vidro gasocrômico
Vidro estrutural
Vidro antirreflexivo
Vidro espelhado
Vidro moldado
Barreira à radiação em vidro
Vidro fotovoltaico
Vitral, vidro colorido
Vidro artístico
Envidraçamento em acrílico
Envidraçamento em policarbonato
Envidraçamento em policarbonato celular
Envidraçamento em poliéster reforçado com fibras de vidro
Aerogel
Pontos de vidraçaria (*glazier's points*)
Massa de vidraceiro
Composto para envidraçamento
Montante
Bloco de assentamento
Bite
Componente de envidraçamento úmido (*wet glazing component*)
Componente de envidraçamento seco (*dry glazing component*)
Selante em fita sólida pré-moldada (*preformed solid tape sealant*)
Fita de envidraçamento em polibuteno
Gaxeta em cunha, gaxeta enrolada (*wedge gasket, roll-in gasket*)
Gaxeta de vedação (*lockstrip gasket*)
Orifício de drenagem
Juntas preenchidas com materiais expansivos (butt-joint)
Envidraçamento estrutural
Vedante estrutural de silicone
Fitas de espuma acrílica para envidraçamento estrutural (*acrylic foam structural glazing tape*)
Sistema de envidraçamento suspenso
Sistema de montantes de vidro
Vidro com baixo conteúdo de ferro
Envidraçamento de segurança

QUESTÕES PARA REVISÃO

1. Quais são as vantagens do vidro por floating em relação ao vidro de gaveta? E em relação ao vidro de prato?
2. Enumere duas situações em que você possa usar cada um dos seguintes tipos de vidro: (a) vidro temperado; (b) vidro laminado; (c) vidro aramado; (d) vidro pontuado; (e) vidro reflexivo; (f) placa plástica de envidraçamento de policarbonato.
3. Quais são os objetivos de projeto para um sistema de envidraçamento amplo e leve?
4. Discuta o papel do vidro, que esteja orientado para cada uma das principais direções da bússola, em adicionar calor solar a um escritório com sistema de ar condicionado no período de verão. Como as janelas deverão ser tratadas em cada uma das fachadas para minimizar os ganhos de calor solar no verão?
5. De que maneiras um código de edificações típico regula o uso de vidro e por quê?
6. O que é um recobrimento de baixa emissividade e quais são os seus benefícios?

EXERCÍCIOS

1. Examine as maneiras como o vidro é montado em diversas edificações reais e esquematize um detalhe de cada uma delas. Explique por que cada detalhe foi empregado, em sua situação específica, e por que você concorda ou discorda do detalhe empregado.
2. Encontre um livro sobre aquecimento solar passivo de residências, e nele, uma tabela sobre ganhos de calor solar para sua área. Para as janelas orientadas para as quatro direções da bússola, desenhe uma curva que represente o calor solar atravessando um metro quadrado de vidro claro, em um dia médio, para cada mês do ano. Qual orientação de janela maximiza o calor no inverno e minimiza o calor no verão? Há alguma orientação indesejável, que maximize o calor de verão e minimize o calor no inverno?

DO CONCEITO À REALIDADE

PROJETO: Skating Rink em Yerba Buena Gardens, San Francisco
ARQUITETO PROJETISTA: Santos Prescott and Associates
ARQUITETO EXECUTIVO: LDA Architects
ENGENHEIRO ESTRUTURAL: Johnson and Neilsen/SOH&A

O conceito original do projeto era o de fazer do rinque de patinação em Yerba Buena Gardens um grande espaço urbano, intimamente conectado com seus arredores cívicos. Em uma etapa inicial do projeto, como parte da estratégia para alcançar seu objetivo, os arquitetos Santos Prescott and Associates imaginaram a parede norte do rinque construída inteiramente de vidro. Isso maximizaria a conexão entre o rinque e o jardim externo vizinho e capitalizaria as vistas para o *skyline* da cidade, ao fundo. O encontro de uma solução econômica e elegante para o projeto e a construção dessa parede cortina se tornou um dos ingredientes essenciais na realização do projeto (veja a Figura A).

À medida que o projetou se desenvolveu, painéis envidraçados translúcidos foram propostos para os lados restantes da envoltória do rinque, de modo a proporcionar uma iluminação natural balanceada. Como consequência, Santos Prescott passou a procurar um sistema de envidraçamento que pudesse acomodar tanto a painéis translúcidos, com uma espessura de 2¾ polegadas, como um envidraçamento claro tradicional, de 1 polegada, para a parede sul. Enquanto o edifício continuava a tomar forma, critérios adicionais foram estabelecidos:

- Com 30 pés de altura, a parede sul era demasiadamente alta para que a parede cortina em alumínio pudesse cobrir toda sua extensão, sozinha. Uma moldura estrutural em aço seria requerida, por trás da parede cortina, de modo a proporcionar suporte contra o vento e outras cargas.
- Uma vez tendo sido tomada a decisão de levar adiante a ideia da parede cortina, os requisitos estruturais para o sistema de montantes orientaram o que se tornaria o ponto referencial mínimo. Isso deu liberdade ao arquiteto para escolher um sistema de perfis para os montantes, com base em sua habilidade em acomodar os materiais de envidraçamento de diversas espessuras.
- De modo a maximizar a transparência e a encaixar a parede cortina dentro do espaçamento entre os apoios para o telhado, uma malha de montantes, com uma largura de 11 pés e 3 polegadas, por 5 pés de altura, foi estabelecida. Essas dimensões se aproximavam do limite superior das dimensões das unidades de vidro que oferecessem isolamento térmico e que fossem seladas.

Entretanto, o uso de unidades de vidro maiores também permitiu minimizar o número de montantes para a parede cortina, assim como de elementos de aço de apoio, a serem utilizados. Uma vez selecionado o sistema de paredes cortina, o trabalho teve continuidade, em coordenação próxima com o engenheiro estrutural, para que fosse desenvolvida a estrutura de aço, de apoio, em maior detalhe (veja a Figura B). Ainda na luta pela busca de transparência, a meta foi encontrar elementos de suporte, que fossem o mais esbeltos possível. Como a deflexão frente à carga de vento se constituía em fator limitante para o projeto da parede cortina, uma seção tubular foi selecionada, por suas propriedades de eficiência secional, com o que as dimensões finais foram determinadas: 3×8×½ polegadas, para os tubos verticais e 3×3×3/8 polegadas, para os tubos horizontais.

Nos documentos de construção, a parede cortina de alumínio e a montagem do suporte em aço foram detalhados (veja a Figura C), e os seus vários componentes foram especificados. No caso do sistema de montantes em alumínio, a especificação aqui incluída ilustra como os requisitos associados a desempenho foram utilizados para delegar a produção final dessa parte patenteada da montagem ao seu fornecedor. Os critérios especificados incluíam resistência a cargas estruturais, acomodação a movimentos, tolerâncias dimensionais permissíveis entre os elementos de suporte, e outros, não mostrados aqui.

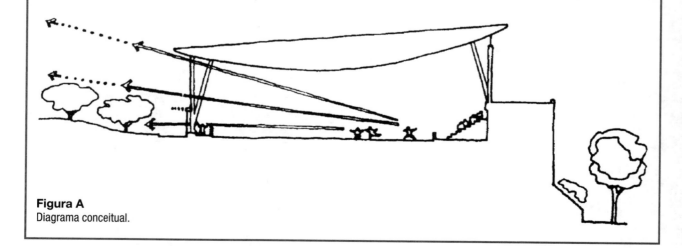

Figura A
Diagrama conceitual.

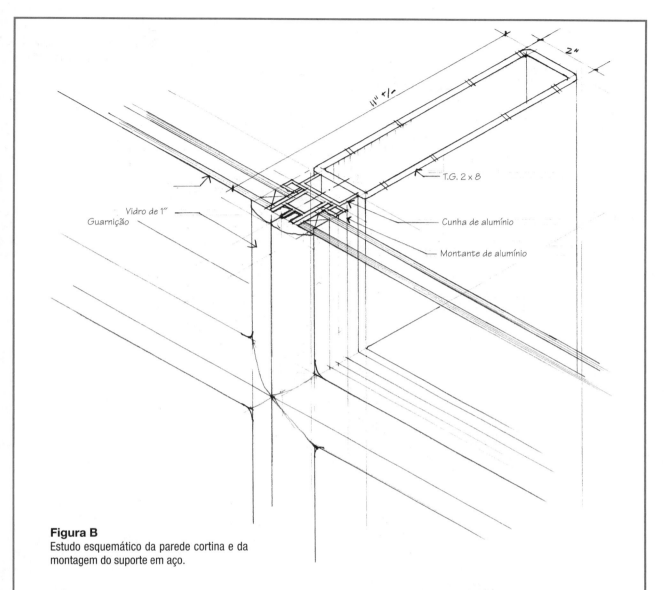

Figura B
Estudo esquemático da parede cortina e da montagem do suporte em aço.

SEÇÃO 08910
PAREDES CORTINA ENVIDRAÇADAS DE ALUMÍNIO

PARTE 1 – GENERALIDADES
1.03 REQUISITOS DE DESEMPENHO

A. Geral: proporcionar sistemas envidraçados de parede cortina em alumínio, incluindo ancoragem, capazes de suportar, sem colapso, os efeitos do que segue:
1. Cargas estruturais
2. Movimentos da estrutura de apoio, indicados em desenhos, incluindo, mas não limitados a, deslocamentos, torção, encurtamento de colunas, deformações de longo prazo e deflexões determinadas por cargas acidentais uniformemente distribuídas e concentradas
3. Tolerâncias dimensionais da moldura da edificação e de outras construções adjacentes

---

Também incluídas na especificação estavam a demanda para que o fornecedor fizesse a submissão dos desenhos finais e as informações sobre os produtos que viessem a ser empregados, descrevendo, em detalhe, os componentes da parede cortina proposta e sua conexão ao suporte estrutural. Mais tarde no projeto, esses documentos foram revisados pelo contratante geral, pelos arquitetos e pelo engenheiro estrutural. Essa revisão assegurou que o sistema proposto, de fato, atendia aos requisitos especificados e que as diversas partes da parede/envidraçamento/sistema estrutural se harmonizariam, como pretendido.

Durante a fase de construção, uma mudança foi requerida. Enquanto estava preparando os desenhos detalhados, o instalador da parede cortina se deu conta de potenciais problemas no ajuste da parede cortina à estrutura de aço. Quando as tolerâncias de uso dos tubos de aço foram consideradas, tornou-se aparente que poderia não ser possível posicionar os tubos com precisão suficiente para atender aos requisitos de sua fixação às paredes cortina. Esse problema era exacerbado pelas paredes laterais de ½ polegada de espessura dos tubos verticais de aço, o que reduzia a área disponível para os fixadores para a face dos tubos a uma faixa central estreita.

744 Projeto: Seattle University School of Law, Seattle, Washington

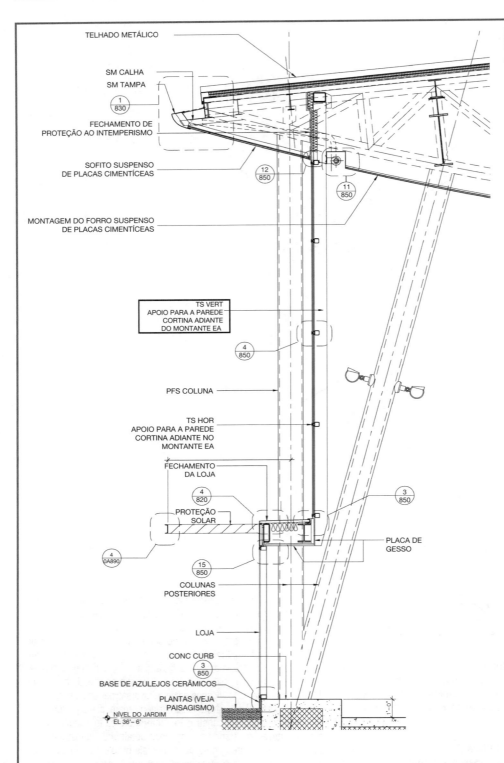

Figura C
Seção de parede do conjunto de desenhos para construção.

Já que essa era uma fase relativamente tardia do projeto, a decisão feita foi de mudar para um tubo de 4 polegadas de largura, com uma parede lateral menos espessa, de modo a proporcionar uma área alvo para os fixadores (veja a Figura D). No final, a modificação não resultou em qualquer impacto visual perceptível. Esse exemplo ilustra como o resultado exitoso de um projeto depende da boa comunicação entre os vários membros da equipe, ao longo do *design* e da construção do projeto, e como, mesmo que aparentemente pequenas, considerações técnicas podem afetar aspectos essenciais à concepção de um projeto.

Agradecimentos especiais a Santos Prescott and Associates, e a Bruce Prescott, Principal, pela assistência na preparação deste estudo de caso.

Projeto: Skating Rink em Yerba Buena Gardens, San Francisco

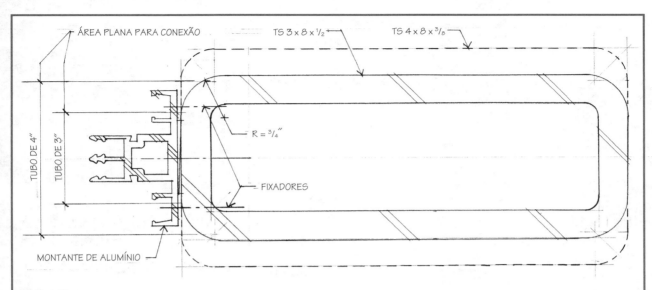

Figura D
Estudo do detalhe da conexão da parede cortina ao tubo de aço.

Figura E
Vista Interior.

18
JANELAS E PORTAS

Janelas

Portas

Considerações sobre segurança em janelas e portas

Testes e padrões de aberturas

Os padrões dos montantes de janelas com marcos de aço correspondem às juntas rústicas do revestimento de placas de concreto na Arizona State University School of Architecture.
(Arquiteto: Hillier Group. Fotografia © Jeff Goldberg/Esto)

Portas e janelas são componentes muito especiais de paredes. As portas permitem que as pessoas, os bens e, em alguns casos, veículos passem pelas paredes. As janelas permitem o controle simultâneo da passagem da luz, do ar e da visão pelas paredes. Janelas e portas, além de cumprirem essas importantes funções, desempenham um papel importante na definição do caráter e da personalidade de uma edificação, do mesmo modo que nossos olhos, nariz e boca desempenham um papel importante na nossa aparência pessoal. Ao mesmo tempo, janelas e portas são as partes mais complexas, caras e potencialmente problemáticas de uma parede. Para atingir resultados satisfatórios, o projetista experiente exerce grande cuidado e sabedoria na seleção de portas e janelas e na especificação de sua instalação.

JANELAS

A palavra *janela* originou-se de "januella", que significava pequena porta em latim. Janus (porta, em latim), por sua vez, era uma homenagem ao deus romano Jano, guardião de todas as passagens*. As primeiras janelas de edifícios eram buracos abertos pelos quais a fumaça podia escapar e o ar fresco podia entrar. Elementos foram rapidamente adicionados aos buracos para proporcionar maior controle: peles, mantas ou tecidos pendurados para regular o fluxo de ar; fechamentos para dar sombra e para impedir o acesso aos assaltantes; membranas translúcidas de papel ou tecido impregnado de óleo e, finalmente, o uso de vidro para permitir a entrada de luz enquanto impedia a passagem de ar, água e neve. Quando uma membrana translúcida foi, enfim, montada em um caixilho móvel, a luz e o ar poderiam ser controlados independentemente um do outro. Com a adição de telas tecidas para insetos, as janelas permitiam a entrada de ar enquanto mantinham os mosquitos e moscas do lado de fora. Outras melhorias seguiram-se ao longo dos séculos. Hoje, uma janela típica é um mecanismo intrincado e sofisticado, com muitas camadas de controle: cortinas, persianas, caixilhos, vidros; lâmina de ar para isolamento, baixa emissividade e outros revestimentos; tela contra insetos, bandas de vedação e, talvez, um caixilho ou um fechamento para tempestades.

Antigamente, janelas eram feitas no local da construção por carpinteiros bastante habilidosos, mas hoje quase todas elas são produzidas em fábricas. As razões para a produção em fábrica são maior eficiência de produção, custo mais baixo e, mais importante, melhor qualidade. Janelas precisam ser feitas com um alto padrão de precisão, caso se deseje que elas sejam operadas com facilidade e mantenham um alto grau de impermeabilidade por muitos anos. Especialmente em climas frios, uma janela mal ajustada, com uma única camada de vidro e um caixilho que é altamente condutor de calor, irá aumentar significativamente o consumo de combustível para o aquecimento de uma edificação, causará um perceptível desconforto aos ocupantes e condensará grandes quantidades de água, que marcará e causará a degradação de materiais da janela e de seu entorno.

Uma *janela permanente* é feita para ser instalada permanentemente em um edifício. Uma *janela de tempestade* é uma unidade auxiliar removível adicionada a cada temporada a uma janela permanente para melhorar sua performance térmica. Uma *janela combinada*, uma alternativa a uma janela de tempestade, é uma unidade auxiliar que incorpora também vidros e uma tela contra insetos; uma parte do vidro é montada em um caixilho que pode ser aberto no verão, para permitir a ventilação pela tela. Uma janela combinada normalmente permanece no lugar o ano inteiro. Algumas janelas são projetadas e fabricadas especificamente como *janelas de reposição*, que são facilmente instaladas nas aberturas deixadas por janelas deterioradas que foram removidas de prédios antigos.

Tipos de janelas

A Figura 18.1 ilustra de forma esquemática os tipos de janelas mais utilizadas em edifícios residenciais, enquanto a Figura 18.2 mostra tipos adicionais de janelas muito encontradas em edifícios comerciais e institucionais. As *janelas fixas* são as mais baratas e as que têm a menor probabilidade de permitir a infiltração de ar ou água, porque não têm componentes móveis. *Janelas de guilhotina simples* e *janelas de guilhotina dupla* têm, respectivamente, um ou dois *caixilhos* móveis, que são os quadros nos quais o vidro é montado (Figura 18.3). Os caixilhos deslizam para cima e para baixo em trilhos que são parte da estrutura da janela. Em janelas mais antigas, os caixilhos eram seguros na posição por cordas e contrapesos, mas hoje as janelas de guilhotina dupla em geral se baseiam em um sistema de molas para contrabalançar o peso dos caixilhos. Uma *janela de correr* é essencialmente uma janela de guilhotina simples deitada de lado, e ela compartilha com janelas de guilhotina simples e duplas a vantagem de que os trilhos na estrutura mantêm os caixilhos seguros na posição nos dois lados opostos. Essa construção inerentemente estável permite que janelas de guilhotina simples e duplas e de correr sejam projetadas em uma variedade de tamanhos e proporções quase ilimitada. Ela também permite que os caixilhos tenham uma construção mais leve que aqueles de *janelas projetadas*, uma categoria que inclui principalmente *janelas de abrir para fora*, *janelas maxim-ar*, *maxim-ar invertida*, *janelas de abrir para dentro* e *janelas pivotantes*. Todas as janelas projetadas têm caixilhos que giram para fora ou para dentro a partir de seus marcos, os quais precisam, portanto, ter suficiente rigidez estrutural para resistir às cargas de vento enquanto estão sendo suportadas somente em dois cantos.

Com a exceção da rara *janela de tripla guilhotina* (janela com três caixilhos móveis que deslizam verticalmente dentro de trilhos com contrapesos), nenhuma janela com caixilho que desliza pode ser aberta para mais do que metade de sua área total. Em contrapartida, muitas janelas projetadas podem ser abertas praticamente em sua área total. Janelas de abrir

---

* N. do T.: No original, é descrita a etimologia da palavra *window*: acredita-se que a palavra *window* tenha se originado de uma antiga expressão inglesa que significa "wind eye" (olho de vento).

Capítulo 18 Janelas e Portas **749**

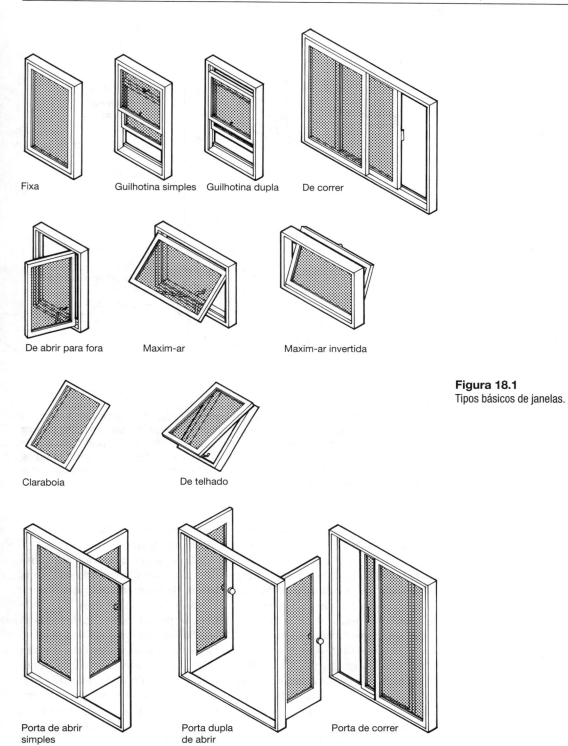

Figura 18.1
Tipos básicos de janelas.

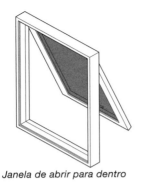
Janela de abrir para dentro

Janela Maxim-ar para dentro

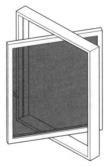
Janela pivotante

Figura 18.2
Tipos adicionais de janelas que são usadas principalmente em grandes edifícios.

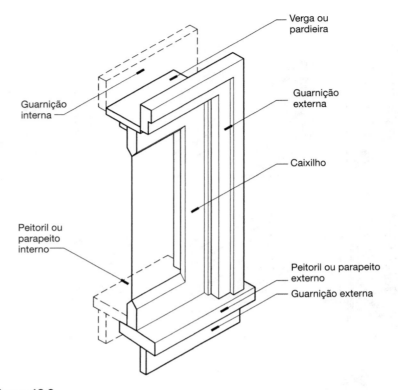

Figura 18.3
A nomenclatura básica de janelas segue uma tradição que tem se desenvolvido ao longo de muitos séculos. O *marco* ou *moldura da janela* consiste na *verga* ou *padieira* na parte superior e dos *montantes* ou *ombreiras* em cada um dos lados. O *peitoril* ou *parapeito* fecha a parte de baixo da abertura. O *caixilho* acomoda-se internamente na moldura e sustenta os vidros. As *guarnições interna* e *externa* cobrem as juntas entre o marco e a parede, respectivamente pelos lados interno e externo.

para fora ajudam na captação de brisas que passam e induzem a ventilação pelo edifício. Elas são geralmente estreitas, mas podem ser colocadas lado a lado ou ao lado de caixilhos de vidros fixos para aumentar a abertura. Janelas maxim-ar podem ser largas, mas normalmente não são muito altas. Elas têm a vantagem de proteger uma abertura de janela da água durante a chuva e de permitir que sejam utilizadas para o projeto de fachadas de vidro (Figura 18.4). Janelas maxim-ar invertidas são mais comuns em edifícios comerciais do que em edifícios residenciais. Do mesmo modo que as janelas maxim-ar, essas janelas não permitirão a entrada de água (desde que sejam abertas para dentro). *Janelas oscilo-basculantes* (sem ilustração) são um tipo de janela projetada com um mecanismo inteligente que fica oculto e que permite que cada janela seja operada tanto como uma janela de abrir para dentro quanto como uma janela maxim-ar.

Uma janela que abre para fora normalmente é fornecida com uma banda de borracha aplicada no caixilho ou na folha móvel, que veda por compressão em volta de todas as bordas do caixilho quando a janela é fechada. Janelas guilhotina simples ou dupla, ou janelas de correr, geralmente precisam de bandas de vedação do tipo escova, porque esse tipo não exerce tanta fricção contra um caixilho deslizante quanto a banda de borracha. Materiais do tipo escova não vedam tão bem quanto as bandas de borracha à compressão, e também estão mais sujeitos ao desgaste que as bandas de borracha ao longo da vida útil da janela. Como resultado, janelas que abrem para fora ou para dentro são mais resistentes à infiltração de ar que as janelas que deslizam em suas estruturas.

Figura 18.4
Janelas maxim-ar e fixa, de tamanhos coordenados, oferecem ao arquiteto a possibilidade de criar padrões em fachadas de vidro. *(Foto cortesia de Marvin Windows and Doors)*

Elementos envidraçados feitos para serem instalados em telhados são especialmente construídos e recebem um tipo especial de arremate em seu contorno para impedir infiltração de água. *Claraboias* (também chamadas de *claraboias unitárias,* para distingui-las de grandes elementos envidraçados contínuos) podem ser fixas ou com componentes móveis (para ventilação). O termo *janela de telhado* é utilizado algumas vezes para se referir a qualquer elemento de ventilação e iluminação instalado no telhado. Outras vezes, ele se refere exclusivamente a elementos semelhantes a janelas que possuem uma parte móvel com alguma forma de rotação para dentro que permite que as superfícies externas do vidro fiquem acessíveis pela parte interna do prédio para facilidade de limpeza.

Grandes portas de vidro (que são frequentemente fornecidas por fabricantes de janelas) podem ser de correr em trilhos ou girar em dobradiças ou pinos. A *porta dupla de abrir com vidros* abre todo o vão e, com suas duas folhas completamente abertas, é um tipo de porta mais receptivo que a *porta de correr*, mas ela não pode ser utilizada para regular a entrada de ar no ambiente, a não ser que seja utilizado algum mecanismo ou objeto que possa manter a porta aberta em uma posição definida. A porta dupla de abrir com vidros apresenta a tendência a permitir a infiltração de ar ao longo de suas sete bordas, por isso ela deve ser cuidadosamente ajustada e devem ser colocadas bandas de vedação.

A *porta de abrir simples com vidro*, com apenas uma folha móvel, minimiza esse problema, mas, do mesmo modo que as portas de correr, podem abrir somente metade da área de uma porta dupla.

Alguns tipos de janelas utilizadas quase exclusivamente em prédios comerciais e institucionais são *janelas pivotantes* com pivôs horizontais ou verticais, *janelas de abrir para dentro com dobradiças laterais* e *janelas com dobradiças horizontais na borda superior* (Figura 18.2). Esses tipos permitem que a face externa dos vidros seja lavada pelo interior e estão muito menos sujeitos a danos que poderiam ocorrer se abrissem para fora sujeitas aos fortes ventos que sopram em volta dos edifícios altos. Para minimizar ainda mais o dano causado pelo vento, janelas em edifícios altos são frequentemente fornecidas com mecanismos que limitam a extensão na qual elas podem ser abertas. Na maioria dos edifícios altos, se as janelas têm partes móveis, elas não têm o objetivo de ventilação, a não ser que o sistema de ar condicionado do edifício esteja inoperante.

Telas contra insetos podem ser montadas somente pelo lado de dentro do caixilho em janelas de abrir para fora e janelas maxim-ar. Telas são normalmente posicionadas pelo lado externo de outros tipos de janelas. Portas duplas de correr e portas de abrir com vidro devem possuir telas de correr, e portas duplas de abrir com vidros requerem um par de telas de abrir pelo lado externo. Janelas pivotantes não podem ter telas.

Os vidros precisam ser lavados a intervalos regulares para se manterem transparentes e atraentes. As superfícies internas dos vidros em geral podem ser facilmente alcançadas por quem lava as janelas. A superfície externa com frequência é de difícil alcance, exigindo escadas, andaimes ou plataformas para lavagem de janelas, que são suspensas a partir do topo do edifício por meio de cabos. Devido a isso, a maioria das janelas com partes móveis são projetadas para permitir que as pessoas lavem a superfície externa enquanto permanecem no interior do edifício. Janelas que abrem para fora e janelas maxim-ar têm normalmente suas folhas móveis fixadas de tal maneira que, quando a janela está aberta, existe espaço suficiente entre a borda de fixação da folha e o marco da janela para que um braço possa passar e alcançar a superfície externa do vidro. Janelas guilhotina com duas folhas móveis e janelas de correr são frequentemente desenhadas para permitir que a folha móvel seja girada ou inclinada para fora de seus trilhos, para permitir a fácil limpeza da superfície externa do vidro a partir do interior do edifício (Figura 18.13). Veja também a discussão sobre vidro autolimpante no capítulo anterior.

Janelas e portas de vidro também podem ser combinadas lado a lado ou montadas verticalmente para criar áreas envidraçadas maiores, com vários componentes fixos e outros móveis (Figuras 18.4, 18.6, 18.7, 18.18).

Quadros de janelas
Madeira

A madeira é o material tradicional para quadros de janelas, mas alumínio, aço, plásticos e combinações desses quatro materiais também têm sido largamente utilizados. A madeira é um bom isolante térmico, apresenta pequena variação dimensional com a mudança de temperatura e, se estiver livre de nós, é facilmente trabalhável e consistentemente resistente. Em serviço, entretanto, a madeira se retrai e se expande com a variação da quantidade de umidade que contém e requer repinturas com um intervalo de poucos anos entre elas. Quando molhadas pelo tempo, vazamentos ou condensação, as *janelas de madeira* estão sujeitas ao apodrecimento, embora sua resistência ao apodrecimento possa ser melhorada por meio de tratamentos com preservativos. Madeira sem nós está se tornando cada vez mais rara e cara. Por isso, materiais compostos de madeira são utilizados com frequência cada vez maior para quadros de janelas. Estes incluem madeira feita de pequenos pedaços de madeira colados em juntas de dedos, madeira com fibras orientadas e madeira laminada. Esses materiais, embora funcionalmente satisfatórios, não são atrativos, então eles são, em geral, recobertos com laminado de madeira pelo lado interno e revestidos com placas de plástico ou alumínio pelo lado externo das edificações (Figuras 18.5-18.7). Quadros de janelas feitos de madeira maciça também podem ser revestidos pelo lado externo para melhorar sua resistência às intempéries e para reduzir as exigências de manutenção. *Janelas revestidas de madeira*, no momento em que este livro está sendo escrito, representam a maior fatia do mercado para janelas com quadros de madeira nos Estados Unidos.

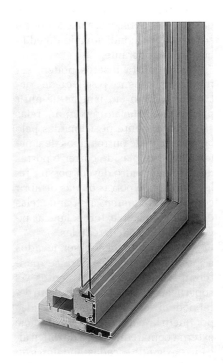

Figura 18.5
Corte de uma janela com perfil de alumínio integrado a um quadro de madeira. *(Foto cortesia de Marvin Windows and Doors)*

Figura 18.6
Um par de janelas de guilhotina dupla com quadro de madeira em uma residência. *(Foto cortesia de Marvin Windows and Doors)*

Alumínio

O alumínio utilizado na construção de janelas é forte, fácil de cortar e montar e, em comparação com a madeira, muito menos vulnerável à umidade. O processo de extrusão pelo qual as seções de alumínio são formadas resulta em formas com perfis bem definidos e atraentes. Além disso, acabamentos duráveis de fábrica eliminam a necessidade de repintura periódica depois da instalação. Entretanto, componentes de alumínio aquecem tão rapidamente que, a menos que um quadro de alumínio seja construído com uma *ponte de ruptura térmica* feita de componentes de plástico ou de borracha sintética para interromper o fluxo de calor através do metal, irá se formar condensação e, algumas vezes, até mesmo gelo nas superfícies interiores do quadro da janela durante o frio do inverno. *Janelas de alumínio* também são mais caras do que janelas de madeira ou plástico. A maioria das janelas para prédios comerciais e institucionais, assim como muitas janelas para edifícios residenciais, são estruturadas com alumínio (Figuras 18.8-18.10). Quadros de alumínio são normalmente anodizados ou têm pintura permanente, como descrito no Capítulo 21.

Plásticos

Quadros de *janelas de plástico*, embora relativamente novos, agora já representam mais da metade de todas as janelas vendidas no mercado de janelas para residências nos Estados Unidos. Janelas de plástico nunca necessitam de pintura e são boas isolantes térmicas. Muitas também custam menos que janelas de madeira ou de madeira combinada com alumínio. As desvantagens dos plásticos como materiais para quadro de janela são que eles não são tão rígidos ou resistentes como outros materiais para janelas. Além disso, eles têm coeficientes de expansão térmica muito altos (Figura 18.11). O material mais comum para quadros de janelas de plástico é o cloreto de polivinila (PVC, vinil), o qual é formulado com uma alta proporção de material inerte como carga, para minimizar a expansão a e contração térmicas.

Figura 18.7
Grandes janelas tipo guilhotina de madeira e uma janela triangular fixa trazem a luz do sol e diversas vistas. *(Foto cortesia de Marvin Windows and Doors)*

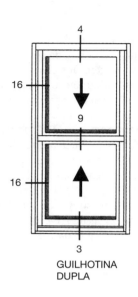

GUILHOTINA
DUPLA
3

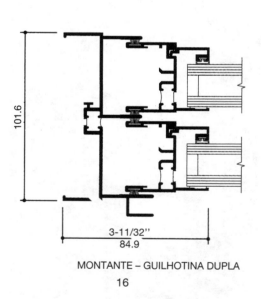

MONTANTE – GUILHOTINA DUPLA
16

©KAWNEER COMPANY, INC., 1997

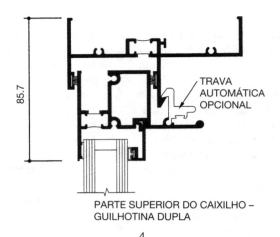

PARTE SUPERIOR DO CAIXILHO –
GUILHOTINA DUPLA
4

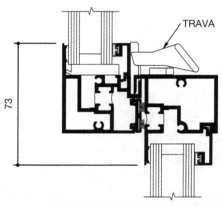

ENCONTRO DE FOLHAS MÓVEIS –
GUILHOTINA DUPLA
9

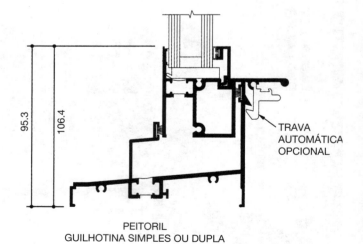

PEITORIL
GUILHOTINA SIMPLES OU DUPLA
3

Figura 18.8
Os detalhes desta janela de guilhotina dupla para prédio comercial seguem as referências numeradas na pequena vista frontal acima à esquerda. Pontes de ruptura térmica são extrudadas e separadas, sendo mostradas nos desenhos como pequenas áreas brancas, seguras por uma configuração de "garras" de alumínio nos dois lados. Elas separam as partes externa e interna de todas as extrusões do caixilho e do quadro da janela. Escovas de vedação impedem a infiltração de ar em todas as interfaces entre os caixilhos e o quadro da janela. Para ajudar a entender as complexidades de extrusões em alumínio, veja Capítulo 21. *(Cortesia de Kawneer Company, Inc.)*

(a)

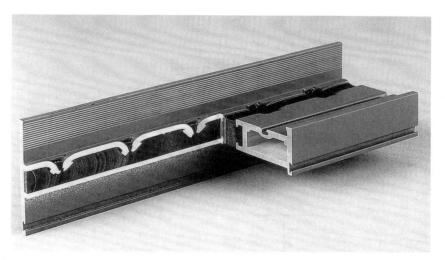

(b)

Figura 18.9 - a, b
(a) Duas janelas de guilhotina dupla de alumínio ao fundo, com uma janela de correr à frente. (b) Em corte, um exemplo de uma ponte de ruptura térmica de plástico na posição, em um quadro de janela de alumínio. Neste desenho de tecnologia proprietária, o alumínio é embutido no plástico a determinados intervalos para unir os dois materiais com segurança. *(Cortesia de Kawneer Company, Inc.)*

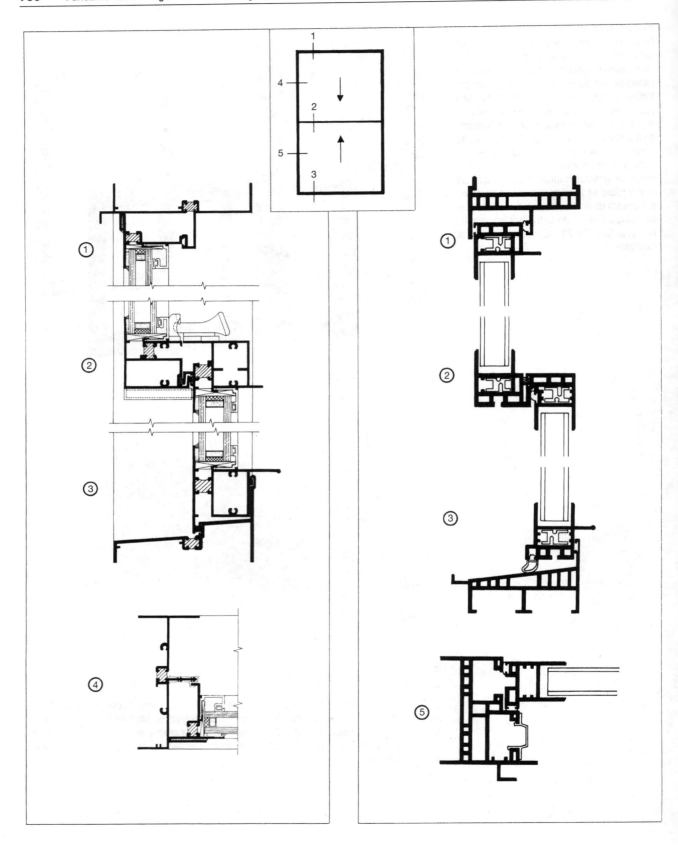

Figura 18.10
Detalhes comparativos de uma janela residencial de guilhotina simples com um quadro de alumínio *(esquerda)* e uma janela residencial de guilhotina dupla com um quadro de plástico PVC *(direita)*. O pequeno desenho do detalhe, no topo, ao centro da ilustração mostra uma vista frontal da janela com números que fazem referência aos detalhes das seções abaixo. As seções comparativamente espessas de plástico são um indicativo da maior rigidez do alumínio como material. As áreas hachuradas em diagonal dos detalhes de alumínio são pontes de ruptura térmica de plástico, que interrompem o fluxo de calor através do quadro metálico altamente condutivo. A condutividade inerentemente baixa do PVC e a construção multicâmara eliminam a necessidade de pontes de ruptura térmica na janela de plástico. Compare a espessura do alumínio nesta janela para uso residencial com aquela de alumínio para uso em prédio comercial na Figura 18.8. *(Reimpresso com permissão da AAMA Aluminum Curtain Wall Design Guide Manual)*

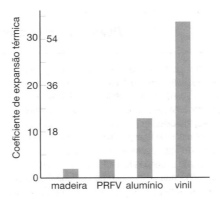

Figura 18.11
Uma comparação dos coeficientes de expansão térmica da madeira, plástico reforçado com fibra de vidro (PRFV), do alumínio e do vinil (PVC). O vinil expande 15 vezes mais do que a madeira, oito vezes mais do que o PRFV e três vezes mais do que o alumínio. As unidades do gráfico estão em pol./pol./^{0}F$\times 10^{-6}$ à esquerda do eixo vertical e mm/mm/^{0}C$\times 10^{-6}$ à direita.

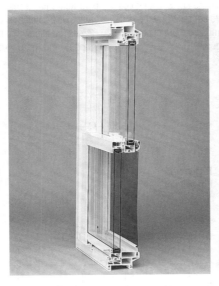

Figura 18.12
Amostra em corte de uma janela de plástico de guilhotina dupla com vidro duplo e uma meia-tela externa. *(Cortesia de Vinyl Building Products, Inc.)*

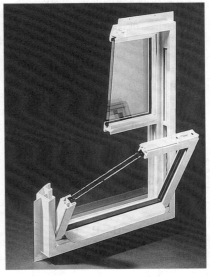

Figura 18.13
Para facilitar a lavagem das superfícies externas do vidro, os caixilhos desta janela plástica podem ser destravados do quadro e virados para dentro. *(Cortesia de Vinyl Building Products, Inc.)*

Alguns detalhes de uma típica janela de PVC são mostrados nas figuras 18.10, 18.12 e 18.13.

Janelas de plástico reforçado com fibra de vidro (*PRFV*), frequentemente chamadas de *janelas de fiberglass*, são o mais novo produto no mercado de janelas. Seções do quadro de PRFV são produzidas por um processo de *pultrusão*: fios contínuos de fibra de vidro são puxados por um banho de resina plástica, normalmente poliéster e, a seguir, por uma matriz de extrusão aquecida, na qual a resina endurece. As peças de caixilho resultantes são fortes, rígidas e com uma expansão térmica relativamente baixa. Assim como o PVC, elas são boas isolantes térmicas. Entretanto, janelas de PRFV são mais caras que aquelas feitas de madeira ou plástico.

A performance térmica de quadros de janelas, tanto de PVC quanto de PRFV, podem ser melhoradas com isolamento de espuma injetado nos espaços vazios dentro das seções do quadro.

PLÁSTICOS NA CONSTRUÇÃO DE EDIFÍCIOS

O primeiro plástico foi formulado há mais de um século. O maior desenvolvimento de materiais plásticos ocorreu a partir de 1930, e durante esse período, os plásticos tiveram uso crescente nos edifícios. Hoje, a indústria da construção dos Estados Unidos usa mais de 5 bilhões de quilos de plásticos por ano, em centenas de aplicações. *Plásticos*, nesse contexto, podem ser definidos de maneira informal como moléculas gigantes sinteticamente produzidas (polímeros ou copolímeros), feitas a partir de um grande número de pequenas unidades químicas repetidas. A maioria dos plásticos é baseada na química do carbono (Figura A), exceto os silicones, que são baseados no silício (Figura B). Os vários compostos de *borracha sintética* são em geral considerados uma classe de materiais diferente dos plásticos, embora quimicamente eles sejam similares; elas são normalmente chamadas de *elastômeros*. Plásticos e elastômeros são produzidos principalmente a partir de moléculas orgânicas obtidas do petróleo, do gás natural e do carvão.

Um *polímero* é composto de muitas unidades idênticas de *monômeros*. Cloreto de polivinila (PVC), por exemplo, é um polímero produzido pela polimerização de monômeros do cloreto de vinila em uma longa cadeira química (Figura C). Um *copolímero* consiste em repetir padrões de dois ou mais monômeros. Poliestireno de alto impacto é um copolímero feito a partir de poliestireno e polibutadieno (Figura D).

A estrutura molecular de um polímero ou copolímero carrega uma importante relação com suas propriedades físicas. Uma molécula de polietileno de alta densidade, por exemplo, é uma longa cadeia linear, contendo até 200.000 átomos de carbono (Figura E). Polietileno de baixa densidade tem uma estrutura molecular ramificada que não se empacota tão facilmente quanto a cadeia linear (Figura F).

Existem duas grandes classes de plásticos. Plásticos *termoplásticos* consistem geralmente de moléculas lineares e podem ser amolecidos por aquecimento em qualquer momento após sua manufatura. Plásticos *termofixos* têm uma estrutura molecular com um encadeamento fortemente cruzado nas três dimensões. Eles não podem ser refundidos após a manufatura. Plásticos termofixos são em geral mais duros, mais fortes e quimicamente mais estáveis do que os termoplásticos.

Muitos modificadores são adicionados a vários polímeros para mudar suas propriedades ou reduzir seus custos. *Plastificantes* são compostos orgânicos que emprestam flexibilidade e maciez a plásticos que, sem eles, seriam quebradiços. *Estabilizantes* são adicionados para aumentar a resistência dos polímeros à degradação resultantes efeitos da luz solar, do calor, do oxigênio e da radiação eletromagnética. *Cargas* (ou fillers) são materiais baratos e não reativos, tais como talco ou pó de mármore, que são adicionados para reduzir o custo ou para

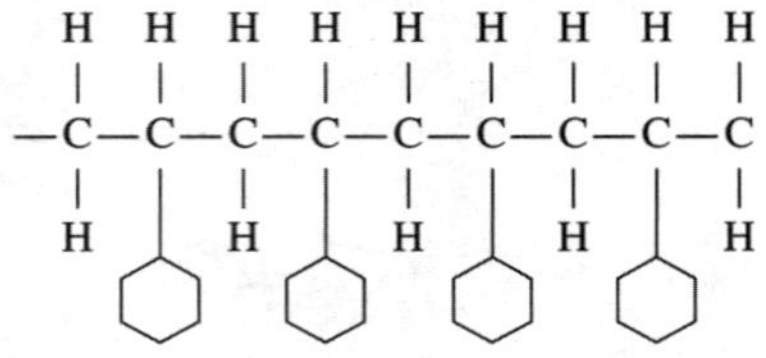

Figura A
Poliestireno.

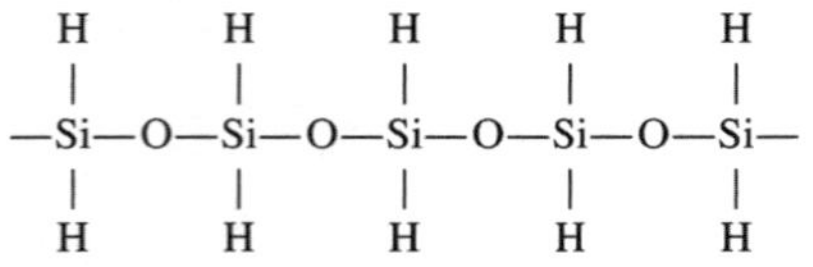

Figura B
Um silicone.

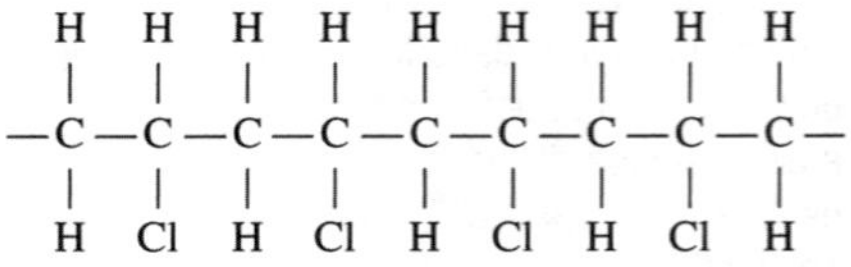

Figura C
Cloreto de polivinila (PVC, vinil)

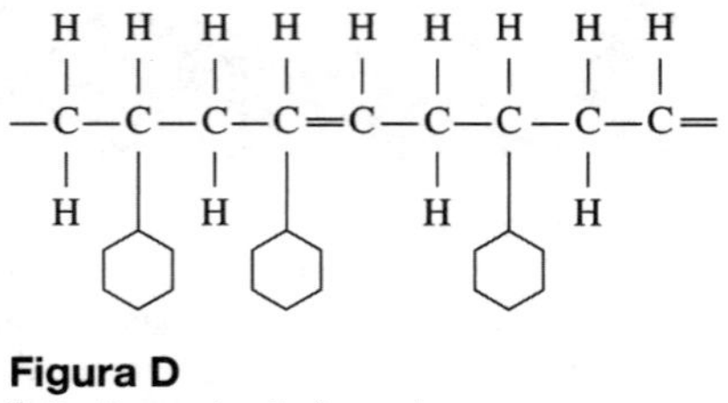

Figura D
Poliestireno de alto impacto.

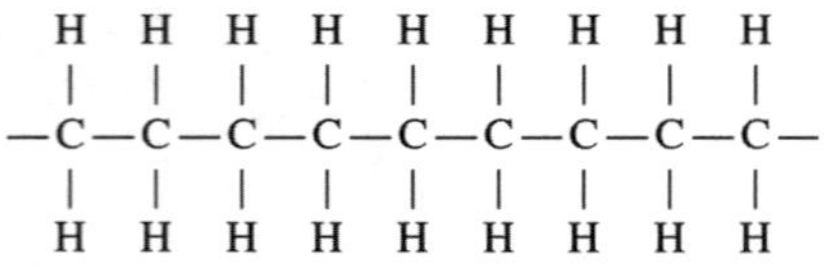

Figura E
Polietileno de alta densidade.

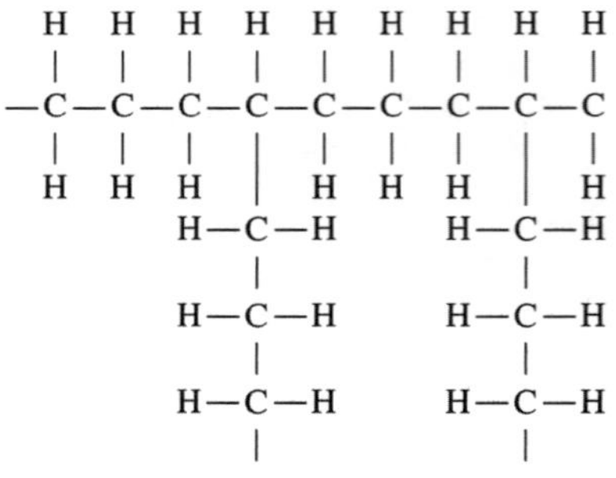

Figura F
Polietileno de baixa densidade.

melhorar a dureza ou a resistência a altas temperaturas. *Extensores* (ou extenders) são ceras ou óleos que adicionam volume ao plástico a um baixo custo. *Reforço* de fibras de vidro, de metal, de carbono ou de minerais pode aumentar a resistência a esforços e a impactos, a rigidez, a resistência à abrasão, a dureza e outras propriedades mecânicas. *Retardadores de chama* são frequentemente introduzidos nos plásticos destinados a usos no interior de edifícios. A cor também pode ser adicionada aos plásticos com corantes ou pigmentos. Alguns exemplos de modificadores extremamente úteis são o negro de fumo, adicionado com frequência ao polietileno como um estabilizador para melhorar sua resistência à luz solar; o carbonato de chumbo, utilizado para estabilizar os produtos de PVC para uso externo; o plastificante diisooctil, que converte PVC quebradiço em um composto deformável semelhante à borracha; e as fibras de vidro cortadas, que reforçam o poliéster para fazê-lo adequado ao uso em cascos de barcos e componentes para edifícios.

Os plásticos utilizados em edifícios variam desde sólidos densos, como os utilizados em placas para pisos, até as espumas celulares leves, utilizadas para isolamento térmico. Eles incluem as chapas macias e conformáveis utilizadas para as membranas e os detalhes dos telhados, bem como os plásticos rígidos e duros utilizados em tubulações do subsistema hidrossanitário. Chapas para envidraçamento são feitas de plásticos altamente transparentes, enquanto a maioria dos plásticos produzidos para outros fins são opacos.

As pessoas prontamente reconhecem os materiais plásticos sólidos utilizados na construção, mas a maioria tende a não perceber que plásticos líquidos são os maiores ingredientes de muitas tintas e revestimentos protetores. Os plásticos também aparecem na forma de *compósitos*, nos quais eles estão combinados com materiais não plásticos: *laminados* consistindo de papel e melamina-formaldeído (fórmica), usados para tampos e acabamentos superficiais; *sanduíches*, como os painéis de madeira compensada com núcleo de espuma rígida, usados como material composto em edifícios com estruturas pesadas de madeira (veja Capítulo 3); e misturas de plásticos com materiais particulados, como concreto com poliéster (agregados de pedra cementados com um ligante de poliéster em vez de cimento Portland) e pranchas de madeira particulada (lascas de madeira e resinas fenólicas).

Os plásticos recebem sua forma por meio de um entre uma lista quase interminável de processos. A *extrusão* produz longas peças com seção constante, forçando o plástico por um molde (placa da matriz de extrusão) com a forma desejada. A pultrusão, utilizada para certos produtos reforçados com fibras, é muito semelhante à extrusão, exceto pelo fato de que a seção é puxada pela placa da matriz e não empurrada. Um grupo de processos de *moldagem* moldam o plástico dentro de cavidades com formas definidas que lhe dão o formato desejado. Muitas espumas plásticas podem ser produzidas (expandidas) diretamente dentro do molde, no qual elas se expandem até preenchê-lo. O filme de polietileno é produzido por *sopragem de filme*, em que o ar é bombeado em um pequeno tubo de plástico extrudado para expandi-lo e esticá-lo, a fim de formar um tubo com uma parede muito fina com vários metros de diâmetro. O grande tubo é, então, cortado no sentido longitudinal, dobrado e enrolado para distribuição. Filmes e folhas podem ser produzidos moldando plástico em um rolo resfriado ou em uma esteira resfriada em movimento. Alguns produtos plásticos em folha e muitos laminados plásticos são produzidos por *calandragem*, um processo no qual um material ou um sanduíche de materiais é prensado primeiro por rolos aquecidos e, então, por rolos resfriados.

Folhas termoplásticas também podem ser conformadas aquecendo-as e prensando-as contra matrizes com a forma desejada. A força de pressão pode ser fornecida mecanicamente, por uma matriz fechada (moldes positivo e negativo), ou por pressão de ar. Se o ar comprimido empurra o plástico na matriz, o processo é chamado *conformação por sopro*. Na *conformação a vácuo*, uma bomba retira o ar do espaço entre a folha de plástico aquecido e a matriz, e a pressão atmosférica faz o resto.

Muitos plásticos aceitam processos de usinagem – corte, furação, tornearia, plaina, desbaste, lixação – como aqueles utilizados para dar forma à madeira ou ao metal. O *nylon* e os acrílicos frequentemente recebem sua forma final dessa maneira. Vários plásticos também podem ser colados com adesivos ou com calor e solventes que amaciam

Algumas borrachas sintéticas utilizadas na construção	
Polietileno clorado, Polietileno clorosulfonado (Hypalon)	Membranas de telhado
Monômero de Etileno-Propileno-Dieno (EPDM)	Membranas de telhado, acabamentos de telhado
Copolímero de Isobutileno-isopreno (borracha butílica)	Acabamentos de telhado, impermeabilização
Policloropreno (Neopreno)	Gaxetas e anéis de vedação, impermeabilização
Poliisobutileno (PIB)	Membranas de telhado
Polisiloxano (borracha de silicone)	Selantes, adesivos, revestimentos, membranas de telhado
Poliuretanos	Selantes, isolamento
Polisulfeto de sódio (polisulfeto, tiocol)	Selantes

Plásticos na construção de edifícios (Continuação)

Alguns plásticos utilizados na construção

Nome químico (nomes comuns e nomes comerciais em parênteses)	Termoplástico (tp) ou termofixo (tf)	Características	Alguns usos em edifícios
Terpolímero acrilonitrila-butadienoestireno (ABS)	tp	Duro, dimensionalmente estável	Tubulação hidrossanitária, ligações de chuveiros
Resina alquídica	tf	Resistente, transparente, resistente ao tempo	Tintas
Epóxi	tf	Resistente, duro, alta adesão	Adesivos, revestimentos, ligantes
Melamina-formaldeído	tf	Duro, muito durável	Laminados plásticos
Fenol formaldeído (resina fenólica, baquelite)	tf	Duro, muito durável	Tintas, laminados, espumas de isolamento, caixas para eletricidade
Poliamidas (Nylon)	tp	Resistente, forte, elástico, usinável	Membranas para telhados de galpões pneumáticos (pressurizados) e telhados tipo tenda (tracionados), utensílios para portas e armários
Polibuteno	tp	Pegajoso, macio, resistente ao intemperismo	Fitas adesivas, selantes
Policarbonato (Lexan)	tp	Duro, transparente, inquebrável	Folhas de janelas em substituição ao vidro, elementos de luminárias, rodapé de portas
Poliésters (Mylar, Dacron)	tf	Durável, combustível	Tecidos para membranas de telhados e geotêxteis, matriz para peças de plástico reforçado com fibra de vidro
Polietileno	tp	Resistente, flexível, impermeável	Retardadores de vapor, barreira de vapor, tubulação, tecidos com plástico
Poliisocianturato	tf	Resistente ao calor, retardador de fogo	Espumas isolantes
Polimetil metacrilato (acrílico, Plexiglas, Lucite)	tp	Resistente, transparente, usinável	Folhas de janelas em substituição ao vidro, claraboias, elementos de luminárias, painéis iluminados, tintas, adesivos
Polipropileno	tp	Resistente, duro, não sofre fadiga	Fibras de concreto para controle de fissuras, dobradiças monolíticas moldadas
Poliestireno (Styrofoam, isopor)	tp	A espuma é um excelente isolante térmico, sólido é transparente	Espumas de isolamento, folhas de janelas em substituição ao vidro
Politetrafluoretileno (PTFE, Teflon)	tp	Resistente ao calor, baixa fricção	Juntas deslizantes de rolamentos, fita de vedação de roscas
Poliuretanos	tf ou tp	Varia enormemente com a forma do plástico, desde espumas de baixa densidade até revestimentos densos e duros para borrachas sintéticas	Tintas, selantes, espumas isolantes, adesivos
Cloreto de polivinila (PVC, vinil), acetato de polivinila (PVA)	tp	Varia muito com a forma do plástico, desde folhas flexíveis semelhantes a borracha até sólidos rígidos e duros.	Tubulação, eletrodutos, dutos, arremates, calhas, quadros de janelas, lâminas e placas para pisos, tintas, revestimentos de parede, geotêxteis, membranas de telhados
Fluoreto de polivinila (PVF, Tedlar)	tp	Resistente, inerte	Tintas para o exterior
Fluoreto de polivinilideno (PVF, Kynar, fluorpolímero)	tp	Cristalino, translúcido	Tintas para o exterior
Silicones	tf	Resistente ao intemperismo, baixa tensão superficial	Repelentes à água para paredes, selantes
Poliolefinas termoplásticas (TPO)	tp	Resistente ao intemperismo, resistente à radiação UV	Membranas de telhados
Ureia formaldeído (UF)	tf	Forte, rígido, estável	Tintas, adesivos de madeira compensada, cola para painéis de madeira, espumas isolantes

as duas superfícies a serem unidas, de tal modo que elas possam ser prensadas juntas para reendurecer como uma única peça.

Plásticos podem ser unidos mecanicamente com parafusos autoatarrachantes ou parafusos com porcas. Muitos produtos plásticos são projetados com características engenhosas de união por encaixe de pressão, de tal modo que eles podem ser unidos sem peças de ligação.

Como um grupo, os plásticos exibem algumas vantagens comuns e alguns problemas comuns quando utilizados como materiais de edificação. Dentre as vantagens, em geral têm baixa densidade, são mais baratos do que outros materiais que farão o mesmo serviço, apresentam boa superfície e qualidades decorativas e, porque suas moléculas são produzidas de acordo com cada uso final, eles podem oferecer uma melhor solução para um problema de edificação do que materiais mais tradicionais. Plásticos geralmente são pouco afetados por água ou degradação biológica, e não corroem galvanicamente. Eles tendem a ter uma baixa condutividade térmica e elétrica. Muitos têm alta relação resistência-peso. A maioria dos plásticos é essencialmente impermeável à água e ao vapor d'água. Muitos são muito resistentes aos esforços mecânicos e à abrasão.

Suas desvantagens também são numerosas. Todos os plásticos podem ser destruídos pelo fogo e muitos liberam produtos de combustão tóxicos. Alguns queimam muito rapidamente, mas outros têm queima lenta, são autoextinguíveis ou simplesmente não entram em combustão, de tal forma que uma cuidadosa seleção de polímeros e modificadores pode ser crucial nas aplicações em edificações. Taxas de propagação de fogo, de produção de fumaça e toxicidade dos produtos da combustão deveriam ser checadas para cada uso de plásticos dentro de um edifício.

Os plásticos têm um coeficiente de expansão térmica muito mais alto que outros materiais de construção e exigem muita atenção para o detalhamento de juntas de dilatação e de montagem, e outros mecanismos com a função de acomodar as variações de volume. Eles tendem a não ser muito rígidos. Eles flexionam consideravelmente mais do que a maioria dos materiais convencionais quando são submetidos à carga. Considerado em conjunto com a sua combustibilidade, isso limita severamente suas aplicações como materiais estruturais principais. Muitos também deformam sob carga prolongada, em especial em temperaturas elevadas. Em termos de resistência, os plásticos variam de compósitos reforçados com fibra tão fortes quanto muitos metais (mas bem menos rígidos) a espumas celulares que podem ser esmagadas facilmente entre dois dedos.

Os plásticos tendem a degradar em ambientes externos. Eles são especialmente suscetíveis ao ataque do componente ultravioleta da luz solar, do oxigênio e do ozônio. Em muitos produtos plásticos (folhas de acrílico para vidraças e algumas borrachas sintéticas, por exemplo), esses problemas foram resolvidos por ajustes na química do material, que resultaram de um longo programa de testes e pesquisas. Entretanto, é normalmente um engano se um projetista utiliza um plástico não testado em um local exposto sem consultar seu fabricante.

A tabela que acompanha esse item lista os plásticos mais utilizados na construção.

Referências selecionadas

1. Dietz, Albert G. H. *Plastics for Architects and Builders*. Cambridge, MA, MIT Press, 1969.

Apesar de sua idade, este merecidamente famoso pequeno livro é ainda a melhor introdução sobre o assunto para profissionais da construção.

2. Hornbostel, Caleb. Construction Materials: *Types, Uses and Applications* (2nd ed.). New York, John Wiley & Sons, Inc., 1991.

A seção sobre plásticos, neste livro monumental, apresenta excelentes resumos dos plásticos mais utilizados na construção.

Aço

A principal vantagem do aço como um material para estruturas de janelas é sua resistência, que permite que as seções dos caixilhos de aço sejam muito mais esbeltas do que aquelas de madeira ou alumínio (Figuras 18.14-18.18). Usualmente, as *janelas de aço* têm pintura permanente para apresentar uma aparência agradável e para prevenir corrosão. Se elas não têm, necessitam repintura periódica. Aço é um material menos condutor de calor que o alumínio, portanto, é improvável que se forme condensação sob a maioria das condições climáticas. Então, os quadros de janela de aço raramente possuem pontes de ruptura térmica, embora quadros com pontes de ruptura térmica também sejam disponibilizados por alguns fabricantes quando um melhor desempenho térmico é exigido. Entretanto, eles são melhores condutores de calor do que quadros de madeira ou de plástico.

Pinázio

Antigamente, devido à dificuldade de serem produzidos grandes panos de vidro livres de defeitos significativos, as janelas eram necessariamente divididas em pequenos vãos por *pinázios*, finas barras de madeira nas quais os vidros eram montados dentro de cada caixilho. (Os caixilhos superiores na Figura 18.6 têm pinázios.) Uma típica janela com guilhotina dupla tinha seu caixilho superior e seu caixilho inferior divididos em seis partes, e era referida como *seis sobre seis*. Arranjos de pinázios mudaram com os estilos arquitetônicos e com as melhorias na fabricação de vidro. As janelas de hoje, envidraçadas com grandes panos de vidro produzidos pelo processo de floating e praticamente sem defeitos, não necessitam mais de qualquer pinázio, mas muitos proprietários de edifícios e projetistas preferem a aparência das tradicionais janelas com pinázios. Nos Estados Unidos, esse desejo de utilizar pinázios é bastante complicado pela necessidade de utilizar vidros com isolamento térmico (dois ou três vidros), para atender os requisitos de conservação de energia dos códigos de edificação. Alguns fabricantes oferecem a opção de pequenos panos individuais seguros por pinázios profundos. Isso é relativamente caro e os pinázios tendem a parecer grossos e pesados. A opção mais barata utiliza grades imitando as barras dos pinázios, feitas de madeira ou plástico, que são presas em cada caixilho contra a superfície interior do vidro. Elas são projetadas para serem facilmente removíveis para a limpeza do vidro. Outras alternativas são imitações de grades de pinázios entre as folhas dos vidros, as quais não são réplicas muito convincentes do objeto real, e grades, quer sejam removíveis ou permanentemente coladas ao vidro, em ambos os lados (interno e externo) da janela. Outra opção é utilizar uma janela de primeira linha, com divisões autênticas de um caixilho simples, e aumentar seu desempenho térmico com um caixilho de tempestade. De todas as opções, esta tem a melhor aparência a partir do interior, mas os reflexos do caixilho de tempestade obscurecem grandemente os pinázios quando vistos pelo lado externo.

Vidros

Uma variedade de opções de vidros está disponível para janelas residen-

Figura 18.14
Estas amostras de seções de quadros de aço laminado a quente demonstram uma variedade de acabamentos permanentes. A amostra mais próxima inclui um perfil encaixado de alumínio servindo como caixilho para segurar o vidro na posição. *(Janela de aço por Hope's; fotografia por David Moog)*

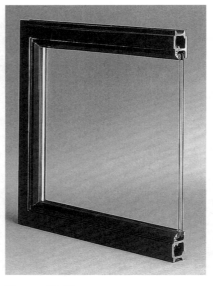

Figura 18.15
Amostra com corte de uma janela com quadro de aço e caixilho de alumínio, com um acabamento permanente. Os detalhes desta janela são mostrados na Figura 18.17. *(Janela de aço por Hope's; fotografia por David Moog)*

Figura 18.16
Com vidros resistentes ao fogo, como o vidro com tela metálica, mostrado aqui, uma janela de aço pode ser resistente ao fogo. Esta janela apresenta um caixilho tipo maxim-ar sob um caixilho fixo. *(Janela de aço por Hope's; fotografia por David Moog)*

Capítulo 18 Janelas e Portas 763

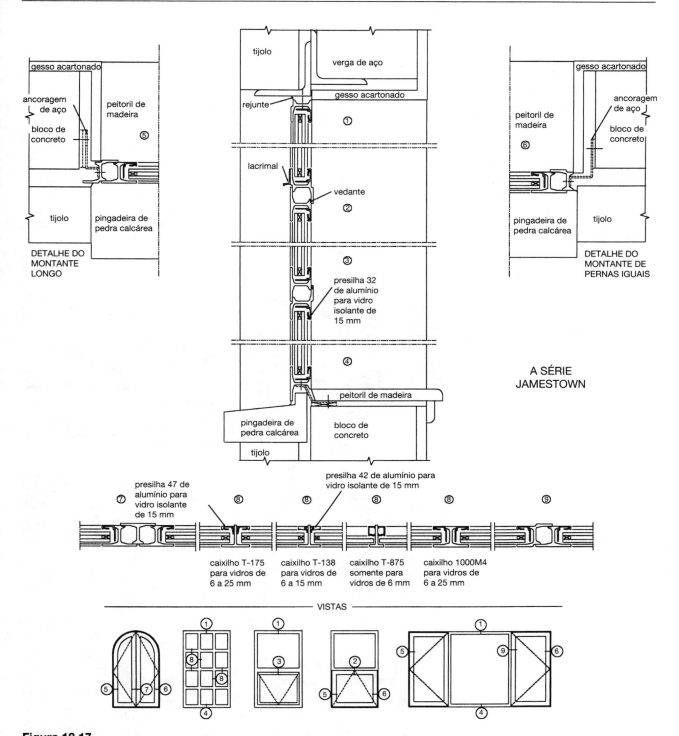

Figura 18.17
Detalhe do fabricante de uma janela de aço em uma parede de alvenaria. Os detalhes estão numerados em relação à vista frontal na parte inferior. Observe as ancoragens dobradas de aço, mostradas com linhas tracejadas, que fixam a janela à alvenaria. *(Janelas de aço por Hope's)*

ciais. Um vidro simples é aceitável somente nos climas mais amenos, devido à sua baixa resistência ao fluxo de calor e à probabilidade de que a umidade condense na sua superfície interior em um clima frio. Um vidro duplo selado ou um vidro simples com uma janela para tempestades é o vidro mínimo aceitável na maioria dos códigos de obras. Janelas para tempestades precisam ser removidas e limpas periodicamente, o que é um transtorno que pode ser evitado com a utilização de um vidro duplo ou triplo selado. Mais de 90% de todas as janelas residenciais vendidas hoje na América do Norte possuem duas ou mais camadas de vidro. Vidro duplo com uma película de baixa emissividade (baixo-e) em uma das superfícies do vidro tem um desempenho ao menos tão bom quanto o de um vidro triplo. Veja o capítulo anterior para uma discussão mais profunda sobre os tipos de vidros para janelas.

A Figura 18.19 lista as propriedades de transmitância térmica para alguns exemplos de combinações de quadros de janelas e opções de vidro. Os fatores U listados são valores gerais para o conjunto completo das janelas, levando em consideração as diferenças nas propriedades térmicas no centro do vidro, nas bordas do vidro e no quadro. Quando da seleção de janelas reais, o fator U do conjunto da janela para uma janela em particular é fornecido pelo fabricante como determinado pelos testes de laboratório ou por simulação computacional. Em adição à transmitância térmica, o coeficiente de ganho do calor solar (CGCS) e a transmitância de luz visível (TLV) são outras medidas importantes de um sistema de desempenho de uma janela. Veja o capítulo anterior para uma discussão sobre essas propriedades.

Figura 18.18
As finas linhas vistas nas janelas e portas de aço são evidentes nesta fotografia. *(Janelas e portas de aço por Hope's; fotografia por David Moog)*

Instalando janelas

Algumas páginas de catálogos para janelas são reproduzidas nas Figuras 18.20-18.22 para dar uma ideia da informação sobre as configurações de janelas que está disponível aos projetistas. Dimensões importantes dadas em catálogos são aquelas do *vão na parede estruturada* e do *vão na parede de alvenaria*. A altura e a largura do vão na parede estruturada são as dimensões do buraco que precisa ser deixado em uma parede estruturada para a instalação da janela. Elas são um pouco maiores do que as medidas externas correspondentes da janela propriamente dita, para permitir que o instalador posicione e nivele a janela com precisão, e garantem que ela esteja isolada das tensões estruturais que existem no sistema da parede. As dimensões do vão na parede de alvenaria indicam o tamanho do buraco que precisa ser feito se a janela é montada em uma parede de alvenaria.

Um vão na parede estruturada ou na parede de alvenaria deveria ser cuidadosamente arrematado antes da instalação da janela, de forma a evitar problemas posteriores com a infiltração de água ou ar (por exemplo, Figuras 6.12 e 6.13). No mínimo, esses arremates podem ser feitos com um feltro saturado de asfalto. Um resultado melhor é obtido usando um arremate de metal ou de outro material com adesivo. Arremates com adesivo podem ser feitos de asfalto emborrachado, similar em composição ao revestimento interno de telhado emborrachado frequentemente utilizado ao longo dos beirados dos telhados e descrito no Capítulo 7, plástico reforçado ou fibra sintética projetada para ser compatível com produtos de recobrimento de edifícios, produzidos com tecnologia proprietária. Metais utilizados para arremates devem ser resistentes à corrosão.

A maioria das janelas produzidas industrialmente são muito fáceis de instalar, frequentemente requerendo apenas alguns minutos por janela. Janelas estruturadas ou revestidas com alumínio ou plástico são normalmente fornecidas com um flange contínuo ao redor do perímetro da janela. Quando a janela é colocada no vão da parede estruturada pelo lado externo, o flange se apoia no arremate nos quatro lados. Depois que a janela foi colocada e chumbada (com a verificação de prumo e esquadro) na abertura, ela é fixada na estrutura da parede por meio de pregos cravados através dos flanges. Então, todas as bordas devem ser vedadas contra a entrada de ar, como mostrado na Figura 6.12. Os flanges serão posteriormente recobertos pelo revestimento exterior.

Os métodos para ancorar a janela na parede de alvenaria variam muito, desde pregar a janela em ripas de madeira que foram fixadas dentro da alvenaria com parafusos ou fixadores colocados com tiros de pistola, até fixar a janela a pequenas peças de aço (*inserts*) que foram colocados nas juntas da argamassa de assentamento da parede. As recomendações do fabricante da janela deverão ser seguidas em cada caso específico.

Quadro da janela	Fator U do conjunto da janela[a]		
	Com vidro simples	Vidro duplo, claro	Vidro duplo, baixo-e, gás argônio
Alumínio sem ponte de ruptura térmica	1,2 6,8	0,76 4,3	0,60 3,4
Alumínio com ponte de ruptura térmica	1,0 5,7	0,63 3,6	0,48 2,7
Aço	0,92 5,2	0,55 3,1	0,41 32,3
Madeira, madeira revestida, PVC	0,84 4,8	0,49 2,8	0,35 2,0
PRFV	0,65 3,7	0,44 2,5	0,27 1,5

[a] Fator U: Btu/pé^2-h-^{0}F seguido por W/m^2-^{0}K.

Figura 18.19
Fatores U comparativos para algumas combinações de quadros de janelas e vidros. Valores mais baixos correspondem a melhor desempenho térmico. Observe que o material do quadro tem um impacto significativo sobre o desempenho total do conjunto da janela. Os números listados aqui são apenas exemplos. A transmitância térmica de qualquer janela em particular é influenciada pelas propriedades dos vidros e do quadro, pelo tamanho da janela, se a janela é móvel ou fixa, e por outros fatores.

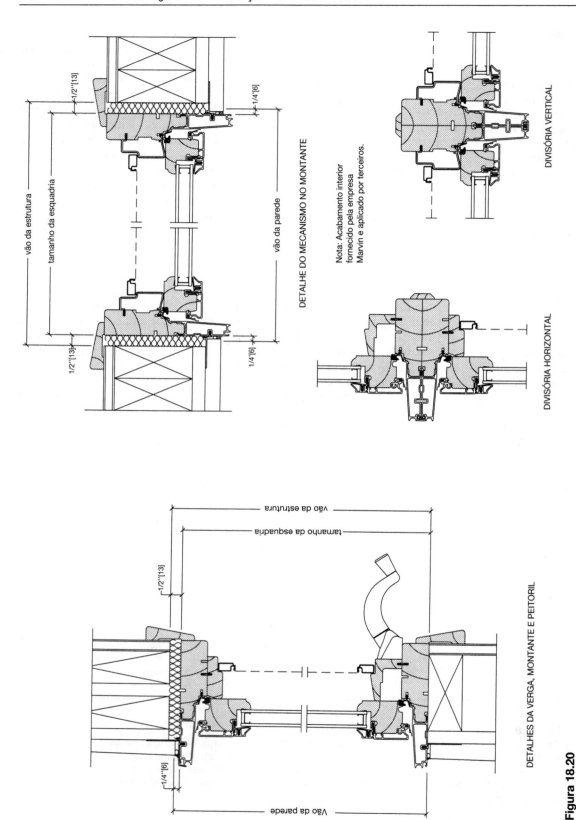

Figura 18.20
Detalhes de um catálogo do fabricante de uma janela com abertura para fora, feita com estrutura de madeira revestida de alumínio, com vidro duplo e uma tela para insetos na parte interna. *(Cortesia de Marvin Windows and Doors)*

N. de T.: Cotas em polegada e entre parênteses em milímetros.

Capítulo 18 Janelas e Portas 767

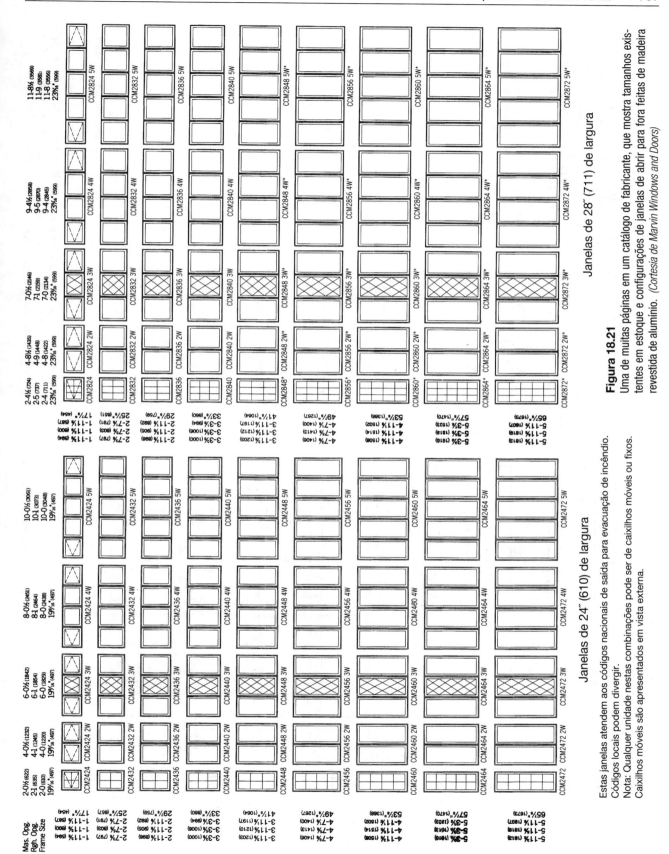

Figura 18.21
Uma de muitas páginas em um catálogo de fabricante, que mostra tamanhos existentes em estoque e configurações de janelas de abrir para fora feitas de madeira revestida de alumínio. (*Cortesia de Marvin Windows and Doors*)

768 Fundamentos de Engenharia de Edificações: Materiais e Métodos

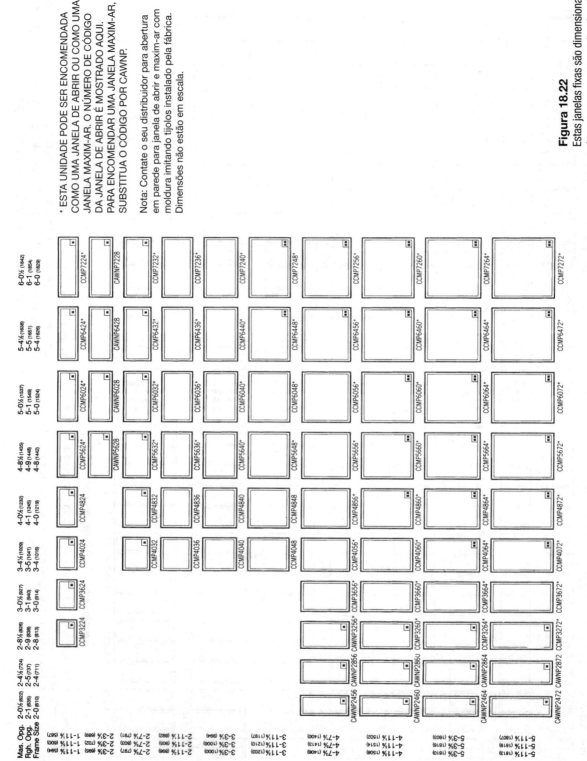

Figura 18.22
Estas janelas fixas são dimensionadas para casar com as janelas de abrir para fora do mesmo fabricante, permitindo ao projetista misturá-las e casá-las. *(Cortesia de Marvin Windows and Doors)*

Considerações sobre sustentabilidade relacionadas a janelas e portas

O Capítulo 17 cobre questões de sustentabilidade relativas aos vidros e às vidraças. Referente às janelas e portas:

- De acordo com o National Renewable Energy Laboratory (Laboratório Nacional de Energia Renovável dos Estados Unidos), o ganho de calor do sol e as perdas de calor no inverno pelas janelas representam aproximadamente 30% da energia elétrica gasta com aquecimento e resfriamento.
- Além das propriedades térmicas do vidro em uma janela, a condutividade térmica do quadro da janela e a infiltração de ar da janela ou porta têm efeitos muito significativos na quantidade de energia que será exigida para aquecer e resfriar o edifício.
- Portas podem deixar passar quantidades significativas de calor por condução pelo material da porta. Portas com núcleo de espuma têm melhor desempenho térmico que outros tipos de porta. O desempenho de qualquer porta residencial externa pode ser melhorado substancialmente adicionando-se uma porta de tempestade durante a estação fria do ano. Vestíbulos estanques ao ar podem limitar a quantidade de ar externo que entra em um edifício quando a porta externa está aberta, bem como melhorar o conforto dos ocupantes do edifício nas proximidades do vestíbulo. Portas giratórias, que mantêm um selo de ar independente da sua posição, são alternativas adequadas aos vestíbulos. Todas as portas deveriam ser cuidadosamente vedadas para limitar as perdas do ar condicionado.

Referente aos materiais da estrutura:

- Questões de sustentabilidade de produção de madeira são cobertas no Capítulo 3. Quando um edifício com boas janelas de madeira é demolido, as janelas são geralmente enviadas a um aterro ou incinerador e não são recicladas.
- Estruturas de alumínio precisam ser termicamente quebradas por motivos de eficiência energética. Elas são em geral recicladas durante a demolição e deveriam ser recicladas em todos os casos. O Capítulo 21 discute questões de sustentabilidade relacionadas ao alumínio como material.
- Estruturas de janelas de PVC são termicamente eficientes. Elas podem ser recicladas durante a demolição, e uma porcentagem significativa já está sendo reciclada atualmente.
- Janelas e portas de aço são feitas de aço reciclado e podem ser recicladas de novo quando um edifício é demolido. Seu desempenho térmico é moderado e pode ser grandemente melhorado pela inserção de pontes de ruptura térmica.

PORTAS

Portas entram em duas categorias gerais: *exteriores* e *interiores*. A resistência ao tempo é usualmente o fator funcional mais importante na escolha de portas exteriores, enquanto a resistência à passagem do som ou fogo e fumaça são frequentemente critérios importantes na seleção de portas interiores. Muitos modelos diferentes do mecanismo de abertura da porta são possíveis (Figura 18.23).

Existem numerosos tipos de portas exteriores: portas de entrada sólidas, portas de entrada que contêm vidro; portas de entrada de lojas, que são quase ou inteiramente feitas de vidro; portas de tempestade, portas com tela, portas de veículos para garagens residenciais e de uso industrial, portas giratórias e portas de adegas, somente para mencionar algumas. Portas interiores vêm em dúzias de tipos adicionais. Para simplificar a discussão, focaremos em portas giratórias para uso residencial e comercial.

Portas de madeira

Antigamente, quase todas as portas eram feitas de madeira. Em edifícios mais simples, portas primitivas feitas de tábuas e uma *estrutura em Z* eram comuns. Em edifícios mais bem acabados, *portas com molduras* ou almofadas davam uma aparência mais sofisticada, enquanto evitavam os piores problemas de expansão e contração causadas pela umidade, aos quais as portas de tábuas estão sujeitas (Figuras 7.23 e 7.24). Os painéis não são colados nas molduras das portas, mas ao contrário, "flutuam" em sulcos não colados, que permitem que eles se movam. As portas podem ser feitas de madeira sólida ou de material composto de madeira com faces e bordas revestidas com laminado de madeira. Em qualquer caso, elas estão disponíveis em muitas espécies diferentes de madeiras.

Em décadas recentes, as portas com molduras ou almofadas continuaram a ser populares em edifícios de qualidade elevada. Entretanto, as *portas lisas* capturaram a maioria do mercado, principalmente porque elas são mais fáceis de fabricar e, consequentemente, menos caras. Para o uso exterior em pequenos edifícios, e para o uso exterior e interior de edifícios institucionais e comerciais, portas lisas são construídas com um *núcleo maciço* de peças de madeira ou de material composto de madeira (Figura 7.24). Portas interiores em residências geralmente têm um *núcleo semioco*. Ele consiste em duas faces revestidas com laminado de madeira, coladas em uma grade que fica escondida, formada por espaçadores feitos de papelão ou madeira. Os perímetros das faces são colados em bordas de tiras de madeira. Portas lisas com faces de madeira também estão disponíveis com um *núcleo mineral sólido*, que as qualifica como portas resistentes ao fogo. Portas lisas de madeira podem ser fabricadas e especificadas de acordo com um de muitos padrões da indústria que definem a durabilidade e a aparência da porta, dos quais o mais comumente utilizado nos Estados Unidos é o Window and Door Manufacturers *ANSI/WDMA I.S.1-A-04 Architectural Wood Flush Doors*[*]. Esse padrão inclui três níveis de desempenho – serviço padrão, serviço pesado e serviço extra pesado – destinados a portas usadas em aplicações de uso gradualmente mais pesado, bem como diferentes níveis de apa-

---

[*] N. de T.: No Brasil, existe a norma para portas.

Figura 18.23
Alguns modos de operação de portas.

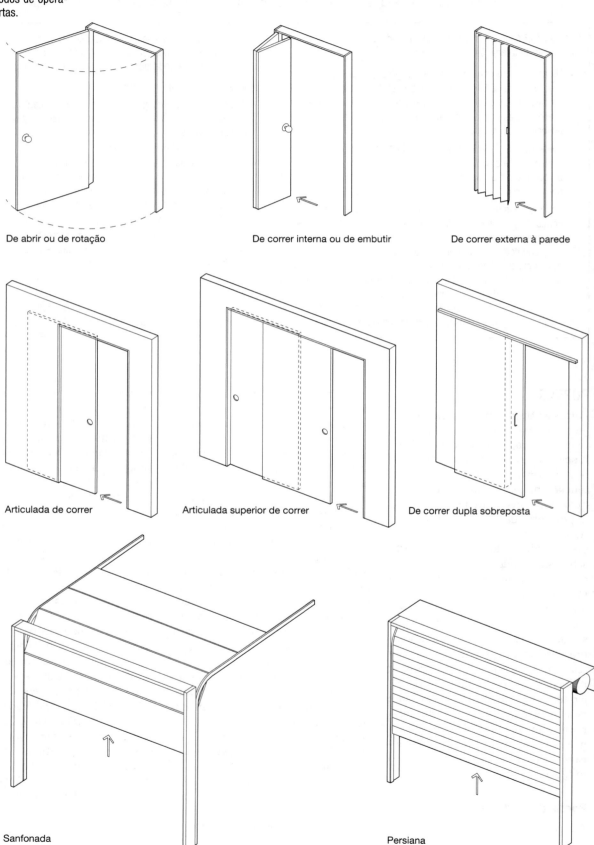

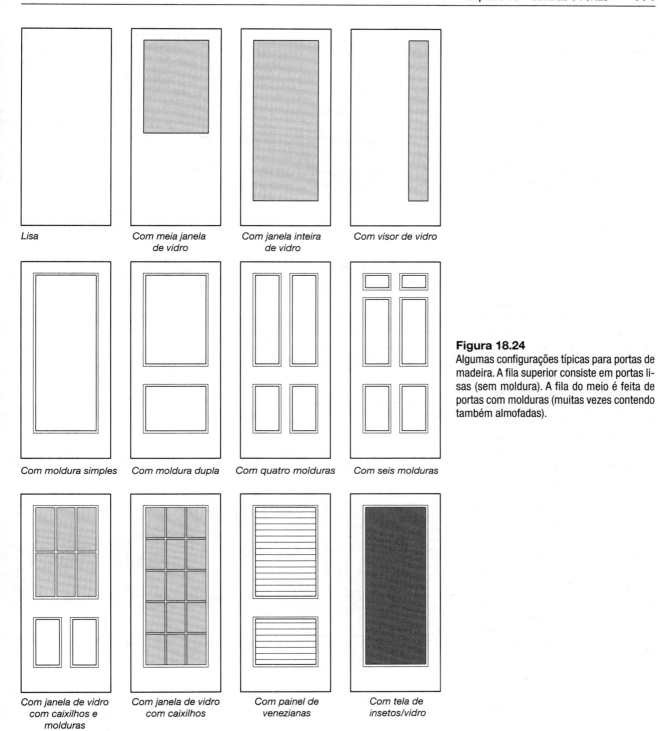

Figura 18.24
Algumas configurações típicas para portas de madeira. A fila superior consiste em portas lisas (sem moldura). A fila do meio é feita de portas com molduras (muitas vezes contendo também almofadas).

rência que controlam a qualidade dos laminados das faces da porta.

Um desenvolvimento relativamente recente é uma porta feita de material composto com fibra de madeira, que é prensado na forma de uma porta com molduras. Normalmente, as faces da porta podem ser revestidas com uma textura artificial de madeira ou faceadas com laminados de madeira verdadeira.

Portas de entrada precisam ser bem construídas e vedadas com cuidado contra intempéries para que não permitam a entrada de ar e de água. Adequadamente instaladas e acabadas, as portas de painéis de madeira ou de núcleo maciço são excelentes para uso residencial externo (Figuras 6.14 e 6.15). *Portas de folhas metálicas* prensadas e *portas de PRFV* (plástico reforçado com fibra de vidro), moldadas para assemelhar-se com portas de almofadas ou molduras, são alternativas bem aceitas para portas residenciais exteriores de madeira. Seus núcleos são preenchidos com espuma plástica isolante, fazendo com que seu desempenho térmico seja superior àquele de portas de madeira. Elas não sofrem com a expansão e contração causadas pela umidade, como as portas de madeira. Elas são normalmente fornecidas *pré-montadas*, significando que elas já estão montadas com as dobradiças em um marco, completas com a vedação contra intempéries, prontas para serem instaladas apenas pregando o marco na parede. Portas de madeira também podem ser compradas pré-montadas, embora muitas ainda sejam montadas e recebam a vedação na obra. A maior desvantagem de portas externas de plástico ou metal é que elas não têm a aparência agradável, o toque ou o som de uma porta de madeira.

Portas de entradas de residências são quase sempre portas de abrir para dentro e são montadas pelo lado de dentro do marco. Isso faz com que elas sejam menos vulneráveis a ladrões, que removeriam os pinos das dobradiças ou utilizariam uma fina lâmina para empurrar para dentro a lingueta para ter acesso ao interior da residência. Em climas frios, isso também previne que a neve se acumule contra a porta e impeça sua abertura. Para uma melhora do desempenho térmico da entrada no inverno, uma *porta de tempestade* pode ser montada no lado externo do mesmo marco, abrindo para fora. A porta de tempestade normalmente inclui pelo menos um grande painel de vidro temperado.

No verão, uma *porta com tela* pode substituir a porta de tempestade. Uma *porta combinada*, que possui painéis de vidro e de tela facilmente substituíveis um pelo outro, é mais conveniente que portas separadas de tela e de tempestade.

Portas lisas de aço

Portas lisas com faces de folhas metálicas pintadas são, nos Estados Unidos, o tipo mais comum de porta em edifícios não residenciais (Figura 18.25). Por economia, portas internas de aço têm, em muitas situações, núcleos vazios. Portas com núcleo sólido são exigidas para uso externo e em situações que demandam uma maior resistência ao fogo, construção mais resistente ou melhor desempenho acústico para privacidade entre salas.

Portas metálicas e a maioria das portas de madeira de uso não residencial são normalmente fixadas com dobradiças a *marcos metálicos ocos*, embora marcos de madeira e de alumínio também possam ser utilizados. Muitos tipos diferentes de ancoragem estão disponíveis para a fixação dos marcos às estruturas de suporte, feitas de vários materiais (Figura 18.26). Quando os marcos ocos de metal são instalados dentro de paredes de alvenaria, eles podem ser preenchidos com grout cimentício para melhorar o abafamento do som e para tornar o marco da porta mais resistente ao vandalismo ou a arrombamentos.

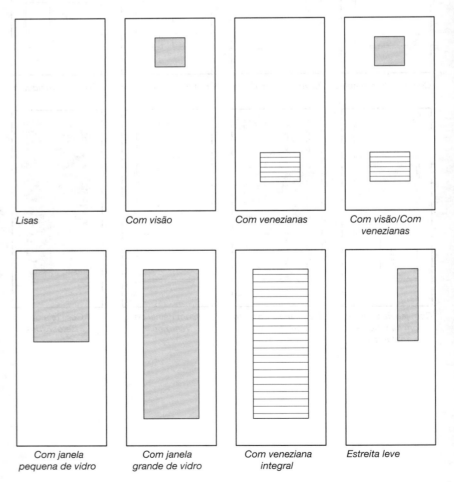

Figura 18.25
Algumas configurações típicas para portas de aço.

Capítulo 18 Janelas e Portas 773

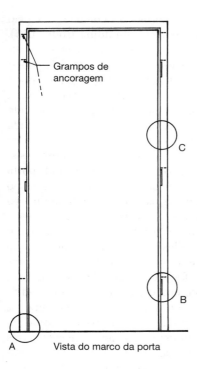

Grampos de ancoragem

Vista do marco da porta

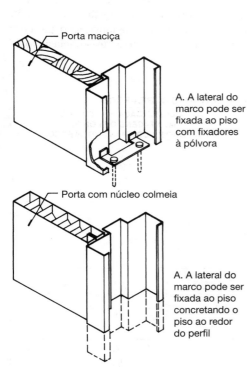

Porta maciça

A. A lateral do marco pode ser fixada ao piso com fixadores à pólvora

Porta com núcleo colmeia

A. A lateral do marco pode ser fixada ao piso concretando o piso ao redor do perfil

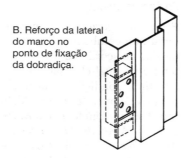

B. Reforço da lateral do marco no ponto de fixação da dobradiça.

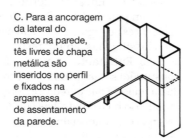

C. Para a ancoragem da lateral do marco na parede, tês livres de chapa metálica são inseridos no perfil e fixados na argamassa de assentamento da parede.

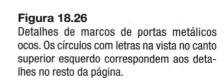

C. Para a ancoragem da lateral do marco a perfis metálicos, tês de chapa metálica são soldados na fábrica aos marcos para receber parafusos presos aos perfis metálicos.

C. Para a ancoragem da lateral do marco a treliças de barras redondas, recortes encaixam nos membros verticais das treliças, e os furos são utilizados para amarração com arames.

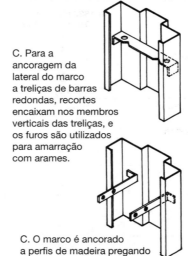

C. O marco é ancorado a perfis de madeira pregando através dos inserts soldados no marco.

Figura 18.26
Detalhes de marcos de portas metálicos ocos. Os círculos com letras na vista no canto superior esquerdo correspondem aos detalhes no resto da página.

Portas e marcos metálicos são normalmente fabricados e especificados nos Estados Unidos* de acordo com um dos dois padrões: o Steel Door Institute's *ANSI/SDI A250.8 Recommended Specifications for Standard Steel Doors and Frames* ou o Hollow Metal Manufacturers Association's *ANSI/NAAMM-HMMA 861 Guide Specifications for Commercial Hollow Metal Doors and Frames*. A primeira dessas normas está direcionada para *portas de aço padrão*, fabricadas em um conjunto padrão de tamanhos, configurações e níveis de qualidade. O segundo padrão é para portas de aço customizadas, aquelas geralmente fabricadas em um alto padrão de qualidade em tamanhos e configurações customizados.

---

* No Brasil, existem as normas de portas ABNT NBR 6485:2000, referente à penetração de ar, ABNT NBR 6485:2000, referente à estanqueidade à água e ABNT NBR 6485:2000, referente à resistência a cargas uniformemente distribuídas. Existem ainda diversas normas referentes a fechaduras.

Portas corta-fogo

Portas corta-fogo têm um núcleo mineral não combustível e são classificadas de acordo com o período de tempo no qual elas são capazes de resistir a condições específicas de tempo e temperatura, como definido (nos Estados Unidos) pelo *NFPA 252 Standard Methods of Fire Tests of Door Assemblies*, ou por diversos testes similares definidos pelo Underwriters Laboratories. Em geral, portas instaladas em paredes classificadas como resistentes ao fogo também precisam ser classificadas como resistentes ao fogo. Entretanto, como as portas constituem somente uma área limitada da maioria das paredes, e porque o mobiliário ou os materiais combustíveis não estão normalmente localizados em frente a aberturas de portas, a classificação de resistência ao fogo exigida para portas corta-fogo é em geral menor que aquela exigida das paredes nas quais elas estão localizadas. A Figura 18.27 apresenta a classificação de resistência ao fogo para portas corta-fogo, como exigido pelo International Building Code (IBC). Por exemplo, uma porta em uma caixa de escada classificada como resistente a duas horas de fogo precisa ser classificada como resistente a uma hora e meia, uma porta instalada em uma caixa de escada classificada como resistente a uma hora de fogo precisa ser classificada como resistente a uma hora de fogo, e uma porta em um corredor de saída classificado como resistente a uma hora de fogo precisa ser classificada como resistente a 20 minutos de fogo. Portas em paredes que são classificadas como resistentes a duas, três e quatro horas de fogo, como aquelas que separam diferentes usos dentro de um edifício, ou que separam dois edifícios, precisam ser classificadas como resistentes a uma hora e meia ou a três horas de fogo. Uma etiqueta padronizada está permanentemente afixada à borda de cada porta corta-fogo no momento de sua fabricação, para designar seu grau de resistência ao fogo.

TABELA 715.4
CLASSIFICAÇÕES DE PROTEÇÃO AO FOGO DE PORTAS CORTA-FOGO E CORTINAS CORTA-FOGO

TIPO DE MONTAGEM	CLASSIFICAÇÃO DE MONTAGEM EXIGIDA (horas)	CLASSIFICAÇÃO MÍNIMA DE MONTAGENS DE PORTAS CORTA-FOGO E CORTINAS CORTA-FOGO (horas)
Paredes resistentes ao fogo e barreiras contra o fogo tendo uma classificação exigida de resistência ao fogo maior que uma hora	4 3 2 1½	3 3ª 1½ 1½

Barreiras contra o fogo tendo uma classificação exigida de uma hora:
  Chaminé, envoltória da saída e das paredes da passagem de saída
  Outras barreiras contra o fogo
	1
	1
		1
		¾

Divisões contra o fogo
  Paredes de corredor
 	
  Outras divisões contra o fogo
	1
	0,5
	1
	0,5
		⅓ ᵇ
		⅓ ᵇ
		¾
		⅓

Paredes externas	3 2 1	1½ 1½ ¾
Barreira de fumaça	1	⅓ ᵇ

a. Duas portas, cada uma com uma classificação de proteção contra o fogo de uma hora e meia, instaladas em lados opostos da mesma abertura de uma parede resistente ao fogo, deverão ser consideradas equivalentes na classificação de proteção ao fogo para uma porta corta-fogo resistente por três horas.
b. Para equipamentos de teste, veja Seção 715.4.3.

Figura 18.27
Classificações exigidas de resistência ao fogo para portas, de acordo com o International Building Code. *(Partes desta publicação reproduzem tabelas do International Building Code 2006, International Code Council, Inc., Washington, D.C. Reproduzido com permissão. Todos os direitos reservados.)*

(O código de obras exige que não seja pintado sobre essas etiquetas durante a construção, de tal forma que a classificação de resistência ao fogo da porta possa sempre ser verificada durante as inspeções subsequentes da edificação.)

O vidro utilizado em portas corta-fogo precisa ser também classificado quanto à resistência ao fogo (veja o capítulo anterior), de tal maneira que ele não irá quebrar e cair para fora da abertura por um determinado período de tempo quando exposto ao calor do fogo. O tamanho máximo do vidro também pode ser restrito, dependendo da classificação de resistência ao fogo da porta e das propriedades do tipo particular de vidro utilizado. Como o vidro em qualquer porta, o vidro em portas corta-fogo também precisa atender às exigências de vidros de segurança, de forma que, se quebrar, ele não crie estilhaços que possam ameaçar a vida das pessoas.

Portas de saída de emergência e portas para acessibilidade

Muitas portas de passagem funcionam como componentes do sistema de evacuação de um edifício, o caminho que os ocupantes fazem quando saem de um edifício durante um incêndio ou outra emergência.

Códigos de edificações exigem que tais portas de passagem sejam suficientemente largas para permitir que os ocupantes evacuem o edifício no tempo adequado, com a largura de qualquer porta em particular dependendo do número de ocupantes que a utilizam. Para facilidade de operação, a maioria das portas de saída de emergência deve ter dobradiças laterais, não podem ser muito grandes e, quando equipadas com fechaduras, elas não podem exigir muita força para abrir. O International Building Code requer que portas de saída de emergência servindo 50 ou mais ocupantes, assim como portas servindo espaços com Ocupação Perigosa, devam abrir na direção do caminho de saída, de tal modo que elas não se tornem um impedimento para os ocupantes que tentam evacuar rapidamente o edifício.

Outros códigos de edificação têm exigências similares. Mesmo quando chaveadas, as portas de saída de emergência devem poder ser abertas rapidamente pelo lado que os ocupantes podem chegar à porta quando estão deixando o edifício. Para garantir a operação mais simples possível sob condições de emergência, algumas portas de saída de emergência devem ser equipadas com uma *ferragem de pânico*, barras horizontais ou equipamento semelhante, instalada ao longo da face da porta, que destrave a fechadura e libere sua lingueta sempre que a barra for apertada.

Portas ao longo das rotas de um edifício que precisam ser acessíveis a pessoas com deficiências físicas devem atender exigências de largura mínima, facilidade de operação, altura máxima da soleira e espaço adequado para aproximação e abertura da porta.

Existem muitos tipos de portas para fins específicos. Dentre as mais comuns, estão portas que bloqueiam raios X, as quais contêm uma camada com folha de chumbo; portas que bloqueiam campos elétricos, com uma camada interna de uma tela metálica eletricamente aterrada pelas dobradiças; portas de estocagem fria pesadamente isoladas; e portas de cofre bancário.

CONSIDERAÇÕES SOBRE SEGURANÇA EM JANELAS E PORTAS

Com a finalidade de prevenir quebra acidental e ferimentos, os códigos de edificações exigem que vidros utilizados em portas, bem como grandes vãos em janelas que estejam perto o suficiente do piso para serem confundidos com passagens ou portas abertas, sejam feitos de materiais resistentes a quebras. O vidro temperado é o mais utilizado para essa finalidade, mas o vidro laminado e as folhas de plástico transparente também são permitidos. Para mais informações, veja a discussão de vidros de segurança no capítulo anterior.

Nas residências, os códigos de edificação exigem ao menos uma *saída de emergência e abertura de resgate* em cada quarto, consistindo em uma porta para o exterior ou uma janela que pode ser aberta para uma área grande que permita aos ocupantes do quarto escapar por ela e aos bombeiros entrar. No International Building Code, quando uma janela é utilizada para esta finalidade, ela deve ter uma abertura livre com área de pelo menos 0,53 m^2, uma largura livre de pelo menos 510 mm, uma altura livre de pelo menos 610 mm e nenhum parapeito mais alto do que 1,12 m acima do nível do piso.

Quando janelas que podem ser abertas, em apartamentos, residências e outros espaços residenciais similares, estão mais do que 1,80 m acima do nível externo do terreno, o International Building Code requer que sejam projetadas para minimizar o risco de uma criança acidentalmente cair por elas. Tais janelas devem ter o peitoril não menos do que 610 mm acima do piso interior acabado. Alternativamente, quando os vidros em tais janelas estão localizados abaixo desse nível, eles devem ser fixos ou ter aberturas suficientemente pequenas para que uma esfera de 100 mm não possa passar por eles, ou devem ser protegidos com grades ou outras soluções que previnam a queda.

Janelas de abrir e janelas maxim-ar não deveriam ser utilizadas adjacentes a pórticos e corredores externos, onde alguém poderia se machucar ao bater um caixilho projetado para fora. Do mesmo modo, janelas que abrem para dentro não deveriam ser utilizadas em corredores a não ser que elas estejam acima do nível da cabeça das pessoas.

TESTES E PADRÕES DE ABERTURAS

A tarefa do projetista, ao selecionar janelas, portas e claraboias, é facilitada por programas de testes que permitem comparações objetivas das exigências de desempenho estrutural, térmico e outros, de diferentes tipos de janelas e de diferentes fabricantes. No Brasil, existem normas específicas para os diversos elementos e componentes a serem projetados, bem como normas para a avaliação de seu desempenho nos diversos aspectos relevantes ao usuário. São listadas a seguir as normas brasileiras, elaboradas por especialistas e publicadas pela Associação Brasileira de Normas Técnicas (ABNT).

Norma	Descrição	Validade
ABNT 6479 Portas e vedadores – Determinação da resistência ao fogo	Define os termos e os requisitos de desempenho a serem atendidos pelas portas e vedadores. Descreve os ensaios a serem conduzidos para verificar o atendimento dos requisitos. Estabelece os critérios de desempenho.	A partir de 28.01.2008
ABNT NBR 7199 Projeto, execução e aplicações de vidros na construção civil	Define os termos e os requisitos de desempenho a serem atendidos pelos vidros aplicados na construção civil. Descreve os ensaios a serem conduzidos para verificar o atendimento dos requisitos. Estabelece os critérios de desempenho.	A partir de novembro de 1989
ABNT NBR 8542 Desempenho de porta de madeira de edificação	Define os termos e os requisitos de desempenho a serem atendidos pelas portas de madeira aplicadas na construção civil. Descreve os ensaios a serem conduzidos para verificar o atendimento dos requisitos. Estabelece os critérios de desempenho.	A partir de setembro de 1986
ABNT NBR 10821-1 Esquadrias externas para edificações. Parte 1: Terminologia	Identifica e define (explica o significado de) todos os principais termos relativos às esquadrias e utilizados nas normas correspondentes.	A partir de 11.02.2011
ABNT NBR 10821-2 Esquadrias externas para edificações. Parte 2: Requisitos e classificação	Estabelece os requisitos que devem ser atendidos pelos materiais e pelos componentes das esquadrias para atender os requisitos de desempenho dos diversos tipos de esquadria. Também classifica quais são estes tipos.	A partir de 11.02.2011
ABNT NBR 10821-3 Esquadrias externas para edificações. Parte 3: Métodos de ensaio	Descreve os métodos de ensaio a que devem ser submetidas as esquadrias para que sejam aprovadas para uso. Define os critérios de aprovação.	A partir de 11.02.2011
ABNT NBR 11706 Vidros na construção civil	Descreve as especificações dos vidros a serem utilizados na construção civil.	A partir de abril de 1992
ABNT NBR 13756 Esquadrias de alumínio – Guarnição elastomérica em EPDM para vedação – Especificações	Define as guarnições em borracha EPDM para janelas de alumínio e os requisitos de desempenho em sua aplicação.	A partir de 31.01.1997

Figura 18.29
Portas de madeira customizadas na Capela de Santo Inácio, do arquiteto Steven Holl *(Foto por Joseph Iano)*

CSI/CSC	
Seções do MasterFormat para janelas e portas	
08 10 00	**PORTAS E MARCOS**
08 11 00	Portas e Marcos Metálicos
	Portas e Marcos Metálicos com Tela e de Tempestade
08 14 00	Portas de Madeira
	Portas de Madeira Lisas
	Portas de Madeira Revestidas
	Portas de Madeira com Molduras e Almofadas
08 15 00	Portas de Plástico
08 50 00	**JANELAS**
08 51 00	Janelas Metálicas
	Janelas de Alumínio
	Janelas de Aço
08 52 00	Janelas de Madeira
08 53 00	Janelas de Plástico
08 54 00	Janelas de Materiais Compostos
	Janelas de Fibra de Vidro
08 60 00	**JANELAS DE TELHADO E CLARABOIAS**
08 61 00	Janelas de Telhado
08 62 00	Claraboias

Figura 18.30
A Igreja Blanchard Road Alliance, em Wheaton, Illinois, mostra a silhueta de tesouras de madeira laminada contra uma parede de janelas fixas com estrutura de madeira revestida com vinil. *(Arquiteto: Walter C. Carlson Associates. Foto cortesia de Andersen Windows, Inc. Andersen é uma marca registrada da Andersen Corporation, com direitos de 1997. Todos os direitos reservados)*

Referências selecionadas

1. Carmody, John, Stephen Selkowitz, Dariush Arasteh e Lisa Heshong. *Residential Windows: A Guide to New Technologies and Energy Performance (2nd ed.)*. New York, W. W., W. W. Norton & Company, 2000.

    Este livro é uma introdução a considerações de eficiência energética em janelas residenciais, escrita com clareza e bem ilustrada.

2. Selkowitz, Stephen, Eleanor S. Lee, Dariush Arasteh, Todd Willmert, John Carmody e Eleanor Lee. *Window Systems for High-Performance Buildings*. New York, W. W. Norton & Company, 2003.

    Este livro enfoca a miríade de requisitos de desempenho e critérios de seleção para vidros comerciais e sistemas de janelas.

3. Hollow Metal Manufacturers Association. *Hollow Metal Manual*. Chicago, várias datas.

    Esta pasta inclui a norma ANSI/NAAMM-HMMA 861, mencionada neste capítulo, bem como muitos outros padrões e normas úteis para o projetista e desenhista de sistemas de portas e janelas.

4. Window & Door Manufacturers Association. *Guia do projetista de janelas e portas*. Des Plaines, IL, várias datas.

    Este guia é uma compilação de documentos úteis ao projetista e especificador de sistemas de portas e janelas, incluindo duas normas importantes mencionadas neste capítulo, AAMA/WDMA/CSA 101/I.S.2/A440 e ANSI/WDMA I.S.1-A.

5. American Architectural Manufacturers Association. *Window Selection Guide (AAMA WSG.1-95)*. Palatine, IL, 1995.

    Neste livreto, AAMA apresenta e explica as normas sob as quais as janelas de plástico e alumínio são fabricadas e especificadas. Em adição a este guia, AAMA publica uma variedade de normas e guias relacionados à manufatura, seleção e instalação de sistemas de janelas.

Sites

Site complementar do autor: **www.ianosbackfill.com/18_windows_and_doors**
American Architectural Manufacturers Association: **www.aamanet.org**
Andersen Windows: **www.andersenwindows.com**
Ceco Steel Doors: **www.cecodoor.com**
Hollow Metal Manufacturers Association: **www.naamm.org/hmma**
Hope's Steel Windows & Doors: **www.hopeswindows.com**
Impact Grade Windows (EFCO Corporation): **www.impactgrade.com**
Marvin Windows: **www.marvin.com**
Morgan Wood Doors: **www.morgancorp.com**
National Fenestration Rating Council: **www.nfrc.org**
Steel Door Institute: **www.steeldoor.org**
Steel Window Institute: **www.steelwindows.com**
Whole Building Design Guide, Windows: **www.wbdg.org/design/env_fenestration_win.php**
Window & Door Manufacturers Association: **www.wdma.com**
Windows and Daylighting (Lawrence Berkeley National Laboratory): **windows.lbl.gov**
Window Systems for High-Performance Buildings (Center for Sustainable Building Research):
www.commercialwindows.umn.edu Effi cient Windows Collaborative: **www.efficientwindows.org**

Palavras-chave

Janela
Janela de reposição
Janela fixa
Janela de guilhotina simples
Janela de guilhotina dupla
Caixilho
Janela de correr
Janela projetada
Janela de abrir para fora
Janela maxim-ar
Janela maxim-ar invertida
Janela de abrir para dentro
Janela pivotante
Moldura da janela
Verga ou padieira
Montante ou ombreira
Peitoril ou parapeito
Caixilho
Guarnição interna
Guarnição externa
Janela de guilhotina tripla
Janela oscilo-basculante
Claraboia ou claraboia unitária
Janela de telhado
Porta dupla de abrir com vidros
Porta de correr
Porta de abrir simples com vidro
Janela pivotante
Janelas de abrir para dentro com dobradiças laterais
Janelas com dobradiças horizontais na borda superior

Janela de madeira
Janelas revestidas de madeira
Ponte de ruptura térmica
Janela de alumínio
Janela de plástico
Janela de plástico reforçado com fibra de vidro (PRFV)
Janela de fiberglass ou de fibra de vidro
Pultrusão
Plástico
Borracha sintética, elastômero
Polímero
Monômero
Copolímero
Termoplástico
Termofixo
Plastificante
Estabilizante
Carga (ou filler)
Extensor
Reforço (fibras)
Retardador de chama
Compósito
Laminado
Sanduíche
Extrusão
Moldagem
Sopragem de filme
Calandragem
Conformação por sopro
Conformação a vácuo
Janela de aço
Pinázio
Seis sobre seis

Vão na parede estruturada
Vão na parede de alvenaria
Porta
Porta externa
Porta interna
Estrutura em Z
Porta com moldura
Porta lisa
Núcleo maciço
Núcleo semioco
Núcleo mineral sólido
Porta de folhas metálicas
Porta de PRFV (fiberglass)
Porta pré-montada
Porta de tempestade
Porta com tela
Porta combinada
Marco metálico oco
Ferragem de pânico
Porta de aço padrão
Porta de aço customizada
Porta corta-fogo
Saída de emergência e abertura de resgate
Classes de desempenho da AAMA/WDMA/CSA 101/I.S.2/A440
Tabela de desempenho da AAMA/WDMA/CSA 101/I.S.2/A440
Transmitância térmica global, perda de calor do produto como um todo
Região de debris carreados pelo vento
Abertura resistente a impactos
Abertura classificada para furacões
Sistema de vidraça resistente a impacto

QUESTÕES PARA REVISÃO

1. Liste em detalhe os requisitos funcionais primários para janelas em cada uma das seguintes situações:
   a. Um banheiro residencial em um edifício de apartamentos na cidade
   b. Uma cela de presídio
   c. Uma vitrine em uma loja de departamentos
   d. Um quarto em uma cidade do Alaska
   e. Uma sala em uma cidade do Havaí
2. Selecione um modo de funcionamento de janela para cada uma das seguintes situações:
   a. Uma janela que pode ser deixada aberta na chuva
   b. Uma janela que precisa induzir o máximo possível de ventilação das brisas que passam
   c. Uma janela em um alto edifício de escritórios
   d. Uma janela para captar uma vasta vista de montanhas distantes
   e. Uma janela que pode ser operada ou como janela de abrir ou como maxim-ar
3. Compare as vantagens e desvantagens de madeira, madeira revestida com plástico, PVC, alumínio e aço como material do marco da janela.
4. Uma parede residencial termicamente bem isolada tem um valor U de 0,283 W/m^2 °K e um valor R de 3,53 m^2 °K/W. Compare a perda de calor por metro quadrado das janelas e combinações de vidraças com o melhor e com o pior desempenho listadas na Figura 18.19, com a perda de calor dessa janela.
5. Selecione um tipo de porta para cada uma das seguintes situações:
   a. O *closet* do seu quarto
   b. A porta de entrada de uma casa
   c. A porta de entrada de uma loja de departamentos
   d. Uma porta entre as oficinas de artes industriais e a cafeteria de uma escola secundária
   e. Uma porta na doca de embarque de um depósito

EXERCÍCIOS

1. Obtenha uma cópia do código de edificações que se aplica à área onde você mora atualmente. Que classificações de resistência ao fogo são exigidas para portas nas seguintes situações?
   a. Uma porta entre um quarto de hotel e um corredor público
   b. Uma porta em uma saída para a caixa de escada
   c. Uma porta entre uma forjaria de ferro e um edifício de escritórios
   d. Uma porta entre uma residência unifamiliar e sua garagem
2. Obtenha catálogos de vários fabricantes de janelas. Selecione nesses catálogos um conjunto de janelas para uma cabana de campo com uma única peça, desenhada por você.
3. Examine com cuidado as janelas da sala (ou quarto) onde você está sentado agora. Que tipo de vidraças elas têm? Que tipo de caixilho? Como elas funcionam? Como são suas vedações contra as intempéries? Essas janelas fazem sentido para você em termos dos requisitos de eficiência de energia de hoje em relação ao que você sente a respeito da sala (ou quarto)? Como você mudaria essas janelas?

19

PROJETANDO SISTEMAS DE PAREDES EXTERNAS

Requisitos de projeto para paredes externas

Abordagens conceituais à impermeabilidade à água na parede externa

Juntas de vedação na parede externa

Conceitos básicos sobre sistemas de paredes externas

Ensaios e normas de paredes cortina

A parede externa e os códigos de edificação

O revestimento lindamente detalhado do Banco Hypolux inclui tanto blocos de granito quanto painéis metálicos. *(Arquiteto: Richard Meyer. Fotografia © Scott Frances/Esto. Todos os direitos reservados.)*

A envolvente de *paredes externas* (também chamada de *envelope da edificação*) é a parte de uma edificação que deve proteger os espaços interiores contra a invasão de água, vento, luz solar, calor e frio e todas as outras forças da natureza. Seu projeto é um processo intrincado que une arte, ciência e técnica para resolver uma longa lista de problemas difíceis. A parede externa ainda tipifica um paradoxo para a construção: aquelas partes da edificação que estão expostas ao nosso olhar são também aquelas que estão expostas ao desgaste e às intempéries. A camada mais externa da parede é a parte da edificação mais visível, uma a que os arquitetos devotam uma grande quantidade de tempo para alcançar os efeitos visuais desejados. Ela é também a parte da edificação que está mais sujeita ao ataque de forças naturais, que podem prejudicar sua aparência.

REQUISITOS DE PROJETO PARA PAREDES EXTERNAS

Funções primárias de paredes externas

O maior propósito da parede externa é separar o ambiente interior da edificação do exterior, de modo que as condições ambientais do interior possam ser mantidas em níveis adequados ao uso pretendido para a edificação. Isso se traduz em um número de requisitos funcionais diversos e separados.

Mantendo a água do lado de fora

A parede externa deve evitar a entrada de chuva, neve e gelo em uma edificação. Este requisito se complica pelo fato de que a água, na face de uma edificação, é frequentemente guiada por ventos de altas velocidades e altas pressões de ar, não apenas para baixo, mas em todas as direções, até para cima. Problemas com a água são especialmente agudos em edificações altas, que apresentam um grande perfil para o vento, em altitudes em que a velocidade do vento é muito maior do que ao nível do solo. Quantidades enormes de água devem ser drenadas da parede a barlavento de uma edificação alta durante uma chuva intensa e a água, empurrada pelo vento, tende a se acumular em fendas e contra montantes projetados, onde ela vai prontamente penetrar na menor das rachaduras ou furos e entrar na edificação. Nós vamos dedicar uma porção considerável deste capítulo a orientações sobre como manter a água do lado de fora.

Evitando infiltrações de ar

A parede externa de uma edificação deve evitar a passagem não intencio-

Figura 19.1
Um edifício de escritórios em Chicago, com moldura em aço, durante a instalação de seu revestimento em alumínio, aço inox e parede cortina de vidro. Observe as braçadeiras diagonais de vento na moldura de aço. (*Arquitetos: Kohn Pedersen Fox/Perkins & Will. Foto por Architectural Camera. Com permissão do American Institute of Steel Construction*).

nal de ar entre o interior e o exterior. Em uma larga escala, isso é necessário para regular as velocidades do ar no interior da edificação. Pequenas infiltrações de ar são danosas por desperdiçarem ar condicionado (aquecido ou resfriado), conduzir água através da parede, permitir que o vapor de água condense dentro da parede e permitir que ruídos externos penetrem na edificação. Requisitos de impermeabilidade ao ar em Códigos de Edificação estão cada vez mais severos. Selantes, gaxetas, calafetagens e membranas funcionando como barreiras ao ar, de vários tipos, são usados para evitar a passagem de ar através da parede externa.

Controlando a luz
A parede externa de uma edificação deve controlar a passagem de luz, especialmente a luz solar. A luz solar é calor que pode ser bem vindo ou não. A luz solar é luz visível, útil para a iluminação, mas pode incomodar se causar ofuscamentos no interior de uma edificação. Ela inclui comprimentos de onda ultravioleta destrutivos que devem ser mantidos afastados da pele humana e dos materiais no interior, os quais podem desbotar ou se deteriorar. As janelas devem ser localizadas e proporcionadas com essas considerações em mente. Sistemas de paredes externas incluem, às vezes, sistemas externos de sombreamento, para manter a luz e o calor solar longe das janelas. O vidro das janelas é frequentemente selecionado para controlar a luz e o calor, como discutido no Capítulo 17. Sistemas de sombreamento interiores, persianas internas e cortinas podem ser acrescentados para um controle adicional.

Controlando a radiação de calor
Além de seu papel em regular o fluxo de calor radiante do sol, a parede externa de uma edificação deve ainda apresentar superfícies internas a temperaturas que não causem desconforto por radiação. Uma superfície interna muito fria fará com que as pessoas sintam uma sensação de frio quando estiverem perto da parede, mesmo quando o ar na edificação estiver aquecido a um nível confortável. Uma superfície interna quente, ou luz solar direta no verão, podem causar sobreaquecimento do corpo, independentemente da frescura do ar interior. Dispositivos externos de sombreamento solar, isolamento térmico adequado e barreiras térmicas e uma seleção adequada de vidros são estratégias potenciais para controlar a radiação de calor.

Controlando a condução de calor
A parede externa de uma edificação deve ser resistente à condução de calor ao interior e ao exterior da edificação. Isso requer não apenas uma resistência geral meramente satisfatória da parede à passagem de calor, mas também o impedimento de *pontes térmicas*, componentes da parede, tais como membros metálicos da moldura estrutural, que possuem uma alta condutividade de calor e, portanto, uma maior probabilidade de causarem condensação sobre superfícies interiores. Isolamento térmico, envidraçamento apropriado e barreiras térmicas são utilizados para controlar

Figura 19.2
A parede cortina do Chicago's Reliance Building, construído em 1894-1895, tem painéis construídos com ladrilhos em terracota branca. (Arquitetos: Charles Atwood, de Daniel H. Burnham and Company. Foto por Wm. T. Barnum. Cortesia da Chicago Historical Society ICHi-18294.)

a condução de calor através da parede externa, como vamos observar nos dois capítulos que seguem. Códigos de edificações especificam valores mínimos de resistência térmica para componentes de paredes, como uma forma de limitar a condução de calor e, ainda, como uma forma de controlar a condensação de umidade em superfícies interiores frias.

Controlando o som
A parede externa serve para isolar o interior de uma edificação dos ruídos do exterior e vice-versa. O isolamento de ruídos é mais bem alcançado por paredes que sejam impermeáveis ao ar, massivas e resilientes. O nível de isolamento a ruídos requerido varia de uma edificação para outra, dependendo dos níveis de ruído e das tolerâncias a ruídos nos ambientes internos e nos externos. A parede externa de um hospital perto de um grande aeroporto requer um elevado nível de isolamento a ruídos. A parede externa de um escritório comercial em um parque suburbano de escritórios não precisa alcançar uma performance tão elevada.

Funções secundárias das paredes externas
O cumprimento dos requisitos funcionais primários de uma parede externa conduz inevitavelmente a um conjunto de requisitos secundários, mas igualmente importantes.

Resistindo às forças do vento
A parede externa de uma edificação deve ser adequadamente forte e rígida para suportar às pressões e sucções a que será submetida, causadas pelo vento. Para edificações baixas, que são expostas a ventos relativamente previsíveis, este requisito é facilmente atendido. As partes superiores de edificações mais altas sofrem com ventos de muito maior velocidade, cujas direções e velocidades são frequentemente determinadas pelos efeitos aerodinâmicos de edificações do entorno. Elevadas forças de sucção podem ocorrer em algumas partes da parede externa, especialmente próximo aos cantos da edificação (Figura 19.3).

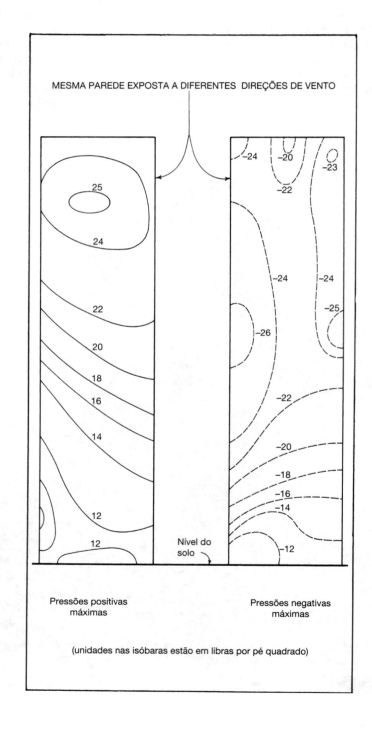

Figura 19.3
Um exemplo de pressões positivas e negativas esperadas sobre o revestimento de uma edificação alta, apresentada aqui em vista, como previsto em testes de túnel de vento. A edificação, neste caso, tem 64 pavimentos de altura e planta triangular. Observe as altas pressões negativas (sucção) que podem ocorrer nas regiões superiores da fachada. As pressões de vento sobre uma edificação são dependentes de vários fatores, incluindo a forma do edifício, sua orientação, topografia, direção do vento e edificações do entorno. Cada edificação deve ser modelada e testada individualmente para determinar as pressões que se estima a que ela venha a ser submetida. (*Reimpresso com permissão da AAMA Aluminum Curtain Wall Design Guide Manual.*)

Controlando o vapor d'água

A parede externa de uma edificação deve retardar a passagem de vapor d'água. No calor do verão ou no frio do inverno, o vapor que se movimenta através de um sistema de parede pode condensar dentro do sistema e causar manchas, perda da capacidade de isolamento térmico, corrosão de metais e decomposição de madeiras. A parede externa deve ser construída para resistir à difusão de vapor d'água e para restringir a migração de ar carregado de umidade, para impedir a transferência de vapor de água para partes da parede onde ela possa condensar.

Ajustando-se ao movimento

Diferentes tipos de forças estão sempre ocorrendo na edificação, puxando e empurrando, tanto a moldura estrutural quanto a parede externa: expansão e contração térmica, expansão e contração resultantes da umidade e deflexões estruturais. Essas forças devem ser previamente antecipadas e consideradas no projeto de um sistema de fechamentos de uma edificação.

Expansão e contração térmica

A parede externa de uma edificação tem que acomodar movimentações decorrentes da variações de temperatura em vários níveis: diferenças de temperatura interna/externa podem causar deformações de painéis de revestimento, devido a expansões e contrações diferenciadas de suas faces interna e externa (Figura 19.4a). A parede externa, como um todo, exposta a variações da temperatura exterior, expande e contrai constantemente em relação à moldura estrutural da edificação, a qual é normalmente protegida de temperaturas extremas pela parede externa. E a própria moldura da edificação expande e contrai de certo modo, especialmente entre o momento em que a parede externa é instalada e o momento em que a edificação é ocupada pela primeira vez e a sua temperatura interna passa a ser controlada.

Expansão e contração por umidade

Materiais de paredes externas em alvenaria ou concreto devem acomodar suas próprias expansões e contrações, que são causadas por variações em seu conteúdo de umidade. Tijolos e pedras geralmente se expandem levemente depois de assentados. Blocos de concreto e concreto pré-moldado contraem levemente depois de assentados, enquanto completam sua cura e o excesso de umidade é liberado. Esses movimentos são pequenos, mas podem se acumular, em quantidades significativas e potencialmente problemáticas, em panos de alvenaria ou de concreto muito compridos ou altos. Em edificações menores, componentes de revestimento em madeira são os mais suscetíveis a movimentações em virtude da umidade, como discutido no Capítulo 3.

Movimentos estruturais

A parede externa deve se ajustar aos movimentos da moldura estrutural da edificação. As fundações da edificação podem se acomodar de forma irregular, causando deformações na moldura estrutural. Forças da gravidade encurtam colunas e causam leves recalques nas vigas e vigas mes-

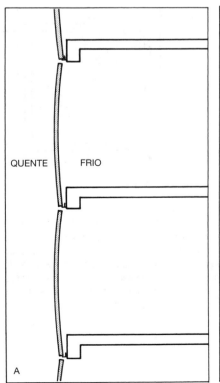
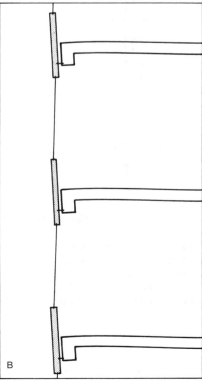

Figura 19.4
Distorções em painéis de paredes cortina, ilustradas em seção transversal. (a) Arqueamento causado, neste caso, por uma expansão térmica maior da pele externa dos painéis que na pele interna, sob condições climáticas de calor de verão. (b) Torção de vigas parede, resultante do peso da parede cortina.

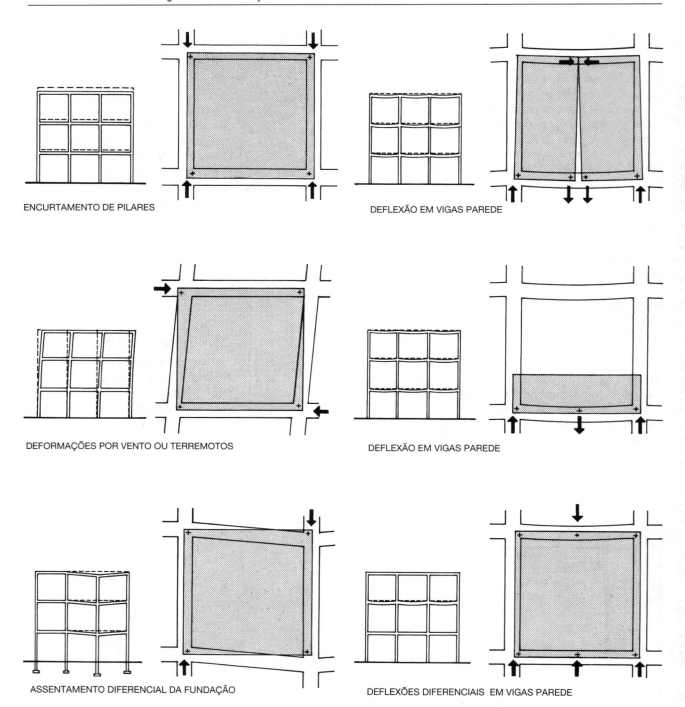

Figura 19.5
Forças em painéis de paredes cortina, causadas pela movimentação da moldura estrutural da edificação, apresentadas em vista. Em cada um dos seis exemplos, o desenho à esquerda mostra os movimentos gerais do conjunto da moldura estrutural, e o desenho em maior escala, à direita, mostra suas consequências em painéis de paredes cortina (sombreado em cinza), cobrindo um módulo da edificação. Pontos de fixação entre os painéis e a moldura são representados por cruzetas. As setas pretas indicam forças nos painéis da parede causados pelo movimento da estrutura. A magnitude dos movimentos estruturais é exagerada para uma maior clareza, e alguns esquemas de fixação não aconselháveis são apresentados para demonstrar suas consequências. Forças como essas, se não consideradas durante o projeto da moldura e do revestimento, podem resultar em quebra de vidros, comprometimento de painéis e de pontos de fixação entre a moldura e os painéis.

Considerações sobre sustentabilidade em sistemas de paredes externas

Para muitas, se não a maioria, das edificações, o projeto da parede externa tem um impacto maior no consumo de energia ao longo da vida da edificação do que qualquer outro fator. Uma caixa totalmente em vidro, mal projetada, perde excessivas quantidades de calor no inverno e tem excessivos ganhos de calor solar no verão. Suas fachadas não diferenciadas mostram a falta de consciência, por parte do projetista, dos efeitos que a orientação determina sobre o fluxo de energia através das paredes de uma edificação.

- O vidro deve ser usado onde ele possa suprir luz natural e prover vistas. Se ele não puder ser efetivamente sombreado, ele deve ser evitado onde o sobreaquecimento no verão possa, de outra forma, ocorrer ou onde os ocupantes possam ser sujeitos a ofuscamento excessivo, em momentos do dia em que o sol esteja baixo no céu.
- Em muitas edificações, janelas que possam ser abertas ou fechadas pelos ocupantes podem ajudar a reduzir os custos com energia.
- Áreas opacas da parede externa devem ser bem isoladas.
- Pontes térmicas devem ser eliminadas da parede externa.
- Todo o envelope da edificação deve ser detalhado para ser impermeável ao ar. Ar fresco deve ser fornecido pelo sistema de ventilação da edificação, não por vazamentos de ar através da parede externa.
- Quando apropriado, os vidros voltados ao norte podem ser usados para prover calor do sol ao edifício no inverno, mas deve-se ter cuidado para evitar ofuscamento, sobreaquecimento local e deterioração, por raios ultravioletas, de superfícies e móveis internos expostos à luz.
- À medida que as células fotovoltaicas se tornarem mais econômicas, deve-se considerar usar as superfícies da parede externa, orientadas para o norte, para gerar energia elétrica.

---

tras, às quais se acopla o sistema de paredes externas. Forças de vento ou sísmicas pressionam lateralmente as molduras das edificações e causam danos a painéis fixados a suas faces. Cargas permanentes causam um encurtamento significativo em colunas, e flechas, em vigas e lajes de concreto, durante o primeiro e segundo anos da vida de uma edificação.

Se se permitir que movimentos da edificação, decorrentes de diferenças de temperatura e de umidade, tensões estruturais e deformações sejam transferidos entre a moldura estrutural e a parede externa, fatos inesperados podem acontecer. Componentes de sistemas de paredes podem ser submetidos a esforços para os quais não foram projetados, o que pode resultar em vidros quebrados, empenamento de revestimentos, falhas nos materiais de impermeabilização e quebra de pontos de conexão de revestimentos (Figura 19.5). Em casos extremos, a moldura estrutural da edificação poderá acabar sendo sustentada pela parede externa, em vez do contrário, ou partes do revestimento poderão se desprender da edificação. Uma variedade de medidas, para se tratar das movimentações decorrentes de todas essas causas, é evidenciada nos detalhes de sistemas de paredes externas apresentados nos dois capítulos que seguem.

Resistindo ao fogo
A parede externa de uma edificação pode interagir de diversas formas com incêndios. Isso tem resultado em uma variedade de medidas, em códigos de edificações, relacionadas à construção de sistemas de paredes externas, como resumido ao final deste capítulo.

Envelhecendo graciosamente
Para manter a qualidade visual de uma edificação, seu revestimento deve envelhecer graciosamente. A poeira e a sujeira, inevitáveis, devem se acumular de forma uniforme, sem deixar listras ou manchar. Providências funcionais devem ser tomadas para que ocorram operações de manutenção, tais como a substituição de vidros e de materiais de vedação ou limpezas periódicas, incluindo suportes para andaimes e pontos de fixação de equipamentos de segurança, para lavadores de vidros. O revestimento deve resistir à oxidação, degradação por raios ultravioleta, colapso de materiais orgânicos, corrosão de componentes metálicos, ataque químico pelos poluentes do ar e danos por congelamento-degelo em pedras, tijolos, concreto, blocos ou ladrilhos.

Requisitos para instalação da parede externa
O sistema de parede externa deve ser de fácil instalação. Deve haver locais seguros para os instaladores permanecerem, preferencialmente nos pisos da edificação e não em andaimes do lado de fora. Também são necessários mecanismos de ajuste embutidos em todos os elementos de fixação dos componentes do sistema de parede à moldura estrutural, para corrigir as imprecisões normalmente presentes na moldura da edificação e nos próprios componentes da parede. Devem ser providas folgas dimensionais para que os componentes da parede possam ser inseridos sem atrito entre componentes adjacentes. E, o mais importante, deve haver margens de segurança que permitam uma vida útil sem problemas para a sua função de envelope, a despeito de todas as falhas de mão de obra, que inevitavelmente ocorrem – dispositivos como barreira de ar e canais de drenagem, para eliminar a umidade que tenha permeado por uma falha na vedação ou folgas generosas em bordas, impedindo que um painel de vidro entre em contato com o material duro da moldura, mesmo que o vidro tenha sido instalado levemente desalinhado.

ABORDAGENS CONCEITUAIS À IMPERMEABILIDADE À ÁGUA NA PAREDE EXTERNA

Ao detalhar a parede externa para resistir à água, nós trabalhamos a partir de uma base teórica segura, que pode ser expressa da seguinte forma:

Para que a água penetre em uma parede, três condições devem ser satisfeitas:

1. Deve existir água na face externa da parede.
2. Deve existir uma abertura através da qual a água possa se deslocar.
3. Deve existir uma força que mova a água através da abertura.

Se qualquer dessas condições não for satisfeita, a parede não irá ter vazamentos. Isso sugere três abordagens conceituais para tornar uma parede impermeável:

1. Podemos tentar manter a água completamente afastada da parede. Um beiral muito largo pode manter uma parede de um ou dois pavimentos seca na maioria das condições. Quando se projeta uma parede externa de uma edificação mais alta, no entanto, devemos proteger cada abertura com seu próprio pequeno telhado – uma opção frequentemente não realística –, ou então assumir que a parede vai se molhar.

2. Podemos tentar eliminar as aberturas em uma parede. Podemos construir de forma muito cuidadosa, vedando cada fresta na parede com membranas, impermeabilizantes ou calafetagens, tentando eliminar qualquer furo ou rachadura.

Essa abordagem, que chamamos de "abordagem da parede-barreira", funciona razoavelmente se bem feita, mas ela tem problemas inerentes. Em uma parede composta por componentes ligados por materiais de impermeabilização, é improvável que as juntas sejam perfeitas. Se uma superfície está um pouco úmida, suja ou oleosa, o material da junta pode não aderir a ela. Se o trabalhador aplicando o material não é suficientemente habilidoso ou se deve se esticar um pouco mais para acabar uma junta, ele ou ela pode falhar em preencher completamente a junta. Mesmo se todas as juntas forem perfeitas, as movimentações da edificação podem rasgar ou arrancar o material de vedação. Como, nesta abordagem, o material de vedação está no exterior da edificação, ele está exposto a todas as forças destrutivas de sol, vento, água e gelo e pode falhar prematuramente devido às intempéries. E, seja qual for o motivo da falha do material de vedação, como a junta selante está na face externa da parede, ela é difícil de ser alcançada para inspeção e reparo. Assim, na prática, a abordagem da parede-barreira prova ser não confiável.

Em resposta a esses problemas, projetistas de paredes externas frequentemente empregam uma estratégia de *drenagem interna* ou defesa secundária, que reconhece as incertezas sobre as juntas externas de vedação, provendo canais internos de drenagem, dentro da parede, para eliminar quaisquer vazamentos ou condensações e para cobrir as juntas internas de vedação dos canais de drenagem. A parede dupla comum de alvenaria exemplifica esta estratégia: a camada de ar, rufos e os orifícios para escoamento constituem um sistema de drenagem interna para qualquer umidade que consiga encontrar um caminho através dos tijolos da camada de alvenaria externa. Sistemas internos de drenagem são componentes importantes de qualquer sistema de parede cortina em metal e vidro no mercado, como veremos no Capítulo 21.

3. Podemos tentar eliminar ou neutralizar todas as forças que podem mover a água através da parede. Estas forças são cinco: gravidade, momento, tensão superficial, ação de capilaridade e correntes de ar (Figura 19.6)

A gravidade é um fator que atrai a água através de uma parede apenas se a parede tiver um plano que se inclina para dentro da edificação, em vez de para fora. Normalmente é uma questão simples detalhar o sistema de parede externa de tal maneira que não existam tais planos inclinados, embora, algumas vezes, uma calafetagem solta ou uma falha pontual no material impermeabilizante possa criar um, independentemente dos melhores esforços do projetista.

O *momento* das gotas de chuva em queda pode fazer com que água penetre a parede sempre que existir uma fenda ou um furo adequadamente orientado que atravesse toda a parede. O momento pode ser facilmente neutralizado com uma tampa sobre cada junta da parede ou projetando cada junta como um pequeno *labirinto*.

A *tensão superficial* da água, que a faz aderir à face inferior de um componente de revestimento, permite que ela seja atraída para o interior da edificação. Basta uma simples *pingadeira*, em qualquer superfície inferior, à qual a água possa aderir, para eliminar o problema.

Ação da capilaridade é o efeito de tensão superficial, que succiona a água para o interior de qualquer abertura que uma gota d'água possa preencher. É a principal força capaz de transportar água através de uma parede de alvenaria. Ela pode ser eliminada como fator de entrada de água através de uma parede se fizermos cada uma das aberturas em uma parede mais larga do que o espaço que uma gota de água é capaz de preencher ou, se isto não for possível ou desejável, se criarmos uma *quebra de capilaridade* oculta dentro de cada abertura. Em materiais porosos, como tijolos, a ação por capilaridade pode ser compensada com a aplicação de uma camada invisível de repelente de água, à base de silicone, que destrói as forças adesivas entre a água e as paredes dos poros no tijolo.

As soluções descritas nos quatro parágrafos anteriores são de fácil implementação. Com manipulações geométricas relativamente simples das juntas, a possibilidade de vazamento causado por quatro das cinco forças capazes de mover a água através de uma parede pode ser eliminada. A quinta força, *correntes de vento*, é a força mais difícil de lidar, quando se projeta uma parede de modo a ser impermeável. Nós podemos neutralizá-la empregando um *design* de parede com pressão equalizada.

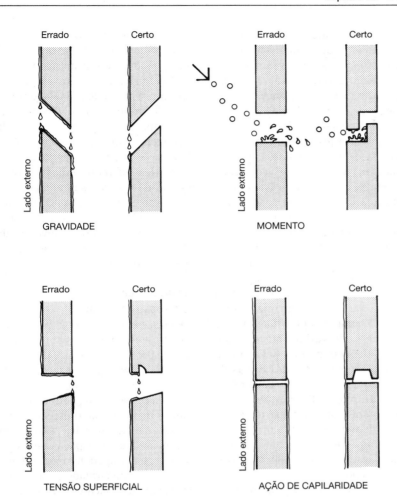
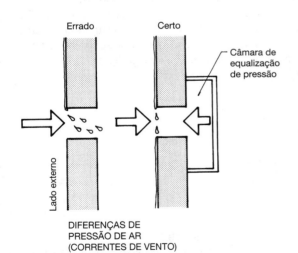

Figura 19.6
As cinco forças capazes de mover a água através de uma abertura em uma parede, ilustradas em seção transversal, com o lado externo à esquerda. Cada par de desenhos mostra, primeiro, uma junta horizontal entre painéis de parede cortina, na qual uma força está causando a infiltração de água através da parede, e então, um desenho alternativo para a junta, que neutraliza esta força. Vazamentos causados por gravidade são evitados por meio da inclinação das superfícies internas das juntas em direção ao exterior; este plano inclinado se chama "wash". Vazamentos por momento podem ser prevenidos com um simples labirinto, como apresentado. Uma pingadeira e uma quebra de capilaridade são apresentadas aqui como formas de interromper o vazamento por tensão superficial e a ação de capilaridade, que são forças muito proximamente relacionadas. Diferenças de pressão de ar, entre o exterior e o interior de uma junta, irão resultar em correntes de ar capazes de transportar água através da junta. Isto pode ser evitado fechando a área atrás da junta com uma câmara de equalização de pressão (CEP), como mostrado. Quando o vento impacta sobre a face da edificação, um leve movimento de ar, através da junta, aumentará a pressão dentro da CEP, até que ela seja igual à pressão no exterior da parede, após o que cessa qualquer movimento de ar. Cada junta em uma parede externa, janela ou porta deve ser projetada para neutralizar todas essas cinco forças.

Revestimento de proteção à chuva e projeto de paredes de pressão equalizada

A solução genérica para o problema de correntes de vento é permitir que as diferenças de pressão entre o interior e o exterior da parede externa se neutralizem, por meio de um conceito conhecido como *projeto de parede de pressão equalizada*. Isso envolve a criação de um plano impermeável ao ar, a *barreira ao ar*, atrás da face externa da parede. A barreira ao ar é protegida da exposição direta ao exterior, por uma camada não vedada, com junta em labirinto, conhecida como *protetor à chuva*. Entre o protetor à chuva e a barreira ao ar há um espaço conhecido como *câmara de equalização de pressão* (*CEP*).

À medida que as pressões de vento na parede externa crescem e flutuam, pequenas correntes de ar vão e voltam através de cada uma das juntas não vedadas desta camada de proteção à chuva, apenas o suficiente para equilibrar a pressão dentro da CEP com a pressão imediatamente fora dela (Figura 19.6). Essas correntes são muito fracas para carregarem água com elas. Uma pequena falha na barreira ao ar, como um material de vedação descolado de uma das faces da junta, provavelmente não causará vazamento de água porque o volume de ar que atravessa a falha ainda é relativamente pequeno e provavelmente insuficiente para carregar água. Por contraste, qualquer falha, não importa quão pequena seja, em uma junta de vedação externa, que não tenha uma barreira ao ar causará vazamento de água, já que a própria junta estará molhada (Figura 19.7).

Como as pressões de vento através da face de uma edificação podem variar consideravelmente, a qualquer momento, entre uma área da face e outra, a CEP deve ser dividida em compartimentos estanques ao ar, pequenos o suficiente para que volumes de ar não possam correr rapidamente através das juntas, em áreas da face com alta pressão, e fluir, pela câmara de ar, para áreas de baixa pressão, carregando água nesse processo. O tamanho apropriado dessas câmaras pode variar consideravelmente, dependendo do desenho do sistema de paredes e das forças de vento a que está exposto. Falando de modo amplo, CEPs, normalmente, não possuem altura superior a um andar, nem mais que um ou dois intercolúnios de largura. Em algumas aplicações, podem ser significativamente menores.

O termo *sistema principal de proteção à chuva* teve origem com o conceito de projeto de paredes de pressão equalizada e houve uma época em que era utilizado exclusivamente em referência a sistemas de revestimento de pressão equalizada. Mais recentemente, o termo *revestimento de proteção à chuva* passou a ser aplicado mais genericamente a qualquer sistema de revestimento com um sistema de drenagem interna, independentemente da extensão da compartimentação do espaço de drenagem e do grau de equalização de pressão que possa ser alcançado. Na prática, diferentes graus de equalização de pressão são alcançáveis, e o limite entre sistemas de revestimento, melhor caracterizados como de simples proteção à chuva, ou de paredes de pressão equalizada, é frequentemente indistinto.

Um projeto de parede de pressão equalizada

A Figura 19.8 descreve um projeto de revestimento que incorpora princípios de proteção à chuva e de equalização de pressão, de uma forma muito simples. Não são usadas calafetagens ou juntas de vedação na superfície. Os painéis metálicos de proteção à chuva não se tocam uns aos outros, mas são separados por espaçamentos generosos, que impedem o movimento da água por capilaridade, proveem espaços para instalação e permitem expansões e contrações. As quatro bordas de cada painel são formatadas de forma a criar juntas do tipo labirinto. As forças de tensão superficial e gravidade são canceladas por superfícies inclinadas e pingadeiras.

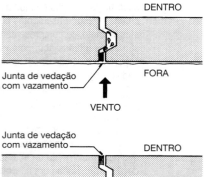

Figura 19.7
Vazamento através de uma junta vertical de vedação defeituosa, entre painéis de parede cortina, mostrado em planta. No exemplo de cima, a junta de vedação se encontra na face externa dos painéis, onde se molha durante uma chuva. Até mesmo uma pequena corrente de ar, passando através desta junta defeituosa, carrega água consigo. No exemplo de baixo, com a junta defeituosa posicionada no interior dos painéis, onde permanece seca, o vazamento de ar através da junta é insuficiente para transportar água através da junta e a água não penetra.

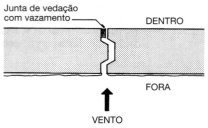

Figura 19.8
O sistema de proteção à chuva, neste sistema de revestimento exemplar, é composto por painéis metálicos, cada um formado a partir de chapas metálicas. A equipe de projeto incluía Wallace, Floyd Associates, Inc., Bechtel/Parsons Brinckerhoff, Stull e Lee, Inc., Gannet Fleming/URS/TAMS Consultants e o Massachusetts Highway Department.

Capítulo 19 Projetando Sistemas de Paredes Externas 793

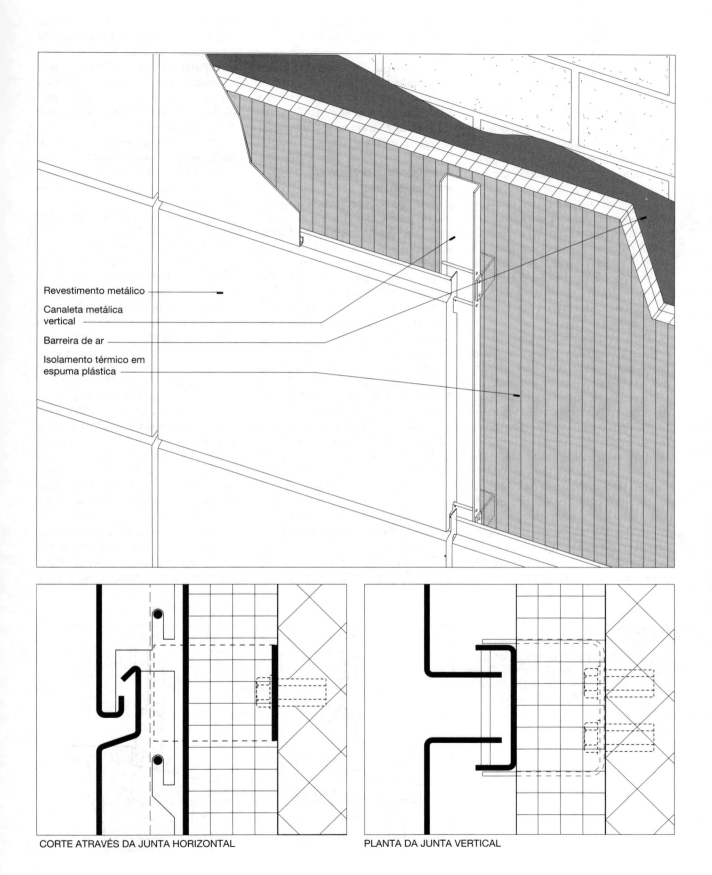

CORTE ATRAVÉS DA JUNTA HORIZONTAL

PLANTA DA JUNTA VERTICAL

A instalação é simples e permite lapsos menores na mão de obra: grampos metálicos em perfil U são aparafusados à parede interna, que é revestida com uma resina impermeável, para criar uma barreira de ar. Painéis rígidos de isolamento são colados à parede, permitindo que os grampos atravessem e se projetem. Canaletas verticais de metal são aparafusadas aos grampos. Por fim, os painéis metálicos, que compõem o sistema de proteção à chuva, são simplesmente pendurados em barras horizontais suportadas pelas canaletas, semelhante ao modo como quadros são pendurados em ganchos na parede. O espaço entre os painéis metálicos de proteção à chuva e o isolamento funciona como um espaço interno de drenagem.

Para conseguir um projeto de pressão equalizada, peças metálicas horizontais em ângulo, não mostradas, são instaladas entre as canaletas, a intervalos de um ou dois andares. As canaletas verticais, adicionalmente, dividem a CEP em compartimentos estreitos. (Os espaços entre as bordas dos painéis e as canaletas são estreitos o bastante para restringir suficientemente o fluxo de ar e criar um projeto pressurizado. Se necessária uma compartimentação mais completa, barras de espuma compressíveis ou calafetagens podem ser instaladas ao longo dos canaletas, para criar limites mais estanques ao ar nesses pontos.) Quando o vento dirige a chuva contra esta parede, quantidades pequenas de ar fluem pelas juntas abertas no sistema de proteção à chuva, até que a pressão na CEP se equalize com a pressão externa. Esses fluxos de ar são insuficientes, em volume e velocidade, para conduzir água consigo.

Equalização de pressão em escalas menores

Os princípios de projeto de dispositivos de proteção à chuva e de equalização de pressão também podem ser aplicados em uma pequena escala, para nos guiar em muitos aspectos do detalhamento exterior de edificações. A Figura 19.9 demonstra como esta prática é incorporada na colocação de uma fita de calafetagem, no detalhe do peitoril de uma janela. No detalhe correto, a fita de calafetagem, cuja função é servir como uma barreira ao ar, é colocada no interior do trilho inferior do caixilho. A junta aberta sob o trilho do caixilho, que é dotado de uma quebra de capilaridade, funciona como uma CEP. A não ser que a fita de calafetagem seja grosseiramente defeituosa, a água não poderá ser soprada pela junta por diferenciais de pressão de ar. Note como as outras forças capazes de transportar água pela junta são contrabalançadas: uma inclinação no peitoril (referida por arquitetos como *wash*) previne que a gravidade leve a água para dentro. A ranhura na borda inferior do caixilho, que funciona como uma quebra de capilaridade, também funciona como uma pingadeira, para contrabalançar a tensão superficial. A junta em forma de L, entre o caixilho e o peitoril, funciona como um labirinto, para prevenir a entrada por momento.

No detalhe incorreto, a fita de calafetagem pode ser molhada pela chuva. Qualquer falha menor na fita permitirá que água seja soprada através da junta.

Relativamente poucas edificações dependem completamente do princípio de sistema de proteção à chuva e do projeto de paredes de pressão equalizada para sua estanqueidade à água. No entanto, existem poucos sistemas contemporâneos de revestimento que não empreguem esses princípios, como parte importante de sua proteção contra a penetração da água. Considere, novamente, o exemplo familiar da parede dupla de alvenaria: esses princípios podem ser visualizados na face visível da camada externa, atuando como um sistema de proteção à chuva, a camada interna como uma barreira ao ar, e a camada de ar, parcialmente pressurizada por orifícios de drenagem e ventilação, como uma CEP. Mesmo assim, a superfície da camada externa da alvenaria é frequentemente impermeabilizada com compostos que reduzem a sua capacidade de absorção (uma aplicação da abordagem da parede

Figura 19.9
Aplicando o princípio de proteção à chuva ao detalhamento do peitoril de uma janela guilhotina. (*De* Edward Allen, *Architectural Detailing: Function, Constructibility, Aesthetics*, New York, John Wiley & Sons, Inc., reproduzido com permissão do editor)

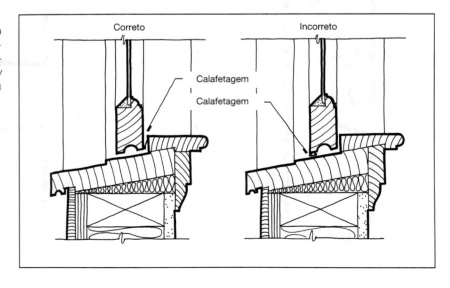

barreira), e a camada de ar é inclinada e provida de furos de drenagem, para que a água que penetre na camada externa possa ser seguramente canalizada de volta ao exterior (uma aplicação de drenagem interna).

JUNTAS DE VEDAÇÃO NA PAREDE EXTERNA

A maioria dos sistemas de paredes externas necessita de *juntas de vedação*, frestas que são fechadas com compostos semelhantes à borracha. Sistemas que não usem vedantes, como barreiras à água na face da parede, frequentemente os usam para vedar juntas na barreira ao ar atrás da face. O papel de um vedante é preencher as juntas entre componentes da parede, impedindo o fluxo de ar e/ou de água, enquanto permite tolerâncias dimensionais razoáveis para montagem e quantidades razoáveis de movimento subsequente entre os componentes. As larguras de juntas de vedação são usualmente de ⅜ a ¾ de polegada (9-19 mm), mas podem ser até tão pequenas quanto ¼ de polegada (6 mm) e algumas vezes se estendem até 1 polegada (25 mm) ou mais.

Vedantes são frequentemente utilizados para vedar juntas entre painéis de pedra ou de concreto pré-moldado, em uma parede cortina (Figuras 20.8 e 20.13), para vedar a junta sob o ângulo da prateleira em uma parede cortina de tijolos (Figura 20.3) e para vedar juntas entre materiais diferentes, como quando um sistema de revestimento de vidro e metal termina contra uma parede cortina de alvenaria (Figura 21.12, detalhes 6, 9 e 9A). Vedantes especialmente formulados são usados para vedações entre lâminas de vidro e as caixilharias que as suportam (Figura 17.17) e até para prevenir a passagem de som em torno das bordas de divisórias internas (Figuras 23.22, 23.23, 23.35 e 23.38).

Figura 19.10
Aplicando polissulfeto, um vedante aplicável por pistola de alta elasticidade, a uma junta entre painéis de uma parede cortina de concreto pré-moldado de agregado exposto, usando uma pistola de vedante. O operador move a pistola lentamente, para manter uma bola de vedante logo à frente da ponta da pistola. Isso exerce pressão suficiente no vedante para que ele penetre completamente na junta. Após a aplicação, o operador retorna para alisar e comprimir o vedante ainda molhado com uma ferramenta convexa, assim como um pedreiro o faz com relação à argamassa nas juntas de uma parede de alvenaria. *(Cortesia de Morton Thiokol, Inc., Morton Chemical Division)*

Materiais vedantes

Materiais vedantes aplicáveis por pistola

Materiais *vedantes aplicáveis por pistola* são líquidos viscosos, grudentos, que são injetados nas juntas de uma edificação com uma *pistola de vedante* (Figura 19.10). Eles curam dentro da junta, para se transformarem em materiais semelhantes à borracha, que aderem às superfícies circundantes e vedam a junta contra a passagem de ar e água. Vedantes aplicáveis por pistola podem ser agrupados, convenientemente, em três categorias, de acordo com o grau de variação do tamanho de junta, que cada um pode suportar de forma segura, após a cura:

- *Vedantes de baixa elasticidade*, também chamados de *calafetes*, são materiais com capacidades de *elongação* (extensão e amassamento) muito limitadas, até mais ou menos 5% da largura da junta. São usados, principalmente, para preencher rachaduras pequenas ou juntas estáticas, especialmente na preparação para pintura. A maioria dos calafetes cura por evaporação da água ou de um solvente orgânico e encolhe substancialmente quando assim o fazem. Nenhum dos dois deve ser usado para vedar juntas de sistemas de paredes externas de edificações. (Embora o termo "calafete" seja apropriadamente aplicado apenas a vedantes de baixo espectro, em uso comum é frequentemente aplicado de forma mais ampla, para significar qualquer tipo de vedante, independentemente da capacidade de elongação.)

- *Vedantes de média elasticidade* são materiais como borracha de butil ou acrílico, que têm elongações seguras, entre mais ou menos 5 a 10%. São utilizados na parede externa de uma edificação, para vedar juntas que não trabalham (juntas que são apertadas mecanicamente entre si, assim como são preenchidas com vedantes, como mostrado na Figura 19.11). Como esses vedantes curam pela evaporação da água ou de um solvente orgânico, sofrem algum encolhimento durante a cura.

- *Vedantes de alta elasticidade* podem, seguramente, suportar elongações de até mais ou menos 50 a 100%. Eles incluem diversos *polissulfetos*, que são normalmente misturados no local, a partir de dois componentes, para realizar a cura química; *poliuretanos*, que também podem curar a partir da reação entre dois componentes, ou por reação com o vapor da umidade do ar, dependendo da formulação; e *silicones*, todos curando por reação com o vapor da umidade do ar. Nenhum desses vedantes sofre retração durante a cura, pois nenhum depende de evaporação de água ou de solvente para realizar a cura. Todos aderem tenazmente às laterais de juntas propriamente preparadas. Todos são materiais semelhantes à borracha, de alta resiliência, que retornam a seus tamanhos e formas originais após serem esticados ou comprimidos, e todos são duráveis por 20 anos ou mais, se propriamente preparados e instalados. Vedantes para juntas que trabalhem, em sistemas de paredes externas, são selecionados deste grupo. Vedantes de polissulfeto têm a história de mais longa utilização em tais aplicações. No entanto, poliuretanos e silicones de formulação melhorada ocupam, agora, 90%, ou mais, do mercado de vedantes para construção de alta elasticidade, sendo os silicones geralmente considerados os de maior durabilidade e melhor performance dos três.

Vedantes para juntas aplicáveis por pistola são especificados de acordo com o padrão C920 da ASTM, que define designações para vedantes, com base no *Tipo, Grau, Classe* e *Uso*. Vedantes de Tipo S são *monocomponentes* e não necessitam de mistura no local da obra. Os vedantes de Tipo M são *multicomponentes* e devem ser misturados no local da obra, antes de sua instalação. Vedantes multicomponentes, normalmente, têm cura mais rápida que vedantes monocomponentes. Eles ainda oferecem uma maior variedade em termos de cores, já que a pigmentação pode ser adicionada durante a mistura. Vedantes de Grau P, também chamados de *autonivelantes*, são *derramáveis*. São facilmente instalados em juntas horizontais de pavimentação. Mas para juntas verticais de paredes, vedantes Grau NS, que *não escorrem*, devem ser usados. A Classe define a capacidade de elongação de um vedante. Um vedante Classe 25 pode tolerar 25% de expansão e contração, sob condições normais de uso. Um vedante Classe 100/50 (a maior designação de Classe nas normas correntes) pode tolerar 100% de expansão e 50% de contração. Um vedante Uso T, *tráfego*, pode tolerar desgastes e abuso físico de tráfego de pedestres ou veículos (a maioria dos vedantes derramáveis é também Uso T); um vedante Uso NT, *não tráfego*, não é adequado para exposição ao tráfego e é normalmente dirigido ao uso em juntas de paredes verticais; um vedante Uso I, *imersível*, é adequado para aplicações de vedação que estarão submersas, uma vez que o vedante tenha curado. Os vedantes podem ainda ser classificados como Uso M, G, A ou O, significando que passaram por uma série de testes, demonstrando aderência satisfatória a argamassa, vidro, alumínio ou outros materiais, respectivamente. Para exemplificar: um vedante multicomponente, para juntas de expansão entre secções de uma parede cortina em alumínio, que deve ser capaz de uma elongação de 50%, pode ser especificado como Tipo M, Grau NS, Classe 50, Usos NT e A.

Materiais vedantes sólidos

Em adição aos vedantes aplicáveis por pistola, vários tipos de materiais sólidos são utilizados para vedar frestas na parede externa de uma edificação (Figura 19.11):

- *Gaxetas* são fitas de diversos materias elastoméricos (semelhantes à borracha) completamente curados, fabricados em várias configurações e distintos tamanhos para diferentes propósitos. São ou comprimidos dentro de uma junta, para aderir firmemente contra as superfícies, em ambos os lados, ou inseridas na junta com folga e, então, expandidos, com a inserção de uma *fita de travamento*, como ilustrado nas Figuras 17.17-17.19.

- *Vedante celular pré-formado em fita* é uma fita de material esponjoso de poliuretano, que foi impregnado com um vedante de mastique. Ele é entregue no canteiro de obras envolto em uma embalagem estanque ao ar, comprimido a um quinto ou um sexto de seu volume original. Quando uma fita é removida de sua embalagem e inserida, ela expande para ocupar toda a junta, e seu material vedante cura com a umidade do ar, para formar uma junta impermeável à água.

- *Vedantes sólidos pré-formados em fita* são usados apenas em juntas de sobreposição, como quando se monta um vidro em uma moldura de metal ou quando se sobrepõe duas chapas metálicas finas, em uma junta de um revestimento externo. Eles são tiras grossas e adesivas de polibuteno ou poliisobutileno, que aderem às duas faces de uma junta, para vedar e amortecer a junção. Eles são tão grudentos que não podem ser inseridos em uma junta, mas devem ser aplicados a uma das faces da junta, antes da montagem.

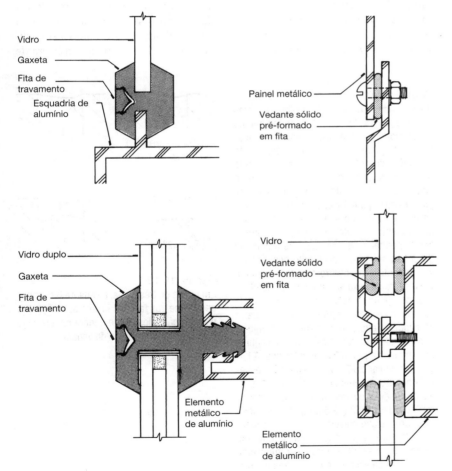

Figura 19.11
Alguns materiais vedantes sólidos. À esquerda, dois exemplos de gaxetas com fitas de travamento. À direita, vedantes sólidos pré-formados em fita.

Projeto de juntas de vedação

As Figuras 19.12-19.14 mostram os princípios mais importantes que devemos ter presentes, quando se projeta uma junta de vedante aplicável por pistola. Para uma junta entre materiais com altos coeficientes de expansão, a época do ano em que o vedante será instalado deve ser considerada, quando se está especificando o tamanho da junta e o tipo de vedante. Vedantes instalados em um tempo frio terão que se esticar menos ao longo de sua vida – mas terão que se comprimir mais durante o verão – do que o mesmo vedante aplicado em tempo quente, que deverá se esticar mais e comprimir-se menos.

Os procedimentos de instalação também são críticos para o sucesso de uma junta de vedante aplicável por pistola em um sistema de parede externa. Cada junta deve ser cuidadosamente limpa, para eliminar óleo, poeira, oxidações, umidade ou desmoldante da concretagem. Se for necessário melhorar a adesão entre o vedante e o substrato, as bordas da junta são preparadas com uma camada adequada de *primer*. Então, é inserida a barra flexível de suporte. Esta é uma tira cilíndrica de espuma plástica, altamente compressível e muito flexível, que é apenas um pouco maior em diâmetro que a largura da junta. Ela é empurrada para dentro da junta, onde se firma por atrito, para limitar a profundidade que o vedante vai penetrar, de forma a manter as proporções ótimas da camada de vedante e evitar desperdício de material vedante. Os materiais para a barra de suporte são disponíveis em uma variedade de diâmetros, para adequar-se a qualquer junta.

O vedante é extrudado para dentro da junta, a partir do bico de uma pistola de vedante, preenchendo por completo a porção da junta acima da barra de suporte. Finalmente, o vedante é mecanicamente modelado, como uma junta de argamassa em uma alvenaria, para comprimir o material vedante firmemente contra as laterais da junta e contra a barra de suporte. Este procedimento ainda dá o acabamento desejado à superfície do vedante. (O papel da barra de

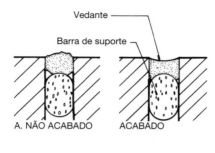

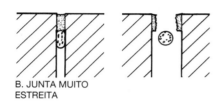

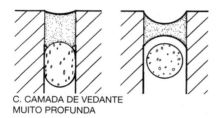

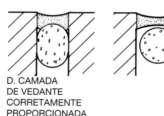

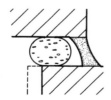

Figura 19.12
Bons e maus exemplos de design de juntas de vedação. (a) Esta junta adequadamente proporcionada é mostrada, tanto sem acabamento quanto acabada. O vedante não acabado falha em penetrar completamente em torno da barra de suporte e não adere completamente às laterais da junta. (b) Uma junta estreita pode fazer com que o vedante se estique além de sua capacidade, quando os painéis dos dois lados se contraírem, como mostrado na direita. (c) Se a camada de vedante é muito profunda, desperdiça-se vedante e as quatro faces da camada de vedante são excessivamente tensionadas quando a junta se alarga. (d) Uma camada de vedante corretamente proporcionada. A barra de suporte, feita de um material esponjoso, que não adere ao vedante, é inserida na junta para manter a profundidade desejada. A largura é calculada para que a elongação esperada não exceda o limite seguro do vedante, e a profundidade esteja entre ⅛ de polegada e ⅜ de polegada (3 a 9,5 mm). (e) Uma junta de sobreposição corretamente proporcionada. A largura da junta (a distância entre os painéis) deve ser duas vezes a profundidade da camada de vedante e duas vezes o movimento esperado na junta.

Figura 19.13
Em juntas de três faces, o vedante tem chances de se rasgar, a não ser que uma fita plástica não adesiva, de quebra de liga, seja colocada na junta, antes do vedante.

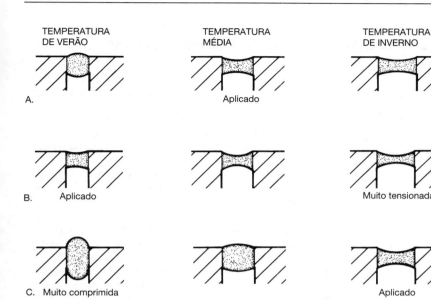

Figura 19.14
Os vedantes são mais bem aplicados a temperaturas que não sejam nem excessivamente quentes, nem excessivamente frias. Se aplicações em dias frios ou quentes são previstas, as juntas devem ser proporcionadas de forma a minimizar o seu alongamento ou compressão em demasia. A linha *A* mostra o comportamento de um vedante aplicado a uma temperatura média. As colunas *B* e *C* mostram o vedante aplicado em temperaturas de verão e de inverno, respectivamente.

suporte acaba aqui, mas, por estar inacessível, a barra permanece na junta.)

Vedantes em gaxeta geralmente têm demonstrado ser menos sensíveis a problemas de instalação que vedantes aplicáveis por pistola. Por essa razão, eles são amplamente utilizados em sistemas patenteados de revestimento.

CONCEITOS BÁSICOS SOBRE SISTEMAS DE PAREDES EXTERNAS

A parede portante

Até o final do século XIX, quase todas as grandes edificações eram construídas com paredes externas portantes. Estas paredes suportavam uma parcela substancial das cargas dos pisos e do telhado da edificação, além de separar o ambiente interno do externo. Em edificações não combustíveis, essas paredes eram construídas de alvenaria de tijolos ou de pedra. Funcionalmente, elas tinham várias limitações inerentes. Eram isolantes térmicos pobres e pesadas, necessitando de grandes fundações e limitando a sua altura a poucos pavimentos.

A *parede portante* foi transladada à atual realidade com alvenarias mais resistentes e concreto; componentes, como materiais de isolamento térmico, camadas de ar, rufos, barreiras ao ar e retardadores de vapor, foram adicionados, para tornar a parede mais resistente à passagem de água, ar e calor; e a adição de armadura em aço permitiu que a parede se tornasse mais fina, mais leve e mais apta para resistir a cargas de vento e sísmicas. Paredes externas portantes, em alvenaria ou concreto, são frequentemente atrativas e econômicas para edificações de baixa ou média altura. Torres residenciais, de grande altura, com paredes externas portantes em alvenaria, também continuam a ser construídas, especialmente na Ásia. Estes tipos de construção são ilustrados e discutidos mais detalhadamente nos Capítulos 8, 10 e 14.

A parede cortina

Os primeiros arranha-céus com moldura estrutural em aço, construídos no final do século XIX, introduziram o conceito de *parede cortina*, uma parede externa suportada em cada pavimento pela moldura estrutural. O nome "parede cortina" deriva da ideia de que a parede é fina e se "pendura", como uma cortina, à moldura estrutural. (A maioria dos painéis de paredes cortina, na verdade, não se pendura, tracionada em sua ligação à moldura, mas é apoiada a partir da base a cada nível de piso.) As primeiras paredes cortina foram construídas em alvenaria (figura 19.2). A principal vantagem da parede cortina é que, por não receber carga vertical, ela pode ser fina e leve, independentemente da altura da edificação, se comparada a uma parede portante em alvenaria, que pode se tornar proibitivamente espessa e pesada na base de uma edificação muito alta.

Paredes cortina podem ser construídas com qualquer material não combustível, que seja adequado para exposição às intempéries. Elas podem ser construídas no local, ou pré-fabricadas. No próximo capítulo, examinaremos paredes cortina que são feitas de alvenaria e concreto. No Capítulo 21, vamos direcionar o nosso olhar para paredes cortina feitas de metal e vidro. Em ambos os capítulos, veremos que alguns tipos de parede são construídos no local e outros são pré-fabricados, mas todos são suportados pela moldura do edifício.

INFORMAÇÕES ESSENCIAIS SOBRE O ENVELOPE DA EDIFICAÇÃO: BARREIRA AO AR

Infiltrações de ar

O ar pode se mover através do conjunto de um sistema construtivo sempre que existirem diferenças de pressão entre um lado do sistema e o outro. Tais diferenças de pressão podem ser criadas pela força do vento atuando sobre as superfícies externas de uma edificação, pelo *efeito chaminé* (a tendência de edificações altas atuarem como uma chaminé, tomando ar na parte inferior e expelindo-o na outra extremidade) e por equipamentos mecânicos em edifícios, tais como ventiladores de exaustão e sistemas de controle de ar (Figura A).

Quando o ar externo infiltra em uma edificação, pelas paredes externas e telhados, ele aumenta o consumo energético da edificação. Um estudo de 2005, do U.S. National Institute of Standards and Technology, estimou que a infiltração de ar pode contabilizar até 40% dos custos de refrigeração e aquecimento de uma edificação. A infiltração do ar exterior também introduz poluentes não filtrados do ar e ar não condicionado ao interior da edificação, onde ele pode comprometer a qualidade do ar interno e reduzir o conforto dos ocupantes. Infiltrações de ar transportam vapor d'água para dentro de paredes e telhados isolados termicamente, aumentando o risco de condensação e de danos por umidade a componentes da edificação. Quando o ar infiltra entre espaços de uma edificação, ele pode comprometer diferenciais de pressão mantidos por sistemas de aquecimento, ventilação e ar condicionado, que controlam a disseminação de odores ou elementos contaminantes, entre partes separadamente zoneadas de uma edificação. Por exemplo, odores desagradáveis de uma cozinha podem ser transferidos de uma unidade habitacional de uma edificação a outra; a exaustão de veículos, assim como as emissões de combustível de uma garagem, pode infiltrar áreas adjacentes ocupadas; partículas de poeira podem ser carregadas a uma câmara limpa de um laboratório, ou bactérias podem ser introduzidas em uma sala cirúrgica de um hospital.

Barreiras ao ar

Materiais para *barreiras ao ar* atuam na redução das infiltrações de ar por meio de um sistema construtivo. Exemplos de materiais para barreiras ao ar incluem películas de envelopamento da edificação; painéis de gesso; chapas plásticas de polietileno; isolamento de espuma rígida; membranas de aplicação líquida, de várias formulações; calafetagens; vedantes; gaxetas; fitas e outros. Para funcionar como uma barreira ao ar, um material deve ser resistente à passagem do ar; ele deve ter força e rigidez suficientes para suportar os diferenciais de pressão do ar que atuam sobre si; quando cobre juntas que se movimentam, ele deve ser resiliente o suficiente para acomodar as movimentações sem colapsar; e ele deve ser durável o suficiente para exercer sua função ao longo da vida da edificação.

Quanto maior a resistência do material à passagem do ar, menor a sua *permeância ao ar* e melhor a sua performance como barreira ao ar. A permeância ao ar é medida de acordo com a E2178, da ASTM, e é expressa em pés cúbicos de ar por minuto (cfm), por pé quadrado (sf) de área a uma pressão de ar de 1.57 libras por pé quadrado – psf (ou 0.3 polegadas de água), ou, em unidades métricas, como litros por segundo, por metro quadrado de área, a 75 Pa de pressão de ar. Uma permeância ao ar de 1 cfm/sf, a 1.57 psf é equivalente a, aproximadamente, 5 L/s*m², a 75 Pa. A referência mais comumente citada para barreiras ao ar é de uma permeância ao ar não maior que 0.004 cfm/sf, a 1.75 psf ou 0,02 L/s*m², a 75 Pa (Figura B).

Um material de barreira ao ar deve ser capaz de resistir a pressões do ar que atuam, tanto em direção ao interior, quanto ao exterior, pelo sistema construtivo, sem danos ou deflexões excessivas. Materiais em chapas flexíveis, como películas de envelopamento, chapas de plástico, membranas de cobertura e rufos flexíveis, são especialmente vulneráveis. Se não apoiados ou fixados adequadamente, esses materiais podem se rasgar, esticar-se ou se soltar e se tornar ineficazes como barreiras ao ar. O dano causado por pressões de ar pode, ainda, fazer os materiais falharem no desempenho de outras funções importantes, como manter a água fora da edificação ou resistir à difusão de vapor de água. Se um material de barreira ao ar permanece intacto, mas se deflete excessivamente sob ciclos alternantes de pressão do ar positiva e negativa, ele pode bombear ar para dentro e para fora de um sistema construtivo, reduzindo a efetividade do isolamento e aumentando o risco de o vapor de água ser transportado para dentro do sistema construtivo. Materiais de barreira ao ar devem, ainda, ser capazes de acomodar as movimentações térmicas e estruturais normais, que ocorrem em sistemas construtivos, sem desgaste ou falha indevidos.

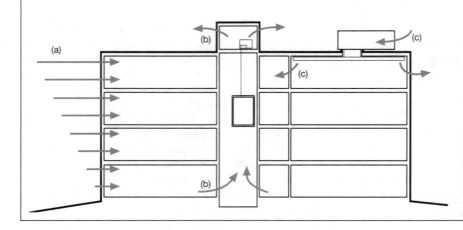

Figura A
Diferenças de pressão de ar em uma edificação podem ser causadas pelo (a) vento, (b) por efeito chaminé, tais como em um poço de elevador, e (c) por sistemas mecânicos da edificação.

| | Permeância ao Ar | |
Material	cfm/sf a 1.75 psf	L/s*m² a 75 Pa
Chapa de polietileno, 6 mil (0,15 mm)	~0	~0
Filme de alumínio, 1 mil (0,025 mm)	~0	~0
Membranas autoadesivas de asfalto modificado	~0	~0
Compensado, ⅜ de polegada (9,5 mm)	~0	~0
Isolamento térmico de espuma rígida de poliestireno extrudado, 1 ½ polegada (38 mm)	~0	~0
Maioria das membranas de cobertura de pequena inclinação	~0-0.002	~0-0,01
Isolamento térmico patenteado de espuma, em spray de poliuretano de alta densidade, 1 ½ de polegada (38 mm)	0.0002	0,001
Membrana patenteada de barreira ao ar, permeável ao vapor, aplicada por fluido	<0.0004	<0,002
Filme de envelopamento patenteado de poliolefina não perfurada		
Classificação comercial	0.001	0,005
Classificação residencial	0.007	0,036
Isolamento térmico de spray de espuma de poliuretano, de baixa densidade, 3 polegadas (75 mm)	0.002-0.32	0,01-1,6
Gesso acartonado, ½ polegada (12 mm)		
Revestimento externo	0.002	0,0091
Camada interna, sem pintura	0.004	0,0196
OSB, ⅜ polegada (11 mm)	<0.004	<0,02
Feltro de cobertura, #30	0.037	0,1873
Feltro asfáltico, não perfurado, #15	0.078	0,3962
Chapa de fibras impregnada com asfalto	0.163	0,8285
Tábuas macho-fêmea	3.7	19
Isolamento térmico em manta de fibra de vidro	7.3	37
Isolamento térmico de celulose, em spray	17	87

Figura B
Permeância ao ar de materiais construtivos comuns. Linhas sombreadas indicam materiais que excedem os valores de permeância recomendados para materiais utilizados como barreiras ao ar.

Sistemas de barreira ao ar

Para limitar a infiltração de ar para dentro e para fora de uma edificação, seu espaço condicionado deve ser completamente envolto por materiais de barreira ao ar, criando um *sistema de barreira ao ar* ininterrupto, de superfícies, membranas, componentes manufaturados, rejuntes e vedantes de juntas, que possam, efetivamente, resistir aos diferenciais de pressão de ar atuando sobre essas fronteiras. Atenção cuidadosa ao detalhe, durante o projeto e a execução, é necessária para atingir esse objetivo. Todas as descontinuidades potenciais no sistema de barreira ao ar – fendas entre painéis; sobreposições em materiais na forma de folhas; transições entre substratos distintos; perfurações causados por fixadores; juntas de movimentação; aberturas para instalações ou estrutura; espaço de instalação, em torno das molduras de esquadrias; junções entre sistemas de fundação, parede e telhado; espaços entre folhas de janelas e portas e suas molduras, e assim por diante – devem ser tornadas impermeáveis ao ar, com o uso de fitas, vedantes, calafetagens, rufos, gaxetas e outros materiais que possam, eles próprios,

(continua)

> **INFORMAÇÕES ESSENCIAIS SOBRE O ENVELOPE DA EDIFICAÇÃO:**
> **BARREIRA AO AR (CONTINUAÇÃO)**
>
> cumprir os requisitos de permeabilidade ao ar e estruturais de um material constituinte de uma barreira ao ar. Em virtude dos significativos diferenciais de pressão do ar atuantes sobre o sistema de barreira ao ar, até mesmo pequenas aberturas podem permitir que grandes volumes de ar e vapor de água passem pelo fechamento da edificação e, portanto, devem ser minimizados da melhor maneira possível.
>
> Os padrões de permeância ao ar quanto ao desempenho das composições de materiais de barreira de ar são menos exigentes que aqueles para materiais individuais, refletindo a realidade de que uma vedação sem falhas e contínua, entre materiais e componentes, nunca é possível. Recomendações para a máxima permeância ao ar de *sistemas de barreiras ao ar*, ou seja, de conjuntos de materiais responsáveis pelo desempenho da barreira ao ar de um sistema completo de parede, telhado ou piso, estão na faixa de 0.01 a 0.04 cfm/sf, a 1.75 psf (0,05 a 0,2 L/s*m², a 75 Pa). Taxas aceitáveis de infiltração de ar para sistemas completos de barreira ao ar para uma edificação, refletindo o desempenho combinado dos sistemas de barreira ao ar conectados, esquadrias e outros elementos de fechamento, poderão ser ainda maiores.
>
> **Localização de barreiras ao ar**
>
> Materiais para barreiras ao ar podem estar localizados em qualquer ponto de um conjunto, desde que eles formem um sistema interconectado impermeável ao ar. Na superfície interna do fechamento de uma edificação, a Airtight Drywall Approach e o Simple Caulk and Seal são sistemas de barreira ao ar, que consistem de painéis de parede em gesso, combinados com calafetagens, vedantes e gaxetas, para vedar caminhos de infiltrações em torno de orifícios, em painéis de parede e entre membros subjacentes da moldura (Figura 7.22). Esses sistemas são de instalação relativamente fácil e barata, tornando-os especialmente populares para construções residenciais. Eles são menos favorecidos para edificações do tipo comercial, onde frequentes mudanças em partições internas, acabamentos e fiações tornam improvável que a continuidade de um sistema, dependente do detalhamento cuidadoso desses elementos venha a se manter ao longo da vida útil da edificação.
>
> Chapas plásticas, frequentemente usadas como retardadores à passagem de vapor, atrás de um painel de gesso, também têm uma baixa permeância ao ar e podem agir como uma barreira ao ar. No entanto, a dificuldade em selar fendas e orifícios entre chapas plásticas, assim como a tendência do plástico em se esticar e defletir na moldura estrutural de apoio, limita a adequação desse material em sistemas de barreira ao ar, especialmente para edificações mais altas, ou onde quer que sejam esperados grandes diferenciais de pressão do ar.
>
> Junto ao centro de um sistema de fechamento de uma edificação, um isolamento em espuma pode ser borrifado no interior do espaço entre montantes, vigas e terças, de modo a atuar como parte de um sistema de barreira ao ar, em combinação com calafetagens e vedantes, para impermeabilizar caminhos de infiltração em torno dos membros da moldura. Materiais constituintes das barreiras ao ar, localizados próximo ao lado interno do fechamento da edificação ou dentro de camadas de ar na moldura, também se beneficiam com o fato de serem protegidos dos elementos externos.
>
> Junto ao lado externo do envelope da edificação, materiais de barreira ao ar são frequentemente instalados sobre bainhas, em construções estruturadas ou sobre a face exterior de paredes internas de alvenaria ou concreto. Filmes de envelopamento da edificação, painéis de bainha de compensado ou de gesso e chapas de membrana, totalmente aderentes, aplicadas em forma fluida, podem todos ser usados em combinação com vários materiais vedantes e de preenchimento. Quando aí localizados, os materiais de barreira ao ar são de fácil instalação, com o mínimo de interseções complexas. Onde ocorrem perfurações, para a ancoragem de revestimentos exteriores ou interiores, eles são normalmente facilmente vedados, assegurando estanqueidade ao ar (Figura 20.1*b*).
>
> Quando as barreiras ao ar ficam do lado externo do isolamento térmico da edificação, elas podem também protegê-lo contra a *la-*

ENSAIOS E NORMAS DE PAREDES CORTINA

Desempenho estrutural e resistência ao vento e à chuva

Para qualquer novo projeto de parede cortina, é recomendável construir e ensaiar uma secção em escala real da parede, para determinar sua resistência à infiltração de ar e água e seu desempenho estrutural sob pesados carregamentos de vento. Existem vários laboratórios ao ar livre, na América do Norte, que são equipados para conduzir esses ensaios. Um exemplar em escala real do sistema de paredes, normalmente de dois pavimentos de altura e com a largura de um compartimento, é construído como a parede externa de uma câmara, que pode ser pressurizada ou evacuada por um sistema calibrado de bombas.

Ensaios de paredes cortina são conduzidos de acordo com a norma da American Architectural Manufacturers Association, *AAMA 501 Methods of Tests for Exterior Walls*, que, por sua vez, referencia um grande número de outras normas, para aspectos específicos dos ensaios. O exemplar é testado, primeiramente, para infiltrações de ar, usando a ASTM E283, em que ele é submetido a uma pressão estática de ar, que corresponde à pressão que seria criada pela velocidade máxima de vento prevista na vizinhança da edificação. O ar que infiltrar pela parede é cuidadosamente medido, e a taxa de infiltração é comparada a de normas especificadas.

Em seguida, é feito um ensaio estático de penetração de água, usando

vagem por vento, em que correntes de ar externas, permeando pelo conjunto, reduzem a eficiência do isolamento térmico. No entanto, materiais próximos ao lado externo de um sistema construtivo devem também ser duráveis e capazes de apresentar um desempenho satisfatório quando expostos aos efeitos da chuva penetrante e de amplas flutuações de temperatura, ao longo da vida da edificação. Em edificações mais altas, sistemas que consistem em membranas aplicadas de forma líquida ou em chapas, que se tornam totalmente aderidas a substratos rígidos, são superiores a chapas flexíveis, como as membranas de envelopamento. Como observado anteriormente, materiais com chapas soltas podem comprometer o seu desempenho por rasgamento ou deflexões excessivas. Materiais de barreira ao ar aplicados no lado externo também têm, frequentemente, um papel importante em manter a água do lado de fora do envelope da edificação, formando superfícies de drenagem, resistentes à água, por trás do revestimento externo.

Diferentemente de retardadores de passagem de vapor, não há prejuízo qualquer em instalar múltiplas barreiras ao ar dentro de um sistema. Múltiplas barreiras ao ar podem prover as vantagens particulares de cada tipo de sistema e podem, também, prover redundância, diminuindo as chances de uma falha, ocorrendo em um dos materiais, comprometer o desempenho global da edificação contra infiltrações de ar.

Barreiras ao ar e o controle de vapor de água

Quando o ar passa por um sistema construtivo, o vapor de água no ar também é transportado através do sistema. Onde existem diferenciais significativos de pressão de ar, entre um lado do sistema e o outro, a quantidade de vapor de água transportada pelo sistema construtivo, por uma infiltração de ar não controlada, pode ser de uma ordem de grandeza de uma ou duas vezes superior àquela transportada pelo vapor de água difundindo-se diretamente através de materiais da edificação. Ao se controlar o fluxo de ar quente e úmido, em direção ao lado mais frio de um sistema construtivo, as barreiras ao ar têm um importante papel na proteção contra a condensação no interior do sistema.

Ao se projetar sistemas de barreira ao ar, a permeabilidade ao vapor de água do material da barreira deve ser considerada. Por exemplo, em um clima que exija calefação, um material de barreira ao ar localizado próximo ao lado externo, mais frio, de um sistema construtivo isolado termicamente, deve ser permeável ao vapor, para prevenir o aprisionamento de umidade dentro do sistema. Materiais à base de papel e membranas permeáveis ao ar são boas escolhas para uso nesta aplicação; em contraste, uma membrana betuminosa, com baixa permeabilidade ao vapor, seria uma escolha ruim.

Como regra geral, materiais para barreiras ao ar localizados no lado mais frio de um sistema construtivo, de pressão de vapor mais baixa, devem sempre ser permeáveis ao vapor. Opostamente, barreiras ao ar localizadas no lado mais quente de um sistema construtivo, de maior pressão de vapor, podem consistir de materiais de baixa permeância ao vapor e podem ser projetados para funcionar tanto como uma barreira ao ar, como na forma de um retardador de vapor. Para mais informações sobre retardadores de vapor e controle da difusão de vapor de água em sistemas construtivos isolados termicamente, ver as páginas 658-661.

Requisitos de barreira ao ar, segundo o código de edificações

O National Building Code of Canada (2005) estabelece limites quantificáveis de permeância ao ar para materiais de barreira ao ar, e requer o controle de infiltrações de ar, com sistemas contínuos de barreiras ao ar, na maioria das edificações. O International Energy Conservation Code (2006) tem requerimentos mais limitados para o controle de infiltrações de ar, exigindo que se selem fendas através dos componentes de envelopamento da edificação, mas sem estabelecer critérios mensuráveis. Até o momento em que se escreveu este texto, diversos estados dos Estados Unidos haviam adotado requisitos mais abrangentes de barreiras ao ar, baseados no modelo do código do Canadá, e é provável que requisitos para tais sistemas continuem a se espalhar pelos Estados Unidos, ao longo dos próximos anos.

---

a ASTM E331: a parede é submetida a uma pressão estática de ar, enquanto é molhada uniformemente, por toda a sua superfície, com uma taxa de 5 galões por hora por pé quadrado (3,4L/m²*min). Pontos de infiltração de água são demarcados e a água que permeia é cuidadosamente coletada e medida. Um ensaio de penetração dinâmica de água também pode ser feito, de acordo com a AAMA 501.1, usando um motor e uma hélice de aeronave para direcionar a água contra a parede.

O desempenho estrutural da parede é testado de acordo com a ASTM E330, em que um ventilador calibrado sujeita o exemplar da parede a pressões e sucções de ar até 50% maiores do que o carregamento de vento especificado, e as deflexões dos elementos estruturais da parede podem ser medidas. Opcionalmente, ensaios para desempenho térmico, transmissão de som e efeitos de alternância térmica, carregamentos sísmicos e movimentações na estrutura, à qual se prende a parede cortina, também podem ser feitos.

Enquanto todos estes ensaios produzem resultados numéricos, também é importante que o comportamento do exemplar seja observado atentamente, durante cada ensaio, para que problemas específicos de projeto, materiais, detalhamentos e instalação possam ser identificados e corrigidos. A maioria dos exemplares de sistemas de parede falha em um ou mais dos ensaios de estanqueidade de ar e água, na primeira tentativa. Ao se observar as fontes de infiltração durante o teste, normalmente é possível modificar rufos, vedantes, orifícios de drenagem ou outros componentes do projeto, de tal modo que o exemplar modificado passe nos testes subsequentes. Essas modificações são então incorporadas ao detalhamento final, para a edificação definitiva.

Após completar os testes e implementar os ajustes, começa a produção dos componentes de parede, e as entregas no canteiro de obras podem começar assim que a moldura estrutural estiver pronta para receber o sistema.

Sistemas de parede cortina requerem inspeção cuidadosa durante a instalação, para se certificar de que não existam defeitos associados à mão de obra. Até mesmo imperfeições aparentemente pequenas, em um conjunto, podem levar a problemas maiores e caros, mais tarde. Conforme evolui o trabalho, porções já instaladas da parede cortina podem ser verificadas, em relação a infiltrações de água, de acordo com a AAMA 501.2. Isso envolve direcionar a água às juntas na parede, com uma mangueira, que tem um bocal específico, e seguindo procedimentos específicos para isolar as causas associadas a quaisquer infiltrações. Se necessário, podem também ser realizados testes a campo, mais elaborados, instrumentados para detectar infiltrações de ar e água.

Desempenho térmico e outras propriedades

As propriedades térmicas de sistemas de parede cortina são comumente medidas de acordo com a AAMA 1503, para transmitância térmica, e com a AAMA 507, para coeficiente de ganho de calor solar, transmitância visível e resistência à condensação, embora normas NFRC, algumas vezes, também possam ser usadas. Sistemas de parede cortina são adaptáveis para uma grande variedade de tipos de vidros, dimensões de molduras e configurações. Por tal razão, a determinação precisa do fator U (transmitância térmica) e de outras propriedades, para um projeto de um sistema particular projetado, normalmente requer análises mais detalhadas do que, por exemplo, quando da especificação de sistemas de janelas com configurações padrão.

Onde for necessária resistência a impacto ou explosão, sistemas de paredes cortina podem ser testadas, sob as mesmas normas descritas no Capítulo 18, para portas e janelas.

A PAREDE EXTERNA E OS CÓDIGOS DE EDIFICAÇÃO

O maior impacto de códigos de edificação no projeto das paredes externas é nas áreas de resistência estrutural, resistência ao fogo e eficiência energética. Requisitos de resistência se relacionam à resistência e à rigidez do próprio sistema de parede, e à adequação de sua fixação à moldura estrutural da edificação, com referência especial a carregamentos de vento e sísmicos.

Requisitos relativos a fogo estão relacionados a preocupações quanto à combustibilidade dos materiais da parede, a classificações de resistência ao fogo e a dimensões verticais de platibandas e panos de paredes, a classificações de resistência ao fogo de paredes externas, que estejam voltadas para outras edificações, que estejam perto o suficiente para levantar dúvidas sobre o alastramento de fogo de uma edificação para outra e quanto ao isolamento (*firestopping*) de quais-

Figura 19.15
Safing é uma manta mineral resistente a altas temperaturas e altamente resistente ao fogo, que é inserida entre um painel de parede cortina e a borda da laje de piso, para bloquear a passagem do fogo de um pavimento para o seguinte. É visto, aqui, atrás de uma parede cortina de metal e vidro, com painéis isolados termicamente. O *safing* é mantido no lugar por grampos metálicos, como os que são vistos em primeiro plano. (*Cortesia da United States Gypsum Company*)

quer passagens verticais na parede que sejam mais altas do que um pavimento. A cada pavimento, o espaço dentro de revestimentos de colunas e o espaço entre o sistema de parede externa e as bordas de pisos devem ser isolados, para impedir a propagação do fogo, usando uma placa de aço e groute, malha metálica e gesso, *safing* de lã mineral, ou outro material que possa restringir a passagem de fumaça e fogo através desses espaços (Figura 19.15).

Os requerimentos quanto à conservação de energia estão se tornando cada vez mais exigentes. A maior parte dos códigos relativos a energia permite várias abordagens alternativas para demonstrar a conformidade. Na abordagem prescritiva são especificadas resistência térmica mínima de painéis, panos de paredes e vidros; desempenho de retardadores de vapor; e níveis máximos de infiltração de ar. Por exemplo, na abordagem prescritiva do International Energy Conservation Code, para edificações comerciais, até 40% das paredes acima do nível do solo podem ser envidraçadas, com uma transmitância térmica máxima entre 1.2 e 0.35 (6,8-2,0 W/m²*°K), dependendo da zona climática em que se localize a edificação.

As abordagens que permitem a substituição de componentes e as análises sistêmicas dão ao projetista da edificação mais flexibilidade para selecionar sistemas de envelopamento, desde que demonstrem que o desempenho energético global do projeto proposto seja igual ou superior àquele da edificação construída, para satisfazer ao requerido pelos códigos prescritivos.

CSI/CSC	
Seções do MasterFormat para projeto de sistemas de paredes externas	
07 25 00	**BARREIRAS ÀS CONDIÇÕES CLIMÁTICAS**
07 27 00	Barreiras ao Ar
07 90 00	**PROTEÇÃO DE JUNTAS**
07 91 00	Vedantes de Junta Preformados
	Vedantes de Compressão
	Gaxetas de Junta
	Barras de Suporte
	Enchimentos de Junta
07 92 00	Vedantes de Junta
	Vedantes Elastoméricos de Junta
07 80 00	**PROTEÇÃO AO FOGO E À FUMAÇA**
07 84 00	Barreiras ao Fogo
	Sistemas de *Safing* para Fogo

REFERÊNCIAS SELECIONADAS

1. O Institute for Research in Construction of the National Research Council Canada tem feito um trabalho pioneiro no campo de pesquisas sobre projeto de paredes externas e realizado ensaios e observações de campo, para embasar a teoria. Este trabalho é sumarizado em uma grande biblioteca de relatórios sobre tópicos específicos, que podem ser acessados online em www.nrc.ca/irc/ircpubs. Veja, por exemplo, o documento intitulado *Evolution of Wall Design for Controlling Rain Penetration*.

2. Brock, Linda. *Designing the Exterior Wall: An Architectural Guide to the Vertical Envelope*. Hoboken, NJ, John Wiley & Sons, Inc., 2005.

    Este livro cobre a ciência da edificação associada a desempenho de paredes externas e provê exemplos de sua aplicação ao projeto de tipos de parede, variando de construções leves em madeira a paredes cortina metálicas.

3. Brookes, Alan. *Cladding of Buildings* (3rd ed.). London, Spon Press, 1998.

    Este livro provê uma introdução geral clara a princípios e tipos de materiais para revestimentos.

4. Anderson, J. M., and J. R. Gill. *Rainscreen Cladding: A Guide to Design Principles and Practice*. London, Butterworth-Heinemann, 1988.

    Este sumário claro e sucinto sobre princípios de revestimento de proteção à chuva inclui uma extensa bibliografia sobre o assunto.

5. Amstock, Joseph S. *Handbook of Adhesives and Sealants in Construction*. New York, McGraw-Hill, 2000.

    Este livro oferece informações detalhadas sobre todos os tipos de vedantes, adesivos para construção, juntas e controle de rachaduras em concreto e controle de incêndios, assim como sobre o projeto, especificação e ensaios de juntas com vedantes.

Sites

Projetando sistemas de paredes externas

Website suplementar do autor: **www.ianosbackfill.com/19_designing_cladding_systems**
Dow-Corning sealants: **www.dowcorning.com**
GE Selants: **www.gesealants.com**
Institute for Research in Construction: **www.nrc.ca/irc/ircpubs**
Whole Building Design Guide-Wall Systems: **www.wbdg.org/design/env_wall.php**

Palavras-chave

Envoltória de paredes externas
Envelope da edificação
Ponte térmica
Efeito chaminé
Barreira ao ar
Permeância ao ar
Sistema de barreira ao ar
Conjunto de barreira ao ar
Lavagem pelo vento
Drenagem interna
Gravidade
Momento
Labirinto
Tensão superficial
Pingadeira
Ação por capilaridade
Quebra de capilaridade
Corrente de vento
Projeto de parede de pressão equalizada
Barreira ao ar
Proteção à chuva
Câmara de equalização de pressão (CEP)
Princípio de proteção à chuva
Revestimento de proteção à chuva
Plano inclinado (em peitoril de janela)
Junta de vedação
Vedante aplicável por pistola
Pistola de vedante
Vedante de baixa elasticidade, calafetagem
Elongação
Vedante de média elasticidade
Vedante de alta elasticidade
Vedante de polisulfeto
Vedante de poliuretano
Vedante de silicone
Tipo de vedante
Grau de vedante
Classe de vedante
Uso de vedante
Vedante monocomponente
Vedante multicomponente
Vedante auto-nivelante, vedante despejável
Vedante não escorregadio
Vedante para tráfego
Vedante sem tráfego
Vedante imersível
Gaxeta
Fita de travamento
Vedante em fita celular preformada
Vedante em fita solida preformada
Priming (de juntas de vedação)
Barra de apoio, barra de fundo
Parede portante
Parede cortina
Barreira ao fogo
Safing

QUESTÕES PARA REVISÃO

1. Por que é tão difícil tornar o revestimento estanque à água?
2. Liste as funções que o revestimento externo desempenha e liste uma ou duas formas em que cada uma dessas funções é satisfeita em um projeto de revestimento.
3. Usando uma série de croquis simples, explique os princípios de projeto de juntas de vedação. Liste vários materiais de vedação adequados para uso nas juntas que você apresentou.
4. Quais são as forças que podem movimentar a água através de uma junta, em uma parede externa? Como cada uma dessas forças pode ser neutralizada?

EXERCÍCIOS

1. Examine o revestimento externo de uma edificação com a qual tenha familiaridade. Procure especialmente por atributos relacionados com isolamento térmico, condensação, drenagem e movimentação. Desenhe um detalhe de como este revestimento é instalado e como funciona. Provavelmente terá de fazer suposições sobre alguns dos atributos escondidos, mas tente produzir um detalhe completo e plausível. Adicione notas explanatórias para tornar tudo claro.
2. Pense em uma forma de adicionar uma janela com proteção à chuva, com vidros duplos fixos, ao sistema de revestimento externo mostrado na Figura 19.8.
3. Prepare uma amostra de uma junta de vedação, usando uma barra de apoio e um vedante de silicone, obtidos em uma ferragem ou em um fornecedor de materiais de construção. Aplique o vedante a duas peças paralelas de lajota de pedra ou vidro, presas por uma fita, uma à outra, com um espaçador entre elas. Depois que o vedante tiver tido tempo para curar (uma semana, mais ou menos), remova a fita e o espaçador e teste a junta, puxando-a e torcendo-a para descobrir quão elástica ela é e quão bem o vedante aderiu ao substrato.

20

REVESTINDO COM ALVENARIA E CONCRETO

- Paredes cortina com camada de revestimento em alvenaria
- Paredes cortina em pedra
- Paredes cortina em concreto pré-moldado
- Sistema de isolamento térmico externo e acabamento
- Direções futuras em revestimentos em alvenaria e pedra

Os arquitetos Thompson Ventulett Stainback & Associados criaram um padrão arrojado de brises e revestimentos de vigas externas em concreto pré-moldado, para as fachadas do United Parcel Service Headquarters Building, em Atlanta, Georgia. (*Fotografia de Brian Gassel/TVS & Associados*)

Edificações com molduras estruturais em aço ou concreto são frequentemente revestidas com alvenaria de tijolos, alvenaria de pedra, painéis de pedra cortada ou concreto pré-moldado. Esses materiais substanciais, apesar de na realidade serem suportados pela estrutura portante da edificação, transmitem um sentido de solidez e permanência. Revestimentos delgados de alvenaria ou concreto, no entanto, não se comportam da mesma forma que sólidas paredes portantes. Quando montados em uma estrutura, esses materiais frágeis devem se ajustar às movimentações da moldura e manter sua estanqueidade frente aos fatores climáticos, mesmo que aplicados em uma pele de apenas algumas polegadas de espessura. Um detalhamento cuidadoso e boas práticas construtivas são requeridos para tornar isso possível.

PAREDES CORTINA COM CAMADA DE REVESTIMENTO EM ALVENARIA

A Figura 20.1 mostra, em uma série de passos, como uma *camada de revestimento em alvenaria* de tijolos (uma única pele de alvenaria de tijolos, separada por uma camada de ar da parede estrutural de suporte) pode ser aplicada a uma moldura estrutural de concreto armado. A camada de revestimento também pode ser feita de pedra. A camada de revestimento é erigida tijolo a tijolo ou pedra a pedra, com argamassa convencional, a partir de um *perfil de aço em prateleira*, que é preso à moldura estrutural,

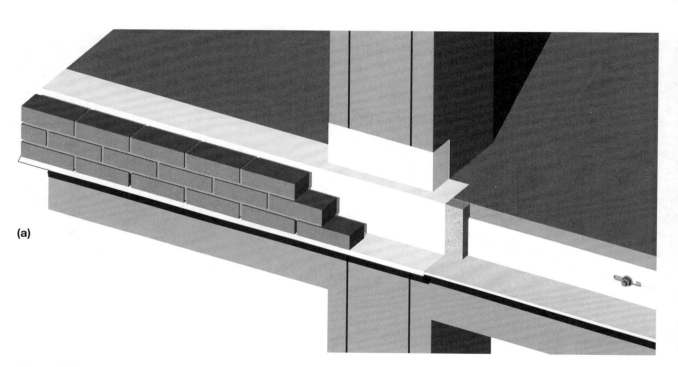

Figura 20.1
Sequência de construção da pele de tijolos de uma parede cortina, apoiada por uma moldura estrutural em concreto armado. (a) Antes de a moldura em concreto da edificação ser construída, foram introduzidos elementos de fixação às formas, de modo a constituírem elementos de ligação para a pele de alvenaria, incluindo: ancoragem em cunha, ao longo da linha de cada perfil em prateleira; duas ranhuras verticais, em forma de rabo de andorinha, em cada coluna; ranhuras verticais rabo de andorinha curtas, nas vigas de face, e espaçadores horizontais, no centro das vigas de face, para receber a borda interna de um rufo, sobre cada verga de janela (veja as páginas 624 e 625, para imagens desses elementos de fixação). Para começar a instalação da pele de tijolos, um perfil de aço em prateleira é aparafusado a cada viga de borda, usando elementos de fixação maleáveis, em forma de cunha de ferro, como mostrado na Figura 20.2. Uma camada de isolamento térmico de espuma de poliestireno (cinza) é colocada sobre o segmento vertical do perfil metálico e um rufo contínuo (branco) é instalado sobre o perfil metálico, a espuma e a borda da laje de piso. Este rufo também envolve a parte da frente do pilar. Todas as juntas no rufo são recobertas e tornadas estanques à água com vedante. A primeira fiada de tijolos é disposta diretamente sobre o perfil e sobre o rufo, sem uma camada de argamassa. A cada três juntas entre os tijolos da mesma fiada, uma é deixada aberta, para criar um orifício de drenagem. Três fiadas de tijolos levantam a pele até o nível da laje de piso. (b) A primeira fiada da parede de suporte, em alvenaria de concreto, é assentada. Barras verticais da armadura são fixadas com groute nos núcleos ocos da parede de suporte, espaçadas de acordo com o especificado pelo engenheiro estrutural. Um revestimento asfáltico é aplicado sobre a parede de suporte, para servir como uma barreira ao ar e à umidade. Mais três fiadas da pele de tijolos elevam o topo desta lâmina ao nível do topo da primeira fiada da alvenaria em concreto. O isolamento térmico em espuma de poliestireno é apli-

Capítulo 20 Revestindo com Alvenaria e Concreto **811**

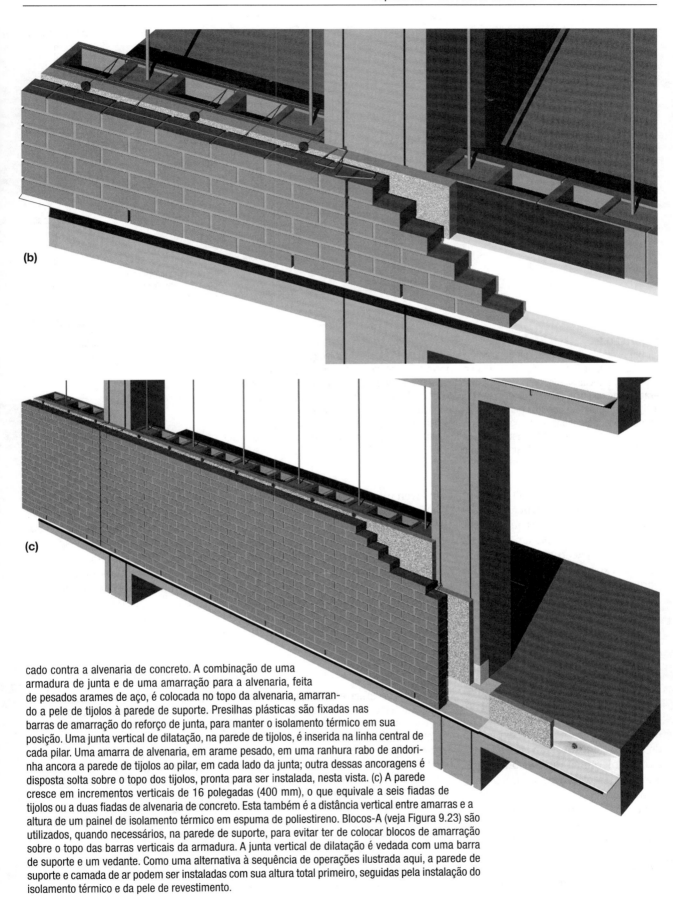

cado contra a alvenaria de concreto. A combinação de uma armadura de junta e de uma amarração para a alvenaria, feita de pesados arames de aço, é colocada no topo da alvenaria, amarrando a pele de tijolos à parede de suporte. Presilhas plásticas são fixadas nas barras de amarração do reforço de junta, para manter o isolamento térmico em sua posição. Uma junta vertical de dilatação, na parede de tijolos, é inserida na linha central de cada pilar. Uma amarra de alvenaria, em arame pesado, em uma ranhura rabo de andorinha ancora a parede de tijolos ao pilar, em cada lado da junta; outra dessas ancoragens é disposta solta sobre o topo dos tijolos, pronta para ser instalada, nesta vista. (c) A parede cresce em incrementos verticais de 16 polegadas (400 mm), o que equivale a seis fiadas de tijolos ou a duas fiadas de alvenaria de concreto. Esta também é a distância vertical entre amarras e a altura de um painel de isolamento térmico em espuma de poliestireno. Blocos-A (veja Figura 9.23) são utilizados, quando necessários, na parede de suporte, para evitar ter de colocar blocos de amarração sobre o topo das barras verticais da armadura. A junta vertical de dilatação é vedada com uma barra de suporte e um vedante. Como uma alternativa à sequência de operações ilustrada aqui, a parede de suporte e camada de ar podem ser instaladas com sua altura total primeiro, seguidas pela instalação do isolamento térmico e da pele de revestimento.

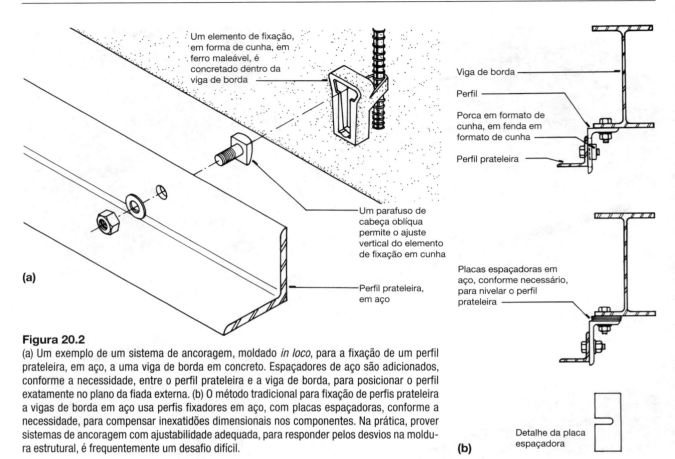

Figura 20.2
(a) Um exemplo de um sistema de ancoragem, moldado *in loco*, para a fixação de um perfil prateleira, em aço, a uma viga de borda em concreto. Espaçadores de aço são adicionados, conforme a necessidade, entre o perfil prateleira e a viga de borda, para posicionar o perfil exatamente no plano da fiada externa. (b) O método tradicional para fixação de perfis prateleira a vigas de borda em aço usa perfis fixadores em aço, com placas espaçadoras, conforme a necessidade, para compensar inexatidões dimensionais nos componentes. Na prática, prover sistemas de ancoragem com ajustabilidade adequada, para responder pelos desvios na moldura estrutural, é frequentemente um desafio difícil.

a cada piso (Figura 20.2). O processo e os detalhes de construção são essencialmente os mesmos que aqueles para uma parede dupla em alvenaria de uma edificação de um pavimento, mas existem diferenças cruciais: para evitar que movimentos normais na moldura estrutural da edificação tensionem a pele de alvenaria e para permitir que esta pele expanda e contraia sem perturbações, deve haver uma *junta macia* (*junta horizontal de expansão*), sob cada perfil em prateleira (Figura 20.3). Essa junta deve ser dimensionada para absorver o somatório máximo esperado de deformações de colunas, expansão de tijolos, deflexões da viga de borda e uma tolerância dimensional, para permitir inexatidões construtivas, sem exceder a compressibilidade segura máxima do vedante. Paredes cortina em alvenaria também devem ser divididas verticalmente por juntas de movimentação (*juntas verticais de expansão*), para permitir que a moldura estrutural e o revestimento de alvenaria expandam e contraiam, de forma independente, um do outro (Figura 20.4).

Uma *parede de suporte*, construída com estrutura leve de aço, revestida com painéis resistentes à água, de gesso ou material cimentício, é frequentemente considerada como sendo intercambiável com uma parede de suporte em alvenaria de concreto, para um revestimento em alvenaria. A parede de suporte acima tem até certas vantagens sobre a alvenaria, por ter peso mais baixo, maior capacidade de abrigar o isolamento térmico e fiações elétricas e maior capacidade de receber uma variedade de materiais de acabamento interno. No entanto, os montantes de aço e suas fixações

Figura 20.3
Uma seção completa, em detalhe, da parede de revestimento em tijolos, que foi começada na Figura 20.1, mostra como o topo da parede de suporte é fixado ao lado inferior da viga de borda, com uma série de grampos de restrição, em aço, que amarram o topo da parede para fazer frente a cargas de vento, mas permitem que a viga de borda sofra deflexões, quando sob carregamento. Duas linhas de barras de suporte e vedante, ao longo dos pilares e transversalmente ao topo da parede de suporte, tornam a parede de suporte estanque ao ar. Uma junta macia de vedante, sob o perfil prateleira, permite que a viga de borda sofra deflexões, sem transmitir cargas à lâmina de tijolos. As amarras dos tijolos mais próximas ao lado inferior do perfil prateleira são ancoradas em fendas rabo de andorinha na viga de borda. Um grampo plástico adicional, em cada amarra de arame, no centro da cavidade, age como uma pingadeira, para prevenir que a água tenha acesso à amarra e corra em direção à parede de suporte. O interior da edificação é acabado com uma camada de massa corrida de gesso, montada em canaletas de aço de apoio, de maneira similar à montagem mostrada na **Figura 23.5** (*Desenho de Allen, Edward,* Architectural Detailing: Function, Constructibility, Aesthetics, *New York, John Wiley & Sons, Inc., 1993, reproduzido com permissão da editora*)

Capítulo 20 Revestindo com Alvenaria e Concreto **813**

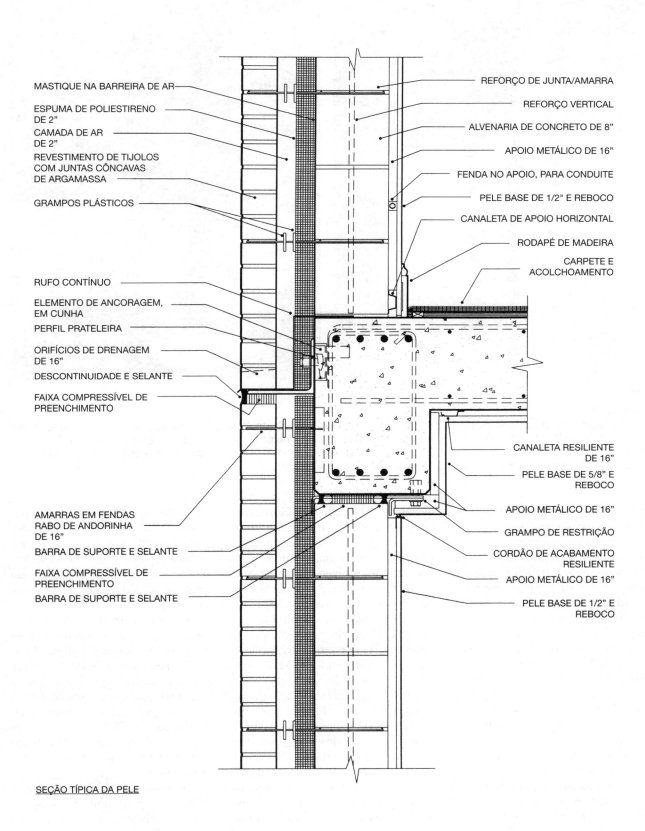

SEÇÃO TÍPICA DA PELE

(a) (b)

Figura 20.4
(a) Uma parede cortina em tijolos, cuidadosamente detalhada pelos arquitetos Kallman, McKinnell e Wood, cobre a moldura estrutural em aço da Hauser Hall, na Universidade de Harvard. Note a junta de dilatação vertical, próxima ao canto da direita. (b) Na base da Hauser Hall, a pele de face é feita de blocos de pedra calcária. A parede de suporte consiste de uma estrutura de aço e painéis de revestimento de gesso. Uma junta de dilatação vertical é visível no canto esquerdo desta vista. (Fotos © Steve Rosenthal)

são inerentemente mais flexíveis que uma parede de alvenaria de concreto e podem defletir o suficiente, sob elevadas pressões de vento, para causar trincas nas peles frágeis de alvenaria. Tais trincas, frequentemente, levam à penetração de água. Ademais, se existir passagem de água na pele de face da parede, por causa de trincas, alvenarias porosas ou falta de qualidade de mão de obra, a estrutura de aço e os fixadores ficarão suscetíveis à corrosão e os painéis de revestimento em gesso estarão sujeitos a deterioração pela água.

Uma parede de suporte em alvenaria de concreto é, usualmente, mais rígida que a pele de revestimento que ela suporta; assim, é improvável que esta pele rache sob carregamentos de vento. Uma parede de suporte de alvenaria de concreto também pode, se necessário, manter sua integridade estrutural, mesmo com longos períodos de umedecimento. Por essas razões, uma parede de suporte de alvenaria de concreto é, geralmente, preferível a uma parede com montantes de aço. Se um sistema de suporte com montantes em aço for escolhido, os montantes, as amarras de alvenaria e os fixadores deverão ser dimensionados de forma muito conservadora, para que sejam rígidos o suficiente sob a ação de carregamentos de vento, para que o material da pele de revestimento não rache. O material de envelopamento e os fixadores devem ser selecionados por sua durabilidade sob condições de umidade. Cada amarra metálica, que conecta a pele de alvenaria aos montantes deve ser fixada diretamente a este montante por, pelo menos, dois parafusos resistentes à corrosão. Uma inspeção constante é requerida durante a construção, para se certificar de que todos esses detalhes sejam fielmente executados e que a camada de ar seja mantida limpa, para que possa ser drenada livremente.

A moldura estrutural da edificação nunca está absolutamente plana ou no prumo. Logo, o sistema de fixação para os perfis prateleira deve permitir ajustes, para que a pele de alvenaria possa ser construída em um plano precisamente vertical, com fiadas niveladas. A Figura 20.2 mostra como isto é usualmente feito, tanto para estruturas de concreto, como para as de aço.

O sistema de fixação na Figura 20.5, que é projetado para suspender uma bandeira de revestimento em pele de alvenaria sobre uma fita contínua de janelas, também provê

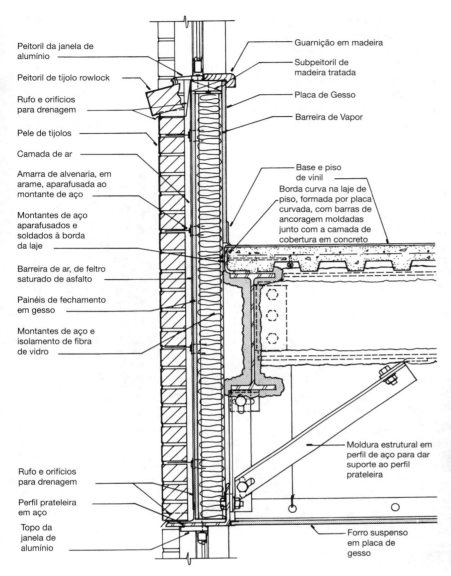

Figura 20.5
Uma seção em detalhe de uma parede cortina de tijolos, que é apoiada abaixo do nível da viga de borda por uma estrutura feita de perfis de aço. A moldura estrutural de apoio se torna necessária quando fitas contínuas de janelas são instaladas entre bandeiras de tijolos. Todas as conexões na moldura de suporte são feitas com parafusos em fendas, para permitirem um alinhamento exato do perfil prateleira. Depois de a estrutura ter sido alinhada e antes de começar o trabalho das alvenarias, as conexões são soldadas para prevenir escorregamento. Construções em perfis prateleira, para paredes cortina de alvenaria, requerem uma engenharia cuidadosa, para acomodar as cargas esperadas e as deflexões estruturais.

Figura 20.6
O detalhe mostrado na Figura 20.5 permite a construção de bandeiras de tijolos entre fitas contínuas de vidro. *(Foto por Edward Allen)*

o livre ajuste da localização do perfil prateleira.

O rufo sobre o perfil prateleira deve se projetar para além da face da alvenaria em mais ou menos 1 polegada (25mm) e deve ser dobrado para baixo, em um ângulo de 45 graus, para formar uma pingadeira. Desta forma, ele é capaz de conduzir a água que tenha vazado para dentro da cavidade de volta para o exterior e drená-la, de forma segura, para longe da parede. Se um plástico flexível ou um rufo composto for usado, ele deve ser cimentado a uma tira de rufo de chapa metálica sobre o perfil prateleira, com a chapa metálica formando a pingadeira projetada.

Vários arquitetos, por seu desejo de manter a ficção de que uma pele de revestimento em alvenaria é, na verdade, uma parede sólida de alvenaria, colocam objeções à junta macia e ao rufo projetado.

Eles usam tijolos especialmente moldados, com uma aba na face, que cai sobre o perfil prateleira, para escondê-lo da visão e eles não permitem que o rufo se projete para fora da parede. A cor do selante que eles usam na junta macia é feito combinar, tanto quanto possível, com a cor da argamassa. Infelizmente, o uso de tijolos com abas e rufos em recesso é muito arriscado. O rufo em recesso permite que a água acumule em torno da base do perfil, fazendo com que este enferruje. A ação congelamento-derretimento e a expansão do aço, à medida que ele enferruja, provavelmente farão com que as abas se desprendam dos tijolos. Finalmente, a deterioração ao longo da linha do perfil prateleira se torna feia aos olhos. Ou, pior ainda, a estabilidade da pele de revestimento pode ser comprometida pelo colapso do perfil prateleira corroído.

Uma melhor estratégia para o arquiteto consciencioso é encontrar uma forma de expressar visualmente a presença do perfil prateleira, do rufo e da junta macia, e torná-los elementos positivos na fachada da edificação.

Figura 20.7
Fabricação e instalação de uma parede cortina de painéis de tijolos. (a) Pedreiros constroem os painéis em uma indústria, usando tijolos e argamassa convencionais. São usadas tanto armaduras horizontais, como verticais, sendo as barras verticais fixadas com groute aos núcleos ocos dos tijolos. (b) Painéis de tijolos completos, com isolamento térmico, são armazenados, esperando o seu transporte. Os suportes metálicos soldados são para fixação à edificação; a resistência estrutural do painel é originária, primariamente, da alvenaria reforçada, não dos suportes. (c) Uma grua levanta um painel de parapeito até sua posição final. (d) Cantos podem ser construídos como painéis únicos. (*Alvenaria em painéis por Vet-O-Vitz Masonry Systems, Inc., Brunscwick, Ohio*)

(a)

(b)

(c)

(d)

Uma fiada perpendicular ou um peitoril de pedra cortada, acima do perfil prateleira, é um bom começo para uma expressão franca de uma necessidade construtiva.

Paredes cortina de painéis pré-fabricados de tijolos

A Figura 20.7 mostra o uso de *painéis armados pré-fabricados de tijolos* para revestimento. Pedreiros constroem os painéis enquanto trabalham confortavelmente no nível do solo, em uma fábrica. Armaduras horizontais podem ser colocadas nas juntas de argamassa, ou fixadas com groute em tijolos em forma de canaleta. Barras de armadura vertical são fixadas com groute nos furos de tijolos de núcleo oco. Esses painéis são autoportantes; eles não necessitam de suporte estrutural e podem ser fixados à edificação, do mesmo modo que painéis pré-moldados de concreto. Uma parede de suporte com montantes de aço é necessária para comportar o isolamento térmico, as instalações elétricas e uma camada de acabamento interno, mas ela não possui um papel estrutural.

PAREDES CORTINA EM PEDRA

O Capítulo 9 discute tipos de pedra e ilustra sistemas convencionais de faceamento de pedra assentada, que amarram blocos relativamente pequenos de pedra cortada, assentados com argamassa, sobre uma parede de apoio de alvenaria de concreto. Placas de pedra com área superficial maior podem ser fixadas de diferentes formas a edificações com molduras estruturais.

Painéis de pedra montados em uma submoldura de aço

A Figura 20.8 mostra um sistema para montagem de painéis de pedra, em uma submoldura de aço, denominado *revestimento em pedra suportado por sistema em grelha*. Os membros verticais da submoldura são erigidos primeiro. Eles são projetados para transmitir cargas verticais e de vento, originárias das placas de pedra, para a moldura da edificação. Os membros horizontais são perfis de alumínio que

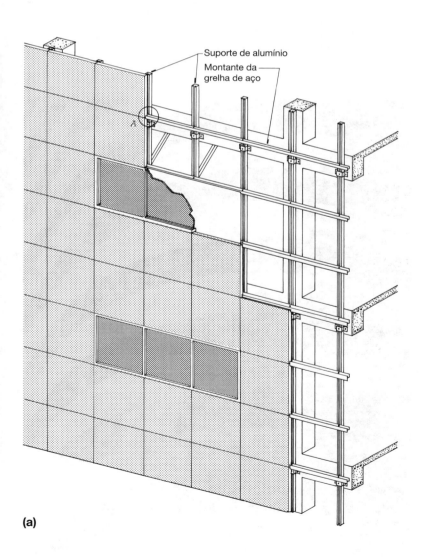

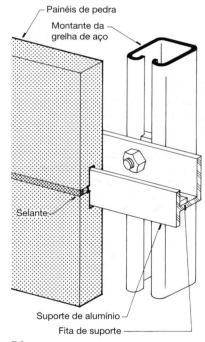

(b)

Figura 20.8
Uma submoldura de montantes verticais de aço suporta a face de painéis de pedra, por meio de grampos metálicos horizontais, que se encaixam em fendas nos cantos superiores e inferiores dos painéis. Para evitar problemas de corrosão e manchamento, os montantes de aço devem ser galvanizados e os grampos devem ser feitos de um metal não ferroso (alumínio ou aço inoxidável), que seja quimicamente compatível com o tipo de pedra utilizado.

(a)

Figura 20.9
Detalhes de (a) platibanda e (b) bandeira de uma parede cortina de painéis em pedra, feitos de pedra calcária, mármore ou granito. As linhas tracejadas indicam o contorno dos componentes de acabamento interno e do isolamento térmico, que não são mostrados. Cada placa de suporte segura as bordas de dois painéis de parede adjacentes, que é provido de bolsos, como demonstrado, para se apoiar sobre a placa. A placa deve ser feita de um metal não corrosivo. As juntas verticais entre painéis são fechadas com uma barra de suporte e vedante.

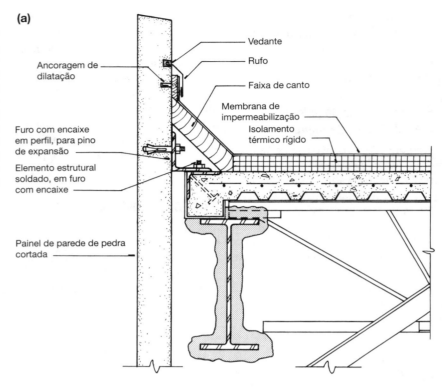

Figura 20.10
Uma parede cortina de painéis de granito, do tipo ilustrado na figura 20.9, envolve o canto de um edifício de escritórios em Boston. As janelas dos pavimentos mais superiores ainda não foram instaladas, mas as esquadrias foram instaladas em dois dos pavimentos intermediários e os pavimentos inferiores já foram envidraçados. (*Arquiteto: Hugh Stubbins e Associados. Foto por Edward Allen*)

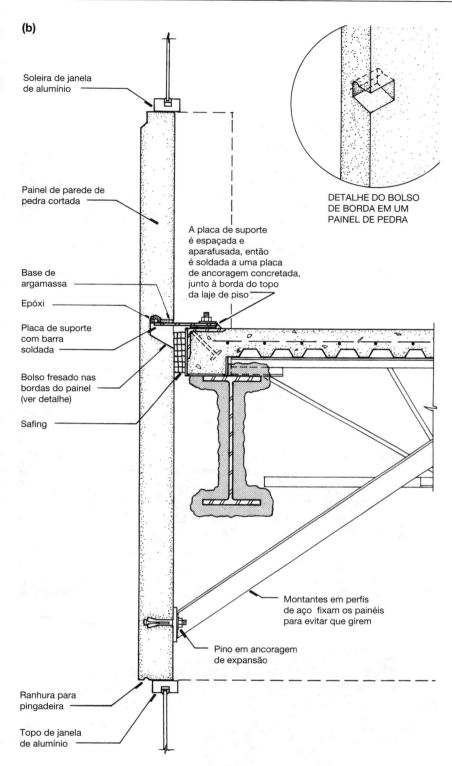

DETALHE DO BOLSO DE BORDA EM UM PAINEL DE PEDRA

se encaixam em ranhuras nos cantos superiores e inferiores de cada painel, para fixá-los firmemente à edificação. Eles são adicionados à medida que a instalação dos painéis progride. Barras de suporte e vedante preenchem os espaços entre os painéis, permitindo uma margem considerável de movimento. Uma parede não estrutural de suporte, usualmente feita de elementos estruturais de aço e painéis de fechamento em gesso, é construída dentro da moldura da edificação, mas não é fixada à submoldura. Suas funções são prover uma barreira de ar, abrigar mantas de isolamento térmico e fiações elétricas e suportar a camada de acabamento da parede interna, feita, usualmente, de reboco ou de placas de gesso.

Uma fraqueza desse sistema é sua dependência da integridade das juntas de vedação. Se uma junta de vedação vazar, a água poderá acumular nos encaixes nos topos dos painéis de pedra e a deterioração por congelamento-derretimento poderá acontecer em seguida.

Painéis monolíticos de revestimento em pedra

As Figuras 20.9 e 20.10 ilustram o uso de *painéis monolíticos de revestimento em pedra*, que são fixados diretamente à moldura estrutural da edificação. O peso de cada painel é transferido a duas placas de suporte de aço, por meio de bolsos de borda, que são cortados em ambos os lados de cada painel, na usina de beneficiamento da pedra. Cada painel é estabilizado por um par de montantes feitos de perfis de aço, que são aparafusados à pedra com ancoragem de expansão, em furos feitos com uma furadeira. As juntas são fechadas com barras de suporte e vedante e uma parede de suporte não estrutural é necessária.

Figura 20.11
Um sistema de treliça de aço para revestimento em pedra. (a) Pedreiros trabalhando em um canteiro de fabricação fixam finas folhas de pedra a treliças de aço soldadas. (b) O painel bandeira fabricado é erguido sobre um caminhão, usando uma grua. Os grampos metálicos, mal e mal visíveis ao longo das bordas superiores e inferiores do painel, encaixam-se em reentrâncias nas bordas das folhas de pedra, para fixar a pedra seguramente à treliça. Os grampos dos perfis de aço, nas duas bordas superiores da treliça, vão suportar o painel, em abas soldadas aos pilares de aço da moldura da edificação. (c) O painel é instalado. (*Cortesia do International Masonry Institute, Washington, DC*)

(a)

(b)

(c)

Revestimentos de pedra em treliças de aço

Em *revestimentos de pedra suportados por treliças*, as folhas de pedra são combinadas, formando grandes painéis pré-fabricados, montados em treliças estruturais de aço (Figura 20.11). Cada treliça é projetada para transmitir tanto cargas de vento quanto cargas próprias da pedra às abas de conexão em aço, que transferem estas cargas à estrutura da edificação. Juntas de vedação e uma parede de suporte não estrutural finalizam a instalação.

Painéis bandeira de pedra calcária pós-tensionada

Blocos grossos de pedra calcária podem ser unidos com adesivos para formar longos painéis bandeira, e pós-tensionados com elementos de aço de alta-resistência, para que o conjunto seja autoportante entre pilares (Figura 20.12). *Painéis de fachada de pedra calcária pós-tensionada* como esses são um tipo relativamente caro de painel, por seu uso de quantidades comparativamente grandes de pedra, por área unitária de revestimento.

Revestimentos muito finos em pedra

Folhas de pedra extremamente finas (tão finas quanto ¼ de polegada, ou 6,5 mm, para granito) podem ser enrijecidas com um suporte estrutural, como uma malha de metal (tipo favo de mel) e montadas como painéis bandeira, em um sistema de montantes de alumínio, como os descritos no Capítulo 21.

Folhas muito finas de pedra também podem ser usadas como revestimentos sobre painéis pré-moldados de concreto, para paredes cortina. As folhas de pedra são colocadas em formas, com a face para baixo. Grampos de aço inoxidável são inseridos em furos feitos nas faces posteriores da pedra. Uma malha de armadura de barras de aço é adicionada e então o concreto é vertido e curado para completar o painel. Os grampos ancoram a pedra ao concreto.

Quando se especifica a espessura da pedra, para qualquer aplicação de revestimento externo, o projetista deve trabalhar muito próximo do fornecedor de pedra e também consultar as normas relevantes da indústria de construção em pedra. Pedras que foram cortadas mais finas que o estabelecido nas normas da indústria têm causado problemas em sistemas de revestimento.

Figura 20.12
Blocos mais grossos de pedra calcária da Indiana podem ser pós-tensionados juntos, para formar painéis bandeira, que vencem vãos de pilar a pilar, mas requerem pouco aço. O elemento de pós-tensionamento é passado através de furos que se acoplam, que são furados nas pedras individuais antes da montagem.

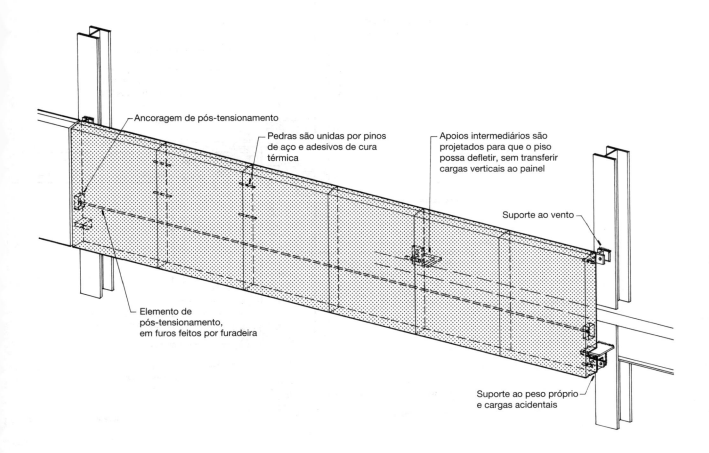

PAREDES CORTINA EM CONCRETO PRÉ-MOLDADO

Painéis de revestimento em concreto pré-moldado, tanto armados convencionalmente, quanto pré-tensionados (página 808 e Figuras 20.13-20.18), são simples em conceito, mas requerem atenção especial para questões como acabamento da superfície *design* da forma isolamento térmico fixação à estrutura da edificação, e resistência e rigidez suficientes da moldura estrutural da edificação para suportar o peso dos painéis.

A produção industrializada de painéis de revestimento em concreto torna possível a utilização de formas de alta qualidade e uma variedade de acabamentos de superfície, dos lisos, como o vidro, aos ásperos, como os com agregado exposto. Lajotas cerâmicas, tijolos finos ou revestimentos finos de pedra podem ser fixados a painéis de concreto pré-moldado. Em painéis sanduíche de concreto pré-moldado, o isolamento térmico é incorporado como uma camada interna do painel (Figuras 20.17 e 20.18). Alternativamente, o isolamento térmico pode ser fixado à parte posterior do painel ou em uma parede de suporte não estrutural, que é construída *in loco*. A armação ou o pré-tensionamento do painel devem ser projetados para resistir ao vento, às cargas de peso próprio e acidental, e a forças sísmicas e também para controlar o fissuramento do concreto. As vinculações devem transferir todas essas forças à estrutura da edificação pois permitem ajustes de instalação e movimentos relativos da moldura e do revestimento.

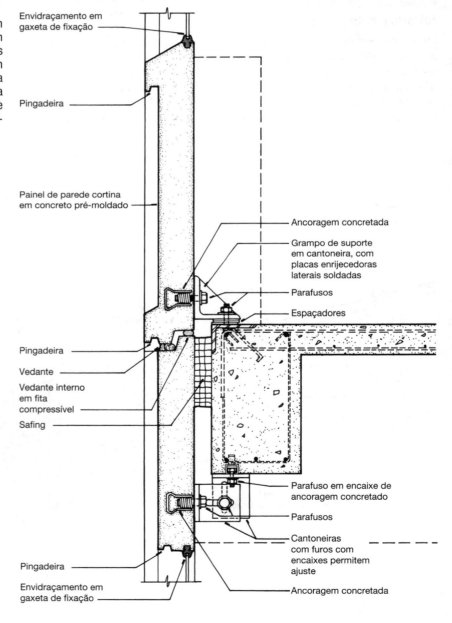

Figura 20.13
Um detalhe típico de uma parede cortina em concreto pré-moldado, em uma estrutura em concreto moldada no canteiro de obras. Os painéis, neste exemplo, têm a altura de um pavimento, cada um contendo uma janela fixa. A armadura foi omitida do painel, para clareza, e o contorno do isolamento térmico e dos acabamentos internos, que não são mostrados, é indicado pelas linhas tracejadas.

Figura 20.14
Trabalhadores instalam um painel de parede cortina em concreto pré-moldado. (*Arquitetos e engenheiros: Andersen-Nichols Company, Inc. Foto por Edward Allen*)

Figura 20.15
Um hotel em Chicago é revestido com painéis de concreto pré-moldado. (*Arquitetos: Solomon Cordwell Buenz Associates. Foto por Hendrich Blessing*)

Materiais desenvolvidos mais recentemente, como armaduras de fibras de carbono ou concreto de altíssimo desempenho (Capítulo 15), permitem a fabricação de painéis que são mais finos e mais leves que aqueles feitos de materiais convencionais.

Paredes cortina em concreto armado com fibras de vidro

Concreto armado com fibras de vidro (GFRC, em inglês) é um material de revestimento relativamente novo, que possui diversas vantagens sobre painéis de concreto pré-moldado convencionais. A adição de fibras de vidro curtas provê resistência tal à tração que se torna desnecessária a armadura de aço. As espessuras e os pesos dos painéis totalizam, mais ou menos, um quarto dos de painéis de concreto pré-moldado convencionais, o que economiza dinheiro em transporte, torna os painéis mais fáceis de manusear e permite que se use ferragens de fixação mais leves. A leveza deste revestimento também permite que a estrutura portante da edificação seja mais leve e mais barata. O GFRC pode ser moldado em formas tridimensionais, com detalhes intrincados e em uma variedade ampla de cores e texturas (Figuras 20.19 e 20.20).

As fibras no GFRC devem ser manufaturadas a partir de um tipo de vidro especial, resistente a álcalis, para evitar a sua desintegração no concreto. Os painéis podem ser autoenrijecidos com costeletas de GFRC, mas a prática usual é a de fixar uma moldura estrutural soldada, feita de montantes de aço, de baixa espessura, à face posterior de cada faceamento de GFRC feito em fábrica. A fixação é feita por meio de ancoragem com barras de aço finas, que flexionam levemente, conforme necessário,

Figura 20.16
Faixas horizontais de concreto pré-moldado liso e texturizado criam um padrão de fachada, neste edifício suburbano de escritórios. (*Arquiteto: ADD, Inc. Cortesia do Precast/Prestressed Concrete Institute*)

Figura 20.17
Produção de Corewall®, um painel sanduíche patenteado, de concreto pré-moldado e núcleo de espuma. Rolos aplicam uma textura com costeletas ao exterior de um painel, que inclui uma camada de isolamento térmico de espuma plástica entre as camadas de concreto. (*Cortesia de Butler Manufacturing, Co.*)

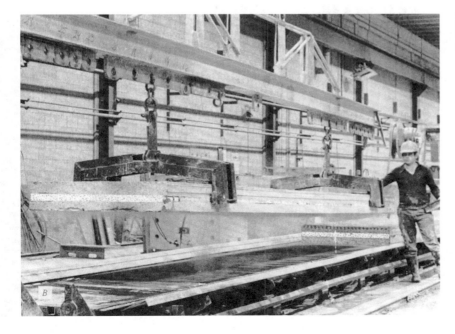

Figura 20.18
Um painel completo é içado do leito de moldagem. (*Cortesia de Butler Manufacturing, Co.*)

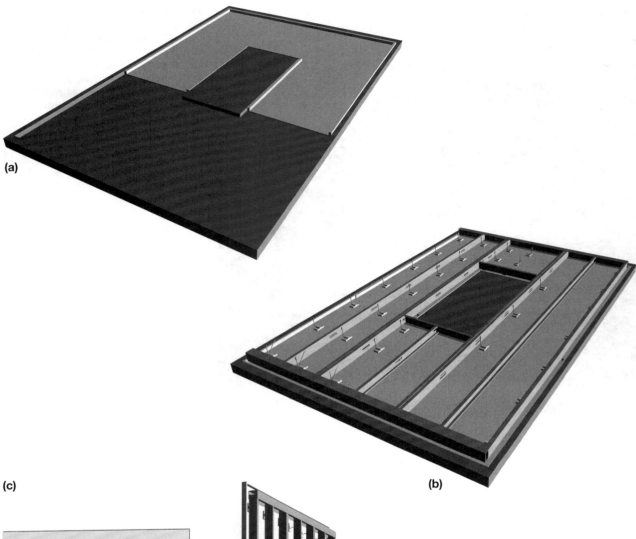
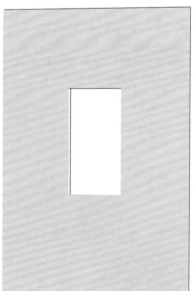

Figura 20.19
Fabricação de um painel de parede GFRC. (a) Concreto e fibras de vidro trituradas são aplicados por spray a uma forma e compactados com um rolo de mão, para criar a face de um painel. Somente a metade superior do faceamento foi aplicada à forma nesta ilustração. (b) Uma estrutura soldada de montantes de aço, com barras de ancoragem de aço em formato de L, é baixada sobre a parte posterior da face e mantida ligeiramente acima da mesma por espaçadores. Placas de GFRC são colocadas, a mão, sobre a ancoragem, para juntar a face à estrutura. (c) Depois de uma cura de um dia para o outro, o painel completo é removido da forma e armazenado, para uma cura complementar antes da instalação.

Capítulo 20 Revestindo com Alvenaria e Concreto **827**

Figura 20.20
Fabricação de um painel de parede cortina em GFRC. (a) Uma pistola especial deposita uma camada de pasta de cimento e areia, simultaneamente, com reforços de 1,5 polegada (38mm) de fibra de vidro resistente a álcalis. Três camadas são usualmente necessárias para compor a espessura total do recobrimento do painel; cada uma é compactada com um pequeno rolo de mão, antes da aplicação da seguinte. A espessura total é normalmente de ½ de polegada (13mm). (b) Depois que a camada de revestimento de GFRC estiver completa, a moldura de aço é rebaixada sobre ela e o operador aplica, a mão, pedaços de GFRC molhado sobre as barras de ancoragem, para ligar a estrutura ao revestimento de GFRC. (*Cortesia do Precast/Prestressed Concrete Institute*)

(a)

(b)

para permitir movimentações relativas pouco significativas entre a face e a moldura. A Figura 20.21 mostra formas típicas de fixação de painéis de GFRC, com moldura estrutural metálica, à edificação. As bordas da face de GFRC, que têm normalmente apenas ½ polegada (13mm) de espessura, têm frisos, como mostrado na Figura 20.22, para que barras de suporte e vedante possam ser inseridos entre os painéis.

SISTEMA DE ISOLAMENTO TÉRMICO EXTERNO E ACABAMENTO

Um *sistema de isolamento térmico externo e acabamento* (*EIFS, em inglês*) consiste de uma camada de isolamento térmico, de espuma plástica, que é aderida ou fixada mecanicamente a uma parede de suporte; uma malha de armadura, que é aplicada à face externa da espuma, pela incorporação em uma camada base, de um material semelhante a estuque; e uma camada de acabamento externo com um material similar a estuque, que é aplicado por espátula sobre a camada armada de base. Na maior parte dos casos, a EIFS é construída *in loco* sobre uma parede de suporte, feita, ou de alvenaria de concreto, ou de montantes de aço e recobrimento resistente à água (Figuras 20.23 e 20.24), mas o sistema também se adapta facilmente à

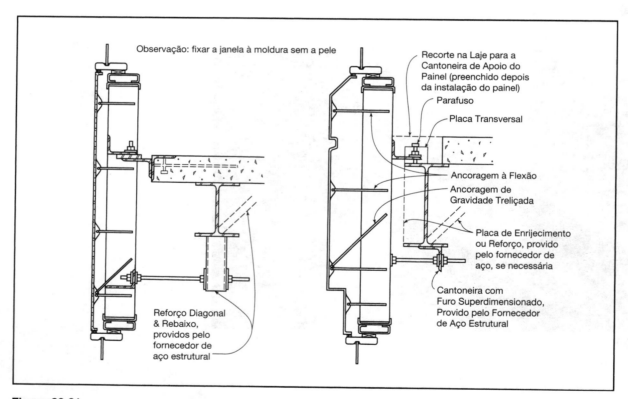

Figura 20.21
Conexões típicas de painéis de GFRC a uma moldura estrutural em aço da edificação. A conexão inferior, em cada caso, é uma barra rosqueada que pode fletir, tanto quanto necessário, enquanto a altura da conexão superior for sendo ajustada por espaçadores. (*Cortesia do Precast/Prestressed Concrete Institute /Pré-tensionado*)

pré-fabricação (Figura 20.25). O EIFS também encontra um amplo uso sobre molduras leves de madeira, onde é usado para pequenas edificações comerciais e residenciais.

Existem dois tipos genéricos de EIFS: à base de polímero e modificado por polímero. O *EIFS à base de polímero* usa um isolamento térmico de espuma de bolhas de poliestireno expandidas, de muito baixa densidade; uma malha de armadura de fibra de vidro, embebida em uma camada base, que é formulada primariamente, ou de cimento Portland, ou de polímero acrílico; e uma camada de acabamento, que consiste de uma textura granular em um veículo de polímero acrílico. O isolamento térmico de espuma é aderido à parede de suporte. O *EIFS modificado por polímero* usa um isolamento térmico de espuma de poliestireno extrudado, de densidade um pouco maior, em vez de espuma de bolhas expandidas. Os painéis de espuma são fixados mecanicamente à parede de suporte, com parafusos de metal ou de plástico (parafusos de plástico reduzem as pontes térmicas através do isolamento térmico). Uma malha de armadura metálica é incorporada em uma camada base de cimento Portland relativamente espessa e a camada de acabamento é formulada com cimento Portland, com aditivos acrí-

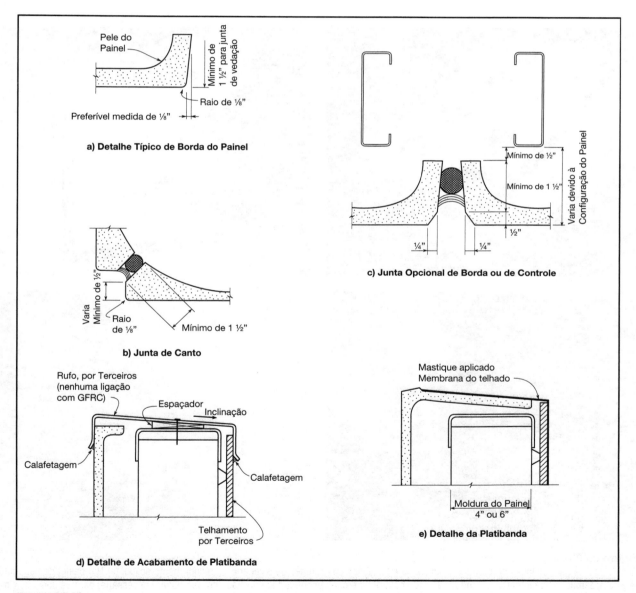

Figura 20.22
Detalhes típicos de borda, para painéis de revestimento GFRC. (*Cortesia do Precast/Prestressed Concrete Institute*)

licos. Os sistemas modificados por polímeros são mais duráveis (e mais caros) que sistemas à base de polímero. Eles são mais suscetíveis a fissuras por retração durante a cura, mas são muito menos suscetíveis a lascar ou sofrer perfurações. Sistemas à base de polímero, por outro lado, têm um revestimento muito fino, que é mais elástico e menos provável de fissurar, mas é relativamente fácil de lascar ou perfurar, quando aplicado a áreas de uma edificação que estão ao alcance de pedestres ou em veículos.

O EIFS é um tipo de revestimento de versatilidade incomum, usado para tipos de edificação tão diversos como residências unifamiliares, construídas em madeira ou em alvenaria, assim como para as edificações maiores, de construção não combustível. Ele é usado tanto para novas construções quanto para refazer o revestimento e o isolamento térmico de edificações preexistentes. A camada de espuma de isolamento térmico pode ter até 4 polegadas (100mm) de espessura, com poucas ou nenhuma ponte térmica.

A camada de acabamento pode ser aplicada em uma variedade de cores e texturas. Em aparência, pelo menos à distância, o EIFS é virtualmente indistinguível do estuque convencional.

Uma fragilidade do EIFS convencional, de qualquer dos tipos, é que ele é projetado como um sistema de barreira, sem qualquer recurso de drenagem interna para evitar dano ao material de suporte, se ocorrer vazamento de água em juntas, ou áreas danificadas. Têm ocorrido inúmeros casos de danos extensivos por água em

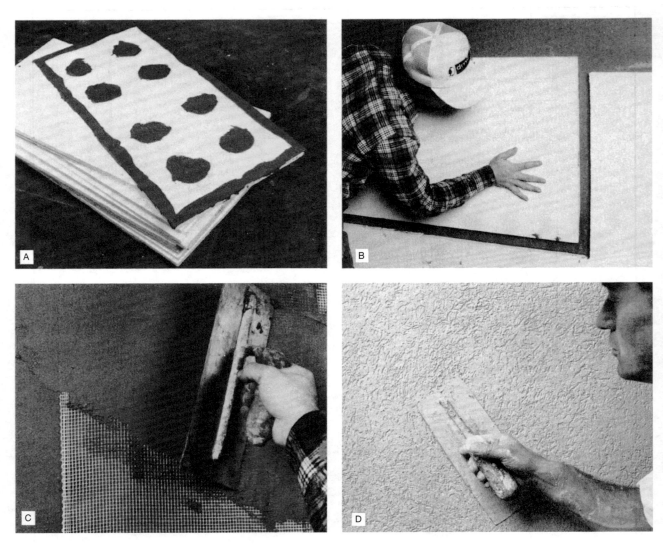

Figura 20.23
Quatro passos na instalação de um EIFS, sobre uma edificação com paredes de alvenaria ou recobrimento sólido. (a) Um painel de espuma recebe argamassa de cimento Portland modificado com polímeros. A espuma pode ser tão espessa quanto necessário, para se conseguir o desempenho térmico desejado. (b) O painel de espuma é pressionado em seu lugar, onde é mantido permanentemente pela argamassa. (c) Uma camada fina de base de estuque modificado com polímero é aplicada à superfície dos painéis de espuma, com uma malha de fibra de vidro, para funcionar como uma armadura. (d) Depois que a camada de base tiver endurecido, uma camada de acabamento, em qualquer cor desejada, é aplicada com colher. (*Usada com permissão de Dryvit® System, Inc.*)

edificações revestidas com EIFS que tiveram vazamentos através de detalhamentos mal feitos, falhas em juntas de vedação ou falhas nos revestimentos superficiais, especialmente em torno das janelas e portas. Em resposta a este problema (e aos diversos processos judiciais que decorreram disso), os produtores de EIFS agora comercializam EIFS *com controle de água* ou *com drenagem de água*. Esses sistemas utilizam uma camada de revestimento para drenagem, por trás do isolamento de espuma, que pode capturar a água que vaza através da camada externa e a conduz a rufos plásticos e drenos, acima das aberturas na parede e na base da parede, diminuindo o risco de a água penetrar mais profundamente no sistema, onde ela possa causar maiores danos (Figura 20.26).

Figura 20.24
Um novo edifício bancário, revestido com EIFS. (*Arquiteto: Paul Thoryk. Foto por John Bare. Utilizado com permissão de Dryvit System, Inc.*)

Figura 20.25
O revestimento com EIFS pode ser produzido industrialmente e erigido em forma de painel. (a) Elementos estruturais de aço são soldados, para formar a moldura dos painéis. (b) Recobrimentos rígidos são aparafusados à moldura dos painéis e acabados com EIFS, como mostrado na figura 20.23. (c) Os painéis acabados são aparafusados à estrutura da edificação. (*Utilizado com permissão de Dryvit System, Inc.*)

Outra fragilidade do EIFS baseado em polímero é a facilidade com que ele se lasca ou é perfurado; este problema pode ser superado pela especificação de um sistema modificado por polímero ou por um sistema especial armado, baseado em polímero, em áreas sujeitas a danos. Pontos danificados são retocados de forma fácil e inobstrutiva.

Por causa desses pontos fracos e problemas, recomenda-se que o projetista proceda com extremo cuidado ao detalhar e especificar revestimentos em EIFS, e que evite o uso de barreira de EIFS, exceto em combinação com sistemas de suporte, como o concreto moldado *in loco*, que sejam altamente tolerantes à intrusão de umidade.

DIREÇÕES FUTURAS EM REVESTIMENTOS EM ALVENARIA E PEDRA

O leitor atento terá notado que a maioria dos sistemas de revestimento mostrados neste capítulo é detalhada como sistemas de barreira, e não como sistemas de proteção à chuva (com exceção dos sistemas de revestimento em alvenaria, com camadas de ar com drenagem e paredes de suporte). Isso quer dizer que eles são inteiramente dependentes de uma boa instalação e de uma manutenção cuidadosa, se for para continuarem estanques à água. Se houver falha em uma junta de vedação ou se uma pedra trincar em qualquer desses sistemas, há pouca chance de se evitar que a água penetre por trás do revestimento. Também não existe um sistema bem organizado de drenagem secundária nesses sistemas: embora a maioria tenha camadas de ar por trás de suas faces externas, as camadas de ar são interrompidas por componentes da moldura estrutural e de fixação, que provavelmente respingarão a água que esteja sendo drenada, em direção à estrutura da edificação e à parede de suporte, onde ela pode causar sérios danos.

Existem vários esforços isolados para projetar efetivos detalhes de proteção contra a chuva para os sistemas de revestimento em pedra e concreto, e uma quantidade de projetos bem sucedidos tem sido construídos. Até agora, no entanto, não surgiu nenhum sistema que sirva como referência de detalhamento de proteção à chuva para esses materiais. Esta é uma área a que as associações de classe e pesquisadores deveriam direcionar um grande esforço, pois detalhes de estanqueidade à chuva confiáveis, que não sejam altamente dependentes de boa mão de obra e manutenção, economizariam dezenas de milhões de dólares, a cada ano, em custos de reparo e reconstruções.

Figura 20.26
Uma maquete demonstra as partes de um sistema patenteado de EIFS, com drenagem interna. Do interior ao exterior, as camadas são: uma barreira ao ar e umidade, de feltro saturado com asfalto; um tapete de drenagem, composto de fibras plásticas; um isolamento térmico de espuma plástica; uma malha de armadura; uma camada de base e uma camada de acabamento. Um rufo plástico contínuo, sob uma fenda na parte inferior da parede, drena qualquer vazamento para fora da face da parede. (*Foto do Senergy CD System cortesia de Senergy, Cranston, Rhode Island*)

CSI/CSC	
Seções do MasterFormat para revestimentos em alvenaria e concreto	
03 40 00	**CONCRETO PRÉ-MOLDADO**
03 45 00	Concreto arquitetônico pré-moldado
03 49 00	Concreto arquitetônico pré-moldado revestido
	Concreto armado com fibra de vidro
04 20 00	**ALVENARIA DE UNIDADES**
04 21 00	Alvenaria de unidades cerâmicas
	Alvenaria de pele de tijolos
04 25 00	Alvenaria de unidades de painéis
	Alvenaria de unidades de painéis suportados por metal
04 40 00	**CONJUNTOS EM PEDRA**
04 42 00	Revestimento externo em pedra
	Revestimento em pedra, suportado por sistema em grelha
	Painéis de pedra para paredes cortina
07 20 00	**PROTEÇÃO TÉRMICA**
07 24 00	Sistemas de isolamento térmico externo e acabamento
	Isolamento térmico externo baseado em polímeros e sistemas de acabamentos
	Isolamento térmico externo modificado por polímeros e sistemas de acabamento
	Isolamento térmico externo com drenagem de água e sistemas de acabamento
07 40 00	**PAINÉIS DE COBERTURA E DE FACHADA**
07 42 00	Painéis de parede
	Conjuntos fabricados de painéis de parede

Referências Selecionadas

1. Brick Industry Association. *Technical Notes on Brick Construction*, Nos. 18, 18A, 21, 21A, 21B, 21C, 27, 28B. Reston, VA, várias datas.

    Estes panfletos detalhados cobrem todos os aspectos de sistemas de revestimentos com peles de tijolos.

2. Todas as referências de alvenaria de pedra e concreto listadas ao final do Capítulo 9 também são relevantes para este capítulo.

3. Precast/Prestressed Concrete Institute. *Architectural Precast Concrete* (3ª ed.). Chicago, 2007.

    Este é um livro de capa dura bem ilustrado, que cobre todos os aspectos do projeto, manufatura e instalação de paredes cortina de concreto pré-moldado. Também é disponibilizado pela mesma editora o *Architectural Precast Concrete – Color and Texture Selection Guide* (2003), um conjunto extensivo de amostras coloridas de acabamentos para painéis de concreto pré-moldado.

4. Precast/Prestressed Concrete Institute. *GFRC: Recommended Practice for Glass Fiber Reinforced Concrete Panels* (4ª ed.). Chicago, 2001.

    Este livreto de 104 páginas é um guia claro e completo para o projeto e manufatura de sistemas de revestimento de GFRC.

5. Sands, Herman. *Wall Systems: Analysis by Detail*. New York, McGraw-Hill, 1986.

    Apesar de antigo, este volume continua sendo uma coleção valiosa de estudos de caso de sistemas de revestimento, amplamente ilustrado, com desenhos detalhados, muitos deles em três dimensões.

Sites

Revestimentos com alvenaria e concreto

Site suplementar do autor: **www.ianosbackfill.com/20_cladding_with_masonry_and_concrete**
Brick Industry Association: **www.bia.com**
Dry-Vit Systems: **www.dryvit.com**
EIFS Industry Members Association: **www.pci.com**
Precast/Prestressed Concrete Institute: **www.pci.org**
Whole Building Design Guide, Wall Systems: **www.wbdg.org/design/env_wall.php**

Palavras-chave

Pele de alvenaria
Perfil prateleira
Junta macia, junta horizontal de expansão
Junta vertical de expansão
Parede de suporte
Painéis de tijolos armados pré-fabricados
Revestimento em pedra suportado por sistema de grelha
Painel monolítico de revestimento em pedra
Revestimento em pedra suportado por treliça
Painel bandeira em pedra calcária pós-tensionada
Painel de revestimento em concreto pré-moldado
Painel sanduíche de concreto pré-moldado
Painel de revestimento em concreto armado com fibra de vidro (GFRC)
Isolamento térmico externo e sistema de acabamento (EIFS)
EIFS à base de polímero
EIFS modificado por polímero
EIFS com controle de água, EIFS com drenagem de água

Questões para Revisão

1. Liste todos os meios comuns de se fixar revestimentos de pedra a uma edificação. Faça um esboço simples para explicar cada sistema.
2. Trabalhando de memória, desenhe todos os detalhes de uma parede de revestimento de tijolos sobre uma estrutura de concreto.
3. Quais são algumas das opções para acabamentos de superfície, para painéis de revestimento em concreto pré-moldado?
4. Descreva o processo de produção dos painéis de GFRC, ilustrando sua explicação com esboços simples.
5. Nomine dois tipos de EIFS. Descreva duas formas de aplicação de EIFS a uma edificação. Por que se deve evitar o uso da EIFS como parede barreira?

Exercícios

1. Projete e detalhe um revestimento de pele de tijolos, para uma edificação de múltiplos pavimentos, que esteja projetando. Em vez de tentar esconder os rufos e juntas macias, invente uma forma de expressá-los de forma arrojada, como parte da arquitetura da edificação.
2. Visite uma ou mais edificações em construção, que estejam sendo revestidas com alvenaria, concreto, GFRC ou EIFS. Faça desenhos de como os materiais são detalhados; especialmente como eles são ancorados à edificação. O que acontecerá com qualquer água que infiltrar através do revestimento?
3. Adapte os detalhes da pele de tijolos, neste capítulo, à instalação em uma edificação emoldurada com em aço estrutural.

Do conceito à realidade

PROJETO: Seattle University School of Law, Seattle, Washington
ARQUITETO: Olson Sundberg Kundig Allen Arquitetos
ARQUITETO ASSOCIADO: Yost Grube Hall Arquitetura
ENGENHEIRO ESTRUTURAL: Putnam Collins Scott Associates

Quando a Universidade de Seattle fundou sua nova escola de Direito, ela comissionou à Olson Sundberg Kundig Allen Arquitetos para projetar a nova casa para o programa. A universidade queria um edifício que desse destaque à escola no *campus*, um que tanto coubesse no contexto das estruturas em alvenaria existentes, quanto refletisse as raízes contemporâneas deste programa recentemente instituído.

Em resposta, os arquitetos escolheram um sistema de revestimento da edificação, combinando uma pele de tijolos com uma parede cortina em alumínio – um balanço entre materiais antigos e novos. À medida que o projeto tomava forma, eles ainda se esforçaram em projetar e detalhar a pele, de tal forma a expressar as modernas qualidades deste sistema de revestimento. Painéis de tijolos seriam arranjados em bandas horizontais, visivelmente apoiados em perfis de aço estrutural. Quebra-sóis externos em aço integrados viriam a reforçar o caráter de aparência de laço do sistema.

Uma decisão importante foi tomada quando os arquitetos tiveram que projetar os apoios em perfis de aço estrutural para a pele de tijolos. Uma opção seria apoiar os tijolos com perfis prateleira em aço, escondidos atrás da pele e então adicionar um perfil visível, que expressasse a sua função portante sem, no entanto, realmente atuar como um elemento estrutural. A segunda opção seria projetar o perfil em aço como a verdadeira maneira de suportar a pele de tijolos, permitindo que ele desempenhasse os seus dois papéis, arquitetônico e estrutural.

Figura A
Seattle University School of Law.

Projeto: Seattle University School of Law, Seattle, Washington **835**

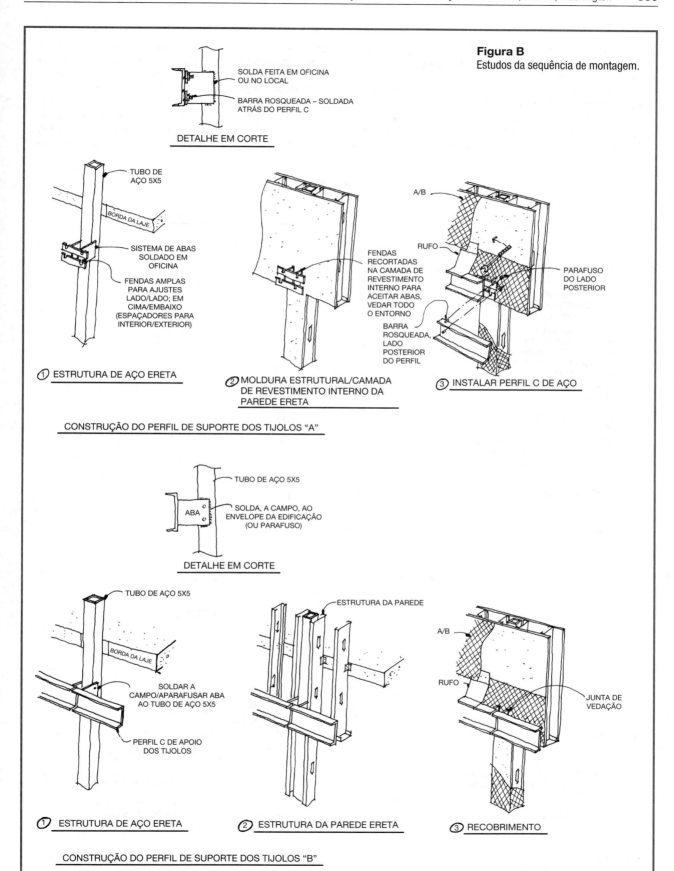

Figura B
Estudos da sequência de montagem.

Projeto: Seattle University School of Law, Seattle, Washington

Existiam prós e contras às duas opções. A primeira opção se apoiava em um método mais convencional de construção, um que seria de mais fácil comunicação ao construtor. Em adição, já que o perfil não seria estrutural, ele poderia ser fabricado de materiais que fossem mais leves e aceitassem uma maior variedade de opções de acabamento, tais como chapas metálicas dobradas, para imitar a forma de um perfil estrutural. Por outro lado, um perfil estrutural teria uma aparência mais pesada e mais genuína. Não teria o risco de ser visto como um adorno desnecessário, que poderia ser removido do projeto, como uma medida para redução do orçamento. Para os arquitetos, parecia uma forma mais autêntica de expressar o peso da pele e seus meios de suporte.

Se fosse para ser considerada a segunda opção, o arquiteto precisaria validar este método não convencional de apoio da pele. Trabalhando com o engenheiro estrutural, o projeto do perfil e as opções para sua fixação à moldura da edificação foram estudados (ver Figura B). Sequências de montagem foram exploradas, para verificar se os diver-

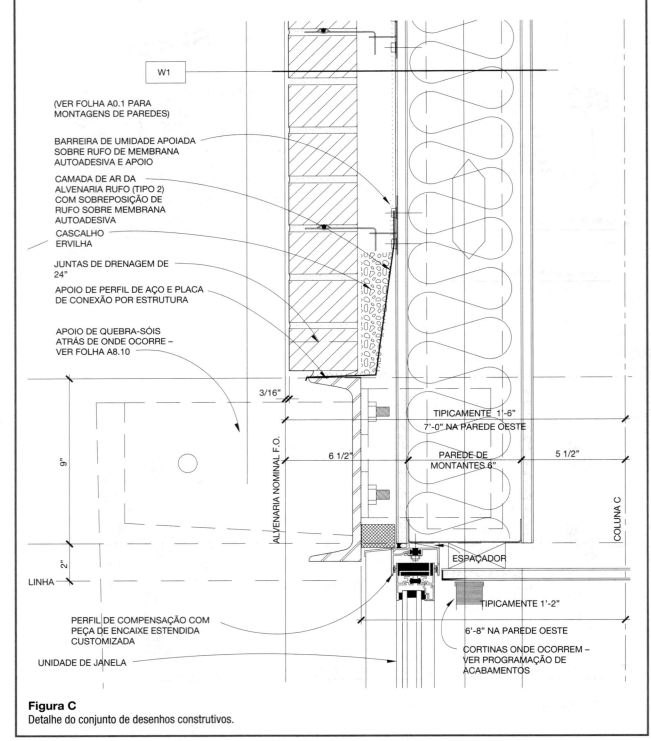

Figura C
Detalhe do conjunto de desenhos construtivos.

sos sistemas da edificação, incluindo: estrutura, suporte de montantes de aço, recobrimentos, materiais de revestimento externo e peles, poderiam ser erigidos de uma forma lógica. Esses estudos convenceram o arquiteto de que o perfil estrutural era prático e a decisão tomada foi seguir com esta opção. Os desenhos finais de construção mostraram um perfil estrutural de aço aparafusado a placas de conexão que foram, por sua vez, soldadas à moldura estrutural em aço (Figura C).

Como esperado, um esforço extra foi necessário, por parte do arquiteto, para resolver questões que surgiram durante a construção. Um problema se referia à sequência de montagem. Depois de estudar diversas opções durante a fase de projeto, o arquiteto completou o projeto e o detalhamento, baseado na hipótese de que os perfis de apoio seriam erigidos paralelamente à execução das alvenarias, e não depois que os montantes de aço de apoio e a camada de recobrimento estivessem em seus lugares. Os empreiteiros basearam seu cronograma de construção na fixação dos perfis estruturais muito mais cedo no processo, simultaneamente à ereção da estrutura de aço. Mesmo sendo factíveis ambos os métodos, adotar esta sequência requereria que o arquiteto fizesse revisões de diversas outras partes dos documentos de construção, para coordenar os efeitos desta modificação com outros aspectos da montagem da parede externa.

Uma segunda dificuldade estava relacionada com a manutenção das tolerâncias de construção para os perfis estruturais. Os apoios dos perfis precisavam ser locados com precisão suficiente para se conseguir a precisão dimensional requerida pelos pedreiros para seu trabalho com os tijolos. Reconhecendo que as tolerâncias para a colocação das colunas de aço estrutural eram significantemente maiores do que as que poderiam ser permitidas pelos próprios perfis, as fixações entre as colunas e os perfis foram projetadas para permitir ajustes entre esses elementos. Apesar dessas preparações, os desalinhamentos nas colunas no canteiro de obras, em alguns casos, excederam os limites de ajuste que haviam sido projetados para as conexões.

Este problema foi agravado por inesperadas irregularidades nos próprios perfis. Os perfis foram especificados para serem galvanizados a quente, um processo em que um recobrimento pesado de zinco é aplicado ao aço para protegê-lo da corrosão. O aquecimento dos perfis durante o processo de galvanização fez com que eles se torcessem levemente. Embora não o suficiente para tornar os perfis inúteis, esta distorção adicional tornou ainda mais difícil a montagem dos perfis nas colunas, com a precisão necessária. Para resolver esses problemas, o projeto das conexões foi revisado para permitir a solda como uma alternativa ao projeto original de parafusos, assim permitindo maior ajustabilidade.

No final, as dificuldades construtivas foram resolvidas, a pele de tijolos foi completada com sucesso e o sistema de paredes final atingiu os objetivos funcionais e arquitetônicos, tanto do cliente, quanto do arquiteto. Este projeto ilustra o papel importante que o planejamento da construtibilidade pode ter para o resultado tranquilo e com êxito de um projeto e para o cumprimento dos seus objetivos projetuais.

Agradecimentos especiais para Olson Sundberg Kundig Allen Arquitetos e John Kennedy, Associate, pela assistência na preparação deste estudo de caso.

Figura D
Detalhe fotográfico da pele e do perfil de suporte.

21
REVESTINDO COM METAL E VIDRO

Perfis de alumínio

Alumínio e sistemas estruturais para alumínio e vidro

Modos de montagem

O princípio de proteção contra chuva em revestimentos de metal e vidro

Juntas de dilatação em paredes de metal e vidro

Envidraçamento inclinado

Revestimento de vidro duplo

Projeto e construção de paredes cortina: o processo

As molduras de alumínio Kawneer 2800 Trusswall® sustentam as altas paredes de vidro do salão de entrada do Edifício Zentrum, da BMW Manufacturing Corporation, em Spartanburg, South Carolina. (*Arquitetos: Simons/AKA. Foto: cortesia de Kawneer Company, Inc.*)

A contemporânea parede cortina de metal e vidro é descendente das paredes de ferro fundido e vidro, características comuns dos edifícios comerciais no século XIX. As paredes atuais, contudo, são muito mais sofisticadas, em todos os aspectos. Elas são cuidadosamente isoladas da estrutura da edificação, para suportar apenas seu próprio peso e a força do vento; possuem isolamento e barreiras térmicas para maximizar o conforto e minimizar os custos de aquecimento e resfriamento e a condensação de umidade; utilizam sistemas de envidraçamento avançados e materiais para tímpanos que oferecem um controle preciso de luminosidade e de propriedades térmicas; são cuidadosamente vedadas e drenadas para evitar vazamentos de água; e seus intrincados sistemas internos de conexões mecânicas estão escondidos atrás de delicadas coberturas protetoras. Além disso tudo, elas são desenhadas para fácil instalação e manutenção e são feitas de alumínio, leve e forte, na forma de perfis extrudados polidos, que brilham com acabamentos anodizados ou orgânicos de longa duração.

PERFIS DE ALUMÍNIO

O alumínio é o metal ideal para sistemas de revestimentos metálicos por três razões primárias: protege contra a corrosão aceita e conserva uma variedade de acabamentos superficiais atraentes e pode ser fabricado com baixo custo, em elaborados formatos detalhados, pelo processo de extrusão.

O princípio da extrusão é facilmente visualizado: é como espremer pasta de dentes de um tubo. Como resposta à pressão do espremer, o tubo expulsa uma coluna de pasta de dentes de forma cilíndrica, pois o orifício do tubo é redondo. Se a forma do orifício fosse mudada, poderiam ser produzidas muitas outras formas de pasta de dentes: quadrada, triangular, chata e assim por diante.

Para produzir uma extrusão de alumínio, uma grande barra bruta cilíndrica de alumínio é aquecida a temperaturas nas quais o metal flui sob pressão, mas ainda retém sua forma quando a pressão é liberada. A barra bruta aquecida é colocada em um cilindro de uma grande prensa, onde um pistão a comprime sob enorme pressão, por um *molde*, uma placa de aço com um orifício metálico formatado. O orifício transmite sua forma a uma longa coluna extrudada de alumínio, que é apoiada em rolos, resfriada, endireitada como necessário e cortada em comprimentos convenientes. (Figuras 21.2 e 21.3)

Seções de alumínio muito complexas podem ser extrudadas para uma variedade de propósitos, incluindo não apenas componentes de paredes cortinas, como também estruturas de porta, estruturas de janela, portões e fachadas, corrimãos, grades e formas estruturais, mas também flanges largas, canaletas e perfis. A alta precisão do processo de extrusão permite que ele seja usado para detalhes de tolerância precisa, como sistemas para estanqueidade de envidraçamentos, cobertura de molduras, orifícios e sistemas de encaixe de parafusos. (Figuras 21.4 – 21.7). Formas ocas podem ser extrudadas, montando a porção do molde que forma o interior da forma em uma "aranha" de aço, que é acoplada ao interior do molde. O metal flui em torno das pernas da aranha antes de passar pelo orifício. As ilustrações seguintes mostram algumas maneiras como os detalhes de alumínio extrudado são utilizados em revestimentos de edificações. Moldes extrudados são facilmente produzidos para seções encomendadas, se houver uma produção grande o suficiente para amortizar as suas despesas.

Figura 21.1
Os componentes básicos das molduras Trusswall, mostrados na página 838, são extrudados de alumínio. As almas das chapas de alumínio, soldadas aos perfis tubulares, aumentam a profundidade da moldura e a tornam rígida o suficiente para que paredes de vidro muito altas suportem as cargas de vento. (*Foto cedida de Kawneer Company, Inc.*)

Capítulo 21 Revestindo com Metal e Vidro **841**

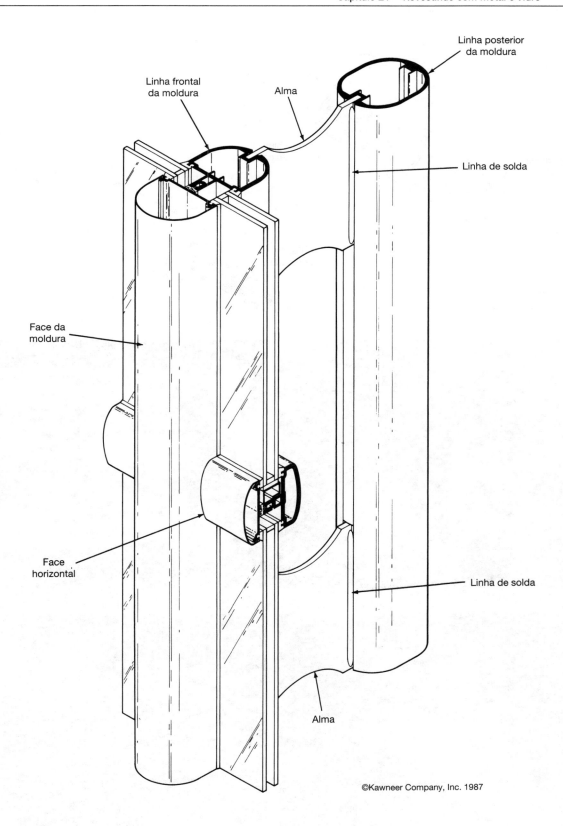

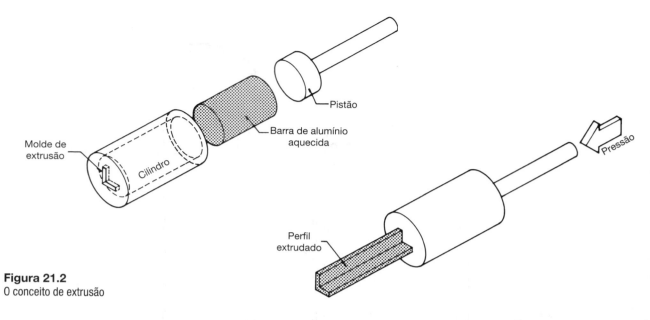

Figura 21.2
O conceito de extrusão

(a)

(b)

(c)

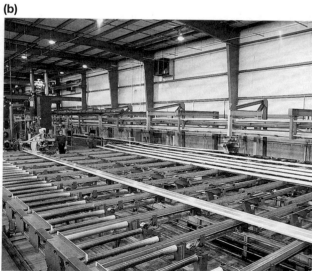
(d)

Capítulo 21 Revestindo com Metal e Vidro **843**

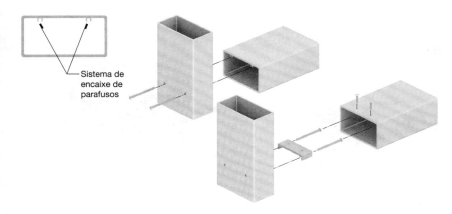

Figura 21.4
Sistemas de encaixe para parafusos são extrudados como elementos cilíndricos, que permitem que um parafuso seja inserido paralelamente ao eixo longitudinal de um perfil extrudado. No exemplo ao lado, os parafusos passam através de orifícios ligeiramente maiores, perfurados em um perfil extrudado em formato de caixa, em sistemas de encaixe para parafusos, para se conectar a outro sistema de encaixe extrudado, também em formato de caixa, que são um pouco menores em diâmetro que os parafusos, juntando então as roscas dos parafusos firmemente nos sistemas de encaixe e estabelecendo um conjunto firme. No exemplo inferior, os sistemas de encaixe são ligeiramente maiores do que o diâmetro externo dos parafusos. Os parafusos passam através dos sistemas de encaixe, em uma peça curta de alumínio conhecida como *shear block*, e se ajustam a orifícios ligeiramente menores na peça extrudada vertical. Então o elemento horizontal é deslizado sobre o *shear block* e é aparafusado a ele através dos orifícios perfurados.

Figura 21.3
Fazendo perfis extrudados de alumínio para componentes de paredes cortina. (a) Centenas de moldes de extrusão, para os diversos componentes de paredes cortina, são organizados em prateleiras. (b) Uma barra aquecida de alumínio é introduzida no cilindro da prensa de extrusão. (c) Um perfil extrudado emerge do molde. (d) Longos perfis extrudados de alumínio esfriam sobre rolos, prontos para regularização e cortes em comprimentos apropriados. (*Fotos cedidas por Kawneer Company, Inc.*)

Figura 21.5
Parafusos são introduzidos através de sistemas de encaixe para parafusos para prender um *shear block* de alumínio extrudado em uma moldura vertical. (*Foto cedida por Kawneer Company, Inc.*)

Figura 21.6
O orifício permite que o parafuso seja introduzido perpendicularmente ao eixo longitudinal de uma peça extrudada. Neste exemplo, parafusos passam pelos orifícios superdimensionados de uma placa extrudada de pressão de alumínio extrudado e a puxam para baixo, em direção ao orifício do parafuso. A vedação extrudada de borracha sintética é pressionada nas canaletas, em ambas as peças extrudadas, para selá-la firmemente contra o vidro.

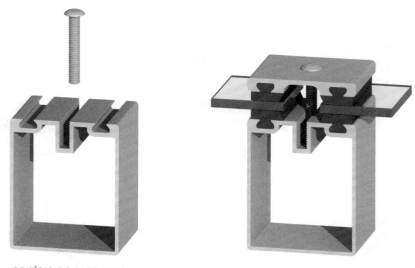

ORIFÍCIO DO PARAFUSO

Figura 21.7
Recursos de encaixe e de fechamento são comumente usados em componentes extrudados de alumínio para paredes cortina. A montagem é realizada simplesmente alinhando-se os componentes e percutindo-os firmemente com um martelo de borracha ou comprimindo-os com uma braçadeira de borracha.

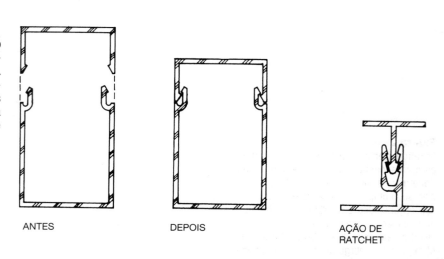

ANTES   DEPOIS   AÇÃO DE RATCHET

Barreiras térmicas

O alumínio conduz calor rapidamente. Em um clima muito frio, as superfícies internas de um componente de alumínio, que se desenvolve do exterior da edificação para o seu interior, como uma esquadria, estariam tão frias que a umidade condensaria sobre elas, com possível formação de gelo. Em um clima muito quente e úmido, em um edifício climatizado, as superfícies externas da mesma esquadria podem estar frias o suficiente para condensar a umidade do ar. É por isso que todos, exceto os mais simples sistemas de molduras de alumínio, são fabricados com *barreiras térmicas*, componentes internos de materiais isolantes que separam o alumínio existente no lado interior, do alumínio no lado exterior. Eles reduzem drasticamente o fluxo de calor através do elemento (Figura 21.8)

Existem diversas maneiras de se criar barreiras térmicas; a Figura 21.8 mostra uma delas, conformada de modo a não constituir uma ponte térmica, na qual o plástico derretido é derramado em um canal profundo, no centro de um componente de alumínio, onde o plástico endurece. Em seguida, o alumínio, que forma o fundo do canal, é cortado, em um processo que evita a formação de ponte térmica, deixando apenas o plástico para conectar as duas metades do componente. Juntas de borracha ou de plástico, tiras e grampos de plástico também são usados como barreiras térmicas, como mostrado em vários exemplos neste capítulo.

Capítulo 21 Revestindo com Metal e Vidro 845

CONSIDERAÇÕES SOBRE SUSTENTABILIDADE EM REVESTIMENTOS DE ALUMÍNIO

Fabricação

- O minério do qual o alumínio é refinado, a bauxita, é finito, mas relativamente abundante. Os depósitos mais ricos são geralmente encontrados em áreas tropicais, frequentemente onde as florestas tropicais necessitam ser desmatadas para facilitar as operações de mineração.
- O alumínio é refinado da bauxita por um processo eletrolítico que utiliza imensas quantidades de eletricidade. Por isso, as fundições de alumínio, frequentemente, são encontradas perto de fontes abundantes de energia hidrelétrica barata.
- A energia incorporada no alumínio é de aproximadamente 100.000 BTU por libra (230 MJ/Kg), sete vezes mais do que a do aço, tornando-o um dos materiais mais intensivamente energéticos utilizados na construção.
- Grandes volumes de água são necessários para a fundição. As águas residuais da fabricação de alumínio contêm cianeto, antimônio, níquel, fluoretos e outros poluentes.
- O alumínio é reciclado em uma taxa muito elevada, em grande parte devido aos esforços da indústria. O alumínio reciclado é produzido usando somente uma fração da energia, aproximadamente 5.000 BTU por libra (12 MJ/Kg), necessária para converter minério em alumínio.

- Perfis de alumínio são fáceis de produzir e de conformar em componentes de revestimento. Sua leveza economiza energia de transporte.
- Pinturas à base de pó para o alumínio, que não liberam solventes para a atmosfera, são preferíveis ambientalmente às pinturas à base de solventes.

Construção

- Elementos para revestimento de alumínio são fáceis de erguer, por sua leveza e conexões simples. Pouco desperdício ou poluição estão associados ao processo. A sucata é facilmente reciclável.

Em uso

- Revestimentos metálicos raramente necessitam de manutenção, durando por um período muito longo, e podem ser reciclados quando uma edificação for demolida.
- Como o alumínio possui uma alta condutividade térmica, os revestimentos devem ser dotados de barreiras térmicas.
- Folhas de alumínio utilizadas como barreiras de vapor, componentes de sistemas de isolamento e barreiras de calor radiante economizam grandes quantidades de energia de aquecimento e resfriamento. Elas são tão finas que consomem pouco metal, em relação à energia que podem economizar durante a vida útil do edifício.

Figura 21.8
Essas molduras de perfis de alumínio, dotadas de barreiras térmicas, são assentadas em um bloco de gelo seco, em uma sala úmida. O gelo se formou na parte da moldura mais próxima ao gelo seco, mas a barreira térmica mantém o resto da moldura morna o suficiente para que a umidade não condense sobre ela. (*Foto cortesia de H. B. Fuller Company, St. Paul, Minnesota*)

Acabamentos de superfície para o alumínio

O alumínio, apesar de ser um metal quimicamente muito ativo, não corrói ao longo do tempo, pois ele se protege com uma fina e tenaz película de óxido, que sela a superfície do metal e evita a progressão da oxidação. Enquanto essa película faz um trabalho adequado de proteção ao alumínio, no ambiente ao ar livre ela desenvolve uma aparência empoeirada ou pontuada, que parece bastante desgastada.

Anodização é um processo de fabricação que produz um revestimento integral de óxido no alumínio, que é milhares de vezes mais espesso e mais durável do que o filme natural de óxido que se formaria. O componente a ser anodizado é imerso em um banho de ácido e torna-se o ânodo, em um processo eletrolítico que utiliza o oxigênio do ácido e o combina com o alumínio. Cores podem ser acrescentadas ao revestimento, por meio de corantes, pigmentos, eletrólitos especiais ou ligas especiais de alumínio. Os tons mais frequentemente utilizados são a cor natural do alumínio, ouro, bronze, cinza e preto, mas outras cores são possíveis. As vantagens dos acabamentos anodizados é sua extrema dureza e, na maioria das cores, sua extrema resistência ao tempo e ao desbotamento.

Componentes de revestimento em alumínio podem também receber um acabamento com uma variedade de revestimentos orgânicos. *Acabamentos de fluorpolímeros* são baseados em resinas sintéticas altamente inertes, como o *PVDF (polyvinylidene fluoride)*, que são excepcionalmente resistentes a todas as formas de intemperismo, incluindo a deterioração por ultravioleta. Em um processo normal de acabamento, o alumínio é primeiramente limpo quimicamente e então escovado. Após, uma ou duas camadas de fluorpolímeros são aplicadas com spray, primeiramente uma película colorida e, opcionalmente, uma segunda camada clara. Após a aplicação de cada uma dessas camadas de acabamento, a peça de alumínio é levada ao forno e cozida a 450° Fahrenheit (230°C), um processo que faz com que as moléculas de resina se entrelacem e se fundam em uma matriz fortemente ligada. Acabamentos de fluorpolímeros estão disponíveis em um amplo leque de cores, incluindo acabamentos metálicos brilhantes. Eles são os mais caros dos acabamentos orgânicos e os mais duráveis, podendo o melhor deles durar 20 anos ou mais sob condições normais de uso.

Acabamentos pulverizados são fabricados com pós de assentamento térmico, que são compostos de resinas plásticas como o poliéster, e pigmentos. O pó é carregado eletricamente e, em seguida, pulverizado sobre o componente de alumínio, que é aterrado de tal modo que o pó venha a se aderir a ele eletrostaticamente. A peça é, então, levada ao forno, onde o pó se funde para produzir uma forte e resistente camada, usualmente em uma simples aplicação. Entre as vantagens dos revestimentos pulverizados estão seu baixo custo em comparação aos fluorpolímeros, sua durabilidade, a ampla variedade de cores e acabamentos nos quais estão disponíveis e a sua isenção de solventes orgânicos que causam poluição do ar. Na realidade, a aplicação de acabamentos pulverizados não gera qualquer composto orgânico volátil (COVs).

Acabamentos de esmalte cozido, consistindo em acrílicos aplicados com spray ou polímeros de poliéster, algumas vezes modificados com silicone, também são utilizados como acabamentos de alumínio. Eles fornecem acabamentos com brilho elevado, em uma ampla variedade de cores.

Os acabamentos de alumínio são especificados de acordo com as normas publicadas pela American Architectural Manufacturers Association (AAMA), que estabelecem requisitos mínimos para espessura do revestimento, durabilidade de cor, retenção de brilho, resistência à corrosão, resistência ao envelhecimento, resistência à abrasão e outras características relacionadas à durabilidade e ao desempenho dos acabamentos. Os acabamentos anodizados são especificados de acordo com AAMA 611. A Classe I identifica acabamentos anodizados, que são mais espessos e duráveis que os acabamentos anodizados de Classe II. Os acabamentos da Classe I são adequados, por exemplo, para componentes de paredes cortina de uma edificação alta, enquanto que os acabamentos anodizados da Classe II são mais comumente usados para produtos de alumínio para uso residencial ou em sistemas de alumínio em fachadas de pouca altura. Revestimentos orgânicos são especificados de acordo com as normas AAMA 2.605, 2.604, e 2.603. Fluorpolímeros com alto teor de PVDF e acabamentos pulverizados podem atender ao requerido pela AAMA 2.605, a mais rigorosa das três. As pinturas atendendo ao requerido tanto na AAMA 2.604 como na 2.603 são progressivamente menos caras e menos duráveis.

Um amplo leque de efeitos pode ser aplicado ao alumínio por processos mecânicos ou químicos. Acabamentos mecânicos são produzidos por meio de escovação, rodas ou correias de polimento, polimento com couro, desgaste, jato de areia, jateamento com esferas de aço ou de vidro e outros jateamentos abrasivos. Cada um produz uma superfície de textura diferenciada. Acabamentos químicos incluem imersões em substâncias que produzem superfícies espelhadas, entalhadas e revestimentos químicos de conversão, como óxidos, fosfatos ou cromatos. Os acabamentos mecânicos e químicos podem ser feitos como preparação para a aplicação de outros tipos de acabamentos, ou, em alguns casos, podem ser os próprios acabamentos finais.

Outras estruturas metálicas para paredes cortina

Enquanto a maioria das estruturas das paredes cortina contemporâneas é feita de perfis de alumínio, sistemas industrializados de outros materiais, como perfis de bronze ou de aço galvanizado ou aço inoxidável, também estão disponíveis.

ALUMÍNIO E SISTEMAS ESTRUTURAIS PARA ALUMÍNIO E VIDRO

Molduras de alumínio e vidro são usadas para construir sistemas envolventes de vários tipos, incluindo janelas, portões, fachadas e paredes cortina. Janelas com molduras de alumínio são discutidas no Capítulo 18. *Portões* são sistemas de portas emolduradas em alumínio, ferragens, molduras de alumínio e vidro, tipicamente usadas em edificações comerciais. Eles podem incluir molduras de vestíbulos, luminárias, bandeiras de janelas ou portas, entre outros.

Fachadas de alumínio, embora frequentemente com aparência similar a sistemas de paredes cortina, são baseadas em elementos de molduras simplificadas, mais leves e que são mais baratas e mais rápidas para montar.

A maioria dos sistemas de fachadas se desenvolve verticalmente, por não mais que 10 a 12 pés (3,0 – 3,7m), embora alguns, com peças de molduras mais pesadas ou com armaduras internas, possam cobrir maiores vãos. Em vez de ser suspensa sobre a face do edifício, como é comum nas paredes cortina, a moldura dessas fachadas normalmente é instalada entre lajes de piso ou no interior das aberturas das paredes. (Figura 21.9)

Mais importante é o fato de que o uso de elementos de moldura mais leves e a construção interna mais simplificada faz com que os sistemas de fachada sejam mais limitados na sua capacidade de resistir à ação de vento e à penetração de água, quando comparados aos sistemas de vedação de paredes cortina. Por essas razões, mesmo sistemas de moldura de fachadas melhorados não são utilizados para alturas acima de três ou quatro pavimentos em uma edificação. A moldura de fachada é usada não apenas para fechamentos em vidro do teto ao chão, mas também, algumas vezes, substituindo a aplicação de janelas de alumínio convencionais.

Os sistemas de *paredes cortina* de alumínio possuem um desempenho mais elevado, sofisticado e de maior custo do que as molduras de alumínio e vidro. Sistemas de parede cortina podem ser prontamente aplicados a um número qualquer de andares. Eles usam seções de alumínio mais fortes e rígidas, que podem resistir a pressões mais elevadas de vento, que atuam sobre edifícios mais altos. Seus métodos de junção e conexão à estrutura da edificação podem tolerar movimentos significativos, que resultam das deflexões estruturais, bem como das expansões e das contrações térmicas do próprio alumínio. E eles incluem construções internas mais sofisticadas e sistemas de impermeabilização e drenagem de água tais, que lhes permitem resistir a infiltrações de água, mesmo sob condições muito mais severas de chuva dirigida do que aquelas a que estão expostos em uma edificação alta. É para esses ti-

Figura 21.9
Como o próprio nome indica, os sistemas de fachada são destinados essencialmente a usos comerciais envidraçados de nível térreo. Estes sistemas simples, montados no canteiro de obras, não apresentam uma capacidade tão elevada de resistir a cargas de vento e um controle tão sofisticado de escoamento de água, como oferecido pelos sistemas de paredes cortina.

pos de sistemas que o restante deste capítulo é dedicado.

MODOS DE MONTAGEM

Sistemas de paredes cortina metálicas podem ser classificadas de acordo com o seu grau ou método de montagem no momento da instalação na edificação (Figura 21.10). Muitas paredes cortina de metal e vidro são equipadas como *sistemas conectados*, cujos principais componentes são elementos metálicos verticais e painéis retangulares de vidro e materiais de preenchimento, que são montados *in loco* na edificação (Figura 21.10a). O sistema conectado possui a vantagem de possuir um baixo volume de transporte e um alto grau de adequação a condições locais inesperadas, porém eles devem ser montados no local, sob condições altamente variáveis, em vez de o serem em uma fábrica, com suas ferramentas ideais, condições ambientais controladas, e com baixos custos de mão de obra. Portões de alumínio e fachadas também são normalmente instalados como sistemas conectados.

O *sistema unitário de instalação de paredes cortina* aproveita ao máximo as vantagens do sistema de montagem em fábrica e minimiza o trabalho *in loco*; entretanto, as unidades requerem mais espaço durante o transporte e mais proteção contra danos que os componentes dos sistemas conectados (Figura 21.10b). O sistema unitário combinado com elementos metálicos verticais (Figura 21.10c), raramente utilizado hoje em dia, oferece um meio termo entre os sistemas conectados e os unitários.

O *sistema de painéis* (Figura 21.10d) é composto por unidades homogêneas, formadas a partir de chapas metálicas. Suas vantagens e desvantagens são similares àquelas dos sistemas unitários, porém a sua produção envolve um aumento dos custos de equipamentos de personalização ou moldes específicos, que o torna vantajoso apenas para um edifício que requeira um grande número de painéis idênticos.

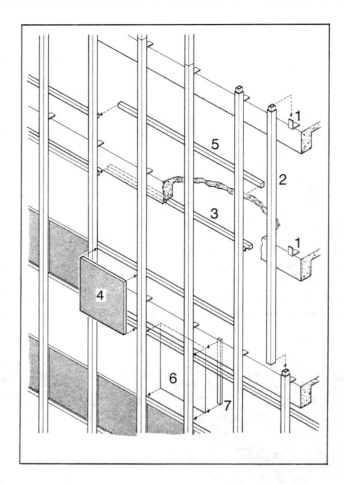

SISTEMAS CONECTADOS – Esquema de uma versão típica
1: Fixador 2: Elemento metálico vertical 3: Trilho horizontal (seção de calha no topo da janela) 4: Painel de preenchimento dos vãos (pode ser instalado pelo interior da edificação) 5: Trilho horizontal (seção de peitoril da janela) 6: Vidro (instalado pelo lado de dentro da edificação) 7: Elemento vertical de arremate interno da moldura
Outras variações: elementos verticais metálicos e seções de trilhos podem ser maiores ou menores do que o mostrado. O vidro pode ser fixado diretamente em reentrâncias, em membros da moldura; pode ser fixado com elementos de regulação; pode ser fixado na submoldura, ou pode incluir caixilho móvel.

(a)

Figura 21.10
Modos de montagem de paredes cortina. (a) Sistemas conectados. (b) Sistema unitário. (c) Sistema unitário combinado com elementos metálicos verticais

O *sistema de coluna-cobertura-materiais de preenchimento* (Figura 21.10e) enfatiza o módulo estrutural do edifício, em vez de criar sua própria malha na fachada, como fazem os sistemas anteriormente descritos. Um design personalizado deve ser feito para cada projeto, pois não há espaçamentos-padrão de colunas ou de lajes nas edificações. Cuidados especiais são requeridos ao detalhar o suporte do painel de preenchimento, para assegurar que os painéis não irão se defletir quando as cargas forem aplicadas às vigas da estrutura do edifício: caso contrário, a estrutura das janelas pode ser submetida a cargas que deformarão a moldura e quebrarão os vidros.

Envidraçamento exterior e interior

Um sistema de revestimento metálico pode ser projetado para ser

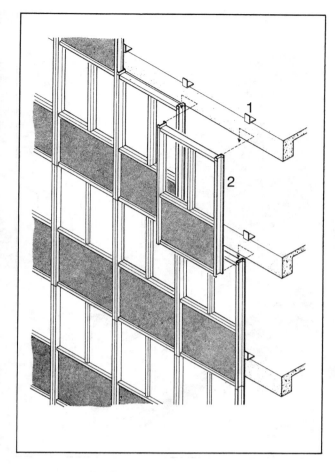

SISTEMA UNITÁRIO – Esquema de uma versão típica
1: Fixador 2: Moldura unitária pré-montada
Outras variações: os elementos metálicos verticais podem ser interconectáveis, do tipo "split", ou podem ser em forma de canaletas, com aplicação de juntas cobertas pelos lados de dentro e de fora. As unidades podem ser não envidraçadas quando instaladas ou podem ser pré-envidraçadas. Os painéis preenchidos podem estar tanto na parte superior como na parte inferior da unidade.

(b)

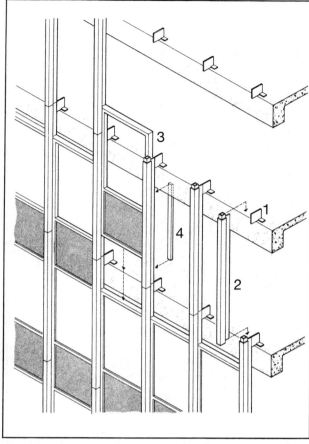

SISTEMA UNITÁRIO COMBINADO COM ELEMENTOS METÁLICOS VERTICAIS – Esquema de uma versão típica
1: Fixador 2: Elemento metálico vertical (com comprimento de um ou dois pavimentos) 3: Estrutura unitária pré-montada – rebaixado no espaço atrás dos elementos verticais, a partir do andar superior.
Outras variações: Unidades de moldura podem ser de andar inteiro (como mostrado), podendo ser não envidraçadas ou pré-envidraçadas, ou podem ser unidades de preenchimento separadas e de vidraças. Seções dos trilhos horizontais são usadas às vezes entre as unidades.

(c)

envidraçado externamente, o que significa que o vidro deve ser colocado ou substituído por operários em andaimes ou em plataformas externas à edificação. Alternativamente, ele pode ser projetado para ser *envidraçado internamente*, por operários que permanecem dentro da edificação. O envidraçamento interno é mais conveniente e mais econômico para uma edificação alta, porém requer um pouco mais de elaboração no conjunto de elementos extrudados. Os sistemas envidraçados externamente utilizam um conjunto relativamente simples de formas e são mais baratos para uma edificação que tenha de um a três pavimentos. Alguns sistemas de paredes cortina são projetados para que eles possam ser envidraçados de qualquer lado.

Um sistema de paredes cortina envidraçadas externamente

Um sistema conectado padrão, envidraçado externamente, para paredes cortina de alumínio e vidro, é ilustrado nas Figuras 21.11–21.16. Esse sistema é apropriado para uma edificação baixa, cujas paredes os operários possam facilmente alcançar por meio de andaimes externos.

Um sistema de paredes cortina envidraçadas internamente

Um sistema conectado padrão envidraçado internamente, para paredes cortina de alumínio e vidro, é ilustrado nas Figuras 21.17–21.23. Esse sistema é apropriado para uso em edificação alta, pois é instalado inteiramente por operários que permanecem dentro da edificação. A reposição de vidro também pode ser feita pelo interior da edificação.

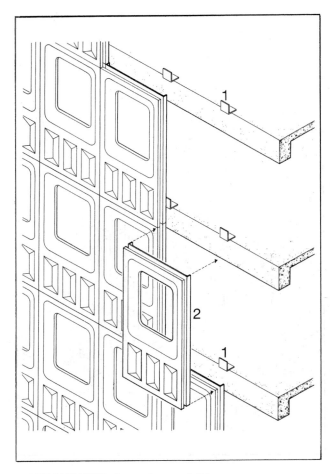

SISTEMAS DE PAINÉIS – Esquema de uma versão típica
1: Fixador 2: Painel
Outras variações: Painéis podem ser formados por lâminas ou fundidos, podem ser de andar inteiro (como mostrado) ou em unidades menores, e podem ser pré-envidraçados ou envidraçados após a instalação.

(d)

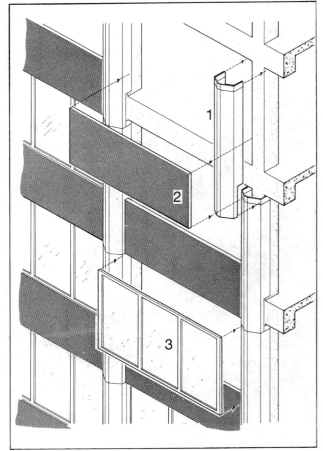

SISTEMAS DE REVESTIMENTO DE COLUNAS E DE MATERIAIS DE PREENCHIMENTO – Esquema de uma versão típica
1: Seções de revestimento de colunas 2: Painel de revestimento 3: Preenchimento com vidro
Outras variações: Revestimentos de coluna podem ser de uma peça ou um conjunto, podem ser de qualquer seção transversal e possuir uma altura de um ou dois andares. O painel de preenchimento pode ser liso, texturizado ou em padrões. O preenchimento de vidro pode ser pré-montado, envidraçado ou não, ou ser montado no local.

(e)

Figura 21.10 *(continuação)*
(d) Sistema de painéis (e) Sistemas de revestimento de colunas e de painéis de revestimento. *(Reproduzido com autorização da AAMA Aluminum Curtain Wall Design Guide)*

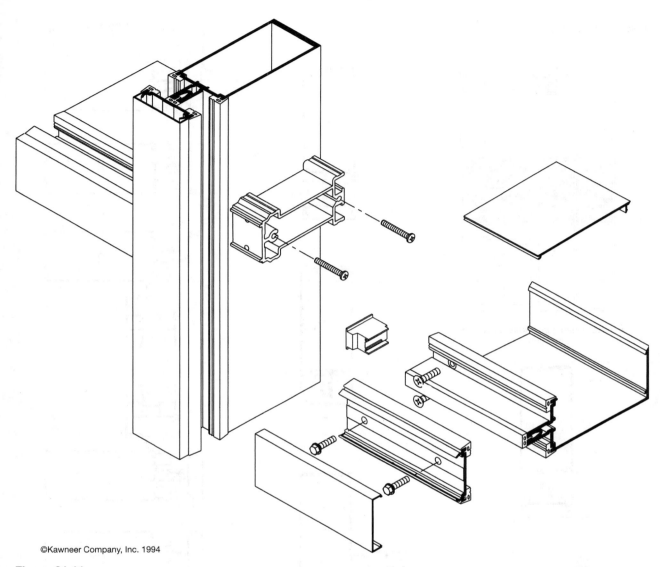

©Kawneer Company, Inc. 1994

Figura 21.11
O Kawneer 1600 System 1® é um sistema conectado de envidraçamento externo. As molduras verticais, que correm continuamente de piso a piso, apoiam molduras horizontais descontínuas, que estão ligadas a elas por meio de blocos e parafusos. Cada pano de vidro é assentado em dois blocos de borracha, na canaleta da moldura horizontal (não mostrado neste desenho). A superfície interna do vidro se apoia em pequenas canaletas, contendo blocos de borracha extrudados, que são pressionados em tais canaletas, tanto nos perfis verticais, como nos horizontais. Placas de pressão de alumínio extrudado, com canaletas para envidraçamento contendo borracha, são aplicadas, tanto na moldura horizontal quanto na vertical, para fixar o vidro no lugar e criar um isolamento a prova d´água. Cada placa de pressão é presa por meio de parafusos, que passam por orifícios perfurados em uma abertura extrudada rosqueada. Uma junta de borracha espessa, na abertura de inserção do parafuso, atua como uma barreira térmica. Elementos de cobertura de fácil aplicação escondem a cabeça do parafuso e conferem uma aparência externa elegante. Uma tampa de borracha moldada, plugada em ambas as extremidades de cada moldura horizontal, evita qualquer vazamento ou condensação no interior da moldura horizontal, da qual ela escapa, via orifícios de escoamento de 5/16 polegadas (8 mm) de diâmetro (não mostrados aqui), perfurados através da placa de pressão e da borda inferior do elemento de cobertura, como mencionado. As Figuras 21.11-21.15 ilustram melhor este sistema. (*Todas as ilustrações do sistema nas Figuras 21.11 – 21.14 são cortesias da Kawneer Company, Inc.*)

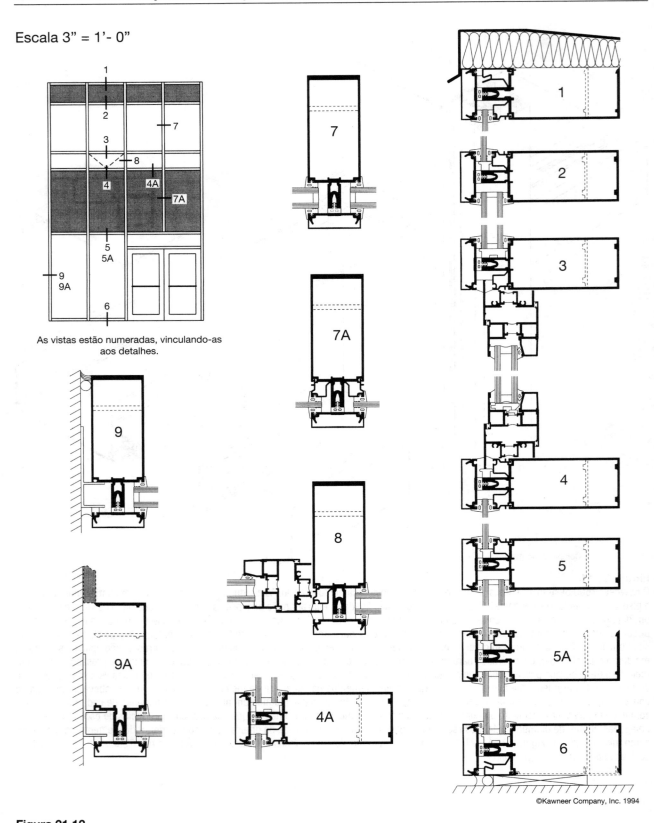

Figura 21.12
Os detalhes de produção de paredes cortina do Kawneer 1600 System1 estão todos vinculados à vista lateral, no canto esquerdo superior desta página. Os detalhes são reproduzidos, em uma escala de um quarto de seu tamanho real.

Capítulo 21 Revestindo com Metal e Vidro **853**

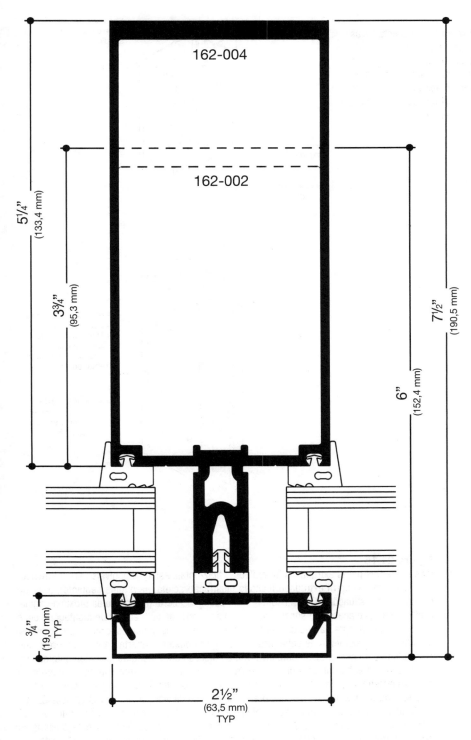

Figura 21.13
Nesse detalhe, em tamanho real, da moldura vertical do Kawneer 1600 System1, vemos que o perfil extrudado básico tem a forma de uma caixa retangular, que é estruturalmente rígida e apresenta uma aparência elegante, internamente no edifício. As linhas tracejadas indicam uma moldura em caixa menor (162-002), que pode ser usada para edificações com menor altura de piso a piso ou menores cargas de vento. A barreira térmica de plástico extrudado se conecta com a moldura, com uma ranhura saliente, em forma de "pinheiro", que é pressionada para dentro da abertura do parafuso. Orifícios são perfurados atravessando a barreira térmica, para que os parafusos (não mostrados) sejam conectados à placa pressionada. Os quatro apoios emborrachados de envidraçamento se conectam com as peças de alumínio por meio as saliências que se projetam desses apoios.

©Kawneer Company, Inc. 1994

Figura 21.14
As molduras verticais do Kawneer 1600 System1 são conectadas às bordas dos pisos do prédio com o fixador em ângulo reto, mostrado no desenho superior, ao lado. As secções de molduras verticais são unidas com uma peça perfurada interna de alumínio, mostrada na parte inferior do desenho. A peça perfurada é aparafusada à parte inferior da moldura, mas a parte superior tem liberdade para deslizar, o que permite a expansão e a contração térmica.

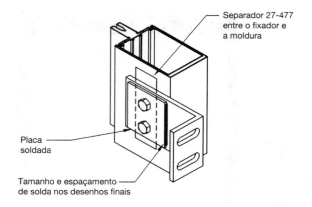

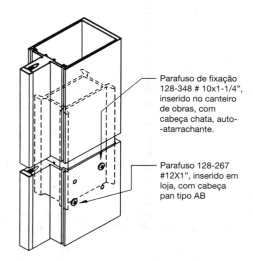

Figura 21.15
Dois diferentes perfis extrudados de molduras horizontais estão disponíveis para o Kawneer 1600 System1. O perfil extrudado fechado (ilustração acima, na página seguinte), é usado na maioria das situações. O perfil com a parte posterior aberta (ilustração da próxima página, abaixo) permite o acesso ao *shear block* na moldura vertical, para efeitos de montagem; ele é utilizado em partes da parede que se encontram com outros materiais, como topos, peitoris, vãos finais. Um elemento de cobertura fecha a parte posterior aberta da moldura, deixando apenas uma emenda praticamente invisível. Os blocos de borracha de assentamento são visíveis abaixo das bordas do vidro, em ambas as molduras. No canto superior esquerdo do primeiro desenho, um pequeno perfil extrudado de alumínio foi adicionado para permitir à moldura segurar uma lâmina de vidro de preenchimento ou de vidraça, em vez da combinação de envidraçamento duplo standard de 1 polegada (25 mm). Os orifícios de escoamento não são mostrados; eles são perfurados, horizontalmente, através da placa de pressão, logo acima da barreira térmica e, verticalmente, através da borda inferior do elemento de cobertura externo.

Capítulo 21 Revestindo com Metal e Vidro **855**

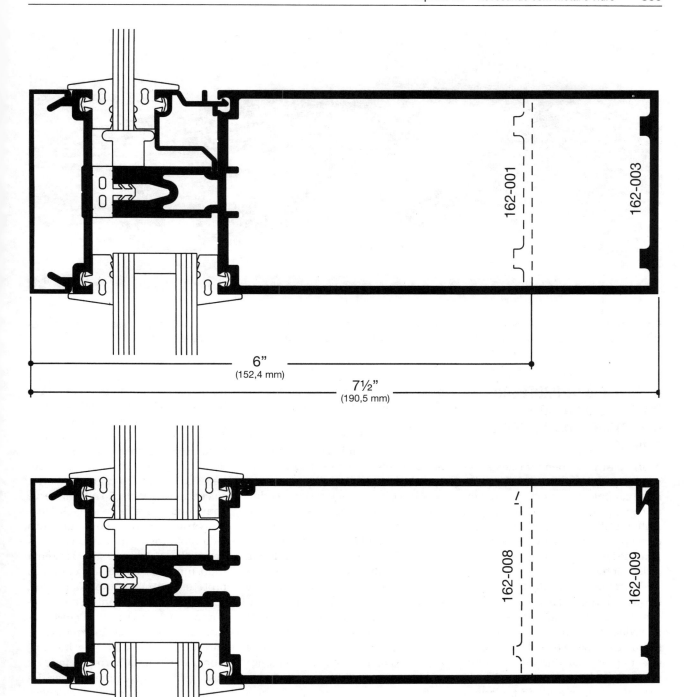

©Kawneer Company, Inc. 1994

Figura 21.16
Essa edificação para a Harley-Davidson Motor Company, em Wauwatosa, Wisconsin, destaca a Kawneer 1600 System1, cujos detalhes são mostrados nas Figuras 21.11–21.14. (*Arquiteto Flad & Associados, Madison, Wisconsin. Cortesia de Kawneer Company, Inc.*)

O PRINCÍPIO DE PROTEÇÃO CONTRA CHUVA EM REVESTIMENTOS DE METAL E VIDRO

À primeira vista, nenhum dos sistemas de parede cortina apresentados neste capítulo parece ter sido projetado como proteção contra chuva, pois ambos utilizam elementos de borracha para vedar o entorno do vidro, tanto do lado externo da parede como do lado interno.

Entretanto, considere o que poderia acontecer, em qualquer um desses sistemas, se os elementos de vedação internos e externos, em torno de um pano de vidro, apresentassem problema: durante uma chuva combinada com vento, ações de gravidade e capilaridade poderiam permitir que alguma água passasse pela vedação exterior para os espaços entre as bordas do vidro e do alumínio. Entretanto, como exposto no Capítulo 19, até mesmo uma vedação interna defeituosa, muito provavelmente, permitiria a ocorrência de correntes de ar, fortes o suficiente para levar água mais longe do que isso, em direção ao interior da edificação. Se a água penetrasse ao longo da borda vertical do vidro, ela ficaria contida na moldura vertical e cairia, por gravidade, para a parte inferior, onde seria drenada para o exterior, pelos orifícios de escoamento. Se a água acumular na moldura horizontal, estará impedida de escorrer para fora dos limites da moldura por tampões terminais de borracha, que são vistos na Figura 21.11. Sua única opção é escoar para o exterior, pelos orifícios de escoamento perfurados horizontalmente ao longo da placa de pressão e, verticalmente, através da borda inferior do tampão de cobertura. Assim, as vedações externas precisam servir apenas como um *selo de detenção*; essencialmente, uma proteção contra a chuva, para desencorajar a entrada de água, sem necessariamente barrar totalmente a sua entrada. A vedação interna serve como uma barreira ao ar, e os espaços vazados, entre a borda do vidro e da moldura, agem como câmaras de equalização de pressão. O sistema todo funciona como um conjunto protetor contra a chuva. Na prática, obviamente, o fabricante e o instalador tomam todas as precauções para assegurar que a vedação externa seja corretamente instalada e irá funcionar como uma barreira efetiva à passagem da água; porém, esses sistemas de paredes cortina não dependem de uma vedação perfeita para manter a sua estanqueidade.

Capítulo 21 Revestindo com Metal e Vidro **857**

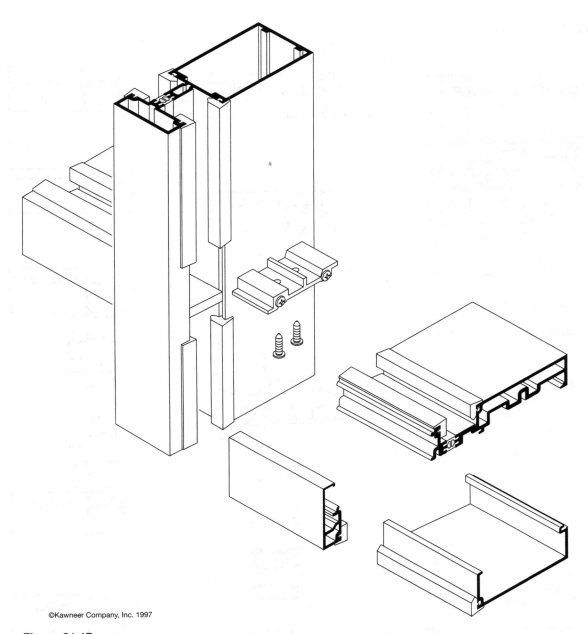

©Kawneer Company, Inc. 1997

Figura 21.17
O Kawneer 1600 System 4® pode ser envidraçado, tanto do interior, como do exterior da edificação. O envidraçamento interno normalmente é preferido em edifícios mais altos, por sua rapidez, segurança e conveniência. (*Todas as ilustrações desse sistema nas Figuras 21.17–21.22 são cortesias da Kawneer Company, Inc.*)

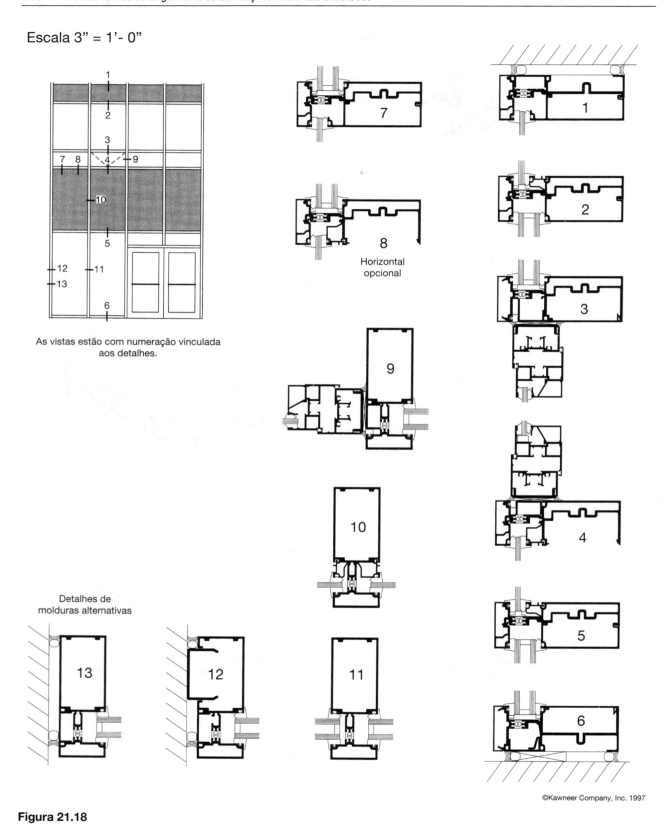

Figura 21.18
Um conjunto completo de detalhes do Kawneer 1600 System4, reproduzido no livro de detalhes do fabricante, em um quarto do tamanho real.

Capítulo 21 Revestindo com Metal e Vidro **859**

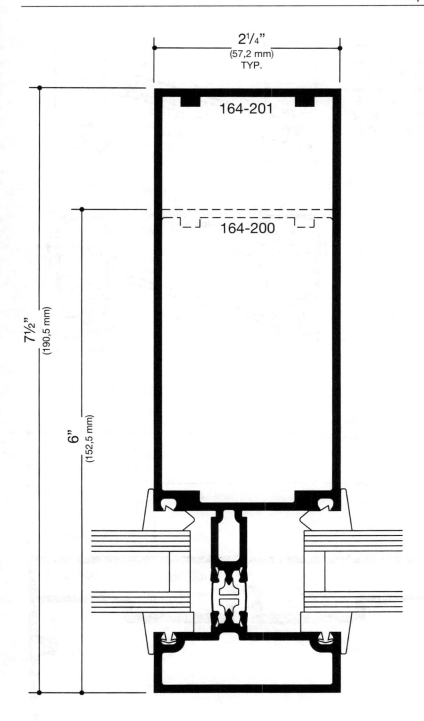

Figura 21.19
A moldura vertical do Kawneer 1600 System4 é rígida, sem componentes removíveis, exceto as vedações dos envidraçamentos. A barreira térmica é um perfil extrudado com formato H, de plástico rígido, que é dobrado com segurança em pequenos sulcos, nas partes interna e externa da moldura. Note que os bolsões do envidraçamento têm duas profundidades diferentes. Isso facilita o envidraçamento interno, como é explicado na próxima figura.

Figura 21.20
Para envidraçar o Kawneer 1600 System 4 pelo lado interno do edifício, blocos de apoio de borracha são aplicados dentro dos bolsões de envidraçamento rasos, na moldura vertical, para amortecer a borda do vidro. Blocos de apoio de borracha são também instalados na moldura horizontal e todos os elementos de vedação do lado exterior são encaixados. Depois disso, a unidade de vidro é empurrada obliquamente para o fundo do bolsão de envidraçamento profundo, encaixada e apoiada no bolsão raso.

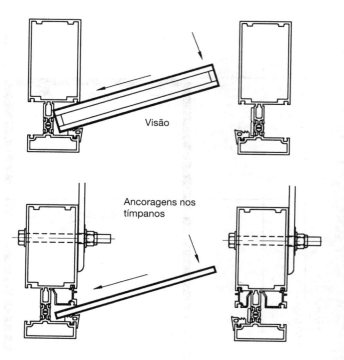

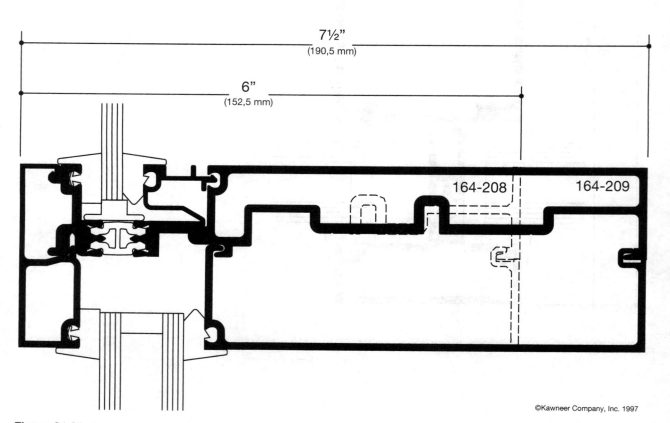

Figura 21.21
Para tornar este modo de instalação de vidro possível, a metade inferior do interior de cada moldura horizontal é deixada vazia, até que o vidro tenha sido bem empurrado no local. Então, o perfil extrudado da metade inferior é adicionado e os dispositivos de vedação do envidraçamento interior são instalados. As vedações interiores são chamadas de "cunhas de envidraçamento", por causa do formato em cunha, isso permite que elas sejam instaladas simplesmente pressionando-as no local, colocando a cunha entre o vidro e a moldura, depois da instalação do vidro. Note como essa forma é diferente daquela das vedações externas, que são instaladas antes do vidro.

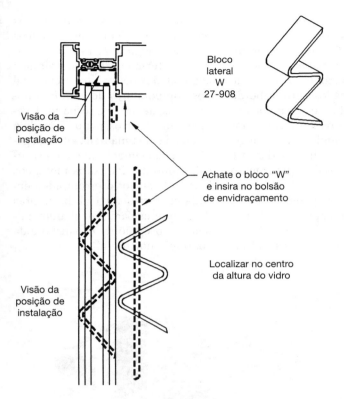

Figura 21.22
Antes de as cunhas de envidraçamento serem instaladas no lado do bolsão profundo da moldura vertical, um bloco de borracha em forma de W é achatado e introduzido entre o vidro e a parte interior da moldura, até que ele seja inserido no bolsão vazio. Ali ele se expande de volta ao seu formato e impede que o vidro se desloque muito profundamente para dentro do bolsão.

Figura 21.23
Este hotel cassino em Las Vegas apresenta o Kawneer 1600 System4, cujos detalhes são mostrados nas Figuras 21.17–21.22 (*Cortesia de Kawneer Company, Inc.*)

JUNTAS DE DILATAÇÃO EM PAREDES DE METAL E VIDRO

O alumínio tem um coeficiente de dilatação térmica relativamente alto e cerca de duas vezes o coeficiente de dilatação térmica do vidro. Como o revestimento de uma edificação é exposto a flutuações da temperatura do ar, assim como ao aquecimento direto pelo sol, ele deve ter juntas de dilatação que permitam à movimentação térmica ocorrer sem danificar o revestimento ou a moldura do edifício.

As diferenças na movimentação térmica entre o vidro e o alumínio são geralmente acomodadas por movimentações muito pequenas de deslizamento e flexão, que ocorrem entre o vidro e o sistema de vedação em que está montado. Blocos de borracha, colocados entre a borda do vidro e a moldura, em um ou outro lado de cada pano de vidro, impedem que ele "ande" muito longe, em uma ou outra direção, durante os repetidos ciclos de aquecimento e resfriamento.

Nos sistemas de paredes cortina ilustrados neste capítulo, a dilatação térmica vertical no alumínio é absorvida pelas juntas telescópicas, que são colocadas em intervalos regulares nos elementos metálicos verticais (Figura 21.14). Os movimentos térmicos horizontais são acomodados pelo corte intencional dos componentes de alumínio horizontais, de modo a torná-los levemente mais curtos, por uma medida calculada, de uma fração de polegada, a cada elemento metálico vertical. Como os elementos metálicos horizontais são interrompidos em cada elemento vertical, há muitas dessas juntas para trabalharem unidas na absorção da expansão e da contração horizontal.

Figura 21.24
O sistema de painéis de alumínio CENTRIA Form-A-Wall ® para paredes cortina é suportado por membros verticais da moldura atrás das juntas verticais entre os painéis. Cada painel é fixado à moldura com um parafuso, em cada canto superior do painel, visto aqui no meio da figura. A borda de fundo de cada painel é presa por uma junta horizontal intertravada com o painel abaixo. (*Cortesia de CENTRIA*)

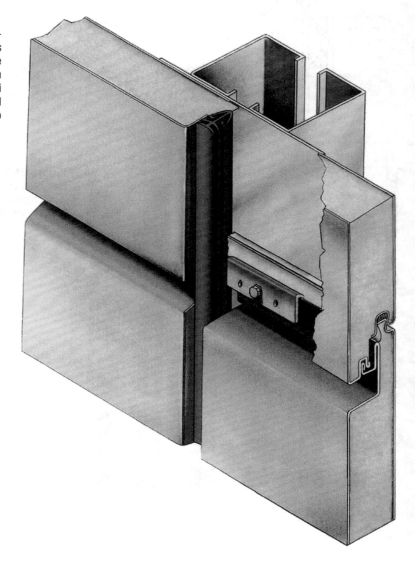

Figura 21.25
Painéis CENTRIA Form-A-Wall apresentam uma aparência limpa, ilustrando o padrão de juntas abertas. Note que painéis especiais são usados nas quinas; não há emenda na própria quina. (*Cortesia de CENTRIA*)

ENVIDRAÇAMENTO INCLINADO

Muitas edificações apresentam telhados de vidro sobre ambientes, como *lobbies*, restaurantes, cafés, piscinas, jardins e pátios. Um telhado de vidro apresenta problemas específicos com relação a possíveis vazamentos de água, uma vez que é impossível neutralizar a força da gravidade em uma superfície que não é vertical. Além disso, a umidade que se condensa sobre as superfícies internas do vidro tende a se acumular e a pingar sobre os ocupantes do espaço abaixo. Dessa maneira, todo sistema de *envidraçamento inclinado* é projetado por seu fabricante para incluir um sistema de drenagem interna, que coleta qualquer água que resulte do vazamento ou da condensação e a drena para o exterior. A superfície de vidro é inclinada, ao invés de horizontal, pois a inclinação permite à gravidade ajudar a evitar a acumulação de água no telhado, o escorrimento da água condensada em direção à borda inferior de cada pano de vidro, antes de pingar, e ajuda na movimentação da água pelos canais de drenagem para os orifícios de escoamento, através dos quais ela é conduzida de volta para o exterior.

Um sistema patenteado de vidro inclinado é ilustrado nas Figuras 21.26 e 21.27. Esse sistema é projetado para se adaptar a uma variedade de inclinações, de 15 a 60°C. O vazamento de água é impedido por um sistema bem projetado de vedação, porém, se o vazamento ocorrer por causa do desgaste da vedação ou instalação incorreta, o sistema de drenagem interna irá recolhê-lo, ao longo de qualquer terça ou viga, e drená-lo para fora. A condensação da umidade é minimizada por vidros duplos e por barreiras térmicas, mas qualquer condensação que possa se formar sob condições extremas também é recolhida e drenada pelos mesmos sistemas de canais nos elementos de alumínio.

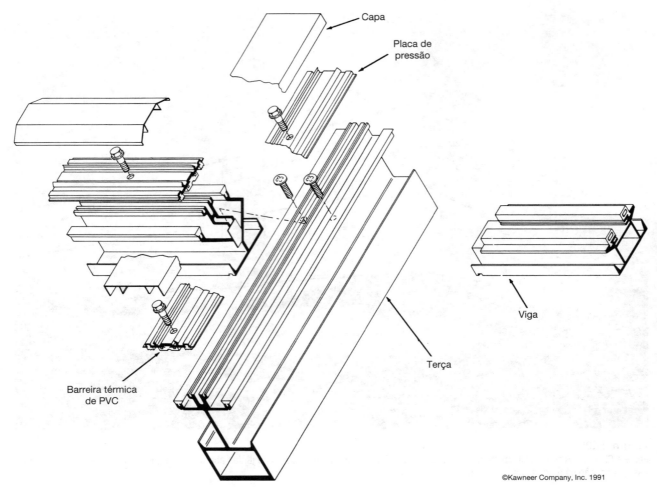

Figura 21.26
O sistema de vidros inclinados Kawneer 1600 S.G.® é estruturado com perfis de alumínio que incorporam calhas internas, para escoar a condensação e vazamentos acidentais. (*Foto cortesia de Kawneer Company, Inc.*)

O International Building Code coloca restrições sobre vidros inclinados a mais de 15°C da vertical, a fim de impedir que vidros em queda firam ocupantes abaixo dele. O único tipo de material de envidraçamento permitido sem qualquer limitação são os vidros laminados ou plásticos. Outros tipos de vidro são permitidos em algumas circunstâncias, dependendo da altura do vidro acima do piso, do tamanho dos panos de vidro, do tipo de ocupação e de outros fatores. Alternativamente, uma tela de metal pode ser instalada abaixo do vidro, para recolher os cacos, caso um pano de vidro se quebre.

REVESTIMENTO DE VIDRO DUPLO

Em uma *fachada de pele dupla*, o sistema de parede consiste em dois distintos sistemas de revestimento de vidro, separados por um espaço de ar amplo o suficiente – na maioria dos casos – para permitir que os funcionários da manutenção possam passar entre eles. Tais sistemas, também chamados de *fachadas de parede dupla* ou *paredes de pele dupla*, são há muito tempo populares na construção de edifícios europeus e, mais recentemente, começaram a aparecer também em edificações nos Estados Unidos. Várias configu-

Figura 21.27
Este hotel em Orlando, Flórida, inclui grandes áreas de vidro inclinado Kawneer 1600 S.G. O vidro refletivo é utilizado para minimizar o sobreaquecimento solar dos espaços internos. (*Foto cortesia de Kawneer Company, Inc.*)

rações de vidros e de tratamento do espaço entre as duas peles são possíveis. Com maior frequência, uma das duas peles tem vidro duplo, enquanto a outra utiliza vidro simples. O espaço de ar intersticial pode ser ventilado para o interior da edificação (quando a pele externa for de vidro duplo), ou para o exterior (quando a pele interna é de vidro duplo). A ventilação natural do interior do edifício, por meio de aberturas operáveis, em ambas as peles, também é possível. A ventilação do espaço de ar intersticial pode ser passiva, isto é, movimentada por convecção natural, ou ativa, realizada com a ajuda de ventiladores, e, em alguns casos, pode ser combinada ao sistema HVAC da edificação. Dispositivos de sombreamento, como persianas simples ou persianas de rolo, que podem ser controladas manualmente ou por temporizadores automáticos, ou dispositivos de rastreamento solar, também são frequentemente integrados no espaço intersticial.

Fachadas de peles duplas podem melhorar o desempenho do envelope da edificação em uma variedade de maneiras: elas podem reduzir o indesejado ganho solar, aumentar o potencial de iluminação natural, minimizar a condução térmica e a radiação através do sistema de parede, proporcionar um espaço para elementos de sombreamento que seja protegido das condições climáticas, permitir projetos de ventilação natural em edifícios altos e criar um interior de edifício mais silencioso do que é possível com sistemas convencionais de vidros.

Contra os benefícios potenciais de um sistema de fachada de pele dupla, devem ser ponderadas as suas desvantagens: o espaço de ar pode subtrair de 5 a 10% da área de piso utilizável do edifício. Embora a segunda pele da fachada possa ser construída com moldura e vidro, menos dispendiosos que a primeira pele, isso ainda constitui um aumento significativo no custo de construção sobre uma parede cortina tradicional. E, durante a vida do edifício, o dobro de superfície de vidro deve ser lavado com uma frequência regular.

Considerando prós e contra, os sistemas de fachada de peles duplas são mais apropriadas para as paredes de vidro que devem atender a metas de conservação de energia muito exigentes, no qual o planejamento financeiro do proprietário do edifício permitir que o maior custo de construção seja amortizado ao longo de um período de tempo relativamente longo, em que ele possa ser compensado pelas economias resultantes de uma maior conservação de energia e, ainda, nas condições em que a criação de um edifício de alto desempenho seja um objetivo implícito no programa da edificação.

PROJETO E CONSTRUÇÃO DE PAREDES CORTINA: O PROCESSO

O projeto de paredes cortina metálicas não é realizado por um arquiteto sozinho; é um processo por demais complexo e especializado. Para muitas edificações, o arquiteto simplesmente adota um sistema patenteado, que atenda ao requerido pelo projeto. Isso coloca a responsabilidade primária no fabricante e no instalador do sistema, para assegurar que os componentes adequados sejam escolhidos e a parede seja corretamente instalada.

Quando um arquiteto se propõe a projetar um novo sistema de revestimento metálico, procedimento comum em grandes e importantes edifícios, outros profissionais são trazidos para o processo. Um consultor independente de revestimentos pode trazer uma experiência considerável e agregar conhecimento a esse esforço e minimizar o risco para o arquiteto. O engenheiro estrutural da edificação é envolvido, pelo menos, para avaliar o peso e os requerimentos de conexão do sistema. O fabricante da parede cortina também é trazido para a equipe de projeto no início do processo.

O arquiteto e o proprietário da edificação podem eleger um dos dois métodos para selecionar um fabricante: um, de paredes cortina, pode ser escolhido com base na reputação e em experiências anteriores. Alternativamente, o arquiteto e o consultor de revestimentos podem preparar um esboço de projeto e de especificações de desempenho e submetê-los a vários fabricantes, para propostas. Cada fabricante irá, então, submeter um projeto mais detalhado e uma proposta financeira, e um será selecionado com base nestas propostas para prosseguir com o projeto.

O fabricante entende, melhor que qualquer outro membro da equipe, sobre a produção, montagem, instalação e implicações de custos de um novo projeto de paredes cortina. Ele, frequentemente, faz a instalação, assim como a produção dos componentes, ou subcontrata o trabalho de instalação de empresas que ele atesta ser bem qualificadas e familiarizadas com os produtos do fabricante e com as normas. A experiência de instalação também é de alto valor durante o processo de projeto.

A partir dos desenhos conceituais feitos pelo arquiteto e pelo consultor de revestimentos, o fabricante prepara um conjunto de desenhos de projeto mais detalhado, como base para alcançar um acordo preliminar sobre o projeto. O fabricante, então, prepara um conjunto bem detalhado de desenhos finais e de instalação. Estes são conferidos cuidadosamente pelo arquiteto, engenheiro e consultor de revestimentos, para assegurar o cumprimento das intenções de projeto e a capacidade estrutural da moldura da edificação.

Testes em escala real da parede cortina, como descritas no Capítulo 19, são normalmente efetuados antes que a fabricação de um sistema personalizado de parede cortina seja autorizada a iniciar. O fabricante de paredes cortina também pode visitar o canteiro de obras durante a montagem da moldura da edificação para se familiarizar com o nível de precisão dimensional das superfícies estruturais, às quais a parede cortina será fixada.

CSI/CSC

Seções do MasterFormat para revestimento com metal e vidro

08 40 00	**PORTÕES, FACHADAS E PAREDES CORTINA**
08 41 00	Portões e fachadas
	Portões com molduras de alumínio e fachadas
	Fachadas com molduras de bronze
	Portões e fachadas com molduras de aço inoxidável
	Portões e fachadas com molduras de aço
08 44 00	Paredes cortina e montagens envidraçadas
	Paredes cortina com envidraçamento de alumínio
	Paredes cortina com envidraçamento de bronze
	Paredes cortina com envidraçamento de aço inoxidável
	Paredes cortina de vidro estrutural
	Montagens de envidraçamentos inclinados

Referências Selecionadas

1. American Architectural Manufacturers Association. *Aluminum Curtain Wall Design Guide Manual.* Schaumburg, IL, 2005.

   Esta publicação apresenta os seus tópicos de forma exemplar, com texto claro e ilustrações belamente preparadas. A mesma organização também publica uma série de publicações mais especializadas, sobre vários aspectos de paredes cortinas de metal e vidro: projeto de proteções contra a chuva, cuidado e manuseio de componentes de alumínio, projeto de cargas de vento e testes de túnel de vento, segurança contra incêndios, métodos de ensaio, procedimentos de instalação, acabamentos, etc.

Sites

Revestindo com metal e vidro

Site suplementar do autor: **www.ianosbackfill.com/21_cladding_with_metal_and_glass**
Aluminum Extruders Council: **www.aec.org**
American Architectural Manufacturers Association: **www.aamanet.org**
Centria curtain wall: **www.centria.com/CAS**
EFCO Curtain Walls: **www.efcocorp.com**
Formacore Curtain Walls: **www.portafab.com/curtain_walls.shtml**
Kawneer Curtain Wall and windows: **www.kawneer.com**
Whole Building Design Guide, Curtain Walls: **www.wbdg.org/design/env_fenestration_cw.php**

Palavras-chave

Perfil extrudado
Barra bruta
Molde
Orifício para parafuso
Suporte para parafuso
Barreira térmica
Barreira térmica interrompendo ponte térmica
Interrupção de ponte térmica
Anodizado
Acabamentos superficiais de fluorpolímeros
Polyvinylidene fluoride (PVDF)
Acabamentos superficiais pulverizadas
Acabamentos superficiais de esmalte cozido
Portões
Fachadas
Parede cortina
Sistema conectado
Sistema unitário
Sistema unitário e moldura
Sistema de painéis
Sistema de coluna-cobertura e preenchimento
Envidraçamento externo
Envidraçamento interno
Selo de detenção
Envidraçamento inclinado
Fachada de pele dupla, fachadas de parede dupla, paredes de pele

Questões para Revisão

1. Por quais razões o alumínio é o metal usado mais frequentemente nos sistemas de revestimento de metal e vidro?
2. Quais são as vantagens e desvantagens relativas de um sistema conectado e de um sistema de painéis?
3. Quais são algumas das características dos perfis extrudados de alumínio e quais as funções de cada uma?
4. Quais são os acabamentos mais comuns aplicados nos componentes de uma parede cortina de alumínio? Quais as vantagens de cada um?
5. Como você escolheria entre um sistema de envidraçamento interno e externo?
6. Explique as diferenças entre portões, fachadas e parede cortina. Qual é a aplicação apropriada para cada uma?
7. Por que razão um sistema de envidraçamento inclinado é mais difícil de tornar estanque à água do que um sistema de parede revestida? Como isso é refletido nos detalhes do sistema de envidraçamento inclinado?

Exercícios

1. Faça fotocópias dos detalhes, em tamanho real, dos elementos metálicos verticais e horizontais de um sistema de parede cortina metálica, de um catálogo de fabricante. Cole os detalhes sobre uma folha maior de papel e adicione notas e flechas, para explicar cada aspecto deles – as características dos perfis extrudados, as juntas e os vedantes, os materiais de revestimento e métodos, drenagem, isolamento, barreiras térmicas, características dos protetores contra a chuva, e assim por diante. Da sua análise dos detalhes, liste a ordem na qual os componentes seriam montados. O sistema de vidros é interno ou externo ao edifício? Como você pode saber?

2. Projete uma mesa de café que seja feita de perfis extrudados de alumínio e um vidro de topo. Projete e desenhe detalhes completos dos perfis extrudados e das conexões. Escolha a superfície de acabamento do alumínio. Que tipo de vidro você usará?

22

SELECIONANDO ACABAMENTOS INTERNOS

- Instalação de serviços mecânicos e elétricos
- A sequência das operações de acabamentos internos
- Selecionando sistemas de acabamentos internos
- Tendências em sistemas de acabamentos internos

Trabalhadores completam a instalação de um teto elaborado, feito de placas de gesso. Os cantos da construção, assemelhados a degraus, foram reforçados com um cordão metálico de canto e as juntas e cabeças de pregos foram preenchidas e lixadas, prontos para a pintura. *(Cortesia da United States Gypsum Company)*

A instalação de materiais de acabamento interno – tetos, paredes, divisórias, pisos, gabinetes, acabamentos em marcenaria – não pode ser realizada até que o telhado e as paredes externas da construção estejam completos e as instalações mecânica e elétrica tenham sido instaladas. O telhado e as paredes são necessários para proteger os materiais de acabamento sensíveis à umidade. As instalações mecânica e elétrica geralmente devem estar cobertas pelos materiais de acabamento interno; desta forma, precisam precedê-los. Os próprios materiais de acabamento devem ser selecionados de forma a atender a um complexo conjunto de parâmetros funcionais: durabilidade, desempenho acústico, segurança contra incêndio, relação com as instalações mecânica e elétrica, possibilidade de troca com o passar do tempo e resistência ao fogo. Ao mesmo tempo, esses materiais devem ter bom aspecto, apresentando uma aparência organizada e atendendo aos objetivos arquitetônicos da construção.

INSTALAÇÃO DE SERVIÇOS MECÂNICOS E ELÉTRICOS

Quando uma construção já foi coberta e a maior parte do revestimento externo finalizado, a parte interior estará suficientemente protegida das condições climáticas e o trabalho nos sistemas mecânico e elétrico pode ser iniciado. As canalizações de esgoto e de fornecimento de água associadas aos sistemas hidráulicos são instaladas e, se especificadas, também as canalizações para o sistema automático de sprinklers, para combate ao fogo. A maior parte dos serviços para os sistemas de aquecimento, ventilação e ar condicionado é executada, incluindo a instalação de boilers, ar condicionado, torres de resfriamento, bombas, ventiladores, tubulações e trabalhos correlatos. As fiações elétricas, de comunicação e de controle são determinadas e roteadas por toda a construção. Os elevadores e as escadas são instaladas nas aberturas previstas para os mesmos.

As linhas verticais de tubos, dutos, fios e elevadores em um edifício de vários andares são instalados através de poços verticais, cujos tamanhos e localização foram determinados no projeto. Antes da finalização da construção, cada shaft será revestido com paredes resistentes ao fogo, para evitar a sua propagação vertical (Figura 22.1).

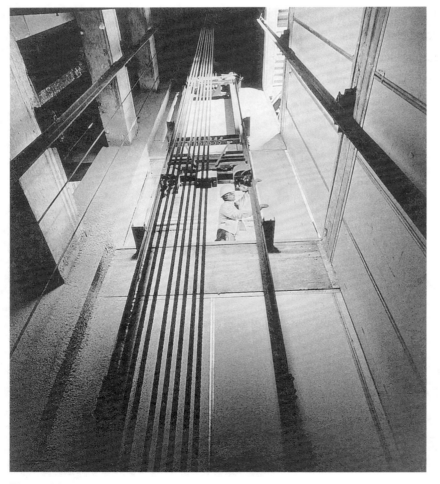

Figura 22.1
Um trabalhador constrói uma parede resistente ao fogo ao redor do poço do elevador usando painéis de gesso e montantes de Aço C-H. O Capítulo 23 contém informações mais detalhadas a respeito de paredes de poços. (*Cortesia da United States Gypsum Company*)

Figura 22.2
Três plantas diagramáticas para uma edificação suburbana para escritórios, de três andares, mostram os principais arranjos para encanamentos, comunicações, eletricidade, aquecimento e resfriamento. O aquecimento e resfriamento são obtidos por meio de ar canalizado para baixo, dentro de dois poços, a partir de equipamentos montados no telhado. O ar condicionado proveniente dos dutos verticais é distribuído em cada andar, por um sistema de dutos horizontais, que corre por cima do forro suspenso, conforme demonstrado na planta do andar intermediário. Uma fileira de colunas duplas divide a construção em duas estruturas independentes, que são separadas por uma junta, de forma a permitir recalques diferenciais entre as fundações, assim como expansão e retração térmica. (*Cortesia de ADD Incorporated, Architects*)

Capítulo 22 Selecionando Acabamentos Internos 871

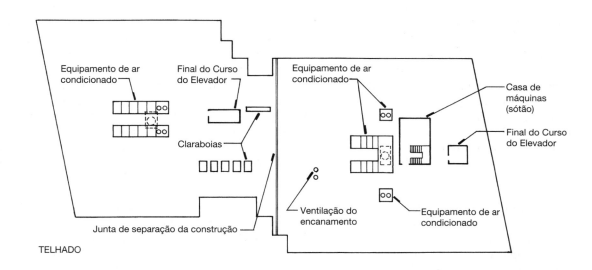

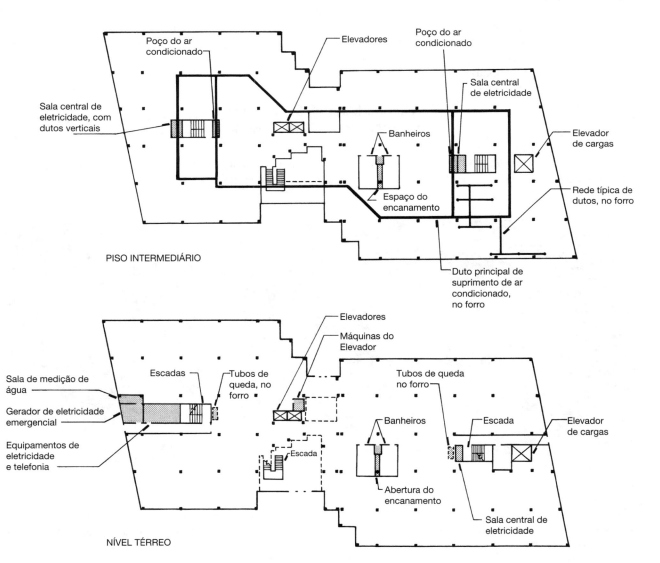

As linhas horizontais de encanamentos, dutos e fiação estão normalmente localizados logo abaixo da laje de cada andar, acima do forro do andar abaixo, de forma a deixá-los fora do caminho. Elas podem ser deixadas expostas na construção acabada, ou, como é o mais comum, escondidas acima do forro suspenso. Algumas vezes essas instalações, especialmente fiação, são escondidas em uma estrutura de piso vazada, como, por exemplo, um piso celular metálico ou canais adutores celulares. Outras vezes as instalações correm entre o deck estrutural do piso e um sistema de piso elevado, com acesso. (Ver Capítulo 24, para uma explicação mais completa a respeito dos forros suspensos, pisos celulares e sistemas de pisos com acesso.) Para abrigar as tubulações, nas quais uma série de dispositivos do sistema de encanamento está alinhado ao longo da parede, um espaço para canalizações é criado, com a construção de uma parede dupla, tendo uma camada de ar no meio.

Áreas específicas de piso são reservadas para funções mecânicas e elétricas, em edifícios maiores (Figura 22.2). Equipamentos de distribuição para fiação elétrica, de comunicação e redes de fibra ótica são abrigados em salas especiais ou closets. Salas de ventilação são frequentemente dispostas em cada andar, para lidar com os equipamentos de ar. Em um edifício grande, de múltiplos andares, um espaço é reservado, normalmente no térreo ou nível abaixo, para bombas, caldeiras, sistemas de refrigeração, transformadores elétricos e outros equipamentos pesados. No telhado existem terraços para as máquinas dos elevadores e componentes dos sistemas mecânicos, como torres de refrigeração e ventiladores. Em edifícios muito altos, um ou dois andares intermediários poderão ser reservados para equipamentos mecânicos, e o edifício é zoneado verticalmente em grupos de pisos, que podem ser alcançados por dutos e tubulações que correm para cima e para baixo a partir de cada piso mecânico.

A SEQUÊNCIA DAS OPERAÇÕES DE ACABAMENTOS INTERNOS

As operações de acabamentos internos seguem uma sequência cuidadosamente ordenada, que pode variar de um edifício para o outro, dependendo dos requerimentos específicos de cada projeto. Normalmente, os primeiros itens de acabamento a serem instalados são os ganchos de fixação para os tetos suspensos, divisórias e compartimentos, especialmente aqueles ao redor dos poços mecânicos e elétricos, poços para elevadores, salas para equipamentos mecânicos e escadarias. *Barreiras corta-fogo* são colocadas em torno de tubulações, canalizações e dutos, onde elas penetram os pisos e paredes que possam ser alcançados pelo fogo (Figura 22.3). As divisórias e compartimentos, sistemas cortafogo, cobertura das junções (Figura 22.4) e proteções ao redor dos perímetros dos pisos constituem sistemas muito importantes para impedir que o fogo se alastre pelo edifício.

Após a instalação das principais canalizações elétricas horizontais e dutos de ar, a malha para o teto suspenso é presa aos ganchos de fixação, de modo a permitir que as luminárias e grades de ventilação possam ser montadas sobre a malha. Então, o teto é finalizado e são instaladas as molduras para as divisórias que não penetram no forro já instalado.

(a)

(b)

(c)

Figura 22.3
Aplicando materiais das barreiras corta-fogo junto aos elementos construtivos que penetram no piso. (a) Em uma parede hidráulica, uma camada de material isolante é cortada e inserida manualmente em uma grande abertura da laje, ao redor de uma tubulação de ferro destinada a resíduos. Então, um mastique corta-fogo é aplicado sobre a camada isolante, para tornar a abertura estanque ao ar (b). (c) Aplicando um composto corta-fogo ao redor de uma canalização elétrica, na base da divisória. (*Cortesia do United States Gypsum Company*)

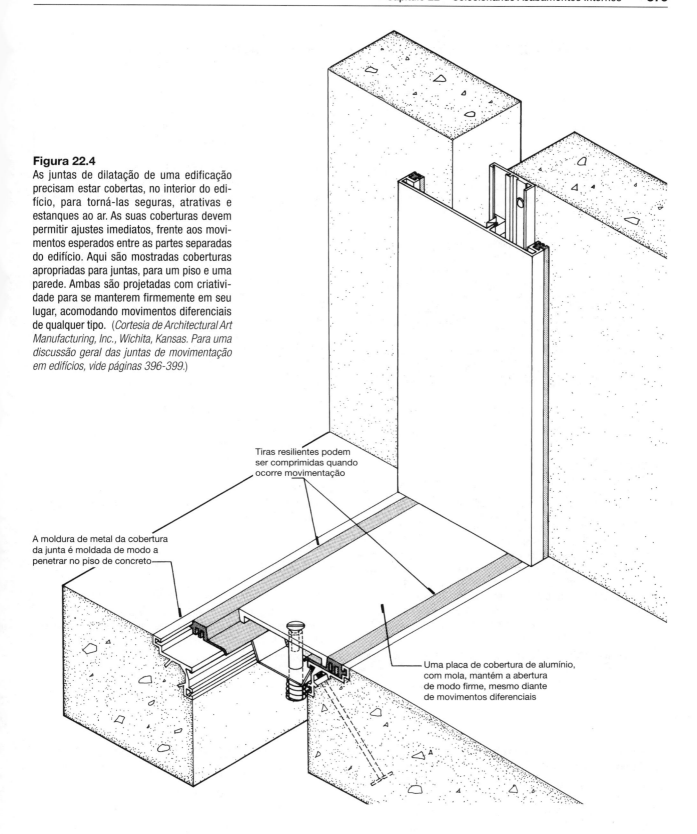

Figura 22.4
As juntas de dilatação de uma edificação precisam estar cobertas, no interior do edifício, para torná-las seguras, atrativas e estanques ao ar. As suas coberturas devem permitir ajustes imediatos, frente aos movimentos esperados entre as partes separadas do edifício. Aqui são mostradas coberturas apropriadas para juntas, para um piso e uma parede. Ambas são projetadas com criatividade para se manterem firmemente em seu lugar, acomodando movimentos diferenciais de qualquer tipo. (*Cortesia de Architectural Art Manufacturing, Inc., Wichita, Kansas. Para uma discussão geral das juntas de movimentação em edifícios, vide páginas 396-399.*)

Considerações de sustentabilidade na seleção de acabamentos internos

Em adição às considerações de sustentabilidade relacionadas a materiais específicos e sistemas, a serem discutidos nos próximos dois capítulos, a seleção de acabamentos internos para edificações sustentáveis deve ser guiada pelos seguintes princípios gerais:

Materiais

- Materiais de acabamento que possuem um alto conteúdo reciclado diminuem a demanda por materiais virgens e fazem uso produtivo de materiais que, de outra forma, seriam tratados como resíduos. A disponibilidade de materiais de acabamento com conteúdo reciclado continua crescendo em muitas categorias de produtos de acabamento.
- Materiais de acabamento que podem ser reciclados quando excedem a sua vida útil também reduzem resíduos. Alguns fabricantes, como os de placas de forro, carpetes e produtos de gesso, têm estabelecido programas de reciclagem ou recuperação para desviar esses produtos da corrente de desperdício. No entanto, neste momento, a reciclagem está dando seus primeiros passos, e a maior parte dos resíduos gerados em construções ou demolições continua indo parar em aterros.
- Acabamentos internos derivados de fontes rapidamente renováveis, como o de pisos de bambu ou madeiras certificadas, reduzem a depleção de matérias-primas de suprimento e protegem os ecossistemas florestais.
- Materiais de acabamento que são localmente extraídos, processados e manufaturados requerem menos energia para o seu transporte, e a sua utilização ajuda a apoiar as economias locais.

A Qualidade do Ar Interno

- Materiais de acabamento interno e revestimentos apresentam grandes áreas superficiais voltadas para o interior dos ambientes de um edifício, tornando-os fontes potencialmente significativas de emissões e de problemas de qualidade de ar interno. Emissores potenciais incluem colas e adesivos, usados em painéis de madeira e outros produtos de madeira manufaturados; compostos de nivelamento, utilizados em subpisos, fibras e revestimentos para carpetes; enchimento e adesivos de carpetes; tratamentos antimofo e antimicrobianos para carpetes; adesivos aplicados a parede e adesivos resilientes para pisos, vinil em todas as suas formas, compostos para placas de gesso, tecidos para cortinas e almofadas; tintas; vernizes; colorantes e outros.
- O gás formaldeído causa irritações, náuseas e dores de cabeça em ocupantes de edificações, podendo exacerbar a asma. Fontes potenciais incluem produtos processados de madeira, colas, adesivos, carpetes e tecidos com estampas sintéticas.
- Compostos orgânicos voláteis são poluidores do ar, podem causar irritações e alguns são gases que contribuem significativamente para o efeito estufa. Emissores comuns incluem os produtos de madeira processada, colas, adesivos, tintas e outros revestimentos, carpetes e processos de soldagem de plásticos. O componente químico 4-fenilciclohexano, emitido por colas de borracha, utilizado em alguns carpetes e pisos de borracha, é cancerígeno.
- É crescente o número de fabricantes que publicam dados de emissões dos seus produtos, oferecem produtos com emissões reduzidas e participam de sistemas de avaliação que atendem os padrões de baixas emissões do sistema LEED e de outros programas de construções verdes, tornando mais fácil para designers e especificadores selecionar produtos verdes. Exemplos de tais programas incluem o índice *FloorScore* do Resilient Floor Covering Institute, para pisos resilientes, o *Green Label Plus*, do Carpet and Rug Institute, para carpetes, e o *GreenGuard Indoor Air Quality Certification*, do GreenGuard Environmental Institute, para materiais de interiores, acabamentos e mobiliário.
- O crescimento de mofo e ácaros em carpetes, revestimento de paredes e montagens de placas de gesso e tecidos pode causar problemas respiratórios agudos em muitas pessoas. Geralmente, esse problema ocorre somente quando esses materiais são repetidamente umedecidos por vazamentos ou condensação. Como resposta a essa preocupação, muitos fabricantes oferecem materiais de acabamento com maior resistência à umidade e ao crescimento de mofo.
- A poeira proveniente de construções, se não removida totalmente antes da ocupação do edifício, pode ser uma fonte de particulados irritantes após a ocupação.

Design

- Plantas baixas que sejam flexíveis e facilmente adaptáveis para novas utilizações, ou sistemas de divisórias que sejam de simples modificação, encorajam o reuso da edificação.
- O uso estratégico de forros altos, divisórias baixas, transparência, superfícies reflexivas e cores claras pode maximizar o potencial da luz natural e vista para o exterior.
- Espaços projetados com estrutura exposta e sem forros suspensos economizam materiais.

A fiação elétrica e de comunicação é trazida para baixo, através dos conduítes acima do forro, de forma a gerar pontos de saída nas divisórias. As paredes são finalizadas e pintadas. A última grande atividade de acabamento é a colocação dos materiais de acabamento dos pisos. Esta etapa é postergada, tanto quanto possível, de forma a permitir que os operários trabalhando em outros serviços possam completar as suas atividades e sair da edificação. De outra forma, os materiais de piso podem ser danificados pela queda de ferramentas, tinta derramada, equipamentos pesados de construção, respingos de solda, manchas de café e restos de construção nas solas dos sapatos.

SELECIONANDO SISTEMAS DE ACABAMENTOS INTERNOS

Aparência

Uma função importante dos componentes de acabamentos internos é a de fazer o interior da edificação parecer arrumado e limpo, cobrindo as partes de pior acabamento e menos organizadas da moldura estrutural, isolamento térmico, barreiras de vapor, fiação elétrica, dutos e encanamentos. Além disto, o arquiteto projeta os acabamentos de forma a criar um conceito particular para o espaço interior, luz, cores, padrão e textura. O formato e a altura do forro, mudanças nos níveis dos pisos, interpenetrações de espaços de um andar para o outro e a configuração das divisórias são fatores primários na determinação do caráter do espaço interior. A luz originada das janelas e a luz elétrica das luminárias é propagada por sucessivas reflexões nas superfícies internas da edificação. Os materiais de cores mais claras aumentam os níveis internos de iluminação, cores mais escuras e texturas mais pesadas resultam em interiores mais escuros. Padrões e texturas de materiais de acabamento interno são importantes para trazer a edificação a uma escala de interesse que possa ser apreciada prontamente pela visão e mãos humanas. Não há duas edificações que possuam os mesmos requerimentos: carpetes profundos e mármores ricos, lustrosos, em tons discretos, podem ser escolhidos para dar um aspecto de classe a um lobby coorporativo; superfícies coloridas e vivas, para criar um ambiente alegre em um centro de atendimento diurno; ou plásticos polidos e superfícies altamente refletivas, para criar um ambiente charmoso para a venda de roupas de marca.

Durabilidade e manutenção

Níveis esperados de uso e durabilidade devem ser cuidadosamente considerados, quando da seleção de acabamentos para uma edificação. Acabamentos altamente duráveis geralmente custam mais que os de curta duração e nem sempre são necessários. Em um tribunal, terminal de transportes, ginásio de esportes ou em uma loja comercial, a circulação é intensa e materiais de longa duração são essenciais. Em um escritório particular ou em um apartamento, acabamentos mais econômicos são geralmente adequados. A resistência à água é um atributo importante para os materiais de acabamento em cozinhas, banheiros, vestiários, lobbies e algumas edificações industriais. Em hospitais, consultórios médicos, cozinhas e laboratórios, as superfícies de acabamento não podem reter sujeira e precisam ser fáceis de limpar e desinfetar. Os procedimentos e custos de manutenção devem ser considerados no momento da seleção de materiais de acabamento, para qualquer edificação: com que frequência cada superfície será limpa, com que tipo de equipamento e quanto este procedimento irá adicionar ao custo de ser proprietário deste edifício? Quanto tempo cada superfície irá durar e qual será o custo de substituí-lo?

Critérios acústicos

Os materiais de acabamento interno afetam, de forma significativa, os níveis de ruído, a qualidade das condições de audição e os níveis de privacidade acústica dentro de uma edificação. Em ambientes ruidosos, superfícies internas que sejam altamente absortivas de som podem reduzir a intensidade do ruído a níveis toleráveis. Em salas de estudo, salas de aula, salas de reunião, teatros ou salas para concertos, superfícies acusticamente absortivas e reflexivas devem ser proporcionadas e colocadas de forma a criar ótimas condições de audibilidade.

Entre salas, a privacidade acústica é criada por divisórias, que são pesadas e herméticas. As propriedades de isolamento acústico de divisórias mais leves podem ser melhoradas por detalhamento das divisórias, que atenuam a transmissão das vibrações sonoras, através de superfícies e materiais de absorção, de lã de vidro, no interior da camada de ar de uma divisória. Os fabricantes testam divisórias em escala real, para cada tipo de material, em sua capacidade de reduzir a passagem do som entre salas, utilizando um procedimento descrito na ASTM E90. Os resultados desse teste são convertidos em números de Classe de Transmissão Sonora (STC), que podem ser relacionados a níveis aceitáveis de privacidade acústica. Em uma edificação real, se as fissuras nos cantos de uma divisória não estão completamente vedadas, ou se uma porta é mal encaixada ou mesmo uma saída elétrica não vedada é inserida na divisória, a sua condição de estanqueidade é comprometida, e o valor publicado de STC não terá significado. Da mesma forma, uma divisória com um alto STC não tem valor se as salas nos dois lados utilizam o mesmo duto de ar, que fará com que, inadvertidamente, este também atue como um condutor de som, ou se uma divisória se elevar somente até um forro suspenso leve e poroso, permitindo a passagem do som por cima do topo da divisória.

A transmissão de ruído de impacto originário de passos e equipamentos, através de montagens piso-forro, pode ser um problema sério. A transmissão do ruído por impacto é medida de acordo com o ASTM E492, em que uma máquina, seguindo os preceitos normativos, gera impacto no piso de cima, enquanto instrumentos gravam os níveis de som, em uma câmara abaixo. Os resultados são reportados como índices de Classe de Isolamento ao Impacto (IIC). A transmissão de ruído por impacto pode ser reduzida por detalhes no piso que dependem de materiais macios que não transmitam imediatamente as vibrações, como carpetes, placas macias de revestimento ou materiais resilientes colocados por baixo do revestimento do piso.

Critérios de incêndio

Um código de edificações dedica diversas páginas a provisões que controlam os materiais e detalhes para acabamentos internos das edificações. Estes requerimentos regulatórios estão focados em diversas características importantes dos acabamentos internos com relação a incêndios.

Combustibilidade

As características de queima da superfície de uma parede interna, ou materiais de revestimento de um forro, são testadas em conformidade com a ASTM E84, também chamada de *Teste de Túnel Steiner*. Neste teste, uma amostra do material, com 20 polegadas de largura, por 24 pés de comprimento (500 × 7.300 mm), constitui o forro de uma fornalha retangular, na qual uma chama controlada é introduzida em uma das extremidades. O tempo que a chama leva para atravessar o material, de uma face a outra do material, e de um lado da fornalha ao outro, é gravado, assim como a densidade de fumaça gerada. Os resultados desse teste são expressos como *índice de alastramento de chamas,* que indica a rapidez com que o fogo pode se espalhar através de uma superfície de um dado material, e um *índice de geração de fumaça,* que classifica o material de acordo com a quantidade de fumaça que ele gera, ao queimar.

A Figura 22.5 define, de acordo com o International Building Code (IBC), os níveis de alastramento de chamas e de geração de fumaça aceitáveis para materiais de acabamento interno para vários grupos de ocupação de edificações. Ela enquadra cada material em uma das três classes existentes: A, B ou C. Os materiais da Classe A são aqueles com índices de alastramento de chamas entre 0 e 25; da Classe B, entre 26 e 75, e da Classe C, entre 76 e 200. (A escala dos números de alastramento de chamas é estabelecida arbitrariamente, e estabelece um valor 0 para placas de cimento-amianto e nível 100, para placas de carvalho vermelho.) Para as três classes, o índice de fumaça gerada não poderá ultrapassar 450. Os materiais com índices mais elevados de geração de fumaça não podem ser utilizados dentro de edificações, pois a fumaça, e não o calor ou as chamas, é a maior responsável por mortes em incêndios em edificações. Os materiais de acabamento interno podem ser classificados como de Classe A, B ou C, em qualquer tipo de edificação, se as suas áreas superficiais não ultrapassarem 10% da área total de paredes e forro da sala em questão.

TABELA 803.5
REQUERIMENTOS DE ACABAMENTOS PARA PAREDES INTERNAS E DE TETO, POR OCUPAÇÃO

GRUPO	COM UTILIZAÇÃO DE SPRINKLERS			SEM UTILIZAÇÃO DE SPRINKLERS		
	Recintos de Saída de Emergência e Passagens para Saídas de Emergência[a,b]	Corredores	Quartos e espaços fechados[c]	Recintos de Saída de Emergência e Passagens para Saídas de Emergência[a,b]	Corredores	Quartos e espaços fechados[c]
A-1 & A-2	B	B	C	A	A[d]	B[e]
A-3[f], A-4, A-5	B	B	C	A	A[d]	C
B, E, M, R-1, R-4	B	C	C	A	B	C
F	C	C	C	B	C	C
H	B	B	C[g]	A	A	B
I-1	B	C	C	A	B	B
I-2	B	B	B[h,i]	A	A	B
I-3	A	A[j]	C	A	A	B
I-4	B	B	B[h,i]	A	A	B
R-2	C	C	C	B	B	C
R-3	C	C	C	C	C	C
S	C	C	C	B	B	C
U	Sem restrições			Sem restrições		

Em SI: 1 polegada= 25,4 mm; 1 pé quadrado=0,0929m²

a. Materiais de acabamento interno da Classe C serão permitidos para implantação de lambris ou de painéis de até 1.000 pés quadrados de área superficial, aplicada na categoria lobby, quando aplicados diretamente sobre uma base não combustível ou sobre tiras de revestimento, aplicados sobre uma base não combustível e protegida do fogo, conforme exigido pela Seção 803.4.1.
b. Nos recintos de saída de emergência, de edificações com menos de três andares de altura e que não sejam do Grupo I-3, serão permitidos acabamentos internos da Classe B para edificações sem sprinklers, e acabamentos internos da Classe C para edificações com sprinklers.
c. Os requerimentos para quartos e espaços fechados serão baseados nos de espaços fechados por divisórias. Se um índice de resistência ao fogo for exigido para elementos estruturais, as divisórias de fechamento deverão se estender do piso até o teto. As divisórias que não estiverem em conformidade com esta exigência deverão ser consideradas espaços de fechamento, e os quartos ou recintos em ambos os lados deverão ser considerados um único espaço. Na determinação das exigências aplicáveis para quartos e espaços fechados, a ocupação específica deverá ser o fator determinante, sem importar a classificação do grupo da edificação ou a estrutura.
d. As áreas de saguão (lobby), nos Grupos de ocupação de A-1, A-2 e A3, não deverão ter materiais abaixo da Classe B.
e. Os materiais de acabamento interno da Classe C poderão ser permitidos em locais de reuniões com uma ocupação de 300 pessoas ou menos.
f. Em locais de cunho religioso, a madeira utilizada para propósitos de ornamentação, tesouras, painéis ou mobiliário de capela poderão ser permitidos.
g. Os materiais de Classe B são exigidos quando uma edificação excede a dois andares.
h. Os materiais de acabamento interno da Classe C poderão ser permitidos para espaços de cunho administrativo.
i. Os materiais de acabamento interno de Classe C poderão ser permitidos em recintos com uma capacidade de quatro ou menos pessoas.
j. Os materiais de Classe B poderão ser permitidos para lambris que não se estendam por mais de 48 polegadas (121,92 centímetros), acima do piso acabado, em corredores.
k. Materiais de acabamento, conforme previsto em outras seções deste regulamento.
l. É aplicável quando os recintos de saídas de emergência, de passagens e corredores de saídas de emergência, salas e espaços fechados forem protegidos por sistema de sprinklers instalado em conformidade com a Seção 903.3.1.1 ou 903.3.1.2.

Figura 22.5
Uma tabela com limites de queima de superfície, para materiais de acabamentos internos, retirada do IBC. Diferenciações entre os índices das três classes estão explicadas no texto de acompanhamento. *Parte desta publicação reproduz tabelas do Internacional Building Code, de 2006, International Code Council, Inc., Washington, DC. Reproduzido com Permissão. Todos os direitos são reservados.*

Alguns materiais de acabamento de paredes e forros especialmente inflamáveis, como revestimentos de vinil ou tecido, são também sujeitos a testes de conformidade com o NFPA 265, um teste que mede a *contribuição para o crescimento do fogo em salas*, desses materiais, isto é, o seu potencial para adicionar combustível a um incêndio incipiente.

O código de edificações estabelece limites no alastramento de chamas, *flashover* e fumaça gerada durante este teste. Em alguns ambientes, restrições em tecidos inflamáveis, cortinas e outros materiais decorativos também serão aplicáveis.

A combustibilidade de alguns materiais de piso usados em saídas e corredores de emergência e áreas conectadas a esses espaços deve ser testada em conformidade com a NFPA 253 para a *mínima exposição crítica a fluxo radiante*. O propósito desse teste é garantir que materiais de pisos, em partes essenciais do sistema de saídas de emergência, não possam ser facilmente inflamados pelo calor radiante do incêndio ou gases quentes, em espaços adjacentes. Os materiais devem atender ou ao índice Classe I (mais resistente ao calor irradiado) ou Classe II (com resistência moderada), dependendo do Grupo de Ocupação dos espaços e de o local estar protegido, ou não, por sistema automático de sprinklers. Alguns materiais tradicionais de pisos, incluindo a madeira sólida, materiais resilientes e terracota, que historicamente demonstraram uma satisfatória resistência à ignição durante incêndios em edificações, não são exigidos a atender o teste de segurança.

Em outras áreas da edificação, os materiais de pisos estão sujeitos ao *pill test – teste da pílula* (Consumer Product Safety Commission DOC FF-1), que avalia a propensão do material ao alastramento de chamas, quando exposto a um tablete em combustão, utilizado para simular a queda de cigarro, fósforos ou perigos semelhantes.

Resistência ao fogo

A resistência ao fogo de um conjunto de parede, forro ou piso, não se refere somente à própria combustibilidade deste conjunto, mas, antes, à sua capacidade de resistir à passagem do fogo de um lado do conjunto ao outro. O código de edificações regula a resistência ao fogo de conjuntos usados para proteger a estrutura da edificação, para separar, uma da outra, diversas partes de uma edificação e para separar uma edificação de outra.

A Figura 22.6 é uma tabela do International Building Code que especifica os *índices de resistência ao fogo*, em horas de separação, entre

TABELA 508.3.3
SEPARAÇÃO REQUERIDA PARA AS OCUPAÇÕES (HORAS)

OCUPAÇÃO	A^e, E		I		R^d		F-2, S-2^{c,d}, U^d		B^b, F-1, M^b, S-1		H-1		H-2		H-3, H-4, H-5	
	S	NS	S	NS	S	NS	S	NS	S	NS	S	NS	S	NS	S	NS
A^e, E^e	N	N	1	2	1	2	N	1	1	2	NP	NP	3	4	2	3^a
I	—	—	N	N	1	NP	1	2	1	2	NP	NP	3	NP	2	NP
R^d	—	—	—	—	N	N	1	2	1	2	NP	NP	3	NP	2	NP
F-2, S-2^{c,d}, U^d	—	—	—	—	—	—	N	N	1	2	NP	NP	3	4	2	3^a
B^b, F-1, M^b, S-1	—	—	—	—	—	—	—	—	N	N	NP	NP	2	3	1	2^a
H-1	—	—	—	—	—	—	—	—	—	—	N	NP	NP	NP	NP	NP
H-2	—	—	—	—	—	—	—	—	—	—	—	—	N	NP	1	NP
H-3, H-4, H-5	—	—	—	—	—	—	—	—	—	—	—	—	—	—	N	NP

Em SI: 1 pé quadrado = 0,0929m²
S = Edificações totalmente equipadas com sistema automático de sprinklers, instalados de acordo com a Seção 903.3.1.1.
NS = Edificações não totalmente equipadas com sistema automático de sprinklers, instalados de acordo com a Seção 903.3.1.1.
N = Sem exigência de separação
NP = Não permitido
a. Para ocupações do Grupo H-5, vide Seção 903.2.4.2.
b. A separação de ocupações não precisa ser provida para áreas de armazenagem dos Grupos B e M, desde que:
1. A área seja menor que 10% da área de piso;
2. A área seja equipada com um sistema automático de extinção de incêndio e seja menor que 3.000 pés quadrados; ou
3. A área seja menor que 1.000 pés quadrados.
c. Áreas utilizadas somente para veículos particulares ou de recreação deverão ser permitidas reduzir a separação em 1 hora.
d. Vide Seção 406.1.4.
e. As cozinhas comerciais não precisam ser separadas das áreas de mesas dos restaurantes às quais elas servem.

Figura 22.6
As exigências do IBC para índices de resistência ao fogo, em horas, para montagens de separação de fogo entre Grupos de Ocupação. Este código permite diversas abordagens alternativas para o projeto de edificações que contenham mais de um Grupo de Ocupação. Para as edificações maiores, que contenham ocupações diferentes, estas deverão ser separadas por paredes e pisos-forros classificados como resistentes ao fogo, conforme indicado na tabela. Para edificações menores, uma abordagem alternativa permite que áreas de ocupação não sejam separadas, isto é, não são exigidas separações classificadas como resistentes ao fogo. Consulte o Capítulo 5 do IBC para mais informações. *Parte desta publicação reproduz tabelas do International Building Code de 2006, Internacional Code Council, Inc., Washington D.C. Reproduzido com Permissão. Todos os direitos reservados.*

Figura 22.7
Esta tabela resume os índices de resistência ao fogo exigidos pelo IBC, para vários tipos de montagens não incluídas em outras tabelas do código reproduzidas neste livro. Áreas de incêndio, listadas na última linha da tabela, são porções de uma edificação limitadas em área ou em número de ocupantes, para o propósito de determinar a exigência de sprinklers.

Tipo de montagem	Índice de resistência ao fogo exigido
Áreas envolvendo poços	2 horas quando conectando quatro ou mais andares 1 hora quando conectando um número menor de andares
Saídas de emergência de áreas envolvendo escadas e corredores	O mesmo que áreas envolvendo poços
Separações entre corredores e lobby de elevadores	1 hora para edificações sem sprinklers; 0-1 hora para edificações com sprinklers, dependendo do número de ocupantes servidos e do grupo de ocupação
Separações entre moradias ou dormitórios, em edificações multifamiliares	½-1 hora, dependendo do tipo de construção e da presença de sprinklers automáticos
Separações entre espaços comerciais de aluguel	1 hora
Separações entre áreas de incêndio	1-4 horas, dependendo do grupo de ocupação

diferentes ocupações alocadas dentro de uma mesma edificação. (Veja a legenda da Figura, para comentários referentes a quando estas exigências se aplicam). As exigências dos índices de resistência ao fogo, encontrados em outras partes do regulamento, para diversos tipos de separação, como paredes de shafts, corredores e escadas de saídas de emergência, separação das unidades de moradia e outras partições não portantes estão resumidas na Figura 22.7.

Exigências para proteção da estrutura, para a resistência ao fogo de paredes externas e para paredes corta-fogo que separam edificações são mostradas nas Figuras 1.3 e 1.7. Tais exigências podem ser relacionadas a informações de resistência ao fogo, fornecidas em literatura técnica provida por fabricantes, de forma similar aos exemplos mostrados nas Figuras 1.4-1.6.

Os índices de resistência ao fogo são determinados por testes, em escala real, de resistência ao fogo, conduzidos em conformidade com a ASTM E119, que se aplica não somente a divisórias e paredes, mas também a vigas, vigas mestras, colunas e montagem de forros-tetos. Neste teste, a montagem é construída em uma grande fornalha em laboratório e sujeita a carga estrutural (se houver) para a qual é projetada. A fornalha é então aquecida, de acordo com uma curva padrão de tempo e temperatura, atingindo, em 1 hora, 1.700 graus Fahrenheit (925° C), e, após quatro horas, 2.000 graus Fahrenheit (1.093° C). Para alcançar um determinado índice de resistência ao fogo, em horas, uma montagem deve suportar a sua carga estrutural de projeto, durante o período estipulado, não podendo desenvolver rachaduras que permitam a passagem de chamas ou gases quentes e deve, também, proporcionar um isolamento térmico suficiente contra o calor do fogo, de forma a manter as temperaturas das superfícies afastadas do fogo dentro dos níveis máximos especificados. A montagem de divisórias e paredes também deve passar por um teste, chamado de *teste de jato de mangueira,* que possui o intuito de avaliar a sua durabilidade, quando expostas a condições de incêndio. Uma réplica da montagem fica exposta à metade do seu índice de exposição ao fogo, depois é borrifada com água de um bocal calibrado de incêndio, durante um período e com uma pressão especificados. Para passar neste teste, a montagem não poderá permitir a passagem do jato de água.

As aberturas nos pisos, forros e divisórias, atendendo aos índices exigidos de resistência ao fogo, são limitadas em seu tamanho pela maioria dos regulamentos e devem estar protegidas contra a passagem do fogo de diversas formas. As portas devem ser classificadas por sua resistência ao fogo, em conformidade com uma tabela semelhante à mostrada na Figura 18.27. Os dutos que passam por montagens que atendam às especificações devem estar equipados com amortecedores de folhas metálicas (amortecedores de fogo), que se fecham automaticamente quando os gases quentes provenientes de um incêndio entram nos dutos. As aberturas para canos e condutores devem ser fechadas hermeticamente com material resistente ao fogo.

Como um exemplo do uso dessas tabelas, considere uma escola com diversos andares, classificada como uma construção do Tipo IIA, que inclua tanto um determinado número de salas de aula, como uma oficina para trabalhos em madeira, que estejam totalmente protegidas por sprinklers. Para os propósitos da tabela reproduzida na Figura 22.6, o International Building Code classifica as salas de aula no Grupo de Ocupação E (Educacional) e a oficina é classificada no Grupo de Ocupação F-1 (Risco Industrial, Moderado). Admitindo que a edificação seja grande o suficiente para que as exigências da tabela sejam aplicáveis, os dois usos devem ser separados por paredes (chamadas "barreiras ao fogo") e, se aplicável, com montagens de piso–forro, com elementos construtivos que possuam uma resistência de uma hora contra o fogo. As portas através de tais paredes devem ser classificadas em ¾ de hora (Figura 18.27). A Figura 22.5 indica que na parte de Ocupação E da edificação, os materiais de acabamento utilizados nos sistemas construtivos que envolvem escadas das saídas de emergência devem ter, no mínimo, um índice de Classe B, enquanto materiais de acabamento de Classe C são permitidos nas demais áreas da edificação. De acordo com a Figura 22.7, as paredes e as montagens de piso-forro que separam os corredores de outros espaços adjacentes devem ter um índice de resistência ao fogo entre 0 e 1 hora, e sistemas construtivos que envolvem escadas das saídas de emergência, devem atender ao índice correspondente ao valor entre 1 e 2 horas (a determinação final dessas exigências depende, também, de outras provisões do código). De acordo com a Figura 1.3, podemos observar que o sistema estrutural da edificação deve estar protegido com montagens com índice de 1 hora, ou, conforme explicado no rodapé da tabela, dependendo das outras exigências do código, poderá ser permitido deixar a estrutura desprotegida, pela presença de sistemas de sprinklers.

Relação com serviços mecânicos e elétricos

Os materiais de acabamentos internos se encontram com os serviços mecânicos e elétricos em uma edificação nos pontos de entrega dos serviços – as tomadas elétricas, os acessórios de iluminação, os difusores e grades de ventilação, os sistemas convectores, os lavabos e sanitários. Na condução a estes pontos, os serviços poderão, ou não, ser revestidos pelos materiais de acabamento. Se as linhas de serviço necessitarem ser ocultadas, os sistemas de acabamento devem prover espaço para elas, assim como fornecer pontos de acesso para a manutenção, na forma de portas, painéis, escotilhas, placas de cobertura ou componentes de piso e forro, que possam ser erguidos de forma a expor as linhas. Se as linhas de serviço precisarem ser deixadas expostas, o arquiteto deverá organizá-las visualmente e especificar um padrão de qualidade suficientemente alto de mão de obra em sua instalação, de modo que sua aparência se torne satisfatória.

Possibilidade de troca

Com que frequência os padrões de uso de uma edificação são passíveis de modificação? Em uma sala de concertos, uma capela ou em um hotel, grandes mudanças dificilmente serão realizadas, de modo que divisórias internas sem possibilidade de modificação serão apropriadas. Acabamentos apropriados incluem muitos dos materiais mais pesados, caros e luxuosos, como os azulejos, mármores, acabamentos em gesso, que são altamente desejados por muitos proprietários de edificações. Em um edifício com escritórios alugados ou em shoppings, as mudanças serão frequentes: equipamentos de iluminação e divisórias deverão ser fácil e economicamente ajustáveis a novos padrões de uso, sem que ocorram grandes atrasos ou interrupções. A probabilidade de mudanças frequentes poderá levar o projetista a selecionar tanto materiais relativamente baratos, de fácil demolição, como divisórias feitas de placas de gesso, como materiais relativamente caros, porém duráveis e reutilizáveis, como sistemas patenteados de divisórias modulares reposicionáveis. As opções funcionais ou financeiras deverão ser ponderadas para cada tipo de edificação.

Custo

O custo de sistemas de acabamentos internos poderá ser medido de duas formas. O *custo inicial* é o custo de instalação. Esse primeiro custo é normalmente de vital importância quando o orçamento para a construção é apertado ou quando a expectativa de vida útil para a edificação é curta. O *custo ao longo do ciclo de vida* é um custo que poderá ser determinado por diversas fórmulas, que levem em consideração não apenas o custo inicial, mas também a expectativa de vida útil do sistema de acabamento, os custos de manutenção e de combustíveis (se houver) durante aquele período, o custo de reposição, a possível inflação econômica e a desvalorização do dinheiro ao longo do tempo. O custo ao longo do ciclo de vida é importante para proprietários de edificações que esperam permanecer como proprietários por um longo período de tempo. Por seu custo mais elevado de manutenção e reposição, um material que seja mais barato na compra e na instalação poderá se tornar mais custoso durante o ciclo de vida da edificação do que um material de valor inicialmente mais alto.

Emissões tóxicas provenientes de materiais internos

Uma série de materiais usuais de construção liberam substâncias que poderão ser questionáveis em ambientes internos. Muitos painéis sintéticos e de madeira emitem gás formaldeído por longos períodos depois da finalização da construção. Os solventes de tintas, vernizes e colas de carpete frequentemente permeiam o ar de uma nova edificação. As fibras de asbestos e vidro que ficam no ar podem causar danos à saúde. Alguns materiais abrigam mofos e ácaros, cujos esporos, em suspensão no ar, muitas pessoas podem não tolerar. Em algumas situações isoladas, pedras e produtos para alvenarias foram provados como sendo emissores de gás radônio. Poeira de construção, mesmo de materiais quimicamente inertes, pode inflamar as vias respiratórias. Existe uma pressão crescente, em termos legais e de parte da sociedade, sobre projetistas de edificações, para que selecionem materiais internos que não causem odores questionáveis e que ameacem a saúde dos ocupantes dos prédios. O atendimento a esses critérios é complicado pelo fato de que os dados sobre a toxicidade de diversos poluentes do ar interno ainda serem inconclusivos. Apesar disso, os dados sobre as emissões de poluentes de materiais de interiores estão se tornando cada vez mais acessíveis para os projetistas e é sensato selecionar materiais que liberem a menor quantidade possível de substâncias irritantes ou não saudáveis às pessoas.

TENDÊNCIAS EM SISTEMAS DE ACABAMENTOS INTERNOS

Os sistemas de acabamentos internos sofreram uma transformação através dos últimos 70 anos. Antigamente, a instalação de acabamentos para um escritório comercial começava com a construção de divisórias, com pesados tijolos de cerâmica ou blocos de gesso assentados com argamassa. Esses tijolos eram cobertos com duas ou três camadas de reboco e unidos a um forro com mais três demãos de reboco. O piso era usualmente feito de faixas de madeira dura, apoiadas em peças em madeira, ou de terracota despejada sobre uma base integral de terracota. Hoje em dia, o mesmo escritório poderá ter uma moldura estrutural com elementos leves metálicos, com paredes de blocos de gesso. O forro poderá ser uma montagem separada, com componentes leves e acusticamente absorventes, e o piso poderá ter uma fina camada de uma composição vinílica, colada a uma laje de concreto lisa.

Diversas tendências podem ser observadas nessas mudanças. Uma delas é a substituição de um sistema de peça integral e única de acabamento por um sistema composto por componentes discretos. No escritório antigo, as paredes, o forro e o piso eram todos ligados, e nenhum componente poderia ser mudado sem causar transtorno às outras partes. No novo escritório, os acabamentos de forro e piso muitas vezes se estendem, sem interrupção, de um lado ao outro da edificação, de tal modo que as divisórias possam ser trocadas à vontade, sem afetar o forro ou o piso. A tendência em direção a componentes discretos é exemplificada por divisórias feitas de painéis modulares, desmontáveis e realocáveis.

Esta mesma tendência pode ser observada com relação ao uso de materiais de acabamento pesados e materiais mais leves. Uma divisória de peças de metal e placas de gesso tem apenas uma fração do peso de uma divisória feita de tijolos cerâmicos e reboco, e uma composição de peças vinílicas é muitas vezes mais leve que um de terracota tradicional de mesma área. Acabamentos mais leves reduzem dramaticamente o peso próprio que a estrutura das edificações necessita sustentar. Isso permite que a própria estrutura seja mais leve e menos custosa. Acabamentos internos mais leves reduzem os custos de transporte, manuseio e instalação, além de serem de fácil movimentação ou remoção, quando mudanças sejam requeridas.

Sistemas "molhados" de acabamentos internos, feitos a partir de materiais misturados com água no local da construção, estão sendo paulatinamente substituídos por sistemas "secos", instalados em forma rígida. O reboco foi sendo substituído por placas de gesso e peças de forro, na maioria das áreas de novas edificações, assim como os pisos de peças cerâmicas e terracota estão sendo substituídos por assoalhos de composição vinílica e carpetes. A instalação de sistemas secos é rápida e não tão dependente de boas condições climáticas. Os sistemas secos requerem menos habilidade por parte do instalador do que os sistemas molhados, transferindo o trabalho especializado do canteiro de obras para a fábrica, onde o trabalho é feito por máquinas. Todas essas diferenças tendem a resultar em um custo menor de instalação.

Mais recentemente, o interesse crescente por construções sustentáveis trouxe maior atenção à seleção de materiais de acabamento, cujo uso não somente minimiza os impactos de longo prazo aos recursos do planeta, como também contribui para ambientes de viver e de trabalhar mais saudáveis.

Os acabamentos tradicionais, todavia, estão longe de obsoletos. As placas de gesso não podem competir com três camadas de reboco sobre uma tela de metal, em termos de qualidade da superfície, durabilidade ou flexibilidade de design. Os pisos de lajotas e terracota são imbatíveis em termos de durabilidade ao uso e aparência. Em muitas situações, o custo ao longo do ciclo de vida de acabamentos tradicionais é significativamente mais favorável do que aquele de acabamentos mais leves, cujo custo inicial é consideravelmente menor, e as qualidades estéticas de, por exemplo, pisos de mármore, lambris de madeira e tetos de gesso trabalhados a mão, nos quais essas qualidades são desejadas, não podem ser imitadas por qualquer outro material.

REFERÊNCIAS SELECIONADAS

1. International Code Council, Inc. *International Building Code*, Falls Church, VA, atualizada regularmente.

    O leitor é reportado aos Capítulos 7 e 8 deste código modelo, que trata de exigências de construções resistentes ao fogo para sistemas de acabamentos internos.

2. Juracek, Judy A. *Surfaces: Visual Research for Artists, Architects, and Designers*. Nova York, W.W. Norton & Company, 1996.

    Este livro é um catálogo maravilhoso sobre o vasto potencial de expressão da superfície arquitetônica, contendo mais de 1.200 fotografias coloridas de superfícies de acabamento, de diversos tipos de materiais, padrões, texturas, cores e formas.

3. Allen, Edward e Joseph Iana. *The Architect's Studio Companion* (4th ed.). Hoboken, NJ, John Wiley & Sons, Inc., 2006.

    A quarta seção deste livro fornece informações extensas sobre prover espaço para equipamentos mecânicos e elétricos em edificações.

Sites

Selecionando acabamentos internos

Site suplementar do autor: **www.ianosbackfill.com/22_selecting_interior_finishes**
Greenguard Environmental Institute: **www.greenguard.org**

Palavras-chave

Shaft
Barreiras corta-fogo
Classe de Transmissão Sonora (STC)
Classe de Isolamento ao Impacto (IIC)

Teste de Túnel Steiner
Índice de alastramento de chamas
Índice de geração de fumaça
Mínima exposição crítica a fluxo radiante
Teste da pílula
Resistência ao fogo

Índice de resistência ao fogo
Teste de jato de mangueira
Controle de fogo
Custo inicial
Custo do ciclo de vida

Questões para Revisão

1. Desenhe um diagrama de fluxo da sequência aproximada das operações de acabamento que são conduzidas em uma grande edificação de construção, do Tipo IIA.

2. Relacione as considerações principais que um arquiteto deve ter em mente, quando da seleção de materiais e sistemas de acabamento interno.

3. Quais são os dois tipos principais de testes de incêndio conduzidos nos sistemas de acabamentos internos? Que medidas de performance são derivadas de cada teste?

4. Qual é a diferença entre o custo inicial e custo do ciclo de vida?

Exercícios

1. Você está projetando uma edificação de apartamentos com 31 andares, em uma grande cidade. Admita que a edificação será totalmente equipada com sprinklers. Que tipos de construção você está permitido a usar, de acordo com o International Building Code? Que índice de resistência ao fogo será exigido para divisórias entre os pisos dos apartamentos e as lojas comerciais existentes no piso térreo, admitindo que as diferentes áreas de ocupação devem ser separadas? Que classes de materiais de acabamento você poderá usar nas saídas das escadas de emergência? E nos corredores que levam a essas escadas? E dentro dos apartamentos individuais? Se uma tábua de madeira de carvalho vermelho possui um índice de alastramento de fogo de 100, você poderá colocar painéis de carvalho vermelho no apartamento? Que índices de resistência ao fogo são exigidos para divisórias entre apartamentos? E entre um corredor de saída de emergência e um apartamento? Que tipo de porta corta-fogo é exigido entre um apartamento e o corredor de uma saída de emergência? Qual é o índice de resistência ao fogo exigido para as paredes em torno dos shafts dos elevadores?

Para os propósitos deste exercício, quando se tratar da Figura 22.7, assuma os índices mais altos de exigência, quando uma variedade delas for fornecida.

23

PAREDES INTERNAS E DIVISÓRIAS

Tipos de paredes interiores
Sistemas de divisórias estruturadas
Sistemas de divisórias de alvenaria
Revestimentos de paredes e divisórias

Um estucador aplica uma camada fina de estuque de gesso em uma tela de metal expandido. A divisória é estruturada com perfis metálicos de seção aberta. Arames de aço recozido galvanizados são utilizados para fazer todas as conexões nesse tipo de divisória. *(Cortesia de United States Gypsum Company)*

Há mais no interior de paredes e divisórias do que o olho pode ver. Por trás de suas superfícies simples, encontram-se combinações de materiais cuidadosamente escolhidos e combinados para atender a requisitos de desempenho específicos, relacionados à resistência estrutural, resistência ao fogo, durabilidade e isolamento acústico. Uma divisória pode ser estruturada com perfis de aço ou madeira e revestida com reboco ou gesso acartonado. Como alternativa, os pedreiros podem construí-la de blocos de concreto ou blocos cerâmicos estruturais. Para uma melhor aparência ou durabilidade, uma divisória pode ser revestida com ladrilhos cerâmicos, tijolos à vista, chapas de madeira ou qualquer um de uma longa lista de outros materiais de acabamento que sejam adequados para os requisitos de uma aplicação específica.

TIPOS DE PAREDES INTERIORES

Paredes corta-fogo

Uma *parede corta-fogo* é uma parede que forma uma separação exigida para restringir o espalhamento do fogo por um edifício e se estende continuamente da fundação até o telhado ou através do telhado. Uma parede corta-fogo é utilizada para dividir um único edifício em unidades menores, cada uma das quais pode ser considerada como um edifício separado quando são calculadas as alturas e as áreas pelo código de obras. Uma parede corta-fogo precisa encontrar uma estrutura de telhado não combustível no topo, ou estender-se através do telhado e acima dele por uma distância especificada, 762 mm no caso do Código Internacional de Edificações (CIE). Nesse código, uma parede corta-fogo precisa também se estender horizontalmente pelo menos 457 mm além das paredes exteriores do edifício, a não ser que essas paredes exteriores atendam a certos requisitos de resistência ao fogo e de combustibilidade. Exceto em edifícios com construção do Tipo V*, uma parede corta-fogo precisa ser estruturada com materiais não combustíveis, como perfis de aço. Uma parede corta-fogo também precisa ter suficiente estabilidade estrutural durante o fogo em um edifício, para permitir o colapso da construção em ambos os lados da parede sem que ela mesma colapse.

Aberturas em paredes corta-fogo são restritas em tamanho e área agregada e precisam ser fechadas com portas corta-fogo ou vidro classificado para resistir ao fogo. As classificações exigidas de resistência ao fogo para paredes corta-fogo sob o Código Internacional de Edificações são definidas na Figura 1.7.

Paredes para fosso

Uma *parede para fosso* é utilizada para enclausurar um fosso multiandar por um edifício, como um fosso de elevador ou um fosso para dutos, condutos ou tubulações. No Código Internacional de Edificações, uma parede para fosso que está conectando quatro ou mais pisos deve ter uma classificação de resistência ao fogo de duas horas ou, se está conectando um número menor de pisos, a classificação de uma hora. Paredes para fossos de elevadores devem ser capazes de suportar as cargas de pressão e sucção de ar às quais são submetidas pelos movimentos dos elevadores dentro do fosso, e deveriam ser projetadas para prevenir que o barulho do equipamento do elevador chegue a outras áreas do edifício.

Barreiras ao fogo e divisórias contra o fogo

Paredes classificadas para fogo também são utilizadas para restringir a propagação de fogo e fumaça dentro de um único edifício. Dependendo do tipo de separação, o Código Internacional de Edificações requer que tais paredes sejam construídas como *barreiras ao fogo* ou como *divisórias contra o fogo*. Diferentemente de paredes corta-fogo, esses tipos de parede não necessariamente se estendem da fundação até o telhado. Uma barreira ao fogo precisa se estender verticalmente da face superior de uma laje de piso até a face inferior da próxima laje.

Requisitos para uma divisória contra o fogo são ainda menos exigentes. Em alguns casos, uma divisória contra o fogo pode terminar na face inferior de um forro suspenso. Barreiras de fogo são utilizadas para proteger caixas de escadas de emergência, separar diferentes tipos de ocupação e limitar a extensão de *áreas de fogo* (áreas cercadas por construção resistente ao fogo, cujas dimensões e localização dentro do edifício estão relacionadas com os requisitos de *sprinklers* automáticos). As divisórias contra o fogo são utilizadas para enclausurar corredores e separar espaços de ocupantes em edifícios comerciais ou unidades de moradia em hotéis, dormitórios e outros edifícios multirresidenciais.

Aberturas em barreiras ao fogo e divisórias contra o fogo têm dimensões restritas e devem ser fechadas com portas corta-fogo ou vidro classificado para resistir ao fogo. Classificações de resistência ao fogo, requeridas de acordo com o Código Internacional de Edificações, para os vários tipos de barreiras ao fogo e divisórias contra o fogo, são listadas nas Figuras 22.6 e 22.7.

Os elementos estruturais que suportam as barreiras ao fogo e as divisórias contra o fogo devem ter uma classificação pelo menos tão grande como aquela da parede que está sendo suportada. Por exemplo, em um edifício de construção do Tipo IIB, normalmente é permitido que a estrutura não esteja protegida. Entretanto, pilares, paredes portantes e porções da estrutura dos pisos que suportam uma parede de corredor classificada como resistindo uma hora, devem, elas também, ser protegidas com uma classificação de resistência de pelo menos, uma hora.

Barreiras de fumaça e divisórias contra fumaça

Em certos edifícios institucionais, como hospitais e prisões, onde os ocupantes não podem abandonar o edifício em caso de incêndio, divisórias especiais, chamadas barreiras de fumaça, são requeridas. Esse tipo de parede divide pisos de edifícios de tal maneira que os ocupantes podem se refugiar, em caso de fogo, para o lado da barreira de fumaça que está mais

---

* N. de T.: Nos Estados Unidos, todos os edifícios são classificados de acordo como o seu tipo de construção (Capítulo 6 do Código de Edificações de Ohio). O Tipo I é o menos combustível e o Tipo V é o mais combustível. Uma construção do Tipo V é tipicamente uma construção com estrutura de madeira.

afastado do fogo, sem ter de sair do edifício. Uma barreira de fumaça é uma divisória classificada como uma hora, que é contínua de um lado do edifício ao outro e da face superior de uma laje de piso até a face inferior de uma laje no andar acima. Ela deve ser selada em todas as suas bordas. Recortes na parede para a passagem de dutos de ar devem ser protegidos com dampers que fecham automaticamente, caso seja detectada fumaça no ar. Outros recortes, como aqueles para tubulações e eletrodutos, devem ser selados hermeticamente. Portas que atravessam barreiras de fumaça são necessárias para permitir o movimento de pessoas em caso de fogo. Elas devem fechar completamente, sem grelhas ou venezianas, e automaticamente.

Uma *divisória contra fumaça* é uma parede construída – como uma barreira de fumaça – para resistir à passagem da fumaça, mas sem qualquer classificação de resistência ao fogo. Por exemplo, quando paredes de corredores e saguões para elevadores não necessitam ser classificados para resistência ao fogo, eles são construídos como divisórias contra a fumaça.

Outras divisórias não portantes

Muitas das divisórias em um edifício não suportam uma carga estrutural nem são exigidas como paredes de separação de fogo. Elas podem ser feitas de qualquer material que atenda as exigências de combustibilidade do código de edificações para o tipo de construção selecionado, como explicado na próxima seção.

SISTEMAS DE DIVISÓRIAS ESTRUTURADAS

Estrutura de divisórias

Divisórias que serão revestidas com argamassa ou gesso acartonado são usualmente estruturadas com perfis de madeira ou metal (Figuras 23.1 – 23.3). Estruturar com perfis de madeira é permitido pelo código de edificações (nos Estados Unidos) somente em edifícios de certos tipos de construções combustíveis, incluindo Tipos III e V. Divisórias em edifícios de construção do Tipo I ou do Tipo II (não combustível) precisam ser estruturadas com perfis metálicos. Divisórias em construções do Tipo IV, Construções Pesadas de Madeira, devem ser estruturadas com perfis metálicos ou construídas com membros metálicos montados em divisórias laminadas sólidas, como especificado no código. Com certas limitações, madeira tratada com retardadores de fogo também é permitida para estruturas de divisórias nas construções dos Tipos I, II e IV.

Uma estrutura metálica de divisória é diretamente análoga a uma estrutura leve de madeira, mas construída com *perfis metálicos feitos com chapas finas*, ligados por meio de *perfis em U* feitos de chapas de aço galvanizado de 0,45 a 1,37 mm de espessura (Figura 12.2). Membros de aço feitos de chapa fina e métodos de estruturação são detalhados no Capítulo 12. Em função de sua não combustibilidade, estruturas metálicas de divisórias são permitidas em todos os tipos de construção do código de edificações.

Se revestimentos de argamassa ou de gesso acartonado forem aplicados sobre uma parede de alvenaria, eles devem ser afastados da parede com *perfis espaçadores* de madeira ou metal (Figuras 23.4 – 23.6). Os espaçadores permitem a instalação de uma parede plana sobre uma superfície de alvenaria irregular e fornecem um espaço confinado entre o acabamento e a alvenaria para a instalação de tubulações, fiação e isolamento térmico.

Bloqueio contra fogo de espaços confinados combustíveis

Códigos de edificações requerem que espaços confinados vazios em divisórias combustíveis ou em paredes compostas de diversos materiais (isto é, divisórias estruturadas com perfis de madeira, mas não aquelas estruturadas com perfis metálicos leves) sejam particionadas em espaços de tamanhos suficientemente pequenos para limitar a capacidade do fogo de viajar dentro de tais espaços sem ser detectado. Os materiais utilizados para esse propósito são chamados de *bloqueadores de fogo* e podem consistir de madeira sólida, madeira compensada, OSB, MDF, gesso acartonado, fibrocimento, ou mesmo mantas de fibra de vidro, quando instaladas de modo seguro. O Código Internacional de Edificações requer o bloqueio do fogo em espaços confinados combustíveis em todos os níveis de forro e de piso, bem como em intervalos horizontais não excedendo 3 metros, como pode ocorrer por trás de sistemas de revestimentos fixados sobre ripas, ou dentro de paredes com estrutura metálica dupla, construídas para acomodar tubulações hidrossanitárias ou melhorar o isolamento acústico.

Estuque

Estuque* é um termo genérico que se refere a alguma das várias substâncias cimentícias que são aplicadas a uma superfície em forma de pasta e, então, endurecem em um material sólido. O estuque pode ser aplicado diretamente sobre uma superfície de alvenaria ou a algum dos vários substratos conhecidos coletivamente como base de apoio. A estucagem teve início em tempos pré-históricos com a aplicação de barro sobre paredes de alvenaria ou sobre uma malha de galhos e ramos tramados para criar uma construção conhecida como de *pau a pique*. Os antigos egípcios e mesopotâmios desenvolveram estuques mais finos e duráveis baseados em gesso e cal. Argamassas de cimento Portland evoluíram no século XIX. É destes três últimos materiais – gesso, cal e cimento Portland – que os revestimentos utilizados em edifícios são preparados hoje.

Estuque de gesso

O *gesso* é um mineral abundante na natureza, um sulfato de cálcio hidratado cristalino. Ele é extraído, quebrado em pedaços menores, seco, moído em um pó fino e aquecido a 175°C em um processo conhecido como *calcinação*,

---

* N. do T.: Optou-se aqui pelo uso do termo estuque em vez de argamassa para traduzir o original *plaster*, porque as diversas práticas construtivas descritas são mais semelhantes às do estuque. Entretanto, o termo original tem significado mais amplo do que o vocábulo português.

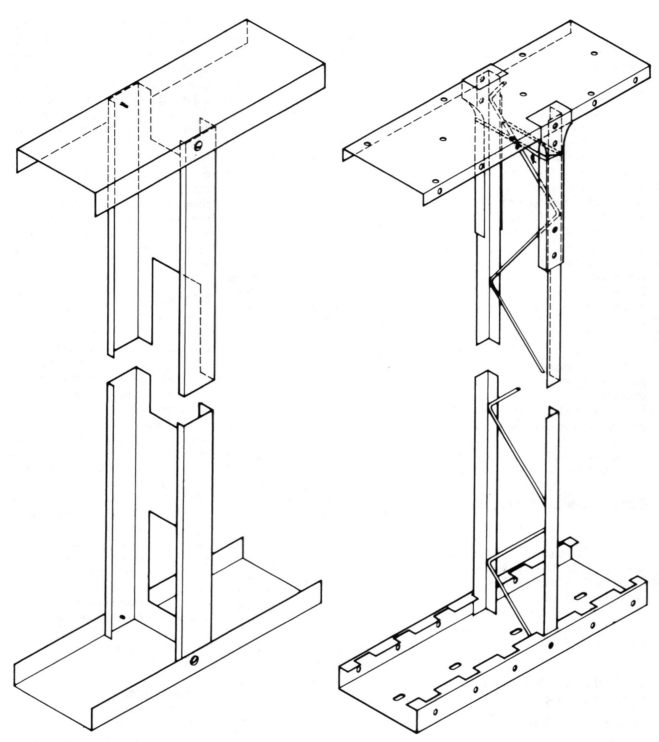

Figura 23.1
Divisórias de perfis finos de aço à esquerda e de treliças de barras à direita. Os perfis finos de aço são montados com parafusos autobrocantes e autoatarraxantes e podem ser utilizados com qualquer tipo de base de apoio ou painel. As treliças de barras não são mais utilizadas em construções novas, mas podem ainda ser encontradas em edifícios mais antigos que passam por reforma. Elas eram feitas especificamente para minimizar a necessidade de parafusos e acessórios. Os perfis eram fixados na base em encaixes no trilho inferior e no topo, com sapatas metálicas fixadas com arame. Bases de apoio metálicas eram fixadas com arame; e placas de gesso, com clipes metálicos especiais.

Capítulo 23   Paredes Internas e Divisórias   **887**

Figura 23.2
Fixando um trilho em um piso de concreto usando fixadores a pólvora. A pistola explode uma pequena carga de pólvora para cravar um pino de aço através do metal e dentro do concreto, para fazer uma conexão segura. *(Cortesia de United States Gypsum Company)*

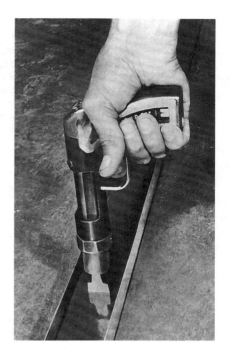

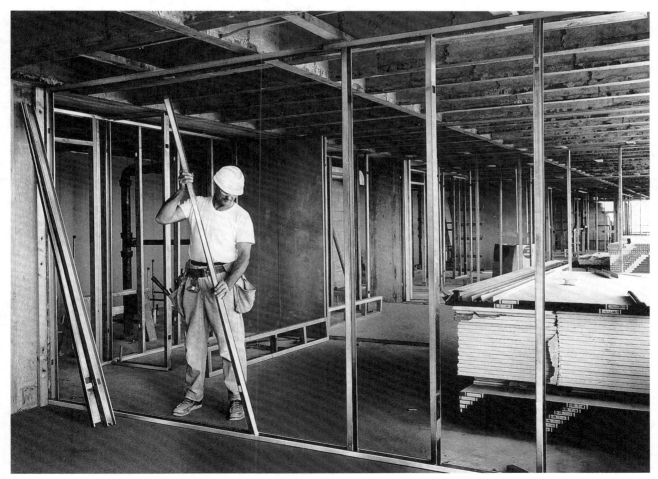

Figura 23.3
Inserindo perfis nos trilhos para estruturar uma divisória de perfis metálicos leves. Os recortes nas faces dos perfis fornecem uma passagem para condutos elétricos. No lado direito da fotografia, uma pilha de chapas de gesso acartonado aguardam instalação. *(Cortesia de United States Gypsum Company)*

Figura 23.4
Um revestimento de chapas de gesso fixadas em perfis metálicos sobre uma parede de blocos de concreto. Os perfis de fixação em forma de Z são fixados à alvenaria com fixadores a pólvora. O isolamento de espuma plástica é inserido atrás da dobra do perfil, e a chapa de gesso acartonado é parafusada à face da dobra. Furos oblongos perfurados na lateral do perfil (não visíveis neste desenho) ajudam a reduzir o efeito de ponte térmica do perfil Z de fixação.

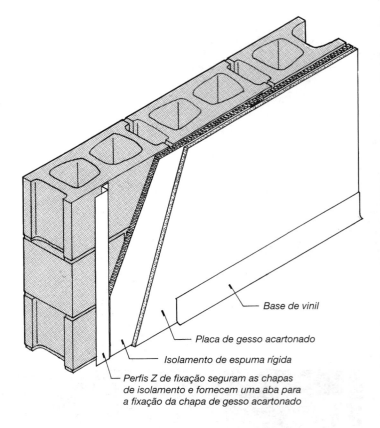

Base de vinil

Placa de gesso acartonado

Isolamento de espuma rígida

Perfis Z de fixação seguram as chapas de isolamento e fornecem uma aba para a fixação da chapa de gesso acartonado

Figura 23.5
Um revestimento de placas de gesso fixadas em perfis metálicos utilizando um perfil metálico cartola padrão *(em forma de U com abas)*.

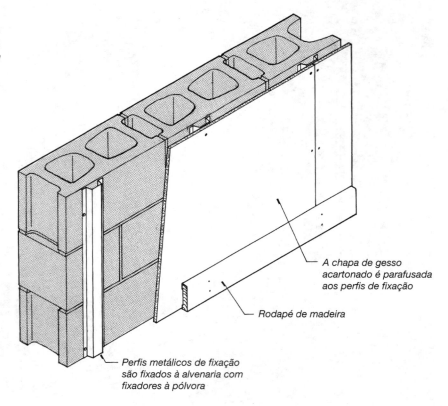

A chapa de gesso acartonado é parafusada aos perfis de fixação

Rodapé de madeira

Perfis metálicos de fixação são fixados à alvenaria com fixadores à pólvora

para retirar três quartos de sua água de hidratação. O *gesso calcinado*, moído em um pó branco fino, é conhecido como *gesso de Paris*. Quando o gesso de Paris é misturado com água, ele reidrata e recristaliza rapidamente para retornar ao seu estado sólido original. À medida que recristaliza, ele libera calor e expande levemente.

O gesso é um componente importante de materiais de acabamento interior na maioria das edificações. Ele tem apenas uma grande desvantagem – sua solubilidade em água. Dentre suas vantagens estão sua durabilidade e seu baixo peso comparado com muitos outros materiais. Ele resiste à passagem do som melhor do que a maioria dos materiais. Ele também tem uma granulometria muito fina, é facilmente trabalhável, tanto em seu estado molhado, como em seu estado seco, e pode ser trabalhado em superfícies que variam desde lisa até bastante texturizada. Mas, acima de tudo, ele é barato e é altamente resistente à passagem do fogo.

Quando um componente de gesso da edificação é submetido ao calor intenso de um incêndio, uma fina camada superficial é calcinada e gradualmente se desintegra. No processo, ela absorve um calor considerável e libera vapor d'água, e ambos esfriam o fogo (Figura 23.7). Camada por camada, o fogo avança pelo gesso, mas o processo é lento. O gesso não calcinado nunca atinge uma temperatura maior do que alguns graus acima da temperatura de ebulição da água, de maneira que áreas atrás do componente de gesso estão bem protegidas do calor do fogo.

Qualquer grau de exigência de resistência ao fogo pode ser criado aumentando-se a espessura do gesso na medida necessária. A resistência do gesso ao fogo também pode ser aumentada adicionando-se agregados leves para reduzir sua condutividade térmica e adicionando-se fibras de reforço para reter o gesso calcinado no lugar como uma barreira contra o fogo.

Para uso em construção, o gesso calcinado é cuidadosamente formulado com várias misturas para controlar seu tempo de pega e outras propriedades. O estuque de gesso é feito misturando-se a formulação adequada de gesso seco com água e um agregado como perlita ou vermiculita. Em função de sua expansão durante a pega, o estuque de gesso é muito resistente a fissuras.

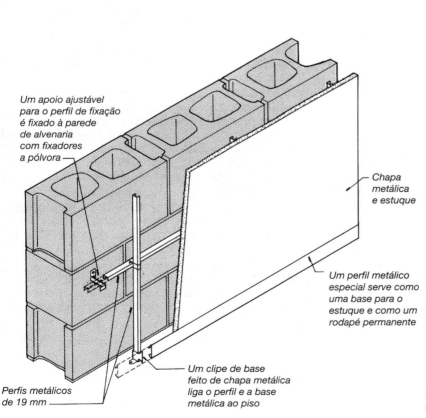

Figura 23.6
Um revestimento de estuque sobre um fundo metálico utilizando apoios ajustáveis para os perfis de fixação. Cada apoio tem uma série de dentes ao longo de sua borda superior, de tal modo que um perfil metálico pode ser amarrado com segurança a uma de várias posições, permitindo ao trabalhador obter uma parede plana, independentemente da qualidade da superfície da parede.

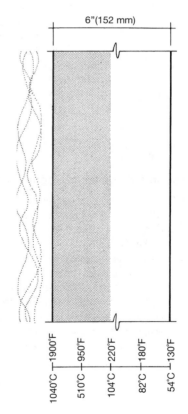

Figura 26.7
O efeito do fogo no gesso, baseado em dados do Underwriters Laboratories, Inc. Depois de duas horas de exposição ao fogo, seguindo a curva de tempo-temperatura da ASTM E119, menos da metade do gesso no lado exposto ao fogo, mostrado aqui como área sombreada, foi calcinado. As partes do gesso que estão do lado direito da linha de calcinação permanecem a temperaturas abaixo do ponto de ebulição da água.

CONSIDERAÇÕES SOBRE SUSTENTABILIDADE EM PRODUTOS DE GESSO

Fontes de gesso

- Gesso de fontes naturais não é renovável, mas é abundante e largamente distribuído geograficamente.
- A maioria do gesso novo extraído é escavada de minas superficiais, com a existência de riscos de perda de hábitat para a vida selvagem, erosão superficial e poluição de águas, havendo também o problema de eliminação das sobrecargas e dos rejeitos da mina.
- Existe um uso crescente de *gesso sintético* – material recuperado dos gases de saída de termoelétricas, que, de outro modo, seriam enviados para aterros – na manufatura de materiais de gesso para construção. De acordo com a Gypsum Association, aproximadamente 1,4 milhões de toneladas métricas de gesso sintético são utilizadas anualmente para produzir em torno de 7% do gesso calcinado da indústria de construção dos Estados Unidos. Alguns gessos sintéticos, entretanto, contêm subprodutos tóxicos dos processos de manufatura nos quais eles são produzidos e não podem ser reciclados de forma segura para novos materiais de construção.

Fabricação de produtos de gesso

- A calcinação de gesso envolve temperaturas que não são muito mais altas do que a ebulição da água, o que significa que a energia incorporada do gesso é relativamente baixa, em torno de 2,8 MJ/kg para estuque e 6,0 MJ/kg para gesso acartonado.
- O processo de calcinação emite partículas de sulfato de cálcio, uma substância química benigna e inerte, na forma de pó.
- As faces do papel do gesso acartonado são compostas principalmente de jornais reciclados.
- Alguns fabricantes produzem gesso acartonado feito com até 95% de material reciclado, incluindo gesso sintético e descarte de papel usado reciclado.

Produtos de gesso no local da construção

- Aproximadamente 14 milhões de toneladas métricas de gesso acartonado são fabricadas anualmente nos Estados Unidos. Em uma obra típica, em torno de 10 a 125 desse material transforma-se em resíduo.
- O rejeito de gesso acartonado gerado durante a construção pode ser minimizado dimensionando as paredes e forros para fazer uso eficiente de chapas inteiras ou comprando chapas de tamanho customizado para superfícies de tamanho não padronizado.
- Fragmentos de chapas de gesso acartonado podem ser permanentemente guardados nas cavidades vazias de paredes terminadas, eliminando os custos de descarte e transporte e reduzindo a quantidade de material destinado a aterros (embora deva-se ter cuidado para não criar interferência com a instalação de fios elétricos em um momento posterior).
- Algum pó é gerado pelo corte e lixação de gesso acartonado e estuque. Esse pó não foi ligado a nenhuma doença específica, mas é um estorvo e uma fonte de desconforto até que o trabalho esteja realizado e todo o pó tenha sido varrido e removido da edificação. Reformas e demolições também criam grandes quantidades de pó de gesso.
- A maioria dos produtos de gesso instalados têm emissão de gases extremamente baixa. Alguns componentes montados, entretanto, também podem ser fontes de emissões de gases.
- Aditivos utilizados na fabricação de chapas de gesso resistentes à umidade e resistentes ao fogo são fontes potenciais de emissão de compostos orgânicos voláteis (COV).
- Tintas, papel de parede e outros produtos utilizados para dar o acabamento a superfícies de gesso podem ser importantes emissores de COVs, portanto, requerem cuidado na sua seleção e especificação.

Descarte e reciclagem de gesso

- Os resíduos de gesso acartonado podem ser reciclados para a fabricação de novos produtos de gesso acartonado. Os esforços correntes limitam o volume reciclado a não mais do que 15 ou 20%, em função da quantidade de resíduo de papel que pode ser introduzido com segurança no novo gesso sem afetar sua resistência ao fogo.
- O resíduo de gesso acartonado oriundo de demolição de edifícios mais velhos pode ser contaminado com pregos, fita de juntas de paredes de gesso acartonado, material de vedação de juntas e tinta. Gesso acartonado de demolição de edifícios construídos antes de 1978 pode ser revestido com tinta à base de chumbo. Esses materiais estranhos devem ser removidos do resíduo; sua presença pode limitar o potencial de reciclagem do material.
- O resíduo de gesso acartonado pode ser utilizado como um melhorador de solo e nutriente para as plantas. Com o recente advento de moedores móveis, a reciclagem, no local da construção, de resíduos de gesso acartonado para uso no melhoramento do solo no mesmo local do edifício é agora possível.
- Gesso é um ingrediente em muitos processos industriais e de manufatura. Estudos e teste em pequena escala, hoje sendo realizados para identificar potenciais usos do resíduo de gesso acartonado em tais processos, possivelmente levarão a oportunidades adicionais de reciclagem no futuro.

Estuques de gesso são manufaturados de acordo com as normas ABNT NBR 12128:1991 (Gesso para construção – Determinação das propriedades físicas da pasta – Método de ensaio) e ABNT NBR 13867:1997 (Revestimento interno de paredes e tetos com pasta de gesso – Materiais, preparo, aplicação e acabamento). Nos Estados Unidos, os estuques de gesso são manufaturados de acordo com a norma ASTM C28 e caem em duas categorias gerais: estuques de *camada de base*, utilizado para os revestimentos preparatórios inferiores (como explicado abaixo), e estuques de *acabamento*. Estuques de base de revestimentos são fornecidos de dois modos: ou *misturados em usina*, também chamados *prontos para uso*, com agregado adicionado na fábrica, ou *pré-misturados*, com agregado adicionado na obra. Os estuques de gesso de camada de base mais comuns são:

- *Estuque de gesso* comum, em várias formulações adequadas para aplicação à mão ou à máquina
- *Estuque de gesso com fibras de madeira*, estuque de gesso misturado com fibras de madeira picada, para redução de peso e maior resistência mecânica e resistência ao fogo
- *Estuque de gesso leve*, com perlita ou vermiculita como agregado, para menor peso e maior resistência ao fogo
- *Estuque de camada de base de alta resistência*, para uso sob o acabamento de alta resistência do revestimento.

Estuques de acabamento são tipicamente misturas de estuque de gesso e cal. A *cal* fornece trabalhabilidade superior e qualidades de acabamento, enquanto o gesso fornece maior dureza e resistência e previne as fissuras causadas por retração. (Para maiores informações sobre a fabricação de cal e seus usos em estuques, veja Capítulo 8). Estuques de gesso de acabamento incluem:

- *Estuque de acabamento pronto para uso*, com cal e outros ingredientes adicionados na fábrica
- *Estuque preparado no local*, estuque de gesso para mistura no local da aplicação, com *cal hidratada* (pré-molhada no local) *de acabamento* (também chamada de *cal apagada de acabamento*)
- *Estuque de alta resistência preparado no local*, formulado para produzir um estuque de acabamento com maior resistência à compressão
- *Cimento Keenes*, um estuque para mistura no local, com tecnologia proprietária, que produz um acabamento excepcionalmente denso, resistente a fissuras e com baixa absorção
- *Estuque para moldar*, um material de cura rápida, de granulometria fina, para moldar estuque ornamental e rodaforros (veja o quadro informativo nas páginas 902 e 903)

Retardadores e aceleradores também podem ser adicionados a misturas de gesso para construção, para ajustar o tempo de cura para as condições de temperatura e umidade do local.

Estuques de cimento Portland

Estuque de cimento Portland e cal é similar à argamassa de alvenaria. Ele é utilizado onde o estuque pode estar exposto à umidade, como na superfície das paredes externas ou em cozinhas comerciais, plantas industriais e

Figura 23.8
Aplicando por borrifamento uma fina camada de estuque à base de apoio. *(Cortesia de United States Gypsum Company)*

áreas de chuveiros. Devido ao fato de que O estuque recém misturado não é tão cremoso e macio como os estuques de gesso e cal; assim, não é tão fácil de aplicá-lo e dar-lhe acabamento. Ele apresenta leve retração durante a cura, por isso deveria ser aplicado com juntas de controle frequentes para controlar a fissuração.

Aplicação do estuque

O estuque pode ser aplicado com máquina ou à mão. A aplicação à máquina é essencialmente um processo de borrifamento (Figura 23.8). A aplicação à mão é feita com duas ferramentas muito simples: uma *bandeja* em uma mão para segurar uma pequena quantidade de estuque pronto para uso e uma *desempenadeira* na outra mão para retirar o estuque da bandeja, aplicá-lo sobre a superfície e alisá-lo no lugar (Figuras 23.9, 23.17 e 23.21). O estuque é transferido da bandeja para a desempenadeira com um movimento rápido e hábil de ambas as mãos, e a desempenadeira é movida para cima na parede ou de um lado para o outro no forro para espalhar o estuque, da mesma maneira que uma pessoa utiliza uma faca para espalhar a manteiga no pão. Depois que uma superfície é recoberta com estuque, ela é regulada com o uso de uma *régua* que é passada sobre ela. Após isso, a desempenadeira é utilizada novamente para alisar a superfície.

Base de apoio

Até algumas décadas atrás, a forma mais comum de base de apoio para o estuque consistia de finas ripas de madeira pregadas à estrutura de madeira com pequenos espaços entre as ripas para permitir a *ancoragem* do estuque. A maioria das bases de apoio de hoje é feita de metal expandido ou de chapas de gesso acartonado pré-moldado. Nos Estados Unidos, o operário especializado que aplica a base de apoio e os acessórios de acabamento é conhecido como *lather*.

A *base de apoio de metal expandido* é feita de finas chapas de aço que são cortadas e esticadas de tal modo que produzem uma malha com aberturas em forma de diamante (Figura 23.10). Ela é aplicada a perfis leves de aço com parafusos autobrocantes e autoatarraxantes, ou a perfis de madeira com *pregos de cabeça larga*. A base de apoio utilizada com estuque de cimento Portland é galvanizada para impedir a corrosão.

A base de apoio de gesso é feita de chapas de gesso acartonado. As medi-

Figura 23.9
Aplicando uma fina camada sobre a base de apoio com uma bandeja (um canto da qual é visível atrás do torso do aplicador) e uma desempenadeira. Observe os clipes de arame que seguram a base nos perfis de seção aberta e os clipes de chapa metálica que reforçam as juntas das bordas entre os painéis. As juntas de borda não aparecem sobre os perfis. *(Cortesia de United States Gypsum Company)*

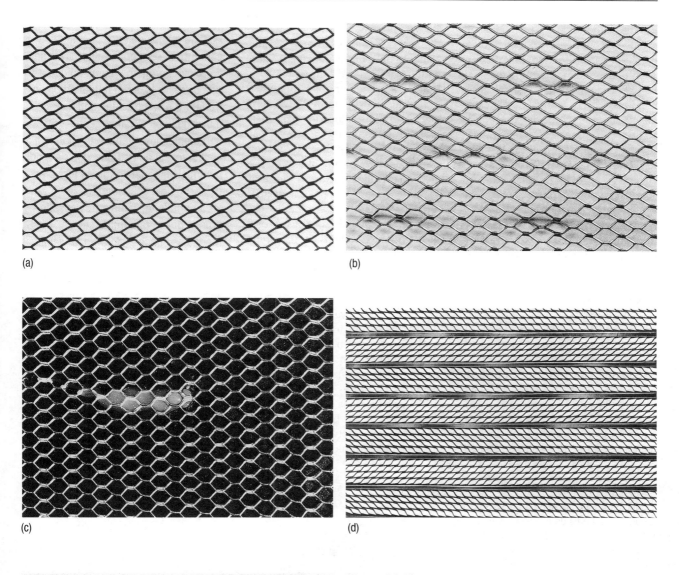
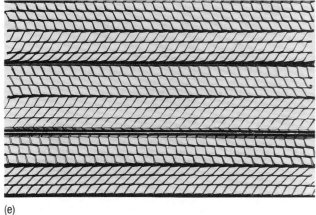

Figura 23.10
Cinco tipos de base de apoio de metal expandido manufaturadas pela United States Gypsum Company. (a) Base de apoio de metal expandido com malha sextavada para uso geral. (b) Base de apoio de metal expandido com malha sextavada autoenvolvente. (c) Base de apoio com capa de papel, usada como parede de apoio atrás de placas cerâmicas e para estuque exterior. (d) Malha Z com nervuras espaçadas a cada quatro linhas é mais resistente que a base de apoio comum com abertura sextavada, fazendo-a adequada para forros. (e) Malha com nervuras de 10 mm de espaçamento em forma de V para excepcional rigidez; ela é utilizada para forros ou formas de concreto em que os apoios são muito espaçados. *(Cortesia da United States Gypsum Company)*

das mais comumente comercializadas são de 120 cm por 250 cm ou 300 cm, com espessura variando de 12,5 mm a 18 mm, dependendo do tipo de placa. Ela consiste em chapas de gesso endurecido recoberto com camadas externas de um papel especial absorvente, ao qual o estuque fresco adere rapidamente, e camadas internas de papel resistente à água para proteger o núcleo de gesso. A base de apoio de gesso é fixada com parafusos a perfis de aço ou ripas de madeira (Figura 23.11). A base de apoio de gesso não pode ser utilizada como uma base para estuques de acabamento misturados no local ou estuque de cimento Portland, já que esses materiais não irão aderir adequadamente à face do papel.

Uma *base de revestimento de estuque* é uma chapa de gesso revestida com papel que vem em folhas de 120 cm de largura por 250 cm ou 300 cm de comprimento e de 6 a 23 mm de espessura. Ela é parafusada a perfis aço ou pregada a perfis de madeira e utilizada como uma base especificamente para a aplicação de estuque de gesso de revestimento (apresentado abaixo).

Vários *acessórios de acabamento* da base de apoio, feitos mais frequentemente de aço galvanizado, são utilizados nas bordas da superfície do estuque para produzir um canto durável e bem acabado (Figura 23.12). Esses acessórios são colocados pelo instalador no mesmo momento da base de apoio. Em superfícies de estuque muito longas ou muito altas, *juntas de controle* metálicas são acessórios montados sobre emendas na base de apoio em intervalos predeterminados para controlar as rachaduras. Acessórios de acabamento também são projetados para agir como linhas que ajustam a espessura adequada e a planicidade de superfícies de estuque. Uma régua de desempeno pode ser passada apoiada sobre eles para nivelar o estuque molhado. Nessa função, os acessórios de acabamento são conhecidos coletivamente como *guias*. Acessórios de acabamento são produzidos em várias espessuras diferentes para se ajustarem aos diferentes tipos de bases de apoio. Acessórios de acabamento também são produzidos como extrusões de plástico ou alumínio.

Ao fixar a base de apoio, eu fiquei contente em poder mandar para o seu lugar cada prego com uma única batida do martelo, e era minha ambição transferir o estuque da bandeja para a parede hábil e rapidamente. ...Eu contemplei novamente a economia e a conveniência do estuque, que de modo tão eficaz bloqueia o frio de fora e adquire um belo acabamento.
...Eu tinha feito, no inverno passado, uma pequena quantidade de cal, queimando as conchas do *Unio fluviatilis*, que nosso rio fornece...

Henry David Thoreau, Walden, 1854.

Os acessórios de alumínio e alguns dos acessórios de plástico são projetados para melhorar a precisão e aparência, quando utilizados em detalhes inovadores para bases, bordas e linhas de sombra em paredes de estuque.

Sistemas de estuque
Estuque sobre base de metal expandido O estuque é aplicado sobre

Figura 23.11
Instalando a base de apoio de gesso acartonado sobre perfis de aço leves com parafusos autobrocantes e autoatarraxantes. A parafusadeira elétrica se desconecta automaticamente da cabeça do parafuso quando este atingiu a profundidade adequada. *(Cortesia da United States Gypsum Company)*

Figura 23.12
Acessórios de acabamento para a construção da base de apoio e do estuque, como manufaturados pela United States Gypsum Company. *(Cortesia de United States Gypsum Company)*

Acessórios de canto, de acabamento e juntas de controle da USG

Descrição

Acessórios de canto e de acabamento da USG, feitos de aço galvanizado de primeira qualidade, usufruem da aceitação máxima da indústria devido à sua confiabilidade e melhoria contínua de projeto. Acessórios de canto são disponíveis em comprimentos de 244 cm e 305 cm; acessórios metálicos de acabamento, em comprimentos de 213 cm e 305 cm; acessórios de borda, em comprimentos de 213 cm, 244 cm e 305 cm.

Acessório de Canto de Metal Expandido 1-A tem flanges de metal expandido de 7,3 cm de largura que são facilmente dobrados. Preferido para cantos irregulares. Fornece um acréscimo de reforço próximo da quina do acessório. Feito de aço galvanizado ou de uma liga de zinco para aplicações exteriores.

Acessório de Canto X-2 tem flanges de 8,3 cm facilmente ajustáveis para a profundidade do estuque em colunas. Ideal para o acabamento de cantos de placas estruturais e alvenaria grosseira. Tem nervuras de enrijecimento perfuradas ao longo dos flanges de metal expandido.

Acessório de Canto Flexível A-4 é um acessório econômico de uso geral. Fazendo cortes nos flanges, esse acessório pode ser dobrado em qualquer desenho curvo (para arcos, nichos de telefone, etc.).

Acessório de Canto 800 fornece a espessura de 1,6 mm necessária para o acabamento de revestimento por uma única camada. Aproximadamente 30 endentações por decímetro fornecem uma fixação de qualidade superior e cantos fortes e seguros. O flange de malha fina de 6,2 mm elimina ondulações que causam sombreamento, é facilmente pregado ou grampeado.

Acessório de Canto 900 é utilizado com sistemas de revestimento de duas camadas e fornece uma espessura de 2,4 mm. Sua aba tela fina de 3,2 cm pode ser grampeada ou pregada. Ele fornece uma fixação superior ao estuque e elimina o sombreamento causado por ondulações.

Cornerite e **Striplath** são tiras de metal expandido hexagonal (em forma de diamante), usadas como reforço. **Cornerite** é dobrada ao comprido no centro para formar um ângulo de 100°. Ela deveria ser utilizada em todos os cantos interiores em que a base de apoio metálica não é dobrada ou não tem continuidade, sobre bases não ferrosas ancoradas à base e sobre cantos internos de construção de alvenaria para reduzir as rachaduras no estuque. **Tamanhos:** 5,1 cm × 5,1 cm × 244 cm. **Striplath** é uma tira plana similar, utilizada como um reforço do estuque sobre juntas de bases não metálicas e onde bases dissimilares se juntam; também para serem colocados ao longo de calhas de tubulações. **Tamanho:** 10,1 cm × 244 cm.

Os **Acabamentos Metálicos USG** vêm em dois estilos e duas alturas para fornecer uma eficiente proteção de canto para o acabamento do revestimento de aberturas com molduras, forros com nervuras e interseção de paredes. Todos têm flanges de metal expandido de malha fina para reforçar a ligação com o estuque e eliminar o sombreamento. O **No. 701-A**, em forma de canal (perfil C), e o **NO. 701-B**, um acabamento para cantos, fornecem uma altura de revestimento de 2,4 mm para um sistema de revestimento de duas camadas. O **No. 801-A**, um perfil tipo canal, e o **No. 801-B**, para acabamentos de canto, fornecem um recobrimento de 1,6 mm para sistemas de revestimento de camada única. **Tamanhos:** para as Bases de Gesso Acartonado IMPERIAL de 12,7 mm e 15,9 mm.

O **Acabamento de Vinil USG P-1** é um acabamento rígido em forma de canal com barbatanas flexíveis de vinil, as quais ficam comprimidas na montagem para fornecer uma vedação acústica eficiente, comparável em desempenho a uma camada de selante acústico. Para os perímetros das divisórias do acabamento do revestimento. **Comprimentos:** 244 cm, 274 cm e 305 cm. **Tamanhos:** para bases de gesso acartonado de 12,7 mm e 15,9 mm.

O **Acabamento de Vinil USG P-2** é um acabamento de vinil em forma de canal (perfil C) com um adesivo na face posterior sensível à pressão, para fixação à parede nas interseções entre paredes e forros. Ele fornece um alívio adequado de tensões no perímetro dos forros que incorporam sistemas de calor radiante e de revestimento. Deve-se deixar um espaço de 3,2 mm a 6,3 mm para sua inserção. **Comprimento:** 305 cm.

A **Junta de Controle USG** alivia as tensões de expansão e contração em grandes áreas de estuque. Feita de zinco laminado, ela é resistente à corrosão em usos interiores e exteriores com usos de estuque de gesso ou de cimento Portland. Um rasgo, de 6,3 mm de largura e 12,7 mm de profundidade, fica protegido por uma fita plástica que é removida depois que a aplicação de estuque está completa. Os flanges perfurados de pequena largura são amarrados com arame à base de apoio metálica, ou são parafusados ou grampeados à base de apoio de gesso. Então, o estuque é aplicado sobre os flanges da junta, envolvendo-as, o que não somente fornece uma base para o estuque, mas também pode ser utilizado para criar desenhos de painéis decorativos. **Limitações:** Onde as classificações de transmissão sonora e/ou resistência ao fogo são considerações importantes, uma proteção adequada deve ser fornecida por trás da junta de controle. As Juntas de Controle da USG não deveriam ser utilizadas com estuque de cimento de oxicloreto de magnésio ou estuque contendo aditivos de cloreto de cálcio. **Tamanhos e profundidades: No. 50,** 12,7 mm; **No. 75,** 19,0 mm; **No. 100,** 25,4 mm (para paredes cortina exteriores de estuque) – comprimentos de 305 cm.

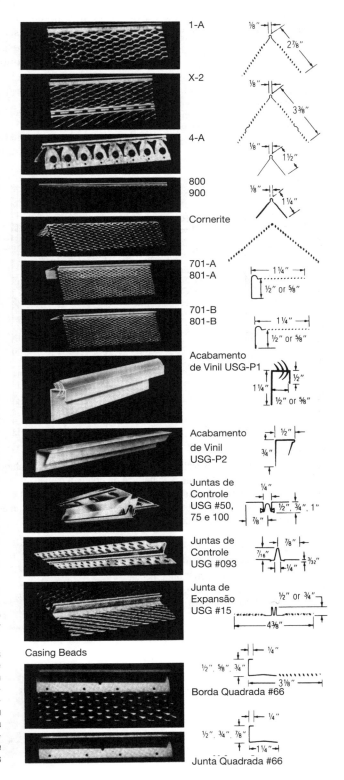

uma base de metal expandido em três camadas (Figura 23.13). A primeira, chamada de *camada escarificada**, é aplicada de forma mais grosseira e não pode ser deixada completamente plana, porque a base não coberta move-se para dentro e para fora sob a pressão da desempenadeira. Essa primeira camada é escarificada enquanto ainda está fresca, usando uma colher de pedreiro especial, uma escova ou outra ferramenta, para criar uma superfície áspera à qual a segunda camada pode ancorar-se mecanicamente (Figura 23.14).

Depois de a camada escarificada ter endurecido, ela trabalha junto com a base de apoio como uma base rígida para a segunda aplicação de estuque, que é chamada de *emboço*. O propósito do emboço é criar resistência e espessura e apresentar uma superfície nivelada para a aplicação da terceira camada, ou camada de acabamento. A superfície nivelada é produzida passando-se uma longa régua pela superfície das guias de nivelamento (*perfis de canto*, *perfis de quina* e juntas de controle) para reguar o estuque fresco. Em superfícies grandes e ininterruptas de estuque, *mestras de estuque*, placas ou tiras de estuque intermitentes, são executadas até alcançarem as

---

* N. de T. No Brasil, a primeira camada de revestimento recebe o nome de chapisco, cuja função é criar ancoragem entre as camadas exteriores do revestimento e o substrato. Normalmente é uma camada fina. Nos Estados Unidos, o termo original *scrach coat* foi traduzido como camada escarificada, que tem a mesma função de ancoragem, mas é mais espessa, porque também tem o objetivo de nivelar irregularidades, e seu processo de aplicação difere do chapisco, porque sua rugosidade é produzida depois da aplicação da massa e não no próprio processo de aplicação, como no chapisco.

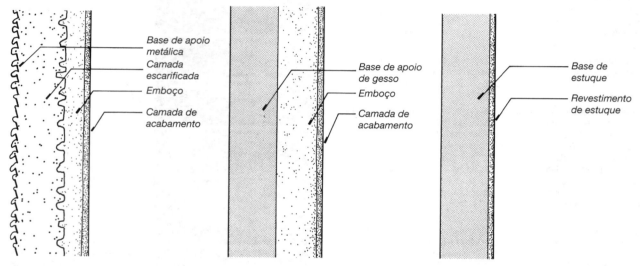

Figura 23.13
Seções transversais de três sistemas comuns de base de apoio e estuque, reproduzidos em escala real. A base de apoio metálica *(esquerda)* requer três camadas de estuque; a superfície da primeira camada é escarificada para uma melhor aderência da segunda camada. A base de apoio de gesso *(meio)* pode ser acabada com três camadas ou com duas, como mostrado. O estuque de revestimento *(direita)* normalmente consiste em apenas uma camada fina de acabamento, embora duas camadas finas possam ser aplicadas sobre substratos mais ásperos ou mais irregulares, como alvenaria de concreto ou concreto moldado *in loco*.

Figura 23.14
Arranhando a camada escarificada enquanto ela ainda está macia, para criar uma melhor aderência à camada de emboço. *(Cortesia de United States Gypsum Company)*

guias de nivelamento, antes da aplicação da camada de emboço, para servir de pontos de referência intermediários para a definição da espessura do estuque durante a operação de reguamento. Estuques de base de revestimento são utilizados para a camada de base e para o emboço.

A *camada de acabamento* é uma aplicação muito fina de estuque de acabamento, em torno de 1,5 mm de espessura. Ela pode ser alisada ou trabalhada em alguma textura desejada (Figuras 23.15 e 23.16). A espessura total do estuque que resulta desse processo de três camadas, medidas a partir da base de apoio, é de aproximadamente 16 mm. O trabalho de três camadas sobre uma base metálica é o sistema de estuque de primeira qualidade, extremamente forte e resistente ao fogo. Sua única desvantagem é o custo, que pode ser atribuído, em grande medida, ao trabalho envolvido na aplicação de três camadas separadas de estuque.

Estuque sobre base de apoio de gesso O melhor trabalho de estuque sobre uma base de apoio de gesso é a aplicação em três camadas, mas a base de apoio de gesso, caso esteja firmemente fixada nos perfis, é suficientemente rígida para que apenas uma camada de emboço e uma camada de acabamento precisem ser aplicadas. A eliminação da camada escarificada tem vantagens econômicas óbvias. Mesmo com três camadas de estuque, a base de apoio de gesso é freqüentemente mais barata do que a base de apoio metálica, porque o gesso na base substitui muito do gesso que, de outra maneira, deveria ser misturado e aplicado à mão na camada escarificada. A espessura total do estuque aplicado sobre a base de apoio de gesso é de 13 mm.

Figura 23.15
Uma desempenadeira com esponja pode ser utilizada para criar várias texturas rústicas no estuque. *(Reimpresso com a permissão da Portland Cement Association de Design and Control of Concrete Mixtures, 12ª edição; Fotos: Portland Cement Association, Skokie, IL)*

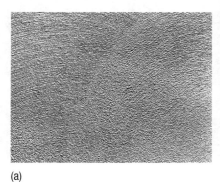

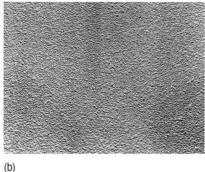

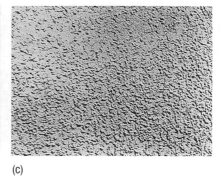

(a) (b) (c)

Figura 23.16
Três diferentes texturas em superfícies de estuque, dentre as muitas possíveis. (a) Desempenado. (b) Texturizado fino. (c) Texturizado grosso. *(Cortesia de United States Gypsum Company)*

Estuque aplicado à alvenaria

Quando o estuque é aplicado diretamente sobre tijolos, blocos de concreto ou paredes de concreto, a parede deveria ser selada completamente antes da aplicação do estuque, para prevenir a desidratação prematura do estuque. Um agente de adesão pode ter de ser aplicado em alguns tipos de superfícies de alvenaria lisas para garantir boa adesão do estuque. O número de camadas de estuque requeridas para cobrir uma parede é determinado pelo grau de irregularidade da superfície da alvenaria. Para o melhor resultado, três camadas, totalizando 16 mm, deveriam ser aplicadas, mas para muitas paredes, duas camadas deverão ser suficientes (Figura 23.17).

Estuque de acabamento

Estuque de acabamento é o mais barato dos sistemas de estuque de gesso e é competitivo em preço com os acabamentos em gesso acartonado em muitas regiões. A base para o acabamento e seus acessórios criam uma superfície muito plana que pode ser revestida com uma camada de um estuque denso de gesso especialmente formulado (manufaturado em um padrão separado, ASTM C587) que é aplicado em uma ou, ocasionalmente, em duas camadas, em geral com espessura total não superior a 2 – 3 mm (Figuras 23.18 – 23.21). Uma típica aplicação de camada única é feita em um processo de "dupla-demão", no qual uma fina camada é imediatamente seguida por uma segunda camada de "nata", que é desempenada na textura desejada. O estuque de acabamento endurece e seca tão rapidamente que ele pode ser pintado no dia seguinte. Uma aplicação de dupla-camada de estuque de acabamento também pode ser aplicada diretamente à superfície de concreto moldado no local ou em paredes pré-moldadas de concreto.

Estuque de cimento Portland

O estuque é aplicado sobre uma base de apoio de metal galvanizado, usando acessórios de aço galvanizado ou, em áreas molhadas ou em aplicações exteriores, de zinco sólido ou plástico, que são menos sujeitos à corrosão que o aço galvanizado. Enquanto o estuque de gesso expande durante a cura e é, portanto, altamente resistente à fissuração, o estuque de cimento Portland tem retração e a tendência a fissurar. Paredes de estuque devem ser construídas com juntas de controle em intervalos frequentes para canalizar a retração para linhas predeterminadas, em vez de permitir que ela cause fissuras de forma aleatória. A reação de cura no estuque é a mesma que aquela do concreto, e é muito lenta comparada com aquela do estuque

Figura 23.17
Aplicando uma camada de acabamento de argamassa de cimento Portland sobre uma divisória de alvenaria de blocos de concreto. As juntas dos blocos são visíveis na camada de base da argamassa em função da diferença na taxa de absorção de água entre os blocos e a argamassa de assentamento. *(Reimpresso com a permissão do Portland Cement Association de Design and Control of Concrete Mixtures, 12ª edição, Fotos: Portland Cement Association, Skokie, IL)*

de gesso. O estuque deve ser mantido úmido por pelo menos uma semana antes que seja permitido secar, de forma a obter a máxima dureza e resistência por meio da completa hidratação do seu ligante, o cimento Portland.

Em aplicações exteriores sobre perfis metálicos ou ripas de madeira, o estuque pode ser aplicado sobre chapas de compensado ou sem as chapas. Quando sobre compensado, uma ou, preferencialmente, duas camadas de feltro de construção saturado de asfalto são aplicadas antes, como uma barreira para o ar e a umidade. Então, uma base de *tela metálica autoenvolvente*, formada com "saliências" que mantêm a tela afastada da superfície da parede apenas alguns milímetros para permitir que o estuque envolva e prenda a tela, é fixada com pregos ou parafusos (Figura 23.10b). Se o compensado não for utilizado, a parede é amarrada firmemente com laços de *arame recozido* afastados uns dos outros alguns centímetros, e uma base de apoio metálica revestida com pa-

Figura 23.18
Instalando uma base de apoio para o estuque de acabamento com uma parafusadeira. *(Cortesia de United States Gypsum Company)*

Figura 23.19
Grampeando um perfil de canto na base de apoio do estuque de acabamento para criar um canto reto e durável. *(Cortesia de United States Gypsum Company)*

Figura 23.20
Reforçando as juntas dos painéis da base de apoio do estuque de acabamento com uma fita de tecido de fibra de vidro autoadesiva. Uma abertura na chapa para acesso ao equipamento mecânico é visível por trás do instalador. *(Cortesia de United States Gypsum Company)*

Figura 23.21
Aplicando estuque de acabamento com uma bandeja e uma desempenadeira. *(Cortesia de United States Gypsum Company)*

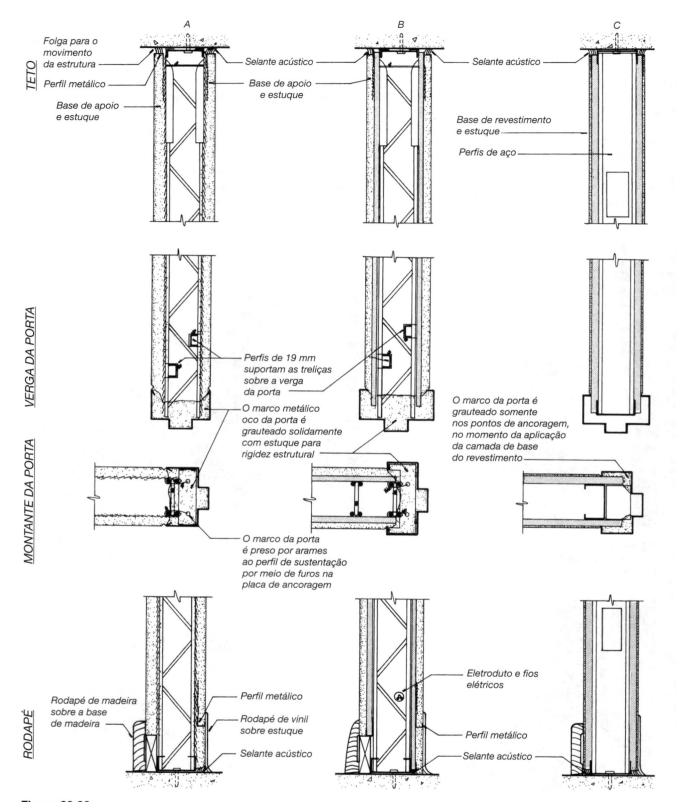

Figura 23.22
Três sistemas tradicionais de divisórias de estuque. (a) Três camadas de estuque sobre uma base de apoio metálica e estrutura feita de treliças metálicas, classificados como resistindo a uma hora de fogo e STC* 39. (b) Duas camadas de estuque sobre uma base de apoio de gesso acartonado e estrutura feita de treliças metálicas, classificados como resistindo a uma hora de fogo e STC 41. (c) Revestimento de gesso sobre perfis metálicos leves, classificado como resistindo a uma hora de fogo e STC 40. Observe especialmente os detalhes que garantem a estanqueidade ao ar e o movimento da estrutura no topo e na base de cada divisória e os métodos de fixação utilizados para marcos metálicos ocos de portas. Portas pesando mais de 23 kg requerem detalhes especiais de reforço em volta dos marcos. Na construção atual, os perfis leves de aço convencionais em forma de C são substituídos pelas treliças mostradas em (a) e (b).

---

* N. do T.: O termo STC seguido de um número refere-se à Classe de Transmissão de Som (Sound Transmission Class), e o número indica de quantos decibéis é a redução do som que passa pelo elemento ou componente classificado.

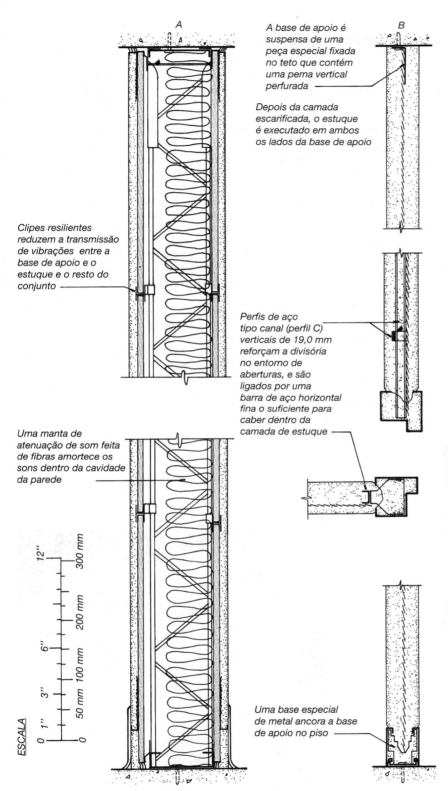

pel é presa ao arame, e após o estuque é aplicado para revestir o edifício com uma fina camada similar ao concreto armado.

Em aplicações exteriores, em que o estuque é exposto à chuva e ao vento, ele pode ser aplicado sobre uma fina manta de fios entrelaçados ou tiras verticais de revestimento. Isso cria um espaço atrás do estuque, que melhora a drenagem e reduz o risco de penetração de água no conjunto da parede.

O estuque é comumente aplicado em três camadas sobre uma base de apoio metálica, com uma espessura total de 22 mm, ou em duas camadas, quando aplicado diretamente sobre a superfície de concreto ou de alvenaria de blocos de concreto, com uma espessura de 10 a 13 mm. Ele é aplicado com uma bandeja e desempenadeira ou por projeção (Figura 6.31). Em trabalhos externos, pigmentos ou corantes são frequentemente adicionados ao estuque para dar uma cor mais intensa, e texturas ásperas são utilizadas com frequência.

Sistemas de divisórias de estuque

Muitos tipos de divisórias de estuque estão detalhados nas Figuras 23.22 e 23.23. Esses diagramas mostram algumas das formas nas quais os vários acessórios são utilizados e precauções são tomadas para isolar as divisórias de movimentos estruturais ou térmicos na estrutura portante do edifício.

Figura 23.23
Dois sistemas tradicionais de divisórias de estuque (a) Esta divisória aumenta sua STC para 51 ao montar a base de apoio de gesso em um dos lados com clipes de metal resiliente e preenchendo o espaço vazio na divisória com uma manta atenuadora de som. (b) A divisória de estuque maciço tem uma STC de apenas 38, mas é utilizada em situações em que o espaço do piso deve ser preservado. Ambas as divisórias são classificadas como resistindo a uma hora de fogo. Na técnica de construção atual, os perfis convencionais em forma de C, feitos de chapas finas de aço são substituídos por treliças planas mostradas em (a).

Ornamentos de Estuque

Estuque de gesso, com a sua granulometria fina e textura homogênea, tem mais potencial escultural do que qualquer outro material utilizado em arquitetura. Enquanto ainda fresco, ele é facilmente moldável com desempenadeiras e espátulas, formas ou moldes. Quando seco, ele é facilmente trabalhável por corte, lixa, furação e fresa. Ornamentos de estuque em edifícios têm sido criados por muitos séculos por duas técnicas econômicas, mas poderosas: *moldagem* e *corrida*, e continua a ser utilizado em edifícios de todos os tamanhos e de todos os estilos históricos.

Um *ornamento de estuque moldado* é feito derramando o estuque líquido nos moldes. O estuque endurece em alguns minutos, permitindo que o molde seja removido e reutilizado. Tanto os moldes rígidos quanto os moldes de borracha macia são utilizados. Os moldes de borracha são muito flexíveis, de modo que mesmo formas com reentrâncias podem ser moldadas sem encontrar dificuldades na remoção do molde. Moldes de borracha tradicionais são criados, primeiro esculpindo uma matriz de estuque, depois pincelando camadas de látex sobre o original para formar a espessura de parede requerida. Mais recentemente, compostos de borracha com dois componentes têm substituído o látex na maioria das aplicações; sua vantagem é que eles podem ser espalhados sobre o original em uma única aplicação, em vez de em camadas.

Ornamentos moldados são colados à camada de emboço do estuque em paredes e forros com punhados de estuque fresco ou uma mistura de estuque e cola. Uma vez que o ornamento foi firmemente fixado no local, a camada de acabamento de estuque é aplicada em volta dele, e as superfícies de estuque e as peças adjacentes de ornamento são unidas por um trabalho habilidoso de desempenadeira e de lixação, para criar um acabamento como se fosse de uma peça única.

A corrida é utilizada para fazer ornamentos lineares *(ornamentos de estuque corrido)* como a moldagem de cornichas clássicas. Uma *lâmina* rígida, feita de uma folha metálica ou de uma folha plástica, é cortada no perfil da moldura. A lâmina é ligada a uma estrutura de deslizar, de madeira, para criar um *molde*. O molde é empurrado para frente e para trás ao longo de uma tira guia montada temporariamente na parede ou no forro, enquanto uma mistura de cal hidratada e estuque misturado no local é inserida em frente à lâmina, que a arrasta para formar o perfil desejado. Passes repetidos do molde são necessários para dar acabamento suave e perfeito à peça modelada. Esses passes precisam ser completados antes de o estuque começar a endurecer, ou a expansão da cura do gesso irá causar a adesão do molde e estragar a superfície do estuque. O molde também pode ser preso a um raio guia para produzir molduras circulares.

Moldagem e corrida são frequentemente usadas para reproduzir ornamentos de estuque durante a restauração de edifícios históricos. Formas de borracha para moldagem podem ser feitas diretamente sobre ornamentos existentes, e as formas para duplicatas de peças corridas de perfis existentes são facilmente produzidas com baixo custo.

Novos desenhos para ornamentos de estuque são rapidamente traduzidos dos esboços dos arquitetos para originais esculpidos de estuque, a partir dos quais formas de borracha são feitas, e as duplicatas

Figura A
Removendo o molde de borracha flexível de um ornamento moldado de estuque. *(Cortesia de Dovetail, Inc.)*

Figura B
Correndo uma cornicha de estuque moldada no local. *(Cortesia de Dovetail, Inc.)*

são moldadas. Novos perfis para moldagem são rapidamente convertidos em lâminas de moldes. As possibilidades são quase ilimitadas. Ainda assim, poucos arquitetos contemporâneos escolheram explorá-las. Isso é surpreendente, porque ornamentos de estuque são baratos quando comparados com ornamentos esculpidos em madeira ou pedra, e existem poucas limitações técnicas no que pode ser alcançado.

Ornamentos de estuque moldado podem ser reforçados com fibras curtas de vidro álcali-resistente. Essas fibras aumentam de maneira substancial sua resistência e dureza, e permitem que eles sejam produzidos em seções muito mais finas e em peças muito maiores que o estuque não reforçado. Esse desenvolvimento recente tem mudado drasticamente a viabilidade econômica e os métodos de ornamentação em estuque baseado em desenhos disponíveis prontos. Vários fabricantes imprimem catálogos de desenhos disponíveis prontos para ornamentos produzidos por esse processo. Muito da montagem feita no local para ornamentos mais elaborados pode ser eliminado, combinando o que eram várias peças pequenas, espessas e duras em uma única peça maior e mais fina, que é leve e altamente resistente à quebra. No local da construção, as peças leves são coladas no lugar sobre placas de gesso ou sobre uma base de estuque de revestimento, usando um mastique adesivo comum. As bordas dos ornamentos são unidas à parede ou ao forro com um composto para juntas ou com um estuque de revestimento, e as juntas entre as peças de ornamento são suavizadas e lixadas.

Figura C
O escultor David Flaharty corre um medalhão circular de estuque em uma bancada em seu estúdio. *(© Brian McNeill)*

Figura D
Um detalhe da lâmina e do equipamento de Flaharty. O equipamento corre na pista de corrida na porção sob sua mão, a qual é chamada de "deslizador". A porção mais longa do equipamento, chamada de "régua", é um guia do raio, que é fixado a um pino no final, para criar a forma circular do medalhão. *(© Brian McNeill)*

Figura E
Tendo removido o medalhão da bancada e o colado no lugar no forro, Flaharty adiciona componentes moldados para completar o ornamento. *(© Brian McNeill)*

Gesso acartonado

Gesso acartonado é uma folha pré-fabricada de gesso, que é fabricada com 1.200 mm de largura e comprimentos que variam bastante, sendo os mais comuns os de 2.500 mm e 3.000 mm. Ele também é conhecido como *drywall*.

O gesso acartonado é o material mais barato de todos os acabamentos de interiores, tanto para paredes quanto para forros. Por essa razão apenas, ele encontrou uma grande aceitação por toda a América do Norte como um substituto do estuque em edifícios de todo o tipo. Ele retém características de resistência ao fogo do estuque de gesso, mas é instalado com menos mão de obra por trabalhadores menos habilidosos que os estucadores e gesseiros. E porque é instalado, na maioria das vezes, na forma de um material seco, ele elimina alguns dos atrasos de construção que podem ser associados com a cura e a secagem do estuque.

O núcleo do gesso acartonado é formulado como uma nata de gesso calcinado, amido, água, espuma pré-produzida para reduzir a densidade da mistura e vários aditivos. Essa nata forma uma chapa sanduíche com duas folhas de papel especial e é passada entre jogos de rolos para reduzi-la à espessura desejada. Em 2 ou 3 minutos, o material do núcleo endureceu e aderiu à folhas de papel. A placa é cortada no comprimento desejado e aquecida para liberar a umidade residual, e é então enfardada para o transporte (Figura 23.24).

Tipos de gesso acartonado

O gesso acartonado é produzido em uma variedade de tipos adequados a uma grande gama de exigências:

- O gesso acartonado regular é utilizado sempre que propriedades exclusivas de outros tipos especiais de placas não são requeridas.
- Para a maioria das construções resistentes ao fogo, o *gesso acartonado Tipo X* é requerido. O material do núcleo da chapa Tipo X é reforçado com fibras de vidro curtas. Em um fogo severo, as fibras mantêm o gesso calcinado no lugar, para que ele possa continuar a agir como uma barreira ao fogo, em vez de permitir que ele eroda ou caia.

Figura 23.24
Folhas de gesso acartonado são roladas da linha de manufatura, acabadas e prontas para o empacotamento. *(Cortesia de United States Gypsum Company)*

- O *gesso acartonado Tipo C* é uma formulação com tecnologia proprietária, que é mais resistente ao fogo que o Tipo X. Frequentemente, uma chapa mais fina do Tipo C pode ser substituída por uma chapa mais espessa do Tipo X.

- Em locações expostas a quantidades moderadas de umidade, é usado o *gesso acartonado de suporte resistente a água*, com superfícies de papel repelente à água ou de manta de vidro e um núcleo com uma formulação resistente à umidade.

- O *gesso acartonado resistente a vandalismo* ou *resistente a impactos* fornece uma maior resistência a indentações e à penetração, e tem por objetivo ser utilizado em edifícios de uso mais agressivo. Ele pode ser manufaturado com papel de face e de fundo mais pesados, pode ter seu núcleo reforçado com fibras de celulose, pode ser faceado com uma malha de fibra de vidro, ou pode ter um filme de policarbonato de fundo.

- O *gesso acartonado resistente a mofo* é manufaturado para resistir à umidade e ao crescimento de mofo. O papel comum que reveste a placa de gesso pode, quando molhado, fornecer condições adequadas para o crescimento de esporos de mofo. Chapas resistentes ao mofo combinam núcleos resistentes à umidade com revestimento de papel quimicamente tratado ou de uma manta de vidro, que não são propícios ao crescimento do mofo. Pelo menos um fabricante produz uma chapa com um núcleo de gesso misturado com fibras de celulose, que aumenta muito a resistência da chapa e elimina a necessidade de materiais de revestimento de qualquer tipo.

- A *chapa de gesso* é uma chapa de 25,4 mm de espessura, que é utilizada em paredes de dutos e em divisórias de chapas de gesso puro. Para facilitar sua manipulação, ela é fabricada em placas de 610 mm de largura.

- A chapa de *gesso acartonado de forro* de 13 mm de espessura é resistente à deformação e substancialmente mais leve do que a chapa de 15 mm, mas é tão resistente quanto esta quando utilizada em montagens de forros.

- O *gesso acartonado revestido com papel alumínio* pode ser utilizado para eliminar a necessidade de um retardador de vapor na parede de fora da chapa composta. Se a face posterior da chapa está voltada para uma câmara de ar de pelo menos 20 mm de espessura, o papel alumínio brilhante também atua como um isolante térmico.

- O *gesso acartonado pré-decorado* é uma chapa que foi pintada ou revestida com papel de parede ou com um filme plástico decorativo. Se manipulada cuidadosamente e instalada com pregos pequenos, ela não necessita de nenhum outro acabamento. Esse produto é utilizado em muitos sistemas de divisórias de escritórios.

- O *gesso acartonado para fundos exteriores* é utilizado para o fundo de elementos exteriores de forros de boxes cobertos, para o lado inferior de meias-águas e outras aplicações de coberturas exteriores.

- Base de apoio de gesso e revestimento de gesso, como previamente discutido.

A maioria dos tipos de gesso acartonado é manufaturada em conformidade com a norma ASTM padrão C1396. (Alguns produtos relacionados, como placas de suporte de fibrocimento ou placa de gesso revestido com uma manta de vidro, são manufaturados de acordo com padrões diferentes.)

O gesso acartonado é manufaturado com uma variedade de perfis de borda ao longo de seu maior lado. De longe, o mais comum é a *borda afilada*, que permite que as placas sejam unidas com uma emenda plana e invisível, por meio de operações de acabamento subsequentes à fixação das placas. Bordas arredondadas e biseladas (ou chanfradas) são úteis em

Figura 23.25
Fixando chapas de gesso acartonado em perfis de apoio com uma parafusadeira. *(Cortesia de United States Gypsum Company)*

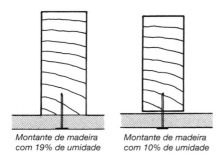

Figura 23.26
Quando os perfis de madeira secam e contraem durante a primeira estação quente do edifício, as cabeças dos parafusos podem saltar para fora da superfície das paredes da placa de gesso acartonado.

chapas pré-decoradas, e bordas macho-fêmea servem para unir chapas de núcleo em locais não aparentes. As bordas dos lados curtos da chapa de gesso acartonado não são chanfradas ou modificadas, já que as chapas individuais são cortados a partir de folhas longas contínuas durante a manufatura.

Muitas espessuras diferentes de chapas de gesso acartonado são produzidas nos Estados Unidos:

- A chapa de 6,4 mm é utilizada como *placa de gesso acartonado de apoio* em certas aplicações de controle de som. Uma placa especial de 6,4 mm também é produzida por alguns fabricantes para ser utilizada em curvas de raios pequenos (Figura 23.29).

- A chapa de 8 mm é feita para casas industrializadas, em que a redução de peso para facilitar o transporte é uma consideração importante.

- A chapa de 9,5 mm é utilizada amplamente em acabamentos de parede dupla. Embora menos durável do que chapas mais espessas, algumas vezes ela também pode ser aplicada como uma acabamento de uma única camada sobre uma estrutura de forro ou sobre perfis de uma estrutura de parede que não estão afastados entre si mais do que 400 mm.

- A chapa de 12,7 mm é a espessura mais comum. Ela é utilizada para revestimento de estruturas de forros e paredes, com perfis distanciados entre si até 610 mm.

(a)

(b)

Figura 23.27
Cortando uma chapa de gesso acartonado. (a) Uma faca afiada e uma régua T metálica são utilizadas para fazer um sulco reto através de uma face da chapa. (b) A chapa marcada é facilmente "quebrada" e a faca é utilizada uma segunda vez para cortar a outra face de papel. *(Cortesia de United States Gypsum Company)*

- A chapa de 16 mm também é limitada ao recobrimento de perfis distanciados entre si não mais do que 610 mm, mas ela também é frequentemente utilizada quando são necessários resistência adicional ao fogo, rigidez estrutural, durabilidade, ou abatimento sonoro.
- A chapa do Tipo X, de 19 mm, é produzida por alguns fabricantes. Ela é utilizada para criar divisórias com resistência ao fogo de duas horas com uma única camada de gesso acartonado em cada face e divisórias resistentes a quatro horas de fogo que incluem duas camadas em cada face.
- A chapa de 25,4 mm de espessura é fabricado somente como uma chapa de núcleo para uso, por exemplo, em construções de paredes de dutos (Figura 23.38).

Instalando o gesso acartonado

Fixando a chapa A chapa de gesso acartonado pode ser instalada sobre ripas de madeira ou perfis leves de aço, utilizando parafusos autobrocantes e autoatarrachantes para prender a chapa sobre o aço e com parafusos ou pregos para fixá-la sobre madeira (Figura 23.25). Ripas de madeira podem ser problemáticas com chapas de gesso acartonado, porque elas normalmente contraem um pouco depois que a chapa é instalada, o que pode causar um leve afrouxamento dos pregos, fazendo-os "aflorar" na superfície acabada da chapa (Figura 23.26). O *afloramento de pregos* pode ser minimizado utilizando na estrutura somente madeira completamente seca; usando pregos anelados, que têm um maior poder de fixação na madeira, e utilizando o prego mais curto possível que tenha um bom desempenho. Parafusos têm uma tendência muito menor de aflorar do que pregos. Quando parafusos ou pregos são fixados na placa de gesso acartonado, suas cabeças são enterradas a um nível ligeiramente abaixo da superfície da chapa, mas não o suficiente para rasgar o papel de revestimento.

Para minimizar o comprimento das juntas que devem ser arrematadas e para criar a parede mais rígida possível, a chapa de gesso acartonado é normalmente instalada com a dimensão mais longa da chapa na horizontal. As chapas mais longas possíveis são utilizadas para eliminar, ou ao menos minimizar, as juntas de final das chapas, às quais é difícil de dar acabamento, porque as bordas do final das chapas não são afiladas como as bordas das laterais. A chapa de gesso acartonado é cortada rápida e facilmente fazendo um sulco no papel de uma face da chapa com uma faca afiada, quebrando o núcleo duro ao longo da linha do sulco com uma batida com o lado da mão e cortando o papel da outra face ao longo da dobra criada pelo núcleo quebrado (Figura 23.27). Uma régua metálica especial é utilizada para fazer cortes retos, perpendiculares às bordas da chapa. Indentações, cortes irregulares e buracos para caixas elétricas são feitos com uma serra manual ou elétrica.

Quando duas ou mais camadas de gesso acartonado são instaladas em uma superfície, as juntas entre as camadas são desencontradas para criar uma parede mais rígida, e um mastique adesivo é frequentemente utiliza-

Figura 23.28
A chapa de gesso acartonado pode ser curvada em um raio longo simplesmente dobrando-a e m volta de uma linha curva de perfis da estrutura. *(Cortesia de United States Gypsum Company)*

do para colar as camadas. Um adesivo também é utilizado, algumas vezes, entre os perfis da estrutura e as chapas de gesso acartonado, em instalações de uma única camada, para fazer uma junta mais forte.

A chapa de gesso acartonado pode ser curvada quando um projeto assim o exige. Para curvas suaves, a chapa pode ser curvada seca no lugar (Figura 23.28). Para curvas mais acentuadas, as faces do papel são molhadas para reduzir a rigidez da chapa antes de sua instalação. Quando o papel seca, a chapa fica tão rígida quanto antes. Uma chapa especial de alta flexibilidade oferecida no mercado, de 6,5 mm de espessura, pode ser curvada seca até um raio relativamente pequeno e curvada molhada até um raio ainda menor (Figura 23.29).

Acessórios metálicos de acabamento são necessários em quinas expostas e cantos externos para proteger a chapa frágil (material quebradiço) e apresentar uma borda perfeita (Figura 23.30). Eles são similares aos acessórios das bases de apoio para o estuque.

Dando acabamento às juntas e aos furos dos fixadores Juntas e furos em chapas de gesso recebem acabamento para criar a aparência de uma superfície monolítica que seja quase indistinguível do estuque. O processo de acabamento é baseado no uso de um *composto para juntas* que se assemelha a um estuque macio e aderente. Para a maioria das finalidades, um *composto para juntas do tipo secável* é utilizado; essa é uma mistura de pó de mármore, adesivo e aditivos, fornecida como um pó seco a ser misturado com água ou como uma pasta pré-misturada. Em alguns trabalhos comerciais com alta produtividade, *compostos de cura rápida*, que endurecem rapidamente por reação química, são utilizados para minimizar o tempo de espera entre aplicações. Compostos para juntas de diferentes pesos e resistências podem ser utilizados para diferentes estágios do processo de acabamento de juntas, ou um único composto multipropósito pode ser utilizado para todos os passos.

O acabamento de uma junta entre chapas de gesso acartonado começa com a deposição de uma camada de composto para junta na junta de borda afilada e a colocação de uma fita adesiva de reforço de papel ou fibra de vidro sobre o composto (Figuras 23.31 – 23.34). Um pouco do composto também é passado sobre os furos de pregos ou parafusos. Depois de secar (normalmente durante a noite), uma segunda camada de composto é aplicada na junta para deixá-la no mesmo nível da face da chapa e para preencher o espa-

Figura 23.29
Raios de curvatura menores podem ser obtidos usando uma chapa de gesso acartonado de alta flexibilidade. *(Foto cortesia de National Gypsum Company)*

ço deixado pela leve retração do composto da junta. Quando essa segunda demão está seca, as juntas são lixadas levemente antes que uma camada final muito fina seja aplicada para preencher qualquer vazio remanescente. A demão final é nivelada a zero com a superfície da chapa para criar uma borda invisível. Antes da pintura, a parede é novamente lixada levemente para remover qualquer aspereza ou ondulação. Se o acabamento é feito da forma adequada, a parede pintada ou com papel de parede aplicado não mostrará qualquer sinal de que é feita de chapas discretas de gesso.

A chapa de gesso acartonado tem um acabamento superficial liso, mas várias texturas aplicadas com *spray* e pinturas texturizadas podem ser aplicadas para dar-lhe uma superfície mais áspera. A maioria dos aplicadores de gesso acartonado preferem texturizar forros; a textura esconde as pequenas irregularidades de execução propensas a ocorrer pela dificuldade de trabalhar na posição sobre-cabeça.

Níveis de acabamento padronizados de gesso acartonado foram desenvolvidos pela Gypsum Association e também são especificados na norma ASTM C840. Eles permitem que o projetista especifique, de forma rápida e simples, o nível mínimo de acabamento aceitável para qualquer projeto ou parte de um projeto.

- Nível 0, o mínimo, consiste apenas nas chapas, sem o uso de fitas, acabamento ou acessórios. Ele é normalmente utilizado apenas para construções temporárias, ou onde o acabamento é postergado até uma data futura.

- O Nível 1 requer somente que as juntas sejam cobertas com fita colocada sobre o composto de juntas. Seu uso principal é em áreas

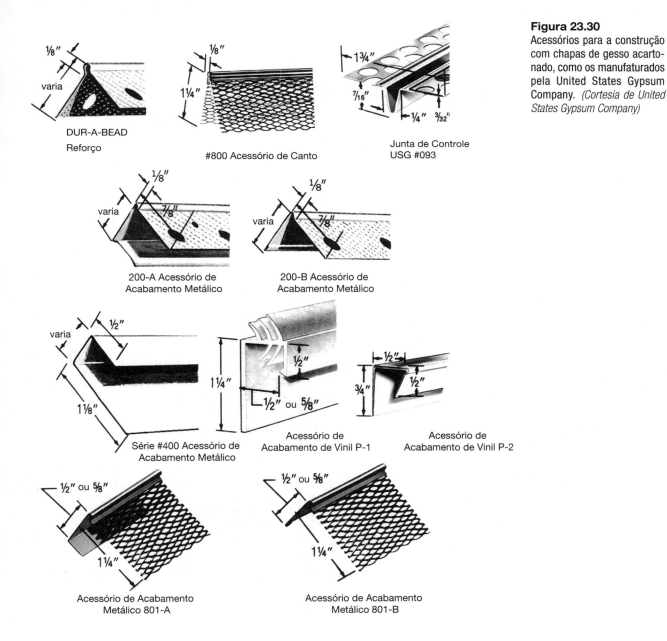

Figura 23.30
Acessórios para a construção com chapas de gesso acartonado, como os manufaturados pela United States Gypsum Company. *(Cortesia de United States Gypsum Company)*

do edifício que não são expostas, como sobre os forros, em áticos e em corredores de manutenção. O Nível 1 também é o nível mínimo para montagens de gesso acartonado avaliadas para resistência ao fogo, nas quais ele também pode ser referido como *acabamento para fogo*.

- O Nível 2 adiciona ao acabamento do Nível 1 uma demão de composto de juntas sobre os acessórios e fixadores. Depois que a fita de junta é passada sobre o composto, uma faca de juntas é imediatamente passada uma segunda vez sobre essas juntas para adicionar uma fina camada do composto sobre a fita. Um acabamento de Nível 2 é apropriado em garagens, armazéns e depósitos, e em chapas utilizadas como um apoio para azulejos.

- O Nível 3 adiciona uma segunda demão completa de composto sobre a fita, acessórios e fixadores, após a primeira demão ter secado. Seu objetivo são superfícies que serão texturizadas ou cobertas com pesados revestimentos de parede.

- O Nível 4 foi pensado para superfícies a serem acabadas com tintas lisas, texturas leves ou papéis de parede finos. Ele adiciona uma terceira demão distinta de composto de juntas sobre as emendas com fita, fixadores e acessórios.

- O Nível 5, o mais alto, adiciona uma *camada fina de acabamento*, muito fina, de composto de juntas sobre toda a superfície da chapa. A camada de composto não tem uma espessura mensurável, porque seu propósito é somente o de fechar poros e pequenas marcas na parede, para produzir uma superfície muito lisa. Ele é recomendado para superfícies que receberão tinta brilhante ou semibrilhante e para superfícies que serão iluminadas de tal maneira que se projetarão sombras que podem realçar até mesmo as menores imperfeições.

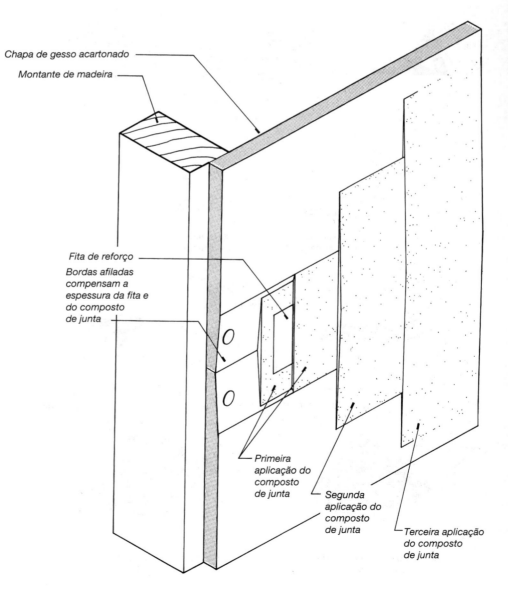

Figura 23.31
Dando acabamento a uma junta entre chapas de gesso acartonado.

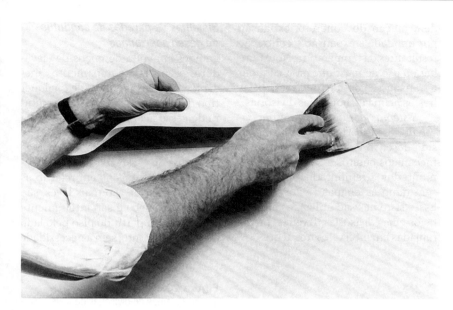

Figura 23.32
Aplicando a fita de papel para reforço de juntas de chapas de gesso acartonado. *(Cortesia de United States Gypsum Company)*

Figura 23.33
Um equipamento automático de aplicação de fita aplica simultaneamente a fita e o composto de juntas às juntas de gesso acartonado. *(Cortesia de United States Gypsum Company)*

Sistemas de divisórias de gesso acartonado

Montagens de divisórias de gesso acartonado têm sido projetadas e testadas com classificações de resistência ao fogo de até quatro horas e um desempenho de transmissão sonora de até pelo menos STC 69. Uma seleção de tais divisórias é mostrada na Figura 23.35. Note, nestes detalhes, como são tomadas medidas para prevenir que as chapas de gesso acartonado fiquem sujeitas a cargas estruturais causadas por movimentos na estrutura do edifício – deflexões estruturais, deformação do concreto, expansão por umidade e expansão e contração resultantes da temperatura. Note também o uso de mastique para eliminar a transmissão de som que passa pelas frestas acima da borda das divisórias.

Sistemas de divisórias desmontáveis de gesso acartonado também têm sido desenvolvidos usando fixadores mecânicos ocultos, podendo ser desmontados e remontados facilmente sem dano às chapas (Figura 23.37). Esses sistemas são utilizados em edifícios cujas divisórias devem ser rearranjadas em intervalos frequentes.

Sistemas de paredes de condutos de gesso acartonado

Paredes em volta de poços de elevadores, escadas e equipamentos mecânicos podem ser feitas de qualquer tipo de alvenaria, estuque ou estrutura de gesso acartonado que satisfaça os requisitos de resistência ao fogo e estrutural. Sistemas de paredes de condutos de gesso acartonado oferecem várias vantagens em relação às alternativas: elas são mais leves, são instaladas a seco e são inteiramente construídas a partir do piso pelo lado de fora do conduto, sem a necessidade

Figura 23.34
Aplicadores de estuque e acabadores de paredes de gesso acartonado frequentemente trabalham sobre pernas-de-pau para evitar ter de erguer e mover andaimes. As pernas-de-pau, que são amarradas com fita às pernas dos trabalhadores, são equipamentos muito sofisticados e estáveis, que mantêm o pé do trabalhador totalmente apoiado e paralelo ao piso. *(Foto por Rob Thallon)*

Figura 23.35
Quatro sistemas de divisórias de gesso acartonado. (a) Uma divisória de uma hora de resistência ao fogo, STC 40, utilizando o gesso acartonado Tipo X sobre perfis leves de aço. (b) Esta divisória de uma hora de resistência ao fogo sobre perfis de madeira alcança uma STC de 60 a 64, por meio de uma pesada laminação de chapas de gesso acartonado, um lençol de atenuação de som e um perfil resiliente montado em uma face da divisória. (c) Uma divisória de duas horas de resistência ao fogo, com um STC de 48. (d) Uma divisória de quatro horas de resistência ao fogo, STC 58. Estes são exemplos representativos de um grande número de sistemas de divisórias de gesso acartonado, com uma variedade de classificações de resistência ao fogo e de classes de transmissão de som.

Capítulo 23 Paredes Internas e Divisórias **913**

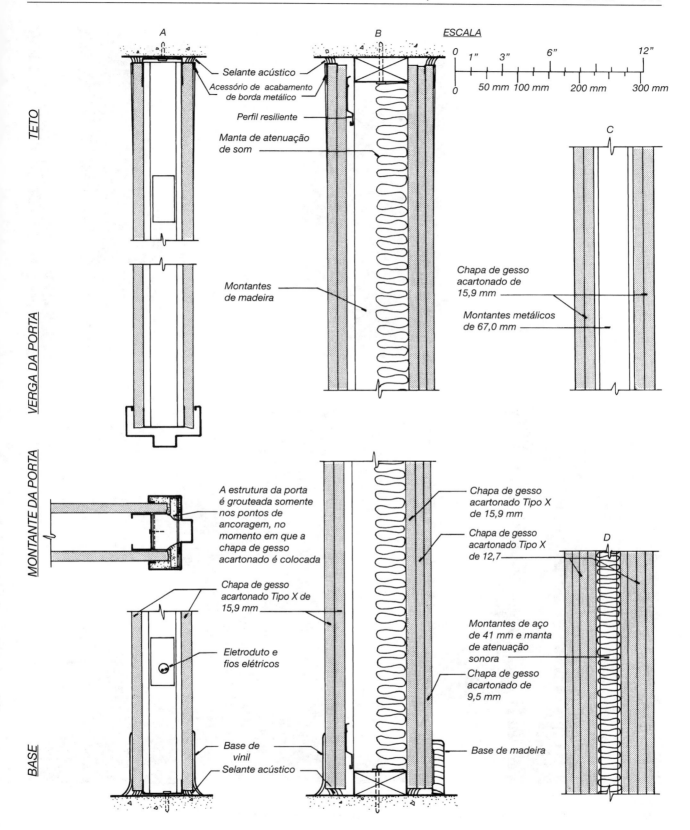

Figura 23.36
Instalando uma manta de atenuação de som. *(Cortesia de United States Gypsum Company)*

Figura 23.37
Duas fotografias de sistemas de divisórias realocáveis (desmontáveis). *(Cortesia de United States Gypsum Company)*

de montar andaimes pelo lado de dentro. Dependendo dos requisitos para a classificação de resistência ao fogo, resistência à pressão de ar, STC e altura do pé direito, qualquer uma das muitas soluções pode ser utilizada. A Figura 23.38 mostra detalhes representativos de paredes de condutos e a Figura 22.1 mostra a parede de um conduto sendo instalada.

SISTEMAS DE DIVISÓRIAS DE ALVENARIA

Há um século, as divisórias internas eram frequentemente feitas de pare-

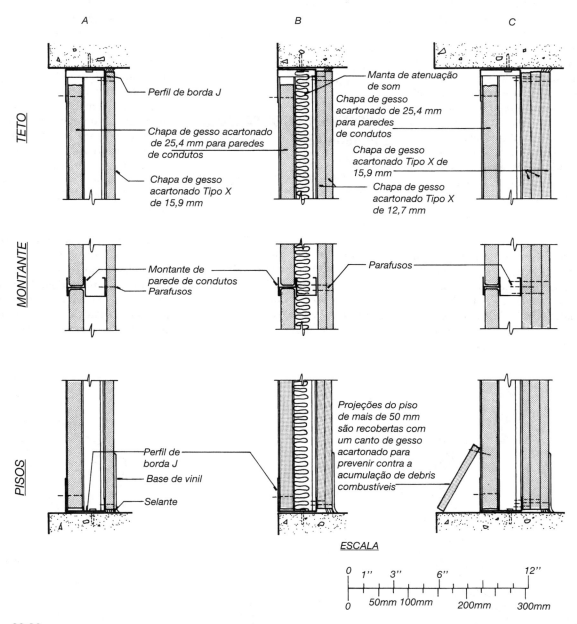

Figura 23.38
Três sistemas de paredes de gesso acartonado para condutos*, todos estruturados com perfis de aço tipo C-H. A porção H do perfil sustenta a chapa de núcleo de uma parede de duto de 25 mm, enquanto a parte C recebe os parafusos utilizados para fixar as camadas de acabamento do gesso acartonado. (a) Um sistema de um hora de resistência ao fogo. (b) Um sistema de duas horas de resistência ao fogo, STC 47. (c) Um sistema de três horas de resistência ao fogo.

---

* N. de T.: No original foi utilizada a palavra *shaft*. Na construção civil, o termo *shaft* se relaciona com o conceito de um objeto longo, vertical e oco. Entretanto, esta é uma palavra que não tem tradução direta em português. Nossa nomenclatura fornece um termo específico para cada uso de *shaft*, como duto de ar, coluna de tubulações, poço de elevador, etc. Na tradução, optou-se pelo termo conduto, que melhor representa o conceito.

des de tijolos comuns estucados em ambos os lados. Eles tinham um excelente STC e classificação de resistência ao fogo, mas eram de mão de obra intensiva e pesados. Sistemas de divisórias de tijolos de argila vazados e tijolos de gesso vazados (Figura 23.39) foram desenvolvidos para resolver essas objeções e continuaram a ser utilizados extensivamente até os anos 1950. Ambos tornaram-se obsoletos agora na América do Norte, substituídos por estuque, gesso acartonado e alvenaria de concreto, embora eles ainda sejam frequentemente encontrados na restauração de edifícios mais antigos.

As divisórias de alvenaria de concreto podem ser estucadas ou faceadas com gesso acartonado, mas são com maior frequência deixadas expostas, pintadas ou não. Muitos tipos de agregados leves podem ser utilizados para reduzir o peso próprio da divisória. Peças decorativas (arquitetônicas) de alvenaria de concreto, como descrito no Capítulo 9, também podem ser utilizadas. A fiação elétrica é relativamente difícil de esconder nas divisórias de blocos de concreto; o eletricista e o pedreiro devem coordenar suas atividades de maneira cuidadosa, ou a fiação precisa ser montada na superfície da parede depois que a alvenaria estiver concluída.

Tijolos de argila estruturais vitrificados fazem divisórias muito duráveis, especialmente em áreas com grande desgaste, problemas de umidade ou exigências sanitárias estritas (Figura 23.40). As cerâmicas vitrificadas não desbotam e são praticamente indestrutíveis.

REVESTIMENTOS DE PAREDES E DIVISÓRIAS

A grande maioria das divisórias de gesso acartonado é pintada com diversos tipos de tintas. Para mais informações sobre tintas e outros revestimentos, veja as páginas 234 – 237. Revestimento de *azulejos* são normalmente adicionados às paredes por razões de aparência, durabilidade, higiene, ou resistência à umidade. Em uma aplicação sobre *argamassa de assentamento*, o azulejo é aplicado sobre uma base de argamassa de cimento Portland (Figura 23.41).

Revestimentos de parede de menor qualidade, feitos com azulejos, eliminam a argamassa de assentamento e são *colados* sobre a *chapa de apoio de azulejos*, também chamada de *chapa de apoio*, frequentemente feitas de cimento leve reforçado com fibras ou uma chapa de gesso acartonado resistente à água, com uma face de manta de fibra de vidro, similar ao conjunto de revestimento cerâmico de piso ilustrado na Figura 24.29. A chapa de apoio de cimento é a mais resistente à água, mas é mais difícil de cortar e de manipular do que a chapa leve de apoio de gesso acartonado. A chapa de apoio de gesso acartonado resistente à água, utilizada no passado para aplicações de assentamento de baixo custo de azulejos colados, não é mais considerada suficientemente durável para aplicações de suporte de azulejos, em particular em áreas úmidas, como a vizinhança de chuveiros.

Azulejos são colados à chapa de apoio com uma variedade de compostos, sendo os mais comuns as argamassas colantes, argamassa de cimento Portland modificada com látex e polímeros e um adesivo orgânico. A

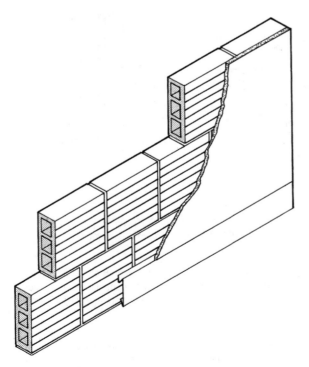 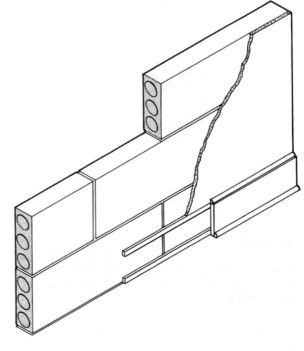

Figura 23.39
Sistema de divisórias obsoleto encontrado em edifícios mais antigos: tijolos vazados de argila e estuque *(à esquerda)* e tijolos de gesso e estuque *(à direita)*.

Capítulo 23 Paredes Internas e Divisórias **917**

Figura 23.40
Uma instalação de divisória de azulejos cerâmicos estruturais vitrificados. O piso é revestido com peças cerâmicas vitrificadas. *(Cortesia de Stark Ceramics, Inc.)*

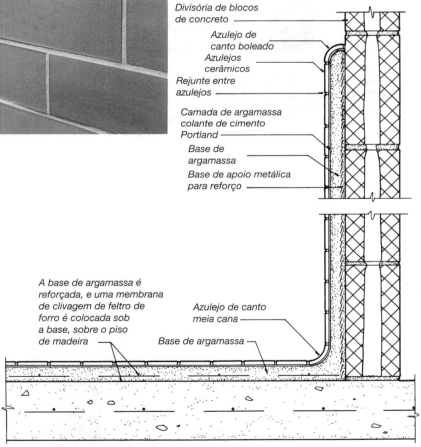

Figura 23.41
Exemplos de detalhes de uma montagem de azulejo cerâmico assentado com argamassa de assentamento. Aplicações de argamassa de assentamento são utilizadas onde a face da divisória ou a superfície do piso está fissurada, pintada, rugosa, instável ou tão desparelha a ponto de torná-la inadequada para a fixação direta de azulejos utilizando métodos de colagem. Dependendo da qualidade do substrato, uma armadura metálica de reforço da base de argamassa de cimento Portland pode ser necessária ou não, e a base de argamassa pode ou não ser isolada do substrato com uma camada de papel feltro atuando como uma lâmina de deslizamento. Bases espessas de apoio de argamassa para azulejos têm tipicamente espessuras que variam de 19 a 25 mm, enquanto aquelas para pisos apresentam espessuras que variam de 32 a 50 mm de espessura.

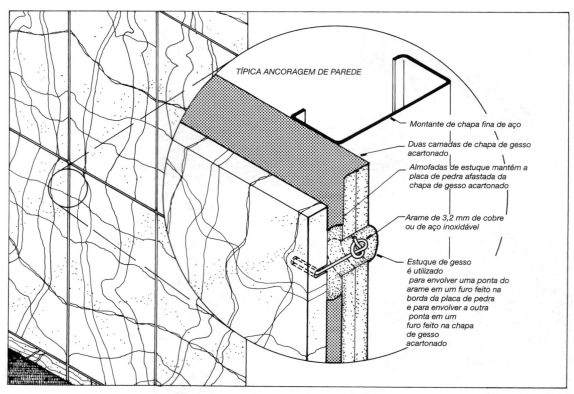

Figura 23.42
Aplicando um revestimento de pedras sobre uma base de apoio de chapas de gesso acartonado e perfis de aço.

Figura 23.43
O uso imaginativo de produtos de gesso é coordenado com fontes ocultas de luz para criar um espaço singularmente dramático para o escritório e para a área comercial de D. E. Shaw & Company, em Nova York. *(Stephen Holl Arquitects. Foto por Paul Warchol)*

a*rgamassa colante simples* é uma mistura de cimento, areia fina e compostos retentores de água, que permitem que a fina camada de argamassa cole de modo apropriado. A *argamassa polimérica* é uma argamassa colante de cimento Portland modificada com látex e/ou polímeros, e é similar à argamassa colante simples, mas contém aditivos que melhoram a resistência da argamassa curada aos ciclos de congelamento e descongelamento, bem como sua flexibilidade e sua adesão. Os *adesivos orgânicos* são diversos adesivos poliméricos com tecnologia proprietária, utilizados para aplicações de azulejos em condições pouco exigentes. Depois que os azulejos aderiram completamente, uma *argamassa de rejunte* cimentícia da cor desejada é passada nas juntas dos azulejos com uma colher de borda emborrachada. Compostos para aplicação em camadas finas e argamassas e rejunte formulados com epóxi ou resinas de furano (solventes destilados da madeira transparentes e altamente voláteis) também podem ser utilizados para aplicações em azulejos em que uma maior mecânica, resistência ao impacto ou química é requerida.

Em chuveiros, saunas e outros locais úmidos, uma *membrana impermeável à água* deveria ser adicionada ao conjunto do revestimento de azulejos para prevenir que a água se infiltre pelos azulejos para dentro da parede. Membranas aplicadas líquidas, ou em lâminas flexíveis, podem ser utilizadas, posicionadas atrás do material que serve de base, ou entre a base e o revestimento de azulejo.

Revestimentos de granito, calcário, mármore ou ardósia são algumas vezes utilizados em áreas públicas de edifícios importantes. Um método comum de montagem é mostrado na Figura 23.42.

Revestimentos com lambris ou painéis de madeira podem ser utilizados em quantidades limitadas em edifícios resistentes ao fogo, como discutido nas páginas 877-878. Eles são montados sobre uma base de apoio de estuque ou gesso acartonado para reter as qualidades de resistência ao fogo da divisória.

CSI/CSC	
Seções de MasterFormat para paredes interiores e divisórias	
04 20 00	**ALVENARIA UNITÁRIA**
04 21 00	Alvenaria Unitária de Argila
	Alvenaria de Tijolos de Argila Estruturais Vitrificados
04 22 00	Alvenaria Unitária de Concreto
	Alvenaria Unitária de Concreto Arquitetônico
06 40 00	**TRABALHOS ARQUITETÔNICOS EM MADEIRA**
06 42 00	Painéis de Madeira
09 20 00	**ESTUQUE E GESSO ACARTONADO**
09 22 00	Suportes para Estuque e Gesso Acartonado
	Perfil Metálico de Fixação
	Estrutura Metálica Não Estrutural
	Base de Apoio de Gesso
	Base de Apoio Metálica
	Base de Revestimento de Estuque
09 23 00	Estuque de Gesso
09 24 00	Estuque de Cimento Portland
09 26 00	Revestimento de Estuque
09 28 00	Chapas de Apoio e de Base
	Chapas de Apoio Cimentícias
	Chapas de Apoio de Gesso Acartonado com Revestimento de Manta de Fibra de Vidro
09 29 00	Chapa de Gesso Acartonado
09 30 00	**REVESTIMENTO DE AZULEJOS**
09 31 00	Azulejos com Assentamento em Camada Fina
09 32 00	Azulejos com Assentamento em Argamassa
09 70 00	**ACABAMENTOS DE PAREDE**
09 75 00	Revestimento de Pedras
09 90 00	**PINTURA E OUTROS ACABAMENTOS**
09 91 00	Pintura
	Pintura Interior
10 20 00	**ELEMENTOS ESPECIAIS DE INTERIORES**
10 22 00	Divisórias
	Divisórias desmontáveis

Referências selecionadas

1. Gypsum Association. *GA-600, Fire Resistance Design Manual*. Washington, DC, atualizado regularmente.

    Classificações de resistência ao fogo e STCs são dadas neste livreto para um grande número de paredes e forros que utilizam estuque ou gesso acartonado. Este e muitos outros recursos úteis também estão disponíveis para baixar gratuitamente da página da Gypsum Association.

2. USG Company. *Gypsum Construction Handbook*. Chicago, revisado regularmente.

    Este manual representa o melhor da literatura dos fabricantes – próximo de 600 páginas bem ilustradas, repleto com todos os fatos importantes sobre paredes de gesso acartonado, estuque de gesso e produtos relacionados. Disponível para compra ou para baixar gratuitamente da página da USG.

3. USG Company. *SA100 – Fire-Resistance Assemblies Brochure*. Chicago, revisado regularmente.

    Embora limitado aos produtos desta companhia, esta brochura fornece uma extensiva lista, fácil de usar, de paredes e forros classificados acusticamente e por resistência ao fogo. Juntamente com muitos outros documentos técnicos úteis, ela está disponível para baixar gratuitamente da página da USG.

4. Portland Cement Association. *Portland Cement Plaster (Stucco) Manual*. Skokie, IL, atualizado regularmente.

    Um completo guia ilustrado de estuque.

5. Pegg, Brian e W. Stagg. *Plastering: An Encyclopedia* (4th ed). Oxford, Blackwell Publishing Limited; New York, Crown Publishers, 2007.

    Técnicas de estucagem ornamental são descritas em detalhe neste livro de referência de 276 páginas.

6. Tile Council of North America, Inc. *TC A Handbook for Ceramic Tile Installation*. Anderson, SC, atualizado regularmente.

    Este livro é a referencia definitiva para materiais e métodos de instalação de revestimentos cerâmicos. Mais de 100 métodos de instalação para pisos e paredes, para exteriores e interiores, são ilustrados e especificados. Orientações para selecionar os métodos de instalação adequados, baseados em exigências de projetos também são incluídas.

7. Marble Institute of America. *Dimension Stone Design Manual*. Cleveland, OH, atualizado regularmente.

    Este livro fornece orientações abrangentes para o projeto, especificação e instalação de todos os tipos de revestimentos de pedra em paredes.

Sites

Paredes internas e divisórias

Página complementar do autor na internet: **www.ianosbackfill.com/23_interior_walls_and_partitions**
Dietrich Metal Framing: **www.dietrichindustries.com**
Drywallrecycling.org: **www.drywallrecycling.org**
Georgia-Pacific: **www.gp.com/build**
Gypsum Association: **www.gypsum.org**
Marble Institute of America: **www.marble-institute.com**
National Gypsum: **www.national-gypsum.com**
Portland Cement Association: **www.pca.org**
Temple-Inland: **www.temple.com/gypsum**
Tile Council of North America (TCNA): **www.tileusa.com**
USG: **www.usg.com**

Palavras-chave

Parede corta-fogo
Parede para fosso
Barreira ao fogo
Proteção contra o fogo
Área de fogo
Barreira de fumaça
Divisória contra fumaça
Perfil de aço leve
Perfil de aço acessório
Perfil para revestimento
Perfil cartola
Bloqueio de fogo
Gesso sintético
Estuque
Base de apoio
Pau a pique
Gesso
Calcinação
Gesso calcinado
Gesso de Paris
Estuque para camada de base
Estuque para camada de acabamento
Estuque para camada de base misturado em usina, pronto para uso
Estuque para camada de base
Pré-mistura de estuque para camada de base
Estuque de gesso
Estuque de gesso com fibras de madeira
Estuque de gesso leve
Estuque de camada de base de alta resistência
Cal
Estuque de acabamento pronto para uso
Estuque misturado no local
Cal de acabamento hidratada, cal de acabamento apagada
Estuque de alta resistência misturado no local
Cimento Keenes
Estuque para moldar
Estuque de cimento portland e cal
Bandeja
Desempenadeira
Régua
Ancoragem
Lather
Base de apoio de metal expandido
Parafuso autobrocante e autoatarraxante
Prego de cabeça larga
Base de apoio para estuque
Base de estuque de revestimento, base de revestimento de gesso
Acessórios de acabamento
Junta de controle
Guias
Camada escarificada
Emboço
Perfil de canto
Perfil de quina
Mestra de estuque
Camada de acabamento
Estuque de revestimento
Base de apoio metálica autoenvolvente
Arame de amarração
Moldagem
Corrida
Ornamento de estuque moldado
Ornamento de estuque corrido
Lâmina
Molde
Chapa de gesso
Chapa de gesso acartonado, *drywall*
Chapa de gesso Tipo X
Chapa de gesso Tipo C
Chapa de base de apoio de gesso resistente à água
Chapa de gesso acartonado
Chapa de gesso acartonado resistente ao mofo
Chapa de núcleo
Chapa de gesso acartonado para forro
Chapa de gesso acartonado revestido de alumínio
Chapa de gesso acartonado pré-decorado
Chapa de gesso acartonado para fundos exteriores
Borda afilada
Chapa de gesso acartonado de apoio
Afloramento de pregos
Composto para juntas
Composto secável para juntas
Composto de cura rápida
Nível de acabamento
Acabamento para fogo
Camada fina de acabamento
Sistema de divisórias desmontáveis
Azulejo cerâmico estrutural vitrificado
Azulejo cerâmico
Azulejo assentado com argamassa de cimento e areia
Azulejo assentado com argamassa colante
Chapa de apoio de azulejos
Argamassa colante simples
Argamassa colante polimérica
Argamassa de cimento
Adesivo orgânico
Argamassa de rejunte
Membrana impermeável à água

Questões para revisão

1. Quais são os principais tipos de paredes interiores e divisórias em um edifício de grandes dimensões, como um hospital, colégio, edifício de apartamentos ou edifício de escritórios? Como esses tipos de edifícios diferem entre si?
2. Por que o gesso é tão utilizado em acabamentos interiores?
3. Nomeie os revestimentos de estuque utilizados sobre uma base de apoio de metal expandido e explique o papel de cada um.
4. Sob quais circunstancias você especificaria o uso de estuque de cimento Portland? De estuque de cimento Keenes? E de estuque de revestimento?
5. Descreva passo a passo como as juntas entre as folhas de gesso acartonado são tornadas invisíveis.

Exercícios

1. Determine a solução construtiva de diversas divisórias nos lugares onde você mora e trabalha. Quais materiais são utilizados? Quais acessórios? Por que eles foram escolhidos para aquelas situações específicas?
2. Desenhe croquis de detalhes típicos mostrando como os vários acessórios de acabamento metálicos são utilizados em uma parede de estuque.
3. Repita o Exercício 2 para acessórios de acabamento de uma parede de gesso acartonado.
4. Que tipo de sistema de acabamento de gesso para parede você especificaria para um importante museu de arte? Para um edifício de escritórios para aluguel de baixo custo? Esboce uma completa especificação de construção de parede e divisória para um edifício no qual você está trabalhando no momento.

24

FORROS E REVESTIMENTOS DE PISOS

Forros

Tipos de forros

Acabamento de pisos

Tipos de materiais de acabamento de pisos

Espessura do piso

Um trabalhador coloca painéis acústicos em uma grelha provida de recessos para criar um forro suspenso. *(Cortesia de United States Gypsum Company)*

À medida que os forros e revestimentos de pisos estão sendo instalados, a construção de um edifício está chegando ao seu final. Os componentes dos sistemas elétrico e mecânico que permanecem expostos são concluídos ou ficam ocultos, as interseções de superfícies internas são adequadamente acabadas e os pintores fazem a sua mágica para revelar, pela primeira vez, o caráter interior do edifício. O arquiteto, os engenheiros e os inspetores municipais de edificações fazem sua última inspeção e, seguindo as correções de último minuto de pequenos defeitos, o construtor entrega o edifício para o proprietário.

FORROS

Funções de forros

A superfície de um forro é um importante componente funcional de um ambiente. Ela ajuda a controlar a difusão de luz e de som dentro do ambiente. Ela pode desempenhar um papel na prevenção da passagem vertical de som para os ambientes acima e abaixo, bem como da passagem horizontal entre ambientes que estão dos dois lados de uma divisória. Frequentemente, ela é projetada para resistir à passagem de fogo e deve, ela mesma, ser apropriadamente não combustível. Muitas vezes, ela é requerida para auxiliar na distribuição de ar condicionado, luz artificial e energia elétrica. Em muitos edifícios, ela precisa acomodar os bicos dos sprinklers para a supressão de fogo e alto-falantes para sistemas de intercomunicação. E a sua cor, textura, padrão e forma são destacados na impressão visual geral do ambiente. Um forro pode ser um plano nivelado simples, uma série de planos inclinados que dão uma sensação do telhado que está por cima, uma superfície luminosa, um forro ornamental tipo caixotão, ou mesmo uma abóbada de estuque com um afresco tal com o famoso forro de Michelangelo na Capela Sistina em Roma; as possibilidades são infinitas.

TIPOS DE FORROS

Componentes estruturais e mecânicos expostos

Em muitos edifícios, faz sentido omitir por completo as superfícies dos forros e simplesmente expor os componentes estruturais e mecânicos do piso ou do telhado acima (Figura 24.1). Em edificações industriais e rurais, onde a aparência não é de fundamental importância, esta abordagem oferece as vantagens da economia e facilidade de acesso para manutenção. Muitos tipos de estruturas de pisos e telhados são naturalmente atraentes se ficarem expostos, tais como pesadas vigas de madeira e estruturas de telhado, lajes nervuradas e treliças de aço.

Outros tipos de estruturas, tais como placas planas de concreto e lajes pré-moldadas de concreto, tem pequeno interesse visual, mas suas superfícies interiores podem ser pintadas e deixadas expostas como tetos prontos em edifícios de aparta-

Figura 24.1
Tubulações de sprinklers, dutos de ar condicionado, eletrodutos e instalações de iluminação estão expostas em uma estrutura de forro do vigas treliçadas pintadas e chapas de aço corrugado. O espaço de escritórios atrás tem um forro suspenso de painéis acústicos suspensos com luminárias embutidas. O piso é de tijolos com uma borda de concreto. *(Woo & Williams, Architects. Fotógrafo: Richard Bonarrigo)*

mentos e hotéis, os quais têm pouca necessidade de serviços mecânicos no teto. Isto economiza dinheiro e reduz a altura total do edifício. Em alguns edifícios, os elementos estruturais e mecânicos no forro, se cuidadosamente projetados, instalados e pintados, podem criar, por si só, uma estética poderosa. Expor os componentes estruturais e mecânicos, ao invés de cobri-los com um forro, nem sempre economiza dinheiro. O trabalho mecânico e estrutural não é feito, normalmente, de forma precisa e atraente porque não é esperado que seja visível e ele é mais barato se os trabalhadores tiverem, na instalação, apenas o cuidado que é necessário para o seu desempenho funcional satisfatório. Para obter dutos selados perfeitamente alinhados e com boa aparência, livre de marcas, estruturas metálicas de telhados sem ferrugem *e respingos de solda, bem como eletrodutos e tubulações bem organizados e alinhados, os desenhos e especificações para o projeto devem dizer exatamente os resultados que são esperados, e um custo maior de mão de obra deve ser antecipado.*

Forros firmemente fixados

Os forros de qualquer material podem ser firmemente fixados a vigas de madeira, caibros de madeira, vigas de aço ou lajes de concreto (Figura 24.2). Arranjos especiais de acabamento devem ser definidos para quaisquer vigas e caibros que ficam salientes no plano do forro, bem como para dutos, eletrodutos, canos e válvulas sprinkler que ficam abaixo do forro.

Forros suspensos

Um forro que está suspenso em arames a alguma distância abaixo do piso superior, ou da estrutura do telhado, pode ficar pendurado nivelado e plano, apesar de diferentes dimensões de caibros, vigas e lajes acima dele, e mesmo sob uma estrutura de telhado que está inclinada para os drenos ou calhas do telhado. Dutos, tubulações e eletrodutos podem correr livremente no espaço do plenum entre o forro e a estrutura acima dele. Luminárias, válvulas sprinkler, alto-falantes e sistemas de detecção de fogo podem ser embutidos no forro. Tal tipo de forro também pode, a um custo adicional, servir como uma *membrana de proteção ao fogo* para o piso ou a estrutura de telhado acima dele, eliminando a necessidade de detalhadas proteções contra fogo de vigas individuais de aço, ou implementando uma classificação mais alta de resistência ao fogo para estruturas de madeira ou de concreto pré-moldado. Por essas razões, forros suspensos são uma característica popular e econômica em muitos tipos de edificações, especialmente estruturas de escritórios e de comércio varejista.

Forros suspensos podem ser feitos praticamente de qualquer material; os mais utilizados são gesso acartonado, estuque e vários painéis e placas feitas com fibras incombustíveis, produzidos com tecnologia proprietária. Cada um desses materiais é fixado no seu próprio sistema especial, feito de pequenos membros estruturais de aço que ficam pendurados na estrutura acima deles através de fortes arames de aço.

Com a fabricação automatizada de elementos customizados, utilizando técnicas de modelagem computadorizadas (veja Capítulo 1), uma

Figura 24.2
Borrifando um acabamento texturizado no lado inferior de uma laje de concreto em um edifício residencial, onde não existem tubulações, dutos ou fiação para ser ocultada abaixo do plano da estrutura do piso. *(Cortesia de United States Gypsum Company)*

926 Fundamentos de Engenharia de Edificações: Materiais e Métodos

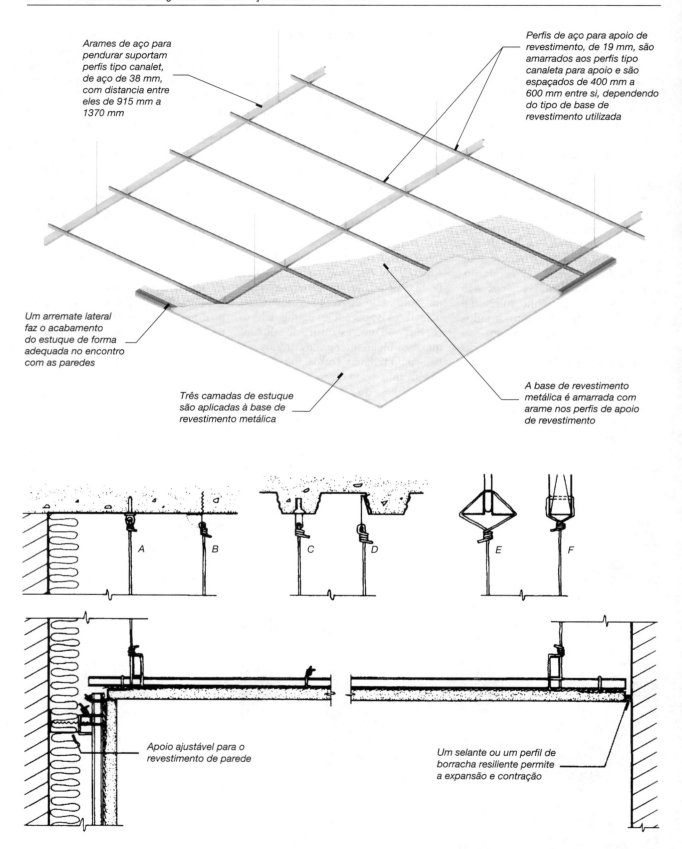

Figura 24.3
Um forro de estuque suspenso sobre uma base de apoio metálica. No topo da pagina é mostrada uma vista isométrica seccionada, vista de baixo para cima, dos componentes essenciais do forro. No meio da página estão detalhes de seis maneiras de fixar os arames onde o forro ficará pendurado: (a) Um pino à pólvora é cravado em uma estrutura de concreto. (b) Uma chapa de metal corrugado com um furo é pregada à forma antes da concretagem. Quando a forma é retirada, a chapa dobra para baixo e o arame de amarração passa através do furo.

maior variedade de sistemas de forros panelizados está se tornando disponível aos projetistas. Estes sistemas podem produzir economicamente painéis feitos de folhas metálicas e, opcionalmente, revestimentos finos de madeira, os quais são de aparência e forma exclusivas, leves, não combustíveis, fáceis de instalar e altamente efetivos na redução de níveis de ruído ambiental.

Forros suspensos de gesso acartonado e de estuque

Forros suspensos de gesso acartonado podem ser parafusados a perfis C comuns leves, de aço, que são suspensos através de arames. Componentes especiais de estrutura foram desenvolvidos para tornar mais fácil suspender formas mais complexas de forros de gesso acartonado, tais como abóbodas cilíndricas, superfícies onduladas e forros tipo caixão.

Forros suspensos de estuque têm sido utilizados por muitas décadas; alguns detalhes típicos são mostrados na Figura 24.3. Embora a maioria dos forros suspensos de estuque sejam planos, os estucadores são capazes de construir forros que são ricamente esculpidos, variando de configurações lembrando forros tipo caixão gregos ou romanos, altamente ornamentados, até praticamente qualquer forma que o projetista contemporâneo possa desenhar. Esta capacidade é especialmente útil em auditórios, teatros, saguões de edifícios públicos e outros ambientes com formas exclusivas.

Forros acústicos suspensos

Forros feitos de materiais fibrosos, na forma de placas ou painéis leves, são comumente referidos como *forros acústicos*, porque a maioria deles são altamente absorventes de energia sonora, ao contrário de chapas de gesso acartonado ou painéis de gesso, que são altamente reflexivos para o som. Eles também são frequentemente mais baratos que os forros feitos com painéis de estuque e mesmo aqueles feitos com chapas de gesso acartonado. O desempenho na absorção de som de um material de forro é medido e publicado na literatura comercial com o seu *Coeficiente de Redução Sonora (CRS)*. O CRS é um número entre 0 e 1, com valores mais altos representando níveis mais altos de absorção de som em quatro frequências especificas, variando de 250 Hz a 2000 Hz. Um CRS de 0,85 indica que o material absorve 85% do som que o atinge e reflete apenas 15% de volta para o ambiente. CRSs para a maioria dos materiais acústicos de forros variam de 0,50 a 0,90, comparados com valores abaixo de 0,10 para forros de chapas de gesso acartonado e de estuque. Isto torna forros acústicos valiosos para a redução de níveis de ruído em saguões, espaços de escritórios, restaurantes, lojas de varejo, espaços recreacionais e ambientes industriais barulhentos.

Os materiais leves e porosos que produzem altos valores de CRS permitem que a maioria da energia sonora passe através deles. Em outras palavras, um forro feito de materiais porosos não irá fornecer uma privacidade acústica muito boa entre ambientes adjacentes, a não ser que uma parede adequada com a altura de todo o pé direito da peça separe os ambientes e bloqueie o plenum acima do forro. A habilidade de um sistema de forro de reduzir a transmissão sonora de um ambiente para outro através de um plenum compartilhado é medida pela sua *Classe de Atenuação de Forro (CAF)*. A CAF é medida em decibéis, com valores mais altos representando uma maior redução na transmissão sonora. Para escritórios fechados com plenuns de forro compartilhados, um sistema de forro com um CAF não menor do que 35 a 40 é recomendado. Materiais de forro densos e não porosos tendem a ter CAFs mais altos do que materiais mais leves e porosos.

Uma terceira medida do desempenho acústico de forros é a *Classe de Articulação (CA)*. Assim como o CRS, a CA é uma medida de reflexão e absorção de som. Entretanto, a CA objetiva especificamente medir a contribuição de um sistema de forro para a clareza e privacidade de uma conversação em um típico ambiente de escritório aberto. Ela mede a absorção e a reflexão de som de um forro sobre uma partição de 1500 mm de altura, em frequências que variam de 500 a 4000 Hz, que são

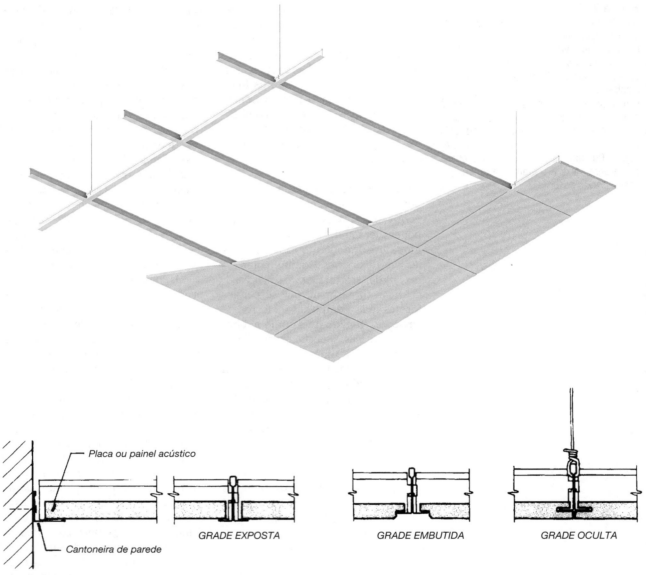

Figura 24.4
Forros acústicos são apoiados em grades suspensas formadas por perfis T, conformados a partir de chapas metálicas. No topo da figura é apresentada uma vista cortada, de baixo para cima, de um forro acústico de painéis apoiados. Na parte inferior estão seções transversais ilustrando como a grade pode ser exposta, embutida ou oculta, para diferentes aparências visuais.

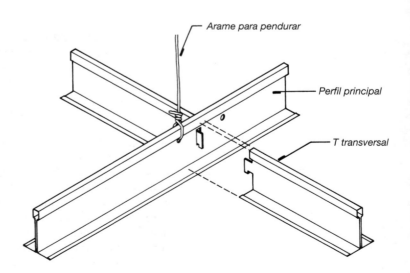

Figura 24.5
A grade para um forro acústico é montada com uma simples junta intertravada.

aquelas particularmente críticas para a conversação normal. Valores mais altos de CA representam uma maior clareza e privacidade acústicas, com valores mínimos recomendados caindo na faixa entre 170 e 200.

Onde ambos, redução de ruído dentro de um espaço e atenuação de som entre espaços são requeridos simultaneamente, painéis compostos de forro com um material altamente absorvente, laminado a um substrato denso, pode ser utilizado; eles têm valores altos tanto para redução de som (CRS ou CA) quanto para atenuação de som (CAF). O mesmo resultado pode ser obtido montando placas acusticamente absorventes em um forro suspenso de estuque ou de placas de gesso acartonado.

Os sistemas de forros acústicos mais econômicos consistem de *painéis apoiados* que são suportados por uma *grade exposta* (Figuras 24.4 e 24.5). Qualquer painel no forro pode ser levantado e removido para acesso aos serviços no espaço do plenum. Para uma aparência mais suave, um sistema de grade oculta pode ser utilizado em seu lugar. Sistemas de grade oculta requerem painéis especiais para acesso ao plenum. Forros acústicos suspensos estão disponíveis em centenas de desenhos diferentes. As Figuras 24.6 – 24.11 mostram alguns exemplos.

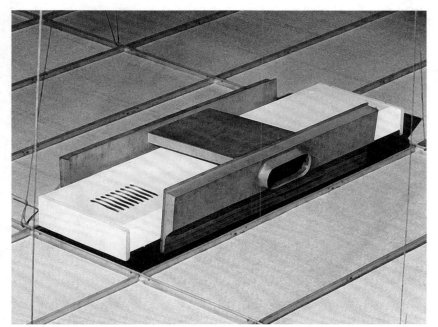

Figura 24.6
Muitos forros acústicos são manufaturados como *sistemas de forros integrados* que incorporam as luminárias e os bocais de ar condicionado no modulo da grade. Neste forro integrado, visto de cima, os arames de suspensão do forro, a grade, os painéis acústicos, a luminária fluorescente e o bocal de distribuição do ar condicionado foram instalados. O duto será conectado ao duto principal com um duto oval flexível. *(Foto cortesia de Armstrong World Industries)*

Figura 24.7
Como visto por baixo, o forro integrado mostrado na Figura 24.6 tem uma fresta em volta da luminária, através da qual o ar é distribuído a partir do bocal de distribuição acima dela. Os painéis com textura rugosa utilizados neste exemplo são padronizados com dois sulcos transversais que se encaixam na grade embutida para dar o aspecto de um forro composto de painéis quadrados menores. *(Foto cortesia de Armstrong World Industries)*

Figura 24.8
A distribuição de ar, neste forro acústico integrado, ocorre através de frestas que existem entre os painéis. As luminárias, alto-falantes e detectores de fumaça são incorporados de forma simples e sem obstrução. *(Foto cortesia de Armstrong World Industries)*

Figura 24.9
Os forros acústicos prismáticos, que agem como difusores de luz, são projetados e comercializados como sistemas integrados. *(Foto cortesia de Armstrong World Industries)*

A Economia causou uma transformação tão grande em nossas moradias, que os seus forros são, nos últimos anos, um pouco mais do que miseráveis superfícies nuas de estuque. [Uma discussão sobre design de forros irá] gerar pouco interesse para os construtores especuladores das casas miseráveis erguidas nos subúrbios das metrópoles, alugadas para locatários desavisados por alugueis que comumente são três vezes o seu valor real. Para o estudante, ele é mais importante, já que um forro bem projetado é uma das características mais agradáveis de um ambiente.

Joseph Gwilt, The Encyclopedia of Achitecture, London, 1842

Figuras 24.10 e 24.11
Uma variedade de padrões e texturas é possível em forros acústicos. *(Foto cortesia de Armstrong World Industries)*

Forros metálicos lineares suspensos

A Figura 24.12 ilustra um *forro metálico linear* suspenso, feito de longos elementos que são formados a partir de folhas de alumínio fixadas a um tipo especial de grade oculta.

Forros suspensos com classificação contra incêndio

Forros suspensos, que são parte de um conjunto de piso-forro ou telhado-forro classificado como resistente ao fogo, podem ser feitos de gesso acartonado, estuque ou sistemas de painéis apoiados e grades especialmente projetados para ter a necessária resistência à passagem do fogo. Recortes em tais forros-membrana devem ser detalhados, de tal modo a manter,

Figura 24.12
Um forro suspenso metálico linear com acabamento espelhado, com uma estrutura de treliça espacial exposta, feita de aço, mostrada mais adiante. *(Arquiteto: DeWinter and Associates. Foto cortesia de Alcan Building Products, uma divisão de Alcan Aluminum Corporation)*

por todo o forro, o grau requerido de resistência ao fogo: as luminárias devem ser revestidas por trás com material resistente ao fogo, as grelhas de ar condicionado devem ser isoladas dos dutos que as alimentam por meio de dampers automáticos contra o fogo e qualquer painel de acesso instalado para manutenção de serviços acima do forro deve atender aos requisitos para proteção contra o fogo.

Forros intersticiais

Muitos edifícios de hospitais e laboratórios têm sistemas mecânicos e elétricos extremamente complexos, incluindo não somente os dutos comuns de ar condicionado, tubulações de água e esgoto e fiação elétrica e de comunicações, mas também instalações de serviços, como dutos para capelas de manipulação, linhas de gás combustível, linhas de ar comprimido, tubulação de oxigênio, de água gelada, de vácuo e de descartes químicos. Esses dutos e tubulações ocupam um volume considerável de espaço na edificação, frequentemente em quantidades que equivalem ao volume habitado. Além disso, todos esses sistemas requerem manutenção contínua e estão sujeitos a mudanças frequentes. Como consequência, muitos edifícios de laboratórios e hospitais são projetados com *forros intersticiais*. Um forro intersticial é suspenso em um nível que permite aos trabalhadores caminhar livremente no espaço do plenum, usualmente eretos. Ele é estruturado com resistência suficiente para suportar com segurança o peso dos trabalhadores e suas ferramentas. De fato, o espaço do plenum torna-se outro andar do edifício, inserido entre os outros andares, e a altura total do edifício deve ser aumentada de forma correspondente. A sua vantagem é que os trabalhos de manutenção e de atualização nos sistemas mecânico e elétrico do edifício poder ser feitos sem interromper as atividades abaixo do forro. Forros intersticiais são feitos de gesso ou de concreto leve e combinam os detalhes construtivos de estruturas de telhado de gesso moldado com forros de estuque suspenso. A Figura 24.13 mostra a instalação de um forro intersticial.

Figura 24.13
Os passos finais na construção de um forro intersticial: A laje do forro consiste de gesso reforçado com uma tela hexagonal de aço. Ele é estruturado com vigotas treliçadas de aço, cujas pontas superiores são visíveis no lado direito da foto, apoiadas por vigas de aço de aba larga, suspensas por barras a partir da estrutura de concreto moldado no local que está acima do forro. A camada final de gesso esta sendo bombeada no forro a partir de uma mangueira próxima ao centro da foto. O gesso molhado é nivelado com a régua de madeira, vista aqui apoiada nas vigas de aço, que é passada para obter uma superfície lisa, própria para caminhar. Quando o gesso tiver endurecido, a instalação dos dutos, tubulações e fiações, no espaço do forro intersticial, poderá começar, com os trabalhadores utilizando o forro de gesso como uma superfície onde podem caminhar. *(Foto com os cumprimentos de Keystone Steel & Wire Co.)*

Considerações sobre sustentabilidade em forros e revestimentos de pisos

Forros acústicos

- Placas de forros acústicos podem ser uma fonte de emissão de compostos orgânicos voláteis (COVs) assim como um depósito para emissões de outras fontes.
- Placas acústicas de baixa emissão estão disponíveis no mercado, assim como placas com alto conteúdo de materiais reciclados.
- Quando o espaço sobre os forros suspensos é utilizado como um plenum de ar de retorno para o sistema de condicionamento de ar do edifício, contaminantes e emissões das placas acústicas podem ser introduzidas no fluxo de ar do sistema e ser redistribuídos para outras partes do edifício.

Materiais duros de pisos

- Concreto, pedra, alvenaria, placas cerâmicas, argamassas e groutes cimentícios são quimicamente inertes e geralmente livres de emissões.
- Adesivos orgânicos utilizados em colocação de placas e resinas utilizadas em argamassas colantes para granitinas podem ser fontes de emissões.
- Selantes aplicados em materiais duros para pisos, para fornecer repelência à água e proteção contra manchamento, são fontes potenciais de emissões. Selantes à base de solvente geralmente têm emissões mais elevadas do que produtos à base d'água.

Revestimentos de madeira e bambu

- Considerações de sustentabilidade em produtos de madeira são discutidos no Capítulo 3 deste volume.
- O bambu é colhido em ciclos de 4 a 6 anos e é considerado um material rapidamente renovável. Alguns produtos de revestimento de pisos de bambu são produzidos com colas de uréia-formaldeido, uma fonte potencial de emissões. Outros são manufaturados com adesivos alternativos de baixa emissão.
- Acabamentos para revestimentos de pisos de madeira e bambu são fontes potenciais de emissões. Acabamentos e ceras à base d'água geralmente emitem menos do que acabamentos à base de solvente, mas eles podem não ser tão duráveis ou fáceis de aplicar.

Revestimentos resilientes de pisos

- Concretos autonivelantes, utilizados para preparar contrapisos para revestimentos resilientes de pisos, são fontes potenciais de emissões.
- Vinil (cloreto de polivinila) é um componente de muitos revestimentos resilientes de pisos e de outros produtos de acabamento interior. Ele tem uma energia incorporada de aproximadamente 70 MJ/kg. No momento em que este livro está sendo escrito, ele permanece um material controverso do ponto de vista da sustentabilidade:
  - A manufatura de vinil libera quantidades significativas de poluentes tóxicos no ar. Plastificantes nos produtos de vinil tendem a serem liberados como gás ao longo do tempo e alguns deles são tóxicos.

ACABAMENTO DE PISOS

As funções dos acabamentos de pisos

Os pisos têm relação com a nossa apreciação visual e táctil de um edifício. Nós sentimos suas cores, padrões e texturas, o seu "toque" sob os pés e o som que eles fazem em resposta às passadas. Os pisos afetam a acústica de um ambiente, contribuindo para uma característica barulhenta ou silenciosa, dependendo do material utilizado. Os pisos também interagem de várias maneiras com a luz: alguns materiais de piso criam reflexos espelhados (especulares); outros criam reflexos difusos ou não criam reflexo. Materiais escuros de piso absorvem a maior parte da luz incidente sobre eles e contribuem para a criação de um ambiente escuro, enquanto materiais claros refletem a maior parte da luz incidente e ajudam a criar um ambiente mais luminoso.

Os pisos também são um importante componente funcional de um edifício. Eles são a sua principal superfície de desgaste, sujeitos à água, à areia, ao pó e às ações abrasivas e penetrantes dos pés e do mobiliário. Eles requerem mais esforço de limpeza e manutenção do que qualquer outro componente de um edifício. Eles precisam ser projetados para lidar com problemas de serem escorregadios, higiene, redução de ruído entre andares de um edifício e mesmo de condutividade elétrica em dependências tais como salas de computadores e salas de cirurgia em hospitais, onde a eletricidade estática poderia ser uma ameaça. E, como outros componentes de acabamento interior, os pisos devem ser selecionados com um olhar na combustibilidade, classificações de resistência ao fogo e as cargas que eles trarão para a estrutura do edifício.

Serviços sob o piso

As estruturas de pisos são frequentemente utilizadas para a distribuição de fiações elétricas e de comunicação, especialmente em áreas de piso que são amplas e têm poucas divisórias fixas. Se a necessidade de serviços de eletricidade e telefonia é mínima e previsível, o sistema de distribuição horizontal mais econômico para a fiação de um piso consiste de condutos convencionais de tubulação metálica que são embutidos na laje de piso ou no contrapiso de concreto. Na maioria dos edifícios comerciais, entretanto, uma maior flexibilidade é exigida para

Quanto mais flexível é um produto de vinil, mais plastificante ele contém. Quando o vinil queima, ele pode liberar acido clorídrico e dioxinas. Embora o vinil seja um termoplástico e, portanto, facilmente reciclável, hoje a maior parte dos produtos de vinil em edificações é depositada em aterros ao final de sua vida útil.

- Os materiais de vinil são leves, fortes e têm relativamente pequena energia incorporada em comparação com muitos materiais alternativos disponíveis. A indústria da manufatura do vinil
- Algumas placas de vinil são produzidas a partir de vinil reciclado.
- A energia incorporada da borracha sintética é aproximadamente de 120 MJ/kg e a de borracha natural é de 70 MJ/kg.
- Alguns pisos de borracha são manufaturados de pneus de carros reciclados. A borracha natural é um recurso renovável extraído de plantas tropicais de borracha sem danificar as plantas.
- A cortiça é um material renovável colhido em um ciclo de 9 anos.
- As emissões de COV originadas de remoção de cera e novo enceramento de pisos resilientes ao longo de sua vida útil pode ser muitas vezes maior do que aquelas originadas dos próprios materiais de revestimento.
- Revestimentos de piso resilientes que satisfaçam os requisitos de *Floor Score* do Resilient Floor Institute, com relação às baixas emissões de COV, satisfazem os atuais requisitos do LEED para materiais de revestimento de piso de baixa emissão.

Carpete

- A energia incorporada em carpetes de nylon é de aproximadamente 150 MJ/kg, em carpetes de polipropileno é de 93 MJ/kg e de lã é de 105 MJ/kg. Em geral, fibras naturais tendem a ter menos energia incorporada que as fibras sintéticas, mas elas também são menos duráveis.
- Muitos carpetes e assentos são feitos, ao menos em parte, com algum material reciclado.
- Carpetes, assentos e adesivos que atendam aos requisitos do programa *Green Label Plus do Carpet and Rug Institute*, satisfazem os requisitos correntes do LEED para sistemas de carpetes de baixa emissão.
- Adesivos aplicados em fábrica tendem a ter emissões de COV mais baixas do que adesivos aplicados no local de construção.
- A instalação por esticamento de carpete em rolo e a instalação sem colagem de placas de carpete (métodos de instalação explicados mais tarde neste capítulo) eliminam a necessidade de adesivos para carpete.
- Carpetes podem tornar-se depósitos de COVs emitidos por outros materiais, bem como de bactérias, micróbios, ácaros e outros contaminantes.
- As placas de carpete, que permitem uma fácil substituição localizada, reduzem a necessidade de substituição de todo o carpete quando uma pequena área torna-se gasta ou danificada, deste modo estendendo a vida da instalação do carpete e reduzindo os resíduos.
- A reciclagem de carpetes usados é complicada pelo fato de que muitas fibras diferentes, que precisam ser recicladas separadamente, são utilizadas. Alguns fabricantes estão introduzindo programas de coleta "ciclo-fechado" do material utilizado, nos quais eles irão reciclar ou redefinir a utilização dos seus próprios produtos para prevenir que eles sejam depositados em aterros.

acomodar as mudanças de fiação que irão necessariamente ocorrer de tempos em tempos durante a vida do edifício. Existem diversos sistemas alternativos para criar esta flexibilidade. Em edifícios com sistemas estruturais de concreto, *dutos de piso* podem ser concretados nas lajes dos pisos (Figura 24.14). Eles são dutos feitos de chapas metálicas que podem conter muitos fios. Trabalhando através de caixas de inspeção, que permitem o acesso a partir da parte superior do duto até a superfície da laje, os eletricistas podem adicionar ou remover uma fiação a qualquer momento. Tomadas de eletricidade e de comunicações podem ser instaladas em qualquer uma das caixas de inspeção.

Em edifícios com estrutura metálica, *estruturas de piso alveolares de aço* fornecem as mesmas vantagens funcionais que dutos de piso (Figuras 24.15-24.17). *Terminais trespassantes de laje* (Figura 24.18) permitem flexibilidade na fiação ao longo do tempo, sem a necessidade de dutos ou estruturas de piso alveolares. Sistemas de trespasse de laje, entretanto, requerem que o eletricista trabalhe a partir do andar de baixo para fazer as mudanças no piso do andar superior, o que pode ser um inconveniente para os ocupantes do andar inferior.

O *piso elevado* é vantajoso em edifícios onde as mudanças na fiação são frequentes e imprevisíveis, tais como salas de computação e escritórios com um grande número de máquinas eletrônicas (Figura 29.19 e 24.20). O piso elevado tem uma capacidade praticamente ilimitada de atender futuras demandas de fiação e mudanças nesta fiação são extremamente fáceis de realizar. Se a o piso é elevado o suficiente, os dutos para a distribuição do ar condicionado podem ser instalados sob ele, possivelmente eliminando a necessidade de um forro suspenso. Isso pode ser útil em edifícios cujo sistema estrutural foi projetado para ser deixado exposto como um acabamento de forro, ou em edifícios mais antigos com belos forros de estuque ou de madeira. Pisos elevados também funcionam bem em edifícios antigos porque a altura de seus suportes telescópicos pode ser ajustada para compensar as irregularidades da superfície do piso. Diversos sistemas, que fornecem controle individual de condicionamento de ar em grandes edifícios, utilizam o espaço sob um piso elevado como uma grande câmara de distribuição para o ar condicionado; cada estação de trabalho conta com um pequeno difusor de ar na superfície do piso.

Sistemas de fiação sob o carpete, que utilizam condutores chatos ao invés dos fios de redondos tradicionais, são apropriados em muitos edifícios, tanto para a fiação elétrica quanto para a de comunicações (Figura 24.21 e 24.22). Eles são utilizáveis, tanto em novos projetos, como em renovações.

Figura 24.14
Um trabalhador nivela um duto de piso sobre formas de aço tipo bandeja colocadas para uma estrutura de laje de piso nervurada. O concreto será bombeado até que sua superfície fique nivelada com o topo das caixas de acesso, envolvendo completamente os dutos de piso e permitindo que cada caixa possa ser aberta simplesmente removendo a sua tampa metálica. Terminais elétricos e de comunicações podem ser instalados em qualquer caixa de acesso. As tampas de caixas de acesso não utilizadas serão escondidas sob as placas de piso de compósitos de vinil ou sob o carpete. *(Cortesia de American Electric-Construction Materials Group)*

Figura 24.15
Uma estrutura (deck) alveolar de aço é normalmente utilizada para a fiação elétrica e de telecomunicações sob o piso. Uma calha de distribuição, próxima ao topo do desenho, traz a fiação através do piso das baixadas elétricas de alimentação para os alvéolos da estrutura de aço. Caixas fixadas sobre a estrutura dão acesso aos alvéolos para a instalação de terminais de eletricidade. Repare nos pinos de fixação na viga de aço no topo da figura. *(Foto cortesia de H. H. Robertson Company)*

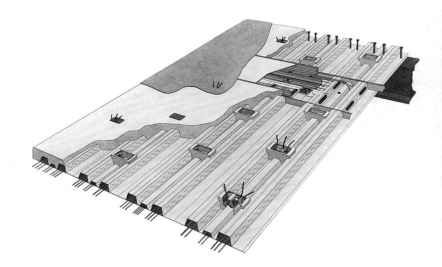

Capítulo 24 Forros e Revestimentos de Pisos **937**

Figura 24.16
Uma vista em corte de um deck alveolar de aço, mostrando a fiação de telefone e de outras fiações de comunicação de baixa voltagem, no alvéolo à esquerda, fiação de força elétrica no alvéolo à direita e acesso a estes serviços na caixa do meio. *(Foto cortesia de H. H. Robertson Company)*

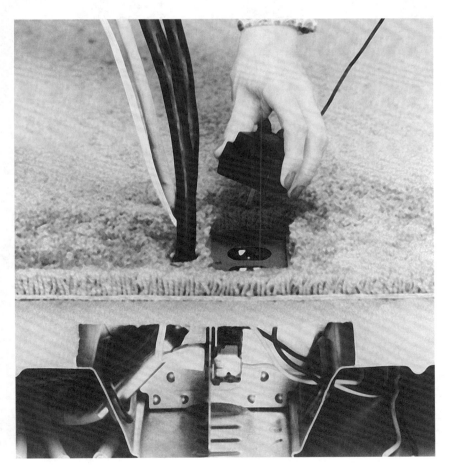

Figura 24.17
Conectando a uma tomada elétrica montada no piso, alimentada por fios a partir do deck do piso. *(Foto cortesia de H. H. Robertson Company)*

Figura 24.18
(*a*) Uma caixa de tomadas trespassante é projetada para ser instalada em um furo feito em uma laje de piso de concreto. A caixa de passagem no fundo conecta a um eletroduto sobre o forro suspenso do piso inferior. A fiação passa da caixa de passagem através do tubo vertical para a caixa de tomadas acima. (*b*) Buchas retardadoras de fogo vedam o furo da laje, de tal modo que o fogo não pode passar, mantendo assim a classificação de resistência ao fogo da estrutura do piso. Se uma caixa de tomadas trespassante é retirada em uma renovação futura, uma bucha especial de isolamento é instalada para vedar o furo. *(Cortesia de American Electric-
-Construction Materials Group)*

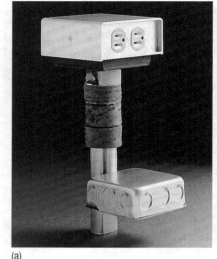

(a)   (b)

Figura 24.19
Um piso elevado fornece uma capacidade ilimitada para a instalação de fiação, tubulações e dutos. O espaço abaixo do piso pode servir como um plenum para a distribuição de ar. Modificações em qualquer um dos sistemas sob o piso podem ser feitas com facilidade e tomadas podem ser instaladas em qualquer ponto do piso. *(Cortesia de Tate Architectural Products, Inc.)*

Capítulo 24 Forros e Revestimentos de Pisos **939**

Figura 24.20
O ar condicionado é fornecido a esta sala de computadores através do espaço sob o piso elevado e é alimentado para a sala através de painéis perfurados de piso. O ar retorna através de saídas no forro suspenso. *(Foto cortesia de Armstrong World Industries)*

Figura 24.21
Os condutores de eletricidade chatos, para um sistema de fiação sob o carpete, permanecem ocultos e são acessados através de caixas salientes. *(Foto: Cortesia de Burndy Corporation)*

Figura 24.22
Os condutores chatos são fitas de cobre laminado entre camadas isolantes de fita plástica. Estes condutores são conectados, quando necessário, com a ferramenta de conexão mostrada nesta fotografia e são cobertos com uma proteção metálica aterrada antes de serem colados ao piso. *(Foto: Cortesia de Burndy Corporation)*

Reduzindo a transmissão de ruído através dos pisos

Em edifícios de vários andares, às vezes é necessário tomar precauções para reduzir o volume de ruído de impacto transmitido através do piso para a peça abaixo. Isso é particularmente verdadeiro em hotéis e edifícios de apartamentos, onde as pessoas estão dormindo em quartos abaixo dos quartos de outros que podem estar acordados e se movendo. O ruído de impacto é gerado por passadas ou máquinas e é conduzido como uma *vibração transmitida por estrutura* através do material do piso, para tornar-se um ruído transmitido pelo ar no quarto abaixo.

Existem diversas estratégias para lidar com o ruído de impacto; elas podem ser empregadas individualmente ou em várias combinações. Uma é utilizar um carpete com uma base emborrachada ou um piso resiliente acolchoado para reduzir o volume do ruído de impacto que é gerado. A segunda é colocar sob o material do piso uma camada de material resiliente que não é altamente condutor de ruído de impacto. Painéis de fibra de celulose e mantas não tecidas de filamento plástico são dois materiais oferecidos no mercado para este propósito. Um terceiro mecanismo é construir abaixo do piso um forro hermeticamente vedado, de um material denso e pesado como estuque ou placas de gesso acartonado, e montar este forro em fixadores resilientes ou através de *fios de fixação* com molas. As molas ou fixadores absorvem a maior parte da energia sonora que, de outra maneira, iria viajar através da estrutura.

Muitas montagens piso-forro foram testadas para transmissão de som e classificadas tanto para Classe de Transmissão de Som (CTS), a qual avalia a transmissão de som transmitido pelo ar, e para a Classe de Isolamento de Impacto (CII). (As classificações são explicadas em maior detalhe no Capítulo 22.) As classificações dos produtos são encontradas na literatura comercial relacionada com os vários tipos de construção de piso e oferecem uma comparação rápida de desempenho acústico.

Materiais de piso antiderrapantes e resistentes ao fogo

A característica antiderrapante de um material de piso é medida por seu *Coeficiente de Atrito Estático (CAE)*. Um cuidado especial deve ser tomado ao especificar um material polido muito liso para um piso, especialmente em entradas e áreas de saguões, onde as pessoas podem ter os pés molhados. Um CAE de 0,5 ou mais é desejável para minimizar acidentes causados por escorregamento. Os CAEs são publicados por fabricantes de todos os materiais de pisos.

Materiais de acabamento de pisos também precisam cumprir com exigências dos códigos de obras para resistência a ignição por calor radiante e propagação de chama, como explicado no Capítulo 22.

Os pisos de tijolos, devido ao fato de os tijolos poderem ser feitos de diversas formas e de diversas cores devido à diversidade de argilas, são muito agradáveis e bonitos de serem vistos... Os forros também são feitos de forma diversificada, porque muitos têm prazer em fazê--los com vigas bonitas e bem decoradas... essas vigas deveriam estar distantes entre si uma vez e meia a espessura da viga, porque desta maneira o forro parece muito bonito aos olhos.

Andrea Palladio, Os Quatro Livros de Arquitetura, 1570.

TIPOS DE MATERIAIS DE ACABAMENTO DE PISOS
Materiais duros para pisos

Materiais duros para acabamento de pisos (concreto, pedra, tijolos, placas cerâmicas e granitina) são frequentemente escolhidos por sua resistência ao desgaste e à umidade. Sendo rígidos e inflexíveis, eles não são confortáveis para serem trilhados por longos períodos de tempo e eles contribuem para um ambiente acústico barulhento e ativo. Muitos destes materiais, entretanto, são tão bonitos em suas cores e padrões e tão duráveis, que eles são considerados entre os tipos de pisos mais desejáveis por projetistas e proprietários.

Concreto

Com um acabamento superficial de uma leve textura de madeira para a tração, o concreto proporciona um excelente acabamento de piso para garagens de estacionamentos e muitos tipos de edifícios agrícolas e industriais. Com um acabamento liso e duro, obtido com desempenadeira de aço, o concreto encontra usos em uma grande variedade de edifícios comerciais e institucionais e mesmo em casas e escritórios. Cores também podem ser adicionadas com a mistura de corantes, pigmentos para concreto ou duas demãos de uma tinta para pisos. As principais vantagens do concreto como um material de acabamento de pisos é seu baixo custo inicial e sua durabilidade. Pelo lado negativo, uma mão de obra extremamente qualificada é necessária para fazer um acabamento de piso aceitável e, a menos que seja aplicado como uma camada superficial de acabamento muito próximo da conclusão da obra, mesmo a melhor superfície de concreto provavelmente vai sofrer algum dano e manchamento durante a construção.

Pedra

Muitos tipos de pedras para edificação são utilizados como material de piso, em texturas superficiais que variam desde mármore e granito, polidos como espelhos, até ardósia e arenitos simplesmente com as faces cortadas (Figuras 24.23 e 24.24). A colocação é relativamente simples, mas requer grande habilidade para o assentamento da pedra na argamassa e para o preenchimento das juntas com argamassa (Figura 24.25). A maioria das pedras de piso é pintada com múltiplas camadas de um revestimento selador claro, e elas são enceradas periodicamente por toda a vida útil da edificação, para reavivar a cor e os desenhos das pedras.

Tijolos e bloquetes

Tanto os tijolos como os tijolos de pequena espessura chamados *bloquetes* são utilizados como acabamento de piso, sendo que os bloquetes são frequentemente preferidos porque eles acrescentam menos espessura e peso morto ao piso (Figuras 9.41 e 24.26). Tijolos podem ser assentados sobre sua maior superfície ou a cutelo. Assim como com as pedras decorativas e placas cerâmicas, padrões decorativos de juntas podem ser desenhados especialmente para cada decoração.

Lajotas cerâmicas

Lajotas cerâmicas são grandes placas de argila queimada, normalmente quadradas, mas algumas vezes retangulares, hexagonais, octogonais ou com outras formas (Figuras 24.27 e 24.28). Os tamanhos variam de aproximadamente 100 mm até 300 mm de lado, com espessuras variando de 9 mm até 25 mm para algumas lajotas feitas manualmente. As lajotas cerâmicas são oferecidas em uma infinidade de cores terrosas, bem como em algumas cores aplicadas em fornos. Elas normalmente são colocadas sobre uma base armada de argamassa, embora em aplicações residenciais elas possam ser aplicadas diretamente com uma fina camada de cola cimentícia sobre uma base de painéis de madeira ou sobre pranchas de apoio (Figura 24.29). (Métodos de assentamento de lajotas foram discutidos mais detalhadamente nos capítulos anteriores.) É importante que qualquer base sobre a qual as lajotas sejam assentadas deveriam ser extremamente rígidas; de outra maneira, a flexão da base sob cargas variadas irá soltar as lajotas. Um aumento de espessura da base e/ou um elemento de enrijecimento são aconselháveis.

Figura 24.23
Um piso de ardósia em um showroom de automóveis. *(Foto por Bill Engdahl, Hedrich Blessing. Cortesia de Buckingham-Virginia Slate Company)*

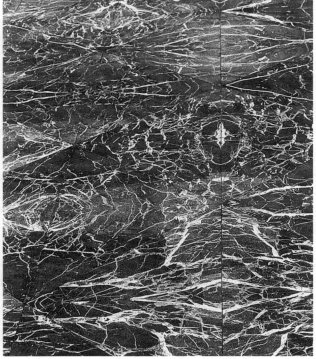

Figura 24.24
Piso de triângulos de mármore vermelho com veios brancos, polido e com desenhos casados proporciona um efeito caleidoscópico. *(Arquiteto: The Architects Collaborative. Foto por Edward Allen)*

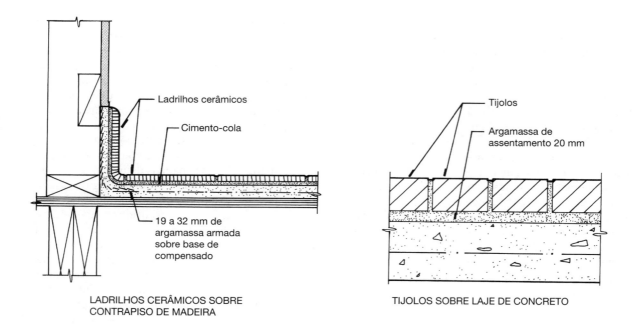
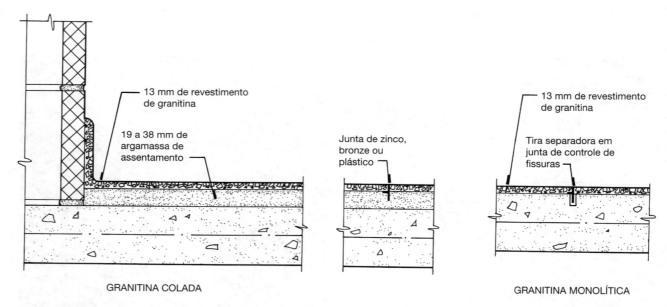

Figura 24.25
Detalhes típicos de pisos de lajotas, tijolos, pedra e granitina. O tradicional piso de granitina com base de areia não é mostrado. Os sistemas de granitina mostrados aqui são mais finos e mais leves que a granitina com base de areia, mas eles têm um desempenho igual em uma estrutura de piso adequadamente projetada. Granitina colada com cimento-cola, o sistema mais leve, usa grãos muito pequenos de pedra em uma argamassa que tem sua resistência aumentada com epóxi, poliéster ou poliacrilato.

Capítulo 24 Forros e Revestimentos de Pisos **943**

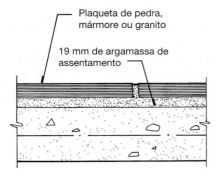

PEDRA SOBRE LAJE DE CONCRETO

CAMADA FINA DE GRANITINA

Figura 24.26
Um piso de bloquetes de tijolo esmaltado encontra uma floreira construída de alvenaria de tijolos. *(Cortesia de Stark Cermics, Inc.)*

Figura 24.27
Lajotas cerâmicas sem esmalte utilizadas como piso e como acabamento de colunas e de parapeitos. *(Arquiteto: Skidmore, Owings & Merrill. Projetista de interiores: Duffy, Inc. Cortesia de American Olean Tile Company)*

Placas cerâmicas

Placas de argila queimadas, que são menores do que as lajotas cerâmicas, são chamadas coletivamente de *placas cerâmicas*. As placas cerâmicas usualmente são vitrificadas. A forma quadrada é a mais comum, mas retângulos, hexágonos, círculos e formas mais elaboradas também estão disponíveis no mercado (Figura 24.30). Os tamanhos variam de 12 mm até 600 mm e mais de lado. As placas de menor tamanho (menores do que 100 mm) são enviadas da fábrica com suas faces aderidas a grandes folhas de plástico ou de papel e são chamadas de pastilhas. O operário coloca as folhas com 100 ou mais pastilhas de cada vez, ao invés de colocar cada pequena pastilha individualmente (Figura 7.39). A folha de papel é facilmente removida quando molhada, após o adesivo da placa ter curado.

A cor da argamassa de rejuntamento tem uma grande influencia na aparência das superfícies revestidas, do mesmo modo que ocorre com tijolos e pedras decorativas. Muitas cores pré-misturadas estão disponíveis no mercado, mas o colocador também pode colorir a argamassa com pigmentos.

Figura 24.28
Lajotas cerâmicas quadradas e retangulares em cores contrastantes criam um padrão no piso de um shopping center. *(Arquiteto: Edward J. DeBartolo Corp. Cortesia de American Olean Tile Company)*

Métodos de colocação de lajotas cerâmicas em superfícies de paredes interiores, discutidos no capítulo anterior, também se aplicam à colocação de cerâmica no piso, e um exemplo de colocação de placas cerâmicas em pisos e paredes é mostrado na Figura 23.41. Assim como nas aplicações de placas cerâmicas nas paredes, membranas de impermeabilização podem ser integradas na montagem do piso de lajotas em locais de uso molhado. Quando as placas cerâmicas são aplicadas com argamassa sobre bases que estão fissuradas ou sujeitas a deflexão excessiva, uma *lâmina de deslizamento* ou *membrana divisória*, normalmente consistindo de feltro comum de construção, pode ser inserida entre a base de argamassa e a base de apoio para isolar a montagem das placas da base e reduzir a chance de rachaduras nas placas. Quando as placas são colocadas com cimento-cola sobre bases problemáticas, *membranas de isolamento de fissuras* ou *membranas de separação* que preservam a ligação necessária entre o composto do cimento-cola e a base, mas limitam a transferência de tensões para a montagem das placas, podem ser utilizadas.

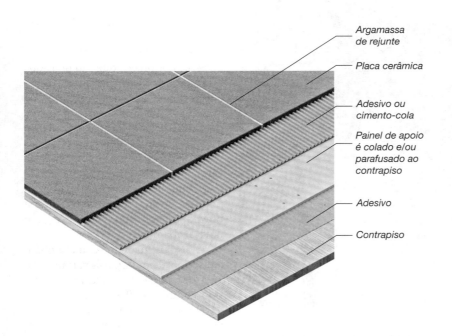

Figura 24.29
Lajotas cerâmicas podem ser coladas a uma base de chapas cimentícias, que é aplicada como uma camada de suporte sobre um piso de painéis de madeira.

Granitina

A *granitina* é um piso excepcionalmente durável. Ela é feita através do polimento de um concreto que consiste de grãos de mármore ou granito, selecionados pelo tamanho e cor, inseridos em uma matriz de cimento Portland colorido ou outro agente adesivo. O polimento revela o padrão e a cor dos grãos de pedra. Um selador é comumente aplicado para melhorar ainda mais a aparência do piso (Figura 24.31). A granitina pode ser produzida no local ou colocada como placas produzidas em fábrica. Para os degraus de uma escada, peitoris de janelas e outros componentes maiores, a granitina é normalmente pré-fabricada. Devido à sua infinita variedade de cores e texturas, a granitina é frequentemente utilizada em padrões decorativos de pisos. As cores são separadas umas das outras por *tiras divisórias* de metal, plástico ou mármore. As tiras divisórias são instaladas na base, antes da colocação da granitina, e são lixadas e polidas junto com a granitina, na mesma operação.

Tradicionalmente, a granitina é colocada sobre uma fina camada de areia que a isola da laje de piso estrutural, protegendo-a, em certa medida, dos movimentos da estrutura do edifício. Esta *granitina sobre cama de areia*, devido à sua espessura, geralmente de 65 mm, é pesada. Para uma maior economia e redução de espessura, a cama de areia pode ser eliminada para a execução de uma *granitina colada*, ou ambas a cama de areia e a sub-cama podem ser eliminadas com a *granitina monolítica*. *Granitina com cimento-cola*, feita com resinas epóxi, resinas poliéster, ou cimentos modificados com polímeros, é o mais fino de todos os métodos de colocação de granitina (Figura 24.25). Em qualquer destes sistemas, um rodapé de granitina pode ser executado como uma parte integral do piso, eliminando assim a emenda que acumula sujeira onde o piso encontra a parede.

Piso de madeira e bambu
Piso de madeira

A madeira é utilizada de muitas formas diferentes como um material de acabamento de pisos, sendo uma das mais comuns o *piso de tiras de madeira sólida com encaixe macho-fêmea*, tipicamente com espessura de 20 mm e de 40 a 60 mm de largura. O piso de tiras de madeira pode ser feito de muitas espécies de madeiras de lei ou madeiras mais macias, sendo que algumas das mais utilizadas são Carvalho branco, Carvalho vermelho, árvores da família dos plátanos e nogueiras Pecan (Figuras 24.32 – 24.34). As tiras de madeira são mantidas firmemente juntas com uma *pregação invisível*, por pregos que são pregados diagonalmente através da parte superior do encaixe macho da tiras, os quais ficam ocultos da vista quando a próxima tira for colocada. Todo o piso é então lixado, se desejado pode ser pintado, e é dado um acabamento de verniz ou outra pintura clara. Quando a sua superfície fica desgastada, o piso pode ser restaurado e ganhar uma nova aparência através da lixação e novo acabamento.

O piso de madeira solida também é disponível em larguras variando de 75 a 200 mm, e neste caso ele é referido como *assoalho* ou *piso de tábuas*. Devido ao fato de as tábuas mais largas serem mais sujeitas a deformações causadas por variações no per-

Figura 24.30
Placas cerâmicas em lambris e no piso de um bar. *(Architect: Daughn/Salisbury, Inc. Designer: Morris Nathanson Design. Courtesy of American Olean Tile Company)*

Figura 24.31
Um piso de granitina em uma entrada residencial usa tiras divisoras e cores contrastantes para criar um desenho customizado de piso. *(Cortesia de National Terrazzo and Mosaic Association, Inc.)*

centual de umidade da madeira, elas são frequentemente fixadas ao longo da face com parafusos embutidos em conjunto com ou ao invés de serem pregadas de maneira invisível ao longo de suas bordas.

Para maior economia, um piso de madeira fabricado industrialmente, consistindo de revestimentos de madeira de acabamento, laminado em um núcleo de madeira compensada, chamado de *carpete de madeira*, está disponível no mercado. Tipicamente, ele tem entre 7 e 15 mm de espessura, é colado ao contrapiso com um mastique adesivo ao invés de ser pregado. A construção laminada do carpete de madeira o torna menos sensível aos efeitos da umidade e dimensionalmente mais estável do que o piso de madeira sólida. Por esta razão, ele é considerado mais adequado para uso em pisos de subsolos ou em outros locais expostos a altos níveis de umidade. Devido ao fato de sua superfície

Figura 24.32
Detalhes da execução de um piso de tiras de madeira de lei. À esquerda, o piso é aplicado sobre uma estrutura de barrotes de madeira e à direita, sobre uma laje de concreto com barrotes (ripas) de madeira embutidas. A pregagem invisível do piso é mostrada somente para as primeiras tiras de piso à esquerda. O rodapé faz uma junção eficaz entre o piso e a parede, cobrindo as bordas irregulares do material da parede e do piso. O rodapé de três partes mostrado à esquerda realiza este trabalho de maneira um pouco melhor que o rodapé de uma parte, mas ele é mais caro e elaborado. Para uma execução mais estável e de maior qualidade, uma lâmina adicional de madeira compensada como base pode ser adicionada sob o piso em cada um destes exemplos.

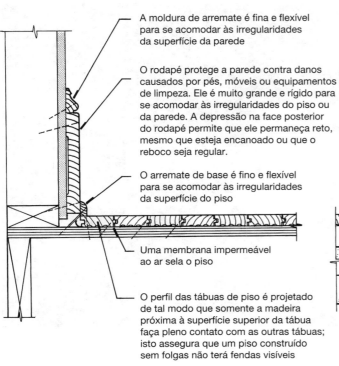

de acabamento ser uma lâmina fina, a maioria dos carpetes de madeira não consegue suportar lixações e renovações subsequentes.

O *parquet* é um piso de madeira de tons variados, organizados em arranjos formando desenhos. Ele pode ser feito de tiras de madeira de lei montadas na obra, ou em blocos montados na fábrica a partir de tiras de madeira de lei ou de carpete de madeira.

Alguns pisos de madeira com tecnologia proprietária não são pregados ou colados ao contrapiso, mas ao invés, ficam "flutuando" sobre uma fina camada de espuma resiliente. Estes assim chamados de *pisos flutuantes* são feitos através da junção de peças individuais de piso, conectadas pelas bordas para formar uma peça contínua tão extensa quanto o ambiente no qual o piso está instalado. A cola nas bordas é a forma mais comum de

Figura 24.33
Um instalador de piso de tiras de madeira de lei usa um martelo pneumático para pregar os pregos cegos em diagonal, que fixarão o piso no contrapiso. O martelo pneumático é um tipo especial que é ativado por uma batida de um martelo de borracha, que também serve para juntar as peças de madeira sem deixar folga. Papel feltro saturado com asfalto acomoda o piso e ajuda a prevenir o ranger do piso. *(Foto por Rob Thalion)*

Figura 24.34
Piso de tiras de carvalho em um salão de cabelereiro. Note o uso de dutos expostos e uma calha de luz no teto. *(Arquitetos: Michael Rubin e Henry Smith-Miller em associação com Kenneth Cohen. Cortesia de Oak Flooring Institute)*

fazer esta conexão, mas alguns sistemas, que usam conectores metálicos ou detalhes de encaixes nas bordas, estão disponíveis no mercado. Uma folga é deixada nas bordas da peça para permitir expansão e contração do piso. Este é depois coberto com um rodapé. A maioria dos pisos flutuantes é feita de carpete de madeira, o qual é dimensionalmente mais estável do que um piso de madeira sólida.

Muitos tipos de pisos de madeira estão disponíveis com acabamentos aplicados na fábrica. Quando a instalação de um piso convencional sem acabamento é iniciada em um projeto, ela pode requerer a completa cessação de outras atividades de construção por certo número de dias, enquanto o piso é instalado e lixado e várias camadas de acabamento são aplicadas e secam. Com o piso de acabamento industrial, o tempo requerido para uma colocação completa e o impacto em outras atividades são minimizados. Os pisos pré-acabados, no entanto, não podem ser lixados depois da colocação, portanto estes produtos são normalmente fornecidos com bordas levemente arredondadas (um pequeno rebaixamento dos cantos ao longo das bordas da face de acabamento) que escondem qualquer pequena diferença de nível entre peças adjacentes de piso depois da instalação. O acabamento de fábrica é especialmente comum com carpetes de madeira. Uma vez que a camada do verniz de acabamento é fina e não pode ser lixada e repintada, um acabamento com resina acrílica resistente ao desgaste especialmente dura é aplicado na fábrica, o qual ajuda a prolongar a vida do piso.

O segmento que mais cresce no mercado de pisos é o *piso de plástico laminado*, o qual é quase sempre colocado como um piso flutuante. Ele é composto de chapas ou de grandes placas que têm um núcleo de compósito de madeira e uma camada de desgaste de plástico laminado de alta densidade, muito semelhante àquela utilizado em topos de balcões. O laminado é usualmente decorado para lembrar madeira, mas outros padrões também são disponíveis. A maioria dos pisos laminados pode ser usada em cozinhas ou banheiros se um selante é aplicado em volta do perímetro do piso para evitar que a água penetre por baixo dele.

O *piso de blocos de madeira*, excepcionalmente durável, é feito de pequenos blocos de madeira colados com adesivo, com seus veios orientados verticalmente. Embora esse tipo de piso tenha um custo inicial relativamente alto, ele é econômico para pisos com grande tráfego e algumas vezes é escolhido para uso em espaços públicos devido à beleza de seus desenhos e veios.

Piso de bambu

O bambu, uma gramínea de rápido crescimento, pode ser utilizado na manufatura de produtos de piso, da mesma maneira que aqueles feitos utilizando madeira. O processo de manufatura envolve cortar as varas de bambu em tiras, processar as tiras para remover o amido, laminar e colar as tiras sob pressão e então cortar o produto no perfil final do piso. As laminações podem ser orientadas tanto verticalmente como horizontalmente dentro da tira, criando uma aparência na superfície semelhante ao veio longitudinal ou ao topo dos veios das madeiras sólidas.

O piso de bambu é mais duro e dimensionalmente mais estável que o piso feito de madeira convencional. Sua cor natural é clara, semelhante àquela das madeiras da família dos plátanos. Uma coloração mais escura como âmbar também pode ser

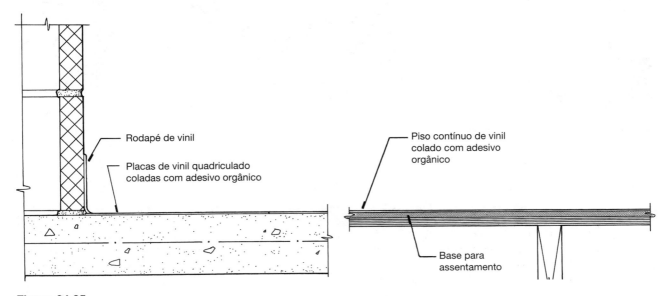

Figura 24.35
Detalhes de uma instalação típica para pisos resilientes. À esquerda, placas individuais de vinil aplicadas diretamente sobre uma laje de concreto com acabamento de desempenadeira de aço, com um rodapé de vinil colado em uma divisória de concreto. À direita, um piso de lençol contínuo de vinil sobre uma base e uma estrutura de piso de barrotes de madeira.

obtida através da pressão de vapor, um processo chamado de "carbonização". Assim como a madeira, o piso de bambu pode ser fornecido como uma tira sólida, feita inteiramente de laminações de bambu, ou como um produto mais elaborado, consistindo de uma camada de acabamento de aproximadamente 3 mm de bambu sobre uma base laminada de madeira convencional. Ele pode ser fornecido sem acabamento ou com acabamento de fábrica.

Pisos resilientes

O mais antigo material *resiliente de piso* é o *linóleo*, um material feito em lâminas de cortiça moída envolta em uma matriz de óleo de linhaça sobre uma tela de juta. *Placas de asfalto* foram posteriormente desenvolvidas como uma alternativa ao linóleo, mas atualmente a maioria dos pisos resilientes em lâminas e placas é feita de compostos de vinil ou borracha. A principal vantagem de pisos resilientes são a grande variedade de cores e padrões disponíveis, uma durabilidade relativamente alta e um baixo custo inicial.

Placas compósitas de vinil (PCV), feitas de uma ou mais resinas de vinil em combinação com adesivos, pigmentos e fillers (PIV pode consistir de até 85% de filler de calcário), têm o mais baixo custo de produto colocado de qualquer tipo de material de piso, exceto concreto, e são utilizadas em grandes quantidades em pisos de residências, escritórios, salas de aula e lojas. Outros materiais de placas resilientes comuns incluem a *placa de vinil sólido* (PVS), com um percentual maior de vinil e maior durabilidade que o PIV, e a *placa de borracha para piso*, feita de compósitos de borracha vulcanizada natural ou sintética com vários aditivos. A espessura das placas de piso é tipicamente de 3 mm ou um pouco menos. O tamanho mais comum de placa quadrada é de 300 mm de lado, embora outros tamanhos, de até 900 mm de lado, também estejam disponíveis no mercado.

Os materiais mais comuns de *pisos resilientes em lençóis* são vinil sólido e borracha. Os pisos de linóleo, cortiça e outros materiais também estão disponíveis. Cada um oferece características particulares de durabilidade e aparência. A espessura dos lençóis de piso também são da ordem de 3 mm, ou levemente mais finas para pisos com tráfego leve e levemente mais espessas se uma base acolchoada é adicionada ao produto. Os lençóis são fornecidos em rolos de 1,5 a 3,6 m de largura. Se elas são instaladas por mão de obra qualificada, as emendas entre as tiras das lâminas são praticamente invisíveis.

A maioria dos materiais resilientes é colada ao concreto ou madeira do piso estrutural (Figuras 24.35-24.37). Os materiais resilientes são tão finos e deformáveis que eles mostram mesmo as menores irregularidades no contrapiso abaixo. Superfícies de concreto, às quais materiais resilientes serão aplicados, precisam primeiramente ser limpas de partículas e respingos de construção. Bases de painéis de madeira são cobertas com uma camada de *painéis de apoio* lisos, normalmente de chapa de madeira aglomerada, OSB ou chapa compen-

Figura 24.36
Placa compósita de vinil e um rodapé de vinil com pé. Repare como o rodapé é simplesmente dobrado em volta da quina da parede divisória. *(Foto cortesia de Armstrong World Industries)*

Figura 24.37
Um piso de lâmina de vinil pode ser estendido como rodapé para criar uma base integral que é facilmente limpa, para uso em locais de tratamento de saúde, cozinhas e banheiros. As emendas são soldadas para eliminar fendas que podem reter poeira. *(Foto cortesia de Armstrong World Industries)*

sada lixada, para fornecer um substrato mais liso para os materiais resilientes de piso. As juntas entre os painéis de apoio são deslocadas em relação às juntas do contrapiso, para eliminar pontos de afundamento nas juntas. A espessura das placas de apoio é definida de modo a tornar o nível da superfície do piso resiliente coincidir com o nível das superfícies de outros materiais de piso, tais como madeira e placas cerâmicas, que são utilizadas nas áreas adjacentes do edifício. Compostos de nivelamento, gesso ou materiais à base de cimento, similares à massa de acabamento, que podem ser trabalhados até uma espessura muito fina, também são utilizados para preencher pequenas reentrâncias na superfície do piso, antes da instalação dos materiais resilientes.

Vários acessórios de pisos, tais como bases, revestimentos de degraus e bordas de degraus, também são feitos de componentes de vinil e borracha. O *rodapé flexível de pé curvo* é o arremate de base mais comum utilizado com pisos resilientes (Figura 24.35). O *rodapé flexível sem pé* não tem pé e é utilizado mais comumente com pisos de carpete. O *rodapé flexível de pé reto* tem um pé com canto em ângulo reto com a mesma espessura do revestimento de piso. Ele encaixa sem folgas no revestimento do piso, criando uma transição suave entre os dois.

Carpete

O *carpete* é manufaturado em fibras, estilos e desenhos para atender praticamente qualquer demanda de piso, seja interna ou externa, exceto para pisos que necessitem de excelentes condições sanitárias, tais como quartos de hospitais, instalações de processamento de alimentos e banheiros. Alguns carpetes são resistentes o suficiente para serem utilizados por anos em corredores públicos (Figura 24.38); outros são macios o suficiente para a área íntima de residências. Os custos dos carpetes são frequentemente competitivos com aqueles de outros materiais de piso com qualidade semelhante, quer eles sejam avaliados pelo seu custo já colocados ou com base no custo ao longo da sua vida útil. Um pouco mais da metade de todos os carpetes vendidos na América do Norte são feitos com fibras de nylon; outro terço é feito com polipropileno; o restante é feito com outras fibras sintéticas e fibras naturais.

Existem quatro maneiras de instalar um carpete: mais frequentemente, eles são colados diretamente no contrapiso (*instalação de colagem direta*) ou são estendidos sobre um lençol de borracha e presos no perímetro da peça por meio de uma tira sem pregos (*instalação por esticamento*). A tira sem pregos é uma peça contínua de madeira, presa ao piso, que possui pontas salientes ao longo da face superior, cuja finalidade é prender a parte de trás do carpete e mantê-lo seguro à medida que ele é esticado no lugar pelos instaladores. Alternativamente, o lençol de borracha pode ser colado ao contrapiso e então o carpete é colado ao lençol (*instalação de dupla colagem*) ou um carpete com um lençol de borracha de fábrica pode ser colado ao contrapiso (*instalação de carpete com lençol colado*).

Se o carpete ou a placa de carpete é colocado diretamente sobre um piso com chapa de madeira, como madeira compensada, as juntas da chapa perpendiculares aos barrotes deveriam ser presas por baixo para evitar movimento entre as chapas. Chapas de madeira compensada com encaixes macho-fêmea obtêm o mesmo resultado sem a necessidade de prender as chapas. Alternativamente, uma camada de painéis de base pode ser pregada sobre o contrapiso, com as suas juntas desencontradas daquelas do contrapiso.

Carpetes, lençóis de borracha e adesivos são todos importantes fontes potenciais de emissões de COV. Produtos que atendem as exigências do programa *Green Label Plus* do Carpet & Rug Institute são certificados como atendendo aos padrões de baixa emissão que atendem às exigências atuais do LEED NC e de outros programas de edifícios verdes. Um padrão mais recente é o do NSF Internacional, chamado de *NSF/ANSI Standard 140 Sustainable Carpet Assessment Standard*. O NSF 140 fornece um sistema de avaliação de ciclo de vida mais abrangente para carpetes, que leva em consideração não somente a qualidade do ar interior, mas também outras preocupações relacionadas com a saúde pública e o meio ambiente, a eficiência energética, o conteúdo de materiais reciclados ou bio-baseados, a destinação ao fim da vida útil e outras considerações.

Placas de carpete

Materiais de carpete também são manufaturados na forma de placas quadradas, com tamanhos típicos variando de 450 a 915 mm de lado. Em comparação com o carpete em rolo, as placas de carpete são mais fáceis de transportar, armazenar, manusear e instalar; elas permitem a substituição mais fácil de uma parte; elas permitem o acesso imediato ao contrapiso; e elas são compatíveis com sistemas de pisos suspensos. Os métodos de instalação de placas de carpete incluem *colagem total*, na qual todas as placas são coladas ao contrapiso; *colagem parcial*, na qual apenas algumas placas espaçadas entre si são coladas ao contrapiso; e *sem colagem*, na qual placas inter-travadas são colocadas sem qualquer adesivo.

Figura 24.38
Carpete que se estende de parede a parede em uma instalação comercial. *(Foto cortesia de Armstrong World Industries)*

ESPESSURA DO PISO

A espessura do revestimento do piso varia de 3 mm ou menos, para pisos resilientes, até 75 mm ou mais para pisos de tijolos. Frequentemente, muitos tipos diferentes de pisos são utilizados em diferentes áreas do mesmo andar de um edifício. Se as diferenças de espessura dos materiais de piso não forem grandes, elas podem ser resolvidas utilizando-se bordas ou limitadores nos pontos de mudança de material. Maiores diferenças podem ser resolvidas com variações na espessura do contrapiso. Alternativamente, *recobrimentos autonivelantes* de gesso ou de materiais cimentícios, de até vários centímetros de espessura, podem ser colocados sobre partes do contrapiso para elevar o nível do piso de acabamento.

Se nenhuma dessas soluções puder resolver as diferenças de maneira satisfatória, o nível da superfície superior do contrapiso deverá ser ajustado de uma parte do edifício para a outra, para trazer as superfícies do piso acabado à mesma cota. O arquiteto deve resolver as mudanças de nível antecipadamente e indicá-las claramente no projeto arquitetônico. Em muitos casos, detalhes estruturais especiais devem ser desenhados para indicar como as mudanças de nível deverão ser feitas. No caso de estrutura de madeira, elas podem ser feitas normalmente fazendo dentes nas extremidades dos barrotes (onde eles se apóiam nas vigas) para rebaixar o contrapiso em partes do edifício com materiais de piso mais espessos, ou adicionando chapas do material de base da espessura adequada em áreas de pisos mais finos. Em edifícios de aço ou concreto, a altura da laje ou do revestimento pode ser alterada, ou partes inteiras da estrutura podem ser elevadas ou rebaixadas na medida necessária.

CSI/CSC	
Seções do MasterFormat para forros e pisos	
09 20 00	**CHAPA DE ESTUQUE E GESSO ACARTONADO**
09 22 00	Suportes para chapas de estuque e gesso acartonado
	Sistemas de suspensão
09 23 00	Revestimento de gesso
09 24 00	Revestimento de cimento Portland
09 26 00	Revestimento de estuque
09 28 00	Chapas de apoio e de base
09 29 00	Chapa de gesso acartonado
09 30 00	**PLACAS CERÂMICAS**
09 31 00	Assentamento com cimento-cola
09 32 00	Assentamento com argamassa
09 50 00	**FORROS**
09 51 00	Forros acústicos
09 53 00	Montagens suspensas de forros acústicos
09 54 00	Forros especiais
	Forros de perfis metálicos
09 60 00	**PISOS**
09 62 00	Pisos especiais
	Pisos de bambu
	Pisos de cortiça
09 63 00	Pisos de alvenaria
	Pisos de tijolos
	Pisos de pedra
09 64 00	Pisos de madeira
	Pisos de blocos de madeira
	Pisos de Parquet
	Pisos de tiras de madeira e de réguas de madeira (assoalho)
	Pisos de madeira laminada
09 65 00	Pisos resilientes
	Base resiliente e acessórios
	Piso de lâmina resiliente
	Piso de placa resiliente
09 66 00	Piso de granitina
	Piso de granitina de cimento Portland
	Piso de granitina com cama de areia
	Piso monolítico de granitina
	Piso colado de granitina
	Piso de granitina de matriz resinosa
09 68 00	Carpete
	Carpete de placa
	Carpete de lençol
09 69 00	Acessórios de pisos

REFERÊNCIAS SELECIONADAS

Muitos sistemas de forros e pisos usam tecnologias proprietárias; assim, a melhor informação é encontrada na literatura de fabricantes. Certos produtos genéricos são, entretanto, bem documentados na literatura de associações de fabricantes:

1. Ceilings and Interior Systems Construction Association. *Ceiling Systems Handbook*. St. Charles, IL, EUA, atualizado frequentemente.

    Dirigido para trabalhadores da construção, este manual cobre tudo relacionado à instalação de forros.

2. Marble Institute of America. *Dimension Stone Design Manual*. Cleveland, OH, EUA, atualizado regularmente.

    Este caderno fornece orientações abrangentes sobre o projeto, especificações e instalações de todos os tipos de pisos.

3. Tile Council of North America, Inc. *TCA Handbook for Ceramic Tile Installation*. Anderson, SC, EUA, atualizado regularmente.

    Este é o padrão definitivo para os materiais e métodos de instalação de placas cerâmicas. Mais de 100 métodos de instalação para pisos e paredes, tanto interiores quanto exteriores, são ilustrados e especificados. Orientações para selecionar os métodos de instalação apropriados, baseadas em exigências de projeto também são incluídas.

4. National Wood Flooring Association. *Hardwood Flooring Installation Guidelines*. Chesterfield, MO, EUA, atualizado regularmente.

    Este manual fornece as recomendações dos padrões da indústria para a instalação de todos os tipos de pisos de madeira.

5. National Oak Flooring Manufacturers Association. *Installing Hardwood Flooring* e *Finishing Hardwood Flooring*. Memphis, TN, EUA, atualizado frequentemente.

    Estas duas brochuras, disponíveis gratuitamente para baixar pela internet, oferecem orientações bem ilustradas e completas para a instalação e acabamento de pisos de madeira de todos os tipos usuais. Muitas outras referências técnicas também estão disponíveis para baixar pela internet da página desta associação (listada abaixo).

5. Carpet and Rug Institute. *Commercial Carpet Installation Standard* e *Residential Carpet Installation Standard*. Dalton, GA, EUA, atualizada regularmente.

    Os padrões recomendados pela indústria para a instalação de carpetes de todos os tipos estão incluídos nestes dois guias, disponíveis gratuitamente através da página desta associação na internet.

SITES

Forros e Revestimentos de Pisos

Site complementar do autor:**www.ianosbackfill.com/24_finish_ceilings_and_floors**
Armstrong Floors and Ceilings:**www.armstrong.com**
Carpet and Rug Institute (CRI):**www.carpet-rug.com**
Ceilings and Interior Systems Construction Association:**www.cisca.org**
Forbo Floor Coverings:**www.themarmoleumstore.com**
H. H. Robertson:**www.hhrobertson.com**
Mannington Floors: **www.mannington.com**
Maple Flooring Manufacturers Association (MFMA):**www.maplefloor.org**
Marble Institute of America (MIA):**www.marble-institute.com**
National Oak Flooring Manufacturers Association (NOFMA):**www.nofma.org**
National Terrazzo & Mosaic Association (NTMA):**www.ntma.com**
National Wood Flooring Association (NWFA):**www.nwfa.org**
NSF International (for NSF 140 Sustainable Carpet Assessment Standard):**www.nsf.org**
Resilient Floor Covering Institute (RFI):**www.rfci.com**
Tile Council of North America (TCNA):**www.tileusa.com**

PALAVRAS-CHAVE

Plenum
Membrana de proteção ao fogo
Forros suspensos
Forros acústicos
Coeficiente de Redução Sonora (CRS)
Classe de Atenuação de Forro (CAF)
Classe de Articulação (CA)
Painéis apoiados
Grade exposta
Grade oculta
Sistemas de forros integrados
Forro metálico linear
Forros intersticiais
Duto de piso
Estrutura de piso alveolar de aço
Terminal trespassante
Piso elevado
Sistema de fiação sob o carpete
Vibração transmitida por estrutura
Fios de fixação

Coeficiente de Atrito Estático (CAE)
Bloquete
Lajota cerâmica
Placa cerâmica
Lâmina de deslizamento
Membrana divisória
Membranas de isolamento de fissuras
Membranas de separação
Granitina
Tira divisória
Granitina sobre cama de areia
Granitina colada
Granitina monolítica
Granitina com cimento-cola
Piso de tiras de madeira sólida com encaixe macho-fêmea
Pregação invisível
Assoalho ou piso de tábuas
Carpete de madeira
Parquet
Piso flutuante
Piso de plástico laminado

Piso de blocos de madeira
Piso resiliente
Linóleo
Placa de asfalto
Placa compósita de vinil (PCV)
Placa de vinil sólido (PVS)
Placa de borracha para piso
Pisos resilientes em lençóis
Painéis de apoio
Rodapé flexível de pé curvo
Rodapé flexível sem pé
Rodapé flexível de pé reto
Carpete
Instalação de colagem direta
Lençol de borracha
Tira sem pregos
Instalação por esticamento
Instalação de carpete com lençol colado
Colagem total
Colagem parcial
Sem colagem
Recobrimento autonivelante

QUESTÕES PARA REVISÃO

1. Liste as várias funções que um forro ou um piso potencialmente podem cumprir.
2. Quais são as vantagens e as desvantagens de um forro suspenso comparado a um forro aderido à estrutura?
3. Ao projetar um edifício com a sua estrutura e sistemas mecânicos deixados expostos no forro, que precauções deveriam ser tomadas para garantir uma aparência satisfatória?
4. O que a base de apoio de pisos faz? Como ela deveria ser colocada?
5. Faça uma lista de diferentes abordagens para o problema de passar a fiação elétrica e de comunicações sob o piso de um edifício com estrutura de aço e de concreto.

EXERCÍCIOS

1. Visite alguns ambientes que você gosta em edifícios das vizinhanças: salas de aula, auditórios, teatros, restaurantes, bares, museus, shopping centers – de edifícios novos e antigos. Para cada ambiente, liste o forro e o piso utilizados. Por que cada um desses materiais foi escolhido? Desenhe os detalhes de junções críticas entre materiais. Como cada ambiente parece soar – barulhento, silencioso, "vivo"? Como esta qualidade acústica se relaciona aos materiais do piso e do forro? Qual é a qualidade de iluminação no ambiente e que papel os materiais do forro e do piso desempenham para criar esta qualidade?
2. Consulte revistas de arquitetura atuais e encontre fotografias de interiores de edifícios que são atraentes para você. Que materiais de forro e de piso são utilizados em cada caso? Por quê?

Densidades e coeficientes de expansão térmica de materiais de edificação comuns

Material	Densidade lb/pé³	Densidade kg/m³	Coeficiente de expansão térmica pol./pol.-°F × 10⁻⁶	Coeficiente de expansão térmica mm/mm-°C × 10⁻⁶	
Madeira (seca)					
Douglas-fir (pseudotsuga)	32	510	2,1	3,8	paralelo ao veio
			32	58	perpendicular ao veio
Pinho	26	415	3,0	5,4	paralelo ao veio
			19	34	perpendicular ao veio
Carvalho, vermelho ou branco	41–46	655–735	2,7	4,9	paralelo ao veio
			30	54	perpendicular ao veio
Alvenaria					
Calcáreo	130–170	2080–2720	4,4	7,9	
Granito	165–170	2640–2720	4,7	8,5	
Mármore	165–170	2640–2720	7,3	13,1	
Tijolo	100–140	1600–2240	3,6	6,5	
Blocos de concreto	75–145	1200–2320	5,2	9,4	
Concreto					
Concreto de densidade normal	145	2320	5,5	9,9	
Metais					
Aço	490	7850	6,5	11,7	
Aço inoxidável 304	490	7850	9,9	17,8	
Alumínio	165	2640	12,8	23,1	
Cobre	556	8900	9,3	16,8	
Materiais de acabamento					
Chapa de gesso acartonado	43–50	690–800	9,0	16,2	
Gesso em placas, areia	105	1680	7,0	12,6	
Vidro	156	2500	5,0	9,0	
Chapa de acrílico	72	1150	41,0	74,2	
Chapa de policarbonato	75	1200	44,0	79,6	
Polietileno	57–61	910–970	85,0	153	
Cloreto de polivinila (PVC)	75–106	1200–1700	40,0	72,0	

APÊNDICE

Conversões padrão americano/métrico

Padrão americano	Métrico	Métrico	Padrão americano
1 in.	25,4 mm	1 mm	0,394 in,
1 pé	304,8 mm	1 m	39,37 in,
1 pé	0,3048 m	1 m	3,2808 pé
1 lb	0,4536 kg	1 kg	2,205 lb
1 ton americana	0,9072 metric ton (tonne)	1 ton métrica	2205 lb
1 pé^2	0,0920 m^2	1 m^2	10,76 pé^2
1 pé^3	0,02832 m^3	1 m^3	35,31 pé^3
1 pé^3	28,32 L	1 L	0,03531 pé^3
1 psi	6,894 kPa	1 kPa	0,1451 psi
1 psi	0,006894 MPa	1 MPa	145,1 psi
1 lb/pé^2	4,882 kg/m^2	1 kg/m^2	0,2048 lb/pé^2
1 lb/pé^2	0,04788 kPa	1 kPa	20,89 lb/pé^2
1 lb/pé^3	16,02 kg/m^3	1 kg/m^3	0,06243 lb/pé^3
1 lb/pé^3	0,01602 g/cm^3	1 g/cm^3	62,43 lb/pé^3
1 pé/min	0,00508 m/s	1 m/s	197 pé/min
1 cfm (cubic feet per minute)	0,0004719 m^3/s	1 m^3/s	2119 pé^3/min
1 cfm	0,4739 L/s	1 L/s	2,119 pé^3/min
1 BTU	0,2522 kcal	1 kcal	3,966 BTU
1 BTU	1,055 kJ	1 kJ	0,9478 BTU
1 BTUH	0,2931 W	1 W	3,412 BTUH

Resistência (R) e condutância térmica (U)

Padrão americano	Métrico	Métrico	Padrão americano
R 1 (pé^2-hr-°F/BTU)	RSI 0,1761 (m^2-°K/W)[a]	RSI 1 (m^2-°K/W)[a]	R 5,678 (pé^2-hr-°F/BTU)
U 1 (BTU/pé^2-hr-°F)	U 5,678 (W/m^2-°K)[a]	U 1 (W/m^2-°K)[a]	U 0,1761 (BTU/pé^2-hr-°F)

Permeância ao vapor

Padrão americano	Métrico	Métrico	Padrão americano
1 perm (grains/hr-pé^2-polHg)	57,21 ng/s-m^2-Pa	1 ng/s-m^2-Pa	0,01748 perms (grains/hr-pé^2-pol Hg)

Permeância ao ar

Padrão americano	Métrico	Métrico	Padrão americano
1 pé^3/min/sf a 1,57 lb/pé^2	5,080 L/s-m^2@75 Pa	1 L/s-m^2@75 Pa	0,1968pé^3/min/sf a 1,57 lb/pé^2

1 mil = 0,0010 in,
1 in, = 1000 mil
1 Pa = 0,1020 kg/m^2
1 kg/m^2 = 9,807 Pa

[a] As unidades de condutância térmica métrica e resistência podem ser expressas em °K ou °C. Os fatores de conversão são os mesmos, uma vez que a diferença de 1 grau tanto na escala kelvin quanto na Celsius é a mesma.
No texto, as unidades foram convertidas para o grau e precisão adequado ao número convertido.

GLOSSÁRIO

A

AAMA American Architectural Manufacturers Association, uma organização profissional dos Estados Unidos que desenvolve padrões para janelas, portas, claraboias, sistemas de vitrine e sistemas de parede-cortina.

AAT *Veja* Alvenaria armada de tijolo.

Aba *Veja* Mesa.

Abertura de ventilação do sofito Abertura sob o beiral de um telhado, utilizada para permitir que o ar flua para dentro do sótão ou do espaço abaixo do nível de cobertura.

Abóbada Superfície curva.

Abóbada de berço Segmento de superfície de cobertura cilíndrica que se desenvolve como se fosse uma sucessão de arcos.

AC *Veja* Classe de articulação.

Acabamento Material exposto, à vista, sem recobrimento posterior.

Acabamento com agregado exposto Superfície de concreto na qual o agregado grosso fica aparente.

Acabamento vassourado Textura anti-escorregamento criada em uma superfície de concreto ainda não curada por meio do arrastamento de uma vassoura de cerdas rígidas.

Acabamentos superficiais pulverizados Camada de revestimento final produzida por meio da aplicação de um pó composto de resinas elastomérica e pigmentos, o qual adere ao substrato devido à atração eletrostática e forma uma película contínua após a colocação em um forno.

ACC *Veja* Concreto aerado autoclavado.

Ação de diafragma Ação de travamento derivada da dureza de um plano de material estreito que é carregado em uma direção paralela a ele. Os diafragmas de edificações geralmente são superfícies de piso, parede ou telhado feitas de madeira compensada, alvenaria armada, *decking* de aço ou concreto armado.

Ação por capilaridade A passagem da água através de um pequeno orifício ou um material fibroso em função da força de adesão entre a água e o material.

Acessórios de acabamento Perfis de guarnição, perfil de quinas, juntas de dilatação e outros elementos utilizados para dar acabamento nas bordas e quinas de uma parede ou um forro de gesso.

Ácido muriático Ácido hidroclórico ou clorídrico.

Aço Ferro com conteúdo controlado de carbono, geralmente inferior a dois por cento.

Aço-carbono Aço doce ou com baixo conteúdo de carbono.

Aço carbono No uso comum, aço que não é protegido contra a corrosão por meio da galvanização ou do uso de uma liga especial.

Aço estrutural arquitetonicamente exposto (AESS) Aço estrutural que será deixado aparente na edificação acabada e que é fabricado e instalado de acordo com padrões de alta qualidade.

Aço formado a frio *Veja* Aço trabalhado a frio.

Aço galvanizado Aço revestido de zinco para fins de proteção contra a corrosão.

Aço inoxidável Liga de aço de coloração prateada com resistência superior à corrosão devido principalmente ao seu alto conteúdo de cromo e níquel.

Aço laminado a frio Aço laminado em sua forma final a uma temperatura na qual deixa de ser plástico.

Aço macio ou aço doce Aço que contém menos de três décimos de um por cento de carbono.

Aço patinável Liga de aço que forma uma camada de oxidação firme e que protege o aço quando exposto à atmosfera.

Aço revestido metalicamente Chapa de aço revestida com zinco ou zinco-alumínio, para maior resistência à corrosão.

Aço trabalhado a frio Aço formado a uma temperatura na qual deixa de ser plástico, seja por meio da laminação ou da forja à temperatura ambiente. Também chamado *aço formado a frio*.

ACQ *Veja* Cobre alcalino quaternário.

Acrílico Material plástico transparente muito utilizado na forma de chapas para o envidraçamento de janelas e claraboias.

ADA *Veja* Sistema de parede seca estanque.

Aderência Na alvenaria, a força de adesão entre a argamassa e os tijolos ou blocos. No concreto armado, a adesão entre a superfície de uma barra da armadura e o concreto que a circunda.

Aditivo Em um concreto ou uma argamassa, uma substância que não é o material cimentício, a água ou o agregado e que é incluída à mistura para fins de alteração de uma ou mais das propriedades da massa, seja em seu estado plástico ou após seu endurecimento.

Aditivo acelerador *Aditivo* que faz com que o concreto ou a argamassa cure mais rapidamente.

Aditivo anti-congelamento Aditivo para concreto ou argamassa empregado para permitir a cura sob condições de baixa temperatura.

Aditivo controlador de pega de alto desempenho *Veja* Aditivo inibidor de hidratação.

Aditivo inibidor de hidratação Substância que retarda o início da reação de cura em um concreto ou argamassa, de modo que o material possa ser utilizado durante um maior período de tempo após a mistura. Também chamado *aditivo controlador de pega de alto desempenho*.

Aditivo redutor de água Aditivo para concreto que permite uma redução na quantidade de água misturada, sem que a trabalhabilidade da massa seja afetada, o quê resulta em um concreto de resistência superior.

Aditivo redutor de água de alto desempenho *Veja* Superplastificante.

Aditivo redutor de retração Aditivo para concreto que reduz a retração devido à cura e a fissuração resultante.

Aditivo retardador Aditivo empregado para aumentar o período de cura de um concreto ou uma argamassa.

Aduela Elemento de um arco ou uma abóbada em forma de cunha.

Aerogel Espuma à base de silicone utilizada para preencher o espaço intersticial existente em unidades de envidraçamento com isolamento térmico.

AESS *Veja* Aço estrutural arquitetonicamente exposto.

Afloramento de pregos O afrouxamento dos pregos que sustentam os painéis de gesso acartonado em uma parede provocado pela retração de secagem dos montantes.

Agente de separação *Veja* Desmoldante.

Agente de trabalhabilidade Aditivo para concreto que melhora a plasticidade da massa molhada e faz com que seja mais fácil seu lançamento nas formas e seu acabamento.

Agregado Partículas inertes, tais como areia, seixo rolado, pedra britada ou minerais expandidos que são adicionadas ao concreto, à argamassa ou a uma massa de reboco.

Agregado expandido de xisto *Agregado estrutural leve* feito de partículas de xisto moídas que foram aquecidas ao ponto de vaporizar a umidade entre as partículas, fazendo com que elas se expandam.

Agregado fino Areia empregada em massas de concreto, argamassa ou gesso.

Agregado graúdo Cascalho ou pedra britada utilizada na massa do concreto.

Agregado leve Agregado de baixa densidade empregado para fazer concreto leve, argamassa e estuque; no concreto, um agregado com densidade inferior a 70 lb/ft^3 (1.120 kg/m^3).

Agregado leve estrutural Agregado leve com densidade e resistência suficiente para o uso em concreto estrutural.

Água A superfície inclinada de um telhado em vertente.

Água de exsudação Em concreto fresco (recém-moldado), a água que sobe até a superfície à medida que as partículas sólidas do cimento e do agregado se assentam.

Água de impregnação Na madeira, a água mantida dentro da celulose das paredes das células. *Veja também* Água livre.

Água furtada Estrutura protuberante em relação ao plano de um telhado em vertente, geralmente contendo uma janela e tendo seu próprio pequeno telhado. Também chamada *trapeira*.

Água livre Água mantida dentro das cavidades entre as células da madeira. *Veja também* Água de impregnação.

Agulha Viga de aço ou madeira que entra e sai de uma parede portante e é utilizada para sustentar a parede e suas cargas acidentais durante o reforço de suas fundações.

AISC American Institute of Steel Construction.

Albedo *Veja* Refletância solar.

Albedo *Veja* Refletância solar.

Alburno A madeira viva na parte externa de um tronco ou galho.

Alisamento Acabamento da superfície de um material, geralmente por meio de *aplainamento*.

Alma Parte intermediária de um perfil, como a porção de um perfil de mesas largas que é perpendicular às mesas.

Alongamento *Veja* Elongação.

Alumínio Metal não ferroso de cor prateada que forma naturalmente uma barreira de oxidação autoprotetora.

Alvenaria Obras com tijolos, blocos de concreto ou pedras.

Alvenaria aleatória *Veja* Alvenaria não linear em pedra.

Alvenaria aleatória *Veja* Alvenaria não linear em pedra.

Alvenaria armada de tijolo (AAT) Alvenaria de tijolo à qual foram inseridas barras de aço para o aumento da resistência à tração do conjunto.

Alvenaria de colagem superficial Blocos de concreto assentados sem argamassa e então rebocados em ambos os lados com uma argamassa de cimento reforçada com fibras, para que a parede de alvenaria tenha boa resistência estrutural.

Alvenaria não linear em pedra Alvenaria de pedra assentada sem juntas horizontais contínuas; também chamada *alvenaria aleatória*.

Amadura fibrosa Fibras curtas de vidro, aço ou polipropileno agregadas ao concreto, para agir como uma *armadura microfibrosa* ou *armadura macrofibrosa*.

Amarração diagonal *Veja* Diafragma.

Ancoragem O dispositivo que amarra a extremidade de uma cordoalha de protensão à extremidade de uma laje ou viga de concreto.

Ancoragem em rabo de andorinha Sistema de conexão a uma estrutura de concreto que utiliza abas de metal inseridas em uma fenda pequena na face do concreto e maior na parte traseira.

Ancoragem na rocha Barra ou cabo pós-tracionado inserido em uma formação rochosa, para sua amarração.

Andaime suspenso Pequena plataforma suspensa por cordas que permite aos operários trabalharem em uma conexão do prédio.

Anelado Esfriado sob condições controladas, de modo a minimizar os esforços internos.

Ângulo de repouso O maior ângulo que pode ser utilizado em uma escavação para que o solo não desmorone.

Anodização Processo eletrolítico que forma uma camada de oxidação protetora em um elemento de alumínio, com o sem o acréscimo de uma cor.

Anodo O metal em um *par galvânico* que sofre a corrosão acelerada.

ANSI American National Standards Institute, uma organização dos Estados Unidos que promove o estabelecimento de padrões industriais voluntários.

Aparelho Na alvenaria, significa o padrão pelo qual os tijolos ou blocos são assentados de modo a amarrar juntos dois ou mais panos ou subparedes, compondo uma unidade estrutural.

Aparelho americano *Veja* Assentamento comum.

Aparelho comum *Veja* Assentamento comum.

Aparelho de apoio Bloco de plástico ou borracha sintética utilizado para proteger o ponto no qual um elemento de concreto pré-moldado se apoia em outro.

Aparelho flamengo *Veja* Assentamento flamengo.

Aparelho holandês *Veja* Assentamento holandês.

Aparelho inglês *Veja* Assentamento inglês.

Aplainar Alisar a superfície de uma peça de madeira, pedra ou aço por meio do uso de uma lâmina de corte.

Apoio Ponto no qual um elemento de edificação se apoia em outro.

APP *Veja* Propileno atático.

Arame de amarração Arame esticado entre montantes de parede, para formar uma base para a aplicação de uma tela de metal e estuque.

Architectural Woodwork Institute (AWI) Uma organização profissional dos Estados Unidos que desenvolve padrões para carpintaria realizada *in situ*.

Arco Elemento estrutural que transfere uma carga vertical dividindo-a em solicitações axiais inclinadas em seus apoios.

Arco rústico Arco composto de unidades de alvenaria que são retangulares, em vez de serem em cunha.

Ardósia Tipo metamórfico de argila que é facilmente partido em lâminas com pequena espessura.

Área de fogo No International Building Code, uma área interna de uma edificação delimitada por um sistema construtivo resistente ao fogo. O tamanho da área de fogo, a carga de ocupação e a localização dentro da edificação são levados em consideração para determinar as exigências dos chuveiros automáticos (*sprinklers*).

Arenito Rocha sedimentar de grã fina que não apresenta planos de clivagem ou sedimentação ao longo dos quais provavelmente quebraria.

Arenito Rocha sedimentar formada pela areia; é classificada pela ASTM C119 no grupo de pedras dimensionais à base de quartzo.

Arenito castanho Arenito de tom marrom ou avermelhado; classificado pelo ASTM C119 no grupo de Pedras com Base de Quartzo.

Arenito cinzento Tipo de arenito de cor cinza azulada e fácil de partir em lajotas; classificado de acordo com a ASTM C119 no grupo de Pedras com Base de Quartzo. Também chamado de *dolerita*.

Arenito pardo Veja Arenito castanho.

Argamassa Substância utilizada para conectar unidades de alvenaria, consistindo de materiais cimentícios, agregado fino e água. *Veja também* Argamassa de cimento e cal e Argamassa de cal.

Argamassa colante polimérica Argamassa para assentamento de azulejos similar à argamassa colante simples, mas com aditivos que melhoram sua resistência aos ciclos de congelamento e degelo, além de sua flexibilidade e adesão.

Argamassa colante simples Argamassa para o assentamento de azulejos composta de cimento Portland, areia, água e compostos retentores de água. Também chamada cimento-cola.

Argamassa de cal Argamassa para alvenaria feita com uma mistura de cal, areia e água; é utilizada principalmente na restauração de prédios históricos.

Argamassa de cimento Nas alvenarias, uma mistura de cimento Portland, cal e outros aditivos que produz uma argamassa comparável em adesão à argamassa de cimento e cal. *Veja também* Argamassa de cimento e cal.

Argamassa de cimento e cal Argamassa feita de cimento Portland, cal hidratada, agregado e água, ou seja, a mistura mais tradicional para as argamassas modernas. *Veja também* Cimento de alvenaria, Argamassa de cimento.

Argila Solo de granulometria fina composto de partículas inferiores a 0,005 mm, cujas propriedades são significativamente influenciadas pela distribuição estrutural das partículas e pelas forças eletrostáticas que agem entre elas.

Armação em uma direção Estrutura de aço de uma laje que vence o vão entre duas vigas paralelas ou paredes portantes.

Armação horizontal Armação de aço que corre horizontalmente em uma parede de alvenaria na forma de uma malha soldada de barras de aço de pequena bitola ou de barras de armação convencionais, maiores.

Armadura de macrofibra No concreto, armação com fibras capaz de aumentar a resistência à retração devido à cura e aos esforços térmicos e, em alguns concretos especiais, também capaz de atuar como armadura principal. *Veja também* Armadura de microfibra.

Armadura de microfibra No concreto, armadura de fibra contra o fissuramento plástico. *Veja também* Armadura de macrofibra.

Armadura de pilar Armadura vertical composta de barras e estribos utilizada em um pilar de concreto.

Armadura de tela soldada (WWR) Grelha soldada de arames ou barras de aço empregada principalmente para armar lajes; também chamada *tela soldada* (WWF).

Armadura para retração térmica Barras de armação colocada em ângulo reto em relação às barras principais da armação de uma laje unidirecional a fim de prevenir a fissuração excessiva acarretada pela retração da secagem ou pelos esforços térmicos do concreto.

Arrefecimento O resfriamento rápido do metal, de modo a não alterar suas propriedades físicas; uma forma de tratamento térmico.

Arruela Disco de aço com um orifício central utilizado para distribuir o carregamento de um parafuso, um parafuso passante ou um prego em uma área de material maior.

Arruela indicadora de carga Disco colocado sob a cabeça ou a porca de um pino de alta resistência para indicar a tensão suficiente do pino por meio da deformação das bordas do disco; também chamada *indicador de tração direta*.

Arseniato de cobre cromatado (CCA) Um produto químico utilizado para conservar a madeira contra apodrecimento e o ataque dos insetos. Devido a preocupações com sua toxidade, este produto vem sendo eliminado da maioria das madeiras tratadas utilizadas na construção residencial e comercial.

Asfalto Mistura de hidrocarbonetos de cor negra ou cinza escura; um tipo de betume.

Assentamento comum Alvenaria de tijolo assentada com cinco fiadas de tijolos ao comprido seguidas de uma fiada de peripianos. Também chamado *aparelho comum* ou *aparelho americano*.

Assentamento corrido Alvenaria de tijolo formada unicamente por tijolos na horizontal.

Assentamento estrutural O padrão de unidades de alvenaria interconectadas empregada para amarrar dois ou mais panos que compõem uma parede.

Assentamento flamengo Alvenaria de tijolos assentados com fiadas alternadas de tijolos peripianos ou ao comprido. Também chamado aparelho flamengo ou aparelho holandês.

Assentamento inglês Alvenaria de tijolos assentados em fiadas alternadas, cada uma formada exclusivamente por tijolos peripianos ou ao comprido. Também chamado *aparelho inglês*.

Assoalho Veja Piso de tábuas.

Assoalho laminado Material empregado para o vencimento dos vãos entre vigas ou barrotes e criação de uma superfície de piso ou telhado.

ASTM American Society for Testing and Materials, uma organização dos Estados Unidos que promulga padrões para testagem, materiais e métodos de construção civil.

Aterramento Deslocamento do solo a fim de deixar a superfície do terreno com determinado nível ou perfil.

Aterro supervisionado Veja Aterro técnico.

Aterro técnico Solo compactado em um lugar de tal modo que tenha características físicas previsíveis com base em testes de laboratório e procedimentos de trabalho supervisionado e especificados. Também chamado *aterro supervisionado*.

Autoatarrachante Elemento que produz seu próprio orifício de instalação. Também chamado *autobrocante* ou *autoperfurante*.

Autobrocante *Veja* Autoatarrachante.

Autoperfurante *Veja* Autoatarrachante.

AWI *Veja* Architectural Woodwork Institute.

Axial Na direção paralela ao eixo principal de um elemento estrutural.

Azol de cobre e boro (CBA e CA) Produto químico utilizado para conservar a madeira contra apodrecimento e o ataque dos insetos.

Azulejo cerâmico estrutural vitrificado Bloco de argila oco com faces vitrificadas, geralmente empregado em paredes internas.

Azulejo estrutural esmaltado de revestimento Unidade de alvenaria oca feita de argila, com faces esmaltadas.

B

Balanço Viga, treliça ou laje que se estende além de seu ultimo ponto de apoio.

Balaústre Pequeno elemento vertical que tem a função de preencher a abertura entre um corrimão e um piso e os degraus de uma escada.

Banda central A zona intermediária no vão de uma laje de concreto bidimensional (armada em duas direções), isto é, a faixa que se encontra no ponto intermediário entre dois pilares.

Bandeira arqueada Janela semicircular ou semielíptica sobre uma porta de entrada, geralmente com montantes radiais na forma de um leque.

Bandeja Peça quadrada de chapa de metal com uma haste perpendicular na face inferior e que é utilizada por um pedreiro para segurar uma pequena quantidade de argamassa molhada e transferi-la para a colher de pedreiro durante a aplicação a uma parede ou a um teto.

Banzo A linha de barras superior ou inferior de uma treliça.

Banzo O elemento inclinado de madeira ou aço que sustenta os pisos de uma escada.

Banzo inferior A peça de madeira espessa e horizontal na base dos montantes de uma edificação com estrutura leve de madeira; também chamado *guia inferior*.

Banzo inferior   *Veja* Guia inferior.

Barra   Perfil de aço laminado de pequeno diâmetro, geralmente de seção transversal retangular ou redonda; perfil laminado utilizado em armaduras de concreto. Quando têm seção cilíndrica também chamada de *vergalhão*.

Barra   *Veja* Barras de armadura de aço.

Barra backup   *Veja Barra de suporte.*

Barra de amarração   *Veja* Tensor.

Barra de ancoragem   Barra de aço de armadura que se projeta de uma fundação para amarrar esta a um pilar ou a uma parede ou mesmo para amarrar uma seção de laje de concreto a uma parede ou a outro elemento.

Barra de apoio   Faixa flexível e compressível de plástico esponjoso que é inserida em uma junta a fim de limitar a penetração de um mastique.

Barra de armadura laminada a frio   Barras de armadura com nervuras superficiais, para a melhor adesão ao concreto.

Barra de envidraçamento   Pequena barra vertical ou horizontal que separa as pequenas vidraças de um caixilho.

Barra de escoamento   Uma peça de um par de pequenas barras retangulares afixadas temporariamente na extremidade de uma ranhura pré-moldada, a fim de permitir que a fenda possa ser totalmente preenchida com uma solda.

Barra de fundo   A barra de uma armadura de concreto que está mais perto do fundo da viga ou laje.

Barra de pilar   *Veja* Barra vertical.

Barra de pilar   *Veja* Barra vertical.

Barra de suporte   Pequena faixa retangular de aço aplicada entre uma junta, para proporcionar uma base sólida para o início de uma soldagem entre dois elementos estruturais de aço. Também chamada *barra backup*.

Barra vertical   Barra de armadura vertical em um pilar de concreto; também chamada *barra de pilar*.

Barragem de gelo   Obstrução no beiral de um telhado causada pelo recongelamento da água oriunda da neve que derreteu de uma superfície mais alta da cobertura.

Barras de armadura de aço   Barras de aço laminadas a quente e deformadas utilizadas para conferir resistência à tração e dutilidade às estruturas de aço. Também chamadas *barras de reforço*.

Barras de reforço   *Veja* Barras de armadura de aço.

Barreira à radiação   Folha ou chapa de metal refletiva colocada adjacente a uma câmara de ar em sistemas de telhado ou parede para evitar a transmissão da energia infravermelha.

Barreira à umidade   Membrana empregada para conferir resistência à migração de água no estado líquido através de um sistema de piso, parede ou telhado. Também chamada *barreira de umidade*.

Barreira ao ar   Material que reduz a infiltração de ar através de um sistema composto de construção. Também chamada *barreira de umidade, barreira resistente à água* ou *barreira resistente às condições climáticas.*

Barreira ao fogo   No International Building Code, uma parede resistente ao fogo que é empregada para deter a dispersão do fogo e separar caixas de escada de emergência, diferentes tipos de ocupação e áreas de fogo.

Barreira capilar   Fenda ou ranhura feita para a criação de uma abertura grande demais para ser coberta por uma gota d'água e, consequentemente, utilizada para eliminar a passagem da água por meio da capilaridade; a camada de agregado grosso feita sob uma laje de concreto a fim de reduzir a migração da água do solo à laje acima.

Barreira contra cupim   Chapa de metal colocada no topo de uma fundação de concreto para evitar que os cupins passem do solo à superestrutura sem que sejam notados.

Barreira corta-fogo   Material resistente ao fogo inserido em um espaço entre uma parede-cortina e uma viga de borda ou um pilar, a fim de retardar a passagem do fogo através de um espaço.

Barreira de fogo   *Veja* Corta-fogo.

Barreira de gelo   Material em chapas, geralmente um forro emborrachado ou uma chapa de metal, aplicado nas partes mais baixas de telhados em vertente em localidades com clima frio, para proteger contra a *barragem de gelo*.

Barreira de umidade   *Veja* Barreira à umidade.

Barreira de vapor   *Veja* Retardador de vapor.

Barreira resistente às condições climáticas   Membrana empregada para resistir a passagem de água no estado líquido ou do ar através do fechamento externo de uma edificação.

Barreira térmica   *Veja* Ponte de ruptura térmica.

Barrote   Uma das peças de um conjunto de vigas leves e bastante próximas entre si utilizadas para sustentar um tabuleiro de piso (*barrote de piso*) ou um telhado com baixo caimento (*barrote de teto*).

Barrote de borda   Barrote de madeira que corre perpendicular à direção principal dos barrotes de um piso e dá fechamento ao plano de piso na face externa da edificação.

Barrote de piso   *Veja* Barrote.

Basalto   Pedra ígnea muito densa e resistente geralmente de cor cinza escuro; é classificada pela ASTM C119 dentro do grupo de granitos.

Base de apoio   Material de base ao qual se aplica uma argamassa ou um estuque.

Base de apoio de metal expandido   Chapa de aço fina que foi cortada e estirada para formar uma malha; empregada como base para a aplicação de gesso ou argamassa.

Base de apoio metálica autoenvolvente   Tela de metal com pequenas reentrâncias que afastam a tela do apoio, permitindo que a massa penetre nelas e melhore sua aderência.

Base de apoio para estuque   Chapas de gesso acartonado manufaturadas especificamente para serem utilizadas com base para estuque.

Base de estuque de revestimento   *Veja* Base de revestimento de gesso.

Base de extração   Plano em uma pedra para construção que era horizontal antes da pedra ter sido extraída da pedreira; também chamada *grã*.

Base de revestimento de gesso   O gesso acartonado especial sobre o qual se aplica uma camada de revestimento de gesso. Também chamada *base de estuque de revestimento.*

Base de revestimento para pregos   Material de revestimento, como uma tábua de madeira ou compensado ao qual se pode pregar um revestimento, ao contrário de um material que é macio demais para segurar pregos, como uma chapa de fibra de cana ou plástico esponjoso.

Bate-estacas   Máquina utilizada para o cravamento de estacas de fundação.

Batente dividido   Batente de porta manufaturado em duas metades que se conectam e que é instalado nos lados opostos da abertura.

Beiral   A borda horizontal na parte inferior de um telhado em vertente.

Bentonita   Argila coloidal absorvente que incha várias vezes seu volume seco ao ser saturada de água; o principal material empregado na impermeabilização bentonítica. Também chamada *lama bentonítica*.

Betume   Mistura de hidrocarbonetos de cor escura, como o asfalto ou o alcatrão de hulha.

Betume modificado   *Betume* natural ao qual se adicionou compostos sintéticos, para melhorar algumas características, como sua flexibilidade, plasticidade e durabilidade.

BIM   *Veja* Building information modeling.

Bite   A medida de quanto a extremidade de uma chapa de vidro é mantida presa à esquadria.

Bitola   Medida da espessura das chapas ou folhas de um material (sistema americano). Bitolas menores significam espessuras maiores.

Bloco de ancoragem Bloco de madeira que corre perpendicular aos banzos na base de uma escada e cuja função é mantê-los no lugar.

Bloco de assentamento Pequeno bloco de chumbo ou borracha sintética utilizado sob uma chapa de vidro para suportar seu peso.

Bloco de cimalha Coroamento de proteção no alto de uma parede de alvenaria. Também chamado *espigão de muro*.

Bloco de concreto Unidade de alvenaria de concreto, geralmente oca, que é maior do que um tijolo

Bloco de concreto oco Unidades de alvenaria de concreto que são fabricadas com núcleos ocos, como os blocos de concreto ordinários.

Bloco de espalhamento Pequeno bloco de concreto pré-moldado ou plástico empregado para receber o impacto da água pluvial na base de um tubo de queda.

Bloco de estaca Laje espessa de concreto armado que é moldada no topo de um grupo de estacas, unindo-as e fazendo com que ajam de maneira solidária, sustentando um pilar ou uma viga baldrame.

Bloco de vidro Unidade de alvenaria oca feita de vidro. Também chamado *tijolo de vidro*.

Bloqueio de fogo Madeira ou outro material empregado para dividir espaços ocultos dentro de uma estrutura combustível; tem a função de restringir a dispersão do fogo para tais espaços.

Bloqueio de fogo *Veja* Corta-fogo.

Bloquete Tijolo com metade da espessura empregado em pisos.

Board foot Unidade de volume de madeira para construção que corresponde a um volume com área transversal nominal de 12 polegadas quadradas (77 centímetros quadrados) por 1 pé de comprimento (30,48 centímetros).

Borato de sódio (SBX) Um produto químico utilizado para conservar a madeira contra apodrecimento e o ataque dos insetos.

Borda afilada A borda longitudinal de uma chapa de gesso acartonado que é mais fina do que a chapa a fim de receber uma fita de reforço e um composto para juntas.

Borracha butílica Um tipo de borracha sintética.

Brasagem Processo que utiliza um metal não ferroso fundido para a união de duas peças de metal. O metal de abrasamento é fundido a uma temperatura inferior à temperatura de fusão dos metais que estão sendo unidos de modo que, ao contrário da soldagem, as peças de metais se mantenham no estado sólido durante todo o processo.

British thermal unit (BTU) A quantidade de calor necessária para elevar em um grau Fahrenheit uma libra de água.

BTU *Veja* British thermal unit.

Building information modeling (BIM) A modelagem tridimensional dos sistemas prediais, com a vinculação dos componentes modelados a um banco de dados de propriedades e relações.

Bull float. Veja Desempenadeira manual de cabo longo.

BUR *Veja* Membrana de telhado executada no local.

C

CA *Veja* Azol de cobre e boro.

CAA *Veja* Concreto autoadensável.

Cabeça boleada Cabeça de parafuso passante lisa e convexa sem fenda para a inserção de uma chave. Também chamada *cabeça redonda* ou *cabeça de botão*.

Cabeça de botão *Veja* Cabeça boleada.

Cabeça redonda *Veja* Cabeça boleada.

CAC *Veja* Classe de Atenuação de Forro.

Cachorro Caibro curto que corre perpendicular aos demais caibros de um telhado, sustentando um beiral.

Cachorro de ferro Grande grampo em forma de U utilizado para amarrar juntas peças de madeira pesadas.

CAD *Veja* **Computer-Aided Design**.

Cadeira Pequena peça empregada para a sustentação das barras da armadura de um elemento de concreto armado. Também chamado *espaçador de armadura*.

CAE *Veja* Coeficiente de Atrito Estático.

Caibro Elemento estrutural inclinado em um telhado em vertente.

Caibro comum Caibro de telhado que corre paralelo à sua principal água. *Veja também* Testeira.

Caibro curto do espigão Pequeno caibro que conecta os caibros em um espigão.

Caibro curto do rincão Caibro diagonal que sustenta um rincão.

Caibro flutuante Caibro protuberante (em balanço) em um beiral.

Caibro-modelo Caibro de madeira cortado com tamanho e formato específico e então utilizado para se marcar cortes em outros elementos de madeira adicionais, de modo a garantir dimensões homogêneas em todos os demais caibros.

Caimento A inclinação de um telhado ou outro plano, geralmente expresso em percentual.

Caixa coletora Poço projetado para coletar a água que será removida em uma escavação ou em um pavimento de subsolo.

Caixão *Veja* Tubulão escavado.

Caixilho Uma moldura que segura uma chapa de vidro.

Caixotão *Veja* Domo.

Cal Material cimentício não hidráulido usado como ingrediente de argamassas e estuques. *Veja também* Cal hidratada, Cal virgem.

Cal de acabamento Cal de categoria superior *cal viva* (virgem) empregada em argamassas de gesso para acabamento e em serviços de reboco.

Cal de acabamento apagada *Veja* Cal de acabamento hidratada.

Cal extinta Cal virgem misturada com água, seja em uma indústria ou no canteiro de obras; um ingrediente das argamassas de alvenaria, argamassas de cimento Portland e estuques de gesso, usado para melhorar sua trabalhabilidade, consistência e textura; quimicamente, trata-se de hidróxido de cálcio; também chamada *cal hidratada*.

Cal hidratada *Veja* Cal extinta.

Cal virgem Material de construção produzido por meio da queima do carbonato de cálcio encontrado no calcário ou em conchas de moluscos marinhos; uma vez hidratada, é utilizada como ingrediente em argamassas e rebocos; quimicamente, trata-se de óxido de cálcio. Também chamada *cal viva*. *Veja também* Cal extinta.

Cal viva *Veja* Cal virgem.

Calafetagem e vedação simples Método similar ao *sistema de parede seca estanque* empregado para a construção de uma envoltória de edificação com estrutura leve que resiste à passagem livre do ar, mas que exige uma menor coordenação entre a montagem da estrutura e sua vedação do que no sistema de parede seca estanque.

Calafeto Vedante de baixa qualidade.

Calafeto à base de óleo Um *vedante* com baixa elasticidade feito com óleo de linhaça.

Calafeto de látex *Vedante* com baixa elasticidade produzido a base de um látex sintético.

Calcário Rocha sedimentar que consiste de carbonato de cálcio, carbonato de magnésio ou ambos.

Calcinação A remoção da água de hidratação do gesso por meio da aplicação de calor.

Calço de nivelamento Peça de material fina colocada entre dois componentes de uma edificação a fim de ajustar suas posições relativas durante a montagem.

Calha Canaleta utilizada para coletar água da chuva ou neve derretida no beiral de um telhado.

Calha externa *Calha* suspense na borda de um telhado e que fica externa a este.

Calha interna *Calha* embutida em um sistema de telhado.

Calor de hidratação A energia térmica liberada pelo concreto ou o gesso durante a cura.

Camada de acabamento A última camada de tinta ou outro material de acabamento.

Camada escarificada A primeira das duas camadas de base em um reboco de três camadas.

Camada intermediária de polivinil butiral (PVB) Plástico transparente empregado na fabricação de *vidro laminado*.

Camada intermediária de PVB *Veja* Camada intermediária de polivinil butiral.

Câmara de combustão A parte de uma lareira, um forno ou uma fornalha na qual o combustível é queimado.

Câmara de equalização de pressão (PEC) A cavidade pressurizada pelo vento existente em uma parede externa de proteção contra a chuva.

Câmbio vascular A fina camada sob a casca de uma árvore que produz as células da madeira e da casca.

Caminho crítico A sequência de tarefas que determina o menor tempo possível no qual um projeto de construção pode ser completado.

Camisa Tubo de aço de seção cilíndrica utilizado para revestir uma escavação mecânica ou manual feita em um trabalho de fundação. Também chamada *molde* ou *tubo*.

Canaleta Extremidade virada de um rufo que evita que a água transborde; bloco inserido no espaço de uma travessa de alumínio, para o mesmo propósito. Também chamada *contenção terminal*.

Canaleta Perfil de aço ou alumínio que tem o formato de uma caixa de seção retangular aberta (sem uma das laterais maiores). Também chamada *perfil U*.

Canalização de abastecimento Uma tubulação que traz água limpa para um aparelho sanitário.

Canalizações de drenagem, cloacais e de ventilação Tubulações para drenagem, esgoto e ventilação, ou seja, a parte do sistema de esgoto de uma edificação que remove os esgotos líquidos e os conduz ao coletor público ou ao sistema de tratamento de esgoto privado.

Cantoneira Perfil estrutural de aço ou alumínio cuja seção transversal lembra a letra L.

Cantoneira Uma tira de material com face inclinada empregada para facilitar a transição de uma superfície horizontal a outra vertical na borda de um telhado de membrana.

Cantoneira de revestimento *Faixa de revestimento* feita com chapa de metal dobrada.

Capa Fina camada de concreto moldada sobre uma laje com forma de aço incorporada (uma laje do sistema *steel deck*).

Capear Posicionar o último elemento de uma estrutura de edificação.

Capitel cogumelo O capitel cônico e curvo de um pilar de concreto.

Carbonatação O processo por meio do qual a argamassa de cal reage com o dióxido de carbono da atmosfera e provoca sua cura.

Carga Peso ou força que atua sobre uma estrutura.

Carga de vento Força aplicada a uma edificação causada pela pressão e/ou sucção do vento.

Carga morta Cargas permanentes de uma edificação, inclusive o peso próprio do prédio e de quaisquer equipamentos fixos.

Carga sísmica Esforço em uma estrutura causado pela movimentação da terra em relação à estrutura durante um terremoto.

Carga viva Cargas acidentais de uma edificação, decorrente do peso próprio de pessoas, móveis, máquinas, veículos e outros objetos que estão dentro da edificação ou sobre ela.

Carpintaria bruta Carpintaria de estruturas, ao contrário da *carpintaria de acabamento*. Também chamada *obra bruta*.

Carpintaria de acabamento Os componentes de madeira aparente no interior de uma edificação, como guarnições de porta e janela, rodapés, prateleiras fixas, etc.; também pode se referir à carpintaria de acabamento externo, como a realização de remates externos, guarda-corpos e elementos similares.

Carpinteiro Operário que trabalha com madeira na construção.

Carpinteiro de acabamento Operário que executa serviços de carpintaria de acabamento.

Casa de máquinas Cômodo construído com materiais resistentes a fim de abrigar grandes equipamentos elétricos.

Casa fabricada Casa móvel inteiramente produzida em uma fábrica, com uma subestrutura apoiada em rodas; eufemisticamente é chamada de *casa móvel*.

Casa modular Casa montada in loco com um kit de elementos pré-fabricados.

Casa móvel *Veja* Casa fabricada.

Casca cilíndrica Estrutura de cobertura de concreto armado que em uma direção se desenvolve como uma abóbada de berço e na outra trabalha como uma laje plissada.

Casca parabolóide hiperbólico Estrutura de cobertura em concreto com o formato de uma sela de cavalo.

Catodo O metal de um *par galvânico* que sofre uma elevada taxa de corrosão.

Catraca Peça mecânica com dentes inclinados que permite que uma peça avance em relação à outra em pequenos incrementos, mas não se mova na direção inversa.

CBA *Veja* Azol de cobre e boro.

CCA *Veja* Arseniato de cobre cromatado.

Celsius Escala de temperatura na qual o ponto de congelamento da água é estabelecido como sendo 0 grau e o ponto de ebulição, como sendo 100 graus.

Celulose Um hidrato de carbono polimérico complexo com o qual as fibras estruturais da madeira são compostas.

Cerâmica de qualidade ótica Material transparente e que lembra o vidro que é empregado no envidraçamento com classificação de resistência ao fogo.

Cerne As células de madeira mortas na região central de um tronco de árvore.

CGTS *Veja* Coeficiente de ganho térmico solar.

Chaminé Passagem para a exaustão da fumaça e dos produtos da combustão existente sobre uma fornalha, um forno, um aquecedor de água ou uma lareira.

Chanfro Achatamento de uma borda longitudinal de um elemento maciço em um plano que forme um ângulo de 45 graus em relação aos planos contíguos.

Chanfro Borda ou extremidade que foi cortada em ângulo diferente do ângulo reto.

Chapa Grande painel de metal laminado com espessura de, no mínimo, 1/4 polegada (6,35 mm).

Chapa de fibra de alta densidade Painel de altíssima densidade, geralmente com pelo menos uma de suas faces lisas, composta de fibras de madeira extremamente prensadas.

Chapa de fibra de média densidade (MDF) Produto de construção na forma de painel com resina e fibras de madeira de grã fina.

Chapa de gesso acartonado de apoio Chapa de gesso de baixo custo fabricada para uso interno em paredes de gesso acartonado com várias camadas.

Chapa de gesso acartonado pré-decorado Gesso acartonado acabado em uma indústria por meio da aplicação de uma camada decorativa de tinta, papel ou plástico.

Chapa de gesso acartonado revestido de alumínio Gesso acartonado com um laminado de folha de alumínio aplicado a sua superfície externa a fim de retardar a penetração da umidade e aumentar o isolamento térmico.

Chapa de gesso resistente à água Chapa de gesso acartonado manufaturada para ser utilizada em locais nos quais ela pode ficar exposta à umidade ocasional.

Chapa de gesso tipo X Chapa de gesso acartonado reforçada com fibras que é empregada em locais nos quais é necessária uma maior resistência ao fogo.

Chapa de núcleo Chapa de gesso grossa empregada principalmente em paredes *de shafts*.

Chapa de protensão *veja* Prancha de proteção.

Chapa de rigidez Nervura de metal utilizada para sustentar a alma de uma viga de aço ou uma longarina de aço estrutural contra a flambagem.

Chapa de tiras orientadas (OSB) Painel de construção composto de longas tiras de fibra de madeira orientadas em direções específicas e coladas sob pressão.

Chapa dentada Conector com várias protuberâncias feito com uma chapa de metal estampada e utilizado para unir as barras de uma treliça de madeira leve.

Chapa metálica Chapa de metal laminada, geralmente com espessura inferior a 6,5 mm.

Chave de impacto Ferramenta utilizada para apertar parafusos e porcas por meio de impulsos de torque rápidos produzidos por energia elétrica ou pneumática.

Chaveta Fina faixa inserida nas ranhuras de duas peças de material que se encaixarão entre si, para mantê-las alinhadas; uma chapa ou faixa de material utilizada para a fixação de uma ranhura de conexão. No envidraçamento. No envidraçamento, um *espaçador de borda* utilizado em um vidro isolante.

Chuck Elemento empregado para fixar um arame, uma barra ou um cabo de aço com firmeza por meio da inserção de cunhas de aço em um cilindro afunilado.

Chumbo Material metálico não ferroso fácil de trabalhar e de cor cinza fosca.

Cimbre ou cambota Forma temporária para arco, cúpula ou abóbada.

Cimento Termo genérico de vários materiais inorgânicos que apresentam propriedades adesivas quando combinados com água e utilizados em serviços de reboco, alvenaria e concreto. *Veja também* Materiais cimentícios.

Cimento compensador de retração Cimento com fórmula especial empregado para compensar a retração devido à secagem que normalmente ocorre durante a cura.

Cimento de alvenaria Cimento hidráulico feito com uma mistura de cimento Portland, cal e outros aditivos secos incluídos para melhorar a trabalhabilidade da argamassa. *Veja também* Argamassa de cimento e cal.

Cimento de escória *Veja* Escória de alto--forno.

Cimento hidráulico com adições Cimento hidráulico feito com uma mistura de materiais cimentícios como o cimento Portland, outros cimentos hidráulicos e pozolanas, a fim de alterar uma ou mais características do cimento ou reduzir a energia necessária para o processo de fabricação do cimento.

Cimento Keenes Estuque de gesso patenteado, pesado e resistente a fissuras.

Cimento Portland Pó de coloração cinza ou branca composto principalmente de silicatos de cálcio, os quais, uma vez combinados com a água, são hidratados, formando o aglomerante de um concreto, uma argamassa ou um estuque.

Cimento Portland branco Cimento Portland que apresenta coloração branca; é empregado em concretos arquitetônicos nos quais se deseja um maior controle da cor.

Cimento-cola *Veja* Argamassa colante simples.

Cimentos hidráulicos Materiais cimentícios, como o cimento Portland ou a escória de alto-forno, que endurecem ao reagir com a água e cujos produtos endurecidos não são solúveis em água. Cimentos não hidráulicos, como a cal, também podem ser misturados com as pozolanas, criando cimentos com propriedades hidráulicas.

Cimentos não hidráulicos *Materiais cimentícios*, como o gesso e a cal, que permanecem solúveis em água após a cura. *Veja também* Cimentos hidráulicos.

Cinta Viga horizontal que sustenta as vedações externas entre dois pilares.

Cinza volante Pó coletado das chaminés de usinas termoelétricas e usado como material cimentício complementar na fabricação de concretos e argamassas.

Cinzeiro Compartimento com portinhola sob uma lareira que permite o acúmulo e a posterior coleta das cinzas da câmara de combustão.

Cisalhamento Deformação na qual os planos de material deslizam um em relação ao outro.

Cisalhamento duplo Ação para resistir a forças de cisalhamento em duas localizações, como ocorre quando um parafuso passante atravessa uma cantoneira de aço de suporte, uma alma de viga e outra cantoneira de suporte.

Claraboia Abertura envidraçada instalada em um telhado; também chamada de *claraboia unitária*.

Claraboia unitária *Veja* Claraboia.

Classe Classificação de tamanho ou qualidade para determinado propósito.

Classe de articulação (AC) Medida de absorção e reflexão do som de um teto, especialmente quanto à clareza da fala em um escritório com planta livre.

Classe de Atenuação de Forro (CAF) Um índice da capacidade de um sistema de forro de obstruir a passagem do som entre dois cômodos através do pleno.

Classe de Isolamento ao Impacto (IIC) Índice que expressa até que ponto um sistema de piso transmite os *ruídos de impacto* de um cômodo para o cômodo abaixo.

Classe de Transmissão Sonora (STC) Índice que indica a resistência de uma parede interna ou externa quanto à passagem dos sons.

Classificação de durabilidade à exposição Sistema de classificação da resistência esperada de um painel de madeira ao intemperismo.

Classificação de resistência ao fogo O tempo, em horas ou frações de hora que um material ou sistema resistirá exposto ao fogo, conforme determinado pela norma ASTM E119 (nos Estados Unidos).

Classificação por aparência A classificação da madeira de acordo com suas propriedades aparentes, e não por suas propriedades estruturais; não deve ser confundida com a *classificação visual*.

Classificação por máquina A classificação da madeira de acordo com suas características estruturais feita por maquinaria automática, ao contrário da *classificação visual*.

Classificação quanto ao vão admissível O número estampado em uma chapa de madeira compensada ou outro painel de madeira utilizado na construção que indica qual o vão que pode ser vencido entre dois apoios.

Classificação visual A classificação da madeira em relação a suas propriedades estruturais com base em uma inspeção visual, ao contrário da classificação por máquina; não deve ser confundida com a *classificação por aparência*.

Clínquer Massa fundida com aspecto de cascalho que é um produto intermediário da fabricação do cimento; tijolo excessivamente queimado.

Clipe resiliente Peça de montagem com mola para elementos de reboco ou gesso acartonado que ajuda na redução da transmissão de vibrações sonoras através de uma parede ou um teto.

Cloreto de polivinila (PVC) Termoplástico amplamente empregado utilizado na fabricação de produtos de construção, entre os quais se incluem tubulações de água e esgoto, revestimentos de piso e parede e membranas de cobertura. Também é chamado "vinil", sua redução.

Cobertura de telhado Classe A, B, C Materiais de cobertura de telhado classificados de acordo com sua resistência ao fogo quando testados conforme a norma ASTM E108. A Classe A é a mais resistente, e a Classe C é a menos.

Cobre Metal não ferroso, macio, de cor vermelha alaranjada, cuja oxidação varia, em cor, do verde azulado ao negro.

Cobre alcalino quaternário (ACQ) Produto químico utilizado para conservar a madeira contra apodrecimento e o ataque dos insetos.

Código de edificações modelo Código oferecido por uma organização nacionalmente reconhecida cuja adoção se considera recomendável pelos governos estaduais ou municipais.

Código de edificações prescritivo Conjunto de regulamentos legais que determinam detalhes e práticas de construção específicos, em vez de estabelecer padrões de desempenho.

Código de edificações Conjunto de normas que busca garantir um padrão mínimo de saúde e segurança física nas edificações.

Coeficiente de Atrito Estático (CAE) Uma medida da resistência ao escorregamento de um material de piso.

Coeficiente de ganho térmico solar (CGTS) A razão ou proporção de calor solar admitida por meio de uma vidraça em particular em relação à energia térmica total que nela incide.

Coeficiente de Redução Sonora (CRS) Índice da proporção de sons incidentes que é absorvida por uma superfície; expresso como fração decimal de 1.

Coeficiente de sombreamento A razão de calor solar total que passa através de determinada chapa de vidro em relação ao calor que passa em uma chapa de vidro incolor com reforço duplo; nos cálculos contemporâneos de energia geralmente é substituído pelo *coeficiente de ganho térmico solar*.

Colapso Perda do *prumo*.

Colher de pedreiro *Veja* Trolha.

Coluna Tubulação ou duto vertical.

Commercial wrap Material sintético em chapa, mais pesado do que *housewrap*, com propriedades de resistência à água e ao ar, utilizado para criar uma camada de proteção em um sistema de parede externa.

Compactação No concreto recém-lançado, o processo de eliminar o ar da massa e o fazer com que esta preencha completamente os espaços entre as barras da armadura e todos os cantos das formas, geralmente por meio da vibração do concreto.

Compósito Material ou sistema composto de dois ou mais materiais conectados juntos para agir como uma única estrutura.

Compósitos plástico-madeira (WPC) Produtos que parecem madeira e que são feitos com fibras de madeira, vários tipos de plástico e outros aditivos; o conteúdo de plástico não supera 50 por cento.

Composto de cura Líquido que, ao ser pulverizado sobre a superfície de um elemento de concreto recém moldado, forma uma camada resistente à água, a fim de evitar a desidratação prematura do concreto.

Composto para envidraçamento Quaisquer um dos vários tipos de mástique empregados para o assentamento de pequenas vidraças nos caixilhos de uma janela ou em uma porta.

Compostos orgânicos voláteis (VOCs) Compostos químicos orgânicos (baseados no carbono) que evaporam rapidamente, poluem significativamente o ar, podem irritar os ocupantes de uma edificação e em alguns casos, são gases com efeito-estufa.

Compressão Força de esmagamento.

Computer-Aided Design (Desenho Assistido por Computador – CAD) A representação digital e bidimensional de sistemas de edificação.

Concreto Material estrutural produzido por meio da mistura de quantidades predeterminadas de cimento, agregados e água e pela espera até que esta massa cure, sob condições controladas.

Concreto aerado autoclavado (AAC) Concreto formulado de modo a conter um grande percentual de bolhas de gás, devido a uma reação química que ocorre em uma atmosfera com vapor de água.

Concreto armado Elemento de concreto ao qual barras de aço foram inseridas para maior resistência à tração.

Concreto arquitetônico Concreto com bom acabamento, que não será revestido e foi produzido de acordo com um alto padrão de qualidade.

Concreto autoadensável (CAA) Concreto cuja mistura o torna tão trabalhável que ele preenche as formas completamente, sem a necessidade de *adensamento*.

Concreto CACV *Veja* Concreto com alto volume de cinzas voláteis.

Concreto com alto volume de cinzas voláteis (concreto CACV) Concreto no qual um grande percentual do produto cimentício é composto de cinzas voláteis, em vez de cimento Portland.

Concreto com *slump* zero Mistura de concreto que apresenta uma quantidade de água tão pequena que ela não abate quando colocada na vertical.

Concreto lançado por ar comprimido *Veja* Jatocreto.

Concreto lançado por ar comprimido *Veja* Jatocreto.

Concreto massa Concreto que não apresenta armadura de barras de aço ou tela de aço soldada.

Concreto pré-moldado Concreto moldado e curado em um local diferente daquele de sua posição final na edificação.

Concreto projetado *Veja* Jatocreto.

Concreto protendido Concreto que foi pré-tracionado ou pós-tracionado.

Concreto reforçado com fibras (GFRC) Concreto reforçado com o acréscimo de curtas fibras de vidro resistentes a álcalis.

Concreto usinado Concreto misturado no próprio caminhão-betoneira durante o transporte até o canteiro de obras.

Condensação Água formada como resultado da *condensação do vapor de água*; o processo de troca do estado gasoso para o estado líquido, especialmente no caso da água.

Conduíte Tubo de aço ou plástico através do qual a fiação elétrica é instalada.

Condutividade térmica A taxa pela qual um material transmite calor.

Condutor *Veja* Tubo de queda.

Conexão AISC Tipo I *Veja* Conexão totalmente contida para momentos.

Conexão AISC Tipo II *Veja* Conexão simples.

Conexão AISC Tipo III *Veja* Conexão parcialmente contida para momentos.

Conexão assentada Conexão na qual uma viga de aço se assenta sobre uma cantoneira ou um T de aço que é conectado a um pilar ou a uma longarina.

Conexão de cisalhamento Conexão projetada de modo a resistir à tendência de um elemento de escorregar em relação a outro em vez de resistir à tendência de um dos membros de girar em relação a outro – como ocorre em uma conexão para momentos fletores; nas construções com estrutura independente de aço, uma *conexão simples*.

Conexão de escorregamento crítico Conexão estrutural de aço na qual os elementos são presos entre si por meio de pinos de alta resistência com força suficiente para que as cargas dos elementos sejam transmitidas entre eles por meio de fricção entre suas superfícies correspondentes; também chamada *conexão de fricção*.

Conexão de fricção *Veja* Conexão de escorregamento crítico.

Conexão de topo *Veja* Junta de topo.

Conexão emoldurada Uma *conexão de cisalhamento* entre elementos de aço formada por cantoneiras ou chapas de aço conectadas à alma da viga ou longarina.

Conexão para momentos Conexão entre dois elementos estruturais que é extremamente resistente à rotação entre os elementos e, portanto, tem a capacidade de transmitir *momentos fletores* entre os elementos que conecta, ao contrário de uma *conexão de cisalhamento*, que permite apenas uma leve rotação das peças. *Veja também* Conexão totalmente contida para momentos, Conexão parcialmente contida para momentos e Conexão simples.

Conexão parcialmente contida para momentos *Conexão para momentos* de uma estrutura de aço que é menos rígida do que uma *conexão totalmente contida para momentos*, mas que ainda assim possui um nível útil de resistência à rotação; antigamente era denominada conexão AISC do Tipo 3.

Conexão rebaixada Junta na qual a extremidade de um elemento é cortada de modo a encaixar no perfil de outro elemento.

Conexão rígida Uma *conexão totalmente contida para momentos*.

Conexão semirrígida Uma *conexão parcialmente contida para momentos*.

Conexão simples *Conexão de cisalhamento* em uma estrutura independente de aço que não apresenta qualquer resistência útil à rotação; anteriormente era conhecida como "conexão AISC Tipo 2".

Conexão totalmente contida para momentos *Conexão para momentos* em uma estrutura de aço suficientemente rígida para que os ângulos geométricos entre as peças conectadas permaneçam indeformáveis sob condições de carregamento previsíveis; antigamente era chamada de conexão AISC Tipo 1.

Conjunto de barreira ao ar Sistema composto de materiais que efetivamente consegue resistir a diferenciais de pressão de ar que atuam nos limites de um sistema de parede, telhado ou piso.

Consolo Veja Corbel.

Construção acelerada Método de prestação de serviços de projeto e construção no qual a elaboração dos projetos e as obras de execução se sobrepõe no tempo; também chamada *construção em fases (fast track)*.

Construção com painéis Método de construção pré-fabricada com estrutura leve de madeira no qual seções completas de paredes ou pisos são estruturadas e revestidas em fábrica e então transportadas ao canteiro de obras, para instalação.

Construção composta Qualquer elemento no qual o concreto e o perfil de aço (em vez de uma armadura) trabalham conjuntamente, como se fossem um único elemento estrutural.

Construção comum Tipo de edificação tradicional nos Estados Unidos com paredes externas de alvenaria portantes e estrutura interna do tipo "balão".

Construção de cima para baixo Sequência das atividades de construção na qual a execução se dá de cima para baixo, em cada subnível da edificação, ao mesmo tempo que sobe, na superestrutura.

Construção em fases *Veja* Construção acelerada.

Construção enxuta *Veja* Construção lean.

Construção HT do tipo IV *Veja* Construção em madeira densa.

Construção lean Sistema de construção e gerenciamento de obras que enfatiza a eficiência, a eliminação de perdas e a melhoria contínua da qualidade. Também chamada *construção enxuta*.

Construção pesada em madeira Tipo de construção de madeira feita com elementos pesados e tabuados de madeira maciça no sistema arquitravado; no International Building Code, as edificações do *Tipo IV HT*, as quais consistem em construções com interior de madeira pesada e paredes externas não combustíveis, são consideradas como tendo propriedades moderadas de resistência ao fogo.

Construção pesada em madeira *Veja Mill construction*.

Construção sequencial Método de prestação de serviços de projeto e construção no qual cada uma das principais fases é completada antes que a etapa seguinte seja iniciada.

Construção verde Edificação sustentável; edificação eficiente em energia; *Veja também* Sustentabilidade.

Contenção terminal *Veja* Canaleta.

Contraflecha Pequena curvatura inicial e intencional em uma viga ou laje.

Contraforte Elemento estrutural de alvenaria ou concreto que resiste às forças diagonais (o empuxo) de um arco ou uma abóbada.

Contrapiso A superfície portante que fica abaixo de um acabamento de piso.

Contrapiso Laje de concreto de baixa resistência feita diretamente no solo a fim de oferecer uma superfície de trabalho geralmente temporária que seja dura, nivelada e seca.

Contrarrufo Rufo dobrado para baixo e que se sobrepõe a outro rufo (o qual por sua vez está dobrado para cima), de modo a proteger uma superfície vertical da água. Também chamado *rufo de capeamento*.

Contratirante Peça de madeira pregada entre dois caibros opostos perto da cumeeira, para aumentar a resistência do telhado à sucção provocada pelo vento.

Contraventamento Elemento estrutural diagonal cuja função é estabilizar uma estrutura contra esforços laterais.

Contraventamento Elementos diagonais, sejam temporários ou permanentes, instalados para a estabilização de uma estrutura predial contra as cargas laterais. Também chamada de *travamento*.

Convector Trocador de calor que emprega o calor existente no vapor de água, na água quente ou em uma resistência elétrica para aquecer o ar de um cômodo. Os convectores são frequentemente chamados, de forma inadequada, *radiadores*.

Copolímetro Grande molécula composta de padrões repetitivos de dois ou mais elementos químicos.

Cor fria Tinta aplicada a um material de telhado que não é branca, mas mesmo assim reflete um percentual relativamente elevado da energia térmica do sol.

Corbel Sistema de suporte de alvenaria no qual as unidades são assentadas em fiadas sucessivas que fazem um pequeno balanço umas em relação às outras; uma mísula de alvenaria ou concreto. Também chamado *consolo*.

Cordoalha Cabo de aço empregado para a protensão de um elemento de concreto.

Cordoalha curvilínea *Veja* Cordoalha escalonada.

Cordoalha escalonada Cordoalha para pós-tração que é posicionada ao longo de um perfil curvo similar ao caminho das forças de tração de uma viga. Também chamada *cordoalha poligonal* ou cordoalha curvilínea.

Cordoalha poligonal *Veja* Cordoalha escalonada.

Cordoalha rebaixada Cordoalha para pré-tensão que, no centro do vão, é puxada para a base da viga, para acompanhar melhor o caminho dos esforços de tração do elemento estrutural.

Cornija Detalhe exterior no encontro de uma parede com um beiral de telhado; moldura decorativa na interseção de uma parede com um teto.

Cornija Moldura de madeira ou peça cerâmica especial utilizada para criar uma transição entre uma fundação e a parede acima.

Corrosão Oxidação, como ferrugem.

Corrugado Que apresenta perfil ondulado ou plissado.

Corta-fogo Componente ou mástique instalado em uma abertura de piso ou em volta das extremidades de um piso a fim de retardar a passagem do fogo. O termo é frequentemente chamado de *bloqueio de fogo* ou *barreira corta-fogo*.

Corta-fogo Corte inclinado na extremidade de uma viga ou um barrote de madeira no ponto em que ele engasta em uma parede de alvenaria. O objetivo do corta-fogo é fazer com que o elemento de madeira possa girar, no caso de incêndio de uma estrutura de piso ou cobertura, sem provocar o colapso da parede.

Corte Desenho técnico de arquitetura que representa um plano cortado na vertical que passa por toda uma edificação, parte dela ou apenas um de seus detalhes.

Corte a prumo Corte feito com serra que produz uma superfície vertical (a prumo) em um caibro inclinado após este estar em sua posição final. *Veja também* Corte vertical.

Corte em nível *Veja* Corte horizontal.

Corte horizontal Corte com serra que produz uma superfície inclinada quando o caibro fica em sua posição final. Também chamado *corte em nível*. *Veja também* Corte a prumo.

Corte normal Corte de uma tora em peças de madeira espessa, sem levar em consideração a direção dos anéis de crescimento anual da árvore.

Corte plano O corte de uma tora de madeira em lâminas, sem levar em consideração a direção dos anéis de crescimento anual da árvore.

CPE *Veja* Polietileno clorado.

Crawlspace *Veja* Porão baixo.

CRS *Veja* Coeficiente de Redução Sonora.

CSPE *Veja* Polietileno clorosulfonado.

Cubeta Forma utilizada para criar a cavidade entre as nervuras de um sistema de laje nervurada.

Cumeeira Elemento não estrutural de um telhado contra o qual as extremidades superiores dos caibros são amarradas.

Cúpula Arco rotado em relação ao seu eixo vertical, de modo a produzir uma estrutura com a forma de uma tigela invertida.

Cura A secagem da madeira, para fazer com que seu conteúdo de umidade esteja equilibrado com as condições do ambiente.

Cura Endurecimento de concreto, argamassa, vedante aplicável por pistola ou outros materiais molhados. A cura pode se dar por meio da evaporação da água ou de um solvente ou pela hidratação, polimerização, ou vários tipos de reações químicas, dependendo da composição do material.

Cura a vapor Facilitação e aceleração da cura de um concreto mediante a aplicação de vapor.

Curva Elemento estrutural cortado de uma árvore curva, de modo a formar a metade de uma estrutura rígida.

Curvatura anticlástica Curvatura em forma de sela, ou seja, uma forma com curvatura em duas direções ortogonais.

Custo do ciclo de vida Custo que leva em consideração tanto o custo inicial quanto os custos de manutenção, substituição, combustíveis consumidos, inflação monetária e juros ao longo da vida útil do objeto sob avaliação.

Custo inicial O custo de construção, isto é, o custo que não inclui as despesas operacionais.

D

d *Veja* **Penny**.

Damper Abertura para o controle ou a obstrução do fluxo de gases; especificamente uma aba de controle de metal na garganta de uma lareira ou um duto de ar.

Darby Régua rígida de madeira ou metal utilizada para nivelar uma superfície de reboco ou concreto recém feita (úmida). Também chamada *régua*.

Deformação Alteração no formato de uma estrutura ou um elemento estrutural provocada por uma carga ou força que age sobre ela.

Deformação Deformação plástica permanente em um material devido a mudanças que este sofre devido à ação da aplicação prolongada de um esforço estrutural. É comum em elementos de madeira e concreto.

Degrau ingrauxido Degrau de Escada que é mais largo em uma extremidade do que na outra, ou seja, que tem a forma de uma fatia de pizza estreita.

Dente Elemento de madeira horizontal conectado a uma parede ou viga, ao qual as extremidades das vigas podem ser conectadas.

Deque celular Painéis compostos de chapas de aço corrugadas soldadas entre si de modo que sejam formadas cavidades longitudinais.

Deque metálico Chapas de metal corrugadas empregadas como base estrutural para pisos ("deque de piso") ou telhados ("deque de telhado") em construções com estrutura independente de aço. *Veja também* Deque celular e Deque metálico compósito.

Deque metálico composto Deque de chapas de aço corrugadas manufaturado de tal maneira que elas se fixam com firmeza ao enchimento de concreto, formando um piso de concreto armado.

Desempenadeira Equipamento com superfície levemente rugosa utilizado em um estágio intermediário do acabamento do concreto.

Desempenadeira manual de cabo longo Ferramenta com cabo extenso utilizada para a flotação ou o desempeno de uma laje de concreto recém-moldada. Também chamada *bull float*. *Veja também* ***Darby***.

Desempenar Aplicar uma desempenadeira para o acabamento do concreto.

Desenhos *Veja* Projeto executivo.

Desenhos executivo Desenhos detalhados preparados por um fabricante a fim de orientar a produção em oficina de componentes de uma edificação, como pedras afeiçoadas, estruturas de aço ou concreto pré-moldadas, painéis de parede-cortina e móveis.

Desforma Remoção das formas do concreto

***Design*/concorrência/construção** Método de prestação de serviços de *design* e construção no qual as fases de projeto e construção são executadas por diferentes atores, geralmente junto com a *construção sequencial*.

***Design*/construção** Método de prestação de serviços de *design* e construção no qual as fases de projeto e construção são executadas por um único ator, geralmente junto com *construção acelerada*.

Deslocamento Deflexão lateral de uma edificação provocada por cargas de vento ou sísmicas.

Deslocamento do solo O empuxo ascendente do solo ou das edificações devido à ação do congelamento do solo ou do cravamento de estacas.

Desmoldante Substância aplicada a uma forma de concreto para evitar a aderência.

Diafragma Peças de madeira inseridas com firmeza entre barrotes, montantes ou caibros em uma estrutura de edificação para estabilizá-la, inibir a passagem do fogo, oferecer uma superfície de pregação ou fixar um isolante. Também chamado *travamento*.

Difusor Abertura de ventilação com forma adequada para a distribuição do ar em um cômodo.

Dimensão nominal Dimensão aproximada atribuída a uma peça de material, para maior conveniência ao se mencionar a ela.

Dimensão real A verdadeira dimensão de um elemento, ao contrário de sua dimensão nominal.

Dissolvente Material agregado para reagir quimicamente com as impurezas e removê-las do metal fundido. Os dissolventes são utilizados na fabricação do aço e na soldagem. Os dissolventes de solda também tem o objetivo de proteger o metal fundido da solda do ar, evitando a oxidação e outros efeitos indesejáveis.

Divisoria No International Building Code, uma parede resistente ao fogo que tem o objetivo de dificultar a difusão do fogo e é utilizada para separar unidades condominiais, unidades de habitação e corredores condominiais das áreas contíguas de uma edificação.

Divisória Parede interna não portante.

Dobradiça de topo Tipo de dobradiça de porta que é fixada à borda da folha da porta.

Documentos construtivos O *projeto executivo* representado graficamente e as *especificações* escritas de acordo com as quais uma edificação é construída.

Dolerita *Veja* Arenito cinzento.

Domo Forma empregada para criar uma das cavidades de uma laje nervurada bidirecional. Também chamada *caixotão*. *Veja também* Cúpula.

Drenagem Remoção da água.

Drenagem interna Parede-cortina dotada de canais ocultos e orifícios de drenagem, para a remoção da água que pode penetrar pelas camadas externas da parede.

Dreno Pequena abertura cuja função é permitir a drenagem da água que se acumula dentro de um componente ou sistema de edificação. Também chamado *orifício de drenagem*.

Drift pin Barra de aço adelgaçada utilizada para alinhar os orifícios para parafusos passantes em conexões de elementos de aço durante a montagem. Também chamada *toca-pinos*.

***Dropchute* ou tramonha** Tubo flexível, similar a uma mangueira, para o lançamento do concreto. É utilizado para evitar a queda violenta da massa do concreto e, consequentemente, sua *desagregação*.

Drywall *Veja* Gesso acartonado.

Drywall *Veja* Gesso acartonado.

Drywall *Veja* Gesso acartonado.

Duplo T Painel de laje de concreto pré-moldado com seção transversal que lembra as letras *TT*.

Duto Conduíte oco, normalmente feito de material em chapa, por meio do qual o ar pode circular.

Duto de piso Tubo retangular moldado dentro de uma laje de concreto para embutir a fiação das instalações elétricas e de tecnologia da informação e comunicação.

E

EBE *Veja* Estireno-butadieno-estireno.

Eflorescência Depósito na forma de pó na face de uma estrutura de alvenaria ou concreto. É provocado pela lixiviação de sais químicos existentes na água que migra de dentro da estrutura para a superfície.

EIFS *Veja* Sistema externo de acabamento e isolamento térmico.

Elástico Algo que tem a capacidade de retornar a seu tamanho e sua forma original, após o término da aplicação de um esforço.

Elastomérico Material do tipo borracha. Em coberturas com pequeno caimento, um material em membrana termofixo.

Elastômero Borracha natural ou sintética.

Elemento Peça de uma estrutura, como viga, longarina, pilar, caibro, tábua, montante ou barra de treliça.

Elemento de apoio Objeto grande e/ou pesado enterrado no solo para fins de ancoragem.

Eletrodo Fio ou barra de aço consumível utilizado para manter um arco e oferecer metal adicional na soldagem a arco elétrico.

Eletrogalvanização Método de *galvanização* no qual uma corrente elétrica é utilizada para depositar zinco em um elemento de aço, por meio de um banho de imersão.

Elevação Desenho que mostra uma edificação vista de uma de suas faces; altura horizontal em relação a um ponto de referência, como o nível do mar.

Elevação Diferença de nível, como a elevação de uma escada que leva de um pavimento a outro ou a inclinação de um telhado em vertente.

Elongação Esticamento provocado pela aplicação de uma carga; aumento do comprimento devido à dilatação pelo aumento de temperatura. Também chamado *alongamento*.

Em nível Liso, que está em apenas um plano.

Emboço A segunda camada de base de argamassa aplicada em um revestimento em três camadas.

Embornal A face vertical exposta de um *beiral*.

EMC *Veja* Teor de umidade de equilíbrio.

Emitância térmica Índice adimensional que varia entre 0 e 1 e é utilizado para expressar a tendência de um material a emitir energia térmica por radiação à medida que sua temperatura se eleva em relação às superfícies do entorno.

Empena *Veja* Oitão.

Empoçamento O acúmulo de água parada em um telhado com baixo caimento, devido à drenagem inadequada da água.

Empreiteiro Pessoa ou organização que assume a obrigação legal de executar obras de construção.

Empreiteiro geral Empresa de construção responsável pela execução geral de um projeto de construção.

Empuxo Força lateral ou inclinada resultante da ação estrutural de arco, abóbada, cúpula, estrutura suspensa ou pórtico indeformável.

Empuxo lateral O componente horizontal da força produzido por um arco, uma abóbada, uma cúpula ou uma estrutura rígida.

Empuxo para cima A força ascendente exercida pela água ou pelo solo saturado de água, tendendo a erguer as fundações de uma edificação e afastá-las do solo.

Encaixe *Veja* Rebaixo.

Encavamento Abertura na seção transversal de uma tábua ou peça de madeira causada pela retração ou expansão desigual de um lado da tábua em relação ao outro.

Enchimento de graute Mistura cimentícia com baixo abatimento colocada no espaço de uma conexão entre dois elementos de concreto pré-moldados.

Endurecedor de superfície Pó seco que é aplicado na superfície de uma laje de concreto antes do alisamento, para reagir com o concreto e produzir uma camada superficial de proteção, para uso industrial.

Energia incorporada A energia do ciclo de vida total gasta na extração de matérias primas, no processamento, na fabricação e no transporte de um material ou produto ao seu local de uso em uma edificação. Em alguns cálculos também se inclui a energia necessária para o descarte ou a reciclagem do material.

Engenharia otimizada *Veja* Estruturas avançadas.

Engenheirado *Veja* Compósitos de madeira estrutural.

Ensaio de abatimento de tronco de cone Teste no qual um volume de concreto ou argamassa no estado plástico é colocado em um molde de metal com a forma de um cone truncado com dimensões específicas; após a retirada do molde, deixa-se que a massa baixe em função de seu próprio peso. A distância vertical entre a altura total do molde e altura da mistura abatida é um índice de sua trabalhabilidade. Também chamado de *slump test*.

Entalhe boca de lobo Um recorte em ângulo feito em um caibro, permitindo que possa ser fixado com segurança à guia superior de uma parede.

Envelope da edificação *Veja* Envoltória da edificação.

Envelope térmico *Veja* Envoltória da edificação.

Envelope térmico *Veja* Envoltória da edificação.

Envidraçamento de proteção contra incêndios *Vidro resistente ao fogo* para uso em portas corta-fogo, janelas corta-fogo e outras aberturas protegias que não cumprem todos os requisitos para uso como sistema de parede com classificação de resistência contra fogo.

Envidraçamento de segurança Material de envidraçamento em vidro ou plástico que, ao quebrar, não produz cacos perigosos e tem uso permitido em locais de edificações nos quais há o risco de impacto dos ocupantes; geralmente trata-se de vidro temperado, vidro laminado ou plástico.

Envidraçamento Instalação de vidros.

Envidraçamento em nível *Veja* Envidraçamento em nível com silicone estrutural.

Envidraçamento em nível com silicone estrutural Vidro fixado à face de uma edificação por meio de um vedante resistente e de alto poder de adesão, a fim de eliminar a necessidade de que qualquer peça de metal apareça no exterior da edificação.

Envidraçamento inclinado Sistema com componentes de metal e vidro utilizado para criar um telhado inclinado e transparente; na definição do International Building Code, trata-se de uma vidraça com inclinação superior a 15 graus em relação à vertical.

Envoltória da edificação As partes da edificação, principalmente suas paredes, seus telhados e sua fenestração, que separam o interior do exterior e que permitem controlar de maneira efetiva os fluxos de calor, ar e umidade; também chamada *envelope térmico* ou *envelope da edificação*.

EPDM Monômero de etileno-propileno-dieno, uma borracha sintética termofixa utilizada em membranas de cobertura com baixo caimento.

Escora Apoio (travamento) inclinado utilizado para a sustentação dos painéis de proteção do talude criado com uma escavação.

Escora lateral embutida Amarração diagonal pregada em recortes feitos na face dos montantes, de modo a não aumentar a espessura da parede.

Escoramento Suportes de madeira ou aço verticais ou inclinados.

Escória Os restos de minerais que sobem ao topo do aço, ferro fundido ou da solda.

Escória de alto-forno Material cimentício hidráulico derivado da fabricação do ferro e utilizado nas misturas de argamassa e concreto; também chamado de *cimento de escória*.

Esfoladura Escoriação ou ruptura de um material contra outro sob extrema pressão.

Esfoliação A fissuração ou formação de flocos na superfície de unidades de concreto ou alvenaria, por exemplo, devido à ação do congelamento e descongelamento subsequente, corroendo as armaduras ou afetando as argamassas que são mais duras e mais fortes do que a argamassa que está mais ao fundo das juntas das alvenarias.

Esforço de flexão Veja Flexão.

Esforço de torção O esforço resultante da torção de um elemento estrutural.

Esmalte Acabamento brilhante em um tijolo ou azulejo.

Esmalte Tinta brilhante ou semibrilhante.

Esmoado Arredondamento irregular de uma longa borda de peça de madeira espessa que ocorre quando o corte da madeira é feito perto demais da superfície externa da tora.

Espaçador Pequeno bloco de borracha sintética ou plástica utilizado para manter uma chapa de vidro no centro de seu caixilho. Também chamado *separador*.

Espaçador de armadura Veja Cadeira.

Espaçador de borda O material empregado para separar as chapas de vidro em uma janela com isolamento térmico, também chamado chaveta. *Veja também* Chaveta.

Espaçador de borda quente *Espaçador de borda* de vidraça com resistência térmica superior.

Espaçador de respiro Elemento empregado para manter uma passagem de ar livre acima do isolamento térmico de um sótão ou telhado.

Espaçador multiapoio tipo centopeia Um longo suporte utilizado para a sustentação da armadura de uma laje de concreto armado.

Especificações As instruções escritas por um arquiteto ou engenheiro quanto à qualidade dos materiais e aos métodos de execução necessários para uma edificação.

Espelhamento do piso Etapa do acabamento de lajes de concreto que se destina à remoção de pequenas ondulações produzidas durante a flotação ou o desempeno.

Espelho Incremento vertical unitário em uma escada; a face vertical entre dois pisos de uma escada.

Espigão A intersecção diagonal de planos em um telhado de quatro águas.

Espigão de muro Veja Bloco de cimalha.

Espuma de isocianureto Espuma plástica elastomérica com propriedades de isolamento térmico.

Espuma de poliestireno Espuma termoplástica com propriedades de isolamento térmico.

Espuma de poliisocianureto *veja* Espuma de isocianureto.

Espuma de poliuretano Espuma termo-fixa com propriedades de isolamento térmico.

Esquadro de carpinteiro Ferramenta de medição em forma de L empregada por carpinteiros para definir cortes em ângulo e outros cortes mais complexos, como aqueles necessários para a execução de escadas e caibros de telhado inclinados.

Estaca Elemento longo e esbelto cravado no solo a fim de agir como base para a fundação.

Estande de desdobramento *Veja* Estande estrutural.

Estande estrutural Equipamento de aciaria que lamina perfis estruturais. Também chamado *estande de desdobramento*.

Estireno-butadieno-estireno (EBE) Um copolímero de butadieno e estireno empregado como modificador em um telhado de betume modificado com polímeros.

Estriado Texturizado por meio de sulcos ou riscos paralelos.

Estribo Dobra vertical de uma barra de aço utilizada para reforçar uma viga de concreto contra as forças de tração diagonais.

Estribo de pilar Barra de aço contínua geralmente dobrada de modo retangular e utilizada para amarrar um pilar de concreto.

Estribo fechado Estribo que forma um anel completo, ao contrário de um estribo simples, que é aberto no topo.

Estribo helicoidal Bobina continua de armadura de aço utilizada como estribo em uma coluna de concreto armado.

Estribo U Barra de aço dobrada em forma de U aberta na extremidade superior e utilizada como armadura contra os esforços diagonais em uma viga de concreto.

Estroncas Elementos horizontais sujeitos à compressão que correm de um lado de uma escavação ao outro e são empregados para sustentar chapas de contenção de talude.

Estrutura balão Estrutura de madeira de edificação composta de elementos distribuídos com pequeno espaçamento e geralmente com dimensão nominal de 2 polegadas (51 mm) de espessura na qual os elementos de parede são peças contínuas que correm da guia inferior à superior, sob o beiral.

Estrutura contraventada Estrutura de uma edificação reforçada contra esforços laterais por meio de elementos diagonais, os quais são chamados de travamento ou contraventamento. Também chamada *pórtico contraventado* ou *pórtico travado*.

Estrutura em pórtico *Veja* Moldura estrutural rígida.

Estrutura rígida *Veja* Moldura estrutural rígida.

Estrutura suportada por ar Estrutura, geralmente com grandes vãos, coberta com tecido (uma lona) e sustentada pela pressão do ar em seu interior.

Estrutural *Veja* Portante.

Estrutura-plataforma Estrutura de edificação em madeira composta de elementos pouco espaçados entre si e com espessura nominal de 2 polegadas (51 mm) na qual os montantes de parede não ultrapassam os elementos estruturais de piso.

Estruturas avançadas Sistema estrutural de madeira leve que minimiza o emprego de elementos estruturais e consequentemente a quantidade de madeira necessária, além de melhorar o desempenho térmico da estrutura isolada. Também chamadas *engenharia otimizada*.

Estuque Argamassa feita com uma mistura de cimento Portland, cal, areia e água; geralmente é usada como material de acabamento externo.

Estuque de gesso Estuque cuja substância cimentícia é o gesso calcinado; é quase que exclusivamente empregado para acabamentos internos com gesso.

Estuque misturado no local Estuque de gesso formulado para uso em combinação com a cal de acabamento em uma argamassa de revestimento.

Estuque para camada de acabamento A camada final de estuque, aplicada a uma base de gesso ou sobre uma ou mais camadas de gesso de base.

Estuque para camada de base Uma ou mais camadas de gesso preparatórias que fornecem uma superfície sólida e lisa adequada à aplicação da camada final de gesso de revestimento. *Veja também* Camada escarificada e Emboço.

Estuque para moldar Estuque de gesso de cura rápida utilizado para a manufatura de ornamentos moldados.

Extradorso A superfície convexa de um arco.

Extrusão Processo pelo qual se força a passagem de um material por dentro de um orifício com forma específica, a fim de produzir um elemento linear com a seção transversal desejada.

F

Fabricante Companhia que prepara elementos de aço estrutural para edificações.

Fachada Face externa de uma edificação.

Fachada de pele dupla Sistema de parede externa que consiste em duas peles separadas por um espaço intersticial; também chamada fachada de parede dupla ou paredes de pele.

Fachada de pele dupla *Veja* Parede de pele.

Fadiga Deformação devido a uma solicitação; é expressa como uma razão da mudança de comprimento em relação ao comprimento original.

Fahrenheit Escala de temperatura na qual o ponto de ebulição da água é fixado em 212 graus e seu ponto de congelamento, em 32 graus.

Faixa de forração *Veja* Faixa de revestimento.

Faixa de revestimento Peça longitudinal de madeira ou metal instalada em um parede de alvenaria ou concreto, para permitir a fixação de materiais de acabamento sem que seja necessário o uso de parafusos ou pregos; qualquer material linear empregado para criar uma separação espacial entre um material de acabamento e uma base. Também chamada faixa de forração, tira de forração ou perfil para revestimento.

Fator-U Medida da condutância térmica de um material ou sistema; a recíproca matemática do *valor-R*.

Fechador automático de porta Peça mecânica empregada na regulagem do fechamento automático de uma porta. Também chamado *mola aérea*.

Fechamento *Veja* Tijolo de fecho.

Fechamento com chapas Fechamento feito com um material – como o polietileno – na forma de placas muitos finas e flexíveis.

Feltro de construção *Veja* Feltro de edificação.

Feltro de construção *Veja* Feltro saturado com asfalto

Feltro de construção *Veja* Feltro saturado com asfalto.

Feltro de edificação Material laminar fino e flexível em composto de fibras macias prensadas e coladas. Na prática da construção civil, trata-se de um papel grosso ou uma chapa de fibras de vidro ou plástico. Também chamado *feltro de construção*.

Feltro saturado com asfalto Material em lâminas resistente à água disponível em diversas espessuras. Geralmente consiste de fibras tramadas que foram impregnadas com asfalto e é empregado para proporcionar uma camada de proteção em uma parede externa ou um sistema de telhado; também chamado *feltro de construção*.

Ferragem de pânico Mecanismo que abre uma porta automaticamente caso se exerça pressão sobre ele a partir do interior de uma edificação.

Ferramentas com ponta de carbeto Brocas, serras e outras ferramentas com bordas cortantes feitas com uma liga extremamente dura.

Ferreiro Operário especializado que monta estruturas de aço de edificações ou coloca as barras de armação em estruturas de concreto.

Ferro Na forma pura, um elemento metálico. No uso comum, refere-se a várias ligas ferrosas que não são aços, como o ferro fundido e o ferro forjado.

Ferro fundido Ferro com conteúdo de carbono elevado demais para que possa ser classificado com aço.

Ferro fundido Tipo de ferro que é macio, resistente e tem estrutura fibrosa, contêm cerca de 0,1 por cento de carbono e entre 1 e 2 por cento de escória.

Fiada Camada horizontal de unidades de alvenaria com um elemento de altura; linha horizontal de telhas ou peças de revestimento externo de parede.

Fiada de base A fiada de telhas assentadas sob uma fiada exposta na borda inferior de uma parede ou um telhado, a fim de criar uma camada impermeabilizada atrás das juntas da fiada exposta.

Figura O padrão ou a grã superficial de uma peça de madeira ou pedra com acabamento liso.

Filete Interseção interna com forma arredondada entre duas superfícies que se encontram em ângulo.

Filete Linha estreita de metal de soldagem ou vedante; faixa de metal ou madeira utilizada para manter uma lâmina de vidro na posição; um perfil fino e convexo, uma borda metálica ou cantoneira para o reboco.

Filete de separação Faixa de metal ou madeira empregada para manter uma vidraça em seu lugar. Também chamado *ripa de separação*.

Fissuração por retração plástica Fissuração em concreto recém misturado, mais comum em lajes, que ocorre quando a superfície do concreto seca rapidamente demais.

Fita de envidraçamento de polibutano *Veja* Fita de polibutano.

Fita de polibutano Fita pegajosa e que parece um mástique empregada na vedação de juntas que não estão sujeitas a deformações significativas, especialmente entre chapas de vidro e montantes. Também chamada *fita de envidraçamento de polibutano*.

Fixado à pólvora Fixado por uma pistola à pólvora (finca-pinos) utilizando energia fornecida pela carga explosiva da pólvora.

Flambagem Colapso estrutural devido a uma grande deflexão lateral de um elemento esbelto submetido ao esforço de compressão, como a flambagem lateral de um pilar longo e esbeltou a mesa superior de uma viga muito longa e fina.

Flash cove Detalhe no qual uma lâmina de piso flexível é dobrada para cima nas bordas, dando acabamento contra a parede e criando um rodapé.

Flexão Esforço de compressão ou tração resultante da aplicação de uma força não axial a um elemento estrutural. Também chamada *esforço de flexão*.

Flexão em duas direções Flexão de uma laje simples ou composta na qual os momentos fletores são aproximadamente iguais nas duas direções principais da estrutura.

Floculado Material que tem uma microestrutura "macia" como a microestrutura das partículas de argila na nas quais as plaquetas são orientadas aleatoriamente.

Florão Ornamento esbelto no alto de uma cobertura ou flecha.

Fluoropolímero Composto orgânico extremamente estável que é empregado como camada de acabamento no revestimento de uma edificação.

F-number Índice que expressa em termos estatísticos o quanto uma laje de concreto é plana ou nivelada.

Focinho A borda de um degrau de escada que se projeta em relação ao degrau abaixo.

Folha A parte móvel de uma porta.

Folha de Flandres Liga de chumbo e estanho utilizada para revestir chapas de aço-carbono ou aço inoxidável e que no passado era empregada em telhas de cobertura de metal.

Força de compressão A capacidade que um material estrutural tem de suportar forças de esmagamento.

Força horizontal Força cuja direção de ação é horizontal ou praticamente horizontal. *Veja também* Força lateral.

Força lateral Força que geralmente atua na direção horizontal, como uma força eólica, sísmica ou da pressão do solo contra um muro de arrimo.

Forma deslizante Sistema de formas para paredes de concreto moldadas *in loco* de edificações em múltiplos pavimentos no qual as formas são progressivamente erguidas, à medida que a construção avança.

Forma incorporada Forma de concreto que fica permanentemente no local, após o lançamento e a cura do concreto e que se torna parte da construção acabada.

Forma isolante de concreto (ICF) Sistema de componentes leves, na maior parte das vezes feitos com espuma de poliestireno isolante, utilizado como *forma incorporada* para a moldagem *in loco* de paredes de concreto.

Formas de aço incorporadas Finas chapas de aço corrugadas que servem como *formas incorporadas* em um sistema de laje de concreto composta (sistema *steel deck*).

Formas Estruturas, geralmente temporárias, que serem para dar formato a um elemento de concreto moldado *in loco*, sustentá-lo durante a cura e mantê-lo úmido.

Forno Fornalha para o cozimento de produtos de argila ou vidro; câmara aquecida para o tratamento da madeira; fornalha para a produção de cal virgem, sulfato de cálcio semi-hidratado ou cimento Portland.

Forno intermitente Forno carregado e utilizado por bateladas, ao contrário de um forno tipo túnel, cuja operação é contínua.

Forno tipo túnel Forno através do qual produtos de argamassa são transportados em carrinhos sobre trilhos.

Forro *Veja* Sofito.

Forro acústico Forro de placas feitos de fibras, que absorvem uma grande proporção da energia sonora.

Forro emborrachado Material em lâmina bituminoso colado que fecha naturalmente as cavidades provocadas pelo cravamento de pregos e é aplicado em revestimentos de telhado para evitar a penetração da água; também chamado *proteção de água e gelo*.

Forro metálico linear Forro de acabamento cuja face exposta é composta de longos elementos paralelos de metal em chapa.

Forro suspenso Teto que é suspenso na laje de piso acima por meio de fios.

Forros intersticiais Forros suspensos com resistência estrutural suficiente para sustentar com segurança os trabalhadores enquanto instalam ou prestam serviços de manutenção das instalações mecânicas e elétricas acima de um forro.

Fotovoltaico Capaz de converter a luz em eletricidade.

Friso Ranhura, geralmente horizontal e de seção transversal inclinada à qual um rufo ou uma membrana de telhado pode ser inserida em uma superfície de concreto ou alvenaria.

Frita Vidro pigmentado e texturizado que é fundido com o calor para formar luzes com padrões funcionais ou decorativos.

Frontão A empena de um telhado na arquitetura clássica.

Fundação de base Uma sapata de concreto única que tem praticamente a mesma área do solo coberto pela edificação.

Fundação flutuante Fundação construída em tal profundidade que o peso do solo removido é similar ao poso da edificação que está sendo sustentada.

Fundação profunda *Fundação* predial que atravessa as camadas superiores de solo frágil a fim de alcançar as camadas mais profundas, com maior capacidade de carregamento.

Fundação rasa *Fundação* de edificação localizada na base de uma parede ou pilar, se apoiando em uma camada do solo relativamente próximo da superfície. Também chamada *fundação superficial*.

Fundação superficial *Veja* Fundação rasa.

Fundação A parte de uma edificação que transfere suas cargas estruturais ao solo.

Funil-com-tromba *Veja* Tremonha.

Furadeira de impacto Ferramenta de aço utilizada com movimento para cima e para baixo para cortar rochas na base de um tubulão de aço.

Fusão a calor Método de união de duas peças por meio do amolecimento ou da fusão das bordas com aplicação de calor e pressão.

G

Gabarito Tábuas montadas sobre estacas no perímetro da área de escavação de uma edificação, empregadas para preservar a localização das linhas de cordão que marcam as quinas das fundações.

Galvanização Aplicação de uma camada de zinco ao aço.

Galvanização a quente Método de galvanização no qual um elemento ou um conjunto de elementos de aço é mergulhado em um banho de zinco fundente.

Gancho Dobra semicircular na extremidade de uma barra de armadura feita para uma boa ancoragem da barra no concreto em que está inserida.

Gancho Recurso para erguer um bloco de pedra por meio da fricção exercida contra as laterais de um orifício feito no topo do bloco.

Gaxeta Material seco e flexível aplicado por compressão e empregado para a vedação de uma junta entre dois componentes rígidos.

Gaxeta de vedação Faixa de borracha sintética comprimida em torno da borda de uma vidraça ou um painel de parede inserindo-se um espaçador de borda em uma ranhura da gaxeta.

Gaxeta de vedação Faixa de borracha sintética que veda em torno de uma vidraça ou painel de vidro quando comprimida com firmeza contra esta.

Gesso Mineral abundante; quimicamente, trata-se de sulfato de cálcio hidratado.

Gesso acartonado Painel de revestimento interno que consiste de um sanduíche de papelão com núcleo de gesso. Também chamado *drywall*.

Gesso calcinado Gesso extremamente fino que foi aquecido para a remoção da maior parte de sua água de hidratação; é utilizado na manufatura de chapas de gesso acartonado (*drywall*) e como o principal ingrediente das argamassas de gesso; material cimentício não hidráulico; também chamado *gesso de Paris*.

Gesso de Paris *Veja* Gesso calcinado.

Gesso sintético Gesso manufaturado quimicamente a partir dos produtos derivados de inúmeros processos industriais, como a dessulfurização dos gases emitidos nas chaminés das usinas geradoras de energia elétrica.

Gestor da construção O profissional que assiste o proprietário durante a execução de uma obra de construção.

GFRC *Veja* Concreto reforçado com fibras.

Glulam Redução em inglês de "glue-laminated wood", isto é, madeira laminada-colada.

Grã Na madeira, a direção dos eixos longitudinais das fibras ou a figura formada pelas fibras. Na pedra, *veja* Base de extração.

Grade exposta Estrutura de sustentação de um forro acústico que é visível por baixo após a finalização do forro.

Grade oculta Estrutura de forro suspensa que fica completamente oculta pelas placas ou pelos painéis que ela sustenta.

Grampo Elemento utilizado para manter temporariamente juntas duas peças de um material. Também chamado *presilha*.

Granitina Material para acabamento de piso que consiste de concreto com um agregado de lascas de mármore de diferentes cores e dimensões; após a cura da massa de concreto, o piso é lixado e polido.

Granitina colada Piso de granitina cujo leito de assentamento é feito diretamente sobre a laje estrutural.

Granitina monolítica Piso de granitina de pequena espessura aplicado sobre um contrapiso de concreto, sem leito de assentamento.

Granitina sobre camada de areia Granitina com um leito de areia que a separa de uma laje de piso estrutural.

Granito Pedra ígnea com cristais de quartzo ou feldspato visíveis.

Graute Uma massa com grande abatimento (*slump*) feita com cimento Portland, agregados e água que pode ser derramada ou bombeada em cavidades de concreto ou alvenaria a fim de prender barras de armadura ou aumentar a quantidade de material portante em uma parede; um material com fórmula especial utilizado para o enchimento sob placas de base e nas conexões de estruturas de concreto pré-moldado; argamassa empregada para preencher as juntas entre azulejos cerâmicos ou lajotas de pedra.

Graute autoadensável Graute com uma mistura que a torna extremamente líquida.

Grauteamento de alta elevação Método de construir uma parede de alvenaria armada no qual as barras da armadura são cobertas com graute a cada pavimento.

Grauteamento de baixa elevação Método de construção de uma parede em alvenaria no qual as barras da armação são cobertas por graute em incrementos de, no máximo, 120 centímetros.

Grua de haste barlavento Equipamento de elevação pesado que utiliza uma haste montada sobre torre que pode girar em qualquer plano vertical, bem como no plano horizontal.

Grua de haste em cabeça de martelo Equipamento pesado utilizado para erguer materiais que usa uma grua horizontal montada em uma torre e que gira apenas no plano horizontal.

Grupo de ocupação No International Building Code, uma definição dos tipos de atividades que ocorrem dentro de uma edificação ou em uma parte de edificação, relacionado a considerações da segurança física dos ocupantes.

Guarnição Peças de madeira de acabamento em volta dos batentes de uma janela ou porta.

Guarnição inferior interna A peça de acabamento que cobre a junta entre o peitoril interno de uma janela e a superfície de acabamento da parede abaixo.

Guia Em trabalhos de alvenaria, uma quina de parede construída com bastante precisão com o auxílio de um nível a fim de servir como referência para o assentamento dos demais tijolos da parede.

Guia Tira fixada a uma parede ou a um teto para estabelecer o nível até o qual o reboco deve ser aplicado.

Guia superior O elemento horizontal no topo dos montantes de uma parede em uma edificação com estrutura leve.

Guindaste universal de torre Equipamento elevatório de grande porte que aumenta gradualmente de altura à medida que a edificação é erguida.

Guindaste Qualquer um entre os vários equipamentos utilizados para o içamento de materiais presos na extremidade de uma corda ou um cabo.

H

HDO *Veja* Madeira compensada HDO.

Hidratação Processo pelo qual os cimentos combinam quimicamente com a água, endurecendo.

Hidrofugante Película utilizada para impedir a passagem da água, geralmente aplicada à face externa das paredes de um pavimento de subsolo ou à face interna de uma cavidade em uma parede de alvenaria dupla com camada de ar.

Higroscópico Material que rapidamente absorve e retém umidade.

Housewrap Material sintético em chapa com propriedades de resistência à água e ao ar, utilizado como substituto para o feltro alcatroado ou papel de construção e a fim de criar uma camada de proteção em uma parede composta externa.

HSS *Veja* Seção estrutural vazada.

I

IBC *Veja* International Building Code e International Residential Code.

ICF *Veja* Forma isolante de concreto.

IIC *Veja* Classe de Isolamento ao Impacto.

Iluminação diurna Iluminação do interior de uma edificação por meios naturais.

Impermeabilização de lado cego Camada ou pintura impermeável na face externa de um murro de arrimo que, por motivos de inacessibilidade, foi instalada antes de a parede ter sido construída.

Impermeabilização pelo lado negativo Impermeabilização aplicada ao lado interno de uma parede, permitindo que esta resista à passagem da água vinda do lado oposto.

Impermeabilizante Material que age como barreira ao fluxo de água e é capaz de suportar pressão hidrostática.

Incisões Pequenos cortes curtos e repetitivos feitos na superfície de um elemento de madeira, a fim de aumentar sua capacidade de absorção de produtos químicos utilizados para o tratamento da madeira.

Incorporador de ar Aditivo que provoca o surgimento de uma quantidade controlada de bolhas de ar microscópicas em um concreto ou uma argamassa durante a mistura, geralmente com o propósito de melhorar a trabalhabilidade e a resistência ao congelamento e descongelamento. Também chamado *aditivo incorporador de ar*.

Indicador de tração direta *Veja* Arruela indicadora de carga.

Índice de alastramento de fogo Medida da rapidez pela qual o fogo irá se dispersar através de uma superfície ou um material de acabamento, conforme determinada pelo padrão E84 da ASTM (nos Estados Unidos).

Índice de desenvolvimento de fumaça Índice das fumaças tóxicas geradas por um material à medida que ele queima, de acordo com o padrão E84 da ASTM.

Inibidor de corrosão Aditivo para concreto empregado para evitar a corrosão das barras da armadura.

Inserto Chapa de aço ancorada à superfície do concreto e à qual outro elemento de aço pode ser soldado.

Instalações não aparentes Os sistemas mecânicos, elétricos e hidrossanitários que não ficarão à vista após o término da edificação.

International Building Code (IBC) e International Residential Code (IRC) Os *códigos de edificações* modelo predominante nos Estados Unidos.

Intradorso A superfície côncava de um arco.

IRC *Veja* International Building Code e International Residential Code.

Isolador de base Um elemento no nível das fundações que diminui a transmissão dos movimentos sísmicos a uma edificação.

Isolamento térmico de vidro Vidraça composta de duas ou mais chapas de vidro com uma câmara de ar intermediária.

Isolante Uma tira de material à qual um vedante não adere.

Isolante térmico Material com alta capacidade de retardar a passagem do calor.

J

Janela com dobradiças horizontais na borda superior Janela que abre para dentro e apresenta dobradiças na parte superior ou perto dela.

Janela combinada Caixilho que sustenta tanto uma tela mosquiteira como uma chapa de vidro e é montado na mesma esquadria que uma janela comum e é utilizada para aumentar a resistência térmica da janela.

Janela de abrir para dentro com dobradiças laterais Janela que abre para dentro com dobradiças existentes na borda vertical do caixilho ou perto dela.

Janela de batente Janela com caixilhos que giram em relação a um eixo vertical à borda do caixilho.

Janela de correr Janela com um caixilho fixo e outro caixilho que corre horizontalmente ao longo de trilhos.

Janela de guilhotina dupla Janela com dois caixilhos que se sobrepõem e correm verticalmente, ao longo de trilhos.

Janela de guilhotina simples Janela com dois caixilhos que se sobrepõem e cujo caixilho inferior pode correr na vertical, em trilhos, e o caixilho superior é fixo.

Janela de hospital Janela cujo caixilho gira em relação a um eixo ao longo do peitoril ou perto dele e que abre para dentro da edificação.

Janela de limpeza Abertura na base de uma parede de alvenaria com cavidade por meio da qual respingos de argamassa e outros detritos podem ser removidos antes do grauteamento da cavidade interna da parede.

Janela de reposição Unidade de janela projetada para ser facilmente instalada em uma abertura feita em parede por na qual havia outra janela deteriorada, a qual foi previamente removida.

Janela de telhado Unidade de envidraçamento aberta instalada na superfície inclinada de um telhado ou, mais especificamente, uma unidade de telhado envidraçada cujo caixilho abre para dentro, a fim de facilitar sua limpeza.

Janela fixa Chapa de vidro que é instalada em uma parede e não pode ser aberta.

Janela maxim-ar Janela que pivota em um eixo horizontal fixado na extremidade superior do caixilho e se projeta em direção ao exterior.

Janela permanente Janela feita para ser instalada de maneira permanente em uma edificação.

Janela pivotante Janela que abre por meio da rotação de seu caixilho em relação à sua linha central vertical ou horizontal.

Janela pivotante Janela que abre por meio da rotação em relação à sua linha de centro vertical.

Janela protetora Caixilho adicionado ao exterior de uma janela durante o inverno, para aumentar sua resistência térmica e diminuir a infiltração do ar.

Jatocreto Mistura de concreto com baixo abatimento (*slump*) que é lançada em alta velocidade por sopramento através de um injetor com um jato de ar comprimido. Também chamado *concreto lançado por ar comprimido* ou *concreto projetado*.

Junta chanfrada Conexão de extremidade colada entre duas peças de madeira, usando uma incisão inclinada para criar uma grande superfície para contato da cola, o que confere resistência máxima à conexão das peças de madeira.

Junta côncava Junta de argamassa feita com perfil curvo, reentrante.

Junta de assentamento Uma *junta de separação da construção* que permite que as fundações dos volumes edificados adjacentes possam sofrer recalques com taxas diferentes.

Junta de continuidade Linha ou plano ao longo do qual se permite que haja movimentos em uma edificação ou em uma superfície de edificação em resposta a forças como a dilatação e a retração por umidade, a dilatação e a retração térmica, recalques diferenciais e forças sísmicas.

Junta de controle Descontinuidade proposital e linear dentro de uma estrutura ou um componente projetada para formar um plano frágil no qual pode ocorrer uma ruptura em resposta a várias forças, de modo a minimizar ou eliminar fissuras em outras partes da edificação. Também chamada a *junta de retração*.

Junta de dilatação *Junta de dilatação superficial* que fornece espaço para que a superfície possa expandir. No dia a dia é chamada de junta de separação da construção.

Junta de estrutura *Veja* Junta de isolamento.

Junta de expansão *Veja* Junta de isolamento.

Junta de isolamento Conexão projetada para permitir que a estrutura de uma edificação e suas vedações ou paredes internas possam ser mover independentes umas das outras.

Junta de isolamento Tipo de junta de estrutura utilizada em radiers, para permitir recalques diferenciais nos pontos em que existem paredes e pilares adjacentes. Também chamada *junta de estrutura* ou *junta de expansão*.

Junta de movimentação Junta de divisão de superfícies projetada de modo a permitir o movimento livre entre uma construção nova e outra pré-existente ou entre diferentes materiais de construção.

Junta de mudança de volume Junta de separação da construção que permite a dilatação e retração de partes adjacentes de uma edificação sem que haja a transmissão de esforços.

Junta de retração *Veja* Junta de controle.

Junta de ripa Junta em um telhado de chapas de metal que inclui uma ripa de madeira.

Junta de separação da construção Plano ao longo do qual uma edificação é dividida em estruturas separadas que podem se mover independentes umas das outras.

Junta de separação sísmica Uma junta de separação da construção que permite que massas de edificação contíguas oscilem de maneira independente durante um abalo sísmico.

Junta de topo Junta entre peças com extremidades não afiladas. Também chamada *conexão de topo*, *sambladura de topo* ou *sambladura de topo a topo*.

Junta de trabalho na construção Conexão de uma edificação projetada para permitir pequenos movimentos relativos entre duas peças de um componente de construção.

Junta dentada Conexão de topo colada entre duas peças de madeira que emprega um padrão com longas protuberâncias encaixadas. Uma junta dentada cria uma grande superfície de contato para colagem, permitindo a resistência máxima à tração das peças conectadas.

Junta divisória de áreas Faixa utilizada para dividir uma grande membrana de telhado em áreas menores e permitir a dilatação e contração da membrana e de sua base.

Junta divisória de superfície Linha ao longo da qual uma superfície pode se dilata ou contrair sem que ocorram danos.

Junta entre paredes A junta de argamassa vertical entre dois panos de alvenaria.

Junta horizontal A camada horizontal de argamassa sob uma unidade de alvenaria.

Junta não associada à movimentação Conexão entre materiais ou elementos que não foi projetada para resistir a movimentos.

Junta para cima Junta argamassada acabada com um perfil plano inclinado que ajuda a fazer com que a água escoa longe da parede.

Junta preenchida com materiais expansivos Tipo de instalação de vidros no qual as juntas verticais entre as luzes não se encontram no montante e são estanques graças ao uso de um vedante.

Junta pré-moldada Faixa de metal, borracha sintética, lama bentonítica ou vedante utilizada para vedar juntas em muros de arrimo de concreto.

Junta recuada de argamassa Junta argamassada na qual a argamassa foi removida da parte da junta que fica mais próxima da superfície de alvenaria.

Junta V Junta cujo perfil lembra a letra V.

Junta vertical A camada vertical de argamassa entre as extremidades de tijolos ou blocos em uma alvenaria.

K

kPa Quilo Pascal, unidade de pressão igual a 1 quilo Newton por metro quadrado.

L

Lã de rocha Material isolante térmico manufaturado formando-se fibras com rocha fundida.

Labirinto Tipo de junta de revestimento na qual uma série de aberturas conectadas evitam que as gotas de água penetrem, em função do momento.

Laca Tinta que seca com extrema rapidez em função da evaporação de um solvente volátil.

Lacração Vedação em volta de um rufo com a aplicação de camadas de feltro e betume.

Laje alveolar Laje de concreto pré-moldada que tem cavidades longitudinais, a fim de reduzir seu peso próprio.

Laje cogumelo armada em duas direções Sistema estrutural de concreto armado no qual os pilares com capitéis cogumelo e/ou rebaixos sustentam diretamente uma laje armada em duas direções e é plana em ambas as superfícies.

Laje lisa armada em duas direções Sistema estrutural de concreto armado em duas direções no qual as vigas são mais espaçadas do que nos sistemas de laje de concreto convencionais – armados em uma direção.

Laje maciça Laje de concreto sem nervuras ou cavidades que vence os vãos entre vigas ou paredes portantes

Laje maciça armada em uma direção Laje de piso ou cobertura de concreto armado que vence o vão entre duas vigas paralelas ou paredes portantes.

Laje nervurada bidirecional Sistema estrutural de concreto armado no qual os pilares sustentam diretamente uma malha ortogonal de vigotas ou nervuras que se cruzam.

Laje nervurada bidirecional *Veja* Laje *waffle*.

Laje nervurada de grandes vãos Sistema estrutural de concreto armado no qual os pilares sustentam diretamente uma laje armada em duas direções e com ambas as superfícies planas. Também chamada *sistema nervurado alternado*.

Laje *waffle* Sistemas de vigotas de concreto armada em duas direções. Também chamada *laje nervurada bidirecional*.

Lajota *Veja* Pedra decorativa.

Lajota cerâmica Grande placa de cerâmica para revestimento de piso, geralmente não vitrificada.

Lama bentonítica *Veja* Bentonita.

Lambris Revestimento de parede, geralmente de madeira, pedra cortada ou azulejo cerâmico aplicado apenas na metade inferior de uma parede.

Lâmina Camada, chapa ou revestimento com pequena espessura.

Lâmina de deslizamento Chapa fina de papel, plástico ou feltro que é colocada entre dois materiais a fim de eliminar a fricção ou a adesão entre os materiais.

Lâmina de madeira Lâmina produzida por meio da rotação de uma tora de madeira contra uma lâmina cortante bastante afiada presa a um torno.

Laminado Produto de construção manufaturado por meio da união de várias camadas de materiais.

Laminado cortado em *flitches* Chapa de madeira fina cortada passando-se um bloco de madeira verticalmente contra uma serra longa e bem afiada.

Laminador Máquina empregada para a produção de perfis dobrados a partir de chapas de metal.

Laminador-desbastador Um conjunto de roletes de laminação utilizado para transformar um lingote em uma lupa.

Lançamento Colocar concreto in loco em uma forma; uma moldagem de concreto feita sem interrupção.

Lareira pré-fabricada Lareira construída em uma indústria e que é instalada já montada.

Lastro Material pesado colocado sobre uma membrana de telhado, para evitar o soerguimento causado pelo vento e proteger a membrana da ação direta da luz do sol.

Lehr Câmara na qual o vidro é anelado.

Leito de moldagem *Veja* Pista de moldagem.

Leito de moldagem *Veja* Pista de moldagem.

Leito de rocha Uma camada maciça de rocha.

Lençol freático O nível no qual a pressão da água no solo é igual à pressão atmosférica; na prática, é o nível no qual a água freática irá encher uma escavação.

Lift-slab Método de construção de edificações com múltiplos pavimentos de concreto por meio da moldagem de todas as lajes sob o solo e posterior erguimento e instalação sobre os pilares por meio do uso de guindastes e soldagem.

Liga Substância composta de dois ou mais metais ou de um metal e um elemento não metálico.

Ligadura de vigotas Uma viga de concreto baixa e larga que sustenta outras vigotas de concreto unidirecionais de mesma altura.

Lignina A substância colante natural que sustenta a celulose na madeira.

Liner Pedaço de mármore ancorado e cimentado atrás de outra placa de mármore.

Lingote Um grande bloco de metal fundido.

Lingote *Veja* Lupa.

Lingote *Veja* Lupa.

Linha de congelamento A profundidade da terra até a qual se espera que o solo congele durante um inverno muito severo.

Linha de pregos Pregos colados juntos em uma faixa, para serem utilizados em uma pistola de pregos.

Linóleo Material flexível para revestimento de piso composto principalmente de partículas de cortiça e óleo de linhaça aplicados sobre uma base de aniagem ou lona.

Lixamento leve Na madeira compensada um suave lixamento feito a fim de obter uma superfície mais lisa e mais plana.

***Lockpin* e fixador de colar** Mecanismo do tipo parafuso que é inserido nos orifícios de componentes de aço estruturais, mantido sob altíssima tensão e fechado com um anel de aço que é prensado contra sua haste protuberante.

Longarina Viga horizontal que sustenta outras vigas menores; viga muito grande, especialmente quando composta de outros elementos menores.

Longarina-caixão Grande viga estrutural de concreto ou aço oca cuja seção transversal é retangular ou trapezoidal.

LSG *Veja* Relação luz/ganho solar.

LSL *Veja* Peças de fitas laminadas.

Lupa Uma barra maciça de aço formada a partir de um lingote, em uma etapa intermediária da laminação de perfis estruturais de aço. Também chamada de *lingote*.

Luz Uma chapa de vidro; a vidraça de uma porta ou janela.

Luz lateral Janela ou visor estreito e alto ao lado de uma porta.

LVL *Veja* Peças de madeira microlaminada.

M

Macaco Equipamento que permite a aplicação de uma grande força durante pequena distância, geralmente por meio da ação de parafuso ou da pressão hidráulica.

Maçarico Aparelho que queima óleo combustível e ar comprimido; usado na extração de granito.

Macho-e-fêmea Sistema de conexão de borda para unir tábuas ou painéis.

Madeira aglomerada Painel de construção composto de pequenas partículas de madeira coladas sob pressão.

Madeira autoclavada *Veja* Madeira com tratamento preservativo.

Madeira com fibras marginais *Veja* Madeira com fibras verticais.

Madeira com fibras verticais Madeira espessa serrada de tal maneira que os anéis anuais de crescimento correm perpendiculares às faces de cada peça; também chamada *madeira com fibras marginais*. *Veja também* Madeira de fibras paralelas.

Madeira com grã cruzada Peça de madeira incorporada a uma estrutura de tal modo que a direção de sua grã seja perpendicular à direção das principais cargas da estrutura.

Madeira com tratamento preservativo Madeira que foi impregnada com produtos químicos preservantes para melhorar sua resistência ao apodrecimento e ao ataque biológico; também é comumente chamada *madeira tratada sob pressão* ou *madeira autoclavada*.

Madeira compensada HDO Madeira compensada pesada revestida com resina, para ter faces mais lisas e mais duradouras.

Madeira compensada MDO Compensado com revestimento de peso médio e tratado com resina, para ficar mais liso e mais durável.

Madeira compensada Painel de madeira composto de um número ímpar de lâminas de madeira coladas entre si sob alta pressão.

Madeira de fibras paralelas Madeira espessa serrada de tal maneira que os anéis de crescimento anual fiquem orientados paralelos à sua face. *Veja também* Madeira com fibras verticais.

Madeira de primavera Na madeira, a porção do anel de crescimento anual formada de células relativamente maiores e menos densas; também chamada *madeira temporã*.

Madeira de verão A porção do anel de crescimento anual de uma madeira que é composta de células relativamente menores e mais densas; também chamada madeira tardia.

Madeira dura Madeira de árvores latifoliadas.

Madeira espessa Peças longilíneas de madeira de seção transversal retangular e serradas diretamente de uma tora.

Madeira estrutural de compósitos Substituto para elementos de madeira maciça feitos com lâminas de madeira ou tiras de fibra de madeira e cola; também chamada "engenheirado".

Madeira laminada *Veja* Madeira laminada colada.

Madeira laminada-colada Elemento de madeira composto de um grande número de pequenas tiras de madeiras coladas entre si. Também chamada *Glulam*.

Madeira laminada em quartos Lâmina de madeira serrada de serrada de tal maneira que os anéis de crescimento anuais correm mais ou menos perpendiculares à face de cada lâmina.

Madeira macia Madeira de árvores coníferas (perenes).

Madeira plástica estrutural (SGPL) Madeira artificial reforçada com fibra de vidro e formulada para ter resistência similar a das peças de madeira maciça convencional.

Madeira plástica Produto com a aparência da madeira, mas com conteúdo de plástico de no mínimo 50 por cento. *Veja também* Madeira plástica estrutural.

Madeira serrada em ângulo *Veja* Madeira serrada em quartos.

Madeira serrada em quartos Madeira serrada de tal maneira que os anéis de crescimento anuais correm mais ou menos perpendiculares à face de cada peça. Também chamada *madeira serrada em ângulo* ou *madeira serrada na margem*.

Madeira serrada na margem *Veja* Madeira serrada em quartos.

Madeira tardia *Veja* Madeira de verão.

Madeira temporã *Veja* Madeira de primavera.

Madeira tratada sob pressão Madeira que foi impregnada com produtos químicos sob pressão a fim de retardar seu apodrecimento ou reduzir sua combustibilidade.

Mandril Núcleo de aço rígido inserido em uma casca fina de aço empregada em uma estaca de concreto moldada *in loco*, para evitar sua ruptura durante o cravamento.

Mansarda Telhado que consiste de dois níveis de telhados de quatro águas sobrepostos, sendo que o nível inferior tem caimento menor do que o superior.

Manta asfáltica Lâmina continua, geralmente em rolo, do mesmo material de cobertura utilizado em telhas asfálticas.

Manta de fibra de vidro Manta de isolamento térmico macia e não tramada composta de filamentos de vidro estirados.

Manta permeável Manta plástica tramada que é instalada dentro de um telhado ou um sistema de cobertura para criar um espaço para drenagem da água e ventilação.

Marcenaria Componentes de acabamento interno em madeira em uma edificação, incluindo molduras, janelas, portas, armários fixos, escadas, consolos de lareira, etc.

Mármore Rocha metamórfica formada a partir do calcário submetido ao calor e à pressão.

Massa de vidraceiro Um composto para envidraçamento simples utilizado para vedar uma pequena luz de vidraça.

Massa semifluida Mistura aquosa de materiais insolúveis com alta concentração de sólidos em suspensão.

MasterFormat O título com direitos autorais protegidos de um sistema de indexação uniforme para especificações da construção, criado pelo Construction Specifications Institute e pelo Construction Specifications Canada.

Mástique Substância adesiva viscosa e com consistência de massa; pode ter inúmeras formulações para propósitos específicos, como vedantes, adesivos, compostos para envidraçamento ou cimentos para cobertura.

Materiais cimentícios Em serviços de reboco, alvenaria e concreto, materiais inorgânicos que, uma vez misturados com água, produzem materiais duros com propriedades adesivas e coesivas (cimentação). O termo em geral é utilizado exclusivamente para se referir aos cimentos hidráulicos (como o cimento Portland), ou seja, não sendo aplicado às argamassas não hidráulicas (argamassa de cal ou gesso).

Materiais de resistência ao fogo aplicados em *spray* (SFRM) Isolantes fibrosos ou cimentícios aplicados ao aço ou concreto para maior proteção contra o calor de um incêndio.

Materiais drenantes para parede com camada de ar Material colocado no espaço com ar de uma parede dupla com camada de ar a fim de coletar os respingos de argamassa e evitar o entupimento dos drenos na parte inferior da cavidade.

Material cimentício suplementar Material cimentício hidráulico ou pozolana misturado com cimento Portland para modificar as propriedades do produto cimentício ou reduzir a energia necessária para a manufatura do cimento.

Material de baixa resistência controlada (MBRC) Concreto formulado de propósito para ter resistência muito baixa, mas determinada, usado principalmente como material de reaterro.

Material terroso Rocha ou solo.

Matriz de molde Ferramenta industrial utilizada para obter uma forma idêntica a unidades produzidas repetidamente ou geradas de modo contínuo, como um orifício criado para dar forma a uma coluna de argila, um arame de aço ou um elemento extrudado de alumínio; perfuratriz para fazer aberturas em chapas de metal.

MBRC *Veja* Material de baixa resistência controlada.

Meia-esquadria Corte diagonal na extremidade de uma peça; a junta produzida pela união de duas peças cortadas diagonalmente em ângulos retos.

Membrana Material laminar que é impermeável à água e ao vapor de água.

Membrana Uma camada de material, como uma camada de feltro de uma membrana de telhado executada no local u uma camada de revestimento em madeira compensada.

Membrana betuminosa de telhado Membrana de telhado com baixa inclinação feita de materiais betuminosos seja uma membrana de telhado executada no local ou uma membrana de telhado betuminosa.

Membrana de proteção contra fogo Forro empregado para dar proteção contra fogo aos elementos estruturais acima.

Membrana de telhado Chapa impermeável ou sistema composto que protege um telhado de pequena declividade contra a penetração da água.

Membrana de telhado com aplicação líquida Membrana de telhado formada mediante a aplicação de uma ou mais camadas de um líquido que, após a cura, forma uma barreira impermeável.

Membrana de telhado de betume modificado Uma *membrana betuminosa de telhado de várias camadas* feita com diversas lâminas de *betume modificado* feito em uma indústria.

Membrana de telhado de camada única Chapa de plástico ou borracha sintética empregada como uma membrana em um telhado de pequena declividade.

Membrana de telhado executada no local (BUR) Membrana de telhado com várias camadas de feltro ou outro tecido saturado com asfalto e presas entre si com betume.

Membrana divisória Chapa resiliente colocada sob um sistema de revestimento com placas cerâmicas para evitar que os esforços de movimentação sejam transferidos ao sistema de revestimento.

Mesa Parte transversal que se projeta lateralmente em um perfil I, um perfil H ou uma cantoneira. Também chamada de *aba*.

Mesa voadora Grandes formas para laje de concreto que são deslocadas com o uso de uma grua.

Mestra Tira de madeira, metal ou argamassa que estabelece o nível ao qual o concreto ou a argamassa será aplicado.

Mestras de estuque Pontos ou faixas de estuque intermitentes utilizadas para estabelecer o nível até o qual uma grande superfície de estuque deve ser acabado.

Metacaulim *Pozolana* natural de cor branca que melhora a aparência, trabalhabilidade e as propriedades do concreto após a cura; também chamado *metacaulim de alta reatividade*.

Metacaulim de alta reatividade *Veja* Metacaulim.

Metal ativo Metal relativamente alto na série galvânica, que tende a agir como um anodo nos pares galvânicos.

Metal expandido Malha de aço utilizada principalmente como base para a aplicação de revestimentos, como o estuque.

Metal ferroso Qualquer metal à base de ferro.

Metal nobre *Veja* Metal passivo.

Metal passivo Metal relativamente baixo em uma série galvânica e que portanto tende a agir como *catodo* nos pares galvânicos; também chamado a *metal nobre*.

Método de giro de porca Método para se alcançar a pressão correta em um *pino de alta resistência* no qual primeiramente se aperta bem a porca e então se aplica uma fração de giro adicional específica.

Microssílica *Veja* Sílica ativa.

Mill construction O nome tradicional de um tipo de construção que consiste de paredes portantes de alvenaria externas e uma estrutura interna de peças de madeira pesadas e deques de madeira maciça; também chamada *construção de combustão lenta*. Também chamada *construção pesada em madeira*. *Veja também* Construção em madeira densa.

Mínima exposição crítica a fluxo radiante Medida da resistência de um material à ignição provocada pelo calor radiante de um incêndio e dos gases dos espaços adjacentes, geralmente aplicada a materiais de revestimento de piso.

Mistura de sobrevida Substância que retarda o início da reação de cura de uma argamassa, de modo que possa ser utilizada durante um maior período de tempo após a mistura.

Mísula ou almofada Pedaço de madeira conectado a um pilar para oferecer suporte a uma viga ou longarina.

Modular Produzido de acordo com o múltiplo de uma dimensão fixa.

Módulo de elasticidade Índice de rigidez de um material, derivado da medição de sua deformação elástica; o material é submetido a um esforço e então se divide o esforço pela deformação resultante.

Mola aérea *Veja* Fechador automático de porta.

Moldado *in loco* Concreto que é lançado e curado em sua posição final em uma edificação; também chamado *moldado no local* ou *moldado in situ*.

Moldado *in situ* Concreto lançado em seu local final, moldado no canteiro de obras.

Moldado *in situ* *Veja* Moldado ***in loco***.

Moldado no local *Veja* Moldado ***in loco***.

Moldagem Conformação de um material por meio de sua passagem por um orifício, como no caso da moldagem de arames de aço ou de uma chapa de vidro.

Moldagem Lançamento de um material líquido ou uma massa em uma forma cuja forma assumirá à medida que solidificar.

Molde Forma para a moldagem de plástico ou material.

Molde Veja Camisa.

Moldura Faixa de madeira, plástico ou gesso com perfil ornamental.

Moldura de resistência a momentos Estrutura independente de edificação reforçada de modo a resistir às forças laterais com uma conexão para momentos entre vigas e pilares.

Moldura em pórtico *veja* Moldura estrutural rígida.

Moldura em pórtico *Veja* Moldura estrutural rígida.

Moldura estrutural espacial *Veja* Tesoura espacial.

Moldura estrutural rígida Dois pilares e uma ou mais vigas conectados entre si por meio de uma conexão para momentos; uma *moldura de resistência a momentos*. Também chamada *moldura em pórtico*, *estrutura rígida* ou *estrutura em pórtico*.

Moldura estrutural rígida Estrutura rígida; dois pilares e uma viga unidos entre si por meio de conexões para momentos. Também chamada *moldura em pórtico*.

Momento A tendência de um corpo móvel a continuar se movendo na mesma direção, a menos que receba uma força externa.

Momento Força que age a certa distância de um ponto de uma estrutura, de modo a provocar uma tendência na estrutura a girar em relação àquele ponto. *Veja também* Momento fletor, Conexão para momentos.

Momento fletor A combinação de esforços de tração e compressão que fazem com que uma viga ou outro elemento estrutural se curve. *Veja também* Momento.

Monolítico Formado por apenas uma peça maciça.

Monômero de etileno-propileno-dieno *Veja* EPDM.

Montador O subempreiteiro que levanta, conecta e dá o prumo de uma estrutura de edificação feita com componentes de concreto ou aço pré-fabricados.

Montante Barra vertical entre unidades adjacentes de uma janela ou porta; elemento estrutural em uma pele de vidro. Quando a barra é horizontal, é chamada travessa.

Montante Elemento estrutural vertical em uma porta com almofadas.

Montante Um entre vários pequenos elementos verticais paralelos e pouco espaçados entre si empregados na estrutura de paredes de madeira ou aço.

Montante curto Elemento estrutural de madeira utilizado em paredes que é mais curto do que os montantes de piso a piso, por ser interrompido por uma travessa superior ou intermediária.

Montante de apoio Um elemento estrutural de parede que se estende da placa de base à face inferior de uma travessa superior e a sustenta.

Montante de cisalhamento Peça de aço soldada no topo de uma viga ou longarina de aço, de modo a ficar engastada no enchimento de concreto que será feito sobre a viga e fazer com que a viga e o concreto trabalhem solidariamente.

Montante lateral curto Pequeno montante que suporta uma travessa superior ou verga sobre uma abertura de parede.

Montante lateral longo Montante com comprimento total pregado ao longo de um *montante lateral curto*.

Montante treliçado Elemento estrutural de parede na forma de uma pequena treliça de aço.

Montante U-H Elemento estrutural de aço empregado em paredes na posição vertical cujo perfil lembra uma combinação entre as letras U e H. É utilizado para a sustentação de chapas de gesso cartonado nas paredes de *shafts*.

MPa Megapascal, uma unidade de pressão igual a 1 meganewton por metro quadrado.

Muro de contenção Muro que resiste a pressões horizontais do solo em uma mudança abrupta de elevação do terreno.

N

Não portante Elemento que não transmite cargas. Também chamado *não estrutural*.

National Building Code of Canada (NBCC) O principal *código de edificações modelo* do Canadá.

NBCC *Veja* National Building Code of Canada.

Neoprene Policloroprene, uma borracha sintética.

Nervura de distribuição Vigota transversal no ponto intermediário do vão de uma viga de concreto armada em uma só direção e utilizada para permitir que duas vigas compartilhem cargas concentradas.

Nível A porção de uma estrutura de aço de edificação que é sustentada por um conjunto de pilares pré-moldados, geralmente com a altura equivalente a dois pavimentos.

Nível Ferramenta na qual uma bolha de ar existente em um mostrador de vidro cilíndrico indica se o elemento sob análise está ou não nivelado ou aprumado.

Nível do terreno A superfície do solo.

Nivelamento *Veja* Régua.

Nó Uma característica da madeira provocada pelo crescimento; ocorre no ponto em que um galho nasce no tronco da árvore da qual foi extraída a madeira.

Nonaxial Em direção que não é paralela ao eixo longitudinal de um elemento estrutural.

Normas de acessibilidade Conjunto de normas que garante que as edificações sejam acessíveis e utilizáveis pelos membros da população que possuam qualquer tipo de deficiência física.

Normas de zoneamento Legislação que especifica em detalhes como o solo de um município pode ser utilizado.

Número de superfícies Em sistemas de envidraçamento, as diferentes faces do vidro, contando da chapa de vidro mais externa em direção à mais interna, incluindo cada uma das faces de cada material de envidraçamento.

O

Obra bruta *Veja* Carpintaria bruta.
Ogiva Curva dupla em forma de S.
Oitão A parede triangular sob a extremidade de um *telhado de duas águas*. Também chamado empena.
Ombreira A peça lateral de uma porta ou janela.
Orifício de drenagem *Veja* Dreno.
Orifício de tirante Depressão, geralmente de formato cônico, que permanece em uma parede de concreto moldada *in loco* após a retirada dos tirantes.
Orifício para parafuso Fenda serrada em um perfil extrudado de alumínio feito para receber parafusos em ângulos retos ao eixo longitudinal da extrusão.
Ornamento de estuque corrido Moldura linear produzida passando-se várias vezes um molde de perfil de metal ou plástico sobre uma massa de argamassa antes de sua secagem.
OSB *Veja* Chapa de tiras orientadas.
OSL *Veja* Peça de tiras orientadas.
Oxidação Corrosão; ferrugem; em termos químicos, é a combinação com o oxigênio.

P

Padieira *Veja* Verga.
Painel Peça de madeira fina, com grande largura e extensão; uma chapa de material de construção como a madeira aglomerada ou compensada; componente pré-fabricado de uma edificação que é largo e extenso, porém fino, como um painel de parede-cortina.
Painel apoiado Painel de revestimento de forro que é instalado simplesmente apoiado sobre uma grelha de metal.
Painel bandeira Painel empregado em um tímpano de parede-cortina.
Painel com revestimento tensionado (SSP) Painel composto de duas chapas de madeira, metal ou concreto conectadas por meio de espaçadores ou elementos estruturais de tal modo que o painel possa agir como um painel estrutural compósito.
Painel de apoio *Veja* Painel de suporte.
Painel de envidraçamento removível Chapa de vidro com moldura que pode ser fixada em um caixilho, para o aumento de suas propriedades de isolamento térmico.
Painel de revestimento de gesso Material em chapas à base de gesso e resistente à água, empregado para revestimentos externos.
Painel de suporte Painel instalado sobre um contrapiso a fim de propiciar uma superfície rígida e lisa para a instalação de um piso; material resistente à água aplicado sob uma cobertura de telhas chatas. Também chamado *painel de apoio*.
Painel estrutural isolante (SIP) Painel composto de duas chapas externas de madeira conectadas por um núcleo de espuma plástica.
Painel reforçado Painel cimentício reforçado com fibras de vidro ou um painel de gesso acartonado com fibras de vidro utilizado como base para a instalação de azulejos com cimento-cola.
Painel sanduíche Painel que consiste de duas faces externas de madeira, metal, gesso ou concreto unidas a um núcleo de espuma de isolamento.
Pano Camada vertical de alvenaria que tem a espessura de apenas um tijolo.
Papel de construção Papel resistente à água, saturado com asfalto e com utilização similar à do feltro saturado em asfalto para promover uma camada de proteção em um sistema de parede externa.
Par galvânico Um par de metais com diferentes potenciais eletroquímicos entre os quais passará uma corrente elétrica se os metais forem colocados em um meio condutor.
Parafuso comum Parafuso passante comum, de aço-carbono.
Parafuso de fixação Parafuso inserido no concreto durante a moldagem deste, para fins de ancoragem da estrutura a uma fundação de concreto ou alvenaria de uma edificação.
Parafuso passante Conector composto de uma haste de metal cilíndrica com uma cabeça em uma das extremidades e uma rosca na outra. É feito para ser inserido em orifícios de peças contíguas e ser preso com uma porca rosqueada.
Parafuso passante sem acabamento Parafuso passante de aço-carbono comum.
Parafuso sextavado Parafuso para madeira de grande bitola, com cabeça quadrada ou hexagonal.
Parafuso tensor Parafuso apertado por meio de uma extremidade com uma chaveta que se rompe quando a haste do parafuso alcança a tração necessária.
Paramento A porção de um bloco de concreto oco que forma a face de uma parede.
Parapeito A superfície horizontal externa, geralmente inclinada para o melhor escoamento da água, na parte inferior de uma janela. Também chamado *peitoril*.
Parede com barreira de estanqueidade à água Parede externa de uma edificação cuja estanqueidade à água depende da inexistência de passagens.
Parede composta Parede de alvenaria que incorpora dois ou mais tipos de unidades de alvenaria, como tijolos de barro e blocos de concreto.
Parede corta-fogo Parede que se estende das fundações ao telhado e é exigida por um código de edificações para separar edificações ou partes de edificações, detendo a dispersão do fogo.
Parede de cisalhamento Parede rígida que confere resistência lateral a uma estrutura de edificação.
Parede de proteção ao fogo em vidro *Vidro resistente ao fogo* que atende a todos os requisitos para uso em um sistema de parede com classificação de resistência ao fogo; também chamada *vidraça resistente ao fogo*.
Parede de suporte Plano vertical de alvenaria, concreto ou estrutura de madeira utilizado para sustentar um revestimento de pouca espessura, como um pano simples de alvenaria de tijolos ou plaquetas.
Parede dupla com camada de ar Parede de alvenaria que inclui um espaço com ar entre seu pano exterior e o restante da parede.
Parede em alvenaria de compósitos Parede de alvenaria sem cavidades; historicamente, são as paredes de alvenaria monolíticas e espessas que baseiam principalmente na massa sua resistência, durabilidade e retenção dos fluxos térmicos e de umidade entre interiores e exteriores.
Parede estrutural *Veja* Parede portante.
Parede para dutos Parede que fecha um *shaft*.
Parede portante Parede que sustenta pisos ou telhados.
Parede-cortina Sistema de parede externa de uma edificação que é sustentado totalmente pela estrutura do prédio, em vez de ser autoportante ou ter sua própria subestrutura.
Paredes de pele *Veja* Fachada de pele dupla.
Patamar Plataforma em uma das extremidades de uma escada.
Pau-a-pique *Veja* Taipa.
PEC *Veja* Câmara de equalização de pressão.
Peça de tiras orientadas (OSL) *Madeira estrutural de compósitos* feita longas tiras de fibra de madeira trançadas, revestida de adesivo e prensada, formando uma seção transversal retangular.
Peças de fitas laminadas (LSL) Elementos de madeira compostos de longas tiras de fibras de madeira unidas por um aglutinante.
Peças de madeira microlaminada (LVL) Madeira estrutural de compósitos composta de finas lâminas de madeira coladas.

Pedra de cantaria   Alvenaria de pedra regular (desbastada).
Pedra de cantaria   Pedra para construção cortada em peças retangulares.
Pedra de mão   Pedra de construção rústica coletada em leitos de rio ou no campo.
Pedra decorativa   Pedras planas empregadas em pisos externos ou internos.
Pedra irregular   Pedras não desbastadas.
Pedreira   Excavação da qual pedra para a construção é obtida.
Pedreiro   Operário da construção que trabalha com tijolos, pedras ou blocos de concreto.
Peitoril   *Veja* Parapeito.
Peitoril interno   O plano horizontal interno no peitoril de uma janela.
Pele de alvenaria   Uma única lâmina de alvenaria utilizada como vedação de uma estrutura de madeira ou metal.
Película de cura   *Veja* Composto de cura.
Penetrômetro   Equipamento utilizado para testar a resistência de um material à penetração, geralmente empregado a fim de se obter uma estimativa rápida de sua resistência à compressão.
Penny **(d)**   Designação do tamanho de um prego, utilizado nos EUA.
Perfil de aço acessório   Elemento de aço que sustenta as cantoneiras de revestimento e a tela de arame de um forro de gesso suspenso.
Perfil de aço leve   Perfil de metal feito com chapa fina e forma rígida utilizado como elemento estrutural para paredes.
Perfil de canto   Faixa de metal ou plástico empregada para fazer uma borda durável e com bom acabamento no local onde a chapa de gesso cartonado se encontra de topo com outro material.
Perfil de mesas largas   Qualquer um entre uma grande variedade de componentes de aço estrutural laminados na forma das letras *I* ou *H*.
Perfil de quina   Tira de metal ou plástico utilizada principalmente para formar uma borda resistente e com bom acabamento na quina externa de duas paredes de alvenaria rebocada ou gesso cartonado.
Perfil estrutural de aço laminados a quente   Aço que assume um perfil final após passar entre roletes, ainda estando em alta temperatura.
Perfil para revestimento   *Veja* Faixa de revestimento.
Perfil prateleira   Perfil de aço horizontal fixado à parede ou ao tímpano de uma edificação, a fim de sustentar um revestimento de alvenaria.
Perfil U   Perfil estrutural de metal cuja seção transversal lembra a letra *U*.
Perfil U   *Veja* Canaleta.

Perfurador   Buril de aço endurecido utilizado para cravar a cabeça de um prego e deixa-la nivelada com a superfície de uma peça de madeira ou mesmo abaixo de seu nível.
Perlita   Vidro vulcânico expandido e empregado como agregado leve em concretos e argamassas e como enchimento isolante.
Perm   Unidade de permeância ao vapor, uma medida da permeabilidade de um material à difusão do vapor de água.
Permeabilidade ao vapor   Permeância ao vapor por unidade de espessura.
Permeância ao vapor   Medida da facilidade que o vapor de água tem para se difundir através de um material.
Permeância do ar   A medida da permeabilidade de um material a fluxos de ar. Uma baixa permeância é uma característica desejável em um material que tenha a função de ser uma barreira ao ar.
Peso próprio   O peso de uma viga ou laje.
Piche   Hidrocarbono viscoso e de coloração escura destilado do alcatrão de hulha.
Pilar   Elemento estrutural vertical que trabalha principalmente à compressão.
Pilar composto   Elemento estrutural vertical que age principalmente sujeito principalmente à compressão, ou seja, um pilar composto, por exemplo, de um perfil tubular de aço ou um perfil de aço de abas largas e concreto-massa.
Pilastra   Nervura de enrijecimento maciça e vertical em uma parede de concreto ou alvenaria.
Pingadeira ou lacrimal   Descontinuidade formada na parte inferior de um peitoril de janela ou em uma parede a fim de forçar as gotas de água que escorrem na superfície a pingar fora da edificação, em vez de continuar se deslocando em direção ao interior.
Pino de alta resistência   Pino projetado para conectar elementos de aço grampeando-os com força suficiente para que as cargas sejam transferidas entre os elementos por meio da fricção.
Pino de metal   Elemento de metal utilizado para transmitir esforços de compressão entre pilares sobrepostos em uma construção de combustão lenta.
Pino estampado   *Veja lockpin* e fixador de colar.
Pino-guia   *Veja* Tarugo.
Pintura intumescente   Tinta ou mástique que se expande e forma uma carbonização estável e isolante quando exposta ao fogo.
Piso   O material de revestimento de piso que fica aparente, ao contrário do contrapiso, que é a superfície portante que está por baixo.
Piso   Um dos planos horizontais de uma escada; um degrau.
Piso de concreto superplano   *Veja* Piso superplano.

Piso de tábuas   Peças de madeira empregadas para o revestimento de pisos com três polegadas (75 mm) ou mais de largura. Também chamado *assoalho*.
Piso de tiras de madeira sólida   Piso composto com peças de madeira com menos de 75 mm de largura, geralmente na forma de tábuas com encaixes macho-e-fêmea.
Piso elevado   Revestimento de piso elevado que consiste em pequenos painéis removíveis individualmente, sob os quais podem ser instalados fios, dutos e outros sistemas prediais.
Piso flutuante   Piso de madeira ou laminado que não é fixado ou colado ao contrapiso.
Piso laminado plástico   Material de acabamento de piso que consiste de uma camada decorativa com pequena espessura, uma camada de laminado melamínico colada a um substrato composto de madeira.
Piso resiliente   Piso manufaturado em rolos ou placas e feito de asfalto, cloreto de polivinila, linóleo, borracha ou outro material elástico.
Piso superplano   Laje de concreto cujo acabamento é extremamente plano e nivelado, de acordo com um sistema reconhecido de medição. Também chamado *piso de concreto superplano*.
Pista de moldagem   Forma permanente e fixa na qual elementos de concreto pré-moldado são produzidos. Também chamada *leito de moldagem*.
Pistola de vedante   Ferramenta empregada para a injeção de um vedante em uma junta.
Pistola finca-pinos   Ferramenta que lembra uma pistola e que utiliza a energia obtida com a explosão de uma carga de pólvora.
Placa   Elemento horizontal de topo ou base em uma estrutura-plataforma.
Placa cerâmica assentada com argamassa colante   Placa cerâmica assentada sobre uma base maciça por meio da aplicação de uma camada fina de argamassa de cimento Portland ou um adesivo orgânico. Também chamada *placa cerâmica assentada com cimento-cola*.
Placa cerâmica assentada com argamassa de cimento e areia   Placa cerâmica instalada sobre uma camada espessa de argamassa de cimento Portland.
Placa cerâmica assentada com cimento-cola   *Veja* Placa cerâmica assentada com argamassa colante.
Placa cerâmica   Pequena placa de argila fina e plana utilizada como revestimento de parede ou piso.
Placa cerâmica   Um produto de argila queimada que é mais fino que um tijolo. Um elemento plano (piso cerâmico ou azulejo).
Placa de apoio   A tábua de madeira que fica imediatamente sobre uma fundação de concreto ou alvenaria em uma estrutura de

madeira. Também chamada *placa de soleira* ou *travessa de soleira*.

Placa de base Chapa de aço inserida entre um pilar e uma fundação para distribuir a carga concentrada do pilar em uma área maior da fundação.

Placa de cisalhamento Superfície de parede, piso ou contrapiso que age como se uma viga profunda para estabilizar um prédio contra a deformação provocada por forças laterais.

Placa de madeira Uma telha chata cortada de um bloco de madeira.

Placa de nivelamento Placa de aço assentada com graute no topo de uma fundação de concreto, para criar uma superfície de apoio para a extremidade inferior de um pilar de aço.

Placa de soleira *Veja* Placa de apoio.

Placa de viga mestra Grande viga composta de chapas de aço, às vezes combinadas com cantoneiras de aço que são soldadas, parafusadas ou rebitadas.

Placa enrijecedora Placa de aço conectada a um elemento estrutural, a fim de sustentá-lo contra carregamentos ou esforços localizados muito intensos.

Placa *gusset* Placa de aço plana empregada para conectar os elementos de uma treliça; placa de rigidez.

Placa plissada Estrutura de cobertura cuja resistência e rigidez derivam de sua geometria em lâmina plissada, isto é, com dobras múltiplas.

Placas de tiras paralelas (PSL) *Madeira estrutural de compósitos* feitas com tiras de madeira orientadas paralelamente ao eixo mais longo de cada peça e coladas com adesivo.

Planilha Gantt Representação gráfica de um cronograma de obras por meio de uma série de barras horizontais que representam as diversas tarefas que compõem o projeto.

Planta Desenho de arquitetura que representa o leiaute das paredes e áreas de piso como se estivessem sendo vistas de cima para baixo ("planta baixa") ou de tetos vistos de baixo para cima ("planta de teto").

Planta estrutural Diagrama que mostra a distribuição e as dimensões dos elementos estruturais de um andar ou um telhado.

Plasticidade A capacidade de manter um formato obtido por meio da deformação por pressão.

Plástico Material produzido sinteticamente, com moléculas gigantes, geralmente baseado na química dos carbonos.

Plate glass *Veja* Vidro produzido pelo processo de prato.

Platibanda A parte de uma parede externa que se projeta verticalmente em relação ao nível da cobertura.

Plenum O espaço entre o teto de um cômodo e o piso estrutural acima utilizado como passagem para dutos, tubulações e fiações.

PMR *Veja* Telhado de membrana protegida.

Poço seco Vala subterrânea preenchida com pedra britada ou outro material poroso por meio do qual a água pluvial de um sistema de drenagem de telhado possa se infiltrar no solo do entorno.

Policarbonato Plástico geralmente transparente muito resistente e forte empregado no envidraçamento de janelas, claraboias, plafons e soleiras de porta, entre outras aplicações.

Polietileno Termoplástico amplamente utilizado na forma de chapas para barreiras de vapor, barreiras de umidade e coberturas temporárias de edificações.

Polietileno clorado (CPE) Material plástico empregado em membranas de telhado.

Polietileno clorosulfonado (CSPE) Material plástico empregado em membranas de telhado.

Polímero Grande molécula composta de muitas unidades químicas idênticas.

Poliolefina termoplástica (TPO) Um material de membrana de telhado de camada única feito com uma mistura de polietileno, polipropileno e polímeros de borracha de etileno-propileno.

Polipropileno Plástico formado pela polimerização do propileno.

Polisulfeto Vedante de alta flexibilidade que pode ser aplicado com o uso de uma pistola.

Poliuretano Qualquer uma de um grande grupo de resinas e borrachas sintéticas compostas utilizadas em vedantes, vernizes, espumas isolantes e elementos de cobertura.

Ponte de ruptura térmica Uma peça de material com baixa condutividade térmica instalada entre dois componentes de metal para retardar a passagem do calor através de uma parede ou janela. Também chamada *barreira térmica*.

Ponte térmica Componente com alta condutividade térmica que transmite calor mais rapidamente do que as demais partes de um sistema de edificação isolado termicamente, como um montante de aço em uma parede de montantes com isolamento térmico.

Pontel Barra de metal empregada para trabalhar com vidro quente.

Ponto de orvalho A temperatura na qual começará a condensar a água existente em uma massa de ar com determinado conteúdo de umidade.

Pontos de vidraçaria Pequenas peças de metal cravadas em um caixilho para sustentar os vidros no local.

Porão baixo Espaço que não é suficientemente alto para que uma pessoa possa ficar ereta e se localiza no piso inferior de uma edificação, em geral totalmente ou em parte subterrâneo. Também chamado *crawlspace*.

Porca Conector de aço com rosca helicoidal interna usada para prender um parafuso de fixação.

Porta com painéis Porta de madeira na qual um ou mais painéis de pequena espessura são sustentados por travessas e montantes.

Porta com travamento Z Porta feita de tábuas verticais mantidas juntas e unidas por meio de uma peça com três pedaços de madeira cujo formato lembra a letra *Z*.

Porta combinada Porta com folhas sobrepostas de vidro e tela mosquiteira geralmente utilizada como uma porta externa de uso secundário e instalada na mesma abertura que uma porta convencional.

Porta corta-fogo Porta resistente ao fogo utilizada em paredes internas e externas com classificação de resistência ao fogo.

Porta de núcleo maciço Porta lisa sem qualquer tipo de cavidade interna.

Porta de núcleo oco Porta formada por duas lâminas de revestimento, com espaçadores em madeira maciça nas quatro boras. As lâminas de revestimento geralmente são conectadas por uma grelha de espaçadores mais finos.

Porta envidraçada Par simétrico de folhas de porta de vidro presas com dobradiças nas ombreiras de uma abertura única e que se encontra centro do vão.

Porta lisa Porta com faces planas, isto é, sem almofadas.

Porta no quadro *Veja* Porta pré-moldada.

Porta pré-moldada Porta que é fixada a sua guarnição já na fábrica ou oficina. Também chamada *porta no quadro*.

Porta sanfonada Porta dupla na qual uma das folhas é fixada à abertura e a outra é articulada.

Portante Que suporta uma carga ou um peso sobreposto a tal elemento. Também chamado *estrutural*.

Pórtico Plano de estrutura composto de vigas e colunas conectadas umas às outras, geralmente com juntas rígidas.

Pórtico contraventado *Veja* Estrutura contraventada.

Pórtico travado *Veja* Estrutura contraventada.

Pós-tensionamento com aderência Sistema de pré-tensão no qual as cordoalhas são grauteadas após seu tracionamento, de modo a aderirem ao concreto que as envolvem.

Pós-tração Compressão do concreto em um elemento estrutural por meio da tração de cordoalhas de aço de alta resistência contra o elemento após a cura do concreto.

Pozolana *Material cimentício complementar*, como cinza volante, sílica ativa e algumas ardósias e argilas de ocorrência natural que apresenta pouca ou nenhuma propriedade cimentícia, mas que, na presença de umidade, pode reagir com o hidróxido de cálcio liberado por outros materiais cimentícios, criando um cimento hidráulico. Os antigos romanos misturam pozolanas naturais com a cal, formando o primeiro cimento hidráulico.

Prancha de proteção Material semirrígido em chapa que é utilizado para proteger o exterior de uma parede de fundação, especialmente sua camada de impermeabilização, de danos que possam ser provocados por rochas no material de reaterro. Também chamada *chapa de proteção*.

Prateleira de fumaça A área horizontal que fica por trás de um registro em uma lareira.

Pré-fabricação Construção que se dá em uma indústria ou oficina, em vez de ser no canteiro de obras.

Pregação de tornozelo Conexão por meio de pregos cravados em ângulo.

Pregação invisível Fixação de tábuas a uma estrutura, um revestimento ou um contrapiso por meio da cravadora oblíqua através da borda de cada tábua, de modo que os pregos fiquem completamente ocultos pela peça contígua.

Prego Pino de metal com ponta afiada utilizado para a conexão de peças de madeira.

Prego comum Prego de tamanho padrão utilizado para a conexão de elementos estruturais em uma construção com estrutura leve de madeira.

Prego de caixa Prego com haste mais esbelta do que um *prego comum* e utilizado para a fixação de elementos de madeira em uma construção com estrutura leve de madeira.

Prego de face Prego cravado na lateral de um elemento de madeira, atravessando-o até encontrar a lateral de outro elemento de madeira. Também chamado *prego perpendicular*.

Prego de revestimento externo Prego com cabeça pequena utilizado para prender o revestimento lateral em uma edificação.

Prego de topo Prego cravado contra a lateral de uma peça de madeira e a extremidade de outra.

Prego perpendicular *Veja* Prego de face.

Prego sem cabeça Prego relativamente fino com cabeça muito pequena empregado para a fixação de remates e outras peças de madeira de acabamento.

Prego sem cabeça Um pequeno *prego para acabamento*.

Presilha *Veja* Grampo.

Pressão de vapor Medida da pressão exercida pelas moléculas de água no estado gasoso, geralmente mais alta quando a umidade relativa e a temperatura do ar também são mais elevadas.

Pressão hidrostática A pressão exercida pela água parada.

Pré-tração Compressão do concreto em um elemento estrutural lançando-se a massa de concreto do elemento em volta de cordoalhas de cabos de aço de alta resistência, cura do concreto e liberação da força de tração externa sobre as cordoalhas.

Priming Cobertura de uma superfície com uma tinta que a prepara para a aceitação de outra tinta ou selador.

Princípio de proteção à chuva Teoria por meio da qual um revestimento de parede é impermeabilizado com a criação de câmaras de ar pressurizadas com o vento por trás de juntas, de modo a eliminar os diferenciais de pressão entre o exterior e o interior que poderiam transportar a água através das juntas. *Veja também* Projeto de parede de pressão equalizada.

Processo Bessemer Antigo método de fabricação de aço no qual se soprava ar em um recipiente de ferro fundido, para a queima de impurezas.

Processo de barro mole Processo de produção de tijolos por meio da prensagem da argila molhada em moldes.

Processo de barro rijo Método de fabricação de tijolos no qual uma coluna de argila úmida é extrudada de um molde retangular e cortada em tijolos por meio de fios bastante finos.

Processo de oxigênio básico Processo de manufatura de aço no qual um jato de oxigênio puro é introduzido em uma batelada de ferro fundente para a remoção do excesso de carbono e outras impurezas.

Processo de prensagem seca Método de moldagem de tijolos de argila ou xisto umedecendo-os levemente e forçando-os em moldes sob pressão.

Projeto de parede de pressão equalizada Projeto de parede-cortina que se baseia na neutralização das pressões causadas pelo vento em ambos os lados do revestimento externo para o controle do ingresso da água no sistema de parede. *Veja também* Princípio de proteção à chuva.

Projeto executivo As instruções gráficas fornecidas por um arquiteto ou engenheiro relativas à construção de uma edificação.

Propileno atático (APP) Tipo amorfo de propileno empregado como modificador em telhas betuminosas modificadas.

Proporção água/cimento Expressão das proporções relativas, em peso, da água e do cimento em uma mistura de concreto. Também chamada *relação água/cimento*.

Protensão Aplicação de um esforço de compressão inicial a um elemento de concreto estrutural, seja por meio da *pré-tração* ou *pós-tração*.

Proteção ao fogo Material empregado em volta de um elemento estrutural de aço ou concreto a fim de isolá-lo contra temperaturas excessivas, no caso de um incêndio. Também chamada *proteção contra incêndio*.

Proteção contra incêndio *Veja* Proteção ao fogo.

Proteção de água e gelo *Veja* Forro emborrachado.

Protensão sem aderência Sistema de pós-tensionamento de concreto no qual as bainhas das cordoalhas não são grauteadas ao concreto que as envolve.

Prumo Verticalidade.

PSL *Veja* Peças de tiras paralelas.

Pultrusão O processo de produzir um elemento linear por meio do tracionamento de fibras de vidro através de um banho de plástico não curado, as quais então passam por um molde aquecido e conformado, no qual o plástico endurece.

PVC *Veja* Cloreto de polivinila.

Q

Queima O processo de conversão da argila seca em um material cerâmico, por meio do emprego de calor intenso.

Quina Um reforço de quina feito com pedras cortadas ou tijolos em uma parede de alvenaria, geralmente feita para fins decorativos.

R

Radiação NIR *Veja* Radiação no infravermelho próximo.

Radiação no infravermelho próximo (radiação NIR) Uma porção invisível do espectro solar que corresponde a mais da metade da energia térmica total da radiação solar.

Radiador *Veja* Convector.

Radier Uma superfície de concreto que toca no solo abaixo e se apoia diretamente nele.

Raio Célula tubular que se desenvolve radialmente em um tronco de árvore.

Ranhura Fenda na extremidade de um elemento.

Rasgo Fenda formada em uma superfície de concreto a fim de garantir a continuidade de um lançamento de concreto subsequente; uma fenda feita na borda de um elemento pré-moldado na qual graute será vertida, para conectar o elemento com outro; um fecho mecânico com tela de arame e argamassa.

Reaterro de drenagem Materiais de reaterro compostos de pedra britada ou cascalho com boas características de drenagem que são empregados em volta de uma fundação, para facilitar a drenagem do solo.

Reaterro de fundações Terra ou material com terra empregado para o preenchimento de uma escavação em torno de uma fundação; o ato de preencher o solo em torno de uma fundação.

Rebaixamento do lençol freático A extração da água encontrada em uma escavação ou existente no solo do entorno de uma escavação.

Rebaixo Espessamento de uma laje de concreto bidirecional no topo de um pilar, como se fosse um capitel.

Rebaixo Ranhura longitudinal feita na borda de um elemento para que ele receba outra peça; também chamado *encaixe*.

Rebaixo Remoção de uma mesa na extremidade de uma viga de aço, a fim de facilitar a conexão com outro elemento.

Rebite Elemento de conexão estrutural no qual uma segunda cabeça é formada após a fixação do pino.

Reboco Argamassa de cimento Portland aplicada a uma alvenaria a fim de torna-la menos permeável à água.

Reboco Material cimentício, geralmente baseado em gesso ou cimento Portland aplicado em alvenarias ou telas de aço na forma pastosa e que após a secagem se torna uma base de acabamento.

Recalque diferencial Rebaixamento dos vários elementos de fundação de uma edificação em diferentes taxas.

Recalque uniforme Redução do nível dos vários elementos de fundação de uma edificação a uma mesma taxa, sem acarretar esforços extras à estrutura da edificação.

Recobrimento A cobertura resistente aplicada no exterior de um telhado, uma parede ou uma estrutura de piso de edificação.

Recobrimento No concreto, uma espessura determinada de concreto que circunda a armadura de modo a proteger totalmente suas barras contra a ação do fogo e a corrosão.

Re-escoramento Inserção de suportes temporários sob vigas e lajes de concreto após a remoção das formas, a fim de evitar o excesso do carregamento antes da cura total do concreto.

Refletância solar Índice adimensional que varia entre 0 e 1 e expressa a tendência que um material apresenta a absorver ou refletir a radiação solar; também chamada *albedo*.

Reforço com fibra de carbono No concreto pré-moldado, um tecido de malha aberta feito de fibras de carbono unidas com resina de epóxi e utilizado como substituto para uma *armadura de tela de arame soldado*.

Reforço de fundação O processo de instalar novas fundações sob uma estrutura existente.

Régua Ferramenta com lâmina de metal utilizada nas etapas de acabamento de uma laje de concreto. Também chamada *nivelamento*.

Régua Ripa de madeira marcada com as alturas exatas das fiadas de alvenaria de uma edificação particular e utilizada para garantir que todas as guias sejam idênticas em altura nivelamento.

Rejuntamento O acabamento de uma junta de argamassa ou vedação por meio da pressão e compactação, criando um perfil determinado.

Rejuntar O processo de aplicar argamassa à uma junta argamassada após o assentamento das unidades de alvenaria, seja como meio de acabamento da junta ou para reparar uma junta com defeito. Juntas recuadas de argamassa também podem ser rejuntadas com vedante elastomérico.

Rejuntar O processo de remover argamassa deteriorada da zona perto da superfície de uma parede de tijolo e colocar argamassa nova. *Veja também* **Tuckpointing**.

Rejunte Argamassa utilizada para rejuntar alvenarias, geralmente com resistência relativamente baixa e boa trabalhabilidade e aderência.

Relação água/cimento *Veja* Proporção água/cimento.

Relação luz/ganho solar A transmitância visível da luz de uma vidraça dividida pelo coeficiente de ganho térmico solar; uma medida do potencial de conservação de energia da janela.

Resina Material orgânico natural ou sintético, sólido ou semissólido com alto peso molecular empregado na manufatura de tintas, vernizes e plásticos.

Resina Material viscoso encontrado na madeira.

Resistência térmica A resistência de um material ou sistema à condução do calor.

Resistência à tração A capacidade de um elemento estrutural de resistir a esforços de estiramento (tração).

Resistência ao escoamento O esforço no qual um material deixa de se deformar de maneira totalmente elástica e passa a sofrer deformação irreversível.

Resistente ao fogo Não combustível; lentamente danificado pelo fogo; que forma uma barreira à passagem do fogo.

Respiro de telhado Abertura protegida contra o ingresso da água em uma membrana de telhado que é utilizada para aliviar a pressão do vapor de água que pode se acumular sob a membrana.

Retardador de vapor Camada de material utilizada a fim de evitar a difusão do vapor de água através de um sistema de edificação. Também chamada, *barreira de vapor*, uma denominação menos adequada.

Retração longitudinal Retração ao longo de uma tora de madeira.

Retração por secagem Retração do concreto, da argamassa ou do reboco que ocorre quando a água excessiva evapora do material.

Retração radial Na madeira, retração perpendicular aos anéis de crescimento anuais.

Retração tangencial Na madeira, a retração que ocorre ao longo da circunferência de uma tora.

Revestimento Material utilizado para recobrir o exterior de uma edificação.

Revestimento de baixa emissividade (*low-e*) Revestimento para vidraça que reflete seletivamente a radiação solar com diferentes comprimentos de onda, de modo a permitir uma alta transmitância da luz visível e refletir parte ou a totalidade da radiação infravermelha (calor).

Revestimento externo O material para o revestimento externo de paredes aplicado em construções com estrutura leve.

Revestimento externo chanfrado Tábuas de vedação externa que apresentam seção transversal afilada em um lado.

Revestimento externo de proteção contra a chuva Sistema de revestimento externo que inclui um sistema de drenagem interna, mas que não atende necessariamente a todos os critérios de um *projeto de parede de pressão equalizada*.

Revestimento laminado Sistema de acabamento de parede no qual uma fina camada de estuque de gesso é aplicada sobre uma base de gesso acartonado.

Rincão Uma canaleta formada na intersecção de duas águas de telhado.

Ripa Pequena tira de madeira ou metal utilizada para o tapamento da junta entre duas tábuas ou dois painéis adjacentes.

Rocha ígnea Rocha formada pela solidificação do magma.

Rocha metamórfica Rocha criada pela ação do calor ou da pressão sobre uma rocha ou um solo sedimentar.

Rocha sedimentar Rocha formada de materiais depositados como sedimentos, como a areia ou as conchas de moluscos marinhos, as quais formam o arenito e o calcário, respectivamente.

Rodapé Material de acabamento linear instalado na junção de um piso com uma parede para criar uma interseção bem acabada e proteger a parede contra danos acarretados por choques com os pés, móveis e equipamentos de limpeza.

Rodapé flexível de pé curvo Faixa flexível de plástico ou borracha sintética utilizada para dar acabamento na junta entre um piso resiliente e uma parede.

Roscar Criar roscas internas, em um orifício ou uma porca, por exemplo.

Rufo Chapa fina e contínua de metal, borracha, plástico ou papel impermeável utilizada para evitar a passagem da água em uma junta de parede, cobertura ou chaminé.

Rufo autoaderente Material flexível e colante utilizado em rufos, geralmente composto de asfalto modificado por polímeros e laminado com uma base plástica, com adesivo pré-aplicado em uma de suas faces.

Rufo de base O rufo nas extremidades de uma membrana de cobertura com pequena inclinação que é virado para cima, contra a face adjacente de uma platibanda ou mureta e que frequentemente é sobreposto por um contrarrufo.

Rufo externo Em serviços de alvenaria, um rufo que não está oculto na alvenaria, geralmente no nível do telhado ou no topo da parede.

Rufo interno Em serviços de alvenaria, rufo oculto dentro da alvenaria; também chamado *rufo oculto ou rufo passante*.

Rufo oculto *Veja* Rufo interno.

Rufo passante *Veja* Rufo interno.

Ruídos de impacto O barulho gerado por passos ou outros impactos sobre um piso.

S

Sambladura de encaixe Junta na qual uma protuberância em forma de lingueta (a espiga) existente na extremidade de uma peça é firmemente encaixada em uma fenda retangular (o encaixe) no lado da outra peça.

Sambladura de topo *Veja* Junta de topo.

Sambladura de topo a topo *Veja* Junta de topo.

Sambladura sobreposta Conexão na qual uma peça de material é colocada parcialmente sobre outra, antes que ambas sejam conectadas.

Sapata A parte de uma fundação que distribui uma carga da edificação em uma área de solo maior do que o pilar ou a parede nela apoiada.

SBX *Veja* Borato de sódio.

Seção estrutural vazada (HSS) Perfil tubular de aço de seção cilíndrica ou retangular feito para ser usado como elemento estrutural; também chamada *tubo estrutural redondo*.

Segregação Separação dos componentes de uma massa de concreto acarretada por mau manuseio ou vibrações excessivas.

Seiva de pedreira Água em excesso encontrada em uma rocha no momento de sua extração em uma pedreira.

Selante Tinta utilizada para fechar os poros de uma superfície, geralmente preparando-a para a aplicação de um revestimento final.

Selante da soleira Material compressível colocado entre uma fundação e uma soleira a fim reduzir a infiltração de ar entre o exterior e o interior. Também chamado *vedante da soleira*.

Separador *Veja* Espaçador.

Série galvânica Uma lista de metais ordenados conforme seu potencial eletroquímico quando imersos em determinado meio condutor.

Serra de arco Serra de mão com lâmina fina e estreita utilizada para cortes detalhados nas extremidades de molduras e remates de madeira.

Serra diamantada Ferramenta dotada de corrente, cinta, arame, lâmina reta ou lâmina circular cujo corte é executado por diamantes.

Serrilhamento Ato de formar ou plainar por meio do uso de uma ferramenta de corte rotatório.

SFRM *Veja* Materiais de resistência ao fogo aplicados em *spray*.

SGPL *Veja* Madeira plástica estrutural.

Shaft Passagem vertical ininterrupta em uma edificação de múltiplos pavimentos, usada para a instalação de fios, tubos, dutos, etc.

Shiplap Tábua com bordas com rebaixo, de modo fazer com que as sobreposições das bordas das peças fiquem niveladas entre si.

Sílica ativa Dióxido de silicone com baixíssima granulometria, uma *pozolanas* empregada como aditivo na formulação de concreto de baixa permeabilidade e alta resistência; também chamada *microssílica*.

Silicone Polímero empregado em vedantes de alta elasticidade, membranas de telhado e repelentes de água de alvenarias.

SIP *Veja* Painel estrutural isolante.

Sísmico Que se relaciona a terremotos.

Sistema conectado Um sistema de parede-cortina de metal que é na maior parte montado *in loco*.

Sistema de aquecimento hidrônico Sistema que circula água quente em convectores, para aquecer uma edificação.

Sistema de aquecimento radiante A provisão de calor a espaços e seus usuários por meio da calefação de uma ou mais superfícies de cada cômodo. A superfície aquecida geralmente é o piso ou o teto. O calor costuma ser fornecido por resistências elétricas ou tubulações de água quente.

Sistema de ar forçado Sistema de fornalha e/ou serpentina de resfriamento e seus dutos associados empregado para aquecer e/ou resfriar o ar e distribuí-lo com o auxílio de um ventilador aos cômodos de uma edificação.

Sistema de barreira ao ar Conjunto inter-relacionado de materiais de barreira ao ar responsável pela estanqueidade geral de uma edificação completa.

Sistema de coluna-cobertura e preenchimento Sistema de revestimento no qual painéis de um material cobrem os pilares e os tímpanos, com faixas horizontais de janela preenchendo as partes restantes da parede.

Sistema de envidraçamento suspenso Grandes chapas de vidro suspensas por meio de grampos afixados a suas bordas superiores, eliminando a necessidade de montantes de metal.

Sistema de fiação sob o carpete Conduítes elétricos achatados e isolados que correm sob o carpete, bem como seus acessórios e suas caixas de tomada associados.

Sistema de laje de concreto nervurada armada em uma direção Sistema estrutural de concreto armado no qual vigotas ou nervuras pouco espaçadas entre si vencem o vão entre duas vigas paralelas ou paredes portantes.

Sistema de montantes de vidro Método de construção de uma grande área envidraçada por meio deo aumento da rigidez do vidro com a inserção de nervuras de vidro perpendiculares.

Sistema de parede seca estanque (ADA) Sistema de barreira ao ar que utiliza um material de acabamento interno de gesso acartonado e a vedação das juntas entre os elementos da estrutura de uma construção com estrutura leve, a fim de reduzir o fluxo de ar através das paredes externas e do telhado.

Sistema de pré-laje pré-moldada Sistema híbrido de concreto no qual *painéis de concreto pré-moldado* são empregados como *forma perdida* para o lançamento de concreto *in loco*.

Sistema de treliça desencontrada Sistema de estrutura de aço no qual treliças com altura correspondente a um pavimento são desencontradas em meio nível entre si, sustentando os pisos tanto em seus banzos superiores quanto inferiores.

Sistema de vidraça resistente a impacto Sistemas de vitrine, janela ou parede-cortina projetados de modo a resistir ao impacto de uma explosão.

Sistema externo de acabamento e isolamento térmico (EIFS) Sistema de revestimento que consiste de uma fina camada de argamassa armada aplicada diretamente à superfície de uma chapa de espuma plástica isolante.

Sistema nervurado alternado *Veja* Laje nervurada de grandes vãos.

Sistema unitário e moldura Sistema de parede-cortina que consiste de painéis unitários pré-fabricados fixados com montantes instalados *in loco*.

Sistema unitário Sistema de parede-cortina que consiste unicamente de painéis unitários pré-fabricados.

Sistemas "molhados" Sistemas de construção que utilizam quantidades consideráveis de água no canteiro de obras, como alvenarias, rebocos, concretos moldados *in loco* e granitinas.

Sistemas de construção seca Sistemas de construção que empregam pouca ou nenhuma água durante a execução, ao contrário de sistemas como as alvenarias, argamassas e aplicações de azulejo cerâmico.

Slump test Veja Ensaio de abatimento de tronco de cone.

Sobremanta de reforço Abertura através de uma platibanda por meio da qual a água pode ser drenada e sair na borda de uma cobertura plana.

Sofito A superfície inferior de um elemento horizontal de edificação, especialmente a parte sob uma escada ou um beiral. Também chamado *forro*.

Solda Junta entre duas peças de metal formada por meio da fusão das peças juntas quando da aplicação de intenso calor, geralmente com o auxílio de um metal adicional que é fundido com o auxílio de um eletrodo ou um ferro de solda.

Solda com ranhura Solda feita em uma ranhura criada chanfrando ou escareando as peças de metal que se encontram.

Solda em ângulo Veja Solda em filete.

Solda em filete Solda na interseção interna de duas superfícies de metal que se encontram em ângulo reto. Também chamada *solda em ângulo*.

Soldagem O processo de criação de uma solda.

Soldagem a arco elétrico Processo de união de duas peças de metal por meio da fusão de suas interfaces, com o emprego de uma corrente elétrica contínua e da adição de uma quantidade controlada de metal fundido de um eletrodo metálico.

Soldagem de topo Soldagem entre peças de metal com extremidades não afiladas que estão no mesmo plano.

Soldering Forma de *brasagem* sob baixa temperatura.

Soleira A área de piso não combustível em frente à abertura de uma lareira.

Soleira A travessa horizontal na base de uma porta.

Solo Qualquer tipo de terra com partículas que não sejam rochas.

Solo bem separado Solo com uma variedade de tamanhos de partículas abaixo do ideal; também chamado *solo com granulometria ruim*.

Solo coesivo Solo como o argiloso no qual as partículas conseguem aderir entre si por meio de suas forças de coesão e adesão.

Solo com boa granulometria Solo granular com uma ampla variedade de tamanhos de partículas.

Solo com granulometria ruim Veja Solo bem graduado.

Solo com granulometria uniforme Tipo especial de *solo bem separado* no qual as partículas têm, na maior parte, a mesma dimensão.

Solo fino Solo com partículas não superiores a 0,003 polegada (0.075 mm); siltes e argilas.

Solo friccionar Solo, como o solo arenoso, que tem baixa ou nenhuma atração entre suas partículas e obtém sua resistência da conexão geométrica das partículas; também chamada a *solo sem coesão*.

Solo granular Solo com partículas que variam em tamanho de aproximadamente 0,075 a 75 mm; areias e cascalhos.

Solo orgânico Solo que contém matéria vegetal e/ou animal decomposta; o solo superficial ou arável.

Solo sem coesão Veja Solo friccional.

Solvente Líquido que dissolve outro material.

SSP Veja Painel com revestimento tensionado.

Stain Tinta que busca principalmente mudar a cor de um elemento de madeira ou concreto, sem formar uma película impermeável.

Stay Cabo inclinado empregado para a estabilização de uma estrutura.

STC Veja Classe de Transmissão Sonora.

Subempreiteiro Empreiteiro especializado em um serviço de construção e que trabalha subordinado a um empreiteiro geral.

Subestrutura A área de uma edificação ocupada que se encontra abaixo do nível do solo.

Substrato A base à qual uma tinta, um revestimento ou qualquer outro material de acabamento é aplicado.

Subterça Elemento estrutural de telhado de dimensões muito pequenas que vence o vão entre os barrotes ou as terças.

Sucção causada pelo vento Forças ascendentes sobre uma edificação que são provocadas pelas pressões aerodinâmicas que resultam de determinadas condições eólicas.

Sulco de alívio Ranhura longitudinal (ou uma série de fendas) feita na face posterior de uma moldura de madeira plana ou em uma tábua de piso a fim de minimizar a formação de conchas e facilitar o assentamento das peças em uma superfície plana.

Superestrutura A parte de uma edificação que fica acima do nível do solo.

Superfície patinável As superfícies de contato dos elementos de aço unidos com uma conexão anti-escorregamento.

Superplastificante Aditivo que torna o concreto ou o graute extremamente fluído, sem que seja necessária a adição da água.

Suporte para barrote Elemento de chapa de metal utilizado para criar uma conexão estrutural onde um barrote encontra uma *trave* ou um *dente*.

Suporte para parafuso Perfil de alumínio circular, em três quartos de volta, fabricado por extrusão e feito de modo a receber um parafuso paralelo ao eixo longitudinal da extrusão.

Sustentabilidade O atendimento das necessidades da geração atual sem comprometer que as gerações futuras possam atender às suas. A construção de edificações saudáveis, eficientes no consumo de energia e que conservam os recursos naturais. A construção "verde".

T

T Elemento de metal ou concreto pré-moldado com seção transversal que lembra a letra T.

T simples Laje de concreto pré-moldada cujo perfil transversal lembra a letra *T*.

Tabela de desempenho Classificação utilizada para indicar a resistência relativa de uma janela ao intemperismo.

Tábuas de compósito madeira-polímero Tiras de material composto que se destinam à construção de tablados externos e que são feitas de fibra de madeira e um aglomerante plástico.

Tábuas de revestimento externo Revestimento de madeira feito com tábuas (e não telhas chatas ou painéis de madeira industrializados).

Tagline Corda fixada a um componente de edificação, para ajudá-lo a criá-lo à medida que ele é erguido por uma grua ou um guindaste.

Taipa Argamassa de argila aplicada contra uma trama rústica de gravetos ou juncos. Também chamada *pau-a-pique*.

Tarugo Barra de madeira ou aço curta e de seção cilíndrica; também chamado *pino-guia*.

Tarugo Uma grande peça maciça de material de forma cilíndrica ou retangular.

Tecido geotêxtil Tecido sintético utilizado sob a superfície do solo, para sua estabilização e melhor drenagem pluvial.

Tela soldada (WWF) Veja Armadura de tela soldada.

Telha asfáltica Telha composta de feltro saturado com asfalto e revestida de granulado mineral.

Telha chata Pequena peça feita de material resistente à água que é pregada com pequenas sobreposições e usada em grande número para tornar impermeável uma parede ou um telhado em vertente.

Telha composta *Veja* Telha asfáltica.

Telha de metal estrutural com juntas verticais Chapas de metal dobradas que servem tanto como base e como camada de impermeabilização de um telhado.

Telhadista Operário especializado na instalação de telhados.

Telhado arquitetônico de chapa metálica Telhado composto apenas de chapas de metal produzidas *in situ* ou pré-fabricadas, seja com juntas verticais, juntas horizontais ou juntas nervuradas.

Telhado com juntas verticais Telhado de chapas de metal com juntas que se projetam em ângulos retos em relação ao plano de cobertura.

Telhado de duas águas Telhado composto de dois planos inclinados que se interceptam em uma cumeeira.

Telhado de fibras vegetais Telhado espesso coberto de junco, palha, grama ou folhas vegetais.

Telhado de membrana protegida (PMR) Sistema de telhado de membrana no qual o isolamento térmico esteja acima da membrana.

Telhado de pequena declividade Telhado com caimento tão próximo da horizontal que precisa ser impermeabilizado com uma membrana contínua em vez de receber telhas; embora seja incorreto, é comum chamá-lo de "laje plana". No International Building Code, um telhado com caimento inferior a 17 por cento.

Telhado de quatro águas Telhado formado por quatro águas que se interceptam, compondo uma forma piramidal ou alongada.

Telhado de uma água Telhado ou água furtada com apenas um plano inclinado. Também chamado *telhado tipo shed*.

Telhado em vertente Telhado inclinado.

Telhado frio Cobertura que reflete uma parcela significativa da energia térmica do sol.

Telhado gambrel Forma de telhado que consiste de dois níveis sobrepostos de telhados de duas águas, sendo que o nível inferior tem maior caimento do que o superior.

Telhado inclinado Telhado com caimento suficiente para ser impermeável com a aplicação de telhas. No International Building Code, um telhado com inclinação de no mínimo 17 por cento.

Telhado invertido Telhado de membrana no qual o isolamento térmico fica sobre a membrana.

Telhado invertido Um telhado de membrana no qual o isolamento térmico fica sobre a membrana.

Telhado sem juntas Junta de cobertura de metal que é feita rente à superfície do telhado.

Telhado tipo *shed* *Veja* Telhado de uma água.

Telhado vegetal *Veja* Telhado verde.

Telhado vegetal *Veja* Telhado verde.

Telhado verde Telhado coberto com solo e vegetação. Também chamado *telhado vegetal*; *telhado vegetal*.

Telhado verde extensivo *Telhado verde* com uma camada de solo relativamente fina e que recebe vegetação tolerante à falta de chuva e que exige pouca manutenção.

Telhado verde intensivo *Telhado verde* com uma camada de solo relativamente profunda e capaz de sustentar uma ampla variedade de gramíneas e arbustos.

Telhado verde modular Sistema de *telhado verde* system no qual todos os componentes são fornecidos em bandejas ou módulos independentes, fáceis de transportar e instalar.

Telhas O material empregado para tornar um telhado impermeável, como as telhas chatas de ardósia ou madeira ou as telhas cerâmicas ou metálicas onduladas.

Têmpera Aquecimento e resfriamento controlados de um material a fim de alterar suas propriedades mecânicas; uma forma de tratamento com calor.

Tensão Força por unidade de área.

Tensor Cabo ou barra de aço que trabalha à tração. Também chamado *barra de amarração*.

Teor de umidade de equilíbrio (EMC) O conteúdo de umidade no qual a madeira se estabiliza após um período de tempo em seu ambiente de destino.

Terça Viga que vence o vão de um telhado em vertente com grande caimento, de modo a sustentar os caibros, as ripas e as telhas.

Terminal trespassante Tomada para eletricidade que é instalada fazendo-se um furo através do piso, inserindo a tomada por cima e passando a fiação pelo pleno abaixo.

Termofixo Plástico que não possui a propriedade de amolecer quando aquecido; material que não pode ser fundido com aplicação de calor.

Termoplástico Plástico que possui a propriedade de amolecer quando aquecido e re-endurecer quando resfriado; plástico soldável com a aplicação de calor ou solvente.

Terracota estrutural Componentes moldados, frequentemente muito ornamentais, feitos de argila cozida e destinados ao uso nas fachadas de edificações.

Tesoura espacial Uma tesoura ou treliça que vence um vão trabalhando em duas direções. Também chamada *moldura estrutural espacial* ou *treliça espacial*.

Teste da pílula Teste que avalia a propensão de um material de piso à dispersão das chamas e que, quando exposto a uma pastilha incandescente, simula um cigarro ou fósforo aceso ou outro causador de incêndio similar.

Teste de inundação A submersão de um sistema de impermeabilização, geralmente por um longo período de tempo, a fim de conferir vazamentos.

Teste de jato de mangueira Teste de laboratório padronizado empregado para determinar a capacidade relativa de um sistema construtivo de reagir ao impacto de água lançada por uma mangueira após um período específico de teste de incêndio.

Testeira Um *caibro* de telhado na intersecção de duas águas. *Veja também* Caibro comum.

Tijolo aparente Tijolo selecionado com base em sua aparência e durabilidade, para uso na superfície exposta de uma parede ou um muro.

Tijolo de construção Tijolo utilizado para alvenarias não aparentes ou rebocadas, quando a aparência das unidades não é importante.

Tijolo de face Tijolo assentado sobre seu lado maior, com as extremidades expostas na face da parede.

Tijolo de fecho A última unidade de alvenaria assentada em uma fiada; uma unidade de alvenaria cortada utilizada na quina da última fiada de um pano de alvenaria utilizada para ajustar o tamanho das juntas horizontais. Também chamado *fechamento*.

Tijolo de molde úmido Tijolo manufaturado em um molde que foi umedecido antes da colocação da argila.

Tijolo de topo Tijolo assentado sobre sua extremidade e com a face mais estreita e longa voltada para o exterior da parede.

Tijolo de vidro *Veja* Bloco de vidro.

Tijolo em molde de areia Tijolo feito em um molde que foi umedecido e então polvilhado com areia antes do lançamento da argila.

Tijolo furado Tijolo de argila com até 60 por cento de seu volume oco.

Tijolo na horizontal Tijolo assentado em sua posição mais usual, com a superfície maior na horizontal e seu comprimento no sentido longitudinal da parede.

Tijolo radial Tijolo que foi lixado com uma pedra abrasiva para reduzir suas dimensões de maneira exata e ser empregado na formação de um arco de alvenaria.

Tijolo refratário Tijolo fabricado para suportar temperaturas muito altas e utilizado em lareiras, fornalhas e chaminés industriais.

Tilt-up Método de construção de paredes de concreto no qual painéis são moldados e curados deitados sobre uma laje de piso e posteriormente erguidos às suas posições definitivas.

Tímpano A área de parede entre a verga de uma janela de um pavimento e o peitoril da janela do pavimento imediatamente acima; a área de parede entre dois arcos adjacentes.

Tímpano de vidro Painel de vidro opaco fabricado especialmente para ser utilizado em painéis de tímpano. Veja também *painel bandeira*.

Tinta Revestimento muito pigmentado, aplicado a uma superfície para fins de decoração e/ou proteção.

Tinta pirolítica Tinta aplicada sob uma temperatura extremamente elevada.

Tipo de construção No International Building Code, qualquer um dos cinco principais sistemas de edificação que são diferenciados de acordo com suas resistências relativas ao fogo.

Tira de forração *Veja* Faixa de revestimento.

Tira divisória Faixa de metal ou plástico embutida na granitina, para formar juntas de controle e criar padrões decorativos na laje.

Tira sem pregos Tira de madeira com pontas projetadas utilizadas para fixar um carpete nas bordas de um cômodo.

Tirante Elemento estrutural tracionado que tem uma de suas extremidades ancoradas ao solo e a outra é utilizada para suportar os painéis de sustentação de uma escavação.

Tirante Elemento que tem a função de manter duas partes de uma construção juntas; elemento estrutural que trabalha à tração.

Tirante Uma peça estrutural de madeira pregada à face de outra peça de madeira.

Tirante Viga de concreto armado moldada como parte de uma parede de alvenaria cujo principal propósito é sustentar a parede, especialmente contra cargas sísmicas ou que é moldada entre vários elementos isolados de uma fundação, para manter suas posições relativas.

Tirante de forma Barra de aço ou plástico com conectores em ambas as extremidades utilizada para manter no lugar as duas superfícies opostas de uma parede de concreto.

Titânio Metal não ferroso muito forte e resistente à corrosão; sua cor é cinza prateado.

Toca-pinos *Veja Drift pin*.

Topo A extremidade superior.

Torno mecânico Máquina com a qual uma peça de material é girada contra uma ferramenta cortante bem afiada, a fim de produzir um formato com seção transversal circular; máquina na qual uma tora de madeira é girada contra uma longa lâmina de corte, para produzir um laminado contínuo.

Torque Movimento de torção; momento fletor.

TPO *veja* Poliolefina termoplástica.

Tração O esforço provocado pelo estiramento de um material.

Trado Ferramenta helicoidal utilizada para a abertura de furos cilíndricos.

Traffic deck Superfície para caminhar colocada no topo de uma membrana de telhado.

Tramonha *Veja **Dropchute***.

Transmitância de luz visível (VT) A proporção de luz visível que passa por meio de uma chapa de vidro ou uma vidraça em relação à quantidade de luz incidente no vidro ou na unidade de envidraçamento.

Trapeira *Veja* Água furtada.

Traqueídeos As células longitudinais de uma madeira macia.

Travamento Blocagem instalada em pontos intermediários de vigas de aço ou madeira para estabilizá-las contra a flambagem e, em certos casos, permitir que as cargas possam ser transferidas em parte a vigas adjacentes.

Travamento Veja Contraventamento.

Travamento Veja Diafragma.

Trave de borda Um elemento estrutural horizontal que transfere esforços de outros elementos estruturais, como um barrote que sustenta outros barrotes no ponto em que estes são interrompidos por uma abertura de piso.

Trave de lateral *Veja* Barrote de borda.

Travertino Tipo de pedra calcária com aspecto de mármore ricamente decorada; classificado pela ASTM C119 no grupo Outras Pedras.

Travessa Elemento estrutural horizontal em uma porta com painéis.

Travessa de junção A barra de metal ou madeira ao longo da qual o caixilho de uma janela de guilhotina dupla, de guilhotina simples ou de correr fecha contra o caixilho oposto.

Travessa de soleira *Veja* Placa de apoio.

Travessa superior A travessa no alto de uma abertura de janela ou porta. Também chamada *padieira*.

Travessão da forma Viga horizontal utilizada para sustentar as chapas de uma forma de concreto.

Treliça Arranjo triangulado de elementos estruturais de modo a transformar as forças não axiais em um conjunto de forças axiais que atuam sobre seus elementos. *Veja também* Viga Vierendeel.

Tremonha Grande funil conectado a um tubo empregado para depositar concreto em formas profundas ou sob água ou lodo. Também chamada *funil-com-tromba*.

Trocador de calor ar-ar Aparelho que faz a exaustão do ar de uma edificação e ao mesmo tempo recupera grande parte do calor existente neste ar e o transfere ao ar que entra no prédio.

Trolha Ferramenta de aço fina e achatada, pontiaguda ou retangular, dotada de empunhadura e de uso manual empregada para se trabalhar com mástique, argamassa, gesso ou concreto. Também chamada *colher de pedreiro*.

Tubo Veja Camisa.

Tubo de queda Tubo vertical para a condução de água de um telhado a um nível inferior; também chamado condutor.

Tubo estrutural redondo *Veja* Seção estrutural vazada.

Tubulão do tipo caixão Tipo de fundação com a forma de um grande tubo.

Tubulão escavado Elemento de fundação de concreto cilíndrico moldado in situ que penetra através de um solo pouco resistente até alcançar um estrato de rocha ou solo resistente; um tubo que possibilita a realização de serviços de escavação sob a água. Também chamado *caixão*.

Tuckpointing Historicamente, tratava-se de um método de acabamento das juntas de alvenaria por meio do uso de argamassas com diferentes cores, para criar de modo artificial a aparência de uma junta mais refinada; atualmente significa a mesma coisa que *rejuntar*.

U

UAC *Veja* Unidade de alvenaria em concreto.

Umidade relativa Percentual que representa a razão da quantidade de vapor de água contido em uma massa de ar em relação à quantidade máxima de água que poderia haver sob tais condições de temperatura e pressão.

Underfire O piso da câmara de combustão de uma lareira.

Unidade de alvenaria Tijolo de argila furado ou maciço, pedra ou bloco de concreto ou vidro produzido para o assentamento com argamassa.

Unidade de alvenaria em concreto (UAC) Bloco de concreto curado, com ou sem furos, projetado para ser assentado da mesma maneira que o tijolo ou a pedra; bloco de concreto em geral.

Unidade de isolamento térmico de vidro (IGU) *Veja* Isolamento térmico de vidro.

V

Valor-R Medida numérica da resistência ao fluxo do calor; a recíproca do *fator-U*.

Valor-RSI O equivalente métrico do *valor-R*.

Vão A distância entre os apoios de uma viga, longarina, treliça, tesoura, abóbada, arco ou qualquer outro elemento estrutural horizontal.

Vão Dimensão horizontal em uma escada ou um telhado em vertente.

Vão, alpendre ou pórtico Área de uma edificação, geralmente retangular, definida por quatro pilares adjacentes; porção de uma fachada de edificação definida por dois pilares contíguos.

Vão livre A dimensão entre duas faces internas e opostas de uma abertura.

Vão na parede de alvenaria A dimensão interna exigida em uma parede de alvenaria para a instalação de uma janela ou porta específica.

Vão na parede estruturada As dimensões internas da abertura que devem ser deixadas em uma estrutura de parede para que ela possa aceitar determinada porta ou janela.

Vapor de água Água no estado gasoso.

Vaporização de água O processo de aplicação de calor para fazer a evaporação da água remanescente dos produtos de argila, antes do cozimento.

Vedação Tábuas instaladas entre vigas de amarração, para conter o solo de uma escavação.

Vedante Material adesivo do tipo borracha geralmente aplicado na forma líquida ou de fita e utilizado para selar uma junta, uma fresta ou fenda e evitar a passagem do ar e da umidade.

Vedante Tira de material flexível, elástico ou com cerdas empregado para reduzir a infiltração do ar através de uma fresta em volta de um caixilho ou uma folha de porta.

Vedante aplicável por pistola Material de vedação que é extrudado na forma líquida ou na forma de mástique com o uso de uma *pistola de vedante*.

Vedante da soleira *Veja* Selante da soleira.

Vedante de alta elasticidade *Vedante* que é capaz de alongar muito, sem sofrer ruptura.

Vedante de baixa elasticidade *Vedante* que é capaz de sofrer apenas um pequeno alongamento antes de sofrer a ruptura; um *calafeto*.

Vedante de junta pré-formado Faixa de material do tipo borracha ou esponja desenhado para encaixar com firmeza em um vão entre dois materiais.

Vedante de média elasticidade Material vedante que é capaz de sofrer um grau de deformação moderada antes da ruptura.

Vedante em fita celular pré-formada *Vedante* inserido em uma junta na forma de uma esponja comprimida impregnada com compostos que curam, formando uma vedação impermeável à água.

Vedante em fita sólida *Veja* Vedante em fita sólida pré-formada.

Vedante em fita sólida pré-formada *Vedante* inserido em uma junta na forma de uma faixa flexível de material sólido.

Vedante líquido *Vedante* aplicável com pistola.

Vencer um vão Transferir um carregamento entre dois apoios.

Veneziana Sistema de múltiplas palhetas inclinadas e pouco espaçadas entre si empregado para ventilar ou evitar a entrada de água da chuva em uma abertura de ventilação.

Ventilação de cumeeira Abertura para ventilação protegida com tela e protegida da água que corre de lado a lado na cumeeira de um telhado de duas águas.

Ventilação de oitão Abertura em um oitão protegida por veneziana e utilizada para a exaustão de calor e umidade excessivos em um sótão.

Verga Em construções com estrutura independente, um elemento que transfere os esforços de um pano de parede acima, como uma viga sobre uma abertura de porta ou janela.

Verga Viga que transfere as cargas de uma abertura de janela ou porta.

Vergalhão. Veja Barra.

Vermiculita Mica expandida utilizada como enchimento ou agregado leve.

Verniz Tinta transparente de secagem lenta.

Vidraceiro Aquele que instala vidros.

Vidro aramado Vidro no qual se inseriu uma malha de arame durante a manufatura, principalmente para aumentar sua resistência ao fogo.

Vidro com reforço duplo Vidro com aproximadamente 3 mm de espessura.

Vidro com reforço simples Vidro com aproximadamente 2,5 mm de espessura.

Vidro com revestimento reflexivo Vidro ao qual foi depositada uma fina camada de metal ou óxido de metal, para a reflexão da luz e ou do calor. Também chamado *vidro para controle solar*.

Vidro cromogênico Vidro que pode mudar suas propriedades óticas, como o vidro *termocrômico, fotocrômico* ou *eletrocrômico*.

Vidro de segurança Chapa de envidraçamento feita com laminações múltiplas de vidro e plástico, projetada para resistir à passagem de projéteis de armas de fogo.

Vidro duplo Duas chapas de vidro paralelas com uma câmara de ar intermediária.

Vidro eletrocrômico Vidro que muda suas propriedades óticas ao receber uma corrente elétrica.

Vidro fotocrômico Vidro que modifica suas propriedades óticas de acordo com a intensidade da luz.

Vidro laminado Tipo de vidro composto de camadas externas de vidro e uma camada interna de plástico transparente.

Vidro moldado Vidro ao qual foi aplicada uma textura durante o processo de fabricação.

Vidro para controle solar *Veja* Vidro com revestimento reflexivo.

Vidro pigmentado Vidro que é colorido por meio de pigmentos, corantes ou outros aditivos.

Vidro produzido pelo processo de cilindro Chapa de vidro produzida pelo sopramento de um grande cilindro de vidro alongado, corte de suas extremidades, um talho longitudinal e abertura em um retângulo achatado.

Vidro produzido pelo processo de coroa Chapa de vidro formada pelo giro de um globo oco e aberto de vidro aquecido.

Vidro produzido pelo processo de *floating* Chapa de vidro manufaturada por meio do resfriamento de vidro fundido em um banho de estanho líquido.

Vidro produzido pelo processo de gaveta Chapa de vidro produzida diretamente em um recipiente de vidro fundido.

Vidro produzido pelo processo de prato Vidro de elevada qualidade ótica produzido por meio do esmerilhamento e polimento de ambas as faces de uma chapa de vidr. Também chamado *plate glass*.

Vidro reforçado quimicamente Vidro reforçado por meio de sua imersão em um banho de sais fundidos, provocando uma troca de íons nas superfícies da chapa, a qual cria uma protensão bastante similar àquela existente no vidro tratado termicamente.

Vidro reforçado termicamente *Vidro tratado termicamente* que não é tão forte quanto o vidro temperado e que em certos casos não pode ser empregado no *envidraçamento de segurança*.

Vidro resistente ao fogo *Veja* Parede de proteção ao fogo em vidro.

Vidro resistente ao fogo Vidro capaz de manter sua integridade física em uma abertura após ser exposto ao fogo. *Veja também* Envidraçamento de proteção contra incêndios, parede de proteção ao fogo em vidro.

Vidro temperado Vidro tratado termicamente que é mais resistente do que o vidro reforçado termicamente e é adequado para o uso como *envidraçamento de segurança*.

Vidro termocrômico Vidro que muda suas propriedades óticas em resposta às mudanças de temperatura.

Vidro tratado termicamente Vidro reforçado por meio de um tratamento com calor, seja o *vidro reforçado termicamente* ou o *vidro temperado*.

Viga Elemento estrutural longilíneo que trabalha principalmente resistindo a cargas não axiais.

Viga acastelada Perfil de aço de abas largas cuja alma foi cortada em ziguezague e rejuntada por meio da soldagem, de modo a criar um perfil mais alto.

Viga baldrame Viga de concreto armado que transmite o carregamento de uma parede estrutural a fundações afastadas entre si, como tubulões ou blocos de estaca.

Viga-caixão Elemento estrutural de metal ou madeira compensada que trabalha à flexão e cuja seção transversal lembra um caixão de madeira.

Viga de alma vazada em aço Viga de aço leve, pré-fabricada e soldada empregada em intervalos muito próximos entre si, para a sustentação de um deque de piso ou cobertura.

Viga de borda Viga que corre ao longo da extremidade de uma laje de piso ou cobertura.

Viga de cumeeira Viga estrutural que sustenta as extremidades superiores dos caibros de um telhado em vertente, necessária sempre que os caibros não são ancorados em suas extremidades inferiores.

Viga de forro *Veja* Viga.

Viga de teto *Veja* **Viga.**

Viga mestra Viga de aço leve utilizada para suportar vigas de alma vazada em aço.

Viga Vierendeel Treliça plana com painéis retangulares e juntas rígidas, mas sem elementos diagonais. As barras de uma Viga Vierendeel estão sujeitas a intensas forças não-axiais.

Viga-faixa Viga baixa e muito larga empregada em uma laje maciça armada em uma direção.

Viga-I (termo obsoleto) Perfil estrutural de aço laminado a quente do padrão norte-americano.

Viga-I Elemento estrutural de madeira cuja seção transversal lembra a letra *I*.

Vigota Pequena viga que sustenta uma verga em uma abertura de piso ou estrutura de piso.

Vinil *Veja* Cloreto de polivinila.

Vitrificação O processo de transformação de um material em uma substância vítrea por meio da aplicação de calor.

VT *Veja* Transmitância de luz visível.

W

Waferboard Painel de construção feito pela colagem de grandes flocos de madeira achatados.

Waxing Preenchimento dos vazios em lajes de mármore.

WPC *Veja* Compósitos plástico-madeira.

WWF *Veja* Armadura de tela soldada.

WWR *Veja* Armadura de tela soldada.

Xisto Rocha formada a partir da consolidação de argila ou silte.

Z

Zinco Metal não ferroso relativamente fraco e quebradiço utilizado principalmente como revestimento de aços, na forma de galvanização.

Zona de fogo Área de uma cidade determinada por norma municipal na qual as construções devem atender a padrões preestabelecidos de resistência ao fogo e/ou combustibilidade.

ÍNDICE

Abóboda, 300, 324
Acabamento de forros e pisos, 273, 290–292, 922–953
Acabamentos externos para construções em moldura estrutural leve em madeira, 220–252
    números de seções MasterFormat, 251
Acabamentos internos para construções em madeira leve, 254–293
    números de seções MasterFormat, 293
Acessórios de encaixe, 935, 938
Aerogel, 723–724
Agregados, concreto, 522
Alumínio, acabamentos superficiais para, 845–846
Alvenaria
    argamassa, 301–303
    construções para climas frios e quentes, 404
    deterioração de juntas de argamassa, 403
    e códigos de edificações, 404–405
    eflorescência, 378, 403
    história, 298–301
    projeto preliminar, 386
    propriedades físicas comparativas de materiais para alvenaria, 384
    singularidade, 405
Alvenaria, concreto
    armando, 362, 364
    assentando blocos de concreto, 361–365
    azulejo estrutural esmaltado de revestimento, 368
    blocos de vidro, 368
    blocos decorativos de concreto, 365–367
    classificação ASTM de blocos de concreto, 358, 359
    concreto aerado autoclavado (AAC), 368
    dimensionamento, modular, 360
    economia de, 368
    formatos e dimensões, 358, 359
    números de seções MasterFormat, 333
    produção de unidades de alvenaria de concreto, 358–360
    sustentabilidade, 350–351
    terracota estrutural, 368
Alvenaria, pedra, 338–357
    minerando e usinando a pedra, 341–346
    números de seções MasterFormat, 373
    propriedades físicas comparativas da pedra, 347

    sustentabilidade, 350–351
    tipos de pedra, 338–341
    trabalho com pedra, 347–351
Alvenaria, tijolo 304–333
    abertura de vãos, 320–325
    armado (RBM), 326
    assentamentos, 313, 314
    assentando tijolos, 312–319
    classificação ASTM de tijolos, 310
    dimensionamento, 318
    dimensões de tijolos, 308–309
    escolhendo tijolos, 310–311
    formatos personalizados de tijolos, 308, 309
    juntas de argamassa, 318, 319
    moldagem de tijolos, 304–306
    números de seções MasterFormats, 333
    propriedades estruturais comparativas, 405
    queima de tijolos, 305–308
    regiões de intemperismo, 310, 311
    sustentabilidade, 304
    terminologia, 312
American National Standards Institute (ANSI), 15
American Society for Testing and Materials (ASTM), 15
Americans with Disabilities Act (ADA), 14–15
Amortecedor de alastramento de fogo, 878, 932
Ampliação de juntas, *veja* Juntas
Ancoragem de solo, 46
Ancoragem na rocha, 46, 50
Aquecimento e refrigeração
    circulação forçada de ar, 256, 260, 261, 870–872
    hidrônico, 256, 261, 262
    radiante, 256, 262
Arcos
    aço, 469–470
    concreto, 598–599
    madeira pesada, 151–152, 154–155
    tijolo, 321–324
Argamassa, 301–303
    argamassa de cal, 302
    hidratação, 302–303
    ingredientes, 301–302
    misturas, 302, 303

    tipos ASTM, 302
    tipos de cimento para, 301, 302
Argamassa de gesso e sua aplicação, 885–903
    acessórios de acabamento, 894, 895
    base para estuque, 892–894
    cimento Portland (estuque), 246, 247, 891, 898–901
    em alvenaria, 897–898, 816, 817
    em base metálica, 894–897
    gesso, 885, 889, 891
    história, 885
    ornamentos, 902–903
    resistência ao fogo, 889
    revestimento, 896, 898–900
    sitemas de divisórias, 900, 901
    sobre base para estuque, 896–898
    texturas, 897
Armários, 279–282
Árvores, 86–92, 106–107
Aterro, de engenharia, 52
Azulejos estruturais e esmaltados, 368
Azulejos, cerâmica, 291, 292, 916–919, 944–945
    números de seções MasterFormat, 919, 953

Barreira ao gelo e água, 227
Barreira de gelo, 226–228
Barreira de vapor, *veja* Retardador de vapor
Barreira térmica
    em caixilhos de janelas de aço e alumínio, 753, 755, 762
    em construção em molduras estruturais leves em aço, 502
    em espaçadores de vidro isolante, 721
    em perfil extrudado em alumínio, 844–845
Barreiras à fumaça e divisórias corta-fumaça, 804–805
Barreiras ao ar, 222, 271–273, 653, 800–803
Barreiras ao fogo, 164, 804, 872
Barreiras ao fogo e partições corta-fogo, 878, 884
Barreiras radiantes, 271
Base de apoio de metal expandido, 246, 892–894
Base emborrachada, 227
Base para estuque
    estuque de interiores, 892–894
    estuque externo, 246

990 Índice

Base para gesso, 892, 894
Blocos de concreto, *veja* Alvenaria, concreto
Blocos de vidro, 368, 370
Bloqueio Contra Fogo de Espaços Confinados, 885
Borracha sintética, 758, 759

Caixões, 56-58
Calhas, 224, 225, 671
   e estanqueidade à água, 790
   escalonado, 328, 682
   janela e porta, 233-233, 765
   números de seções MasterFormat, 251, 407, 701
   parede cortina em pele de alvenaria, 810, 811, 813, 815, 836
   parede de alvenaria, 349, 351, 383, 390-392
   telhado, inclinado, 223, 224, 681, 682
   telhado, pequena declividade 670-674
   tipos de metal, comparações, 508-507
   tipos sintéticos de borracha, comparativo, 759
   Z, para revestimento externo de madeira compensada, 241
Calhas de parapeito, 390, 673
Camada de suporte, gesso, 290-291
Camada de suporte, pisos, 115, 109, 260, 290, 950, 951
Camada de suporte, telhados, 222, 227
Canalizações
   comercial, 870-872
   residencial, 256-259
Carpete, 951-952
Carpintaria de acabamento, 273-289
Casa modular, 126-127
Casas pré-fabricadas, 124-127
Cerâmica, qualidade ótica, 716
Chaminé, 256, 257, 274
Chapa de base
   coluna de aço, 444-445
   pilar de concreto pré-moldado, 626, 627
Chapa de fibra de média densidade, MDF (medium-density fiberboard), 109
Chapa de gesso acartonado, 868, 904-915, 918
   acabamento, 908-912
   acessórios de acabamento, 908, 909
   base de estuque de revestimento, 892, 894
   como acabamento interno em construções com moldura estrutural leve em madeira, 272
   como uma barreira ao ar, 271-273, 800, 801
   curvar, 906-908
   e afloramento de pregos, 906, 907
   em construções classificadas como resistentes ao fogo, 13, 460, 462, 503, 905
   em paredes corta-fogo, 212, 213
   instalando, 907-908
   níveis de acabamento, 910, 911
   números de seções MasterFormat, 919
   produção, 904
   resistência ao fogo, 889
   revestimentos, 492, 503, 812, 815, 819
   sistemas de divisórias, 912-915
   sustentabilidade, 890
   tipos, 904-906
Chapa de tiras orientadas (OSB), 109
Cimento, 301-302, 617-522
   de alvenaria, 301-302
   de argamassa, 302
   hidráulico com adições, 301
   hidráulico e não hidráulico, 302
   Portland, 518-521
   sustentabilidade, 520
Classe de Articulação (CA), 927, 929
Classe de Atenuação de Forro (CAF), 927, 929
Classe de isolamento ao impacto (IIC), 875
Classe de transmissão sonora (STC), 875
   de divisórias de estuque, 900, 901
   de divisórias de gesso acartonado, 913, 915
   de paredes de alvenaria, 404
Classificação de resistência ao fogo, 9-14. *Veja também* Combustibilidade de acabamentos interiores
   de madeira pesada, 156
   de paredes internas, forros e pisos, 877-878, 884
   de telhados, 697
   de vidro, 715-716
   do tijolo e bloco de concreto, 404
Classificação quanto à propagação de fumaça, 875-876
Códigos de edificação, 8-14
Coeficiente de fricção estática (CFE), 940
Coeficiente de redução de ruido (CRR), 927
Colunas, composta, 476
Combustibilidade de sistemas de acabamentos de interiores, 875-877. *Veja também* Classificação de resistência ao fogo
Concreto, 515-550
   ACI 301, 550
   aditivos, 523
   agregados, 522-523
   água para, 523
   armadura, ganchos padrão, 534
   armadura, tela soldada (WWR), 562-533
   armadura de lajes, 540-541
   armadura de pilares, 542-543, 569
   armadura de uma viga contínua, 539
   armadura de uma viga simplesmente apoiada, 536-537
   armaduras, 529-543
   bombeamento, 526, 527, 589
   cimento, 518-522
   classes de barras de aço para armadura, 532
   comparativo das propriedades estruturais, 529
   conceito do reforço, 529
   concretagem em tempo quente e frio, 527-528
   concreto autoadensável (CAA), 527
   concreto de ultra-alto desempenho (CUAD), 548-549
   corte, 593-597
   cura, 527-528
   dimensões das barras para armadura, 530-531
   dispositivos para emendas de barras, 535
   dosagem, 524-525
   ensaio de abatimento de tronco de cone (slump test), 524-525
   ensaio em corpos de prova cilíndricos, 524-526
   espaçadores para armadura (cadeira e multiapoios), 537-538
   fabricação e montagem das armaduras 535
   fixação em concreto, 624-625
   fluência, 544
   formas, 528-529
   história, 516-517
   manuseio e lançamento, 526-527
   materiais cimentícios suplementares, 523
   números de seções MasterFormat, 550
   pós-tração, 545-548
   pré-tensão, 545
   protensão, 544-548
   reforço com fibras, 543
   relação água/cimento, 524
   resistência, 524, 529
   segregação, 526
   sustentabilidade, 520-521
   transmissão de luz, 549
Concreto, moldado no local, 552-607
   acabamento com agregado exposto, 589, 590, 592
   adensamento, 526, 557, 561-562
   armadura, *veja* Concreto, armadura
   arquitetônico, 589-592
   concreto projetado, 587
   construção em lift-slab, 586-587
   e os Códigos de Edificações, 601-602
   escadas, 581
   estruras de placa plissada, 598-601
   estruturas em casca, 598-600
   forma autotrepante, 570, 588
   formas, 528-529
   formas deslizantes, 586-588
   formas isolantes de concreto, 564-565
   formas modulares, 586
   grandes vãos, 598-601
   inovações, 583
   juntas em lajes, 559
   laje cogumelo armada em duas direções e laje lisa armada em duas direções, 575-577, 581-583
   laje maciça armada em uma direção, 567-570
   laje nervurada, 571-574
   laje nervurada bidirecional, 578-581
   laje nervurada unidirecional, 571-574
   mesa voadora, 586, 587
   números de seções MasterFormat, 607

Índice

pisos, acabamento, 557-558
pisos, controle de fissuras, 559
pisos, superplanos, 558
produção de um pilar, 565-566
produção de um piso, 555-559
produção de uma parede, 560-565
projeto preliminar, 586
projetos econômicos de edifícios de concreto moldado no local, 601
reescoramento, 568-570
seleção de um sistema estrutural, 583-589
singularidade, 602-606
sistema nervurado de grandes vãos, 573-574
sistema skip-joist, 573-574
sistemas estruturais armados em duas direções, 575-581
sistemas estruturais armados em uma direção, 567-574
sistemas estruturais pós-tracionados, 581-583
tensor de forma, 561-563
texturas superficiais, 592
tilt-up, 586, 588, 605
viga-faixa, 569, 570
Concreto, pré-moldado, 610-648
   aço para armaduras convencionais e de protensão, 620
   anteprojeto, 615
   capa em lajes, 614, 626, 630, 633, 635
   conceitos de montagem de edifícios, 616-617
   concreto utilizado para, 612
   construções de concreto pré-moldado composto/moldado no local 637
   Duplo T, 614, 616-619, 633-635
   e códigos de edificações, 638
   escada, 640, 645
   insertos, 619, 631-634
   laje maciça, 614
   laje seção caixão, 389, 610, 613-614, 616, 620-622, 630, 632, 635, 639, 642
   ligações entre lementos de concreto pré-moldado, 623-637
   números de seções MasterFormat, 648
   painéis de parede, 615-617, 620, 623, 638-640
   painéis de paredes cortina, 648, 822-824
   painel de de parede com isolante, 623
   pilares, 614, 616, 621, 626-633, 641-643
   pistas de moldagem, 618-623
   pré-laje de concreto pré-moldado, 637
   pré-moldado, elementos estruturais protendidos 614-616
   pré-tensão, 617
   processo construtivo, 638
   produção de elementos de concreto pré-moldado, 617-623
   reforço com fibra de carbono, 620
   singularidade do, 643
   transporte, 612
   vantagens em relação ao concreto moldado no local concreto, 612
   viga mestra tipo caixa, 636
   vigas, 614-617, 620, 621, 629-634, 646
Concreto aerado autoclavado (AAC), 368
Concreto projetado, 587
   escoramento de talude, 40, 41
Condensação, 658-660
   e barreiras ao ar, 800, 803
   e construções em moldura estrutural leve de aço, 491, 503
   e envidraçamento, 721, 727
   e envidraçamentos inclinados, 863-864
   e janelas, 753, 762, 776
   e paredes cortina, 804
   e telhados, 226-230, 655
Conectores em chapas dentadas, 121, 122, 125
Conectores para madeira, 121, 147
Construção com moldura estrutural de madeira pesada, 134-159, 386
   amarração, lateral, 149
   ancoragem de vigas em, 142, 144-146, 148
   deques de piso e telhado, 149-151
   e códigos de edificações, 140-145, 156
   edifícios combustíveis emoldurados com, 149
   evolução histórica de, 136-139
   números de seções MasterFormat, 159
   projeto preliminar, 156
   resistente ao fogo, 140-149
   retração da madeira em, 141, 145
   singularidade de, 156-158
   sustentabilidade, 141
   vãos maiores em, 150-155
Construção com painéis, 124
Construção comum, 386, 387, 352, 353
Construção de cima para baixo, 78-79
Construção em moldura estrutural em aço, 410-485
   aço, 414-418
   aço estrutural arquitetônico, 458
   aço fundido, 424
   aço trabalhado a frio, 424
   arcos, 469,470
   conexões, 431-440
   conexões para resistir a cisalhamento e conexões para momentos fletores, 436-439
   construção mista, 455-456, 476
   deques, 453-458, 936
   detalhes de base de coluna, 444, 445
   e os códigos de edificações, 478
   estabilidade lateral da, 435-436
   estruturas tênseis, 471-476
   fabricação, 415-418
   fabricante, 441-444
   formas estruturais, 418-424
   história, 412, 414
   ligas de aço, 418
   molduras rígidas, 464, 465
   montador, 444-452
   números de seções MasterFormat, 485
   placas de vigas mestras, 464, 465
   plano de criação de moldura, 441
   processo de construção, 441-458
   projeto preliminar, 417
   propriedades estruturais comparativas, 478
   provendo resistência ao fogo, 459-463
   singularidade, 478-484
   sistemas industrializados, 476, 478
   sustentabilidade, 477
   tesouras, 466-469
   tesouras escalonadas, 457
   unindo peças em aço, 425-430
   vãos maiores, 464-471
   viga acastelanada, 464
   vigas aperfeiçoadas, 464-465
   vigotas, malha aberta em aço (OWSJs), 388, 424, 425, 450, 451, 454, 458
Construções com moldura estrutural leve em aço, 488-508
   acabamentos para, 503
   componentes, 490, 492
   conceito, 490-492
   e códigos de edificações, 503
   espessura de componentes, 491
   números de seções MasterFormat, 508
   outros usos comuns, 499-502
   procedimentos em molduras estruturais, 492-498
   projeto preliminar, 502
   sustentabilidade, 491
   vantagens e desvantagens, 502-503
Construções em estrutura leve de madeira, 160-218
   acabamentos exteriores para, 220-252
   acabamentos interiores para, 254-293
   anteprojeto, 212
   componentes préfabricados, 124-127
   construção em painéis, 124
   e os códigos de edificações, 212-214
   estrutura da parede, 185-197
   estrutura do piso, 181-184
   estrutura do telhado, 198-208
   estrutura-balão, 163
   estruturas para maior eficiência térmica, 209
   estruturas para otimização do uso de madeira, 210-212
   execução da estrutura, 177-180
   fundações para, 166-174
   história, 163-164
   ligação à fundação, 180-181
   moldura em plataforma, 164-166
   moradias modulares, 126-127
   moradias préfabricadas, 124-127
   números de seções MasterFormat, 218
   planejando a moldura estrutural, 175-176
   singularidade, 214-217
   sustentabilidade, 166
Construindo edifícios, 2-23
   construindo edifícios, 16-23
   escolhendo sistemas construtivos, 8-15

normas técnicas e fontes de informação, 15-16
números de seções MasterFormat, 23
Contraventamento, 176, 178, 181-184
Contribuição para o crescimento do fogo em salas, teste, 876
Conversões métricas, 957
Corbel, 320, 321, 331
Cornijas, 285, 290
Corrosão
conectores para a madeira, 118, 121, 122, 238, 242, 251
da armadura em concreto, 522, 523, 529, 532, 536, 548
de ligas de estruturas de aço, 418
de metais arquitetônicos, 505-508, 690
e tratamentos químicos da madeira, 117
galvânica, 698-700
Corte de concreto, pedra e alvenaria, 593-597
Cortinas de proteção, cravação de lâminas, 28, 40, 41
escoras de, 46
Critérios acústicos
para sistemas de acabamentos de interiores, 875
para telhados, 927, 929
Cumeeira de parapeito, 673, 674
Cúpulas
aço, 469, 470
concreto, 598-600
madeira, 154, 155
tijolo, 324, 325
Custos, ciclo de vida, 4

Densidades de materiais de construção, 956
Deque, madeira em ambientes externos, 250, 251
Deque celular em aço, 453, 454, 935-937
Dilatação térmica de materiais, coeficiente de 395, 956
Divisórias, 884-919
alvenaria, 888, 889, 916
azulejos, 916-919
chapa de gesso acartonado, 904-915
desmontável, 912, 914
estrutura, 885
estuque, 885-901
pedra, 918, 918
tipos, 884-885
Drenagem, 50-51
Drywall, *veja* Chapa de gesso acartonado

Edifícios verdes, 4-8
Eficiência energética, 5-7
e concreto pré-moldado armado com fibras de carbono, 620
e construções com molduras estruturais leves em aço, 491, 502-503
e construções em moldura estrutural leve em madeira, 166, 209, 222, 263-273
e formas de concreto isolantes, 565
e infiltração de ar, 800
e isolamento térmico, 263, 658

e painéis de paredes de concreto pré--moldado isolados termicamente, 623
e painéis estruturais isolados termicamente, 124
e portas e janelas, 765, 769, 776, 777
e sistemas de paredes externas, 785-786, 804, 805
e telhados, 692-695
e vidro, 736-738
Eflorescência, 378, 403
EIFS, 828-832
Emissões tóxicas de materiais de interiores, 879
Envidraçamento, 724-738
bite, 724-725
duplo, 721
estrutural, 728-731
fitas, 725, 727
folhas de plástico, 723
gaxetas, 725-727
inclinação, 863-865
junta preenchida com material expansivo (butt-joint), 728-729
números de seções MasterFormat, 739
panos amplos, 724-733
panos pequenos, 724
preenchido com aerogel, 723-724
sistemas avançados, 728-733
suspenso, 708, 729, 732, 733, 737
triplo, 721
Enxaimel, 136, 137
Escadas, acabamento residencial, 283-286, 288-289
construída em marcenaria, 283, 285
construída no canteiro de obras, 283, 284, 286
proporções, 288-289
terminologia, 283
Escadas, concreto, 581
Escadas, concreto pré-moldado, 640, 645
Escavação, 167, 169, 38-51
Escoramento de talude, 39-50
Espaçadores para ventilação, 226, 227
Esquadro de carpinteiro, 198-200, 204, 205
Estabilidade lateral, estrutural
em construção com concreto moldado no local, 583
em construções com moldura estrutural em aço, 435, 436
em construções com molduras estruturais leves em aço, 496, 498
em construções em madeiras pesadas, 149
em estruturas leves de madeira, 166, 185-188, 191-193
em sistemas estruturais de concreto pré--moldado, 623, 627
Estacas, 58-65
Estrutura alveolar, 935, 936
Estrutura-balão, 163-164
Estrutura-plataforma, madeira, 164-208. *Veja também* Contruções em estrutura leve de madeira

Estruturas em tecido, 472-475
Estruturas suportadas pelo ar, 475
Estruturas tênseis, 471-476
Estuque, 246, 247, 898-901
Estuque de gesso, 885, 889, 891
Estuque de revestimento, 896, 898-900
Exploração do subsolo, 34-37

Ferramentas de corte diamantadas, 593-597
Ferro forjado, 412, 414, 415, 506
Ferro fundido, 412, 414, 415, 506
Fiação elétrica, 263, 870-872, 934-939
Folhas de envidraçamento em plástico, 723
Forração, 239, 387, 388, 394, 395, 885, 888, 889
Forros, 842-933
acústico, 927-931, 840, 841, 845-849
componentes estruturais e mecânicos expostos, 149-150, 924-925
critérios acústicos, 927, 929
estuque, 926, 927
forro metálico linear, 932
funções de, 924
intersticial, 933
membrana de proteção ao fogo, 925, 932
números de seções MasterFormat, 953
suspenso, 925-932
sustentabilidade, 934
Fundações, 28-81, 166-174
cargas, 30
combinadas, 55
construção de cima para baixo, 78-79
e códigos de obras, 80
em balanço, 55
flutuantes, 54, 55
impermeabilização e drenagem, 72-77
isoladores de base para sismos, 66
isolamento, 77, 166, 170-171, 173, 174
madeira permanente, 166, 174
números de seções MasterFormat, 81
profundas, 56-66
projetando, 79-80
radier, 54, 55
rasas, 52-55
rasas protegidas contra congelamento, 77
recalque, 30-31
reforço de fundação, 66-67
requerimentos, 30
sustentabilidade, 38
terreno inclinado, 54

Ganchos, 349
Gaxeta, calafetagem, 725-727
Geotêxteis, 71
Gesso, 885, 889, 890
no cimento Portland, 518
sustentabilidade, 890
GFRC, 824-828
Granitina, 942-943, 946
Grauteamento, alta- e baixa-elevação, 326, 364
Gruas, 446, 447
Guarnições, 273, 279, 280, 285, 287

Guias para paredes em alvenaria, 315–317, 361–363

HDO (high-density overlay) madeira compensada, 109, 112
Housewrap, 222, 223, 232

Impermeabilização do subsolo, 72–76, 166–169
Impermeabilização e drenagem, 72–76
Impermeabilizantes e juntas de impermeabilização, 795–799
    em acabamentos externos para construções com molduras estruturais leves em madeira, 251
    lançado, 796
    números de seções MasterFormat, 895
    projeto de junta, 798, 799
    sólido, 797
Índice de alastramento de fogo, 875–876
Infiltração de ar e ventilação, 273, 800
International Building Code (IBC), 9
International Residential Code (IRC), 14
Isoladores de base para sismos, 66
Isolamento, *batts* acústicos, 875, 901, 913–915
Isolamento contra umidade:
    fundação, 73, 166
    parede dupla em alvenaria, 380
Isolamento do subsolo, 77, 170–174
    formas isolantes de concreto, 564–565
Isolamento térmico, 263–271, 654–663
    e barreiras de vapor, 658–661
    elevando níveis de, 266–270
    fundação, 77, 170, 171, 173
    instalação, 245, 265–267
    números de seções MasterFormat, 293
    propriedades comparativas de materiais, 264, 662

Janelas, 230–233, 748–769, 775–777
    considerações de segurança, 775
    envidraçamento, 762–764
    fatores U, comparativo, 765
    instalação, 765–768
    materiais do caixilho, 752–762
    números de seções MasterFormat, 779
    sustentabilidade, 760
    testes e padrões, 765–768
    tipos, 748–752
Junta de separação da construção, 397–398
    sistema de acabamento interno, 870, 871, 873
    sistema de telhado, 672
Juntas, 396–399
    cobertura de acabamento para, 873
    detalhamento de, 398–399
    e infiltração de ar, 800–802
    estanqueidade de, 795–799
    parede-cortina com revestimento de tijolos, 812, 813
    parede-cortina de metal e vidro, 854, 862
    piso de concreto, 168, 559
    posicionamento em paredes de alvenaria, 399–402, 814
Juntas de argamassa: 318–319
    deterioração, 403
    em alvenaria de concreto, 362
    em alvenaria de pedra, 350
    espessura, 318
    perfis, 319
    trabalhar, 318

Laje de lama, 78
Lajota cerâmica, 291, 292, 916–919, 944–945
Laminados, madeira, 107–115
Lareiras, 274–276
LEED, 6–7
Lift-slab, concreto, 586–587
Limitações de altura e área, código de edificações, 9–14
Linóleo, 950

Madeira, 84–133
    colas, 122–124
    componentes pré-fabricados de edificações, 124–127
    conectores, 117–123
    construção com moldura estrutural de madeira pesada, 134–159
    laminados-colados, 102–104
    números de seções MasterFormat, 127
    plástica, 106–107
    produtos em painéis, 107–115
    sustentabilidade, 90–91
    tipos de construção, 127
    tratamentos químicos, 115–117
Madeira compensada, 107–115
Madeira compensada, MDO, 109, 112
Madeira serrada, 92–102
    acabamentos superficiais, 96
    classificação, 98
    compósito plástico-madeira (WPC), 104
    compósitos estruturais, 104, 105
    defeitos, 96–98
    dimensões, 101–102
    madeira laminada-colada, 102–104
    plástico, 106–107
    propriedades estruturais, 98–101
    secagem, 93–96
    serrando, 92–93
Madeiras duras e madeiras macias, 86–89
Marcos de portas, perfil oco de aço, 772–774
MasterFormat, 16
Materiais resistentes ao fogo aplicados em *spray* (SFRM), 460–463
Materiais terrosos, 31–37
    capacidade de carga, 33
    características de drenagem, 34
    coesivos, 33
    estabilidade, 33
    exploração e teste do subsolo, 34–37
    friccionais, 31
    graduação, 34
    para fundação de edifícios, 33–34
    propriedades, 31–33
    Sistema Unificado de Classificação de Solos, 32
    tipos, 31
Material de baixa resistência controlada (MBRC), 77–78
Mesa voadora, 586–587
Metais diferentes e a série galvânica 698–700
Metais em arquitetura, 505–508
Mill construction, 140, 141, 386
Mínima exposição crítica a fluxo radiante, 877
Mistura de solos, 44–45
Moldura com peças naturais curvas de madeira, 137
Moldura estrutural em aço formado a frio, 488–513
    e códigos de edificações, 503
    e molduras metálicas não estruturais, 499
    espessuras metálicas, 491
    números de seções MasterFormat, 508
    procedimentos em molduras estruturais, 492–498
    projeto preliminar de, 502
    sustentabilidade, 491
Moldura estrutural espacial, 467–469
Molduras em aço, leve, *veja* Construção com moldura estrutural leve de aço; Divisórias
Montantes em aço, 490–491, 885–887

National Building Code of Canada, 9
Needling (vigamento trespassante), 67
Normas de zoneamento, 8

Occupational Safety and Health Act (OSHA), 15
Ordens clássicas, 352

Padrões de pavimentação com alvenaria, 372
Painéis, madeira, 107–115, 124–125
    chapa de fibra, 109
    chapa de fibra de alta densidade, 115
    chapa de fibras orientadas, oriented strand board, 109
    chapa de madeira aglomerada, 109
    componentes préfabricados, 124–125
    especificações, 112–115
    madeira compensada, 107–112
    madeira-de-lei, 115
Painéis de canto e acabamento, 243, 248–251
Painéis em chapas de fibra, 109
Parafusos
    construção em aço, 426–428
    construção em concreto, 624–625
    construção em madeira, 121
Parafusos, madeira e sextavado, 120–121
Parafusos, orifícios e sistemas de encaixe, 840, 843, 844
Parede barreira, 790
Parede corta-fogo, 14, 212–214, 273, 404–405, 884

Parede cortina em alumínio e vidro, 742–745, 846–855
    números de seções MasterFormat, 546
    sustentabilidade, 845
Parede de contenção, 68–70
Parede de lama bentonítica, 42–44, 47, 49, 50
Parede dupla, 379–384, 810–817
Parede-cortina, *veja* Sistemas de revestimento
Paredes, interior, *veja* Divisórias
Paredes de alvenaria, 376–407
    amarrações, 379
    armação de juntas, 378–381, 395
    armado, 384–386
    classe de transmissão sonora, 404
    composta, 378, 380
    dupla, 380–384
    em Madeira Pesada resistente ao fogo Construção, 140–146
    expansão e retração, 395
    isolamento, térmico, 393–395
    juntas, 399–402
    não armado, 378
    projeto preliminar, 386
    resistência à umidade, 405–404
    resistência ao fogo, 404
    rufos e drenagem, 383, 390–392
    sistemas de piso e cobertura, 386–389
    suporte de cargas, 384, 387–389
Paredes de cisalhamento
    em construções com moldura estrutural em aço, 435, 436
    em estrutura leve de madeira, construção, 185–188, 191–193
Paredes de *shafts*, 870, 884, 915
    requisitos de resistência ao fogo, 877, 878
Paredes exteriores, *veja* Revestimento; Revestimento externo
Paredes internas e divisórias, 882–919
    números de seções MasterFormat, 919
Peça de tiras paralelas, PSL, 104, 105
Peças de fitas laminadas, LSL, 104, 105
Peças de madeira micro-laminada, LVL, 104, 105
Peças de tiras orientadas, OSL, 104, 105
Pedra
    alvenaria, *veja* Alvenaria, pedra
    piso, 371, 372, 941, 943
    revestimento, 817–821
    revestimentos de interiores, 918, 919
Perfis extrudados em alumínio, 840–846
Pilares de apoio e contenção, 40
Pinturas e revestimentos, 234–237
Piso, concreto, 54, 555–559
Pisos, 290–292, 934–953
    acesso elevado, 935, 938, 939
    bambu, 949
    carpete e placa de carpete, 951–952
    concreto, 940
    critérios acústicos e redução de ruídos, 875, 940
    critérios de seleção, 875–879
    duro, 940-940–949
    e resistência ao escorregamento, 940
    espessura, 953
    funções de, 934
    granitina, 942–943, 946
    ladrilho cerâmico, 941, 942, 944, 945
    lajota cerâmica, 291–292, 944–945
    madeira, 292, 946–949
    números de seções MasterFormat, 953
    pedra, 371, 372, 941, 943
    resiliente, 950–951
    resistência ao fogo, 877
    sustentabilidade, 874, 934
    tijolos e tijolos para pavimentação, 372, 941–943
Placa plissada, concreto, 598–601
Placas cerâmicas, 941, 942, 944, 945
Plásticos na construção de edifícios, 758–761
Porão, 166–174
Portas, 277–278, 769–775
    aço, 772–774
    corta-fogo, 774
    de saída e de acessibilidade, 774–775
    madeira, 769–772, 778
    modos de operação, 770
    residencial, 232, 233, 277–278
Pregos, 117–120, 178, 180
    em carpintaria de acabamento, 279
    revestimento externo, 238, 242
Processo Bessemer, 415
Projeto de parede com pressões-equalizadas, *veja* Revestimento de proteção à chuva

Quinas, 330

RBM, *veja* Alvenaria, tijolo
Reaterro, 77–78
Rebites, 425
Recobrimento com painéis de fibra, 115
Reforço de fundação, 66, 67
Reforço do terreno, 70, 71
Repelentes de umidade, alvenaria, 404
Resistência térmica, R, 658. *Veja também* Valor-R
Retardador de vapor, 658–661
    com piso de concreto, 555–557
    em construções em moldura estrutural leve em madeira, 271
    em telhados de pequena inclinação, 664
Retentores de água, 75–76
Revestimento de proteção contra a chuva, 790–794
    enfoques conceituais com relação à estanqueidade à água, 790–791
    equalização de vapor na pequena escala, 794
    uso da madeira em revestimento externo, 239–240
    uso em revestimentos em painéis metálicos, 792, 793
Revestimento externo, 238–248
    chapa, 238–241
    estuque, 246–247
    madeira compensada, 241–242
    metal e plástico, 243, 245, 246
    painéis de fibro-cimento, 247–248
    pedra artificial, 247
    película de alvenaria, 246, 247
    proteção contra a chuva, 239
    shingle, 242–245, 249, 697

Safing, 805
Sapatas, 52–55, 168, 169, 565
Série galvânica para metais, 698–699
Serviços de subsolo, 934–939
Serviços mecânicos e elétricos, instalando, 256–263, 870–872
    instalações expostas, 150, 924–925
Sistema de parede seca estanque (ADA), 271–273
Sistemas de acabamento em interiores
    critérios de seleção, 875–879
    forros e pisos, 922–953
    números de seções MasterFormat, 293, 919, 953
    para construções em madeira leve, 254–293
    paredes internas e divisórias, 882–919
    relações com os serviços mecânicos e elétricos, 256, 870–872, 879
    sequência de operações, 256, 872–874
    sustentabilidade, 874, 890, 934–935
    tendência em, 879–880
Sistemas de revestimento, alvenaria e concreto, 810–837
    caminhos futuros para, 832
    concreto armado com fibra de vidro (GRFC), 824–828
    concreto pré-moldado, 822–824
    números de seções MasterFormat, 832
    painéis pré-fabricados de tijolo, 816, 817
    pedra, 817–821
    pele de tijolos, 810–817, 834–837
    sistema externo de isolamento térmico e acabamento (EIFS), 828–832
Sistemas de revestimento, arquitetônico, 234–237
Sistemas de revestimento, metal e vidro, 839–866
    barreiras térmicas, 844, 845
    e o princípio de proteção contra a chuva, 856
    entradas e lojas térreas, 846–847
    envidraçamento externo e interno, 848–849
    envidraçamento inclinado, 863–864
    juntas de dilatação, 854, 862
    modos de montagem, 848–855
    números de seções MasterFormat, 866
    painéis metálicos, 862, 863
    parede cortina, 847
    projeto de parede cortina, 784–789, 802–804, 866
    sistema de painel em alumínio, 862, 863
    sistemas de molduras, 846
    sustentabilidade, 845
    vidros duplos, 864–866

Sistemas de revestimento, projeto de, 782-805
   e códigos de edificações, 804-805
   enfoques conceituais para estanqueidade à água, 790-794
   portante e não portante, 799
   requisitos de projeto, 784-789
   sustentabilidade, 789
   testes e normas técnicas, 802-804
Soldagem
   aço estrutural, 428-430
   metais na arquitetura, 506
Solos, *veja* Materiais terrosos
Superestrutura, subestrutura e fundação, 52
Suporte de escavação, 39-50
Sustentabilidade, introdução, 4-8

Telhado, 222-230, 650-701
   e códigos de edificações, 697
   fotovoltaico, 696
   frio, 693-695
   números de seções MasterFormat, 251, 701
   resistência ao fogo, 697
   sustentabilidade, 692-696
   verde, 695-696
Telhado com rede de cabos, 470-471
Telhado inclinado, 222-230, 653, 678-691
   ardósia, 684
   arquitetônico de folhas metálicas, 686-691
   barragem de gelo, 226
   barreira ao gelo (proteção contra gelo e água), 228
   beirados, 225-226
   beirados e águas, 222-224
   composition shingles, *veja* asfalto shingles
   de rolo (roll roofing), 680, 684
   deques, 678
   detalhes, beirados e águas, 223, 224
   detalhes, folhas metálicas, 687-689
   detalhes, shingle asfáltica, 681-683
   drenagem, 225
   forro, 222, 223, 227
   não ventilado, 227-230
   palha, 653
   placas de madeira, 678-680
   shingles de asfalto, 228, 230, 680-683
   shingles de madeira, 678, 680, 697
   telhas, cerâmica e concreto, 684-685
   ventilado, 224, 226-228
Telhados, baixa declividade, 653-677
   barreiras de vapor, 658-661, 664
   deques, 653-654

   detalhes, 670-675
   drenagem, 653-654, 6674
   isolamento, 654-664
   lastreamento e deques de tráfego, 669
   membrana betuminosa modificada, 665-667
   membrana de folha simples, 667-668
   membrana híbrida, 667
   membrana protegida, 656-657
   membranas com aplicação de fluído, 668-669
   membranas para, 665-669
   painel estrutural metálico, 676, 677
   telhado pré-fabricado (BUR), 665
   ventilação, 654-656
Termopástico e termofixo materiais, 758, 760
   membranas de telhado de camada única, 667-668
Terracota, estrutural, 368
Tesouras
   aço, estrutural, 466-469
   concreto moldado em canteiro de obras, 598, 599
   estrutura leve em aço, 492, 501
   madeira pesada, 134, 144, 151-153
   moldura estrutural leve em madeira, 124, 125, 210, 211, 212
Teste de jato de mangueira, 878
Teste de pílula, 877
Tintas, 234-235
Trocador de calor ar-ar, 273
Tubulação de queda, 225
Túnel de testes de Steiner, 875

Umidade relativa, 658-659
Unidades de conversão, 957
Usinagem, categorias AWI, 273
Usinagem e carpintaria de acabamento, 273-290

Valor de resistência superficial interna (RSI), 658
Valor de resistência térmica, 658
   de materiais comuns para isolamento térmico, 264
   de materiais isolantes rígidos para telhados, 662
Vapor de água e condensação, 658-661
Vergas, 320, 365
Vidro, 708-724
   antireflexivo, 723
   aramado, 716
   arte, 723
   autolimpante, 722

   baixa emissividade, 721-722
   cerâmica de qualidade ótica, 716
   chumbado, 734-736
   cilindro, 708-710
   classificado quanto à resistência ao fogo, 715-716
   coeficiente de fator de ganho de calor solar (SHGC), 717, 719, 7222
   coeficiente sombreamento, 719
   colorido, 716-719
   colorido, 723
   colorido, 723
   com revestimento reflexivo, 719-720
   coroa, 708-710
   cromogênico (alterando propriedades), 722-723
   de proteção à radiação, 723
   decorativo, 723
   disco, 710
   e códigos de edificações, 738
   e energia, 736-738
   eletrocrômico (cambiável), 723
   em tela sedosa, 716
   espessuras, 712
   estrutural, 723
   fator U, 721, 722
   fotocrômico, 722-723
   fotovoltaico, 723
   fritado, 716, 717
   gasocrômico, 723
   história, 708-710
   ingredientes, 710
   isolante térmico, 721, 722
   laminado, 713-714
   números de seções MasterFormat, 739
   processo de gaveta, 710
   processo floating, 710, 711
   propriedades comparativas, 722
   reforçado com calor, 713
   reforçado quimicamente, 714-715
   relação luz/ganho solar (LSG), 719, 722
   soprado, 708-710
   sustentabilidade, 712
   temperado, 713
   termocrômico, 722-723
   tímpano, 716
   transmitância de luz visível (VT), 716-717, 722
   tratado com calor, 712-713
Viga acastelanada, 464
Viga baldrame, 54, 60, 61
Vigas de alma vazada em aço (OWSJs), 388, 424, 425, 450, 451, 454, 458
Vigas -I, madeira, 124, 126, 182, 195
Vigas mestras, aço, 424, 425, 450, 454

IMPRESSÃO:

Santa Maria - RS - Fone/Fax: (55) 3220.4500
www.pallotti.com.br